中国高等植物

· 修订版 ·

HIGHER PLANTS OF CHINA

· **Revised Edition** ·

主 编

EDITORS–IN–CHIEF

傅立国 陈潭清 郎楷永 洪 涛 林 祁 李 勇

FU LIKUO, CHEN TANQING, LANG KAIYUNG, HONG TAO, LIN QI AND LI YONG

第十四卷

VOLUME

14

编 辑

EDITORS

傅晓平 李 勇 傅立国 林 祁

FU XIAOPING, LI YONG, FU LIKUO AND LIN QI

青岛出版社

QINGDAO PUBLISHING HOUSE

中国高等植物（修订版）

主编单位	中国科学院植物研究所 深圳仙湖植物园
主　　编	傅立国　陈潭清　郎楷永　洪　涛　林　祁　李　勇
副 主 编	傅德志　李沛琼　覃海宁　张宪春　张明理　贾　渝 杨亲二　李　楠
编　　委	(按姓氏笔画排列)　王文采　王印政　包伯坚　石　铸 朱格麟　吉占和　向巧萍　邢公侠　林　祁　林尤兴 陈心启　陈艺林　陈书坤　陈守良　陈伟球　陈潭清 应俊生　李沛琼　李秉滔　李　楠　李　勇　李锡文 吴珍兰　吴德邻　吴鹏程　何廷农　谷粹芝　张永田 张宏达　张宪春　张明理　陆玲娣　杨汉碧　杨亲二 郎楷永　胡启明　罗献瑞　洪　涛　洪德元　高继民 梁松筠　贾　渝　黄普华　覃海宁　傅立国　傅德志 鲁德全　潘开玉　黎兴江
责任编辑	高继民　张　潇

中国高等植物（修订版）第十四卷

编　　辑	傅晓平　李　勇　傅立国　林　祁
责任编辑	高继民　张　潇

HIGHER PLANTS OF CHINA **REVISED EDITION**

Principal Responsible Institutions

Institute of Botany, Chinese Academy of Sciences

Shenzhen Fairy Lake Botanical Garden

Editors-in-Chief Fu Likuo, Chen Tanqing, Lang Kaiyung, Hong Tao, Lin Qi and Li Yong

Vice Editors-in-Chief Fu Dezhi, Li Peichun, Qin Haining, Zhang Xianchun, Zhang Mingli, Jia Yu, Yang Qiner and Li Nan

Editorial Board (alphabetically arranged) Bao Bojian, Chang Hungta, Chang Yongtian, Chen Shouling, Chen Shukun, Chen Singchi, Chen Tanqing, Chen Weichiu, Chen Yiling, Chu Gelin, Fu Dezhi, Fu Likuo, Gao Jimin, He Tingnung, Hong Deyuang, Hong Tao, Hu Chiming, Huang Puhwa, Jia Yu, Ku Tsuechih, Lang Kaiyung, Lee Shinchiang, Li Hsiwen, Li Nan, Li Peichun, Li Pingtao, Li Yong, Liang Songjun, Lin Qi, Lin Youxing, Lo Hsienshui, Lu Dequan, Lu Lingti, Pan Kaiyu, Qin Haining, Shih Chu, Shing Kunghsia, Tsi Zhanhuo, Wang Wentsai, Wang Yingzheng, Wu Pancheng, Wu Telin, Wu Zhenlan, Xiang Qiaoping, Yang Hanpi, Yang Qiner, Ying Tsunshen, Zhang Mingli and Zhang Xianchun

Responsible Editors Gao Jimin and Zhang Xiao

HIGHER PLANTS OF CHINA **REVISED EDITION** **Volume 14**

Editors Fu Xiaoping , Li Yong, Fu Likuo and Lin Qi

Responsible Editors Gao Jimin and Zhang Xiao

目　录

第一卷至第十三卷中名、拉丁名索引

Volume 1 – 13 **INDEX TO CHINESE AND SCIENTIFIC NAMES**

中名音序索引

（按首字字母顺序排列，（ ）括号内为卷号）

A

a

阿芭蕉 **(13)** 15 **17**
阿坝当归 **(8)** **726**
阿坝蒿 **(11)** 377 **410**
阿墩子龙胆 **(9)** 18 **33**
阿墩紫堇 **(3)** 723 **741**
阿尔泰柴胡 **(8)** 632 **644**
阿尔泰醋栗 **(6)** 294 **298**
阿尔泰大戟 **(8)** 118 **133**
阿尔泰地蔷薇 **(6)** 699 **701**
阿尔泰方枝柏
(=新疆方枝柏) **(3)** 90
阿尔泰堇菜 **(5)** 142 **173** 彩片86
阿尔泰毛茛 **(3)** 550 **563**
阿尔泰牡丹草 **(3)** 650 **651**
阿尔泰山楂 **(6)** 504 **509** 彩片125
阿尔泰糖芥 **(5)** 513 **516**
阿尔泰葶苈 **(5)** 439 **445**
阿尔泰亚麻 **(8)** 232 **235**
阿尔泰银莲花 **(3)** 487 **489**
阿芳
(=藤春) **(3)** 182
阿富汗早熟禾 **(12)** 702 **714**
阿拉伯婆婆纳 **(10)** 146 **150**
阿拉善单刺蓬 **(4)** **366** 黑片167
阿拉善点地梅 **(6)** 150 **159**
阿拉善黄蓍 **(7)** 290 **314**
阿拉善碱蓬 **(4)** 343 **346** 彩片15
阿拉善鹅观草 **(12)** 844 **853**
阿拉善马先蒿 **(10)** 182 **208** 彩片57
阿拉善沙拐枣 **(4)** 513 **515**
阿拉斯加塔藓
(=塔藓) **(1)** 935
阿拉套棘豆 **(7)** 355 **381**
阿拉套羊茅 **(12)** 683 **691**
阿拉套早熟禾 **(12)** 707 **735**
阿勒泰橐吾 **(11)** 450 **469**
阿里粗枝藓 **(1)** 926 **929**
阿里山耳蕨
(=灰绿耳蕨) **(2)** 544
阿里山连蕊茶 **(4)** 577 **601**
阿里山菊 **(11)** 342 **345**
阿里山十大功劳 **(3)** 625 **638** 彩片458
阿里山薹草 **(12)** 483 **487**
阿里山獐牙菜 **(9)** 76 **79**
阿米芹 **(8)** **651**
阿米芹属
(伞形科) **(8)** 581 **651**
阿穆尔莎草 **(12)** 322 **328**
阿齐薹草 **(12)** 492 **493**
阿洼早熟禾 **(12)** 711 **754**
阿希蕉 **(13)** 15 **17**
阿萨密鞭苔 **(1)** 25 **27**
阿萨密扁萼苔 **(1)** 186 **197**
阿萨姆鳞毛蕨 **(2)** 492 **527**
阿萨姆曲尾藓 **(1)** 376 **379**
阿山黄堇 **(3)** 723 **744**
阿氏苔科 **(1)** **161**
阿魏属
(伞形科) **(8)** 582 **734**
阿西棘豆 **(7)** 354 **372**
阿玉碎米荠
(=露珠碎米荠) **(5)** 456
阿月浑子 **(8)** 363 **364**

ai

哀氏马先蒿
(=裹盔马先蒿) **(10)** 217
埃及白酒草 **(11)** 224 **225**
埃及蘋蕨 **(2)** 783 **784**
埃氏羽苔 **(1)** 130 **150**
矮落草 **(12)** **877**
矮扁鞘飘拂草 **(12)** 291 **296**
矮扁莎 **(12)** 337 **339**
矮扁桃 **(6)** 752 **753**
矮滨蒿 **(11)** 372 **388**
矮茶藨子 **(6)** 296 307
矮菜棕 **(12)** **71**
矮齿缘草 **(9)** 328 **330**
矮垂头菊 **(11)** 471 **477** 彩片104
矮慈姑 **(12)** 4 **7**
矮刺苏 **(9)** **505**
矮刺苏属
(唇形科) **(9)** 395 **505**
矮刺果藓 **(1)** **739**
矮丛薹草 **(12)** 428 **430**
矮大黄 **(4)** 530 **532**
矮大戟 **(8)** 118 **127**
矮大叶藻 **(12)** **51**
矮灯心草 **(12)** 224 **243**
矮地榆 **(6)** 745 **747**
矮冬青 **(7)** 838 **865**
矮鹅观草 **(12)** 844 **852**
矮桄榔
(=山棕) **(12)** 86
矮高河菜
(=高河菜) **(5)** **413**
矮高山栎 **(4)** 241 **249**
矮蒿 **(11)** 376 **401**
矮黑三棱 **(13)** 1 **4**
矮胡麻草 **(10)** 164 **165**
矮狐尾藻 **(7)** 493 **495**
矮虎耳草 **(6)** 386 **410**

矮桦 (4) 276 **278**
矮火绒草 (11) 251 **257**
矮碱茅 (12) 764 **771**
矮角盘兰 (13) 474 **476**
矮脚三郎
(=紫金牛) (6) 99
矮茎灯心草 (12) 224 **246**
矮金莲花 (3) 393 **395**
矮锦鸡儿 (7) 266 **278**
矮韭 (13) 141 **157**
矮狼杷草 (11) 326 **327**
矮两歧飘拂草 (12) 292 **300**
矮棱子芹 (8) 612 **613**
矮冷水花 (4) 93 **110**
矮龙胆 (9) 18 **36** 彩片18
矮裸柱草 (10) **351**
矮麻黄 (3) 113 **118**
矮毛茛 (3) 551 552 **556**
矮磨芋 (12) 136 **141**
矮牡丹 (4) 555 **556**彩片239
矮平藓 (1) 708 **710**
矮千斤拔 (7) 244 **248**
矮琼棕 (12) 69 **70**
矮伞芹属
(伞形科) (8) 581 **663**
矮沙冬青
(=小沙冬青) (7) **457**
矮沙蒿 (11) 381 **428**
矮山兰 (13) 560 **562**
矮山黧豆 (7) 420 **421**
矮山栎
(=矮高山栎) (4) 249
矮生多裂委棱菜 (6) 657 **670**
矮生二裂委陵菜 (6) 654 **662**
矮生红景天 (6) 353 **356**
矮生虎耳草 (6) 387 **414**
矮生黄华 (7) 458 **460**
矮生柳叶菜 (7) 598 **608**
矮生丝瓜藓
(=多态丝瓜藓) (1) 547
矮生绣线梅 (6) 474 **475**
矮生悬钩子 (6) 592 **644**
矮生栒子 (6) 483 **496**
矮生野决明
(=矮生黄华) (7) 460
矮生羽叶花 (6) 649 **650**
矮生黄鹌菜 (11) 717 **719**
矮生忍冬 (11) 50 **56**
矮生嵩草 (12) 363 **374**
矮生薹草 (12) 493 **496**
矮生以礼草 (12) 863 **865**
矮酸脚杆 (7) 655 **656**
矮石斛 (13) 662 **681**彩片506
矮鼠草 (11) 280 **286**
矮水竹叶 (12) 190 **193**
矮桃
(=珍珠菜) (6) 122
矮探春 (10) 58 59 彩片21
矮天名精 (11) 299 **302**
矮葶苈 (5) 440 **446** 彩片175
矮陀陀 (8) **381**
矮万代兰 (13) 745 747 彩片556
矮卫矛 (7) 777 **789**
矮喜山葶苈
(=喜山葶苈) (5) 441
矮小扁枝石松 (2) 28 **30** 彩片10
矮小柴胡 (8) 632 **642**
矮小杜鹃 (5) 560 **597**
矮小孩儿参 (4) 398 **399**
矮小金星蕨 (2) 338 **341**
矮小耳草 (10) 516 **523**
矮小厚喙菊 (11) 707 **708**
矮小还阳参 (11) 712 **713**
矮小苓菊 (11) 563 **565**
矮小米草 (10) 174 **177**
矮小忍冬 (11) 52 **72**
矮小肉果兰 (13) **521**
矮小山麦冬 (13) **240**
矮小沿沟草 (12) **785**
矮星宿菜 (6) 115 **124** 彩片32
矮型黄蓍 (7) 292 **329**
矮鸦葱
(=小鸦葱) (11) 690
矮羊茅 (12) 683 **692**
矮杨梅
(=云南杨梅) (4) 177
矮早熟禾 (12) 707 **736**
矮獐牙菜 (9) 75 **80**
矮泽芹 (8) 609 **610**
矮泽芹属
(伞形科) (8) 579 **609**
矮针蔺 (12) 270 **271**
矮直瓣苣苔 (10) **259**
矮株龙葵
(=红果龙葵) (9) 224
矮株密花香薷
(=密花香薷) (9) 550
矮柱兰 (13) **660**
矮柱兰属
(兰科) (13) 372 **659**
艾胶算盘子 (8) 46 **48**
矮枝真藓
(=毛状真藓) (1) **560**
矮紫苞鸢尾
(=紫苞鸢尾) (13) 291
矮棕竹 (12) **63**
艾 (11) 375 **398**
艾堇 (8) 54 **56** 彩片20
艾蒿
(=艾) (11) 398
艾葵假毛蕨
(=西南假毛蕨) (2) 370
艾麻 (4) 84 **85** 彩片53
艾麻属
(荨麻科) (4) 75 **84**
艾纳香 (11) 230 **233**
艾纳香属
(菊科) (11) 128 **230**
艾松早熟禾 (12) 703 **717**
艾叶火绒草 (11) 250 **255**
爱地草 (10) **618**
爱地草属
(茜草科) (10) 508 **618**

爱玉子 (4) 46 **73** 彩片52

an

安旱苋 (4) **383**
安旱苋属
(苋科) (4) 368 **382**
安徽贝母 (13) 108 **110**
安徽石蒜 (13) 262 **265**
安徽小檗 (3) 588 **617**
安吉金竹 (12) 602 **616**
安吉水胖竹 (12) 602 **616**
安蕨 (2) 291 **291**
安蕨属
(蹄盖蕨科) (2) 271 **291**
安龙花 (10) **353**
安龙花属
(爵床科) (10) 331 **353**
安龙景天 (6) 336 **344**
安坪十大功劳 (3) 626 **630**彩片460
安石榴
(=石榴) (7) 580
安息香科 (6) **26**
安息香属
(安息香科) (6) 26 **27**
桉树 (7) 551 **553** 彩片192
桉叶悬钩子 (6) 584 **597**
桉属
(桃金娘科) (7) 549 **550**
菴耳柯 (4) 201 **221**
鞍唇沼兰 (13) 551 **554**
鞍叶苔 (1) **237**
鞍叶苔属
(细鳞苔科) 225 **237**
鞍叶羊蹄甲 (7) 42 **48** 彩片35
岸生半柱花
(=溪畔黄球花) (10) 362
暗褐飘拂草 (12) 293 **309**
暗红葛缕子 (8) 651 **653**
暗红栒子 (6) 482 **490**
暗红紫晶报春 (6) 174 **197**
暗花金挖耳 (11) 300 **303**
暗鳞鳞毛蕨 (2) 488 **497**
暗绿多枝藓 (1) 780 **781**
暗绿耳叶苔 (1) 212 **220**
暗绿紫堇 (3) 723 **742** 彩片423
暗罗 (3) 177 **178**
暗罗属
(番荔枝科) (3) 159 **177**
暗绿蒿 (11) 379 **416**
暗色木灵藓 (1) 621 **623**
暗色石灰藓 (1) 459 **463**
暗穗早熟禾 (12) 711 **754**
暗消藤
(=马莲鞍) (9) 137
暗紫脆蒴报春 (6) 173 **190** 彩片52
暗紫楼斗菜 (3) 455 **457**
暗紫贝母 (13) 108 **116** 彩片87

ang

昂头风毛菊 (11) 571 574 **595**
昂氏藓属
(曲尾藓科) (1) 333 **336**
昂天莲 (5) 35 **61** 彩片36
昂天莲属
(梧桐科) (5) 35 **61**

ao

凹瓣梅花草 (6) 431 **434**
凹唇姜 (13) **29**
凹唇姜属
(姜科) (13) 20 **29**
凹唇马先蒿 (10) 184 **219**
凹唇鸟巢兰 (13) 402 **404**
凹萼木鳖 (5) 224 **225**
凹萼清风藤 (8) 292 **294**
凹裂毛麝香 (10) 97 **98**
凹脉丁公藤
(=九来龙) (9) 245
凹脉金花茶 (4) 576 **592** 彩片275
凹脉柃 (4) 636 **642**
凹脉紫金牛 (6) 85 **90**
凹乳芹 (8) **621**
凹乳芹属
(伞形科) (8) 579 **621**
凹头苋 (4) 371 **375**
凹舌兰 (13) **470** 彩片320
凹舌兰属
(兰科) (13) 367 **470**
凹叶顶隐蒴藓 (1) **646**
凹叶冬青 (7) 838 **866**
凹叶瓜馥木 (3) 186 **191**
凹叶红淡比 (4) 630 **632**
凹叶红豆 (7) 69 **75** 彩片50
凹叶厚朴 (3) 131 **135** 彩片161
凹叶旌节花 (5) 131 **134** 彩片78
凹叶景天 (6) 337 **352** 彩片89
凹叶柃木
(=滨柃) (4) 643
凹叶雀梅藤 (8) 139 **140**
凹叶忍冬 (11) 51 **63**
凹叶瑞香 (7) 526 **531** 彩片188
凹叶山蚂蝗 (7) 152 **155**
凹籽远志 (8) 246 **252**
澳古茨藻 (12) 41 **44**
澳杨属
(大戟科) (8) 14 **110**
澳洲坚果 (7) **490**
澳洲坚果属
(山龙眼科) (7) 482 **489**
澳洲茄 (9) 221 **222**

B

ba

八宝 (6) 326 **329**
八宝茶 (7) 777 **789**
八宝树 (7) **498** 彩片174
八宝树属
(海桑科) (7) 497 **498**
八宝属
(景天科) (6) 319 **325**
八齿碎米藓 (1) **755**

八齿藓 (1) **401** 彩片104
八齿藓属
(白发藓科) (1) 394 **401**
八角 (3) 360 **365** 彩片280
八角枫 (7) 683 **684** 彩片259
八角枫科 (7) **682**
八角枫属
(八角枫科) (7) **682**
八角金盘属
(五加科) (8) 534 **536**
八角科 (3) **360**
八角莲 (3) 638 **639** 彩片463
八角莲属
(小檗科) (3) 582 **638**
八角属
(八角 科) (3) **360**
八蕊花 (7) **633**
八蕊花属
(野牡丹科) (7) 614 **633**
八药水筛 (12) 8 20
八月瓜 (3) 661 **663**
八月瓜属
(木通科) (3) 665 **660**
八月竹
(=冷竹) (12) 622
巴东风毛菊 (11) 571 **595**
巴东过路黄 (6) 118 **145**
巴东胡颓子 (7) 467 **474**
巴东荚 (11) 6 20
巴东栎 (4) 242 **253**
巴东木莲 (3) 124 **128** 彩片154
巴东忍冬
(=淡红忍冬) (11) 77
巴东小檗 (3) 585 **599**
巴东羊角芹 (8) 679 **680**
巴东醉鱼草 (10) 15 **20** 彩片5
巴豆 (8) 94 **95** 彩片45
巴豆树
(=巴豆) (8) **95**
巴豆藤 (7) **117**
巴豆藤属
(蝶形花科) (7) 61 **116**
巴豆属
(大戟科) (8) 13 **93**
巴顿早熟禾 (12) 707 **735**
巴戟
(=巴戟天) (10) 654
巴戟天 (10) 652 **654**
巴戟天属
(茜草科) (10) 508 **651**
巴拉草 (12) 1048 1049
巴兰贯众
(=镰羽贯众) (2) 592
巴郎杜鹃 (5) 567 **651**
巴郎栎
(=川滇高山栎) (4) 248
巴郎柳 (5) 305 310 **320** 彩片143
巴柳 (5) 303 311 **329**
巴山榧树 (3) 110 **111**
巴山过路黄 (6) 117 **135**
巴山冷杉 (3) 19 **21**
巴山松 (3) 53 **62**
巴山木竹 (12) 644 647
巴山木竹属
(=青篱竹属) (12) 644
巴山箬竹 (12) 661 **662**
巴山酸模 (4) 521 **525** 彩片223
巴山铁线莲 (3) 508 509 **525**
巴山重楼 (13) 220 **228**
巴蜀报春 (6) 171 **186**
巴塔林以礼草 (12) 863 **867**
巴塘报春 (6) 170 **185**
巴塘翠雀花 (3) 428 **433**
巴塘黄蓍 (7) 291 **322**
巴塘景天 (6) 335 **339**
巴塘蝇子草 (4) 442 **460**
巴塘紫菀 (11) 178 **199** 彩片58
巴西网藓 (1) 428 **430** 彩片125
巴西橡胶
(=橡胶树) (8) **96**
扒地蜈蚣
(=长梗娃儿藤) (9) 195
芭蕉 (13) 15 **16** 彩片16
芭蕉科 (13) **14**
芭蕉属
(芭蕉科) (13) 14 **15**
拔毒散 (5) 75 **6**
菝葜 (13) 315 **320** 彩片240
菝葜科 (13) **314**
菝葜属
(菝葜科) (13) **314**
菝葜叶栝楼 (5) 234 **240**
菝葜叶铁线莲 (3) 506 **529**
霸王 (8) **459** 彩片235
霸王鞭 (8) 117 **125**
霸王鞭
(=量天尺) (4) 303
霸王属
(蒺藜科) (8) 449 **459**

bai
白艾
(=艾) (11) 398
白斑凤尾蕨 (2) 182 **197**
白苞蒿 (11) 379 **419**
白苞筋骨草 (9) 407 **408** 彩片155
白苞裸蒴 (3) 317 **318** 彩片260
白苞南星 (12) 152 **156** 彩片61
白苞芹 (8) **682**
白苞芹属
(伞形科) (8) 581 **682**
白背大丁草
(=白背扶郎花) (11) 683
白背风毛菊 (11) 570 **586**
白背枫 (10) 14 **16** 彩片2
白背扶郎花 (11) 681 **683**
白背麸杨 (8) 354 **356**
白背厚壳桂 (3) 300 **302**
白背黄花稔 (5) 75 **77**
白背柳 (5) 306 309 **341**
白背牛尾菜 (13) 314 **318**
白背爬藤榕 (4) 46 **74**

白背蒲儿根 (11) 508 513
白背桤叶树 (5) 545 551
白背鼠草
(=细叶鼠草) (11) 284
白背算盘子 (8) 46 51
白背铁线蕨 (2) 233 241
白背兔儿风 (11) 665 678
白背苇谷草 (11) 296 297
白背绣球 (6) 275 281
白背亚飞廉
(=厚叶翅膜菊) (11) 618
白背叶 (8) 64 70 彩片32
白避霜花
(=抗风桐) (4) 292
白边鞭苔 (1) 25 30 彩片8
白边粉背蕨 (2) 227 229
白边卷柏 (2) 32 36 彩片12
白边瓦韦 (2) 682 694
白滨藜 (4) 321 322
白哺鸡竹 (12) 600 605
白菜 (5) 390 393
白草 (12) 1078 1079
白草果
(=姜花) (13) 33
白茶树 (8) 86
白茶树属
(大戟科) (8) 12 86
白蟾 (10) 581 583
白车轴草 (7) 438 439
白唇槽舌兰 (13) 764 765 彩片578
白齿泥炭藓 (1) 301 303
白齿藓 (1) 652 655
白齿藓科 (1) 651
白齿藓属
(白齿藓科) (1) 651
白刺 (8) 450 451
白刺花 (7) 82 85 彩片55
白刺菊 (11) 655
白刺菊属
(菊科) (11) 132 654
白刺属
(蒺藜科) (8) 449
白大凤 (8) 85
白大凤属
(大戟科) (8) 12 85
白点兰 (13) 740 742
白点兰属
(兰科) (13) 370 740
白蝶兰属
(兰科) (13) 367 491
白丁香 (10) 33 36
白顶早熟禾 (12) 706 731
白豆杉 (3) 108 彩片137
白豆杉属
(红豆杉科) (3) 105 108
白杜 (7) 777 790 彩片300
白垩假木贼 (4) 354 355
白垩铁线蕨 (2) 232 234
白萼青兰 (9) 451 452
白萼委陵菜 (6) 658 677
白耳菜 (6) 432 440
白发藓 (1) 396 400
白发藓科 (1) 394
白发藓属
(白发藓科) (1) 394 396
白饭树 (8) 30 31 彩片10
白饭树属
(大戟科) (8) 11 30
白粉藤 (8) 197 198
白粉藤属
(葡萄科) (8) 183 197
白粉圆叶报春 (6) 174 205
白番红花 (13) 273 274
白凤菜 (11) 551 554
白钩藤 (10) 559 560
白鼓钉 (4) 397
白鼓钉属
(石竹科) (4) 392 397
白桂木 (4) 37 38 彩片27
白果(=银杏) (3) 11
白果堇菜
(=茜堇菜) (5) 152
白果景天 (6) 336 348
白果越桔 (5) 699 707
白果香楠 (10) 590
白蒿
(=艾) (11) 398
白蒿
(=猪毛蒿) (11) 426
白鹤参 (13) 459 469
白鹤灵芝
(=灵枝草) (10) 405
白鹤藤 (9) 266 267
白喉乌头 (3) 405 410
白花白酒草
(=粘毛白酒草) (11) 225
白花败酱
(=攀倒甑) (11) 95
白花贝母兰 (13) 619 623 彩片446
白花菜 (5) 378 380
白花菜科
(=山柑科) (5) 366
白花菜属
(白花菜科) (5) 367 378
白花草木樨 (7) 429
白花柽柳 (5) 176 178
白花刺参 (11) 108 109
白花葱 (13) 143 167
白花酢浆草 (8) 462 463 彩片238
白花大苞苣苔 (10) 311
白花大苞兰 (13) 717 718
白花丹 (4) 538 彩片232
白花丹科 (4) 538
白花丹属
(百花丹科) (4) 538
白花灯笼 (9) 378 379
白花地蚕 (9) 492 496
白花地胆草 (11) 146 147
白花地丁 (5) 141 154
白花兜兰 (13) 387 388 彩片278
白花点地梅 (6) 151 166
白花杜鹃 (5) 570 672
白花风筝果 (8) 239

白花凤蝶兰 (13) **750** 彩片561
白花伏地杜鹃
(=伏地白珠) (5) 690 695
白花鬼针草 (11) 326 **329**
白花过路黄 (6) 117 **134**
白花含笑 (3) 145 **153**
白花合欢 (7) 16 **17**
白花假糙苏 (9) 487 **488**
白花堇菜 (5) 141 **155**
白花堇菜
(=蒙古堇菜) (5) 149
白花堇兰
(=白花大苞兰) (13) 718
白花卷瓣 (13) 691 **714**
白花苦灯笼 (10) 595 **597**
白花列当 (10) 238 **242**
白花铃子香 (9) 459 **460**
白花柳叶箬 (12) 1020 **1022**
白花龙 (6) 28 **39** 彩片10
白花龙
(=赛山梅) (6) 38
白花龙船花 (10) 610 **612**
白花鹿角兰
(=鹿角兰) (13) 730
白花驴蹄草 (3) 390 **391**
白花马蔺
(=马蔺) (13) 288
白花毛轴莎草 (12) 321 **327**
白花梅花草 (6) 430 **433**
白花拟万代兰 (13) **723** 彩片534
白花鸟板紫
(=镰叶越桔) (5) 703
白花泡桐 (10) 76 **78**
白花蒲公英 (11) 768 **769**
白花荛花 (7) 515 **518**
白花芍药 (4) 556 **561** 彩片249
白花蛇舌草 (10) 516 **524** 彩片183
白花石豆兰 (13) 693 **712**
白花树
(=越南安息香) (6) 29
白花水八角
(=水八角) (10) 94
白花酸藤果
(=白花酸藤子) (6) **103**
白花酸藤子 (6) 102 **103**
白花碎米荠 (5) 452 **454**
白花桐
(=白花泡桐) (10) 78
白花万代兰
(=白柱万代兰) (13) 745
白花溪荪 (13) 280 **284**
白花苋 (4) **377**
白花苋属
(苋科) (4) 368 **377**
白花线柱兰 (13) 431 **433**
白花悬钩子 (6) 586 **614**
白花岩梅 (5) 737 **737**
白花野火球 (7) 438 **439**
白花叶 (9) 245 **246**
白花异叶苣苔 (10) **326**
白花油麻藤 (7) 198 **200** 彩片96
白花鱼藤 (7) 118 **120**
白花鸢尾 (13) 280 **297**
白花枝子花 (9) 451 **453**
白花蛛毛苣苔 (10) 303 **305**
白花醉鱼草
(=巴东醉鱼草) (10) 20
白桦 (4) 276 **283**
白灰毛豆 (7) 122 **123**
白喙刺子莞 (12) 311 **312**
白棘
(=马甲子) (8) 171
白及 (13) **534** 彩片369
白及属
(兰科) (13) 365 **533**
白兼果 (5) **216**
白兼果属
(葫芦科) (5) 198 **216**
白尖苔草
(=黑褐穗薹草) (12) 445
白健秆 (12) 1111 **1112**
白浆果苋 (4) **369**
白胶木
(=鼎湖钓樟) (3) 239
白脚桐棉 (5) **99**
白接骨 (10) **390** 彩片118
白接骨属
(爵床科) (10) 330 **390**
白睫藓 (1) 394 **395**
白睫藓属
(白发藓科) (1) **394**
白芥 (5) **394** 彩片164
白芥属
(十字花科) (5) 383 **394**
白锦藓属
(曲尾藓科) (1) 332 **393**
白茎唐松草 (3) 462 **473**
白茎盐生草
(=灰蓬) (4) 349
白茎眼子菜 (12) 29 **34**
白酒草 (11) 224 226
白酒草属
(菊科) (11) 123 **224**
白菊木 (11) **657**
白菊木属
(菊科) (11) 130 **656**
白鹃梅 (6) **479**
白鹃梅属
(蔷薇科) (6) 442 **479**
白柯 (4) 198 **205** 彩片93
白喇叭杜鹃 (5) 558 **575**
白蜡槭
(=柃叶槭) (8) 339
白蜡树 (10) 25 **28**
白蜡叶荛花 (7) 516 **524**
白兰 (3) 145 **146** 彩片178
白兰花
(=白兰) (3) 146
白蓝翠雀花 (3) 428 **435**彩片326
白榔皮
(=绒毛苹婆) (5) 37
白勒 (8) 557 **561** 彩片269
白肋翻唇兰 (13) 427 **428**

白肋线柱兰 (13) 431 **432**
白梨 (6) 558 **561**
白藜 (4) 313 **318**
白栎 (4) 240 **244**
白莲蒿 (11) 374 **390**
白蔹 (8) 190 **194** 彩片98
白亮独活 (8) 752 **756**
白鳞刺子莞 (12) 311 **313**
白鳞莎草 (12) 322 **334**
白鳞苔草
(=豌豆形薹草) (12) 422
白鳞苔属
(细鳞苔科) (1) 225 **234**
白柳 (5) 305 310 **318**
白绿绵枣儿 (13) **138**
白绿苔草
(=海绵基薹草) (12) 536
白麻 (9) 124 **125**
白马吊灯花 (9) 200 **202**
白马骨 (10) **645**
白马骨属
(茜草科) (10) 509 **645**
白马芥 (5) **520**
白马芥属
(十字花科) (5) 381 **520**
白马蹄莲 (12) **122**
白马银花 (5) 572 **665** 彩片264
白脉犁头尖 (12) 143 **147**
白脉瑞香
(=穗花瑞香) (7) 528
白毛椴 (5) 13 **14**
白毛多花蒿 (11) 378 **418**
白毛花旗杆 (5) 491 **492**
白毛火把花 (9) **498**
白毛鸡矢藤 (10) 633 **634**
白毛假糙苏 (9) 487 **489**
白毛金露梅 (6) 653 **660**
白毛巨竹 (12) **587**
白毛鹿茸草
(=绵毛鹿茸草) (10) 226
白毛砂藓 (1) **509** 彩片140
白毛石栎
(=黑家柯) (4) 211
白毛乌蔹莓 (8) 202 **205**
白毛小叶金露梅 (6) 654 **661**
白毛羊胡子草 (12) 274 **276**
白毛银露梅 (6) 654 **661**
白毛紫珠 (9) 353 **357**
白茅 (12) **1093**
白茅根
(=丝茅) (12) 1094
白茅属
(禾本科) (12) 555 **1093**
白面柴
(=油果樟) (3) 299
白面杜鹃 (5) 559 **583**
白面苎麻 (4) 136 **139**
白磨芋 (12) 135 **138** 彩片52
白木苏花
(=伞花假木豆) (7) 149
白木通 (3) 657 **658** 彩片393
白木乌桕 (8) 113 **115**
白木犀草 (5) 542 **543**
白牛皮消 (9) 150 **156**
白牛槭 (8) 318 **338**
白皮椴
(=蒙椴) (5) 17
白皮鹅耳枥
(=短尾鹅耳枥) (4) 262
白皮锦鸡儿 (7) 266 **278**
白皮柯
(=白柯) (4) 205
白皮松 (3) 52 **59** 彩片83
白皮唐竹 (12) 597 **599**
白皮乌口树 (10) **595**
白皮云杉 (3) 35 **37**
白婆婆纳
(=白兔儿尾苗) (10) 143
白千层 (7) **557**
白千层属
(桃金娘科) (7) 549 **557**
白扦 (3) 35 **38** 彩片55
白前 (9) 151 **161**
白枪杆 (10) 24 **25**
白楸 (8) 64 **69**
白屈菜 (3) **713**
白屈菜属
(罂粟科) (3) 623 **641**
白绒草 (9) **464**
白绒绣球 (6) 276 **283**
白肉榕 (4) 43 **52**
白瑞香 (7) 526 **533** 彩片189
白莎蒿 (11) 381 **427**
白色同蒴藓 (1) **829**
白色羊蹄甲 (7) 41 **42**
白山蒿 (11) 372 **385**
白山耧斗菜 (3) 455 **457** 彩片342
白山薹草 (12) **548**
白舌紫菀 (11) 176 **189** 彩片52
白射干
(=野鸢尾) (13) 294
白氏马先蒿 (10) 183 **187**
白氏藓 (1) **360** 彩片93
白氏藓属
(曲尾藓科) (1) 332 **360**
白首乌 (9) 150 **156**
白薯莨 (13) 344 **355**
白术 (11) **562** 彩片124
白树 (8) **10** 彩片55
白树沟瓣 (7) 802 **804**
白树属
(大戟科) (8) 14 **106**
白水藤 (9) **189**
白水藤属
(萝科) (9) 136 **188**
白睡莲 (3) 381 **382** 彩片294
白丝草 (13) **75**
白丝草属
(百合科) (13) 69 **75**
白苏
(=紫苏) (9) 541
白穗花 (13) **176** 彩片126
白穗花属

(百合科) **(13)** 71 **175**
白桫椤 **(2)** 142 **142**
白桫椤属
(桫椤科) **(2)** 141 **141**
白梭梭 **(4)** **357** 彩片158
白檀 **(6)** 54 **76** 彩片20
白棠子树 **(9)** 354 **358** 彩片135
白藤 **(12)** 77 **83** 彩片19
白条纹龙胆 **(9)** 20 **49**
白桐树 **(8)** **81**
白桐树属
(大戟科) **(8)** 12 **81**
白头树 **(8)** 340 **341** 彩片164
白头金足草 **(10)** 374 **376**
白头韭 **(13)** 141 **149**
白头婆 **(11)** 149 152 彩片42
白头山薹草 **(12)** 394 **399**
白头翁 **(3)** 501 **502** 彩片362
白头翁属
(毛茛科) **(3)** 389 **501**
白透骨消 **(9)** 444 **445**
白兔儿尾苗 **(10)** 142 **143**
白碗杜鹃 **(5)** 568 **627**
白薇 **(9)** 150 **158**
白鲜 **(8)** **423** 彩片212
白鲜属
(芸香科) **(8)** 398 **423**
白藓 **(1)** **741**
白藓科 **(1)** **740**
白藓属
(白藓科) **(1)** **741**
白苋 **(4)** 371 **374**
白线薯 **(3)** 683 **689**
白香楠属
(茜草科) **(10)** 510 **590**
白香薷 **(9)** 545 **547** 彩片186
白头蟹甲草 **(11)** 488 **498**
白心皮
(=锦鸡儿) **(7)** 267
白辛树 **(6)** 47 **48**
白辛树属
(安息香科) **(6)** 26 **47**
白雪花 **(4)** **538**
白颜树 **(4)** **15**
白颜树属
(榆科) **(4)** 1 **15**
白羊草 **(12)** **1129**
白药谷精草 **(12)** 206 **213**
白药牛奶菜 **(9)** 181 **182**
白叶鞭苔 **(1)** 25 **26**
白叶瓜馥木 **(3)** 186 **188**
白叶蒿 **(11)** 377 **403**
白叶莓 **(6)** 583 **592**
白叶山莓草 **(6)** 693 **699**
白叶藤 **(9)** **137**
白叶藤属
(萝科) **(9)** 133 **136**
白叶藓
(=白氏藓) **(1)** 360
白叶香茶菜 **(9)** 569 **576**
白叶莸
(=灰毛莸) **(9)** 388
白翼藓 **(1)** **758**
白翼藓属
(碎米藓科) **(1)** 754 **758**
白茵陈
(=茵陈蒿) **(11)** 425
白英 **(9)** 222 **226** 彩片96
白颖薹草 **(12)** 539 **540**
白羽凤尾蕨 **(2)** 181 **191**
白羽扇豆 **(7)** **462**
白玉草 **(4)** 441 **454**
白玉兰
(=玉兰) **(3)** 138
白缘蒲公英 **(11)** 767 **778** 彩片181
白云百蕊草 **(7)** 733 **737**
白芷 **(8)** 720 **724**
白指甲花
(=阴山胡枝子) **(7)** 193
白钟花 **(10)** 448 **451**
白珠树
(=滇白珠) **(5)** 694
白珠属
(杜鹃花科) **(5)** 554 **689**
白柱万代兰 **(13)** **745** 彩片551
白子菜 **(11)** 551 **553**
白紫千里光 **(11)** 532 **538**
百部 **(13)** **311** 彩片236
百部科 **(13)** **311**
百部属
(百部科) **(13)** **311**
百齿卫矛 **(7)** 779 **797**
百合 **(13)** 118 **120** 彩片89
百合花杜鹃 **(5)** 558 **576** 彩片191
百合科 **(13)** **68**
百合属
(百合科) **(13)** 72 **118**
百花 **(10)** **342**
百花蒿 **(11)** **361**
百花蒿属
(菊科) **(11)** 126 **360**
百花山柴胡 **(8)** 633 **645**
百花山鹅观草 **(12)** 845 **858**
百花属
(爵床科) **(10)** 329 **342**
百华山瓦韦
(=宝华山瓦韦) **(2)** 684
百金花 **(9)** **14**
百金花属
(龙胆科) **(9)** 11 **14**
百里香 **(9)** 535 **536**
百里香叶齿缘草 **(9)** 328 **329**
百里香属
(唇形科) **(9)** 397 **535**
百两金 **(6)** 86 **95**
百裂风毛菊 **(11)** 571 **595**
百灵草 **(9)** 181 **182**
百脉根 **(7)** **403**
百脉根属
(蝶形花科) **(7)** 67 **403**
百能葳
(=异芒菊) **(11)** 318
百能葳属

(=异芒菊属) (11) 318
百球蔗草 (12) 257 **260**
百日菊 (11) **313**
百日菊属
(菊科) (11) 124 **313**
百日青 (3) 98 **99** 彩片125
百蕊草 (7) 733 **735**
百蕊草属
(檀香科) (7) 723 **733**
百山祖八角
(=假地枫皮) (3) 360
百山祖冷杉 (3) 20 **26** 彩片39
百穗蔗草 (12) 257 **260**
百味参
(=穗花粉条儿菜)(13) 256
百眼藤
(=鸡眼藤) (10) 654
百越凤尾蕨 (2) 183 **200**
百枝莲
(=花朱顶红) (13) 271
百足草
(=蜈蚣草) (12) 1164
百足藤 (12) 109 **110** 彩片38
摆竹 (12) 592 **593**
柏寄生
(=松柏钝果寄生)(7) 751
柏科 (3) **73**
柏拉木 (7) **630**
柏拉木属
(野牡丹科) (7) 614 **630**
柏木 (3) 78 **80** 彩片109
柏木属
(柏科) (3) 74 **78**
柏枝灰藓
(=灰藓) (1) 908
败酱 (11) 91 **92**
败酱耳草 (10) 516 **522**
败酱科 (11) 91
败酱叶菊芹 (11) 549 **550**
败酱属
(败酱科) (11) **91**
败蕊无距花 (7) **644**
稗 (12) 1044 **1045**
稗荩 (12) **1019**
稗荩属
(禾本科) (12) 552 **1018**
稗属
(禾本科) (12) 554 **1043**

ban
斑赤瓟 (5) 209 **213**
斑唇贝母兰
(=眼斑贝母兰) (13) 621
斑唇红门兰 (13) 446 **449**
斑唇卷瓣兰 (13) 692 709 彩片525
斑唇马先蒿 (10) 184 220 彩片67
斑地锦 (8) 117 **123** 彩片65
斑点果薹草 (12) 410
斑点苔草
(=斑点果薹草) (12) 410
斑点虎耳草 (6) 382 **388**
斑点毛鳞蕨 (2) 706 **708**
斑点蜘蛛抱蛋 (13) 182 **186**
斑稃碱茅 (12) 764 **772**
斑果藤 (5) **377**
斑果藤属
(山柑科) (5) 367 **377**
斑花败酱 (11) 92 **96**
斑花黄堇 (3) 722 **733**
斑胶藤
(=长梗娃儿藤) (9) 195
斑茎蔓龙胆 (9) 56 **57**
斑鸠菊 (11) 136 **139**
斑鸠菊属
(菊科) (11) 128 **136**
斑壳玉山竹 (12) 631 **635**
斑苦竹 (12) 645 **651**
斑龙芋 (12) **150** 彩片58
斑龙芋属
(天南星科) (12) 105 **149**
斑茅 (12) 1096 **1098**
斑膜芹 (8) **682**
斑膜芹属
(伞形科) (8) 581 **681**
斑皮桉 (7) 550 **552**
斑箨酸竹 (12) 640 **642**
斑纹芦荟
(=芦荟) (13) 97
斑纹木贼 (2) 65 **70** 彩片25
斑叶桉 (7) 550 **552**
斑叶败酱 (11) 92 **96**
斑叶杓兰 (13) 377 **385** 彩片272
斑叶稠李 (6) 780 **782**
斑叶唇柱苣苔 (10) 287 **293** 彩片91
斑叶鹤顶兰
(=黄花鹤顶兰) (13) 596
斑叶堇菜 (5) 141 **150** 彩片82
斑叶兰 (13) 410 **411** 彩片297
斑叶兰属
(兰科) (13) 366 **409**
斑叶蒲公英 (11) 768 **775**
斑叶纤鳞苔 (1) **248**
斑折竹 (12) 575 **584**
斑籽 (8) **107**
斑籽属
(大戟科) (8) 14 **107**
斑子麻黄 (3) 113 **116**
斑子乌桕 (8) 113 **116**
斑种草 (9) 315 **317**
斑种草属
(紫草科) (9) 281 **315**
板凳果 (8) **8** 彩片4
板凳果属
(黄杨科) (8) 1 **8**
板蓝 (10) **363** 彩片114
板蓝根
(=菘蓝) (5) 409
板蓝属
(爵床科) (10) 331 **363**
板栗
(=栗) (4) 180
版纳蝴蝶兰 (13) **751** 彩片563
版纳青梅 (4) **571** 彩片260

版纳蛇根草 (10) 531 **534**
版纳藤黄 (4) 686 **690** 彩片314
版纳甜龙竹 (12) 588 **590**
半抱茎葶苈 (5) 440 **447**
半边莲 (10) 494 **497** 彩片177
半边莲属
(桔梗科) (10) 447 **493**
半边旗 (2) 181 **192** 彩片61
半边铁角蕨 (2) 401 **410**
半边月 (11) **47**
半插花属
(爵床科) (10) 332 **355**
半齿柃 (4) 635 **653**
半岛鳞毛蕨 (2) 490 **511**
半枫荷 (3) **779** 彩片439
半枫荷属
(金缕梅科) (3) 773 **779**
半脊荠 (5) **419**
半脊荠属
(十字花科) (5) 384 **386** 387**419**
半毛菊 (11) **643**
半毛菊属
(菊科) (11) 132 **642**
半扭卷马先蒿 (10) 182 **209** 彩片59
半琴叶凤毛菊 (11) 571 **596**
半球齿缘草 (9) 328 **331**
半球虎耳草 (6) 387 **415**
半日花 (5) **130** 彩片75
半日花科 (5) **130**
半日花属
(半日花科) (5) **130**
半蒴苣苔 (10) 277 **278** 彩片82
半蒴苣苔属
(苦苣苔科) (10) 244 **276**
半卧狗娃花 (11) 167 **169**
半夏 (12) 172 **173** 彩片79
半夏属
(天南星科) (12) 106 **172**
半育耳蕨 (2) 536 **568**
半育鳞毛蕨 (2) 490 **511**
半圆叶杜鹃 (5) 569 **663** 彩片262
半月苔 (1) **269** 彩片57
半月苔科 (1) **269**
半月苔属
(半月苔科) (1) **269**
半月形铁线蕨 (2) 232 **236** 彩片72
半枝莲
(=大花马齿苋) (4) **384**
半枝莲 (9) 418 **429** 彩片159
半栉小赤藓 (1) 954 **955**
半栉小金发藓 (1) 958 **960** 彩片284
半钟铁线莲 (3) 509 **542**
半柱花
(=黄球花) (10) 362
半柱毛兰 (13) 640 **644**
伴藓耳蕨 (2) 538 **575**
瓣鳞花 (5) **188**
瓣鳞花科 (5) **188**
瓣鳞花属
(瓣鳞花科) (5) **188**
瓣蕊唐松草 (3) 460 **468**

bang
膀胱豆 (7) **261**
膀胱果 (8) 260 **261**
膀胱蕨 (2) **449**
膀胱蕨属
(岩蕨科) (2) 448 **448**
膀胱岩蕨
(=膀胱蕨) (2) 449
蚌壳蕨科 (2) 3 **140**
棒柄花 (8) **80**
棒柄花属
(大戟科) (8) 12 **80**
棒锤瓜 (5) **202**
棒锤瓜属
(葫芦科) (5) 198 **202**
棒凤仙花 (8) 489 **501** 彩片298
棒果芥 (5) **510**
棒果芥属
(十字花科) (5) 387 **510**
棒果马蓝 (10) 366 **368**
棒果榕 (4) 45 **54** 彩片39
棒花蒲桃 (7) 560 **564**
棒节石斛 (13) 663 **673** 彩片494
棒茎毛兰 (13) 640 **647**
棒距舌唇兰 (13) 459 **467**
棒距无柱兰 (13) 479 **482** 彩片328
棒距虾脊兰 (13) 596 **600**
棒距玉凤花 (13) 500 **509** 彩片344
棒丝黄精 (13) 205 **212**
棒头草 (12) **923**
棒头草属
(禾本科) (12) 559 **923**
棒头南星 (12) 153 **170**
棒叶沿阶草 (13) 242 **245**
棒叶鸢尾兰 (13) 555 **558**

bao
包菜
(=甘蓝) (5) 391
包疮叶 (6) 78 **80**
包谷
(=玉蜀黍) (12) 1169
包果柯 (4) 198 **204**
包槲柯
(=包里柯) (4) 204
包鞘隐子草 (12) 978 **981**
包丝栲
(=丝锥) (4) 184
包丝锥
(=丝锥) (4) 184
苞护豆 (7) **176**
苞护豆属
(蝶形花科) (7) 63 **176**
苞藜 (4) **319**
苞藜属
(藜科) (4) 305 **318**
苞裂芹属
(伞形科) (8) 581 **696**
苞鳞蟹甲草 (11) 488 **498**
苞领藓属
(曲尾藓科) (1) 333 **371**

苞毛莨 (3) 550 **565**
苞茅 (12) **1153**
苞茅属
(禾本科) (12) 56 **1152**
苞舌兰 (13) **592** 彩片414
苞舌兰属
(兰科) (13) 372 **592**
苞序豆腐柴 (9) 364 **371**
苞序葶苈 (5) 440 **448**
苞芽报春
(=苞芽粉报春) (6) **211**
苞芽粉报春 (6) 177 **211**
苞叶大黄 (4) 530 **531** 彩片226
苞叶风毛菊
(=苞叶雪莲) (11) 575
苞叶姜 (13) **32**
苞叶姜属
(姜科) (13) 21 **32**
苞叶兰属
(兰科) (13) 367 **456**
苞叶龙胆
(=大颈龙胆) (9) 48
苞叶马兜铃 (3) 349 **356**
苞叶木 (8) **164**
苞叶木蓝 (7) 131 **138**
苞叶木属
(鼠李科) (8) 138 **164**
苞叶乳苣 (11) 704 **705**
苞叶藤 (9) **266**
苞叶藤属
(旋花科) (9) 240 **266**
苞叶小金发藓 (1) **958** 彩片283
苞叶雪莲 (11) 568 **575** 彩片126
苞子草 (12) 1156 **1157**
宝岛套叶兰 (13) **559**
宝岛盂兰 (13) 524 **525**
宝岛碎米荠
(=碎米荠) (5) 458
宝岛铁线莲 (3) 507 **517**
宝盖草 (9) 474 **475**
宝华山瓦韦 (2) 681 **684**
宝华玉兰 (3) 132 **138** 彩片168
宝塔菜
(=甘露子) (9) 495
宝兴百合 (13) 120 **129** 彩片103
宝兴茶藨子 (6) 295 **301**
宝兴翠雀花 (3) 428 **433**
宝兴吊灯花 (9) 200 **202**
宝兴杜鹃 (5) 558 **579**
宝兴耳蕨 (2) 535 **551**
宝兴耳蕨
(=穆坪耳蕨) (2) 557
宝兴寄生 (10) **235**
宝兴棱子芹 (8) 612 **629**
宝兴冷蕨 (2) 275 **277**
宝兴柳 (5) 303 309 **322**
宝兴马兜铃 (3) 349 **352** 彩片273
宝兴薹草 (12) 383 **390**
宝兴藤 (9) 164 **165**
宝兴铁角蕨 (2) 403 **424**
宝兴葶苈
(=山菜葶苈) (5) 443
宝兴卫矛
(=隐刺卫矛) (7) 785
宝兴栒子 (6) 483 **494**
宝兴野青茅 (12) 901 **907**
宝兴淫羊藿 (3) 642 **647**
宝兴越桔 (5) 699 **710**
宝珠草 (13) 198 **199**
保康报春 (6) 173 **179**
保亭花 (9) **412**
保亭花属
(唇形科) (9) 392 **412**
保亭羊耳蒜 (13) 537 **545**
保山乌头 (3) 406 **413** 彩片316
保亭哥纳香 (3) 171 **172**
保亭柿 (6) 13 **20**
报春红景天 (6) 353 **356**
报春花 (6) 172 **177**
报春花科 (6) **114**
报春花属
(报春花科) (6) 114 **169**
报春苣苔 (10) **286**
报春苣苔属
(苦苣苔科) (10) 245 **285**
报春茜 (10) 543 **544**
报春茜属
(茜草科) (10) 507 **543**
报春石斛 (13) 664 **675** 彩片498
抱草 (12) 790 **794**
抱茎菝葜 (13) 318 **337** 彩片245
抱茎柴胡 (8) 631 **635**
抱茎独行菜 (5) 400 **403**
抱茎风毛菊 (11) 569 **583**
抱茎凤仙花 (8) 491 **508**
抱茎苦荬菜
(=抱茎小苦荬) (11) 755
抱茎离蕊荠 (4) 576 **591**
抱茎蓼 (4) 484 **501**
抱茎山萝过路黄 (6) 117 **138**
抱茎石龙尾 (10) 99 **101**
抱茎葶苈 (5) 439 **442**
抱茎挺叶苔 (1) 59 **60**
抱茎小苦荬 (11) 752 755 彩片178
抱茎叶苔 (1) 69 **81**
抱茎獐牙菜 (9) 76 **87**
抱君子
(=蔓胡颓子) (7) 472
抱石莲 (2) 700 **701** 彩片131
抱石越桔 (5) 699 **709**
抱树莲 (2) **727** 彩片143
抱树莲属
(水龙骨科) (2) 664 **727**
豹皮花 (9) **178** 彩片85
豹皮花属
(萝科) (9) 134 **178**
豹皮樟 (3) 216 **223**
豹药藤 (9) 150 **153**
豹子花 (13) 134 **135** 彩片113
豹子花属
(百合科) (13) 72 **134**
暴马丁香 (10) 34 **39**
爆杖花 (5) 571 **610** 彩片215

bei
杯被藤
(=上树南星) **(12)** 111
杯柄铁线莲 **(3)** 511 **538**
杯萼杜鹃 **(5)** 563 **659**
杯萼海桑 **(7)** 497 **498**
杯萼毛蕊茶 **(4)** 577 **601**
杯萼忍冬 **(11)** 50 **57**
杯盖阴石蕨 **(2)** 656 **659**
杯冠木 **(3)** **163**
杯冠木属
(番荔枝科) **(3)** 158 **162**
杯花韭 **(13)** 140 **147** 彩片119
杯花菟丝子 **(9)** 270 **271**
杯茎蛇菰 **(7)** 766 **768**
杯菊 **(11)** **157**
杯菊属
(菊科) **(11)** 122 **157**
杯鳞薹草 **(12)** **497**
杯鞘石斛 **(13)** 663 **673** 彩片492
杯苋 **(4)** **375**
杯苋属
(苋科) **(4)** 368 **375**
杯腺柳 **(5)** 304 310 **335**
杯药草 **(9)** **13**
杯药草属
(龙胆科) **(9)** 11 **13**
杯叶西番莲 **(5)** 191 **193**
杯状盖阴石蕨
(=杯盖阴石蕨) **(2)** 659
北艾 **(11)** 377 **401**
北捕虫堇 **(10)** **438**
北部湾卫矛 **(7)** 776 **781**
北侧金盏花 **(3)** 546 **548**
北柴胡 **(8)** 632 **644** 彩片286
北车前 **(10)** 6 **7**
北齿缘草 **(9)** 328 **332**
北臭草 **(12)** 790 **797**
北葱 **(13)** 142 **164**
北灯藓 **(1)** **572**
北灯藓属
(提灯藓科) **(1)** **571**
北地对齿藓 **(1)** 451 **453**
北地链齿藓 **(1)** 448 **450**
北地纽口藓
(=北地对齿藓) **(1)** 453
北地提灯藓
(=拟真藓) **(1)** 584
北点地梅 **(6)** 150 **157**
北方长蒴藓 **(1)** 334 **335**
北方枸杞 **(9)** 205 **207**
北方红门兰 **(13)** 447 **449**
北方还阳参 **(11)** 712 **714**
北方极地藓 **(1)** **372**
北方碱茅 **(12)** 765 **780**
北方金灰藓 **(1)** 901 **902**
北方拉拉藤 **(10)** 661 **671**
北方鸟巢兰 **(13)** 402 **403** 彩片293
北方沙参 **(10)** 476 **486**
北方庭荠 **(5)** 433 **434**
北方雪层杜鹃 **(5)** 560 **594** 彩片207
北方獐牙菜 **(9)** 76 **85**
北方紫萼藓 **(1)** 497 **504**
北附地菜 **(9)** 306 **307**
北黄花菜 **(13)** **93** 彩片71
北火烧兰 **(13)** 398 **400**
北极果 **(5)** **696** 彩片286
北极果属
(杜鹃花科) **(5)** 554 **696**
北极柳 **(5)** 301 305 **311**
北极花 **(11)** **40**
北极花属
(忍冬科) **(11)** 1 **40** **349**
北寄生
(=槲寄生) **(7)** 760
北江荛花 **(7)** 516 **522** 彩片187
北江十大功劳 **(3)** 626 **636**
北疆风铃草 **(10)** 471 **472** 彩片164
北疆锦鸡儿 **(7)** 266 **282**
北疆韭 **(13)** 142 **159**
北疆薹草 **(12)** 512 **513**
北疆头序花 **(11)** **121**
北疆缬草 **(11)** 99 **104**
北疆鸦葱 **(11)** 688 **692**
北京柴胡 **(8)** 633 **645**
北京丁香 **(10)** 34 **39**
北京花楸 **(6)** 532 **536**
北京堇菜 **(5)** 142 **151**
北京前胡 **(8)** 742 **746**
北京水毛茛 **(3)** 575 **577**
北京铁角蕨 **(2)** 403 **427**
北京小檗 **(3)** 589 **625**
北京延胡索 **(3)** 727 **765**
北京隐子草 **(12)** 978 **982**
北韭 **(13)** 141 **150**
北岭黄堇 **(3)** 724 **748**
北陵鸢尾 **(13)** 280 **282** 彩片196
北马兜铃 **(3)** 349 **357**
北美车前 **(10)** 6 **9**
北美独行菜 **(5)** 400 **405**
北美短叶松 **(3)** 54 **66** 彩片91
北美鹅掌楸 **(3)** 156 **157** 彩片192
北美红杉 **(3)** **73**
北美红杉属
(杉科) **(3)** 68 **72**
北美黄杉 **(3)** 29 **31**
北美乔柏 **(3)** 75 **76**
北美乔松 **(3)** 52 **57**
北美香柏 **(3)** 75 **76**
北美圆柏 **(3)** 85 **88**
北千里光 **(11)** 533 **547**
北清香藤
(=清香藤) **(10)** 64
北桑寄生 **(7)** **743**
北沙柳 **(5)** 306 313 **365**
北山莴苣
(=山莴苣) **(11)** 704
北水苦荬 **(10)** 147 **158**
北酸脚杆 **(7)** 655 **657**
北薹草 **(12)** **527**
北温带獐牙菜 **(9)** 74 **77**
北乌头 **(3)** 406 **422** 彩片321

北香花芥	**(5)**		**507**	
北萱草	**(13)**	93	**96**	
北玄参	**(10)**	82	**89**	
北玄参秦岭变种				
(=秦岭北玄参)	**(10)**		89	
北悬钩子	**(6)**	592	**645**	
北延叶珍珠菜	**(6)**	115	**125**	
北野豌豆	**(7)**	407	**416**	
北茵陈				
(=猪毛蒿)	**(11)**		426	
北鱼黄草	**(9)**	253	**255**	
北越钩藤	**(10)**	559	**563**	
北越紫堇	**(3)**	726	**761**	彩片428
北芸香	**(8)**		**421**	
北枳椇	**(8)**		**159**	
北重楼	**(13)**	220	**227**	彩片164
北紫堇	**(3)**	724	**750**	
贝加尔鼠草	**(11)**	280	**283**	
贝加尔唐松草	**(3)**	533	**540**	
贝壳杉	**(3)**		**14**	彩片20
贝壳杉属				
(南洋杉科)	**(3)**	12	**13**	
贝克喜盐草	**(12)**	23	**24**	
贝母兰	**(13)**	619	**621**	
贝母兰属				
(兰科)	**(13)**	374	**618**	
贝母属				
(百合科)	**(13)**	71	**108**	
贝氏曲尾藓				
(=皱叶曲属藓)	**(1)**		387	
贝叶棕	**(12)**		**69**	
贝叶棕属				
(棕榈科)	**(12)**	56	**69**	
背扁黄蓍	**(7)**	288	**299**	
背刺绳藓	**(1)**	671	**672**	
背囊复叶耳蕨	**(2)**	477	**478**	
背蛇生	**(3)**	349	**359**	
背托苔	**(1)**		**291**	彩片68
背托苔属				
(地钱科)	**(1)**	287	**291**	
背药红景天	**(6)**	353	**355**	
倍蕊田繁缕	**(4)**	679	**680**	
被粉小花锥花	**(9)**	413	**414**	
被蒴苔属				
(叶苔科)	**(1)**	65	**86**	
被子美登木	**(7)**	815	**816**	
荸荠	**(12)**	278	**280**	
荸荠属				
(莎草科)	**(12)**	255	**278**	
bi				
鼻花	**(10)**		**179**	
鼻花属				
(玄参科)	**(10)**	69	**179**	
比拉真藓				
(=球形真藓)	**(1)**		560	
秕壳草	**(12)**	669	**670**	
笔管草	**(2)**	65	**69**	
笔管榕	**(4)**	42	**47**	
笔花豆属				
(蝶形花科)	**(7)**	67	**259**	
笔龙胆	**(9)**	21	**51**	
笔罗子	**(8)**	299	**305**	
笔筒树	**(2)**	142	**142**	彩片53
笔筒树属				
(=白桫椤属)	**(2)**		141	
笔直黄蓍	**(7)**	292	**325**	彩片136
笔直石松	**(2)**	24	**24**	
毕当茄				
(=红果子)	**(7)**		558	
闭花木	**(8)**	18	**19**	
闭花木属				
(大戟科)	**(8)**	10	**18**	
闭鞘姜	**(13)**		**56**	彩片51
闭鞘姜科	**(13)**		**55**	
闭鞘姜属				
(闭鞘姜科)	**(13)**		**55**	
闭蒴拟牛毛藓	**(1)**		**323**	
荜拔	**(3)**	320	**325**	
蓖齿苏铁	**(3)**	3	**10**	彩片16
蓖齿叶岩须	**(5)**	679	**681**	
蓖麻	**(8)**		**84**	彩片38
蓖麻叶扁担杆	**(5)**	25	**27**	
蓖麻属				
(大戟科)	**(8)**	12	**84**	
蓖毛假鹤虱	**(9)**	328	**332**	
蓖叶岩须				
(=蓖齿叶岩须)	**(5)**		681	
蓖子三尖杉	**(3)**		**102**	彩片130
碧冬茄	**(9)**		**239**	彩片105
碧冬茄属				
(茄科)	**(9)**	204	**239**	
碧绿米仔兰	**(8)**	386	**387**	
碧玉兰	**(13)**	575	**579**	彩片400
篦苞风毛菊	**(11)**	572	**600**	
篦齿短肠蕨	**(2)**	316	**322**	
篦齿蕨	**(2)**		**666**	
篦齿蕨属				
(水龙骨科)	**(2)**	664	**666**	
篦齿槭	**(8)**	318	**333**	彩片163
篦齿雀麦	**(12)**	804	**814**	
篦齿蹄盖蕨	**(2)**	294	**306**	
篦齿眼子菜	**(12)**	30	**39**	
臂形草	**(12)**	1048	**1049**	
臂形草属				
(禾本科)	**(12)**	554	**1047**	
薜荔	**(4)**	46	**72**	
bian				
边地兔儿风	**(11)**	664	**667**	
边果耳蕨				
(=圆顶耳蕨)	**(2)**		572	
边果蕨	**(2)**		**356**	
边果蕨属				
(金星蕨科)	**(2)**	335	**356**	
边果鳞毛蕨	**(2)**	490	**514**	
边荚鱼藤	**(7)**	118	**120**	
边塞黄蓍	**(7)**	296	**351**	
边生短肠蕨	**(2)**	316	**326**	
边生鳞毛蕨	**(2)**	488	**495**	
边缘耳蕨				
(=近边耳蕨)	**(2)**		574	
边缘鳞盖蕨	**(2)**	155	**156**	

边缘鳞蕨
(=边缘鳞盖蕨) (2) 156
蝙蝠草 (7) **173**
蝙蝠草属
(蝶形花科) (7) 63 **173**
蝙蝠葛 (3) **682**
蝙蝠葛属
(防已科) (3) 669 670 **682**
鞭打绣球 (10) **135**
鞭打绣球属
(玄参科) (10) 67 **134**
鞭鳞苔属
(细鳞苔科) (1) 225 **230**
鞭苔 (1) 25 **33**
鞭苔属
(指叶苔科) (1) **24**
鞭檐犁头尖 (12) 143 **146** 彩片56
鞭叶耳蕨 (2) 533 **539**
鞭叶蕨 (2) 601 **601**
鞭叶蕨属
(鳞毛蕨科) (2) 472 **601**
鞭叶铁线蕨 (2) 232 **235**
鞭枝白齿藓 (1) 652 **653**
鞭枝多枝藓 (1) **780**
鞭枝剪叶苔 (1) 4 **11**
鞭枝藓 (1) **880** 彩片260
鞭枝藓属
(锦藓科) (1) 872 **879**
鞭枝悬藓 (1) **687** 彩片203
鞭枝叶苔 (1) 70 **73**
鞭枝直毛藓 (1) **374**
鞭柱唐松草 (3) 462 **481**
扁柏属
(柏科) (3) 74 **81**
扁苞蕨
(=细叶蕨) (2) 117
扁柄菝葜 (13) 317 **337**
扁柄草 (9) **457**
扁柄草属
(唇形科) (9) 394 **457**
扁柄巢蕨 (2) 436 **437**
扁柄黄堇 (3) **752**
扁刺峨眉蔷薇 (6) 708 **717** 彩片151
扁刺锦鸡儿 (7) 265 **276**
扁刺栲
(=扁刺锥) (4) 197
扁刺蔷薇 (6) 710 **727** 彩片153
扁刺锥 (4) 184 **197** 彩片90
扁担杆 (5) 25 **26**
扁担杆属
(椴树科) (5) 12 **25**
扁担木
(=小花扁担杆) (5) 26
扁担藤 (8) 207 **211**
扁豆 (7) **228** 彩片112
扁豆属
(蝶形花科) (7) 64 **228**
扁萼苔 (1) 186 **189**
扁萼苔科 (1) **185**
扁萼苔属
(扁萼苔科) (1) **185**
扁秆草
(=扁秆荆三棱) (12) 261
扁秆荆三棱 (12) **261**
扁秆薹草 (12) 467 **471**
扁果草 (3) **451**
扁果草属
(毛茛科) (3) 389 **451**
扁果毛茛 (3) 553 **574**
扁果润楠 (3) 275 **281**
扁核木 (6) **750** 彩片164
扁核木属
(蔷薇科) (6) 444 **750**
扁锦藓属
(锦藓科) (1) 873 **897**
扁茎灯心草 (12) 222 **228**
扁蕾 (9) 61 **62**
扁蕾属
(龙胆科) (9) 12 **60**
扁芒草 (12) **875**
扁芒草属
(禾本科) (12) 561 **874**
扁芒菊 (11) **358**
扁芒菊属
(菊科) (11) 126 **357**
扁囊薹草 (12) 444 **445**
扁平棉藓 (1) 865 **867** 彩片256
扁鞘飘拂草 (12) 291 **295**
扁鞘早熟禾 (12) 703 **718**
扁球羊耳蒜 (13) 537 **550**
扁莎属
(莎草科) (12) 256 **336**
扁蒴苣苔 (10) **269**
扁蒴苣苔属
(苦苣苔科) (10) 244 **269**
扁蒴藤 (7) **831**
扁蒴藤属
(翅子藤科) (7) 828 **831**
扁蒴藓
(=异蒴藓) (1) 956
扁穗草 (12) **700**
扁穗草 (12) 272 **273**
扁穗草属
(禾本科) (12) 558 **700**
扁穗草属
(莎草科) (12) 255 **272**
扁穗牛鞭草 (12) 1160 **1161**
扁穗雀麦 (12) 804 **816**
扁桃 (6) 752 **753**
扁桃 (8) **348**
扁序黄蓍 (7) 294 **343**
扁序重寄生 (7) 728 **729**
扁蓄 (4) 482 **486**
扁叶被蒴苔 (1) 86 **87**
扁叶刺芹 (8) **594**
扁枝槲寄生 (7) 760 **763** 彩片293
扁枝石松 (2) 28 **28** 彩片9
扁枝石松属
(石松科) (2) 23 **28**
扁枝藓 (1) **703** 彩片211
扁枝藓属
(平藓科) (1) 702 **703**
扁枝越桔 (5) 699 **713**

扁轴木 (7) **37**
扁轴木属
(云实科) (7) 23 **36**
扁轴莎草 (12) 322 **330**
扁竹兰 (13) 281 **295** 彩片218
变齿藓属
(木灵藓科) (1) **617**
变刺小檗 (3) 588 **619**
变豆菜 (8) 589 **593**
变豆菜属
(伞形科) (8) 578 **588**
变豆叶草 (6) **379**
变豆叶草属
(虎耳草科) (6) 371 **378**
变光杜鹃 (5) 562 **631**
变光刚毛葶苈
(=刚毛葶苈) (5) 440
变蒿
(=柔毛蒿) (11) 424
变黑金雀儿 (7) **464**
变黑蛇根草 (10) 531 **537**
变红蛇根草 (10) 530 531 **532**
变绿小檗 (3) 587 **611** 彩片452
变绿异燕麦 (12) 886 **889**
变色白前 (9) 151 **163**
变色锦鸡儿 (7) 266 **279** 彩片129
变色络石
(=络石) (9) 111
变色马兜铃 (3) 349 **352**
变色马蓝 (10) 367 **371**
变色山槟榔 (12) 95 **96**
变色叶苔 (1) 69 **74**
变色鸢尾 (13) 280 **285** 彩片201
变色早熟禾 (12) 709 **744**
变形小曲尾藓 (1) 339 **343** 彩片88
变叶垂头菊 (11) 472 **480**
变叶风毛菊 (11) 573 **607**
变叶海棠 (6) 565 **573**
变叶胡椒 (3) 320 **323**
变叶绢毛委陵菜 (6) 657 **672**
变叶裸实
(=变叶美登木) (7) 815
变叶美登木 (7) 814 **815** 彩片307
变叶木 (8) **100**
变叶木属
(大戟科) (8) 13 **100**
变叶葡萄 (8) 219 **227**
变叶榕 (4) 44 **57**
变叶三叉蕨
(=瘤状叉蕨) (2) 618
变叶三裂碱毛茛 (3) **579**
变叶树参 (8) 439 **541** 彩片255
变异多褶苔 (1) 227 **228**
变异凤尾蕨 (2) 181 182 **196**
变异黄蓍 (7) 295 **347**
变异鳞毛蕨 (2) 493 **531**
变异铁角蕨 (2) 403 **430**
遍地金 (4) 694 **704**

biao
杓唇石斛 (13) 663 **668** 彩片482
杓兰 (13) 376 **378** 彩片258
杓兰属
(兰科) (13) 365 **376**
表面星蕨 (2) 750 **751**
鳔刺草
(=鳔冠花) (10) 389
鳔冠花 (10) 388 **389** 彩片117
鳔冠花属
(爵床科) (10) 330 **388**
藨草
(=三棱水葱) (12) **265**
藨草属
(莎草科) (12) 255 **257**

bin
滨大戟
(=海滨戟) (8) 119
滨发草 (12) 883 **884**
滨海牡蒿 (11) 382 **430**
滨海前胡 (8) 742 **743**
滨海薹草 (12) 518 **522**
滨海珍珠菜 (6) 115 **121**
滨豇豆 (7) 231 **232**
滨菊 (11) **340**
滨菊属
(菊科) (11) 125 **340**
滨藜 (4) 321 **324**
滨藜属
(藜科) (4) 305 **321**
滨藜叶分药花 (9) **524**
滨藜叶龙葵
(=龙葵) (9) 224
滨柃 (4) 635 **643**
滨麦 (12) 827 **828**
滨木患 (8) **282** 彩片132
滨木患属
(无患子科) (8) 268 **281**
滨木犀榄 (10) 47 **48**
滨蛇床 (8) **699**
滨盐肤木 (8) 354 **355**
滨玉蕊 (5) **103**
滨枣 (8) 171 **172**
滨紫草属
(紫草科) (9) 281 **305**
槟榔 (12) **94** 彩片29
槟榔桐
(=槟榔青冈) (4) 232
槟榔柯 (4) 201 **221**
槟榔青 (8) 350 **351** 彩片171
槟榔青冈 (4) 223 224 **232**
槟榔青属
(漆树科) (8) 345 **350**
槟榔属
(棕榈科) (12) 57 **94**

bing
冰草 (12) **869**
冰草属
(禾本科) (12) 560 **869**
冰川茶藨子 (6) 297 **313**
冰川棘豆 (7) 355 **380**
冰川蓼 (4) 483 **496**

冰岛蓼 (4) **481**
冰岛蓼属
(蓼科) (4) **481**
冰雪虎耳草 (6) 385 **403**
冰叶日中花 (4) **298**
冰沼草 (12) **26**
冰沼草科 (12) **26**
冰沼草属
(冰沼草科) (12) **26**
兵豆 (7) **425**
兵豆属
(蝶形花科) (7) 66 **425**
柄翅果 (5) **32** 彩片15
柄翅果属
(椴树科) (5) 12 **32**
柄唇兰 (13) **659**
柄唇兰属
(兰科) (13) 373 **659**
柄盖蕨 (2) 467 **467**
柄盖蕨属
(球盖蕨科) (2) 467 **467**
柄果高山唐松草 (3) 460 **480**
柄果海桐 (6) 234 **239**
柄果槲寄生 (7) 760 **762**
柄果柯 (4) 199 **208**
柄果毛茛 (3) 549 **567**
柄果木 (8) **282** 彩片133
柄果木属
(无患子科) (8) 268 **282**
柄果石栎
(=柄果柯) (4) **208**
柄果薹草 (12) 518 **523**
柄花天胡荽 (8) 583 **587** 彩片279
柄花茜草 (10) 676 **680**
柄荚锦鸡儿 (7) 265 **273**
柄囊蕨
(=柄盖蕨) (2) **467**
柄薹草 (12) 488 **490**
柄叶鳞毛蕨 (2) 487 **494**
柄叶瓶尔小草
(=钝头瓶尔小草)(2) 82
柄叶石豆兰 (13) 692 **712**
柄叶羊耳蒜 (13) 536 **543**
柄状薹草 (12) 429 **435**
并齿拟油藓 (1) **736**
并齿藓 (1) **532** 彩片151
并齿藓属
(壶藓科) (1) 526 **532**
并齿小苦荬 (11) 752 **753**
并列藓属
(牛毛藓科) (1) 316 **317**
并头黄芩 (9) 418 **430**

bo
波瓣合叶苔 (1) 103 **113**
波边条蕨 (2) 641 **642**
波齿糖芥 (5) 513 **515**
波伐早熟禾 (12) 711 **756**
波棱滇芎 (8) 603 **605**
波棱瓜 (5) **231**
波棱瓜属
(葫芦科) (5) 199 **231**
波罗蜜 (4) **37** 彩片25
波罗蜜属
(桑科) (4) 28 **36**
波密斑叶兰 (13) 410 **413**
波密紫堇 (3) 725 **743**
波氏石韦 (2) 712 **723**
波氏吴萸 (8) 414 **416**
波氏羽苔 (1) 130 **146**
波纹蕨 (2) 113 **115**
波喜荡 (12) **47**
波喜荡科 (12) **46**
波喜荡属
(波喜荡科) (12) **46**
波叶粗蔓藓 (1) **692**
波叶大黄 (4) 530 **534** 彩片228
波叶大黄
(=华北大黄) (4) **533**
波叶杜鹃 (5) 566 **616**
波叶梵天花 (5) 85 **87**
波叶红果树 (6) **512**
波叶黄藓 (1) 728 **732**
波叶裂叶苔 (1) 53 **55**
波叶棉藓 (1) 865 **871** 彩片258
波叶拟金枝藓 (1) **883**
波叶青牛胆 (3) 675 **676**
波叶曲尾藓 (1) 376 **386**
波叶土蜜树 (8) 20 **22**
波叶藓属
(平藓科) (1) **702**
波叶新木姜子 (3) 208 **211**
波叶异木患 (8) 269 **270**
波叶圆叶苔 (1) 67 **68**
波叶紫金牛
(=细罗伞) (6) **94**
波缘报春 (6) 175 **189**
波缘楤木 (8) 569 **572**
波缘大参 (8) 549 **550**
波缘冷水花 (4) 92 **106**
波缘乳苣
(=飘带果) (11) 749
波缘山矾
(=四川山矾) (6) 54
菠菜 (4) **327**
菠菜属
(藜科) (4) 305 **327**
播娘蒿 (5) **538**
播娘蒿属
(十字花科) (5) 385 **538**
玻璃翠
(=苏丹凤仙花) (8) 497
伯乐树 (8) **266** 彩片122
伯乐树科 (8) **265**
伯乐树属
(伯乐树科) (8) **266**
驳骨草属
(爵床科) (10) 331 **414**
驳骨九节 (10) 614 **616**
勃氏碱茅 (12) 764 **773**
勃氏青藓 (1) 831 **832**
舶梨榕 (4) 44 **56** 彩片41
博白大果油茶

(=红皮糙果茶) (4) 580
博落回 (3) **714** 彩片416
博落回属
(罂粟科) (3) 695 **714**
薄瓣节节菜 (7) 501 **502**
薄壁卷柏藓 (1) **639**
薄壁藓 (1) **942**
薄壁藓属
(塔藓科) (1) 935 **942**
薄边毛灯藓 (1) **585**
薄边提灯藓
(=薄边毛灯藓) (1) 585
薄齿藓 (1) 466 **467** 彩片134
薄齿藓属
(丛藓科) (1) 438 **466**
薄翅猪毛菜 (4) 359 **363** 彩片164
薄唇蕨 (2) 760 **760**
薄唇蕨属
(水龙骨科) (2) 665 **760**
薄地钱属
(疣冠苔科) (1) 273 **277**
薄萼海桐 (6) 234 **242**
薄萼假糙苏 (9) 487 **489**
薄萼苔属
(地萼苔科) (1) 115 **116**
薄稃草属
(禾本科) (12) 553 **1060**
薄盖短肠蕨 (2) 317 **327**
薄果草 (12) **219**
薄果草属
(帚灯草科) (12) **219**
薄荷 (9) **537**
薄荷属
(唇形科) (9) 397 **537**
薄果猴欢喜 (5) 9 **10**
薄果荠 (5) **418**
薄果荠属
(十字花科) (5) 388 **418**
薄核藤 (7) **885**
薄核藤属
(茶茱萸科) (7) 876 **885**
薄壳山核桃
(=美国山核桃) (4) **174**
薄鳞菊 (11) **655**
薄鳞菊属
(菊科) (11) 132 **655**
薄皮木 (10) 636 **637**
薄鳞苔属
(细鳞苔科) (1) 225 **238**
薄罗藓科 (1) **765**
薄罗藓属
(薄罗藓科) (1) 765 **769**
薄罗藓 (1) **769**
薄毛委陵菜 (6) 659 **680**
薄膜藓 (1) **945**
薄膜藓属
(塔藓科) (1) 935 **945**
薄囊藓 (1) **557**
薄囊藓属
(真藓科) (1) 539 **557**
薄皮酒饼簕 (8) 439 **440**
薄片变豆菜 (8) 589 **591**
薄片桐
(=薄片青冈) (4) 230
薄片青冈 (4) 223 **230** 彩片103
薄蒴草 (4) **435**
薄蒴草属
(石竹科) (4) 392 **435**
薄网藓 (1) **808**
薄网藓属
(柳叶藓科) (1) 803 **808**
薄雪火绒草 (11) 250 **253**
薄叶滨紫草 (9) **305**
薄叶翅膜菊 (11) **618**
薄叶唇柱苣苔
(=光萼唇柱苣苔) (10) 293
薄叶翠蕨 (2) 253 **253**
薄叶滇榄仁 (7) 665 **666**
薄叶冬青 (7) 839 **870**
薄叶耳蕨 (2) 536 **560**
薄叶高山耳蕨
(=薄叶耳蕨) (2) 560
薄叶红厚壳 (4) **684**
薄叶鸡蛋参 (10) 456 **466** 彩片159
薄叶假耳草
(=薄叶新耳草) (10) 527
薄叶景天 (6) 336 **348**
薄叶卷柏 (2) 32 **43**
薄叶绢藓 (1) 853 **861**
薄叶栝楼 (5) 234 **238**
薄叶鳞盖蕨 (2) 155 **161**
薄叶龙船花 (10) 610 **611**
薄叶楼梯草 (4) 121 **133**
薄叶麻花头 (11) 644 **646**
薄叶美花草 (3) 544 **545**
薄叶南蛇藤 (7) 806 **808**
薄叶拟肋毛蕨
(=薄叶轴脉蕨) (2) 612
薄叶雀舌木 (8) 16 **17**
薄叶荠 (10) 476 **482**
薄叶球兰 (9) 169 **172**
薄叶润楠 (3) 275 **283**
薄叶山橙 (9) 93 **94**
薄叶山矾 (6) 51 **57**
薄叶山梅花 (6) 260 **261**
薄叶肾蕨 (2) 637 **637**
薄叶鼠李 (8) 145 **152**
薄叶双盖蕨 (2) 309 **312**
薄叶碎米蕨 (2) 220 **223**
薄叶铁角蕨
(=细裂铁角蕨) (2) 432
薄叶铁线莲 (3) 506 **512**
薄叶凸轴蕨 (2) 346 **350**
薄叶委陵菜 (6) 655 **664**
薄叶新耳草 (10) 526 **527**
薄叶牙蕨 (2) 614 **614**
薄叶阴地蕨 (2) 76 **78** 彩片32
薄叶玉心花 (10) 595 **598**
薄叶鸢尾 (13) 282 **300**
薄叶轴脉蕨 (2) 609 **612**
薄叶猪屎豆 (7) 442 **446**
薄羽藓 (1) **787**
薄羽藓属

(羽藓科) (1) 784 **786**
薄竹 (12) **564**
薄柱草 (10) **646**
薄柱草属
(茜草科) (10) 508 **646**
簸箕柳 (5) 306 313 **365**
簸赭子
(=铁仔) (6) 109
擘蓝 (5) 390 **391** 彩片160

bu
补骨脂 (7) **253** 彩片120
补骨脂属
(蝶形花科) (7) 65 **253**
补血草 (4) **547**
补血草属
(白花丹科) (4) 538 **546**
捕虫堇属
(狸藻科) (10) **437**
不丹垂头菊 (11) 472 **482**
不丹厚喙菊 (11) 706 **707**
不丹蒿草 (12) 364 **380**
不凡杜鹃 (5) 569 **639**
不裂果香草 (6) 116 **131**
不育红 (9) 568 **575**
布查早熟禾 (12) 703 **718**
布袋兰 (13) **566** 彩片387
布袋兰属
(兰科) (13) 374 **566**
布顿大麦草 (12) 833 **834**
布朗耳蕨 (2) 536 **564**
布朗卷柏 (2) 32 **39**
布里薹草 (12) 483 **487**
布氏蔓藓
(=川滇蔓藓) (1) **693**

C

cai
彩花属
(白花丹科) (4) 538 **542**
菜
(=荇菜) (9) 274
菜豆树 (10) **427** 彩片131
菜豆树属
(紫葳科) (10) 419 **426**
菜豆 (7) **237** 彩片114
菜豆属
(蝶形花科) (7) 64 65 **236**
菜瓜 (5) **228**
菜蓟 (11) **620**
菜蓟属
(菊科) (11) 131 **619**
菜蕨 (2) 314 **314**
菜蕨属
(蹄盖蕨科) (2) 272 **313**
菜木香 (11) 637 **638** 彩片158
菜苔
(=青菜) (5) **393**
菜王棕 (12) 92 **93**
菜叶马先蒿 (10) 185 **195**
菜棕 (12) **71**
菜棕属
(棕榈科) (12) 56 **70**

can
参薯 (13) 344 **360**
残齿藓 (1) 649 **650**
残齿藓属
(隐蒴藓科) (1) 644 **648**
残叶苔属
(细鳞苔科) (1) 225 **249**
蚕豆 (7) 408 **419**
蚕茧草 (4) 485 **509**
蚕茧蓼
(=蚕茧草) (4) **509**

cang
仓山越桔 (5) 699 **709**
沧江海棠 (6) 565 **574**
沧江锦鸡儿 (7) 265 **271**
沧江蝇子草 (4) **458**
苍耳 (11) **309** 彩片73
苍耳属
(菊科) (11) 124 **308**
苍绿绢蒿 (11) 433 **437**
苍山糙苏 (9) 467 **472**
苍山虎耳草 (6) 384 **398**
苍山黄堇 (3) 723 **741**
苍山蕨属
(铁角蕨科) (2) 400 **442**
苍山冷杉 (3) 20 **24** 彩片32
苍山石杉 (2) 9 **14**
苍山橐吾 (11) 449 **465** 彩片97
苍山乌头 (3) 405 **416**
苍术 (11) 561 **562**
苍术属
(菊科) (11) 130 **561**
苍叶红豆 (7) 68 **73**
苍叶蒲公英 (11) 768 **786**
苍叶守宫木 (8) 53 **55**

cen
穇 (12) **988**
穇属
(禾本科) (12) 562 **987**
梣属
(木犀科) (10) 23 **24**

cao
糙柄菝葜 (13) 316 **325**
糙柄凤尾藓 (1) 402 **409**
糙草 (9) **299**
糙草属
(紫草科) (9) 281 **299**
糙臭草 (12) 789 **790**
糙点栝楼 (5) 234 **238**
糙独活 (8) 752 **755**
糙伏毛点地梅 (6) 151 **161**
糙稃大麦草 (12) 834 **836**
糙稃花鳞草 (12) 845 **858**
糙果茶 (4) 574 **580**

糙果芹 (8) **649**
糙果芹属
(伞形科) (8) 581 **648**
糙果紫堇 (3) 722 **735** 彩片421
糙花箭竹 (12) 632 **639**
糙花青篱竹 (12) 645 **648**
糙花少穗竹
(=糙花青篱竹) (12) 648
糙花羊茅 (12) 682 **685**
糙喙薹草 (12) 444 **450**
糙茎百合 (13) 118 **121**
糙毛报春 (6) 173 **217**
糙毛鹅观草
(=糙毛以礼草) (12) 866
糙毛杜鹃 (5) 562 **609** 彩片214
糙毛风毛菊 (11) 571 **595**
糙毛凤仙花 (8) 492 **514**
糙毛假地豆 (7) 152 **157**
糙毛以礼草 (12) 863 **866**
糙皮桦 (4) 276 **282** 彩片124
糙苏 (9) 467 **473**
糙苏属
(唇形科) (9) 395 **466**
糙葶北葱 (13) 142 **164**
糙葶韭 (13) 141 **157**
糙野青茅 (12) 902 **910**
糙叶败酱 (11) 92 **93**
糙叶斑鸠菊 (11) 137 **141** 彩片39
糙叶大头橐吾 (11) 447 **451**
糙叶杜鹃 (5) 571 **611**
糙叶耳药花
(=耳药花) (7) 620
糙叶丰花草 (10) 656 **657**
糙叶花椒 (8) 400 **405**
糙叶花葶薹草 (12) 382 **388**
糙叶黄耆 (7) 293 **338**
糙叶火焰花 (10) **386**
糙叶千里光 (11) 531 **544**
糙叶秋海棠 (5) 257 **269**
糙叶榕 (4) **66**
糙叶矢车菊 (11) **653** 彩片164
糙叶树 (4) **16**
糙叶树属
(榆科) (4) 1 **15**
糙叶水苎麻 (4) 137 138 **141**
糙叶薹草 (12) 493 **496**
糙叶五加 (8) 557 **559** 彩片266
糙叶小舌紫菀 (11) 176 **187**
糙叶野丁香 (10) 637 **640**
糙叶窄头橐吾 (11) 449 **464**
糙枝金丝桃 (4) 694 **703**
糙轴蕨 (2) 176 **178**
糙隐子草 (12) 977 **979**
糙早熟禾 (12) 704 **724**
槽果扁莎 (12) 337 **338**
槽茎凤仙花 (8) 491 **507**
槽裂木属
(茜草科) (10) 506 **567**
槽舌兰 (13) 764 **766** 彩片579
槽舌兰属
(兰科) (13) 369 **764**
槽纹红豆 (7) 69 **75**
草本三对节 (9) 378 **381**
草本威灵仙 (10) 137 **140**
草沉香
(=云南土沉香) (8) 112
草臭黄荆
(=千解草) (9) 371
草茨藻 (12) 41 **44**
草苁蓉 (10) 228 **229**
草苁蓉属
(列当科) (10) **228**
草地滨藜 (4) 321 **324**
草地短柄草 (12) 818 **819**
草地风毛菊 (11) 569 **583**
草地虎耳草 (6) 383 **395**
草地韭 (13) 142 **159**
草地老鹳草 (8) 469 **477** 彩片245
草地亮叶芹 (8) **698**
草地婆罗门参
(=婆罗门参) (11) 695
草地早熟禾 (12) 702 **713**
草甸老鹳草 (8) 469 **478**
草甸龙胆 (9) 21 **52** 彩片25
草甸马先蒿 (10) 181 **202**
草甸碎米荠 (5) 452 **459**
草甸雪兔子 (11) 568 **579** 彩片131
草甸羊茅 (12) 682 **684**
草豆蔻 (13) 40 **43** 彩片37
草果 (13) **50** 彩片45
草果药 (13) 33 **35**
草海桐 (10) **504** 彩片181
草海桐科 (10) **503**
草海桐属
(草海桐科) (10) **503**
草胡椒 (3) 334 **336**
草胡椒属
(胡椒科) (3) 318 **334**
草黄堇 (3) 723 **744**
草黄麻 (3) 113 **114**
草黄湿原藓 (1) 820 **822**
草黄薹草 (12) 382 **386**
草里金钗
(=毛草龙) (7) 582
草里银钗
(=水龙) (7) 584
草龙 (7) 582 **584** 彩片211
草龙珠
(=葡萄) (8) 223
草绿短肠蕨 (2) 316 **325**
草马桑 (8) 373 **374**
草莓 (6) 702 **704**
草莓车轴草 (7) 438 **439**
草莓番石榴 (7) **578**
草莓凤仙花 (8) 491 **508**
草莓花杜鹃 (5) 561 **597**
草莓属
(蔷薇科) (6) 444 **702**
草棉 (5) 100 **101**
草木樨 (7) **429**
草木樨属
(蝶形花科) (7) 62 **428**
草木樨状黄耆 (7) 290 **316**

草坡豆腐柴 (9) 365 **368**
草瑞香 (7) **539**
草瑞香属
(瑞香科) (7) 514 **539**
草沙蚕 (12) **985**
草沙蚕属
(禾本科) (12) 563 **984**
草山梳子梢 (7) 177 **178**
草珊瑚 (3) **309** 彩片253
草珊瑚属
(金粟兰科) (3) **309**
草芍药 (4) 556 **560** 彩片246
草石斛 (13) 662 **684**
草问荆 (2) 65 **67**
草鞋木 (8) 73 **75** 彩片35
草绣球 (6) **270**
草绣球属
(绣球花科) (6) 246 **270**
草血蓼 (4) 484 **502**
草崖爬藤 (8) 206 **208**
草崖藤
(=草崖爬藤) (8) 208
草叶耳蕨 (2) 534 **548**
草叶鸢尾 (13) 279 **290**
草玉梅 (3) 487 **492** 彩片354
草原糙苏 (9) **467** 彩片170
草原杜鹃 (5) 560 **596** 彩片209
草原绢蒿 (11) 433 **434**
草原老鹳草
(=草地老鹳草) (8) 477
草原石头花 (4) 473 **475**
草泽泻 (12) 10 **12**
草质假复叶耳蕨 (2) 474 **475**
草质千金藤 (3) **683**
草茱萸 (7) **711**
草茱萸属
(山茱萸科) (7) 691 **711**
草珠黄蓍 (7) 290 **315**

ce
侧柏 (3) **76** 彩片102
侧柏属
(柏科) (3) 74 **76**
侧出藓 (1) **470**
侧出藓属
(丛藓科) (1) 437 **470**
侧蒿 (11) 379 **418**
侧花兜被兰 (13) 486 **487**
侧金盏花 (3) 546 **547**
侧金盏花属
(毛茛科) (3) 389 **546**
侧茎橐吾 (11) 450 **469** 彩片99
侧膜秋海棠 (5) 255 **261**
侧囊苔 (1) **114**
侧囊苔属
(合叶苔科) (1) 98 **114**
侧托花萼苔 (1) 274 **275**
侧序长柄山蚂蝗 (7) 161 **163**
侧序碱茅 (12) 765 **778**
侧枝匐灯藓 (1) 578 **581**
侧枝苔 (1) **167**
侧枝苔属
(大萼苔科) (1) 166 **167**
侧枝提灯藓
(=侧枝匐灯藓) (1) 581
侧枝走灯藓
(=侧枝匐灯藓) (1) 581
箣柊 (5) **112** 彩片68
箣柊属
(大风子科) (5) 110 **112**

cha
叉孢苏铁 (3) 2 **5**
叉齿异萼苔 (1) 118 **121**
叉齿薹草 (12) 493 **494**
叉唇钗子股 (13) 757 **759** 彩片570
叉唇角盘兰 (13) 474 **475** 彩片322
叉唇万代兰 (13) 745 **747** 彩片557
叉唇无喙兰 (13) **401**
叉唇虾脊兰 (13) 597 **605** 彩片427
叉梗茅膏菜
(=圆叶茅高菜) (5) 106
叉花草 (10) 376 **377**
叉花草属
(爵床科) (10) 332 **376**
叉喙兰 (13) **749**
叉喙兰属
(兰科) (13) 370 **748**
叉蕨科 (2) 5 7 **603**
叉蕨属
(叉蕨科) (2) 603 **616**
叉肋藓 (1) **852**
叉肋藓属
(绢藓科) (1) 851 **852**
叉裂铁角蕨
(=叉叶铁角蕨) (2) 407
叉脉单叶假脉蕨 (2) 123 **124**
叉毛锯蕨 (2) 772 **772**
叉毛蓬 (4) **353**
叉毛蓬属
(藜科) (4) 306 **353**
叉毛蛇头荠
(=蛇头荠) (5) 420
叉歧繁缕 (4) 407 **411** 彩片186
叉钱苔 (1) **293** 彩片69
叉蕊薯蓣 (13) 343 **348** 彩片251
叉舌垂头菊 (11) 471 **474**
叉苔 (1) 261 **262** 彩片51
叉苔科 (1) **261**
叉苔属
(叉苔科) (1) **261**
叉须崖爬藤 (8) 207 **212**
叉序草 (10) **395**
叉序草属
(爵床科) (10) 330 **395**
叉叶蓝 (6) **274**
叉叶蓝属
(绣球花科) (6) 247 **274**
叉叶鹿角蕨 (2) 769 **770** 彩片154
叉叶苏铁 (3) 2 **4** 彩片4、5
叉叶铁角蕨 (2) 400 **407** 彩片93
叉羽藓 (1) **785**
叉羽藓属

(羽藓科) (1) 784 **785**
叉枝蒿 (11) 377 **406**
叉枝黄鹌菜 (11) 718 **722**
叉枝牛角兰 (13) **655**
叉枝唐松草 (3) 460 **463**
叉枝西风芹 (8) 686 **692**
叉枝鸦葱
(=拐轴鸦葱) (11) 688
叉枝莸
(=莸) (9) 390
叉指叶栝楼
(=趾叶栝楼) (5) 239
叉子圆柏 (3) 84 **88** 彩片114
杈叶槭 (8) 316 **323**
叉柱花 (10) 337 **339**
叉柱花属
(爵床科) (10) 329 **336**
叉柱兰属
(兰科) (13) 366 **421**
叉柱岩菖蒲 (13) **73** 彩片61
插天山羊耳蒜 (13) 536 **542**
插田泡 (6) 585 **608**
茶 (4) 576 **594** 彩片276
茶藨子科 (6) **288**
茶藨子属
(茶藨子科) (6) 288 **294**
茶秆竹 (12) 644 **646**
茶槁楠 (3) 266 **268**
茶花
(=山茶) (4) 589
茶花杜鹃 (5) 561 **602**
茶荚 (11) 7 **29**
茶梨 (4) **656** 彩片289
茶梨属
(山茶科) (4) 573 **655**
茶菱 (10) **417**
茶菱属
(胡麻科) (10) **417**
茶条果
(=叶萼山矾) (6) 55
茶条木 (8) **291**
茶条木属
(无患子科) (8) 268 **290**
茶条槭 (8) 316 **323**
茶叶山矾 (6) 51 **55**
茶叶卫矛 (7) 776 **782**
茶茱萸科 (7) **875**
察瓦龙翠雀花 (3) 428 **432** 彩片324
察瓦龙舌唇兰 (13) 459 **468**
察瓦龙小檗 (3) 587 **613**
察瓦龙紫菀 (11) 178 **196**
察隅矮柳 (5) 301 **331**
察隅厚喙菊 (11) 706 **707**
察隅婆婆纳 (10) 147 **156**
檫木 (3) **245**
檫木属
(樟科) (3) 206 **244**

chai
钗子股 (13) **757** 彩片568
钗子股属
(兰科) (13) 369 **757**
柴达木臭草 (12) 789 **793**
柴达木黄蓍 (7) 293 **333**
柴桂 (3) 251 **259**
柴胡红景天 (6) 355 **366**
柴胡叶垂头菊 (11) 471 **477**
柴胡叶链荚豆 (7) **175**
柴胡属
(伞形科) (8) 580 **630**
柴胡状斑膜芹 (8) **682**
柴桦 (4) 277 **286**
柴黄姜 (13) 342 **345**
柴龙树 (7) **879**
柴龙树属
(茶茱萸科) (7) 876 **879**
豺皮黄肉楠
(=豺皮樟) (3) 222
豺皮樟 (3) 216 **222**

chan
蝉翼藤 (8) **244** 彩片111
蝉翼藤属
(远志科) (8) 243 **244**
潺槁木姜子 (3) 216 **221**
潺槁树
(=潺槁木姜子) (3) 221
缠绕挖耳草 (10) 438 **440**
铲瓣景天 (6) 336 **343**

chang
昌都点地梅 (6) 151 **166**
昌都耳蕨 (2) 535 **559**
昌都高山耳蕨
(=昌都耳蕨) (2) 559
昌都锦鸡儿 (7) 265 **273**
昌感秋海棠 (5) 256 **264**
昌化鹅耳枥 (4) 261 **268**
菖蒲 (12) **106** 彩片35
菖蒲属
(天南星科) (12) 104 **106**
长安薹草 (12) 473 **476**
长白茶藨子 (6) 297 **312**
长白柴胡 (8) 632 **643**
长白蜂斗菜 (11) 505 **507**
长白狗舌草 (11) 515 **519** 彩片111
长白红景天 (6) 354 **361**
长白虎耳草 (6) 382 **391**
长白金莲花 (3) 393 **396**
长白落叶松
(=黄花落叶松) (3) 49
长白婆婆纳 (10) 145 **148**
长白蔷薇 (6) 708 **714**
长白忍冬 (11) 53 **74** 彩片22
长白沙参 (10) 476 **487** 彩片172
长白山报春
(=粉报春) (6) **208**
长白山风毛菊 (11) 573 **603**
长白山龙胆 (9) 20 **46**
长白山橐吾 (11) 450 **467** 彩片98
长白松 (3) 53 **61** 彩片86
长白碎米荠
(=圆齿碎米荠) (5) **458**

长白蟹甲草 (11) 487 **492**
长白岩菖蒲 (13) 72 **73**
长白鱼鳞松
(=长白鱼鳞云杉) (3) 43
长白鱼鳞云杉 (3) 36 **43** 彩片65
长白鸢尾 (13) 282 **298** 彩片222
长瓣兜兰 (13) 387 **390** 彩片281
长瓣短柱茶 (4) 574 **581** 彩片265
长瓣高河菜
(=高河菜) (5) 413
长瓣角盘兰 (13) 474 **477** 彩片324
长瓣金花树 (7) 630 **632**
长瓣金莲花 (3) 393 **397**
长瓣马铃苣苔 (10) 250 **251**
长瓣梅花草 (6) 431 **432**
长瓣瑞香 (7) 526 **530**
长瓣铁线莲 (3) 510 **542** 彩片378
长苞菝葜 (13) 316 **329**
长苞斑叶兰 (13) 411 **415**
长苞刺蕊草 (9) **558**
长苞灯心草 (12) 223 **236**
长苞谷精草 (12) 206 **216**
长苞黄花棘豆 (7) 352 **359**
长苞尖药兰 (13) 473 **474**
长苞荆芥 (9) 437 **438**
长苞蓝 (10) **373**
长苞蓝属
(爵床科) (10) 332 **372**
长苞冷杉 (3) 20 **24** 彩片33
长苞狸尾豆 (7) 169 **171**
长苞毛兰 (13) 641 **650** 彩片472
长苞美冠兰 (13) 568 **569**
长苞荠苎 (9) 542 **543**
长苞三轮草 (12) **329**
长苞十大功劳 (3) 626 **632**
长苞铁杉 (3) 31 **32** 彩片49
长苞头蕊兰 (13) 394 **395**
长苞无柱兰 (13) 480 **483**
长苞香蒲 (13) 6 **9** 彩片7
长苞羊耳蒜 (13) 537 **546**
长臂卷瓣兰 (13) 692 **706**
长鞭红景天 (6) 354 **360** 彩片92
长柄艾纳香 (11) 231 **240**
长柄贝母兰 (13) 619 **623**
长柄车前蕨 (2) 260 **261**
长柄赤车 (4) 114 **115**
长柄臭黄荆
(=狐臭柴) (9) 365
长柄地锦 (8) 183 **185**
长柄杜鹃 (5) 569 **641**
长柄杜若 (12) 197 **199**
长柄杜英 (5) 1 **3**
长柄耳蕨
(=柔软耳蕨) (2) 542
长柄贯众
(=显脉贯众) (2) 599
长柄厚喙菊 (11) 706 **708**
长柄棘豆 (7) 353 **367**
长柄荚 (7) **168**
长柄荚属
(蝶形花科) (7) 63 **168**
长柄假脉蕨 (2) 125 **127**
长柄芥属
(十字花科) (5) 388 **389**
长柄绢藓 (1) 853 **854** 彩片254
长柄蕨
(=细叶蕨) (2) 117
长柄肋毛蕨 (2) 605 **606**
长柄冷水花 (4) 92 **103**
长柄陵始蕨
(=爪哇鳞始蕨) (2) 168
长柄柳叶菜 (7) 598 **611**
长柄米口袋 (7) 382 **383**
长柄七叶树 (8) 311 **313** 彩片147
长柄槭 (8) 316 **321**
长柄荠 (5) **389**
长柄秋海棠 (5) 259 **281**
长柄山姜 (13) 40 **42** 彩片36
长柄山龙眼 (7) 483 **487**
长柄山蚂蝗 (7) 161 **163**
长柄山蚂蝗属
(蝶形花科) (7) 63 **161**
长柄珊瑚苣苔
(=珊瑚苣苔) (10) 267
长柄石笔木 (4) 604 **605**
长柄鼠李 (8) 144 **147**
长柄双花木 (3) **773** 彩片434
长柄蓑藓 (1) 632 **635**
长柄唐松草 (3) 461 **469**
长柄兔儿风 (11) 664 **669**
长柄藓 (1) **601**
长柄藓属
(珠藓科) (1) 597 **601**
长柄线蕨 (2) 755 **756**
长柄小芹 (8) **653**
长柄野扁豆 (7) 241 **242**
长柄异木患 (8) 269 **271**
长柄银叶树 (5) 44 **45**
长柄油丹 (3) 290 **291** 彩片246
长柄鸢尾 (13) 280 **287**
长柄紫珠 (9) 354 **359**
长波叶山蚂蝗 (7) 153 **160** 彩片81
长齿黄蓍 (7) 289 **307**
长串茶藨
(=长序茶藨子) (6) 302
长春花 (9) **102** 彩片54
长春花属
(夹竹桃科) (9) 89 **102**
长唇对叶兰 (13) 405 **407**
长唇羊耳蒜 (13) 537 **540** 彩片373
长刺茶藨子 (6) 294 **299**
长刺楤木 (8) 568 **569**
长刺带叶苔 (1) **256** 彩片46
长刺耳蕨 (2) 535 **555**
长刺钩萼草 (9) **462**
长刺木 (8) 522 **523** 彩片823
长刺酸模 (4) 522 **529**
长刺铁线蕨 (2) 233 **242**
长刺卫矛 (7) 776 **783**
长刺猪毛菜 (4) 360 **364**
长粗毛杜鹃 (5) 562 **633**
长冬草 (3) **527**
长萼鸡眼草 (7) 194 **195**

长萼堇蔡 (5) 142 **151**
长萼瞿麦 (4) 466 **470**
长萼栝楼 (5) 234 **237**
长萼连蕊茶 (4) 576 **596**
长萼裂黄蓍 (7) 289 **303**
长萼马醉木 (5) 684 **685**
长萼木通 (3) **657**
长萼木通属
(木通科) (3) 655 **656**
长萼石笔木 (4) 604 **605**
长萼石莲 (6) 331 **332**
长萼铁线莲 (3) 506 **529**
长萼野海棠 (7) 634 **637**
长萼叶苔 (1) 69 **71**
长萼猪屎豆 (7) 442 **448**
长耳刺蕨 (2) 628 **630**
长耳膜稃草 (12) 1057 **1058**
长耳南星 (12) 152 **165** 彩片72
长稃异燕麦 (12) 886 **889**
长稃早熟禾 (12) 703 **716**
长盖铁线蕨 (2) 233 **242**
长秆擂鼓 (12) 351 **352**
长隔木 (10) **601** 彩片198
长隔木属
(茜草科) (10) 511 **601**
长根金星蕨 (2) 338 **339**
长根老鹳草 (8) 469 **481**
长根马先蒿 (10) 183 **211**
长梗霸王
(=长梗驼蹄瓣) (8) 454
长梗百蕊草 (7) 733 **735**
长梗扁桃 (6) 752 **754**
长梗常春木 (8) **542**
长梗冬青 (7) 840 **873**
长梗风毛菊 (11) 571 **592**
长梗凤仙花 (8) 490 **504**
长梗沟繁缕 (4) 680 **681**
长梗过路黄 (6) 117 **136**
长梗喉毛花 (9) 63 **64**
长梗黄花稔 (5) 75 **79**
长梗黄精 (13) 205 **209**
长梗灰叶铁线莲 (3) 506 **528**
长梗绞股蓝 (5) 249 **252**
长梗金腰 (6) 418 **422**
长梗韭 (13) 144 **172**
长梗藜芦 (13) 78 **81**
长梗柳 (5) 302 308 **316**
长梗杧果 (8) 348 **349**
长梗木蓝 (7) 130 **138**
长梗排草
(=长梗过路黄) (6) 136
长梗润楠 (3) 275 **284** 彩片243
长梗十齿花 (7) 712 **713**
长梗石柑 (12) 109 **110**
长梗守宫木 (8) 53 **54**
长梗鼠李 (8) 146 **158**
长梗薹草 (12) 440 **441**
长梗天胡荽 (8) 583 **586**
长梗同钟花 (10) **493**
长梗驼蹄瓣 (8) 453 **454**
长梗娃儿藤 (9) 189 **195**
长梗新木姜子 (3) 209 **212**
长梗星粟草 (4) 389 **390**
长梗玄参 (10) 82 **87**
长梗崖豆藤 (7) 104 **111**
长梗崖爬藤 (8) 206 **207**
长梗蝇子草 (4) 440 **448**
长梗羽叶参 (8) 565 **568**
长梗蜘蛛抱蛋 (13) 182 **184**
长梗紫麻 (4) 154 **156**
长梗紫菀 (11) 174 **183**
长钩刺蒴麻 (5) **29**
长冠苣苔 (10) **310**
长冠苣苔属
(苦苣苔科) (10) 246 **310**
长冠鼠尾草 (9) 507 **517**
长管大青 (9) 379 **385** 彩片152
长管萼黄蓍 (7) 295 **346**
长管连蕊茶 (4) 577 **600**
长管香茶菜 (9) 568 **573**
长果安息香属
(安息香科) (6) 26 **50**
长果报春 (6) **225**
长果报春属
(报春花科) (6) 114 **225**
长果抱茎葶苈
(=抱茎葶苈) (5) 442
长果茶藨子 (6) 294 **300**
长果车前 (10) 5 **8**
长果秤锤树 (6) **50** 彩片14
长果大头茶 (4) 607 **608**
长果花楸 (6) 533 **546**
长果姜 (13) **35**
长果姜属
(姜科) (13) 21 **35**
长果颈黄蓍 (7) 291 **318**
长果栝楼 (5) 234 **241**
长果母草
(=长蒴母草) (10) 111
长果木棉 (5) 65 **66**
长果牧根草 (10) 490 **491**
长果念珠芥
(=甘新念珠芥) (5) 533
长果婆婆纳 (10) 146 **152**
长果婆婆纳拉萨亚种
(=拉萨长果婆婆纳) (10) 152
长果婆婆纳中甸亚种
(=中甸长果婆婆纳) (10) 152
长果青冈 (4) 224 **235**
长果水苦荬 (10) 147 **159**
长果糖芥
(=四川糖芥) (5) 515
长果驼蹄瓣 (8) 453 **456**
长果微孔草 (9) 319 **320**
长核果茶 (4) 619 **620**
长花百蕊草 (7) 733 **737**
长花厚壳树 (9) 284 **285**
长花胡麻草
(=胡麻草) (10) 165
长花黄鹌菜 (11) 718 **723**
长花龙血树 (13) 174 **175**
长花马唐 (12) 1061 **1062**
长花牛鞭草 (12) 1160 **1161**

长花忍冬 (11) 54 **83**
长花天门冬 (13) 230 231 **236**
长花铁线莲 (3) 511 **537**
长花小芽草
(=小芽草) (10) 513
长花延胡索
(=长距延胡索) (3) 764
长花羊茅 (12) 682 **689**
长花隐子草 (12) 978 **980**
长花枝杜若 (12) 197 **199** 彩片91
长花帚菊 (11) 658 **660**
长花柱山矾 (6) 52 **61**
长画眉草 (12) 962 **963**
长灰藓属
(灰藓科) (1) 899 **924**
长喙刺疣藓 (1) 894 **895**
长喙大丁草
(=尼泊尔大丁草)(11) 685
长喙厚朴 (3) 131 **134**
长喙韭 (13) 141 **161**
长喙兰 (13) **490**
长喙兰属
(兰科) (13) 367 **490**
长喙毛茛泽泻 (12) **8**
长喙棉藓 (1) 865 **870**
长喙牛儿苗
(=尖喙牻牛儿苗)(8) 466
长喙唐松草 (3) 460 **465**
长喙藓属
(青藓科) (1) 828 **847**
长戟叶蓼 (4) 482 **488**
长尖赤藓 (1) **476**
长尖对齿藓 (1) 451 **452**
长尖明叶藓 (1) **922** 彩片272
长尖纽口藓
(=长尖对齿藓) (1) 452
长尖莎草 (12) 322 **333**
长尖叶墙藓
(=长尖赤藓) (1) 476
长尖叶蔷薇 (6) 711 **735**
长尖走灯藓 (1) **582**
长江溲疏 (6) 248 **253**
长江蹄盖蕨 (2) 294 **306**
长豇豆 (7) 232 **235**
长角剪叶苔 (1) 5 **6** 彩片2
长角蒲公英 (11) 766 **781**
长角蝇子草 (4) 441 **456**
长节耳草 (10) 516 **521**
长节珠 (9) **128** 彩片73
长节珠属
(夹竹桃科) (9) 89 **128**
长茎赤车 (4) 114 **117**
长茎飞蓬 (11) 215 **221**
长茎藁本 (8) 703 **704**
长茎剪叶苔 (1) 5 **7**
长茎金耳环 (3) 339 **346**
长茎毛茛 (3) 550 **561**
长茎婆罗门参 (11) 695 **696**
长茎薹草 (12) 408 **409**
长茎沿阶草 (13) 243 **246**
长茎羊耳蒜 (13) 537 **547** 彩片377
长颈薹草 (12) 473 **480**
长距翠雀花 (3) 429 **444** 彩片330
长距凤仙花 (8) 490 **504**
长距瓜叶乌头
(=瓜叶乌头) (3) 417
长距美冠兰 (13) 568 **571**
长距忍冬 (11) 53 **76**
长距舌喙兰
(=扇唇舌喙兰) (13) 454
长距石斛 (13) 662 **682** 彩片508
长距虾脊兰 (13) 598 **606** 彩片431
长距延胡索 (3) 726 **764**
长距玉凤花 (13) 500 **508** 彩片343
长蕨藓 (1) **678**
长蕨藓属
(蕨藓科) (1) 668 **678**
长肋剪叶苔 (1) 5 **7**
长肋青藓 (1) 831 **837**
长肋疣壶藓 (1) **526**
长镰羽耳蕨 (2) 538 **579**
长裂葛萝槭 (8) 318 **332**
长裂黄鹌菜 (11) 718 **722**
长裂苦苣菜 (11) 701 **703**
长裂太行菊
(=太行菊) (11) 354
长鳞贝母兰 (13) **619**
长鳞耳蕨 (2) 536 **563**
长鳞红景天 (6) 354 **358**
长芒稗 (12) 1044 **1046**
长芒棒头草 (12) 923 **924**
长芒草 (12) 931 **933**
长芒草沙蚕 (12) 985 **986**
长芒杜英 (5) 1 **3**
长芒鹅观草 (12) 843 **848**
长芒耳蕨 (2) 537 **568**
长芒高山耳蕨
(=芒刺耳蕨) (2) 558
长芒看麦娘 (12) 928 **930**
长芒嵩草 (12) 363 **376**
长芒苔草
(=无喙囊薹草) (12) 420
长毛八角枫
(=毛八角枫) (7) 685
长毛苞裂芹 (8) **696**
长毛齿缘草 (9) 328 **330**
长毛赤瓟 (5) 209 **213**
长毛垫状驼绒藜 (4) 334 **335**
长毛风车子 (7) **671**
长毛风毛菊 (11) 574 **608**
长毛黄葵 (5) 88 **89** 彩片48
长毛黄瑞木 (4) **627**
长毛荚黄蓍 (7) 293 **337**
长毛柃 (4) 634 **637**
长毛三脉紫菀 (11) 175 **184**
长毛砂藓 (1) 509 **514**
长毛山矾 (6) 54 **73**
长毛石笔木
(=长萼石笔木) (4) 605
长毛水东哥 (4) 674 **676**
长毛穗花 (10) 142 **144**
长毛细辛 (3) 338 **339**
长毛香科科 (9) 400 **402**

长毛香薷 (9) 545 **548**
长毛小舌紫菀 (11) 176 **187**
长毛岩须 (5) 678 **680**
长毛杨桐 (4) 625 **627**
长毛远志
(=长毛籽远志) (8) 248
长毛月见草 (7) **593**
长毛锥花 (9) 413 **414**
长毛籽远志 (8) 245 **248** 彩片114
长毛紫金牛 (6) 86 **97**
长帽囊藓 (1) 632 **634**
长帽藓属
(曲尾藓科) (1) 332 **358**
长密花穗薹草 (12) 505 **507**
长囊薹草 (12) 473 **478**
长片蕨 (2) **136**
长片蕨属
(膜蕨科) (2) 112 **136**
长片小膜盖蕨 (2) 646 **646**
长脐红豆 (7) 68 **69**
长前胡 (8) 742 **745**
长柔毛委陵菜 (6) 656 **677**
长柔毛野豌豆 (7) 406 **409**
长蕊斑种草 (9) 281 **314** 彩片124
长蕊斑种草属
(紫草科) (9) 281 **314**
长蕊地榆 (6) 745 **746**
长蕊杜鹃 (5) 572 **666** 彩片265
长蕊琉璃草 (9) **335**
长蕊琉璃草属
(紫草科) (9) 282 **335**
长蕊木兰 (3) **144** 彩片176
长蕊木兰属
(木兰科) (3) 123 **144**
长蕊青兰 (9) 451 **457**
长蕊石头花 (4) 473 **474**
长蕊万寿竹 (13) **199** 彩片143
长蕊珍珠菜 (6) 116 **127**
长伞梗荚 (11) 8 **32**
长伞红柴胡 (8) 632 **641**
长舌茶秆竹
(=长舌酸竹) (12) 641
长舌对叶兰
(=长唇对叶兰) (13) 407
长舌酸竹 (12) 640 **641**
长舌针茅 (12) 932 **940**
长生草
(=多星韭) (13) 147
长寿花 (13) **267**
长蒴灰藓 (1) 906 **909**
长蒴锦叶藓 (1) 391 **392**
长蒴苣苔属
(苦苣苔科) (10) 246 **296**
长蒴母草 (10) 106 **111**
长蒴墙藓 (1) **480**
长蒴藓 (1) **335** 彩片86
长蒴藓属
(曲尾藓科) (1) 333 **334**
长蒴圆叶报春 (6) 174 **205**
长苏石斛 (13) 663 **669** 彩片484
长穗柄薹草 (12) 519 **525**
长穗赤箭莎 (12) **315**
长穗柽柳 (5) 176 **177**
长穗虫实 (4) 328 **332**
长穗腹水草 (10) 137 **139**
长穗高秆莎草 (12) 321 **323**
长穗胡椒 (3) 319 **330**
长穗花 (7) **625**
长穗花属
(野牡丹科) (7) 614 **625**
长穗桦
(=细穗桦) (4) 277
长穗碱茅 (12) 763 **767**
长穗阔蕊兰 (13) 492 **495**
长穗柳 (5) 303 309 **323**
长穗糯米香 (10) **371**
长穗飘拂草 (12) 292 **301**
长穗三毛草 (12) 879 **880**
长穗桑 (4) 29 **30**
长穗省藤 (12) 77 **85**
长穗薹草 (12) 415 **416**
长穗兔儿风 (11) 664 **669**
长穗腺背蓝 (10) **365**
长穗珍珠菜 (6) 115 **123**
长穗醉鱼草
(=大序醉鱼草) (10) 18
长台藓 (1) **536**
长台藓科 (1) **536**
长台藓属
(长台藓科) (1) **536**
长葶报春 (6) 176 **208**
长葶鸢尾 (13) 280 **285**
长筒滨紫草 (9) **305**
长筒蕨属
(膜蕨科) (2) 112 **136**
长筒漏斗苣苔 (10) **265**
长筒石蒜 (13) 262 **266**
长托菝葜 (13) 315 **321** 彩片241
长瓦韦 (2) 682 **691**
长尾凤尾蕨 (2) 182 **194**
长尾红叶藤 (6) **229**
长尾黄蓍 (7) 292 **327**
长尾毛蕨 (2) 374 **386**
长尾毛蕊茶 (4) 578 **602**
长尾槭 (8) 316 **324**
长尾铁线蕨 (2) 232 233 **238**
长尾乌饭 (5) 699 **705**
长尾鸢尾 (13) 280 **287** 彩片205
长尾越桔
(=长尾乌饭) (5) **705**
长尾窄叶柃 (4) 636 **648**
长纤毛喜山葶苈
(=喜山葶苈) (5) 441
长腺萼木 (8) **101** 彩片52
长腺萼木属
(大戟科) (8) 13 **101**
长腺小米草 (10) 174 **175**
长小苞黄蓍 (7) 288 **298**
长序茶藨子 (6) 295 **302**
长雄薹草 (12) 382 **388**
长须阔蕊兰 (13) 492 **494**
长序臭黄荆 (9) 364 **367**
长序翻唇兰 (13) 427 **428**

长序灰毛豆 (7) 123 **124**
长序荆 (9) 374 **377**
长序狼尾草 (12) 1078 **1080**
长序冷水花 (4) 91 **101**
长序莓 (6) 583 **594**
长序美丽乌头
(=美丽乌头) (3) 412
长序南蛇藤 (7) 806 **809**
长序山芝麻 (5) 50 **51**
长序缬草 (11) 98 **99**
长序羊角藤 (10) 652 **653**
长序榆 (4) 2 **4** 彩片1
长芽绣线菊 (6) 446 **455**
长檐苣苔 (10) **301** 彩片94
长檐苣苔属
(苦苣苔科) (10) 246 **301**
长阳十大功劳 (3) 626 **635**
长药八宝 (6) 326 **329** 彩片86
长药隔重楼 (13) **225**
长药隔重楼 (13) 220 **223** 彩片162
长药沿阶草 (13) 242 **246**
长叶白齿藓 (1) 652 **654** 彩片193
长叶百蕊草 (7) 733 **736**
长叶苞叶兰 (13) **456**
长叶柄野扇花 (8) 6 **7**
长叶并头草 (9) 418 **429**
长叶钗子股 (13) 757 **759**
长叶巢蕨 (2) 437 **439**
长叶车前 (10) 5 **11**
长叶赤爬 (5) 209 **211**
长叶刺参 (11) 108 **110**
长叶地榆 (6) 744 **746**
长叶滇蕨 (2) 450 **450**
长叶点地梅 (6) 150 **158**
长叶吊灯花
(=剑叶吊灯花) (9) 200
长叶冻绿 (8) 144 **146** 彩片80
长叶短壶藓 (1) 526 **527**
长叶二裂委陵菜 (6) 654 **662**
长叶二色香青 (11) 263 **268**
长叶繁缕 (4) 408 **414**
长叶榧树 (3) 110 **111** 彩片143
长叶风毛菊
(=长叶雪莲) (11) 576
长叶高山柏 (3) 84 **86** 彩片113
长叶哥纳香 (3) 171 **172**
长叶隔距兰 (13) 733 **737** 彩片546
长叶钩子木 (9) **554**
长叶枸骨 (7) 836 **853**
长叶骨牌蕨 (2) 700 **702**
长叶光萼苔 (1) 203 **206**
长叶胡颓子 (7) 467 **470** 彩片164
长叶胡枝子 (7) 183 **192** 彩片91
长叶黄精
(=多花黄精) (13) 210
长叶火绒草 (11) 251 **258**
长叶假糙苏 (9) 487 **489**
长叶假万寿竹
(=长叶竹根七) (13) 217
长叶碱毛茛 (3) 579 **580**
长叶节节木 (4) **358**
长叶绢藓 (1) 853 **855**
长叶阔苞菊 (11) 243 **244**
长叶兰 (13) 575 **578** 彩片398
长叶柳 (5) 306 309 **340**
长叶龙船花
(=泡叶龙船花) (10) 612
长叶鹿蹄草 (5) 722 **727**
长叶轮钟草
(=长叶轮钟花) (10) 468
长叶轮钟花 (10) **468**
长叶绿绒蒿 (3) 696 **702**
长叶马兜铃 (3) 349 **353**
长叶毛茛 (3) 550 **566**
长叶毛花忍冬 (11) 53 **76**
长叶茅膏菜 (5) 106 **108**
长叶猕猴桃 (4) 658 **668**
长叶密叶光萼苔 (1) 203 **208**
长叶膜蕨 (2) 119 **122**
长叶木兰 (3) 131 **133** 彩片159
长叶泥炭藓 (1) 301 **303**
长叶拟白发藓 (1) **359**
长叶纽藓 (1) **479**
长叶纽子果
(=纽子果) (6) 91
长叶女贞 (10) 49 **51**
长叶排钱树 (7) **150**
长叶茜草 (10) 675 **676**
长叶黔蕨 (2) 485 **486**
长叶球兰
(=荷秋藤) (9) 172
长叶曲柄藓 (1) 346 **349**
长叶曲尾藓 (1) 376 **381**
长叶雀稗 (12) 1053 **1055**
长叶山兰 (13) 560 **561** 彩片384
长叶肾蕨 (2) 637 **638**
长叶实蕨 (2) 626 **626**
长叶水麻 (4) 157 **158** 彩片63
长叶水毛茛 (3) 575 **576**
长叶松 (3) 54 **65**
长叶溲疏 (6) 249 **257**
长叶酸模 (4) 521 **524**
长叶酸藤子
(=平叶酸藤子) (6) 108
长叶提灯藓 (1) 573 **574**
长叶蹄盖蕨 (2) 294 **302**
长叶天名精 (11) 300 **305**
长叶铁角蕨 (2) 404 **433**
长叶头蕊兰
(=头蕊兰) (13) 394
长叶瓦莲 (6) 333 **334**
长叶微孔草 (9) 319 **320**
长叶莴苣 (11) **748**
长叶乌药
(=川钓樟) (3) 242
长叶西番莲 (5) **191**
长叶蚬壳花椒 (8) 400 **404**
长叶腺萼木 (10) 578 **580**
长叶香茶菜 (9) 568 **575**
长叶香草 (6) 116 **131**
长叶绣球 (6) 276 **286**
长叶锈毛莓 (6) 589 **629**
长叶雪莲 (11) 568 **576**

长叶芽胞耳蕨 (2) 534 **543**
长叶盐蓬 (4) 352 **353**
长叶野桐 (8) 63 **65**
长叶阴石蕨 (2) 656 **656**
长叶银背藤 (9) 267 **268**
长叶羽苔 (1) 130 **144**
长叶远志 (8) 246 **253**
长叶云杉 (3) 36 **41** 彩片61
长叶早熟禾 (12) 703 **716**
长叶竹柏 (3) 96 **97** 彩片123
长叶竹根七 (13) **217**
长叶苎麻 (4) 137 **146**
长叶柞木 (5) 117 **118**
长叶紫珠 (9) 353 **358**
长翼凤仙花 (8) 494 **524**
长颖沿沟草 (12) **782**
长颖早熟禾 (12) 709 **743**
长硬粗叶木 (10) 621 **623**
长硬毛棘豆 (7) 353 **368**
长羽耳蕨 (2) 537 **568**
长羽芽胞耳蕨 (2) 533 **543**
长羽针茅 (12) 933 **940**
长圆吊石苣苔 (10) 317 **318** 彩片103
长圆果花叶海棠 (6) 565 **574**
长圆红景天 (6) 355 **368**
长圆楼梯草 (4) 119 **121**
长圆叶梾木 (7) 692 **693** 彩片265
长圆叶艾纳香 (11) 231 **237**
长圆叶唇柱苣苔 (10) 287 **292**
长圆叶荨麻 (4) 77 **82**
长圆叶树萝卜 (5) 714 **719**
长褶叶苔 (1) 69 **80**
长枝扁萼苔 (1) 185 **199**
长枝砂藓 (1) 509 **511** 彩片142
长枝山竹 (12) **95**
长枝水灰藓 (1) 824 **825**
长枝褶藓 (1) **775**
长枝竹 (12) 574 **582**
长枝紫萼藓 (1) 496 **498**
长舟马先蒿 (10) 184 **188**
长轴白点兰 (13) **740**
长柱草属
(茜草科) (10) 508 **658**
长柱垂头菊 (11) 471 **473** 彩片101
长柱灯心草 (12) 224 **242**
长柱独花报春 (6) 223 **224**
长柱花 (10) **658**
长柱金丝桃 (4) 693 **697**
长柱韭 (13) 142 **161**
长柱琉璃草 (9) **334**
长柱琉璃草属
(紫草科) (9) 282 **334**
长柱柳叶菜 (7) 596 **601**
长柱鹿药 (13) 191 **194** 彩片141
长柱毛膏菜 (5) 106 **108**
长柱瑞香 (7) 527 **535**
长柱沙参 (10) 475 **487**
长柱山丹 (10) **613**
长柱山丹属
(茜草科) (10) 510 **613**
长柱十大功劳 (3) 626 **628** 彩片459
长柱溲疏 (6) 249 **256**
长柱算盘子 (8) 47 **53**
长柱唐松草 (3) 461 **468**
长柱头薹草 (12) 518 **519**
长柱万寿竹 (13) 199 **200**
长柱无心菜
(=长柱蚤缀) (4) 427
长柱蝇子草 (4) 440 **445**
长柱蚤缀 (4) 420 **427**
长柱重楼 (13) 220 **227**
长爪梅花草 (6) 431 **433**
长锥蒲公英 (11) 767 **780**
长籽柳叶菜 (7) 597 **606**
长籽马钱 (9) 2 **5**
长鬃蓼 (4) 484 **508**
长总梗木蓝 (7) 129 **135**
长足兰 (13) **756**
长足兰属
(兰科) (13) 370 **756**
长足石豆兰 (13) 690 **694** 彩片517
长嘴毛茛 (3) 554 **573**
长嘴薹草 (12) **483**
肠蕨 (2) 312 **313**
肠蕨属
(蹄盖蕨科) (2) 271 **312**
肠须草 (12) **992**
肠须草属
(禾本科) (12) 558 **992**
常桉 (7) 551 **555**
常春木 (8) **542**
常春木属
(五加科) (8) 534 **542**
常春藤 (8) **538** 彩片253
常春藤鳞果星蕨 (2) 708 **709**
常春藤属
(五加科) (8) 534 **538**
常春卫矛 (7) 776 **781**
常春油麻藤 (7) 198 **201** 彩片98
常绿臭椿 (8) 367 **368**
常绿荚 (11) 7 **27** 彩片7
常绿满江红 (2) 786 **787**
常绿榆 (4) 4 **11** 彩片8
常山 (6) **268** 彩片80
常山属
(绣球花科) (6) 246 **268**

chao
巢蕨 (2) 436 **438** 彩片95
巢蕨属
(铁角蕨科) (2) 399 **436**
朝开暮落花
(=木槿) (5) 95
朝天罐 (7) 616 **617** 彩片227
朝天委陵菜 (6) 654 655 **683**
朝鲜白头翁 (3) 501 **503**
朝鲜当归 (8) 720 **722**
朝鲜附地菜 (9) 306 **308**
朝鲜槐 (7) **80**
朝鲜荚 (11) 8 **36**
朝鲜碱茅 (12) 764 **774**
朝鲜介蕨 (2) 284 **285**
朝鲜堇菜 (5) 140 **157**

朝鲜梾木 (7) 692 **695**
朝鲜老鹳草 (8) 469 **482**
朝鲜柳 (5) 305 310 **320**
朝鲜婆婆纳
(=朝鲜穗花) (10) 145
朝鲜蒲公英 (11) 768 **774**
朝鲜鼠李 (8) 146 **157**
朝鲜穗花 (10) 142 **145**
朝鲜铁线莲 (3) 509 **541**
朝鲜崖柏 (3) **75** 彩片101
朝鲜淫羊藿 (3) 642 **645** 彩片470
朝阳芨芨草 (12) 953 **958**
朝阳隐子草 (12) 978 **983**
潮风草 (9) 150 **162**
潮州山矾 (6) 53 **67**

che
车前 (10) 5 **8**
车前科 (10) **4**
车前蕨 (2) 260 **262**
车前蕨科 (2) 6 **260**
车前蕨属
(车前蕨科) (2) **260**
车前属
(车前科) (10) **4**
车前兔儿风 (11) 665 **675**
车前虾脊兰 (13) 599 **611**
车前叶黄腺香青 (11) 264 **270**
车前状垂头菊 (11) 472 **481**
车前紫草 (9) **312**
车前紫草属
(紫草科) (9) 281 **312**
车桑子 (8) **287**
车桑子属
(无患子科) (8) 267 **287**
车氏凤尾藓 (1) 402 **405**
车氏曲柄藓 (1) 346 **348**
车筒竹 (12) 573 **576**
车叶草属
(茜草科) (10) 508 **658**
车轴草 (10) 661 **674**
车轴草属
(蝶形花科) (7) 62 66 67 **438**
扯根菜 (6) **372**
扯根菜属
(虎耳草科) (6) 370 **371**

chen
沉水樟 (3) 250 **253** 彩片229
沉香属
(瑞香科) (7) 513 **514**
陈谋卫矛 (7) 777 **786**
陈氏耳蕨 (2) 533 **543**
陈氏耳叶蕨
(=陈氏耳蕨) (2) 543
陈氏耳叶苔 (1) 212 **216**
陈氏连轴藓 (1) **506**
陈氏薹草 (12) 473 **481**
陈氏网藓 (1) 428 **429**
陈氏藓 (1) **447**
陈氏藓属
(从藓科) (1) 437 **447**
陈氏羽苔 (1) 130 **147**

cheng
柽柳 (5) 176 177 **180**
柽柳科 (5) **174**
柽柳属
(柽柳科) (5) 174 **176**
赪桐 (9) 379 **385** 彩片151
撑篙竹 (12) 574 **580**
城口东俄芹 (8) **606**
城口茴芹 (8) 664 **669**
城口卷瓣兰 (13) 692 **707**
城口马蓝 (10) 366 **367**
城口瓶蕨 (2) 131 **132**
城口桤叶树 (5) 545 **549**
城口薹草 (12) 509 **511**
程香仔树 (7) **830** 彩片314
澄广花 (3) 164 **165**
澄广花属
(番荔枝科) (3) 158 **163**
橙
(=甜橙) (8) 446
橙红灯台报春 (6) 175 **194**
橙花飞蓬 (11) 214 **215** 彩片60
橙花开口箭 (13) **178** 彩片129
橙花瑞香 (7) 526 **530**
橙黄报春
(=橙红灯台报春) (6) 194
橙黄花黄蓍 (7) 290 **315**
橙黄瑞香
(=橙花瑞香) (7) 530
橙黄玉凤花 (13) 501 **512** 彩片348
橙色锦藓 (1) **890** 彩片262
橙色鼠尾草 (9) 506 **509**
橙色丝带藓
(=细带藓) (1) 700
橙舌狗舌草 (11) 515 **517**
秤锤树 (6) **49** 彩片12
秤锤树属
(安息香科) (6) 26 **48**
秤杆树 (6) 78 **79**
秤钩风 (3) **679**
秤钩风属
(防已科) (3) 669 670 **679**
秤星树 (7) 840 **874** 彩片327

chi
池杉 (3) **72** 彩片98
迟花矮柳 (5) 304 311 **330**
匙瓣虾脊兰 (13) 597 **602**
匙唇兰 (13) **728** 彩片539
匙唇兰属
(兰科) (13) 371 **728**
匙萼柏拉木 (7) 630 **632**
匙萼金丝桃 (4) 694 **699**
匙萼卷瓣兰 (13) 691 **703**
匙萼木
(=琼岛岩黄树) (10) 514
匙羹藤 (9) **176** 彩片84
匙羹藤属
(萝科) (9) 134 **175**

匙荠	(5)		**432**
匙荠属(十字花科)	(5)	384	**431**
匙形铁角蕨	(2)	402	**418**
匙叶八角	(3)	360	**363**
匙叶巴塘紫菀	(11)	178	**199**
匙叶草	(9)		**58**
匙叶草属(龙胆科)	(9)	11	**58**
匙叶翅籽菜	(5)	436	**437**
匙叶伽蓝菜	(6)		**321**
匙叶甘松(=甘松)	(11)		98
匙叶黄杨	(8)	1	**5**
匙叶剑蕨	(2)	779	**779**
匙叶栎	(4)	241	**250**
匙叶龙胆	(9)	20	**47**
匙叶毛膏菜	(5)	106	**107**
匙叶毛尖藓	(1)		**843** 彩片250
匙叶木藓	(1)		**715**
匙叶千里光	(11)	531 532	**543**
匙叶湿地藓	(1)	464	**465**
匙叶鼠草	(11)	280	**285**
匙叶小檗	(3)	586	**608**
匙叶翼首花	(11)		**114** 彩片36
匙叶银莲花	(3)	488	**496**
匙状伽蓝菜	(6)		**321**
齿瓣凤仙花	(8)	494	**524**
齿瓣开口箭	(13)	178	**180** 彩片131
齿瓣舌唇兰	(13)	458	**462**
齿瓣石豆兰	(13)	690	**697**
齿瓣石斛	(13)	664	**674** 彩片496
齿瓣延胡索	(3)	727	**765**
齿瓣鸢尾兰	(13)	555	**557**
齿瓣蚤缀	(4)	420	**429**
齿苞风毛菊	(11)	572	**599**
齿被马兜铃(=葫芦叶马兜铃)	(3)		355
齿边广萼苔	(1)		**63** 彩片16
齿边缩叶藓	(1)	488	**489** 彩片136
齿边同叶藓	(1)	917	**918**
齿边小壶藓	(1)	528	**531**
齿翅蓼	(4)	483	**491**
齿唇兰	(13)	436	**438** 彩片305
齿唇铃子香	(9)		**460**
齿唇台钱草	(9)	446	**447**
齿唇羊耳蒜	(13)	537	**539**
齿萼报春	(6)	175	**189**
齿萼凤仙花	(8)	495	**530**
齿萼薯	(9)	259	**260**
齿萼悬钩子	(6)	591	**642**
齿萼羽苔	(1)	131	**157**
齿耳蒲儿根	(11)	508	**512**
齿稃草	(12)		**876**
齿稃草属(禾本科)	(12)	561	**876**
齿盖贯众	(2)	588	**594**
齿冠草(=粘冠草)	(11)		161
齿果草	(8)	256	**257**
齿果草属(远志科)	(8)	243	**256**
齿果酸模	(4)	522	**528**
齿果铁角蕨	(2)	401	**410**
齿肋曲尾藓	(1)	376	**387**
齿裂苣叶报春(=波缘报春)	(6)		189
齿裂西山委陵菜	(6)	657	**673**
齿裂轴脉蕨	(2)	609	**613**
齿鳞草	(10)		**236**
齿鳞草属(列当科)	(10)	228	**236**
齿鳞苔属(细鳞苔科)	(1)	244	**245**
齿片坡参	(13)	501	**511**
齿片无柱兰	(13)	480	**484**
齿片玉凤花	(13)	501	**513**
齿丝庭荠(=条叶庭荠)	(5)		433
齿头鳞毛蕨	(2)	492	**528**
齿牙毛蕨	(2)	373 374	**377**
齿叶安息香	(6)	28	**37**
齿叶白鹃梅	(6)	479	**480**
齿叶报春(=齿叶灯台报春)	(6)	195	
齿叶扁核木	(6)	750	**752**
齿叶薄齿藓	(1)		**466**
齿叶赤瓟	(5)	209	**214**
齿叶翅茎草(=马松蒿)	(10)		180
齿叶灯台报春	(6)	175	**195**
齿叶吊石苣苔	(10)	318	**321** 彩片105
齿叶冬青	(7)	836	**848**
齿叶耳叶苔	(1)	212	**222**
齿叶凤尾藓	(1)	402	**408** 彩片108
齿叶凤仙花	(8)	493	**519**
齿叶红淡比	(4)	630	**631**
齿叶虎耳草	(6)	384	**401**
齿叶花旗杆(=花旗杆)	(5)		491
齿叶黄皮	(8)	432	**433**
齿叶景天	(6)	336	**346**
齿叶柯	(4)	200 201	**217**
齿叶冷水花	(4)	93	**111**
齿叶鳞花草	(10)		**382**
齿叶毛边光萼苔	(1)	203	**209**
齿叶枇杷	(6)	525	**527**
齿叶平藓	(1)	707	**708**
齿叶荨麻	(4)	77	**80**
齿叶忍冬	(11)	52	**68**
齿叶赛莨菪(=赛莨菪)	(9)		209
齿叶赛金莲木	(4)		**564**
齿叶蓍	(11)	336	**338**
齿叶水蜡烛	(9)		**561**
齿叶溲疏	(6)	248	**253**
齿叶桃叶石楠	(6)	514	**519**
齿叶铁线莲	(3)	509	**533**
齿叶铁仔(=密齿铁仔)	(6)		110
齿叶橐吾	(11)	447	**450**
齿叶新悬藓(=新悬藓)	(1)		695

齿叶玄参 (10) 82 **83**
齿缘草属
(紫草科) (9) 282 **328**
齿缘吊钟花 (5) 681 **682**
齿缘苦枥木
(=苦枥木) (10) 26
齿缘苦荬
(=窄叶小苦荬) (11) 754
齿缘牛舌藓 (1) 777 **779**
齿缘泽藓 (1) 603 **606**
齿爪叠鞘兰 (13) 429 **430** 彩片301
赤桉 (7) 551 **554**
赤壁木 (6) **266**
赤壁木属
(绣球花科) (6) 246 **266**
赤瓟 (5) 209 **213** 彩片102
赤瓟属
(葫芦科) (5) 198 **208**
赤才 (8) **274** 彩片126
赤才属
(无患子科) (8) 267 **273**
赤苍藤 (7) **718** 彩片282
赤苍藤属
(铁青树科) (7) 713 **717**
赤车 (4) 114 **116**
赤车属
(荨麻科) (4) 75 **113**
赤齿藓属
(绢藓科) (1) **851**
赤唇石豆兰 (13) 690 **693** 彩片515
赤椆
(=毛果青冈) (4) 236
赤点红淡
(=海南杨桐) (4) 626
赤豆 (7) 231 **234**
赤箭莎 (12) **315**
赤箭莎属
(莎草科) (12) 256 **315**
赤箭嵩草 (12) 362 **367**
赤茎藓 (1) **941** 彩片277
赤茎藓属
(塔藓科) (1) 935 **940**
赤茎小锦藓 (1) **886**
赤茎羊耳菊 (11) 289 **295**
赤胫散 (4) 483 **498**
赤柯
(=台湾青冈) (4) 239
赤麻 (4) 137 **144**
赤木通
(=三裂蛇葡萄) (8) 193
赤楠 (7) 560 **566** 彩片202
赤皮椆
(=赤皮青冈) (4) 236
赤皮青冈 (4) 224 **236**
赤水野海棠 (7) 635 **638**
赤松 (3) 53 **60** 彩片84
赤术
(=苍术) (11) 562
赤藓属
(丛藓科) (1) 436 **476**
赤小豆 (7) 232 **235**
赤杨叶 (6) 40 **41**
赤杨叶属
(安息香科) (6) 26 **40**
赤枝藓属
(虎尾藓科) (1) 641 **642**
赤竹 (12) **659**
赤竹属
(禾本科) (12) 551 **658**
翅瓣黄堇 (3) 650 **661**
翅柄鹅不食草 (11) **245**
翅柄合耳菊 (11) 521 **523**
翅柄假脉蕨 (2) 125 **126**
翅柄蓼 (4) 484 **500**
翅柄马蓝 (10) 366 **369**
翅柄球菊
(=翅柄鹅不食草) (11) 245
翅柄橐吾 (11) 449 **466**
翅柄铁线蕨 (2) 232 **236**
翅柄铁线蕨
(=团羽铁线蕨) (2) 237
翅果蓼 (4) **520** 彩片220
翅萼石斛 (13) 662 **682** 彩片509
翅梗石斛 (13) 662 **681** 彩片507
翅果草 (9) **335**
翅果草属
(紫草科) (9) 282 **335**
翅果耳草 (10) 516 **524**
翅果菊 (11) 744 **746**
翅果菊属
(菊科) (11) 134 **744**
翅果蓼属
(蓼科) (4) 481 **519**
翅果麻 (5) 84 **85**
翅果麻属
(锦葵科) (5) 69 **84**
翅果藤 (9) **138** 彩片75
翅果藤属
(萝科) (9) 133 **138**
翅果油树 (7) 468 **475** 彩片165
翅鹤虱 (9) 336 **341**
翅荚决明 (7) 50 **53** 彩片42
翅荚木
(=任豆) (7) 50
翅荚香槐 (7) **78**
翅茎白粉藤 (8) 198 **201**
翅茎半边莲 (10) 494 **497**
翅茎草 (10) 222 **223**
翅茎草属
(玄参科) (10) 69 **222**
翅茎灯心草 (12) 223 **233**
翅茎囊萼花 (10) **120**
翅茎冷水花 (4) 91 **98**
翅茎髯药草
(=髯药草) (9) 490
翅茎玄参 (10) 82 **87**
翅鳞莎 (12) **345**
翅鳞莎属
(莎草科) (12) 256 **345**
翅棱芹属
(伞形科) (8) 580 **698**
翅柃 (4) 636 **654**
翅膜菊属

(菊科) (11) 131 **618**
翅囊苔草
(=卵果薹草) (12) 547
翅苹婆 (5) **35** 彩片16
翅苹婆属
(梧桐科) (5) 34 **45**
翅实藤 (8) **242**
翅实藤属
(金虎尾科) (8) 236 **241**
翅托叶猪屎豆 (7) 441 **444**
翅野木瓜 (3) 659 **660**
翅叶木 (10) **424** 彩片130
翅叶木属
(紫葳科) (10) 419 **424**
翅叶牛奶菜
(=海南牛奶菜) (9) 184
翅枝马蓝 (10) 366 **370**
翅轴蹄盖蕨 (2) 294 **304**
翅籽荠属
(十字花科) (5) 387 **436**
翅子瓜 (5) **207**
翅子瓜属
(葫芦科) (5) 198 **207**
翅子罗汉果 (5) 217 **218**
翅子树 (5) **56**
翅子树属
(梧桐科) (5) 34 **56**
翅子藤 (7) **830**
翅子藤科 (7) **828**
翅子藤属
(翅子藤科) (7) 828 **830**

chong

虫豆 (7) 238 **239**
虫毛藓 (1) **787**
虫毛藓属
(羽藓科) (1) 784 **787**
虫实属(藜科) (4) 305 **328**
虫叶苔属
(指叶苔科) (1) 24 **41**
崇澍蕨 (2) 465 **465** 彩片106
崇澍蕨属
(乌毛蕨科) (2) 458 **465**

chou

抽茎还阳参 (11) 713 **717**
抽葶党参 (10) 456 **461**
抽葶藁本 (8) 704 **711**
抽葶锥花 (9) 413 **415**
抽筒竹 (12) 656 **657**
稠李 (6) 780 **783**
稠李属
(蔷薇科) (6) 445 **780**
丑柳 (5) 307 311 **344**
臭草 (12) 790 **795**
臭草属
(禾本科) (12) 561 **789**
臭常山 (8) **413**
臭常山属
(芸香科) (8) 398 **413**
臭虫草 (12) 1059 **1060**
臭椿 (8) 367 **368** 彩片185
臭椿属
(苦木科) (8) **367**
臭根子草 (12) 1129 **1130**
臭蒿 (11) 374 **395**
臭黄堇 (3) 726 **762**
臭黄荆 (9) 364 **366**
臭荚 (11) 7 **29**
臭节草 (8) **420**
臭芥属
(十字花科) (5) 381 **406**
臭辣吴萸 (8) 414 **417** 彩片209
臭辣吴茱萸
(=臭辣吴萸) (8) **417**
臭冷杉 (3) 19 **22** 彩片28
臭茉莉 (9) 378 **383** 彩片146
臭牡丹 (9) 378 **383** 彩片147
臭蒲
(=菖蒲) (12) 106
臭荠 (5) **406**
臭菘 (12) **119**
臭菘属
(天南星科) (12) 104 **119**
臭檀吴萸 (8) 414 **419** 彩片210
臭檀吴茱萸
(=臭檀吴萸) (8) 419
臭味假柴龙树 (7) 880 **881**
臭味新耳草 (10) 525 **526** 彩片184
臭樱 (6) **792**
臭樱属
(蔷薇科) (6) 445 **792**
臭蚤草 (11) 298 **299** 彩片72
臭樟
(=云南樟) (3) 255

chu

出蕊四轮香 (9) **564**
樗叶花椒
(=椿叶花椒) (8) 407
除虫菊 (11) 351 **352**
雏菊 (11) **161**
雏菊属
(菊科) (11) 122 **161**
雏田薹草 (12) 428 **430**
杵榆
(=坚桦) (4) 280
楮 (4) 32 **33**
楮头红 (7) **648** 彩片240
楚雄安息香 (6) 27 **30**
楚雄野茉莉
(=楚雄安息香) (6) 30
触须阔蕊兰 (13) 492 **493** 彩片336
蒭雷草属
(禾本科) (12) 553 **1083**
蒭雷草 (12) **1084**

chuan

川八角莲 (3) 638 **640** 彩片467-1、467-2
川百合 (13) 120 **130** 彩片105
川北钩距黄堇 (3) 722 **734**
川北鹿蹄草
(=鹿蹄草) (5) 729

川北细辛 (3) 338 **342**
川贝母 (13) 109 **114** 彩片83
川藏短腺小米草 (10) 174 **175**
川藏风毛菊 (11) 572 **598**
川藏蒿 (11) 377 **412**
川藏沙参 (10) 475 **488**
川藏蛇菰 (7) 766 **771**
川藏铁线莲 (3) 511 **538**
川藏香茶菜 (9) 569 **579**
川赤瓟 (5) 209 **211**
川党参 (10) 455 **459** 彩片153
川滇斑叶兰 (13) 410 **416**
川滇变豆菜 (8) 589 **592**
川滇柴胡 (8) 631 **638**
川滇叠鞘兰 (13) 429 **430**
川滇杜鹃 (5) 567 **649**
川滇风毛菊 (11) 572 **596**
川滇复叶耳蕨 (2) 478 **484**
川滇高山栎 (4) 241 **248**
川滇藁本 (8) 704 **709**
川滇槲蕨 (2) 765 **769** 彩片153
川滇花楸 (6) 533 **543**
川滇角盘兰
(=宽萼角盘兰) (13) 475
川滇金丝桃 (4) 694 **700**
川滇蜡树
(=紫药女贞) (10) 55
川滇冷杉 (3) 20 **25** 彩片35
川滇连蕊茶 (4) 577 **597**
川滇柳 (5) 304 312 **356**
川滇马铃苣苔 (10) 251 **253**
川滇蔓藓 (1) **693** 彩片205
川滇猫乳 (8) 162 **163**
川滇米口袋 (7) 382 **384**
川滇木莲 (3) 124 **127**
川滇女蒿 (11) **359**
川滇盘果菊
(=多裂紫菊) (11) 742
川滇盘果菊
(=细梗紫菊) (11) 742
川滇桤木 (4) **272**
川滇茜草 (10) 675 **678**
川滇蔷薇 (6) 712 **737** 彩片157
川滇雀儿豆 (7) **286**
川滇三股筋香
(=菱叶钓樟) (3) 240
川滇山嵛菜 (5) 523 **524**
川滇薹草 (12) 394 **400**
川滇委陵菜 (6) 655 **665**
川滇无患子 (8) 272 **273** 彩片125
川滇细辛 (3) 338 **345** 彩片268
川滇小檗 (3) 587 **615** 彩片455
川滇绣线菊 (6) 446 **454**
川滇野丁香 (10) 637 **642**
川钓樟 (3) 231 **242** 彩片226
川东介蕨 (2) 284 **284**
川东薹草 (12) 505 **506**
川东獐牙菜 (9) 75 **81**
川东紫堇 (3) 721 **731**
川杜若 (12) 197 **198** 彩片89
川鄂粗筒苣苔 (10) 261 **264**
川鄂滇池海棠 (6) 565 **575**
川鄂鹅耳枥 (4) 261 **267**
川鄂凤仙花 (8) 493 **520**
川鄂黄堇
(=地柏枝) (3) 759
川鄂茴芹 (8) 665 **672**
川鄂金丝桃 (4) 693 **698** 彩片318
川鄂连蕊茶 (4) 577 **598**
川鄂柳 (5) 306 309 **339**
川鄂米口袋 (7) 381 **382**
川鄂囊瓣芹 (8) 656 **658**
川鄂蒲儿根 (11) 508 **511**
川鄂山茱萸 (7) **703**
川鄂橐吾 (11) 449 **460**
川鄂小檗 (3) 587 **616**
川鄂蟹甲草 (11) 488 **493**
川鄂新樟 (3) **264**
川鄂淫羊藿 (3) 642 **646**
川鄂獐耳细辛 (3) 499 **500**
川鄂紫菀 (11) 176 **185**
川麸杨 (8) **355**
川甘翠雀花 (3) 430 **445**
川甘火绒草 (11) 250 **253**
川甘毛鳞菊 (11) 759 **761**
川甘蒲公英 (11) 767 **776**
川甘亚菊 (11) 364 **368**
川桂 (3) 251 **260** 彩片235
川含笑 (3) 145 **150**
川红柳 (5) 307 313 **362**
川黄檗 (8) **425** 彩片215
川黄堇菜
(=四川堇菜) (5) 168
川黄瑞木
(=川杨桐) (4) 629
川康绣线梅 (6) 474 **476**
川康栒子 (6) 483 **495**
川梨 (6) 558 **563**
川楝 (8) 396 **397**
川柃 (4) 635 **651**
川柳 (5) 304 313 **357**
川蔓藻 (12) **40**
川蔓藻科 (12) **40**
川蔓藻属
(川蔓草科) (12) **40**
川芒
(=西南双药芒) (12) 1088
川莓 (6) 589 **626** 彩片142
川明参 (8) **750**
川明参属
(伞形科) (8) 582 **750**
川木香 (11) **637**
川木香属
(菊科) (11) 131 **636**
川拟水龙骨 (2) 674 **674**
川牛膝 (4) 375 **376** 彩片176
川泡桐 (10) 77 **80**
川黔肠蕨 (2) 312 **312** 彩片86
川黔鹅耳枥 (4) 260 **261**
川黔黄鹌菜 (11) 718 **724**
川黔尖叶柃 (4) 635 **644**
川黔千金榆
(=川黔鹅耳榆) (4) 261

川黔忍冬 **(11)** 54 **87**
川黔润楠 **(3)** 274 **279**
川黔紫薇 **(7)** 508 **511**
川青黄蓍 **(7)** 290 **311**
川青毛茛 **(3)** 551 552 **556**
川山橙 **(9)** 93 **94**
川陕翠雀花 **(3)** 428 **435**
川陕鹅耳枥 **(4)** 261 **266**
川陕风毛菊 **(11)** 570 **591**
川陕花椒 **(8)** 401 **411**
川陕金莲花 **(3)** 393 **394**
川上短柄草 **(12)** 819 **820**
川芍药 **(4)** 556 **561** 彩片250
川溲疏 **(6)** 249 **259**
川素馨 **(10)** 58 **63** 彩片26
川苔草科 **(7)** **490**
川西翠雀花 **(3)** 429 **440**
川西杜鹃 **(5)** 564 **637**
川西风毛菊 **(11)** 573 **606**
川西凤仙花 **(8)** 495 **527**
川西合耳菊 **(11)** 522 **526**
川西虎耳草 **(6)** 385 **407**
川西黄鹌菜 **(11)** 718 **722**
川西剪股颖 **(12)** 915 **919**
川西锦鸡儿 **(7)** 264 **268**
川西荆芥 **(9)** 437 **442**
川西景天 **(6)** 335 **340**
川西栎 **(4)** 241 **250**
川西鳞毛蕨 **(2)** 489 **506**
川西柳叶菜 **(7)** 598 **611**
川西绿绒蒿 **(3)** 697 **703**
川西拟金毛裸蕨 **(2)** 250 **252**
川西蔷薇 **(6)** 708 **718**
川西沙参 **(10)** 477 **479**
川西遂瓣报春 **(6)** 174 **191**
川西瓦韦 **(2)** 682 **695**
川西小檗 **(3)** 587 **612**
川西小黄菊 **(11)** 351 **352** 彩片82
川西小金发藓 **(1)** 958 **960**
川西银莲花 **(3)** 487 **491**
川西云杉 **(3)** 36 **42** 彩片62
川西獐牙菜 **(9)** 76 **86**
川犀草 **(5)** **543**
川犀草属
(木犀草科) **(5)** 542 **543**
川香草 **(6)** 116 **129** 彩片33
川芎 **(8)** 703 **707**
川续断 **(11)** 111 **113**
川续断科 **(11)** **106**
川续断属
(川续断科) **(11)** 106 **111**
川杨 **(5)** 287 **296**
川杨桐 **(4)** 625 **629**
川藻 **(7)** **491**
川藻属
(川苔草科) **(7)** **490**
川榛 **(4)** 255 **257**
川中南星 **(12)** 152 **160** 彩片66
穿根藤
(=蔓九节) **(10)** 617
穿孔球穗草 **(12)** 1166 **1167**
穿孔薹草 **(12)** 414 **415**
穿龙薯蓣 **(13)** 342 **344** 彩片247
穿鞘花 **(12)** **187** 彩片84
穿鞘花属
(鸭跖草科) **(12)** 182 **187**
穿心草 **(9)** 14 **15**
穿心草属
(龙胆科) **(9)** 11 **14**
穿心连 **(12)** 112 **113**
穿心莲 **(10)** **385**
穿心莲属
(爵床科) **(10)** 330 **385**
穿心柃 **(4)** 636 **650**
穿心莛子 **(11)** **37** 彩片12
穿叶眼子菜 **(12)** 29 **33**
穿叶异檐花 **(10)** 491 **492**
船叶藓 **(1)** **721**
船叶藓科 **(1)** **720**
船叶藓属
(船叶藓科) **(1)** **720**
串果藤 **(3)** **656** 彩片391
串果藤属
(木通科) **(3)** 655 **656**
串铃草 **(9)** 467 **469** 彩片171
串钱草
(=穿心草) **(9)** 15
串珠黄芩
(=念珠根茎黄芩) **(9)** 430
串珠杜鹃 **(5)** 569 **662**
串珠老鹳草
(=球根老鹳草) **(8)** 476
串珠石斛 **(13)** 663 **672** 彩片490

chui
吹风散
(=异形南五味子) **(3)** 368
垂根叶苔 **(1)** 69 **79**
垂果大蒜芥 **(5)** **526**
垂果南芥 **(5)** 470 **472**
垂果四棱芥 **(5)** **512**
垂果薹草 **(12)** 460 **464**
垂果小檗 **(3)** 588 **622**
垂果亚麻 **(8)** 232 **234**
垂花报春 **(6)** 171 **222** 彩片69
垂花百合 **(13)** 120 **130** 彩片106
垂花青兰 **(9)** 451 **455**
垂花蛇根草 **(10)** 530 **532**
垂花水塔花 **(13)** 11 **12** 彩片12
垂花穗状报春 **(6)** 170 **220**
垂花香草 **(6)** 116 **129**
垂花悬铃花 **(5)** **87** 彩片47
垂蕾郁金香 **(13)** 105 **107**
垂柳 **(5)** 305 309 **319** 彩片142
垂茉莉 **(9)** 378 **379**
垂盆草 **(6)** 336 **350** 彩片88
垂蒴刺疣藓 **(1)** **894** 彩片265
垂蒴棉藓 **(1)** 865 **871**
垂蒴泽藓 **(1)** 602 **603**
垂蒴真藓 **(1)** 558 **568**
垂丝海棠 **(6)** 564 **567**
垂丝卫矛 **(7)** 779 **798**
垂丝紫荆 **(7)** **39**

垂穗鹅观草 (12) 845 **858**
垂穗披碱草 (12) 822 **823**
垂穗飘拂草 (12) 293 **308**
垂穗莎草 (12) 321 **325**
垂穗石松 (2) **27** 彩片8
垂穗石松属
(石松科) (2) 23 **27**
垂头虎耳草 (6) 386 **409**
垂头菊 (11) 471 **473**
垂头菊属
(菊科) (11) 127 **470**
垂头蒲公英 (11) 766 **784**
垂头橐吾 (11) 447 **452**
垂头雪莲 (11) 568 **575**
垂藓 (1) **688**
垂藓属
(蔓藓科) (1) 682 **688**
垂笑君子兰 (13) **269** 彩片186
垂序商陆 (4) 288 **289** 彩片128
垂序珍珠茅 (12) 354 **355**
垂悬白齿藓 (1) **652**
垂叶凤尾藓 (1) 403 **419**
垂叶黄精 (13) 205 **214**
垂叶榕 (4) 43 **52** 彩片36
垂枝柏 (3) 84 **85**
垂枝红千层 (7) 556 **557** 彩片196
垂枝泥炭藓 (1) 301 **304**
垂枝泡花树 (8) 298 **301**
垂枝山荆子 (6) 564 **566**
垂枝水锦树 (10) 545 **550**
垂枝旱熟禾 (12) 705 **728**
垂枝藓 (1) **941** 彩片278
垂枝藓属
(塔藓科) (1) 935 **941**
垂枝香柏 (3) 84 **87**
垂珠花 (6) 28 **38**
垂子买麻藤 (3) 119 **120**
槌果藤 (5) 370 **375**
槌柱兰 (13) **771**
槌柱兰属
(兰科) (13) 369 **771**

chun
春黄菊 (11) **334**
春黄菊属
(菊科) (11) 125 **334**
春剑 (13) **584**
春兰 (13) 575 **583** 彩片408
春蓼 (4) 484 **504**
春榆 (4) 3 **9**
春云实 (7) 31 **34**
椿叶花椒 (8) 401 **407**
纯黄杜鹃 (5) 561 **601**
纯色万代兰 (13) 745 **746** 彩片554
唇边书带蕨 (2) 265 **268**
唇萼薄荷 (9) 537 **539**
唇萼苣苔 (10) **309**
唇萼苣苔属
(苦苣苔科) (10) 246 **309**
唇鳞苔属
(细鳞苔科) (1) 225 **242**
唇形科 (9) **392**
唇柱苣苔 (10) 286 **288** 彩片85
唇柱苣苔
(=双片苣苔) (10) 274
唇柱苣苔属
(苦苣苔科) (10) 245 **286**
莼菜 (3) **385**
莼菜科 (3) **385**
莼菜属
(莼菜科) (3) **385**
莼兰绣球 (6) 276 **284**

ci
茨口马先蒿 (10) 183 **186**
茨藻
(=大茨藻) (12) 41
茨藻科 (12) **41**
茨藻属
(茨藻科) (12) **41**
慈姑 (12) 4 **7**
慈姑
(=野慈菇) (12) 6

慈姑属
(泽泻科) (12) **4**
慈竹属
(=竹属) (12) 573
雌雄麻黄 (3) 113 **118** 彩片147
刺柏 (3) **93** 彩片119
刺柏属(柏科) (3) 74 **93**
刺棒南星 (12) 153 **171** 彩片78
刺苞斑鸠菊 (11) 137 **144**
刺苞果 (11) **312**
刺苞果属
(菊科) (11) 124 **311**
刺苞蓟 (11) 620 **622**
刺苞菊 (11) **561**
刺苞菊属
(菊科) (11) 130 **561**
刺苞老鼠 (10) **341**
刺苞南蛇藤 (7) 806 **811**
刺边合叶苔 (1) 102 **104** 彩片20
刺边葫芦藓 (1) 519 **521**
刺边小金发藓 (1) 958 **963** 彩片288
刺边羽苔 (1) 129 **132**
刺柄凤尾蕨 (2) 180 **190**
刺柄南星 (12) 152 **160**
刺柄碗蕨 (2) 152 **154**
刺参
(=刺续断) (11) 108
刺参
(=东北刺人参) (8) 537
刺参属
(五加科) (8) 534 **537**
刺茶
(=刺茶美登木) (7) 816
刺茶裸实
(=刺茶美登木) (7) 816
刺茶美登木 (7) 815 **816**
刺齿半边旗 (2) 181 182 **193**
刺齿贯众 (2) 588 **598**
刺齿假瘤蕨 (2) 732 **742**
刺齿马先蒿 (10) 184 **220**
刺齿泥花草 (10) 106 **113**

刺齿枝子花 **(9)** 451 **454**
刺臭椿 **(8)** 367 **368**
刺樗
(=刺臭椿) **(8)** 368
刺萼参 **(10)** **466**
刺萼参属
(桔梗科) **(10)** 446 **466**
刺萼悬钩子 **(6)** 583 584 **599**
刺儿菜 **(11)** 622 **633** 彩片155
刺儿瓜 **(5)** 200 **201**
刺稃拂子茅 **(12)** 900 **903**
刺芙蓉 **(5)** 91 **97** 彩片58
刺疙瘩 **(11)** 615 **617**
刺梗蔷薇 **(6)** 709 **721**
刺瓜 **(9)** 151 **153**
刺冠菊 **(11)** **162**
刺冠菊属
(菊科) **(11)** 122 **161**
刺冠马先蒿 **(10)** 180 **217**
刺果茶藨子 **(6)** 294 **299** 彩片83
刺果毒漆藤 **(8)** 357 **361**
刺果峨参 **(8)** 596 **597**
刺果番荔枝 **(3)** 194 **195** 彩片204
刺果甘草 **(7)** 389 **391**
刺果苓菊 **(11)** 563 **565**
刺果毛茛 **(3)** 549 **574**
刺果芹 **(8)** **600**
刺果芹属
(伞形科) **(8)** 578 **600**
刺果树 **(8)** **109**
刺果树属
(大戟科) **(8)** 14 **109**
刺果苏木 **(7)** 30 **32** 彩片22
刺果藤 **(5)** **62** 彩片37
刺果藤属
(梧桐科) **(5)** 35 **62**
刺果卫矛 **(7)** 776 785 **783**
刺果藓 **(1)** 739 **740**
刺果藓科 **(1)** **739**
刺果藓属
(刺果藓科) **(1)** **739**
刺果血桐 **(8)** 73 **76**
刺果叶下珠 **(8)** 34 **41** 彩片14
刺果紫玉盘 **(3)** 159 **160**
刺核藤 **(7)** **885**
刺核藤属
(茶茱萸科) **(7)** 876 **885**
刺黑珠 **(3)** 586 **604**
刺黑竹 **(12)** 620 **622**
刺红珠 **(3)** 583 **589**
刺虎耳草 **(6)** 385 **402**
刺槐 **(7)** **126** 彩片71
刺槐属
(蝶形花科) **(7)** 66 **126**
刺黄柏
(=细柄十大功劳)**(3)** 627
刺黄果 **(9)** 91 **92**
刺黄花 **(3)** 589 **624**
刺喙薹草 **(12)** 512 **514**
刺矶松
(=刺叶彩花) **(4)** 543
刺荚木蓝 **(7)** 129 **147**
刺尖鳞毛蕨 **(2)** 489 **509**
刺尖前胡 **(8)** 742 **743**
刺蕨 **(2)** 628 **628**
刺蕨属
(实蕨科) **(2)** 625 **628**
刺栲
(=红锥) **(4)** 186
刺壳花椒 **(8)** 400 **405**
刺苦草 **(12)** 20 **21**
刺葵 **(12)** 58 **59** 彩片10
刺葵属
(棕榈科) **(12)** 56 **58**
刺榄属
(山榄科) **(6)** 1 **6**
刺肋白睫藓 **(1)** **394** 彩片99
刺梨
(=刺果茶藨子) **(6)** 299
刺犁头
(=杠板归) **(4)** 487
刺篱木 **(5)** 114 **115**
刺篱木属
(大风子科) **(5)** 110 **114**
刺藜 **(4)** 312 **313**
刺蓼 **(4)** 482 **487**
刺鳞草 **(12)** **220**
刺鳞草科 **(12)** **220**
刺鳞草属
(刺鳞草科) **(12)** **220**
刺柃
(=格药柃) **(4)** 643
刺脉凤尾蕨
(=有刺凤尾蕨) **(2)** 200
刺芒龙胆 **(9)** 19 **44**
刺芒野古草 **(12)** 1012 **1016**
刺毛柏拉木 **(7)** 630 **631**
刺毛杜鹃 **(5)** 572 **668**
刺毛风铃草 **(10)** 471 **472**
刺毛碱蓬 **(4)** 343 **345** 彩片149
刺毛黧豆 **(7)** 198 **201**
刺毛猕猴桃 **(4)** 659 **671** 彩片301
刺毛母草 **(10)** 106 **111**
刺毛蔷薇 **(6)** 708 **713**
刺毛薹草 **(12)** 444 **449**
刺毛头黍 **(12)** **1038**
刺毛头黍属
(禾本科) **(12)** 553 **1038**
刺毛细指苔 **(1)** 35 **36**
刺毛藓属
(珠藓科) **(1)** **597**
刺毛樱桃 **(6)** 765 **772**
刺毛缘薹草 **(12)** 483 **486**
刺毛越桔 **(5)** 698 **704**
刺茉莉 **(7)** **833**
刺茉莉科 **(7)** **833**
刺茉莉属
(刺茉莉科) **(7)** **833**
刺木蓼 **(4)** **517**
刺木通
(=鹦哥花) **(7)** 196
刺囊薹草 **(12)** 394 **396**
刺葡萄 **(8)** 217 **219**

刺蔷薇 (6) 709 **725**
刺芹 (8) **594**
刺芹属
(伞形科) (8) 578 **594**
刺楸 (8) **537** 彩片252
刺楸属
(五加科) (8) 534 **537**
刺蕊草 (9) 558 **559** 彩片190
刺蕊草属
(唇形科) (9) 397 **558**
刺蕊锦香草 (7) 638 **639**
刺桑 (4) 34 **36**
刺沙蓬 (4) 360 **364** 彩片165
刺山柑 (5) 369 **370** 彩片152
刺鼠李 (8) 145 **152**
刺薯蓣
(=有刺甘薯) (13) 351
刺蒴麻 (5) 29 **30**
刺蒴麻属
(椴树科) (5) 12 **28**
刺酸模 (4) 522 **529**
刺藤子 (8) 139 **142**
刺天茄 (9) 221 **228** 彩片99
刺田菁 (7) **127**
刺通草 (8) **535**
刺通草属
(五加科) (8) 534 **535**
刺桐 (7) 196 **197** 彩片94
刺桐属
(蝶形花科) (7) 64 65 **195**
刺头复叶耳蕨 (2) 477 **479**
刺头菊 (11) **611**
刺头菊属
(菊科) (11) 131 **610**
刺五加 (8) 557 **558** 彩片264
刺蚬壳花椒 (8) 400 **404**
刺苋 (4) **371** 彩片170
刺序木蓝 (7) 130 **143**
刺序石头花 (4) 473 **477**
刺续断 (11) **108** 彩片32
刺续断属
(川续断科) (11) 106 **108**
刺悬钩子
(=针刺悬钩子) (6) 609
刺旋花 (9) 251 **252**
刺叶 (4) **471**
刺叶笔草
(=刺叶假金发草) (12) 1115
刺叶柄黄薯 (7) 291 **317**
刺叶柄棘豆
(=猫头刺) (7) 355
刺叶彩花 (4) **543**
刺叶点地梅 (6) 150 **159** 彩片43
刺叶冬青 (7) 836 **853** 彩片318
刺叶耳蕨 (2) 534 **550**
刺叶耳蕨
(=涪陵耳蕨) (2) 574
刺叶高山栎
(=刺叶栎) (4) 249
刺叶沟瓣 (7) 802 **804**
刺叶桂樱 (6) 786 **790** 彩片171
刺叶护蒴苔 (1) **44** 彩片13
刺叶假金发草 (12) 1114 **1115**
刺叶锦鸡儿 (7) 264 **269**
刺叶栎 (4) 241 **249**
刺叶裂叶苔 (1) 53 **57**
刺叶鳞毛蕨 (2) 490 **516**
刺叶柳 (5) 301 307 **349**
刺叶泥炭藓 (1) 301 **309** 彩片79
刺叶拟蒴囊苔 (1) 115 **116**
刺叶提灯藓 (1) 573 **575**
刺叶小鼠尾藓 (1) **751**
刺叶羽苔 (1) 130 **145**
刺芋 (12) **121** 彩片41
刺芋属
(天南星科) (12) 104 **121**
刺叶真藓 (1) 558 **565**
刺叶雉尾藓 (1) 748 **749**
刺叶属
(石竹科) (4) 393 **471**
刺异叶花椒 (8) 401 **410**
刺疣鳞苔 (1) 250 **251**
刺疣藓属
(锦藓科) (1) 873 **893**
刺榆 (4) **12** 彩片10
刺榆属
(榆科) (4) 1 **12**
刺榛 (4) 255 **256**
刺枝杜鹃 (5) 563 **658**
刺枝藓属
(锦藓科) (1) 873 **881**
刺种荇菜 (9) 274 **275**
刺轴菜蕨 (2) 314 **314**
刺轴榈 (12) **66**
刺竹子 (12) 621 **624**
刺子莞 (12) 311 **314**
刺子莞属
(莎草科) (12) 255 **311**
刺籽鱼木
(=沙梨木) (5) 368

cong

葱 (13) 143 **166**
葱草 (12) 179 **181**
葱芥 (5) **520**
葱芥属
(十字花科) (5) 385 **520**
葱莲 (13) 259 **260** 彩片177
葱莲属
(石蒜科) (13) **259**
葱岭羊茅 (12) 683 **696**
葱皮忍冬 (11) 52 **68** 彩片20
葱叶兰 (13) **446**
葱叶兰属
(兰科) (13) 368 **445**
葱属石蒜科 (13) 71 **139**
葱状灯心草 (12) 222 **229**
葱状薹草 (12) 466 **467**
楤木 (8) 569 **571**
楤木属
(五加科) (8) 535 **568**
重波茴芹 (8) 664 **668**
重齿当归 (8) 720 **725**

重阳木 (8) 59 **60**
丛本藓 (1) **439**
丛本藓属
(丛藓科) (1) 437 **439**
丛菔 (5) 495 **496**
丛菔属
(十字花科) (5) 381 385 **494**
丛花厚壳桂 (3) 300 **301**
丛花山矾 (6) 54 **75**
丛毛矮柳 (5) 301 311 **330**
丛毛藓 (1) **317**
丛毛藓属
(牛毛藓科) (1) **317**
丛毛羊胡子草 (12) 274 **275**
丛生刺头菊 (11) 611 **612**
丛生钉柱委陵菜 (6) 659 **678**
丛生光萼苔 (1) 203 **206**
丛生黄耆 (7) 291 **320**
丛生木灵藓 (1) 621 **625**
丛生薹草 (12) 512 **516**
丛生羊耳蒜 (13) 537 **545** 彩片376
丛生隐子草 (12) 978 **981**
丛生蝇子草 (4) 441 **452**
丛生真藓 (1) 558 **562** 彩片162
丛生蜘蛛抱蛋 (13) 183 **189**
丛薹草 (12) 512 **517**
丛藓科 (1) **436**
丛藓属
(丛藓科) (1) 437 **471**
丛叶青毛藓 (1) **354**
丛叶玉凤花 (13) 501 **514** 彩片351
丛枝蓼 (4) 484 **507**
丛枝囊瓣芹 (8) 657 **663**
丛枝砂藓 (1) 508 **511** 彩片143

cu
粗柄独尾草 (13) **86**
粗柄木灵藓 (1) 621 **627**
粗柄瓦韦 (2) 682 **696**
粗柄藓属
(蕨藓科) (1) 668 **669**
粗糙菝葜 (13) 315 **322**
粗糙叉毛蓬 (4) **353**
粗糙丛生白珠
(=钟花白珠) (5) 691
粗糙凤尾蕨 (2) 181 **186**
粗糙黄堇 (3) 722 **736** 彩片422
粗糙马尾杉 (2) 16 **21** 彩片6
粗糙囊薹草 (12) 405 **408**
粗糙西风芹 (8) 686 **691**
粗糙叶杜鹃 (5) 565 **657**
粗糙异燕麦 (12) 886 **890**
粗齿贯众 (2) 588 **598**
粗齿角鳞苔 (1) **239**
粗齿卷柏藓 (1) 639 **640**
粗齿阔羽贯众 (2) 588 **597**
粗齿冷水花 (4) 92 **104**
粗齿鳞毛蕨 (2) 490 **512**
粗齿蒙古栎 (4) 241 **247**
粗齿猕猴桃 (4) 659 **668**
粗齿拟大萼苔 (1) 176 **177**
粗齿黔蕨 (2) 485 **485**
粗齿天名精 (11) 300 **305**
粗齿兔儿风 (11) 665 **674**
粗齿桫椤 (2) 143 **147**
粗齿梭罗 (5) 46 **48**
粗齿铁线莲 (3) 508 **517**
粗齿羽苔 (1) 130 **149**
粗齿雉尾藓 (1) **748**
粗齿紫萁 (2) 90 **91**
粗榧 (3) 102 **103**
粗榧属
(=三尖杉属) (3) 102
粗根韭 (13) 140 **146**
粗根龙胆
(=大花龙胆) (9) 26
粗根苔草
(=刺毛薹草) (12) 449
粗根鸢尾 (13) 281 **301** 彩片226
粗根老鹳草 (8) 469 **479**
粗梗稠李 (6) 781 **785**
粗梗胡椒 (3) 320 **329**
粗梗黄堇 (3) 724 **745**
粗梗水蕨 (2) 246 **247**
粗花乌头 (3) 405 **408**
粗喙秋海棠 (5) 256 **263**
粗茎霸王
(=粗茎驼蹄瓣) (8) 456
粗茎贝母 (13) 108 **109**
粗茎凤仙花 (8) 492 **511**
粗茎蒿 (11) 376 **403**
粗茎红景天 (6) 355 **366**
粗茎棱子芹 (8) 612 **617**
粗茎鳞毛蕨 (2) 489 **506** 彩片110
粗茎龙胆 (9) 16 **24** 彩片6
粗茎毛兰 (13) 641 **648** 彩片471
粗茎拟蕨藓 (1) 675 **676**
粗茎秦艽
(=粗茎龙胆) (9) 24
粗茎驼蹄瓣 (8) 453 **456**
粗茎乌头
(=瓜叶乌头) (3) 417
粗茎崖角藤 (12) 113 **116**
粗茎鱼藤 (7) 118 **120**
粗距翠雀花 (3) 429 **438**
粗距舌喙兰 (13) 453 **454**
粗糠柴 (8) 64 **68** 彩片30
粗糠树 (9) **284**
粗肋薄罗藓 (1) 769 **770**
粗肋短月藓 (1) 552 **555**
粗肋凤尾藓 (1) 403 **418** 彩片117
粗肋镰刀藓 (1) 813 **814**
粗肋细湿藓 (1) 809 **810**
粗裂地钱 (1) 288 **289** 彩片66
粗裂复叶耳蕨 (2) 478 **481**
粗鳞地钱 (1) 288 **289**
粗脉杜鹃 (5) 567 **647**
粗脉耳蕨 (2) 537 **571**
粗脉石仙桃 (13) 630 **634**
粗脉薹草 (12) 492 **494**
粗蔓藓属
(蔓藓科) (1) 682 **691**
粗毛刺果藤 (5) **62**

粗毛点地梅 (6) 151 **164** 彩片45
粗毛耳草 (10) 515 **521**
粗毛甘草 (7) 389 **390**
粗毛黄堇
(=阿墩紫堇) (3) 741
粗毛黄精 (13) 205 **212**
粗毛黄瑞木
(=粗毛杨桐) (4) 627
粗毛黄蓍 (7) 293 **336**
粗毛锦鸡儿 (7) 264 **267**
粗毛鳞盖蕨 (2) 155 **159**
粗毛鳞蕨
(=粗毛鳞盖蕨) (2) 159
粗毛柃木
(=台湾毛柃) (4) 638
粗毛流苏薹草 (12) 382 **389**
粗毛马先蒿 (10) 183 **192**
粗毛肉果草 (10) **103**
粗毛山柳菊 (11) 709 **710**
粗毛石笔木 (4) 604 **605**
粗毛藤属
(大戟科) (8) 13 **91**
粗毛细湿藓 (1) **809**
粗毛鸭嘴草 (12) 1133 **1134**
粗毛杨桐 (4) 625 **627** 彩片286
粗毛野桐 (8) 63 **64**
粗毛淫羊藿 (3) 642 **648**
粗毛玉叶金花 (10) 572 **574**
粗拟硬叶藓 (1) **912**
粗皮桉 (7) 551 **552**
粗球果葶苈
(=球序葶苈) (5) 445
粗石藓属
(曲尾藓科) (1) 333 **361**
粗丝木 (7) **877**
粗丝木属
(茶茱萸科) (7) 876 **877**
粗穗大节竹 (12) 593 **595**
粗穗胡椒 (3) 320 **330**
粗穗蛇菰 (7) 766 **767**
粗筒苣苔 (10) 260 **261**
粗筒苣苔属
(苦苣苔科) (10) 244 **260**
粗序南星 (12) 152 **162** 彩片68
粗序重寄生 (7) **728**
粗野马先蒿 (10) 184 **187**
粗叶白发藓 (1) 396 **397** 彩片100
粗叶薄齿藓
(=薄齿藓) (1) 467
粗叶地桃花 (5) 85 **86**
粗叶耳草 (10) 515 **518**
粗叶木 (10) 622 **627**
粗叶木属
(茜草科) (10) 509 **621**
粗叶泥炭藓 (1) 301 **311** 彩片81
粗叶青毛藓 (1) **354**
粗叶榕 (4) 45 **63**
粗叶水锦树 (10) 545 **548**
粗叶悬钩子 (6) 588 **624**
粗疣合叶苔 (1) 102 **113**
粗疣类钱袋苔 (1) 94 **95**
粗疣连轴藓 (1) 506 **507**
粗疣裂齿苔 (1) **174**
粗疣藓 (1) **753**
粗疣藓属
(鳞藓科) (1) 750 **752**
粗疣紫萼藓 (1) 496 **502**
粗枝杜鹃 (5) 566 **623**
粗枝蔓藓 (1) 693 **694** 彩片206
粗枝木麻黄 (4) 286 **287**
粗枝青藓 (1) 831 **834**
粗枝梯翅蓬 (4) 365 **366**
粗枝藓 (1) 926 **928**
粗枝藓属
(灰藓科) (1) 900 **925**
粗枝崖摩 (8) 390 **391** 彩片198
粗枝猪毛菜
(=粗枝梯翅蓬) (4) 366
粗轴荛花 (7) 515 **520**
粗壮鹅观草 (12) 845 **856**
粗壮单花荠 (5) 465 **466**
粗壮女贞 (10) 49 **52**
粗壮琼楠 (3) 293 **296** 彩片248
粗壮润楠 (3) 276 **287**
粗壮嵩草 (12) 363 **375**
粗壮唐松草 (3) 460 **466**
粗壮无茎芥
(=粗壮单花芥) (5) 466
粗壮阴地蕨 (2) 76 **77**
粗壮獐牙菜 (9) 75 **81**
粗棕竹 (12) 63 **64**
酢浆草 (8) 462 **464** 彩片240
酢浆草科 (8) **461**
酢浆草属
(酢浆草科) (8) **462**
簇梗橐吾 (11) 449 **465**
簇花茶藨子 (6) 298 **318**
簇花灯心草 (12) 222 **227**
簇花蒲桃 (7) 561 **571**
簇花芹 (8) **741**
簇花芹属
(伞形科) (8) 582 **740**
簇花清风藤 (8) 293 **297**
簇花球子草 (13) 253 **254**
簇芥 (5) **519**
簇芥属
(十字花科) (5) 381 **519**
簇毛杜鹃 (5) 569 **655**
簇蕊金花茶 (4) 576 **591**
簇生卷耳 (4) 402 **404**
簇生囊种草
(=囊种草) (4) 431
簇生蝇子草
(=垫状绳子草) (4) 455
簇穗薹草 (12) **458**
簇序草 (9) **502**
簇序草属
(唇形科) (9) 394 **501**
簇叶新木姜子 (3) 208 **210**
簇枝补血草 (4) 547 **549**

cui
催乳藤 (9) 197 **198**

催吐鲫鱼藤 (9) 143 **144**
脆兰属
(兰科) (13) 371 **725**
脆弱凤仙花 (8) 492 **512**
脆叶金毛藓 (1) **660** 彩片195
脆叶锦藓 (1) 391 **392**
脆叶异萼苔 (1) 118 **119**
脆叶羽苔 (1) 129 **139**
脆早熟禾 (12) 703 **717**
脆枝耳稃草 (12) **1010**
脆枝曲柄藓 (1) 346 **351**
翠柏 (3) **77** 彩片103
翠柏属
(柏科) (3) 74 **77**
翠茎冷水花 (4) 90 **93**
翠菊 (11) **167**
翠菊属
(菊科) (11) 122 **166**
翠蕨 (2) 253 **253**
翠蕨属
(裸子蕨科) (2) 248 **252**
翠兰绣线菊 (6) 446 **451**
翠丽薹草 (12) 424 **426**
翠绿凤尾蕨 (2) 182 **195**
翠绿针毛蕨 (2) 351 **353**
翠雀 (3) 430 **446** 彩片331
翠雀属
(毛茛科) (3) 388 **427**
翠雀叶蟹甲草 (11) 489 **501**
翠云草 (2) 33 **47**
翠枝柽柳 (5) 176 **178**

cun
寸草 (12) **539**
寸金草 (9) 530 **532**

cuo
错那耳蕨 (2) 533 **541**
错那小檗 (3) 585 **599**
错枝冬青 (7) 837 **856**
错枝橄仁 (7) 665 **666**

D

da
搭棚藤 (9) 245 **246**
达边蕨 (2) **172**
达边蕨属
(鳞始蕨科) (2) 164 **172**
达呼里胡枝子
(=兴安胡枝子) (7) **190**
达呼里早熟禾 (12) 710 **750**
达乌里耳叶苔 (1) 212 **214** 彩片39
达乌里风毛菊 (11) 570 **589**
达乌里黄蓍 (7) 292 **330**
达乌里卷耳 (4) 402 **403**
达乌里秦艽 (9) 16 **23** 彩片5
达乌里芯芭 (10) 224 **225**
达乌里羊茅 (12) 683 **694**
达香蒲 (13) **69** 彩片8
鞑靼滨藜 (4) 321 **326** 彩片142
鞑靼狗娃花 (11) 168 **170**
打箭薹草 (12) 444 **448**
打破碗花花 (3) 486 **493**
打铁树 (6) 111 **112**
打碗花 (9) 249 **250**
打碗花属
(旋花科) (9) 240 **249**
大 (12) **176** 彩片81
大八角 (3) 360 **362**
大菝葜
(=长托菝葜) (13) 321
大白菜
(=白菜) (5) 393
大白刺 (8) 449 **450**
大白杜鹃 (5) 565 **614** 彩片219
大白花地榆 (6) 745 **748**
大白柳 (5) 302 308 **313**
大白山茶 (4) 574 **578**
大白藤 (12) 77 **80**
大白药
(=白药牛奶菜) (9) 182

大百部 (13) 311 **312** 彩片238
大百合 (13) 133 **134** 彩片111
大百合属
(百合科) (13) 72 **133**
大斑花败酱
(=斑花败酱) (11) 96
大半边旗
(=疏羽半边旗) (2) 192
大瓣扁萼苔 (1) 186 **198**
大瓣芹 (8) **758**
大瓣芹属
(伞形科) (8) 582 **757**
大瓣紫花山莓草 (6) 693 **696**
大苞矮泽芹 (8) **609**
大苞柴胡 (8) 631 **636**
大苞长柄山蚂蝗 (7) 162 **165**
大苞赤瓟 (5) 208 **209**
大苞粗毛杨桐 (4) 625 **627**
大苞点地梅 (6) 150 **156**
大苞黄精 (13) 204 **206**
大苞寄生 (7) **756**
大苞寄生属
(桑寄生科) (7) 738 **755**
大苞姜属
(姜科) (13) 21 **36**
大苞景天 (6) 336 **346**
大苞苣苔 (10) **311**
大苞苣苔属
(苦苣苔科) (10) 246 **310**
大苞兰 (13) 717 **719**
大苞兰属
(兰科) (13) 373 **716**
大苞蓝 (10) **373**
大苞柳 (5) 305 313 **338**
大苞漏斗苣苔 (10) 265 **266** 彩片75
大苞鞘花 (7) **741**
大苞鞘花属
(桑寄生科) (7) 738 **740**
大苞鞘石斛 (13) 663 **672** 彩片491
大苞桑寄生
(=大苞寄生) (7) 756

大苞山茶 (4) 574 **578** 彩片261
大苞蛇根草 (10) 532 **535**
大苞石豆兰 (13) 693 **711**
大苞石竹 (4) 466 **471**
大苞水竹叶 (12) 191 **195**
大苞藤黄 (4) 685 **687**
大苞乌头 (3) 406 **420**
大苞萱草 (13) 93 **96**
大苞悬钩子 (6) 590 **634**
大苞鸭跖草 (12) 201 **203**
大苞鸢尾 (13) 279 **290**
大苞延胡索 (3) 727 **767**
大苞越桔 (5) 698 **711**
大鼻凤仙花 (8) 494 **525**
大别山五针松 (3) 52 **56** 彩片78
大柄冬青 (7) 840 **874**
大驳骨
(=黑叶小驳骨) (10) 414
大参 (8) **549**
大参属
(五加科) (8) 535 **549**
大残齿藓 (1) 649 **650**
大厂茶 (4) 576 **592**
大草属
(莎草科) (12) 255 **262**
大茶藤
(=钩吻) (9) 7
大车前 (10) 5 **7**
大齿叉蕨 (2) 617 **617** 彩片117
大齿唇柱苣苔 (10) 287 **290**
大齿黄芩 (9) 417 **424**
大齿槭 (8) 318 **335**
大齿三叉蕨
(=大齿叉蕨) (2) 617
大齿山芹 (8) 729 **730**
大齿兔唇花 (9) 483 **485**
大齿橐吾 (11) 448 **453**
大翅霸王
(=大翅驼蹄瓣) (8) 458
大翅蓟 (11) **636**
大翅蓟属
(菊科) (11) 131 **636**
大翅老虎刺 (7) **37** 彩片26
大翅色木槭 (8) 316 **320**
大翅驼蹄瓣 (8) 454 **458**
大臭草 (12) 789 **794**
大唇马先蒿 (10) 184 **222**
大唇拟鼻花马先蒿 (10) 185 **212** 彩片62
大茨藻 (12) 41
大刺茶藨子 (6) 294 **299**
大刺儿菜
(=刺儿菜) (11) 633
大丛藓 (1) **468**
大丛藓属
(丛藓科) (1) 437 **468**
大粗根鸢尾 (13) 281 **301**
大粗枝藓 (1) 926 **927**
大丁草 (11) **684** 彩片165
大丁草属
(菊科) (11) 130 **684**
大顶叶碎米荠
(=圆齿碎米荠) (5) 458
大董棕 (12) 87 **89** 彩片25
大豆 (7) **216** 彩片107
大豆蔻 (13) **55**
大豆蔻属
(姜科) (13) 21 **54**
大豆属
(蝶形花科) (7) 65 **215**
大独脚金 (10) **169**
大杜若 (12) 197 **198** 彩片88
大短壶藓 (1) **527**
大椴 (5) 14 **18**
大对齿藓 (1) 451 **453** 彩片131
大萼党参 (10) 456 **461**
大萼杜鹃 (5) 557 **573**
大萼杜鹃 (5) 563 **656**
大萼方腺景天 (6) 335 **340**
大萼冠唇花 (9) 502 **504**
大萼黄瑞木
(=大萼杨桐) (4) 627
大萼葵 (5) **102**
大萼葵属
(锦葵科) (5) 69 **102**
大萼蓝钟花 (10) 448 **450** 彩片148
大萼铃子香 (9) 459 **460**
大萼琉璃草 (9) 342 **344**
大萼木姜子 (3) 217 **226**
大萼溲疏 (6) 249 **258** 彩片79
大萼苔 (1) **169**
大萼苔科 (1) **166**
大萼苔属
(大萼苔科) (1) 166 **168**
大萼通泉草 (10) 121 **125**
大萼委陵菜 (6) 657 **674**
大萼香茶菜 (9) 568 **582**
大萼杨桐 (4) 625 **627**
大萼叶苔 (1) 69 **84**
大萼羽叶花 (6) 649 **650**
大萼早熟禾 (12) 707 **736**
大耳南星
(=长耳南星) (12) 165
大耳拟扭叶藓 (1) **667**
大耳叶风毛菊 (11) 573 **605**
大风少藤
(=异形南五味子) (3) 368
大风子科 (5) **110**
大风子属
(大风子科) (5) **110**
大凤尾藓 (1) 403 **413** 彩片113
大佛肚竹 (12) **582**
大拂子茅 (12) 900 **902**
大馥兰 (13) 660 **661**
大盖球子草 (13) **253**
大盖铁角蕨 (2) 402 **420**
大根槽舌兰 (13) 764 **765** 彩片576
大根兰 (13) 575 **584** 彩片410
大狗尾草 (12) 1071 **1075**
大管 (8) **429**
大果阿魏 (8) 734 **735**
大果安息香 (6) 27 **33**
大果巴戟 (10) **652**

大果菝葜 (13) 317 **335**
大果报春 (6) 173 **201**
大果翅籽荠 (5) **436**
大果虫实 (4) 328 **331**
大果椆
(=大果青冈) (4) 230
大果臭椿 (8) 367 **369**
大果刺篱木 (5) 114 **116** 彩片71
大果粗叶榕 (4) 45 **64**
大果大戟 (8) 118 **130** 彩片73
大果地杨梅 (12) 248 **249**
大果冬青 (7) 840 **872**
大果飞蛾藤 (9) 245 **246**
大果高河菜 (5) 413 **414**
大果红山茶 (4) 575 **589**
大果红杉 (3) 45 **47** 彩片69
大果花楸 (6) 533 **545**
大果黄果冷杉 (3) 20 **29** 彩片44
大果假瘤蕨 (2) 731 **734**
大果假密网蕨
(=大果假瘤蕨) (2) 734
大果假水晶兰 (5) **733** 彩片297
大果榉 (4) 13 **14**
大果蜡瓣花 (3) 783 **784** 彩片442
大果鳞斑荚 (11) 6 **24**
大果鳞毛蕨 (2) 488 **500**
大果琉璃草 (9) 342 **344**
大果落新妇 (6) 375 **376**
大果马蹄荷 (3) **774**
大果绵果芹 (8) **627**
大果木姜子 (3) 216 **225**
大果木莲 (3) 124 **125** 彩片150
大果囊薹草 (12) 455 **456**
大果青冈 (4) 223 224 **230** 彩片102
大果青扦 (3) 35 **40** 彩片59
大果忍冬 (11) 54 **84**
大果榕 (4) 45 **65** 彩片48
大果山胡椒 (3) 229 **239**
大果蛇根草 (10) 532 **538**
大果树参 (8) **539**
大果水竹叶 (12) 190 **193**
大果藤黄 (4) 686 **690** 彩片313
大果铜锣桂
(=丛花厚壳桂) (3) 301
大果团扇荠
(=大果翅籽荠) (5) 436
大果微花藤 (7) 882 **883**
大果卫矛 (7) 777 **788**
大果吴茱萸五加 (8) 556 **557**
大果玄参 (10) 82 **88**
大果野丁香 (10) 636 **640**
大果油麻藤 (7) 198 **200** 彩片97
大果俞藤 (8) 188 **189**
大果榆 (4) 2 **5**
大果圆柏 (3) 85 **91** 彩片117
大海黄堇 (3) 723 **739**
大海蓼 (4) 484 **500**
大合叶苔 (1) 103 **110**
大鹤望兰 (13) **13**
大黑桫椤
(=大叶黑桫椤) (2) 146
大红泡 (6) 586 **613** 彩片140
大红蔷薇 (6) 710 **726**
大红叶藓 (1) 444 **446**
大胡椒 (3) 319 **333**
大壶藓 (1) **534** 彩片153
大花安息香 (6) 27 **31**
大花八角
(=中缅八角) (3) 361
大花霸王
(=大花驼蹄瓣) (8) 457
大花斑叶兰 (13) 410 **412**
大花棒果芥
(=少腺爪花芥) (5) 511
大花扁蕾 (9) 60 **61** 彩片32
大花杓兰 (13) 377 **380** 彩片263
大花糙苏 (9) 467 **471**
大花草科 (7) **773**
大花叉柱花 (10) **337**
大花叉柱兰 (13) 422 **424**
大花钗子股 (13) 757 **758**
大花虫豆 (7) 238 **239** 彩片116
大花臭草 (12) 790 **796**
大花刺参 (11) 108 **109** 彩片33
大花带唇兰 (13) 587 **589**
大花地宝兰 (13) 573 **574** 彩片391
大花点地梅 (6) 151 **163**
大花兜被兰 (13) 486 **488** 彩片332
大花杜鹃 (5) 558 **575**
大花对叶兰 (13) 405 **407**
大花福禄草
(=大花蚤缀) (4) 424
大花哥纳香 (3) 171 **172**
大花蒿 (11) 372 **382**
大花荷包牡丹 (3) 717 **718** 彩片418
大花鹤顶兰 (13) 594 **595** 彩片419
大花红淡比 (4) **630**
大花红景天 (6) 354 **363** 彩片94
大花胡麻草 (10) **164**
大花虎耳草 (6) 386 **408**
大花花椒 (8) 400 **402**
大花还亮草 (3) 430 **449**
大花黄牡丹 (4) 555 **559** 彩片245
大花黄杨 (8) 1 **2**
大花活血丹 (9) 444 **445**
大花棘豆 (7) 354 **375**
大花蒺藜 (8) **460**
大花荚 (11) 6 **17**
大花剪秋罗
(=剪秋罗) (4) 438
大花金鸡菊 (11) **324**
大花金钱豹 (10) **467**
大花金挖耳 (11) 299 **300**
大花堇叶芥 (5) 469 **470**
大花荆芥 (9) 438 **440**
大花韭 (13) 140 **147**
大花卷丹 (13) 120 **129**
大花君子兰
(=君子兰) (13) 269
大花蓝盆花 (11) 116 **119** 彩片37
大花老鹳草 (8) 468 **476**
大花肋柱花 (9) 70 **72**
大花裂瓜 (5) **222** **223**

大花龙胆 (9) 16 **26** 彩片8
大花龙芽草 (6) 741 **743**
大花耧斗菜 (3) 455 **458**
大花卵叶半边莲 (10) 494 **495**
大花马齿苋 (4) **384**
大花蔓龙胆 (9) **56** 彩片27
大花芒毛苣苔 (10) 314 **316** 彩片102
大花毛建草 (9) 452 **455**
大花毛鳞菊 (11) **759**
大花茅根 (12) **1006**
大花美人蕉 (13) 58 **59** 彩片53
大花猕猴桃 (4) 659 **671**
大花密刺蔷薇 (6) 708 **713**
大花木 (8) 392 **395**
大花木荷 (4) 609 **611**
大花鸟巢兰 (13) 402 **403**
大花盆距兰 (13) **761** 彩片572
大花枇杷 (6) 525 **527**
大花婆婆纳 (10) 146 **153**
大花漆 (8) 357 **360**
大花秦艽 (9) 16 **25**
大花青藤 (3) 305 **306**
大花球柄兰
(=大花带唇兰) (13) 589
大花雀麦 (12) 803 **809**
大花忍冬 (11) 54 **83**
大花山牵牛
(=山牵牛) (10) 334
大花山萮菜
(=三角叶山萮菜) (5) 525
大花石上莲 (10) 251 **255**
大花鼠李 (8) 146 **157**
大花双参 (11) 106 **107**
大花水蓑衣 (10) 349 **350**
大花嵩草 (12) 362 **370**
大花穗三毛 (12) 879 **881**
大花溲疏 (6) 248 **254** 彩片78
大花唐松草 (3) 462 **474**
大花藤 (9) **166**
大花藤属
(萝科) (9) 135 **166**
大花天竺葵
(=家天竺葵) (8) 485
大花田菁 (7) 127 **128** 彩片73
大花土(圞)儿 (7) 204 **205**
大花兔唇花 (9) 483 **485**
大花菟丝子 (9) 271 **273**
大花驼蹄瓣 (8) 454 **457**
大花湾蕊芥 (5) 462 **463**
大花万代兰 (13) 745 **746** 彩片552
大花万寿竹 (13) 199 **200** 彩片144
大花威灵仙 (3) 507 **515**
大花委陵菜 (6) 658 **684**
大花卫矛 (7) 777 **786**
大花莴苣
(=大花毛鳞菊) (11) 759
大花无叶兰 (13) 396 **397**
大花无柱兰 (13) 479 **483**
大花五味子 (3) **370** 彩片282
大花五桠果 (4) 553 **554** 彩片237
大花线柱兰 (13) 431 **433**
大花象牙参 (13) 26 **27**
大花小木通 (3) 506 **525**
大花楔颖草 (12) 1118 **1120**
大花绣球藤 (3) 506 **512**
大花玄参 (10) 82 **89**
大花悬钩子 (6) 591 **638**
大花旋覆花
(=欧亚旋覆花) (11) 291
大花旋蒴苣苔 (10) 306 **308**
大花羊耳蒜 (13) 537 **549** 彩片378
大花野古草 (12) 1012 **1015**
大花野茉莉
(=大花安息香) (6) 31
大花野豌豆 (7) 408 **416**
大花益母草 (9) 479 **481**
大花银莲花 (3) 486 **495**
大花蚓果芥
(=蚓果芥) (5) 532
大花蚤缀 (4) 419 **424**
大花蜘蛛抱蛋 (13) 182 **185** 彩片135
大花钟萼草 (10) **96**
大花紫堇 (3) 721 **731**
大花紫薇 (7) 508 **511** 彩片182
大花紫玉盘 (3) 159 **162**
大花醉魂藤 (9) 197 **199**
大花醉鱼草 (10) 15 **18**
大画眉草 (12) 962 **969**
大黄
(=药用大黄) (4) 534
大黄檗 (3) 588 **623**
大黄花堇菜 (5) 142 **172**
大黄连刺
(=粉叶小檗) (3) 604
大黄柳 (5) 302 303 **352**
大黄属
(蓼科) (4) 481 **530**
大黄橐吾 (11) 448 **454**
大黄虾脊兰 (13) 598 **610**
大黄药 (9) 544 **548**
大黄栀子 (10) 581 **583**
大灰气藓 (1) 685 **686**
大灰藓 (1) 906 **908** 彩片267
大桧藓 (1) **590** 彩片176
大喙兰 (13) **732**
大喙兰属
(兰科) (13) 371 **732**
大喙省藤 (12) 76 **80**
大火草 (3) 486 **494** 彩片356
大戟 (8) 119 **134** 彩片74
大戟科 (8) **10**
大戟属
(大戟科) (8) 14 **116**
大蓟
(=蓟) (11) 624
大尖囊兰 (13) **743** 彩片549
大碱茅 (12) 765 **776**
大箭竹 (12) 631 **633**
大蕉 (13) 15 **16** 彩片15
大角薄膜藓
(=薄壁藓) (1) 942
大角苔属
(角苔科) (1) 295 **298**

大脚筒 (=大足毛兰) (13) 653
大节竹 (12) 593 **594**
大节竹属 (禾本科) (12) 552 **592**
大金刚檀 (7) 90 **94**
大金盆 (=金罂粟) (3) 711
大金钱吊葫芦 (=珠子参) (10) 466
大锦叶藓 (1) **391**
大颈龙胆 (9) 20 **48**
大卷叶藓 (1) **630**
大孔微孔草 (9) 319 **323**
大赖草 (12) **827**
大喇叭杜鹃 (5) 557 **574** 彩片190
大狼毒 (8) 119 **134** 彩片75
大类芦 (12) 675 **676**
大里白 (2) 102 **104**
大理白前 (9) 150 **159**
大理百合 (13) 119 **127** 彩片100
大理报春 (6) 172 **188**
大理茶 (4) 576 **593**
大理翠雀花 (3) 429 **443** 彩片328
大理独花报春 (6) 223 **224**
大理杜鹃 (5) 567 **652**
大理剪股颖 (12) 915 **920**
大理铠兰 (13) 443 **444**
大理藜芦 (13) 78 **82**
大理栎 (4) **252**
大理柳 (5) 306 309 **343**
大理鹿蹄草 (5) 721 **724**
大理秋海棠 (5) 257 **272**
大理珊瑚苣苔 (=珊瑚苣苔) (10) 267
大理碎米蕨 (2) 220 **222**
大理薹草 (12) 509 **510**
大理细莴苣 (11) **762**
大理香茶菜 (=四川香茶菜) (9) 580
大理鸢尾 (13) 278 **293**
大理珍珠菜 (6) 116 **127**
大丽花 (11) **325**
大丽花属 (菊科) (11) 125 **325**
大粒咖啡 (10) **607** 彩片203
大裂秋海棠 (5) 259 **280**
大鳞巢蕨 (2) 436 **439**
大凌风草 (12) **781**
大龙骨野豌豆 (7) 406 **409**
大鲁阁叉柱兰 (13) 421 **422**
大陆沟瓣 (7) 802 **803**
大罗伞树 (6) 86 **93**
大罗网草 (12) 1027 **1029**
大落新妇 (6) 375 **376**
大麻 (4) **27** 彩片20
大麻槿 (5) 91 **98**
大麻科 (4) **25**
大麻叶乌头 (3) 405 **419**
大麻羽藓 (1) **788** 彩片240
大麻属 (大麻科) (4) 25 **27**
大麦 (12) 834 **837**
大麦属 (禾本科) (12) 560 **833**
大蔓樱草 (4) **462**
大芒鹅观草 (12) 845 **858**
大芒萁 (2) 98 **98** 彩片43
大毛茛 (3) 553 **570**
大帽藓 (1) 433 **434** 彩片126
大帽藓科 (1) **432**
大帽藓属 (大帽藓科) (1) **432**
大米草 (12) **995**
大密穗砖子苗 (12) 341 **342**
大明常山 (6) 268 **269**
大明凤尾蕨 (2) 182 **195**
大明鳞毛蕨 (2) 492 **528**
大明山舌唇兰 (13) 458 **464**
大明竹 (12) 645 **648**
大明竹属 (=青篱竹属) (12) 644
大膜盖蕨 (2) **651**
大膜盖蕨属 (骨碎补科) (2) 644 **651**
大囊红腺蕨 (2) 468 **470**
大囊岩蕨 (2) 451 **454**
大泥炭藓 (=泥炭藓) (1) 308
大拟蕨藓 (1) 675 **676**
大纽口藓 (=大对齿藓) (1) 453
大纽子花 (9) **121** 彩片68
大披针薹草 (12) 429 **435**
大片叶苔 (=绿片苔) (1) 259
大平鳞毛蕨 (2) 487 **493**
大坪风毛菊 (11) 573 **605**
大坪子薹草 (12) 428 **431**
大棋子豆 (7) 12 **14**
大青 (9) 378 **380** 彩片144
大青薯 (13) 344 **356** 彩片253
大青属 (马鞭草科) (9) 347 **378**
大青树 (4) 43 **48** 彩片33
大青杨 (5) 286 287 **294**
大球杆毛蕨 (2) 139 **140**
大球油麻藤 (7) **198**
大曲背藓 (1) 368 **369**
大曲柄藓 (1) 346 **352**
大曲尾藓 (1) 376 **380**
大全叶山芹 (8) 729 **731**
大雀麦 (12) 803 **804**
大热泽藓 (1) **600**
大肉实树 (6) 10 **11**
大蠕形羽苔 (1) 128 **131**
大锐果鸢尾 (13) 281 **302**
大赛格多 (=云南水壶藤) (9) 128
大三叶升麻 (3) 399 **401**
大沙叶 (10) **609**
大沙叶属 (茜草科) (10) 510 **609**

大山矾
(=大叶山矾) (6) 73
大山黧豆 (7) 420 **421**
大少花薹草 (12) **439**
大舌薹草 (12) **440**
大湿原藓 (1) **823**
大湿原藓属
(柳叶藓科) (1) 802 **822**
大黍 (12) 1027 **1032**
大树杜鹃 (5) 565 **621** 彩片228
大水藓
(=水藓) (1) 723
大丝葵 (12) **68**
大蒜
(=蒜) (13) 171
大蒜芥 (5) 525 **528**
大蒜芥属
(十字花科) (5) 383 **525**
大穗结缕草 (12) **1007**
大穗看麦娘 (12) 927 **929**
大穗雀麦 (12) 804 **815**
大穗薹草 (12) 488 **489**
大穗异燕麦 (12) 886 **887**
大穗早熟禾 (12) 708 **742**
大泰竹 (12) 569 **570**
大藤铃儿草
(=扭果紫金龙) (3) 719
大铁角蕨
(=大盖铁角蕨) (2) **420**
大通翠雀花 (3) 428 **434**
大铜钱叶蓼 (4) 483 **493** 彩片205
大头菜
(=芥菜疙瘩) (5) 394
大头茶 (4) **607**
大头茶属
(山茶科) (4) 573 **607**
大头风毛菊 (11) 571 **594**
大头蒲公英 (11) 767 **776**
大头青蒿 (11) 374 **394**
大头柔毛蒿 (11) 380 **424**
大头兔儿风 (11) 664 **668**
大头橐吾 (11) 447 **451** 彩片87
大头续断 (11) 111 **114** 彩片35
大头叶无尾果 (6) 651 **652**
大托叶耳草
(=阔托叶耳草) (10) 518
大托叶云实
(=刺果苏木) (7) 32
大托叶猪屎豆 (7) 441 **445**
大瓦韦 (2) 681 **689** 彩片127
大王杜鹃 (5) 566 **623** 彩片230
大王马先蒿 (10) 181 **198** 彩片50
大王马先蒿立氏变种
(=立氏大王马先蒿) (10) 198
大尾摇 (9) 287 **288** 彩片121
大卫氏马先蒿
(=扭盔马先蒿) (10) 212
大乌泡 (6) 588 **625**
大吴风草 (11) **446** 彩片86
大吴风草属
(菊科) (11) 127 **446**
大香荚兰 (13) **520**
大蝎尾藓 (1) **819**
大蝎子草 (4) **88** 彩片55
大心翼果 (7) **887**
大雄薹草 (12) 428 **432**
大序隔距兰 (13) 733 **736** 彩片545
大序三对节 (9) 378 **382**
大序苔草
(=霹雳薹草) (12) 443
大序悬钩子 (6) 583 **592**
大序野古草 (12) **1012**
大序醉鱼草 (10) 15 **18**
大旋齿藓 (1) **761**
大血藤 (3) **654** 彩片389
大血藤科 (3) **654**
大血藤属
(大血藤科) (3) **654**
大芽南蛇藤 (7) 806 **809**
大沿阶草 (13) 243 **248**
大眼竹 (12) 574 **579**
大羊茅 (12) 682 **684**
大药谷精草 (12) 206 **210**
大药雀麦 (12) 803 **811**
大药獐牙菜 (9) 75 **80**
大野牡丹 (7) 621 **624**
大野豌豆 (7) 407 **413**
大野芋 (12) **131** 彩片46
大叶桉
(=桉树) (7) 553
大叶霸王
(=大叶驼蹄瓣) (8) **455**
大叶白粉藤 (8) 197 **199**
大叶白树钩瓣 (7) 802 **804**
大叶白纸扇
(=离花) (10) 572
大叶百两金 (6) 86 **95**
大叶斑鸠菊 (11) 136 **138**
大叶报春 (6) 174 **200**
大叶闭花木 (8) 19 **20**
大叶杓兰 (13) 376 **379** 彩片261
大叶滨紫草 (9) **305**
大叶补血草 (4) 547 **551**
大叶糙苏 (9) 467 **470**
大叶柴胡 (8) 631 **638**
大叶匙羹藤
(=广东匙羹藤) (9) 177
大叶椆
(=大叶青冈) (4) **225**
大叶臭花椒 (8) 401 **408**
大叶唇柱苣苔 (10) 287 **293**
大叶慈
(=梁山慈竹) (12) 592
大叶刺篱木 (5) 114 **115** 彩片70
大叶葱芥
(=大叶诸葛菜) (5) 399
大叶大蒜芥
(=多型大蒜芥) (5) 527
大叶当归 (8) 720 **723**
大叶党参 (10) 455 **459**
大叶冬青 (7) 837 **855** 彩片319
大叶杜英 (5) 2 **7**
大叶度量草 (9) **10**

大叶耳蕨 **(2)** 535 **554**
大叶风吹楠 **(3)** 200 **202** 彩片210
大叶风毛菊 **(11)** 573 **603**
大叶凤尾蕨 **(1)** 403 **415** 彩片115
大叶凤仙花 **(8)** 489 **500** 彩片297
大叶匐灯藓 **(1)** 578 **583** 彩片171
大叶隔距兰 **(13)** 733 **734**
大叶勾儿茶 **(8)** 166 **168**
大叶钩藤 **(10)** **559**
大叶骨碎补 **(2)** 652 **653**
大叶贯众 **(2)** 588 **594** 彩片115
大叶桂 **(3)** 251 **261**
大叶桂樱 **(6)** 786 **789**
大叶过路黄 **(6)** 118 **144**
大叶海桐 **(6)** 235 **243**
大叶合欢 **(7)** 12 **14**
大叶黑桫椤 **(2)** 143 **146**
大叶红淡
(=大叶杨桐) **(4)** 626
大叶红淡比 **(4)** 630 **631**
大叶红光树 **(3)** 196 **197**
大叶胡颓子 **(7)** 467 **470**
大叶胡枝子 **(7)** 182 **186**
大叶华北绣线菊 **(6)** 446 **451**
大叶黄瑞木
(=大叶杨桐) **(4)** 626
大叶黄杨 **(8)** 1 **3**
大叶火烧兰 **(13)** **398** 彩片292
大叶火筒树 **(8)** 179 **181**
大叶火焰草 **(6)** 335 **338**
大叶鸡爪茶 **(6)** 590 **636**
大叶寄树兰 **(13)** 749 **750**
大叶假百合 **(13)** **136**
大叶假鹤虱 **(9)** **327**
大叶假冷蕨 **(2)** 292 **292**
大叶假卫矛 **(7)** 819 **820**
大叶芥菜
(=芥菜) **(5)** 393
大叶金牛 **(8)** 245 **249**
大叶金丝桃 **(4)** 693 **696**
大叶金腰 **(6)** 418 **424**
大叶榉树 **(4)** 13 **14** 彩片13
大叶蒟 **(3)** 320 **323** 彩片262
大叶卷瓣兰 **(13)** 691 **705**
大叶卷柏 **(2)** 33 **50** 彩片20
大叶柯 **(4)** 201 **218**
大叶苦柯 **(4)** 198 **205**
大叶苦石栎
(=大叶苦柯) **(4)** 205
大叶冷水花 **(4)** 91 **99** 彩片56
大叶栎大叶朴 **(4)** 20 **23**
大叶鳞花木 **(8)** **275**
大叶柳 **(5)** 303 309
322 彩片146
大叶龙胆
(=秦艽) **(9)** 24
大叶龙角 **(5)** **111** 彩片66
大叶马兜铃 **(3)** 348 **349**
大叶马蓝 **(10)** 366 **368**
大叶马蹄香 **(3)** 338 **345**
大叶毛灯藓 **(1)** 585 **586**
大叶毛茛 **(3)** 553 **570**
大叶茉莉果 **(6)** **45**
大叶木槿 **(5)** 91 **92**
大叶木莲 **(3)** **124** 彩片149
大叶拿身草 **(7)** 152 **154**
大叶南蛇藤
(=圆叶南蛇藤) **(7)** 812
大叶南洋杉 **(3)** **12** 彩片18
大叶牛奶菜 **(9)** 181 **184**
大叶排草
(=大叶过路黄) **(6)** 144
大叶盘果菊
(=多裂福王草) **(11)** 735
大叶瓶蕨 **(2)** 131 **132**
大叶蒲葵 **(12)** **65**
大叶千斤拔 **(7)** 244 **246** 彩片118
大叶茜草 **(10)** 675 **677**
大叶蔷薇 **(6)** 710 **728** 彩片154
大叶青冈 **(4)** 222 **225** 彩片101
大叶筇竹 **(12)** 621 **626**
大叶球花豆 **(7)** **22**
大叶绒果芹 **(8)** 649 **650**
大叶肉托果 **(8)** 364 **365** 彩片183
大叶三七
(=珠子参) **(8)** 575
大叶山矾 **(6)** 54 **73**
大叶山芥碎米荠
(=光头山碎米荠) **(5)** 455
大叶山楝 **(8)** 388 **389**
大叶山柳
(=贵州桤叶树) **(5)** 551
大叶山蚂蝗 **(7)** 153 **155**
大叶蛇葡萄 **(8)** 190 **195**
大叶湿原藓 **(1)** 820 **821** 彩片249
大叶石斑木 **(6)** 529 **530**
大叶石栎
(=齿叶柯) **(4)** 217
大叶石栎
(=大叶柯) **(4)** 218
大叶石龙尾 **(10)** 99 **101**
大叶石上莲 **(10)** 251 **254**
大叶石头花 **(4)** 473 **476**
大叶鼠刺 **(6)** 289 **291**
大叶鼠尾草 **(9)** 507 **518**
大叶水榕 **(4)** 43 **51**
大叶碎米荠 **(5)** 452 **454** 彩片177
大叶苔 **(1)** **88** 彩片19
大叶苔属
(叶苔科) **(1)** 65 **88**
大叶唐松草 **(3)** 460 **465**
大叶藤 **(3)** **674**
大叶藤黄 **(4)** 686 **690** 彩片315
大叶藤属
(防已科) **(3)** 669 670 **673**
大叶藤芋
(=海南藤芋) **(12)** 117
大叶提灯藓
(=大叶匐灯藓) **(1)** 583
大叶田繁缕 **(4)** **679**
大叶铁线莲 **(3)** 510 **531**
大叶土蜜树 **(8)** 20 **21**
大叶驼蹄瓣 **(8)** 453 **455**

大叶藁吾 (11) 450 **468**
大叶乌蔹莓
(=华中乌蔹莓) (8) 205
大叶五室柃 (4) 635 **645**
大叶稀子蕨 (2) 150 **151**
大叶仙茅 (13) 305 **306** 彩片231
大叶藓属
(真藓科) (1) 539 **569**
大叶相思 (7) **7**
大叶新木姜子 (3) 208 **212** 彩片216
大叶熊巴掌 (7) 639 **642**
大叶崖角藤 (12) 113 **114**
大叶杨 (5) 286 **290**
大叶杨桐 (4) 624 **626** 彩片285
大叶野豌豆 (7) 406 **409**
大叶异木患 (8) **269**
大叶银背藤 (9) 267 **269**
大叶鱼骨木 (10) **604**
大叶羽苔 (1) 131 **156**
大叶玉兰 (3) 131 **132** 彩片157
大叶玉叶金花 (10) 572 **573**
大叶云实 (7) 30 **33**
大叶藻 (12) 51 **52**
大叶藻科 (12) **51**
大叶藻属
(大叶藻科) (12) **51**
大叶章 (12) 901 **906**
大叶真藓
(=拟三列真藓) (1) 567
大叶直芒草 (12) **947**
大叶诸葛菜 (5) 398 **399**
大叶猪殃殃 (10) 660 **669**
大叶竹节树 (7) 680 **681**
大叶竹叶草 (12) 1041 **1042**
大叶苎麻 (4) 137 **142** 彩片61
大叶子 (6) **372**
大叶子属
(虎耳草科) (6) 370 **372**
大叶紫堇 (3) 721 **727**
大叶紫薇
(=大花紫薇) (7) 511
大叶紫珠 (9) 353 **356** 彩片134
大叶走灯藓
(=大叶匐灯藓) (1) 583
大叶醉鱼草 (10) 15 **22** 彩片6
大翼豆 (7) **236**
大翼豆属
(蝶形花科) (7) 64 **236**
大颖草 (12) 863 **865**
大油芒 (12) **1102**
大油芒属
(禾本科) (12) 555 **1102**
大羽短肠蕨 (2) 316 **319**
大羽贯众
(=大叶贯众) (2) 594
大羽鳞毛蕨 (2) 489 **505**
大羽鳞毛蕨
(=大平鳞毛蕨) (2) 493
大羽芒萁 (2) 98 **100**
大羽芒萁
(=大芒萁) (2) 98
大羽铁角蕨 (2) 402 **422**
大羽铁角蕨
(=假大羽铁角蕨) (2) 422
大羽藓 (1) **795** 彩片243
大羽新月蕨 (2) 391 **395**
大羽叶鬼针草 (11) 326 **328**
大云锦杜鹃 (5) 565 **614**
大针茅 (12) 931 **935**
大针薹草 (12) 527 **528**
大枝绣球
(=乐思绣球) (6) 286
大指叶苔 (1) 37 **40**
大钟杜鹃 (5) 568 **640** 彩片242
大钟花 (9) **58** 彩片28
大钟花属
(龙胆科) (9) 12 **58**
大众耳草 (10) 515 **521**
大猪屎豆 (7) 441 **445** 彩片151
大属
(天南星科) (12) 105 **175**
大柱藤属
(大戟科) (8) 13 **92**
大柱头虎耳草
(=小芒虎耳草) (6) 392
大爪草 (4) **394**
大爪草属
(石竹科) (4) 392 **394**
大锥剪股颖 (12) 915 **917**
大锥早熟禾 (12) 705 **726**
大籽蒿 (11) 372 **382**
大籽筋骨草 (9) 407 **411**
大籽猕猴桃 (4) 658 **663** 彩片292
大籽鱼黄草 (9) 253 **255**
大籽獐牙菜 (9) 76 **85**
大子栝楼 (5) **240**
大紫叶苔 (1) **201** 彩片33
大字杜鹃 (5) 570 **669**
大足毛兰 (13) 640 **653**

dai
呆白菜 (10) **134**
呆白菜属
(玄参科) (10) 70 **134**
代儿茶 (7) **3**
代儿茶属
(含羞草科) (7) 1 **3**
带唇兰 (13) 587 **589** 彩片413
带唇兰属
(兰科) (13) 372 **587**
带藓
(=兜叶藓) (1) **701**
带藓科 (1) **701**
带叶报春
(=偏花报春) (6) 192
带叶兜兰 (13) 387 **390** 彩片282
带叶耳平藓 (1) 672 **674**
带叶兰 (13) **720**
带叶兰属
(兰科) (13) 369 **720**
带叶石楠 (6) 514 **518**
带叶苔 (1) **256** 彩片47
带叶苔科 (1) **256**

带叶苔属
(带叶苔科) (1) **256**
带叶瓦韦 (2) 682 **691**
带叶魏氏苔
(=魏氏苔) (1) 271
带状瓶尔小草 (2) **83**
带状瓶尔小草属
(瓶尔小草科) (2) **82**
带状书带蕨 (2) 265 **266**
待宵草 (7) 593 **594** 彩片217
袋唇兰 (13) **418**
袋唇兰属
(兰科) (13) 366 **418**
袋萼黄耆 (7) 295 **349**
袋果草 (10) **492**
袋果草属
(桔梗科) (10) 447 **492**
袋花忍冬 (11) 50 **58**
戴星草 (11) **246**
戴星草属
(菊科) (11) 129 **245**

dan
丹巴杜鹃 (5) 567 **651**
丹参 (9) 507 **515**
丹参马先蒿 (10) 180 **193**
丹草 (10) 516 **524**
丹麻杆属
(大戟科) (8) 12 **76**
丹麦黄蓍 (7) 292 **327**
丹霞梧桐 (5) 40 **41**
单瓣白木香 (6) 712 **739**
单瓣黄刺玫 (6) 708 **715**
单瓣李叶绣线菊 (6) 448 **467**
单瓣缫丝花 (6) 712 **740**
单瓣月季花 (6) 710 **730**
单苞鸢尾 (13) 279 **292** 彩片212
单侧花 (5) **729**
单侧花属
(鹿蹄草科) (5) 721 **729**
单齿鹅耳枥
(=小叶鹅耳枥) (4) 268
单齿角鳞苔 (1) **239**
单齿藓 (1) **657**
单齿藓属
(白齿藓科) (1) 651 **656**
单齿玄参 (10) 82 **88**
单刺蓬属
(藜科) (4) 307 **366**
单刺仙人掌 (4) 301 **302** 彩片135
单朵垂花报春 (6) 172 **222**
单耳柃 (4) 634 **650**
单盖铁线蕨 (2) 233 **243**
单果柯 (4) 199 **208**
单果石栎
(=单果柯) (4) 208
单果眼子菜 (12) 29 **30**
单花遍地金 (4) 694 **703**
单花翠雀花 (3) 428 **434** 彩片325
单花灯心草 (12) 222 **227**
单花凤仙花 (8) 493 **516**
单花红丝线 (9) 233 **235**
单花金腰 (6) 418 **421**
单花韭 (13) 143 **170**
单花拉拉藤 (10) 659 **662**
单花木姜子 (3) **229**
单花木姜子属
(樟科) (3) 206 **228**
单花荠 (5) **465** 彩片179
单花荠属 (5) 381 **465**
单花秋海棠
(=罗甸秋海棠) (5) 262
单花忍冬 (11) 52 **72**
单花山胡椒 (3) **244**
单花山胡椒属
(樟科) (3) 206 **244**
单花山竹子 (4) 686 **689**
单花水油甘 (8) 34 **40**
单花无柱兰
(=一花无柱兰) (13) 484
单花小檗 (3) 653 **589**
单花新麦草 (12) 831 **833**
单花雪莲 (11) 568 **576**
单花栒子 (6) 484 **497**
单花莸 (9) 387 **389**
单花荠竹 (12) 1105 **1107**
单花鸢尾 (13) 280 **291** 彩片211
单茎星芒鼠草 (11) 280 **284**
单茎悬钩子 (6) 586 **611**
单鳞苞荸荠 (12) 279 **288**
单瘤酸模 (4) 522 **528**
单脉大黄 (4) 530 **533**
单毛桤叶树 (5) 544 **545**
单毛毛连菜 (11) 698 **699**
单毛山柳
(=单毛桤叶树) (5) 545
单球芹 (8) **714**
单球芹属
(伞形科) (8) 580 **714**
单蕊败酱
(=少蕊败酱) (11) 97
单蕊草 (12) **923**
单蕊草属
(禾本科) (12) 558 **923**
单蕊拂子茅 (12) 901 **904**
单蕊黄蓍 (7) 289 **302**
单蕊麻 (4) **162**
单蕊麻属
(荨麻科) (4) 76 **162**
单色杜鹃 (5) 559 **589**
单色蝴蝶草 (10) 115 **118** 彩片37
单室茱萸 (7) **691**
单室茱萸属
(山茱萸科) (7) **691**
单穗草 (12) 1127 **1128**
单蘖穗草 (12) 257 **258**
单穗旱荠竹 (12) **1104**
单穗金粟兰 (3) 310 **314**
单穗桤叶树 (5) 544 **546** 彩片185
单穗飘拂草
(=双穗飘拂草) (12) 304
单穗升麻 (3) 399 **400** 彩片308
单穗束尾草 (12) 1159 **1160**

单穗水蜈蚣 (12) 346 **348**
单穗鱼尾葵 (12) **87** 彩片22
单葶草石斛 (13) 662 **683**
单头尼泊尔青香 (11) 265 **278**
单头蒲儿根 (11) 508 **509**
单头橐吾
(=长白山橐吾) (11) 467
单头亚菊 (11) 363 **367**
单头帚菊 (11) 658 **660**
单窝虎耳草 (6) 387 **411**
单行节肢蕨 (2) 745 **746**
单性木兰
(=焕镛木) (3) 143
单性薹草 (12) 536 **537**
单序草 (12) **1116**
单序草属
(禾本科) (12) 555 **1116**
单芽狗脊
(=顶芽狗脊) (2) 463
单叶鞭叶蕨 (2) 601 **601**
单叶槟榔青 (8) 350 **351**
单叶波罗花 (10) 430 **431**
单叶臭荠 (5) 406 **407**
单叶灯心草 (12) 224 **243**
单叶地黄连 (8) **381**
单叶豆 (6) **232** 彩片74
单叶豆属
(牛栓藤科) (6) 227 **232**
单叶凤尾蕨 (2) 179 **184**
单叶贯众 (2) 587 **589** 彩片113
单叶红豆 (7) 68 **69**
单叶黄蓍 (7) 293 **337**
单叶厚唇兰 (13) **688**
单叶假脉蕨 (2) 122 **124**
单叶假脉蕨属
(膜蕨科) (2) 112 **122**
单叶茳芏 (12) 321 **326**
单叶绞股蓝 (5) 249 **250**
单叶绿绒蒿 (3) 697 **703**
单叶毛茛 (3) 550 **562**
单叶蔓荆 (9) 374 **376**
单叶木蓝 (7) 128 **147**
单叶拿身草 (7) 152 **154**
单叶拟豆蔻 (13) **53** 彩片48
单叶泡花树 (8) 299 **303**
单叶青杞 (9) 227
单叶省藤 (12) 77 **85**
单叶石仙桃 (13) 630 **635** 彩片460
单叶双盖蕨 (2) 309 **310** 彩片85
单叶藤桔 (8) **438**
单叶藤桔属
(芸香科) (8) 399 **438**
单叶铁线莲 (3) 510 **534**
单叶吴萸 (8) **414** 彩片205
单叶吴茱萸
(=单叶吴萸) (8) 414
单叶西风芹 (8) 686 **691**
单叶细辛 (3) 338 **341**
单叶新月蕨 (2) 391 **391** 彩片89
单叶淫羊藿 (3) 642 **643**
单羽矮伞芹 (8) **663**
单羽耳蕨 (2) 538 **580**
单羽火筒树 (8) 180 **182**
单月苔 (1) **265** 彩片55
单月苔科 (1) **265**
单月苔属
(单月苔科) (1) **265**
单枝灯心草 (12) 223 **238**
单枝竹 (12) **571**
单枝竹属
(禾本科) (12) 550 **571**
单竹 (12) 575 **584**
单子卷柏 (2) 34 **56** 彩片21
单子麻黄 (3) 113 **117** 彩片146
单籽犁头尖 (12) 143 **145**
单座苣苔 (10) **276** 彩片79
单座苣苔属
(苦苣苔科) (10) 245 **276**
弹刀子菜 (10) **121**
弹裂碎米荠 (5) 452 **457**
淡杆鳞盖蕨 (2) 156 **162**
淡红鹿藿 (7) 248 **249**
淡红忍冬 (11) 53 **77**
淡花地杨梅 (12) 248 **253**
淡黄豆腐柴 (9) 364 **367**
淡黄花百合 (13) 118 **122**
淡黄花半脊荠
(=小叶半脊荠) (5) 419
淡黄荚 (11) 7 **25**
淡黄香茶菜 (9) 568 **574**
淡黄香青 (11) 265 **276**
淡黄香薷 (9) 545 **551**
淡绿短肠蕨 (2) 317 **327**
淡色耳叶苔 (1) 212 **218**
淡色同叶藓 (1) **917** 彩片269
淡丝瓦韦 (2) 682 **693**
淡叶长喙藓 (1) 847 **848**
淡叶偏蒴藓 (1) 914 **915**
淡枝沙拐枣 (4) 514 **515**
淡竹 (12) 601 **610**
淡竹叶 (12) **680**
淡竹叶属
(禾本科) (12) 557 **680**
淡紫花黄蓍 (7) 289 **305**
淡紫金莲花 (3) 393 **397**
蛋黄果 (6) **7** 彩片4
蛋黄果属
(山榄科) (6) 1 **7**

dang
当归 (8) 720 **722**
当归藤 (6) 102 **106**
当归属
(伞形科) (8) 682 **719**
党参 (10) 455 **457** 彩片152
党参属
(桔梗科) (10) 446 **455**

dao
刀把木 (3) 251 **260**
刀豆 (7) **207** 彩片101
刀豆属
(蝶形花科) (7) 65 **207**

刀叶石斛 (13) 662 **685**
刀叶树平藓 (1) 705 **707**
刀叶羽苔 (1) 128 **132**
刀羽耳蕨 (2) 538 **576**
倒地铃 (8) **268** 彩片123
倒地铃属
(无患子科) (8) 267 **268**
倒吊笔 (9) 118 **119**
倒吊笔属
(夹竹桃科) (9) 90 **118**
倒吊兰 (13) **524** 彩片362
倒吊兰属
(兰科) (13) 365 **523**
倒挂金钩 (10) 559 **561**
倒挂金钟 (7) **586** 彩片215
倒挂金钟
(=石岩枫) (8) 67
倒挂金钟属
(柳叶菜科) (7) **586**
倒挂树萝卜 (5) 714 **720**
倒挂铁角蕨 (2) 401 **408**
倒果木半夏 (7) 468 **479**
倒鳞耳蕨 (2) 536 **566**
倒鳞鳞毛蕨 (2) 491 **518**
倒卵伏石蕨 (2) 703 **703** 彩片132
倒卵叶红淡比 (4) 630 **633**
倒卵叶黄肉楠 (3) **246** 彩片227
倒卵叶旌节花 (5) 131 **133** 彩片77
倒卵叶景天 (6) 335 **342**
倒卵叶青冈 (4) 222 **226**
倒卵叶忍冬 (11) 51 **62**
倒卵叶山龙眼 (7) 482 **483**
倒卵叶石楠 (6) 514 **518**
倒卵叶算盘子 (8) 47 **52**
倒卵叶薹草 (12) 429 **434**
倒卵叶庭荠 (5) 433 **435**
倒卵叶叶苔 (1) 70 **76**
倒卵叶紫麻 (4) 154 **155**
倒披针叶虫实 (4) 328 **329**
倒披针叶蝇子草 (4) 441 **456**
倒提壶 (9) **342** 彩片128
倒心叶珊瑚 (7) 705 **706** 彩片274
倒缨木 (9) **123**
倒缨木属
(夹竹桃科) (9) 90 **123**
倒羽叶风毛菊 (11) 569 **584**
道孚虎耳草 (6) 382 **392**
道孚景天 (6) 335 **339**
道孚小檗 (3) 588 **620**
道孚蝇子草 (4) **439**
道县野桔 (8) 444 **448**
稻 (12) 666 **667**
稻草石蒜 (13) 262 **263**
稻槎菜 (11) **740**
稻槎菜属
(菊科) (11) 133 **740**
稻田荸荠 (12) 279 **284**
稻属 (12) 557 **665**

de
德保苏铁 (3) 2 **3** 彩片3
德化鳞毛蕨 (2) 492 **529**
德化毛蕨 (2) 375 **388**
德国鸢尾 (13) 281 **298** 彩片220
德兰臭草 (12) 789 **792**
德钦大叶香茶菜 (9) 569 **576**
德钦箭竹
(=西藏箭竹) (12) 638
德钦梅花草 (6) 431 **436**
德钦石豆兰 (13) 690 **694**
德钦乌头 (3) 407 **424** 彩片322
德钦杨 (5) 287 **297**
德氏剪叶苔 (1) 4 **11**
德氏羽苔 (1) 131 **155**

deng
灯架虎耳草 (6) 385 **406**
灯龙花 (5) 714 **718**
灯笼草 (9) **530**
灯笼草
(=白花灯笼) (9) 379
灯笼草属
(=垂穗石松属) (2) 27
灯笼花
(=倒挂金钟) (7) 586
灯笼果 (9) 217 **218**
灯笼石松属
(=垂穗石松属) (2) 27
灯笼树 (5) **681** 彩片279
灯台大苞报春
(=散步报春) (6) 211
灯台莲 (12) 153 **168** 彩片74
灯台树 (7) 692 **693** 彩片264
灯台兔儿风 (11) 665 **674**
灯心草 (12) 221 **225**
灯心草科 (12) **221**
灯心草属
(灯心草科) (12) **221**
灯心草蚤缀 (4) 419 **421**
灯油藤 (7) 805 **807**
等苞紫菀 (11) 176 **186**
等齿委陵菜 (6) 658 **689**
等萼卷瓣兰 (13) 691 **702**
等萼小檗 (3) 583 **590**
等高薹草 (12) 505 **507**
等基贯众 (2) 588 **599**
等基岩蕨 (2) 451 **455**
等叶花葶乌头
(=花葶乌头) (3) 407
等颖落芒草 (12) 941 **945**
等颖早熟禾 (12) 706 **731**

di
低矮薹草 (12) 428 **430**
低矮通泉草 (10) 121 **123**
低矮早熟禾 (12) 706 **734**
低盔膝瓣乌头
(=膝瓣乌头) (3) 414
低山早熟禾 (12) 710 **753**
低头贯众 (2) 587 **589**
低药兰 (13) **753**
低药兰属
(兰科) (13) 370 **753**

滴水珠 (12) 172 **173**
滴锡藤
(=滴锡眼树莲) (9) 173
滴锡眼树莲 (9) **173** 彩片83
荻 (12) **1091**
狄氏扭口藓 (1) 441 **442**
狄氏石灰藓
(=狄氏扭口藓) (1) 442
荻属
(禾本科) (12) 555 **1090**
地八角 (7) 294 **339**
地宝兰 (13) 572 **573**
地宝兰属
(兰科) (13) 371 **572**
地柏枝 (3) 726 **759**
地不容 (3) 683 **687**
地蚕 (9) 492 **496**
地蚕
(=甘露子) (9) 495
地胆草 (11) **146**
地胆草属
(菊科) (11) 128 **146**
地胆旋蒴苣苔 (10) 306 **307**
地地藕 (12) 202 **203**
地丁 (3) 725 **756**
地丁草
(=地丁) (3) 756
地萼苔科 (1) **115**
地耳草 (4) 694 **702**
地耳蕨 (2) **624**
地耳蕨属
(叉蕨科) (2) 603 **624**
地枫皮 (3) 360 **364** 彩片278
地肤 (4) **339**
地肤属
(藜科) (4) 306 **339**
地梗鼠尾草 (9) 508 **520**
地构叶 (8) **61** 彩片25
地构叶属
(大戟科) (8) 11 **61**
地瓜
(=地果) (4) 62
地瓜
(=豆薯) (7) 209
地管马先蒿 (10) 183 **196**
地桂 (5) **689**
地桂属
(杜鹃花科) (5) 554 **689**
地果 (4) 45 **62** 彩片46
地果
(=笃斯越桔) (5) 711
地海椒 (9) 214 **215**
地花黄蓍 (7) 294 **339**
地花细辛 (3) 338 **341**
地槐
(=苦参) (7) 84
地黄 (10) 132 **133** 彩片40
地黄连 (8) 381 **382**
地黄连属
(楝科) (8) 375 **380**
地黄属
(玄参科) (10) 70 **132**
地黄叶报春 (6) 170 **184**
地椒 (9) 535 **536**
地角儿苗 (7) 352 **358**
地锦 (8) 122 184 **186**
地锦草 (8) 117 **122** 彩片64
地锦苗 (3) 721 **728** 彩片419
地锦属
(葡萄科) (8) **183**
地卷柏 (2) 34 **60**
地绵槭
(=色木槭) (8) 320
地囊苔属
(地萼苔科) (1) 115 **117**
地念 (7) **621** 彩片229
地盘松 (3) 54 **64**
地皮消 (10) 344 **345**
地皮消属
(爵床科) (10) 331 **344**
地钱 (1) 288 **290** 彩片67
地钱科 (1) **287**
地钱属
(地钱科) (1) 287 **288**
地蔷薇 (6) 699 **700**
地蔷薇属
(蔷薇科) (6) 444 **699**
地梢瓜 (9) 150 **151**
地刷子石松
(=扁枝石松) (2) 28
地笋 (9) 539 **540**
地笋属
(唇形科) (9) 397 **539**
地檀香
(=芳香白珠) (5) 693
地毯草 (12) **1052**
地毯草属
(禾本科) (12) 554 **1052**
地桃花 (5) 85 **86**
地旋花 (9) **257**
地旋花属
(旋花科) (9) 241 **257**
地杨梅 (12) 248 **251**
地杨梅
(=百两金) (6) 95
地杨梅属
(灯心草科) (12) 221 **247**
地杨桃 (8) **110** 彩片58
地杨桃属
(大戟科) (8) 14 **110**
地涌金莲 (13) **18** 彩片18
地涌金莲属
(芭蕉科) (13) 14 **17**
地榆 (6) 744 **745**
地榆属
(蔷薇科) (6) 444 **744**
棣棠花 (6) **577** 彩片137
棣棠花属
(蔷薇科) (6) 443 **577**
dian
滇百合 (13) 119 **125** 彩片98
滇白珠 (5) 690 **694**

滇北球花报春 (6) 170 **218**
滇北悬钩子 (6) 583 **596**
滇鳔冠花 (10) 388 **389**
滇边大黄 (4) 531 **537**
滇波罗蜜 (4) **39**
滇藏钓樟 (3) 230 **239**
滇藏钝果寄生 (7) 750 **753**
滇藏方枝柏 (3) 85 **90**
滇藏海桐 (6) 235 **245**
滇藏虎耳草 (6) 387 **413**
滇藏梨果寄生 (7) 746 **748**
滇藏柳叶菜 (7) 598 **608**
滇藏毛鳞菊 (11) 759 **760**
滇藏茅瓜 (5) 221 **222**
滇藏槭 (8) 318 **333**
滇藏舌唇兰 (13) 459 **466**
滇藏荨麻 (4) 77 **82**
滇藏无心菜
(=滇藏蚤缀) (4) 426
滇藏五味子 (3) 370 **375** 彩片289
滇藏细叶芹 (8) **600**
滇藏细叶芹属
(伞形科) (8) 579 **600**
滇藏续断 (11) 111 **112**
滇藏叶下珠 (8) 33 **36**
滇藏蚤缀 (4) 420 **426**
滇糙叶树 (4) 15 **16**
滇池海棠 (6) 565 **575**
滇赤才 (8) **274**
滇赤才属
(无患子科) (8) 267 **274**
滇赤杨叶 (6) 40 **41**
滇椆
(=滇青冈) (4) 237
滇川唇柱苣苔 (10) 287 **292**
滇川翠雀花 (3) 429 **439**
滇川角蒿
(=鸡肉参) (10) 433
滇川山罗花 (10) 171 **172**
滇川唐松草 (3) 462 **477**
滇川乌头
(=粗花乌头) (3) 408
滇川醉鱼草 (10) 15 **19**
滇刺枣 (8) 173 **174** 彩片94
滇丁香 (10) **556**
滇丁香属
(茜草科) (10) 511 **556**
滇观音草 (10) 397 **399**
滇桂豆腐柴 (9) 364 **366**
滇桂阔蕊兰 (13) 493 **497**
滇桂石斛 (13) 664 **679**
滇桂喜鹊苣苔 (10) **308**
滇海水仙花 (6) 170 **218**
滇红萆薢
(=长苞菝葜) (13) 329
滇红椿 (8) 376 **378**
滇红毛杜鹃 (5) 570 **672**
滇红丝线 (9) 233 **234**
滇虎榛 (4) **259** 彩片114
滇黄堇 (3) 722 **733**
滇黄精 (13) 205 **211** 彩片153
滇黄芩 (9) 418 **424** 彩片158
滇葎草 (4) **26**
滇结香 (7) 537 **538**
滇金石斛 (13) 686 **687**
滇韭 (13) 140 **156**
滇蕨 (2) 450 **450**
滇蕨藓 (1) **679**
滇蕨藓属
(蕨藓科) (1) 668 **679**
滇蕨属
(岩蕨科) (2) 448 **449**
滇栲 (4) **187**
滇苦菜 (11) 698 **700**
滇苦荬菜
(=苦苣菜) (11) 702
滇榄 (8) 342 **344**
滇榄仁 (7) 665 **666**
滇兰 (13) **591**
滇兰属
(兰科) (13) 372 **591**
滇列当 (10) 238 **242**
滇龙胆草 (9) 17 **29** 彩片14
滇马蹄果 (8) **340**
滇毛冠四蕊草 (10) **164**
滇缅杜鹃 (5) 563 **658**
滇缅花楸 (6) 534 **551**
滇缅荚 (11) 6 **19**
滇缅离蕊茶 (4) 575 **590**
滇缅鱼鳞蕨 (2) 470 **471**
滇缅省藤 (12) 76 **79**
滇磨芋 (12) 136 **140**
滇牡丹 (4) 555 **559** 彩片244
滇牡荆 (9) 374 **377**
滇木蓝 (7) **131**
滇南白蝶兰 (13) **491**
滇南报春 (6) 172 **187**
滇南草乌
(=瓜叶乌头) (3) 417
滇南翅子瓜 (5) **207**
滇南齿唇兰 (13) 436 **439**
滇南风吹楠 (3) 200 **201** 彩片209
滇南狗脊 (2) 463 **464**
滇南冠唇花 (9) **502**
滇南蒿 (11) 375 **399**
滇南合耳菊 (11) 521 **523**
滇南红果树 (6) **512**
滇南红厚壳 (4) 684 **685** 彩片307
滇南胡椒
(=长穗胡椒) (3) 330
滇南镰扁豆 (7) 229 **230**
滇南马钱
(=毛柱马钱) (9) 4
滇南芒毛苣苔 (10) 314 **315**
滇南美登木 (7) 815 **817** 彩片308
滇南千里光
(=藤菊) (11) 529
滇南山矾 (6) 53 **66**
滇南山蚂蝗 (7) 153 **160**
滇南石豆兰 (13) 690 **695**
滇南铁角蕨 (2) 400 **408**
滇南铁线莲 (3) 506 **529**
滇南乌口树 (10) 595 **597**

滇南星 (12) 151 **155**
滇南星
(=山珠南星) (12) 156
滇南异木患 (8) 269 **270**
滇楠
(=楠木) (3) 282
滇黔地黄连
(=矮陀陀) (8) 381
滇黔黄檀 (7) 90 **95**
滇黔金腰 (6) 419 **428**
滇黔楼梯草 (4) 120 **124**
滇黔蒲儿根 (11) 508 **510**
滇黔石蝴蝶 (10) 281 **282**
滇黔苎麻 (4) 136 **140**
滇黔紫花苣苔 (10) 312 **313**
滇芹 (8) **605**
滇芹属
(伞形科) (8) 580 **605**
滇青冈 (4) 225 **237** 彩片104
滇琼楠 (3) 293 **295**
滇楸 (10) 422 **424** 彩片129
滇瑞香 (7) 526 **534** 彩片190
滇润楠 (3) 274 **276**
滇山茶 (4) 575 **587** 彩片269
滇鼠刺 (6) 289 **290**
滇蜀豹子花 (13) 134 **135** 彩片112
滇蜀无柱兰 (13) 479 **481**
滇蜀玉凤花 (13) 500 **503**
滇蜀无心菜
(=滇蜀蚤缀) (4) 429
滇蜀蚤缀 (4) 420 **429**
滇水金凤 (8) 490 **506** 彩片303
滇酸脚杆 (7) 655 **658**
滇桐 (5) **30** 彩片13
滇桐属
(椴树科) (5) 12 **30**
滇五味子 (3) 370 **373** 彩片287
滇西斑鸠菊 (11) 137 **144**
滇西北点地梅 (6) 152 **168** 彩片48
滇西北小檗 (3) 588 **619**
滇西北紫菀 (11) 177 **195**
滇西凤仙花 (8) 493 **519**
滇西鬼灯檠 (6) 373 **374**
滇西旱蕨 (2) 216 **218**
滇西龙胆 (9) 16 **26** 彩片9
滇西绿绒蒿 (3) 697 **704** 彩片410
滇西拟金毛裸蕨 (2) 250 **250**
滇西桤叶树
(=云南桤叶树) (5) 546
滇西舌唇兰 (13) 458 **461**
滇西蛇皮果 (12) **74**
滇西薹草 (12) 518 **520**
滇线蕨 (2) 755 **759**
滇新樟 (3) **264**
滇芎 (8) **603**
滇芎属
(伞形科) (8) 580 **603**
滇萱草
(=西南萱草) (13) 95
滇岩黄蓍 (7) 392 **395**
滇羊茅 (12) 682 **687**
滇杨 (5) 287 **297**
滇隐脉杜鹃 (5) 557 **573**
滇羽叶菊 (11) **520**
滇粤山胡椒 (3) 230 **235**
滇越猴欢喜 (5) 9 **11** 彩片8
滇越金线兰 (13) 436 **441**
滇越水龙骨 (2) 667 **669**
滇蔗茅 (12) 1099 **1100**
滇桢楠
(=滇润楠) (3) 276
滇榛 (4) 255 **256** 彩片111
滇中茶藨子 (6) 296 **305**
滇重楼 (13) 220 **222**
滇紫草 (9) 296 **297** 彩片122
滇紫草属
(紫草科) (9) 281 **296**
滇紫金牛
(=南方紫金牛) (6) 88
颠茄 (9) 208 彩片91
颠茄属
(茄科) (9) 204 **207**
点地梅 (6) 150 **153** 彩片42
点地梅属
(报春花科) (6) 114 **149**
点花黄精 (13) 205 **211**
点囊薹草 (12) 509 **510**
点乳冷水花 (4) 91 **100**
点头虎耳草
(=零余虎耳草) (6) 391
点腺过路黄 (6) 118 **140**
点叶荚
(=鳞斑荚) (11) 23
点叶薹草 (12) 394 **398**
电灯花 (9) **277**
电灯花属
(花荵科) (9) **276**
甸杜
(=地桂) (5) 689
垫风毛菊 (11) 570 **590**
垫型蒿 (11) 372 **386**
垫壮山岭麻黄
(=山岭麻黄) (3) 116
垫状点地梅 (6) 151 **165** 彩片46
垫状虎耳草 (6) 387 **414**
垫状卷柏 (2) 32 **37**
垫状棱子芹 (8) 612 **617** 彩片284
垫状山莓草 (6) 692 **695**
垫状条果芥
(=柳叶条果芥) (5) 502
垫状驼绒藜 (4) **336**
垫状蝇子草 (4) 441 **455** 彩片196
垫状迎春 (10) 58 **63**
垫状紫萼藓 (1) 497 **503**
垫紫草 (9) **315** 彩片125
垫紫草属
(紫草科) (9) 281 **314**

diao
凋缨菊 (11) **145**
凋缨菊属
(菊科) (11) 128 **145**
雕核樱桃 (6) 764 **767**

吊灯扶桑 (5) 91 **93** 彩片52
吊灯花
(=吊灯扶桑) (5) 93
吊灯花 (9) 200 **201**
吊灯花属
(萝科) (9) 134 **199**
吊灯树 (10) **437**
吊灯树属
(紫葳科) (10) 419 **436**
吊兰 (13) **88**
吊兰属
(百合科) (13) 70 **87**
吊罗山耳蕨
(=灰绿耳蕨) (2) 544
吊皮锥 (4) 182 **186** 彩片84
吊球草 (9) **565**
吊裙草 (7) 441 **445**
吊山桃 (9) **143**
吊石苣苔 (10) 318 **320** 彩片104
吊石苣苔属
(苦苣苔科) (10) 246 **317**
吊丝竹 (12) 588 **591**
吊钟海棠
(=倒挂金钟) (7) 586
吊钟花 (5) 681 **682** 彩片280
吊钟花属
(杜鹃花科) (5) 553 **681**
调羹树 (7) 488 **489**
调料九里香 (8) 435 **437**

die
迭鞘石斛
(=叠鞘石斛) (13) 668
迭裂黄堇 (3) 724 **745**
迭穗莎草 (12) 321 **323**
迭叶楼梯草 (4) 120 **126**
叠鞘兰 (13) **429**
叠鞘兰属
(兰科) (13) 368 **429**
叠鞘石斛 (13) 663 **668** 彩片483
叠裂银莲花 (3) 488 **498**
碟果虫实 (4) **328**
碟花百合
(=云南豹子花) (13) 135
碟花杜鹃 (5) 564 **636**
碟花开口箭 (13) 178 **181** 彩片132
碟腺棋子豆 (7) 12 **14**
蝶豆 (7) **225** 彩片110
蝶豆属
(蝶形花科) (7) 64 **225**
蝶花荚 (11) 5 **23**
蝶形花科 (7) **60**
蝶须 (11) **249**
蝶须属
(菊科) (11) 129 **249**
蝶状毛蕨 (2) 374 **385**

ding
丁公藤 (9) 243 **244**
丁公藤属
(旋花科) (9) 240 **243**
丁癸草 (7) **258**
丁癸草属
(蝶形花科) (7) 67 **258**
丁喙大丁草
(=尼泊尔大丁草)(11) 685
丁茜 (10) **602**
丁茜属
(茜草科) (10) 510 **601**
丁香杜鹃 (5) 570 **669**
丁香蓼 (7) 582 **583**
丁香蓼属
(柳叶菜科) (7) **581**
丁香属
(木犀科) (10) 23 **33**
丁座草 (10) 228 **229** 彩片69
钉头果 (9) **147**
钉头果属
(萝科) (9) 134 **147**
钉柱委陵菜 (6) 659 **678**
顶苞苔科 (1) **163**
顶苞苔属
(顶苞苔科) (1) **163**
顶胞藓属
(锦藓科) (1) 873 **891**
顶冰花 (13) 99 **100**
顶冰花属
(百合科) (13) 72 **98**
顶果蕨
(=顶果露蕨) (2) 117
顶果肋毛蕨
(=顶囊肋毛蕨) (2) 605
顶果露蕨 (2) 113 **117**
顶果膜蕨 (2) 119 **120**
顶果树 (7) **27** 彩片17
顶果树属
(云实科) (7) 23 **27**
顶花板凳果 (8) **8**
顶花半边莲 (10) 494 **496**
顶花报春
(=杂色钟报春) (6) 198
顶花杜茎山 (6) 78 **79**
顶花胡椒
(=苎叶蒟) (3) 329
顶花酸脚杆 (7) 655 **657** 彩片241
顶喙凤仙花 (8) 494 **525**
顶鳞苔属
(细鳞苔科) (1) 224 **233**
顶毛鼠毛菊 (11) **694**
顶囊肋毛蕨 (2) 605 **605**
顶蕊三角咪
(=顶花板凳果) (8) 8
顶刷南星
(=画笔南星) (12) 154
顶头马蓝
(=肖笼鸡) (10) 361
顶芽狗脊 (2) 462 **463** 彩片104
顶芽新月蕨 (2) 391 **392**
顶隐蒴藓属
(隐蒴藓科) (1) 644 **646**
顶羽菊 (11) **614**
顶羽菊属
(菊科) (11) 131 **614**

顶羽鳞毛蕨
(=宜昌鳞毛蕨) **(2)** 494
顶育蕨 **(2)** 762 **762**
顶育毛蕨 **(2)** 374 **382**
鼎湖钓樟 **(3)** 230 **239**
鼎湖耳草 **(10)** 515 **521**
鼎湖血桐 **(8)** 73 **74**
定心藤 **(7)** **881**
定心藤属
(茶茱萸科) **(7)** 876 **881**

dong
东北百合 **(13)** 120 **133** 彩片109
东北扁果草 **(3)** 451 **452**
东北扁核木 **(6)** 750 **751** 彩片165
东北薄荷 **(9)** 537 **538**
东北残齿藓
(=心叶残齿藓) **(1)** 649
东北草
(=单穗草) **(12)** 258
东北茶藨子 **(6)** 296 **307**
东北长柄山蚂蝗 **(7)** 161 **164**
东北齿缘草 **(9)** 328 **333**
东北刺人参 **(8)** **491** 彩片251
东北点地梅 **(6)** 150 **156**
东北多足蕨 **(2)** 665 **665**
东北风毛菊 **(11)** 572 **602**
东北凤仙花 **(8)** 490 **505** 彩片302
东北绢蒿 **(11)** 433 **435**
东北看麦娘 **(12)** 928 **930**
东北峨眉蕨 **(2)** 287 **287**
东北牡蒿 **(11)** 381 429
东北婆婆纳
(=东北穗花) **(10)** 144
东北繁缕
(=兴安繁缕) **(4)** 417
东北蒲公英 **(11)** 767 **778**
东北红豆杉 **(3)** **106** 彩片134
东北角蕨 **(2)** 279 **280**
东北金鱼藻 **(3)** 386 **387**
东北堇菜 **(5)** 142 **155**
东北锦鸡儿 **(7)** 265 **275**
东北老鹳草 **(8)** 469 **478**
东北雷公藤 **(7)** 825 **826**
东北李 **(6)** 762 **763**
东北柳叶菜 **(7)** 598 **613**
东北木蓼 **(4)** 517 **519**
东北桤木 **(4)** 272 **274**
东北槭 **(8)** 318 **338**
东北三肋果 **(11)** 349 **350**
东北山黧豆 **(7)** 421 **423**
东北山梅花 **(6)** 260 **262**
东北舌唇兰 **(13)** 458 **462**
东北蛇葡萄 **(8)** 190 **193**
东北石杉 **(2)** 8 **9** 彩片1
东北石松 **(2)** 24 **26**
东北鼠草 **(11)** 280 **284**
东北鼠李 **(8)** 146 **158**
东北溲疏 **(6)** 248 **250**
东北丝裂蒿 **(11)** 375 **396**
东北穗花 **(10)** 142 **144**
东北蹄盖蕨
(=中华蹄盖蕨) **(2)** 299
东北甜茅 **(12)** 797 **799**
东北猬草 **(12)** **838**
东北小花碎米荠
(=小花碎米荠) **(5)** 459
东北小金发藓 **(1)** 958 **962**
东北杏 **(6)** 758 **760**
东北亚黄华 **(7)** 457 **458**
东北亚鳞毛蕨 **(2)** 489 **505**
东北岩高兰 **(5)** **552** 彩片186
东北羊角芹 **(8)** 679 **680**
东北玉簪 **(13)** 91 **92**
东北獐牙菜
(=北温带獐牙菜)**(9)** 77
东当归 **(8)** 720 **722**
东俄洛风毛菊 **(11)** 572 **597**
东俄洛黄耆 **(7)** 289 **307**
东俄洛龙胆 **(9)** 18 **38**
东俄洛沙蒿 **(11)** 381 **428**
东俄洛橐吾 **(11)** 448 **457** 彩片91
东俄洛紫菀 **(11)** 177 **192**
东俄芹属
(伞形科) **(8)** 580 **606**
东方藨草 **(12)** **257**
东方草莓 **(6)** 702 **703** 彩片146
东方茶藨子 **(6)** 297 **311**
东方茨藻 **(12)** 41 **44**
东方大蒜芥 **(5)** 526 **528**
东方狗脊 **(2)** 463 **463**
东方古柯 **(8)** **229**
东方旱麦草 **(12)** 871 **872**
东方黄花稔 **(5)** 74 **75**
东方荚果蕨 **(2)** 447 **447** 彩片99
东方堇菜 **(5)** 142 **172**
东方毛蕨 **(2)** 373 **377**
东方毛蕊花 **(10)** 71 **73**
东方肉穗草 **(7)** **648**
东方沙枣 **(7)** 467 **475**
东方水锦树 **(10)** 545 **547**
东方铁线莲 **(3)** 509 **533**
东方五福花 **(11)** 89 **90**
东方羊胡子草 **(12)** 274 **275**
东方羊茅 **(12)** 682 **685**
东方野豌豆 **(7)** 407 **413**
东方泽泻 **(12)** **10** 彩片2
东方针茅 **(12)** 932 **938**
东风菜 **(11)** **172** 彩片48
东风菜属
(菊科) **(11)** 123 **172**
东风草 **(11)** 230 **231**
东海铁角蕨 **(2)** 402 **422**
东京鳞毛蕨 **(2)** 488 **500**
东京龙脑香 **(4)** **566** 彩片253
东京四照花 **(7)** 699 **701**
东京桐 **(8)** **99** 彩片49
东京桐属
(大戟科) **(8)** 13 **99**
东京紫玉盘 **(3)** 159 **160**
东陵苔草
(=唐进薹草) **(12)** 495
东陵绣球 **(6)** 276 **282** 彩片82

东南长蒴苣苔 (10) 296 **299** 彩片93
东南景天 (6) 337 **351**
东南南蛇藤 (7) 806 **810** 彩片304
东南爬山虎
(=大果俞藤) (8) 189
东南飘拂草 (12) 291 **296**
东南葡萄 (8) 217 **220**
东南茜草 (10) 675 **679**
东南山茶
(=尖萼红山茶) (4) 588
东南蛇根草 (10) 532 **534**
东南石栎
(=港柯) (4) 217
东南铁角蕨 (2) 402 **418**
东南悬钩子 (6) 591 **641**
东南野桐 (8) 64 **69**
东亚昂氏藓 (1) **336**
东亚被蒴苔 (1) 86 **87**
东亚柄盖蕨 (2) 467 **467**
东亚虫叶苔 (1) **41**
东亚大角苔 (1) **298** 彩片74
东亚地钱 (1) **288** 彩片65
东亚短角苔 (1) **299**
东亚短颈藓 (1) 946 **947** 彩片279
东亚附干藓 (1) 762 **763**
东亚合叶苔 (1) 102 **108**
东亚花萼苔 (1) 274 **277**
东亚黄藓 (1) 728 **731**
东亚金灰藓 (1) **901**
东亚孔雀藓 (1) **744** 彩片231
东亚毛灰藓 (1) **903**
东亚磨芋 (12) 135 **138** 彩片51
东亚囊瓣芹 (8) 657 **661**
东亚拟平藓 (1) **712**
东亚女贞 (10) 50 **56**
东亚欧黑藓
(=东亚岩生黑藓) (1) 314
东亚片叶苔 (1) 259 **260**
东亚钱袋苔 (1) **92**
东亚曲尾藓 (1) 376 **385**
东亚雀尾藓 (1) **742** 彩片230
东亚砂藓 (1) 509 **510** 彩片141
东亚树角苔 (1) **298**
东亚碎米藓 (1) 755 **756**
东亚缩叶藓 (1) 488 **489**
东亚苔叶藓 (1) **612**
东亚唐棣 (6) **577**
东亚唐松草 (3) 463 **478**
东亚万年藓 (1) **725** 彩片225
东亚仙鹤藓 (1) 952 **953**
东亚仙女木 (6) **647**
东亚小金发藓 (1) 958 **961**
东亚小石藓 (1) 485 **486**
东亚小穗藓 (1) 329 **330**
东亚小羽藓 (1) 790 **791**
东亚岩蕨 (2) 451 **455**
东亚岩生黑藓 (1) **314**
东亚羊茅 (12) 683 **692**
东亚叶角苔 (1) **297** 彩片73
东亚硬羽藓 (1) **798**
东亚羽节蕨 (2) 272 **272**
东亚羽枝藓 (1) 716 **718**
东亚圆叶苔 (1) **67**
东亚泽藓 (1) 603 **607** 彩片185
东亚沼羽藓 (1) **800**
东亚直蒴苔 (1) **97**
东亚指叶苔 (1) **37**
东爪草 (6) 319 **320**
东爪草属
(景天科) (6) **319**
东紫苏 (9) 545 **551** 彩片189
冬凤兰 (13) 574 **576** 彩片394
冬瓜 (5) **226** 彩片113
冬瓜杨 (5) 287 **292**
冬瓜属
(葫芦科) (5) 199 **226**
冬葵 (5) 69 **70**
冬葵
(=野葵) (5) 71
冬红 (9) **386**
冬红属
(马鞭草科) (9) 347 **386**
冬麻豆 (7) **125** 彩片70
冬麻豆属
(蝶形花科) (7) 66 **125**
冬青 (7) 835 **844**
冬青科 (7) **834**
冬青卫矛 (7) 776 **782** 彩片298
冬青叶鼠刺 (6) 289 **290**
冬青叶兔唇花 (9) 483 **484**
冬青属
(冬青科) (7) **834**
冬桃
(=褐毛杜英) (5) 8
董棕 (12) 87 **89** 彩片24
动蕊花 (9) **405**
动蕊花属
(唇形科) (9) 392 **405**
冻绿 (8) 146 **154** 彩片82
冻原白蒿 (11) 372 **387**

dou
都丽菊 (11) **135**
都丽菊属
(菊科) (11) 128 **135**
都支杜鹃 (5) 567 **650**
兜被兰 (13) 486 **487**
兜被兰属
(兰科) (13) 367 **485**
兜唇带叶兰 (13) **720**
兜唇石斛 (13) 664 **675** 彩片497
兜兰属
(兰科) (13) 365 **386**
兜藜 (4) **342**
兜藜属
(藜科) (4) 306 **342**
兜蕊兰 (13) **515** 彩片353
兜蕊兰属
(兰科) (13) 367 **515**
兜叶花叶藓 (1) 424 **425**
兜叶砂藓 (1) 509 **514**
兜叶苔 (1) **64**
兜叶苔属

(裂叶苔科) (1) 47 **64**
兜叶藓 (1) **701** 彩片209
兜叶藓属
(带藓科) (1) **701**
斗叶马先蒿 (10) 182 **199**
豆瓣菜 (5) **489**
豆瓣菜属
(十字花科) (5) 384 **489**
豆瓣绿 (3) **334** 彩片263
豆茶决明 (7) 50 **52**
豆腐柴 (9) 364 **365**
豆腐柴属
(马鞭草科) (9) 347 **363**
豆腐果 (8) **346** 彩片167
豆蔻属
(姜科) (13) 21 **50**
豆梨 (6) 558 **563**
豆列当 (10) **236**
豆列当属
(列当科) (10) 228 **236**
豆薯 (7) **209** 彩片105
豆薯属
(蝶形花科) (7) 65 **209**
豆叶九里香 (8) 435 **437**

du
毒扁豆 (7) **228**
毒扁豆属
(蝶形花科) (7) 64 **228**
毒参 (8) **626**
毒参属
(伞形科) (8) 579 **626**
毒豆 (7) **463**
毒豆属
(蝶形花科) (7) 67 **463**
毒根斑鸠菊 (11) 136 **140**
毒瓜 (5) **230**
毒瓜属
(葫芦科) (5) 198 **229**
毒马草 (9) **434**
毒马草属
(唇形科) (9) 393 **434**
毒麦 (12) 785 **786**
毒芹 (8) **648**
毒芹属
(伞形科) (8) 580 **648**
毒鼠子 (7) 888 **889**
毒鼠子科 (7) **888**
毒鼠子属
(毒鼠子科) (7) **888**
毒药树 (4) **677**
毒药树属
(猕猴桃科) (4) 656 **677**
独根草 (6) **377**
独根草属
(虎耳草科) (6) 371 **377**
独花报春 (6) **223** 彩片70
独花报春属
(报春花科) (6) **114**
独花黄精 (13) 205 **211** 彩片154
独花兰 (13) **567** 彩片388
独花兰属
(兰科) (13) 374 **566**
杜茎山 (6) 78 **83**
独活 (8) 752 **754**
独活属
(伞形科) (8) 582 **752**
独角莲 (12) 143 **144** 彩片55
独脚金 (10) **169**
独脚金宽叶变种
(=独脚金) (10) 169
独脚金属
(玄参科) (10) 69 **169**
独丽花 (5) **731** 彩片296
独丽花属
(鹿蹄草科) (5) 721 **730**
独龙江舌唇兰 (13) 458 **465**
独龙十大功劳 (3) 626 **629**
独龙小檗 (3) 585 **601**
独牛 (5) 257 **273**
独山瓜馥木 (3) 186 **190**
独蒜兰 (13) 624 **627** 彩片452
独蒜兰属
(兰科) (13) 374 **624**
独穗飘拂草 (12) 293 **310**
独尾草 (13) **86** 彩片66
独尾草属
(百合科) (13) 70 **85**
独行菜 (5) 401 **406**
独行菜属
(十字花科) (5) 381 383 **400**
独行千里 (5) 370 **376**
独叶草 (3) **544** 彩片379
独叶草属
(毛茛科) (3) 389 **543**
独一味 (9) **473** 彩片173
独一味属
(唇形科) (9) 395 **473**
独占春 (13) 575 **580** 彩片401
独子藤 (7) 806 **814** 彩片306
笃斯
(=笃斯越桔) (5) 711
笃斯越桔 (5) 698 **711** 彩片292
杜根藤 (10) 409
杜根藤属
(爵床科) (10) 331 **409**
杜衡 (3) 338 **344** 彩片267
杜虹花 (9) 353 **357**
杜茎山属
(紫金牛科) (6) **77**
杜鹃 (5) 570 **671** 彩片273
杜鹃花科 (5) **553**
杜鹃花属
(杜鹃花科) (5) 553 **557**
杜鹃兰 (13) **564** 彩片386
杜鹃兰属
(兰科) (13) 374 **564**
杜鹃叶柳 (5) 304 313 **358**
杜梨 (6) 558 **562**
杜楝 (8) **380** 彩片191
杜楝属
(楝科) (8) 375 **380**
杜若 (12) **197** 彩片87

杜若属
(鸭跖草科) (12) 182 **197**
杜氏翅茎草
(=疏毛翅茎草) (10) 222
杜氏耳蕨 (2) 535 **556**
杜松 (3) 93 **94** 彩片120
杜香属
(杜鹃花科) (5) 553 **554**
杜英 (5) 2 **8**
杜英科 (5) **1**
杜英属
(杜英科) (5) **1**
杜仲 (3) **795** 彩片448
杜仲科 (3) **794**
杜仲属
(杜仲科) (3) **794**
杜仲藤 (9) **127**
度量草 (9) **10**
度量草属
(马钱科) (9) 1 **10**

duan
端丽醉鱼草
(=滇川醉鱼草) (10) 19
短瓣大萼苔 (1) 169 **171**
短瓣大蒜芥
(=垂果大蒜芥) (5) 526
短瓣繁缕 (4) 407 **413**
短瓣花 (4) **432**
短瓣花属
(石竹科) (4) 392 **432**
短瓣金莲花 (3) 393 **396**
短瓣兰 (13) **716**
短瓣兰属
(兰科) (13) 373 **716**
短瓣球药隔重楼 (13) 220 **225**
短瓣蓍 (11) 335 **337**
短瓣乌头
(=德钦乌头) (3) 424
短瓣香花藤
(=海南香花藤) (9) 113
短瓣蚤缀 (4) 419 **422** 彩片187
短棒石斛 (13) 663 **670** 彩片487
短苞忍冬 (11) 50 **59**
短苞薹草 (12) 509 **510**
短苞薹草 (12) 532 **533**
短柄斑龙芋 (12) **150**
短柄半边莲 (10) 494 **495**
短柄草 (12) 819 **820**
短柄草属
(禾本科) (12) 560 **818**
短柄垂子买麻藤
(=垂子买麻藤) (3) 120
短柄丛菔
(=宽果丛菔) (5) 496
短柄单叶假脉蕨 (2) 122 **123**
短柄对叶藓 (1) 326 **327**
短柄鹅观草 (12) 846 **860**
短柄粉条儿菜 (13) 254 **258**
短柄枹栎
(短柄金丝桃) (4) 695 **706**
短柄禾叶蕨 (2) 776 **777**
短柄胡椒 (3) 320 **324**
短柄虎耳草 (6) 384 **399**
短柄鳞果星蕨 (2) 709 **710**
短柄龙胆 (9) 16 **25**
短柄苹婆 (5) 36 **39** 彩片20
短柄忍冬 (11) 54 **79**
短柄山桂花 (5) 118 **119**
短柄珊瑚苣苔
(=珊瑚苣苔) (10) 267
短柄石栎
(=短穗泥柯) (4) 214
短柄五加 (8) **557**
短柄小檗 (3) 586 **607**
短柄小连翘 (4) 695 **706**
短柄雪胆 (5) 203 **204**
短柄岩白菜 (6) 379 **381**
短柄野海棠 (7) 634 **636**
短柄野芝麻 (9) **475**
短柄直唇姜 (13) **49**
短柄紫背苔 (1) 280 **281**
短柄紫苏 (9) 354 **361**
短草
(=矮针蔺) (12) 271
短肠蕨属
(蹄盖蕨科) (2) 272 **315**
短齿白毛假糙苏 (9) 487 **490**
短齿丛藓 (1) **471**
短齿楼梯草 (4) 121 **134**
短齿牛毛藓 (1) 320 **322**
短齿平藓 (1) 708 **711** 彩片218
短齿石豆兰 (13) 690 **695**
短齿藓 (1) **330**
短齿藓属
(细叶藓科) (1) 329 **330**
短齿羽苔 (1) 129 **136**
短唇列当 (10) 238 **242**
短唇马先蒿 (10) 182 **207**
短刺虎刺 (10) 647 **649**
短刺兔唇花
(=硬毛兔唇花) (9) 483
短萼齿木 (10) 591 **592**
短萼齿木属
(茜草科) (10) 510 **591**
短萼耳叶苔 (1) 212 **222**
短萼海桐 (6) 235 **243**
短萼核果茶 (4) 619 **620**
短萼黄连 (3) 484 **485** 彩片349
短萼灰叶
(=白灰毛豆) (7) 123
短萼拟大萼苔 (1) 176 **178**
短萼苔属
(隐蒴苔科) (1) **181**
短萼仪花 (7) 55 **56**
短萼折柄茶 (4) 614 **615**
短耳石豆兰 (13) 692 **699**
短梗菝葜 (13) 314 **319**
短梗苞茅 (12) **1153**
短梗稠李 (6) 781 **783**
短梗大参 (8) **549**
短梗冬青 (7) 837 **859**
短梗厚壁荠 (5) **411**

短梗胡枝子 (7) 182 **183**
短梗箭头唐松草 (3) 462 **479**
短梗柳叶菜 (7) 597 **604**
短梗南蛇藤 (7) 806 **810**
短梗忍冬 (11) 51 **62**
短梗涩芥 (5) 505 **506**
短梗山兰 (13) 560 **562** 彩片385
短梗酸藤子 (6) 102 **103**
短梗天门冬 (13) 230 **232** 彩片167
短梗土丁桂 (9) **242**
短梗挖耳草 (10) 439 **440**
短梗新木姜子 (3) 209 **213**
短梗烟堇 (3) **767**
短梗野菰 (10) 230 **232**
短梗重楼
(=黑籽重楼) (13) 225
短冠草 (10) **167**
短冠草属
(玄参科) (10) 70 **167**
短冠刺蕊草 (9) 558 **559**
短冠东风菜 (11) **172**
短冠鼠尾草 (9) 506 **511**
短管龙胆 (9) 16 **21**
短果茨藻 (12) 41 **42**
短果大蒜芥
(=新疆大蒜芥) (5) 529
短果茴芹 (8) 665 **673**
短果念珠芥 (5) 531 **533**
短果小柱芥 (5) **499**
短合叶苔 (1) 102 **104**
短壶藓属
(壶藓科) (1) **526**
短花水金京 (10) 545 **546**
短花针茅 (12) 932 **937**
短喙灯心草 (12) 222 **232**
短喙粉苞菊 (11) 764 **765**
短喙黄堇 (3) 725 **751**
短喙蒲公英 (11) 767 **768**
短喙塔藓
(=假蔓藓) (1) 938
短尖假悬藓 (1) **697** 彩片207
短尖毛蕨 (2) 374 **381**
短尖飘拂草 (12) 292 **306**
短尖忍冬 (11) 52 **72**
短尖薹草 (12) 474 **481**
短豇豆 (7) 232 **235**
短角湿生冷水花 (4) 91 **97**
短角苔科 (1) **299**
短角苔属
(短角苔科) (1) **299**
短脚锦鸡儿 (7) 266 **279**
短茎半蒴苣苔 (10) 277 **279**
短茎柴胡 (8) 632 **640**
短茎萼脊兰 (13) **754** 彩片566
短茎隔距兰 (13) 733 **734** 彩片542
短茎古当归 (8) **717**
短茎芦氏藓 (1) **467**
短茎马先蒿 (10) 183 **195**
短茎圆口藓
(=短茎芦氏藓) (1) 467
短颈藓 (1) **946**
短颈藓科 (1) **946**
短颈藓属
(短颈藓科) (1) **946**
短颈小曲尾藓 (1) **339**
短蒟 (3) 320 **321**
短距苞叶兰 (13) 456 **457**
短距槽舌兰 (13) 765 **766**
短距翠雀花 (3) 428 **430**
短距凤仙花 (8) 492 **511**
短距红门兰 (13) 447 **450** 彩片309
短距黄堇
(=双花堇菜) (5) 170
短距舌喙兰 (13) 453 **455** 彩片315
短距手参 (13) 489 **490**
短距乌头 (3) 405 **407** 彩片312
短肋凤尾藓 (1) 403 **411**
短肋拟疣胞藓 (1) 874 **875**
短肋平藓 (1) 707 **709**
短肋羽藓 (1) **795**
短肋雉尾藓 (1) **748** 彩片234
短镰荚苜蓿
(=青海苜蓿) (7) 434
短裂苦苣菜 (11) 701 **703**
短鳞薹草 (12) 394 **395**
短菱藓 (1) **913**
短菱藓属
(灰藓科) (1) 899 **913**
短龙骨黄蓍 (7) 293 **335**
短脉杜鹃 (5) 564 **637** 彩片240
短芒大麦草 (12) 834 **835**
短芒拂子茅 (12) 901 **904**
短芒金猫尾 (12) 1095 **1096**
短芒披碱草 (12) 822 **823**
短芒薹草 (12) 415 **420**
短芒纤毛草 (12) 845 **855**
短毛单序草 (12) **1116**
短毛独活 (8) 752 **756**
短毛金线草 (4) 510 **511**
短毛蓝钟花 (10) 448 **453**
短毛芒
(=短毛双药芒) (12) 1090
短毛双药芒 (12) 1088 **1090**
短毛熊巴掌 (7) 639 **643**
短毛紫荆 (7) 39 **41**
短毛紫菀 (11) 177 **194**
短片藁本 (8) 704 **708**
短绒槐 (7) 82 **86**
短绒野大豆 (7) 216 **217**
短蕊车前紫草 (9) **312**
短蕊杜鹃 (5) 563 **660**
短蕊槐 (7) 82 **83**
短蕊青麻 (3) 306 **308**
短蕊山莓草 (6) 692 **694**
短伞大叶柴胡 (8) 632 **639**
短舌菊属
(菊科) (11) 125 **341**
短舌野青茅 (12) 902 **912**
短舌紫菀 (11) 176 **189**
短生碱茅 (12) 765 **779**
短葶圆叶报春 (6) 176 **206**
短穗草胡椒
(=蒙自草胡椒) (3) 336

短穗柽柳 (5) 176 **177** 彩片88
短穗画眉草 (12) 962 **964**
短穗旌节花 (5) 132 **135**
短穗看麦娘 (12) 927 **928**
短穗泥柯 (4) 200 **214**
短穗山羊草 (12) 840 **842**
短穗省藤 (12) 77 **81**
短穗石龙刍 (12) **353**
短穗天料木 (5) 123 **126**
短穗兔耳草 (10) 160 **161** 彩片44
短穗鱼尾葵 (12) 87 **88**
短穗竹 (12) **619**
短穗竹茎兰 (13) **408**
短穗竹属
(=亚平竹属) (12) 619
短葶飞蓬 (11) 214 **217**
短葶韭 (13) 140 **145**
短葶肉叶荠
(=红花肉叶荠) (5) 535
短葶薹草 (12) 412 **413**
短葶无距花 (7) 644 **645**
短葶仙茅 (13) 305 **306**
短筒荚 (11) 6 **19**
短筒苣苔属
(苦苣苔科) (10) 244 **271**
短筒水锦树 (10) 545 **549**
短筒兔耳草 (10) 161 **162**
短筒紫苞鸢尾
(=紫苞鸢尾) (13) 291
短尾鹅耳枥 (4) 260 **262** 彩片115
短尾柯 (4) 200 **218**
短尾铁线莲 (3) 508 **520**
短尾细辛 (3) 338 **340**
短尾越桔 (5) 698 **703**
短腺小米草 (10) 174 **175**
短腺小米草川藏亚种
(=川藏短腺小米草) (10) 175
短小蛇根草 (10) 532 **539**
短星菊 (11) 208 **209**
短星菊属
(菊科) (11) 123 **208**
短须毛七星莲 (5) 140 **166**
短序脆兰 (13) 725 **726** 彩片537
短序杜茎山 (6) 78 **82**
短序隔距兰 (13) 733 **735**
短序黑三棱 (13) 1 **3**
短序荚 (11) 6 **21**
短序栝楼 (5) 235 **244**
短序鞘花 (7) 739 **740**
短序琼楠 (3) 294 **297**
短序润楠 (3) 276 **286**
短序山梅花 (6) 260 **261**
短序香蒲 (13) 6 **10**
短序醉鱼草 (10) 15 **17**
短檐金盏苣苔 (10) **257**
短檐苣苔 (10) **256**
短檐苣苔属
(苦苣苔科) (10) 243 **256**
短药肋柱花 (9) 70 **71**
短药蒲桃 (7) 560 **563**
短药沿阶草 (13) 243 **249**
短叶赤车 (4) 114 **117**
短叶对齿藓 (1) 451 **455**
短叶独活 (8) 752 **753**
短叶荷包蕨 (2) 771 **771**
短叶胡枝子 (7) 183 **191**
短叶黄杉 (3) 29 **30** 彩片48
短叶假木贼 (4) **354** 彩片154
短叶剪叶苔 (1) 4 **5**
短叶茳芏
(=单叶茳芏) (12) 326
短叶金发藓
(=拟金发藓) (1) 965
短叶锦鸡儿 (7) 266 **283**
短叶绢蒿 (11) 433 **437**
短叶决明 (7) 50 **52**
短叶柳叶菜 (7) 597 **606**
短叶罗汉松 (3) 98 **99**
短叶纽口藓
(=短叶对齿藓) (1) 455
短叶黍 (12) 1027 **1033**
短叶水蜈蚣 (12) 346 **347**
短叶羊茅 (12) 684 **698**
短叶中华石楠 (6) 515 **521**
短叶紫晶报春 (6) 174 **196**
短翼岩黄耆 (7) 393 **400**
短颖草属
(禾本科) (12) 557 **900**
短颖鹅观草 (12) 846 **859**
短颖马唐 (12) 1062 **1067**
短颖楔颖草 (12) 1118 **1120**
短硬毛棘豆 (7) 353 **365**
短羽裂高河菜
(=高河菜) (5) 413
短羽苔 (1) 129 **137**
短月藓 (1) 552 **554** 彩片158
短月藓属
(真藓科) (1) 539 **552**
短枝发草 (12) 883 **885**
短枝高领藓 (1) 614 **615**
短枝六道木
(=梗花) (11) 43
短枝双鳞苔 (1) **235**
短枝燕尾藓 (1) **841**
短枝褶藓 (1) **775**
短枝竹属
(禾本科) (12) 551 **656**
短轴嵩草 (12) 364 **380**
短柱八角
(=匙叶八角) (3) 363
短柱侧金盏花 (3) **546** 彩片381
短柱茶 (4) 574 **582**
短柱齿唇兰 (13) 436 **439**
短柱灯心草 (12) 223 **237**
短柱对叶兰 (13) 405 **406**
短柱弓果藤 (9) 141 **142**
短柱茴芹 (8) 665 **672**
短柱金丝桃 (4) 693 **698**
短柱柃 (4) 636 **652**
短柱鹿蹄草 (5) 721 **725**
短柱络石 (9) **111** 彩片62
短柱苔草
(=新疆薹草) (12) 407

短柱梅花草 **(6)** 431 **438**
短柱铁线莲 **(3)** 507 **514**
短柱头菟丝子 **(9)** 271 **273**
短柱肖菝葜 **(13)** **339**
短柱亚麻 **(8)** 232 **234**
短柱珍珠菜 **(6)** 115 **121**
短爪黄堇 **(3)** 724 **748**
短锥果葶苈
(=锥果葶苈) **(5)** 447
短锥花小檗 **(3)** 588 **624**
短锥玉山竹
(=大箭竹) **(12)** 633
短总序荛花 **(7)** 516 **523**
短足石豆兰 **(13)** 691 **698**
断肠草 **(3)** 721 **727**
断肠草属
(=钩吻属) **(9)** 7
断肠花 **(9)** **120**
断节莎 **(12)** **349**
断节莎属
(莎草科) **(12)** 256 **348**
断线蕨 **(2)** 755 **755**
断序臭黄荆
(=间序豆腐柴) **(9)** 371
断续菊
(=花叶滇苦菜) **(11)** 701
断叶扁萼苔 **(1)** 186 **189**
椴树 **(5)** 14 **18**
椴树属
(椴树科) **(5)** 12 **13**
椴叶扁担杆 **(5)** 25 **26**
椴叶独活 **(8)** 752 **753**
椴叶山麻杆 **(8)** 77 **79** 彩片37
椴叶野桐 **(8)** 63 **66**

dui
堆花小檗 **(3)** 588 **623**
堆莴苣
(=假福王草) **(11)** 730
堆心菊 **(11)** **333**
堆心菊属
(菊科) **(11)** 125 **333**
堆叶蒲公英 **(11)** 768 **772**
对齿藓属
(丛藓科) **(1)** 438 **450**
对刺藤 **(8)** **144**
对刺藤属
(鼠李科) **(8)** 138 **143**
对萼猕猴桃 **(4)** 657 **663**
对耳舌唇兰 **(13)** 458 **461**
对节刺 **(4)** **367**
对节刺 **(8)** **139**
对节刺属
(藜科) **(4)** 307 **367**
对茎毛兰 **(13)** 640 **642** 彩片467
对开蕨 **(2)** **435** 彩片94
对开蕨属
(铁角蕨科) **(2)** 399 **435**
对马耳蕨 **(2)** 534 **548** 彩片111
对生耳蕨 **(2)** 538 **575**
对生蛇根草 **(10)** 532 **539**
对生叶耳蕨
(=对生耳蕨) **(2)** 575
对生紫柄蕨 **(2)** 357 **360**
对叶杓兰 **(13)** 377 **384** 彩片270
对叶车前 **(10)** 6 **13**
对叶车叶草 **(10)** **659**
对叶景天 **(6)** 337 **351**
对叶韭 **(13)** 139 **144**
对叶孔岩草 **(6)** 322 **323**
对叶兰 **(13)** **405**
对叶兰属
(兰科) **(13)** 365 **405**
对叶柳 **(5)** 306 309 **342**
对叶楼梯草 **(4)** 120 **124**
对叶榕 **(4)** 46 **70** 彩片51
对叶茜草 **(10)** 675 **676**
对叶苔属
(阿氏苔科) **(1)** 161 **162**
对叶藓 **(1)** **326**
对叶藓属
(牛毛藓科) **(1)** 317 **326**
对叶盐蓬 **(4)** **356**
对叶盐蓬属
(藜科) **(4)** 306 **356**
对羽苔属
(羽苔科) **(1)** 127 **159**
对枝菜 **(5)** **503**
对枝菜属
(十字花科) **(5)** 388 **503**

dun
盾苞藤 **(9)** **243**
盾苞藤属
(旋花科) **(9)** 240 **242**
盾柄兰 **(13)** **654**
盾柄兰属
(兰科) **(13)** 372 **654**
盾翅藤 **(8)** 236 **237**
盾翅藤属
(金虎尾科) **(8)** **236**
盾果草 **(9)** **318**
盾果草属
(紫草科) **(9)** 281 **317**
盾蕨 **(2)** 677 **677** 彩片125
盾蕨属
(水龙骨科) **(2)** 664 **677**
盾鳞风车子 **(7)** 671 **673**
盾片蛇菰 **(7)** **765**
盾片蛇菰属
(蛇菰科) **(7)** **765**
盾形单叶假脉蕨 **(2)** 122 **123**
盾叶半夏 **(12)** 172 **173**
盾叶粗筒苣苔 **(10)** 261 **262** 彩片74
盾叶苣苔 **(10)** **283** 彩片83
盾叶冷水花 **(4)** 92 **105**
盾叶莓 **(6)** 587 **616**
盾叶木 **(8)** 73 **74**
盾叶秋海棠 **(5)** 256 **265**
盾叶秋海棠
(=昌感秋海棠) **(5)** 264
盾叶石蝴蝶
(=盾叶苣苔) **(10)** 283

盾叶薯蓣 **(13)** 342 **346** 彩片249
盾叶唐松草 **(3)** 461 **472**
盾叶天竺葵 **(8)** 484 **485** 彩片247
盾柱 **(7)** **827**
盾柱木属 (云实科) **(7)** 23 **28**
盾柱属 (卫矛科) **(7)** 775 **827**
盾座苣苔 **(10)** **327**
盾座苣苔属 (苦苣苔科) **(10)** 245 **283**
盾座苣苔属 (苦苣苔科) **(10)** 247 **327**
钝瓣大萼苔 **(1)** 168 **169**
钝瓣景天 **(6)** 335 **342**
钝瓣小芹 **(8)** 653 **655**
钝瓣折叶苔 **(1)** 99 **100**
钝苞雪莲 **(11)** 568 **578**
钝苞一枝黄花 **(11)** 154 **155**
钝背草 **(9)** **326**
钝背草属 (紫草科) **(9)** 282 **325**
钝齿耳蕨 **(2)** 538 **576**
钝齿尖叶桂樱 **(6)** 786 **789**
钝齿冷水花 **(4)** 93 **109**
钝齿鼠李 (=长叶冻绿) **(8)** 146
钝齿四川碎米荠 (=弹裂碎米荠) **(5)** 457
钝齿铁角蕨 **(2)** 403 **428**
钝齿铁线莲 **(3)** 507 **516**
钝翅象蜡树 (=象蜡树) **(10)** 29
钝萼附地菜 **(9)** 306 **309**
钝萼景天 **(6)** 336 **344**
钝萼铁线莲 **(3)** 508 **518** 彩片368
钝稃野大麦 **(12)** 834 **836**
钝果寄生属 (桑寄生科) **(7)** 738 **749**
钝喙耳叶苔 **(1)** 212 **218**
钝基草 **(12)** 952 **954**
钝脊眼子菜 **(12)** 29 **35**
钝尖冷水花 **(4)** 93 **108**
钝角顶苞苔 **(1)** **163**
钝角金星蕨 **(2)** 339 **344**
钝裂银莲花 (=疏齿银莲花) **(3)** 495
钝鳞苔草 (=短鳞薹草 **(12)** 395
钝鳞紫背苔 **(1)** **280**
钝头冬青 (=钝头三花冬青) **(7)** 847
钝头红叶藓 **(1)** 444 **445**
钝头瓶尔小草 **(2)** 80 **82**
钝头三花冬青 **(7)** 835 **847**
钝药野木瓜 **(3)** **592**
钝叶变齿藓 **(1)** **618**
钝叶草 **(12)** **1083**
钝叶草属 (禾本科) **(12)** 553 **1083**
钝叶齿缘草 **(9)** 328 **332**
钝叶大帽藓 **(1)** 433 **435**
钝叶单侧花 **(5)** 729 **730**
钝叶独活 **(8)** 752 **757**
钝叶独行菜 **(5)** 400 **403**
钝叶杜鹃 **(5)** 571 **676**
钝叶短柱茶 **(4)** 574 **582**
钝叶匐灯藓 **(1)** 578 **582**
钝叶光萼苔 **(1)** 203 **204**
钝叶桂 **(3)** 251 **258**
钝叶核果木 **(8)** 23 **24**
钝叶黑面神 **(8)** **57** 彩片22
钝叶厚壳桂 **(3)** 300 **303**
钝叶护蒴苔 **(1)** 44 **45**
钝叶黄藓 **(1)** 728 **729**
钝叶金合欢 **(7)** 7 **10**
钝叶卷柏 **(2)** 34 **56**
钝叶绢藓 **(1)** 853 **855**
钝叶拉拉藤 **(10)** 660 66 **669**
钝叶梨蒴藓 **(1)** **518** 彩片145
钝叶楼梯草 **(4)** 120 **128**
钝叶毛兰 **(13)** 641 **651** 彩片473
钝叶密花树 (=打铁树) **(6)** 112
钝叶木姜子 **(3)** 216 **221**
钝叶木灵藓 **(1)** 621 **625**
钝叶扭口藓 **(1)** **441**
钝叶扭毛藓 (=钝叶扭口藓) **(1)** 441
钝叶蒲桃 **(7)** 560 **565**
钝叶千里光 **(11)** 531 **541**
钝叶蔷薇 **(6)** 709 **723**
钝叶石头花 **(4)** 473 **478**
钝叶树平藓 **(1)** 705 **706** 彩片215
钝叶酸模 **(4)** 522 **527**
钝叶碎米荠 (=弹裂碎米荠) **(5)** 457
钝叶蓑藓 **(1)** 632 **634** 彩片189
钝叶苔属 (大萼苔科) **(1)** 166 **168**
钝叶土牛膝 **(4)** 378 **379**
钝叶瓦松 **(6)** **323**
钝叶五风藤 **(3)** 660 **663**
钝叶栒子 **(6)** 482 **488**
钝叶沿阶草 **(13)** 243 **245**
钝叶眼子菜 **(12)** 29 **32**
钝叶鱼木 **(5)** 367 **368**
钝叶折柄茶 **(4)** 613 **614**
钝叶紫萼藓 **(1)** 496 **502**
钝叶菹草 **(12)** 30 **38**
钝颖落芒草 **(12)** 940 **941**
钝羽耳蕨 (=陕西耳蕨) **(2)** 558
钝羽假瘤蕨 **(2)** 732 **742**
钝羽假蹄盖蕨 **(2)** 289 **289**
钝圆齿碎米荠 (=大叶碎米荠) **(5)** 454
顿河红豆草 **(7)** **402**

duo
多斑豹子花 **(13)** 135 **136** 彩片114
多斑杜鹃 **(5)** 564 **635**
多瓣核果茶 **(4)** **618**

多瓣核果茶属
(山茶科) (4) 573 **618**
多瓣木
(=东亚仙女木) (6) 647
多瓣苔 (1) **210**
多瓣苔属
(光萼苔科) (1) 202 **210**
多苞斑种草 (9) 315 **316**
多苞藁本 (8) 704 **710**
多苞瓜馥木 (3) 186 **189**
多苞冷水花 (4) 91 **99**
多苞千里光 (11) 533 **544**
多苞蔷薇 (6) 710 **729**
多苞藤春 (3) 181 **182**
多胞合叶苔 (1) 102 **103**
多胞密鳞苔 (1) **242**
多胞疣鳞苔 (1) 250 **251**
多被银莲花 (3) 487 **490**
多变叉蕨 (2) 617 **621**
多变粗枝藓 (1) 925 **927**
多变杜鹃 (5) 562 **632**
多变鹅观草 (12) 845 **855**
多变花楸 (6) 534 **553**
多变柯
(=麻子壳柯) (4) 204
多变丝瓣芹 (8) 675 **678**
多变蹄盖蕨 (2) 294 **298**
多变瓦韦 (2) 682 **695**
多齿吊石苣苔 (10) 317 **318**
多齿光萼苔 (1) 203 **208**
多齿红山茶 (4) 575 **585** 彩片267
多齿蹄盖蕨
(=中华蹄盖蕨) (2) 294 299
多齿雪白委陵菜 (6) 658 **677**
多齿羽苔 (1) 129 **135**
多刺锦鸡儿 (7) 264 **268**
多刺绿绒蒿 (3) 697 **704** 彩片409
多刺山黄皮 (10) 585 **586**
多刺天门冬 (13) 230 **233**
多对花楸 (6) 533 **545**
多萼扁萼苔 (1) 186 **194**
多分枝石竹 (4) 466 **468**
多秆鹅观草
(=缘毛鹅观草) (12) 848
多根直鳞苔 (1) **241**
多管藁本 (8) 704 **712**
多果鸡爪草 (3) **392**
多果满江红 (2) 786 **787**
多果省藤
(=大白藤) (12) 80
多果烟斗柯 (4) 199 **207**
多果银莲花 (3) 488 **496**
多核冬青 (7) 834 **840**
多核果 (7) 578 **579**
多核果属
(桃金娘科) (7) 549 **578**
多花梣 (10) 24 **26**
多花白头树 (8) **341**
多花百日菊 (11) **313**
多花菜豆
(=荷包豆) (7) 237
多花茶藨子 (6) 296 **308**
多花长尖叶蔷薇 (6) 711 **736**
多花柽柳 (5) 176 177 **180**
多花脆兰 (13) **725** 彩片536
多花大沙叶 (10) **609**
多花灯心草 (12) 223 **241**
多花地宝兰 (13) 572 **573**
多花地杨梅 (12) 248 **252**
多花杜鹃 (5) 572 **667** 彩片268
多花肥肉草 (7) 645 **646**
多花勾儿茶 (8) 166 **170** 彩片89
多花谷木 (7) 660 **661**
多花瓜馥木 (3) 187 **193**
多花含笑 (3) 145 **147** 彩片179
多花杭子梢
(=小雀花) (7) 181
多花蒿 (11) 378 **417**
多花黑麦草 (12) 786 **787**
多花胡枝子 (7) 182 **189**
多花黄精 (13) 205 **210** 彩片152
多花黄蓍 (7) 289 **306**
多花剪股颖 (12) 915 **920**
多花碱茅 (12) 762 **766**
多花剑叶莎 (12) **317**
多花筋骨草 (9) 407 **409**
多花荆芥 (9) 438 **440**
多花克拉莎
(=多花剑叶莎) (12) 317
多花兰 (13) 574 **577** 彩片395
多花苓菊 (11) **563**
多花老鹳草 (8) 468 **475**
多花落新妇 (6) 375 **377**
多花麻花头 (11) 644 **645**
多花猕猴桃
(=阔叶猕猴桃) (4) 669
多花木蓝 (7) 130 **143**
多花泡花树 (8) 298 **301**
多花槭翅藤 (9) 348 **348**
多花茜草 (10) 676 **682**
多花蔷薇
(=野蔷薇) (6) 731
多花清风藤 (8) 292 **294**
多花荛花 (7) 515 **516**
多花三角瓣花 (10) **650** 彩片212
多花山矾 (6) 53 **65**
多花山壳骨 (10) 391 **393**
多花山竹子
(=木竹子) (4) 686
多花杉叶杜鹃
(=杉叶杜鹃) (5) 555
多花珊瑚苣苔
(=珊瑚苣苔) (10) 267
多花溲疏 (6) 249 **259**
多花素馨 (10) 58 **65** 彩片29
多花酸藤子 (6) 102 **104**
多花娃儿藤 (9) 190 **195**
多花微孔草 (9) 319 **321**
多花亚菊 (11) 363 **366**
多花沿阶草 (13) 243 **246**
多花野牡丹 (7) 621 **623**
多花指甲兰 (13) **755** 彩片567
多花紫藤 (7) 114 **115**

多花醉鱼草
(=酒药花醉鱼草) (10) 20
多荚草属
(石竹科) (4) 392 **396**
多荚果 (4) **396**
多节草 (4) **319**
多节草属
(藜科) (4) 305 **319**
多节雀麦 (12) 803 **805**
多茎还阳参 (11) 712 **714**
多茎景天 (6) 336 **348**
多茎鼠草 (11) 280 **285**
多茎委陵菜 (6) 657 **670**
多茎野豌豆 (7) 407 **412**
多茎獐牙菜 (9) 75 **81**
多距复叶耳蕨
(=异羽复叶耳蕨) (2) 480
多卷须栝楼 (5) 235 **242**
多榔菊属
(菊科) (11) 127 **444**
多肋桤叶树 (5) 545 **551**
多裂翅果菊 (11) 744 **746**
多裂独活 (8) 752 **754**
多裂杜鹃 (5) 566 **625**
多裂福王草 (11) 733 **735**
多裂黄鹌菜 (11) 718 **725**
多裂黄檀 (7) 90 **96**
多裂骆驼蓬 (8) **452**
多裂水芹 (8) 693 **695**
多裂委陵菜 (6) 656 **669**
多裂叶芥
(=芥菜) (5) 393
多裂叶荆芥 (9) 437 **443**
多裂阴地蕨 (2) 76 **77**
多裂紫菊 (11) 741 **742**
多鳞白桫椤
(=笔筒树) (2) 142
多鳞粉背蕨
(=粉背蕨) (2) 228
多鳞鳞毛蕨 (2) 489 **507**
多鳞毛灰藓 (1) 905 **906**
多轮草 (10) **511**
多轮草属
(茜草科) (10) 508 **511**
多脉报春 (6) 171 **180** 彩片49
多脉冬青 (7) 839 **871** 彩片325
多脉鹅耳枥 (4) 261 **270**
多脉高梁 (12) 1121 **1123**
多脉瓜馥木 (3) 187 **192**
多脉胡椒 (3) 320 **324**
多脉寄生藤 (7) **730**
多脉假脉蕨 (2) 125 **127**
多脉樫木 (8) 392 **394**
多脉柃 (4) 636 **648**
多脉楼梯草 (4) 121 **133**
多脉猫乳 (8) 162 **163**
多脉南星 (12) 151 **158**
多脉青冈 (4) 225 **238** 彩片105
多脉润楠 (3) 274 **279**
多脉莎草 (12) 322 **330**
多脉鼠李 (8) 145 **148**
多脉四照花 (7) **699**
多脉酸藤子
(=密齿酸藤子) (6) 104
多脉藤春 (3) 181 **183**
多脉铁木 (4) 270 **271**
多脉榆 (4) 4 **10** 彩片7
多芒莠竹 (12) 1105 **1109**
多毛杜鹃 (5) 564 **628**
多毛椴 (5) 13 **15**
多毛假水苏 (9) 478 **479**
多毛君迁子 (6) 13 **17**
多毛裂片苔 (1) **15**
多毛铃子香 (9) 460 **461**
多毛蒲公英 (11) 767 **777**
多毛茜草树 (10) **588**
多毛沙参 (10) 476 **484**
多毛四川婆婆纳 (10) 147 **156**
多毛细羽藓 (1) 792 **793**
多毛藓属
(薄罗藓科) (1) 765 **772**
多毛悬钩子 (6) 588 **625**
多毛樱桃 (6) 764 **769**
多毛知风草 (12) 962 **965**
多囊苔科 (1) **21**
多皮孔酸藤子 (6) 102 **105**
多歧沙参 (10) 477 **484**
多歧苏铁 (3) 2 **3** 彩片1、2
多鞘雪莲 (11) 568 **576**
多鞘早熟禾 (12) 704 **722**
多趣杜鹃 (5) 570 **664**
多肉千里光 (11) 532 **534**
多蕊高河菜 (5) 413 **414**
多蕊金丝桃 (4) 694 **699**
多蕊木 (8) **551**
多蕊木属
(五加科) (8) 535 **550**
多蕊蛇菰 (7) 766 **768**
多蕊肖菝葜 (13) 339 **340**
多伞阿魏 (8) **734**
多伞北柴胡 (8) 632 **645**
多色杜鹃 (5) 560 **591** 彩片203
多色真藓
(=双色真藓) (1) 564
多舌飞蓬 (11) 214 **219**
多室八角金盘 (8) **536**
多蒴匐灯藓 (1) 579 **582**
多蒴灰藓 (1) 906 **911**
多蒴立灯藓
(=裸帽立灯藓) (1) 577
多蒴曲尾藓 (1) 376 **384**
多蒴提灯藓 (1) **582**
多蒴仙鹤藓 (1) 951 **952** 彩片280
多蒴异齿藓 (1) **766**
多穗白藤 (12) 77 **82**
多穗扁莎
(=多枝扁莎) (12) 339
多穗金粟兰
(=宽叶金粟兰) (3) 314
多穗兰 (13) **639**
多穗兰属
(兰科) (13) 373 **639**
多穗蓼 (4) 483 **493**

多穗石松 (2) 24 **24** 彩片7
多穗仙台薹草 (12) 518 **522**
多态丝瓜藓 (1) 542 **547**
多态无轴藓 (1) **315**
多体蕊黄檀 (7) 91 **98**
多头风毛菊 (11) 571 **592**
多头苦荬
(=苦荬菜) (11) 751
多头委陵菜 (6) 655 **671**
多托花萼苔 (1) 274 **275**
多纹泥炭藓 (1) 300 **307** 彩片77
多腺小米草 (10) 174 **176**
多腺小叶蔷薇 (6) 709 **721**
多腺悬钩子 (6) 584 **602**
多香木 (6) **288**
多香木属
(茶藨子科) (6) **288**
多星韭 (13) 140 **147** 彩片118
多形叉蕨 (2) 617 **622**
多形凤尾藓 (1) 402 **407** 彩片107
多形灰藓
(=大灰藓) (1) 908
多形金发藓
(=多形拟金发藓) (1) 966
多形拟金发藓 (1) 965 **966**
多形小曲尾藓 (1) 338 **340**
多型大蒜芥 (5) 526 **527**
多型马兰 (11) 163 **164**
多雄拉鳞毛蕨 (2) 489 **508**
多雄蕊商陆 (4) 288 **289** 彩片126
多须公 (11) 149 **151** 彩片40
多序楼梯草 (4) 121 **130**
多序岩黄蓍 (7) 392 **395** 彩片141
多叶斑叶兰 (13) 411 **414**
多叶鹅观草 (12) 844 **850**
多叶勾儿茶 (8) 165 **167**
多叶虎耳草 (6) 382 **388**
多叶棘豆 (7) 352 **357**
多叶韭 (13) 141 **155**
多叶碎米荠
(=大叶碎米荠) (5) 454
多叶唐松草 (3) 463 **476**
多叶委陵菜 (6) 655 **665**
多叶隐子草 (12) 978 **982**
多叶羽扇豆 (7) **462**
多叶早熟禾 (12) 709 **746**
多叶紫堇 (3) 723 **743**
多裔草 (12) **1168**
多裔草属
(禾本科) (12) 552 **1167**
多翼耳蕨
(=芒齿耳蕨) (2) 572
多翼千里光
(=纤花千里光) (11) 536
多疣垂藓
(=小多疣藓) (1) 698
多疣麻羽藓 (1) 788 **789**
多疣细羽藓 (1) **792**
多疣藓属
(蔓藓科) (1) 682 **698**
多疣悬藓
(=新悬藓) (1) 695
多疣猪屎豆 (7) 441 **444** 彩片150
多羽凤尾蕨 (2) 182 **195**
多羽复叶耳蕨 (2) 478 **480**
多羽节肢蕨 (2) 745 **747**
多羽瘤蕨 (2) 728 **729**
多羽实蕨 (2) 626 **627**
多育星宿菜 (6) 115 **124**
多褶苔 (1) 227 **228**
多褶苔属
(细鳞苔科) (1) 224 **227**
多枝臂形草 (12) 1047 **1048**
多枝扁莎 (12) 337 **339**
多枝柽柳 (5) 177 **182** 彩片91
多枝川滇柴胡 (8) 631 **638**
多枝滇紫草 (9) 297 **298**
多枝黄蓍 (7) 291 **321**
多枝棘豆 (7) 352 **360**
多枝剪叶苔 (1) 5 **8**
多枝金腰 (6) 419 **429**
多枝赖草 (12) 827 **828**
多枝柳穿鱼 (10) 129 **130**
多枝柳叶菜 (7) 597 **612**
多枝乱子草 (12) 1000 **1001**
多枝梅花草 (6) 432 **441**
多枝平藓 (1) 707 **711**
多枝婆婆纳 (10) 146 **155**
多枝青藓 (1) 832 **833**
多枝缩叶藓 (1) 488 **492** 彩片138
多枝唐松草 (3) 460 **463**
多枝无齿藓 (1) 388 **389**
多枝藓属
(牛舌藓科) (1) 777 **780**
多枝香草 (6) 116 **130**
多枝小金发藓
(=暖地小金发藓) (1) 963
多枝紫金牛 (6) 85 **88**
多姿柳叶藓 (1) **805**
多籽蒜 (13) 143 **171**
多足蕨属
(水龙骨科) (2) 663 **665**
夺目杜鹃 (5) 566 **624**
朵花椒 (8) 401 **408**
朵椒
(=朵花椒) (8) 408

E

e
峨边虾脊兰 (13) 598 **609**
峨参 (8) **596**
峨参属
(伞形科) (8) 578 **596**
峨马杜鹃 (5) 564 **628**
峨眉包果柯 (4) 198 **204**
峨眉报春 (6) 174 **197**
峨眉翠雀花 (3) 430 **439**
峨眉当归 (8) 720 **723**
峨眉点地梅 (6) 150 **154**
峨眉钓樟 (3) 231 **240**
峨眉冬青 (7) 836 **851**

峨眉椴 (5) 14 **19**
峨眉耳蕨 (2) 538 **582**
峨眉凤仙花 (8) 490 **501**
峨眉茯蕨 (2) 364 **365**
峨眉勾儿茶 (8) 166 **169**
峨眉钩毛蕨 (2) 361 **362**
峨眉贯众 (2) 588 **595**
峨眉过路黄 (6) 117 **135** 彩片37
峨眉海桐 (6) 234 **238** 彩片76
峨眉含笑 (3) 145 **147** 彩片180
峨眉红山茶 (4) 575 **584**
峨眉黄连 (3) 484 **485** 彩片351
峨眉介蕨 (2) 284 **284**
峨眉蕨属
(蹄盖蕨科) (2) 271 **287**
峨眉蜡瓣花 (3) 783 **786**
峨眉瘤足蕨 (2) 94 **97**
峨眉柳叶蕨 (2) 586 **586**
峨眉木荷
(=西南木荷) (4) 610
峨眉拟单性木兰 (3) **142** 彩片173
峨眉牛皮消 (9) 150 **155**
峨眉千里光 (11) 533 **540** 彩片116
峨眉蔷薇 (6) 708 **717** 彩片150
峨眉青荚叶 (7) 707 **709** 彩片277
峨眉忍冬 (11) 54 **87**
峨眉箬竹 (12) 661 **664**
峨眉山莓草 (6) 693 **697**
峨眉十大功劳 (3) 626 **632**
峨眉石杉 (2) 8 **10** 彩片2
峨眉双蝴蝶 (9) 53 **55**
峨眉碎米荠
(=弯曲碎米荠) (5) 458
峨眉薹草 (12) 518 **524**
峨眉无柱兰 (13) 479 **480** 彩片327
峨眉异叶苣苔 (10) **326**
峨眉羽苔 (1) 131 **154**
峨眉獐目细辛
(=川鄂獐耳细辛) (3) 500
峨眉蜘蛛抱蛋 (13) 183 **189**
峨嵋盾蕨 (2) 677 **678**
峨嵋鳞果星蕨 (2) 708 **709**
峨嵋铁线蕨 (2) 233 **244**
峨嵋紫金牛
(=尾叶紫金牛) (6) 95
峨屏草 (6) **417** 彩片108
峨屏草属
(虎耳草科) (6) 371 **417**
莪术 (13) 23 **24** 彩片22
鹅白毛兰 (13) 640 **647** 彩片470
鹅抱蛋
(=白蔹) (8) 194
鹅不食草 (11) **245**
鹅不食草
(=蚤缀) (4) 420
鹅不食草属
(菊科) (11) 129 **244**
鹅肠菜 (4) **401**
鹅肠菜属
(石竹科) (4) 392 **401**
鹅肠繁缕
(=鸡肠繁缕) (4) 409
鹅耳枥 (4) 260 **264** 彩片117
鹅耳枥属
(桦木科) (4) 255 **260**
鹅观草 (12) 843 **846**
鹅观草属
(禾本科) (12) 560 **843**
鹅毛玉凤花 (13) 501 **513** 彩片349
鹅毛竹 (12) 617 **618**
鹅毛竹属
(=倭竹属) (12) 616
鹅绒藤 (9) 150 **152** 彩片80
鹅绒藤属
(萝科) (9) 134 **149**
鹅绒委陵菜
(=蕨麻) (6) 668
鹅首马先蒿 (10) 182 **215**
鹅头叶对齿藓 (1) **451**
鹅头叶纽口藓
(=鹅头叶对齿藓) (1) 451
鹅掌草 (3) 487 **491** 彩片353
鹅掌柴 (8) 552 **554**
鹅掌柴属
(五加科) (8) 535 **551**
鹅掌楸 (3) 156 **157** 彩片191
鹅掌楸属
(木兰科) (3) 124 **156**
鹅掌藤 (8) 551 **553** 彩片262
额尔古纳早熟禾 (12) 710 **750**
额河千里光 (11) 533 **544** 彩片118
额河杨 (5) 287 **298**
额敏贝母 (13) 109 **117**
饿蚂蝗 (7) 153 **159**
鄂报春 (6) 171 **178**
鄂赤瓟 (5) 209 **214**
鄂赤瓟
(=齿叶赤瓟) (5) 214
鄂椴
(=粉椴) (5) 16
鄂红丝线 (9) 233 **234**
鄂西茶藨子 (6) 297 **314**
鄂西粗筒苣苔 (10) 261 **263**
鄂西虎耳草 (6) 387 **412**
鄂西卷耳
(=卵叶卷耳) (4) 403
鄂西蜡瓣花 (3) **783**
鄂西清风藤 (8) 292 **293**
鄂西箬竹 (12) 661 **662**
鄂西鼠尾草 (9) 506 **509**
鄂西薹草 (12) 473 **475**
鄂西天胡荽 (8) 583 **585**
鄂西香茶菜 (9) 568 **581**
鄂西小檗 (3) 585 **602**
鄂西绣线菊 (6) 446 **453**
鄂西玉山竹
(=箭竹) (12) 639
鄂西獐牙菜 (9) 75 **82**
鄂羊蹄甲 (7) 42 **46** 彩片33
萼翅藤 (7) **664**
萼翅藤属
(使君子科) (7) 663 **664**
萼脊兰 (13) 754 **755**

萼脊兰属
(兰科) (13) 370 **754**
萼距花属
(千屈菜科) (7) 499 **504**
遏蓝菜
(=菥蓂) (5) 415
鳄梨 (3) **290**
鳄梨属
(樟科) (3) 207 **289**
鳄嘴花 (10) **401**
鳄嘴花属
(爵床科) (10) 330 **401**

en
恩氏假瘤蕨 (2) 731 **735**

er
儿草
(=钝基草) (12) 954
儿茶 (7) 7 **8** 彩片6
耳苞鸭跖草 (12) 202 **204**
耳柄过路黄 (6) 117 **136**
耳柄蒲儿根 (11) 508 **512**
耳草 (10) 515 **517**
耳草属
(茜草科) (10) 507 509 **514**
耳齿蝇子草 (4) **460**
耳唇兰 (13) 635 **636**
耳唇兰属
(兰科) (13) 374 **635**
耳稃草 (12) 1010 **1011**
耳稃草属
(禾本科) (12) 552 **1010**
耳基鞭鳞苔 (1) **230** 彩片44
耳基卷柏 (2) 33 **46**
耳基冷水花 (4) 91 **100**
耳菊 (11) **743**
耳菊属
(菊科) (11) 134 **743**
耳蕨属
(鳞毛蕨科) (2) 472 **533**
耳柯
(=菴耳柯) (4) 221
耳鳞苔属
(细鳞苔科) (1) 224 **232**
耳蔓藓 (1) **696**
耳蔓藓属
(蔓藓科) (1) 682 **696**
耳平藓属
(蕨藓科) (1) 668 **672**
耳挖草 (9) **422**
耳形瘤足蕨 (2) 94 **96** 彩片41
耳药花 (7) **620**
耳药花属
(野牡丹科) (7) 614 **620**
耳叶白发藓 (1) 396 **397**
耳叶补血草 (4) **550**
耳叶丛藓
(=陈氏藓) (1) 447
耳叶杜鹃 (5) 562 **619**
耳叶风毛菊 (11) 573 **605**
耳叶凤仙花 (8) 494 **526** 彩片316
耳叶鸡矢藤 (10) 633 **635**
耳叶柯 (4) 200 210 **218**
耳叶柃 (4) 634 **639**
耳叶马兜铃 (3) 349 **359**
耳叶马蓝 (10) **364**
耳叶马蓝属
(爵床科) (10) 332 **364**
耳叶猕猴桃 (4) 658 **666** 彩片296
耳叶肾蕨 (2) 637 **639**
耳叶苔科 (1) **211**
耳叶苔属
(耳叶苔科) (1) **211**
耳叶斜蒴藓 (1) **828**
耳叶蟹甲草 (11) 487 **491**
耳叶新野口藓
(=耳蔓藓) (1) 696
耳叶珍珠菜 (6) 115 **120**
耳叶紫菀 (11) 174 **180**
耳翼蟹甲草 (11) 487 **493**
耳羽短肠蕨 (2) 315 **317**
耳羽钩毛蕨 (2) 361 **361**
耳羽岩蕨 (2) 451 **454**
耳褶龙胆 (9) 16 **21**
耳状楼梯草 (4) 121 **132**
耳状人字果 (3) **482** 彩片346
耳状紫柄蕨 (2) 357 **358**
耳坠苔 (1) **209**
耳坠苔属
(光萼苔科) (1) 202 **209**
洱源橐吾 (11) 450 **466**
二苞黄精 (13) 204 **206**
二叉破布木 (9) **282**
二齿香科科 (9) 400 **404**
二翅六道木 (11) 41 **42**
二刺叶兔唇花 (9) 483 **484**
二萼丰花草 (10) 656 **657**
二管独活 (8) 752 **753**
二花蝴蝶草 (10) 114 **115**
二花米努草 (4) 434 **435**
二花珍珠茅 (12) 354 **356**
二回鳞盖蕨 (2) 155 **157**
二尖耳蕨 (2) 535 **555**
二列毛柃 (4) 634 **638**
二列瓦理棕 (12) **90**
二列叶虾脊兰 (13) 596 **600**
二裂委陵菜 (6) 654 **661**
二裂虾脊兰 (13) 597 **604**
二芒莠竹 (12) 1105 **1107**
二歧鹿角蕨
(=叉叶鹿角蕨) (2) 770
二歧马先蒿 (10) 180 **197**
二歧莎草蕨 (2) 105 **105** 彩片47
二歧银莲花 (3) 487 **499**
二乔木兰 (3) 132 **138** 彩片167
二球悬铃木 (3) 771 **772**
二色桉 (7) 551 **555**
二色波罗蜜 (4) **37** 彩片26
二色补血草 (4) 546 **547**
二色大苞兰 (13) **717**
二色党参 (10) 456 **464**
二色锦鸡儿 (7) 264 **270**

二色老鹳草 (8) 468 **470**
二色棱子芹 (8) 612 **614**
二色瓦韦 (2) 682 **693** 彩片130
二色五味子 (3) 370 **377**
二色香青 (11) 263 **268**
二色野豌豆 (7) 407 **414**
二色胀萼紫草 (9) 295 **296**
二尾兰 (13) **434** 彩片303
二尾兰属
(兰科) (13) 366 **434**
二行芥 (5) **395**
二行芥属
(十字花科) (5) 383 **395**
二形凤尾蕨
(=条纹凤尾蕨) (2) 193
二形凤尾藓 (1) 403 **414** 彩片114
二形卷柏 (2) 32 **39** 彩片14
二形鳞薹草 (12) 505 **508**
二型叉蕨
(=瘤状叉蕨) (2) 618
二型花属
(禾本科) (12) 553 **1033**
二型鳞毛蕨 (2) 490 **512**
二型柳叶箬 (12) 1020 **1024**
二型马唐 (12) 1062 **1070**
二型叶棘豆 (7) 354 **377**
二雄蕊拟漆姑 (4) **395**
二药藻 (12) **48**
二药藻属
(丝粉藻科) (12) **48**
二叶兜被兰 (13) 485 **486** 彩片330
二叶独蒜兰 (13) 624 **625** 彩片448
二叶红门兰 (13) 446 **448**
二叶舌唇兰 (13) 458 **460**
二叶石豆兰 (13) 693 **715**
二叶无柱兰
(=棒距无柱兰) (13) 482
二叶郁金香 (13) **105**
二叶獐牙菜 (9) 75 **78**
二褶羊耳蒜 (13) 537 **539**
二柱薹草 (12) 536 **537**
二籽扁蒴藤 (7) 831 **832**
二籽薹草 (12) **542**

F

fa
发草 (12) 883 **885**
发草属
(禾本科) (12) 561 **883**
发秆嵩草 (12) 364 **378**
发秆薹草 (12) 527 **528**
发枝稷 (12) 1027 **1033**
法国梧桐
(=二球悬铃木) (3) 772
法利龙常草 (12) **788**
法利莠竹 (12) 1106 **1110**
法落海 (8) 720 **726**
法氏马先蒿
(=华中马先蒿) (10) 197
法氏早熟禾 (12) 709 **745**

fan
番瓜
(=番木瓜) (5) 196
番红花 (13) 273 **274** 彩片190
番红花属
(鸢尾科) (13) **273**
番荔枝 (3) 194 **195** 彩片205
番荔枝科 (3) **158**
番荔枝属
(番荔枝科) (3) 159 **194**
番龙眼 (8) **279**
番龙眼属
(无患子科) (8) 267 **278**
番木瓜 (5) **196** 彩片100
番木瓜科 (5) **196**
番木瓜属
(番木瓜科) (5) **196**
番茄 (9) **236**
番茄属
(茄科) (9) 203 **235**
番石榴 (7) **578** 彩片208
番石榴属
(桃金娘科) (7) 549 **578**
番薯 (9) 258 **260**
番薯属
(旋花科) (9) 241 **258**
番杏 (4) **299** 彩片133
番杏科 (4) **296**
番杏属
(番杏科) (4) 296 **299**
番樱桃属
(桃金娘科) (7) 549 **558**
翻白草 (6) 656 **675**
翻白繁缕 (4) 407 **412**
翻白蚊子草 (6) 579 **581**
翻白叶树 (5) 56 **59** 彩片35
翻唇兰属
(兰科) (13) 366 **427**
烦果小檗 (3) 588 **622**
繁花杜鹃 (5) 568 **639**
繁缕 (4) 407 **409** 彩片185
繁缕虎耳草 (6) 383 **397**
繁缕属
(石竹科) (4) 392 **406**
繁缕状龙胆 (9) 21 **50**
繁穗苋 (4) 371 **373** 彩片173
反瓣老鹳草 (8) 468 **472**
反瓣老鹳草
(=紫萼老鹳草) (8) 474
反瓣虾脊兰 (13) 597 **601**
反苞毛兰 (13) 641 **649**
反苞蒲公英 (11) 766 **777**
反齿藓属
(碎米藓科) (1) 754 **758**
反唇兰 (13) **472**
反唇兰属
(兰科) (13) 367 **472**
反萼银莲花 (3) 487 **491**
反纽藓属
(丛藓科) (1) 437 **478**

反曲马先蒿 (10) 184 **192**
反叶扁萼苔 (1) 186 **196**
反叶粗蔓藓 (1) **692** 彩片204
反叶拟垂枝藓 (1) **939**
反叶藓属
(蔓藓科) (1) 682 **699**
反叶羽苔 (1) 130 **147**
反折花龙胆 (9) 20 **45**
反折假鹤虱子 (9) 328 **329**
反折松毛翠 (5) 556 **557**
反枝苋 (4) 371 **372** 彩片171
返顾马先蒿 (10) 185 **199**
泛生链齿藓 (1) 448 **449**
泛生拟直毛藓 (1) **373**
泛生墙藓 (1) **480**
泛生丝瓜藓 (1) **542**
饭包草 (12) 201 **202** 彩片94
饭甑椆
(=饭甑青冈) (4) 226
饭甑青冈 (4) 222 **226**
范氏藓 (1) **816**
范氏藓属
(柳叶藓科) (1) 802 **816**
梵净山菝葜 (13) 318 **334**
梵净山盾蕨 (2) 677 **679**
梵净山冷杉 (3) 20 **25** 彩片36
梵茜草 (10) 676 **681**
梵天花 (5) 85 **86**
梵天花属
(锦葵科) (5) 69 **85**

fang
方唇羊耳蒜 (13) 536 **538**
方鼎木 (8) **18**
方鼎木属
(大戟科) (8) 10 **18**
方杆蕨 (2) 366 **367**
方杆蕨属
(金星蕨科) (2) 335 **366**
方茎草 (10) **167**
方茎草属
(玄参科) (10) 69 **167**
方茎耳草 (10) 515 **519**
方榄 (8) 342 **344**
方氏蹄盖蕨 (2) 295 **308**
方腺景天 (6) 335 **340**
方叶垂头菊 (11) 472 **480**
方叶裂叶苔 (1) 53 **54**
方叶五月茶 (8) 26 **27**
方枝柏 (3) 84 **89**
方枝黄芩 (9) 418 **427**
方枝假卫矛 (7) 819 **821**
方枝守宫木 (8) 53 **55**
方竹 (12) 621 **623**
方竹属
(禾本科) (12) 551 **620**
芳槁润楠 (3) 275 **282**
芳线柱兰 (13) 431 **432**
芳香白珠 (5) 690 **693**
芳香石豆兰 (13) 690 **693** 彩片516
芳香月季
(=香水月季) (6) 730
防城鳝藤
(=鳝藤) (9) 125
防风 (8) **759** 彩片292
防风草
(=广防草) (9) 501
防风属
(伞形科) (8) 578 **759**
防已科 (3) **668**
防已叶菝葜 (13) 316 **326** 彩片242
房山栎 (4) 240 **243**
房山紫堇 (3) 725 **758**
房县槭 (8) 318 **336**
房县野青茅 (12) 902 **911**
仿栗 (5) 9 **11** 彩片7
纺锤根蝇子草 (4) 442 **461**

fei
飞蛾藤 (9) 245 **247**
飞蛾藤属
(旋花科) (9) 240 **245**
飞蛾槭 (8) 317 **329**
飞机草 (11) 149 **150**
飞廉 (11) **640**
飞廉属
(菊科) (11) 131 **639**
飞龙掌血 (8) **424** 彩片213
飞龙掌血属
(芸香科) (8) 399 **424**
飞蓬 (11) 215 **221** 彩片63
飞蓬属
(菊科) (11) 123 **214**
飞瀑草 (7) **492**
飞瀑草属
(川苔草科) (7) 490 **492**
飞天子
(=云南金钱槭) (8) 315
飞燕草属
(毛茛科) (3) 388 **449**
飞燕黄堇 (3) 722 **733**
飞扬草 (8) 117 **121** 彩片63
非洲戴星草 (11) **246**
非洲菊
(=非洲毛大丁草) (11) 680
非洲楝 (8) **379**
非洲楝属
(楝科) (8) 375 **379**
非洲毛大丁草 (11) 679 **680**
非洲文竹 (13) 229 **231**
绯红蒲公英 (11) 766 **784**
菲白竹 (12) 646 **656**
菲岛福木 (4) 686 **691** 彩片316
菲岛茄
(=野茄) (9) 231
菲岛山林投 (12) 100 **101**
菲岛铁线蕨
(=半月形铁线蕨) (2) 236
菲律宾粗枝藓 (1) 925 **926**
菲律宾朴树 (4) **20** 彩片16
菲律宾榕 (4) 45 **67**
菲律宾唐松草 (3) 461 **470**
菲律宾狭瓣苔 (1) 182 **183**

肥根兰 (13) 443
肥根兰属
(兰科) (13) 368 442
肥果钱苔 (1) 293 295
肥荚红豆 (7) 68 70
肥牛树 (8) 86
肥牛树属
(大戟科) (8) 12 86
肥披碱草 (12) 823 826
肥肉草 (7) 645 646
肥皂草 (4) 472 彩片200
肥皂草属
(石竹科) (4) 393 472
肥皂荚 (7) 23
肥皂荚属
(云实科) (7) 22 23
榧树 (3) 110 彩片141
榧树属
(红豆杉科) (3) 106 110
肺草属
(紫草科) (9) 280 290
肺筋草
(=粉条儿菜) (13) 257
费菜 (6) 336 345
费尔干偃麦草 (12) 867 868

fen
分瓣合叶苔 (1) 102 109
分叉露兜 (12) 101
分离耳蕨 (2) 536 563
分药花属
(唇形科) (9) 396 524
分枝大油芒 (12) 1102 1103
分枝灯心草 (12) 223 238
分枝感应草 (8) 464
分枝列当 (10) 237 239 彩片71
分枝星芒鼠草 (11) 280 284
分株紫萁 (2) 89 90 彩片37
芬芳安息香 (6) 27 33
粉菝葜
(=黑果菝葜) (13) 324
粉白杜鹃 (5) 568 643
粉苞菊 (11) 764 765
粉苞菊属
(菊科) (11) 133 764
粉报春 (6) 176 208
粉背菝葜 (13) 316 327 彩片243
粉背多变杜鹃 (5) 562 632
粉背黄栌 (8) 353
粉背蕨 (2) 27 228 彩片70
粉背蕨属
(中国蕨科) (2) 208 226
粉背南蛇藤 (7) 806 808
粉背青冈
(=多脉青冈) (4) 238
粉背人字果 (3) 482 484 彩片347
粉背石栎
(=灰背叶柯) (4) 221
粉背薯蓣 (13) 343 348
粉背溲疏 (6) 248 250
粉背楔叶绣线菊 (6) 447 456
粉背叶溲疏
(=粉背溲疏) (6) 250
粉背羽叶参 (8) 564 565
粉被薹草 (12) 505 508
粉刺锦鸡儿 (7) 264 269
粉单竹 (12) 575 584
粉椴 (5) 13 16
粉防己 (3) 683 686
粉葛 (7) 212 213
粉红动蕊花 (9) 405 406
粉红方杆蕨 (2) 366 367
粉红溲疏 (6) 248 251
粉花安息香 (6) 28 34
粉花地榆 (6) 744 745 彩片163
粉花绣线菊 (6) 445 449
粉花绣线梅 (6) 474 475
粉花野茉莉
(=粉花安息香) (6) 34
粉花蝇子草 (4) 442 459
粉花月见草 (7) 593 595
粉口兰 (13) 591
粉口兰属
(兰科) (13) 372 591
粉绿垂果南芥
(=垂果南芥) (5) 472
粉绿蒲公英 (11) 768 769
粉绿嵩草 (12) 363 371
粉绿藤 (3) 680
粉绿藤属
(防己科) (3) 669 670 680
粉绿铁线莲 (3) 509 533
粉美人蕉 (13) 58 59
粉苹婆 (5) 36 39
粉酸竹 (12) 640 643
粉条儿菜 (13) 254 257
粉条儿菜属
(百合科) (13) 70 254
粉团蔷薇 (6) 711 732 彩片155
粉团雪球荚 (11) 5 22
粉叶黄毛草莓 (6) 702 704
粉叶蕨 (2) 249
粉叶蕨属
(裸子蕨科) (2) 248 249
粉叶柯 (4) 200 215
粉叶轮环藤 (3) 692 693 彩片403
粉叶爬山虎
(=俞藤) (8) 188
粉叶蛇葡萄 (8) 191 196
粉叶柿 (6) 13 16
粉叶小檗 (3) 586 604
粉叶栒子 (6) 482 486
粉叶羊蹄甲 (7) 42 46 彩片32
粉叶野桐 (8) 63 66
粉叶鱼藤 (7) 118 121
粉叶玉凤花 (13) 500 504 彩片341
粉枝柳 (5) 302 312 355
粉枝莓 (6) 583 584 599
粉钟杜鹃 (5) 566 644
粉紫杜鹃 (5) 559 589
粪箕笃 (3) 683 686 彩片401

feng
丰城崖豆藤 **(7)** 104 **112**
丰花草 **(10)** **656**
丰花草属
(茜草科) **(10)** 509 **656**
丰满凤仙花 **(8)** 489 **497**
丰实箭竹 **(12)** 631 **636**
风车草 **(12)** 322 **330**
风车草
(=麻叶风轮菜) **(9)** 531
风车果 **(7)** 831 **832**
风车子 **(7)** 671 **675**
风车子属
(使君子科) **(7)** 663 **671**
风吹楠 **(3)** 200 **202** 彩片211
风吹楠属
(肉豆蔻科) **(3)** 196 **199**
风兜地钱 **(1)** 288 **289**
风花菜 **(5)** 485 **487**
风兰 **(13)** **753** 彩片565
风兰属
(兰科) **(13)** 370 **753**
风铃草 **(10)** 471 **472**
风铃草属
(桔梗科) **(10)** 447 **470**
风龙 **(3)** **681**
风龙属
(防己科) **(3)** 669 670 **681**
风轮菜 **(9)** 530 **531**
风轮菜属
(唇形科) **(9)** 397 **529**
风轮桐 **(8)** **85** 彩片39
风轮桐属
(大戟科) **(8)** 12 **85**
风毛菊 **(11)** 569 **583** 彩片139
风毛菊属
(菊科) **(11)** 130 **567**
风毛菊状千里光 **(11)** 531 **537**
风箱果 **(6)** **473**
风箱果属
(蔷薇科) **(6)** 442 **473**
风箱树 **(10)** **570**
风箱树属
(茜草科) **(10)** 506 **570**
风雨花
(=韭莲) **(13)** 260
风筝果 **(8)** 239 **240** 彩片109
风筝果属
(金虎尾科) **(8)** 236 **239**
枫茅 **(12)** 1142 **1145**
枫香槲寄生 **(7)** 760 **763** 彩片294
枫香树 **(3)** **778** 彩片438
枫香属
(金缕梅科) **(3)** 773 **777**
枫杨 **(4)** **168** 彩片71
枫杨属
(胡桃科) **(4)** 164 **168**
锋芒草 **(12)** **1009**
锋芒草属
(禾本科) **(12)** 558 **1009**
蜂巢草 **(9)** 464 **466**
蜂出巢 **(9)** **169**
蜂斗菜 **(11)** 505 **507**
蜂斗菜属
(菊科) **(11)** 127 **505**
蜂斗菜状蟹甲草 **(11)** 489 **500**
蜂斗草 **(7)** 652 **653**
蜂斗草属
(野牡丹科) **(7)** 615 **651**
蜂窠马兜铃 **(3)** 349 **356**
蜂腰兰 **(13)** **638** 彩片464
蜂腰兰属
(兰科) **(13)** 374 **637**
冯氏石韦 **(2)** 712 **725**
缝线海桐 **(6)** 234 **237**
凤城卫矛 **(7)** 779 **799**
凤丹 **(4)** 555 **557** 彩片241
凤蝶兰 **(13)** 750 彩片560
凤蝶兰属
(兰科) **(13)** 370 **750**
凤瓜 **(5)** 231 **232** 彩片118
凤凰堇菜
(=维西堇菜) **(5)** 152
凤凰木 **(7)** **29** 彩片19
凤凰木属
(云实科) **(7)** 23 **29**
凤凰润楠 **(3)** 274 **277**
凤梨 **(13)** **11** 彩片10
凤梨科 **(13)** **10**
凤梨属
(凤梨科) **(13)** **11**
凤头黍 **(12)** **1039**
凤头黍属
(禾本科) **(12)** 554 **1039**
凤尾草
(=井栏边草) **(2)** 189
凤尾旱蕨 **(2)** 216 **218**
凤尾蕨 **(2)** 180 181 **185** 彩片58
凤尾蕨科 **(2)** 3 **179**
凤尾蕨属
(凤尾蕨科) **(2)** 179 **179**
凤尾丝兰 **(13)** **173** 彩片122
凤尾藓科 **(1)** **401**
凤尾藓属
(凤尾藓科) **(1)** **402**
凤尾竹 **(12)** **581**
凤仙花 **(8)** 489 **496** 彩片295
凤仙花科 **(8)** **488**
凤仙花属
(凤仙花科) **(8)** **488**
凤丫蕨 **(2)** 254 **258**
凤丫蕨属
(裸子蕨科) **(2)** 248 **254**
凤眼果
(=苹婆) **(5)** 37
凤眼蓝 **(13)** **68** 彩片60
凤眼蓝属
(雨久花科) **(13)** 65 **68**
凤眼莲
(=凤眼蓝) **(13)** 68
凤竹 **(12)** 645 **649**

fu
佛肚树 (8) 99 **100** 彩片51
佛肚竹 (12) 575 **586** 彩片99
佛光草 (9) 508 **520**
佛甲草 (6) 336 **349**
佛利碱茅 (12) 762 **766**
佛氏藓属
(=长柄藓属) (1) 601
佛手 (8) 444 **445** 彩片228
佛手瓜 (5) **253** 彩片130
佛手瓜属
(葫芦科) (5) 198 **253**
佛焰苞飘拂草 (12) 291 **297**
伏地白珠 (5) 690 **695**
伏地杜
(=伏地白珠) (5) 695
伏地杜鹃
(=伏地白珠) (5) 695
伏地卷柏 (2) 34 **61**
伏毛八角枫 (7) 683 **685**
伏毛粗叶木 (10) 622 **630**
伏毛肥肉草
(=异药花) (7) 647
伏毛虎耳草 (6) 384 **401**
伏毛金露梅 (6) 653 **660**
伏毛蓼 (4) 484 **507**
伏毛毛茛 (3) 553 **569**
伏毛山豆根 (7) **453**
伏毛山莓草 (6) 693 **698**
伏毛铁棒锤 (3) 407 **425**
伏毛银露梅 (6) 654 **661**
伏毛苎麻 (4) 137 138 **143**
伏生石豆兰 (13) 692 **701**
伏生紫堇
(=夏天无) (3) 762
伏石蕨 (2) 703 **703**
伏石蕨属
(水龙骨科) (2) 664 **703**
伏水碎米荠 (5) 452 **461**
扶芳藤 (7) 776 **780** 彩片297
扶郎花属
(菊科) (11) 130 **680**
扶桑金星蕨
(=中日金星蕨) (2) 340
芙兰草 (12) **277**
芙兰草属
(莎草科) (12) 255 **277**
芙蓉葵 (5) 91 **96** 彩片57
芙蓉菊 (11) **441**
芙蓉菊属
(菊科) (11) 127 **441**
服部苔 (1) **66**
服部苔属
(叶苔科) (1) **65**
枹栎 (4) 240 **246**
枹树
(=枹栎) (4) 246
枹子栎 (4) 241 **251**
茯蕨属
(金星蕨科) (2) 335 **363**
拂子茅 (12) 900 **903**
拂子茅属
(禾本科) (12) 559 **900**
浮毛茛 (3) 551 **566**
浮萍 (12) **177**
浮萍科 (12) **176**
浮萍属
(浮萍科) (12) 176 **177**
浮生范氏藓 (1) 816 **817**
浮苔 (1) **292**
浮苔属
(钱苔科) (1) **292**
浮叶慈姑 (12) 4 **6**
浮叶眼子菜 (12) 30 **37**
浮叶眼子菜
(=眼子菜) (12) 37
莩草 (12) 1071 **1074**
匐灯藓 (1) 578 **580** 彩片170
匐灯藓属
(提灯藓科) (1) 571 **578**
匐茎草 (12) 877 **878**
匐枝丽江麻黄
(=藏麻黄) (3) 115
匐枝蓼 (4) 484 **503** 彩片212
匐枝毛茛 (3) 553 **573**
匐枝银莲花 (3) 487 **489**
涪陵耳蕨 (2) 537 **574**
菔根龙胆 (9) 21 **52**
福参 (8) 720 **728**
福贡铁线莲 (3) 508 **518**
福建柏 (3) **83** 彩片112
福建柏属
(柏科) (3) 74 **83**
福建薄稃草 (12) **1061**
福建茶秆竹 (12) 644 **646**
福建分株紫萁 (2) 89 **91**
福建观音座莲 (2) 85 **86** 彩片34
福建过路黄 (6) 117 **137**
福建胡颓子 (7) 467 **469**
福建假卫矛 (7) 820 **823**
福建拉拉藤 (10) 661 **672**
福建马兜铃 (3) 349 **357**
福建蔓龙胆 (9) **56**
福建脉鳞苔 (1) **231**
福建毛蕨 (2) 375 **388**
福建排草
(=福建过路黄) (6) 137
福建青冈 (4) 223 225 **228**
福建山樱桃
(=钟花樱桃) (6) 775
福建酸竹
(=斑箨酸竹) (12) 642
福建铁角蕨 (2) 401 **413**
福建细辛 (3) 338 **343**
福建紫萁
(=福建分株紫萁)(2) 91
福建紫薇 (7) 508 **509**
福克纳早熟禾 (12) 705 **727**
福禄草
(=西北蚤缀) (4) 424
福氏马尾杉 (2) 16 **19** 彩片5
福氏蓑藓 (1) **632**

福氏羽苔 (1) 129 **141** 彩片29
福氏肿足蕨 (2) 331 **333**
福王草 (11) 733 **734**
福王草属
(菊科) (11) 134 **733**
福州薯蓣 (13) 343 **349**
辐花 (9) **74** 彩片38
辐花杜鹃 (5) 561 **604**
辐花苣苔 (10) **247**
辐花苣苔属
(苦苣苔科) (10) 243 **247**
辐花属
(龙胆科) (9) 12 **73**
辐射凤仙花 (8) 491 **510**
辐射穗砖子苗 (12) 341 **343**
辐状肋柱花 (9) 70 **72** 彩片37
抚芎 (8) 703 **707**
斧翅沙芥 (5) 411 **412**
俯垂臭草 (12) 790 **796**
俯垂粉报春 (6) 174 **210**
俯垂马先蒿 (10) 180 **215**
俯垂球花报春
(=无粉头序报春) (6) 219
腐草 (13) **364**
腐草属
(水玉簪科) (13) 361 **363**
腐木短颈藓
(=短颈藓) (1) 946
腐木藓 (1) **879**
腐木藓属
(锦藓科) (1) 873 **879**
附地菜 (9) 306 **309**
附地菜属
(紫草科) (9) 281 **306**
附干藓属
(碎米藓科) (1) 754 **762**
附片蓟 (11) 622 **633**
附片鼠尾草 (9) 508 **522**
附生杜鹃 (5) 558 **578**
附生花楸 (6) 534 **552**
阜康阿魏 (8) 734 **736**
阜莱氏马先蒿
(=光唇马先蒿) (10) 218
阜平黄堇 (3) 726 **761**
复叉苔科 (1) **18**
复叉苔属
(复叉苔科) (1) **18**
复合葶苈
(=衰老葶苈) (5) 441
复芒菊 (11) **357**
复芒菊属
(菊科) (11) 126 **357**
复毛胡椒 (3) 321 **327**
复盆子 (6) 584 **598**
复伞房蔷薇 (6) 711 **734**
复序飘拂草 (12) 292 **306**
复序薹草 (12) 381 **384**
复序橐吾 (11) 449 **464**
复叶耳蕨属
(鳞毛蕨科) (2) 472 **477**
复叶葡萄
(=变叶葡萄) (8) 227
复羽叶栾树 (8) 286 **287** 彩片136
傅氏凤尾蕨 (2) 183 **199**
富民枳 (8) **441**
富宁白前
(=轮叶白前) (9) 161
富宁栎 (4) 242 **254**
富宁藤 (9) **131**
富宁藤属
(夹竹桃科) (9) 90 **131**
富宁香草 (6) 117 **132**
富宁油果樟 (3) **299**
富蕴黄蓍 (7) 295 **348**
腹毛柳 (5) 303 310 **327**
腹脐草 (9) **301**
腹脐草属
(紫草科) (9) 281 **301**
腹水草 (10) 137 **138**
腹水草属
(玄参科) (10) 68 **136**
覆瓦蓟 (11) 622 **632**
馥芳艾纳香 (11) 230 **234**
馥兰 (13) **660**
馥兰属
(兰科) (13) 372 **660**
馥郁滇丁香 (10) **556**

G

ga
伽蓝菜 (6) 321 **322** 彩片84
伽蓝菜属
(景天科) (6) 319 **321**

gai
钙生鹅观草 (12) 843 **847**
钙生贯众
(=斜基贯众) (2) 590
钙土净口藓
(=净口藓) (1) 457
钙土真藓
(=狭网真藓) (1) 559
盖喉兰 (13) **727**
盖喉兰属
(兰科) (13) 371 **726**
盖裂果 (10) **657**
盖裂果属
(茜草科) (10) 509 **657**
盖裂木 (3) **141**
盖裂木属
(木兰科) (3) 123 **141**

gan
干萼忍冬
(=长叶毛花忍冬) (11) 76
干果木 (8) **280** 彩片130
干果木属
(无患子科) (8) 267 **280**
干旱毛蕨 (2) 374 375 **387**
干黑马先蒿 (10) 181 **202**
干花豆 (7) **102**

干花豆属
(蝶形花科) (7) 61 **101**
干生芨芨草 (12) 953 **956**
干生薹草 (12) 405 **407**
干香柏 (3) **78** 彩片105
甘波早熟禾 (12) 707 **737**
甘草 (7) **389**
甘草属
(蝶形花科) (7) 62 **388**
甘川灯心草 (12) 223 **241**
甘川铁线莲 (3) 509 **532**
甘川紫菀 (11) 175 **183**
甘菊 (11) 342 **344** 彩片81
甘蓝 (5) 390 **391** 彩片158
甘露琉璃草 (9) 342 **344**
甘露子 (9) 492 **495**
甘蒙柽柳 (5) 176 177 **181**
甘蒙锦鸡儿 (7) 266 **281**
甘蒙雀麦 (12) 803 **806**
甘南景天 (6) 335 **341**
甘南美花草 (3) 544 **545**
甘青报春 (6) 175 **203** 彩片60
甘青侧金盏花 (3) 546 **548**
甘青大戟 (8) 118 **133**
甘青蒿 (11) 378 **415**
甘青虎耳草
(=唐古特虎耳草) (6) 409
甘青黄蓍 (7) 288 **299**
甘青剪股颖 (12) 915 **919**
甘青锦鸡儿
(=青甘锦鸡儿) (7) 272
甘青老鹳草 (8) 469 **479**
甘青青兰 (9) 451 **452**
甘青赛莨菪
(=山莨菪) (9) 210
甘青鼠李 (8) 145 **153**
甘青铁线莲 (3) 509 **531** 彩片372
甘青微孔草 (9) 319 **322**
甘青乌头 (3) 406 **412** 彩片314
甘薯 (13) 343 **350**
甘薯
(=番薯) (9) 260
甘薯黄芩 (9) 418 **425**
甘薯鼠尾草 (9) 506 **508**
甘松 (11) **98**
甘松属
(败酱科) (11) 91 **97**
甘肃贝母 (13) 108 **116** 彩片86
甘肃柽柳 (5) 176 **179**
甘肃臭草 (12) 789 **791**
甘肃大戟 (8) 118 **131**
甘肃枫杨 (4) 168 **169**
甘肃高葶
(=心愿报春) (6) 199
甘肃蒿 (11) 380 **424**
甘肃黄蓍 (7) 290 **309**
甘肃棘豆 (7) 353 **366**
甘肃荚 (11) 8 **35**
甘肃锦鸡儿 (7) 266 **280**
甘肃耧斗菜 (3) 455 **457** 彩片341
甘肃马先蒿 (10) 181 **204** 彩片53
甘肃米口袋 (7) 382 **384**
甘肃青针茅 (12) 931 **933**
甘肃忍冬 (11) 51 **64**
甘肃瑞香
(=唐古特瑞香) (7) 532
甘肃山麦冬 (13) 239 **240**
甘肃山楂 (6) 504 **509**
甘肃嵩草 (12) 362 **368**
甘肃薹草 (12) 394 **397**
甘肃桃 (6) 753 **757**
甘肃瓦韦 (2) 682 **696**
甘肃小檗 (3) 587 **616**
甘肃蟹甲草 (11) 487 **492**
甘肃玄参 (10) 82 **86**
甘肃雪灵芝
(=甘肃蚤缀) (4) 423
甘肃羊茅 (12) 683 **696**
甘肃野丁香 (10) 636 **639**
甘肃鸢尾 (13) 281 **300**
甘肃蚤缀 (4) 419 **423**
甘遂 (8) 119 **136** 彩片76
甘新念珠芥 (5) 531 **533**
甘新青蒿 (11) 373 **389**
甘蔗 (12) 1096 **1097**
甘蔗属
(禾本科) (12) 555 **1096**
甘孜沙参 (10) 475 **477**
柑桔 (8) 444 **448** 彩片232
柑桔属
(芸香科) (8) 399 **443**
秆叶薹草 (12) **441**
赶山鞭 (4) 695 **707**
感应草 (8) 464 **465**
感应草属
(酢浆草科) (8) 462 **464**
橄榄 (8) 342 **343** 彩片165
橄榄科 (8) **339**
橄榄属
(橄榄科) (8) 339 **342**
橄榄竹 (12) 640 **643**
赣皖乌头 (3) 405 **408**

gang
刚刺杜鹃 (5) 563 **633**
刚鳞针毛蕨 (2) 351 **352**
刚毛柽柳 (5) 177 **181** 彩片90
刚毛地檀香
(=五雄白珠) (5) 693
刚毛杜鹃 (5) 559 **590** 彩片202
刚毛腹水草 (10) 137 **140**
刚毛黄蜀葵 (5) 88 **89**
刚毛尖子木 (7) 627 **628**
刚毛秋海棠 (5) 257 **269**
刚毛忍冬 (11) 52 **69**
刚毛涩芥 (5) 505 **506**
刚毛山柳菊 (11) 709 **711**
刚毛蛇头荠
(=蛇头荠) (5) 420
刚毛藤山柳 (4) 672 **673**
刚毛葶苈 (5) 439 **440**
刚毛牙蕨
(=毛轴牙蕨) (2) 615

刚松 (3) 54 **66**
刚莠竹 (12) 1105 **1106**
刚竹 (12) **609**
刚竹属
(禾本科) (12) 551 **599**
岗斑鸠菊 (11) 137 **142**
岗柴 (12) 1090 **1091**
岗柃 (4) 635 **644**
岗稔
(=桃金娘) (7) 575
岗松 (7) **558** 彩片197
岗松属
(桃金娘科) (7) 549 **557**
港柯 (4) 200 **217**
杠板归 (4) 482 **487** 彩片202
杠柳 (9) 138 **139** 彩片76
杠柳属
(萝科) (9) 133 **138**
杠香藤 (8) 64 **67**
杠竹 (12) 597 **598**

gao
皋月杜鹃 (5) 571 **674**
高艾纳香 (11) 230 **232**
高斑叶兰 (13) 411 **417** 彩片298
高茶藨子 (6) 296 **305**
高臭草 (12) 790 **794**
高丛珍珠梅 (6) 472 **473** 彩片118
高大翅果菊 (11) **744**
高大耳蕨 (2) 535 **554**
高大沟酸浆 (10) 118 **119**
高大鹿药 (13) 192 **196**
高大毛蕨 (2) 374 **380**
高地钩叶藤 (12) 73 **74**
高地藓属
(牛毛藓科) (1) 316 **319**
高峰小报春 (6) 176 **215**
高秆莎草 (12) 321 **322**
高秆薹草 (12) **546**
高秆珍珠茅 (12) 355 **360**
高贵云南冬青 (7) 836 **850**
高寒水韭 (2) 63 **64**
高蔊菜 (5) 485 **488**
高河菜 (5) **413**
高河菜属
(十字花科) (5) 381 384 **413**
高节薹草 (12) **531**
高节竹 (12) 600 **605**
高堇菜 (5) 139 **146**
高茎毛兰 (13) 639 **641**
高茎葶苈 (5) 439 **443**
高茎紫菀 (11) 174 **182**
高黎贡山凤仙花 (8) 489 **498**
高丽碱茅 (12) 765 **776**
高良姜 (13) 40 **44** 彩片39
高梁 (12) 1121 **1124**
高粱泡 (6) 589 **631**
高梁属
(禾本科) (12) 556 **1121**
高鳞毛蕨 (2) 492 **524**
高领藓科 (1) **614**
高领藓属
(高领藓科) (1) **614**
高毛鳞省藤 (12) 76 **78**
高盆樱桃 (6) 765 **775**
高鞘南星
(=银南星) (12) 155
高砂早熟禾 (12) 705 **725**
高山艾 (11) 380 **426**
高山白珠树 (5) 689 **691** 彩片285
高山柏 (3) 84 **86**
高山扁枝石松 (2) 28 **29**
高山捕虫堇 (10) **438** 彩片142
高山长帽藓 (1) **358**
高山赤藓 (1) 476 **477**
高山大丛藓 (1) 468 **469**
高山大戟 (8) 118 **129** 彩片72
高山大帽藓 (1) **433**
高山党参 (10) 456 **464**
高山地榆 (6) 745 **748**
高山吊石苣苔
(=吊石苣苔) (10) 320
高山冬青 (7) 836 **850**
高山豆 (7) 385 **386**
高山豆属
(蝶形花科) (7) 62 **385**
高山杜鹃 (5) 561 **592**
高山耳蕨
(=拉钦耳蕨) (2) 556
高山肺形草 (9) 53 **55**
高山粉条儿菜 (13) 254 **255**
高山凤仙花 (8) 495 **530**
高山狗牙藓 (1) **364**
高山谷精草 (12) 206 **215**
高山红叶藓 (1) **444** 彩片129
高山厚棱芹 (8) **713**
高山桦 (4) 276 **279**
高山黄花茅 (12) 897 **898**
高山黄华 (7) 458 **459**
高山黄蓍 (7) 291 **323**
高山寄生 (7) 746 **747**
高山假拟沿沟草 (12) **784**
高山碱茅 (12) 765 **777**
高山金发藓
(=拟金发藓) (1) 965
高山金冠鳞毛蕨 (2) 488 **502**
高山金挖耳
(=高原天名精) (11) 302
高山韭 (13) 141 **153**
高山瞿麦 (4) 466 **470**
高山栲
(=高山锥) (4) 194
高山蓝盆花 (11) **116**
高山冷蕨 (2) 275 **276**
高山离子芥 (5) 499 **501**
高山犁头尖 (12) 143 **144**
高山栎 (4) 241 **248**
高山蓼 (4) 483 **494** 彩片206
高山鳞毛蕨
(=高山金冠鳞毛蕨) (2) 502
高山龙胆 (9) 17 **31**
高山露珠草 (7) 587 **590**
高山芒 (12) 1085 **1087**

高山毛茛 (3) 552 **555**
高山毛兰 (13) 640 **650**
高山毛氏藓
(=高山大丛藓) (1) 469
高山茅香 (12) **895**
高山拟金发藓
(=拟金发藓) (1) 965
高山鸟巢兰 (13) **402**
高山蒲葵
(=大叶蒲葵) (12) 65
高山钱袋苔 (1) 92 **93**
高山芹 (8) **718**
高山芹属
(伞形科) (8) 682 **718**
高山曲柄藓 (1) 346 **349**
高山榕 (4) 43 **50** 彩片35
高山三尖杉 (3) 102 **105**
高山沙参 (10) 476 **487**
高山蓍 (11) 335 **337**
高山薯蓣 (13) 343 **354**
高山水芹 (8) **693**
高山松 (3) 53 **64** 彩片90
高山松寄生 (7) 758 **759**
高山嵩草 (12) 364 **377**
高山碎米荠
(=弯曲碎米荠) (5) 458
高山穗序薹草 (12) 543 **545**
高山苔属
(星孔苔科) (1) **284**
高山薹草 (12) 394 **398**
高山唐松草 (3) 460 **480**
高山梯牧草 (12) 925 **926**
高山条蕨 (2) 641 **642** 彩片120
高山挺叶苔 (1) 60 **61**
高山头蕊兰 (13) 393 **394**
高山瓦韦 (2) 682 **690**
高山陷脉冬青 (7) 837 **857**
高山象牙参 (13) 26 **27** 彩片26
高山小耳蕨
(=拉钦耳蕨) (2) 556
高山小壶藓 (1) 528 **529**
高山小金发藓
(=拟金发藓) (1) 965
高山小米草 (10) 174 **176** 彩片47
高山缬草 (11) 99 **101**
高山绣线菊 (6) 448 **463** 彩片115
高山熏倒牛 (8) **486**
高山栒子 (6) 484 **498**
高山丫蕊花 (13) 76 **77**
高山羊茅 (12) 683 **691**
高山野丁香 (10) 636 **639**
高山野决明
(=高山黄华) (7) 459
高山野青茅 (12) 901 **907**
高山银穗草 (12) 759 **760**
高山越桔
(=台湾越桔) (5) 709
高山早熟禾 (12) 707 **734**
高山真藓 (1) 558 **559**
高山珠蕨 (2) 209 **210**
高山锥 (4) 183 **194** 彩片87
高山紫萼藓 (1) 496 **500**
高山紫菀 (11) 177 **190**
高山醉鱼草
(=互对醉鱼草) (10) 16
高舌苦竹
(=苦竹) (12) 650
高升马先蒿 (10) 183 **210**
高石头花 (4) 473 **474**
高石竹 (4) 466 **467**
高氏剪叶苔 (1) 4 **12**
高氏薹草 (12) 473 **479**
高穗花报春 (6) 170 **219** 彩片67
高葶点地梅 (6) 150 **155**
高莴苣
(=高大翅果菊) (11) 744
高乌头 (3) 405 **409**
高五棱飘拂草 (12) 291 **299**
高雄茨藻 (12) 41 **43**
高雄卷柏 (2) 33 **53**
高玄参 (10) 82 **86**
高雪轮 (4) 442 **462**
高羊茅 (12) 682 **686**
高野黍 (12) 1051 **1052**
高异燕麦 (12) 886 **888**
高原百脉根 (7) 403 **404**
高原扁蕾 (9) 60 **61**
高原点地梅 (6) 152 **169**
高原凤尾蕨 (2) 183 **198**
高原寒珠草 (7) 587 **591**
高原黄檀 (7) 90 **95**
高原芥 (5) **481**
高原芥蜀
(十字花科) (5) 385 **481**
高原露珠草 (7) 587 **591**
高原毛茛 (3) 551 **559** 彩片382
高原南星 (12) 151 **159**
高原荨麻 (4) 77 **80**
高原舌唇兰 (13) 459 **467**
高原蛇根草 (10) 532 **535**
高原嵩草 (12) 363 **374**
高原唐松草 (3) 462 **477**
高原天名精 (11) 300 **302**
高原委陵菜 (6) 654 656 **670**
高原鸢尾 (13) 278 **293** 彩片213
高原早熟禾 (12) 702 **715**
高獐牙菜 (9) 75 **79**
高褶带唇兰 (13) 587 **589**
高枝小米草 (10) **174**
高栉小赤藓 (1) 953 **954**
高株鹅观草 (12) 846 **861**
藁本 (8) 703 **706**
藁本属
(伞形科) (8) 682 **703**

ge
戈壁霸王
(=戈壁驼蹄瓣) (8) 454
戈壁藜 (4) **359** 彩片159
戈壁藜属
(藜科) (4) 306 **358**
戈壁天门冬 (13) 231 **235**
戈壁驼蹄瓣 (8) 453 **454**

戈壁针茅 (12) 932 **936**
哥兰叶
(=大芽南蛇藤) (7) 809
哥纳香 (3) 170 **171**
哥纳香属
(番荔枝科) (3) 158 **170**
哥氏残叶苔 (1) **249**
鸽尾羽苔 (1) 129 **141**
鸽仔豆 (7) 241 **243**
鸽子树
(=珙桐) (7) 690
割鸡芒 (12) **353**
割鸡芒属
(莎草科) (12) 256 **353**
割舌树 (8) **383** 彩片193
割舌树属
(楝科) (8) 375 **383**
革苞菊 (11) **642** 彩片160
革苞菊属
(菊科) (11) 131 **642**
革吉黄堇 (3) 724 **746**
革舌蕨 (2) **778**
革舌蕨属
(剑蕨科) (2) 771 **778**
革叶茶藨子 (6) 296 **309**
革叶车前 (10) 5 **9**
革叶车前蕨 (2) 261 **263**
革叶垂头菊 (11) 472 **482**
革叶粗筒苣苔 (10) **261** 彩片73
革叶粗叶木 (10) 621 **626**
革叶杜鹃 (5) 566 **625** 彩片232
革叶耳蕨 (2) 535 **552** 彩片112
革叶耳蕨
(=剑叶耳蕨) (2) 546
革叶飞蓬 (11) 215 **223**
革叶贯众
(=峨眉贯众) (2) 595
革叶茴芹 (8) 664 **667**
革叶马兜铃 (3) 349 **353**
革叶猕猴桃 (4) 658 **664** 彩片293
革叶槭 (8) 317 **329**
革叶荠 (5) **427**
革叶荠属
(十字花科) (5) 385 **426**
革叶清风藤 (8) 293 **295**
革叶荛花 (7) 515 **517** 彩片184
革叶鼠李 (8) 145 **150**
革叶算盘子 (8) 47 **52**
革叶藤菊 (11) **528**
革叶铁榄 (6) **9**
革叶兔耳草 (10) 161 **162**
革叶卫矛 (7) 779 **797**
革叶腺萼木 (10) 578 **579**
格海碱茅 (12) 763 **768**
格兰马草 (12) **990**
格兰马草属
(禾本科) (12) 559 **990**
格陵兰曲尾藓 (1) 376 **382** 彩片96
格菱 (7) 543 **544**
格脉树
(=黄果木) (4) 683
格脉树属
(黄果木属) (4) **683**
格木 (7) **29**
格木属
(云实科) (7) 23 **29**
格氏苞领藓
(=密叶苞领藓) (1) 371
格氏合叶苔 (1) 102 **105**
格氏剪叶苔 (1) 4 **9**
格药柃 (4) 636 **643**
葛 (7) 211 **213** 彩片106
葛藟
(=葛藟葡萄) (8) 220
葛藟葡萄 (8) 217 **220**
葛缕子 (8) 651 **652**
葛缕子属
(伞形科) (8) 581 **651**
葛萝槭 (8) 318 **331**
葛麻姆 (7) 211 **213**
葛藤
(=葛) (7) 213
葛枣猕猴桃 (4) 657 **662**
葛属
(蝶形花科) (7) 65 **211**
隔距兰 (13) 733 **734**
隔距兰属
(兰科) (13) 371 **732**
隔山香 (8) 729 **730**
隔山消 (9) 151 **154**
隔蒴苘 (5) **80**
隔蒴苘属
(锦葵科) (5) 69 **80**
各葱 (13) 139 **144**

gen
根花薹草 (12) 474 **482**
根茎冰草 (12) 869 **870**
根茎蔓龙胆 (9) 56 **58**
根茎水竹叶 (12) 190 **194**
根叶刺蕨 (2) 628 **629**
根叶漆姑草 (4) 432 **434**

geng
莨密早熟禾 (12) 707 **736**
耿氏硬草 (12) **780**
梗花 (11) 41 **43**
梗花粗叶木 (10) 621 **624**
梗花椒 (8) 401 **413**
梗花雀梅藤 (8) 139 **143**

gong
工布耳蕨 (2) 536 **559**
工布高山耳蕨
(=工布耳蕨) (2) 559
工布乌头 (3) 407 **423**
工艺高粱 (12) 1121 **1124**
弓背舌唇兰 (13) 459 **469**
弓翅芹 (8) **753**
弓翅芹属
(伞形科) (8) 583 **732**
弓果黍 (12) 1025 **1026**
弓果黍属

(禾本科) (12) 553 **1025**
弓果藤 (9) **141**
弓果藤属
(萝科) (9) 133 **140**
弓喙薹草 (12) **488**
弓茎悬钩子 (6) 583 **593**
弓弦藤 (12) 77 **82**
弓叶鼠耳芥
(=假拟南芥) (5) 480
公孙锥 (4) 183 **190**
龚氏金茅 (12) 1111 **1113**
巩留黄蓍 (7) 294 **341**
拱网核果木 (8) 23 **24**
拱枝绣线菊 (6) 447 **456**
珙桐 (7) **690** 彩片362
珙桐属
(蓝果树科) (7) 687 **689**
贡嘎乌头 (3) 407 **425**
贡山报春
(=贡山紫晶报春) (6) 196
贡山鹅耳枥 (4) 260 **263**
贡山蓟 (11) 621 **628** 彩片152
贡山假升麻 (6) 470 **471**
贡山金腰 (6) 417 **419** 彩片109
贡山九子母 (8) **366**
贡山绢藓 (1) 853 **855**
贡山柃 (4) 636 **648**
贡山猕猴桃 (4) 659 **671** 彩片303
贡山三尖杉 (3) 102 **105**
贡山玉叶金花 (10) 572 **575**
贡山紫晶报春 (6) 174 **196**
贡山棕榈 (12) **60**

gou
勾儿茶 (8) 166 **169**
勾儿茶属
(鼠李科) (8) 138 **165**
沟瓣属
(卫矛科) (7) 775 **801**
沟繁缕科 (4) **678**
沟繁缕属
(沟繁缕科) (4) 678 **680**
沟稃草 (12) **899**
沟稃草属
(禾本科) (12) 559 **899**
沟核茶荚 (11) 8 **29**
沟囊薹草 (12) 483 **485**
沟酸浆 (10) 118 **119**
沟酸浆属
(玄参科) (10) 70 **118**
沟叶结缕草 (12) 1007 **1008**
沟叶薹草 (12) **452**
沟叶羊茅 (12) 683 **694**
沟颖草 (12) **1137**
沟颖草属
(禾本科) (12) 556 **1137**
沟子荠 (5) **521**
沟子荠属
(十字花科) (5) 384 **521**
钩苞大丁草
(=钩苞扶郎花) (11) 683
钩苞扶郎花 (11) 681 **683**
钩柄狸尾豆 (7) 169 **170**
钩齿鼠李 (8) 146 **156**
钩齿溲疏 (6) 248 **254**
钩刺雀梅藤 (8) 139 **142**
钩刺雾冰藜 (4) **341**
钩萼草 (9) **462**
钩萼草属
(唇形科) (9) 395 **462**
钩梗石豆兰 (13) 692 **700**
钩喙净口藓
(=立膜藓) (1) 463
钩距黄堇 (3) 722 **734** 彩片420
钩距虾脊兰 (13) 598 **611**
钩栲
(=钩锥) (4) 188
钩毛草 (12) **1040**
钩毛草属
(禾本科) (12) 554 **1040**
钩毛草属
(茜草科) (10) 508 **643**
钩毛叉苔 (1) 261 **262**
钩毛蕨属
(金星蕨科) (2) 334 **361**
钩毛榕 (4) 46 **68**
钩毛茜草 (10) 675 **679**
钩毛子草 (12) **201**
钩毛子草属
(鸭跖草科) (12) 183 **200**
钩毛紫珠 (9) 354 **362**
钩藤 (10) 559 **562**
钩藤属
(茜草科) (10) 506 **558**
钩突鸡爪草 (3) **392**
钩吻 (9) **7** 彩片3
钩吻属
(马钱科) (9) 1 **7**
钩腺大戟 (8) 119 **135**
钩序唇柱苣苔 (10) 287 **294** 彩片92
钩叶青毛藓 (1) 353 **357**
钩叶曲尾藓 (1) 375 **377**
钩叶藤
(=小钩叶藤) (12) 73
钩叶藤属
(棕榈科) (12) 56 **73**
钩叶委陵菜
(=皱叶委陵菜) (6) 663
钩枝藤 (5) **189** 彩片97
钩枝藤科 (5) **189**
钩枝藤属
(钩枝藤科) (5) **189**
钩柱毛茛 (3) 554 **573**
钩柱唐松草 (3) 460 **466**
钩状石斛 (13) 663 **680** 彩片505
钩状嵩草 (12) 362 **366**
钩锥 (4) 182 **188**
钩子木 (9) **554**
钩子木属
(唇形科) (9) 397 **533**
狗肝菜 (10) **396**
狗肝菜属
(爵床科) (10) 330 **395**

狗骨柴 (10) **593** 彩片197
狗骨柴属
(茜草科) (10) 510 **592**
狗脊 (2) 463 **464** 彩片105
狗脊属
(乌毛蕨科) (2) 458 **462**
狗脚草根
(=金叶子) (5) 688
狗筋蔓 (4) **464** 彩片197
狗筋蔓属
(石竹科) (4) 393 **463**
狗舌草 (11) 515 **518** 彩片110
狗舌草属
(菊科) (11) 127 **515**
狗舌紫菀 (11) 178 **198**
狗头七 (11) 550 **551**
狗娃花 (11) 168 **170**
狗娃花属 (11) 123 **167**
狗尾草 (12) 1071 **1074**
狗尾草属
(禾本科) (12) 553 **1070**
狗尾藓属
(锦藓科) (1) 873 **891**
狗牙贝
(=西藏洼瓣花) (13) 103
狗牙根 (12) 992 **993**
狗牙根属
(禾本科) (12) 558 **992**
狗牙花 (9) 97 **98** 彩片50
狗牙花属
(夹竹桃科) (9) 90 **96**
狗牙藓 (1) 364 **365**
狗牙藓属
(曲尾藓科) (1) 333 **363**
狗枣猕猴桃 (4) 657 **661** 彩片291
狗爪半夏
(=虎掌) (12) 174
枸
(=枳椇) (8) 159
枸骨 (7) 836 **851** 彩片316
枸橘
(=枳) (8) 441
枸杞 (9) 205 **207** 彩片90
枸杞属
(茄科) (9) **204**
枸橼
(=香橼) (8) 445
构棘 (4) **40** 彩片29
构树 (4) **32** 彩片22
构属
(桑科) (4) 28 **32**

gu
菰 (12) 672 **673**
菰帽悬钩子 (6) 584 **600**
菰腺忍冬 (11) 54 **82**
菰属
(禾本科) (12) 557 **672**
古当归属
(伞形科) (8) 582 **717**
古芥
(=长柄芥) (5) 389
谷精草 (12) 206 **214**
谷精草科 (12) **205**
谷精草属
(谷精草科) (12) **205**
古柯 (8) 228 **229**
古柯科 (8) **228**
古柯属
(古柯科) (8) **228**
古蔺厚朴
(=川滇木莲) (3) 127
古山龙 (3) **673**
古山龙属
(防己科) (3) 668 669 **673**
古氏羽苔 (1) 129 **134**
古铜色肉叶荠
(=红花肉叶荠) (5) 535
谷蓼 (7) 587 **589**
谷柳 (5) 303 312 **353**
谷木 (7) 660 **661**
谷木叶冬青 (7) 839 **869**
谷木属
(野牡丹科) (7) 615 **660**
谷生茴芹 (8) 665 **674**
牯岭凤仙花 (8) 495 **531** 彩片318
牯岭勾儿茶 (8) 165 **167**
牯岭藜芦 (13) 78 **81**
牯岭蛇葡萄 (8) 190 **193**
牯岭悬钩子 (6) 585 **605**
牯岭野豌豆 (7) 407 **415**
骨齿凤丫蕨 (2) 254 **256**
骨牌蕨 (2) 700 **700**
骨牌蕨属
(水龙骨科) (2) 664 **699**
骨碎补 (2) 652 **654**
骨碎补科 (2) 3 **644**
骨碎补铁角蕨 (2) 404 **434**
骨碎补属
(骨碎补科) (2) 644 **652**
蛊羊茅 (12) 682 **688**
蛊早熟禾 (12) 708 **739**
鼓槌石斛 (13) 662 **666** 彩片478
鼓子花 (9) **249**
固沙草 (12) **976**
固沙草属
(禾本科) (12) 563 **976**

gua
瓜儿豆 (7) **148**
瓜儿豆属
(蝶形花科) (7) 61 65 **147**
瓜馥木 (3) 187 **193** 彩片203
瓜馥木属
(番荔枝科) (3) 159 **186**
瓜栗 (5) **65** 彩片39
瓜栗属
(木棉科) (5) 64 **65**
瓜篓 (5) **243** 彩片124
瓜木 (7) 683 **684** 彩片258
瓜叶菊 (11) **555**
瓜叶菊属
(菊科) (11) 128 **555**

瓜叶栝楼 (5) 235 **244**
瓜叶乌头 (3) 405 **417** 彩片317
瓜叶帚菊 (11) 658 **661**
瓜子金 (8) 246 **254**
寡毛菊 (11) **641**
寡毛菊属
(菊科) (11) 131 **641**
寡穗茅 (12) 816 **817**
寡穗早熟禾 (12) 705 **724**
挂金灯 (9) **217**
挂苦绣球 (6) 276 **283**

guai
拐芹 (8) 720 **727**
拐枣
(=枳椇) (8) 159
拐枣属
(鼠李科) (8) 138 **159**
拐轴鸦葱 (11) 687 **688**

guan
关苍术 (11) **562**
关东巧玲花 (10) 33 **37**
关节委陵菜 (6) 657 **664**
关山耳蕨
(=剑叶耳蕨) (2) 546
关雾凤仙花 (8) 495 **532**
观光鳞毛蕨 (2) 491 **523**
观光木 (3) **156**
观光木属
(木兰科) (3) 124 **156**
观音草 (10) **397**
观音草属
(爵床科) (10) 330 **397**
观音兰 (13) **276**
观音兰属
(鸢尾科) (13) 273 **276**
观音竹
(=长序翻唇兰) (13) 428
观音座莲 (2) 85 **85**
观音座莲科 (2) 2 **84**
观音座莲属
(观音座莲科) (2) 84 **84**
冠萼花楸 (6) 534 **548** 彩片131
冠唇花 (9) 502 **503**
冠唇花属
(唇形科) (9) 394 **502**
冠萼线柱苣苔 (10) **322**
冠盖藤 (6) **267**
冠盖藤属
(绣球花科) (6) 246 **267**
冠盖绣球 (6) 276 **287**
冠果草 (12) 4 **5**
冠果忍冬 (11) 52 **70**
冠鳞苔属
(细鳞苔科) (1) 224 **233**
冠菱 (7) 542 **546**
冠芒草
(=九顶草) (12) 960
冠毛草 (12) 946 **947**
冠毛草属
(禾本科) (12) 558 **946**
管苞瓶蕨 (2) 131 **133**
管唇兰 (13) **769** 彩片582
管唇兰属
(兰科) (13) 369 **769**
管萼山豆根 (7) **453**
管萼苔 (1) **173**
管萼苔属
(大萼苔科) (1) 166 **173**
管花党参 (10) 456 **460**
管花杜鹃 (5) 561 **598**
管花腹水草 (10) 137 **141**
管花兰 (13) **409** 彩片295
管花兰属
(兰科) (13) 365 **409**
管花鹿药 (13) 192 **196**
管花马兜铃 (3) 349 **358**
管花马铃苣苔 (10) 251 **255**
管花秦艽 (9) 16 **25** 彩片7
管花肉苁蓉 (10) **233**
管兰香 (3) 349 **354**
管茎凤仙花 (8) 489 **500** 彩片296
管叶槽舌兰 (13) 764 **765** 彩片577
管叶牛角兰 (13) **655**
管叶苔属
(细鳞苔科) (1) 224 **236**
管钟党参 (10) 456 **463** 彩片155
贯筋藤 (9) **187**
贯叶过路黄 (6) 117 **137**
贯叶连翘 (4) 695 **707** 彩片320
贯月忍冬 (11) 54 **87**
贯众 (2) 588 **595**
贯众叶溪边蕨 (2) 388 **389**
贯众属
(鳞毛蕨科) (2) 472 **587**
灌丛黄蓍 (7) 291 **318**
灌丛泡花树 (8) 299 **304**
灌丛溲疏 (6) 249 **255**
灌木铁线莲 (3) 506 **528**
灌木小甘菊 (11) **362**
灌木亚菊 (11) 364 **368**
灌木紫菀木 (11) 201 **202**

guang
光白英 (9) 222 **225**
光瓣堇菜
(=早开堇菜) (5) 153
光苞柳 (5) 307 310 **324**
光苞蒲公英 (11) 768 **771**
光苞紫菊
(=紫菊) (11) 741
光柄芒
(=双药芒) (12) 1089
光柄筒冠花 (9) 562 **563**
光柄细喙藓 (1) **850**
光柄野青茅 (12) 902 **912**
光赤瓟
(=鄂赤瓟) (5) 214
光唇马先蒿 (10) 185 **218**
光萼斑叶兰 (13) 410 **414**
光东俄洛黄蓍 (7) 289 **307**
光萼茶藨子 (6) 297 **311**

光萼唇柱苣苔 (10) 287 **293** 彩片90
光萼海棠 (6) 565 **576**
光萼黄薯 (7) 291 **319**
光萼荚 (11) 8 **34**
光萼蓝钟花 (10) 448 **450**
光萼茅膏菜 (5) 106 **109**
光萼青兰 (9) 451 **456**
光萼石花
(=珊瑚苣苔) (10) 267
光萼溲疏 (6) 247 **249**
光萼苔 (1) **203**
光萼苔科 (1) **202**
光萼苔属
(光萼苔科) (1) 202 **203**
光萼筒黄薯 (7) 289 **302**
光萼小蜡 (10) 49 **54**
光萼叶苔 (1) 69 **71**
光萼猪屎豆 (7) 441 **443** 彩片149
光稃稻 (12) 666 **668**
光稃碱茅 (12) 763 **770**
光稃落芒草 (12) 941 **945**
光稃香草 (12) 895 **896**
光稃野燕麦 (12) 892 **894**
光稃早熟禾 (12) 711 **754**
光腹鬼灯檠 (6) 373 **374**
光高梁 (12) **1121**
光梗阔苞菊 (11) **243**
光棍树
(=绿玉树) (8) 123
光果大瓣芹 (8) **712**
光果甘草
(=洋甘草) (7) 389
光果宽叶独行菜
(=宽叶独行菜) (5) 403
光果蓝花黄薯 (7) 290 **311**
光果李果鹤虱 (9) 333 **334**
光果木
(=罗汉果) (5) 217
光果南蛇藤
(=东南南蛇藤) (7) 810
光果婆婆纳 (10) 146 **153**
光果婆婆纳尖果亚种
(=尖果婆婆纳) (10) 153
光果蒲公英 (11) 767 **773**
光果山茶 (4) 575 **584**
光果田麻 (5) **23**
光果葶苈
(=葶苈) (5) 448
光果悬钩子 (6) 587 **617**
光果野罂粟 (3) 705 **707**
光果伊宁葶苈
(=锥果葶苈) (5) 447
光果银莲花 (3) 487 **492**
光果莸 (9) 387 **389** 彩片154
光果羽叶花 (6) 649 **650**
光果珍珠茅 (12) 355 **358**
光果舟果荠
(=舟果荠) (5) 429
光核桃 (6) 753 **757**
光花大苞兰 (13) 717 **719**
光花芒颖鹅观草
(=芒颖鹅观草) (12) 861
光花异燕麦 (12) 886 **888**
光滑高粱泡 (6) 589 **631**
光滑蒿蕨 (2) 774 **775**
光滑黄皮 (8) 433 **434**
光滑柳叶菜 (7) 598 **608**
光滑米口袋 (7) 382 **384**
光滑水筛 (12) 18 **19**
光滑小苦荬 (11) 752 **754**
光滑悬钩子 (6) 586 **612**
光滑早熟禾 (12) 712 **758**
光滑轴脉蕨 (2) 609 **611**
光脚杜鹃
(=西施花) (5) 667
光脚短肠蕨 (2) 316 **326**
光脚金星蕨 (2) 339 **343**
光洁荛花
(=光叶荛花) (7) 521
光茎钝叶楼梯草 (4) 120 **129**
光茎栓果菊 (11) 727 彩片171
光茎水龙骨 (2) 667 **669**
光孔颖草 (12) 1129 **1131**
光蜡树 (10) 24 **25** 彩片8
光里白 (2) 102 **103**
光亮杜鹃 (5) 561 **593**
光亮鳞毛蕨 (2) 491 **518**
光亮瘤蕨 (2) 728 **728**
光亮密网蕨
(=光亮瘤蕨) (2) 728
光亮悬钩子 (6) 587 **619**
光蓼 (4) 484 **503**
光柃 (4) 636 **644**
光南木藓
(=薄壁藓) (1) 942
光囊紫柄蕨 (2) 357 **358**
光盘早熟禾 (12) 708 **743**
光皮桦
(=亮叶桦) (4) 278
光皮梾木
(=光皮树) (7) 697
光皮树 (7) 692 **697**
光千屈菜 (7) 503 **504**
光蕊铁线莲 (3) 510 **531**
光沙蒿 (11) 380 **422**
光山香圆 (8) 263 **265**
光石韦 (2) 711 712 **718** 彩片140
光穗冰草 (12) 869 **870**
光穗鹅观草 (12) 845 **857**
光穗筒轴茅 (12) 1162 **1163**
光宿苞豆 (7) **219**
光苔科 (1) **267**
光苔属
(光苔科) (1) **267**
光蹄盖蕨 (2) 294 **305**
光头稗 (12) **1044**
光头山碎米荠 (5) 451 **455**
光箨苦竹
(=衢县苦竹) (12) 654
光箨箬竹 (12) 661 **663**
光藓 (1) **524**
光藓科 (1) **524**
光藓属

(光藓科) (1) **524**
光香薷 (9) 544 **546**
光鸦葱 (11) 687 **689**
光岩蕨 (2) 451 **452**
光药芨芨草 (12) 953 **955**
光药列当 (10) 237 **238**
光叶艾纳香 (11) 230 **232**
光叶白头树 (8) 341 **342**
光叶败酱 (11) 92 **96**
光叶闭鞘姜 (13) **56**
光叶茶藨子 (6) 298 **316**
光叶翅果麻 (5) 84 **85**
光叶粗糠树 (9) 284 **285**
光叶党参 (10) 456 **464**
光叶滇榄仁 (7) 665 **666**
光叶丁公藤 (9) 243 **244**
光叶东北茶藨子 (6) 296 **308**
光叶东北杏 (6) 758 **761**
光叶度量草
(=度量草) (9) 10
光叶粉报春 (6) 170 **213**
光叶粉花绣线菊 (6) 445 **449** 彩片113
光叶高丛珍珠梅 (6) 472 **473**
光叶高山栎 (4) 241 **249**
光叶珙桐 (7) **690** 彩片263
光叶瓜馥木
(=贵州瓜馥木) (3) 187
光叶海桐 (6) 234 **238**
光叶合欢 (7) 16 **17**
光叶红豆 (7) 69 **76**
光叶蝴蝶草 (10) 115 **117** 彩片36
光叶花椒
(=两面针) (8) 401
光叶黄华 (7) 458 **460**
光叶黄皮树
(=秃叶黄檗) (8) 425
光叶火筒树 (8) 179 **181**
光叶绞股蓝 (5) 249 **451**
光叶金星蕨 (2) 339 **344**
光叶金星蕨
(=针毛蕨) (2) 352
光叶堇菜 (5) 140 **164**
光叶榉
(=榉树) (4) 13
光叶卷花丹 (7) **650**
光叶蕨 (2) **275**
光叶蕨属
(蹄盖蕨科) (2) 271 **274**
光叶林石草 (6) **653**
光叶鳞盖蕨 (2) 155 **157**
光叶楼梯草 (4) 119 **122**
光叶马鞍树 (7) **80**
光叶美蔷薇 (6) 710 **727**
光叶拟平藓 (1) 712 **714**
光叶泡桐 (10) 76 **77**
光叶槭 (8) 317 **330**
光叶蔷薇 (6) 711 **733**
光叶求米草 (12) 1041 **1042**
光叶球果堇菜 (5) 139 **144**
光叶荛花 (7) 516 **521**
光叶榕 (4) 46 **72**
光叶山刺玫 (6) 709 **725**
光叶山矾 (6) 53 **67**
光叶山黄麻 (4) 17 **19**
光叶山栎
(=光叶高山栎) (4) 249
光叶山楂 (6) 504 **508**
光叶蛇葡萄 (8) 190 **193**
光叶石楠 (6) 514 **516**
光叶柿 (6) 12 **14**
光叶薯蓣 (13) 344 **358**
光叶水青冈 (4) 178 **179**
光叶藤蕨 (2) 207 **207** 彩片64
光叶藤蕨科 (2) 7 **207**
光叶藤蕨属
(光叶藤蕨科) (2) **207**
光叶条蕨 (2) 641 **641**
光叶铁仔 (6) 109 **110**
光叶兔儿风 (11) 665 **677**
光叶碗蕨 (2) 152 **154**
光叶蚊子草 (6) 579 **580**
光叶仙茅 (13) 306 **308**
光叶小檗 (3) 588 **620**
光叶小黑桫椤 (2) 143 **148**
光叶栒子 (6) 482 **486**
光叶眼子菜 (12) 29 **34**
光叶淫羊藿 (3) 642 **645**
光叶云南草寇 (13) 40 **43**
光叶子花 (4) **292** 彩片129
光叶紫柄蕨 (2) 357 **359**
光叶紫花苣苔 (10) 312 **313**
光叶紫玉盘 (3) **159**
光叶紫珠 (9) 354 **362**
光缘虎耳草 (6) 385 **403**
光泽棉藓 (1) 865 **868**
光泽锥花 (9) 413 **415**
光枝杜鹃 (5) 569 **639**
光枝勾儿茶 (8) 165 **167** 彩片87
光枝柳叶忍冬 (11) 51 **63**
光枝米碎花 (4) 637 **646**
光枝木龙葵 (9) 222 **223**
光枝楠 (3) 266 **270**
光轴红腺蕨 (2) 468 **469**
光轴野燕麦 (12) 892 **894**
光轴早熟禾 (12) 705 **724**
光轴肿足蕨 (2) 330 **331**
光柱杜鹃 (5) 564 **634**
光籽芥属
(十字花科) (5) 381 382 **504**
光籽柳叶菜 (7) 598 **603**
光紫黄芩 (9) 417 **421**
桄榔 (12) **86** 彩片20
桄榔属
(棕榈科) (12) 57 **85**
广布红门兰 (13) 447 **451** 彩片310
广布黄蓍 (7) 289 **301**
广布鳞毛蕨 (2) 490 **515**
广布野豌豆 (7) 406 **408**
广布芋兰 (13) **527**
广东桢桐
(=广东大青) (9) 381
广东匙羹藤 (9) 176 **177**
广东箣柊 (5) 112 **113**

广东粗叶木 (10) 622 **628**
广东大青 (9) 378 **381**
广东地构叶 (8) **61**
广东倒吊笔
(=倒吊笔) (9) 119
广东蝶豆 (7) 225 **226**
广东冬青 (7) 834 **841**
广东杜鹃 (5) 570 **673**
广东凤尾蕨 (1) 403 **417**
广东胡枝子 (7) 182 **184**
广东黄肉楠 (3) 246 **248**
广东金钱草 (7) 153 **157** 彩片80
广东酒饼簕 (8) 439 **440**
广东螺序草 (10) **528**
广东马尾杉 (2) 15 **17**
广东毛蕊茶 (4) 578 **602**
广东牡丽草 (10) **543**
广东木瓜红 (6) 46 **47**
广东蒲桃 (7) 561 **569**
广东蔷薇 (6) 711 **732**
广东琼楠 (3) 294 **297**
广东润楠 (3) 275 **281**
广东山茶
(=香港红山茶) (4) 587
广东山胡椒 (3) 230 **235**
广东山龙眼 (7) 483 **486**
广东蛇葡萄 (8) 191 **196** 彩片99
广东石豆兰 (13) 691 **698** 彩片519
广东石斛 (13) 664 **677**
广东水锦树 (10) 545 **548**
广东丝瓜 (5) **225** 彩片112
广东苏铁 (3) 2 **8** 彩片11
广东薹草 (12) 382 **389**
广东万年青 (12) 126 彩片44
广东万年青属
(天南星科) (12) 105 **125**
广东西番莲 (5) 191 **192**
广东新耳草 (10) 526 **527**
广东绣球 (6) 275 **279**
广东羊耳蒜 (13) 537 **546**
广东野靛棵 (10) 410 **412**
广东蜘蛛抱蛋 (13) 182 **186**
广东紫薇 (7) **508**
广东紫珠 (9) 354 **362** 彩片136
广豆根
(=越南槐) (7) 85
广萼苔属
(裂叶苔科) (1) 48 **63**
广防风 (3) 349 **353**
广防风 (9) **501** 彩片176
广防风属
(唇形科) (9) 394 **501**
广花鳝藤
(=鳝藤) (9) 125
广花娃儿藤 (9) 190 **194**
广藿香 (9) 558 **559**
广寄生 (7) 750 **754**
广口立碗藓
(=红蒴立碗藓) (1) 522
广口平叶苔 (1) 127 **128**
广南报春 (6) 172 **188**
广南天料木 (5) **123**
广宁油茶
(=南山茶) (4) 586
广舌泥炭藓 (1) 301 **310**
广椭绣线菊 (6) 446 **453**
广西白背叶 (8) 64 **70**
广西斑鸠菊 (11) 137 **141**
广西茶 (4) 576 **592**
广西长筒蕨 (2) 136 **137**
广西澄广花 (3) **164**
广西赤竹 (12) 658 **659**
广西地不容 (3) 683 **690**
广西地海椒 (9) 214 **216**
广西杜鹃 (5) 571 **675**
广西盾翅藤 (8) **237**
广西莪术 (13) 23 **25** 彩片24
广西瓜馥木 (3) 186 **189**
广西过路黄 (6) 118 **143** 彩片38
广西厚膜树 (10) **425**
广西花椒 (8) 400 **403**
广西火桐 (5) **43**
广西火焰花 (10) 386 **387**
广西离瓣寄生 (7) 742 **743**
广西马兜铃 (3) 348 **350** 彩片271
广西密花树 (6) 111 **112**
广西苦竹 (12) 645 **651**
广西来江藤 (10) 73 **74**
广西落檐 (12) 124 **125**
广西芒毛苣苔 (10) 314 **316**
广西青冈 (4) 224 225 **234**
广西青梅 (4) 571 **572**
广西舌喙兰 (13) 453 **456** 彩片316
广西石蒜 (13) 262 **264**
广西实蕨 (2) 626 **626**
广西藤黄 (4) 686 **690**
广西土黄芪 (7) **214**
广西乌口树 (10) 594 **595**
广西香花藤 (9) 112 **113**
广西筱竹 (12) **628**
广西绣球
(=粤西绣球) (6) 279
广西油果樟 (3) **299**
广西越桔 (5) 697 **707**
广西蜘蛛抱蛋 (13) 182 **183** 彩片134
广西紫荆 (7) 38 **39**
广序北前胡 (8) 743 **750**
广序臭草 (12) 789 **790**
广序假卫矛 (7) 819 **820**
广叶桉 (7) 551 **553**
广叶星蕨 (2) 751 **753**
广羽金星蕨
(=卵果蕨) (2) 355
广玉兰
(=荷花玉兰) (3) 137
广州蔊菜
(=细子蔊菜) (5) 487
广州拔地麻
(=宽叶缬草) (11) 101
广州蛇根草 (10) 532 **538**
广州山柑 (5) 370 **373**
广州鼠尾粟 (12) 996 **998**
广州相思子 (7) 99 **100** 彩片60

gui

归叶藁本 **(8)** 703 **704**

归叶棱子芹 **(8)** 612 **615**

圭亚那笔花豆 **(7)** **259**

龟背竹 **(12)** **118** 彩片40

龟背竹属

(天南星科) **(12)** 105 **118**

鬼吹箫 **(11)** **48** 彩片16

鬼吹箫属

(忍冬科) **(11)** 1 **48**

鬼灯檠

(=七叶鬼灯檠) **(6)** 373

鬼灯檠属

(虎耳草科) **(6)** 371 **373**

鬼见愁

(=鬼箭锦鸡儿) **(7)** 270

鬼箭锦鸡儿 **(7)** 265 **270** 彩片127

鬼臼

(=桃儿七) **(3)** 637

鬼臼属

(=八角莲属) **(3)** 638

鬼蜡烛 **(12)** 925 **926**

鬼针草 **(11)** 326 **328**

鬼针草属

(菊科) **(11)** 125 **326**

贵定桤叶树 **(5)** 544 **547**

贵阳铁角蕨 **(2)** 404 **432**

贵州八角莲 **(3)** **638**

贵州半蒴苣苔 **(10)** **277** 彩片80

贵州杜鹃 **(5)** 564 **637**

贵州盾翅藤 **(8)** 237 **238**

贵州鹅耳枥 **(4)** 260 **264**

贵州复叶耳蕨

(=日本复叶耳蕨) **(2)** 483

贵州瓜馥木 **(3)** 186 **187**

贵州花椒 **(8)** 400 **406** 彩片202

贵州黄猄草 **(10)** 357 **358**

贵州嘉丽树 **(5)** 121 **122**

贵州荩草 **(12)** 1150 **1151**

贵州连蕊茶 **(4)** 577 **597**

贵州毛柃 **(4)** 634 **641**

贵州木瓜红 **(6)** **46**

贵州泡花树 **(8)** 299 **304**

贵州萍蓬草 **(3)** **384**

贵州蒲桃 **(7)** 560 **567**

贵州桤叶树 **(5)** 545 **551**

贵州千斤拔 **(7)** 244 **247**

贵州琼楠 **(3)** 294 **298**

贵州忍冬

(=短柄忍冬) **(11)** 79

贵州赛爵床 **(10)** **409**

贵州石笔木 **(4)** 603 **604**

贵州石楠 **(6)** 514 **516**

贵州鼠李 **(8)** 145 **149**

贵州鼠尾草 **(9)** 507 **517**

贵州水车前 **(12)** **14**

贵州蹄盖蕨

(=假轴果蹄盖蕨) **(2)** 303

贵州天名精 **(11)** 300 **304**

贵州铁线莲 **(3)** 510 **537**

贵州娃儿藤 **(9)** 189 **191**

贵州香花藤

(=海南香花藤) **(9)** 113

贵州小檗 **(3)** 586 **603**

贵州悬竹 **(12)** **630**

贵州叶下珠 **(8)** 34 **39**

贵州远志 **(8)** 245 **249**

贵州獐牙菜 **(9)** 76 **86** 彩片44

贵州紫堇 **(3)** **728**

贵州紫玉盘 **(3)** 159 **160**

贵州醉魂藤 **(9)** 197 **198**

桂

(=肉桂) **(3)** 262

桂北木姜子 **(3)** 217 **225**

桂单竹 **(12)** 575 **585**

桂滇桐 **(5)** 30 **31**

桂滇悬钩子 **(6)** 589 **628**

桂海木 **(10)** **551**

桂海木属

(茜草科) **(10)** 510 **551**

桂花

(=木犀) **(10)** 43

桂火绳 **(5)** **53**

桂林唇柱苣苔 **(10)** 287 **290** 彩片87

桂林栲

(=锥) **(4)** 191

桂林猕猴桃 **(4)** 659 **671** 彩片302

桂林槭 **(8)** 317 **326**

桂林乌桕 **(8)** 113 **114**

桂龄薹草 **(12)** 424 **426**

桂木 **(4)** 37 **38**

桂南木莲 **(3)** 124 **126** 彩片151

桂南蒲桃 **(7)** 560 **563**

桂南野靛棵 **(10)** 410 **412**

桂楠 **(3)** 266 **268**

桂皮紫萁

(=分株紫萁) **(2)** 90

桂黔吊石苣苔 **(10)** 317 **318**

桂琼铁角蕨

(=南方铁角蕨) **(2)** 434

桂西冷水花 **(4)** **94**

桂叶槭

(=樟叶槭) **(8)** 329

桂叶山牵牛 **(10)** 333 **335**

桂叶素馨 **(10)** 58 **60**

桂樱属

(蔷薇科) **(6)** 445 **786**

桂圆

(=龙眼) **(8)** 277

桂粤唇柱苣苔 **(10)** 287 290 彩片88

桂竹 **(12)** 600 **604**

桂竹香糖芥 **(5)** 514 **518**

guo

国楣贯众

(=厚叶贯众) **(2)** 589

果灰藓

(=多蒴灰藓) **(1)** 911

果山还阳参 **(11)** 712 **716**

果香菊 **(11)** **335**

果香菊属

(菊科) **(11)** 125 **335**

裹盔马先蒿 (10) 185 **217**
过江藤 (9) **351** 彩片131
过江藤属
(马鞭草科) (9) 346 **351**
过路黄 (6) 118 **141**
过路惊 (7) 634 **635**
过山枫 (7) 806 **812**
过山蕨 (2) **440**
过山蕨属
(铁角蕨科) (2) 399 **440**
过山龙
(=垂穗石松) (2) 27
过坛龙
(=扇叶铁线蕨) (2) 240

H

ha
哈密黄耆 (7) 295 **345**
哈密庭荠
(=大果翅籽荠) (5) 436
哈萨喇
(=蜘蛛抱蛋) (13) 187

hai
孩儿草 (10) 403 **404**
孩儿草属
(爵床科) (10) 331 **403**
孩儿参 (4) 398 **400**
孩儿参属
(石竹科) (4) 392 **398**
孩儿拳头
(=小花扁担杆) (5) 26
海艾
(=艾) (11) 398
海岸桐 (10) **605** 彩片201
海岸桐属
(茜草科) (10) 511 **605**
海巴戟
(=海滨木巴戟) (10) 652
海边马兜铃 (3) 349 **355**
海边柿 (6) 14 **25**
海边香豌豆
(=海滨山黧豆) (7) 422
海边月见草 (7) 593 **594**
海滨车前 (10) 6 **11**
海滨大戟 (8) 117 **119**
海滨藜 (4) 321 **322**
海滨柳穿鱼 (10) 129 **131**
海滨木巴戟 (10) 651 **652** 彩片213
海滨莎 (12) **320**
海滨莎属
(莎草科) (12) 256 **320**
海滨山黧豆 (7) 420 **422**
海滨异木患 (8) 269 **271**
海菜花 (12) 14 **15** 彩片4
海菜花属
(=水车前属) (12) 13
海菖蒲 (12) **17**
海菖蒲属
(水鳖科) (12) 13 **17**
海刀豆 (7) 207 **208** 彩片104
海岛花叶藓 (1) 424 **425**
海岛鳞始蕨 (2) 164 **167**
海岛陵齿蕨
(=海岛鳞始蕨) (2) 167
海岛棉 (5) 100 **101**
海岛藤 (9) **136**
海岛藤属
(萝科) (9) 133 **136**
海岛苎麻 (4) 138 **142**
海枫藤 (9) 181 **183**
海枫屯
(=海风藤) (9) 183
海红豆 (7) **2** 彩片1
海红豆属
(含羞草科) (7) 1 **2**
海金沙 (2) 107 **111** 彩片51
海金沙科 (2) 3 **106**
海金沙属
(海金沙科) (2) **106**
海金子 (6) 234 **239**
海韭菜 (12) 27 **28** 彩片7
海康钩粉草 (10) **391**
海拉尔绣线菊 (6) 449 **468**
海榄雌 (9) **347** 彩片129
海榄雌属
(马鞭草科) (9) 346 **347**
海莲 (7) **679**
海马齿 (4) **297** 彩片132
海马齿属
(番杏科) (4) 296 **297**
海芒果 (9) **109** 彩片59
海芒果属
(夹竹桃科) (9) 89 **109**
海绵杜鹃 (5) 568 **642** 彩片244
海绵基薹草 (12) **536**
海南阿芳
(=海南藤春) (3) 182
海南暗罗 (3) 177 **180**
海南杯冠藤 (9) 151 **154**
海南菜豆树 (10) 427 **428**
海南槽裂木 (10) **568**
海南草 (12) 257 **259**
海南草珊瑚 (3) 309 **310**
海南常山 (6) 268 **269**
海南匙唇兰
(=匙唇兰) (13) 728
海南臭黄荆 (9) 364 **370**
海南粗榧 (3) 102 **103** 彩片131
海南粗毛藤 (8) **91**
海南粗丝木
(=粗丝木) (7) 877
海南大风子 (5) **111** 彩片67
海南大头茶 (4) 607 **608**
海南吊石苣苔
(=吊石苣苔) (10) 320
海南冬青 (7) 838 **865**
海南毒鼠子 (7) **888**
海南短萼齿木 (10) 591 **592**
海南椴 (5) **33**
海南椴属

(椴树科) **(5)** 12 **32**
海南鹅掌柴 **(8)** 551 **552**
海南风吹楠 **(3)** 200 **201**
海南凤尾蕨 **(2)** 181 **194**
海南哥纳香 **(3)** 171 **172**
海南谷木 **(7)** 660 **661**
海南光叶藤蕨 **(2)** 207 **207**
海南海金沙 **(2)** 107 **107** 彩片48
海南红豆 **(7)** 69 **76**
海南厚壳桂 **(3)** 300 **302**
海南蝴蝶兰 **(13)** 751 **752**
海南黄瑞木
(=海南杨桐) **(4)** 626
海南黄猄草 **(10)** **357**
海南火麻树 **(4)** **86**
海南荚 **(11)** 7 **26**
海南假瘤蕨 **(2)** 731 **733**
海南假韶子 **(8)** **285** 彩片134
海南胶核木 **(10)** **66**
海南脚骨脆
(=膜叶脚骨脆) **(5)** 128
海南蒟 **(3)** 320 **323**
海南卷柏 **(2)** 33 **44**
海南栲 **(4)** **188**
海南兰花蕉 **(13)** 19 **20**
海南镰扁豆 **(7)** 229 **230**
海南链珠藤 **(9)** 105 **107**
海南鳞花草 **(10)** 382 **383**
海南柳叶箬 **(12)** 1020 **1024**
海南龙船花 **(10)** 611 **613**
海南龙血树
(=柬埔寨龙血树) **(13)** 174
海南鹿角藤 **(9)** **114**
海南罗汉松 **(3)** 98 **100** 彩片128
海南罗伞树 **(6)** 85 **89**
海南马兜铃 **(3)** 349 **355**
海南马钱
(=吕宋果) **(9)** 5
海南马唐 **(12)** 1062 **1067**
海南买麻黄 **(3)** 119 **121**
海南毛蕨 **(2)** 374 **380**
海南毛兰
(=黄绒毛兰) **(13)** 646
海南玫瑰木 **(7)** 579 **580**
海南明叶藓 **(1)** 922 **923** 彩片274
海南木 **(8)** 392 **394**
海南木莲 **(3)** 124 **129** 彩片155
海南牛奶菜 **(9)** 181 **184**
海南蒲儿根 **(11)** 508 **511**
海南杞李参
(=海南树参) **(8)** 540
海南千年健 **(12)** **124**
海南茄 **(9)** 221 **229**
海南青冈
(=尖峰青冈) **(4)** 239
海南琼楠 **(3)** 293 **295**
海南秋海棠 **(5)** 256 **565**
海南秋英爵床 **(10)** **406**
海南蕊木 **(9)** 107 **108**
海南三七 **(13)** **31**
海南山茶
(=腺叶离蕊茶) **(4)** 590
海南山蓝 **(10)** 397 **398**
海南山龙眼 **(7)** 483 **486**
海南山麻杆 **(8)** 77 **78**
海南山牵牛 **(10)** 333 **336**
海南山小桔 **(8)** 430 **431**
海南韶子 **(8)** 280 **281** 彩片131
海南石斛 **(13)** 662 **686**
海南石梓
(=苦梓) **(9)** 373
海南薯 **(9)** 259 **263**
海南树参 **(8)** 539 **540**
海南苏铁 **(3)** 2 **7** 彩片10
海南藤春 **(3)** 181 **182**
海南藤芋 **(12)** **117**
海南铁角蕨 **(2)** 402 **420**
海南铁线蕨
(=圆柄铁线蕨) **(2)** 240
海南同心结
(=同心结) **(9)** 117
海南娃儿藤
(=折冠藤) **(9)** 196
海南网蕨 **(2)** 282 **282**
海南乌口树 **(10)** 595 **598**
海南梧桐 **(5)** 40 **41**
海南五月茶 **(8)** **26**
海南五针松 **(3)** 52 **56**
海南线果兜铃 **(3)** **347**
海南香花藤 **(9)** 112 **113**
海南新樟 **(3)** 264 **265**
海南崖豆藤 **(7)** 103 **105** 彩片62
海南崖爬藤 **(8)** 206 **210**
海南杨桐 **(4)** 624 **626**
海南野扇花 **(8)** **6** 彩片2
海南野桐 **(8)** 63 **66**
海南翼核果 **(8)** 176 **177**
海南鹰爪花 **(3)** 184 **185**
海南油杉 **(3)** 15 **16** 彩片21
海南栀子 **(10)** 581 **582**
海南蜘蛛抱蛋 **(13)** 183 **188**
海南重楼 **(13)** 219 **220**
海南钻喙兰 **(13)** **748** 彩片559
海南锥 **(4)** 182 **188**
海南紫荆木 **(6)** **4** 彩片2
海漆 **(8)** 111 **112**
海漆属
(大戟科) **(8)** 14 **111**
海茜树 **(10)** **607**
海茜树属
(茜草科) **(10)** 511 **606**
海雀稗 **(12)** 1053 **1057**
海人树 **(8)** **372**
海人树属
(苦木科) **(8)** 367 **371**
海乳草 **(6)** **147**
海乳草属
(报春花科) **(6)** 114 **147**
海桑 **(7)** **497** 彩片173
海桑科 **(7)** **497**
海桑属
(海桑科) **(7)** **497**
海水仙

(=滇海水仙花) **(6)** 218
海台白点兰 **(13)** 740 **741**
海檀木 **(7)** **713** 彩片279
海檀木属
(铁青树科) **(7)** **713**
海棠果
(=楸子) **(6)** 569
海棠花 **(6)** 565 **570**
海棠猕猴桃 **(4)** 657 **662**
海棠叶报春 **(6)** 171 **179**
海通 **(9)** 379 **384** 彩片150
海桐 **(6)** 234 **236** 彩片75
海桐花科 **(6)** **233**
海桐花属
(海桐花科) **(6)** **233**
海桐山矾 **(6)** 52 **64**
海桐叶白英 **(9)** 222 **226**
海仙
(=锦带花) **(11)** 47
海仙报春 **(6)** 175 **193** 彩片54
海仙花
(=海仙报春) **(6)** 193
海罂粟 **(3)** 709 **710**
海罂粟属
(罂粟科) **(3)** 695 **709**
海芋 **(12)** 133 **134** 彩片49
海芋属
(天南星科) **(12)** 106 **132**
海枣 **(12)** **58**
海枣属
(=刺葵属) **(12)** 58
海州常山 **(9)** 378 **384** 彩片149
海州蒿 **(11)** 373 **387**
海州香薷 **(9)** 545 **553**

han
含苞草 **(11)** **248**
含苞草属
(菊科) **(11)** 129 **247**
含笑
(=含笑花) **(3)** 148
含笑花 **(3)** 145 **148** 彩片182
含笑属
(木兰科) **(3)** 123 **144**
含羞草 **(7)** **5** 彩片3
含羞草决明 **(7)** 50 **52** 彩片40
含羞草科 **(7)** **1**
含羞草叶黄檀
(=象鼻藤) **(7)** 92
含羞草属
(含羞草科) **(7)** 1 **5**
寒地报春 **(6)** 176 **207**
寒地平珠藓 **(1)** **608**
寒兰 **(13)** 575 **582** 彩片405
寒莓 **(6)** 589 **628**
寒蓬属
(菊科) **(11)** 123 **213**
寒生羊茅 **(12)** 683 **693**
寒藓 **(1)** **595**
寒藓科 **(1)** **594**
寒藓属
(寒藓科) **(1)** 594 **595**
寒原荠
(=尖果韩原荠) **(5)** 530
寒原荠属
(十字花科) **(5)** 387 **530**
寒竹 **(12)** 620 **621**
寒竹属
(=方竹属) **(12)** 620
韩氏薄齿藓
(=齿叶薄齿藓) **(1)** 466
韩氏耳蕨
(=小戟叶耳蕨) **(2)** 581
韩氏无齿藓 **(1)** **388**
韩氏真藓 **(1)** 558 **561**
韩氏紫萼藓 **(1)** 496 **498**
韩信草 **(9)** 417 **422**
焊菜 **(5)** 485 **486**
焊菜
(=无瓣焊菜) **(5)** 486
焊菜属
(十字花科) **(5)** 381 383 **485**
汉城细辛 **(3)** 338 **342**
汉红鱼腥草 **(8)** 468 **469** 彩片242
旱稗 **(12)** 1044 **1046**
旱冬瓜
(=尼泊尔桤木) **(4)** 273
旱禾 **(12)** **761**
旱禾属
(禾本科) **(12)** 561 **761**
旱金莲 **(8)** **487** 彩片249
旱金莲科 **(8)** **487**
旱金莲属
(旱金莲科) **(8)** **487**
旱蕨 **(2)** 216 **217**
旱蕨属
(中国蕨科) **(2)** 208 **215**
旱柳 **(5)** 305 310 **318**
旱麦草 **(12)** 871 **872**
旱麦草属
(禾本科) **(12)** 560 **871**
旱茅 **(12)** **1128**
旱茅属
(禾本科) **(12)** 556 **1128**
旱芹 **(8)** **647**
旱雀豆属
(蝶形花科) **(7)** 62 **285**
旱雀麦 **(12)** 803 **811**
旱生点地梅 **(6)** 151 **167**
旱生红腺蕨 **(2)** 468 **469**
旱生卷柏 **(2)** 32 **40** 彩片15
旱生南星 **(12)** 152 **166**
旱黍草 **(12)** **1027**
旱田草 **(10)** 106 **113**
旱藓 **(1)** **494**
旱藓属
(紫萼藓科) **(1)** **493**
旱莠竹属
(禾本科) **(12)** 555 **1104**
旱榆 **(4)** 3 **8**

hang
杭爱龙蒿 **(11)** 379 **420**

杭白芷 (8) 720 **724**
杭州榆 (4) 3 **6**

hao
蒿蕨 (2) 774 **774**
蒿蕨属
(禾叶蕨科) (2) 771 **773**
蒿柳 (5) 302 312 **356**
蒿属(菊科) (11) 127 **371**
蒿叶猪毛菜 (4) 359 **361** 彩片160
蒿状大戟 (8) 1 19 **135**
豪猪刺 (3) 585 **601**
浩罕彩花 (4) 543 **544**

he
诃黎勒
(=诃子) (7) 668
诃子 (7) 665 **668** 彩片245
诃子属
(使君子科) (7) 663 **664**
禾本科 (12) **550**
禾串树 (8) 21 **22** 彩片8
禾杆金星蕨 (2) 339 **344**
禾杆紫柄蕨 (2) 357 **360**
禾秆旱蕨 (2) 216 **219** 彩片66
禾秆亮毛蕨 (2) 278 **279**
禾秆蹄盖蕨 (2) 294 **297**
禾叶点地梅 (6) 150 **160**
禾叶繁缕 (4) 407 **412**
禾叶风毛菊 (11) 571 **594**
禾叶蕨科 (2) 5 **770**
禾叶蕨属
(禾叶蕨科) (2) 771 **776**
禾叶兰 (13) **657**
禾叶兰属
(兰科) (13) 373 **657**
禾叶毛兰 (13) 641 **649**
禾叶山麦冬 (13) 240 **241**
禾叶丝瓣芹 (8) 674 **675**
禾叶嵩草 (12) 364 **379**
禾叶挖耳草 (10) 438 **440**
禾叶眼子菜 (12) 29 **35**
禾叶蝇子草 (4) 440 **447**
禾状薹草 (12) 466 **470**
合瓣鹿药 (13) 192 **197**
合被韭 (13) 143 **172**
合柄铁线莲 (3) 511 **538** 彩片374
合萼兰 (13) **585**
合萼兰属
(兰科) (13) 371 **585**
合萼肋柱花 (9) 70 **71**
合耳菊 (11) 521 **523**
合耳菊属
(菊科) (11) 128 **521**
合果木 (3) **155** 彩片190
合果木属
(木兰科) (3) 123 **155**
合欢 (7) 16 **19** 彩片12
合欢草 (7) **6**
合欢草属
(含羞草科) (7) 1 **6**
合欢柳叶菜 (7) 597 **604**
合欢属
(含羞草科) (7) 2 **15**
合江方竹 (12) 621 **623**
合睫藓 (1) **370** 彩片95
合睫藓属
(曲尾藓科) (1) 333 **370**
合景天 (6) **331**
合景天属
(景天科) (6) 319 **331**
合鳞薹草 (12) 415 **418**
合萌 (7) **255**
合萌属
(蝶形花科) (7) 67 **255**
合囊蕨 (2) **84**
合囊蕨科 (2) 2 **83**
合囊蕨属
(合囊蕨科) (2) **83**
合蕊菝葜 (13) 316 **326**
合蕊五味子 (3) 370 **376** 彩片290
合丝肖菝葜 (13) 339 **341**
合头草
(=合头藜) (4) 351
合头菊属
(菊科) (11) 134 **738**
合头藜 (4) **351** 彩片153
合头藜属
(藜科) (4) 306 **351**
合叶苔科 (1) **98**
合叶苔属
(合叶苔科) (1) 98 **101**
合页草 (10) **378**
合页草属
(爵床科) (10) 332 **378**
合掌消 (9) 150 **158**
合轴荚 (11) 5 **15**
合柱金莲木 (4) **565**
合柱金莲木属
(金莲木科) (4) **565**
合柱兰 (13) **515** 彩片352
合柱兰属
(兰科) (13) 367 **514**
何首乌 (4) 482 **491** 彩片204
和蔼杜鹃
(=粉背多变杜鹃) (5) 632
和尚菜 (11) 306
和尚菜属
(菊科) (11) 129 **306**
河岸岩荠
(=河岸阴山荠) (5) 425
河岸阴山荠 (5) 423 **425**
河八王 (12) **1095**
河八王属
(禾本科) (12) 555 **1095**
河柏
(=宽苞水柏枝) (5) 187
河北葛缕子 (8) **651**
河北红门兰 (13) 446 **447**
河北假报春 (6) **148** 彩片41
河北梨 (6) 558 **559**
河北栎 (4) 240 **243**
河北木蓝 (7) 129 **142**

河北山梅花 (6) 260 **262**
河北石头花 (4) 473 **475**
河边千斤拔 (7) 243 **244**
河池毛蕨 (2) 374 **386**
河谷南星 (12) 151 **156**
河口新月蕨 (2) 391 **396**
河柳
(=腺柳) (5) 315
河南翠雀花 (3) 429 **440**
河南杜鹃 (5) 568 **627**
河南海棠 (6) 565 **574**
河南猕猴桃 (4) 657 **660**
河南鼠尾草 (9) 507 **517**
河南唐松草 (3) 462 **476**
河朔荛花 (7) 516 **523**
河滩冬青 (7) 839 **870**
河套大黄 (4) 530 **534**
河西菊 (11) **726**
河西菊属
(菊科) (11) 133 **726**
核果茶属
(山茶科) (4) 573 **619**
核果木 (8) 23 **25** 彩片9
核果木属
(大戟科) (8) 10 **23**
核桃
(=胡桃) (4) 171
核子木 (7) **827**
核子木属
(卫矛科) (7) 775 **827**
荷包豆 (7) **237** 彩片115
荷包蕨
(=短叶荷包蕨) (2) 771
荷包蕨属
(禾叶蕨科) (2) 770 **771**
荷包牡丹 (3) **717** 彩片417
荷包牡丹属
(紫堇科) (3) **717**
荷包山桂花 (8) 245 **247** 彩片112
荷包藤 (3) **720**
荷包藤属
(紫堇科) (3) 717 **720**
荷包藓 (1) **318** 彩片84
荷包藓属
(牛毛藓科) (1) 316 **318**
荷花
(=莲) (3) 378
荷花玉兰 (3) 131 **137** 彩片165
荷莲豆草 (4) **396**
荷莲豆草属
(石竹科) (4) 392 **396**
荷青花 (3) **640** 彩片414
荷青花属
(罂粟科) (3) 695 **712**
荷秋藤 (9) 169 **172**
荷叶金钱草
(=荷叶铁线蕨) (2) 233
荷叶铁线蕨 (2) 232 **233** 彩片71
盒果藤 (9) **258**
盒果藤属
(旋花科) (9) 240 **258**
盒子草 (5) **199**
盒子草属
(葫芦科) (5) 197 **199**
貉藻 (5) **109**
貉藻属
(茅膏菜科) (5) 106 **109**
贺兰韭 (13) 141 **148**
贺兰山繁缕 (4) 408 **415**
贺兰山南荠 (5) 470 **471**
贺兰山女蒿 (11) **359**
贺兰山延胡索 (3) 726 **762**
贺兰山岩黄蓍 (7) 393 **401**
贺兰山蝇子草 (4) 441 **452**
褐斑舌蕨
(=华南舌蕨) (2) 634
褐苞蒿 (11) 373 **392**
褐苞三肋果 (11) **349**
褐苞薯蓣 (13) 344 **360**
褐背柳 (5) 306 309 **343** 彩片149
褐柄合耳菊 (11) 521 **522**
褐柄剑蕨 (2) 779 **782**
褐冠鳞苔 (1) **233**
褐冠小苦荬 (11) 752 **756**
褐果薹草 (12) 518 **521**
褐果枣 (8) 173 **175**
褐红脉薹草 (12) 532 **534**
褐花杓兰 (13) 377 **381**
褐花风毛菊
(=褐花雪莲) (11) 578
褐花雪莲 (11) 568 **578**
褐黄鳞薹草 (12) 489 **492**
褐黄色风毛菊 (11) 572 **599**
褐黄水灰藓 (1) 824 **826**
褐梨 (6) 558 **562**
褐鳞鳞毛蕨
(=深裂鳞毛蕨) (2) 503
褐鳞木 (7) **659**
褐鳞木属
(野牡丹科) (7) 615 **659**
褐鳞飘拂草 (12) 293 **308**
褐鳞省藤 (12) 77 **82**
褐绿苔草
(=柄果薹草) (12) 523
褐绿叶苔 (1) 70 **75**
褐毛垂头菊 (11) 472 **484** 彩片107
褐毛杜鹃 (5) 567 **650**
褐毛杜英 (5) 2 **8**
褐毛狗尾草 (12) 1071 **1076**
褐毛花楸 (6) 534 **553**
褐毛蓝刺头 (11) 557 **559**
褐毛黎豆
(=大果油麻藤) (7) 200
褐毛鳞盖蕨 (2) 156 **163**
褐毛柳 (5) 302 312 **321** 彩片144
褐毛毛连菜
(=单毛毛连菜) (11) 699
褐毛石棉 (6) 515 **524**
褐毛溲疏 (6) 249 **259**
褐毛铁线莲 (3) 511 **541**
褐毛橐吾 (11) 448 **455**
褐毛野桐 (8) 64 **70**
褐毛猪屎豆 (7) 441 **447**

褐毛紫菀 (11) 174 **179**
褐鞘毛茛 (3) 553 **571**
褐鞘苔草
(=丛薹草) (12) 517
褐鞘沿阶草 (13) 243 **244**
褐色对羽苔 (1) **159**
褐色谷精草
(=尼泊尔谷精草)(12) 211
褐穗莎草 (12) 322 **331**
褐叶柄果木 (8) 282 **283**
褐叶杜鹃 (5) 558 **577**
褐叶青冈 (4) 224 **234**
褐叶榕 (4) 46 **72**
褐叶线蕨 (2) 755 **756**
褐叶星蕨
(=表面星蕨) (2) 751
褐紫鳞薹草 (12) 489 **491**
褐紫乌头 (3) 406 **413**
鹤草 (4) 439 **443** 彩片194
鹤草银莲花 (3) 487 **491**
鹤顶兰 (13) 594 **595** 彩片418
鹤顶兰属
(兰科) (13) 373 **594**
鹤甫碱茅 (12) 765 **778**
鹤果薹草 (12) 444 **451**
鹤庆矮泽芹 (8) 609 **611**
鹤庆十大功劳 (3) 625 **627**
鹤虱 (9) 336 **337**
鹤虱属
(紫草科) (9) 282 **336**
鹤望兰 (13) **13** 彩片13
鹤望兰属
(旅人蕉科) (13) 12 **13**
鹤嘴藓 (1) **792**
鹤嘴藓属
(羽藓科) (1) 784 **791**

hei
黑苞千里光 (11) 530 **537**
黑苞乳苣 (11) 704 **705**
黑北极果
(=北极果) (5) 696
黑边假龙胆 (9) 66 **67**
黑边铁角蕨 (2) 400 **404**
黑柄叉蕨 (2) 617 **620**
黑草 (10) **168**
黑草属
(玄参科) (10) 69 **168**
黑茶藨子 (6) 296 **308**
黑柴
(=合头藜) (4) 351
黑柴胡 (8) 631 **635**
黑翅地肤 (4) 339 **340**
黑弹树 (4) 20 **24** 彩片19
黑顶黄堇 (3) 722 **736**
黑顶卷柏 (2) 32 **43** 彩片16
黑对齿藓 (1) 451 **453**
黑萼棘豆 (7) 353 **369**
黑风藤
(=多花瓜馥木) (3) 193
黑秆蹄盖蕨 (2) 294 **296**
黑果菝葜 (13) 315 **324**
黑果枸杞 (9) **205**
黑果荚 (11) 8 **29**
黑果青冈 (4) 223 225 **230**
黑果枸子 (6) 483 **492**
黑果忍冬 (11) 51 **64**
黑果山姜 (13) **40**
黑果小檗 (3) 585 **602**
黑果茵芋 (8) 427 **428**
黑果越桔 (5) 698 **712**
黑蒿 (11) 375 **396**
黑褐千里光 (11) 532 **538**
黑褐穗薹草 (12) 444 **445**
黑花糙苏 (9) 467 **472** 彩片172
黑花茜草 (10) 675 **678**
黑桦 (4) 276 **283**
黑桦树 (8) 145 **150**
黑环罂粟 (3) 705 **706**
黑黄檀 (7) 90 **95**
黑家柯 (4) 199 **211**
黑节草
(=铁皮石斛) (13) 678
黑茎黄藓 (1) 728 **729**
黑荆 (7) 7 **9**
黑咀蒲桃 (7) 561 **570** 彩片203
黑壳楠 (3) 229 **231** 彩片221
黑老虎 (3) **367**
黑椋子 (7) 692 **696**
黑鳞短肠蕨 (2) 316 **324**
黑鳞耳蕨
(=乌鳞耳蕨) (2) 537 570
黑鳞复叶耳蕨 (2) 478 **484**
黑鳞黄腺香青 (11) 264 **270**
黑鳞假瘤蕨 (2) 731 **739**
黑鳞剑蕨 (2) 779 **780**
黑鳞鳞毛蕨 (2) 489 **504** 彩片109
黑鳞瓦韦 (2) 681 **683**
黑鳞西域鳞毛蕨 (2) 491 **518**
黑鳞远轴鳞毛蕨 (2) 488 **495**
黑鳞珍珠茅 (12) 355 **358**
黑鳞轴脉蕨 (2) 609 **611**
黑柃 (4) 636 **649**
黑龙骨 (9) **139**
黑龙江当归
(=黑水当归) (8) 728
黑龙江酸模 (4) 522 **528**
黑龙江橐吾 (11) 449 **462**
黑龙江香科科 (9) 400 **403**
黑龙江野豌豆 (7) 407 **411**
黑马先蒿 (10) 185 **200**
黑麦 (12) **839**
黑麦草 (12) **786**
黑麦草属
(禾本科) (12) 559 **785**
黑麦嵩草 (12) 362 **365**
黑麦属 (12) 560 **839**
黑麦状雀麦 (12) 804 **812**
黑鳗藤 (9) **180**
黑鳗藤属
(萝藦科) (9) 135 **180**
黑毛冬青 (7) 837 **858**
黑毛多枝黄蓍 (7) 291 **321**

黑毛黄蓍 (7) 291 **321**
黑毛巨竹 (12) **587**
黑毛石斛 (13) 662 **683** 彩片510
黑毛橐吾 (11) 447 **452**
黑毛雪兔子 (11) 568 **580** 彩片134
黑面神 (8) 57 **58** 彩片23
黑面神
(大戟科) (8) 11 **57**
黑面叶
(=黑面神) (8) 58
黑木姜子 (3) 216 **224**
黑纽口藓
(=黑对齿藓) (1) 453
黑皮插柚紫
(=枝花李榄) (10) 46
黑蕊虎耳草 (6) 382 **392** 彩片102
黑蕊猕猴桃 (4) 657 **661**
黑蕊无心菜
(=黑蕊蚤缀) (4) 427
黑蕊蚤缀 (4) 420 **427**
黑三棱 (13) **1** 彩片1
黑三棱科 (13) **1**
黑三棱属
(黑三棱科) (13) **1**
黑桑 (4) 29 **30**
黑色铁角蕨 (2) 403 **430**
黑沙蒿 (11) 380 **421**
黑莎草 (12) **319**
黑莎草属
(莎草科) (12) 256 **319**
黑山寒蓬 (11) **213**
黑柿 (6) 13 **18**
黑水翠雀花 (3) 429 **440**
黑水大戟 (8) 118 **133**
黑水当归 (8) 720 **728**
黑水鳞毛蕨= (2) 492 **529**
黑水柳 (5) 307 310 312 **325**
黑水薹草 (12) 500 **504**
黑水藤 (9) 164 **166**
黑水缬草 (11) 98 **101**
黑水亚麻 (8) 232 **234**
黑水岩茴香 (8) 703 **708**
黑水银莲花 (3) 487 **490**
黑蒴 (10) **166**
黑蒴属
(玄参科) (10) 70 **166**
黑松 (3) 53 **63**
黑穗画眉草 (12) 963 **967**
黑穗箭竹 (12) 632 **640**
黑穗茅 (12) **946**
黑穗羊茅 (12) 682 **690**
黑穗黄蓍 (7) 292 **326**
黑桫椤 (2) 143 **146**
黑头灯心草 (12) 222 **230**
黑纤维虾海藻 (12) **53**
黑藓科 (1) **313**
黑藓属
(黑藓科) (1) **314**
黑腺虎耳草 (6) 384 **398**
黑腺珍珠菜 (6) 115 **123**
黑心金光菊 (11) 317 **318**
黑心蕨 (2) 223 **224**
黑心蕨属
(中国蕨科) (2) 208 **223**
黑杨 (5) 287 **298**
黑药鹅观草
(=黑药以礼草) (12) 867
黑药豆
(=渐尖叶鹿藿) (7) 250
黑药以礼草 (12) 863 **867**
黑叶菝葜 (13) 316 **324**
黑叶角蕨 (2) 279 **281**
黑叶金星蕨 (2) 339 **345**
黑叶木蓝 (7) 130 **135**
黑叶小驳骨 (10) **414**
黑叶锥 (4) 183 **189**
黑樱桃 (6) 764 **766**
黑榆 (4) 3 **9**
黑缘千里光 (11) 532 **539**
黑枣
(=君迁子) (6) 17
黑藻 (12) 22 **23**
黑藻属
(水鳖科) (12) 13 **22**
黑种草 (3) **404**
黑种草属
(毛茛科) (3) 388 **404**
黑轴凤了蕨 (2) 254 **255**
黑珠芽薯蓣 (13) 343 **353**
黑紫花黄蓍 (7) 289 **305**
黑籽荸荠 (12) 279 **285**
黑籽水蜈蚣 (12) **346**
黑籽重楼 (13) 220 **225**
黑足金粉蕨 (2) 211 **212**
黑足鳞毛蕨 (2) 491 **521**
黑足蹄盖蕨 (2) 295 **309**

heng
亨利兜兰 (13) 387 **391** 彩片284
亨利凤尾蕨
(=狭叶凤尾蕨) (2) 187
亨利马唐 (12) 1062 **1067**
亨氏马先蒿
(=江南马先蒿) (10) 200
亨氏薹草 (12) 518 **519**
恒春半插花 (10) **355**
恒春钩藤 (10) 559 **560**
恒山早熟禾 (12) 709 **744**
横断山马唐 (12) 1062 **1066**
横果薹草 (12) 460 **463**
横脉万寿竹 (13) 199 **201**
横生绢藓 (1) 854 **859**
横蒴苣苔 (10) **270** 彩片76
横蒴苣苔属
(苦苣苔科) (10) 244 **270**
横纹薹草 (12) 415 **417**
横叶苔属
(阿氏苔科) (1) **161**
横枝竹 (12) 593 **597**
衡山荚 (11) 8 **30**

hong
红白忍冬 (11) 53 **82**

红百合
(=渥丹) **(13)** 123
红苞距药姜 **(13)** 28 **29**
红苞木 **(3)** **704** 彩片436
红苞木属
(金缕梅科) **(3)** 773 **776**
红苞树萝卜 **(5)** 714 **720**
红苞蹄盖蕨 **(2)** 294 **296**
红北极果 **(5)** 696 **697**
红背杜鹃 **(5)** 561 **605** 彩片211
红背耳叶马蓝 **(10)** 364 **365**
红背桂花 **(8)** 111 **112**
红背马蓝
(=红背耳叶马蓝) **(10)** 365
红背山麻杆 **(8)** 77 **78**
红背兔儿风 **(11)** 665 **671**
红边竹 **(12)** 602 **614**
红柄白鹃梅 **(6)** 479 **480**
红柄雪莲 **(11)** 567 **575** 彩片125
红波罗花 **(10)** 430 **433** 彩片138
红哺鸡竹
(=红壳竹) **(12)** 612
红茶藨子 **(6)** 296 **307**
红柴胡 **(8)** 632 **641**
红柴枝 **(8)** 299 **209**
红车轴草 **(7)** 438 **440** 彩片147
红齿蝇子草 **(4)** 442 **459**
红翅槭
(=罗浮槭) **(8)** 331
红椿 **(8)** 376 **377** 彩片190
红刺悬钩子 **(6)** 592 **645**
红葱 **(13)** **277**
红葱 **(13)** 143 **166**
红葱属
(鸢尾科) **(13)** 273 **277**
红丛叶苔 **(1)** 70 **77**
红大戟 **(10)** **602**
红淡
(=台湾杨桐) **(4)** 628
红淡比 **(4)** **630**
红淡比属
(山茶科) **(4)** 573 **629**
红丁香 **(10)** 33 **35**
红冬蛇菰 **(7)** 766 **771** 彩片296
红豆
(=越桔) **(5)** 708
红豆蔻 **(13)** 40 **46** 彩片42
红豆杉 **(3)** 106 **107**
红豆杉科 **(3)** **105**
红豆杉属
(红豆杉科) **(3)** 105 **106**
红豆树 **(7)** 68 **71**
红豆属
(蝶形花科) **(7)** 60 **68**
红萼茶藨子 **(6)** 298 **316**
红萼杜鹃 **(5)** 569 **662**
红萼藤黄 **(4)** 686 **689**
红粉白珠 **(5)** 690 **692**
红凤菜 **(11)** 551 **552**
红麸杨 **(8)** 354 **355**
红敷地发 **(7)** 639 **642**
红盖鳞毛蕨 **(2)** 491 **522**
红杆水龙骨 **(2)** 667 **673**
红秆凤尾蕨 **(2)** 182 **560**
红根草 **(6)** 115 **123**
红根草 **(9)** 507 **516**
红根南星 **(12)** 151 **154**
红梗草
(=异叶泽兰) **(11)** 152
红梗润楠 **(3)** 276 **288** 彩片244
红勾栲
(=鹿角锥) **(4)** 196
红骨母草 **(10)** 106 **110**
红瓜 **(5)** **248**
红瓜属
(葫芦科) **(5)** 199 **248**
红冠紫菀 **(11)** 177 **191**
红光树 **(3)** **196**
红光树属
(肉豆蔻科) **(3)** **196**
红果菝葜 **(13)** 315 **322**
红果薄柱草 **(10)** **646**
红果草
(=艾堇) **(8)** 56
红果钓樟
(=红果山胡椒) **(3)** 232
红果胡椒 **(3)** 321 **332**
红果黄鹌菜 **(11)** 718 **726**
红果黄肉楠 **(3)** 246 **248**
红果类叶升麻 **(3)** **402** 彩片311
红果龙葵 **(9)** 222 **224**
红果木 **(8)** 392 **393**
红果蒲公英 **(11)** 766 **784**
红果山胡椒 **(3)** 229 **232**
红果树 **(6)** **512**
红果树属
(蔷薇科) **(6)** 443 **511**
红果榆 **(4)** 3 **9**
红果子 **(7)** **558**
红孩儿 **(5)** 258 **277** 彩片137
红海兰 **(7)** 676 **677** 彩片252
红海榄
(=红海兰) **(7)** 677
红河橙 **(8)** 444 **445**
红河酸蔹藤 **(8)** 216 **217**
红褐柃 **(4)** 636 **649**
红后竹
(=安吉水胖竹) **(12)** 616
红厚壳 **(4)** **684** 彩片306
红厚壳属
(藤黄科) **(4)** 682 **683**
红虎耳草 **(6)** 385 **405**
红花 **(11)** **650**
红花八角 **(3)** 360 **366**
红花斑叶兰 **(13)** 410 **418**
红花变豆菜 **(8)** **589**
红花菜
(=渥丹) **(13)** 123
红花垂头菊 **(11)** 471 **473**
红花酢浆草 **(8)** 462 **463** 彩片239
红花粉叶报春
(=粉报春) **(6)** 208
红花隔距兰 **(13)** 733 **737**

红花荷
(=红苞木) (3) 776
红花还阳参 (11) 712 **714**
红花寄生 (7) 746 **748**
红花疆罂粟
(=红花裂叶罂粟) (3) 710
红花金丝桃 (4) **708**
红花金银忍冬 (11) 53 **76**
红花锦鸡儿 (7) 266 **281**
红花栝楼 (5) 234 **239**
红花来江藤 (10) 73 **75**
红花冷水花 (4) 90 **95**
红花莲
(=朱顶红) (13) 270
红花裂叶罂粟 (3) **710**
红花龙胆 (9) 19 **39** 彩片21
红花鹿蹄草 (5) 721 **723**
红花绿绒蒿 (3) 696 **702** 彩片407
红花马先蒿 (10) 183 **210**
红花芒毛苣苔 (10) **314** 彩片100
红花木莲 (3) 124 **127** 彩片153
红花木犀榄 (10) **47**
红花茜草 (10) 675 **676**
红花蔷薇
(=华西蔷薇) (6) 728
红花青藤 (3) 306 **307** 彩片252
红花苘麻 (5) 80 **81**
红花肉叶荠 (5) **535**
红花山牵牛 (10) 333 **334**
红花宿苞兰 (13) **656**
红花天料木 (5) 123 **125**
红花条叶垂头菊 (11) 472 **483**
红花五味子 (3) 370 **371** 彩片283
红花悬钩子 (6) 584 **601**
红花栒子 (6) 483 **497**
红花岩黄耆 (7) 392 **393**
红花岩梅 (5) **737** 彩片298
红花岩生忍冬 (11) 50 **56**
红花羊蹄甲 (7) 41 **43** 彩片30
红花油茶
(=浙江红山茶) (4) 589
红花鸢尾 (13) 281 **297**
红花远志 (8) 245 **246**
红花越桔 (5) 698 **702**
红花属
(菊科) (11) 132 **649**
红花紫堇 (3) 723 **744**
红桦 (4) 276 **282**
红茴砂
(=红茴香砂仁) (13) 54
红茴香 (3) 360 **364** 彩片279
红茴香砂仁 (13) **54** 彩片49
红桧 (3) **81**
红火麻 (4) 88 **89**
红荚 (11) 6 **17**
红健秆 (12) 1111 **1112**
红姜花 (13) 33 **34** 彩片31
红胶木 (7) **550**
红胶木属
(桃金娘科) (7) **549**
红蕉 (13) 15 **17** 彩片17
红茎黄芩 (9) 417 **420**
红茎猕猴桃 (4) 658 **664**
红茎蝇子草 (4) 442 **461**
红景天 (6) 354 **362**
红景天属
(景天科) (6) 319 **353**
红壳雷竹 (12) 600 **603**
红壳竹 (12) 601 **612**
红榄李 (7) **668** 彩片246
红肋网藓 (1) 428 **431**
红楝子
(=红椿) (8) 377
红凉伞 (6) 86 **93**
红蓼 (4) 484 **506** 彩片214
红裂稃草 (12) **1148**
红鳞扁莎 (12) 337 **340**
红鳞飘拂草 (12) 293 **309**
红鳞蒲桃 (7) 561 **573**
红轮狗舌草 (11) 515 **519**
红轮千里光
(=红轮狗舌草) (11) 519
红马蹄草 (8) **583** 彩片277
红马蹄莲 (12) **122**
红马银花 (5) 572 **665**
红脉钓樟 (3) 230 **237**
红脉忍冬 (11) 51 **64** 彩片19
红毛草 (12) **1038**
红毛草属
(禾本科) (12) 553 **1037**
红毛禾叶蕨
(=短柄禾叶蕨) (2) 777
红毛虎耳草 (6) 382 **389** 彩片99
红毛花楸 (6) 533 **544** 彩片129
红毛卷花丹 (7) 650 **651**
红毛蓝 (10) **372**
红毛蓝属
(爵床科) (10) 332 **372**
红毛七 (3) **652** 彩片471
红毛七属
(小檗科) (3) 582 **652**
红毛五加 (8) 557 **560**
红毛细羽藓 (1) 792 **794**
红毛蟹甲草 (11) 489 **500**
红毛悬钩子 (6) 585 **603**
红毛羊胡子草 (12) 274 **276**
红毛野海棠 (7) 635 **637**
红毛竹叶子 (12) **183**
红莓苔子 (5) 699 **712**
红门兰属
(兰科) (13) 366 **446**
红茉莉
(=红素馨) (10) 60
红木 (5) **129** 彩片74
红木科 (5) **129**
红木属
(红木科) (5) **129**
红楠 (3) 274 **277** 彩片242
红泡刺藤 (6) 583 **595**
红皮糙果茶 (4) 574 **580** 彩片264
红皮柳 (5) 307 313 **363**
红皮木姜子 (3) 216 **228**
红皮树

(=栓叶安息香) (6) 36
红皮云杉 (3) 35 **37** 彩片54
红皮紫茎 (4) 616 **618**
红千层 (7) **556** 彩片195
红千层属
(桃金娘科) (7) 549 **556**
红前胡 (8) 742 **746**
红茄 (9) 221 **229**
红茄冬 (7) 676 **677**
红秋葵 (5) 91 **96** 彩片56
红球姜 (13) **37** 彩片32
红雀珊瑚 (8) **137** 彩片78
红雀珊瑚属
(大戟科) (8) 14 **137**
红绒毛羊蹄甲
(=火索藤) (7) 47
红肉猕猴桃 (4) 659 **671**
红瑞木 (7) 692 **694** 彩片266
红三叶地锦 (8) 183 **184**
红桑 (8) 88 **91** 彩片41
红色金毛藓 (1) 660 **661**
红色马先蒿
(=红花马先蒿) (10) 210
红色拟大萼苔 (1) 176 **178**
红色新月蕨 (2) 391 **394**
红砂 (5) **174** 彩片87
红砂属
(柽柳科) (5) **174**
红杉 (3) 45 **47**
红杉
(=北美红杉) (3) 73
红舌垂头菊 (11) 472 **481**
红柿 (6) 13 **17**
红树 (7) **676** 彩片251
红树科 (7) **675**
红树属
(红树科) (7) **676**
红睡莲 (3) 381 **382** 彩片295
红蒴立碗藓 (1) **522** 彩片147
红丝线 (9) **233** 彩片102
红丝线属
(茄科) (9) 204 **233**
红松 (3) 52 **54** 彩片75
红素馨 (10) 58 **60**
红算盘子 (8) 46 **47**
红穗苔草
(=阿齐薹草) (12) 493
红滩杜鹃 (5) 562 **620**
红头薹草 (12) 382 **388**
红尾翎 (12) 1062 **1068**
红纹凤仙花 (8) 490 **502** 彩片300
红纹马先蒿 (10) 183 **191**
红雾水葛 (4) **147**
红纤维虾海藻 (12) 53 **54**
红腺蕨 (2) 468 **469** 彩片107
红腺蕨属
(球盖蕨科) (2) 467 **468**
红腺忍冬
(=菰腺忍冬) (11) 82
红腺悬钩子 (6) 586 **611**
红小麻 (4) 84 **86**
红心石豆兰 (13) 691 **697**
红血藤 (7) **203**
红芽大戟 (10) **602**
红芽大戟属
(茜草科) (10) 509 **602**
红芽木 (4) 691 **692**
红药蜡瓣花 (3) 783 **785**
红叶 (8) **353** 彩片174
红叶老鹳草 (8) 469 **482**
红叶木姜子 (3) 215 **218**
红叶藤 (6) 229 **230**
红叶藤属
(牛栓藤科) (6) 227 **228**
红叶藓属
(丛藓科) (1) 443 **444**
红叶雪兔子 (11) 569 **582**
红叶野桐 (8) 64 **70**
红缨大丁草
(=红缨扶郎花) (11) 681
红缨扶郎花 (11) **681**
红缨合耳菊 (11) 522 **526**
红枝枸杞
(=新疆枸杞) (9) 206
红枝卷柏 (2) 32 **36**
红枝蒲桃 (7) 561 **570**
红枝琼楠 (3) 293 **294**
红枝柿 (6) 13 **23**
红枝崖爬藤 (8) 206 **209**
红直獐牙菜 (9) 74 **77** 彩片39
红指香青 (11) 264 **274**
红烛蛇菰 (7) 766 **772**
红锥 (4) 182 **186**
红紫桂竹香
(=红紫糖芥) (5) 517
红紫麻 (4) 153 **154**
红紫糖芥 (5) 513 **517** 彩片183
红紫珠 (9) 354 **360**
红棕杜鹃 (5) 559 **586** 彩片199
红棕薹草 (12) 444 **447**
红足蒿 (11) 378 **405**
红嘴薹草 (12) 444 **450**
洪雅耳蕨 (2) 534 **547**
荭草
(=红蓼) (4) 506

hou
侯钩藤 (10) 559 **561**
喉毛花 (9) 62 **64**
喉毛花属
(龙胆科) (9) 12 **62**
喉药醉鱼草 (10) 14 **16**
猴耳环 (7) 11 **12** 彩片9
猴耳环属
(含羞草科) (7) 1 **11**
猴欢喜 (5) 9 **10** 彩片6
猴欢喜属
(杜英科) (5) 1 **8**
猴面包树 (5) **64**
猴面包树属
(木棉科) (5) **64**
猴面柯 (4) 198 **202**
猴面石栎

(=猴面柯) **(4)** 202
猴头杜鹃 **(5)** 569 **640** 彩片243
猴樟 **(3)** 250 **252**
猴子木
(=五柱滇山茶) **(4)** 578
篌竹 **(12)** 602 **615**
后蕊苣苔属
(苦苣苔科) **(10)** 244 **272**
厚瓣玉凤花 **(13)** 499 **501** 彩片339
厚壁顶胞藓 **(1)** 892 **893**
厚壁净口藓 **(1)** 456 **457**
厚壁蕨 **(2)** 118 **118**
厚壁蕨属
(膜蕨科) **(2)** 112 **118**
厚壁荠 **(5)** **411**
厚壁荠属
(十字花科) **(5)** 383 **410**
厚壁秋海棠 **(5)** 258 **274**
厚边蕨 **(2)** **129**
厚边蕨属
(膜蕨科) **(2)** 112 **129**
厚边藓属
(柳叶藓科) **(1)** 802 **803**
厚边木犀 **(10)** 40 **41** 彩片14
厚边紫萼藓 **(1)** 496 **501**
厚柄茜草 **(10)** 675 **680**
厚唇兰属
(兰科) **(13)** 373 **688**
厚齿石楠 **(6)** 515 **521**
厚斗柯 **(4)** 200 **212**
厚斗石栎
(=厚斗柯) **(4)** 212
厚萼凌霄 **(10)** **429** 彩片133
厚萼中印铁线莲 **(3)** 509 **532**
厚梗染木树 **(10)** **620**
厚果鸡血藤
(=厚果崖豆藤) **(7)** 105
厚果崖豆藤 **(7)** 103 **105** 彩片63
厚喙菊 **(11)** 706 **707**
厚喙菊属
(菊科) **(11)** 133 **706**
厚荚红豆 **(7)** 68 **71**
厚角扁萼苔 **(1)** 186 **195**
厚角黄藓 **(1)** 728 **731** 彩片226
厚角绢藓 **(1)** 853 **857**
厚角藓 **(1)** **877**
厚角藓属
(锦藓科) **(1)** 873 **876**
厚距花 **(7)** **658**
厚距花属
(野牡丹科) **(7)** 615 **658**
厚壳桂 **(3)** 300 **301** 彩片250
厚壳桂属
(樟科) **(3)** 207 **300**
厚壳树 **(9)** 283 **284** 彩片119
厚壳树属
(紫草科) **(9)** 280 **283**
厚棱芹属
(伞形科) **(8)** 580 **713**
厚鳞柯 **(4)** 199 **208** 彩片96
厚鳞石栎
(=厚鳞柯) **(4)** 208
厚毛毛冠菊 **(11)** **211**
厚膜树属
(紫葳科) **(10)** 419 **424**
厚皮灰木 **(6)** 51 **56** 彩片16
厚皮栲
(=厚皮锥) **(4)** 196
厚皮树 **(8)** **352** 彩片172
厚皮树属
(漆树科) **(8)** 345 **351**
厚皮丝栗
(=厚皮锥) **(4)** 196
厚皮香 **(4)** 621 **622**
厚皮香属
(山茶科) **(4)** 573 **620**
厚皮锥 **(4)** 183 **196**
厚朴 **(3)** 131 **134** 彩片160
厚鞘早熟禾 **(12)** 711 **757**
厚绒黄鹌菜 **(11)** 718 **721**
厚绒荚 **(11)** 7 **25**
厚茸薄雪火绒草 **(11)** 250 **254**
厚檐小檗 **(3)** 584 **591**
厚叶安息香 **(6)** 28 **37**
厚叶八角 **(3)** 360 **366**
厚叶白花酸藤子 **(6)** 102 **104** 彩片29
厚叶翅膜菊 **(11)** **618**
厚叶川木香 **(11)** 637 **638**
厚叶冬青 **(7)** 839 **869**
厚叶杜鹃 **(5)** 564 **629**
厚叶短颈藓 **(1)** 946 **947**
厚叶贯众 **(2)** 587 **589**
厚叶红淡比 **(4)** 630 **631**
厚叶厚皮香 **(4)** 620 **621**
厚叶灰木
(=厚皮灰木) **(6)** 56
厚叶蕨 **(2)** 134 **135**
厚叶蕨属
(膜蕨科) **(2)** 112 **134**
厚叶冷水花 **(4)** 92 **106**
厚叶柃木 **(4)** **644**
厚叶柳叶蕨
(=离脉柳叶蕨) **(2)** 586
厚叶毛兰 **(13)** 640 **652**
厚叶美花草 **(3)** **544**
厚叶琼楠 **(3)** 294 **298**
厚叶山矾 **(6)** 53 **66**
厚叶石楠 **(6)** 514 **520**
厚叶鼠刺 **(6)** 289 **291**
厚叶双盖蕨 **(2)** 309 **311**
厚叶算盘子 **(8)** 46 **47**
厚叶碎米蕨 **(2)** 220 **222**
厚叶铁角蕨 **(2)** 400 **405**
厚叶铁线莲 **(3)** 507 **525**
厚叶兔儿风 **(11)** 664 **666**
厚叶卫矛
(=肉花卫矛) **(7)** 786
厚叶藓
(=厚叶短颈藓) **(1)** 947
厚叶藓属
(=短颈藓属) **(1)** 946
厚叶悬钩子 **(6)** 590 **634**
厚叶栒子 **(6)** 482 **485**

厚叶崖爬藤 (8) 206 **209**
厚叶岩白菜 (6) 379 **380**
厚叶中华石楠 (6) 515 **521**
厚叶轴脉蕨 (2) 610 **613**
厚叶蛛毛苣苔 (10) 303 **305**
厚圆果海桐 (6) 234 **235**
厚缘青冈 (4) 224 **233**
厚栉金发藓
(=厚栉拟金发藓)(1) 965
厚栉拟金发藓 (1) **965**

hu
忽地笑 (13) 262 **263** 彩片181
弧距虾脊兰 (13) 597 **604** 彩片426
狐臭柴 (9) 364 **365**
狐尾黄蓍 (7) 292 **328**
狐尾藻 (7) 493 **494**
狐尾藻棘豆
(=多叶棘豆) (7) 357
狐尾藻属
(小二仙草科) (7) **493**
胡黄莲 (10) **136**
胡黄莲属
(玄参科) (10) 68 **136**
胡椒 (3) 320 **321** 彩片261
胡椒科 (3) **318**
胡椒属
(胡椒科) (3) 318 **319**
胡堇草
(=南山堇菜) (5) 159
胡卢巴 (7) **432** 彩片146
胡卢巴属
(蝶形花科) (7) 62 **431**
胡萝卜 (8) **760**
胡萝卜属
(伞形科) (8) 578 **760**
胡麻草 (10) 164 **165**
胡麻草属
(玄参科) (10) 70 **164**
胡麻花 (13) **75** 彩片62
胡麻花属
(百合科) (13) 69 **75**
胡麻科 (10) **417**
胡麻属
(胡麻科) (10) **417**
胡蔓藤
(=钩吻) (9) 7
胡蔓藤属
(=钩吻属) (9) 7
胡桃 (4) **171** 彩片73
胡桃科 (4) **164**
胡桃楸 (4) **171** 彩片74
胡桃属
(胡桃科) (4) 164 **170**
胡桐
(=红厚壳) (4) 684
胡颓子 (7) 467 **472**
胡颓子科 (7) **466**
胡颓子属
(胡颓子科) (7) **466**
胡杨 (5) 287 **299**
胡枝子 (7) 182 **187** 彩片89
胡枝子属
(蝶形花科) (7) 63 **181**
壶苞苔 (1) **255**
壶苞苔科 (1) **255**
壶苞苔属
(壶苞苔科) (1) **255**
壶花荚 (11) 5 **12**
壶托榕 (4) 44 **60** 彩片44
壶藓 (1) 534 **535** 彩片154
壶藓科 (1) **525**
壶藓属
(壶藓科) (1) 526 **533**
湖北巴戟 (10) 652 **654**
湖北百合 (13) 119 **128** 彩片102
湖北贝母
(=天目贝母) (13) 110
湖北大戟 (8) 118 **132**
湖北地黄 (10) 133 **134**
湖北杜茎山 (6) 78 **79**
湖北鹅耳枥 (4) 261 **267**
湖北风毛菊 (11) 574 **609**
湖北枫杨 (4) **168**
湖北凤仙花 (8) 489 **499**
湖北海棠 (6) 564 **567**
湖北花楸 (6) 532 **538** 彩片127
湖北黄精 (13) 206 **216**
湖北蓟 (11) 621 **631**
湖北栲
(=湖北锥) (4) 193
湖北老鹳草 (8) 469 **484**
湖北裂瓜 (5) 222 **223**
湖北落芒草 (12) 941 **942**
湖北葡萄 (8) 218 **222**
湖北三毛草 (12) 879 **883**
湖北沙参 (10) 477 **480**
湖北山楂 (6) 503 **505**
湖北双蝴蝶 (9) 53 **54**
湖北算盘子 (8) 47 **52**
湖北苔草
(=亨氏薹草) (12) 519
湖北小檗 (3) 585 **598**
湖北旋覆花 (11) 288 **291**
湖北栒子
(=华中栒子) (6) 487
湖北眼子菜 (12) 30 **36**
湖北野青茅 (12) 902 **913**
湖北蝇子草 (4) 442 **462**
湖北诸葛菜
(=诸葛菜) (5) 398
湖北锥 (4) 183 **193**
湖北紫荆 (7) 39 **40**
湖边龙胆 (9) 17 **28**
湖瓜草
(=银穗湖瓜草) (12) 350
湖瓜草
(莎草科) (12) 256 **349**
湖南稗子 (12) 1044 **1047**
湖南参
(=粉背羽叶参) (8) 564 **565**
湖南耳叶苔 (1) 212 **217** 彩片42
湖南凤仙花 (8) 490 **501** 彩片299

湖南桤叶树 (5) 544 **547**
湖南千里光 (11) 532 **539**
湖南山核桃 (4) 173 **174**
湖南悬钩子 (6) 589 **627**
湖南淫羊藿 (3) 643 **649**
湖南蜘蛛抱蛋 (13) 182 **183**
葫芦 (5) **232** 彩片119
葫芦茶 (7) **167** 彩片83
葫芦茶属
(蝶形花科) (7) 63 **167**
葫芦茎虾脊兰 (13) 599 **612**
葫芦科 (5) **197**
葫芦树属
(紫葳科) (10) 419 **436**
葫芦苏铁 (3) 3 **10** 彩片15
葫芦藓 (1) 519 **520** 彩片146
葫芦藓科 (1) **516**
葫芦藓属
(葫芦藓科) (1) 517 **519**
葫芦叶马兜铃 (3) 349 **355**
葫芦属
(葫芦科) (5) 199 **232**
槲寄生 (7) **760**
槲寄生科 (7) **756**
槲寄生属
(槲寄生科) (7) 757 **760**
槲蕨 (2) 765 **766** 彩片151
槲蕨科 (2) 3 **762**
槲蕨属
(槲蕨科) (2) 762 **764**
槲栎 (4) 240 **245** 彩片107
槲树 (4) 240 **243**
槲叶雪兔子 (11) 569 **581** 彩片135
蝴蝶草属
(玄参科) (10) 70 **114**
蝴蝶果 (8) **87** 彩片40
蝴蝶果属
(大戟科) (8) 12 **87**
蝴蝶花
(=三色堇) (5) 173
蝴蝶花 (13) 281 **295** 彩片217
蝴蝶花豆
(=蝶豆) (7) 225
蝴蝶荚
(=蝴蝶戏珠花) (11) 22
蝴蝶兰 (13) **751** 彩片562
蝴蝶兰属
(兰科) (13) 370 **751**
蝴蝶树 (5) **44** 彩片23
蝴蝶戏珠花 (11) 5 **22**
虎刺
(=木麒麟) (4) 300
虎刺 (10) 647 **648** 彩片211
虎刺楤木 (8) 568 **570**
虎刺属
(茜草科) (10) 509 **647**
虎耳草 (6) 382 **390** 彩片100
虎耳草科 (6) **370**
虎耳草属
(虎儿草科) (6) 371 **381**
虎耳鳞毛蕨 (2) 493 **532**
虎克粗叶木 (10) 622 **632**
虎克贯众
(=尖羽贯众) (2) 593
虎克鳞盖蕨 (2) 155 **156**
虎克鳞蕨
(=虎克鳞盖蕨) (2) 156
虎皮花 (13) **276**
虎皮花属
(鸢尾科) (13) 273 **275**
虎皮楠 (3) 792 **794**
虎皮楠科 (3) **792**
虎皮楠属
(虎皮楠科) (3) **792**
虎舌红 (6) 87 **97** 彩片25
虎舌兰 (13) **532** 彩片366
虎舌兰属
(兰科) (13) 368 **532**
虎头蓟 (11) **613**
虎头蓟属
(菊科) (11) 131 **612**
虎头兰 (13) 575 **579** 彩片399
虎尾草 (6) 115 **122**
虎尾草 (12) **991**
虎尾草属
(禾本科) (12) 559 **990**
虎尾蒿蕨 (2) 774 **774**
虎尾兰 (13) **175** 彩片125
虎尾兰属
(百合科) (13) 70 **175**
虎尾铁角蕨 (2) 402 403 **424**
虎尾藓 (1) **643** 彩片190
虎尾藓科 (1) **641**
虎尾藓属
(虎尾藓科) (1) 641 **642**
虎须草
(=穗花粉条儿菜) (13) 256
虎须娃儿藤 (9) 189 **193**
虎颜花 (7) **649**
虎颜花属
(野牡丹科) (7) 615 **649**
虎眼万年青 (13) **138**
虎眼万年青属
(百合科) (13) 72 **138**
虎掌 (12) 172 **174**
虎掌藤 (9) 259 **261**
虎杖 (4) 482 **490** 彩片203
虎榛子 (4) **259**
虎榛子属
(桦木科) (4) 255 **259**
琥珀千里光 (11) 531 533 **543**
互对醉鱼草 (10) 14 **16**
互生鳞叶藓 (1) 919 **920**
互叶长蒴苣苔 (10) 296 **297**
互叶金腰
(=五台金腰) (6) 420
互叶铁线莲 (3) 510 **534**
互叶醉鱼草 (10) 14 **15**
护耳草 (9) 169 **170**
护蒴苔 (1) 44 **46**
护蒴苔科 (1) **42**
护蒴苔属
(护蒴苔科) (1) 42 **43**

瓠瓜 (5) 232 233
瓠子 (5) 232 233 彩片120

hua
花葱 (9) 277 彩片11
花斑烟杆藓 (1) 949 950
花苞报春 (6) 176 212
花哺鸡竹 (12) 601 611
花菜
(=花椰菜) (5) 391
花菖蒲 (13) 280 283
花菖蒲
(=玉蝉花) (13) 283
花地钱 (1) 268
花地钱科 (1) 268
花地钱属
(花地钱科) (1) 268
花点草 (4) 83
花点草属
(荨麻科) (4) 74 83
花萼苔属
(疣冠苔科) (1) 274
花格斑叶兰 (13) 410 412
花红 (6) 564 569
花江盾翅藤 (8) 237 238
花花柴 (11) 244
花花柴属
(菊科) (11) 129 244
花椒 (8) 401 411
花椒簕 (8) 400 403
花椒属
(芸香科) (8) 398 399
花锦藓 (1) 884
花锦藓属
(锦藓科) (1) 873 883
花楷槭 (8) 316 324
花科 (9) 276
花葵 (5) 72
花葵属
(锦葵科) (5) 69 71
花丽早熟禾 (12) 702 715
花蔺 (12) 1
花蔺科 (12) 1
花蔺属
(花蔺科) (12) 1
花菱草 (3) 707
花菱草属
(罂粟科) (3) 695 707
花榈木 (7) 69 73
花锚 (9) 59 彩片29
花锚属
(龙胆科) (9) 12 59
花木蓝 (7) 131 134
花苜蓿 (7) 433 435
花南星 (12) 152 163 彩片69
花佩菊 (11) 728 彩片173
花佩菊属
(菊科) (11) 134 728
花旗杆 (5) 490 491
花旗杆属
(十字花科) (5) 382 490
花旗松
(=北美黄杉) (3) 31
花楸树 (6) 532 537
花楸属
(蔷薇科) (6) 443 531
花曲柳 (10) 25 28 彩片10
花生
(=落花生) (7) 260
花石花
(=珊瑚苣苔) (10) 267
花穗水莎草 (12) 335 336
花唐松草 (3) 461 472
花葶驴蹄草 (3) 390 391 彩片302
花葶薹草 (12) 382 388
花葶乌头 (3) 405 407
花孝顺竹 (12) 581
花椰菜 (5) 390 391 彩片159
花叶地锦 (8) 184 186
花叶滇苦菜 (11) 701
花叶丁香 (10) 33 38
花叶海棠 (6) 565 573
花叶鸡桑 (4) 29 32
花叶开唇兰
(=金线兰) (13) 440
花叶冷水花 (4) 90 96
花叶青木 (7) 705 彩片273
花叶秋海棠 (5) 258 276
花叶山姜 (13) 40 48
花叶尾花细辛 (3) 337 339
花叶溪苔 (1) 263 264 彩片54
花叶藓 (1) 423 424
花叶藓科 (1) 422
花叶藓属
(花叶藓科) (1) 422 424
花叶重楼 (13) 219 224
花叶竹芋 (13) 61 62
花栉小赤藓 (1) 954
花蜘蛛兰 (13) 738
花蜘蛛兰属
(兰科) (13) 370 738
花朱顶红 (13) 270 271 彩片188
花竹 (12) 574 581
花烛属
(天南星科) (12) 104 107
花属(花科) (9) 276 277
花柱草 (10) 502
花柱草科 (10) 502
花柱草属
(花柱草科) (10) 502
华白珠
(=绿背白珠) (5) 696
华北八宝 (6) 325 326
华北白前 (9) 151 160
华北百蕊草 (7) 733 734
华北薄鳞蕨
(=华北粉背蕨) (2) 231
华北大黄 (4) 530 533 彩片227
华北地杨梅 (12) 248 253
华北耳蕨
(=鞭叶耳蕨) (2) 539
华北粉背蕨 (2) 227 231
华北风毛菊

(=蒙古风毛菊) (11) 600
华北剪股颖 (12) 915 **921**
华北景天
(=华北八宝) (6) 326
华北蓝盆花 (11) 116 **119**
华北鳞毛蕨 (2) 491 **517**
华北耧斗菜 (3) 455 **456** 彩片339
华北落叶松 (3) 45 **48** 彩片71
华北马先蒿 (10) 182 **208** 彩片58
华北米蒿 (11) 382 **432**
华北葡萄
(=蘡薁) (8) 226
华北前胡 (8) 743 **749**
华北忍冬 (11) 51 **65**
华北散血丹 (9) 214 **215**
华北石韦 (2) 711 **718**
华北驼绒藜 (4) **334**
华北绣线菊 (6) 446 **451**
华北鸦葱 (11) 688 **691**
华北岩黄蓍 (7) 393 **400** 彩片143
华北岩蕨 (2) 451 **452**
华北獐牙菜 (9) 75 **78** 彩片41
华北珍珠梅 (6) 471 **472** 彩片117
华扁豆 (7) **215**
华扁豆属
(蝶形花科) (7) 65 **215**
华扁穗草 (12) **273**
华参 (8) **543**
华参属
(五加科) (8) 534 **542**
华茶藨
(=华蔓茶藨子) (6) 318
华虫实 (4) 328 **330**
华刺子莞 (12) 311 **312**
华丁香 (10) 33 **38**
华东安蕨 (2) 291 **291**
华东菝葜 (13) 315 **319** 彩片239
华东藨草 (12) 257 **258**
华东椴 (5) 14 **20**
华东附干藓 (1) **762**
华东黄杉
(=黄杉) (3) 30
华东蓝刺头 (11) 557 **558**
华东瘤足蕨 (2) 94 **95**
华东膜蕨 (2) 119 **121**
华东木蓝 (7) 130 **134**
华东瓶蕨 (2) 131 **133**
华东葡萄 (8) 218 **224**
华东山柳
(=髭脉桤叶树) (5) 548
华东松寄生
(=小叶钝果寄生)(7) 751
华东唐松草 (3) 460 **464**
华东蹄盖蕨 (2) 294 **298**
华东铁角蕨 (2) 401 **414**
华东小檗 (3) 586 **606**
华东野核桃 (4) 171 **172**
华东阴地蕨 (2) 76 **79**
华杜英
(=中华杜英) (5) 5
华椴 (5) 13 **16** 彩片9
华凤仙 (8) 489 **495** 彩片294
华福花 (11) **90** 彩片28
华福花属
(五福花科) (11) 88 **90**
华盖木 (3) **130** 彩片156
华盖木属
(木兰科) (3) 123 **130**
华高野青茅 (12) 902 **911**
华钩藤 (10) 559 **560**
华合耳菊 (11) 521 **524**
华红淡
(=大萼杨桐) (4) 627
华湖瓜草 (12) **349**
华黄蓍 (7) 291 **318** 彩片134
华黄细心
(=中华粘腺果) (4) 295
华幌伞枫 (8) 562 **563**
华灰早熟禾 (12) 710 **749**
华火绒草 (11) 250 **254**
华克拉莎 (12) **316**
华空木 (6) **478**
华擂鼓 (12) 351 **352**
华丽杜鹃 (5) 563 **661**
华丽龙胆 (9) 17 **28** 彩片13
华丽马先蒿 (10) 182 **198**
华萝藦 (9) **148**
华麻花头 (11) 643 **644**
华马钱 (9) 2 **4**
华马先蒿 (10) 183 **218**
华蔓茶藨子 (6) 298 **318**
华觿茅 (12) 1138 **1139**
华木槿 (5) 91 **96**
华木莲
(=落叶木莲) (3) 129
华南半蒴苣苔 (10) 277 **280**
华南赤车 (4) 114 **118**
华南粗叶木 (10) 622 **628**
华南冬青 (7) 835 **844**
华南凤尾蕨 (2) 183 **203**
华南复叶耳蕨 (2) 478 **483**
华南狗娃花 (11) 167 **168**
华南谷精草 (12) 206 **208**
华南桂 (3) 251 **261** 彩片236
华南桂樱 (6) 786 **787**
华南厚皮香
(=厚叶厚皮香) (4) 621
华南胡椒 (3) 320 **331**
华南桦 (4) 276 **281**
华南画眉草 (12) 962 **964**
华南金粟兰 (3) 311 **314**
华南栲
(=华南锥) (4) 187
华南可爱花 (10) 346 **347**
华南蓝果树 (7) 688 **689**
华南鳞盖蕨 (2) 156 **161**
华南鳞毛蕨 (2) 492 **526**
华南楼梯草 (4) 121 **130**
华南龙胆 (9) 21 **52** 彩片26
华南马尾杉 (2) 15 **18**
华南毛蕨 (2) 373 **379**
华南毛柃 (4) 634 **637**
华南猕猴桃 (4) 658 **665** 彩片295

华南膜蕨 (2) 119 **121**
华南蒲桃 (7) 560 **568**
华南桤叶树 (5) 545 **550**
华南青冈 (4) 224 225 **233**
华南青皮木 (7) 716 **717**
华南忍冬 (11) 53 **82**
华南舌蕨 (2) 633 **634** 彩片119
华南十大功劳
(=台湾十大功劳) (3) 636
华南石笔木 (4) 603 **604**
华南石栎
(=泥柯) (4) 214
华南石杉
(=华南马尾杉) (2) 18
华南实蕨 (2) 626 **627**
华南条蕨 (2) 641 **643**
华南铁杆蒿
(=华南狗娃花) (11) 168
华南铁角蕨 (2) 402 **419**
华南兔儿风 (11) 665 **676**
华南乌口树 (10) 595 **599**
华南吴萸 (8) 414 **417**
华南五针松 (3) 52 **58** 彩片80
华南小曲尾藓 (1) **339**
华南悬钩子 (6) 590 **636**
华南野靛棵 (10) 410 **411**
华南夜来香
(=卧茎夜来香) (9) 179
华南远志 (8) 246 **253**
华南云实 (7) 31 **34** 彩片24
华南皂荚 (7) 24 **26** 彩片15
华南针毛蕨
(=普通针毛蕨) (2) 354
华南锥 (4) 182 **187** 彩片85
华南紫萁 (2) 90 **92** 彩片40
华女贞 (10) 49 **52**
华飘拂草 (12) 293 **310**
华蒲公英 (11) 768 **770**
华千金榆 (4) 260 **262**
华清香藤
(=华素馨) (10) 64
华苘麻 (5) 81 **82**
华雀麦 (12) 803 **810**
华人参木 (8) **555**
华绒苞藤 (9) **349**
华瑞香 (7) 525 **527**
华箬竹 (12) 659 **660**
华润楠 (3) 276 **286**
华三芒草 (12) 1003 **1004**
华桑 (4) 29 **30**
华山矾 (6) 54 **75** 彩片19
华山姜 (13) 40 **46**
华山楝 (8) **389**
华山蒌 (3) 320 **324**
华山石头花 (4) 473 **475**
华山松 (3) 52 **55** 彩片76
华山新麦草 (12) **831**
华山竹 (12) 95 **97**
华盛顿椰子
(=丝葵) (12) 68
华鼠尾草 (9) 507 **521**
华水苏 (9) 492 **493**
华素馨 (10) 58 **64** 彩片27
华檀梨 (7) 725 **726**
华西贝母 (13) 109 **114** 彩片84
华西杓兰 (13) 376 **379** 彩片262
华西茶藨子 (6) 297 **314**
华西臭樱 (6) 792 **793**
华西枫杨 (4) 168 **169** 彩片72
华西复叶耳蕨 (2) 478 **484**
华西红门兰 (13) 447 **451**
华西蝴蝶兰 (13) 751 **752** 彩片564
华西花楸 (6) 532 **535**
华西棘豆 (7) 353 **367**
华西箭竹
(=箭竹) (12) 639
华西柳 (5) 305 301 **336**
华西龙头草 (9) **449**
华西蔷薇 (6) 710 **728**
华西忍冬 (11) 51 **60**
华西石杉 (2) 9 **14**
华西委陵菜 (6) 656 **676**
华西小檗 (3) 587 **613** 彩片454
华西小石积 (6) **511**
华西绣线菊 (6) 448 **462**
华西悬钩子 (6) 585 **604**
华西俞藤 (8) **188**
华觿茅 (12) 1138 **1139**
华夏慈姑
(=慈姑) (12) 7
华夏蒲桃 (7) 560 **564**
华夏鸢尾 (13) 279 **289**
华夏子楝树 (7) 576 **577** 彩片206
华腺萼木 (10) 578 **579**
华肖菝葜 (13) 339 **341**
华斜翼 (5) **13**
华蟹甲 (11) **485** 彩片108
华蟹甲属
(菊科) (11) 127 **484**
华须芒草 (12) **1140**
华岩扇 (5) **739**
华野豌豆 (7) 407 **412**
华羽芥 (5) **540**
华羽芥属
(十字花科) (5) 386 **540**
华鸢尾
(=小花鸢尾) (13) 294
华珍珠茅
(=缘毛珍珠茅) (12) 359
华榛 (4) 256 **258** 彩片113
华中八角 (3) 360 **361**
华中茶藨子 (6) 297 **310**
华中峨眉蕨 (2) 287 **288**
华中凤尾蕨 (2) 183 **201**
华中枸骨 (7) 836 **852**
华中介蕨 (2) 284 **285**
华中冷水花 (4) 92 **103**
华中瘤足蕨 (2) 94 **95**
华中马先蒿 (10) 185 **197**
华中毛灰藓 (1) **903**
华中婆婆纳 (10) 147 **157**
华中前胡 (8) 743 **748**
华中桑寄生 (7) 743 **744**

华中山柳
(=城口桤叶树) (5) 549
华中山楂 (6) 504 **506**
华中蹄盖蕨 (2) 294 **305**
华中铁角蕨 (2) 403 **426**
华中铁线莲 (3) 510 **537**
华中乌蔹莓 (8) 202 **205**
华中五味子 (3) 370 **374** 彩片288
华中稀子蕨 (2) 150 **151**
华中悬钩子 (6) 583 **594**
华中雪莲 (11) 568 **579**
华中栒子 (6) 482 **487**
华中樱桃 (6) 765 **776**
华重楼 (13) 219 **223**
华帚菊 (11) 657 **658**
华紫珠 (9) 354 **360**
滑皮柯 (4) 200 **213**
滑皮石栎 (4) **213**
滑桃树 (8) **63** 彩片26
滑桃树属
(大戟科) (8) 11 **62**
滑叶藤 (3) 506 **513**
滑叶小檗 (3) 585 **601**
滑竹 (12) 631 **635**
化香树 (4) **164** 彩片66
化香树属
(胡桃科) (4) **164**
画笔菊 (11) **370**
画笔菊属
(菊科) (11) 126 **370**
画笔南星 (12) 151 **154**
画眉草 (12) 962 **968**
画眉草属
(禾本科) (12) 562 **961**
画眉草状早熟禾 (12) 705 **729**
桦木科 (4) **255**
桦木属
(桦木科) (4) 255 **276**
桦叶荚 (11) 8 **30** 彩片9
桦叶葡萄 (8) 218 **221**

huai
槐 (7) 82 **83** 彩片51
槐叶决明 (7) 50 **51** 彩片39
槐叶蘋 (2) **785** 彩片156
槐叶蘋科 (2) 7 **785**
槐叶蘋属
(槐叶蕨科) (2) **785**
槐属
(蝶形花科) (7) 60 **82**

huan
还亮草 (3) 430 **448** 彩片333
还羊参
(=北方还阳参) (11) 714
还阳参 (11) 713 **716**
还阳参属
(菊科) (11) 134 **712**
环唇石豆兰 (13) 690 **695**
环萼树萝卜 (5) 714 **716**
环根芹 (8) **629**
环根芹属
(伞形科) (8) 579 **628**
环荚黄蓍 (7) 292 **330**
环鳞烟斗柯 (4) 199 **207**
环毛紫云菜 (10) **379**
环纹矮柳 (5) 301 **304** 311 **332**
萱 (5) 140 **161**
换棉花 (13) 262 **266** 彩片182
焕镛粗叶木 (10) 621 **626**
焕镛木 (3) **143** 彩片175
焕镛木属
(木兰科) (3) 123 **143**

huang
荒地阿魏 (8) 734 **737**
荒漠黄蓍 (7) 293 **333**
荒漠锦鸡儿 (7) 265 **273**
荒漠蒲公英 (11) 767 **779**
荒漠石头花 (4) 474 **479**
荒漠委陵菜 (6) 659 **686**
荒漠早熟禾 (12) 711 **757**
皇后葵
(=金山葵) (12) 99
皇后葵属
(=金山葵属) (12) 98
黄鹌菜 (11) 718 **725**
黄鹌菜属
(菊科) (11) 134 **717**
黄白火绒草 (11) 251 **259**
黄白龙胆 (9) 20 **47**
黄苞大戟 (8) 118 **128**
黄苞南星 (12) 153 **166** 彩片73
黄杯杜鹃 (5) 568 **627** 彩片233
黄背草 (12) 1156 **1158**
黄背勾儿茶 (8) 166 **170**
黄背栎 (4) 241 **247** 彩片108
黄背叶柃 (4) 637 **647**
黄背越桔 (5) 699 **706**
黄边凤尾藓 (1) 402 **407**
黄边孔雀藓 (1) 744 **746**
黄檗 (8) **425** 彩片214
黄檗属
(芸香科) (8) 399 **424**
黄波罗花 (10) 431 **432**
黄槽刚竹 (12) **610**
黄槽竹 (12) 600 **606**
黄草毛 (12) 1003 **1005**
黄草乌 (3) 405 **418** 彩片318
黄长筒石蒜 (13) 262 **267**
黄常山
(=常山) (6) 268
黄齿雪山报春 (6) 173 **201**
黄椆 (4) **237**
黄刺玫 (6) 708 **714** 彩片149
黄刺条 (7) 267 **284**
黄丹木姜子 (3) 217 **227**
黄豆
(=大豆) (7) 216
黄豆树 (7) 16 **17**
黄独 (13) 343 **353** 彩片252
黄萼红景天 (6) 354 **361**
黄萼雪地黄蓍 (7) 296 **350**

黄粉缺裂报春 (6) 173 **216**
黄葛树 (4) 42 **47**
黄古竹 (12) 601 **610**
黄谷精 (12) 179 **180**
黄瓜 (5) **228** 彩片116
黄瓜菜 (11) 757 **758** 彩片179
黄瓜菜属
(菊科) (11) 135 **757**
黄瓜属
(葫芦科) (5) 199 **227**
黄管杜鹃 (5) 560 **581**
黄管秦艽 (9) 16 **25**
黄光苔 (1) **267** 彩片56
黄果厚壳桂 (3) 300 **303**
黄果冷杉 (3) 20 **28** 彩片43
黄果木 (4) **683**
黄果木属
(藤黄科) (4) 682 **683**
黄果朴 (4) **24**
黄果茄 (9) 221 **232**
黄果悬钩子 (6) 586 **610**
黄海棠 (4) 694 **701** 彩片319
黄褐毛忍冬 (11) 54 **80**
黄褐珠光香青 (11) 263 **266**
黄壶藓 (1) **534**
黄花补血草 (4) 546 **549**
黄花菜 (13) **93** 彩片70
黄花草 (5) 378 **379** 彩片157
黄花川西獐牙菜 (9) 76 **86**
黄花葱 (13) 142 **162**
黄花大苞姜 (13) 21 **36**
黄花大苞兰 (13) 716 **717**
黄花倒水莲 (8) 245 **247** 彩片113
黄花垫柳 (5) 301 308 **333**
黄花独蒜兰 (13) 624 **626** 彩片450
黄花杜鹃 (5) 558 **582**
黄花儿柳
(=黄花柳) (5) 351
黄花粉叶报春 (6) 176 **209**
黄花凤仙花
(=关雾凤仙花) (8) 532
黄花高山豆 (7) 385 **386**
黄花蒿 (11) 374 **394**
黄花合叶豆 (7) 256 **257**
黄花鹤顶兰 (13) 594 **596** 彩片420
黄花红门兰 (13) 447 **450**
黄花红砂 (5) 174 **175**
黄花蝴蝶草 (10) 114 **116**
黄花花杜鹃 (5) 561 **601**
黄花黄蓍 (7) 289 **304**
黄花鸡爪草 (3) **392**
黄花棘豆 (7) 353 **365**
黄花夹竹桃 (9) **109** 彩片58
黄花夹竹桃属
(夹竹桃科) (9) 89 **108**
黄花假杜鹃 (10) 348 **349**
黄花假鹰爪 (3) 167 **168**
黄花角蒿 (10) 430 **431** 彩片135
黄花堇菜
(=东方堇菜) (5) 172
黄花堇兰
(=黄花大苞兰) (13) 717
黄花狸藻 (10) 439 **44** 彩片145
黄花恋岩花 (10) **354**
黄花列当 (10) 237 **241**
黄花蔺 (12) **3**
黄花蔺科 (12) **2**
黄花蔺属
(黄花蔺科) (12) 2 **3**
黄花龙胆 (9) 19 **43**
黄花绿绒蒿
(=椭果绿绒蒿) (3) 697
黄花落叶松 (3) 45 **49**
黄花马黄花柳 (5) 302 **351**
黄花茅属
(禾本科) (12) 559 **897**
黄花美冠兰 (13) **568** 彩片390
黄花美人蕉 (13) 58 **59**
黄花木 (7) **455** 彩片159
黄花木属
(蝶形花科) (7) 60 **454**
黄花南星
(=黄苞南星) (12) 166
黄花枇杷柴
(=黄花红砂) (5) 175
黄花婆罗门参 (11) 694 **695**
黄花珀菊 (11) **652**
黄花稔 (5) 74 **76**
黄花稔属
(锦葵科) (5) 69 **74**
黄花软紫草 (9) 291 **292**
黄花鼠尾草 (9) 507 **512** 彩片177
黄花水龙 (7) 582 **585** 彩片214
黄花松
(=黄花落叶松) (3) 49
黄花铁线莲 (3) 509 **533** 彩片373
黄花瓦松 (6) 323 **324**
黄花委陵菜 (6) 659 **685**
黄花乌头 (3) 406 **426**
黄花无柱兰 (13) 480 **485**
黄花香茶菜 (9) 568 **581**
黄花香薷 (9) 545 **548**
黄花小百合 (13) 119 **123**
黄花小二仙草 (7) 495 **496**
黄花鸭跖柴胡 (8) 631 **636**
黄花烟草 (9) **239**
黄花岩黄蓍 (7) 392 **396**
黄花野青茅 (12) 902 **910**
黄花油点草 (13) **83** 彩片64
黄花鸢尾 (13) 279 **282**
黄花远志
(=荷包山桂花) (8) 247
黄花月见草 (7) 593 **594** 彩片216
黄花皂帽花
(=黄花假鹰爪) (3) 168
黄花獐牙菜 (9) 75 **79**
黄花蜘蛛抱蛋 (13) 182 **184**
黄花紫玉盘 (3) 159 **161**
黄华属
(蝶形花科) (7) 60 **457**
黄槐
(=黄槐决明) (7) 54
黄槐决明 (7) 51 **54** 彩片43

黄灰毛豆 **(7)** **123**
黄灰藓 **(1)** 905 **907**
黄尖拟金发藓 **(1)** 965 **967**
黄姜
(=盾叶薯蓣) **(13)** 346
黄姜花 **(13)** **33**
黄角苔 **(1)** **296** 彩片72
黄角苔属
(角苔科) **(1)** 295 **296**
黄金凤 **(8)** 490 **503** 彩片301
黄金蒿 **(11)** 375 **397**
黄金间碧玉 **(12)** **582** 彩片98
黄金茅属
(禾本科) **(12)** 555 **1111**
黄金树 **(10)** 422 **423**
黄金鸢尾 **(13)** 281 **299** 彩片223
黄堇 **(3)** 726 **760** 彩片427
黄槿 **(5)** 91 **92** 彩片51
黄荆 **(9)** 374 **376**
黄猄草 **(10)** **357**
黄猄草属
(爵床科) **(10)** 332 **356**
黄精 **(13)** 206 **215** 彩片156
黄精
(=多花黄精) **(13)** 210
黄精叶钩吻 **(13)** **313**
黄精叶钩吻属
(百部科) **(13)** 311 **313**
黄精属
(百部科) **(13)** 71 **204**
黄苦竹 **(12)** 600 **606**
黄葵 **(5)** 88 **90** 彩片49
黄兰 **(3)** 145 **146** 彩片177
黄兰 **(13)** **593**
黄兰属
(兰科) **(13)** 372 **593**
黄榄果
(=越榄) **(8)** 343
黄肋蒴藓 **(1)** 632 **635**
黄梨木 **(8)** **289**
黄梨木属
(无患子科) **(8)** 267 **288**
黄连 **(3)** 484 **485** 彩片348
黄连花 **(6)** 117 **133** 彩片35
黄连木 **(8)** **363** 彩片181
黄连木属
(漆树科) **(8)** 345 **362**
黄连山秋海棠 **(5)** 256 **266**
黄连属
(毛茛科) **(3)** 388 **484**
黄亮橐吾 **(11)** 449 **462** 彩片100
黄柳 **(5)** 304 312 **366**
黄龙柳 **(5)** 304 307 **363**
黄龙尾 **(6)** 741 **742**
黄芦木 **(3)** 588 **618**
黄栌
(=粉背黄栌) **(8)** 353
黄栌叶荚 **(11)** 4 **9**
黄栌属
(漆树科) **(8)** 345 **353**
黄绿贝母兰 **(13)** 619 **624**
黄绿花滇百合 **(13)** 119 **126**
黄绿香青 **(11)** 264 **268**
黄麻 **(5)** **22**
黄麻属
(椴树科) **(5)** 12 **21**
黄麻叶凤仙花 **(8)** 494 **522** 彩片314
黄马铃苣苔 **(10)** 251 **253**
黄脉檫木 **(3)** **292**
黄脉檫木属
(樟科) **(3)** 207 **292**
黄脉钩樟
(=黄脉檫木) **(3)** 292
黄脉花楸
(=江南花楸) **(6)** 547
黄脉九节 **(10)** 614 **616**
黄脉爵床 **(10)** **408**
黄脉爵床属
(爵床科) **(10)** 330 **407**
黄脉莓 **(6)** 588 **623**
黄毛草莓 **(6)** 702 **704** 彩片147
黄毛粗叶木 **(10)** 621 **623**
黄毛翠雀花 **(3)** 428 **432**
黄毛冬青 **(7)** 834 **840**
黄毛豆腐柴 **(9)** 364 **368**
黄毛杜鹃 **(5)** 568 **652**
黄毛茛 **(3)** 553 **569**
黄毛蒿 **(11)** 375 **400**
黄毛棘豆 **(7)** 352 **359**
黄毛金钟藤 **(9)** 254 **256**
黄毛九节
(=驳骨九节) **(10)** 616
黄毛黧豆 **(7)** 198 **202**
黄毛猕猴桃 **(4)** 659 **668**
黄毛牡荆 **(9)** 374 **377**
黄毛楤木 **(8)** 569 **571** 彩片270
黄毛漆 **(8)** 356 **357**
黄毛青冈 **(4)** 225 **237**
黄毛榕 **(4)** 45 **63** 彩片47
黄毛山莓草 **(6)** 692 **696**
黄毛橐吾 **(11)** 448 **453**
黄毛五月茶 **(8)** 26 **27**
黄毛野扁豆 **(7)** **241**
黄毛折柄茶 **(4)** 614 **616**
黄茅 **(12)** **1155**
黄茅属
(禾本科) **(12)** 556 **1154**
黄棉木 **(10)** **566**
黄棉木属
(茜草科) **(10)** 506 **566**
黄牡丹 **(4)** **559**
黄木灵藓 **(1)** 621 **624**
黄木犀草 **(5)** **542**
黄囊薹草 **(12)** 405 **406**
黄牛毛藓 **(1)** 320 **321** 彩片85
黄牛木 **(4)** **691** 彩片317
黄牛木属
(藤黄科) **(4)** 682 **691**
黄牛奶树 **(6)** 53 **68**
黄泡 **(6)** 591 **643**
黄盆花 **(11)** 116 **117**
黄皮 **(8)** 432 **434** 彩片223
黄皮树

(=川黄檗) (8) 425
黄皮属
(芸香科) (8) 399 **432**
黄瓢子
(=黄心卫矛) (7) 800
黄匍网藓 (1) 422 **423** 彩片121
黄杞 (4) **165** 彩片67
黄杞属
(胡桃科) (4) 164 **165**
黄蔷薇 (6) 708 **715**
黄芩 (9) 418 **424**
黄芩属
(唇形科) (9) 393 **416**
黄秦艽 (9) **69**
黄秦艽属
(龙胆科) (9) 12 **69**
黄球花 (10) **362**
黄球花属
(爵床科) (10) 332 **362**
黄曲柄藓 (1) 346 **350**
黄雀儿 (7) **452**
黄雀儿属
(蝶形花科) (7) 68 **452**
黄雀花
(=锦鸡儿) (7) 267
黄绒毛兰 (13) 640 **646**
黄蓉花 (8) **93** 彩片42
黄蓉花属
(大戟科) (8) 13 **93**
黄绒润楠 (3) 275 **280**
黄肉楠属
(樟科) (3) 206 **246**
黄瑞香 (7) 526 **529**
黄三七 (3) **398** 彩片307
黄三七属
(毛茛科) (3) 388 **398**
黄色白鳞苔 (1) **234**
黄色杯囊苔
(=黄色假苞苔) (1) 88
黄色假苞苔 (1) **88** 彩片18
黄色毛鳞苔 (1) **227**
黄色细鳞苔 (1) **246**
黄色斜齿藓 (1) **852**
黄色悬钩子 (6) 585 **608**
黄色真藓 (1) 558 **566**
黄色早熟禾 (12) 707 **738**
黄砂藓 (1) 509 **512** 彩片144
黄山风毛菊 (11) 573 **603**
黄山花楸 (6) 532 **536**
黄山栎 (4) 240 **244**
黄山鳞毛蕨 (2) 489 **502**
黄山梅 (6) **247**
黄山梅属
(绣球花科) (6) 246 **247**
黄山木兰 (3) 32 **140** 彩片170
黄山松 (3) 53 **63** 彩片89
黄山溲疏 (6) 248 **252**
黄山蟹甲草 (11) 489 **499**
黄山药 (13) 324 **337**
黄杉 (3) 29 **30** 彩片46
黄杉钝果寄生 (7) 750 **751**
黄杉属
(松科) (3) 14 **29**
黄蓍 (7) 289 **305** 彩片131
黄蓍属
(蝶形花科) (7) 62 **287**
黄石斛 (13) 664 **678**
黄蜀葵 (5) **88**
黄鼠狼花 (9) 506 **513**
黄鼠李 (8) 146 **158**
黄水仙 (13) **267**
黄水枝 (6) **416**
黄水枝属
(虎耳草科) (6) 371 **415**
黄睡莲 (3) 381 **382** 彩片297
黄丝瓜藓 (1) 542 **548**
黄松盆距兰 (13) 761 **762**
黄素馨 (10) 58 **59**
黄檀 (7) 91 **97**
黄檀属
(蝶形花科) (7) 66 **89**
黄藤 (12) **75** 彩片16
黄藤属
(棕榈科) (12) 57 **75**
黄甜竹 (12) 640 **644**
黄条纹龙胆 (9) 18 **35**
黄桐 (8) **109**
黄桐属
(大戟科) (8) 14 **108**
黄筒花 (10) **230**
黄筒花属
(列当科) (10) 228 **230**
黄瓦韦 (2) 682 **690** 彩片128
黄薇 (7) **507**
黄薇属
(千屈菜科) (7) 500 **507**
黄细心 (4) **294** 彩片131
黄细心属
(紫茉莉科) (4) 291 **294**
黄藓属
(油藓科) (1) **727**
黄腺大青 (9) 378 **380**
黄腺香青 (11) 264 **270**
黄腺羽蕨 (2) **616** 彩片116
黄腺羽蕨属
(叉蕨科) (2) 603 **616**
黄香草木樨
(=草木樨) (7) 429
黄心卫矛 (7) 779 **800**
黄心夜合 (3) 145 **149** 彩片183
黄芽菜
(=白菜) (5) 393
黄眼草 (12) **179**
黄眼草科 (12) **179**
黄眼草属
(黄眼草科) (12) **179**
黄杨 (8) 1 **3** 彩片1
黄杨科 (8) **1**
黄杨叶箣柊 (5) 112 **113**
黄杨叶寄生藤 (7) 730 **732**
黄杨叶连蕊茶 (4) 576 **596**
黄杨叶芒毛苣苔 (10) 314 **316** 彩片101
黄杨叶栒子 (6) 483 **495**

黄杨叶野丁香 **(10)** 637 **641**
黄杨属
(黄杨科) **(8)** **1**
黄药 **(9)** 364 **366**
黄药
(=黄独) **(13)** 353
黄药大头茶 **(4)** 607 **608** 彩片279
黄椰子
(=散尾葵) **(12)** 92
黄叶地不容 **(3)** 683 **688**
黄叶凤尾藓 **(1)** 403 **416** 彩片116
黄叶树 **(8)** 258 **259**
黄叶树科 **(8)** **258**
黄叶树属
黄叶树科) **(8)** **258**
黄缨菊 **(11)** **615** 彩片146
黄缨菊属
(菊科) **(11)** 131 **614**
黄羽扇豆 **(7)** 462 **463**
黄羽苔 **(1)** **160**
黄羽苔属
(羽苔科) **(1)** 127 **160**
黄樟 **(3)** 250 **255** 彩片231
黄枝油杉 **(3)** 15 **17** 彩片23
黄志贯众
(=斜基贯众) **(2)** 590
黄钟杜鹃 **(5)** 569 **654**
黄帚橐吾 **(11)** 450 **469**
黄珠子草 **(8)** 33 **36**
黄竹 **(12)** 588 **589**
黄紫堇 **(3)** 724 **749**
幌菊 **(10)** **135**
幌菊属
(玄参科) **(10)** 67 **135**
幌伞枫 **(8)** 562 **563**
幌伞枫属
(五加科) **(8)** 534 **562**

hui
灰白扁枝石松 **(2)** 28 **29**
灰白杜鹃 **(5)** 561 **603**
灰白粉苞菊 **(11)** 764 **765**
灰白风毛菊 **(11)** 570 **591**
灰白毛莓 **(6)** 588 **621**
灰白青藓 **(1)** 831 **832**
灰白银胶菊 **(11)** 312 **313**
灰苞蒿 **(11)** 377 **402**
灰背叉柱花 **(10)** **337**
灰背杜鹃 **(5)** 559 **587** 彩片200
灰背节肢蕨 **(2)** 745 **749**
灰背老鹳草 **(8)** 469 **483**
灰背栎 **(4)** 241 **248**
灰背瘤足蕨 **(2)** 94 **94**
灰背清风藤 **(8)** 293 **296**
灰背双扇蕨
(=双扇蕨) **(2)** 662
灰背铁线蕨 **(2)** 233 **239** 彩片75
灰背叶柯 **(4)** 201 **221**
灰被杜鹃 **(5)** 558 **599**
灰果蒲公英 **(11)** 767 **785**
灰果藓 **(1)** **738**
灰果藓属
(油藓科) **(1)** 727 **738**
灰胡杨 **(5)** 287 **300** 彩片141
灰化薹草 **(12)** 512 **516**
灰黄真藓 **(1)** 558 **565**
灰蓟 **(11)** 621 **629** 彩片153
灰堇菜 **(5)** 140 **162**
灰茎节肢蕨 **(2)** 745 **747**
灰柯 **(4)** 201 **219**
灰莉 **(9)** **1** 彩片1
灰莉属
(马钱科) **(9)** **1**
灰莲蒿 **(11)** 374 **390**
灰鳞假瘤蕨 **(2)** 731 **740**
灰鳞假密网蕨
(=灰鳞假瘤蕨) **(2)** 740
灰绿报春 **(6)** 173 **180**
灰绿耳蕨 **(2)** 534 **544**
灰绿黄堇 **(3)** 725 **757**
灰绿碱茅 **(12)** 763 **769**
灰绿藜 **(4)** 313 **315**
灰绿龙胆 **(9)** 20 **49**
灰绿水苎麻 **(4)** 138 **141**
灰绿卫矛 **(7)** 776 **785**
灰脉薹草 **(12)** 512 **515**
灰毛报春花 **(6)** 171 **179**
灰毛大青 **(9)** 378 **382**
灰毛党参 **(10)** 456 **463** 彩片157
灰毛地蔷薇 **(6)** 699 **700**
灰毛豆 **(7)** 123 **124**
灰毛豆属
(蝶形花科) **(7)** 61 66 **122**
灰毛杜英 **(5)** 2 **7** 彩片5
灰毛风铃草 **(10)** 471 **473**
灰毛槐树
(=短绒槐) **(7)** 86
灰毛浆果楝 **(8)** **382** 彩片192
灰毛景天 **(6)** 336 **344**
灰毛蓝钟花 **(10)** 448 **451** 彩片149
灰毛柃 **(4)** 634 **641**
灰毛泡 **(6)** 590 **633**
灰毛婆婆纳 **(10)** 147 **158**
灰毛忍冬 **(11)** 52 **72**
灰毛软紫草 **(9)** 291 **292**
灰毛桑寄生 **(7)** 750 **753**
灰毛蛇葡萄 **(8)** 190 **191**
灰毛庭荠 **(5)** 433 **435** 彩片172
灰毛香青 **(11)** 264 **276**
灰毛崖豆藤 **(7)** 104 **110**
灰毛莸 **(9)** 387 **388** 彩片153
灰帽薹草 **(12)** 415 **418**
灰蓬 **(4)** **349**
灰蓬属(藜科) **(4)** 306 **349**
灰气藓 **(1)** 685 **686**
灰气藓属
(蔓藓科) **(1)** 682 **684**
灰楸 **(10)** 422 **423**
灰色阿魏 **(8)** 734 **736**
灰水竹 **(12)** 600 **603**
灰藓 **(1)** 905 **908**
灰藓科 **(1)** **899**
灰藓属

(灰藓科) (1) 899 **905**
灰栒子 (6) 483 **494**
灰岩棒柄花 (8) **80**
灰岩长腺萼木 (8) 101 **102**
灰岩粗毛藤 (8) **91**
灰岩风铃草 (10) 471 **474**
灰岩生薹草 (12) 473 **480**
灰岩紫地榆 (8) 469 **482**
灰叶
(=灰毛豆) (7) 124
灰叶安息香 (6) 28 **35**
灰叶菝葜 (13) 317 **333**
灰叶稠李 (6) 780 **782**
灰叶冬青 (7) 838 **861**
灰叶杜茎山 (6) 78 **80**
灰叶虎耳草 (6) 383 **395**
灰叶花楸 (6) 533 **547**
灰叶黄耆 (7) 295 **345**
灰叶堇菜 (5) 142 **168**
灰叶蕨麻 (6) 655 **669**
灰叶梾木
(=黑椋子) (7) 696
灰叶柳 (5) 306 309 **341**
灰叶南蛇藤 (7) 806 **807**
灰叶匹菊 (11) 351 **353**
灰叶铁线莲 (3) 506 **527**
灰叶小檗 (3) 585 **600**
灰叶野茉莉
(=灰叶安息香) (6) 35
灰羽藓 (1) 795 **796**
灰早熟禾 (12) 709 **746**
灰毡毛忍冬 (11) 54 **85**
灰枝鸦葱 (11) 688 **693**
灰枝紫菀 (11) 174 **181**
灰株薹草 (12) 489 **491**
灰竹 (12) 601 **608**
辉韭 (13) 140 141 **150**
回回米
(=薏米) (12) 1170
回回苏 (9) **541**
回旋扁蕾 (9) 60 **61**
茴茴蒜 (3) 553 **573**
茴芹属
(伞形科) (8) 581 **664**
茴香 (8) **697**
茴香砂仁 (13) **54** 彩片50
茴香砂仁属
(姜科) (13) 21 **53**
茴香属
(伞形科) (8) 580 **697**
蛔蒿 (11) 433 **437**
会东藤 (9) **176**
会理野青茅
(=窄叶野青茅) (12) 912
荟蔓藤 (9) **175**
荟蔓藤属
(萝科) (9) 135 **175**
桧藓科 (1) **589**
桧藓属
(桧藓科) (1) **590**
桧叶白发藓 (1) 396 **400** 彩片103
桧叶金发藓 (1) **968** 彩片293
喙房坡参 (13) 501 **512**
喙果安息香 (6) 28 **37**
喙果黑面神 (8) 57 **58**
喙果假鹰爪 (3) 167 **168**
喙果绞股蓝 (5) **249**
喙果薹草 (12) **412**
喙果藤
(=喙果绞股蓝) (5) 249
喙果崖豆藤 (7) 103 **109**
喙果皂帽花
(=喙果假鹰爪) (3) 168
喙核桃 (4) **173**
喙核桃属
(胡桃科) (4) 164 **172**
喙花姜 (13) **49** 彩片44
喙花姜属
(姜科) (13) 21 **49**
喙荚云实 (7) 30 **32** 彩片23
喙叶假瘤蕨 (2) 731 **732**
喙叶假密网蕨
(=喙叶假瘤蕨) (2) 732
喙叶泥炭藓 (1) 301 **310**
喙柱牛奶菜 (9) 181 **183**
蕙兰 (13) 575 **583** 彩片407
篲竹 (12) 645 **653**
hun
混合黄耆 (7) 292 **329**
混淆鳞毛蕨 (2) 488 **497**

huo
活血丹 (9) **444** 彩片162
活血丹属
(唇形科) (9) 394 **444**
火把花 (9) **498** 彩片175
火把花
(=昆明山海棠) (7) 826
火把花属
(唇形科) (9) 394 **497**
火葱 (13) 143 **166**
火红地杨梅 (12) 248 **249**
火红杜鹃 (5) 563 **659** 彩片261
火灰山矾 (6) 53 **69**
火灰树
(=越南山矾) (6) 68
火棘 (6) **501** 彩片121
火棘属
(蔷薇科) (6) 443 **500**
火炬兰 (13) **769**
火炬兰属
(兰科) (13) 369 **768**
火炬松 (3) 54 **65**
火力楠
(=醉香含笑) (3) 151
火烙草 (11) **557**
火麻
(=大麻) (4) 27
火麻树 (4) 86 **87** 彩片54
火麻树属
(荨麻科) (4) 75 **86**
火媒草 (11) 615 **616**
火绒草 (11) 252 **262**

火绒草属
(菊科) (11) 129 **249**
火烧花 (10) **435** 彩片141
火烧花属
(紫葳科) (10) 419 **435**
火烧兰 (13) 397 **398**
火烧兰属
(兰科) (13) 365 **397**
火绳树 (5) **53** 彩片30
火绳树属
(梧桐科) (5) 34 **53**
火索麻 (5) **50** 彩片29
火索藤 (7) 42 **47** 彩片34
火炭母 (4) 483 **499** 彩片209
火桐 (5) 42 **43**
火桐属
(梧桐科) (5) 34 **42**
火筒树 (8) 179 **180** 彩片96
火筒树科 (8) **179**
火筒树属
(火筒树科) (8) **179**
火藓属
(木灵藓科) (1) 617 **636**
火焰草 (10) **170**
火焰草 (6) 335 **338**
火焰草属
(玄参科) (10) 68 **170**
火焰花 (10) 386 **387** 彩片116
火焰花属
(爵床科) (10) 330 **386**
火焰兰 (13) **727** 彩片538
火焰兰属
(兰科) (13) 371 **727**
火焰树 (10) **425**
火焰树属
(紫葳科) (10) 419 **425**
火殃勒 (8) 117 **124** 彩片68
霍山石斛 (13) 664 **678**
霍州油菜
(=小叶黄华) (7) 458
藿香 (9) **435**
藿香蓟 (11) 148 **149**
藿香蓟属
(菊科) (11) 122 **148**
藿香属
(唇形科) (9) 393 **435**
藿香叶绿绒蒿 (3) 696 **699**

J

ji
芨芨草 (12) 953 **954**
芨芨草属
(禾本科) (12) 558 **952**
鸡柏紫藤 (7) 467 **468**
鸡蛋参 (10) 456 **465** 彩片158
鸡蛋果 (5) 191 **194**
鸡蛋花 (9) **99** 彩片51
鸡蛋花属
(夹竹桃科) (9) 89 **99**
鸡峰黄蓍
(=鸡峰山黄蓍) (7) 342
鸡峰山黄蓍 (7) 294 **342**
鸡公柴
(=茶荚) (11) 29
鸡骨草
(=广州相思子) (7) 100
鸡骨柴 (9) 545 **546**
鸡骨常山 (9) 99 **100** 彩片53
鸡骨常山属
(夹竹桃科) (9) 89 **99**
鸡骨香 (8) 94 **95** 彩片44
鸡冠刺桐 (7) 195 **196**
鸡冠花 (4) **370** 彩片169
鸡冠棱子芹 (8) 612 **619**
鸡冠眼子菜 (12) 30 **36**
鸡脚参 (9) **593**
鸡脚参属
(唇形科) (9) 398 **593**
鸡麻 (6) **578** 彩片139
鸡麻属
(蔷薇科) (6) 443 **578**
鸡毛松 (3) **96** 彩片122
鸡毛松属
(罗汉松科) (3) 95 **96**
鸡纳树 (10) 551 **552**
鸡婆子
(=狭叶山胡椒) (3) 234
鸡肉参 (10) 430 **433** 彩片137
鸡桑 (4) 29 **31**
鸡矢藤 (10) 633 **635** 彩片210
鸡矢藤属
(茜草科) (10) 509 **633**
鸡屎树 (10) 621 **625**
鸡嗉子果
(=鸡嗉子榕) (4) 66
鸡嗉子榕 (4) 45 **66**
鸡条树 (11) 9 **37** 彩片11
鸡头薯 (7) **252**
鸡头薯属
(蝶形花科) (7) 64 **252**
鸡腿堇菜 (5) 139 **147**
鸡娃草 (4) **540**
鸡娃草属
(白花丹科) (4) 538 **540**
鸡心梅花草 (6) 431 **434**
鸡心藤 (8) 197 **199** 彩片100
鸡血藤
(=网络崖豆藤) (7) 1 **08**
鸡眼草 (7) **194**
鸡眼草属
(蝶形花科) (7) 63 **194**
鸡眼梅花草 (6) 431 **440**
鸡眼藤 (10) 652 **654** 彩片215
鸡爪 (10) **586**
鸡爪草 (3) **392**
鸡爪草属
(毛茛科) (3) 388 **392**
鸡爪茶 (6) 590 **635**
鸡爪大黄 (4) 530 **535** 彩片230
鸡爪凤尾蕨 (2) 180 **186**
鸡爪槭 (8) 316 **322** 彩片155

鸡爪叶桑 **(4)** 29 **32**
鸡爪属
(茜草科) **(10)** 510 **586**
鸡爪子
(=枳椇) **(8)** 159
鸡仔木 **(10)** **567**
鸡仔木属
(茜草科) **(10)** 506 **567**
鸡足山耳蕨
(=云南耳蕨) **(2)** 570
鸡嘴 **(7)** 31 **33**
姬蕨 **(2)** 175 **175**
姬蕨科 **(2)** 4 5 **174**
姬蕨属
(姬蕨科) **(2)** **174**
姬苗
(=尖帽草) **(9)** 9
姬苗属
(=尖帽草属) **(9)** 8
姬书带蕨 **(2)** 265 **269**
积雪草 **(8)** **587**
积雪草属
(伞形科) **(8)** 578 **587**
笄石菖 **(12)** 223 **234**
基花薹草 **(12)** 474 **482**
基及树 **(9)** **286**
基及树属
(紫草科) **(9)** 280 **285**
基节粉苞菊 **(11)** 764 **765**
基裂鞭苔 **(1)** 25 **26**
基脉润楠 **(3)** 274 **277**
基芽耳蕨 **(2)** 538 **580**
基枝鸦葱 **(11)** 688 **692**
畸形橐吾 **(11)** 448 **456**
及已 **(3)** 310 **313** 彩片257
吉贝 **(5)** **67**
吉贝属
(木棉科) **(5)** 64 **67**
吉拉柳 **(5)** 305 310 **339**
吉林鹅观草 **(12)** 845 **855**
吉林景天 **(6)** 336 **345**
吉林水葱 **(12)** 264 **268**
吉林薹草 **(12)** 527 **529**
吉林乌头 **(3)** 405 **411**
吉龙草 **(9)** 54 **549**
吉隆垫柳 **(5)** 301 308 **335**
吉隆老鹳草 **(8)** 469 **477**
吉隆野丁香 **(10)** 637 **642**
吉曼草 **(12)** **1120**
吉曼草属
(禾本科) **(12)** 556 **1120**
吉粟草 **(4)** **389**
吉粟草属
(粟米草科) **(4)** **388**
吉塘蒿 **(11)** 379 **417**
吉祥草 **(13)** **177** 彩片128
吉祥草属
(百合科) **(13)** 70 **177**
极白南星
(=白苞南星) **(12)** 156
极地藓
(=北方极地藓) **(1)** 372
极地藓属
(曲尾藓科) **(1)** 333 **372**
极地早熟禾 **(12)** 704 **720**
极地真藓 **(1)** 559 **560**
极东锦鸡儿 **(7)** 265 **274**
极丽马先蒿 **(10)** 184 **221**
急尖长苞冷杉 **(3)** 20 **24** 彩片34
急尖耳尖藓 **(1)** **672**
急尖复叶耳蕨
(=中华复叶耳蕨) **(2)** 482
急弯棘豆 **(7)** 353 **364**
急性子
(=凤仙花) **(8)** 496
急折百蕊草 **(7)** 733 **736**
棘豆属
(蝶形花科) **(7)** 62 **351**
棘茎楤木 **(8)** 569 **570**
蒺藜 **(8)** **460** 彩片236
蒺藜草 **(12)** **1081**
蒺藜草属
(禾本科) **(12)** 553 **1080**
蒺藜黄蓍 **(7)** 292 **331**
蒺藜科 **(8)** 449
蒺藜属
(蒺藜科) **(8)** 449 **460**
脊唇斑叶兰 **(13)** 410 **416**
蕺菜 **(3)** **317** 彩片259
蕺菜属
(三白草科) **(3)** 316 **317**
蕺叶秋海棠 **(5)** 259 **280**
戟唇石豆兰 **(13)** 690 **696**
戟蕨 **(2)** **750** 彩片148
戟蕨属
(水龙骨科) **(2)** 665 **749**
戟柳 **(5)** 303 312 **350**
戟形虾脊兰 **(13)** 598 **609**
戟叶艾纳香 **(11)** 30 **235**
戟叶垂头菊 **(11)** 471 **479** 彩片105
戟叶鹅绒藤 **(9)** 150 **152**
戟叶耳蕨 **(2)** 538 **581**
戟叶黑心蕨 **(2)** 223 **224** 彩片67
戟叶黄鹌菜 **(11)** 718 **724**
戟叶火绒草 **(11)** 250 **256**
戟叶堇菜 **(5)** 142 **156**
戟叶蓼 **(4)** 482 **488**
戟叶圣蕨 **(2)** 397 **398** 彩片92
戟叶酸模 **(4)** 521 **522** 彩片222
戟叶薹草 **(12)** 473 **478**
戟叶小苦荬 **(11)** **752**
戟叶悬钩子 **(6)** 589 **630**
季莨早熟禾 **(12)** 712 **758**
寄生 **(10)** **235**
寄生花 **(7)** **774**
寄生花属
(大花草科) **(7)** **773**
寄生鳞叶草 **(8)** 257 **258**
寄生藤 **(7)** 730 **731**
寄生藤属
(檀香科) **(7)** 723 **730**
寄生羽叶参 **(8)** 564 **565**
寄生属

(列当科) (10) 228 **234**
寄树兰 (13) **749**
寄树兰属
(兰科) (13) 370 **749**
檵木 (3) **782**
檵木属
(金缕梅科) (3) 773 **782**
蓟 (11) 621 **624** 彩片149
蓟罂粟 (3) **695** 彩片404
蓟罂粟属
(罂粟科) (3) 694 **695**
蓟属
(菊科) (11) 131 **620**
稷 (12) 1027 **1028**
鲫鱼草 (12) 962 **971**
鲫鱼胆 (6) 78 **82**
鲫鱼藤 (9) 143 **144**
鲫鱼藤属
(萝科) (9) 133 **143**

jia
加辣莸
(=辣莸) (9) 386
加勒比松 (3) 54 **66**
加拿大雀麦 (12) 803 **807**
加拿大杨
(=加杨) (5) 299
加拿大早熟禾 (12) 703 **719**
加萨花萼苔 (1) 274 **275**
加萨泥炭藓 (1) 300 **306**
加萨羽苔 (1) 130 **151**
加杨 (5) 287 **299**
夹竹桃 (9) **118** 彩片66
夹竹桃科 (9) **89**
夹竹桃属
(夹竹桃科) (9) 89 **118**
枷果
(=杯萼海桑) (7) 498
家艾
(=艾) (11) 398
家独行菜 (5) 400 **401**
家麻树 (5) **36** 彩片17
家山黧豆 (7) 420 **424**
家天竺葵 (8) **485**
葭 (12) **677**
嘉兰 (13) **98** 彩片76
嘉兰属
(百合科) (13) 69 **98**
嘉榄属
(橄榄科) (8) 339 **340**
嘉陵花 (3) **181**
嘉陵花属
(番荔枝科) (3) 159 **180**
荚 (11) 8 **31** 彩片10
荚果蕨 (2) 446 **447** 彩片98
荚果蕨属
(球子蕨科) (2) 445 **446**
荚迷叶海桐 (6) 235 **244**
荚蒾叶越桔 (5) 699 **708**
荚囊蕨 (2) 461 **461** 彩片103
荚囊蕨属
(乌毛蕨科) (2) 458 **460**
荚卫矛 (7) 775 **779**
荚属
(忍冬科) (11) 1 **4**
甲克苔科 (1) **180**
甲克苔属
(甲克苔科) (1) **180**
甲竹 (12) 575 **585**
假百合 (13) **137** 彩片115
假百合属
(百合科) (13) 72 **136**
假半边莲 (10) 494 **496**
假苞苔属
(叶苔科) (1) 65 **88**
假报春 (6) **148**
假报春属
(报春花科) (6) 114 **148**
假贝母 (5) **200** 彩片101
假贝母属
(葫芦科) (5) 197 **200**
假边果鳞毛蕨 (2) 490 **515**
假鞭叶铁线蕨 (2) 232 **235**
假槟榔 (12) **93** 彩片28
假槟榔属
(棕榈科) (12) 57 **93**
假饼叶
(=假鹰爪) (3) 169
假薄荷 (9) 537 **538**
假柴龙树属
(茶茱萸科) (7) 876 **880**
假糙苏 (9) **487**
假糙苏属
(唇形科) (9) 395 **487**
假长嘴薹草 (12) 483 **484**
假朝天罐 (7) 616 **617** 彩片226
假稠李
(=臭樱) (6) 792
假丛灰藓 (1) **913**
假丛灰藓属
(灰藓科) (1) 899 **912**
假粗毛鳞盖蕨
(=中华鳞盖蕨) (2) 158
假簇芥 (5) **519**
假簇芥属
(十字花科) (5) 381 **519**
假大青叶 (7) 130 **136**
假大羽铁角蕨 (2) 402 **422**
假大柱头虎耳草 (6) 384 **400**
假稻 (12) **669**
假稻属
(禾本科) (12) 557 **668**
假灯心草 (12) 221 **226**
假地胆草 (11) **147**
假地胆草属
(菊科) (11) 128 **147**
假地豆 (7) 152 **156**
假地枫皮 (3) **360** 彩片275
假地蓝 (7) 441 **447** 彩片153
假地蓝猪屎豆
(=假地蓝) (7) 447
假东风草 (11) 230 **232**
假杜鹃 (10) **348** 彩片113

假杜鹃属
(爵床科) (10) 329 **348**
假对生耳蕨
(=宜昌耳蕨) (2) 571
假钝叶榕
(=直脉榕) (4) 49
假耳羽短肠蕨 (2) 315 **317**
假繁缕 (4) **399**
假繁缕 (10) 684 **685**
假繁缕科 (10) **684**
假繁缕属
(假繁缕科) (10) **684**
假福王草 (11) **730**
假福王草属
(菊科) (11) 134 **729**
假复叶耳蕨
(=草质假复叶耳蕨) (2) 475
假复叶耳蕨属
(鳞毛蕨科) (2) 472 **474**
假盖果草属
(茜草科) (10) 509 **643**
假狗牙藓 (1) **364**
假冠毛草 (12) 951 **952**
假广子 (3) 196 **198**
假桂钓樟 (3) 230 **239**
假桂皮树 (3) 251 **258**
假桂乌口树 (10) 595 **599**
假海马齿 (4) **297**
假海马齿属
(番杏科) (4) 296 **297**
假海桐 (7) **880**
假海桐属
(茶茱萸科) (7) 876 **879**
假含羞草 (7) **4**
假含羞草属
(含羞草科) (7) 1 **4**
假豪猪刺 (3) 586 **605**
假鹤虱
(=百里香叶齿缘草) (9) 329
假鹤虱属
(紫草科) (9) 282 **326**
假黑鳞耳蕨 (2) 536 **567**
假厚藤 (9) 259 **263** 彩片112
假虎刺 (9) **91** 彩片47
假虎刺属
(夹竹桃科) (9) 89 **91**
假护蒴苔 (1) **42**
假护蒴苔属
(护蒴苔科) (1) **42**
假花鳞草 (12) 845 **858**
假花佩菊 (11) **729**
假花佩菊属
(菊科) (11) 134 **729**
假还阳参 (11) **727**
假还阳参属
(菊科) (11) 134 **727**
假黄皮 (8) 432 **433** 彩片222
假黄藓属
(油藓科) (1) 727 **734**
假活血草 (9) 419 **431**
假尖蕊属
(爵床科) (10) 332 **363**
假尖嘴薹草 (12) 532 **535**
假俭草 (12) **1163**
假俭草属
(=蜈蚣草属) (12) 1163
假渐尖毛蕨 (2) 374 **384**
假江南短肠蕨 (2) 316 **319**
假金发草属
(禾本科) (12) 555 **1114**
假金桔 (9) **98**
假金桔属
(夹竹桃科) (9) 90 **98**
假九节 (10) 614 **615**
假蒟 (3) 320 **326**
假蓝属
(爵床科) (10) 332 **381**
假狼毒属
(瑞香科) (7) 514 **540**
假狼紫草 (9) **302**
假狼紫草属
(紫草科) (9) 281 **302**
假冷蕨 (2) 292 **293**
假冷蕨属
(蹄盖蕨科) (2) 271 **292**
假冷水花 (4) 90 **95**
假栗花灯心草 (12) 222 **230**
假连翘 (9) **352** 彩片133
假连翘属
(马鞭草科) (9) 346 **352**
假镰羽短肠蕨 (2) 316 **320**
假鳞毛蕨属
(金星蕨科) (2) 335 **337**
假瘤蕨属
(水龙骨科) (2) 664 **730**
假柳叶菜 (7) 582 **583** 彩片210
假楼梯草 (4) **112**
假楼梯草属
(荨麻科) (4) 75 **112**
假龙胆属
(龙胆科) (9) 12 **65**
假马鞭 (9) **351** 彩片132
假马鞭属
(马鞭草科) (9) 346 **351**
假马齿苋 (10) **93**
假马齿苋属
(玄参科) (10) 67 **92**
假马蹄 (12) 278 **281**
假脉骨碎补 (2) 652 **652**
假脉蕨属
(膜蕨科) (2) 112 **124**
假蔓藓 (1) **938**
假蔓藓属
(塔藓科) (1) 935 **937**
假芒萁 (2) **101**
假芒萁属
(里白科) (2) 98 **100**
假毛柄水龙骨 (2) 667 **671**
假毛蕨 (2) 368 **368**
假毛蕨属
(金星蕨科) (2) 334 **368**
假毛竹 (12) 600 **603**
假美小膜盖蕨 (2) 646 **648**

假木豆 (7) **149**
假木豆属
(蝶形花科) (7) 63 **149**
假木荷
(=金叶子) (5) 688
假木藤 (9) **180**
假木通
(=假木藤) (9) 180
假木贼属
(藜科) (4) 306 **354**
假苜蓿 (7) 442 **451**
假拟南芥 (5) **480**
假拟南芥属
(十字花科) (5) 387 **479**
假拟沿沟草 (12) **784**
假拟沿沟草属
(禾本科) (12) 562 **784**
假牛鞭草 (12) **821**
假牛鞭草属
(禾本科) (12) 558 **821**
假牛繁缕
(=假繁缕) (10) 685
假牛繁缕科
(=假繁缕科) (10) 684
假蓬风毛菊 (11) 571 **593**
假苹婆 (5) 36 **40** 彩片21
假婆婆纳 (6) **149**
假婆婆纳属
(报春花科) (6) 114 **149**
假牵牛
(=小牵牛) (9) 248
假秦艽 (9) 467 **468**
假鹊肾树 (4) 34 **35**
假人参
(=三七) (8) 575
假乳黄杜鹃 (5) 566 **624** 彩片231
假塞北紫堇 (3) 724 **750**
假山龙眼属
(山龙眼科) (7) 482 **488**
假山萝 (8) **290** 彩片139
假山萝花马先蒿 (10) 181 **193**
假山萝属
(无患子科) (8) 268 **290**
假韶子属
(无患子科) (8) 268 **285**
假蛇尾草 (12) **1166**
假蛇尾草属
(禾本科) (12) 555 **1165**
假升麻 (6) **470** 彩片116
假升麻属
(蔷薇科) (6) 442 **470**
假石柑 (12) **111**
假石柑属
(天南星科) (12) 104 **110**
假柿木姜子 (3) 216 **224**
假鼠耳芥
(=假拟南芥) (5) 480
假鼠耳芥属
(=假拟南芥属) (5) 479
假鼠妇草 (12) 797 **798**
假水晶兰属
(水晶兰科) (5) **733**
假水龙骨 (2) 667 **671**
假水生龙胆 (9) 20 **48**
假水苏 (9) **478**
假水苏属
(唇形科) (9) 396 **478**
假水蓑衣 (10) 367 **370**
假丝带蕨 (1) **690**
假酸浆 (9) **204**
假酸浆属
(茄科) (9) 203 **204**
假蒜芥属
(十字花科) (5) 385 389 **475**
假梯牧草 (12) 926 **927**
假蹄盖蕨 (2) 289 **290**
假蹄盖蕨属
(蹄盖蕨科) (2) 271 **289**
假铁秆草 (12) **1154**
假铁秆草属
(禾本科) (12) 556 **1154**
假铁苋
(=台湾白桐树) (8) 81
假葶苈 (5) **481**
假葶苈属
(十字花科) (5) 388 **481**
假通草
(=纤齿罗伞) (8) 500
假橐吾 (11) **503**
假橐吾属
(菊科) (11) 127 **503**
假弯曲碎米荠
(=小花碎米荠) (5) 459
假万代兰
(=拟万代兰) (13) 723
假万寿竹
(=竹根七) (13) 218
假网眼瓦韦 (2) 683 **697**
假苇拂子茅 (12) 901 **904**
假卫矛属
(卫矛科) (7) 775 **819**
假稀羽鳞毛蕨 (2) 492 **528**
假细罗藓 (1) **771**
假细罗藓属
(薄罗藓科) (1) 765 **771**
假腺毛粉背蕨
(=白边粉背蕨) (2) 229
假香附子 (12) 321 **324**
假香芥属
(十字花科) (5) 382 **508**
假小喙菊 (11) **787**
假小喙菊属
(菊科) (11) 133 **787**
假斜叶榕 (4) 46 **69**
假悬藓 (1) 697 **698** 彩片208
假悬藓属
(蔓藓科) (1) 682 **697**
假烟叶树 (9) 220 **222** 彩片94
假羊茅 (12) 683 **693**
假野菰 (10) **232**
假野菰属
(列当科) (10) 228 **232**
假野芝麻 (9) **487**

假野芝麻属
(唇形科) (9) 396 **486**
假叶树 (13) **239**
假叶树属
(百合科) (13) 69 **239**
假异鳞毛蕨 (2) 492 **531**
假益智 (13) 40 **47** 彩片43
假阴地蕨属
(阴地蕨科) (2) 73 **74**
假鹰爪 (3) 167 **169** 彩片195
假鹰爪属
(番荔枝科) (3) 158 **167**
假玉桂 (4) 20 **21** 彩片17
假芋 (12) **131**
假泽兰 (11) **153**
假泽兰属
(菊科) (11) 122 **153**
假泽山飞蓬 (11) 215 **222** 彩片64
假泽早熟禾 (12) 709 **745**
假奓包叶
(=麻丹毛杆) (8) 76
假奓包叶属
(=丹麻杆属) (8) 76
假枝雀麦 (12) 803 **805**
假轴果蹄盖蕨 (2) 294 **303**
假钻毛蕨 (2) 644 **645**
假钻毛蕨属
(骨碎补科) (2) 644 **644**
假紫万年青 (12) **184**
假紫万年青属
(鸭跖草科) (12) 182 **184**
假紫珠 (9) **372**
假紫珠属
(马鞭草科) (9) 347 **372**
假鬃尾草 (9) 479 **480**

jian
尖瓣扁萼苔 (1) 185 **188**
尖瓣光萼苔 (1) 203 **207**
尖瓣花 (10) **445**
尖瓣花科 (10) **445**
尖瓣花属
(尖瓣花科) (10) **445**
尖瓣瑞香 (7) 526 **531**
尖瓣折叶苔 (1) 99 **100**
尖苞艾纳香 (11) 230 **233**
尖苞风毛菊 (11) 572 **596**
尖苞谷精草 (12) 206 **213**
尖苞薹草 (12) **526**
尖苞柊叶 (13) 62 **63** 彩片55
尖被百合 (13) 119 **122** 彩片91
尖被灯心草 (12) 222 **231**
尖被藜芦 (13) 78 **79**
尖齿艾纳香 (11) 231 **240**
尖齿糙苏 (9) 467 **470**
尖齿臭茉莉 (9) 378 **383**
尖齿豆腐柴 (9) 365 **369**
尖齿耳蕨 (2) 538 **578**
尖齿凤丫蕨 (2) 254 **256**
尖齿狗舌草 (11) 515 **516**
尖齿贯众 (2) 588 **598**
尖齿离蕊茶 (4) 576 **590**
尖齿鳞毛蕨 (2) 489 **509**
尖齿拟水龙骨 (2) 674 **674**
尖齿雀麦 (12) 804 **815**
尖齿蛇葡萄 (8) 190 **191**
尖齿羽苔 (1) 130 **150**
尖唇鸟巢兰 (13) 402 **404**
尖刺蔷薇 (6) 709 **726**
尖刀唇石斛 (13) 663 **671** 彩片488
尖顶耳蕨 (2) 538 **577**
尖顶夭命藓 (1) **516**
尖顶紫萼藓 (1) 497 **503**
尖萼车前 (10) 5 **8**
尖萼刀豆 (7) **207**
尖萼红山茶 (4) 575 **588**
尖萼厚皮香 (4) **621**
尖萼金丝桃 (4) 693 **697**
尖萼耧斗菜 (3) 455 **457** 彩片340
尖萼毛柃 (4) 634 **640**
尖萼茜树 (10) 588 **589**
尖萼乌口树 (10) 595 **598**
尖萼鱼黄草
(=地旋花) (9) 257
尖萼紫珠 (9) 353 **356**
尖耳贯众
(=刺齿贯众) (2) 598
尖峰青冈 (4) 225 **239**
尖峰西番莲 (5) 191 **193**
尖稃草 (12) **974**
尖稃草属
(禾本科) (12) 563 **974**
尖稃野大麦 (12) 834 **837**
尖果霸王
(=尖果驼蹄瓣) (8) 458
尖果穿鞘花 (12) **187**
尖果寒原荠 (5) 387 **530**
尖果母草 (10) 106 **114**
尖果婆婆纳 (10) 146 **153**
尖果省藤 (12) 76 **79**
尖果驼蹄瓣 (8) 454 **458**
尖果洼瓣花 (13) **102**
尖花藤 (3) **185**
尖花藤属
(番荔枝科) (3) 159 **185**
尖槐藤 (9) **145**
尖槐藤属
(萝藦科) (9) 134 145
尖喙隔距兰 (13) 733 **735** 彩片543
尖喙藓属
(青藓科) (1) 827 **844**
尖基木藜芦 (5) **683**
尖角卷瓣兰 (13) 691 **710** 彩片526
尖距紫堇
(=地锦苗) (3) 728
尖蕾狗牙花 (9) **97**
尖连蕊茶 (4) 576 **595**
尖裂黄瓜菜 (11) 758 **759**
尖裂荚果蕨 (2) 446 **447**
尖裂假瘤蕨 (2) 731 **738**
尖鳞薹草 (12) 394 **399**
尖脉木姜子 (3) 217 **227**
尖帽草 (9) **9**

尖帽草属
(马钱科) (9) 1 **8**
尖囊兰 (13) 743 **744** 彩片550
尖囊兰属
(兰科) (13) 370 **743**
尖蕊花属
(=尖药花属) (10) 356
尖山橙 (9) 93 **95**
尖舌扁萼苔 (1) 186 **197**
尖舌黄蓍 (7) 292 **331**
尖舌苣苔 (10) **327** 彩片108
尖舌苣苔属
(苦苣苔科) (10) 247 **327**
尖舌早熟禾 (12) 707 **735**
尖头耳蕨 (2) 536 **567**
尖头风毛菊 (11) 569 **586**
尖头果薯蓣 (13) 344 **356**
尖头花 (9) **589**
尖头花属
(唇形科) (9) 398 **589**
尖头瓶尔小草 (2) 80 **82**
尖头青竹 (12) 601 **608**
尖头蹄盖蕨 (2) 294 **301**
尖头叶藜 (4) 313 **315**
尖突黄堇 (3) 725 **752**
尖尾枫 (9) 353 **358**
尖尾箭竹
(=广西筱竹) (12) 628
尖尾榕
(=青藤公) (4) 55
尖尾芋 (12) **133** 彩片48
尖药花 (10) **356**
尖药花属
(爵床科) (10) 332 **356**
尖药花属
(茜草科) (10) 507 **571**
尖药兰 (13) **473**
尖药兰属
(兰科) (13) 367 **472**
尖叶
(=白蜡树) (10) 28
尖叶菝葜 (13) 317 **332**
尖叶扁萼苔 (1) 185 **187**
尖叶薄鳞苔 (1) **238**
尖叶茶藨子 (6) 297 **312**
尖叶长柄山蚂蝗 (7) 161 **164**
尖叶臭黄荆
(=尖齿豆腐柴) (9) 369
尖叶川黄瑞木
(=尖叶川杨桐) (4) 629
尖叶川杨桐 (4) 625 **629**
尖叶槌果藤
(=独行千里) (5) 376
尖叶大帽藓 (1) 433 **434**
尖叶短月藓 (1) **552**
尖叶对齿藓 (1) 451 **452** 彩片130
尖叶耳叶苔 (1) 212 **222**
尖叶匐灯藓 (1) 578 **579**
尖叶高领藓 (1) **614**
尖叶藁本 (8) 657 **660**
尖叶弓果黍 (12) **1025**
尖叶瓜馥木 (3) 186 **190**
尖叶桂樱 (6) 786 **788**
尖叶花椒 (8) 400 **406**
尖叶黄藓 (1) 727 **728**
尖叶黄杨 (8) **4**
尖叶灰藓 (1) 906 **910**
尖叶棘豆 (7) 352 **361**
尖叶假龙胆 (9) 66 **67**
尖叶堇菜 (5) 142 **172**
尖叶酒饼簕 (8) 439 **440**
尖叶梨蒴藓 (1) **518**
尖叶立碗藓
(=红蒴立碗藓) (1) 522
尖叶栎 (4) 241 **251**
尖叶裂萼苔 (1) 122 **125**
尖叶卤蕨 (2) 206 **206**
尖叶毛柃 (4) 634 **640**
尖叶密花树
(=平叶密花树) (6) 111
尖叶木 (10) **581**
尖叶木蓝 (7) 130 **137**
尖叶木属
(茜草科) (10) 508 **580**
尖叶泥炭藓 (1) 301 **307**
尖叶拟船叶藓 (1) **721**
尖叶拟绢藓 (1) 862 **863**
尖叶牛舌藓 (1) 777 **779**
尖叶纽口藓
(=尖叶对齿藓) (1) 452
尖叶平蒴藓 (1) **556**
尖叶漆 (8) 357 **360** 彩片178
尖叶清风藤 (8) 293 **296** 彩片141
尖叶榕 (4) 45 **54** 彩片38
尖叶山茶
(=尖连蕊茶) (4) 595
尖叶蛇根草 (10) 530 **532**
尖叶石豆兰 (13) 693 **715**
尖叶石仙桃 (13) 630 **631**
尖叶水丝梨 (3) **791** 彩片447
尖叶丝瓜藓
(=多态丝瓜藓) (1) 547
尖叶四照花 (7) 699 **702**
尖叶薹草 (12) 473 **475**
尖叶唐松草 (3) 461 **471**
尖叶藤黄 (4) 686 **689**
尖叶藤山柳 (4) 672 **673**
尖叶提灯藓
(=匐灯藓) (1) 580
尖叶铁扫帚 (7) 183 **193**
尖叶乌蔹莓 (8) 202 **204**
尖叶小壶藓 (1) 528 **529**
尖叶新木姜子 (3) 208 **209** 彩片213
尖叶栒子 (6) 483 **493**
尖叶盐爪爪 (4) 309 **310**
尖叶眼子菜 (12) 29 **32**
尖颖早禾 (12) 761 **762**
尖颖早熟禾 (12) 708 **738**
尖叶油藓 (1) **737** 彩片229
尖叶原始观音座莲 (2) 86 **87** 彩片35
尖羽贯众 (2) 588 **593**
尖早熟禾 (12) 705 **728**
尖栉齿叶蒿 (11) 373 **392**

尖子木 (7) **627** 彩片234
尖子木属
(野牡丹科) (7) 614 **627**
尖子藤 (9) **115**
尖嘴蕨 (2) 704 **704**
尖嘴蕨属
(水龙骨科) (2) 664 **704**
尖嘴林檎
(=光萼海棠) (6) 576
尖嘴薹草 (12) 532 **535**
坚被灯心草 (12) 222 **229**
坚杆火绒草 (11) 250 **255**
坚核桂樱 (6) 786 **789**
坚桦 (4) 276 **280**
坚荚树
(=常绿荚) (11) 27
坚龙胆
(=滇龙胆) (9) 29
坚木山矾 (6) 53 **65**
坚挺嵩草 (12) 363 **376**
坚挺岩风 (8) 640 **642**
坚叶三脉紫菀 (11) 175 **184**
坚硬黄蓍 (7) 292 **325**
坚硬女娄菜 (4) 441 **453**
坚硬薹草 (12) 414 **418**
坚轴草 (12) **1092**
坚轴草属
(禾本科) (12) 555 **1092**
间穗薹草 (12) 548 **549**
间型沿阶草 (13) 244 **251** 彩片175
间序豆腐柴 (9) 364 **371**
菅 (12) **1156**
菅属
(禾本科) (12) 557 **1155**
柬埔寨龙血树 (13) **174** 彩片124
柬埔寨子楝树 (7) 576 **577**
剪春罗 (4) 436 **438** 彩片193
剪刀股 (11) **751**
剪刀树
(=杯萼海桑) (7) 498
剪股颖 (12) 916 **922**
剪股颖属
(禾本科) (12) 559 **914**
剪红纱花 (4) 436 **438**
剪秋罗 (4) 436 **438** 彩片192
剪秋罗属
(石竹科) (4) 392 **436**
剪夏罗
(=毛剪秋罗) (4) 436
剪夏罗
(=浅裂剪秋罗) (4) 437
剪叶苔 (1) 5 **8**
剪叶苔科 (1) **4**
剪叶苔属
(剪叶苔科) (1) **4**
碱地风毛菊
(=倒羽叶风毛菊) (11) 584
碱地肤 (4) 339 **340**
碱独行菜 (5) 400 **402**
碱蒿 (11) 372 **388**
碱黄鹌菜 (11) 718 **719**
碱韭 (13) 141 **152**
碱毛茛属
(毛茛科) (3) 390 **578**
碱茅 (12) 765 **779**
碱茅属
(禾本科) (12) 561 **762**
碱蓬 (4) 343 **344**
碱蓬属
(藜科) (4) 306 **342**
碱蛇床 (8) 699 **700**
碱菀 (11) **207**
碱菀属
(菊科) (11) 123 **207**
见霜黄 (11) 231 **238**
见血飞 (7) 31 **35**
见血封喉 (4) **42** 彩片30
见血封喉属
(桑科) (4) 28 **41**
见血青 (13) 536 **541** 彩片374
建兰 (13) 575 **581** 彩片403
建润楠 (3) 276 **285**
建始槭 (8) 318 **338**
剑川马铃苣苔 (10) 251 **252**
剑川乌头
(=美丽乌头) (3) 412
剑唇兜蕊兰 (13) 515 **516** 彩片354
剑蕨科 (2) 6 **778**
剑蕨属
(剑蕨科) (2) **779**
剑麻 (13) **304**
剑叶吊灯花 (9) **200**
剑叶冬青 (7) 834 **841**
剑叶盾蕨 (2) 677 **680** 彩片126
剑叶耳草 (10) 515 **520**
剑叶耳蕨 (2) 534 **546**
剑叶凤尾蕨 (2) 181 **191**
剑叶花叶藓 (1) 424 **426**
剑叶金鸡菊 (11) **324**
剑叶卷柏 (2) 34 **58**
剑叶鳞始蕨
(=双唇鳞始蕨) (2) 170
剑叶龙血树
(=柬埔寨龙血树) (13) 174
剑叶美冠兰 (13) 568 **570**
剑叶三宝木 (8) **104**
剑叶莎属
(莎草科) (12) 256 **317**
剑叶山芝麻 (5) 50 **51**
剑叶舌叶藓 (1) **474** 彩片135
剑叶石斛 (13) 662 **685** 彩片513
剑叶石韦 (2) 711 **713**
剑叶书带蕨 (2) 265 **265**
剑叶铁角蕨 (2) 400 **406**
剑叶虾脊兰 (13) 598 **606** 彩片430
剑叶藓
(=剑叶舌叶藓) (1) 474
剑叶鸦葱 (11) 688 **693**
剑叶鸢尾兰 (13) 555 **558**
剑叶紫金牛 (6) 85 **90**
涧边草 (6) **381**
涧边草属
(虎耳草科) (6) 371 **381**

渐尖茶藨子 (6) 298 **315**
渐尖二型花 (12) **1034**
渐尖粉花绣线菊 (6) 445 **449**
渐尖楼梯草 (4) 119 **122**
渐尖毛蕨 (2) 374 **384**
渐尖穗荸荠 (12) 279 **284**
渐尖叶独活 (8) 752 **754**
渐尖叶鹿藿 (7) 248 **250**
渐尖早熟禾 (12) 710 **753**
箭苞滨藜 (4) 321 **327**
箭报春 (6) 176 **209**
箭毒羊角拗 (9) **122** 彩片69
箭毒木
(=见血封喉) (4) 42
箭秆风 (13) 40 **45** 彩片41
箭根薯
(=蒟蒻薯) (13) 309
箭根薯科
(=蒟蒻薯科) (13) 308
箭药藤 (9) **187**
箭药藤属
(萝科) (9) 136 **187**
箭叶橙 (8) **444**
箭叶海芋 (12) 133 **134**
箭叶蓼 (4) 482 **489**
箭叶秋葵 (5) 88 **90** 彩片50
箭叶水苏 (9) **497**
箭叶水苏属
(唇形科) (9) 393 **497**
箭叶薹草 (12) 512 **513**
箭叶橐吾 (11) 450 **466**
箭叶雨久花 (13) **66** 彩片58
箭竹 (12) 632 **639**
箭竹
(=龙头竹) (12) 628
箭竹属
(禾本科) (12) 550 **631**
樫木 (8) **392**
樫木属
(楝科) (8) 375 **392**

jiang
江岸立碗藓 (1) **522**
江边刺葵 (12) 58 **59** 彩片9
江华大节竹 (12) 593 **595**
江南荸荠 (12) 279 **286**
江南灯心草
(=笄石菖) (12) 234
江南地不容 (3) 683 **690**
江南短肠蕨 (2) 316 **319**
江南谷精草 (12) 206 **216**
江南花楸 (6) 533 **547**
江南卷柏 (2) 32 **42**
江南马先蒿 (10) 185 **200**
江南牡丹草 (3) **650**
江南桤木 (4) 272 **275**
江南散血单 (9) **214**
江南山梗菜 (10) 494 **500** 彩片179
江南山柳
(=贵定桤叶树) (5) 547
江南铁角蕨 (2) 400 **405**
江南星蕨 (2) 750 **751** 彩片149
江南油杉 (3) 16 **18**
江南越桔 (5) 698 **704** 彩片289
江南紫金牛
(=月月红) (6) 98
江苏南星
(=云台南星) (12) 169
江苏薹草 (12) 415 **423**
江西堇菜 (5) 140 **162**
江西马先蒿 (10) 183 **199**
江西悬钩子 (6) 590 **637**
江西崖豆藤 (7) 103 **109**
江浙钓樟
(=江浙山胡椒) (3) 232
江浙狗舌草 (11) 515 **517**
江浙山胡椒 (3) 229 **232**
江孜点地梅 (6) 151 **161**
江孜蒿 (11) 380 **423**
茳芒决明
(=槐叶决明) (7) 51

姜 (13) 36 **37**
姜花 (13) **33** 彩片28
姜花属
(姜科) (13) 21 **32**
姜黄 (13) **23** 彩片21
姜黄草
(=黄山药) (13) 347
姜黄属
(姜科) (13) 20 **23**
姜科 (13) **20**
姜味草 (9) **528**
姜味草属
(唇形科) (9) 397 **528**
姜属
(姜科) (13) 21 **36**
姜状三七 (8) 529 **530**
姜状沿阶草 (13) 244 **250**
浆果灰蓬 (4) 349 **350**
浆果苣苔 (10) **324** 彩片107
浆果苣苔属
(苦苣苔科) (10) 246 **324**
浆果楝 (8) 382 **383**
浆果楝属
(楝科) (8) 375 **382**
浆果薹草 (12) 381 **383** 彩片97
浆果乌桕 (8) 113 **115**
浆果苋 (4) **369**
浆果苋属
(苋科) (4) **368**
浆果猪毛菜
(=浆果灰蓬) (4) 350
浆果醉鱼草 (10) 14 **15**
豇豆 (7) 232 **235** 彩片113
豇豆属
(蝶形花科) (7) 64 **231**
疆菊 (11) **619**
疆菊属
(菊科) (11) 131 **619**
疆南星 (12) **142**
疆南星属
(天南星科) (12) 105 **142**

疆罂粟属
(=裂叶罂粟属) (3) 710
蒋英木
(=龙船花) (10) 611
降香 (7) 90 **96** 彩片58
降香黄檀
(=降香) (7) 96
绛车轴草 (7) 438 **440**

jiao
交连假瘤蕨 (2) 732 **742**
交让木 (3) **792**
交让木科
(=虎皮楠科) (3) 792
交让木属
(=虎皮楠属) (3) 792
娇美绢藓 (1) 854 **858**
胶东卫矛
(=胶州卫矛) (7) 780
胶果木 (4) **292**
胶果木属
(紫茉莉科) (4) 290 **291**
胶核木属
(木犀科) (10) 23 **66**
胶核藤
(=海南胶核木) (10) 66
胶黄蓍状棘豆 (7) 352 **356**
胶木属
(山榄科) (6) 1 **3**
胶粘香茶菜 (9) 569 **580**
胶州卫矛 (7) 776 **780**
胶州延胡索 (3) 726 **764**
焦氏曲尾藓 (1) **376**
蕉木 (3) **176** 彩片197
蕉木属
(番荔枝科) (3) 158 **176**
蕉麻 (13) 15 **17**
蕉芋 (13) 58 **59**
椒叶梣 (10) 25 **29**
角苞蒲公英 (11) 766 **781**
角胞钝叶苔 (1) **168**
角被假楼梯草 (4) 112 **113**
角齿藓 (1) **324**
角齿藓属
(牛毛藓科) (1) 316 **324**
角翅卫矛 (7) 779 **798** 彩片301
角茨藻
(=角果藻) (12) 46
角萼翠雀花 (3) 429 **443** 彩片329
角萼卷瓣兰 (13) 692 **709**
角萼苔属
(细鳞苔科) (1) 225 **240**
角果胡椒 (3) 321 **330**
角果碱蓬 (4) 343 **346**
角果藜 (4) **337** 彩片145
角果藜属
(藜科) (4) 305 **337**
角果毛茛 (3) **581**
角果毛茛属
(毛茛科) (3) 389 **580**
角果木 (7) **677**
角果木属
(红树科) (7) 676 **677**
角果秋海棠 (5) 258 **274**
角果藻 (12) **46**
角果藻科 (12) **45**
角果藻属
(角果藻科) (12) **45**
角蒿 (10) **430** 彩片134
角蒿属
(紫葳科) (10) 419 **429**
角花 (9) **585**
角花胡颓子 (7) 467 **469**
角花乌蔹莓 (8) 202 **204**
角花崖爬藤 (8) 207 **214**
角花属
(唇形科) (9) 398 **585**
角黄耆 (7) 294 **342**
角茴香 (3) **715**
角茴香属
(罂粟科) (3) 695 **715**
角蕨 (2) 279 **280**
角蕨属
(蹄盖蕨科) (2) 271 **279**
角裂悬钩子 (6) 588 **622**
角鳞苔属
(细鳞苔科) (1) 225 **239**
角盘兰 (13) 474 **476** 彩片323
角盘兰属
(兰科) (13) 367 **474**
角苔 (1) **296**
角苔科 (1) **295**
角苔属
(角苔科) (1) 295 **296**
角叶鞘柄木 (7) **710**
角叶藻苔 (1) **1**
角竹 (12) 601 **609**
角柱花
(=蓝雪花) (4) 542
角状刺枝藓 (1) 881 **882**
角状耳蕨 (2) 538 **582**
绞股蓝 (5) 249 **251** 彩片129
绞股蓝属
(葫芦科) (5) 198 **249**
铰剪藤 (9) **167**
铰剪藤属
(萝科) (9) 135 **167**
脚骨脆属
(大风子科) (5) 110 **126**

jie
接长草
(=九头狮子草) (10) 398
接骨草 (11) **2** 彩片2
接骨木 (11) 2 **3** 彩片3
接骨木属
(忍冬科) (11) 1 **2**
接骨树
(=思茅豆腐柴) (9) 369
节鞭山姜 (13) 40 **41** 彩片34
节翅地皮消 (10) **344**
节秆扁穗草 (12) 273 **274**
节根黄精 (13) 205 **210**

节瓜 (5) **226**
节花千里光 (11) 532 **537**
节节菜 (7) 501 **502** 彩片175
节节菜属
(千屈菜科) (7) 499 **501**
节节草 (2) 65 **68**
节节草 (12) 201 **202** 彩片93
节节红 (11) 231 **239**
节节麦 (12) **840**
节节磨芋 (12) 135 **136**
节节木属
(藜科) (4) 306 **358**
节茎曲柄藓 (1) 346 **353** 彩片90
节茎石仙桃 (13) **630** 彩片456
节裂角茴香
(=细果角茴香) (3) 716
节毛飞廉 (11) **640** 彩片159
节毛假福王草 (11) 730 **732**
节毛蕨属
(叉蕨科) (2) 603 **603**
节蒴木 (5) **378**
节蒴木属
(山柑科) (5) 367 **378**
节叶秋英爵床 (10) **406**
节肢蕨 (2) 745 **748**
节肢蕨属
(水龙骨科) (2) 664 **745**
杰出耳蕨 (2) 539 **584**
杰氏藏芥
(=西藏藏芥) (5) 466
结缕草 (12) 1007 **1008**
结缕草属
(禾本科) (12) 557 **1007**
结脉黑桫椤
(=黑桫椤) (2) 146
结香 (7) **537**
结香属
(瑞香科) (7) 514 **537**
结壮飘拂草 (12) 292 **301**
睫苞豆 (7) **258**
睫苞豆属
(蝶形花科) (7) 67 **258**
睫毛丛菔
(=丛菔) (5) 496
睫毛大戟 (8) 118 **129**
睫毛杜鹃 (5) 558 **577** 彩片192
睫毛萼杜鹃 (5) 558 **578**
睫毛萼凤仙花 (8) 495 **528**
睫毛金腰 (6) 419 **426**
睫毛蕨 (2) **444**
睫毛蕨科 (2) 6 **444**
睫毛蕨属
(睫毛蕨科) (2) **444**
睫毛秋海棠 (5) 257 **268**
睫毛苔 (1) **13**
睫毛苔属
(拟复叉苔科) (1) **13**
截苞柳 (5) 307 **346**
截齿红丝线 (9) 233 **234**
截萼枸杞 (9) **205**
截萼红丝线
(=截齿红丝线) (9) 234
截萼毛建草 (9) 451 **455**
截萼忍冬 (11) 52 **72**
截果柯 (4) 198 **203**
截果石栎
(=截果柯) (4) 203
截基盾蕨 (2) 677 **678**
截基瓜叶乌头
(=瓜叶乌头) (3) 417
截裂翅子树 (5) 56 **57**
截裂毛蕨 (2) 374 **386**
截裂秋海棠 (5) 257 **272**
截鳞薹草 (12) **412**
截形嵩草 (12) 362 **370**
截叶胡枝子 (7) 183 **192**
截叶栝楼 (5) 234 **240**
截叶毛茛 (3) 550 551 **562**
截叶拟平藓 (1) 712 **713** 彩片219
截叶秋海棠 (5) 258 **277**
截叶铁扫帚
(=截叶胡枝子) (7) 192
截叶小鳞苔 (1) **252**
截叶叶苔 (1) 70 **80** 彩片17
截叶真藓
(=球形真藓) (1) 560
截嘴薹草 (12) 415 **423**
羯布罗香 (4) 566 **567**
介蕨 (2) 284 **286**
介蕨属
(蹄盖蕨科) (2) 271 **283**
芥菜 (5) 390 **393** 彩片163
芥菜疙瘩 (5) 390 **394**
芥蓝 (5) 390 **391** 彩片161
芥叶蒲公英 (11) 768 **775**
芥叶千里光 (11) 533 **546**
芥叶缬草 (11) 99 **105**

jin
巾唇兰 (13) **770**
巾唇兰属
(兰科) (13) 369 **770**
金苞花 (10) **386** 彩片115
金苞花属
(爵床科) (10) 330 **386**
金钗凤尾蕨
(=傅氏凤尾蕨) (2) 199
金草 (10) 515 **520**
金疮小草 (9) 407 **410**
金唇兰 (13) **616**
金唇兰属
(兰科) (13) 371 **616**
金慈姑 (12) 143 **146**
金灯藤 (9) 271 **272**
金灯心草 (12) 223 **237**
金顶杜鹃 (5) 566 **646** 彩片249
金顶瓦韦 (2) 682 **696**
金豆 (8) **442**
金耳环 (3) 339 **345**
金耳石斛 (13) 663 **670** 彩片486
金发草 (12) **1117**
金发草属
(禾本科) (12) 555 **1117**

金发石杉	**(2)**	8	**11**
金发藓	**(1)**		**968** 彩片292
金发藓科	**(1)**		**951**
金发藓属			
(金发藓科)	**(1)**	951	**967**
金粉蕨	**(2)**	211	**211**
金粉蕨属			
(中国蕨科)	**(2)**	208	**210**
金凤花	**(7)**	30	**31** 彩片21
金凤藤	**(9)**		**175**
金凤藤属			
(萝科)	**(9)**	135	**174**
金佛山齿鳞草			
(=齿鳞草)	**(10)**		236
金佛山耳蕨	**(2)**	537	**573**
金佛山方竹	**(12)**	621	**624**
金佛山荚	**(11)**	5	**13**
金佛山兰	**(13)**		**393** 彩片288
金佛山兰属			
(兰科)	**(13)**	365	**393**
金佛山溪边蕨	**(2)**	388	**390**
金佛山悬钩子	**(6)**	591	**639**
金佛铁线莲	**(3)**	508	**517**
金柑	**(8)**	442	**443**
金刚大			
(=黄精叶钩吻)	**(13)**		313
金刚鼠李	**(8)**	146	**154**
金刚纂	**(8)**	117	**124**
金钩花	**(3)**		**174**
金钩花属			
(番荔枝科)	**(3)**	158	**174**
金瓜	**(5)**		**231** 彩片117
金瓜核			
(=滇锡眼树莲)	**(9)**		173
金瓜属			
(葫芦科)	**(5)**	199	**231**
金冠鳞毛蕨	**(2)**	488	**501**
金光菊	**(11)**	317	**318**
金光菊属			
(菊科)	**(11)**	124	**317**
金龟草			
(=小升麻)	**(3)**		399
金合欢	**(7)**	7	**9**
金合欢属			
(含羞草科)	**(7)**	1	**7**
金虎尾	**(8)**		**242**
金虎尾科	**(8)**		**236**
金虎尾属			
(金虎尾科)	**(8)**	236	**242**
金花茶	**(4)**	576	**591** 彩片274
金花猕猴桃	**(4)**	658	**666** 彩片297
金花忍冬	**(11)**	53	**74**
金花树	**(7)**	630	**633**
金花小檗	**(3)**	584	**596**
金黄侧金盏花	**(3)**	546	**547**
金黄柴胡	**(8)**	630	**633**
金黄脆蒴报春	**(6)**	173	**190**
金黄杜鹃	**(5)**	560	**591** 彩片204
金黄凤仙花	**(8)**	489	**497**
金黄花滇百合	**(13)**	119	**126** 彩片99
金黄还阳参	**(11)**	712	**713**
金黄圆孔藓	**(1)**		**662** 彩片196
金黄真藓			
(=弯叶真藓)	**(1)**		567
金灰藓	**(1)**		**901**
金灰藓属			
(灰藓科)	**(1)**	899	**900**
金鸡脚假瘤蕨	**(2)**	731	**736** 彩片145
金鸡菊属			
(菊科)	**(11)**	124	**324**
金鸡纳树	**(10)**	551	**552**
金鸡纳属			
(茜草科)	**(10)**	507	**551**
金甲豆			
(=棉豆)	**(7)**		238
金剑草	**(10)**	676	**681**
金锦香	**(7)**	615	**616** 彩片225
金锦香属			
(野牡丹科)	**(7)**	614	**615**
金桔	**(8)**	442	**443**
金桔属			
(芸香科)	**(8)**	399	**441**
金蕨			
(=卤蕨)	**(2)**		206
金兰	**(13)**	394	**396** 彩片291
金莲花	**(3)**	393	**396** 彩片305
金莲花属			
(毛茛科)	**(3)**	389	**393**
金莲木	**(4)**		**563** 彩片251
金莲木科	**(4)**		**563**
金莲木属			
(金莲木科)	**(4)**		**563**
金链叶黄花木			
(=尼泊尔黄花木)	**(7)**		455
金铃花	**(5)**	81	**82** 彩片45
金露梅	**(6)**	653	**659** 彩片144
金缕梅	**(3)**		**782** 彩片441
金缕梅科	**(3)**		**772**
金缕梅属			
(金缕梅科)	**(3)**	773	**782**
金脉鸢尾	**(13)**	280	**283**
金猫尾	**(12)**		**1095**
金毛耳草	**(10)**	515	**517**
金毛狗	**(2)**		**140** 彩片52
金毛狗属			
(蚌壳蕨科)	**(2)**		**140**
金毛柯	**(4)**	198	**205**
金毛空竹	**(12)**	567	**568**
金毛榕	**(4)**	45	**64**
金毛石栎			
(=金毛柯)	**(4)**		205
金毛铁线莲	**(3)**	506	**512** 彩片366
金毛藓科	**(1)**		**660**
金毛藓属			
(金毛藓科)	**(1)**		**660**
金茅	**(12)**		**1111**
金钮扣	**(11)**		**322**
金钮扣属			
(菊科)	**(11)**	124	**322**
金平秋海棠	**(5)**	258	**277**
金平藤	**(9)**		**131**
金平藤属			
(夹竹桃科)	**(9)**	91	**131**

金钱豹 (10) 467 彩片161
金钱豹
(=大花金钱豹) (10) 467
金钱豹属
(桔梗科) (10) 446 **467**
金钱蒲 (12) 106 **107** 彩片37
金钱槭 (8) **314** 彩片149
金钱槭属
(槭树科) (8) **314**
金钱松 (3) **50** 彩片73
金钱松属
(松科) (3) 15 **50**
金荞麦 (4) 511 **513** 彩片218
金雀儿 (7) **464**
金雀儿属
(蝶形花科) (7) 67 **464**
金雀花
(=锦鸡儿) (7) 267
金雀花黄堇 (3) 722 **737**
金雀马尾参 (9) **200**
金色补血草
(=黄花补血草) (4) 549
金色狗尾草 (12) 1071 **1076**
金色飘拂草 (12) 292 **303**
金沙翠雀花 (3) 430 **446**
金沙江火把花 (9) **498**
金沙江醉鱼草 (10) 15 **19**
金沙绢毛菊 (11) 736 **737** 彩片175
金沙槭 (8) 317 **328** 彩片159
金山葵 (12) **99** 彩片32
金山葵属
(棕榈科) (12) 58 **98**
金山五味子 (3) 370 **374**
金石斛属
(兰科) (13) 373 **686**
金石榴 (7) 634 **636**
金丝草 (12) 1117 **1118**
金丝杜仲
(=云南卫矛) (7) 787
金丝李 (4) 685 **687** 彩片310
金丝梅 (4) 693 **699**
金丝桃 (4) 693 **696**
金丝桃叶绣线菊 (6) 449 **468**
金丝桃属
(藤黄科) (4) 682 **692**
金丝条马尾杉 (2) 16 **22**
金松 (3) **67** 彩片92
金松科 (3) **67**
金松属
(金松科) (3) **67**
金粟兰 (3) 310 **311** 彩片254
金粟兰科 (3) **309**
金粟兰属
(金粟兰科) (3) 309 **310**
金塔隔距兰 (13) 733 **738**
金铁锁 (4) **480**
金铁锁属
(石竹科) (4) 393 **480**
金头鼠草 (11) 280 **282**
金挖耳 (11) 300 **303**
金挖耳属
(=天名精属) (11) 299
金纹鸢尾
(=金脉鸢尾) (13) 283
金仙草 (11) **298**
金县芒 (12) 1085 **1086**
金线草 (4) **510** 彩片216
金线草 (10) 676 **681**
金线草属
(蓼科) (4) 481 **510**
金线吊乌龟 (3) 683 **688**
金线兰 (13) 436 **440** 彩片307
金线莲
(=血叶兰) (13) 419
金线重楼 (13) 219 **221**
金腺荚 (11) 7 **26**
金腺莸 (9) 387 **389**
金星虎耳草 (6) 385 **405** 彩片105
金星蕨 (2) 338 **342**
金星蕨
(=沼泽蕨) (2) 336
金星蕨科 (2) 5 6 **334**
金星蕨属
(金星蕨科) (2) 335 **338**
金须茅 (12) **1125**
金须茅属
(禾本科) (12) 556 **1125**
金阳美登木 (7) 815 **817**
金腰箭 (11) **323**
金腰箭属
(菊科) (11) 124 **323**
金腰属
(虎耳草科) (6) 371 **417**
金叶含笑 (3) 145 **153** 彩片188
金叶柃 (4) 636 **653**
金叶树 (6) **5**
金叶树属
(山榄科) (6) 1 **5**
金叶微毛柃 (4) **645**
金叶细枝柃 (4) 635 **645**
金叶子 (5) **688**
金叶子属
(杜鹃花科) (5) 554 **687**
金翼黄耆 (7) 289 **307**
金银花
(=忍冬) (11) 81
金银莲花 (9) 274 **275**
金银忍冬 (11) 53 **75** 彩片23
金英 (8) **243**
金英属
(金虎尾科) (8) 236 **243**
金罂粟 (3) **711**
金罂粟属
(罂粟科) (3) 695 **711**
金樱子 (6) 712 **738** 彩片158
金鱼藻 (3) **386**
金鱼藻科 (3) **386**
金鱼藻属
(金鱼藻科) (3) **386**
金盏菜
(=碱菀) (11) 207
金盏花 (11) **556**
金盏花属

(菊科) (11) 130 **556**
金盏苣苔 (10) **257**
金盏苣苔属
(苦苣苔科) (10) 243 244 **256**
金盏银盘 (11) 326 **329**
金针菜
(=黄花菜) (13) 93
金钟花 (10) 31 **32** 彩片12
金钟藤 (9) 254 **256** 彩片110
金州绣线菊 (6) 447 **458**
金珠柳 (6) 78 **81**
金竹 (12) 601 **609**
金爪儿 (6) 118 **140**
金足草 (10) 374 **375**
金足草属
(爵床科) (10) 332 **374**
筋骨草 (9) 407 **409**
筋骨草属
(唇形科) (9) 393 **407**
筋藤 (9) 104 **106**
堇菜 (5) 142 **166** 彩片84
堇菜报春 (6) 173 **180**
堇菜科 (5) **135**
堇菜属
(堇菜科) (5) 136 **139**
堇色马先蒿 (10) 181 **203** 彩片51
堇色碎米荠 (5) 451 **456**
堇色早熟禾 (12) 709 **747**
堇叶芥 (5) **469**
堇叶芥属
(十字花科) (5) 385 **469**
堇叶苣苔 (10) **269**
堇叶苣苔属
(苦苣苔科) (10) 244 **268**
堇叶山梅花
(=薄叶山梅花) (6) 261
堇叶碎米荠
(=露珠碎米荠) (5) 456
堇叶延胡索 (3) 726 **763**
锦带
(=锦带花) (11) 47
锦带花 (11) **47**
锦带花属
(忍冬科) (11) 1 **47**
锦地罗 (5) 106 **107**
锦鸡儿 (7) 264 **267** 彩片125
锦鸡儿属
(蝶形花科) (7) 62 **264**
锦葵 (5) 69 **70** 彩片41
锦葵科 (5) **68**
锦葵属
(锦葵科) (5) **69**
锦丝藓 (1) **801** 彩片247
锦丝藓属
(羽藓科) (1) 784 **801**
锦藓科 (1) **872**
锦藓属
(锦藓科) (1) 873 **889**
锦香草 (7) 639 **643** 彩片236
锦香草属
(野牡丹科) (7) 615 **638**
锦绣杜鹃 (5) 570 **671** 彩片272
锦绣苋 (4) 381 **382**
锦叶绢藓 (1) 853 **856**
锦叶藓属
(曲尾藓科) (1) 332 **390**
锦帐竹 (12) 661 **662**
劲枝异药花 (7) **645** 彩片237
劲直菝葜 (13) 316 **331**
劲直白酒草 (11) 225 **227**
劲直刺桐 (7) 196 **197** 彩片95
劲直鹤虱 (9) 336 **340**
劲直假阴地蕨 (2) 74 **74**
劲直续断 (11) 111 **112**
近边耳蕨 (2) 537 **574**
近川西鳞毛蕨 (2) 489 **506**
近多鳞鳞毛蕨 (2) 489 **507**
近高山真藓 (1) 558 **566** 彩片166
近革叶酸藤子
(=平叶酸藤子) (6) 108
近光滑小檗 (3) 585 **600**
近加拉虎耳草 (6) 385 **402**
近轮叶木姜子 (3) 217 **228** 彩片220
近蕨薹草 (12) 382 **387**
近裂淫羊藿
(=黔岭淫羊藿) (3) 646
近全缘千里光 (11) 533 **546**
近实心茶秆竹 (12) 645 **654**
近似小檗 (3) 583 **590**
近穗状冠唇花 (9) 502 **503**
近头状豆腐柴 (9) 365 **369**
近无刺苍耳 (11) **309**
近无距凤仙花 (8) 494 **526**
近无毛飞蛾藤 (9) 245 **246**
近缘紫萼藓 (1) 496 **497**
近总序香草 (6) 116 **130**
荩草 (12) 1149 **1150**
荩草属
(禾本科) (12) 554 **1149**

jing
京大戟
(=大戟) (8) 134
京风毛菊 (11) 569 **585**
京鹤鳞毛蕨 (2) 491 **523**
京黄芩 (9) 417 **422**
京梨
(=硬齿猕猴桃) (4) 664
京梨猕猴桃 (4) 658 **665**
京芒草 (12) 953 **958**
茎根红丝线 (9) 233 **235**
茎花石豆兰 (13) 691 **697**
茎花崖爬藤 (8) 207 **212**
茎叶鸡脚参 (9) **594**
茎叶葶花 (9) **567**
茎叶子宫草
(=茎叶葶花) (9) 567
泾源紫堇 (3) 721 **730**
荆豆 (7) **466**
荆豆属
(蝶形花科) (7) 67 **465**
荆芥 (9) 437 **442** 彩片161
荆芥属

(唇形科) (9) 394 **436**
荆三棱 (12) **261**
荆条 (9) 374 **377** 彩片142
旌节花
(=中国旌节花) (5) 134
旌节花科 (5) **131**
旌节花属
(旌节花科) (5) **131**
晶头 (13) 143 **167**
粳
(=稻) (12) 667
粳稻 (12) 666 **668**
精细小苦荬 (11) 752 **755**
精致野豌豆 (7) 407 **410**
井冈寒竹 (12) **656**
井冈寒竹属
(=短枝竹属) (12) 656
井冈山凤仙花 (8) 491 **507** 彩片305
井冈山卫矛 (7) 776 **781**
井栏边草 (2) 180 181 **189**
井栏凤尾蕨
(=井栏边草) (2) 189
颈果草 (9) **333** 彩片127
颈果草属
(紫草科) (9) 282 **333**
颈鞘箭竹
(=尼泊尔筱竹) (12) 629
景东矮柳 (5) **330**
景东杯冠藤 (9) 151 **153**
景东翅子树 (5) 56 **57**
景东厚唇兰 (13) 688 **689**
景洪哥纳香 (3) 170 **171**
景洪核果茶 (4) 619 **620**
景洪石斛 (13) 662 **684**
景烈假毛蕨 (2) 368 **370**
景天虎耳草 (6) 385 **405**
景天科 (6) **319**
景天属
(景天科) (6) 319 **335**
净花菰腺忍冬 (11) 54 **83**
净口藓 (1) 456 **457**
净口藓属
(丛藓科) (1) 437 **456**
镜面草 (4) 92 **105** 彩片57
镜子薹草 (12) 505 **509**

jiu
九翅豆蔻 (13) 50 **52** 彩片47
九丁榕 (4) 43 **53**
九顶草 (12) **960**
九顶草属
(禾本科) (12) 561 **960**
九管血 (6) 86 **94** 彩片24
九华蒲儿根 (11) 508 **513**
九节 (10) 614 **617** 彩片208
九节龙 (6) 87 **99**
九节属
(茜草科) (10) 509 **614**
九来龙 (9) 243 **245** 彩片107
九里明
(=千里光) (11) 546
九里香 (8) 435 **436** 彩片225
九里香
(=千里香) (8) 436
九里香属
(芸香科) (8) 399 **435**
九连灯
(=灰毛大青) (9) 382
九头狮子草 (10) 397 398 **120**
九味一枝蒿 (9) 407 **410**
九仙山薹草 (12) 455 **457**
九眼菊 (11) 615 **617**
九叶木蓝 (7) 129 **145**
九羽见血飞 (7) 31 **36**
九重葛
(=叶子花) (4) 293
九州耳蕨
(=大叶耳蕨) (2) 554
九州雉尾藓 (1) 748 **750**
九子母属
(漆树科) (8) 345 **365**
久内早熟禾 (12) 706 **731**
韭 (13) 140 **151**
韭葱 (13) 143 **170**
韭莲 (13) 259 **260** 彩片178
酒饼簕 (8) **439** 彩片226
酒饼簕属
(芸香科) (8) 399 **439**
酒饼藤 (3) **169**
酒药花醉鱼草 (10) 15 **20**
酒椰 (12) **72**
酒椰属
(棕榈科) (12) 56 **72**
救荒野豌豆 (7) 408 **418**

ju
居间金腰 (6) 418 **421**
桔梗 (10) **470** 彩片162
桔梗科 (10) **446**
桔梗属
(桔梗科) (10) 446 **470**
桔红报春
(=桔红灯台报春) (6) 192
桔红灯台报春 (6) 175 **192**
桔红山楂 (6) 504 **507**
桔红悬钩子 (6) 584 **599**
菊蒿 (11) **355**
菊蒿属
(菊科) (11) 126 **355**
菊花 (11) 342 **344**
菊苣 (11) **686** 彩片166
菊苣属
(菊科) (11) 132 **685**
菊科 (11) **121**
菊芹属
(菊科) (11) 128 **549**
菊三七 (11) 550 **551** 彩片121
菊三七属
(菊科) (11) 128 **550**
菊叶红景天 (6) 355 **369**
菊叶委陵菜 (6) 655 **681**
菊叶香藜 (4) 312 **313**
菊叶鱼眼草 (11) **156**

菊芋	**(11)**	321	**322**	
菊属				
(菊科)	**(11)**	125	**341**	
菊状千里光	**(11)**	531 532 533	**541**	彩片117
橘草	**(12)**	1142	**1146**	
咀签	**(8)**		**178**	
咀签属				
(鼠李科)	**(8)**	138	**178**	
矩唇石斛	**(13)**	664	**677**	
矩鳞油杉	**(3)**	16	**18**	
矩麟铁杉	**(3)**	32	**33**	
矩叶垂头菊	**(11)**	472	**481**	
矩叶鼠刺	**(6)**	289	**293**	
矩叶酸藤子				
(=密齿酸藤子)	**(6)**		104	
矩叶卫矛	**(7)**	777	**788**	
矩叶翼核果	**(8)**	177	**178**	
矩圆线蕨	**(2)**	755	**757**	
矩圆叶椵	**(5)**	14	**18**	
矩圆叶旌节花	**(5)**	131	**133**	
矩圆叶梾木				
(=长圆叶梾木)	**(7)**		693	
矩圆叶柃	**(4)**	636	**648**	
榉树	**(4)**		**13**	彩片12
榉树				
(=大叶榉树)	**(4)**		14	
榉属				
(榆科)	**(4)**	1	**13**	
蒟蒻薯	**(13)**		**309**	彩片235
蒟蒻薯科	**(13)**		**308**	
蒟蒻薯属				
(蒟蒻薯科)	**(13)**		**309**	
蒟子	**(3)**	319	**326**	
巨瓣兜兰	**(13)**	387	**389**	彩片280
巨柏	**(3)**	78	**80**	彩片107
巨车前	**(10)**	5	**6**	
巨大狗尾草	**(12)**	1071	**1074**	
巨萼柏拉木				
(=金花树)	**(7)**		633	
巨魁杜鹃	**(5)**	565	**620**	
巨黧豆	**(7)**	198	**199**	
巨伞钟报春	**(6)**	174	**199**	彩片57
巨型蜘蛛抱蛋	**(13)**	183	**188**	彩片137
巨序剪股颖	**(12)**	915	**917**	
巨竹属				
(禾本科)	**(12)**	551	**586**	
巨紫堇	**(3)**	722	**732**	
苣荬菜	**(11)**	701	**702**	
苣叶报春	**(6)**	173	**190**	
苣叶鼠尾草	**(9)**	506	**513**	
苣叶秃疮花	**(3)**		**636**	彩片412
具苞抱茎葶苈				
(=山菜葶苈)	**(5)**		443	
具苞念珠芥				
(=短果念珠芥)	**(5)**		533	
具苞铃子香	**(9)**	460	**461**	
具苞糖芥	**(5)**		**514**	
具边拟平藓	**(1)**		**712**	
具边直齿藓	**(1)**		**541**	
具柄冬青	**(7)**	836	**849**	
具柄重楼	**(13)**		**222**	
具柄重楼				
(=五指莲)	**(13)**		226	
具槽石斛	**(13)**	662	**666**	彩片477
具齿丛藓	**(1)**		**471**	
具刚毛荸荠	**(12)**	279	**287**	
具冠马先蒿	**(10)**	182	**209**	
具脊芽	**(12)**	1138	**1139**	
具茎大叶藻	**(12)**	51	**52**	
具鳞水柏枝	**(5)**	184	**186**	
具芒灰帽薹草	**(12)**	415	**419**	
具芒鳞砖子苗	**(12)**	341	**343**	
具芒碎米莎草	**(12)**	322	**328**	
具毛常绿荚	**(11)**	7	**27**	
具葶离子芥	**(5)**	499	**501**	
距瓣豆	**(7)**		**225**	彩片109
距瓣豆属				
(蝶形花科)	**(7)**	64	**224**	
距瓣尾囊草	**(3)**	454	**455**	
距花忍冬				
(=长距忍冬)	**(11)**		76	
距花黍	**(12)**		**1034**	
距花黍属				
(禾本科)	**(12)**	553	**1034**	
距花万寿竹	**(13)**	199	**202**	彩片146
距药黄精	**(13)**	205	**209**	
距药姜	**(13)**		**28**	
距药姜属				
(姜科)	**(13)**	20	**28**	
锯齿沙参	**(10)**	476	**485**	
锯齿叶垫柳	**(5)**	301 308	**333**	
锯齿叶耳蕨				
(=芒齿耳蕨)	**(2)**		572	
锯齿叶鳞毛蕨				
(=刺尖鳞毛蕨)	**(2)**		509	
锯蕨	**(2)**	772	**772**	
锯蕨属				
(禾叶蕨科)	**(2)**	771	**772**	
锯鳞耳蕨	**(2)**	533	**541**	
锯叶变豆菜	**(8)**	589	**590**	
锯叶耳蕨				
(=锯鳞耳蕨)	**(2)**		541	
锯叶风毛菊	**(11)**	571	**594**	
锯叶合耳菊	**(11)**	521	**525**	彩片112
锯叶千里光				
(=锯叶合耳菊)	**(11)**		525	
锯叶悬钩子	**(6)**	591	**640**	
锯叶竹节树	**(7)**	680	**681**	
聚鼻南星				
(=鼻南星)	**(12)**		161	
聚齿马先蒿	**(10)**	182	**209**	
聚果榕	**(4)**	43	**53**	
聚合草	**(9)**		**299**	
聚合草属				
(紫草科)	**(9)**	281	**299**	
聚花白饭树	**(8)**	30	**31**	
聚花草	**(12)**		**189**	彩片85
聚花草属				
(鸭跖草科)	**(12)**	182	**189**	
聚花风铃草	**(10)**	471	**472**	彩片165
聚花风铃草				
(=北疆风铃草)	**(10)**		472	
聚花过路黄	**(6)**	118	**145**	彩片39

聚花海桐 (6) 234 **240**
聚花荚 (11) 4 **9**
聚花金足草 (10) 374 **376**
聚花马先蒿 (10) 180 **213**
聚石斛 (13) 661 **665** 彩片476
聚穗莎草
(=头状穗莎草) (12) 326
聚头绢蒿 (11) 434 **439**
聚头帚菊 (11) 658 **662**
聚叶虎耳草 (6) 385 **402**
聚叶花葶乌头
(=花葶乌头) (3) 407
聚叶黔川乌头
(=花葶乌头) (3) 407
聚叶沙参 (10) 477 **485**
聚株石豆兰 (13) 690 **696**
聚锥水东哥 (4) 674 **675**
瞿麦 (4) 466 **470** 彩片199

juan
卷柏 (2) 32 **36** 彩片13
卷柏科 (2) 1 **31**
卷柏藓科 (1) **638**
卷柏藓属
(卷柏藓科) (1) **638**
卷柏属
(卷柏科) (2) **31**
卷瓣忍冬 (11) 54 **84**
卷苞风毛菊 (11) 574 **608**
卷苞石豆兰 (13) 693 **712**
卷苞叶苔 (1) 70 **79**
卷边花楸 (6) 531 **535**
卷边柳 (5) 302 312 **355**
卷边紫萼藓 (1) 496 **499**
卷丹 (13) 120 **132** 彩片107
卷耳 (4) 402 **406** 彩片184
卷耳属
(石竹科) (4) 392 **402**
卷耳状石头花 (4) 473 **478**
卷萼兜兰 (13) 387 **391** 彩片285
卷果涩芥 (5) 505 **506**
卷花丹属
(野牡丹科) (7) 615 **649**
卷尖高领藓 (1) 614 **616**
卷茎蓼 (4) 483 **492**
卷毛耳草
(=粗毛耳草) (10) 521
卷毛柯 (4) 200 **216**
卷毛梾木 (7) 692 **698**
卷毛婆婆纳 (10) 146 **154**
卷毛秋海棠 (5) 255 **261**
卷毛山矾 (6) 54 **73**
卷毛石韦 (2) 711 **720**
卷毛藓 (1) **367**
卷毛藓属
(曲尾藓科) (1) 333 **367**
卷毛紫金牛
(=雪下红) (6) 96
卷鞘鸢尾 (13) 387 **391** 彩片224
卷丝苣苔 (10) 266 **267**
卷叶叉羽藓 (1) **785**
卷叶丛本藓 (1) 439 **440**
卷叶杜鹃 (5) 568 **653**
卷叶短颈藓 (1) 946 **948**
卷叶凤尾藓 (1) 403 **412** 彩片111
卷叶黄精 (13) 206 **216** 彩片157
卷叶黄藓 (1) 728 **730**
卷叶灰藓 (1) 905 **907**
卷叶碱茅 (12) 764 **771**
卷叶拟扭叶藓 (1) **667** 彩片198
卷叶扭口藓 (1) **441**
卷叶曲背藓 (1) **368**
卷叶曲尾藓 (1) 376 **380**
卷叶湿地藓 (1) **464** 彩片132
卷叶苔 (1) **48**
卷叶苔属
(裂叶苔科) (1) 47 **48**
卷叶薹草 (12) 402 **403**
卷叶藓 (1) **630**
卷叶藓属
(木灵藓科) (1) 617 **630**
卷叶泽藓 (1) 603 **605**
卷缘乳菀 (11) 203 **204**
卷柱头薹草 (12) 458 **459**
绢冠茜 (10) **600**
绢冠茜属
(茜草科) (10) 510 **599**
绢蒿属
(菊科) (11) 126 **432**
绢毛稠李 (6) 781 **785**
绢毛点地梅 (6) 151 **162**
绢毛杜英 (5) 1 **4**
绢毛苣 (11) **736**
绢毛苣属
(菊科) (11) 134 **735**
绢毛蓼 (4) 483 **492**
绢毛马铃苣苔 (10) 250 **252**
绢毛木蓝 (7) 131 **140**
绢毛飘拂草 (12) 291 **296**
绢毛匍匐委陵菜 (6) 659 **689**
绢毛蔷薇 (6) 708 **717** 彩片152
绢毛山莓草 (6) 693 **698**
绢毛山梅花 (6) 260 **265**
绢毛山野豌豆 (7) 406 **410**
绢毛石花
(=珊瑚苣苔) (10) 267
绢毛唐松草 (3) 460 **464**
绢毛委陵菜 (6) 657 **672**
绢毛苋
(=白花苋) (4) 377
绢毛绣球 (6) 276 **287**
绢毛绣线菊 (6) 448 **462**
绢毛悬钩子 (6) 587 **621**
绢毛蝇子草 (4) 440 **449**
绢雀麦 (12) 803 **811**
绢茸火绒草 (11) 251 **261** 彩片67
绢藓 (1) 854 **858**
绢藓科 (1) **850**
绢藓属
(绢藓科) (1) 851 **853**
绢叶异裂菊 (11) **210**

jue
决明 **(7)** 50 **51**
决明属
(云实科) **(7)** 23 **50**
崛川苔
(=兜叶藓) **(1)** 701
崛川苔属
(=兜叶藓属) **(1)** 701
蕨 **(2)** 176 **176**
蕨科 **(2)** 3 **176**
蕨麻 **(6)** 655 **668**
蕨萁 **(2)** 74 **75**
蕨藓科 **(1)** **668**
蕨藓属
(蕨藓科) **(1)** 668 **674**
蕨叶藁本 **(8)** 703 **705**
蕨叶花楸 **(6)** 532 **539**
蕨叶假福王草 **(11)** 730 **732**
蕨叶偏蒴藓 **(1)** 914 **916**
蕨叶千里光 **(11)** 533 **544**
蕨叶曲灯藓 **(1)** **572**
蕨叶人字果 **(3)** 482 **483**
蕨叶鼠尾草 **(9)** 507 **522**
蕨叶小芹 **(8)** 753 **755**
蕨属
(蕨科) **(2)** 176 **176**
蕨状鳞毛蕨 **(2)** 490 **514**
蕨状嵩草 **(12)** 363 **376**
蕨状薹草 **(12)** 382 **386**
爵床 **(10)** 415 **416**
爵床科 **(10)** **329**
爵床属
(爵床科) **(10)** 331 **415**

jun
君迁子 **(6)** 13 **17**
君子兰 **(13)** **269** 彩片185
君子兰属
(石蒜科) **(13)** 259 **269**

K

ka
咖啡黄葵 **(5)** 88 **89**
咖啡属
(茜草科) **(10)** 510 **607**
喀什霸王 **(8)** **459**
喀什菊 **(11)** **371**
喀什菊属
(菊科) **(11)** 126 **371**
喀什膜果麻黄
(=膜果麻黄) **(3)** 113
喀斯早熟禾 **(12)** 705 **727**
喀西白桐树
(=膜叶白梧桐) **(8)** 82
卡佛尔高粱 **(12)** 1121 **1124**
卡开芦 **(12)** 676 **677**
卡拉蒂早熟禾 **(12)** 711 **755**
卡罗利拟小石松 **(2)** **27**
卡西松 **(3)** 54 **65**
卡西香茅 **(12)** 1142 **1145**

kai
开唇兰属
(兰科) **(13)** 366 **435**
开口箭 **(13)** 178 **180** 彩片130
开口箭属
(百合科) **(13)** 71 **178**
开展早熟禾 **(12)** 705 **725**
铠兰属
(兰科) **(13)** 368 **443**
楷叶梣 **(10)** 24 **26**

kan
堪察加飞蓬 **(11)** 215 **222**
堪察加碱茅 **(12)** 765 **779**
堪察加鸟巢兰
(=北方鸟巢兰) **(13)** 403
坎博早熟禾 **(12)** 707 **738**
看麦娘 **(12)** 927 **929**
看麦娘属
(禾本科) **(12)** 559 **927**

kang
康泊东叶马先蒿
(=干黑马先蒿) **(10)** 202
康藏花楸 **(6)** 533 **546** 彩片130
康藏荆芥 **(9)** 437 **441**
康滇合头菊 **(11)** 738 **739**
康定白前
(=大理白前) **(9)** 159
康定唇柱苣苔 **(10)** 287 **292**
康定翠雀花 **(3)** 430 **448** 彩片332
康定点地梅 **(6)** 151 **162**
康定冬青 **(7)** 837 **859**
康定黄蓍 **(7)** 290 **310**
康定节肢蕨 **(2)** 745 **746**
康定堇菜 **(5)** 143 **169**
康定柳 **(5)** 304 308 **317**
康定马先蒿 **(10)** 185 **192**
康定毛茛 **(3)** 551 552 **563**
康定石杉 **(2)** 8 **13**
康定鼠尾草 **(9)** 506 **508**
康定委陵菜 **(6)** 655 **668**
康定樱桃 **(6)** 764 **767**
康定玉竹 **(13)** 205 **213** 彩片155
康定云杉 **(3)** 36 **42**
糠秕马先蒿 **(10)** 185 **201**
糠秕琼楠 **(3)** 294 **297**
糠椴
(=辽椴) **(5)** 14
糠稷 **(12)** 1027 **1032**
抗风桐 **(4)** **292**

kao
栲 **(4)** 183 **192**

ke
柯 **(4)** 200 **216**
柯氏合叶苔 **(1)** 102 **107** 彩片21
柯氏早熟禾 **(12)** 704 **720**

柯属
(壳斗科) (4) 177 **198**
柯顺早熟禾 (12) 708 **739**
珂楠树 (8) 300 **309**
科氏碱茅 (12) 764 **775**
壳木叶冬青
(=谷木叶冬青) (7) 869
壳苹果 (3) **775**
壳苹果属
(金缕梅科) (3) 772 **775**
可可 (5) **55** 彩片31
可可属
(梧桐科) (5) 34 **55**
可赏复叶耳蕨
(=斜方复叶耳蕨) (2) 479
克拉莎属
(莎草科) (12) 256 **316**
克洛氏马先蒿
(=凹唇马先蒿) (10) 219
克瑞早熟禾 (12) 708 **742**
克什米尔胡卢巴 (7) 431 **432**
克什米尔碱茅 (12) 763 **769**
克什米尔曲尾藓 (1) 376 **383**
克氏合叶苔 (1) 102 **106**
克氏苔科
(=星孔苔科) (1) 283
克氏苔属
(=高山苔属) (1) 284
刻裂羽叶菊 (11) **520**
刻叶紫堇 (3) 725 **754**
榼藤 (7) 4 彩片2
榼藤属
(含羞草科) (7) 1 **4**
榼藤子
(=榼藤) (7) 4

kong
空茎驴蹄草 (3) 390 **391** 彩片301
空棱芹 (8) **702**
空棱芹属
(伞形科) (8) 581 **702**
空桶参 (11) **736** 彩片174
空心菜
(=蕹菜) (9) 264
空心柴胡 (8) 631 **634**
空心泡 (6) 586 **613**
空轴茅 (12) **1162**
空轴茅属
(禾本科) (12) 554 **1162**
空竹 (12) 567 **568**
空竹属
(禾本科) (12) 551 **567**
孔唇兰 (13) **517**
孔唇兰属
(兰科) (13) 367 **517**
孔雀稗 (12) 1044 **1045**
孔雀草 (11) **332**
孔雀藓科 (1) **741**
孔雀藓属
(孔雀藓科) (1) 742 **744**
孔网青毛藓 (1) 353 **356**
孔岩草 (6) **322**
孔岩草属
(景天科) (6) 319 **322**
孔药短筒苣苔 (10) **271**
孔药花 (12) **188**
孔药花属
(鸭跖草科) (12) 182 **188**
孔颖草 (12) 1129 **1130**
孔颖草属
(禾本科) (12) 556 **1129**
孔颖臭根子草 (12) 1129 **1131**
口药花属
(龙胆科) (9) 12 **68**

kou
扣匹
(=东京紫玉盘) (3) 160
扣树 (7) 837 **854**

ku
枯灯心草 (12) 224 **247**
苦 (9) 217 **218**
苦参 (7) 82 **84** 彩片53
苦草 (12) 20 **21**
苦草属
(水鳖科) (12) 13 **20**
苦地胆
(=地胆草) (11) 146
苦豆子 (7) 82 **83** 彩片52
苦葛 (7) 211 **212**
苦瓜 (5) **224** 彩片109
苦瓜属
(葫芦科) (5) 198 **223**
苦蒿
(=熊胆草) (11) 225
苦黄蓍 (7) 291 **319**
苦槛蓝 (10) 227 彩片68
苦槛蓝科 (10) **227**
苦槛蓝属
(苦槛蓝科) (10) **227**
苦苣菜 (11) 701 **702**
苦苣菜属
(菊科) (11) 133 **701**
苦苣苔 (10) **250**
苦苣苔科 (10) **243**
苦苣苔属
(苦苣苔科) (10) 243 **249**
苦郎树 (9) 378 **379** 彩片143
苦郎藤 (8) 197 **200**
苦枥木 (10) 24 **26** 彩片9
苦楝寄生
(=广寄生) (7) 754
苦马豆 (7) **262** 彩片123
苦马豆属
(蝶形花科) (7) 61 66 **262**
苦荬菜 (11) **751**
苦荬菜
(=抱茎小苦荬) (11) 755
苦荬菜
(=黄瓜菜) (11) 758
苦荬菜属
(菊科) (11) 134 **750**

苦木				
(=苦树)	(8)		369	
苦木科	(8)		**367**	
苦皮藤	(7)	805	**807**	
苦荞麦	(4)		**511**	
苦绳	(9)	186	**187**	彩片86
苦树	(8)		**369**	彩片186
苦树属				
(苦木科)	(8)	367	**369**	
苦糖果	(11)	52	**73**	
苦玄参	(10)		**104**	
苦玄参属				
(玄参科)	(10)	67	**103**	
苦杨	(5)	287	**295**	
苦槠	(4)	182	**185**	
苦槠栲				
(=苦槠)	(4)		185	
苦竹	(12)	645	**650**	
苦梓	(9)		**373**	彩片138
苦梓含笑	(3)	145	**149**	
库林木				
(=膝柄木)	(7)		818	
库门鸢尾	(13)	281	**302**	
库页红景天	(6)	354	**363**	
库页悬钩子	(6)	584	**597**	

kuai

块根糙苏	(9)	467	**469**	
块根芍药	(4)	556	**562**	
块根小野芝麻	(9)	476	**477**	
块蓟	(11)	620	**624**	
块节凤仙花	(8)	493	**518**	彩片309
块茎堇菜	(5)	141	**157**	
块茎卷柏	(2)	33	**54**	
块茎芹	(8)		**598**	
块茎芹属				
(伞形科)	(8)	579	**598**	
块茎岩黄蓍	(7)	393	**398**	
宽瓣豹子花				
(=豹子花)	(13)		135	
宽瓣钗子股	(13)	757	**759**	
宽瓣棘豆	(7)		355	**377**
宽瓣毛茛	(3)	550	551	**562**
宽瓣全唇兰	(13)		426	**427**
宽瓣重楼				
(=滇重楼)	(13)			222
宽苞翠雀花	(3)		429	**437**
宽苞鹅耳枥	(4)		260	**264**
宽苞棘豆	(7)		354	**376**
宽苞韭	(13)		142	**158**
宽苞毛冠菊	(11)			**211**
宽苞十大功劳	(3)		626	**630**
宽苞水柏枝	(5)		184	**186**
宽苞微孔草	(9)		319	**323**
宽苞野豌豆	(7)		407	**411**
宽苞紫菀	(11)		177	**194**
宽柄关节委陵菜	(6)		657	**664**
宽柄铁线莲	(3)		511	**537**
宽齿兔唇花				
(=大齿兔唇花)	(9)			485
宽翅虫实	(4)		328	**332**
宽翅毛茛	(3)		553	**574**
宽翅南芥				
(=窄翅南芥)	(5)			473
宽翅水玉簪	(13)		361	**363**
宽翅崧蓝	(5)		408	**409**
宽翅弯蕊芥	(5)			**463**
宽翅香青	(11)		263	**267**
宽唇角盘兰	(13)		475	**478**
宽底假瘤蕨	(2)		731	**733**
宽萼角盘兰	(13)		474	**475**
宽萼口药花	(9)			**68**
宽萼偏翅唐松草	(3)		462	**475**
宽盖耳蕨				
(=阔鳞耳蕨)	(2)			551
宽管花	(9)			**500**
宽管花属				
(唇形科)	(9)		394	**500**
宽果扁蒴藓				
(=宽果异蒴藓)	(1)			956
宽果丛菔	(5)		495	**496**
宽果红景天	(6)		355	**367**
宽果芥属				
(十字花科)	(5)		388	**483**
宽果秃疮花	(3)			**708**
宽果异蒴藓	(1)			**956**
宽果紫金龙	(3)		719	**720**
宽花香茶菜	(9)		568	**583**
宽距翠雀花	(3)			**448**
宽距凤仙花	(8)		495	**531**
宽距兰	(13)			**535**
宽距兰属				
(兰科)	(13)		368	**535**
宽框荠	(5)			**421**
宽框荠属				
(十字花科)	(5)		384	**421**
宽裂沙参				
(=杏叶沙参)	(10)			483
宽鳞耳蕨	(2)		535	**552**
宽鳞薹草	(12)		500	**501**
宽卵叶长柄山蚂蝗	(7)		161	**164**
宽片老鹳草				
(=阔裂紫地榆)	(8)			475
宽片膜蕨	(2)		119	**120**
宽蕊地榆	(6)		745	**746**
宽伞三脉紫菀	(11)		175	**184**
宽舌垂头菊	(11)		472	**482**
宽丝高原芥				
(=柔毛藏芥)	(5)			467
宽穗兔儿风				
(=宽叶兔儿风)	(11)			667
宽托叶老鹳草	(8)		469	**481**
宽序崖豆藤	(7)		103	**108**
宽药隔玉凤花	(13)	500	**509**	彩片345
宽药青藤	(3)		306	**307**
宽叶白花堇菜				
(=白花堇菜)	(5)			155
宽叶白茅	(12)		1093	**1094**
宽叶匙羹藤	(9)		176	**177**
宽叶丛菔				
(=宽果丛菔)	(5)			496
宽叶粗榧	(3)		102	**104**
宽叶吊石苣苔				

(=吊石苣苔) (10) 320
宽叶独行菜 (5) 400 **403**
宽叶杜鹃 (5) 567 **651**
宽叶杜香 (5) 554 **555**
宽叶短梗南蛇藤 (7) 806 **811**
宽叶短月藓 (1) 552 **553**
宽叶耳唇兰 (13) 635 **636**
宽叶耳唇兰 (13) **636** 彩片462
宽叶腹水草 (10) 137 **138** 彩片42
宽叶割鸡芒
(=割鸡芒) (12) 353
宽叶谷精草 (12) 206 **215**
宽叶蒿 (11) 373 **392**
宽叶红门兰 (13) 447 **452** 彩片311
宽叶厚唇兰 (13) 688 **689** 彩片514
宽叶胡枝子 (7) 182 **185**
宽叶黄蓍 (7) 293 **332**
宽叶荚囊蕨 (2) 461 **461**
宽叶假脉蕨 (2) 125 **128**
宽叶金锦香 (7) 615 **616**
宽叶金粟兰 (3) 310 **314**
宽叶金鱼藻 (3) 386 **387**
宽叶旌节花 (5) 131 **135**
宽叶韭 (13) 140 **146**
宽叶柳兰 (7) 596 **598** 彩片218
宽叶柳穿鱼 (10) 128 **129**
宽叶楼梯草 (4) 120 **131**
宽叶蔓豆 (7) 216 **217**
宽叶美喙藓 (1) **844**
宽叶母草 (10) 105 **106**
宽叶千斤拔 (7) 244 **246**
宽叶荨麻 (4) 77 **80**
宽叶羌活 (8) **622**
宽叶亲族薹草 (12) 518 **521**
宽叶山蒿 (11) 375 **398**
宽叶山柳菊 (11) 709 **710** 彩片168
宽叶十万错 (10) 389 **390**
宽叶石防风 (8) 742 **748**
宽叶鼠草 (11) 279 **280**
宽叶栓果芹 (8) 714 **715**
宽叶水柏枝 (5) 184 **186**
宽叶苏铁 (3) 2 **4** 彩片6
宽叶薹草 (12) 439 **440**
宽叶兔儿风 (11) 664 **667**
宽叶下田菊 (11) **148**
宽叶线柱兰 (13) 431 **434**
宽叶香蒲 (13) 6 **7** 彩片3
宽叶缬草 (11) 98 **101**
宽叶薰衣草 (9) **432**
宽叶沿阶草 (13) 243 **247**
宽叶岩黄蓍 (7) 392 **396**
宽叶隐子草 (12) 978 **983**
宽叶云南葶苈
(=云南葶苈) (5) 443
宽叶展毛银莲花 (3) 488 **498**
宽叶珍珠茅
(=高秆珍珠茅) (12) 360
宽叶重楼 (13) 220 **223**
宽叶紫麻 (4) 154 **155**
宽叶紫萁 (2) 90 **92**
宽羽鳞毛蕨 (2) 491 **522**
宽羽毛蕨 (2) 374 **383**
宽羽线蕨 (2) 755 **759**
宽钟杜鹃 (5) 567 **649** 彩片254
款冬 (11) **504** 彩片109
款冬属
(菊科) (11) 127 **504**

kuang
筐柳 (5) 306 313 **364**
筐条菝葜 (13) 316 **327**
狂风藤
(=日本薯蓣) (13) 358

kui
盔瓣耳叶苔 (1) 212 **215** 彩片41
盔齿马先蒿 (10) 183 **216**
盔形辐花 (9) **74**
盔状黄芩 (9) 418 **428**
葵花大蓟 (11) 620 **623** 彩片148
葵叶报春 (6) 170 **184** 彩片51
魁蒿 (11) 378 **407**
魁蓟 (11) 620 **622** 彩片147

kun
昆栏树 (3) **769** 彩片431
昆栏树科 (3) **769**
昆栏树属
(昆栏树科) (3) **769**
昆仑多子柏 (3) 84 **88**
昆仑方枝柏 (3) 85 **91**
昆仑蒿 (11) 382 **431**
昆仑锦鸡儿 (7) 266 **282**
昆仑驼绒藜 (4) 334 **336**
昆仑雪兔子 (11) 568 **580** 彩片133
昆仑针茅 (12) 932 **937**
昆明合耳菊 (11) 521 **522**
昆明犁头尖 (12) 143 **147**
昆明毛茛 (3) 553 **570**
昆明山海棠 (7) 825 **826** 彩片312
昆明石杉 (2) 9 **14**
昆明实心竹 (12) 632 **637**
昆明羊茅 (12) 682 **684**
昆明榆 (4) 3 **6**

kuo
栝楼 (5) 235 **243**
栝楼属
(葫芦科) (5) 199 **234**
阔瓣白兰花 (3) **152**
阔瓣含笑 (3) 145 **152** 彩片186
阔瓣裂叶苔 (1) 53 **58**
阔瓣天料木 (5) 123 **124**
阔瓣珍珠菜 (6) 116 **126**
阔苞凤仙花 (8) 494 **524**
阔苞菊 (11) **243**
阔苞菊属
(菊科) (11) 129 **243**
阔边假脉蕨 (2) 125 **125**
阔边鳞始蕨 (2) 165 **168**
阔边陵齿蕨
(=阔边鳞始蕨) (2) 168
阔柄杜鹃 (5) 566 **618** 彩片225

阔柄蟹甲草	(11)	488	**496**
阔翅巢蕨	(2)	436	**438**
阔翅槭			
(=毛花槭)	(8)		325
阔萼凤仙花	(8)	495	**529**
阔盖粉背蕨	(2)	227	**229**
阔花早熟禾	(12)	704	**720**
阔基苍山蕨	(2)	442	**443**
阔基鳞果星蕨	(2)	708	**709**
阔荚合欢	(7)	16	**19**
阔荚苜蓿	(7)	433	**435**
阔镰鞭叶蕨	(2)	601	**602**
阔裂叶羊蹄甲	(7)	42	**46**
阔裂紫地榆	(8)	468	**475**
阔鳞耳蕨	(2)	535	**551**
阔鳞肋毛蕨	(2)	605	**607**
阔鳞鳞毛蕨	(2)	492	**524**
阔鳞瘤蕨	(2)	728	**730**
阔片短肠蕨	(2) 316	**322**	彩片87
阔片乌蕨	(2)	171	**171**
阔鞘小芹	(8)	653	**656**
阔蕊兰	(13) 493	**497**	彩片337
阔蕊兰属			
(兰科)	(13)	367	**492**
阔托叶耳草	(10)	515	**518**
阔叶白齿藓			
(=拟白齿藓)	(1)		656
阔叶茶藨子	(6)	296	**304**
阔叶唇鳞苔	(1)	242	**243**
阔叶稻	(12)	666	**668**
阔叶冬青	(7)	835	**842**
阔叶耳鳞苔	(1)		**232**
阔叶反齿藓	(1)		**759**
阔叶桧藓	(1)	590	**591**
阔叶风车子	(7)	671	**674**
阔叶凤尾蕨	(2) 181	**190**	彩片60
阔叶骨碎补	(2)	652	**654**
阔叶瓜馥木	(3)	186	**187**
阔叶假排草	(6)	117	**132**
阔叶景天	(6)	335	**341**
阔叶里白	(2)	101	**102**
阔叶鳞盖蕨	(2) 155	**159**	彩片55
阔叶毛口藓	(1)	482	**483**
阔叶猕猴桃	(4)	659	**669**
阔叶棉藓	(1)	865	**870**
阔叶拟细湿藓	(1)	811	**812**
阔叶平藓	(1)	707	**708**
阔叶蒲桃	(7) 560	**562**	彩片201
阔叶槭	(8)	316	**321**
阔叶歧舌苔	(1)	**184**	彩片32
阔叶清风藤	(8)	292	**294**
阔叶箬竹	(12)	661	**664**
阔叶山麦冬	(13) 240	**242**	彩片172
阔叶省藤	(12)	77	**85**
阔叶十大功劳	(3)	626	**631**
阔叶瓦韦	(2)	681	**684**
阔叶细裂瓣苔	(1)	49	**50**
阔叶细枝藓	(1)	767	**768**
阔叶肖榄	(7)		**877**
阔叶小檗	(3)	587	**609**
阔叶沼兰	(13) 551	**553**	彩片380
阔叶竹茎兰	(13)		**408**
阔叶紫萼藓	(1)	496	**501**
阔羽粉背蕨	(2)	227	**227**
阔羽复叶耳蕨	(2)	478	**481**
阔羽贯众	(2)	588	**596**
阔柱黄杨	(8)	1	**2**
阔柱柳叶菜	(7)	597	**604**
阔紫叶堇菜	(5)	143	**171**

L

la

拉不拉多马先蒿	(10)	183	**199**
拉达克碱茅	(12)	763	**768**
拉哈尔早熟禾	(12)	711	**756**
拉拉藤			
(=葎草)	(4)		26
拉拉藤	(10)	660	**668**
拉拉藤属			
(茜草科)	(10)	508	**659**
拉毛果	(11)	111	**112**
拉普兰棘豆	(7)	353	**369**
拉钦耳蕨	(2)	535	**556**
拉萨长果婆婆纳	(10)	146	**152**
拉萨狗娃花	(11)	168	**171**
拉萨厚棱芹	(8)		**713**
拉萨蒲公英	(11)	767	**785**
拉氏马先蒿			
(=西南马先蒿)	(10)		201
喇叭唇石斛	(13)	664	**675**
喇叭杜鹃	(5)	566	**618**
喇叭花			
(=牵牛)	(9)		262
刺藓	(1)		**620**
刺藓属			
(木灵藓科)	(1)	617	**619**
腊肠树	(7) 50	**53**	彩片41
蜡瓣花	(3)	783	**784**
蜡瓣花属			
(金缕梅科)	(3)	773	**783**
蜡菊	(11)		**287**
蜡菊属			
(菊科)	(11)	129	**286**
蜡莲绣球	(6)	276	**285**
蜡梅	(3)		**204**
蜡梅科	(3)		**203**
蜡梅属			
(蜡梅科)	(3)	203	**204**
蜡叶杜鹃	(5)	564	**634**
蜡质水东哥	(4)	674	**676**
蜡烛果	(6)	**84**	彩片21
蜡烛果属			
(紫金牛科)	(6)	77	**84**
蜡子树	(10)	50	**56**
辣薄荷	(9)	537	**539**
辣薄荷草	(12)	1141	**1142**
辣根	(5)		**450**
辣根属			
(十字花科)	(5)	385	**450**
辣椒	(9)		**219**
辣椒属			

(茄科) (9) 204 **219**
辣蓼
(=水蓼) (4) 506
辣蓼铁线莲 (3) 508 **522**
辣木 (5) **541**
辣木科 (5) **541**
辣木属
(辣木科) (5) **541**
辣莸 (9) **386**
辣莸属
(马鞭草科) (9) 346 **386**
辣汁树 (3) 251 **261**
辣子草
(=牛膝菊) (11) 331

lai
来江藤 (10) **73**
来江藤属
(玄参科) (10) 67 **73**
涞源鹅观草 (12) 844 **850**
莱菔叶千里光 (11) 532 **542**
莱氏蕗蕨 (2) 113 **116**
莱氏线蕨
(=褐叶线蕨) (2) 756
梾木 (7) 692 **695** 彩片267
梾木属
(山茱萸科) (7) 691 **692**
赖草 (12) 827 **830**
赖草属
(禾本科) (12) 560 **827**
濑水龙骨 (2) 667 **670**
癞叶秋海棠 (5) 256 **262**

lan
兰草
(=佩兰) (11) 150
兰花茶
(=蒙古莸) (9) 388
兰花蕉 (13) **19**
兰花蕉科 (13) **19**
兰花蕉属
(兰花蕉科) (13) **19**
兰花美人蕉 (13) **58**
兰花山蒜
(=棱叶韭) (13) 169
兰考泡桐 (10) 76 **77** 彩片32
兰科 (13) **364**
兰嵌马蓝 (10) 358 **359**
兰嵌马蓝属
(爵床科) (10) 332 **358**
兰香草 (9) 387 **388**
兰屿大叶毛蕨 (2) 374 **385**
兰屿红厚壳 (4) 684 **685** 彩片308
兰屿加 (8) **543**
兰屿加属
(五加科) (8) 534 **543**
兰屿罗汉松 (3) 98 **100** 彩片129
兰屿木 (8) 392 **395**
兰屿山矾 (6) 53 **68**
兰屿水丝麻 (4) **161**
兰猪耳 (10) 115 **117**
兰属
(兰科) (13) 371 **574**
蓝桉 (7) 551 **555** 彩片193
蓝白龙胆 (9) 20 **47**
蓝苞葱 (13) 142 **163**
蓝侧金盏花 (3) 546 **547**
蓝匙叶银莲花 (3) 488 **496**
蓝垂花棘豆 (7) 352 **363**
蓝刺鹤虱 (9) 336 **338**
蓝刺头 (11) 557 **559**
蓝刺头属
(菊科) (11) 130 **556**
蓝翠雀花 (3) 430 **447**
蓝靛果 (11) 52 **67**
蓝丁香
(=山丁香) (10) 36
蓝萼毛叶香茶菜 (9) 568 **573**
蓝耳草 (12) **185**
蓝耳草属
(鸭跖草科) (12) 182 **185**
蓝果刺葡萄 (8) 217 **219**
蓝果杜鹃 (5) 569 **663**
蓝果谷木 (7) **660**
蓝果忍冬
(=微毛忍冬) (11) 69
蓝果蛇葡萄 (8) 190 **191**
蓝果树 (7) **688**
蓝果树科 (7) **687**
蓝果树属
(蓝果树科) (7) 687 **688**
蓝黑果荚 (11) 5 **15**
蓝胡卢巴 (7) 432 **433**
蓝蝴蝶
(=鸢尾) (13) 296
蓝花参 (10) **453**
蓝花参属
(桔梗科) (10) 446 **453**
蓝花车叶草 (10) **659**
蓝花丹 (4) 538 **539**
蓝花凤仙花 (8) 490 **503**
蓝花高山豆 (7) **385**
蓝花黄芩 (9) 417 **420**
蓝花黄蓍 (7) 290 **310**
蓝花棘豆 (7) 354 **374**
蓝花荆芥 (9) 437 **439**
蓝花卷鞘鸢尾 (13) 281 **301** 彩片225
蓝花老鹳草 (8) 469 **478** 彩片246
蓝花毛鳞菊 (11) 759 **760**
蓝花藤 (9) **352**
蓝花藤属
(马鞭草科) (9) 346 **352**
蓝花土瓜 (9) 254 **256**
蓝花喜盐鸢尾 (13) 279 **293**
蓝花楹 (10) **435**
蓝花楹属
(紫葳科) (10) 419 **435**
蓝花子
(=萝卜) (5) 396
蓝蓟 (9) **294**
蓝蓟属
(紫草科) (9) 280 **294**
蓝堇草 (3) **453**

蓝堇草属
(毛茛科) (3) 389 **452**
蓝盆花属
(川续断科) (11) 106 **116**
蓝色鳞毛蕨 (2) 491 **519**
蓝树 (9) 119 **120** 彩片67
蓝睡莲
(=延药睡莲) (3) 383
蓝兔儿风 (11) 665 **675**
蓝雪花 (4) 541 **542**
蓝雪花
(=蓝花丹) (4) 539
蓝雪花属
(蓝雪科) (4) 538 **540**
蓝雪科
(=白花丹科) (4) 538
蓝叶柳 (5) 302 **364**
蓝叶藤 (9) 181 **185**
蓝玉簪龙胆 (9) 17 **27** 彩片12
蓝钟喉毛花 (9) 62 **63** 彩片34
蓝钟花 (10) 448 **453**
蓝钟花属
(桔梗科) (10) 446 **447**
蓝子木 (8) **32** 彩片11
蓝子木属
(大戟科) (8) 11 **32**
澜沧翠雀花 (3) 430 **445**
澜沧黄杉 (3) **29** 彩片45
澜沧火棘 (6) 501 **503**
澜沧卷柏 (2) 33 **48**
澜沧囊瓣芹 (8) 657 **662**
澜沧球兰
(=扇叶藤) (9) 168
澜沧荛花 (7) 516 **521**
澜沧舞花姜 (13) 21 **23**
澜沧雪灵芝
(=澜沧蚤缀) (4) 423
澜沧蚤缀 (4) 419 **423**
澜沧粘腺果 (4) 295 **296**
榄李 (7) 668 **669** 彩片247
榄李属
(使君子科) (7) 663 **668**
榄绿果薹草 (12) 460 **464**
榄仁树 (7) 665 **667** 彩片244
榄仁树属
(=诃子属) (7) 664
榄形风车子 (7) 671 **674**
榄叶柯 (4) 200 **213**
榄叶石栎 (4) **213**
烂肠草
(=钩吻) (9) 7

lang
郎德木 (10) **544**
郎德木属
(茜草科) (10) 511 **544**
郎伞木 (6) 86 **91**
狼毒 (8) 118 **131**
狼毒 (7) **540** 彩片191
狼毒属
(瑞香科) (7) 514 **540**
狼杷草 (11) 326 **327**
狼萁
(=芒萁) (2) 99
狼尾草 (12) 1078 **1079**
狼尾草属
(禾本科) (12) 553 **1077**
狼尾花
(=虎尾草) (6) 122
狼牙委陵菜 (6) 658 **684**
狼针草 (12) 931 **935**
狼紫草 (9) **300**
廊茵
(=刺蓼) (4) 487
琅玡榆 (4) 3 **8** 彩片6
榔色木
(=雷楝) (8) 388
榔榆 (4) 4 **11** 彩片9
浪麻鬼箭 (7) 265 **271**
浪穹耳蕨 (2) 534 **546**
浪穹紫堇 (3) 723 **738**
浪叶花椒 (8) 401 **411**

lao
劳豆
(=野大豆) (7) 216
劳氏马先蒿
(=聚齿马先蒿) (10) 209
老谷精草 (12) 206 **210**
老瓜头
(=华北白前) (9) 160
老鸹铃 (6) 27 **32**
老鹳草 (8) 468 **471** 彩片243
老鹳草属
(牛儿苗科) (8) 466 **467**
老虎百合
(=虎皮花) (13) 276
老虎刺 (7) 37 **38** 彩片27
老虎刺属
(云实科) (7) 23 **37**
老虎须
(=虎须娃儿藤) (9) 193
老芒麦 (12) 822 **824**
老牛筋
(=灯芯草蚤缀) (4) 421
老鼠 (10) **341**
老鼠 (12) **1084**
老鼠矢 (6) 54 **72**
老鼠属
(爵床科) (10) 329 **341**
老挝杜英 (5) 1 **4**
老挝柯 (4) 198 **202**
老挝檬果樟 (3) **289**
老挝石栎
(=老挝柯) (4) 202
老鸦瓣 (13) **105**
老鸦糊 (9) 353 **357**
老鸦泡
(=乌鸦果) (5) 705
老鸦柿 (6) 12 **15**
老鸦烟筒花 (10) **421**
老鸦烟筒花属
(紫葳科) (10) 418 **420**

涝峪薹草 (12) 483 **484**
涝峪小檗 (3) 586 **607**

le
乐昌含笑 (3) 145 **150**
乐东拟单性木兰 (3) 142 **143** 彩片174
乐东藤 (9) **127**
乐清毛蕨
(=福建毛蕨) (2) 388
乐思绣球 (6) 276 **286**
勒
(=簕花椒) (8) **407**
簕花椒 (8) 400 **407**

lei
雷草 (12) **1084**
雷草属
(禾本科) (12) 553 **1083**
雷打果 (9) **92** 彩片48
雷公椆
(=雷公青冈) (4) 228
雷公鹅耳枥 (4) 260 **263** 彩片116
雷公桔 (5) 370 **375**
雷公连 (12) **112**
雷公连属
(天南星科) (12) 104 **112**
雷公青冈 (4) 223 225 **228**
雷公藤 (7) **825** 彩片311
雷公藤属
(卫矛科) (7) 775 **825**
雷楝 (8) **388**
雷楝属
(楝科) (8) 375 **388**
雷诺木
(=三角车) (5) 136
雷诺木属
(=三角车属) (5) 136
雷山假福王草 (11) 730 **731**
蕾芬 (4) **290**
蕾芬属
(商陆科) (4) 288 **290**
肋果蓟 (11) **635**
肋果蓟属
(菊科) (11) 131 **634**
肋果沙棘 (7) **479**
肋脉薹草 (12) 428 **432**
肋毛蕨属
(叉蕨科) (2) 603 **604**
肋柱花 (9) 70 **72** 彩片36
肋柱花属
(龙胆科) (9) 12 **69**
类白穗薹草 (12) 415 **422**
类稗薹草 (12) **531**
类变色黄蓍 (7) 290 **313**
类地毯草 (12) 1052 **1053**
类短尖薹草 (12) **444**
类耳褶龙胆 (9) 16 **22**
类黑褐穗薹草 (12) 444 **446**
类芦 (12) 675 **676**
类芦属
(禾本科) (12) 562 **675**
类毛瓣虎耳草 (6) 383 **393**
类牛角藓 (1) **820**
类牛角藓属
(柳叶藓科) (1) 802 **820**
类钱袋苔 (1) 94 **95**
类钱袋苔属
(全萼苔科) (1) 91 **94**
类雀稗 (12) **1082**
类雀稗属
(禾本科) (12) 553 **1082**
类雀麦 (12) 803 **806**
类扇叶垫柳 (5) 301 308 **334**
类黍尾稃草 (12) **1050**
类蜀黍 (12) **1169**
类蜀黍属
(禾本科) (12) 552 **1169**
类四腺柳 (5) 303 310 **326**
类头状序草
(=玉山针蔺) (12) 271
类叶牡丹
(=红毛七) (3) 652
类叶升麻 (3) **402** 彩片310
类叶升麻属
(毛茛科) (3) 388 **402**
类缘刺子莞 (12) 311 **314**
类早熟禾 (12) 702 **712**
类皱叶香茶菜 (9) 569 **579**
擂鼓
(=华擂鼓) (12) 352
擂鼓属
(莎草科) (12) 256 **351**

leng
棱刺锥 (4) 182 **188**
棱萼母草 (10) 105 **107**
棱萼茜
(=东南蛇根草) (10) 534
棱果秤锤树 (6) 49 **50**
棱果谷木 (7) 660 **662**
棱果花 (7) **629**
棱果花属
(野牡丹科) (7) 614 **629**
棱果黄蓍 (7) 289 **301**
棱果芥
(=棱果糖芥) (5) 518
棱果糖芥 (5) 514 **518**
棱喙毛茛 (3) 553 **571**
棱荚蝶豆 (7) 225 **226**
棱茎黄芩 (9) 418 **427**
棱脉蕨 (2) 676 **676**
棱脉蕨属
(水龙骨科) (2) 664 **675**
棱叶韭 (13) 143 **169**
棱枝草
(=驼舌草) (4) 545
棱枝槲寄生 (7) 760 **764** 彩片295
棱枝树萝卜 (5) 714 **716**
棱子芹 (8) 612 **618**
棱子芹属
(伞形科) (8) 579 **611**
棱蒴藓科 (1) **658**
冷地早熟禾 (12) 710 **751**

冷饭团
(=黑老虎) (3) 367
冷蒿 (11) 373 **383**
冷箭竹 (12) 644 **647**
冷蕨 (2) 275 **275**
冷蕨属
(蹄盖蕨科) (2) 271 **275**
冷杉 (3) 20 **25** 彩片37
冷杉属
(松科) (3) 14 **19**
冷水花 (4) 92 **103**
冷水花假楼梯草 (4) **112**
冷水花属
(荨麻科) (4) 75 **90**
冷竹 (12) 621 **622**

li
梨萼叶苔 (1) 69 **85**
梨果寄生 (7) 746 **747**
梨果寄生属
(桑寄生科) (7) 738 **746**
梨果榕
(=舶梨榕) (4) 56
梨果仙人掌 (4) 301 **302**
梨蒴藓属
(梨蒴藓科) (1) 517 **518**
梨蒴小毛藓 (1) **338**
梨蒴珠藓 (1) 598 **599** 彩片180
梨藤竹 (12) **570**
梨藤竹属
(禾本科) (12) 551 **570**
梨序楼梯草 (4) 121 **135**
梨叶骨牌蕨 (2) 700 **701**
梨叶悬钩子 (6) 589 **630**
梨竹 (12) **563**
梨竹属
(禾本科) (12) 550 **563**
梨属
(蔷薇科) (6) 443 **557**
狸尾豆 (7) 169 **170**
狸尾豆属
(蝶形花科) (7) 63 **168**
狸藻 (10) 439 **442**
狸藻科 (10) **437**
狸藻属
(狸藻科) (10) 437 **438**
离瓣合叶苔 (1) 102 **108**
离瓣寄生 (7) 741 **742** 彩片289
离瓣寄生属
(桑寄生科) (7) 738 **741**
离瓣木犀
(=双瓣木犀) (10) 45
离萼杓兰 (13) 377 **382** 彩片267
离根香 (10) **505**
离根香属
(草海桐科) (10) 503 **505**
离花 (10) **572**
离脉柳叶蕨 (2) 586 **586**
离舌橐吾 (11) 449 **462** 彩片95
离穗薹草 (12) **472**
离药蓬莱葛 (9) 5 **7**
离柱鹅掌柴 (8) 551 **554**
离子芥 (5) 499 **500**
离子芥属
(十字花科) (5) 381 382 **499**
犁苞滨藜 (4) 321 **327**
犁耙柯 (4) 200 **219**
犁头草
(=长萼堇菜) (5) 151
犁头尖 (12) 143 **148**
犁头尖属
(天南星科) (12) 105 **143**
犁头叶堇菜 (5) 140 **160**
黎檬 (8) 444 **447**
黎平秋海棠 (5) 258 **278**
黎氏叶苔 (1) 69 **75**
黎竹
(=埿竹) (12) 642
篱打碗花
(=鼓子花) (9) 249
篱栏网
(=鱼黄草) (9) 255
藜
(=白藜) (4) 318
藜科 (4) **304**
藜芦 (13) **78**
藜芦属
(百合科) (13) 71 **78**
藜属
(藜科) (4) 305 **312**
藜状珍珠菜 (6) 115 **121**
黧豆 (7) 198 **202**
黧豆属
(蝶形花科) (7) 64 68 **197**
黧蒴栲
(=黧蒴锥) (4) 184
黧蒴锥 (4) 182 **184** 彩片82
蠡实
(=马蔺) (13) 288
李 (6) 762 **763** 彩片169
李梅杏 (6) 758 **759**
李氏禾 (12) **669**
李叶绣线菊 (6) 448 **467**
李属
(蔷薇科) (6) 445 **762**
里白 (2) 102 **103**
里白科 (2) 5 **97**
里白属
(里白科) (2) 98 **101**
里白算盘子 (8) 46 **49**
里海旋覆花 (11) 288 **293**
里海盐爪爪 (4) 309 **310**
理塘忍冬 (11) 50 **59**
鳢肠 (11) **317** 彩片75
鳢肠属
(菊科) (11) 124 **317**
立灯藓
(=南亚立灯藓) (1) 576
立灯藓属
(提灯藓科) (1) 571 **576**
立堇菜 (5) 142 **167**
立毛藓属
(牛毛藓科) (1) 317 **325**

立膜蘚 (1) **463**
立膜蘚属
(丛蘚科) (1) 437 **463**
立氏大王马先蒿 (10) 181 **198**
立碗蘚 (1) 522 **523** 彩片148
立碗蘚属
(立碗蘚科) (1) 517 **521**
丽春花
(=虞美人) (3) 706
丽豆 (7) **284**
丽豆属
(蝶形花科) (7) 62 **284**
丽花报春 (6) 177 **210** 彩片62
丽江杓兰 (13) 377 **385** 彩片273
丽江鳔冠花 (10) **388**
丽江柴胡 (8) 631 **638** 彩片285
丽江赤瓟 (5) 209 **215**
丽江大丁草
(=丽江扶郎花) (11) 681
丽江大黄 (4) 531 **537**
丽江凤毛菊 (11) 572 **597**
丽江扶郎花 (11) 680 **681**
丽江藁本 (8) 703 **707**
丽江黑蘚
(=岩生黑蘚) (1) 314
丽江虎耳草 (6) 387 **411**
丽江黄蓍 (7) 288 **297**
丽江蓝钟花 (10) 448 **451**
丽江棱子芹 (8) 612 **620**
丽江连翘 (10) 31 **32**
丽江柃 (4) 635 **651**
丽江铃子香 (9) 460 **461**
丽江鹿药 (13) 192 **197**
丽江绿绒蒿 (3) 696 **701**
丽江麻黄 (3) 113 **115**
丽江马铃苣苔 (10) 251 **253**
丽江牛皮消
(=白牛皮消) (9) 156
丽江荛花 (7) 516 **524**
丽江山荆子 (6) 564 **566** 彩片136
丽江山梅花 (6) 260 **266**
丽江丝瓣芹 (8) 674 **675**
丽江薹草 (12) 441 **442**
丽江铁杉 (3) 32 **33** 彩片51
丽江铁线莲 (3) 508 **518**
丽江葶苈 (5) 439 **444**
丽江瓦韦 (2) 683 **698**
丽江卫矛 (7) 778 **792**
丽江乌头 (3) 406 **414**
丽江雪灵芝
(=山生蚤缀) (4) 425
丽江云杉 (3) 36 **41**
丽江獐牙菜 (9) 76 **84** 彩片43
丽江珍珠菜 (6) 116 **127**
丽江紫堇
(=苍山黄堇) (3) 741
丽江紫菀 (11) 177 **195**
丽蓼 (4) 485 **509**
丽薇 (7) **506**
丽薇属
(千屈菜科) (7) 499 **506**
丽叶女贞 (10) 49 **54**
丽叶薯蓣 (13) 344 **356**
利川慈姑 (12) 4 **5**
利川润楠 (3) 275 **284**
利川瘿椒树 (8) **260**
利黄藤 (8) 352 **353** 彩片173
栎叶杜鹃 (5) 567 **648** 彩片252
栎叶槲蕨 (2) 765 **767**
栎叶枇杷 (6) 525 **526**
栎叶亚菊 (11) 363 **364**
栎属
(壳斗科) (4) 178 **240**
栎子椆 (4) **233**
栎子青冈 (4) 224 **233**
荔枝 (8) **278** 彩片128
荔枝草 (9) 507 **519**
荔枝属
(无患子科) (8) 267 **278**
栗 (4) **180** 彩片79
栗柄凤尾蕨 (2) 180 **186**
栗柄金粉蕨 (2) 211 **213**
栗柄鳞毛蕨 (2) 491 **520**
栗柄水龙骨 (2) 667 **670**
栗柄岩蕨 (2) 451 **456**
栗豆藤 (6) **232**
栗豆藤属
(牛栓藤科) (6) 227 **231**
栗花灯心草 (12) 224 **246**
栗寄生 (7) **757** 彩片291
栗寄生属
(槲寄生科) (7) **757**
栗蕨 (2) **205** 彩片62
栗蕨属
(凤尾蕨科) (2) 179 **205**
栗鳞贝母兰 (13) 619 **620** 彩片443
栗鳞耳蕨 (2) 535 **557**
栗鳞高山耳蕨
(=栗鳞耳蕨) (2) 557
栗毛钝果寄生 (7) 750 **754**
栗色蕗蕨
(=蕗蕨) (2) 114
栗色鼠尾草 (9) 506 **512**
栗轴凤尾蕨 (2) 183 **198**
栗属
(壳斗科) (4) 177 **180**
砾地毛茛 (3) 551 552 **556**
砾沙早熟禾 (12) 702 **715**
砾玄参 (10) 82 **84**
粒状马唐 (12) 1062 **1065**
痢止蒿 (9) 407 **410** 彩片157

lian
连孢一条线蕨 (2) **270**
连合鳞毛蕨 (2) 488 **499**
连钱黄芩 (9) 419 **432**
连翘 (10) **31** 彩片11
连翘属
(木犀科) (10) 23 **31**
连蕊茶
(=毛柄连蕊茶) (4) 600
连蕊芥 (5) **534**
连蕊芥属

(十字花科)	(5)	385	**534**
连蕊藤	(3)	**677** 彩片397	
连蕊藤属			
(防己科)	(3) 669	670	**677**
连香树	(3)	**770** 彩片432	
连香树科	(3)		**769**
连香树属			
(连香树科)	(3)		**770**
连续薹草	(12)	382	**387**
连药沿阶草	(13) 244	**249** 彩片173	
连轴藓属			
(紫萼藓科)	(1)	493	**506**
连珠蕨	(2)	762	**763**
连珠蕨属			
(槲蕨科)	(2)	762	**762**
连珠瓦韦	(2)	681	**684**
帘子藤	(9)		**117**
帘子藤属			
(夹竹桃科)	(9)	91	**117**
莲	(3)	**378** 彩片291	
莲桂	(3)		**288**
莲桂属			
(樟科)	(3)	207	**288**
莲花卷瓣兰	(13) 692	**711** 彩片528	
莲科	(3)		**378**
莲山黄薯	(7)	295	**345**
莲沱兔儿风	(11)	665	**671**
莲叶点地梅	(6)	150	**153**
莲叶橐吾	(11) 448	**454** 彩片88	
莲叶桐	(3)		**305**
莲叶桐科	(3)		**304**
莲叶桐属			
(莲叶桐科)	(3)		**305**
莲属			
(莲科)	(3)		**378**
莲子草	(4)	**381** 彩片177	
莲子草属			
(苋科)	(4)	368	**381**
莲座高原芥			
(=莲座鳞蕊芥)	(5)		489
莲座蓟	(11) 621	**625** 彩片150	

莲座蕨科			
(=观音座莲科)	(2)		84
莲座蕨属			
(=观音座莲属)	(2)		84
莲座鳞蕊芥	(5)		**489**
莲座念珠芥			
(=甘新念珠芥)	(5)		533
莲座蒲儿根	(11)	508	**510**
莲座叶斑叶兰	(13)	410	**415**
莲座叶通泉草	(10)	121	**124**
莲座玉凤花	(13)	501	**514**
莲座紫金牛	(6) 87	**98** 彩片26	
镰瓣豆	(7)		**227**
镰瓣豆属			
(蝶形花科)	(7)	64	**226**
镰瓣凤仙花	(8)	492	**515**
镰扁豆	(7)		**229**
镰扁豆属			
(蝶形花科)	(7)	64	**229**
镰翅羊耳蒜	(13)	537	**544**
镰刀拟直毛藓	(1)		**373**
镰刀藓	(1) 813	**814** 彩片248	
镰刀藓属			
(柳叶藓科)	(1)	802	**813**
镰刀叶卷耳			
(=披针叶卷耳)	(4)		405
镰萼凤仙花	(8)	490	**505**
镰萼喉毛花	(9)	62	**63**
镰萼虾脊兰	(13) 597	**602** 彩片422	
镰稃草	(12)		**973**
镰稃草属			
(禾本科)	(12)	562	**973**
镰果杜鹃	(5) 569	**653** 彩片255	
镰喙薹草	(12)	444	**448**
镰荚黄蓍	(7)	292	**328**
镰荚棘豆	(7) 352	**363** 彩片138	
镰裂刺蕨	(2)	628	**629**
镰芒针茅	(12)	932	**936**
镰片假毛蕨	(2)	368	**369**
镰形棘豆			
(=镰荚棘豆)	(7)		363

镰形茅	(12)	1138	**1139**
镰序竹			
(=樟木箭竹)	(12)		636
镰序竹属			
(=箭竹属)	(12)		631
镰药藤	(9)	187	**188**
镰叶扁萼苔	(1)	187	**191**
镰叶虫实	(4)	328	**333**
镰叶顶冰花	(13)	99	**100**
镰叶耳蕨	(2)	534	**545**
镰叶韭	(13)	142	**158**
镰叶冷水花	(4)	91	**101**
镰叶泥炭藓			
(=长叶泥炭藓)	(1)		303
镰叶山龙眼	(7)	483	**488**
镰叶肾蕨	(2)	637	**637**
镰叶铁角蕨	(2)	401	**415**
镰叶西番莲	(5)	191	**194**
镰叶小赤藓	(1)		**954**
镰叶越桔	(5)	698	**703**
镰叶紫菀	(11)	176	**188**
镰羽短肠蕨	(2)	316	**321**
镰羽贯众	(2)	588	**592**
镰羽瘤足蕨	(2) 94	**96** 彩片42	
镰形鳞茅	(12)	1138	**1139**
恋岩花属			
(爵床科)	(10)	331	**354**
链齿藓	(1)	448	**449**
链齿藓属			
(丛藓科)	(1)	437	**448**
链荚豆	(7)		**175**
链荚豆属			
(蝶形花科)	(7)	63	**174**
链荚木	(7)		**255**
链荚木属			
(蝶形花科)	(7)	67	**254**
链珠藤	(9)	104	**105**
链珠藤属			
(夹竹桃科)	(9)	89	**104**
楝	(8)	**396** 彩片200	
楝科	(8)		**375**

楝树
(=楝) (8) 396
楝叶吴萸 (8) 414 **416** 彩片208
楝叶吴茱萸
(=楝叶吴萸) (8) 416
楝属
(楝科) (8) 376 **396**

liang
凉粉草 (9) **588** 彩片194
凉粉草属
(唇形科) (9) 398 **588**
凉粉子
(=薜荔) (4) 72
凉瓜
(=苦瓜) (5) 224
凉山灯台报春 (6) 175 **193**
凉山杜鹃 (5) 566 **619**
凉山千里光 (11) 530 **536**
凉山悬钩子 (6) 592 **645**
凉山紫菀 (11) 174 **182**
凉生梾木 (7) 692 **698**
凉薯
(=豆薯) (7) 209
梁山慈竹 (12) 588 **592**
梁王茶属
(五加科) (8) 534 535 **548**
梁子菜 (11) **549**
粱 (12) 1071 **1075** 彩片100
两耳草 (12) 1053 **1056**
两耳鬼箭 (7) 265 **271**
两广杜鹃
(=增城杜鹃) (5) 676
两广凤尾蕨 (2) 183 **202**
两广禾叶蕨
(=短柄禾叶蕨) (2) 777
两广黄瑞木
(=两广杨桐) (4) 626
两广栝楼 (5) 234 **239**
两广鳞毛蕨 (2) 488 **495**
两广鳞始蕨 (2) 164 **167**
两广陵齿蕨
(=两广鳞始蕨) (2) 167
两广蛇根草 (10) 531 **535**
两广石山棕 (12) 61 **62**
两广梭罗 (5) **46** 彩片26
两广铁角蕨 (2) 401 **413**
两广铁线莲 (3) 508 **518**
两广锡兰莲 (3) **543**
两广线叶爵床 (10) 415 **416**
两广杨桐 (4) 625 **626**
两节豆 (7) **151**
两节豆属
(蝶形花科) (7) 63 **151**
两节荠 (5) **397**
两节荠属
(十字花科) (5) 384 **397**
两裂婆婆纳 (10) 146 **151**
两列栒子 (6) 484 **499**
两面刺 (11) 621 **629**
两面针 (8) 400 **401**
两栖蓼 (4) 485 **508**
两歧飘拂草 (12) 292 **300**
两蕊甜茅 (12) 797 **799**
两色金鸡菊 (11) **324**
两色鳞毛蕨 (2) 493 **532**
两色清风藤 (8) 292 **294**
两色瓦韦
(=二色瓦韦) (2) 693
两色乌头 (3) 405 **409**
两色帚菊 (11) **657** **659**
两似蟹甲草 (11) 488 **494**
两头毛 (10) 430 **431** 彩片136
两形果鹤虱 (9) 336 **340**
两型豆 (7) **222**
两型豆属
(蝶形花科) (7) 65 **222**
两粤黄檀 (7) 90 **94**
亮白黄蓍 (7) 294 **339**
亮鳞杜鹃 (5) 559 **585**
亮鳞肋毛蕨 (2) 605 **608**
亮绿薹草 (12) 458 **459**
亮绿叶椴 (5) 13 **16**
亮毛杜鹃 (5) 571 **675** 彩片275
亮毛蕨 (2) 278 **278**
亮毛蕨属
(蹄盖蕨科) (2) 271 **278**
亮鞘苔草
(=川东薹草) (12) 506
亮蛇床 (8) **701**
亮蛇床属
(伞形科) (8) 582 **701**
亮丝草
(=广东万年青) (12) 126
亮叶冬青 (7) 839 **869**
亮叶冬青
(=绿冬青) (7) 849
亮叶杜鹃 (5) 565 **616** 彩片222
亮叶耳蕨 (2) 537 **573**
亮叶光萼苔 (1) 203 **205** 彩片34
亮叶含笑 (3) 145 **154**
亮叶红淡
(=亮叶杨桐) (4) 625
亮叶猴耳环 (7) 11 **12** 彩片8
亮叶厚皮香 (4) 621 **623**
亮叶桦 (4) 276 **278** 彩片123
亮叶黄瑞木
(=亮叶杨桐) (4) 625
亮叶绢藓 (1) 854 **860**
亮叶蜡梅
(=山蜡梅) (3) 205
亮叶鳞始蕨 (2) 164 **165**
亮叶陵齿蕨
(=亮叶鳞始蕨) (2) 165
亮叶龙船花 (10) 610 **612**
亮叶芹属
(伞形科) (8) 581 **697**
亮叶雀梅藤 (8) 139 **140**
亮叶忍冬 (11) 52 **66**
亮叶山香圆 (8) 263 **264**
亮叶十大功劳 (3) 626 **634**
亮叶石杉 (2) 8 **14**
亮叶鼠李 (8) 145 **148**

亮叶素馨 (10) 58 **61** 彩片22
亮叶崖豆藤 (7) 104 **112** 彩片65
亮叶杨桐 (4) 624 **625**
亮叶月季 (6) 710 **731**
亮叶中南鱼藤 (7) 118 **120**
亮叶珠藓 (1) **598** 彩片178
晾衫竹 (12) 597 **598**
量天尺 (4) **303** 彩片137
量天尺属
(仙人掌科) (4) 300 **303**

liao
辽东楤木 (8) 569 **572** 彩片271
辽东丁香 (10) 33 **34**
辽东葶菜
(=欧亚葶菜) (5) 485
辽东蒿 (11) 378 **405**
辽东堇菜 (5) 141 **158**
辽东栎 (4) 241 **247**
辽东鳞毛蕨
(=半岛鳞毛蕨) (2) 511
辽东桤木 (4) 272 **274**
辽东水蜡树 (10) 50 **56**
辽椴 (5) 13 **14**
辽藁本 (8) 703 **705**
辽吉侧金盏花 (3) 546 **548**
辽宁堇菜 (5) 140 **160**
辽宁山楂 (6) 504 **508**
辽细辛 (3) 338 **342**
辽杨 (5) 286 **294**
疗齿草 (10) **178**
疗齿草属
(玄参科) (10) 69 **178**
蓼科 (4) **480**
蓼蓝 (4) 484 **505**
蓼叶堇菜 (5) 139 **146**
蓼叶眼子菜 (12) 30 **37**
蓼叶远志 (8) 246 **253** 彩片116
蓼属
(蓼科) (4) 481 **482**
蓼子草 (4) 483 **495**
蓼子朴 (11) 289 **295**
了墩黄蓍 (7) 295 **346**
了哥王 (7) 515 **520** 彩片186
料慈竹 (12) 575 **585**

lie
列胞耳叶苔 (1) 212 **221**
列胞疣鳞苔 (1) **250**
烈苞栝楼 (5) 234 **237**
列当 (10) 237 **239**
列当科 (10) **228**
列当属
(列当科) (10) 228 **237**
烈萼杜鹃
(=大萼杜鹃) (5) 656
烈香杜鹃 (5) 561 **607** 彩片213
列叶盆距兰 (13) 761 **763**
裂瓣谷精草 (12) 206 **212**
裂瓣角盘兰 (13) 474 **478** 彩片325
裂瓣小芹 (8) 653 **654**
裂瓣玉凤花 (13) 500 **508**
裂瓣紫堇 (3) 721 **730**
裂苞艾纳香 (11) 230 **232**
裂苞铁苋菜 (8) 87 **89**
裂苞香科科 (9) 400 **401**
裂苞舟瓣芹 (8) **623**
裂齿苔属
(大萼苔科) (1) 166 **174**
裂齿藓 (1) **366**
裂齿藓属
(曲尾藓科) (1) 333 **366**
裂唇虎舌兰 (13) 532 **533** 彩片367
裂唇舌喙兰 (13) 453 **455** 彩片314
裂唇鸢尾兰 (13) 555 **557** 彩片381
裂萼草莓 (6) 702 **705**
裂萼钉柱委陵菜 (6) 659 **678**
裂萼蔓龙胆 (9) 56 **57**
裂萼水玉簪 (13) 361 **363**
裂萼苔 (1) **122**
裂萼苔属
(地萼苔科) (1) 115 **122**
裂稃草 (12) **1148**
裂稃草属
(禾本科) (12) 556 **1147**
裂稃茅 (12) **699**
裂稃茅属
(禾本科) (12) 561 **699**
裂瓜 (5) **222**
裂瓜属
(葫芦科) (5) 198 **222**
裂冠紫堇 (3) 725 **753**
裂果金花 (10) **576**
裂果金花属
(茜草科) (10) 507 **576**
裂果女贞 (10) 50 **57**
裂果漆 (8) 356 **358**
裂果薯 (13) **310**
裂果薯属
(蒟蒻薯科) (13) 309 **310**
裂果卫矛 (7) 779 **796**
裂喙马先蒿 (10) 180 **215**
裂帽藓 (1) **889**
裂帽藓属
(锦藓科) (1) 873 **889**
裂片苔属
(拟复叉苔科) (1) 13 **15**
裂舌橐吾 (11) 447 **453**
裂檐后蕊苣苔 (10) **272**
裂檐苣苔
(=裂檐后蕊苣苔) (10) 272
裂叶安息香 (6) 27 **32**
裂叶报春
(=糙毛报春) (6) 217
裂叶报春
(=羽叶穗花报春) (6) 221
裂叶茶藨子 (6) 297 **313**
裂叶垂头菊 (11) 470 **473**
裂叶地黄 (10) **133**
裂叶点地梅 (6) 150 **154**
裂叶独活 (8) **752**
裂叶风毛菊 (11) 569 **585**
裂叶蒿 (11) 374 **393**

裂叶华西委陵菜 (6) 656 **676**
裂叶黄芩 (9) 418 **426**
裂叶金盏苣苔 (10) 257 **258**
裂叶堇菜 (5) 141 **158**
裂叶荆芥 (9) 437 **443**
裂叶蓝钟花 (10) 447 **448** 彩片146
裂叶鳞蕊藤 (9) **265**
裂叶马兰 (11) 163 **165**
裂叶毛茛 (3) 552 **554**
裂叶毛果委陵菜 (6) 658 **663**
裂叶荨麻
(=荨麻) (4) 81
裂叶婆婆纳 (10) 145 **149**
裂叶秋海棠 (5) 258 **276**
裂叶榕 (4) **58**
裂叶三胡荽 (8) 583 **585**
裂叶山楂 (6) 504 **510**
裂叶松蒿 (10) 172 **173**
裂叶苔科 (1) **47**
裂叶苔属
(裂叶苔科) (1) 47 **52**
裂叶铁线莲 (3) 508 **520**
裂叶兔耳草 (10) 160 **161**
裂叶莴苣 (11) 748 **749**
裂叶西康绣线梅 (6) 474 **478**
裂叶心翼果
(=心翼果) (7) 887
裂叶星果草 (3) **450**
裂叶玄参 (10) 82 **83**
裂叶崖角藤
(=爬树龙) (12) 116
裂叶宜昌荚 (11) 8 **35**
裂叶翼首花 (11) 114 **115**
裂叶罂粟属
(罂粟科) (3) 695 **710**
裂叶榆 (4) 3 **6**
裂叶羽苔 (1) 129 **142**
裂颖棒头草 (12) 923 **924**
裂颖茅 (12) **360**
裂颖茅属
(莎草科) (12) 256 **360**
裂羽崇澍蕨 (2) 465 **465**
鬣刺属 (12) 552 **1084**

lin

邻近风轮菜 (9) 530 **533**
林艾蒿 (11) 376 **409**
林大戟 (8) 119 **133**
林当归 (8) 720 **726**
林地峨参
(=刺果峨参) (8) 597
林地鹅观草 (12) 844 **852**
林地水苏 (9) **492**
林地丝瓜藓 (1) 542 **543**
林地苋 (4) **380**
林地苋属
(苋科) (4) 368 **380**
林地早熟禾 (12) 707 **737**
林华鼠尾草 (9) 506 **511**
林蓟 (11) 621 **626**
林金腰 (6) 419 **427**
林柳 (5) 307 311 **345**
林马蓝 (10) 366 **370**
林木贼 (2) 65 **67**
林生斑鸠菊 (11) 136 **139**
林生顶冰花 (13) **99**
林生风毛菊 (11) 571 **594**
林生假福王草 (11) 729 **730**
林生杧果 (8) **348** 彩片170
林生茜草 (10) 675 **677**
林石草属
(蔷薇科) (6) 444 **652**
林氏扁萼苔 (1) 186 **192**
林氏薹草 (12) 383 **390**
林投 (12) 101 **103**
林下凤尾蕨 (2) 182 **96**
林下凸轴蕨 (2) 346 **349**
林阴茇茇草 (12) 953 **956**
林荫千里光 (11) 532 **534** 彩片114
林泽兰 (11) 149 **150**
林芝野青茅 (12) 902 **910**
林芝云杉 (3) 36 **42** 彩片63
林猪殃殃 (10) 660 **664**
林仔竹 (12) 645 **649**
临时救
(=聚花过路黄) (6) 145
淋漓柯
(=淋漓锥) (4) 185
淋漓锥 (4) 182 **185** 彩片83
鳞斑荚 (11) 6 **23**
鳞苞乳菀 (11) 203 **205**
鳞苞薹草 (12) 402 **404**
鳞柄叉蕨 (2) 617 **618**
鳞柄短肠蕨 (2) 316 **323**
鳞柄毛蕨 (2) 373 **376**
鳞萼棘豆 (7) 352 **362**
鳞盖蕨
(=华南鳞盖蕨) (2) 161
鳞盖蕨属
(碗蕨科) (2) 152 **155**
鳞隔堇 (5) **137**
鳞隔堇属
(=茜菲堇属) (5) 136 **137**
鳞果变豆菜 (8) 589 **590**
鳞果草 (9) **499**
鳞果草属
(唇形科) (9) 394 **499**
鳞果星蕨 (2) 708 **710**
鳞果星蕨属
(水龙骨科) (2) 664 **708**
鳞花草 (10) 382 **384**
鳞花草属
(爵床科) (10) 329 **382**
鳞花木 (8) **275**
鳞花木属
(无患子科) (8) 267 **275**
鳞茎碱茅 (12) 764 **775**
鳞茎堇菜 (5) 141 **157**
鳞茎早熟禾 (12) 711 **757**
鳞蕗蕨 (2) 113 **114**
鳞毛荚
(=大果鳞斑荚) (11) 24
鳞毛蕨科 (2) 4 5 **471**

鳞毛蕨属
(鳞毛蕨科) **(2)** 472 **487**
鳞毛蚊母树 **(3)** 788 **789**
鳞毛肿足蕨 **(2)** 330 **332**
鳞皮冷杉 **(3)** 19 **21**
鳞片冷水花 **(4)** 91 **101**
鳞片柳叶菜 **(7)** 598 **609**
鳞片水麻 **(4)** 157 **158**
鳞片沼泽蕨 **(2)** 336 **337**
鳞蕊芥属
(十字花科) **(5)** 381 384 389 **489**
鳞蕊藤 **(9)** **265**
鳞蕊藤属
(旋花科) **(9)** 240 **265**
鳞始蕨 **(2)** 164 **165**
鳞始蕨科 **(2)** 4 **164**
鳞始蕨属
(鳞始蕨科) **(2)** 164 **164**
鳞瓦韦 **(2)** 681 **686**
鳞尾木 **(7)** **721**
鳞尾木属
(山柚子科) **(7)** 710 **721**
鳞藓科 **(1)** **750**
鳞腺杜鹃 **(5)** 561 **604**
鳞芽里白
(=光里白) **(2)** 103
鳞叶点地梅 **(6)** 150 **158**
鳞叶凤尾藓 **(1)** 404 **420**
鳞叶龙胆 **(9)** 20 **45**
鳞叶鹿蹄草 **(5)** 721 **723**
鳞叶马尾杉 **(2)** 16 **21**
鳞叶拟大萼苔 **(1)** 176 **177**
鳞叶藓 **(1)** 920 **921** 彩片271
鳞叶藓属
(灰藓科) **(1)** 899 **919**
鳞叶小檗 **(3)** 587 **611**
鳞叶阴石蕨 **(2)** 656 **657**
鳞叶折叶苔 **(1)** 99 **100**
鳞轴短肠蕨 **(2)** 316 **323**
鳞轴小膜盖蕨 **(2)** 646 **650**
鳞籽莎 **(12)** **317**
鳞籽莎属
(莎草科) **(12)** 256 **317**
蔺木贼 **(2)** 65 **70**
蔺状隐花草 **(12)** **999**
蔺状早熟禾 **(12)** 710 **752**
橉木 **(6)** 780 **781**

ling
灵香草 **(6)** 116 **129**
灵香假卫矛 **(7)** 819 **821**
灵枝草 **(10)** **405**
灵枝草属
(爵床科) **(10)** 330 **405**
岭罗麦 **(10)** **589**
岭罗麦属
(茜草科) **(10)** 510 **589**
岭南椆
(=岭南青冈) **(4)** 227
岭南臭椿 **(8)** **367**
岭南杜鹃 **(5)** 571 **675**
岭南花椒 **(8)** 401 **411**
岭南柯
(=短尾柯) **(4)** 218
岭南来江藤 **(10)** 73 **74**
岭南茉莉
(=桂叶素馨) **(10)** 60
岭南槭 **(8)** 317 **328** 彩片158
岭南青冈 **(4)** 222 225 **227**
岭南山茉莉 **(6)** 42 **43**
岭南山竹子 **(4)** 686 **689** 彩片312
岭南柿 **(6)** 13 **20**
岭南酸枣 **(8)** **350**
岭南铁角蕨 **(2)** 404 **434**
苓菊 **(11)** 563 **565**
苓菊属
(菊科) **(11)** 130 **563**
柃木 **(4)** 637 **647**
柃木属
(=柃属) **(4)** 633
柃叶连蕊茶 **(4)** 577 **598**
柃叶槭 **(8)** 319 **339**
柃叶山矾 **(6)** 52 **58**
柃属
(山茶科) **(4)** 573 **633**
柃属
(木犀科) **(10)** **23** **24**
凌风草 **(12)** **781**
凌风草属
(禾本科) **(12)** 561 **781**
凌霄 **(10)** **429** 彩片132
凌霄属
(紫葳科) **(10)** 419 **429**
凌云重楼 **(13)** 219 **220**
铃铛刺 **(7)** **263** 彩片124
铃铛刺属
(蝶形花科) **(7)** 62 **263**
铃铛子 **(9)** **208**
铃儿花
(=吊钟花) **(5)** 682
铃花黄兰 **(13)** **593** 彩片416
铃兰 **(13)** **177** 彩片127
铃兰属
(百合科) **(13)** 70 **177**
铃铃香青 **(11)** 265 **277**
铃子香属
(唇形科) **(9)** 394 **459**
陵齿蕨
(=鳞始蕨) **(2)** 165
陵齿蕨科
(=鳞始蕨科) **(2)** 164
陵齿蕨属
(=鳞始蕨属) **(2)** 164
陵水暗罗 **(3)** 177 **178** 彩片199
陵水胡椒 **(3)** 320 **324**
菱 **(7)** 542 **547**
菱唇毛兰 **(13)** 640 **645**
菱唇石斛 **(13)** 662 **665**
菱科 **(7)** **541**
菱叶菝葜 **(13)** 316 **328**
菱叶钓樟 **(3)** 231 **240**
菱叶冠毛榕 **(4)** 44 **58** 彩片42
菱叶海桐

(=崖花子)	(6)		241	
菱叶红景天	(6)	355	**368**	
菱叶茴芹	(8)	665	**672**	
菱叶藜	(4)	313	**316**	
菱叶鹿藿	(7)	248	**251**	
菱叶葡萄	(8)	218	**222**	
菱叶雾水葛	(4)	147	**148**	
菱叶绣线菊	(6)	447	**461**	
菱叶崖爬藤	(8)	206	**211**	
菱叶元宝草	(9)		**477**	
菱叶元宝草属				
(唇形科)	(9)	396	**477**	
菱羽耳蕨	(2)	534	**549**	
菱属				
(菱科)	(7)		**542**	
零余虎耳草	(6)	382	**391**	彩片101
领春木	(3)		**771**	彩片433
领春木科	(3)		**770**	
领春木属				
(领春木科)	(3)		**770**	
liu				
刘寄奴				
(=奇蒿)	(11)		419	
刘氏薹草	(12)	382	**389**	
流石风铃草	(10)	471	**474**	
流石薹草	(12)	444	**449**	
流梳藓属				
(丛藓科)	(1)	436	**447**	
流苏贝母兰	(13)	619	**620**	彩片442
流苏虎耳草	(6)	384	**399**	
流苏金石斛	(13)	686	**687**	
流苏龙胆	(9)	19	**42**	
流苏曲花紫堇	(3)	723	**738**	
流苏石斛	(13)	663	**669**	彩片485
流苏树	(10)		**45**	彩片17
流苏树属				
(木犀科)	(10)	23	**45**	
流苏薹草	(12)	382	**389**	
流苏卫矛	(7)	778	**792**	
流苏虾脊兰	(13)	597	**602**	彩片423
流苏香竹	(12)	631	**633**	
流苏蜘蛛抱蛋	(13)	182	**185**	
琉球叉柱兰	(13)		**422**	
流苏子	(10)		**555**	彩片187
流苏子属				
(茜草科)	(10)	511	**555**	
流星谷精草				
(=珍珠草)	(12)		212	
留萼木	(8)		**101**	
留萼木属				
(大戟科)	(8)	13	**100**	
留兰香	(9)	537	**539**	
留行草	(7)	630	**632**	
琉苞菊	(11)		**656**	
琉苞菊属				
(菊科)	(11)	132	**656**	
琉璃草	(9)	342	**343**	
琉璃草属				
(紫草科)	(9)	282	**342**	
琉璃繁缕	(6)		**147**	
琉璃繁缕属				
(报春花科)	(6)	114	**147**	
琉璃节肢蕨	(2)	745	**746**	
琉球兰嵌马蓝	(10)	358	**359**	
琉球乳豆	(7)	209	**210**	
琉球新月蕨				
(=项芽新月蕨)	(2)		392	
硫磺杜鹃	(5)	561	**601**	
榴莲	(5)		**68**	
榴莲属				
(木棉科)	(5)	64	**68**	
瘤唇卷瓣兰	(13)	691	**704**	彩片522
瘤冠麻	(4)		**150**	
瘤冠麻属				
(荨麻科)	(4)	75	**150**	
瘤果茶	(4)	574	**583**	
瘤果凤仙花	(8)	492	**512**	
瘤果槲寄生	(7)	760	**762**	彩片292
瘤果棱子芹	(8)	612	**620**	
瘤果芹	(8)	624	**626**	
瘤果芹属				
(伞形科)	(8)	579	**624**	
瘤果蛇根草	(10)	530	**532**	
瘤茎楼梯草	(4)	120	**125**	
瘤蕨	(2)	728	**730**	彩片144
瘤蕨属				
(水龙骨科)	(2)	664	**728**	
瘤囊薹草	(12)	512	**517**	
瘤皮孔酸藤子	(6)	102	**105**	
瘤穗弓果黍	(12)	1025	**1026**	
瘤糖茶藨子	(6)	295	**304**	
瘤羽假毛蕨	(2)	368	**369**	
瘤枝桦				
(=白桦)	(4)		283	
瘤枝榕	(4)	43	**51**	
瘤枝微花藤	(7)		**882**	彩片331
瘤枝五味子	(3)	370	**378**	
瘤状叉蕨	(2)	617	**618**	
瘤子草	(10)		**340**	
瘤子草属				
(爵床科)	(10)	329	**340**	
瘤足蕨	(2)	94	**96**	
瘤足蕨科	(2)	3	**93**	
瘤足蕨属				
(瘤足蕨科)	(2)		**94**	
柳安属				
(龙脑香科)	(4)	566	**570**	
柳穿鱼	(10)	129	**130**	
柳穿鱼属				
(玄参科)	(10)	67	**128**	
柳槁				
(=广东山胡椒)	(3)		235	
柳兰	(7)	596	**599**	彩片220
柳杉	(3)		**70**	彩片96
柳杉叶马尾杉	(2)	16	**20**	
柳杉属				
(杉科)	(3)	68	**70**	
柳树寄生				
(=柳叶钝果寄生)	(7)		750	
柳条杜鹃	(5)	572	**612**	
柳叶桉	(7)	550	**552**	
柳叶白前	(9)	150	**162**	

柳叶斑鸠菊 (11) 137 **141**
柳叶菜 (7) 596 **600** 彩片222
柳叶菜风毛菊 (11) 574 **608**
柳叶菜蜂斗草 (7) **652**
柳叶菜状凤仙花 (8) 493 **518**
柳叶菜科 (7) **581**
柳叶菜属
(柳叶菜科) (7) 581 **596**
柳叶刺蓼 (4) 482 **489**
柳叶豆梨 (6) 558 **563**
柳叶钝果寄生 (7) **750** 彩片290
柳叶繁缕 (4) 407 **414**
柳叶反齿藓 (1) **759**
柳叶风毛菊 (11) 571 **593**
柳叶贯众
(=线羽贯众) (2) 595
柳叶鬼针草 (11) **326**
柳叶海金沙 (2) 107 **109**
柳叶海金沙
(=曲轴海金沙) (2) 109
柳叶蒿 (11) 376 **408**
柳叶蒿
(=无齿蒌蒿) (11) 413
柳叶红果树 (6) **512**
柳叶虎刺 (10) 648 **649**
柳叶黄肉楠 (3) 246 **248**
柳叶剑蕨 (2) 779 **781**
柳叶旌节花 (5) 131 **132** 彩片76
柳叶蕨 (2) 586 **586**
柳叶蕨属
(鳞毛蕨科) (2) 472 **585**
柳叶柯 (4) 199 **210** 彩片99
柳叶蜡梅 (3) **204**
柳叶毛蕊茶 (4) 578 **603**
柳叶闽粤石楠 (6) 515 **522**
柳叶牛膝 (4) 378 **379**
柳叶蓬莱葛 (9) 5 **6**
柳叶芹 (8) **719**
柳叶芹属
(伞形科) (8) 581 **719**
柳叶忍冬 (11) 51 **63**
柳叶箬 (12) 1020 **1023**
柳叶箬属
(禾本科) (12) 552 **1020**
柳叶润楠 (3) 276 **286**
柳叶山茶
(=柳叶毛蕊茶) (4) 603
柳叶石斑木 (6) 529 **530**
柳叶石栎
(=柳叶柯) (4) 210
柳叶鼠李 (8) 146 **155**
柳叶薯蓣 (13) 344 **357**
柳叶树萝卜 (5) **718**
柳叶水锦树 (10) 545 **546**
柳叶水麻 (4) 158 **160**
柳叶条果芥 (5) **502**
柳叶五层龙 (7) **829**
柳叶五月茶 (8) 26 **27**
柳叶藓 (1) **805**
柳叶藓科 (1) **802**
柳叶藓属
(柳叶藓科) (1) 802 **805**
柳叶小檗 (3) 586 **607**
柳叶小舌紫菀 (11) 176 **187**
柳叶绣球 (6) 275 **278**
柳叶旋覆花 (11) 288 **290**
柳叶栒子 (6) 481 **484**
柳叶亚菊 (11) 363 **364**
柳叶野豌豆 (7) 407 **415**
柳叶紫金牛 (6) 85 **90**
柳羽鳞毛蕨 (2) 490 **515**
柳枝槐 (7) 82 **87**
柳枝稷 (12) **1027**
柳属
(杨柳科) (5) 285 **300**
六苞藤 (9) **347**
六苞藤属
(马鞭草科) (9) 346 **347**
六齿卷耳 (4) **402**
六翅木 (5) **33**
六翅木属
(椴树科) (5) 12 **33**
六道木 (11) 41 **44**
六道木属
(忍冬科) (11) 1 **41**
六耳铃 (11) 231 **239**
六角莲 (3) 638 **640** 彩片465
六棱菊 (11) **242**
六棱菊属
(菊科) (11) 128 **241**
六叶龙胆 (9) 17 **27**
六叶葎 (10) 660 **666**
六月雪 (10) **645**

lo
咯西茄 (9) 221 **229**

long
龙常草 (12) **788**
龙常草属
(禾本科) (12) 562 **787**
龙船草 (9) **588**
龙船草属
(唇形科) (9) 398 **588**
龙船花 (10) 610 **611** 彩片207
龙船花属
(茜草科) (10) 510 **610**
龙胆 (9) 17 **30**
龙胆科 (9) **11**
龙胆木 (8) **32**
龙胆木属
(大戟科) (8) 11 **32**
龙胆属
(龙胆科) (9) 11 **15**
龙骨花
(=量天尺) (4) 303
龙骨马尾杉 (2) 16 **22**
龙骨酸藤子 (6) 102 **106**
龙果 (6) **8**
龙蒿 (11) 379 **420**
龙虎山秋海棠 (5) 255 **259**
龙江风毛菊 (11) 574 **609**
龙津蕨 (2) **372**

龙津蕨属
(金星蕨科) (2) 335 **372**
龙葵 (9) 222 **224** 彩片95
龙里冬青 (7) 838 **860**
龙脷叶 (8) 53 **54**
龙荔 (8) **277**
龙脑香科 (4) **565**
龙脑香属
(龙脑香科) (4) 565 **566**
龙舌草 (12) **14** 彩片3
龙舌兰 (13) **304** 彩片229
龙舌兰科 (13) **303**
龙舌兰属
(龙舌兰科) (13) 303 **304**
龙师草 (12) 279 **283**
龙头草 (9) 449 **450** 彩片164
龙头草属
(唇形科) (9) 394 **448**
龙头花 (13) **271**
龙头花属
(石蒜科) (13) 259 **271**
龙头节肢蕨 (2) 745 **748**
龙头兰 (13) **491** 彩片335
龙头竹 (12) **628**
龙头竹 (12) 574 **582**
龙须海棠
(=美丽日中花) (4) 298
龙须菜 (13) 230 **232**
龙须薯
(=黑果菝葜) (13) 324
龙须藤 (7) 41 **45**
龙血树属
(百合科) (13) 69 **174**
龙牙花 (7) 195 **196** 彩片93
龙芽草 (6) 741 **742** 彩片161
龙芽草属
(蔷薇科) (6) 444 **741**
龙眼 (8) **277** 彩片127
龙眼独活 (8) 569 **574** 彩片272
龙眼柯 (4) 200 **214**
龙眼润楠 (3) 276 **288**
龙眼属
(无患子科) (8) 267 **276**
龙州秋海棠 (5) 255 **261**
龙州锥 (4) 182 **185**
龙珠 (9) **220**
龙珠果 (5) 191 **194** 彩片99
龙珠属
(茄科) (9) 204 **220**
龙竹 (12) 588 **590**
龙爪菜
(=海菜花) (12) 15
龙爪茅 (12) **989**
龙爪茅属
(禾本科) (12) 562 **988**
龙棕 (12) 60 **61** 彩片12
隆萼当归 (8) 720 **721**
隆林唇柱苣苔 (10) 287 **289**
隆林凤尾蕨 (2) 183 **198**
隆林美登木 (7) 815 **817**
隆脉冷水花 (4) 91 **98**
窿缘桉 (7) 551 **554**
陇南凤仙花 (8) 493 **520** 彩片310
陇东海棠 (6) 565 **572**
陇南冷水花 (4) 93 **112**
陇南铁线蕨 (2) 233 **244**
陇蜀杜鹃 (5) 567 **647** 彩片251
陇蜀鳞毛蕨 (2) 488 **498**

lou
蒌蒿 (11) 378 **412**
蒌叶 (3) 320 **326**
楼梯草 (4) 120 **128**
楼梯草属
(荨麻科) (4) 75 **119**
耧斗菜 (3) 455 **458**
耧斗菜叶绣线菊 (6) 449 **468**
耧斗菜属
(毛茛科) (3) 389 **455**
漏斗杜鹃 (5) 562 **631**
漏斗苣苔
(=白花大苞苣苔) (10) 311
漏斗苣苔属
(苦苣苔科) (10) 244 **265**
漏斗泡囊草 (9) **213**
漏斗瓶蕨 (2) 131 **134**
漏芦 (11) **649** 彩片163
漏芦属
(菊科) (11) 132 **649**
露兜草 (12) 101 **103**
露兜树 (12) 101 **102** 彩片33
露兜树科 (12) **100**
露兜树叶野长蒲 (12) **351**
露兜树属
(露兜树科) (12) 100 **101**
露兜子
(=凤梨) (13) 11
露花 (4) **298**
露蕨属
(=蕗蕨属) (2) 112
露蕊滇紫草 (9) 297 **298**
露蕊乌头 (3) 407 **427**
露珠草 (7) **587**
露珠草属
(柳叶菜科) (7) 581 **587**
露珠杜鹃 (5) 564 **635** 彩片238
露珠碎米荠 (5) 451 **456**
露珠香茶菜 (9) 568 **574**
露珠珍珠菜 (6) 115 **120**
露柱百蕊草 (7) 733 **734**
露籽草 (12) **1035**
露籽草属
(禾本科) (12) 553 **1035**
露子马唐 (12) 1062 **1066**

lu
卢都子
(=胡颓子) (7) 472
卢山风毛菊
(=庐山风毛菊) (11) 602
庐山藨草 (12) 257 **259**
庐山柃 (10) 25 **27**
庐山草 (12) 257 **259**

庐山风毛菊 (11) 573 **602**
庐山芙蓉 (5) 91 **94**
庐山堇菜 (5) 139 **145**
庐山楼梯草 (4) 120 **127**
庐山葡萄 (8) 218 **226**
庐山忍冬 (11) 51 **62**
庐山石韦 (2) 711 **716**
庐山铁角蕨 (2) 401 **409**
庐山瓦韦 (2) 681 **685**
庐山香科科 (9) 400 **404**
庐山小檗 (3) 587 **614**
芦 (12) **677**
芦花竹 (12) **617**
芦荟 (13) **97** 彩片75
芦荟属
(百合科) (13) 71 **96**
芦荟藓属
(丛藓科) (1) 436 **438**
芦氏藓属
(丛藓科) (1) 438 **467**
芦苇 (12) **677**
芦苇属
(禾本科) (12) 562 **676**
芦竹 (12) **674**
芦竹属
(禾本科) (12) 562 **674**
泸定兔儿风 (11) 664 **667**
栌菊木 (11) **679**
栌菊木属
(菊科) (11) 130 **679**
颅果草 (9) **295**
颅果草属
(紫草科) (9) 281 **295**
卤地菊 (11) 319 **321**
卤蕨 (2) 206 **206** 彩片63
卤蕨科 (2) 2 7 **206**
卤蕨属
(卤蕨科) (2) **206**
鲁花树 (5) 112 **114** 彩片69
鲁浪杜鹃 (5) 567 **648** 彩片253
鲁沙香茅 (12) 1142 **1143**
陆地棉 (5) 100 **101**
陆均松 (3) **95** 彩片121
陆均松属
(罗汉松科) (3) **95**
鹿草 (11) **649**
鹿场毛茛 (3) 553 **569**
鹿葱 (13) 262 **265**
鹿儿岛凤尾蕨
(=平羽凤尾蕨) (2) 200
鹿藿 (7) 248 **249** 彩片119
鹿藿属
(蝶形花科) (7) 64 **248**
鹿角草 (11) **330**
鹿角草属
(=香菇属) (11) 330
鹿角杜鹃 (5) 572 **667** 彩片267
鹿角卷柏 (2) 33 **49** 彩片19
鹿角蕨 (2) 769 **769**
鹿角蕨科 (2) 3 **769**
鹿角蕨属
(鹿角蕨科) (2) **769**
鹿角栲
(=鹿角锥) (4) 196
鹿角兰 (13) **730**
鹿角兰属
(兰科) (13) 371 **730**
鹿角藤 (9) **114**
鹿角藤属
(夹竹桃科) (9) 90 **114**
鹿角锥 (4) 183 **196**
鹿茸草 (10) **226**
鹿茸草属
(玄参科) (10) 69 **225**
鹿茸木 (3) **175**
鹿茸木属
(番荔枝科) (3) 158 **175**
鹿蹄草 (5) 722 **729** 彩片295
鹿蹄草科 (5) **721**
鹿蹄草婆婆纳 (10) 147 **158**
鹿蹄草属
(鹿蹄草科) (5) **721**
鹿蹄柳 (5) 302 **304** 312 **350**
鹿蹄橐吾 (11) 445 **451**
鹿药 (13) 191 **195**
鹿药属
(百合科) (13) 71 **191**
禄春安息香 (6) 27 **34**
禄劝花叶重楼 (13) 219 **224** 彩片163
禄劝假杜鹃 (10) **348**
路边青 (6) 647 **648** 彩片143
路边青属
(蔷薇科) (6) 444 **647**
路南凤仙花 (8) 490 **502**
路南鳞毛蕨 (2) 488 **499**
路生胡枝子 (7) 182 **186**
蕗蕨 (2) 113 **114**
蕗蕨属
(膜蕨科) (2) 112 **112**
鹭鸶草 (13) **90** 彩片68
鹭鸶草属
(百合科) (13) 70 **89**

lü
驴欺口 (11) 557 **558** 彩片123
驴食草 (7) 402 **403**
驴食草属
(蝶形花科) (7) 61 **402**
驴蹄草 (3) **390** 彩片300
驴蹄草属
(毛茛科) (3) 388 **390**
闾 (11) 376 **413**
吕宋果 (9) 2 **5**
吕宋荚 (11) 8 **34**
吕宋水锦树 (10) 545 **549**
吕宋整鳞苔 (1) **241**
旅人蕉 (13) **12**
旅人蕉科 (13) **12**
旅人蕉属
(旅人蕉科) (13) **12**
缕丝花 (4) 474 **479**
绿百合
(=黄绿花滇百合)(13) 126

绿苞蒿 (11) 376 **408**
绿背白珠 (5) 690 **696**
绿背桂花 (8) **111**
绿背三尖杉
(=三尖杉) (3) 104
绿背山麻杆 (8) 77 **79**
绿柄铁角蕨
(=欧亚铁角蕨) (2) 423
绿赤车 (4) 114 **118**
绿春假福王草 (11) 730 **732**
绿春崖角藤 (12) 113 **115**
绿岛细柄草 (12) **1132**
绿冬青 (7) 836 **849**
绿豆 (7) 231 **233**
绿独行菜 (5) 400 **401**
绿萼凤仙花 (8) 493 **521** 彩片312
绿粉竹 (12) 600 **603**
绿干柏 (3) 78 **79**
绿杆铁角蕨 (2) 401 **411**
绿果猕猴桃 (4) 659 **671**
绿蒿
(=林艾蒿) (11) 409
绿花矮泽芹 (8) 609 **610**
绿花安兰
(=绿花带唇兰) (13) 588
绿花百合 (13) 120 **131**
绿花斑叶兰 (13) 410 **417**
绿花杓兰 (13) 376 **378** 彩片259
绿花刺参 (11) 108 **110**
绿花带唇兰 (13) **588**
绿花党参 (10) 456 **465**
绿花阔蕊兰
(=阔蕊兰) (13) 497
绿花琉璃草 (9) 342 **343**
绿花鹿蹄草 (5) 721 **725**
绿花山芹 (8) **729**
绿花石莲 (6) 332 **333**
绿花崖豆藤 (7) 103 **109**
绿黄葛树 (4) 42 **47** 彩片31
绿蓟 (11) 621 **630**
绿茎槲寄生 (7) 760 **761**
绿茎还阳参 (11) 713 **716**
绿锯藓属
(扭叶藓科) (1) **663**
绿宽翅香青 (11) 263 **268**
绿毛金星蕨
(=溪边假毛蕨) (2) 371
绿囊薹草 (12) 415 **419**
绿片苔 (1) **259** 彩片49
绿片苔科 (1) **258**
绿片苔属
(绿片苔科) (1) **258**
绿绒蒿属
(罂粟科) (3) 695 **696**
绿色白发藓 (1) 396 **397**
绿色变齿藓 (1) 618 **619**
绿色刺疣藓 (1) 894 **895**
绿色流苏藓 (1) **447**
绿色曲尾藓 (1) 375 **378**
绿色山槟榔 (12) 95 **96**
绿色瓦韦 (2) 682 **693**
绿穗薹草 (12) 452 **455**
绿穗苋 (4) 371 **372**
绿头薹草 (12) 424 **425**
绿仙人掌
(=单刺仙人掌) (4) 302
绿香青 (11) 264 **276**
绿芽俞藤 (8) **188**
绿叶地锦 (8) 184 **186**
绿叶飞蛾槭 (8) 317 **329**
绿叶甘橿 (3) 230 **238**
绿叶冠毛榕 (4) 44 **59**
绿叶胡枝子 (7) 182 **184**
绿叶介蕨 (2) 284 **286**
绿叶柳 (5) 303 311 **349**
绿叶美丽沙穗 (9) **463**
绿叶五味子 (3) 370 **375**
绿叶线蕨 (2) 755 **757**
绿叶悬钩子 (6) 584 **600**
绿叶紫金牛
(=纽果子) (6) 91
绿羽藓 (1) 795 **796** 彩片244
绿玉树 (8) 117 **123**
绿早熟禾 (12) 709 **747**
绿枝山矾 (6) 52 **62**
绿钟党参 (10) 456 **465**
绿竹属
(=竹属) (12) 573
葎草 (4) 25 **26**
葎草属
(大麻科) (4) **25**
luan
李果鹤虱 (9) **333**
李果鹤虱属
(紫草科) (9) 282 **333**
李花蟛蜞菊 (11) **319**
李叶豆 (7) **56**
李叶豆属
(云实科) (7) 23 **56**
李叶羊蹄甲 (7) 42 **48**
峦大越桔 (5) 698 **702** 彩片287
峦大紫珠 (9) 354 **360**
栾华
(=栾树) (8) 286
栾树 (8) **286** 彩片135
栾树属
(无患子科) (8) 267 **286**
卵瓣还亮草 (3) 430 **449**
卵苞血桐 (8) 73 **76**
卵唇红门兰 (13) 446 **448**
卵萼红景天 (6) 355 **369**
卵萼假鹤虱 (9) 326 **327**
卵萼龙胆 (9) 20 **46** 彩片23
卵萼毛麝香 (10) 97 **98**
卵果海桐 (6) 234 **240**
卵果鹤虱 (9) 336 **338**
卵果蕨 (2) 355 **355**
卵果蕨属
(金星蕨科) (2) 335 **354**
卵果蔷薇 (6) 711 **735**
卵果青杞
(=青杞) (9) 227

卵果薹草	(12)			**547**
卵花甜茅	(12)		797	**801**
卵裂黄鹌菜	(11)		718	**725**
卵裂银莲花	(3)		488	**497**
卵鳞耳蕨	(2)		536	**565**
卵囊苔草				
(=二柱薹草)	(12)			537
卵盘鹤虱	(9)		336	**339**
卵蒴丝瓜藓	(1)		542	**548**
卵穗荸荠	(12)		279	**285**
卵穗三芒草	(12)		840	**842**
卵穗苔草				
(=寸草)	(12)			539
卵穗薹草	(12)		534	**543**
卵小叶垫柳	(5)	301	308	**334**
卵心叶虎耳草	(6)		382	**389**
卵形薹草	(12)			**547**
卵叶白齿藓				
(=拟白齿藓)	(1)			656
卵叶白齿藓宽叶变种				
(=拟白齿藓)	(1)			656
卵叶白前				
(=大理白前)	(9)			159
卵叶白绒草	(9)		464	**466**
卵叶半边莲	(10)		494	**495**
卵叶报春	(6)		172	**191**
卵叶贝母兰	(13)	619	**621**	彩片444
卵叶扁蕾	(9)		60	**61**
卵叶长灰藓	(1)			**924**
卵叶长喙藓	(1)		847	**848**
卵叶钓樟	(3)		231	**241**
卵叶丁香蓼	(7)		582	**586**
卵叶茖葱				
(=卵叶韭)	(13)			144
卵叶胡椒	(3)		320	**322**
卵叶壶藓	(1)		534	**535**
卵叶槲寄生	(7)		760	**761**
卵叶剪叶苔	(1)		4	**5**
卵叶韭	(13)		140	**144**
卵叶卷耳	(4)		402	**403**
卵叶梨果寄生	(7)		746	**749**
卵叶轮草	(10)		662	**674**
卵叶马兜铃	(3)		349	**355**
卵叶猫乳	(8)		162	**163**
卵叶毛扭藓	(1)			**683**
卵叶牡丹	(4)	555	**557**	彩片240
卵叶泥炭藓	(1)		300	**308**
卵叶女贞	(10)		50	**57**
卵叶蓬莱葛	(9)		5	**7**
卵叶茜草	(10)		675	**680**
卵叶青藓	(1)		832	**839**
卵叶忍冬	(11)		54	**78**
卵叶榕	(4)		44	**59**
卵叶山柳菊	(11)		709	**710**
卵叶水芹	(8)		693	**694**
卵叶铁角蕨	(2)		403	**425**
卵叶瓦莲	(6)		333	**334**
卵叶弯曲碎米荠				
(=弯曲碎米荠)	(5)			458
卵叶藓	(1)			**459**
卵叶藓属				
(丛藓科)	(1)		437	**458**
卵叶新木姜子	(3)		209	**213**
卵叶野丁香	(10)		636	**637**
卵叶异檐花				
(=异檐花)	(10)			491
卵叶阴山荠	(5)		423	**426**
卵叶银莲花	(3)		487	**493**
卵叶隐蒴藓	(1)			**645**
卵叶硬毛南芥				
(=硬毛南芥)	(5)			473
卵叶羽苔	(1)		131	**157**
卵叶羽枝藓	(1)		716	**717**
卵叶玉盘柯	(4)		199	**206**
卵叶獐牙菜	(9)		76	**84**
卵叶蜘蛛抱蛋	(13)		183	**188**
卵叶重楼	(13)		219	**222**
卵叶紫萼藓	(1)		496	**500**
卵羽贯众				
(=尖齿贯众)	(2)			598
卵羽玉龙蕨	(2)		600	**600**
乱草	(12)		962	**972**
乱子草	(12)		999	**1001**
乱子草属				
(禾本科)	(12)		559	**999**
卵叶毛扭藓				
lun				
轮冠木	(9)			**286**
轮冠木属				
(紫草科)	(9)		280	**286**
轮环藤	(3)		692	**693**
轮环藤属				
(防己科)	(3)	669	670	**691**
轮环娃儿藤	(9)		189	**191**
轮伞羽叶参	(8)		564	**566**
轮生叶野决明				
(=胀果黄华)	(7)			461
轮叶八宝	(6)		326	**328**
轮叶白前	(9)		151	**161**
轮叶贝母				
(=一轮贝母)	(13)			117
轮叶沟子荠	(5)		521	**522**
轮叶过路黄	(6)		118	**142**
轮叶狐尾藻				
(=狐尾藻)	(7)			494
轮叶黄精	(13)	205	206	**213**
轮叶戟	(8)			**83**
轮叶戟属				
(大戟科)	(8)		12	**83**
轮叶节节菜	(7)		501	**503**
轮叶景天				
(=轮叶八宝)	(6)			328
轮叶马先蒿	(10)	181	**203**	彩片52
轮叶木姜子	(3)		216	**222**
轮叶排草				
(=轮叶过路黄)	(6)			142
轮叶蒲桃	(7)		560	**567**
轮叶沙参	(10)	475	**489**	彩片175
轮叶石龙尾				
(=有梗石龙尾)	(10)			100
轮叶委陵菜	(6)		657	**673**
轮叶无隔荠				
(=轮叶钩子荠)	(5)			522

轮叶蟹甲草 **(11)** 488 **497**
轮钟花属
(桔梗科) **(10)** 446 **468**

luo
罗布麻 **(9)** **124** 彩片72
罗布麻属
(夹竹桃科) **(9)** 89 **124**
罗甸地皮消 **(10)** 344
罗甸沟瓣 **(7)** **802**
罗甸秋海棠 **(5)** 256 **262**
罗甸蜘蛛抱蛋 **(13)** 183 **187** 彩片136
罗浮粗叶木 **(10)** 622 **629**
罗浮栲
(=罗浮锥) **(4)** 195
罗浮买麻藤
(=海南买麻藤) **(3)** 121
罗浮飘拂草 **(12)** 292 **303**
罗浮苹婆 **(5)** 36 **39**
罗浮槭 **(8)** 317 **331**
罗浮柿 **(6)** 13 **18** 彩片6
罗浮锥 **(4)** 183 **195**
罗锅底 **(5)** 203 **207**
罗汉柏 **(3)** **75**
罗汉柏属
(柏科) **(3)** **74**
罗汉果 **(5)** **217** 彩片105
罗汉果属
(葫芦科) **(5)** 198 **217**
罗汉松 **(3)** 98 **99** 彩片126
罗汉松科 **(3)** **95**
罗汉松叶石楠 **(6)** 515 **523**
罗汉松叶越桔 **(5)** 697 **700**
罗汉松属
(罗汉松科) **(3)** 95 **98**
罗河石斛 **(13)** 663 **668**
罗勒 **(9)** **591**
罗勒属
(唇形科) **(9)** 398 **591**
罗蒙常山 **(6)** 268 **269**
罗伞 **(8)** 544 **547** 彩片257
罗伞属
(五加科) **(8)** 534 535 **543**
罗伞树 **(6)** 85 **89**
罗氏轮叶黑藻 **(12)** **23**
罗氏马先蒿
(=草甸马先蒿) **(10)** 202
罗氏马先蒿
(=穗花马先蒿) **(10)** 204
罗星草 **(9)** **14**
萝藦 **(9)** **148**
萝卜 **(5)** **396** 彩片166
萝卜根老鹳草 **(8)** 469 **480**
萝卜秦艽 **(9)** 467 **471**
萝卜属
(十字花科) **(5)** 383 **396**
萝芙木 **(9)** 103 **104** 彩片56
萝芙木属
(夹竹桃科) **(9)** 90 **103**
萝藦科 **(9)** **133**
萝藦属
(萝藦科) **(9)** 135 **148**
螺喙荠 **(5)** **429**
螺喙荠属
(十字花科) **(5)** 383 **428**
螺距翠雀花 **(3)** 429 **441** 彩片327
螺蛳菜
(=甘露子) **(9)** 495
螺序草 **(10)** 528 **529**
螺序草属
(茜草科) **(10)** 507 **528**
螺旋鳞荸荠 **(12)** 278 **280**
螺叶藓 **(1)** **861**
螺叶藓属
(绢藓科) **(1)** 851 **861**
裸柄魏氏苔
(=魏氏苔) **(1)** 271
裸萼凤尾藓 **(1)** 404 **421** 彩片120
裸萼小萼苔 **(1)** **89**
裸果耳蕨 **(2)** 536 **564**
裸果嵩草 **(12)** 362 **370**
裸果鳞毛蕨 **(2)** 492 **525**
裸果木 **(4)** **393**
裸果木属
(石竹科) **(4)** 391 **393**
裸花碱茅 **(12)** 763 **769**
裸花水竹叶 **(12)** 191 **194**
裸花紫珠 **(9)** 353 **356**
裸茎鞭苔 **(1)** 25 **28**
裸茎黄堇 **(3)** 723 **742**
裸茎金腰 **(6)** 418 **420**
裸茎囊瓣芹 **(8)** 656 **657**
裸茎千里光 **(11)** 531 **542**
裸茎石韦 **(2)** 712 **724**
裸茎碎米荠 **(5)** 451 **453**
裸茎条果芥 **(5)** 502 **503**
裸茎羽苔 **(1)** 131 **156**
裸帽立灯藓 **(1)** 576 **577**
裸蒴 **(3)** **317**
裸蒴苔 **(1)** **2**
裸蒴苔科 **(1)** **2**
裸蒴苔属
(裸蒴苔科) **(1)** **2**
裸蒴属
(三白草科) **(3)** 316 **317**
裸菀 **(11)** **162**
裸菀属
(菊科) **(11)** 122 **162**
裸叶粉背蕨 **(2)** 227 **228**
裸叶鳞毛蕨 **(2)** 490 **516**
裸叶石韦 **(2)** 711 **714**
裸芸香 **(8)** **423**
裸芸香属
(芸香科) **(8)** 398 **423**
裸柱草属
(爵床科) **(10)** 331 **351**
裸柱菊 **(11)** **443**
裸柱菊属
(菊科) **(11)** 127 **443**
裸柱头柳 **(5)** 306 309 **342**
裸子蕨科 **(2)** 6 **248**
裸子植物门 **(3)** **1**
洛氏林蕨

(=亮叶鳞始蕨) **(2)** 165
络石 **(9)** **111**
络石属
(夹竹桃科) **(9)** 91 **110**
骆骑 **(11)** 621 **627**
骆驼刺 **(7)** **387** 彩片140
骆驼刺属
(蝶形花科) **(7)** 62 **387**
骆驼蒿 **(8)** 452 **453**
骆驼蓬 **(8)** **452** 彩片234
骆驼蓬属
(蒺藜科) **(8)** 449 **451**
落瓣短柱茶 **(4)** 574 **581**
落瓣油茶
(=落瓣短柱茶) **(4)** 581
落地豆 **(7)** **454**
落地豆属
(蝶形花科) **(7)** 68 **454**
落地金钱 **(13)** 500 **503** 彩片340
落地梅 **(6)** 118 **142**
落地生根 **(6)** **321**
落地生根属
(景天科) **(6)** 319 **320**
落萼叶下珠 **(8)** 33 **35**
落花生 **(7)** **260** 彩片122
落花生属
(蝶形花科) **(7)** 67 **260**
落葵 **(4)** **387**
落葵科 **(4)** **387**
落葵薯 **(4)** **388** 彩片182
落葵薯属
(落葵科) **(4)** **387**
落葵属
(落葵科) **(4)** **387**
落芒草 **(12)** 941 **944**
落芒草属
(禾本科) **(12)** 557 **940**
落霜红 **(7)** 839 **872**
落尾木 **(4)** **153**
落尾木属
(荨麻科) **(4)** 75 **153**
落新妇 **(6)** **375** 彩片97
落新妇属
(虎耳草科) **(6)** 371 **375**
落檐 **(12)** 124 **125** 彩片43
落檐属
(天南星科) **(12)** 105 **124**
落叶花桑 **(4)** 32 **33**
落叶木莲 **(3)** 124 **129**
落叶瑞香 **(7)** 526 **534**
落叶石豆兰 **(13)** 693 **714**
落叶松 **(3)** 45 **49**
落叶松属
(松科) **(3)** 15 **45**
落叶羽苔 **(1)** 129 **140**
落羽杉 **(3)** **72**
落羽杉属
(杉科) **(3)** 68 **71**
落羽松
(=落羽杉) **(3)** 72
落羽松属
(=落羽杉属) **(3)** 71

M

ma
妈竹 **(12)** 575 **583**
麻疯树 **(8)** **99** 彩片50
麻疯树属
(大戟科) **(8)** 13 **99**
麻根薹草 **(12)** 455 **457**
麻核藤 **(7)** **886**
麻核藤属
(茶茱萸科) **(7)** 876 **886**
麻核栒子 **(6)** 483 **495**
麻花杜鹃 **(5)** 565 **630**
麻花艽 **(9)** 16 **23** 彩片4
麻花头 **(11)** 644 **646** 彩片161
麻花头蓟 **(11)** 621 **624**
麻花头属
(菊科) **(11)** 132 **643**
麻黄科 **(3)** **112**
麻黄属
(麻黄科) **(3)** **112**
麻锦藓属
(锦藓科) **(1)** 873 **896**
麻梨 **(6)** 558 **559**
麻栎 **(4)** **242**
麻栗坡兜兰 **(13)** **387** 彩片275
麻栗坡骨碎补 **(2)** 652 **655**
麻栗坡青皮木 **(7)** 716 **717**
麻楝 **(8)** **379**
麻楝属
(楝科) **(8)** 375 **379**
麻菀属
(菊科) **(11)** 123 **206**
麻叶风轮菜 **(9)** 530 **531**
麻叶蟛蜞菊 **(11)** 319 **320**
麻叶千里光 **(11)** 532 **533** 彩片113
麻叶荨麻 **(4)** 77 **79**
麻叶绣线菊 **(6)** 447 **460**
麻叶栒子 **(6)** 482 **485**
麻羽藓属
(羽藓科) **(1)** 784 **787**
麻竹 **(12)** 588 **590**
麻子壳柯 **(4)** 198 **204** 彩片92
马鞍树 **(7)** 80 **81**
马鞍树属
(蝶形花科) **(7)** 60 **79**
马比木 **(7)** **880** 彩片330
马边兔儿风 **(11)** 665 **672**
马边玄参 **(10)** 82 **90**
马鞭草 **(9)** **350**
马鞭草科 **(9)** **346**
马鞭草叶马先蒿 **(10)** 182 **213**
马鞭草属
(马鞭草科) **(9)** 346 **349**
马槟榔 **(5)** 370 **374** 彩片154
马肠薯蓣 **(13)** 343 **350**
马肠子树 **(8)** 565 **567**
马齿毛兰 **(13)** 640 **650**
马齿苋 **(4)** 384 **385**

马齿苋科 (4) **384**
马齿苋属
(马齿苋科) (4) **384**
马刺蓟 (11) 620 **623**
马蛋果 (5) **112**
马蛋果属
(大风子科) (5) 110 **112**
马岛椰属
(棕榈科) (12) 57 **91**
马兜铃 (3) 349 **358** 彩片274
马兜铃科 (3) **336**
马兜铃属
(马兜铃科) (3) 337 **348**
马尔康糙果芹 (8) **649**
马尔康柴胡 (8) 633 **645**
马盖麻 (13) 304 **305**
马干铃栝楼 (5) 234 **236**
马褂木
(=鹅掌楸) (3) 157
马关报春 (6) 172 **187**
马蒿
(=兰香草) (9) 388
马棘 (7) 130 **142** 彩片76
马甲菝葜 (13) 317 **333**
马甲竹 (12) 574 **579**
马甲子 (8) **171** 彩片90
马甲子属
(鼠李科) (8) 138 **171**
马来铁线蕨
(=假鞭叶铁线蕨)(2) 235
马来阴石蕨 (2) 656 **657**
马兰 (11) **163** 彩片45
马兰藤 (9) **186**
马兰藤属
(萝科) (9) 135 **185**
马兰属
(菊科) (11) 122 **163**
马蓝
(=板蓝) (10) 363
马蓝属
(爵床科) (10) 332 **366**
马利筋 (9) **147** 彩片79
马利筋属
(萝科) (9) 134 **146**
马莲鞍 (9) **137**
马莲鞍属
(萝科) (9) 133 **137**
马蔺 (13) 279 **288** 彩片207
马岭竹 (12) 574 **577**
马铃苣苔属
(苦苣苔科) (10) 243 **250**
马铃薯
(=阳芋) (9) 227
马六甲蒲桃 (7) 560 **563**
马陆草 (12) 1163 **1164**
马尿泡 (9) **211** 彩片92
马尿泡属
(茄科) (9) 203 **211**
马尿藤 (7) 177 **180**
马泡瓜 (5) **228**
马钱科 (9) **1**
马钱属
(马钱科) (9) 1 **2**
马钱子 (9) **2**
马桑 (8) **373** 彩片188
马桑科 (8) **373**
马桑属
(马桑科) (8) **373**
马桑绣球 (6) 276 **285**
马氏曲尾藓 (1) 375 **378**
马松蒿 (10) **180**
马松蒿属
(玄参科) (10) 69 **179**
马松子 (5) **54**
马松子属
(梧桐科) (5) 34 **54**
马唐 (12) 1062 **1069**
马唐属
(禾本科) (12) 553 **1061**
马蹄参 (8) **577** 彩片276
马蹄参属
(五加科) (8) 535 **577**
马蹄沟繁缕 (4) **680**
马蹄果 (8) **340**
马蹄果属
(橄榄科) (8) **339**
马蹄荷 (3) **774** 彩片435
马蹄荷属
(金缕梅科) (3) 772 **774**
马蹄黄 (6) **744** 彩片162
马蹄黄属
(蔷薇科) (6) 444 **743**
马蹄金 (9) **241**
马蹄金属
(旋花科) (9) 240 **241**
马蹄金星蕨 (2) 338 **340**
马蹄蕨
(=福建观音座莲)(2) 86
马蹄犁头尖 (12) 143 **145**
马蹄莲 (12) **122** 彩片42
马蹄莲属
(天南星科) (12) 105 **121**
马蹄芹 (8) **588** 彩片280
马蹄芹属
(伞形科) (8) 578 **588**
马蹄香 (3) **337**
马蹄香属
(马兜铃科) (3) **337**
马铜铃 (5) **203**
马尾柴胡 (8) 632 **643**
马尾杉 (2) 15 **16** 彩片4
马尾杉属
(石杉科) (2) 8 **15**
马尾树 (4) **163** 彩片65
马尾树科 (4) **163**
马尾树属
(马尾树科) (4) **163**
马尾松 (3) 53 54 **62** 彩片88
马先蒿属
(玄参科) (10) 69 **180**
马衔山黄耆 (7) 290 **311**
马银花 (5) 572 **664** 彩片263
马缨丹 (9) **350** 彩片130

马缨丹属
(马鞭草科) **(9)** 346 **350**
马缨杜鹃 **(5)** 569 **644** 彩片246
马祖耳蕨
(=对马耳蕨) **(2)** 548
马醉木 **(5)** 684 **685**
马醉木属
(杜鹃花科) **(5)** 553 **684**
玛森早熟禾 **(12)** 703 **719**
蚂蝗七 **(10)** 286 **289** 彩片86
蚂蚁花 **(7)** 616 **619** 彩片228
蚂蚱腿子 **(11)** **663**
蚂蚱腿子属
(菊科) **(11)** 130 **663**

mai

埋鳞柳叶菜 **(7)** 598 **609**
买麻藤 **(3)** **119** 彩片148
买麻藤科 **(3)** **118**
买麻藤属
(买麻藤科) **(3)** **119**
迈氏扁萼苔 **(1)** 186 **193**
迈氏马先蒿
(=盔齿马先蒿) **(10)** 216
麦宾草 **(12)** 822 **825**
麦吊杉
(=麦吊云杉) **(3)** 43
麦吊云杉 **(3)** 36 **43** 彩片66
麦冬 **(13)** 244 **252**
麦秆蹄盖蕨 **(2)** 294 **300**
麦花草 **(10)** **93**
麦黄茅 **(12)** **1155**
麦蓝菜 **(4)** **464**
麦蓝菜属
(石竹科) **(4)** 393 **464**
麦李 **(6)** 765 **778**
麦瓶草 **(4)** **463**
麦仁珠 **(10)** 660 **667**
麦氏草属
(禾本科) **(12)** 562 **678**
麦穗石豆兰 **(13)** 692 **699**
麦仙翁 **(4)** **436**
麦仙翁属
(石竹科) **(4)** 392 **435**
麦珠子 **(8)** **161** 彩片84
麦珠子属
(鼠李科) **(8)** 138 **161**
脉萼蓝钟花 **(10)** 448 **450**
脉耳草 **(10)** 515 **516**
脉花党参 **(10)** 456 **463** 彩片156
脉鳞苔属
(细鳞苔科) **(1)** 224 **231**
脉纹鳞毛蕨 **(2)** 490 **512**
脉叶翅棱芹 **(8)** **698**
脉叶虎皮楠 **(3)** 792 **793**

man

馒头闭花木 **(8)** 19 **20**
馒头果
(=馒头闭花木) **(8)** 20
满江红 **(2)** 786 **786** 彩片157
满江红科 **(2)** 7 **786**
满江红属
(满江红科) **(2)** **786**
满山红 **(5)** 570 **670** 彩片270
满树星 **(7)** 840 **873**
曼椆
(=曼青冈) **(4)** 232
曼迷耳蕨
(=镰叶耳蕨) **(2)** 545
曼青冈 **(4)** 223 **232**
曼佗罗 **(9)** **237**
曼佗罗属
(茄科) **(9)** 204 **237**
蔓草虫豆 **(7)** 238 **240** 彩片117
蔓长春花 **(9)** **102**
蔓长春花属
(夹竹桃科) **(9)** 89 **102**
蔓赤车 **(4)** 114 **116**
蔓出卷柏 **(2)** 33 **47** 彩片18
蔓地草
(=三角叶堇菜) **(5)** 167
蔓孩儿参 **(4)** 398 **399**
蔓胡颓子 **(7)** 467 **472**
蔓虎刺 **(10)** **644**
蔓虎刺属
(茜草科) **(10)** 508 **644**
蔓假繁缕
(=蔓孩儿参) **(4)** 399
蔓金腰 **(6)** 418 **425**
蔓茎报春 **(6)** 172 **183**
蔓茎堇菜
(=七星莲) **(5)** 165
蔓茎蝇子草 **(4)** **444**
蔓荆 **(9)** 374 **375** 彩片141
蔓九节 **(10)** 614 **617** 彩片209
蔓龙胆属
(龙胆科) **(9)** 11 **56**
蔓生合耳菊 **(11)** 52 **524**
蔓生拉拉藤 **(10)** 661 **673**
蔓生莠竹 **(12)** 1105 **1106**
蔓氏石韦 **(2)** 712 **725**
蔓乌头 **(3)** 405 **420**
蔓藓 **(1)** **693**
蔓藓科 **(1)** **682**
蔓藓属
(蔓藓科) **(1)** 682 **693**
蔓性千斤拔
(=千斤拔) **(7)** 247
蔓延香草 **(6)** 116 **130**
蔓枝藓 **(1)** **643** 彩片191
蔓枝藓属
(虎尾藓科) **(1)** 641 **643**
镘瓣景天 **(6)** 336 **342**

mang

芒 **(12)** 1085 **1086**
芒稗
(=光头稗) **(12)** 1044
芒苞草 **(13)** **272** 彩片189
芒苞草科 **(13)** **271**
芒苞草属
(芒苞草科) **(13)** **272**

芒苞车前 (10) 5 **12**
芒柄花 (7) **427**
芒柄花属
(蝶形花科) (7) 62 67 **427**
芒齿耳蕨 (2) 537 **572**
芒齿小檗 (3) 585 **599**
芒刺杜鹃 (5) 564 **628** 彩片234
芒刺耳蕨 (2) 535 **558**
芒刺高山耳蕨
(=芒刺耳蕨) (2) 558
芒稃野大麦 (12) 834 **837**
芒剪股颖 (12) 915 **918**
芒康小檗 (3) 584 **594**
芒毛苣苔 (10) **314** 彩片99
芒毛苣苔属
(苦苣苔科) (10) 246 **313**
芒萁 (2) 98 **99** 彩片45
芒萁属
(里白科) (2) 98 **98**
芒颖鹅观草 (12) 846 **861**
芒种草
(=水苦荬) (10) 159
芒属
(禾本科) (12) 555 **1085**
杧果 (8) 347 **348** 彩片169
杧果属
(漆树科) (8) 345 **347**
莽吉柿 (4) 686 **688**
莽山绣球 (6) 275 **277**
莽山野桔 (8) 444 **448**
莽山紫菀 (11) 174 **180**

mao
猫儿刺 (7) 836 **852** 彩片317
猫儿刺耳蕨 (2) 534 **549**
猫儿菊 (11) 697 **698**
猫儿菊属
(菊科) (11) 133 **697**
猫儿卵
(=白蔹) (8) 194
猫儿屎 (3) **656** 彩片390
猫儿屎属
(木通科) (3) **655**
猫耳朵
(=旋蒴苣苔) (10) 307
猫乳 (8) **162**
猫乳属
(鼠李科) (8) 138 **162**
猫头刺 (7) 351 **355**
猫尾草 (7) **169** 彩片84
猫尾木属
(紫葳科) (10) 419 **434**
猫尾藓属
(船叶藓科) (1) 720 **722**
猫爪草 (3) 550 **567**
毛暗花金挖耳 (11) 300 **303**
毛八角枫 (7) 683 **685** 彩片260
毛白饭树 (8) 30 **31**
毛白前 (9) 151 **163**
毛百合 (13) 119 **124** 彩片95
毛白杨 (5) 286 **290**
毛瓣白刺 (8) 450 **451**
毛瓣杓兰 (13) 377 **386** 彩片274
毛瓣车前 (10) 5 **13**
毛瓣虎耳草 (6) 383 **394**
毛瓣鸡血藤
(=海南崖豆藤) (7) 105
毛瓣棘豆 (7) 354 **371** 彩片139
毛瓣毛蕊花 (10) 71 **72**
毛瓣莎
(=毛芙兰草) (12) 277
毛瓣无患子 (8) 272 **273**
毛苞半蒴苣苔 (10) 277 **278**
毛苞刺头菊 (11) 611 **612**
毛苞飞蓬 (11) 214 **219**
毛苞拟复叶耳蕨
(=四回毛枝蕨) (2) 476
毛苞橐吾 (11) 448 **460**
毛豹皮樟 (3) 216 **223** 彩片218
毛背勾儿茶 (8) 166 **169**
毛背桂樱 (6) 786 **788**
毛背花楸 (6) 534 **551**
毛背猫乳 (8) 162 **163**
毛壁泥炭藓 (1) 300 **304**
毛臂形草 (12) 1047 **1049**
毛边光萼苔 (1) 203 **209** 彩片35
毛边卷柏 (2) 34 **60**
毛扁蒴藤 (7) 831 **832**
毛杓兰 (13) 377 **382** 彩片266
毛柄钓樟 (3) 231 **243**
毛柄杜鹃 (5) 558 **577**
毛柄短肠蕨
(=膨大短肠蕨) (2) 324
毛柄肥肉草 (7) 645 **647**
毛柄堇菜 (5) 142 **153**
毛柄锦香草 (7) 639 **641**
毛柄连蕊茶 (4) 577 **600**
毛柄蒲儿根 (11) 508 **509**
毛柄蒲公英 (11) 767 **782**
毛柄水龙骨
(=濑水龙骨) (2) 670
毛柄水毛茛 (3) 575 **576**
毛柄凸轴蕨
(=乌来凸轴蕨) (2) 348
毛柄藓属
(油藓科) (1) 727 **736**
毛薄叶冬青 (7) 839 **871**
毛草龙 (7) **582**
毛叉苔 (1) **263** 彩片52
毛叉苔属
(叉苔科) (1) 261 **262**
毛茶 (10) **606** 彩片202
毛茶藨子 (6) 296 **306**
毛茶属
(茜草科) (10) 511 **606**
毛车藤 (9) **116** 彩片65
毛车藤属
(夹竹桃科) (9) 91 **116**
毛赪桐
(=灰毛大青) (9) 382
毛澄广花 (3) **164**
毛齿藓属
(牛毛藓科) (1) 316 **319**

毛齿叶黄皮 **(8)** 432 **433**
毛臭草 **(12)** 790 **795**
毛臭椿 **(8)** 367 **369**
毛垂序珍珠茅
(=垂序珍珠茅) **(12)** 355
毛唇独蒜兰 **(13)** 624 **625** 彩片449
毛唇美冠兰 **(13)** 568 **569**
毛唇芋兰 **(13)** **527**
毛刺花椒 **(8)** 401 **410**
毛刺锦鸡儿 **(7)** 265 **271**
毛刺壳花椒 **(8)** 400 **405**
毛刺蒴麻 **(5)** **29**
毛翠雀花 **(3)** 428 **431**
毛大丁草 **(11)** **679**
毛大丁草属
(菊科) **(11)** 130 **679**
毛大戟 **(8)** 118 **132**
毛丹麻杆 **(8)** **76**
毛灯藓 **(1)** 585 **587** 彩片173
毛灯藓
(=薄边毛灯藓) **(1)** 585
毛灯藓属
(提灯藓科) **(1)** 571 **585**
毛地黄 **(10)** **132** 彩片39
毛地黄属
(玄参科) **(10)** 70 **132**
毛地钱 **(1)** **270** 彩片58
毛地钱属
(魏氏苔科) **(1)** **270**
毛滇白珠 **(5)** 690 **695**
毛冬青 **(7)** 838 **864** 彩片322
毛萼单花荠
(=单花荠) **(5)** 465
毛萼杜鹃 **(5)** 562 **632**
毛萼红果树 **(6)** 512 **513**
毛萼莓 **(6)** 588 **623**
毛萼蔷薇 **(6)** 711 **736**
毛萼鞘蕊花 **(9)** 586 **587**
毛萼忍冬 **(11)** 53 **78**
毛萼山梅花 **(6)** 260 **264**
毛萼山珊瑚 **(13)** **522** 彩片359
毛萼铁线莲 **(3)** 507 **515**
毛萼香茶菜 **(9)** 567 **570** 彩片191
毛萼香芥 **(5)** **508**
毛萼蝇子草 **(4)** **455**
毛萼越桔 **(5)** 699 **706**
毛萼獐牙菜 **(9)** 76 **84**
毛耳苔属
(耳叶苔科) **(1)** 211 **223**
毛蜂斗草 **(7)** 652 **653**
毛凤仙花 **(8)** 495 **528**
毛稃剪股颖 **(12)** 915 **916**
毛稃碱茅 **(12)** 764 **774**
毛稃羊茅 **(12)** 683 **695**
毛稃以礼草 **(12)** 863 **866**
毛稃早熟禾 **(12)** 707 **736**
毛芙兰草 **(12)** **277**
毛盖岩蕨 **(2)** 452 **456**
毛竿玉山竹 **(12)** 631 **634**
毛杆蕨 **(2)** **138**
毛杆蕨属
(膜蕨科) **(2)** 112 **138**
毛秆野古草 **(12)** 1012 **1017**
毛藁本 **(8)** 704 **711**
毛根苔草
(=柄状薹草) **(12)** 435
毛茛 **(3)** 553 **568**
毛茛科 **(3)** **388**
毛茛莲花 **(3)** **505**
毛茛莲花属
(毛茛科) **(3)** 389 **505**
毛茛铁线莲 **(3)** 510 **539**
毛茛泽泻属
(泽泻科) **(12)** **8**
毛茛属
(毛茛科) **(3)** 390 **549**
毛茛状金莲花 **(3)** 393 **395**
毛梗翠雀花 **(3)** 429 **441**
毛梗冬青 **(7)** 839 **871** 彩片324
毛梗兰 **(13)** **590**
毛梗兰属
(兰科) **(13)** 372 **590**
毛梗李 **(6)** 762 **763**
毛梗双花草 **(12)** **1127**
毛梗豨莶 **(11)** 314 **315**
毛梗鸦葱 **(11)** 687 **689**
毛弓果藤 **(9)** **141**
毛钩藤 **(10)** 559 **562** 彩片190
毛狗骨柴 **(10)** **593**
毛谷精草 **(12)** 206 **207**
毛瓜馥木 **(3)** 186 **191**
毛冠唇花 **(9)** 502 **503**
毛冠杜鹃 **(5)** 561 **605**
毛冠黄耆 **(7)** 293 **332**
毛冠菊 **(11)** 211 **212**
毛冠菊属
(菊科) **(11)** 123 **210**
毛冠可爱花 **(10)** 346 **347**
毛冠四蕊草属
(玄参科) **(10)** 70 **163**
毛管花
(=毛花瑞香) **(7)** 536
毛桂 **(3)** 252 **263**
毛果巴豆 **(8)** 94 **95**
毛果半蒴苣苔 **(10)** 277 **279**
毛果苞序葶苈
(=苞序葶苈) **(5)** 448
毛果扁担杆 **(5)** **25**
毛果草 **(9)** **324**
毛果草属
(紫草科) **(9)** 282 **324**
毛果袋花忍冬 **(11)** 50 **58**
毛果弹裂碎米荠 **(5)** 52 **457**
毛果杜鹃 **(5)** 571 **677**
毛果高原毛茛 **(3)** 551 **560**
毛果旱榆 **(4)** 3 **8**
毛果黄肉楠 **(3)** 246 **247**
毛果吉林乌头 **(3)** 405 **411**
毛果金星蕨 **(2)** 339 **343**
毛果堇菜
(=球果堇菜) **(5)** 143
毛果栲
(=元江锥) **(4)** 197

毛果柃 (4) 634 **639**
毛果柃木
(=灰毛柃) (4) 641
毛果蒙古葶苈
(=蒙古葶苈) (5) 448
毛果南芥
(=垂果南芥) (5) 472
毛果婆婆纳 (10) 146 **151**
毛果槭 (8) 318 **336**
毛果槭
(=房县槭) (8) 336
毛果漆
(=毛漆树) (8) 359
毛果荨麻 (4) 77 **79**
毛果青冈 (4) 225 **236**
毛果群心菜 (5) 407 **408**
毛果忍冬 (11) 50 **58**
毛果山麻杆 (8) 77 **79**
毛果绳虫实 (4) 328 **330**
毛果酸藤子 (6) 102 **107**
毛果算盘子 (8) 46 **49** 彩片17
毛果天芥菜 (9) **287**
毛果铁线莲 (3) 508 **519**
毛果通泉草 (10) 121 **122**
毛果网籽草
(=钩毛子草) (12) 201
毛果委陵菜 (6) 658 **663**
毛果锡叶藤 (4) 552 **553**
毛果喜山葶苈
(=喜山葶苈) (5) 441
毛果狭腔芹 (8) 701 **702**
毛果小甘菊 (11) 362 **363**
毛果小花藤
(=小花藤) (9) 130
毛果缬草 (11) 99 **103**
毛果绣线菊 (6) 447 **456**
毛果悬钩子 (6) 585 **607**
毛果扬子铁线莲 (3) 508 **521**
毛果一枝黄花 (11) **154**
毛果翼核果 (8) 177 **178**
毛果银莲花 (3) 487 **492**
毛果鱼藤 (7) 117 **118**
毛果珍珠花 (5) 686 **687**
毛果诸葛菜
(=诸葛菜) (5) 398
毛果枣 (8) 173 **176**
毛果泽兰 (11) 149 **151**
毛果珍珠茅 (12) 355 **359**
毛果枳椇 (8) **160**
毛旱蕨 (2) 216 **217**
毛核木 (11) **39** 彩片13
毛核木属
(忍冬科) (11) 1 **39**
毛褐苞薯蓣 (13) 344 **360**
毛红椿 (8) 376 **378**
毛红花 (11) **650**
毛喉杜鹃 (5) 561 **606**
毛猴欢喜 (5) **9**
毛喉鞘蕊花 (9) **586**
毛狐臭柴 (9) 364 **365**
毛槲蕨
(=毛叶槲蕨) (2) 767
毛花茶秆竹 (12) 644 **646**
毛花点草 (4) **83**
毛花杜鹃 (5) 561 **606**
毛花附地菜 (9) 306 **307**
毛花连蕊茶
(=毛柄连蕊茶) (4) 600
毛花猕猴桃 (4) 659 **670** 彩片299
毛花槭 (8) 317 **325** 彩片156
毛花雀稗 (12) 1053 **1057**
毛花荛花
(=多花荛花) (7) 516
毛花忍冬 (11) 53 **76** 彩片24
毛花瑞香 (7) **536**
毛花瑞香属
(瑞香科) (7) 514 **536**
毛花树萝卜 (5) 714 **715** 彩片293
毛花松下兰 (5) **735**
毛花酸竹 (12) 640 **641**
毛花绣线菊 (6) 447 **458**
毛花杨桃
(=毛花猕猴桃) (4) 670
毛花早熟禾 (12) 702 **713**
毛花轴榈 (12) 66 **67**
毛华菊 (11) **342**
毛环竹 (12) 601 **607**
毛黄堇 (3) 725 **758**
毛黄连花 (6) 117 **133**
毛黄肉楠 (3) 246 **249** 彩片228
毛灰藓 (1) 903 **904**
毛灰藓属
(灰藓科) (1) 899 **902**
毛荚苜蓿 (7) 433 **435**
毛尖刺枝藓 (1) 881 **882**
毛尖金发藓 (1) 968 **969**
毛尖碎米藓 (1) 755 **757**
毛尖藓属
(青藓科) (1) 828 **843**
毛尖紫萼藓 (1) 496 **497** 彩片139
毛菅 (12) 1156 **1158**
毛俭草 (12) **1167**
毛俭草属
(禾本科) (12) 554 **1167**
毛剪秋罗 (4) **436**
毛建草 (9) 452 **455** 彩片167
毛豇豆 (7) 231 **232**
毛姜花 (13) 33 **34** 彩片29
毛胶薯蓣 (13) 343 **352**
毛绞股蓝 (5) 249 **252**
毛脚骨脆 (5) 126 **127**
毛脚金星蕨 (2) 339 **343**
毛接骨木 (11) 2 **3**
毛节毛盘草 (12) 844 **849**
毛节兔唇花 (9) 483 **484**
毛节缘毛草 (12) 843 **848**
毛金丝桃 (4) 694 **702**
毛金腰 (6) 419 **429**
毛金竹 (12) 602 **614**
毛锦藓属
(锦藓科) (1) 873 **888**
毛茎翠雀花 (3) 429 **440**
毛茎薯 (9) 259 **264**

毛茎水蜡烛 (9) **561**
毛茎油点草 (13) 83 **84**
毛咀签 (8) 178 **179**
毛蒟 (3) 321 **328**
毛蕨 (2) 374 **382**
毛蕨
(=毛轴蕨) (2) 177
毛蕨属
(金星蕨科) (2) 335 **373**
毛颏马先蒿 (10) 184 **189**
毛壳花哺鸡竹 (12) 600 **604**
毛壳竹 (12) 600 **605**
毛口大萼苔 (1) 169 **170**
毛口藓 (1) **482**
毛口藓属
(丛藓科) (1) 437 **482**
毛盔马先蒿 (10) 184 **189**
毛梾 (7) 692 **697** 彩片268
毛兰属
(兰科) (13) 372 **639**
毛蓝雪花 (4) **541**
毛茛叶报春 (6) 171 **186**
毛肋杜鹃 (5) 558 **581** 彩片194
毛连菜 (11) 698 **699**
毛连菜属
(菊科) (11) 133 **698**
毛连翘 (10) **31**
毛帘子藤
(=帘子藤) (9) 117
毛莲蒿 (11) 374 **391**
毛蓼 (4) 485 **509**
毛列当 (10) 237 **238**
毛裂蜂斗菜 (11) 505 **506**
毛鳞菊 (11) 759 **760**
毛鳞菊属
(菊科) (11) 135 **759**
毛鳞蕨 (2) 706 **706**
毛鳞蕨属
(水龙骨科) (2) 664 **706**
毛鳞球柱草 (12) **289**
毛鳞省藤 (12) 76 **77**
毛鳞苔属
(细鳞苔科) (1) 225 **227**
毛蕗蕨 (2) 113 **113**
毛麻楝 (8) **379**
毛马齿苋 (4) 384 **385** 彩片180
毛马唐 (12) 1062 **1068**
毛脉翅果菊 (11) 744 **745**
毛脉吊钟花
(=齿缘吊钟花) (5) 682
毛脉附地菜 (9) 306 **308**
毛脉高山栎 (4) **249**
毛脉孩儿参 (4) 398 **399**
毛脉火焰花 (10) 386 **387**
毛脉柳兰 (7) 596 **600** 彩片221
毛脉柳叶菜 (7) 598 **607** 彩片224
毛脉龙胆 (9) 19 **40**
毛脉葡萄 (8) 218 **224**
毛脉山莴苣
(=毛脉翅果菊) (11) 745
毛脉鼠刺 (6) 289 **294**
毛脉酸模 (4) 521 **523**
毛脉卫矛 (7) 778 **795**
毛脉显柱南蛇藤 (7) 806 **813**
毛脉崖爬藤 (8) 207 **216**
毛脉紫金牛 (6) 87 **101**
毛曼青冈 (4) 223 **232**
毛曼陀罗 (9) 237 **238**
毛蔓豆 (7) **211**
毛蔓豆属
(蝶形花科) (7) 65 **210**
毛帽木灵藓 (1) 621 **622**
毛棉杜鹃 (5) 572 **666** 彩片266
毛茉莉 (10) 58 **62**
毛木半夏 (7) 468 **476**
毛木荷 (4) 609 **610**
毛木通 (3) 511 **536**
毛囊薹草 (12) 408 **409**
毛囊羽苔
(=刀叶羽苔) (1) 132
毛念 (7) 621 **624** 彩片232
毛扭藓 (1) 683 **684**
毛扭藓属
(蔓藓科) (1) 682 **683**
毛糯米椴 (5) 13 **15**
毛盘鹅观草 (12) 844 **849**
毛泡花树 (8) 299 **305**
毛泡桐 (10) 76 **77** 彩片31
毛平车前 (10) 6 **10**
毛葡萄 (8) 219 **227**
毛漆树 (8) 356 **359**
毛牵牛 (9) 259 **261**
毛前胡 (8) 742 **747**
毛鞘臭草 (12) 789 **793**
毛鞘茅香 (12) 895 **897**
毛茄 (9) 220 **230** 彩片101
毛青藤仔
(=青藤仔) (10) 61
毛青藓 (1) **829**
毛青藓属
(青藓科) (1) 827 **828**
毛逑水葱 (12) 264 **269**
毛球兰 (9) 169 **171**
毛球莸 (9) 387 **389**
毛绒肾蕨
(=毛叶肾蕨) (2) 639
毛蕊草 (12) **875**
毛蕊草属
(禾本科) (12) 558 **875**
毛蕊杜鹃 (5) 560 **593** 彩片206
毛蕊红山茶 (4) 575 **586**
毛蕊花 (10) 71 **72** 彩片30
毛蕊花属
(玄参科) (10) 68 **71**
毛蕊鸡血藤
(=海南崖豆藤) (7) 105
毛蕊菊 (11) **567**
毛蕊菊属
(菊科) (11) 130 **566**
毛蕊老鹳草 (8) 468 **474** 彩片244
毛蕊木
(=粗丝木) (7) 877
毛蕊三角草

(=毛蕊三角车) (5) 137
毛蕊三角车 (5) 136 **137**
毛蕊山柑 (5) 370 **373**
毛蕊铁线莲 (3) 511 **538**
毛蕊银莲花 (3) 488 **498**
毛瑞香 (7) 526 **533**
毛三裂蛇葡萄 (8) **193**
毛山矾 (6) 53 **57**
毛山鸡椒 (3) 216 **218**
毛山荆子 (6) 564 **566**
毛山蒟 (3) 321 **331**
毛山黧豆 (7) 420 **425**
毛山楂 (6) 504 **507**
毛舌兰 (13) **729**
毛舌兰属
(兰科) (13) 371 **729**
毛麝香 (10) **97**
毛麝香属
(玄参科) (10) 67 **97**
毛使君子 (7) **670**
毛氏藓
(=大丛藓) (1) 468
毛柿 (6) 13 **22**
毛梳藓 (1) **933** 彩片
275
毛梳藓属
(灰藓科) (1) 900 **933**
毛鼠刺 (6) 289 **293**
毛鼠尾粟 (12) **996**
毛束草 (9) **290**
毛束草属
(紫草科) (9) 280 **290**
毛水苏 (9) 492 **493**
毛水蓑衣 (10) 349 **351**
毛酸浆 (9) **217**
毛算盘竹 (12) 593 **594**
毛穗杜茎山 (6) 78 **82**
毛穗赖草 (12) 827 **828**
毛穗藜芦 (13) 78 **80**
毛穗夏至草 (9) 433 **434**
毛穗新麦草 (12) 831 **832**
毛薹草 (12) **500**
毛桃木莲 (3) 124 **125**
毛藤日本薯蓣 (13) 344 **358**
毛天料木 (5) 123 **124**
毛铁角蕨
(=毛轴铁角蕨) (2) 415
毛葶苈 (5) 440 **449**
毛葶玉凤花 (13) 501 **510** 彩片346
毛桐 (8) 64 **69** 彩片31
毛筒玉竹 (13) 205 **207**
毛头牛蒡 (11) 613 **614** 彩片145
毛土连翘 (10) 552 **553**
毛托毛茛 (3) 553 **554**
毛苇谷草 (11) 296 **297**
毛乌蔹莓 (8) 202 **204**
毛舞花姜 (13) 21 **22**
毛喜光花 (8) **14**
毛细钟花 (10) **469**
毛藓科 (1) **659**
毛线柱苣苔 (10) 322 **323**
毛腺萼木 (10) 578 **579**
毛香火绒草 (11) 250 **255**
毛相思子 (7) **99**
毛杏 (6) 758 **760**
毛序花楸 (6) 534 **551**
毛序棘豆 (7) 352 **358**
毛序棘豆
(=美丽棘豆) (7) 371
毛序陷脉石楠 (6) 515 **522**
毛鸭嘴草 (12) 1133 **1136**
毛岩柃 (4) 636 **655**
毛杨梅 (4) **175** 彩片75
毛洋槐 (7) **126** 彩片72
毛药长蒴苣苔 (10) 296 **297**
毛药红淡
(=杨桐) (4) 628
毛药花 (9) **416**
毛药花属
(唇形科) (9) 393 **416**
毛药卷瓣兰 (13) 692 **710**
毛药马铃苣苔 (10) 251 **255**
毛药忍冬 (11) 50 **57**
毛药藤 (9) **132**
毛药藤属
(夹竹桃科) (9) 91 **132**
毛野扁豆
(=野扁豆) (7) 242
毛叶白粉藤
(=苦郎藤) (8) 200
毛叶边缘鳞盖蕨 (2) 155 **157**
毛叶草芍药 (4) 556 **560**
毛叶插田泡 (6) 585 **608**
毛叶川滇蔷薇 (6) 712 **737**
毛叶倒缨木
(=倒缨木) (9) 123
毛叶吊钟花 (5) 681 **683** 彩片281
毛叶丁香罗勒 (9) 591 **592**
毛叶豆瓣绿
(=豆瓣绿) (3) 334
毛叶度量草
(=大叶度量草) (9) 10
毛叶盾翅藤 (8) 237 **238**
毛叶钝果寄生 (7) 750 **754**
毛叶鹅观草 (12) 844 **853**
毛叶耳蕨 (2) 536 **561**
毛叶蜂斗草 (7) 652 **653**
毛叶麸杨 (8) 354 **355**
毛叶茯蕨 (2) 364 **366**
毛叶腹水草 (10) 137 **139**
毛叶腹水草刚毛变种
(=刚毛腹水草) (10) 140
毛叶高丛珍珠梅 (6) 472 **473**
毛叶高山耳蕨
(=毛叶耳蕨) (2) 561
毛叶勾儿茶 (8) 165 **167**
毛叶广东蔷薇 (6) 711 **732**
毛叶合欢 (7) 16 **20**
毛叶胡椒 (3) 320 **332**
毛叶蝴蝶草 (10) 114 **115**
毛叶槲蕨 (2) 765 **767**
毛叶花椒 (8) 401 **411**
毛叶华西蔷薇 (6) 710 **728**

毛叶黄杞 (4) 165 **166**
毛叶黄檀 (7) 91 **97**
毛叶鸡树条 (11) 9 **37**
毛叶荚
(=厚绒荚) (11) 25
毛叶假瘤蕨 (2) 731 **740**
毛叶假鹰爪 (3) 167 **169** 彩片194
毛叶蕨 (2) **129**
毛叶蕨属
(膜蕨科) (2) 112 **128**
毛叶苦郎藤 (8) 198 **200**
毛叶蓝盆花 (11) 116 **119**
毛叶榄 (8) 343 **344**
毛叶老牛筋
(=毛叶蚤缀) (4) 421
毛叶老鸦糊 (9) 353 **358**
毛叶藜芦 (13) 78 **80** 彩片63
毛叶链珠藤 (9) 104 **105**
毛叶两面针 (8) 400 **402**
毛叶猫尾木 (10) **434**
毛叶毛兰
(=小叶毛兰) (13) 641
毛叶毛盘草 (12) 844 **849**
毛叶米饭花
(=毛珍珠花) (5) 687
毛叶木
(=头序木) (8) 523
毛叶木瓜 (6) 555 **556**
毛叶木姜子 (3) 216 **220**
毛叶南烛
(=毛珍珠花) (5) 687
毛叶欧李 (6) 765 **777**
毛叶坡垒 (4) 568 **569**
毛叶千金榆 (4) 260 **262**
毛叶蔷薇 (6) 708 **718**
毛叶青冈 (4) 223 225 **231**
毛叶青毛藓 (1) 354 **356**
毛叶秋海棠
(=紫叶秋海棠) (5) 281
毛叶曲柄藓 (1) 346 **350**
毛叶桑寄生
(=毛叶钝果寄生)(7) 754
毛叶山柑 (5) 370 **374**
毛叶山木香 (6) 712 **739**
毛叶山桐子 (5) **120**
毛叶山樱花 (6) 765 **774**
毛叶陕西蔷薇 (6) 710 **730**
毛叶肾蕨 (2) 637 **639**
毛叶石楠 (6) 515 **523**
毛叶梳藓 (1) 930 **933**
毛叶鼠李 (8) 144 **147**
毛叶水栒子 (6) 482 **488**
毛叶桫椤 (2) 143 **145**
毛叶苔 (1) **16** 彩片3
毛叶苔科 (1) **16**
毛叶苔属
(毛叶苔科) (1) **16**
毛叶薹草 (12) 500 **502**
毛叶藤春 (3) **181**
毛叶藤仲
(=漾濞鹿角藤) (9) 115
毛叶铁角蕨
(=西南铁角蕨) (2) 416
毛叶铁苋菜 (8) 87 **89**
毛叶铁线蕨 (2) 233 **239**
毛叶弯刺蔷薇 (6) 708 **719**
毛叶五匹青 (8) 657 **659**
毛叶五味子 (3) 370 **373**
毛叶纤毛草 (12) 845 **855**
毛叶香茶菜 (9) 567 **573**
毛叶小膜盖蕨
(=假钻毛蕨) (2) 645
毛叶小芸木 (8) 429 **430** 彩片220
毛叶绣线菊 (6) 448 **466**
毛叶绣线梅 (6) 474 **477**
毛叶雪下红 (6) 86 **96**
毛叶翼核果 (8) 176 **177**
毛叶鹰爪花 (3) **184**
毛叶硬齿猕猴桃 (4) 658 **664**
毛叶油丹 (3) 290 **291**
毛叶羽叶楸 (10) **426**
毛叶玉兰 (3) 131 **135**
毛叶芋兰 (13) 527 **528** 彩片364
毛叶蚤缀 (4) 419 **421**
毛叶泽藓 (1) 602 **604** 彩片183
毛叶樟 (3) 250 **253**
毛叶沼泽蕨 (2) 336 **336**
毛叶轴脉蕨 (2) 609 **611**
毛叶锥头麻 (4) 151 **152**
毛银柴 (8) **44** 彩片15
毛银叶巴豆 (8) 93 **94**
毛樱桃 (6) 765 **779** 彩片170
毛颖草 (12) **1059**
毛颖草 (12) **925**
毛颖草属
(禾本科) (12) 553 **1059**
毛颖芨芨草 (12) 953 **957**
毛颖荩草 (12) 1150 **1152**
毛鱼藤 (7) 117 **121**
毛羽藓 (1) **799** 彩片246
毛羽藓属
(羽藓科) (1) 784 **799**
毛玉山竹
(=南岭箭竹) (12) 634
毛芋头薯蓣 (13) 343 **354**
毛缘宽叶薹草 (12) 439 **440**
毛缘薹草 (12) 483 **485**
毛窄叶柃 (4) 636 **648**
毛毡草 (11) 231 **235**
毛掌叶锦鸡儿 (7) 266 **280**
毛折柄茶 (4) 614 **616**
毛柘藤 (4) **40**
毛珍珠花 (5) 686 **687**
毛榛 (4) 256 **257**
毛枝白珠
(=红粉白珠) (5) 692
毛枝椆
(=毛枝青冈) (4) 231
毛枝吊石苣苔 (10) 317 **319**
毛枝格药柃 (4) 635 **643**
毛枝荚 (11) 5 **15**
毛枝金腺荚 (11) 7 **26**
毛枝卷柏 (2) 32 **38**

毛枝蕨 (2) 476 **476**
毛枝蕨
(=毛子蕨) (2) 283
毛枝蕨属
(鳞毛蕨科) (2) 472 **475**
毛枝柯 (4) 200 **213**
毛枝连蕊茶 (4) 577 **599**
毛枝攀援卷柏 (2) 32 **38**
毛枝青冈 (4) 223 225 **231**
毛枝雀尾藓 (1) 742 **743**
毛枝三脉紫菀 (11) 175 **184**
毛枝蛇葡萄 (8) 191 **197**
毛枝石栎 (4) **213**
毛枝台中荚 (11) 8 **35**
毛枝五针松 (3) 52 **58** 彩片81
毛枝藓 (1) **648** 彩片192
毛枝藓属
(隐蒴藓科) (1) 644 **647**
毛枝绣线菊 (6) 449 **467**
毛枝榆 (4) 3 **10**
毛重楼 (13) 219 **223**
毛轴菜蕨 (2) 314 **314**
毛轴黑鳞假瘤蕨 (2) 731 **739**
毛轴假蹄盖蕨 (2) 289 **289**
毛轴蕨 (2) 176 **177**
毛轴莎草 (12) 321 **327**
毛轴山矾 (6) 52 **63**
毛轴碎米蕨 (2) 220 **220**
毛轴铁角蕨 (2) 402 **415**
毛轴线盖蕨
(=毛子蕨) (2) 283
毛轴线盖蕨属
(=毛子蕨属) (2) 283
毛轴牙蕨 (2) 614 **615**
毛轴异燕麦 (12) 886 **888**
毛轴早熟禾 (12) 708 **740**
毛竹 (12) 600 **602**
毛竹叶花椒 (8) 401 **411**
毛柱黄耆 (7) 288 **300**
毛柱马钱 (9) 2 **4**
毛柱莓
(=绵果悬钩子) (6) 615
毛柱山梅花 (6) 260 **265**
毛柱铁线莲 (3) 507 **522**
毛柱郁李 (6) 765 **777**
毛状真藓 (1) 558 **560**
毛锥 (4) 182 **187**
毛锥果葶苈
(=锥果葶苈) (5) 447
毛锥形果 (5) **201**
毛籽鱼黄草 (9) 253 **255**
毛杭子梢 (7) 176 **177**
毛子蕨 (2) **283** 彩片84
毛子蕨属
(蹄盖蕨科) (2) 271 **283**
毛紫丁香 (10) 33 **36**
毛足铁线蕨 (2) 233 **241**
毛嘴杜鹃 (5) 561 **608**
毛柞木 (5) **117**
矛叶荩草 (12) 1150 **1052**
矛状耳蕨 (2) 534 **544**
茅 (12) **1138**
茅膏菜 (5) 106 **108** 彩片65
茅膏菜科 (5) **106**
茅膏菜属
(茅膏菜科) (5) **106**
茅根
(=丝茅) (12) 1094
茅根属
(禾本科) (12) 558 **1006**
茅瓜 (5) **221** 彩片108
茅瓜属
(葫芦科) (5) 198 **221**
茅栗 (4) **180** 彩片80
茅莓 (6) 585 **604**
茅香 (12) 895 **896**
茅香属
(禾本科) (12) 559 **895**
茅针
(=丝茅) (12) 1094
茅竹
(=毛竹) (12) 602
茅属
(禾本科) (12) 554 **1138**
锚刺果 (9) **326**
锚刺果属
(紫草科) (9) 282 **326**
锚钩吻兰 (13) **531**
锚柱兰属
(兰科) (13) 368 **531**
茂汶绣线菊 (6) 446 **452**
茂汶淫羊藿 (3) 642 **643**
帽苞薯藤 (9) 259 **262**
帽儿瓜 (5) **221**
帽儿瓜属
(葫芦科) (5) 198 **220**
帽峰椴 (5) 14 **19**
帽蕊草 (7) **773**
帽蕊草科 (7) **772**
帽蕊草属
(帽蕊草科) (7) **773**
帽蕊木 (10) **558**
帽蕊木属
(茜草科) (10) 506 **558**

mei
玫瑰 (6) 709 **724**
玫瑰毛兰 (13) 640 **643**
玫瑰木 (7) **579**
玫瑰木属
(桃金娘科) (7) 549 **579**
玫瑰茄 (5) 91 **97** 彩片60
玫瑰石斛 (13) 664 **676** 彩片499
玫瑰石蒜 (13) 262 **264**
玫瑰树 (9) **108**
玫瑰树属
(夹竹桃科) (9) 90 **108**
玫红铃子香 (9) 460 **461**
眉柳 (5) 307 311 **327**
莓叶铁线莲 (3) 510 **536**
莓叶委陵菜 (6) 655 **687**
莓疣高山金发藓
(=莓疣拟金发藓) (1) 967

莓疣拟金发藓 (1) 965 **967**
梅 (6) 758 **761**
梅花草 (6) 432 **441**
梅花草属
(虎儿草科) (6) 371 **430**
梅蓝 (5) **61**
梅蓝属
(梧桐科) (5) 35 **61**
梅笠草
(=喜冬草) (5) 731
梅氏画眉草 (12) 962 **967**
梅氏雀麦 (12) 803 **810**
梅氏藓
(=高山长帽藓) (1) 358
梅叶猕猴桃 (4) 658 **664**
湄公小檗 (3) 587 **610**
湄公锥 (4) 182 **187**
霉草
(=喜荫草) (12) 55
霉草科 (12) **54**
美被杜鹃 (5) 561 **596**
美登木 (7) 815 **817** 彩片309
美登木属
(卫矛科) (7) 775 **814**
美观糙苏 (9) 467 **471**
美观马先蒿 (10) 184 **188**
美冠兰 (13) 568 **571**
美冠兰属
(兰科) (13) 371 **568**
美国白蜡
(=美国红) (10) 29
美国扁柏 (3) 81 **83**
美国薄荷 (9) 524 **525**
美国薄荷属
(唇形科) (9) 396 **524**
美国红 (10) 25 **29**
美国尖叶扁柏 (3) 81 **82**
美国凌霄
(=厚萼凌霄) (10) 429
美国山核桃 (4) 173 **174**
美国商陆
(=垂序商陆) (4) 289
美国榆 (4) 2 **4**
美果九果 (10) 614 **617**
美花草 (3) 544 **545** 彩片380
美花草属
(毛茛科) (3) 389 **544**
美花风毛菊 (11) 569 **584**
美花隔距兰 (13) 733 **736** 彩片544
美花红景天 (6) 354 **362**
美花卷瓣兰 (13) 692 **706**
美花狸尾豆 (7) **169**
美花毛建草 (9) 451 **455**
美花石斛 (13) 664 **674** 彩片495
美花铁线莲 (3) 507 508
509 **513** 彩片367
美花圆叶筋骨草 (9) 407 **409** 彩片156
美灰藓 (1) **904**
美灰藓属
(灰藓科) (1) 899 **904**
美喙藓属
(青藓科) (1) 827 **846**
美蕨藓属
(蕨藓科) (1) 668 **670**
美孔木灵藓 (1) 621 **627**
美丽白花菜 (5) 378 **379**
美丽扁萼苔 (1) 185 **187**
美丽茶藨子 (6) 298 **317**
美丽风毛菊 (11) 570 **590**
美丽凤尾蕨 (2) 181 **194**
美丽芙蓉 (5) 91 **94**
美丽复叶耳蕨 (2) 478 **482**
美丽胡枝子 (7) 182 **184** 彩片88
美丽虎耳草
(=滇藏虎耳草) (6) 413
美丽火桐 (5) **43**
美丽棘豆 (7) 354 **371**
美丽节肢蕨 (2) 745 **747**
美丽金丝桃 (4) 694 **699**
美丽蓝钟花 (10) 448 **449**
美丽老牛筋
(=美丽蚤缀) (4) 422
美丽肋柱花 (9) 70 **73**
美丽棱子芹 (8) 612 **614**
美丽列当 (10) 237 **240**
美丽绿绒蒿 (3) 696 **701**
美丽马尾杉 (2) 15 **17**
美丽马先蒿 (10) 184 **219**
美丽马醉木 (5) **684** 彩片282
美丽毛茛 (3) 550 **560**
美丽毛蕨 (2) 373 **377**
美丽猕猴桃 (4) 658 **667**
美丽南星 (12) 151 **158**
美丽匹菊 (11) 351 **353**
美丽葡萄 (8) 219 **226**
美丽蒲葵 (12) 65 **66**
美丽秋海棠 (5) 259 **282**
美丽日中花 (4) **298**
美丽芍药 (4) 556 **561** 彩片248
美丽蛇根草 (10) 530 **533**
美丽水锦树 (10) 545 **546**
美丽溲疏 (6) 248 **253**
美丽唐松草 (3) 462 **476**
美丽藤蕨 (2) 631 **631**
美丽通泉草 (10) 121 **123**
美丽桐 (10) **81**
美丽桐属
(玄参科) (10) 67 **81**
美丽乌头 (3) 406 **412** 彩片315
美丽相思豆 (7) **99**
美丽小檗 (3) 587 **611**
美丽绣线菊 (6) 448 **461**
美丽崖豆藤 (7) 103 **107**
美丽蚤缀 (4) 419 **422**
美丽紫金牛
(=郎伞木) (6) 91
美丽紫堇 (3) 723 **743** 彩片424
美龙胆 (9) 16 **22**
美绿锯藓 (1) 663 **664**
美脉粗叶木 (10) 622 **632**
美脉杜英 (5) 1 **3**
美脉藁本 (8) 704 **709**
美脉花楸 (6) 534 **549**

美脉琼楠 (3) 293 **295**
美蔷薇 (6) 710 **727**
美人蕉 (13) 58 **59**
美人蕉科 (13) **57**
美人蕉属
(美人蕉科) (13) **58**
美容杜鹃 (5) 565 **613** 彩片218
美山矾 (6) 52 **60**
美饰悬钩子 (6) 585 **605**
美丝瓜藓 (1) 542 **546**
美穗草 (10) **137**
美苔属
(=裸蒴苔属) (1) 2
美头合耳菊 (11) 522 **528**
美头火绒草 (11) 251 **259**
美味猕猴桃 (4) 659 **671**
美小膜盖蕨 (2) 646 **647**
美形金钮扣 (11) 322 **323**
美艳杜鹃 (5) 570 **673**
美叶菜豆树 (10) 427 **428**
美叶车前蕨 (2) 261 **263** 彩片83
美叶蒿 (11) 375 **399**
美叶花楸 (6) 532 **540**
美叶柯 (4) 200 **215**
美叶青兰 (9) 451 **452**
美叶藓 (1) **443**
美叶藓属
(丛藓科) (1) 438 **443**
美洲茶藨子 (6) 296 **308**
美洲木棉
(=吉贝) (5) 67
美竹
(=黄苦竹) (12) 606
美柱兰 (13) **653**
美柱兰属
(兰科) (13) 372 **653**
美姿藓 (1) 610 **611**
美姿藓科 (1) **610**
美姿藓属
(美姿藓科) (1) **610**
美姿羽苔 (1) 129 **139**

meng
虻眼 (10) **94**
虻眼属
(玄参科) (10) 70 **94**
萌条香青 (11) 263 **271**
萌芽松 (3) 54 **66**
檬果樟 (3) **289**
檬果樟属
(樟科) (3) 207 **289**
勐海豆腐柴 (9) 364 **370**
勐腊核果茶 (4) 619 **620**
勐腊藤 (9) **142**
勐蜡藤属
(萝藦科) (9) 133 **142**
勐仑翅子树 (5) 56 **58** 彩片34
勐捧省藤 (12) 77 **81** 彩片17
蒙椴 (5) 14 **17**
蒙古白头翁 (3) 501 **504**
蒙古扁桃 (6) 752 **755**
蒙古苍耳 (11) 309 **310**
蒙古虫实 (4) 328 **329**
蒙古风毛菊 (11) 572 **600**
蒙古旱雀豆 (7) **286**
蒙古蒿 (11) 377 **405**
蒙古黄蓍 (7) 289 **305** 彩片132
蒙古荚 (11) 4 **11** 彩片4
蒙古堇菜 (5) 141 **149**
蒙古韭 (13) 140 **152**
蒙古栎 (4) **246**
蒙古马兰 (11) 163 **166**
蒙古雀儿豆
(=蒙古旱雀豆) (7) 286
蒙古穗三毛 (12) 879 **880**
蒙古糖芥 (5) 513 **516**
蒙古葶苈 (5) 440 **448**
蒙古芯芭 (10) 224 **225**
蒙古绣线菊 (6) 448 **466**
蒙古鸦葱 (11) 688 **693**
蒙古岩黄蓍 (7) 392 **394**
蒙古羊茅 (12) 683 **695**
蒙古野韭 (13) 142 **153**
蒙古异燕麦 (12) 887 **891**
蒙古莸 (9) 387 **388**
蒙古云杉 (3) **38**
蒙古早熟禾 (12) 708 **741**
蒙蒿子 (3) **170**
蒙蒿子属
(番荔枝科) (3) 158 **170**
蒙疆苓菊 (11) 563 **564**
蒙菊 (11) 342 **347**
蒙栎
(=蒙古栎) (4) 246
蒙青绢蒿 (11) 433 **436**
蒙桑 (4) 29 **31**
蒙山莴苣
(=乳苣) (11) 705
蒙自草胡椒 (3) 334 **336**
蒙自大丁草
(=蒙自扶郎花) (11) 684
蒙自盾翅藤 (8) 236 **237**
蒙自凤仙花 (8) 493 **521** 彩片311
蒙自扶郎花 (11) 681 **684**
蒙自合欢 (7) 16 **18**
蒙自金丝梅 (4) 693 **698**
蒙自金足草 (10) **374**
蒙自藜芦 (13) 78 **82**
蒙自拟水龙骨 (2) 674 **675**
蒙自青藤 (3) 306 **308**
蒙自石蝴蝶 (10) 281 **282**
蒙自樱桃 (6) 764 **772**
孟加拉灯心草 (12) 223 **239**
孟加拉野古草 (12) 1012 **1013**
孟加拉砖子苗 (12) 341 **345**
孟宗竹
(=毛竹) (12) 602

mi
弥勒苣苔 (10) **259**
弥勒苣苔属
(苦苣苔科) (10) 244 **258**
迷迭香 (9) **524**

迷迭香属			
(唇形科)	(9)	396	**524**
迷果芹	(8)		**595**
迷果芹属			
(伞形科)	(8)	579	**595**
迷人杜鹃	(5)	563	**635** 彩片239
迷人鳞毛蕨	(2)	491	**521**
迷人凸轴蕨	(2)	345	**348**
猕猴桃			
(=中华猕猴桃)	(4)		670
猕猴桃科	(4)		**656**
猕猴桃藤山柳	(4)		**672**
猕猴桃属			
(猕猴桃科)	(4)	656	**657**
米草属			
(禾本科)	(12)	559	**995**
米椴			
(=蒙椴)	(5)		17
米尔克棘豆	(7)	354	**373**
米饭花			
(=江南越桔)	(5)		704
米饭花			
(=南烛)	(5)		703
米饭花			
(=珍珠花)	(5)		686
米槁	(3)	250	**253**
米蒿	(11)	375	**396**
米咀闭花木	(8)	19	**20**
米口袋	(7)	382	**383**
米口袋属			
(蝶形花科)	(7)	62	**381**
米面蓊	(7)	723	**724**
米面蓊属			
(檀香科)	(7)	722	**723**
米努草属			
(石竹科)	(4)	392	**434**
米氏谷精草	(12)	206	**214**
米碎花	(4)	636	**646**
米碎木			
(=伞花冬青)	(7)		847
米团花	(9)		**544**
米团花属			
(唇形科)	(9)	398	**544**
米瓦罐			
(=麦瓶草)	(4)		463
米心水青冈	(4)		**178**
米扬噎	(4)	34	**35**
米珍果	(6)		**78**
米槠	(4)	183	**194**
米柱薹草	(12)		**401**
米锥			
(=米槠)	(4)		194
米仔兰	(8)	385	**386**
米仔兰属			
(楝科)	(8)	375	**385**
密苞山姜	(13)	40	**48**
密柄肉叶荠	(5)		**535**
密齿降龙草			
(=半蒴苣苔)	(10)		278
密齿楼梯草	(4)	120	**125**
密齿千里光	(11)	532	**534**
密齿酸藤子	(6)	102	**104**
密齿天门冬	(13)	231	**234**
密齿铁仔	(6)	109	**110**
密齿小檗	(3)	586	**603**
密齿羽苔	(1)	131	**158**
密刺茶藨子	(6)	295	**300**
密刺苦草	(12)	21	**22**
密刺蔷薇	(6)	707	**713**
密刺硕苞蔷薇	(6)	712	**740**
密刺悬钩子	(6)	585	**606**
密丛棘豆	(7)	355	**380**
密丛雀麦	(12)	803	**807**
密果木蓝	(7)	130	**136**
密花柴胡	(8)	631	**634**
密花柽柳	(5)	176	**179** 彩片89
密花翠雀花	(3)	429	**436**
密花滇紫草	(9)	296	**297**
密花冬青	(7)	838	**862**
密花兜被兰	(13)	485	**486**
密花豆	(7)	203	**204**
密花豆属			
(蝶形花科)	(7)	65	**203**
密花独行菜	(5)	401	**405**
密花杜若	(12)	197	**199** 彩片90
密花拂子茅	(12)	900	**903**
密花孩儿草	(10)	403	**404**
密花合耳菊	(11)	521	**525**
密花核果木	(8)	23	**25**
密花胡颓子	(7)	467	**469**
密花黄堇			
(=斑花黄堇)	(3)		733
密花黄肉楠	(3)		**249**
密花黄蓍	(7)	290	**313**
密花火筒树	(8)	180	**181**
密花棘豆	(7)	354	**374**
密花荚	(11)	5	**12**
密花假卫矛	(7)	820	**822**
密花节节菜	(7)		**501**
密花荆芥	(9)	437	**439**
密花兰	(13)		**617**
密花兰属			
(兰科)	(13)	371	**617**
密花马钱	(9)	2	**3**
密花毛兰	(13)	641	**652** 彩片474
密花婆婆纳	(10)	145	**147**
密花千里光			
(=密花合耳菊)	(11)		525
密花山矾	(6)	54	**74** 彩片18
密花舌唇兰	(13)	458	**460**
密花石豆兰	(13)	691	**697** 彩片518
密花石斛	(13)	662	**667** 彩片479
密花树	(6)	111	**113**
密花树属			
(紫金牛科)	(6)	77	**111**
密花梭罗	(5)	46	**47**
密花薹草	(12)	460	**465**
密花藤	(3)	670	**671**
密花藤属			
(防己科)	(3)	668 669	**670**
密花瓦理棕	(12)	90	**91**
密花虾脊兰	(13)	596	**599**
密花香薷	(9)	545	**550**

密花崖豆藤 (7) 104 **112**
密花岩风 (8) **686**
密花菀
(=锥花菀) (9) 390
密花远志 (8) 245 **249**
密花早熟禾 (12) 702 **714**
密鳞刺叶耳蕨
(=密鳞耳蕨) (2) 551
密鳞耳蕨 (2) 535 **551**
密鳞高鳞毛蕨 (2) 492 **524**
密鳞鳞毛蕨 (2) 488 **498**
密鳞苔属
(细鳞苔科) (1) 224 **242**
密鳞羽苔 (1) 129 **134**
密瘤瘤果芹 (8) **624**
密脉鹅掌柴 (8) 551 **553** 彩片263
密脉柯 (4) 199 **207**
密脉木 (10) **577**
密脉木属
(茜草科) (10) 508 **577**
密脉蒲桃 (7) 561 **569**
密毛白莲蒿 (11) 374 **390**
密毛灰栒子 (6) 483 **494**
密毛假福王草 (11) 730 **733**
密毛栝楼 (5) 234 **236**
密毛鳞盖蕨 (2) 156 **162**
密毛磨芋 (12) 135 **136**
密毛奇蒿 (11) 379 **420**
密毛山梗菜 (10) 494 **500**
密毛细羽藓 (1) 792 **794**
密毛岩蕨 (2) 452 **457**
密毛银莲花 (3) 488 **498** 彩片360
密毛紫柄蕨 (2) 357 **359**
密毛紫菀 (11) 174 **181**
密蒙花 (10) 15 **17** 彩片3
密球苎麻 (4) 137 **143**
密伞千里光
(=峨眉千里光) (11) 540
密伞天胡荽 (8) 583 **584**
密生波罗花 (10) 430 **433** 彩片140
密生福禄草
(=密生蚤缀) (4) 425
密生薹草 (12) 429 **434**
密生雪灵芝
(=密生蚤缀) (4) 425
密生蚤缀 (4) 419 **425**
密穗虫实 (4) 328 **331**
密穗黄堇 (3) 722 **736**
密穗雀麦 (12) 804 **814**
密穗野青茅 (12) 901 **908**
密穗砖子苗 (12) **341**
密头菊蒿 (11) 355 **356**
密腺小连翘 (4) 695 **706**
密香醉鱼草 (10) 15 **21**
密序黑三棱
(=短序黑三棱) (13) 3
密序苣苔 (10) **281**
密序苣苔属
(苦苣苔科) (10) 245 **280**
密序山萮菜 (5) 523 **524**
密序溲疏 (6) 248 **251**
密序吴萸 (8) 414 **419**
密序吴茱萸
(=密序吴萸) (8) 419
密序阴地蒿 (11) 378 **414**
密序早熟禾 (12) 712 **758**
密叶苞领藓 (1) **371**
密叶顶胞藓 (1) **892**
密叶耳叶苔 (1) 211 **212** 彩片36
密叶飞蓬 (11) 214 **218**
密叶光萼苔 (1) 203 **208**
密叶堇菜 (5) 142 **169**
密叶锦鸡儿 (7) 267 **283**
密叶绢藓 (1) 854 **857**
密叶瘤足蕨 (2) 94 **94**
密叶美喙藓 (1) 844 **845** 彩片251
密叶泥炭藓 (1) 300 **302**
密叶三瓣苔 (1) 51 **52**
密叶石莲 (6) **332**
密叶苔草
(=套鞘薹草) (12) 499
密叶挺叶苔 (1) 60 **62**
密叶杨 (5) 287 **295**
密叶泽藓 (1) 602 **604** 彩片182
密疣菝葜 (13) 317 **333**
密羽蹄盖蕨 (2) 295 **308**
密枝粗枝藓 (1) 926 **929**
密枝杜鹃 (5) 559 **590**
密枝偏蒴藓 (1) 914 **915**
密枝燕尾藓 (1) 841 **842**
密枝圆柏 (3) 85 **91**
密锥花鱼藤 (7) 118 **122**
密子豆 (7) **167**
密子豆属
(蝶形花科) (7) 63 **167**
蜜蜂花 (9) **527**
蜜蜂花属
(唇形科) (9) 397 **527**
蜜甘草 (8) 34 **40**
蜜囊韭 (13) 142 **160**
蜜味桉 (7) 551 **556**
蜜腺白叶莓 (6) 583 **593**
蜜茱萸 (8) **420**
蜜茱萸属
(芸香科) (8) 398 **420**

mian
绵萆解 (13) 343 **349**
绵萆解
(=福州薯蓣) (13) 349
绵参 (9) **486**
绵参属
(唇形科) (9) 396 **485**
绵刺 (6) **741**
绵刺属
(蔷薇科) (6) 444 **740**
绵果荠 (5) **428**
绵果荠属
(十字花科) (5) 387 **428**
绵果芹属
(伞形科) (8) 579 **627**
绵果悬钩子 (6) 586 **615**
绵柯

(=灰柯) (4) 219
绵毛丛菔 (5) **495**
绵毛杜鹃 (5) 563 **660**
绵毛房杜鹃 (5) 563 **656** 彩片258
绵毛风毛菊
(=大坪风毛菊) (11) 605
绵毛果委陵菜
(=毛果委陵菜) (6) 663
绵毛尖药花 (10) **356**
绵毛金腰 (6) 419 **425**
绵毛柳 (5) 307 311 **345**
绵毛鹿茸草 (10) **226**
绵毛猕猴桃 (4) 659 **669** 彩片298
绵毛婆婆纳 (10) 145 **148**
绵毛藤山柳 (4) 672 **673**
绵毛旱熟禾 (12) 707 **736**
绵三七 (7) 252 **253**
绵穗马先蒿 (10) 182 **214** 彩片64
绵穗苏 (9) **555**
绵穗苏属
(唇形科) (9) 398 **555**
绵头雪莲花
(=绵头雪兔子) (11) 582
绵头雪兔子 (11) 569 **582** 彩片137
绵枣儿 (13) **138** 彩片117
绵枣儿属
(百合科) (13) 72 **137**
棉苞飞蓬 (11) 214 **219**
棉豆 (7) 237 **238**
棉花竹 (12) 631 **635**
棉藜 (4) **339**
棉藜属
(藜科) (4) 306 **338**
棉毛茛 (3) 550 552 **561**
棉毛菊 (11) **279**
棉毛菊属
(菊科) (11) 129 **278**
棉毛尼泊尔天名精 (11) 299 **301**
棉毛女蒿 (11) 359 **360**
棉毛苹婆
(=家麻树) (5) 36
棉毛橐吾 (11) 448 **459**
棉毛鸦葱 (11) 687 **689**
棉毛疣鳞苔 (1) **250**
棉团铁线莲 (3) 506 **527**
棉藓 (1) **865**
棉藓科 (1) **864**
棉藓属
(棉藓科) (1) **864**
棉茵陈
(=茵陈蒿) (11) 425
棉属
(锦葵科) (5) 69 **100**
缅甸方竹 (12) 621 **625**
缅甸凤仙花 (8) 489 **496**
缅甸卷柏 (2) 34 **59**
缅甸天胡荽 (8) 583 **585**
缅甸树萝卜 (5) 714 **715**
缅甸旱熟禾 (12) 706 **730**
缅茄 (7) **58** 彩片47
缅茄属
(云实科) (7) 23 **58**
缅桐 (8) **60**
缅桐属
(大戟科) (8) 11 **60**
面包树 (4) **37**

miao
苗山冬青 (7) 837 **855**
苗山柿 (6) 14 **24**
苗竹仔 (12) 564 **565**
妙峰岩蕨 (2) 451 **455**
庙台槭 (8) 315 **319** 彩片151

min
民勤绢蒿 (11) 434 **440**
岷谷木蓝 (7) 131 **141**
岷江百合 (13) 118 **121** 彩片90
岷江柏木 (3) 78 **79** 彩片106
岷江杜鹃 (5) 568 **643** 彩片245
岷江金丝梅 (4) 693 **698**
岷江景天 (6) 337 **353**
岷江蓝雪花 (4) 541 **542** 彩片235
岷江冷杉 (3) 19 **22** 彩片27
岷江银莲花 (3) 487 **495**
岷山报春 (6) 173 **200**
岷山鹅观草 (12) 846 **860**
岷山嵩草 (12) 362 **369**
岷县龙胆 (9) 17 **32** 彩片16
皿果草 (9) **314**
皿果草属
(紫草科) (9) 281 **313**
闽鄂山茶
(=长瓣短柱茶) (4) 581
闽赣长蒴苣苔 (10) 296 **299**
闽赣葡萄 (8) 218 **221**
闽桂润楠 (3) 275 **284**
闽槐 (7) 83 **87**
闽楠 (3) 267 **271** 彩片240
闽台毛蕨 (2) 374 **385**
闽粤千里光 (11) 531 **545**
闽粤石楠 (6) 515 **522**
闽粤蚊母树 (3) 789 **790**
闽浙马尾杉
(=明洲马尾杉) (2) 20
闽浙圣蕨 (2) 397 **397**
闽浙石杉
(=明洲马尾杉) (2) 20
闽浙石松
(=明洲马尾杉) (2) 20
闽浙铁角蕨 (2) 402 **421**

ming
明齿丝瓜藓 (1) 542 **545**
明党参 (8) **608**
明党参属
(伞形科) (8) 579 **608**
明角长灰藓 (1) **924**
明亮薹草 (12) 428 **433**
明叶藓 (1) **922** 彩片273
明叶藓属
(灰藓科) (1) 900 **922**
明洲马尾杉 (2) 16 **20**

茗 **(4)** **594**

miu
谬氏刺冠马先蒿
(=刺冠马先蒿) **(10)** 217

mo
膜苞垂头菊 **(11)** 472 **484**
膜苞藁本 **(8)** 704 **710**
膜苞石头花 **(4)** 473 **474**
膜苞雪兔子 **(11)** 567 **574**
膜苞鸢尾 **(13)** 281 **299**
膜苞早熟禾 **(12)** 704 **720**
膜边灯心草 **(12)** 224 **244**
膜边肋毛蕨 **(2)** 605 **606**
膜边獐牙菜 **(9)** 75 **78** 彩片40
膜萼花 **(4)** **465**
膜萼花属
(石竹科) **(4)** 393 **465**
膜萼茄 **(9)** 220 **231**
膜萼藤 **(9)** **391**
膜萼藤属
(马鞭草科) **(9)** 346 **391**
膜耳灯心草 **(12)** 223 **239**
膜稃草 **(12)** 1057 **1058**
膜稃草属
(禾本科) **(12)** 553 **1057**
膜果麻黄 **(3)** 112 **113**
膜果泽泻 **(12)** 10 **11**
膜荚见血飞 **(7)** 31 **36**
膜蕨科 **(2)** 3 **111**
膜蕨囊瓣芹 **(8)** 657 **660**
膜蕨属
(膜蕨科) **(2)** 112 **119**
膜连铁角蕨 **(2)** 404 **433**
膜美黄蓍
(=黄蓍) **(7)** 305
膜盘西风芹 **(8)** 686 **690**
膜片风毛菊 **(11)** 573 **604**
膜叶白桐树 **(8)** 81 **82**
膜叶刺蕊草 **(9)** 558 **559**
膜叶猴欢喜 **(5)** **9**
膜叶灰气藓 **(1)** **685**
膜叶假钻毛蕨 **(2)** 644 **645**
膜叶脚骨脆 **(5)** 126 **128**
膜叶卷柏 **(2)** 33 **51**
膜叶冷蕨 **(2)** 275 **277**
膜叶驴蹄草 **(3)** 390 **391**
膜叶土蜜树 **(8)** 21 **22**
膜叶星蕨 **(2)** 751 **752**
膜叶岩须 **(5)** 678 **679**
膜缘川木香 **(11)** **637**
膜缘婆罗门参 **(11)** 695 **696**
膜钻毛蕨
(=膜叶假钻毛蕨)**(2)** 645
磨擦草 **(12)** **1168**
磨擦草属
(禾本科) **(12)** 552 **1168**
磨盘草 **(5)** 81 **83**
磨芋 **(12)** 135 **137** 彩片50
磨芋属
(天南星科) **(12)** 105 **135**
茉莉果 **(6)** **45**
茉莉果属
(安息香科) **(6)** 26 **45**
茉莉花 **(10)** 58 **62** 彩片24
陌上菜 **(10)** 106 **108**
陌上菅 **(12)** 512 **515**
漠北黄蓍 **(7)** 295 **344**
墨江百合 **(13)** 119 **124** 彩片96
墨江耳叶马蓝 **(10)** **364**
墨兰 **(13)** 575 **581** 彩片404
墨鳞 **(8)** **72**
墨鳞属
(大戟科) **(8)** 12 **72**
墨苜蓿 **(10)** **655**
墨苜蓿属
(茜草科) **(10)** 508 **655**
墨脱大苞鞘花 **(7)** **741**
墨脱耳蕨
(=柔软耳蕨) **(2)** 542
墨脱柳 **(5)** 303 305 **323**
墨脱秋海棠 **(5)** 258 **275**
墨脱虾脊兰 **(13)** 598 **608**
墨西哥柏木 **(3)** 78 **79**
墨西哥落羽杉 **(3)** **72** 彩片99
墨西哥落羽松
(=墨西哥落羽杉)**(3)** 72

mu
母草 **(10)** 105 **107**
母草叶龙胆 **(9)** 19 **44**
母草属
(玄参科) **(10)** 70 71 **105**
母菊 **(11)** **348**
母菊属
(菊科) **(11)** 125 126 **348**
牡丹 **(4)** 555 **556** 彩片238
牡丹草 **(3)** 650 **651**
牡丹草属
(小檗科) **(3)** 582 **650**
牡蒿 **(11)** 381 **429**
牡荆 **(9)** 374 **376**
牡荆属
(马鞭草科) **(9)** 347 **374**
牡丽草属
(茜草科) **(10)** 507 **543**
牡竹 **(12)** **588**
牡竹属
(禾本科) **(12)** 551 **588**
木八角
(=八角枫) **(7)** 684
木半夏 **(7)** 468 **478**
木瓣瓜馥木 **(3)** 187 **192**
木瓣树 **(3)** **175**
木瓣树属
(番荔枝科) **(3)** 158 **175**
木本补血草 **(4)** **551**
木本猪毛菜 **(4)** 359 **360**
木鳖
(=木鳖子) **(5)** 224
木鳖子 **(5)** **224** 彩片110
木波萝

(=菠萝蜜) (4) 37
木地肤 (4) 339 **340**
木豆 (7) **238**
木豆属
(蝶形花科) (7) 63 **238**
木耳菜
(=落葵) (4) 387
木耳菜 (11) 551 **552**
木防己 (3) **680** 彩片399
木防己属
(防己科) (3) 669 670 **680**
木芙蓉 (5) 91 **95** 彩片54
木根香青 (11) 264 **275**
木瓜 (6) **555** 彩片133
木瓜海棠
(=毛叶木瓜) (6) 556
木瓜红 (6) **46**
木瓜红属
(安息香科) (6) 26 **46**
木瓜榄 (10) **584**
木瓜榄属
(茜草科) (10) 509 **583**
木瓜属
(蔷薇科) (6) 443 **555**
木果海桐 (6) 234 **236**
木果柯 (4) 198 **202**
木果楝 (8) **397** 彩片201
木果楝属
(楝科) (8) 376 **397**
木荷 (4) 609 **612** 彩片281
木荷属
(山茶科) (4) 573 **609**
木蝴蝶 (10) **421**
木蝴蝶属
(紫葳科) (10) 418 **421**
木黄蓍 (7) 294 **340**
木荚红豆 (7) 69 **74**
木姜冬青 (7) 835 **843**
木姜润楠 (3) 274 **279**
木姜叶柯 (4) 201 **220**
木姜子 (3) 216 **220**
木姜子属
(樟科) (3) 206 **215**
木槿 (5) 91 **95** 彩片55
木槿属
(锦葵科) (5) 69 **91**
木茎蛇根草 (10) 532 **536**
木茎香草 (6) 116 **132**
木桔 (8) **448**
木桔属
(芸香科) (8) 399 **448**
木壳石栎
(=木果柯) (4) 202
木蜡树 (8) 356 **359**
木兰
(=玉兰) (3) 138
木兰杜鹃 (5) 557 **574** 彩片189
木兰寄生 (7) 750 **752**
木兰科 (3) **123**
木兰属
(木兰科) (3) 123 **130**
木蓝 (7) 129 **141** 彩片74
木蓝属
(蝶形花科) (7)61 **62** 65 **128**
木榄 (7) **679** 彩片254
木榄属
(红树科) (7) 676 **679**
木梨 (6) 558 **560**
木藜芦属
(杜鹃花科) (5) 553 **683**
木李
(=木瓜) (6) 555
木里白前
(=大理白前) (9) 159
木里报春 (6) 173 **204**
木里垂头菊 (11) 471 **477**
木里滇芎 (8) 603 **604**
木里多色杜鹃 (5) 560 **592**
木里黄蓍 (7) 289 **304**
木里茴芹 (8) 664 **666**
木里韭 (13) 140 **146**
木里鳞毛蕨 (2) 488 **501**
木里柳 (5) 305 310 **338**
木里木蓝 (7) 130 **139**
木里秋海棠 (5) 257 **271**
木里橐草 (12) 512 **514**
木里槖吾 (11) 449 **465**
木里香青 (11) 264 **272**
木里小檗 (3) 584 **591**
木莲 (3) 124 **129**
木莲属
(木兰科) (3) 123 **124**
木蓼 (4) 517 **518**
木蓼属
(蓼科) (4) 481 **517**
木灵藓 (1) 621 **628** 彩片188
木灵藓科 (1) **617**
木灵藓属
(木灵藓科) (1) 617 **620**
木龙葵 (9) 222 **224**
木龙葵
(=光枝木龙葵) (9) 223
木栾
(=栾树) (8) **286**
木麻黄 (4) 286 **287**
木麻黄科 (4) **286**
木麻黄属
(木麻黄科) (4) 286
木毛藓 (1) **609**
木毛藓科 (1) **609**
木毛藓属
(木毛藓科) (1) **609**
木莓 (6) 590 **636**
木棉 (5) 65 **66** 彩片40
木棉科 (5) **64**
木棉属
(木棉科) (5) 64 **65**
木奶果 (8) **45** 彩片16
木奶果属
(大戟科) (8) 11 **45**
木坪金粉蕨 (2) 211 **213**
木麒麟 (4) **300**
木麒麟属

(仙人掌科) (4) **300**
木薯 (8) **106**
木薯胶 (8) **106**
木薯属
(大戟科) (8) 14 **105**
木桃
(=毛叶木瓜) (6) 556
木天蓼 (4) **662**
木田青
(=大花田菁) (7) 128
木通 (3) **657**
木通科 (3) **655**
木通马兜铃 (3) 348 **350** 彩片272
木通属
(木通科) (3) 655 **657**
木茼蒿 (11) **339**
木茼蒿属
(菊科) (11) 125 **339**
木犀 (10) 40 **43** 彩片15
木犀草 (5) **542**
木犀草科 (5) **542**
木犀草属
(木犀草科) (5) **542**
木犀科 (10) **23**
木犀榄 (10) 46 **47**
木犀榄属
(木犀科) (10) 23 **46**
木犀属
(木犀科) (10) 23 **40**
木藓科 (1) **715**
木藓属
(木藓科) (1) **715**
木香花 (6) 712 **738**
木香木姜子
(=钝叶木姜子) (3) 221
木香薷 (9) 545 **547** 彩片185
木岩黄蓍 (7) 392 **395**
木衣藓属
(木灵藓科) (1) 617 **631**
木油桐 (8) 97 **98** 彩片48
木鱼坪淫羊藿 (3) 642 **647**
木贼 (2) 65 **69**
木贼科 (2) 1 **64**
木贼麻黄 (3) 113 **115**
木贼属
(木贼科) (2) **65**
木贼状荸荠 (12) 278 **279**
木帚栒子 (6) 482 **490**
木竹 (12) 574 **578**
木竹子 (4) 685 **686** 彩片309
木紫珠 (9) 353 **355**
牧场黄蓍 (7) 288 **297**
牧地山黧豆 (7) 420 **424**
牧豆树 (7) **3**
牧豆树属
(含羞草科) (7) **1**
牧根草 (10) **490** 彩片176
牧根草属
(桔梗科) (10) 447 **490**
牧野细指苔 (1) 35 **36**
苜蓿属
(蝶形花科) (7) 62 67 **433**
墓头回 (11) 92 **94**
穆坪耳蕨 (2) 535 **557**
穆坪马先蒿 (10) 182 **194**
穆坪兔儿风 (11) 665 **678**
穆穗莎草 (12) 321 **325**

N

na
那菲早熟禾 (12) 706 **733**
那坡蛇根草 (10) 532 **536**
那藤 (3) 664 **667**
纳槁润楠 (3) **275**
纳雍耳蕨 (2) 538 **576**

nai
奶果猕猴桃 (4) 658 **667**
奶桑 (4) 29 **30**
奶子藤 (9) **95**
奶子藤属
(夹竹桃科) (9) 90 **95**
耐寒委陵菜 (6) 658 **686**
耐寒栒子 (6) 482 **485**
耐酸草 (12) 803 **806**

nan
南艾蒿 (11) 376 **400**
南赤爮 (5) 209 **215** 彩片103
南川百合 (13) 119 **128**
南川斑鸠菊 (11) 136 **139** 彩片38
南川冠唇花 (9) 502 **504**
南川过路黄 (6) 117 **136**
南川花佩菊
(=假花佩菊) (11) 729
南川冷水花 (4) 92 **104**
南川柳 (5) 302 308 **316**
南川毛蕨 (2) 374 **385**
南川牛奶子 (7) 468 **477**
南川前胡 (8) 743 **749**
南川秋海棠 (5) 259 **280**
南川升麻 (3) 399 **401**
南川石杉 (2) 8 **10**
南川鼠草 (11) 280 **284**
南川鼠尾草 (9) 507 **518**
南川卫矛 (7) 776 **782**
南川小檗 (3) 585 **602**
南川绣线菊 (6) 446 **455**
南川紫菊 (11) 741 **742**
南丹参 (9) 507 **516**
南荻 (12) 1090 **1091**
南方糙苏 (9) 467 **473**
南方大叶柴胡 (8) 632 **639**
南方带唇兰 (13) 587 **588** 彩片412
南方桂樱 (6) 786 **790**
南方红豆杉 (3) 106 **108** 彩片136
南方荚 (11) 8 **33**
南方碱蓬 (4) **343**
南方狸藻 (10) 439 **443**
南方六道木 (11) 41 **45**
南方露珠草 (7) 587 **588**

南方美姿藓 **(1)** **610**
南方泡桐 **(10)** 77 **80**
南方山荷叶 **(3)** **641**
南方铁角蕨 **(2)** 404 434
南方铁杉 (=铁杉) **(3)** 33
南方兔儿伞 **(11)** 503 **504**
南方菟丝子 **(9)** 271 **272**
南方虾脊兰 **(13)** 596 **599**
南方香简草 **(9)** 556 **557**
南方小锦藓 **(1)** 886 **887**
南方雪层杜鹃 **(5)** 561 **594**
南方玉凤花 **(13)** 501 **512**
南方紫金牛 **(6)** 85 **88**
南瓜 **(5)** **247** 彩片128
南瓜属 (葫芦科) **(5)** 199 **247**
南国山矾 **(6)** 54 **74**
南国田字草 **(2)** 783 **784**
南海楼梯草 **(4)** 120 **131**
南海铁角蕨 **(2)** 401 **412**
南红藤 **(10)** 118 **120**
南胡枝子 **(7)** 182 **187**
南湖柳叶菜 **(7)** 596 **602** 彩片223
南湖碎雪草 (=高山小米草) **(10)** 176
南华南蛇藤 (=青江藤) **(7)** 813
南黄堇 **(3)** 722 **732**
南黄紫堇 (=南黄堇) **(3)** 732
南蓟 **(11)** 621 **631** 彩片154
南芥属 (十字花科) **(5)** 387 388 389 **470**
南京椴 **(5)** 14 **21** 彩片10
南京凤尾藓 **(1)** 403 **417**
南口锦鸡儿 **(7)** 265 **274**
南苦苣菜 **(11)** 701 **703**
南昆杜鹃 **(5)** 571 **674**
南岭杜鹃 **(5)** 558 **576**
南岭黄檀 **(7)** 91 **97**
南岭箭竹 **(12)** 631 **634**
南岭栲 (=毛锥) **(4)** 187
南岭槭 **(8)** 318 **334**
南岭前胡 **(8)** 742 **744**
南岭山矾 **(6)** 54 **76**
南岭小檗 **(3)** 586 **605**
南岭野靛棵 **(10)** 410 411 **413**
南岭柞木 **(5)** **117**
南毛蒿 **(11)** 379 **417**
南美山蚂蝗 **(7)** 152 **155**
南牡蒿 **(11)** 381 **429**
南木藓 **(1)** 943 **944**
南木藓属 (塔藓科) **(1)** 935 **943**
南苜蓿 **(7)** 433 **437**
南欧大戟 **(8)** 119 **134**
南盘江苏铁 **(3)** 3 **8** 彩片13
南平过路黄 **(6)** 118 **144**
南平倭竹 **(12)** 617 **618**
南雀稗 **(12)** 1053 **1054**
南桑寄生 **(7)** 743 **744**
南沙薯藤 **(9)** 259 **264**
南莎草 **(12)** 322 **334**
南山茶 **(4)** 575 **586** 彩片268
南山茶 (=滇山茶) **(4)** 587
南山花 **(10)** 650 **651**
南山花属 (茜草科) **(10)** 508 **650**
南山堇菜 **(5)** 141 **159**
南山藤 **(9)** **186**
南山藤属 (萝科) **(9)** 136 **186**
南蛇 (=喙荚云实) **(7)** 32
南蛇棒 **(12)** 136 **140** 彩片53
南蛇藤 **(7)** 806 **809** 彩片303
南蛇藤属 (卫矛科) **(7)** 775 **805**
南水葱 (=水葱) **(12)** 265
南酸枣 **(8)** **350**
南酸枣属 (漆树科) **(8)** 345 **350**
南天麻 **(13)** 529 **530**
南天竹 **(3)** **583** 彩片449
南天竹属 (小檗科) **(3)** **582**
南投谷精草 **(12)** 205 **206**
南投柯 **(4)** 199 **209** 彩片98
南投连蕊茶 **(4)** 577 **598**
南投石栎 (=南投柯) **(4)** 209
南五味子 **(3)** 367 **368** 彩片281
南五味子属 (五味子科) **(3)** **367**
南溪苔 **(1)** **258** 彩片48
南溪苔科 **(1)** **257**
南溪苔属 (南溪苔科) **(1)** **257**
南亚柏拉木 **(7)** 630 **631**
南亚被蒴苔 **(1)** **86**
南亚扁萼苔 **(1)** 186 **190**
南亚变齿藓 **(1)** **618**
南亚粗柄藓 **(1)** **669** 彩片199
南亚耳蕨 **(2)** 535 **555**
南亚合睫藓 **(1)** **370**
南亚灰藓 **(1)** 906 **911**
南亚火藓 **(1)** **636**
南亚稷 **(12)** 1027 **1028**
南亚剪叶苔 **(1)** 4 **6**
南亚卷毛藓 **(1)** **367**
南亚孔雀藓 **(1)** 744 **745** 彩片233
南亚立灯藓 **(1)** **576**
南亚美蕨藓 **(1)** **670**
南亚明叶藓 (=明叶藓) **(1)** 922
南亚木藓 **(1)** 715 **716**
南亚拟复叉苔 **(1)** **14**
南亚拟蕨藓 **(1)** **675** 彩片200

南亚拟貓尾藓
(=新悬藓) (1) 695
南亚泡花树 (8) 299 **308**
南亚松 (3) 53 **62**
南亚瓦叶苔 (1) **231** 彩片45
南亚威氏藓 (1) **336**
南亚细指苔 (1) **35**
南亚小壶藓 (1) 529 **530** 彩片149
南亚小金发藓 (1) 958 **964** 彩片290
南亚小曲尾藓 (1) 338 **340** 彩片87
南亚异萼苔 (1) 118 **120** 彩片25
南亚羽藓
(=拟灰羽藓) (1) 797
南亚圆网藓 (1) **733**
南燕麦 (12) **892**
南阳小檗 (3) 588 **618**
南洋厚壁蕨 (2) 118 **118**
南洋假脉蕨 (2) 125 **125**
南洋杉 (3) 12 **13**
南洋杉科 (3) **12**
南洋杉属
(南洋杉科) (3) **12**
南洋石韦 (2) 711 **713**
南洋桫椤 (2) 143 **145**
南洋楹 (7) 16 **20**
南一笼鸡 (10) **360**
南一笼鸡属
(爵床科) (10) 332 **360**
南玉带 (13) 231 **237**
南岳凤丫蕨 (2) 254 **259**
南粤野茉莉
(=喙果安息香) (6) 37
南漳斑鸠菊 (11) 137 **143**
南重楼 (13) 219 **221**
南竹叶环根芹 (8) **629**
南烛 (5) 698 **703** 彩片288
南烛
(=珍珠花) (5) 686
南紫薇 (7) 508 **510** 彩片181
楠草 (10) **343**
楠草属
(爵床科) (10) 331 **343**
楠木 (3) 267 **272**
楠木 (3) 275 **282**
楠藤 (10) 572 **573**
楠竹
(=毛竹) (12) 602
楠属
(樟科) (3) 207 **266**

nang
囊瓣木 (3) 166 **167**
囊瓣芹 (8) 656 **658**
囊瓣芹属
(伞形科) (8) 580 **656**
囊苞裂叶苔 (1) 53 **54**
囊唇山兰 (13) 561 **563**
囊萼花 (10) **120**
囊萼花属
(玄参科) (10) 70 **120**
囊稃竹 (12) **665**
囊稃竹属
(禾本科) (12) 557 **665**
囊果草 (3) **652**
囊果草属
(小檗科) (3) 582 **651**
囊果碱蓬 (4) 343 **344**
囊花香茶菜 (9) 568 **584**
囊花鸢尾 (13) 279 **291** 彩片210
囊距翠雀花 (3) 428 **431**
囊距紫堇 (3) 725 **754** 彩片426
囊谦蝇子草 (4) 440 **450**
囊毛鱼黄草 (9) 253 **255**
囊绒苔 (1) **22**
囊绒苔属
(多囊苔科) (1) 21 **22**
囊蒴苔 (1) **164**
囊蒴苔属
(顶苞苔科) (1) 163 **164**
囊颖草 (12) **1036**
囊颖草属
(禾本科) (12) 553 **1035**
囊种草 (4) **431** 彩片190
囊种草属
(石竹科) (4) 392 **431**
囊状嵩草 (12) 361 **364**

nao
闹羊花
(=羊踯躅) (5) 668
闹鱼崖豆 (7) 103 **104**

nei
内卷凤尾藓 (1) 404 **420**
内蒙古扁穗草 (12) 272 **273**
内蒙古旱蒿 (11) 373 **385**
内蒙古棘豆 (7) 352 **356**
内蒙野丁香 (10) 637 **640**
内邱铁角蕨 (2) 403 **429**
内弯繁缕 (4) 407 **411**
内折香茶菜 (9) 567 **572**

neng
能高蟹甲草 (11) 488 **494**

ni
尼泊尔大丁草 (11) 684 **685**
尼泊尔耳蕨 (2) 534 **545**
尼泊尔耳叶苔 (1) 212 **219** 彩片43
尼泊尔谷精草 (12) 206 **211**
尼泊尔合叶苔 (1) 102 **107** 彩片22
尼泊尔花楸 (6) 532 **539**
尼泊尔黄花木 (7) **455** 彩片157
尼泊尔黄堇 (3) 725 **752**
尼泊尔菊三七 (11) 551 **553**
尼泊尔老鹳草 (8) 468 **472**
尼泊尔蓼 (4) 483 **496**
尼泊尔绿绒蒿 (3) 696 **698**
尼泊尔麻锦藓 (1) **896**
尼泊尔芒
(=尼泊尔双药芒) (12) 1088
尼泊尔桤木 (4) 272 **273** 彩片121
尼泊尔十大功劳 (3) 626 **633**

尼泊尔鼠李 (8) 145 **149**
尼泊尔双蝴蝶 (9) 53 **55**
尼泊尔双药芒 (12) **1088**
尼泊尔水东哥 (4) **674**
尼泊尔四带芹 (8) **759**
尼泊尔嵩草 (12) 364 **378**
尼泊尔酸模 (4) 522 **527** 彩片225
尼泊尔天名精 (11) 299 **301**
尼泊尔香青 (11) 265 **277**
尼泊尔蝇子草 (4) 440 **451**
尼泊尔筱竹 (12) 628 **629**
尼泊尔鱼鳔槐 (7) 260 **261**
尼泊尔羽苔 (1) 131 **152**
尼泊尔鸢尾 (13) 278 **293** 彩片214
尼泊尔旱熟禾 (12) 705 **729**
坭竹 (12) 573 **576**
坭竹 (12) 573 **577**
坭竹 (12) 640 **642**
泥菖蒲
(=菖蒲) (12) 106
泥胡菜 (11) **635** 彩片157
泥胡菜属
(菊科) (11) 131 **635**
泥花草 (10) 106 **112**
泥柯 (4) 200 **214**
泥茜
(=穗状狐尾藻) (7) 494
泥炭藓 (1) 300 **308** 彩片78
泥炭藓科 (1) **300**
泥炭藓属
(泥炭藓科) (1) **300**
倪藤
(=买麻藤) (3) 119
倪藤属
(=买麻藤属) (3) 119
拟艾纳香 (11) **241**
拟艾纳香属
(菊科) (11) 128 **241**
拟昂氏藓 (1) **337**
拟昂氏藓属
(曲尾藓科) (1) 333 **337**
拟白齿藓 (1) **656**
拟白齿藓属
(白齿藓科) (1) 651 **656**
拟白发藓 (1) **359** 彩片92
拟白发藓属
(曲尾藓科) (1) 332 **359**
拟鼻花马先蒿大唇亚种
(=大唇拟鼻花马先蒿) (10) 212
拟扁果草 (3) **451**
拟扁果草属
(毛茛科) (3) 388 **451**
拟扁枝藓 (1) **704** 彩片212
拟扁枝藓属
(平藓科) (1) 702 **704**
拟波氏羽苔 (1) 129 **135**
拟糙叶黄蓍 (7) 293 **336**
拟草藓 (1) **774** 彩片236
拟草藓属
(薄罗藓科) (1) 765 **774**
拟檫木 (3) **249**
拟檫木属
(樟科) (3) 206 **249**
拟长蒴丝瓜藓 (1) 542 **546** 彩片156
拟赤藓属
(金发藓科) (1) 951 **969**
拟穿孔薹草 (12) 415 **416**
拟船叶藓属
(船叶藓科) (1) 720 **721**
拟垂枝藓 (1) **939**
拟垂枝藓属
(塔藓科) (1) 935 **938**
拟刺疣藓属
(锦藓科) (1) 873 **885**
拟粗肋凤尾藓 (1) 403 **417**
拟脆枝曲柄藓 (1) 346 **347**
拟大豆属
(蝶形花科) (7) 64 **224**
拟大萼苔科 (1) **175**
拟大萼苔属
(拟大萼苔科) (1) **176**
拟大花忍冬
(=灰毡毛忍冬) (11) 85
拟大叶卷柏 (2) 33 **51**
拟大羽铁角蕨 (2) 402 **421**
拟大紫叶苔
(=拟紫叶苔) (1) 202
拟单性木兰属
(木兰科) (3) 123 **141**
拟地皮消 (10) **345**
拟地皮消属
(爵床科) (10) 331 **345**
拟地钱 (1) 288 **290**
拟东亚孔雀藓 (1) 744 **745** 彩片232
拟兜叶花叶藓 (1) 424 **427**
拟豆蔻属
(姜科) (13) 21 **53**
拟豆叶霸王
(=拟豆叶驼蹄瓣) (8) 458
拟豆叶驼蹄瓣 (8) 454 **458**
拟短月藓 (1) **517**
拟短月藓属
(拟短月藓科) (1) **517**
拟多脉柃
(=凹脉柃) (4) 642
拟多叶棘豆 (7) 352 **360**
拟多枝藓 (1) 780 **781**
拟二叶飘拂草 (12) 292 **299**
拟凤尾蕨
(=双唇鳞始蕨) (2) 170
拟附干藓 (1) **763** 彩片235
拟附干藓属
(碎米藓科) (1) 754 **763**
拟复叉苔科 (1) **13**
拟复叉苔属
(拟复叉苔科) (1) 13 **14**
拟复盆子 (6) 583 **592**
拟高粱 (12) 1121 **1123**
拟贯众
(=小羽贯众) (2) 587
拟贯众属
(鳞毛蕨科) (2) 472 **586**
拟合睫藓属

(丛藓科)	(1)	437	**472**
拟狐尾黄蓍	(7)	292	**328**
拟花蔺	(12)		**2**
拟花蔺属			
(黄花蔺科)	(12)		**2**
拟黄树			
(=岩黄树)	(10)		513
拟灰羽藓	(1)	795	**797** 彩片245
拟尖叶泥炭藓	(1)	300	**301**
拟角状耳蕨	(2)	539	**583**
拟金发藓	(1)		**965**
拟金发藓属			
(金发藓科)	(1)	951	**964**
拟金灰藓	(1)		**878**
拟金灰藓属			
(锦藓科)	(1)	873	**878**
拟金毛裸蕨	(2)	250	**251** 彩片81
拟金毛裸蕨属			
(裸子蕨科)	(2)	248	**250**
拟金毛藓	(1)		**680**
拟金毛藓属			
(蕨藓科)	(1)	668	**680**
拟金茅	(12)		**1115**
拟金茅属			
(禾本科)	(12)	555	**1115**
拟金枝藓属			
(锦藓科)	(1)	873	**883**
拟绢藓属			
(硬叶藓科)	(1)		**862**
拟蕨藓属			
(蕨藓科)	(1)	668	**675**
拟宽穗扁莎	(12)	337	**340**
拟兰	(13)		**375**
拟兰属			
(兰科)	(13)	365	**375**
拟肋毛蕨			
(=黑鳞轴脉蕨)	(2)		611
拟两歧飘拂草	(12)	292	**301**
拟鳞毛蕨	(2)	293	**295**
拟鳞瓦韦	(2)	681	**686**
拟柳叶藓	(1)		**775**
拟柳叶藓属			
(薄罗藓科)	(1)	765	**775**
拟耧斗菜	(3)		**453** 彩片335
拟耧斗菜属			
(毛茛科)	(3)	389	**453**
拟卵叶叶苔	(1)	70	**78**
拟卵叶银莲花	(3)	487	**493**
拟罗伞树			
(=圆果紫金牛)	(6)		88
拟麦氏草	(12)		**679**
拟蔓地草			
(=庐山堇菜)	(5)		145
拟毛灯藓	(1)	585	**587**
拟毛尖麻羽藓			
(=多疣麻羽藓)	(1)		789
拟毛毡草	(11)	231	**236**
拟美国薄荷	(9)	524	**525** 彩片180
拟密花树	(6)		**111**
拟棉毛疣鳞苔	(1)	250	**251**
拟木灵藓	(1)	621	**629**
拟木毛藓	(1)		**665**
拟木毛藓属			
(扭叶藓科)	(1)	662	**665**
拟木香	(6)	709	**724**
拟南芥	(5)		**476**
拟南芥属			
(十字花科)	(5)	388 389	**475**
拟牛毛藓属			
(牛毛藓科)	(1)	316	**323**
拟扭柄藓	(1)		**344**
拟扭柄藓属			
(曲尾藓科)	(1)	332	**344**
拟扭叶藓属			
(扭叶藓科)	(1)	663	**666**
拟平藓属			
(平藓科)	(1)	702	**712**
拟漆姑	(4)		**395**
拟漆姑属			
(石竹科)	(4)	392	**395**
拟缺香茶菜	(9)	568	**583**
拟榕叶冬青	(7)	837	**856**
拟三列真藓	(1)	558	**567**
拟扇叶提灯藓			
(=拟毛灯藓)	(1)		587
拟石灰藓	(1)	459	**462**
拟双沟卷柏	(2)	33	**51**
拟水景兰			
(=大果假水晶兰)	(5)		733
拟水龙骨属			
(水龙骨科)	(2)	664	**673**
拟蒴囊苔属			
(地萼苔科)	(1)		**115**
拟丝瓜藓	(1)		**549**
拟丝瓜藓属			
(真藓科)	(1)	539	**549**
拟外网藓	(1)		**395**
拟外网藓属			
(白发藓科)	(1)	394	**395**
拟万代兰	(13)	722	**723** 彩片533
拟万代兰属			
(兰科)	(13)	370	**722**
拟网藓	(1)	428	**430**
拟细湿藓	(1)		**811**
拟细湿藓属			
(柳叶藓科)	(1)	803	**810**
拟狭叶凤尾藓	(1)	402	**409**
拟狭叶泥炭藓	(1)	301	**302**
拟蚬壳花椒	(8)	400	**402**
拟小凤尾藓	(1)	402	**405** 彩片106
拟小锦藓	(1)		**884**
拟小锦藓属			
(锦藓科)	(1)	873	**884**
拟小石松属			
(石松科)	(2)	23	**27**
拟秀丽绿绒蒿	(3)	697	**703**
拟亚菊	(11)	342	**347**
拟烟杆大帽藓	(1)		**433**
拟羊耳菊	(11)	289	**294**
拟硬叶藓属			
(灰藓科)	(1)	899	**912**
拟硬叶银穗草	(12)	758	**759**
拟油藓属			

(油藓科) (1) 727 **736**
拟疣胞藓 (1) 874 **875** 彩片259
拟疣胞藓属
(锦藓科) (1) 872 **874**
拟圆柱萼叶苔 (1) 69 **84**
拟芸香属
(芸香科) (8) 398 **421**
拟早熟禾 (12) 706 **732**
拟泽泻蕨 (2) **248**
拟泽泻蕨属
(裸子蕨科) (2) 248 **248**
拟毡毛石韦 (2) 712 **723**
拟真藓 (1) **584**
拟真藓属
(提灯藓科) (1) 571 **584**
拟蜘蛛兰 (13) **768**
拟蜘蛛兰属
(兰科) (13) 369 **768**
拟直毛藓属
(曲尾藓科) (1) 333 **372**
拟锥花黄堇 (3) 724 **747**
拟紫堇马先蒿 (10) 183 **218**
拟紫叶苔 (1) **202**
拟紫叶苔属
(紫叶苔科) (1) 201 **202**
匿鳞薹草 (12) 466 **468**
匿芒荩草 (12) **1150**

nian
年佳薹草 (12) 424 **426**
鲇鱼须
(=黑果菝葜) (13) 324
念珠根茎黄芩 (9) 418 **430**
念珠芥 (5) **531**
念珠芥属
(十字花科) (5) 389 **531**
念珠冷水花 (4) 92 **105**
念珠丝瓜藓 (1) 542 **547**
念珠薏苡 (12) 1170 **1171**

niao
鸟巢兰属
(兰科) (13) 368 **402**
鸟饭瑞香 (7) 526 **528**
鸟脚木
(=十棱山矾) (6) 62
鸟泡子 (6) 587 **621**
鸟舌兰 (13) **767** 彩片580
鸟舌兰属
(兰科) (13) 369 **767**
鸟蛇菰 (7) 767 **771**
鸟头荠 (5) **430**
鸟头荠属
(鸟头荠科) (5) 387 **430**
鸟足兰 (13) **518** 彩片355
鸟足兰属
(兰科) (13) 366 **518**
鸟足龙胆 (9) 20 **49**
鸟足毛茛 (3) 551 552 **558**
鸟足乌蔹莓 (8) 202 **203**
茑萝 (9) 259 **260** 彩片111
茑萝松
(=茑萝) (9) 260

ning
宁波木犀 (10) 40 **42**
宁波溲疏 (6) 248 **253**
宁夏枸杞 (9) 205 **206** 彩片89
宁夏蝇子草 (4) 440 **444**
宁远小檗 (3) 586 **606**
柠檬 (8) 444 **446** 彩片231
柠檬桉 (7) 550 **551**
柠檬草 (12) 1142 **1144**
柠条锦鸡儿 (7) 266 **277**
凝毡毛石韦
(=拟毡毛石韦) (2) 723

niu
牛白藤 (10) 516 **522**
牛蒡 (11) **613** 彩片144
牛蒡叶橐吾 (11) 448 **457** 彩片90
牛蒡属
(菊科) (11) 131 **613**
牛鼻栓 (3) **786**
牛鼻栓属
(金缕梅科) (3) 773 **786**
牛鞭草 (12) **1160**
牛鞭草属
(禾本科) (12) 554 **1160**
牛扁 (3) 405 **411** 彩片313
牛齿兰 (13) **658**
牛齿兰属
(兰科) (13) 373 **658**
牛大力藤
(=美丽崖豆藤) (7) 107
牛叠肚 (6) 587 **618**
牛轭草 (12) 191 **195**
牛儿苗 (8) 466 **467** 彩片241
牛儿苗科 (8) **465**
牛儿苗属
(牛儿苗科) (8) **466**
牛耳草
(=旋蒴苣苔) (10) 307
牛耳朵 (10) 286 **288** 彩片84
牛耳枫 (3) 792 **793**
牛耳枫叶海桐 (6) 235 **243**
牛角瓜 (9) **146** 彩片78
牛角瓜属
(萝藦科) (9) 134 **146**
牛角兰属
(兰科) (13) 372 **654**
牛角藓 (1) **804**
牛角藓属
(柳叶藓科) (1) 802 **804**
牛角竹 (12) 574 **579**
牛金子
(=赤楠) (7) 566
牛筋草 (12) 987 **988**
牛筋果 (8) 367 **372**
牛筋果属
(苦木科) (8) 367 **372**
牛筋树

(=山胡椒) **(3)** 233
牛筋藤 **(4)** **34** 彩片23
牛筋藤属
(桑科) **(4)** 28 **34**
牛筋条 **(6)** **481** 彩片119
牛筋条属
(蔷薇科) **(6)** 442 **481**
牛口蓟 **(11)** 621 **632**
牛泷草
(=露珠草) **(7)** 587
牛毛藓 **(1)** **320**
牛毛藓科 **(1)** **316**
牛毛藓属
(牛毛藓科) **(1)** 316 **320**
牛毛毡 **(12)** 279 **282**
牛姆瓜 **(3)** 661 **663**
牛目椒
(=华马钱) **(9)** 4
牛奶菜 **(9)** 181 **184**
牛奶菜属
(萝藦科) **(9)** 135 **181**
牛奶子 **(7)** 468 **477** 彩片166
牛皮茶
(=牛皮杜鹃) **(5)** 638
牛皮杜鹃 **(5)** 568 **638** 彩片241
牛皮消 **(9)** 150 **157**
牛漆姑草
(=拟漆草) **(4)** 395
牛茄子 **(9)** 221 **230** 彩片100
牛茄子
(=黄果茄) **(9)** 232
牛舌草 **(9)** **300**
牛舌草属
(紫草科) **(9)** 281 **300**
牛舌藓 **(1)** **777** 彩片237
牛舌藓科 **(1)** **777**
牛舌藓属
(牛舌藓科) **(1)** **777**
牛虱草 **(12)** 962 **970**
牛矢果 **(10)** 40 **41**
牛栓藤 **(6)** **231**
牛栓藤科 **(6)** **227**
牛栓藤属
(牛栓藤科) **(6)** 227 **230**
牛藤果 **(3)** **659**
牛藤果属
(木通科) **(3)** 655 **659**
牛蹄豆 **(7)** **15**
牛蹄豆属
(含羞草科) **(7)** 2 **15**
牛尾菜 **(13)** 314 **318**
牛尾草 **(9)** 567 **569**
牛尾蒿 **(11)** 382 **431**
牛尾藓 **(1)** **876**
牛尾藓属
(锦藓科) **(1)** 872 **876**
牛吴萸 **(8)** 414 **415** 彩片206
牛吴茱萸
(=牛茱萸) **(8)** 415
牛膝 **(4)** 378 **379**
牛膝菊 **(11)** **331**
牛膝菊属
(菊科) **(11)** 125 **331**
牛膝属
(苋科) **(4)** 368 **378**
牛心番荔枝 **(3)** 194 **195**
牛眼睛
(=槌果藤) **(5)** 375
牛眼菊 **(11)** **307**
牛眼菊属
(菊科) **(11)** 129 **307**
牛眼马钱 **(9)** 2 **3** 彩片2
牛油果 **(6)** **4**
牛油果属
(山榄科) **(6)** 1 **4**
牛樟
(=沉水樟) **(3)** 253
牛枝子 **(7)** 183 **191**
牛至 **(9)** **535** 彩片183
牛至属
(唇形科) **(9)** 397 **534**
扭柄花 **(13)** **203**
扭柄花属
(百合科) **(13)** 71 **202**
扭柄藓 **(1)** **344**
扭柄藓属
(曲尾藓科) **(1)** 332 **343**
扭肚藤 **(10)** 58 **61** 彩片23
扭梗附地菜 **(9)** 306 **310**
扭果柄龙胆 **(9)** 18 **34**
扭果虫实 **(4)** 328 **332**
扭果紫金龙 **(3)** 718 **719**
扭喙薹草 **(12)** **505**
扭藿香 **(9)** **435**
扭藿香属
(唇形科) **(9)** 393 **435**
扭盔马先蒿 **(10)** 185 **212** 彩片60
扭尖美喙藓 **(1)** 845 **846**
扭尖瓢叶藓 **(1)** **680**
扭尖松萝藓
(=扭尖隐松箩藓) **(1)** 688
扭尖隐松箩藓 **(1)** **688**
扭口藓 **(1)** 441 **443** 彩片128
扭口藓属
(丛藓科) **(1)** 438 **441**
扭连钱 **(9)** **447** 彩片163
扭连钱属
(唇形科) **(9)** 393 **447**
扭毛藓
(=卷叶扭口藓) **(1)** 441
扭鞘香茅 **(12)** 1142 **1146**
扭瓦韦 **(2)** 681 **688**
扭序花
(=鳄嘴花) **(10)** 401
扭旋马先蒿 **(10)** 185 **212** 彩片61
扭叶丛本藓 **(1)** 439 **440**
扭叶反叶藓 **(1)** **699**
扭叶灰气藓 **(1)** **685** 彩片202
扭叶镰刀藓 **(1)** 814 **816**
扭叶牛毛藓 **(1)** 320 **322**
扭叶水灰藓 **(1)** **824**
扭叶缩叶藓 **(1)** 488 **491**
扭叶藓 **(1)** 665 **666** 彩片197

扭叶藓科 (1) 662
扭叶藓属
(扭叶藓科) (1) 663 **665**
扭叶小金发藓 (1) 958 **964** 彩片289
扭枝画眉草 (12) 962 **963**
纽藓
(=长叶纽藓) (1) 479
纽藓属
(丛藓科) (1) 437 **478**
纽子果 (6) 86 **91**
纽子花属
(夹竹桃科) (9) 90 **121**
钮子瓜 (5) **219** 彩片107

nong
浓子茉莉 (10) **585**
浓子茉莉属
(茜草科) (10) 509 **585**
脓苞草 (9) **482**
脓疮草属
(唇形科) (9) 396 **482**

nu
怒江矮柳 (5) 301 311 **331**
怒江杜鹃 (5) 561 **596**
怒江风毛菊 (11) 572 **598**
怒江红山茶 (4) 575 **588** 彩片271
怒江红杉 (3) 45 **46**
怒江冷水花 (4) 93 **109**
怒江枠 (4) 635 **652**
怒江柳 (5) 306 **344**
怒江落叶松 (3) **46**
怒江蒲桃 (7) 560 **565**
怒江藤黄 (4) 686 **688**
怒江挖耳草 (10) 439 **441** 彩片143
怒江紫菀 (11) 177 **193**

nv
女蒿属
(菊科) (11) 126 **359**
女娄菜 (4) 441 **454**
女萎 (3) 507 **516**
女菀 (11) **173**
女菀属
(菊科) (11) 123 **173**
女贞 (10) 49 **53** 彩片20
女贞叶忍冬 (11) 51 **66**
女贞属
(木犀科) (10) 23 **48**

nuan
暖地大叶藓 (1) **569** 彩片167
暖地凤尾藓 (1) 402 **404** 彩片105
暖地复叉苔 (1) **18**
暖地高领藓 (1) 614 **615**
暖地泥炭藓 (1) 301 **305** 彩片75
暖地网藓 (1) 428 **431**
暖地小金发藓 (1) 958 **963**
暖木 (8) 300 **310**

nuo
挪威虎耳草 (6) 387 **413**
挪威鼠草 (11) 280 **285**
挪威珠藓
(=亮叶珠藓) (1) 598
糯
(=稻) (12) 667
糯米条 (11) **41** 彩片14
糯米团 (4) **149** 彩片62
糯米团属
(荨麻科) (4) 75 **149**
糯米香属
(爵床科) (10) 332 **371**
糯竹 (12) 567 **568**

O

ou
欧白英 (9) 222 **225**
欧当归 (8) **731**
欧当归属
(伞形科) (8) 582 **731**
欧丁香 (10) 33 **36** 彩片13
欧耳叶苔 (1) 212 **221**
欧防风 (8) **751**
欧防风属
(伞形科) (8) 582 **751**
欧黑麦草 (12) 786 **787**
欧黑藓
(=岩生黑藓) (1) 314
欧灰藓
(=柏枝灰藓) (1) 908
欧活血丹 (9) 444 **445**
欧李 (6) 765 **778**
欧杞柳 (5) 305 313 **360**
欧荨麻 (4) 76 **78**
欧芹 (8) **647**
欧芹属
(伞形科) (8) 581 **647**
欧瑞香 (7) **539**
欧瑞香属
(瑞香科) (7) 514 **538**
欧氏马先蒿中国变种
(=华马先蒿) (10) 218
欧夏至草 (9) **433**
欧夏至草属
(唇形科) (9) 393 **433**
欧亚多足蕨 (2) 665 **665**
欧亚蔊菜 (5) **485**
欧亚萍蓬草 (3) 384 **385**
欧亚矢车菊 (11) 653 **654**
欧亚铁角蕨 (2) 402 **423**
欧亚香花芥 (5) **507**
欧亚绣线菊 (6) 448 **463**
欧亚旋覆花 (11) 288 **291**
欧早熟禾 (12) 708 **742**
欧洲白榆 (4) 2 **4** 彩片2
欧洲赤松 (3) 53 **61**
欧洲慈姑 (12) 4 **7**
欧洲刺柏 (3) 93 **94**
欧洲醋栗 (6) 294 **300**
欧洲大叶杨 (5) 287 **295**

欧洲黑松 **(3)** 53 **63**
欧洲荚 **(11)** 8 **36**
欧洲冷蕨 **(2)** 275 **276**
欧洲李 **(6)** **762**
欧洲鳞毛蕨 **(2)** 489 **504**
欧洲木莓 **(6)** 587 **620**
欧洲拟金毛裸蕨 **(2)** 250 **251** 彩片80
欧洲七叶树 **(8)** 311 **314** 彩片148
欧洲千里光 **(11)** 533 **548**
欧洲山芥 **(5)** 468 **469**
欧洲山杨 **(5)** 286 **289**
欧洲湿地藓
(=卷叶湿地藓) **(1)** 464
欧洲石松
(=东北石松) **(2)** 26
欧洲菘蓝
(=菘蓝) **(5)** 409
欧洲庭荠 **(5)** 432 **433**
欧洲菟丝子 **(9)** 270 **271**
欧洲油菜 **(5)** 390 **392**
欧洲羽节蕨 **(2)** 272 **273**
欧洲云杉 **(3)** 35 **37**

P

pa
爬地毛茛 **(3)** 551 552 **557**
爬兰 **(13)** **420**
爬兰属
(兰科) **(13)** 366 **420**
爬山虎
(=地锦) **(8)** 186
爬树蕨 **(2)** **640**
爬树蕨属
(肾蕨科) **(2)** 636 **640**
爬树龙 **(12)** 114 **116** 彩片39
爬藤榕 **(4)** 46 **74**
爬岩红 **(10)** 137 **139** 彩片43
帕米尔光籽芥 **(5)** **504**
帕米尔蒿 **(11)** 379 **420**
帕米尔红景天 **(6)** 354 **360**
帕米尔黄蓍 **(7)** 291 **322**
帕米尔碱茅 **(12)** 763 **767**
帕米尔柳穿鱼 **(10)** 128 **129**
帕米尔扇穗茅 **(12)** 817 **818**
帕米尔薹草 **(12)** 489 **490**
帕米尔眼子菜 **(12)** 30 **38**
帕米尔早熟禾 **(12)** 704 **723**

pai
排草香属
(唇形科) **(9)** 398 **566**
排骨灵
(=多苞瓜馥木) **(3)** 189
排钱树 **(7)** 150 **151** 彩片78
排钱树属
(蝶形花科) **(7)** 63 **150**

pan
攀打科 **(8)** **9**
攀倒甑 **(11)** 92 **95**
攀茎耳草 **(10)** 516 **522**
攀茎钩藤 **(10)** 559 **562** 彩片191
攀援吊石苣苔 **(10)** 318 **321** 彩片106
攀援胡颓子 **(7)** 467 **471**
攀援卷柏 **(2)** 33 **45**
攀援孔药花 **(12)** 188 **189**
攀援鳞始蕨 **(2)** 164 **166**
攀援陵齿蕨
(=攀援鳞始蕨) **(2)** 166
攀援天门冬 **(13)** 230 **236**
攀枝花
(=木棉) **(5)** 66
攀枝花苏铁 **(3)** 3 **7** 彩片9
攀枝莓 **(6)** 589 **629**
盘果草 **(9)** **345**
盘果草属
(紫草科) **(9)** 282 **345**
盘果碱蓬 **(4)** 343 **347**
盘果菊
(=福王草) **(11)** 734
盘花垂头菊 **(11)** 471 **479**
盘龙七
(=秦岭岩白菜) **(6)** 379
盘托楼梯草 **(4)** 121 **132**
盘腺阔蕊兰 **(13)** 493 **496**
盘叶罗伞 **(8)** 544 **545**
盘叶忍冬 **(11)** 55 **87** 彩片26
盘叶掌叶树
(=盘叶罗伞) **(8)** 545
盘状合头菊 **(11)** 738 **739** 彩片176

pang
滂藤
(=扶芳藤) **(7)** 780
旁杞木 **(7)** 680 **681**
螃蟹甲 **(9)** 467 **468**
螃蟹七 **(12)** 152 **158**

pao
刨花润楠 **(3)** 275 **282**
炮仗花 **(10)** **419** 彩片127
炮仗藤属
(紫葳科) **(10)** 418 **419**
泡吹叶花楸 **(6)** 534 **550**
泡果荠
(=毛果群心菜) **(5)** 408
泡果茜草 **(10)** **683**
泡果茜草属
(茜草科) **(10)** 508 **683**
泡果苘 **(5)** 80 **81**
泡果沙拐枣 **(4)** **514**
泡核桃 **(4)** **171**
泡花树 **(8)** 298 **300** 彩片142
泡花树
(=金叶子) **(5)** 688
泡花树属
(清风藤科) **(8)** 292 **298**
泡鳞肋毛蕨 **(2)** 604 **605**
泡囊草 **(9)** **213**
泡囊草属
(茄科) **(9)** 203 **212**

泡泡刺 (8) 449 **450** 彩片233
泡泡叶杜鹃 (5) 557 **572** 彩片188
泡沙参 (10) 477 **484**
泡桐
(=白花泡桐) (10) 78
泡桐属
(玄参科) (10) 67 **76**
泡叶龙船花 (10) 610 **612**
泡叶石栎
(=菴耳柯) (4) 221
泡叶檀梨 (7) 725 **726**
泡叶栒子 (6) 483 **493**
泡竹 (12) **567**
泡竹属
(禾本科) (12) 550 **567**
泡状珊瑚苣苔
(=珊瑚苣苔) (10) 267

pei
培史新月蕨
(=新月蕨) (2) 395
佩兰 (11) 149 **150**

pen
喷瓜 (5) **226**
喷瓜属
(葫芦科) (5) 198 **226**
盆架树 (9) **99**
盆距兰 (13) **761** 彩片573
盆距兰属
(兰科) (13) 369 **760**

peng
棚竹 (12) 593 **596**
蓬 (6) 586 **612**
蓬莱葛 (9) 5 **6**
蓬莱葛属
(马钱科) (9) 1 **5**
蓬莱黄竹
(=石竹) (12) 577
蓬子菜 (10) 660 **667**

膨大短肠蕨 (2) 316 **324**
膨果黄蓍 (7) 288 **298**
膨囊嵩草 (12) 364 **378**
膨囊薹草 (12) 394 **400**
蟛蜞菊 (11) 319 **320** 彩片76
蟛蜞菊属
(菊科) (11) 124 **319**

pi
披散木贼 (2) 65 **65** 彩片23
披碱草 (12) 823 **826**
披碱草属
(禾本科) (12) 560 **822**
披裂蓟 (11) 621 **630**
披针唇角盘兰 (13) 475 **478**
披针吊石苣苔
(=吊石苣苔) (10) 320
披针耳蕨
(=亮叶耳蕨) (2) 573
披针骨牌蕨 (2) 700 **700**
披针贯众 (2) 587 **591**
披针薹草 (12) 428 **431**
披针新月蕨 (2) 391 **393**
披针叶八角 (3) 360 **363** 彩片277
披针叶萼距花 (7) **505**
披针叶桂木 (4) 37 **39**
披针叶胡颓子 (7) 467 **471**
披针叶黄华 (7) **458** 彩片161
披针叶荚 (11) 7 **27**
披针叶旌节花 (5) 131 **132**
披针叶卷耳 (4) 402 **405**
披针叶楠 (3) 266 **267** 彩片238
披针叶蓬莱葛
(=柳叶蓬莱葛) (9) 6
披针叶山桂花 (5) **118**
披针叶石韦 (2) 711 **714**
披针叶酸模 (4) 521 **524**
披针叶乌口树 (10) 595 **596**
披针叶蟹甲草 (11) 487 **491**
披针叶野决明
(=披针叶黄华) (7) 458

披针叶榛 (4) 256 **258**
皮孔翅子树 (7) 830 **831**
皮叶苔 (1) **266**
皮叶苔科 (1) **266**
皮叶苔属
(皮叶苔科) (1) 266
枇杷 (6) **525** 彩片126
枇杷叶润楠 (3) 276 **287**
枇杷叶山龙眼 (7) 482 **484**
枇杷属
(蔷薇科) (6) 443 **525**
毗黎勒 (7) 665 **667**
霹雳薹草 (12) 441 **443**
皮孔木 (8) 392 **394**
啤酒花 (4) 25 **26**
枇杷叶荚
(=皱叶荚) (11) 14
枇杷叶紫珠 (9) 353 **354**
匹菊属
(菊科) (11) 126 **351**

pian
片鳞苔属
(细鳞苔科) (1) 225 **248**
片马耳蕨 (2) 536 **564**
片髓灯心草 (12) 221 **224**
片叶钱苔 (1) **293**
片叶苔科
(=绿片苔科) (1) 258
片叶苔属
(绿片苔科) (1) 258 **259**
偏瓣花 (7) **628**
偏瓣花属
(野牡丹科) (7) 614 **628**
偏翅龙胆 (9) 19 **41**
偏翅唐松草 (3) 462 **475** 彩片345
偏花报春 (6) 174 **192** 彩片53
偏花黄芩 (9) 417 **421**
偏蒴藓 (1) 914 **916**
偏蒴藓属
(灰藓科) (1) 899 **914**

偏基苍耳 **(11)** 309 **310**
偏穗臭草 **(12)** 790 **796**
偏穗鹅观草 **(12)** 844 **850**
偏穗姜 **(13)** **39** 彩片33
偏穗姜属
(姜科) **(13)** 21 **39**
偏穗雀麦 **(12)** 804 **813**
偏凸山羊草 **(12)** **840**
偏斜锦香草 **(7)** 638 640
偏叶白齿藓 **(1)** 652 **655**
偏叶泥炭藓 **(1)** 300 **312** 彩片82
偏叶砂藓 **(1)** 509 **512**
偏叶提灯藓 **(1)** 573 **575**
偏叶藓 **(1)** **813**
偏叶藓属
(柳叶藓科) **(1)** 803 **813**
偏叶小曲尾藓 **(1)** 339 **342**
偏叶叶苔 **(1)** 70 **72**
偏叶泽藓 **(1)** 602 **604**

piao
漂筏薹草 **(12)** 536 **538**
飘带果 **(11)** 748 **749**
飘拂草属
(莎草科) **(12)** 255 **290**
瓢叶藓属
(蕨藓科) **(1)** 668 **680**

pie
苤蓝
(=擘蓝) **(5)** 391

pin
贫花鹅观草 **(12)** 844 **851**
贫叶早熟禾 **(12)** 708 **739**
贫育早熟禾 **(12)** 710 **749**
品藻 **(12)** **177**

ping
平贝母 **(13)** 108 **113** 彩片82
平叉苔 **(1)** **261**
平车前 **(10)** 6 **10**
平当树 **(5)** **60**
平当树属
(梧桐科) **(5)** 34 **60**
平伐含笑 **(3)** 146 **154**
平伐清风藤 **(8)** 293 **296**
平伐重楼 **(13)** 220 **226**
平滑菝葜 **(13)** 316 **329**
平滑钩藤 **(10)** 559 **561** 彩片189
平滑苦荬菜
(=褐冠小苦荬) **(11)** 756
平滑小檗 **(3)** 585 **600**
平滑小壶藓 **(1)** 529 **532** 彩片150
平滑叶八角 **(3)** **363**
平锦藓 **(1)** **900**
平锦藓属
(灰藓科) **(1)** 899 **900**
平肋书带蕨 **(2)** 265 **266**
平肋提灯藓 **(1)** 573 **574**
平脉椆
(=毛叶青冈) **(4)** 231
平脉藤 **(9)** 125 **126**
平绒石韦 **(2)** 712 **725**
平蒴藓 **(1)** **556**
平蒴藓属
(真藓科) **(1)** 539 **555**
平塘榕 **(4)** 45 **64**
平卧菊三七 **(11)** 551 **554**
平卧藜 **(4)** 313 **317**
平卧曲唇兰 **(13)** 628 **629** 彩片454
平卧绣线菊 **(6)** 448 **463**
平卧羊耳蒜 **(13)** 537 **546**
平卧轴藜 **(4)** **336**
平藓 **(1)** 708 **710** 彩片217
平藓科 **(1)** **702**
平藓属
(平藓科) **(1)** 702 **707**
平行鳞毛蕨 **(2)** 492 **525**
平叶粗枝藓
(=粗枝藓) **(1)** 928
平叶密花树 **(6)** **111**
平叶偏蒴藓 **(1)** **914** 彩片268
平叶墙藓 **(1)** 480 **481**
平叶酸藤子 **(6)** 103 **108**
平叶苔 **(1)** **127**
平叶苔属
(羽苔科) **(1)** **127**
平叶异萼苔 **(1)** 118 **121** 彩片27
平颖柳叶箬 **(12)** 1020 **1022**
平羽凤尾蕨 **(2)** 183 **200**
平枝栒子 **(6)** 484 **498**
平竹 **(12)** 621 **627**
平珠藓属
(珠藓科) **(1)** 597 **608**
苹果 **(6)** 564 **568**
苹果榕 **(4)** 45 **65**
苹果属
(蔷薇科) **(6)** 443 **564**
苹婆 **(5)** 36 **37** 彩片18
苹婆属
(梧桐科) **(5)** 34 **35**
屏边白珠
(=滇白珠) **(5)** 694
屏边红豆 **(7)** 68 **72**
屏边磨芋
(=节节磨芋) **(12)** 136
屏边南星 **(12)** 151 **153**
屏边三七 **(8)** 575 **577** 彩片275
屏边鳝藤
(=鳝藤) **(9)** 125
屏边溪边蕨 **(2)** 388 **389**
屏边油果樟 **(3)** 299 **300**
屏边锥 **(4)** 183 **192**
屏东拟肋毛蕨
(=黑鳞轴脉蕨) **(2)** 611
瓶尔小草 **(2)** 80 **81** 彩片33
瓶尔小草科 **(2)** 2 **80**
瓶尔小草属
(瓶尔小草科) **(2)** 80 **80**
瓶壶卷瓣兰 **(13)** 692 **708**
瓶花木 **(10)** **594**
瓶花木属

(茜草科) **(10)** 510 **594**
瓶蕨 **(2)** 131 **132**
瓶蕨属
(膜蕨科) **(2)** 112 **131**
瓶头草 **(11)** **159**
瓶头草属
(菊科) **(11)** 122 **158**
瓶藓 **(1)** **361**
瓶藓属
(曲尾藓科) **(1)** 333 **361**
萍蓬草 **(3)** **384** 彩片299
萍蓬草属
(睡莲科) **(3)** 379 **383**
蘋蕨 **(2)** 783 **783** 彩片155
蘋蕨属
(蘋科) **(2)** **783**
蘋科 **(2)** 7 **783**

po
坡垒 **(4)** 567 **568** 彩片254
坡垒属
(龙脑香科) **(4)** 566 **567**
坡柳
(=车桑子) **(8)** 287
坡柳 **(5)** 304 313 **359** 彩片151
坡参 **(13)** 501 **511** 彩片347
坡生蹄盖蕨 **(2)** 294 **304**
坡油甘 **(7)** **256**
坡油甘属
(蝶形花科) **(7)** 67 **256**
婆罗门参 **(11)** 694 **695**
婆罗门参属
(菊科) **(11)** 133 **694**
婆罗洲扁萼苔 **(1)** 186 **188**
婆婆纳 **(10)** 145 **150**
婆婆纳属
(玄参科) **(10)** 68 **145**
婆婆针 **(11)** **326** **330**
婆婆指甲菜
(=球序卷耳) **(4)** 404
珀菊 **(11)** **652**
珀菊
(=黄花珀菊) **(11)** 652
珀菊属
(菊科) **(11)** 132 **651**
破布木 **(9)** 282 **283**
破布木属
(紫草科) **(9)** 280 **282**
破布叶 **(5)** **24** 彩片11
破布叶属
(椴树科) **(5)** 12 **24**
破铜钱 **(8)** 583 **584**

pu
铺地柏 **(3)** 84 **87**
铺地蝙蝠草 **(7)** 173 **174**
铺地花楸 **(6)** 532 **538**
铺地锦
(=地锦草) **(8)** 122
铺地狼尾草 **(12)** 1077 **1078**
铺地青兰 **(9)** 451 **456**
铺地秋海棠 **(5)** 258 **275**
铺地黍 **(12)** 1027 **1030**
铺散黄堇 **(3)** 725 **751**
铺散肋柱花
(=短药娃儿藤) **(9)** 71
铺散毛茛 **(3)** 553 **572**
铺散亚菊 **(11)** 36 **367**
铺散眼子菜 **(12)** 30 **39**
匍地蛇根草 **(10)** 532 **534**
匍匐半插花 **(10)** **355**
匍匐臂形草
(=尾稃草) **(12)** 1051
匍匐滨藜 **(4)** 321 **323**
匍匐大戟 **(8)** 117 **122**
匍匐风轮菜 **(9)** **530**
匍匐凤仙花 **(8)** 493 **516**
匍匐茎飘拂草 **(12)** 292 **300**
匍匐苦荬菜
(=沙苦荬菜) **(11)** 757
匍匐柳叶箬 **(12)** **1020**
匍匐露珠草 **(7)** 587 **590**
匍匐球子草 **(13)** **253**
匍匐忍冬 **(11)** 53 **77**
匍匐石龙尾 **(10)** 99 100 **102**
匍匐鼠尾黄 **(10)** 403 **405**
匍匐水柏枝 **(5)** **184** 彩片94
匍匐酸藤子 **(6)** 102 **107**
匍匐薹草 **(12)** 543 **545**
匍匐铁仔
(=光叶铁仔) **(6)** 110
匍匐委陵菜 **(6)** 659 **689**
匍匐五加 **(8)** 557 **562**
匍匐消
(=楠草) **(10)** 343
匍匐悬钩子 **(6)** 591 **642**
匍匐栒子 **(6)** 484 **498**
匍根早熟禾 **(12)** 703 **719**
匍茎百合 **(13)** 120 **129**
匍茎草 877 **878**
匍茎点地梅 **(6)** 151 **163**
匍茎剪股颖
(=巨序剪股颖) **(12)** 917
匍茎卷瓣兰 **(13)** 692 **707**
匍茎毛兰 **(13)** 640 **644** 彩片468
匍茎嵩草 **(12)** 363 **374**
匍茎榕 **(4)** 46 **73**
匍茎通泉草 **(10)** 121 **125**
匍茎早熟禾 **(12)** 704 **720**
匍生蝇子草
(=蔓茎蝇子草) **(4)** 444
匍网藓 **(1)** **422**
匍网藓属
(花叶藓科) **(1)** **422**
匍行狼牙委陵菜 **(6)** 658 **684**
匍枝残齿藓 **(1)** 648 **649**
匍枝柴胡 **(8)** 631 **633**
匍枝粉报春 **(6)** 176 **208**
匍枝狗舌草 **(11)** 515 **516**
匍枝金丝桃 **(4)** 693 **696**
匍枝筋骨草 **(9)** **407**
匍枝蒲儿根 **(11)** 509 **511**
匍枝千里光 **(11)** 533 **540**

匍枝青藓 (1) 832 **837**
匍枝栓果菊 (11) 727 **728** 彩片172
匍枝委陵菜 (6) 659 **690**
菩提树 (4) 42 **48** 彩片32
菩提子
(=薏苡) (12) 1171
葡蟠
(=藤构) (4) 33
葡萄 (8) 218 **223** 彩片104
葡萄堇菜 (5) 140 **161**
葡萄科 (8) **182**
葡萄南芥 (5) 470 **471**
葡萄秋海棠
(=铺地秋海棠) (5) 275
葡萄属
(葡萄科) (8) 183 **217**
葡萄葶苈
(=衰老葶苈) (5) 441
葡萄叶艾麻 (4) 84 **85**
葡萄叶秋海棠
(=食用秋海棠) (5) 278
葡系早熟禾 (12) 709 **744**
蒲儿根 (11) 509 **514**
蒲儿根属
(菊科) (11) 127 **507**
蒲公英 (11) 768 **774** 彩片180
蒲公英属
(菊科) (11) 133 **766**
蒲葵 (12) **65** 彩片15
蒲葵属
(棕榈科) (12) 56 **64**
蒲桃 (7) 559 **561** 彩片199
蒲桃叶悬钩子 (6) 591 **639**
蒲桃属
(桃金娘科) (7) 549 **559**
蒲苇 (12) **674**
蒲苇属
(禾本科) (12) 552 **673**
朴树 (4) 20 **24** 彩片18
朴属
(榆科) (4) 1 **20**
普定娃儿藤 (9) 190 **193**
普洱茶 (4) 576 **594** 彩片277
普格乌头
(=膝瓣乌头) (3) 414
普康雀麦 (12) 803 **808**
普氏马先蒿
(=青海马先蒿) (10) 219
普通小麦 (12) **842**
普通早熟禾 (12) 704 **723**
普通凤丫蕨 (2) 254 **257**
普通假毛蕨 (2) 368 **371**
普通鹿蹄草 (5) 722 **726** 彩片294
普通铁线蕨 (2) 232 **237** 彩片73
普通针毛蕨 (2) 352 **354**
普陀鞭叶蕨
(=阔镰鞭叶蕨) (2) 602
普陀鹅耳枥 (4) 260 **263**
普陀南星 (12) 152 **163**
普香蒲 (13) 6 **7** 彩片4

Q

qi
七瓣莲 (6) **146**
七瓣莲属
(报春花科) (6) 114 **146**
七层楼
(=多花娃儿藤) (9) 195
七河灯心草 (12) 222 **228**
七角叶芋兰 (13) 527 **529**
七筋菇 (13) **190** 彩片138
七筋菇属
(百合科) (13) 71 **190**
七里明 (11) 231 **236**
七裂槭 (8) 317 **327**
七裂槭
(=扇叶槭) (8) 325
七小叶崖爬藤 (8) 207 **215**
七星莲 (5) 140 **165**
七叶赤瓟
(=异叶赤瓟) (5) 215
七叶鬼灯檠 (6) **373** 彩片96
七叶龙胆 (9) 17 **27** 彩片11
七叶薯蓣 (13) 343 **355**
七叶树 (8) **311** 彩片144
七叶树科 (8) **310**
七叶树属
(七叶树科) (8) **310**
七叶一枝花 (13) 219 **222** 彩片160
七指蕨 (2) **72** 彩片27
七指蕨科 (2) 2 **72**
七指蕨属
(七指蕨科) (2) **72**
七爪龙 (9) 259 **262**
七子花 (11) **39**
七子花属
(忍冬科) (11) 1 **38**
七姊妹 (6) 711 **732**
栖兰粗叶木 (10) 622 **627**
桤木 (4) 272 **273** 彩片120
桤木属
(桦木科) (4) 255 **272**
桤叶黄花稔 (5) 75 **77**
桤叶树科 (5) **544**
桤叶树属
(桤叶树科) (5) 544
槭叶草 (6) **378**
槭叶草属
(虎耳草科) (6) 371 **378**
槭叶秋海棠 (5) 258 **279**
槭叶石韦 (2) 711 **717**
槭树科 (8) **314**
槭叶铁线莲 (3) 505 **511**
槭叶兔儿风 (11) 665 **673**
槭属
(槭树科) (8) 314 **315**
槭叶蚊子草 (6) 579 **580**
漆
(=漆树) (8) 358
漆姑草 (4) 432 **433**
漆姑草属

(石竹科) (4) 392 **432**
漆姑无心菜
(=漆姑蚤缀) (4) 426
漆姑蚤缀 (4) 420 **426**
漆光镰刀藓 (1) 831 **815**
漆树 (8) 356 **358** 彩片177
漆树科 (8) **345**
漆叶泡花树 (8) 299 **307**
漆属
(漆树科) (8) 345 **356**
祁连垂头菊 (11) 472 **481**
祁连山棘豆 (7) 354 **374**
祁连山圆柏 (3) 85 **92** 彩片118
祁连蒿草 (12) 362 **366**
祁州漏芦
(=漏芦) (11) 649
祁阳细辛 (3) 339 **347** 彩片269
齐头蒿
(=牡蒿) (11) 429
齐头绒 (3) **318**
齐头绒属
(胡椒科) (3) 318 **319**
奇瓣马蓝 (10) 366 **369**
奇蒿 (11) 379 **419**
奇花柳 (5) 305 310 **337**
奇数鳞毛蕨
(=奇羽鳞毛蕨) (2) 493
奇台沙拐枣 (4) 514 **515**
奇形风毛菊 (11) 570 **588**
奇形囊吾
(=畸形囊吾) (11) 456
奇异堇菜 (5) 139 **144**
奇异南星 (12) 153 **167**
奇羽鳞毛蕨 (2) 487 **493**
歧笔菊 (11) **486**
歧笔菊属
(菊科) (11) 127 **486**
歧茎蒿 (11) 376 **407**
歧伞花 (9) **412**
岐伞花属
(唇形科) (9) 393 **411**
歧伞菊 (11) **229**
歧伞菊属
(菊科) (11) 123 **228**
歧伞獐牙菜 (9) 76 **87**
歧缬草属
(败酱科) (11) 91 **105**
歧舌苔科 (1) **182**
歧舌苔属
(歧舌苔科) (1) 182 **184**
歧穗大黄 (4) 530 **531**
歧序安息香 (6) **40**
歧序安息香属
(安息香科) (6) 26 **40**
歧序剪股颖 (12) 915 **917**
歧序苎麻 (4) 137 **145**
歧枝黄蓍 (7) 294 **340**
歧柱蟹甲草
(=歧笔菊) (11) 486
祈白芷 (8) 720 **724**
脐草 (10) **177**
脐草属
(玄参科) (10) 69 **177**
畦畔飘拂草 (12) 292 **305**
畦畔莎草 (12) 322 **332**
棋盘花 (13) **77**
棋盘花属
(百合科) (13) 71 **77**
旗唇兰 (13) **425**
旗唇兰属
(兰科) (13) 366 **425**
旗杆芥 (5) **484**
旗杆芥属
(十字花科) (5) 386 **484**
启无凤尾蕨
(=栗轴凤尾蕨) (2) 198
蕲艾
(=艾) (11) 398
鳍蓟
(=火媒草) (11) 616
麒麟吐珠属
(爵床科) (10) 330 **407**
麒麟叶 (12) **117**
麒麟叶属
(天南星科) (12) 105 **116**
杞李参
(=树参) (8) 540
杞柳 (5) 305 313 **360**
气藓 (1) **683**
气藓属
(蔓藓科) (1) 682 **683**
起绒草 (11) 111 **112**
起绒飘拂草 (12) 291 **293**
荠 (5) **417**
荠 (10) 476 **482**
荠属
(十字花科) (5) 387 **417**

qia
洽草 (12) 877 **878**
洽草属
(禾本科) (12) 562 **876**

qian
千层塔
(=蛇足石杉) (2) 12
千岛碱茅 (12) 764 **771**
千根草 (8) 117 **122**
千果榄仁 (7) **665** 彩片243
千花亚菊
(=多花亚菊) (11) 366
千解草 (9) 363 **371**
千斤拔 (7) 244 **247**
千斤拔属
(蝶形花科) (7) 64 **243**
千斤坠
(=丁座草) (10) 229
千金藤 (3) 683 **685**
千金藤属
(防己科) (3) 669 670 **682**
千金榆 (4) 260 **262**
千金子 (12) **984**
千金子

(=续随子) (8) 126
千金子属
(禾本科) (12) 563 **984**
千里光 (11) 531 **546** 彩片119
千里光属
(菊科) (11) 128 **530**
千里香 (8) 435 **436** 彩片224
千里香杜鹃 (5) 560 **594** 彩片208
千年矮
千年健 (12) 123 **124**
千年健属
(天南星科) (12) 105 **123**
千年桐
(=木油桐) (8) 98
(=乌鸦果) (5) 705
千岁藟
(=葛藟葡萄) (8) 220
千屈菜 (7) **503** 彩片177
千屈菜科 (7) **499**
千屈菜属
(千屈菜科) (7) 499 **503**
千日红 (4) **382** 彩片179
千日红属
(苋科) (4) 368 **382**
千穗谷 (4) 371 **373** 彩片174
千头艾纳香 (11) 230 **233**
千针苋 (4) **307**
千针苋属
(藜科) (4) 304 **307**
牵牛 (9) 259 **262**
签草 (12) 467 **471**
前胡 (8) 742 **745**
前胡属
(伞形科) (8) 582 **742**
前原耳蕨 (2) 534 **548**
荨麻 (4) 77 **81**
荨麻科 (4) **74**
荨麻属
(荨麻科) (4) 74 **76**
荨麻叶凤仙花 (8) 491 **509**
荨麻叶龙头草 (9) 448 **449**
荨麻叶母草 (10) 106 **110**
钱币石韦 (2) 712 **723**
钳唇兰 (13) **421**
钳唇兰属
(兰科) (13) 366 **421**
钱袋苔属
(全萼苔科) (1) **91**
钱氏林蕨
(=钱氏鳞始蕨) (2) 168
钱氏鳞始蕨 (2) 165 **168**
钱氏陵齿蕨
(=钱氏鳞始蕨) (2) 168
钱苔 (1) 293 **294** 彩片70
钱苔科 (1) **292**
钱苔属
(钱苔科) (1) **292**
乾精菜 (9) 467 **472**
乾宁狼尾草 (12) 1077 **1078**
黔椆
(=褐叶青冈) (4) 234
黔川乌头
(=花葶乌头) (3) 407
黔滇崖豆藤 (7) 104 **111**
黔狗舌草 (11) 515 **517**
黔桂大苞寄生 (7) **756**
黔桂黄肉楠 (3) 246 **247**
黔桂润楠 (3) 275 **280**
黔桂实蕨 (2) 626 **628**
黔桂悬钩子 (6) 588 **622**
黔苣苔
(=世纬苣苔) (10) 249
黔蕨属
(鳞毛蕨科) (2) 472 **485**
黔岭淫羊藿 (3) 642 **646**
黔南木蓝 (7) 129 **132**
黔铁角蕨
(=贵阳铁角蕨) (2) 432
黔竹 (12) 588 **591**
浅波叶长柄山蚂蝗 (7) 161 **164**
浅齿橐吾 (11) 448 **455**
浅黄蓍 (7) 296 **351**
浅裂短肠蕨 (2) 316 **318**
浅裂对叶兰 (13) **405**
浅裂高山耳蕨
(=拉钦耳蕨) (2) 556
浅裂剪秋罗 (4) 436 **437** 彩片191
浅裂罗伞 (8) 544 **545**
浅裂南星
(=花南星) (12) 163
浅裂绣线菊 (6) 448 **461**
浅裂锈毛莓 (6) 589 **629**
浅裂掌叶树
(=浅裂罗伞) (8) 545
浅裂沼兰 (13) 551 **553**
浅三裂碱毛茛 (3) **579**
浅圆齿堇菜 (5) 140 **164**
浅紫花高河菜
(=高河菜) (5) 413
欠明脉蕨
(=多脉假脉蕨) (2) 127
芡实 (3) **380** 彩片293
芡属
(睡莲科) (3) 379 **380**
茜草 (10) 676 **682**
茜草科 (10) **506**
茜草属
(茜草科) (10) 508 **675**
茜菲堇
(=鳞隔堇) (5) 137
茜菲堇属
(=鳞隔堇属) (5) 137
茜堇菜 (5) 142 **152**
茜树 (10) 588 **589**
茜树属
(茜草科) (10) 510 **587**

qiang
羌活 (8) **622**
羌活属
(伞形科) (8) 579 **622**
羌塘雪兔子 (11) 568 **579** 彩片132
枪刀菜 (10) 400 **401** 彩片122

枪刀药 (10) **400** 彩片121
枪刀药属
(爵床科) (10) 330 **400**
强肋藓 (1) 734 **735** 彩片227
强肋藓属
(油藓科) (1) 727 **734**
强壮风毛菊 (11) 569 **584**
墙草 (4) **162**
墙草属
(荨麻科) (4) 76 **161**
墙藓 (1) 480 **481**
墙藓属
(丛藓科) (1) 436 **480**
蔷薇科 (6) **442**
蔷薇属
(蔷薇科) (6) 444 **707**

qiao
乔木茵芋 (8) 427 **428**
乔松 (3) 52 **56**
荞麦 (4) 511 **512** 彩片217
荞麦属
(蓼科) (4) 481 **511**
荞麦叶大百合 (13) **133** 彩片110
巧茶 (7) **819**
巧茶属
(卫矛科) (7) 775 **819**
巧家五针松 (3) 52 **58** 彩片82
巧玲花 (10) 33 **37**
壳斗科 (4) **177**
翘距虾脊兰 (13) 598 **610**
鞘苞花 (12) 185 **186**
鞘柄菝葜 (13) 316 **325**
鞘柄木 (7) **710**
鞘柄木属
(山茱萸科) (7) 691 **710**
鞘柄掌叶报春 (6) 171 172 **182**
鞘齿网藓 (1) 428 **431**
鞘翅臭草 (12) 790 **796**
鞘刺网藓 (1) 428 **429** 彩片124
鞘冠菊 (11) **355**
鞘冠菊属
(菊科) (11) 125 **354**
鞘花 (7) **739**
鞘花蓝耳草
(=鞘苞花) (12) 186
鞘花属
(桑寄生科) (7) **738**
鞘蕊花属
(唇形科) (9) 398 **586**
鞘舌卷柏 (2) 34 **58**

qie
茄 (9) 221 **232**
茄参 (9) **237** 彩片103
茄参属
(茄科) (9) 204 **236**
茄科 (9) **203**
茄叶斑鸠菊 (11) 13 **138**
茄属
(茄科) (9) 203 **220**
窃衣 (8) **599** 彩片281
窃衣属
(伞形科) (8) 578 **599**
切边铁角蕨 (2) 401 **411**

qin
亲族薹草 (12) 518 **520**
芹叶荠 (5) **540**
芹叶荠属
(十字花科) (5) 385 **539**
芹叶龙眼独活 (8) 569 **573**
芹叶牻牛儿苗 (8) 466 **467**
芹属
(伞形科) (8) 580 **646**
芹叶铁线莲 (3) 511 **539** 彩片375
秦巴点地梅 (6) 151 **164**
秦艽 (9) 16 **24**
秦晋锦鸡儿 (7) 266 **276**
秦连翘 (10) 31 **32**
秦岭梣 (10) 25 **26**
秦岭白蜡树
(=秦岭梣) (10) 26
秦岭北玄参 (10) 82 **89**
秦岭柴胡 (8) 631 **635**
秦岭翠雀花 (3) 430 **442**
秦岭党参 (10) 456 **465**
秦岭耳蕨 (2) 536 **562**
秦岭贯众 (2) 588 **597**
秦岭风毛菊 (11) 573 **607**
秦岭凤仙花 (8) 493 **517**
秦岭蒿 (11) 377 **404**
秦岭合叶苔 (1) 102 **105**
秦岭槲蕨
(=中华槲蕨) (2) 768
秦岭虎耳草 (6) 383 **397**
秦岭黄耆 (7) 289 **301**
秦岭金星蕨 (2) 338 **340**
秦岭金腰 (6) 419 **430**
秦岭柳 (5) 312 **347**
秦岭米面蓊 (7) **723**
秦岭木姜子 (3) 216 **219**
秦岭囊绒苔 (1) 22 **23**
秦岭槭 (8) 318 **336**
秦岭蔷薇 (6) 708 **716**
秦岭沙参 (10) 476 **482**
秦岭石蝴蝶 (10) 281 **282**
秦岭薹草 (12) 473 **474**
秦岭藤 (9) **164**
秦岭藤属
(萝科) (9) 135 **164**
秦岭铁线莲 (3) 509 **523**
秦岭无心菜
(=秦岭蚤缀) (4) 428
秦岭岩白菜 (6) **379**
秦岭羽苔 (1) 130 **145**
秦岭蚤缀 (4) 420 **428**
秦岭小檗 (3) 584 **595**
秦岭蟹甲草 (11) 489 **500**
秦岭紫堇 (3) 723 **740**
秦氏金星蕨 (2) 339 **342**
秦榛钻地风 (6) 272 **273**
琴唇万代兰 (13) 745 **746** 彩片553

琴叶风吹楠 (3) **200** 彩片208
琴叶过路黄 (6) 117 **134**
琴叶绿绒蒿 (3) 696 **700**
琴叶马蓝 (10) 366 **370**
琴叶毛蕊花 (10) 71 **72**
琴叶南芥
(=琴叶拟南芥) (5) 477
琴叶拟南芥 (5) 476 **477**
琴叶榕 (4) 44 **60** 彩片45
琴叶鼠耳芥
(=琴叶拟南芥) (5) 477
琴叶瓦理棕 (12) 90 **91**
琴叶悬钩子 (6) 588 **621**
琴叶野靛棵 (10) 410 **413**
琴叶紫菀 (11) 174 **180**

qing

青菜 (5) 390 **393**
青藏大戟 (8) 118 **127**
青藏垫柳 (5) 301 308 **335** 彩片148
青藏风毛菊 (11) 570 **589**
青藏狗娃花 (11) 167 **169**
青藏黄耆 (7) 294 **343**
青藏金莲花 (3) 393 **395** 彩片304
青藏龙胆 (9) 17 **29**
青藏雪灵芝
(=澜沧蚤缀) (4) 423
青藏蚤缀 (4) 419 **423** 彩片188
青茶柿 (6) 13 **19**
青藏薹草 (12) 394 **396**
青藏野青茅
(=高山野青茅) (12) 907
青茶香 (7) 838 **866**
青城菝葜 (13) 316 **326**
青城细辛 (3) 338 **344** 彩片266
青椆
(=小叶青冈) (4) 235
青岛百合 (13) 120 **132** 彩片108
青岛草
(=青岛水葱) (12) 264
青岛水葱 (12) 263 **264**
青麸杨 (8) 354 **355** 彩片176
青甘臭草 (12) 789 **793**
青甘锦鸡儿 (7) 265 **272**
青甘韭 (13) 141 **149**
青甘莴苣
(=川甘毛鳞菊) (11) 761
青甘杨 (5) 286 **292**
青秆竹 (12) 574 575 **580**
青冈 (4) 225 **238**
青冈栎
(=青冈) (4) 238
青冈属
(壳斗科) (4) 178 **222**
青钩栲 (4) **186**
青果榕 (4) 45 **66**
青海白马芥 (5) **520**
青海茶藨子 (6) 297 **311**
青海刺参 (11) 108 **109**
青海当归 (8) 720 **725**
青海杜鹃
(=陇蜀杜鹃) (5) 647
青海固沙草 (12) **976**
青海马先蒿 (10) 184 **219** 彩片65
青海茄参
(=茄参) (9) 237
青海苜蓿 (7) 433 **434**
青海肉叶荠
(=柔毛藏芥) (5) 467
青海野决明
(=披针叶黄华) (7) 458
青海野青茅 (12) 901 **909**
青海云杉 (3) 35 **38**
青海以礼草 (12) 863 **865**
青海鸢尾 (13) 279 **289**
青蒿 (11) 374 **394**
青花椒 (8) 401 **409**
青灰叶下珠 (8) 33 **35**
青荚叶 (7) 707 **708**
青荚叶属
(山茱萸科) (7) 691 **707**
青楷槭 (8) 318 **334**
青江藤 (7) 806 **813** 彩片305
青栲
(=小叶青冈) (4) 235
青稞 (12) 834 **837**
青兰 (9) 451 **457**
青兰属
(唇形科) (9) 394 **450**
青篱柴 (8) **232** 彩片107
青篱柴属
(亚麻科) (8) 231 **232**
青篱竹属
(禾本科) (12) 552 **644**
青毛藓 (1) 353 **355**
青毛藓属
(曲尾藓科) (1) 332 **353**
青龙藤 (9) 164 **165**
青绿薹草 (12) 415 **419**
青梅 (4) **571** 彩片259
青梅
(=青杨梅) (4) 176
青梅属
(龙脑香科) (4) 566 **571**
青木 (7) **705** 彩片272
青木香
(=四川清风藤) (8) 293
青牛胆 (3) 675 **676** 彩片396
青牛胆属
(防己科) (3) 669 670 **675**
青皮刺 (5) 370 **371**
青皮木 (7) **716**
青皮木属
(铁青树科) (7) 713 **716**
青皮竹 (12) 575 **583**
青杞 (9) 222 **227**
青扦 (3) 35 **39** 彩片58
青钱柳 (4) **167** 彩片70
青钱柳属
(胡桃科) (4) 164 **167**
青檀 (4) **12** 彩片11
青檀属
(榆科) (4) 1 **12**

青蛇藤 (9) **139**
青藤公 (4) 43 **55**
青藤属
(莲叶桐科) (3) **305**
青藤仔 (10) 58 **61**
青铜钱 (6) 431 **432**
青藓 (1) 831 **838**
青藓科 (1) **827**
青藓属
(青藓科) (1) 827 **831**
青葙 (4) 369 **370** 彩片168
青葙属
(苋科) (4) 368 **369**
青岩油杉
(=铁坚油杉) (3) 17
青杨 (5) 287 **292**
青杨梅 (4) 175 **176** 彩片76
青叶苎麻 (4) 136 **139**
轻木 (5) **67**
轻木属
(木棉科) (5) 64 **67**
倾立裂叶苔 (1) **53**
清风藤猕猴桃 (4) 658 **667**
清香木姜子 (3) 216 **220**
青香茅 (12) 1 142 **1144**
青羊参 (9) 151 **155** 彩片81
青枣核果木 (8) 23 **24**
青榨槭 (8) 318 **331** 彩片161
青紫葛 (8) 197 **200**
倾卧兔耳草 (10) 160 **162**
清风藤 (8) 292 **295**
清风藤科 (8) **292**
清风藤属
(清风藤科) (8) **292**
清明花 (9) 120 **121**
清明花属
(夹竹桃科) (9) 90 **120**
清香姜味草 (9) 528 **529**
清香木 (8) **363** 彩片182
清香藤 (10) 58 **64**
蜻蜓兰 (13) **471**
蜻蜓兰属
(兰科) (13) 367 **470**
苘麻 (5) 81 **83** 彩片46
苘麻属
(锦葵科) (5) 69 **80**
箐姑草
(=星毛繁缕) (4) 410

qiong
菵草 (12) 559 **925**
穹隆薹草 (12) **543**
筇竹 (12) 621 **626**
筇竹属
(=方竹属) (12) 620
琼刺榄 (6) **6**
琼滇鸡爪 (10) 586 **587**
琼豆 (7) **218**
琼豆属
(蝶形花科) (7) 65 **218**
琼桂润楠 (3) 276 **285**
琼花 (11) 4 **10**
琼榄 (7) **878** 彩片328
琼榄属
(茶茱萸科) (7) 876 **878**
琼梅 (10) **603** 彩片199
琼梅属
(茜草科) (10) 509 **603**
琼楠 (3) 294 **298**
琼楠属
(樟科) (3) 207 **293**
琼崖石韦 (2) 711 **719**
琼崖穴子蕨 (2) 775 **776**
琼子木
(=梾木) (7) 695
琼棕 (12) 69 **70**
琼棕属
(棕榈科) (12) 56 **69**

qiu
丘角菱 (7) 542 **546**
丘陵老鹳草 (8) 469 **477**
秋鹅观草 (12) 846 **859**
秋分草 (11) **159**
秋分草属
(菊科) (11) 122 **159**
秋枫 (8) **59** 彩片24
秋枫属
(大戟科) (8) 11 **59**
秋海棠 (5) 257 **267**
秋海棠科 (5) **255**
秋海棠属
(秋海棠科) (5) **255**
秋海棠叶蟹甲草 (11) 487 **490**
秋华柳 (5) 304 313 **361**
秋画眉草 (12) 962 **969**
秋葵属
(锦葵科) (5) 69 **88**
秋牡丹 (3) 486 **494**
秋葡萄 (8) 217 **219**
秋茄树 (7) **678** 彩片253
秋茄树属
(红树科) (7) 676 **678**
秋生薹草 (12) 518 **523**
秋鼠草 (11) 279 **282**
秋英 (11) **325**
秋英爵床属
(爵床科) (10) 330 **405**
秋英属
(菊科) (11) 125 **325**
秋子梨 (6) **558**
楸 (10) 422 **423** 彩片128
楸树
(=楸) (10) 423
楸叶泡桐 (10) 76 **78**
楸子 (6) 564 **569**
求米草 (12) 1040 **1041**
求米草属
(禾本科) (12) 554 **1040**
俅江飞蓬 (11) 215 **220**
俅江花楸 (6) 532 **540**
俅江秋海棠
(=心叶秋海棠) (5) 270

球柄兰属
(兰科) **(13)** 372 **586**
球萼叶苔 **(1)** 69 **85**
球盖蕨科 **(2)** 4 **466**
球杆毛蕨 **(2)** 139 **139**
球杆毛蕨属
(膜蕨科) **(2)** 112 **139**
球根阿魏 **(8)** **740**
球根阿魏属
(伞形科) **(8)** 582 **740**
球根老鹳草 **(8)** 468 **476**
球冠远志 **(8)** 245 **248**
球果赤瓟 **(5)** 209 **210**
球果蔊菜
(=风菜花) **(5)** 487
球果假水晶兰 **(5)** **733**
球果堇菜 **(5)** 139 **143**
球果荠 **(5)** **431**
球果荠属
(十字花科) **(5)** 386 **431**
球果牧根草 **(10)** **490**
球果石栎
(=球壳柯) **(4)** 211
球果藤 **(3)** **675**
球果藤属
(防己科) **(3)** 668 670 **675**
球果小檗 **(3)** 585 **597**
球果葶苈 **(5)** 439 **445**
球果猪屎豆 **(7)** 442 **451**
球果紫堇
(=短梗烟堇) **(3)** 767
球核荚 **(11)** 5 **16**
球花报春 **(6)** 170 **218** 彩片66
球花党参 **(10)** 455 **458**
球花豆属
(含羞草科) **(7)** 2 **21**
球花棘豆 **(7)** 354 **372**
球花棘豆
(=宽苞棘豆) **(7)** 376
球花荚
(=聚花荚) **(11)** 9
球花脚骨脆 **(5)** 126 **127**
球花藜 **(4)** 313 **315**
球花石楠 **(6)** 514 **517**
球花溲疏 **(6)** 249 **257**
球茎虎耳草 **(6)** 382 **390**
球壳柯 **(4)** 199 **211**
球花马蓝
(=圆苞金足草) **(10)** 375
球花马先蒿 **(10)** 182 **206**
球花毛麝香 **(10)** 97 **98**
球花牛奶菜
(=蓝叶藤) **(9)** 185
球花石斛 **(13)** 662 **667** 彩片480
球毛小报春 **(6)** 175 **215**
球花雪莲 **(11)** 568 **577** 彩片128
球结薹草 **(12)** 531 **532**
球茎大麦 **(12)** 834 **836**
球茎石豆兰 **(13)** 693 **715**
球菊 **(11)** 245 **566**
球菊属
(菊科) **(11)** 130 **566**
球距无柱兰 **(13)** 479 **482**
球兰 **(9)** 169 **170**
球兰属
(萝科) **(9)** 133 **169**
球蕊五味子 **(3)** 370 **372** 彩片284
球蒴金发藓 **(1)** 968 **969**
球蒴立碗藓
(=立碗藓) **(1)** 523
球蒴木灵藓东亚变种 **(1)** **621** **628**
球蒴藓 **(1)** **647**
球蒴藓属
(隐蒴藓科) **(1)** 644 **647**
球蒴小金发藓
(=球蒴金发藓) **(1)** 969
球蒴真藓 **(1)** 558 **568**
球穗扁莎 **(12)** 337 **338**
球穗草 **(12)** **1166**
球穗草
(=球穗荆三棱) **(12)** 262
球穗草属
(禾本科) **(12)** 554 **1166**
球穗胡椒 **(3)** 320 **326**
球穗花千斤拔
(=球穗千斤拔) **(7)** 244
球穗花楸 **(6)** 533 **541**
球穗荆三棱 **(12)** 261 **262**
球穗飘拂草 **(12)** 291 **299**
球穗千斤拔 **(7)** 243 **244**
球穗山姜 **(13)** 40 **47**
球穗苔草
(=玉簪薹草) **(12)** 402
球穗薹草 **(12)** 402 **404**
球穗香薷 **(9)** 545 **551**
球尾花 **(6)** 114 **118**
球序鹅掌柴 **(8)** 551 **552** 彩片261
球序韭 **(13)** 143 **167**
球序绢蒿 **(11)** 433 **439**
球序香蒲 **(13)** 6 **10**
球藓 **(1)** **469**
球藓属
(丛藓科) **(1)** 437 **469**
球腺肿足蕨 **(2)** 331 **333**
球形真藓 **(1)** 559 **560** 彩片161
球序卷耳 **(4)** 402 **404**
球药隔重楼 **(13)** 220 **225**
球柱草 **(12)** 289 **290**
球柱草属
(莎草科) **(12)** 255 **289**
球状马先蒿 **(10)** 185 **211**
球子草属
(百合科) **(13)** 69 **253**
球子蕨 **(2)** **446** 彩片97
球子蕨科 **(2)** 3 **445**
球子蕨属
(球子蕨科) **(2)** 445 **446**
球子买麻藤 **(3)** **119**
球子崖豆藤 **(7)** 103 **110**

qu

曲苞岩芋 **(12)** 128 **129** 彩片45
曲苞芋

(=曲苞岩芋) (12) 129
曲背藓 (1) 368 **369** 彩片94
曲背藓属
(曲尾藓科) (1) 332 **368**
曲边线蕨 (2) 755 **759**
曲柄铁线莲 (3) 510 **536**
曲柄藓 (1) 346 **351**
曲柄藓属
(曲尾藓科) (1) 332 **346**
曲唇兰 (13) **628**
曲唇兰属
(兰科) (13) 374 **628**
曲灯藓属
(提灯藓科) (1) 571 **572**
曲萼茶藨子 (6) 296 **305**
曲萼绣线菊 (6) 448 **465**
曲萼石豆兰 (13) 690 **694**
曲阜铁角蕨
(=东海铁角蕨) (2) 422
曲秆竹
(=甜竹) (12) 611
曲花紫堇 (3) 723 **737**
曲江远志 (8) 245 **250**
曲茎虎耳草 (6) 385 **403**
曲茎假糙苏 (9) 487 **488**
曲茎兰嵌马蓝 (10) **358**
曲茎石斛 (13) 664 **679** 彩片503
曲茎松萝藓 (1) **697**
曲茎藓 (1) **804**
曲茎藓属
(柳叶藓科) (1) 802 **803**
曲肋薄网藓 (1) **808**
曲肋凤尾藓 (1) 404 **421** 彩片119
曲莲 (5) 203 **205**
曲脉卫矛 (7) 776 **782**
曲芒发草 (12) 883 **884**
曲芒偃麦草 (12) 868 **869**
曲毛赤车 (4) 114 **116**
曲毛楼梯草 (4) 121 **130**
曲尾藓 (1) 376 **386**
曲尾藓科 (1) **332**
曲尾藓属
(曲尾藓科) (1) 333 **375**
曲序马蓝 (10) 366 **368**
曲序南星 (12) 152 **164** 彩片70
曲序香茅 (12) 1142 **1145**
曲叶小锦藓 (1) **886**
曲枝槌果藤
(=青皮刺) (5) 371
曲枝大萼苔 (1) 169 **170**
曲枝假蓝 (10) **381**
曲枝脚骨脆
(=云南脚骨脆) (5) 127
曲枝平藓 (1) 707 **709**
曲枝青藓 (1) 831 **833**
曲枝天门冬 (13) 230 **237** 彩片169
曲枝委陵菜 (6) 658 **688**
曲枝羊茅 (12) 682 **690**
曲枝早熟禾 (12) 705 **724**
曲轴海金沙 (2) 107 **109** 彩片50
曲轴黑三棱 (13) 1 **2** 彩片2
曲轴蕨属
(蕨科) (2) 176 **178**
曲轴石斛 (13) 663 **670**
曲籽芋 (12) **120**
曲籽芋属
(天南星科) (12) 104 **120**
屈曲花 (5) **413**
屈曲花属
(十字花科) (5) 382 **412**
屈头鸡 (5) 370 **372**
祛风藤 (9) 164 **165**
衢县苦竹 (12) 645 **654**

quan
全苞蕗蕨 (2) 113 **115**
全翅地肤 (4) 339 **340**
全唇花 (9) **406**
全唇花属
(唇形科) (9) 393 **406**
全唇苣苔 (10) **284**
全唇苣苔属
(苦苣苔科) (10) 245 **284**
全唇兰 (13) **426**
全唇兰属
(兰科) (13) 366 **425**
全唇盂兰 (13) 524 **525**
全萼马先蒿 (10) 181 **205**
全萼苔科 (1) **90**
全萼苔属
(全萼苔科) (1) 90 **91**
全冠黄堇 (3) 724 **650**
全光菊 (11) 709 **711**
全裂翠雀花 (3) 429 **437**
全裂叶阿魏 (8) 734 **737**
全能花 (13) **261**
全能花属
(石蒜科) (13) 259 **261**
全叶大蒜芥 (5) **526**
全叶荚 (11) 7 **28**
全叶苦苣菜 (11) 701 **703**
全叶麻花头 (11) 644 **646**
全叶马兰 (11) 163 **165**
全叶马先蒿 (10) 180 **214** 彩片63
全叶山芹 (8) 729 **731**
全叶延胡索 (3) 726 **763**
全育卫矛 (7) 779 **797**
全缘赤车 (4) **114**
全缘刺果藤 (5) 62 **63**
全缘刺疣藓 (1) **894**
全缘灯台莲
(=灯台莲) (12) 168
全缘锻 (5) 14 **20**
全缘凤尾蕨 (2) 180 **189**
全缘凤丫蕨 (2) 254 **254**
全缘匐灯藓 (1) 579 **580**
全缘贯众 (2) 588 **591**
全缘广萼苔 (1) **63** 彩片15
全缘火棘 (6) 500 **501**
全缘火麻树 (4) 86 **87**
全缘金粟兰 (3) 310 **313** 彩片256
全缘栝楼 (5) 235 **245**
全缘裂萼苔 (1) 122 **123**

全缘楼梯草 (4) 119 **122**
全缘拟赤藓 (1) **970**
全缘琴叶榕 (4) 44 **61**
全缘泉七 (12) **127**
全缘石楠 (6) 514 **519**
全缘铁线莲 (3) 510 **540**
全缘兔耳草 (10) 161 **163**
全缘橐吾 (11) 450 **467**
全缘网蕨 (2) 281 **282**
全缘狭瓣苔 (1) 182 **183**
全缘小金发藓 (1) 958 **962** 彩片287
全缘绣球 (6) 276 **287**
全缘栒子 (6) 483 **491** 彩片120
全缘叶豆梨 (6) 558 **563**
全缘叶栾树 (8) 286 **287**
全缘叶绿绒蒿 (3) 696 **699** 彩片405
全缘叶青兰 (9) 451 **454**
全缘叶银柴 (8) 44 **45**
全缘叶紫麻 (4) 153 **154**
全缘叶紫珠 (9) 353 **355**
全缘蝇子草 (4) 440 **447**
全柱秋海棠 (5) 257 **268**
泉沟子芥 (5) 521 **522**
泉七 (12) **127**
泉七属
(天南星科) (12) 105 **127**
拳参 (4) 484 **501**
拳距瓜叶乌头
(=瓜叶乌头) (3) 417
拳蓼
(=拳参) (4) 501
拳叶苔 (1) **172**
拳叶苔属
(大萼苔科) (1) 166 **172**
犬草 (12) 845 **856**
犬形鼠尾草 (9) 506 **510**
犬问荆 (2) 65 **66**

que
缺瓣重楼
(=无瓣黑籽重楼) (13) 226
缺齿红丝线 (9) 233 **235**
缺齿蓑藓 (1) 632 **633**
缺齿藓属
(真藓科) (1) **539**
缺齿小石藓 (1) 485 **486**
缺顶杜鹃 (5) 562 **608**
缺萼枫香 (3) **778**
缺刻钱袋苔 (1) **92**
缺刻叶诸葛菜
(=诸葛菜) (5) 398
雀稗 (12) 1053 **1055**
雀稗臂形草
(=雀稗尾稃草) (12) 1050
雀稗尾稃草 (12) **1050**
雀稗属
(禾本科) (12) 554 **1053**
雀斑党参 (10) 455 **457**
雀儿豆属
(蝶形花科) (7) 62 **286**
雀儿舌头
(=雀舌木) (8) 17
雀苣 (11) **750**
雀苣属
(菊科) (11) 135 **750**
雀麦 (12) 804 **814**
雀麦属
(禾本科) (12) 560 **802**
雀梅藤 (8) 139 **141**
雀梅藤属
(鼠李科) (8) 138 **139**
雀瓢
(=地梢瓜) (9) 151
雀翘
(=箭叶蓼) (4) 489
雀舌草 (4) 407 **412**
雀舌豆
(=小鸡藤) (7) 221
雀尾藓属
(孔雀藓科) (1) **742**
雀舌黄杨
(=匙叶黄杨) (8) 5
雀舌木 (8) 16 **17** 彩片6
雀舌木
(大戟科) (8) 10 **15**
确山野豌豆 (7) 407 **413**
鹊肾树 (4) 34 **35** 彩片24
鹊肾树属
(桑科) (4) 28 **34**

qun
群心菜 (5) **407**
群心菜属
(十字花科) (5) 384 **407**

R

ran
髯管花 (9) **8**
髯管花属
(马钱科) (9) 1 **8**
髯花杜鹃 (5) 561 **606** 彩片212
髯毛贝母兰 (13) 619 **622**
髯毛凤仙花 (8) 494 **522**
髯毛龙胆 (9) 19 **44**
髯毛箬竹 (12) 661 **664**
髯毛无心菜
(=髯毛蚤缀) (4) 429
髯毛缬草 (11) 99 **103**
髯毛蚤缀 (4) 420 **429**
髯丝蛛毛苣苔 (10) 303 **305**
髯药草 (9) **490**
髯药草属
(唇形科) (9) 395 **490**
燃灯虎耳草 (6) 386 **408**
染料木 (7) **465**
染料木属
(蝶形花科) (7) 67 **465**
染用卫矛 (7) 777 **787**
染木树 (10) **620**
染木树属
(茜草科) (10) 509 **620**

染色九头狮子草
(=观音草) **(10)** 397

rao
荛花属
(瑞香科) **(7)** 513 **515**
荛花香茶菜 **(9)** 569 **577**
饶平石楠 **(6)** 514 **519**

re
热带扁萼苔 **(1)** 186 **193**
热带凤尾蕨
(=线羽凤尾蕨) **(2)** 197
热带鳞盖蕨 **(2)** 156 **162**
热带铁苋菜 **(8)** 87 **89**
热带叶苔 **(1)** 69 **81**
热带阴石蕨 **(2)** 656 **658**
热河黄精 **(13)** 205 **208**
热河碱茅 **(12)** 764 **773**
热河蒲公英
(=白缘蒲公英) **(11)** 778
热泽藓属
(珠藓科) **(1)** 597 **600**

ren
人参 **(8)** 575 **576** 彩片273
人参木属
(五加科) **(8)** 535 **555**
人参娃儿藤 **(9)** 189 **191**
人参属
(五加科) **(8)** 535 **574**
人面竹 **(12)** 601 **607**
人面子 **(8)** **349**
人面子属
(漆树科) **(8)** 345 **349**
人心果 **(6)** **2** 彩片1
人血草
(=金罂粟) **(3)** 711
人字果属
(毛茛科) **(3)** 388 **481**
仁昌厚壳桂
(=硬壳桂) **(3)** 303
稔叶扁担杆 **(5)** 25 **27**
忍冬 **(11)** 53 **81** 彩片25
忍冬科 **(11)** **1**
忍冬属
(忍冬科) **(11)** 1 **49**
荏弱柳叶箬 **(12)** 1020 **1021**
荏弱早熟禾 **(12)** 706 **730**
任豆 **(7)** **50** 彩片37
任豆属
(云实科) **(7)** 23 **49**
任木
(=任豆) **(7)** 50
韧黄芩 **(9)** 417 **423**

ri
日本鞭苔 **(1)** 25 **29** 彩片7
日本扁柏 **(3)** 81 **82**
日本扁萼苔 **(1)** 187 **191**
日本扁枝藓 **(1)** **703**
日本常山
(=臭常山) **(8)** 413
日本丛生光萼苔 **(1)** 203 **207**
日本粗叶木 **(10)** 622 **630**
日本杜英 **(5)** 1 **5** 彩片3
日本短颖草 **(12)** **900**
日本匐灯藓 **(1)** 578 **581**
日本复叶耳蕨 **(2)** 478 **483**
日本厚皮香 **(4)** 621 **622**
日本黄花茅 **(12)** 897 **898**
日本黄猄草 **(10)** **357**
日本花柏 **(3)** 81 **82** 彩片110
日本假繁缕 **(10)** **684**
日本碱茅 **(12)** 765 **777**
日本金松
(=金松) **(3)** 67
日本金星蕨
(=光脚金星蕨) **(2)** 343
日本金腰 **(6)** 418 **424**
日本景天 **(6)** 337 **352**
日本看麦娘 **(12)** 927 **929**
日本蓝盆花 **(11)** 116 **120**
日本柳叶箬 **(12)** 1020 **1021**
日本龙常草 **(12)** **788**
日本乱子草 **(12)** 999 **1000**
日本冷杉 **(3)** 19 **22** 彩片29
日本柳杉 **(3)** 70 **71**
日本鹿蹄草 **(5)** 722 **727**
日本落叶松 **(3)** 45 **50** 彩片72
日本马蓝
(=日本黄猄草) **(10)** 357
日本马醉木
(=马醉木) **(5)** 685
日本麦氏草 **(12)** **679**
日本毛耳苔 **(1)** **223**
日本毛连菜 **(11)** 698 **699**
日本木瓜 **(6)** 555 **557**
日本南五味子 **(3)** 367 **369**
日本女贞 **(10)** 49 **53**
日本桤木 **(4)** 272 **275**
日本七叶树 **(8)** 311 **313**
日本求米草 **(12)** 1040 **1041**
日本曲柄藓 **(1)** 346 **352** 彩片89
日本曲尾藓 **(1)** 376 **383** 彩片97
日本曲尾藓
(=东亚曲尾藓) **(1)** 385
日本全唇兰 **(13)** **426**
日本散血丹 **(9)** 214 **215**
日本珊瑚树 **(11)** 6 **21**
日本商陆 **(4)** 288 **289** 彩片127
日本蛇根草 **(10)** 532 **537**
日本石竹 **(4)** 466 **467**
日本薯蓣 **(13)** 344 **358**
日本水龙骨 **(2)** 667 **668**
日本薹草 **(12)** 466 **469**
日本提灯藓
(=日本匐灯藓) **(1)** 581
日本蹄盖蕨
(=华东蹄盖蕨) **(2)** 298
日本弯芒乱子草
(=弯芒乱子草) **(12)** 1002
日本晚樱 **(6)** 765 **775**

日本网藓 (1) **428** 彩片123
日本苇 (12) **677**
日本五月茶 (8) 26 **29**
日本五针松 (3) 52 **57**
日本香柏 (3) 75 **76**
日本香茶菜
(=毛叶香茶菜) (9) 573
日本小檗 (3) 586 **606**
日本小叶苔 (1) 253 **254**
日本续断 (11) 111 **113** 彩片34
日本羊茅 (12) 682 **689**
日本莠竹 (12) 1105 **1109**
日本云杉 (3) 36 **41**
日本早熟禾 (12) 706 **731**
日本獐牙菜 (9) 76 **85**
日本紫背苔 (1) 280 **281**
日本紫珠 (9) 354 **361**
日本走灯藓
(=日本匐灯藓) (1) 581
日喀则蒿 (11) 380 **423**
日鳞苔 (1) **235**
日鳞苔属
(细鳞苔科) (1) 225 **235**
日中花属
(番杏科) (4) 296 **298**
日南薹草 (12) 518 **521**

rong
绒苞藤 (9) **349**
绒苞藤属
(马鞭草科) (9) 346 **349**
绒背蓟 (11) 621 **624**
绒钓樟
(=绒毛山胡椒) (3) 236
绒果芹 (8) **649**
绒果芹属
(伞形科) (8) 581 **649**
绒果梭罗 (5) 46 **49**
绒蕨
(=绒紫萁) (2) 91
绒藜 (4) **338**
绒藜属
(藜科) (4) 306 **338**
绒马唐 (12) 1061 **1064**
绒毛薄鳞蕨
(=绒毛粉背蕨) (2) 230
绒毛草 (12) **873**
绒毛草属
(禾本科) (12) 559 **873**
绒毛赤竹 (12) 658 **659**
绒毛戴星草 (11) 246 **247**
绒毛钓樟 (3) 231 **243**
绒毛杜鹃 (5) 564 **629** 彩片235
绒毛番龙眼 (8) **279** 彩片129
绒毛粉背蕨 (2) 227 **230**
绒毛高原芥
(=绒毛宽果芥) (5) 483
绒毛蒿 (11) 376 **410**
绒毛黄腺香青 (11) 264 **270**
绒毛胡枝子 (7) 183 **190**
绒毛槐 (7) 82 **86** 彩片56
绒毛黄蓍 (7) 288 **300**
绒毛假阴地蕨 (2) 74 **75** 彩片30
绒毛宽果芥 (5) **483**
绒毛苓菊 (11) 563 **564**
绒毛脓苞草 (9) **482**
绒毛苹婆 (5) 36 **37**
绒毛漆 (8) 356 **357**
绒毛肉实树 (6) **10**
绒毛润楠 (3) 275 **280**
绒毛山胡椒 (3) 230 **236** 彩片223
绒毛山蚂蝗 (7) 153 **156**
绒毛山茉莉 (6) 42 **43**
绒毛石楠 (6) 515 **522**
绒毛石韦 (2) 712 **726**
绒毛绣线菊 (6) 446 **454**
绒毛崖豆 (7) 103 **106**
绒毛野桐 (8) 64 **72**
绒毛钟花蓼 (4) 483 **495**
绒舌马先蒿 (10) 183 **191**
绒苔 (1) **20** 彩片4
绒苔科 (1) **20**
绒苔属
(绒苔科) (1) **20**
绒叶斑叶兰 (13) 410 **413**
绒叶含笑 (3) 144 **146**
绒叶青藓 (1) 831 **840**
绒叶仙茅 (13) 305 **307** 彩片233
绒叶肖竹芋 (13) **64**
绒缨菊 (11) **554**
绒紫萁 (2) 90 **91** 彩片38
茸果柯 (4) 199 **211**
茸果鹧鸪花 (8) 384 **385**
茸毛木蓝 (7) 129 **132**
茸毛委陵菜 (6) 657 **675**
茸球草
(=庐山草) (12) 259
容氏羽苔 (1) 130 **151**
蓉草 (12) 669 **670**
蓉城竹 (12) 602 **615**
榕江茶 (4) 576 **593**
榕树 (4) 43 **51**
榕叶冬青 (7) 838 **863** 彩片321
榕属
(桑科) (4) 28 **42**
榕叶树参 (8) 539 **541**

rou
柔瓣美人蕉 (13) **58**
柔垂缬草 (11) 98 **100**
柔齿藓 (1) **764**
柔齿藓属
(碎米藓科) (1) 754 **764**
柔果薹草 (12) 466 **468**
柔茎香茶菜 (9) 569 **579**
柔毛艾纳香 (11) 231 **237**
柔毛菝葜 (13) 315 **321**
柔毛半蒴苣苔 (10) 277 **279**
柔毛藏芥 (5) 466 **467**
柔毛糙叶树 (4) **16**
柔毛齿叶睡莲 (3) 381 **382** 彩片298
柔毛杜鹃 (5) 571 **611**
柔毛凤仙花 (8) 492 **513** 彩片37

柔毛高原芥
(=柔毛藏芥) **(5)** 467
柔毛果珍珠茅
(=毛果珍珠茅) **(12)** 359
柔毛莨 **(3)** 550 **561**
柔毛蒿 **(11)** 380 **424**
柔毛合头菊 **(11)** 738 **739**
柔毛胡枝子 **(7)** 182 **185**
柔毛节节盐木
(=柔毛盐蓬) **(4)** 352
柔毛金腰 **(6)** 418 **428**
柔毛堇菜 **(5)** 140 **162**
柔毛连蕊芥
(=连蕊芥) **(5)** 534
柔毛龙胆 **(9)** 20 **49**
柔毛路边青 **(6)** 647 **648**
柔毛马先蒿 **(10)** 182 **207**
柔毛莓叶悬钩子 **(6)** 592 **644**
柔毛泡花树 **(8)** 298 **302**
柔毛秋海棠
(=独牛) **(5)** 273
柔毛山黑豆 **(7)** 220 **221**
柔毛薯蓣 **(13)** 343 **352**
柔毛鼠耳芥
(=柔毛须弥芥) **(5)** 478
柔毛水龙骨 **(2)** 667 **673**
柔毛微孔草 **(9)** 319 **322**
柔毛委陵菜 **(6)** 656 **676**
柔毛小檗 **(3)** 587 **614**
柔毛须弥芥 **(5)** **478**
柔毛鸦胆子 **(8)** 370 **371**
柔毛岩荠
(=柔毛阴山荠) **(5)** 424
柔毛盐蓬 **(4)** **352**
柔毛阴山荠 **(5)** 422 **424**
柔毛淫羊藿 **(3)** 642 **644** 彩片468
柔毛油杉 **(3)** 15 **17**
柔毛郁金香 **(13)** 105 **107**
柔毛胀果芹 **(8)** 741 **742**
柔毛针刺悬钩子 **(6)** 586 **610**
柔毛钻地风 **(6)** **272**
柔软点地梅 **(6)** 152 **168**
柔软耳蕨 **(2)** 533 **542**
柔软马尾杉 **(2)** 15 **16**
柔软石韦 **(2)** 712 **724**
柔软早熟禾 **(12)** 708 **740**
柔弱斑种草 **(9)** 315 **316**
柔弱野青茅 **(12)** 901 **905**
柔弯曲碎米荠
(=弯曲碎米荠) **(5)** 458
柔小粉报春 **(6)** 176 **212**
柔叶白锦藓 **(1)** **393** 彩片98
柔叶花萼苔 **(1)** 274 **275**
柔叶立灯藓 **(1)** **576** 彩片169
柔叶毛柄藓 **(1)** **737** 彩片228
柔叶泥炭藓 **(1)** 301 **312** 彩片83
柔叶青藓 **(1)** 831 **835**
柔叶异萼苔 **(1)** **118**
柔叶泽藓 **(1)** 602 **605**
柔叶真藓 **(1)** 558 **563** 彩片164
柔枝槐
(=越南槐) **(7)** 85
柔枝碱茅 **(12)** 765 **775**
柔枝莠竹 **(12)** 1105 **1108**
肉被麻 **(4)** **151**
肉被麻属
(荨麻科) **(4)** 76 **151**
肉刺蕨 **(2)** 473 **473**
肉刺蕨属
(鳞毛蕨科) **(2)** 472 **472**
肉苁蓉 **(10)** **233**
肉苁蓉属
(列当科) **(10)** 228 **233**
肉豆蔻 **(3)** 198 **199**
肉豆蔻科 **(3)** **196**
肉豆蔻属
(肉豆蔻科) **(3)** 196 **198**
肉桂 **(3)** 252 **262**
肉果草 **(10)** **103** 彩片35
肉果草属
(玄参科) **(10)** 67 **103**
肉果兰属
(兰科) **(13)** 365 **520**
肉花卫矛 **(7)** 777 **786** 彩片299
肉菊 **(11)** **740**
肉菊属
(菊科) **(11)** 133 **740**
肉兰 **(13)** **721**
肉兰属
(兰科) **(13)** 369 **720**
肉色马铃苣苔 **(10)** 251 **252**
肉色土圞儿 **(7)** 205 **206** 彩片100
肉珊瑚 **(9)** **145**
肉珊瑚属
(萝藦科) **(9)** 134 **145**
肉实树 **(6)** 10 **11**
肉实树属
(山榄科) **(6)** 1 **10**
肉穗草 **(7)** 648 **648** 彩片239
肉穗草属
(野牡丹科) **(7)** 615 **647**
肉托果属
(漆树科) **(8)** 345 **364**
肉托榕 **(4)** 46 **69**
肉托竹柏 **(3)** 96 **97**
肉药兰 **(13)** **532**
肉药兰属
(兰科) **(13)** 368 **532**
肉叶耳草 **(10)** 515 **516**
肉叶荠属
(十字花科) **(5)** 385 388 **534**
肉叶龙头草 **(9)** 449 **450**
肉叶鞘蕊花 **(9)** 586 **587**
肉叶雪兔子 **(11)** 568 **579**
肉掌
(=胭脂掌) **(4)** 302
肉质伏石蕨 **(2)** 703 **703** 彩片133
肉质金腰 **(6)** 418 **422**

ru
乳白石蒜 **(13)** 262 **265**
乳白香青 **(11)** 264 **273**
汝昌冬青 **(7)** 835 **843**

乳浆大戟 (8) 119 **136** 彩片77
乳苣 (11) 704 **705**
乳苣属
(菊科) (11) 135 **704**
汝兰 (3) 683 **687** 彩片402
乳白垂花报春 (6) 171 **221**
乳白黄蓍 (7) 293 **335**
乳瓣景天 (6) 336 **343**
乳豆 (7) 209 **210**
乳豆
(蝶形花科) (7) 65 **209**
乳黄雪山报春 (6) 173 **204**
乳黄叶杜鹃 (5) 566 **624**
乳头百合 (13) 120 **131**
乳头灯心草 (12) 222 **232**
乳头凤丫蕨 (2) 254 **255**
乳突果 (9) **149**
乳突果属
(萝藦科) (9) 134 **149**
乳突金腰 (6) 418 **423**
乳突拟耧斗菜 (3) 453 **454**
乳突薹草 (12) 505 **507**
乳突小檗 (3) 587 **612** 彩片453
乳源杜鹃 (5) 571 **676**
乳源木莲 (3) 124 **128**
乳菀属
(菊科) (11) 123 **202**

ruan
软刺蹄盖蕨 (2) 295 **307**
软刺卫矛 (7) 776 **783**
软稃早熟禾 (12) 704 **720**
软骨边越桔 (5) 697 **699**
软骨草
(=虾子草) (12) 22
软骨耳蕨
(=尼泊尔耳蕨) (2) 545
软荚豆 (7) **218**
软荚豆属
(蝶形花科) (7) 65 **217**
软荚红豆 (7) 68 **73**
软毛虫实 (4) 328 **331**
软毛鹅耳枥 (4) 261 **269**
软皮桂 (3) 251 **257**
软雀花 (8) 589 **592**
软条七蔷薇 (6) 712 **737**
软叶刺葵
(=江边刺葵) (12) 59
软叶翠雀花 (3) 429 **433**
软叶大苞苣苔 (10) **311**
软枣猕猴桃 (4) 657 **660** 彩片290
软枝黄蝉 (9) **110** 彩片61
软枝绿锯藓 (1) 663 **664**
软紫草 (9) 291 **293**
软紫草属
(紫草科) (9) 280 **291**

rui
蕤核 (6) 750 **751**
蕊被忍冬 (11) 51 **65**
蕊帽忍冬 (11) 52 **67**
蕊木 (9) **107** 彩片57
蕊木属
(夹竹桃科) (9) 90 **107**
蕊丝羊耳蒜 (13) 537 **551**
蕊形真藓 (1) 558 **563** 彩片165
芮氏藓
(=仰叶藓) (1) 474
锐齿扁锦藓 (1) **897**
锐齿臭樱 (6) 792 **793**
锐齿凤仙花 (8) 492 **513**
锐齿凤尾藓 (1) 403 **416**
锐齿桂樱 (6) 786 **787**
锐齿槲栎 (4) 240 **246**
锐齿花楸 (6) 533 **545**
锐齿柳叶菜 (7) 597 **605**
锐齿楼梯草 (4) 121 **129**
锐刺裂萼苔 (1) 122 **126**
锐齿鼠李 (8) 145 **151**
锐齿小檗 (3) 586 **603**
锐果鸢尾 (13) 281 **302** 彩片227
锐尖山香圆 (8) **263**
锐尖叶独活 (8) 752 **753**
锐棱荸荠 (12) 278 **281**
锐棱岩荠
(=锐棱阴山荠) (5) 423
锐棱阴山荠 (5) 422 **423**
锐裂翠雀花 (3) 430 **445**
锐裂荷青花 (3) 712 **713**
锐裂钱袋苔 (1) 92 **93**
锐叶茴芹 (8) 665 **673**
锐枝木蓼 (4) 517 **518**
瑞丽叉花草 (10) 376 **377**
瑞丽鹅掌柴 (8) 551 **552**
瑞丽铁角蕨 (2) 402 **419**
瑞丽野茉莉
(=瓦山安息香) (6) 30
瑞木
(=大果蜡瓣花) (3) 712
瑞苓草
(=钝苞雪莲) (11) 578
瑞士羊茅 (12) 683 **693**
瑞氏楔颖草 (12) 1118 **1119**
瑞沃达早熟禾 (12) 709 **747**
瑞香 (7) 526 **531**
瑞香科 (7) **513**
瑞香属
(瑞香科) (7) 514 **525**
瑞香缬草 (11) 99 **102**

run
润肺草 (9) **199**
润肺草属
(萝科) (9) 134 **199**
润楠
(=楠木) (3) 282
润楠
(=小果润楠) (3) 278
润楠属
(樟科) (3) 207 **274**

ruo
弱小火绒草 (11) 251 **257**

弱锈鳞飘拂草 (12) 292 **302**
弱须羊茅 (12) 682 **687**
箬叶藻
(=竹叶眼子菜) (12) 34
箬叶竹 (12) 661 **664**
箬竹 (12) 661 **663**
箬竹属
(禾本科) (12) 551 **661**
箬棕
(=菜棕) (12) 71
箬棕属
(=菜棕属) (12) 70

S

sa
萨哈林早熟禾 (12) 703 **720**
萨拉套棘豆 (7) 353 **366**

sai
塞北紫堇 (3) 724 **749**
塞文碱茅 (12) 763 **769**
赛黑桦 (4) 276 **279**
赛金莲木 (4) **564** 彩片252
赛金莲木属
(金莲木科) (4) 563 **564**
赛葵 (5) **74**
赛葵属
(锦葵科) (5) 69 **74**
赛莨菪 (9) 208 **209**
赛里木蓟 (11) 621 **628**
赛楠 (3) **273** 彩片241
赛楠属
(樟科) (3) 207 **273**
赛山蓝 (10) **354**
赛山蓝属
(爵床科) (10) 331 **353**
赛山梅 (6) 28 **38**

san
三白草 (3) **316** 彩片258
三白草科 (3) **316**
三白草属
(三白草科) (3) **316**
三瓣果 (12) **196**
三瓣果属
(鸭跖草科) (12) 183 **196**
三瓣苔 (1) **51**
三瓣苔属
(裂叶苔科) (1) 48 **51**
三宝木 (8) **104**
三宝木属
(大戟科) (8) 13 **104**
三叉刺 (7) **148**
三叉刺属
(蝶形花科) (7) 63 **148**
三叉耳蕨
(=戟叶耳蕨) (2) 581
三叉凤尾蕨 (2) 183 **204**
三叉蕨 (2) 617 **623**
三叉蕨科 (2) **603**
三叉蕨属
(=叉蕨属) (2) 616
三叉苦
(=三桠苦) (8) 415
三叉叶星蕨
(=有翅星蕨) (2) 754
三齿鞭苔 (1) 25 **32**
三齿鱼黄草
(=地旋花) (9) 257
三齿越桔
(=红苞树萝卜) (5) 720
三翅萼 (10) **104**
三翅萼属
(玄参科) (10) 70 **104**
三翅秆砖子苗 (12) 341 **343**
三翅铁角蕨 (2) 400 **408**
三出假瘤蕨 (2) 731 **737**
三出银莲花 (3) 487 **489**

三春柳 (5) 184 **186**
三春水柏枝 (5) 184 **186** 彩片96
三刺草 (12) 1003 **1004**
三点金 (7) 153 **158**
三对节 (9) 378 **381**
三对叶悬钩子 (6) 583 **596**
三分丹
(=娃儿藤) (9) 192
三分七 (9) 208 **209**
三分三 (9) 208 **209**
三辐柴胡 (8) 631 **634**
三股筋香 (3) 231 **242**
三果大通翠雀花 (3) 429 **434**
三河野豌豆 (7) 407 **411**
三花顶冰花 (13) 99 **101**
三花冬青 (7) 835 **847**
三花杜鹃 (5) 558 **582** 彩片195
三花假卫矛 (7) 819 **822**
三花拉拉藤 (10) 660 **666**
三花龙胆 (9) 17 **31**
三花槭 (8) 318 **337**
三花枪刀药 (10) **400**
三花洼瓣花
(=三花顶冰花) (13) 101
三花悬钩子 (6) 587 **618**
三花莸 (9) 387 **389**
三基脉紫菀 (11) 175 **185**
三尖杉 (3) 102 **104** 彩片133
三尖杉科 (3) **101**
三尖杉属
(三尖杉科) (3) **102**
三尖叶猪屎豆 (7) 441 **442**
三俭草 (12) **311**
三角草 (12) **951**
三角草属
(禾本科) (12) 558 **951**
三角车 (5) **136**
三角车属 **136**
三角酢浆草 (8) 462 **463**
三角枫
(=三角槭) (8) 328

三角鳞毛蕨	(2)	492	**526**	
三角拟金毛裸蕨	(2)	250	**252**	彩片82
三角槭	(8)	317	**328**	
三角形冷水花				
(=三角叶冷水花)	(4)		111	
三角眼凤尾蕨				
(=线羽凤尾蕨)	(2)		197	
三角叶党参	(10)	455	**460**	
三角叶风毛菊	(11)	570	**587**	
三角叶护蒴苔	(1)	44	**45**	
三角叶假冷蕨	(2)	292	**293**	
三角叶堇菜	(5)	142	**167**	
三角叶冷水花	(4)	93	**111**	
三角叶驴蹄草	(3)	390	**391**	
三角叶薯蓣	(13)	342	**347**	彩片250
三角叶蟹甲草	(11)	487	**490**	
三角叶荨麻	(4)	76	**78**	
三角叶山蓊菜	(5)	523	**525**	
三角羽旱蕨	(2)	216	**216**	彩片65
三芥菊三七	(11)	551	**553**	
三界羊茅	(12)	683	**694**	
三肋果	(11)	349	**350**	
三肋果莎	(12)		**318**	
三肋果莎属				
(莎草科)	(12)	256	**318**	
三肋果属				
(菊科)	(11)	126	**349**	
三肋菘蓝	(5)	408	**410**	
三棱草属				
(莎草科)	(12)	255	**260**	
三棱秆草				
(=三棱针蔺)	(12)		270	
三棱瓜	(5)		**218**	
三棱瓜属				
(葫芦科)	(5)	198	**218**	
三棱栎	(4)		**254**	彩片109
三棱栎属				
(壳斗科)	(4)	178	**254**	
三棱水葱	(12)	263	**265**	
三棱虾脊兰	(13)	597	**601**	彩片421
三棱针蔺	(12)		**270**	
三棱枝杭子梢	(7)	177	**180**	彩片86
三列飞蛾藤	(9)	245	**247**	
三列疣胞藓	(1)		**874**	
三裂瓣紫堇	(3)	725	**754**	
三裂鞭苔	(1)	25	**33**	彩片9
三裂茶藨子	(6)	295	**302**	
三裂地蔷薇	(6)	699	**701**	
三裂瓜	(5)		**230**	
三裂瓜属				
(葫芦科)	(5)	199	**230**	
三裂假福王草	(11)	729	**730**	
三裂碱毛茛	(3)		**579**	
三裂毛茛	(3)	552	**557**	
三裂山矾	(6)	52	**61**	
三裂蛇葡萄	(8)	190	**193**	
三裂喜林芋	(12)		**135**	
三裂绣线菊	(6)	447	**459**	
三裂叶报春	(6)	172	**218**	
三裂叶绢蒿	(11)	434	**440**	
三裂叶薯	(9)	259	**262**	
三裂叶豚草	(11)		**311**	
三裂叶野葛	(7)	211	**212**	
三裂紫堇	(3)	723	**738**	
三轮草	(12)	322	**329**	
三脉菝葜	(13)	315	**321**	
三脉马钱				
(=华马钱)	(9)		4	
三脉梅花草	(6)	431	**437**	
三脉球兰	(9)	169	**170**	
三脉山黧豆	(7)	421	**423**	
三脉嵩草	(12)	364	**379**	
三脉兔儿风	(11)	665	**676**	
三脉野木瓜	(3)	664	**665**	
三脉叶马兰				
(=三基脉紫菀)	(11)		185	
三脉种阜草	(4)	430	**431**	
三脉猪殃殃	(10)	661	**671**	
三脉紫菀	(11)	175	**184**	彩片50
三芒草	(12)	1003	**1005**	
三芒草属				
(禾本科)	(12)	557	**1003**	
三芒虎耳草	(6)	383	**394**	
三芒景天	(6)	336	**347**	
三芒雀麦	(12)	804	**815**	
三芒山羊草	(12)	840	**841**	
三毛草	(12)	879	**881**	
三毛草属				
(禾本科)	(12)	561	**879**	
三明苦竹	(12)	645	**652**	
三匹箭	(12)	151	**154**	
三品一枝花	(13)	361	**362**	
三七	(8)	574	**575**	
三七草				
(=菊三七)	(11)		551	
三球悬铃木	(3)		**772**	
三蕊草	(7)	652	**654**	
三蕊草	(12)		**946**	
三蕊草属				
(禾本科)	(12)	558	**945**	
三蕊沟繁缕	(4)	680	**681**	
三蕊兰	(13)		**375**	
三蕊兰属				
(兰科)	(13)	365	**374**	
三蕊柳	(5)	308	**317**	
三舌合耳菊	(11)	522	**527**	
三色凤尾蕨	(2)	183	**198**	
三色堇	(5)	142	**173**	
三色莓	(6)	591	**640**	
三色鞘花	(7)	739	**740**	
三数马唐	(12)	1062	**1066**	
三穗飘拂草	(12)	292	**304**	
三穗薹草	(12)	415	**418**	
三台花	(9)	378	**382**	彩片145
三头薹草	(12)	383	**391**	
三尾青皮槭	(8)	316	**320**	
三峡槭	(8)	317	**327**	
三星果	(8)		**241**	彩片110
三星果藤				
(=三星果)	(8)		241	
三星果属				
(金虎尾科)	(8)	236	**241**	
三腺金丝桃	(4)		**708**	

三腺金丝桃属
(藤黄科) (4) 682 **708**
三相蕨
(=厚叶轴脉蕨) (2) 613
三小叶翠雀花 (3) 430 **443**
三桠苦 (8) 414 **415**
三桠乌药 (3) 230 **238**
三药槟榔 (12) 94 **95** 彩片30
三洋藓 (1) **818**
三洋藓属
(柳叶藓科) (1) 802 **818**
三叶朝天委陵菜 (6) 654 **683**
三叶地锦 (8) 183 **184**
三叶蝶豆 (7) 225 **226**
三叶耳蕨
(=戟叶耳蕨) (2) 581
三叶海棠 (6) 565 **571**
三叶寒藓 (1) **595**
三叶荚 (11) 7 **24**
三叶金锦香 (7) 616 **619**
三叶犁头尖 (12) 144 **148**
三叶鹿药 (13) 191 **192**
三叶木蓝 (7) 129 **146**
三叶木通 (3) 657 **658** 彩片392
三叶爬山虎
(=三叶地锦) (8) 184
三叶排草
(=三叶香草) (6) 128
三叶漆 (8) **362** 彩片180
三叶漆属
(漆树科) (8) 345 **362**
三叶鼠尾草 (9) 507 **514**
三叶藤桔 (8) **438**
三叶藤桔属
(芸香科) (8) 399 **438**
三叶委陵菜 (6) 658 **688**
三叶香草 (6) 116 **128**
三叶崖爬藤 (8) 206 **210**
三叶崖爬藤
(=台湾崖爬藤) (8) 208
三叶野木瓜 (3) **659**
三羽新月蕨 (2) 391 **392**
三月花葵 (5) 71 **72**
三月竹 (12) 621 **627**
三褶虾脊兰 (13) 598 **608** 彩片434
三枝九叶草 (3) 642 **644** 彩片469
三指假瘤蕨 (2) 731 **738**
三轴凤尾蕨 (2) 181 **191**
三柱韭 (13) 140 **148**
伞房花耳草 (10) 516 **523**
伞房荚 (11) 6 **22**
伞房尼泊尔青香 (11) 265 **278**
伞房蔷薇 (6) 709 **722**
伞房蔷薇 (6) 711 **733**
伞花冬青 (7) 835 **847**
伞花繁缕 (4) 408 **416**
伞花寄生藤 (7) 730 **731**
伞花假木豆 (7) **149** 彩片77
伞花卷瓣兰 (13) 691 **704** 彩片523
伞花绢毛菊
(=肉菊) (11) 740
伞花六道木 (11) 41 **45**
伞花螺序草 (10) 528 **529**
伞花马钱 (9) 2 **3**
伞花木 (8) **289** 彩片138
伞花木姜子 (3) 216 **223**
伞花木属
(无患子科) (8) 268 **289**
伞花石豆兰 (13) 691 **699**
伞花树萝卜 (5) 714 **718**
伞穗山羊草 (12) 840 **842**
伞形科 (8) **578**
伞形梅笠草
(=伞形喜冬草) (5) 732
伞形喜冬草 (5) 731 **732**
伞形绣球
(=中国绣球) (6) 276
伞形紫金牛 (6) 86 **91**
伞序臭黄荆 (9) 364 **370**
散斑竹根七 (13) 217 **218**
散胞指鳞苔 (1) **244**
散布报春 (6) 177 **211**
散花唐松草 (3) 461 **470**
散花龙船花 (10) 611 **612**
散花紫金牛 (6) 86 **92** 彩片22
散爵床 (10) **415**
散沫花 (7) **512**
散沫花属
(千屈菜科) (7) 500 **512**
散生木贼
(=披散木贼) (2) 65
散生女贞 (10) 49 **54**
散生千里光 (11) 533 **548**
散生丝带藓
(=散生细带藓) (1) 700
散生细带藓 (1) 699 **700**
散生栒子 (6) 484 **499**
散穗高粱 (12) 1121 **1123**
散穗弓果黍 (12) 1025 **1026**
散穗黑莎草 (12) 319 **320**
散穗野青茅 (12) 901 **905**
散穗早熟禾 (12) 702 **712**
散尾葵 (12) **92** 彩片26
散序地杨梅 (12) 248 **250**
散血丹属
(茄科) (9) 203 **214**
散血芹 (8) 656 **658**
散枝梯翅蓬 (4) **365** 彩片166
散枝猪毛菜
(=散枝梯翅蓬) (4) 365
散柱茶 (4) 574 **579**

sang
桑 (4) **29** 彩片21
桑寄生 (7) 750 **753**
桑寄生
(=广寄生) (7) 754
桑寄生
(=红花寄生) (7) 748
桑寄生科 (7) **738**
桑寄生属
(桑寄生科) (7) 738 **743**
桑科 (4) **27**

桑上寄生				
(=桑寄生)	(7)			753
桑树				
(=桑)	(4)			29
桑叶风毛菊	(11)		573	**607**
桑叶葡萄	(8)	218	219	**227**
桑叶秋海棠	(5)		257	**268**
桑属				
(桑科)	(4)		28	**29**
sao				
缫丝花	(6)	712	**740**	彩片160
扫把椆				
(=窄叶青冈)	(4)			229
扫把蕨	(2)			**462**
扫把蕨属				
(=微红新月蕨)	(2)			393
扫帚沙参	(10)		477	**481**
扫帚岩须	(5)	678	**679**	彩片277
se				
色萼花	(10)			**384**
色萼花属				
(爵床科)	(10)		329	**384**
色花棘豆	(7)		355	**381**
涩芥	(5)		505	**506**
涩芥属				
(十字花科)	(5)		388	**505**
色木槭	(8)	316	**320**	彩片153
sen				
森林榕	(4)		44	**55**
森氏红淡比				
(=大叶红淡比)	(4)			631
sha				
沙坝八月瓜	(3)		660	**661**
沙坝冬青	(7)	840	**873**	彩片326
沙煲暗罗	(3)		177	**179**
沙鞭	(12)			**948**
沙鞭属				

(禾本科)	(12)		558	**948**
沙参	(10)	477	**478**	彩片168
沙参属				
(桔梗科)	(10)		447	**475**
沙苁蓉	(10)		233	**234**
沙地粉苞菊	(11)		764	**765**
沙地雀麦	(12)		803	**808**
沙地叶下珠	(8)		34	**39**
沙地锦鸡儿	(7)		266	**276**
沙冬青	(7)		**456**	彩片159
沙冬青属				
(蝶形花科)	(7)		60	**456**
沙拐枣	(4)		514	**516**
沙拐枣属				
(蓼科)	(4)		481	**514**
沙蒿	(11)		381	**428**
沙戟	(8)			**62**
沙戟属				
(大戟科)	(8)		11	**62**
沙棘属				
(胡颓子科)	(7)		466	**479**
沙芥	(5)			**411**
沙芥属				
(十字花科)	(5)		382	**411**
沙晶兰属				
(水晶兰科)	(5)		733	**734**
沙苦荬菜	(11)			**757**
沙苦荬属				
(菊科)	(11)		135	**757**
沙拉羽苔	(1)		131	**152**
沙梾	(7)		692	**694**
沙梨	(6)		558	**561**
沙梨木	(5)		367	**368**
沙柳				
(=乌柳)	(5)			361
沙芦草	(12)		869	**870**
沙罗单竹	(12)		564	**566**
沙漠绢蒿	(11)		434	**439**
沙木蓼	(4)		517	**519**
沙坪薹草	(12)		500	**501**
沙蓬	(4)		**333**	彩片143

沙蓬属				
(藜科)	(4)		305	**333**
沙生冰草	(12)		869	**870**
沙生草				
(=小二仙草)	(7)			496
沙生柽柳	(5)	177	**183**	彩片93
沙生大戟	(8)		118	**132**
沙生繁缕	(4)		408	**416**
沙生风毛菊	(11)		572	**598**
沙生鹤虱	(9)		336	**339**
沙生桦	(4)		277	**285**
沙生黄耆	(7)		293	**331**
沙生蜡菊	(11)			**287**
沙生薹草	(12)			**394**
沙生岩菀	(11)			**200**
沙生蔗茅	(12)			**1099**
沙生针茅	(12)		931	**936**
沙氏鹿茸草				
(=绵毛鹿茸草)	(10)			226
沙穗	(9)			**463**
沙穗属				
(唇形科)	(9)		395	**463**
沙滩黄芩	(9)		419	**430**
沙菀	(11)			**207**
沙枣	(7)		467	**474**
沙针	(7)		**727**	彩片286
沙针属				
(檀香科)	(7)		723	**727**
沙竹	(12)			**564**
沙竹	(12)		601	**611**
刹柴	(12)		1090	**1091**
砂贝母	(13)		108	**118**
砂地薹草	(12)		381	**383**
砂地石灰藓	(1)		459	**460**
砂狗娃花	(11)		167	**170**
砂韭	(13)		141	**153**
砂蓝刺头	(11)		557	**560**
砂仁	(13)	50	**51**	彩片46
砂生地蔷薇	(6)		699	**700**
砂生短月藓	(1)		552	**554**
砂生槐	(7)	82	**84**	彩片54

砂糖椰子 (12) **86**
砂藓 (1) 509 **510**
砂藓属
(紫萼藓科) (1) 493 **508**
砂苋 (4) **370**
砂苋属
(苋科) (4) 368 **370**
砂引草 (9) **289**
砂珍棘豆 (7) 352 **361**
砂钻苔草
(=筛草) (12) 542
莎草蕨 (2) 105 **105** 彩片46
莎草蕨科 (2) 6 **105**
莎草蕨属
(莎草蕨科) (2) **105**
莎草科 (12) **255**
莎草兰 (13) 575 **580** 彩片402
莎草属
(莎草科) (12) 256 **321**
莎草砖子苗 (12) 341 **345**
莎禾 (12) **1018**
莎禾属
(禾本科) (12) 558 **1018**
莎木
(=桄榔) (12) 86
莎薹草 (12) **545**
莎菀属
(菊科) (11) 123 **207**
莎叶兰 (13) 575 **582** 彩片406
莎状苔草
(=莎薹草) (12) 545

shai
筛草 (12) **542**
筛齿藓
(=小孔筛齿藓) (1) 495
筛齿藓属
(紫萼藓科) (1) 493 **495**

shan
山艾 (11) 376 **411**
山白前 (9) 151 **163**
山白树 (3) **787** 彩片444
山白树属
(金缕梅科) (3) 773 **787**
山萆解 (13) 342 **345**
山槟榔属
(棕榈科) (12) 57 **95**
山菠菜 (9) **458**
山菜葶苈 (5) 439 **443**
山苍子
(=山鸡椒) (3) 218
山茶 (4) 575 **589**
山茶科 (4) **572**
山茶田
(=剪春罗) (4) 438
山茶属
(山茶科) (4) **573**
山橙 (9) 93 **94**
山橙属
(夹竹桃科) (9) 90 **92**
山赤藓 (1) 476 **477**
山慈菇 (3) 339 **346**
山慈姑
(=黄独) (13) 353
山慈菇 (13) **97**
山慈菇属
(百合科) (13) 72 **97**
山刺玫 (6) 709 **725**
山酢浆草 (8) 462 **463**
山丹 (13) 120 **130** 彩片104
山丹
(=渥丹) (13) 123
山丹柳 (5) 302 303 **354**
山道年蒿
(=蛔蒿) (11) 437
山地阿魏 (8) 734 **739**
山地杜茎山
(=金珠柳) (6) 81
山地虎耳草 (6) 383 **393**
山地还阳参 (11) 712 **715**
山地青毛藓 (1) 354 **355** 彩片91
山地瑞香
(=长瓣瑞香) (7) 530
山地水东哥 (4) 674 **675**
山地塔藓
(=星塔藓) (1) 937
山地五月茶 (8) 26 **28**
山地藓 (1) **670**
山地藓属
(蕨藓科) (1) 668 **669**
山地香茶菜 (9) 569 **577**
山地岩黄蓍 (7) 393 **401**
山东耳蕨 (2) 533 **540**
山地早熟禾 (12) 710 **748**
山靛 (8) **82**
山靛属
(大戟科) (8) 11 **82**
山丁香 (10) 33 **36**
山东鹅观草 (12) 843 **847**
山豆根 (7) **453** 彩片156
山豆根属
(蝶形花科) (7) 66 **452**
山豆花
(=绒毛胡枝子) (7) 190
山杜英 (5) 1 **6** 彩片4
山飞蓬 (11) 214 **216**
山矾 (6) 52 **59** 彩片17
山矾科 (6) **51**
山矾属
(山矾科) (6) **51**
山枫香树 (3) **778**
山柑科 (5) **366**
山柑藤 (7) **719** 彩片283
山柑藤属
(山柚子科) (7) **719**
山柑属
(山柑科) (5) 367 **369**
山梗菜 (10) 494 **498** 彩片178
山古
(=古子) (12) 102

山骨罗竹 (12) 564 **565**
山拐枣 (5) **121**
山拐枣属
(大风子科) (5) 110 **120**
山光杜鹃 (5) 565 **616** 彩片221
山桂花 (10) 40 **44** 彩片16
山桂花 (5) 118 **119**
山桂花属
(大风子科) (5) 110 **118**
山蒿 (11) 375 **397**
山合欢
(=山槐) (7) 18
山核桃 (4) **173**
山核桃属
(胡桃科) (4) 164 **173**
山荷叶
(=大叶子) (6) 372
山荷叶属
(小檗科) (3) 582 **641**
山黑豆 (7) 220 **222**
山黑豆属
(蝶形花科) (7) 65 **219**
山红树 (7) **681** 彩片256
山红树属
(红树科) (7) 676 **681**
山胡椒 (3) 230 **233** 彩片222
山胡椒属
(樟科) (3) 206 **229**
山黄菊 (11) **307**
山黄菊属
(菊科) (11) 130 **307**
山槐 (7) 16 **18** 彩片11
山黄麻 (4) 17 **18**
山黄麻属
(榆科) (4) 1 **17**
山茴香 (8) **683**
山茴香属
(伞形科) (8) 580 **683**
山鸡谷草 (12) **1039**
山鸡谷草属
(禾本科) (12) 554 **1038**
山鸡椒 (3) 215 **218** 彩片217
山棘子皮 (7) 526 **533**
山尖子 (11) 487 **490**
山菅 (13) **85** 彩片65
山菅兰
(=山菅) (13) 85
山菅属
(百合科) (13) 71 **85**
山涧草 (12) 671 **672**
山涧草属
(禾本科) (12) 557 **671**
山姜 (13) 40 **44** 彩片40
山姜属
(姜科) (13) 21 **39**
山橿 (3) 229 **233**
山椒子
(=大花紫玉盘) (3) 162
山蕉 (3) **173**
山桔 (8) **442**
山桔树 (8) **430** 彩片221
山芥 (5) **468**
山芥碎米荠 (5) 451 **460**
山芥属
(十字花科) (5) 383 **467**
山荆子 (6) 564 **565** 彩片135
山景天 (6) 335 **338**
山蒟 (3) 321 **332**
山韭 (13) 142 **158** 彩片120
山韭
(=野韭) (13) 151
山卷耳 (4) 402 **404**
山壳骨 (10) 391 **391**
山壳骨属
(爵床科) (10) 330 **391**
山苦茶 (8) 63 **66** 彩片27
山苦荬
(=中华小苦荬) (11) 754
山蜡梅 (3) 204 **205**
山兰 (13) 560 **561** 彩片383
山兰属
(兰科) (13) 374 **560**
山榄 (6) **8**
山榄科 (6) **1**
山榄叶柿 (6) 13 **18**
山榄属
(山榄科) (6) 1 **18**
山莨菪 (9) 208 **210**
山莨菪属
(茄科) (9) 203 **208**
山类芦 (12) **675**
山冷水花 (4) 90 **94**
山黧豆 (7) 420 **423**
山黧豆属
(蝶形花科) (7) 66 **420**
山里红 (6) 504 **505** 彩片124
山丽报春 (6) 175 **216**
山楝 (8) 388 **389** 彩片197
山楝属
(楝科) (8) 375 **388**
山林薹草 (12) 536 **538**
山蓼 (4) **520** 彩片221
山蓼属
(蓼科) (4) 481 **520**
山岭麻黄 (3) 113 **116** 彩片145
山柳
(=华南桤叶树) (5) 550
山柳菊 (11) **709**
山柳菊属
(菊科) (11) 133 **709**
山柳菊叶糖芥 (5) 513 **514**
山柳科
(=桤叶树) (5) 544
山柳属
(=桤叶树属) (5) 544
山龙眼 (7) 483 **484** 彩片170
山龙眼科 (7) **481**
山龙眼属
(山龙眼科) (7) 481 **482**
山露兜 (12) **100**
山绿柴 (8) 146 **157**
山绿豆 (7) 232 **234**
山罗花 (10) **171**

山罗花属
(玄参科) (10) 69 **171**
山萝卜
(=日本蓝盆花) (11) 120
山萝过路黄 (6) 117 **137**
山萝花马先蒿 (10) 181 **193**
山樱 (8) **386**
山麻杆 (8) 77 **78**
山麻杆属
(大戟科) (8) 12 **77**
山麻黄
(=裸芸香) (8) 423
山麻树 (5) **63** 彩片38
山麻树属
(梧桐科) (5) 35 **63**
山麻子
(=东北茶藨子) (6) 307
山蚂蝗属
(蝶形花科) (7) 63 66 **152**
山蚂蚱草 (4) 440 **447**
山马兰 (11) 163 **166** 彩片46
山麦冬 (13) 240 **241** 彩片171
山麦冬属
(百合科) (13) 69 **239**
山毛藓 (1) **363**
山毛藓属
(曲尾藓科) (1) 333 **363**
山莓 (6) 587 **617** 彩片141
山莓草 (6) 692 **693**
山莓草属
(蔷薇科) (6) 444 **692**
山梅花 (6) 260 **263**
山梅花属
(绣球花科) (6) 246 **260**
山茉莉芹 (8) **602** 彩片283
山茉莉芹属
(伞形科) (8) 579 **602**
山茉莉属
(安息香科) (6) 26 **42**
山牡荆 (9) 374 **375**
山木瓜 (4) 686 **690**
山木通 (3) 507 **521**
山楠 (3) 266 **268**
山柰 (13) **31** 彩片27
山柰属
(姜科) (13) 20 **31**
山牛蒡 (11) **648**
山牛蒡属
(菊科) (11) 132 **648**
山女娄菜
(=石生蝇子草) (4) 457
山泡泡 (7) 354 **371**
山蟛蜞菊 (11) 319 **320**
山枇杷
(=枇杷叶紫珠) (9) 354
山枇杷
(=蚬壳花椒) (8) 404
山枇杷
(=康定冬青) (7) 859
山飘风 (6) 335 **337** 彩片87
山葡萄 (8) 218 **222** 彩片103
山蒲桃 (7) 561 **574**
山漆树
(=小漆树) (8) 361
山牵牛 (10) 333 **334** 彩片111
山牵牛属
(爵床科) (10) 329 **333**
山茄 (9) 221 **227**
山茄子 (9) **305**
山茄子属
(紫草科) (9) 281 **304**
山墙藓
(=山赤藓) (1) 477
山芹属
(伞形科) (8) 581 **729**
山青木 (8) 299 **308**
山榕 (4) 45 **67**
山桑 (4) 29 **31**
山珊瑚 (13) **522** 彩片360
山珊瑚属
(兰科) (13) 365 **522**
山芍药
(=草芍药) (4) 560
山檨叶泡花树 (8) 299 **303** 彩片143
山檨子 (8) **346**
山檨子属
(漆树科) (8) 345 **346**
山蛇床阿魏 (8) 734 **739**
山石榴 (10) **584**
山石榴属
(茜草科) (10) 509 **584**
山生福禄草
(=山生蚤缀) (4) 425
山生柳 (5) 305 310 **337**
山生蚤缀 (4) 419 **425**
山柿子果 (3) 230 **235**
山鼠李 (8) 146 **156**
山薯 (13) 344 **359**
山苏花
(=巢蕨) (2) 438
山桃 (6) 753 **756**
山桃草 (7) 591 **592**
山桃草属
(柳叶菜科) (7) 581 **591**
山桃稠李
(=斑叶稠李) (6) 782
山桐子 (5) **120** 彩片72
山桐子属
(大风子科) (5) 110 **120**
山铜材 (3) **776**
山铜材属
(金缕梅科) (3) 773 **775**
山文竹 (13) 230 **238**
山莴苣 (11) **704**
山莴苣
(=翅果菊) (11) 746
山莴苣属
(菊科) (11) 133 **704**
山西杓兰 (13) 376 **378** 彩片260
山西鹤虱 (9) 336 **338**
山乌桕 (8) 113 **114** 彩片62
山西马先蒿 (10) 183 **186**
山西瓦韦 (2) 683 **699**

山西蟹甲草 (11) 489 **501**
山西玄参 (10) 82 **87**
山西异蕊芥
(=羽裂花旗杆) (5) 493
山菥蓂 (5) 415 **416**
山溪金腰 (6) 419 **426**
山香 (9) **565**
山香圆 (8) 263 **265**
山香圆属
(省沽油科) (8) 259 **263**
山香属
(唇形科) (9) 398 **565**
山小桔属
(芸香科) (8) 399 **430**
山杏 (6) 758 **759** 彩片167
山绣球 (6) 275 **281**
山血丹 (6) 86 **93**
山芎 (8) **717**
山芎属
(伞形科) (8) 582 **716**
山岩黄蓍 (7) 393 **397**
山芫荽 (11) 442 **443**
山芫荽属
(菊科) (11) 127 **442**
山羊草属
(禾本科) (12) 560 **840**
山羊臭虎耳草 (6) 383 **394** 彩片103
山羊豆 (7) **388**
山羊豆属
(蝶形花科) (7) 62 **388**
山羊角树 (5) **121**
山羊角树属
(大风子科) (5) 110 **121**
山杨 (5) 286 **289**
山药
(=薯蓣) (13) 357
山野火绒草 (11) 251 **260** 彩片66
山野豌豆 (7) 406 **409**
山一笼鸡 (10) **359**
山一笼鸡属
(爵床科) (10) 332 **359**
山罂粟
(=野罂粟) (3) 706
山樱花 (6) 765 **774**
山油柑 (8) **426** 彩片217
山油柑属
(芸香科) (8) 399 **426**
山油麻 (4) 17 **19**
山柚子 (7) **720**
山柚子科 (7) **718**
山柚子属
(山柚子科) (7) **719**
山羽藓 (1) **798**
山羽藓属
(羽藓科) (1) 784 **798**
山萮菜 (5) **523** 彩片184
山萮菜属
(十字花科) (5) 384 385 **523**
山玉兰 (3) 131 **132** 彩片158
山育杜鹃 (5) 559 **584** 彩片197
山皂荚 (7) 25 **27**
山鸢尾 (13) 280 **287** 彩片206
山枣 (8) 173 **174**
山楂 (6) **504** 彩片123
山楂海棠 (6) 565 **572**
山楂叶樱桃 (6) 765 **773**
山楂属
(蔷薇科) (6) 443 **503**
山芝麻 (5) **50**
山芝麻属
(梧桐科) (5) 34 **50**
山指甲
(=假鹰爪) (3) 169
山珠南星 (12) 151 **156** 彩片60
山猪菜 (9) 254 **257**
山猪殃殃 (10) 660 **668**
山茱萸 (7) 703 **704** 彩片271
山茱萸科 (7) **690**
山茱萸属
(山茱萸科) (7) 691 **703**
山竹岩黄蓍 (7) 392 **394**
山紫锤草 (10) 501 **502**
山紫茉莉属
(紫茉莉科) (4) 291 **293**
山棕 (12) **86** 彩片21
杉科 (3) **68**
杉木 (3) 68 **69** 彩片93
杉木属
(杉科) (3) 68
杉松 (3) 19 **23** 彩片30
杉形马尾杉 (2) 15 **18**
杉叶杜
(=杉叶杜鹃) (5) 555
杉叶杜鹃 (5) **555**
杉叶杜鹃属
(杜鹃花科) (5) 553 **555**
杉叶藻 (10) **2** 彩片1
杉叶藻科 (10) **2**
杉叶藻属
(杉叶藻科) (10) **2**
珊瑚补血草 (4) 547 **550**
珊瑚菜 (8) **732** 彩片290
珊瑚菜属
(伞形科) (8) 581 **732**
珊瑚冬青 (7) 838 **862**
珊瑚豆 (9) 221 **225**
珊瑚花 (10) **406** 彩片123
珊瑚花属
(爵床科) (10) 330 **406**
珊瑚姜 (13) **37**
珊瑚苣苔 (10) 266 **267**
珊瑚苣苔属
(苦苣苔科) (10) 244 **266**
珊瑚兰 (13) **567** 彩片389
珊瑚兰属
(兰科) (13) 373 **567**
珊瑚朴 (4) 20 **22**
珊瑚树 (11) 6 **21** 彩片6
珊瑚樱 (9) 221 **225**
闪毛党参 (10) 455 **458**
闪穗早熟禾 (12) 707 **737**
陕川婆婆纳 (10) 147 **157**
陕甘灯心草 (12) 224 **242**

陕甘花楸 (6) 533 **542**
陕甘金腰 (6) 419 **430**
陕甘山桃 (6) 753 **756**
陕西白齿藓 (1) 652 **653**
陕西残齿藓
(=匍枝残齿藓) (1) 649
陕西茶藨子 (6) 298 **317**
陕西粗蔓藓
(=反叶粗蔓藓) (1) 692
陕西粗枝藓 (1) 925 **926**
陕西短柱茶 (4) 574 **583** 彩片266
陕西峨眉蕨 (2) 287 **287**
陕西鹅耳枥 (4) 260 **265** 彩片118
陕西耳蕨 (2) 535 **558**
陕西耳叶苔 (1) 212 **217**
陕西粉背蕨 (2) 227 **228**
陕西荚 (11) 4 **10**
陕西假瘤蕨 (2) 732 **741**
陕西假密网蕨
(=陕西假瘤蕨) (2) 741
陕西龙胆 (9) 21 **52**
陕西鳞叶藓 (1) 920 **921**
陕西猕猴桃 (4) 657 **660**
陕西蔷薇 (6) 710 **730**
陕西碎米藓 (1) 755 **757**
陕西薹草 (12) 428 **432**
陕西铁线蕨 (2) 233 **243**
陕西铁线莲 (3) 507 508 509**524**
陕西瓦韦 (2) 683 **697**
陕西卫矛 (7) 779 **800**
陕西香椿 (8) 376 **377**
陕西小曲尾藓 (1) 338 **341**
陕西绣线菊 (6) 446 **452**
陕西悬钩子 (6) 583 **595**
陕西岩蕨 (2) 451 **453**
陕西紫堇 (3) 722 **737**
陕西紫茎 (4) 616 **617**
汕头后蕊苣苔 (10) **272**
扇芭蕉 (13) **13**
扇苞黄堇 (3) 723 **739**
扇唇舌喙兰 (13) 453 **454** 彩片313
扇唇羊耳蒜 (13) 537 **549**
扇唇指甲兰 (13) 755 **756**
扇蕨 (2) **676** 彩片124
扇蕨属
(水龙骨科) (2) 664 **676**
扇脉杓兰 (13) 377 **383** 彩片268
扇脉香茶菜 (9) 568 **583**
扇穗茅 (12) **817**
扇穗茅属
(禾本科) (12) 560 **816**
扇形鸢尾 (13) 281 **296**
扇叶虎耳草 (6) 382 **389**
扇叶桦 (4) 277 **284**
扇叶芥属
(十字花科) (5) 381 384 **385**
386 389 **482**
扇叶毛茛 (3) 550 551 **563**
扇叶槭 (8) 316 **325**
扇叶藤 (9) **168**
扇叶藤属
(萝科) (9) 133 **168**
扇叶提灯藓
(=毛灯藓) (1) 587
扇叶铁线蕨 (2) 233 **240** 彩片76
扇羽阴地蕨 (2) **73** 彩片28
鳝藤 (9) **125**
鳝藤属
(夹竹桃科) (9) 91 **125**

shang
商陆 (4) **288** 彩片125
商陆科 (4) **288**
商陆属
(商陆科) (4) **288**
商南蒿 (11) 374 **393**
上海羽苔 (1) 131 **153**
上树南星 (12) **111**
上树南星属
(天南星科) (12) 104 **111**
上树蜈蚣 (12) 113 **114**
上思厚壳树 (9) 284 **285**
上思卷花丹 (7) **650**
上思小花藤
(=小花藤) (9) 130

shao
芍药 (4) 556 **560** 彩片247
芍药科 (4) **555**
芍药属
(芍药科) (4) **555**
韶子 (8) **280**
韶子属
(无患子科) (8) 267 **280**
少瓣秋海棠 (5) 256 **265**
少齿花楸 (6) 532 **538**
少齿小檗 (3) 588 **619**
少对峨眉蔷薇 (6) 708 **717**
少辐小芹 (8) 653 **654**
少花荭薁 (13) 317 **336**
少花苞舌兰 (13) **592**
少花荸荠 (12) 278 **282**
少花大苞兰 (13) 717 **718**
少花大披针薹草 (12) 429 **436**
少花顶冰花 (13) 99 **100**
少花杜鹃 (5) 562 **633**
少花粉条儿菜 (13) 254 **255**
少花风毛菊 (11) 572 **601**
少花桂 (3) 251 **256**
少花海桐 (6) 234 **237**
少花红柴胡 (8) 632 **641**
少花茴芹 (8) 664 **670**
少花荚 (11) 6 **18**
少花冷水花 (4) 93 **108**
少花狸藻 (10) 439 **441**
少花瘤枝卫矛 (7) 778 **793**
少花龙葵 (9) 222 **224**
少花毛轴莎草 (12) 321 **327**
少花米口袋 (7) **382**
少花杉叶杜
(=少花杉叶杜鹃)(5) 555
少花杉叶杜鹃 (5) **555**
少花石斛 (13) 662 **686**

少花水莎草 (12) 335 **336**
少花薹草 (12) **439**
少花万寿竹 (13) 199 **202** 彩片147
少花虾脊兰 (13) 597 **603** 彩片424
少花新樟
(=新樟) (3) 265
少花柊叶 (13) 62 **63**
少脉椴 (5) 14 **21**
少脉假卫矛 (7) 820 **824**
少脉雀梅藤 (8) 139 **140**
少毛白花苋 (4) 377 **378**
少毛北前胡 (8) 743 **750**
少毛变叶葡萄 (8) 219 **228**
少毛西域荚 (11) 8 **34**
少毛紫麻 (4) 154 **155**
少囊薹草 (12) 483 **486**
少年红 (6) 86 **96**
少蕊败酱 (11) 92 **97**
少穗落芒草 (12) 941 **943**
少穗飘拂草 (12) 292 **303**
少穗苔草
(=少囊薹草) (12) 486
少穗薹草 (12) 383 **390**
少穗竹 (12) 645 **648**
少穗竹属
(=青篱竹属) (12) 644
少腺爪花芥 (5) **511**
少叶艾纳香 (11) 231 **236**
少叶黄杞 (4) 165 **166** 彩片68
少叶龙胆 (9) 19 **42**
少叶鹿药 (13) 192 **194**
少叶水竹叶 (12) 190 **192**
少叶早熟禾 (12) 710 **753**
少羽凤尾蕨 (2) 180 **191**
少枝碱茅 (12) 763 **768**

she
舌瓣鼠尾草 (9) 508 **520**
舌唇槽舌兰 (13) 764 **766**
舌唇兰 (13) 458 **461** 彩片318
舌唇兰属
(兰科) (13) 367 **457**
舌喙兰 (13) **453** 彩片312
舌喙兰属
(兰科) (13) 367 **453**
舌蕨 (2) 633 **635**
舌蕨科 (2) 7 **633**
舌蕨属
(舌蕨科) (2) **633**
舌岩白菜 (6) 379 **380**
舌叶扁锦藓 (1) **897** 彩片266
舌叶拟绢藓 (1) 862 **863**
舌叶拟平藓 (1) 712 **714** 彩片220
舌叶薹草 (12) 497 **498**
舌叶藓 (1) 474 **475**
舌叶藓属
(丛藓科) (1) 436 **474**
舌叶紫菀 (11) 177 **191**
舌叶小壶藓 (1) 528 **530**
舌柱麻 (4) **135**
舌柱麻属
(荨麻科) (4) 75 **135**
佘山羊奶子 (7) 468 **476**
蛇床 (8) 699 **700**
蛇床茴芹 (8) 664 **671**
蛇床属
(伞形科) (8) 581 **698**
蛇根草属
(茜草科) (10) 507 **530**
蛇根木 (9) **103** 彩片55
蛇根叶 (10) **340**
蛇根叶属
(爵床科) (10) 329 **339**
蛇菰科 (7) **765**
蛇菰属
(蛇菰科) (7) **766**
蛇瓜 (5) 235 **244** 彩片125
蛇果黄堇 (3) 726 **759**
蛇含委陵菜 (6) 659 **682**
蛇莲 (5) 203 **205**
蛇目菊 (11) **314**
蛇目菊属
(菊科) (11) 124 **314**
蛇莓 (6) **706** 彩片148
蛇莓委陵菜 (6) 658 **683**
蛇莓属
(蔷薇科) (6) 444 **706**
蛇泡筋 (6) 587 **620**
蛇皮果属
(棕榈科) (12) 57 **74**
蛇婆子 (5) **54**
蛇婆子属
(梧桐科) (5) 34 **54**
蛇葡萄
(=东北蛇葡萄) (8) 193
蛇葡萄属
(葡萄科) (8) 183 **189**
蛇舌兰 (13) **724**
蛇舌兰属
(兰科) (13) 370 **724**
蛇苔 (1) **272** 彩片59
蛇苔科 (1) **272**
蛇苔属
(蛇苔科) (1) **272**
蛇藤
(=羽叶金合欢) (7) 10
蛇藤 (8) **160**
蛇藤属
(鼠李科) (8) 138 **160**
蛇头荠 (5) **420**
蛇头荠属
(十字花科) (5) 387 **420**
蛇王藤 (5) 191 **192** 彩片98
蛇尾草 (12) **1165**
蛇尾草属
(禾本科) (12) 555 **1165**
蛇形弯梗荠 (5) **428**
蛇足石杉 (2) 8 **12**
蛇足石松
(=蛇足石杉) (2) 12
麝香报春 (6) 171 **221**
射干 (13) **277** 彩片194
射干属

(鸢尾科) (13) 273 **277**
射毛悬竹 (12) **630**
麝香百合 (13) 118 **121**

shen
深齿毛茛 (3) 551 552 **558**
深红龙胆 (9) 19 **43**
深裂八角枫 (7) 683 **685**
深裂花烛 (12) **108**
深裂苦荬菜 (11) 751 **752**
深裂龙胆 (9) 16 **22**
深裂鳞毛蕨 (2) 489 **503**
深裂毛叶苔 (1) 16 **17**
深裂迷人鳞毛蕨 (2) 491 **521**
深裂蒲公英 (11) 768 **773**
深裂山葡萄 (8) 218 **222**
深裂树萝卜 (5) 714 **715**
深裂锈毛莓 (6) 589 **629**
深裂叶黄芩 (9) 419 **431**
深裂沼兰 (13) 551 **554**
深裂竹根七 (13) 217 **218** 彩片158
深绿鞭苔 (1) 25 **31**
深绿短肠蕨 (2) 316 **325**
深绿卷柏 (2) 33 **45** 彩片17
深绿绢藓 (1) 854 **860** 彩片255
深绿山龙眼 (7) 483 **486** 彩片172
深绿叶苔 (1) 69 **70**
深山含笑 (3) 145 **152** 彩片187
深山堇菜 (5) 141 **148**
深山毛茛 (3) 552 **555**
深山唐松草 (3) 461 **472**
深山铁角蕨
(=黑色铁角蕨) (2) 430
深山蟹甲草 (11) 488 **498**
深圆齿堇菜 (5) 140 **163**
深紫木蓝 (7) 130 **137**
神黄豆 (7) 50 **54**
神农架唇柱苣苔 (10) 287 **291**
神农架瓦韦 (2) 682 **695**
神农箭竹
(=龙头竹) (12) 628
神香草 (9) **534**
神香草属
(唇形科) (9) 397 **534**
沈氏十大功劳 (3) 626 **629**
肾苞草 (10) **352**
肾苞草属
(爵床科) (10) 331 **352**
肾瓣尾鳞苔 (1) **229**
肾茶 (9) **594** 彩片195
肾茶属
(唇形科) (9) 398 **594**
肾唇虾脊兰 (13) 597 **605** 彩片429
肾萼金腰 (6) 418 **429**
肾耳唐竹 (12) 597 **599**
肾盖铁线蕨 (2) 233 **243**
肾果小扁豆 (8) 246 **251**
肾蕨 (2) 637 **638**
肾蕨科 (2) 4 **636**
肾蕨属
(肾蕨科) (2) 636 **636**
肾形子黄蓍 (7) 290 **308**
肾叶报春 (6) 172 **183**
肾叶打碗花 (9) **249**
肾叶风毛菊 (11) 573 **604**
肾叶金腰 (6) 418 **421** 彩片110
肾叶龙胆 (9) 20 **46**
肾叶鹿蹄草 (5) 721 **722**
肾叶蒲儿根 (11) 508 **511**
肾叶山蓼
(=山蓼) (4) 520
肾叶山蚂蝗 (7) 153 **157**
肾叶碎米荠
(=露珠碎米荠) (5) 456
肾叶天胡荽 (8) 583 **586**

sheng
升马唐 (12) 1062 **1068**
升麻 (3) 399 **400** 彩片309
升麻属
(毛茛科) (3) 388 **399**
省沽油 (8) 260 **261**
省沽油科 (8) **259**
省沽油属
(省沽油科) (8) 259 **260**
省藤
(=单叶省藤) (12) 85
省藤属
(棕榈科) (12) 57 **76**
绳虫实 (4) 328 **330**
绳藓 (1) **671**
绳藓属
(蕨藓科) (1) 668 **671**
圣地红景天 (6) 355 **368**
圣蕨 (2) 397 **397** 彩片90
圣蕨属
(金星蕨科) (2) 335 **396**
圣罗勒 (9) 591 **592**

shi
失盖耳蕨
(=大叶耳蕨) (2) 554
师宗紫堇 (3) 721 **728**
虱子草 (12) 1009 **1010**
狮牙草状风毛菊 (11) 572 **599** 彩片143
狮子尾 (12) 113 **115**
湿唇兰 (13) **739** 彩片547
湿唇兰属
(兰科) (13) 370 **739**
湿地繁缕 (4) 408 **415**
湿地风毛菊 (11) 574 **609**
湿地蒿 (11) 374 **395**
湿地黄蓍 (7) 294 **343**
湿地鳞毛蕨
(=倒鳞鳞毛蕨) (2) 518
湿地松 (3) 54 **66**
湿地苔 (1) **166**
湿地苔属
(大萼苔科) (1) **166**
湿地勿忘草 (9) **311**
湿地藓 (1) **464**
湿地藓属
(丛藓科) (1) 438 **464**

湿地岩黄蓍 (7) 393 **396** 彩片142
湿地银莲花 (3) 488 **496**
湿地早熟禾 (12) 709 **747**
湿地真藓
(=球蒴真藓) (1) 568
湿柳藓 (1) **807**
湿柳藓属
(柳叶藓科) (1) 802 **807**
湿生扁蕾 (9) 60 **61** 彩片31
湿生狗舌草 (11) 516 **519**
湿生合叶苔 (1) 103 **106**
湿生金锦香 (7) 616 **618**
湿生冷水花 (4) 91 **97**
湿生裂齿苔 (1) **174**
湿生美头火绒草 (11) 251 **259**
湿生鼠草 (11) 280 **283**
湿生苔 (1) **96**
湿生苔属
(全萼苔科) (1) 91 **96**
湿生薹草 (12) **438**
湿生蹄盖蕨 (2) 294 **301**
湿薹草 (12) 500 **503**
湿隐蒴藓 (1) **681** 彩片201
湿隐蒴藓属
(蕨藓科) (1) 668 **681**
湿原藓 (1) 820 **821**
湿原藓属
(柳叶藓科) (1) 802 **820**
湿原踯躅
(=地桂) (5) 689
蓍 (11) 335 **336** 彩片77
蓍属
(菊科) (11) 125 **335**
十齿花 (7) **712** 彩片278
十齿花科 (7) **712**
十齿花属
(十齿花科) (7) **712**
十大功劳 (3) 626 **629**
十大功劳属
(小檗科) (3) 582 **625**
十棱山矾 (6) 52 **62**
十裂葵 (5) **98**
十裂葵属
(锦葵科) (5) 69 **98**
十蕊大参 (8) 549 **550**
十蕊风车子 (7) 671 **672**
十蕊槭 (8) 318 **334**
十万错 (10) **389**
十万错属
(爵床科) (10) 330 **389**
十字花科 (5) **380**
十字架树 (10) **436**
十字苣苔 (10) **325**
十字苣苔属
(苦苣苔科) (10) 246 **325**
十字兰 (13) 500 **505**
十字马唐 (12) 1062 **1069**
十字薹草 (12) 382 **386**
什锦丁香 (10) 33 **38**
石斑木 (6) **529**
石斑木属
(蔷薇科) (6) 443 **529**
石笔木 (4) 603 **604** 彩片278
石笔木属
(山茶科) (4) 573 **603**
石蚕叶绣线菊 (6) 448 **465**
石蝉草 (3) 334 **335**
石菖蒲 (12) 106 **107** 彩片36
石地钱 (1) **283** 彩片64
石地钱属
(疣冠苔科) (1) 274 **282**
石刁柏 (13) 231 **237** 彩片170
石吊兰
(=吊石苣苔) (10) 320
石丁香 (10) **554**
石丁香属
(茜草科) (10) 507 **553**
石豆兰属
(兰科) (13) 373 **690**
石防风 (8) 742 **747**
石风车子 (7) 671 **672** 彩片249
石缝藓 (1) **324**
石缝藓属
(牛毛藓科) (1) 316 **324**
石缝蝇子草 (4) 440 **446**
石凤丹
(=翅柄蓼) (4) 500
石柑属
(天南星科) (12) 104 **108**
石柑子 (12) **109**
石盖蕨 (2) **487**
石盖蕨属
(鳞毛蕨科) (2) 472 **486**
石膏子
(=硃砂根) (6) 92
石果鹤虱 (9) 336 **340**
石果红山茶 (4) 575 **585**
石果珍珠茅 (12) 355 **357**
石海椒 (8) **231** 彩片106
石海椒属
(亚麻科) (8) **231**
石核木 (10) **633**
石核木属
(茜草科) (10) 511 **632**
石胡荽 (11) **442**
石胡荽属
(菊科) (11) 127 **442**
石斛 (13) 664 **676** 彩片500
石斛属
(兰科) (13) 373 **661**
石蝴蝶属
(苦苣苔科) (10) 245 **281**
石花
(=珊瑚苣苔) (10) 267
石灰花楸 (6) 534 **552**
石灰藓 (1) 459 **460**
石灰藓属
(丛藓科) (1) 438 **459**
石椒草 (8) 420 **421**
石椒草属
(芸香科) (8) 398 **420**
石筋草 (4) 92 **102**
石蕨 (2) **727**

石蕨属				
(水龙骨科)	(2)	664	**727**	
石栎				
(=柯)	(4)		216	
石砾唐松草	(3)	459	**480**	
石栗	(8)		**97**	彩片46
石栗属				
(大戟科)	(8)	13	**97**	
石莲	(6)	332	**333**	
石莲姜槲蕨	(2)	765	**767**	
石莲叶点地梅	(6)	150	**157**	
石莲属				
(景天科)	(6)	319	**331**	
石林冷水花	(4)	92	**104**	
石榴	(7)		**580**	彩片209
石榴科	(7)		**580**	
石榴属				
(石榴科)	(7)		**580**	
石龙刍属				
(莎草科)	(12)	256	**353**	
石龙芮	(3)	549	**568**	
石龙尾	(10)	99	**100**	
石龙尾属				
(玄参科)	(10)	67	**99**	
石绿竹	(12)	601	**608**	
石萝	(9)		**196**	
石萝属				
(萝科)	(9)	134	**196**	
石芒草	(12)	1012	**1013**	
石茅	(12)	1121	**1122**	
石毛藓属				
(曲尾藓科)	(1)	333	**365**	
石米努草	(4)		**434**	
石木姜子	(3)	217	**228**	
石棉玉山竹	(12)	631	**634**	
石南藤				
(=毛山蒟)	(3)		331	
石楠	(6)	514	**515**	
石楠属				
(蔷薇科)	(6)	443	**514**	
石蒲藤				
(=石柑子)	(12)		109	
石荠苎	(9)		**542**	
石荠苎属				
(唇形科)	(9)	397	**541**	
石泉柳	(5)	304	**358**	
石榕树	(4)	45	**62**	
石沙参	(10)	477	**481**	彩片170
石山巴豆	(8)		**94**	
石山豆腐柴	(9)	364	**368**	
石山花椒	(8)	400	**404**	
石山苣苔	(10)		**296**	
石山苣苔属				
(苦苣苔科)	(10)	246	**295**	
石山苏铁	(3)	3	**9**	彩片14
石山吴萸	(8)	414	**418**	
石山吴茱萸				
(=石山吴萸)	(8)		418	
石山羊蹄甲	(7)	41	**44**	
石山蜘蛛抱蛋	(13)	182	**184**	
石山棕	(12)		**61**	彩片13
石山棕属				
(棕榈科)	(12)	56	**61**	
石杉科	(2)	2	**7**	
石杉属				
(石杉科)	(2)	8	**8**	
石生茶藨子	(6)	298	**317**	
石生齿缘草	(9)	328	**332**	
石生多毛藓	(1)	772	**773**	
石生孩儿参	(4)	398	**399**	
石生黄堇	(3)	725	**758**	
石生黄蓍	(7)	291	**323**	
石生脚骨脆	(5)	126	**128**	
石生净口藓				
(=铜绿净口藓)	(1)		456	
石生秋海棠	(5)	257	**272**	
石生铁角蕨	(2)	402	**418**	
石生挺叶苔	(1)	60	**62**	
石生驼蹄瓣	(8)	453	**456**	
石生委陵菜	(6)	654	**665**	
石生悬钩子	(6)	592	**644**	
石生叶苔	(1)	70	**78**	
石生阴山荠	(5)	422	**424**	
石生蝇子草	(4)	441	**457**	
石生早熟禾	(12)	705	**726**	
石生紫菀	(11)	177	**190**	
石松	(2)	24	**25**	
石松				
(=东北石松)	(2)		26	
石松科	(2)	2	**23**	
石松属				
(石松科)	(2)	23	**23**	
石蒜	(13)		**262**	彩片180
石蒜科	(13)		**259**	
石蒜属				
(石蒜科)	(13)	259	**262**	
石头花属				
(石竹科)	(4)	393	**472**	
石韦	(2)	711	**715**	彩片139
石韦属				
(水龙骨科)	(2)	664	**710**	
石仙桃	(13)	630	**633**	彩片458
石仙桃属				
(兰科)	(13)	374	**630**	
石香薷	(9)	541	**542**	
石玄参	(10)		**92**	
石玄参属				
(玄参科)	(10)	68	**91**	
石血				
(=络石)	(9)		111	
石芽藓	(1)		**475**	
石芽藓属				
(丛藓科)	(1)	437	**475**	
石岩报春	(6)	170	**217**	彩片65
石岩枫	(8)	64	**67**	彩片29
石油菜	(4)	92	**106**	
石枣子	(7)	779	**801**	
石桢楠				
(=四川山胡椒)	(3)		232	
石蜘蛛	(12)		**172**	
石竹	(4)	466	**467**	彩片198
石竹	(12)	574	**577**	
石竹科	(4)		**391**	

石竹属
(石竹科) (4) 393 **465**
石梓 (9) **373** 彩片139
石梓属
(马鞭草科) (9) 347 **372**
实蕨科 (2) 7 **625**
实蕨属
(实蕨科) (2) 625 **626**
实葶葱 (13) 143 **166**
实心单枝竹 (12) **571**
实心短枝竹 (12) 656 **657**
实心苦竹 (12) 645 **655**
实枣儿
(=川鄂山茱萸) (7) 703
蚀盖耳蕨 (2) 533 **539**
蚀盖金粉蕨 (2) 211 **212**
食蕨 (2) 176 **177**
食用葛 (7) 212 **214**
食用葛藤
(=食用葛) (7) 214
食用观音座莲 (2) 85 **85**
食用秋海棠 (5) 258 **278**
食用土当归 (8) 569 **573**
莳萝 (8) **697**
莳萝蒿 (11) 372 **388**
莳萝属
(伞形科) (8) 582 **697**
史蒂瓦早熟禾 (12) 706 **731**
史米诺早熟禾 (12) 704 **720**
矢车菊 (11) **653**
矢车菊属
(菊科) (11) 132 **652**
矢叶垂头菊 (11) 471 **476**
矢竹 (12) **658**
矢竹属
(禾本科) (12) 551 **658**
矢镞叶蟹甲草 (11) 488 **495**
使君子 (7) **670** 彩片248
使君子科 (7) **663**
使君子属
(使君子科) (7) 663 **669**
始滨藜 (4) **320**
始滨藜属
(藜科) (4) 305 **319**
世纬盾蕨 (2) 677 **679**
世纬贯众 (2) 587 **590**
世纬苣苔 (10) **249**
世纬苣苔属
(苦苣苔科) (10) 243 **249**
饰边短月藓 (1) 552 **554**
柿 (6) 14 **23**
柿科 (6) **12**
柿属
(柿科) (6) **12**
螯毛果 (6) **228**
螯毛果属
(牛栓藤科) (6) 227 **228**

shou
手参 (13) **489** 彩片333
手参属
(兰科) (13) 367 **488**
守宫木 (8) 54 **56** 彩片19
守宫木属
(大戟科) (8) 11 **53**
首冠藤 (7) 41 **45** 彩片31
首阳变豆菜 (8) 589 **593**
首阳小檗 (3) 588 **621**
绶草 (13) **442** 彩片308
绶草属
(兰科) (13) 368 **442**
瘦柄榕
(=壶托榕) (4) 60
瘦叉柱花 (10) 337 **338**
瘦房兰 (13) **638** 彩片465
瘦房兰属
(兰科) (13) 374 **638**
瘦脊伪针茅 (12) 1081 **1082**
瘦野青茅 (12) 901 **909**

shu
书带车前蕨 (2) 261 **264**
书带蕨 (2) 265 **267**
书带蕨科 (2) 6 **264**
书带蕨属
(书带蕨科) (2) 265 **265**
书带薹草 (12) 543 **544**
枢
(=刺榆) (4) 12
梳齿悬钩子 (6) 591 **643**
梳唇石斛 (13) 662 **683** 彩片511
梳帽卷瓣兰 (13) 692 **710** 彩片527
梳藓 (1) **930**
梳藓属
(灰藓科) (1) 900 **930**
菽麻 (7) 442 **446**
疏齿冬青 (7) 839 **868**
疏齿红丝线
(=截齿红丝线) (9) 234
疏齿木荷 (4) 609 **612**
疏齿铁角蕨 (2) 401 **414**
疏齿亚菊 (11) 363 **365**
疏齿银莲花 (3) 487 **495**
疏刺茄 (9) 221 **228**
疏刺卫矛 (7) 776 **785**
疏果截萼红丝线
(=截齿红丝线) (9) 234
疏果薹草 (12) 497 **498**
疏花叉花草 (10) 376 **377**
疏花长柄山蚂蝗 (7) 161 **163**
疏花车前 (10) 5 **8**
疏花齿缘草 (9) 328 **331**
疏花穿心莲 (10) **385**
疏花翠雀花 (3) 430 **442**
疏花灯心草 (12) 221 **225**
疏花地榆 (6) 745 **747**
疏花鹅观草
(=疏花以礼草) (12) 864
疏花粉条儿菜 (13) 254 **256**
疏花凤仙花 (8) 491 **510**
疏花黑麦草 (12) **786**
疏花火烧兰 (13) 398 **399**
疏花鸡矢藤 (10) 633 **635**

疏花剪股颖 **(12)** 915 **919**
疏花婆婆纳 **(10)** 146 **154**
疏花蔷薇 **(6)** 709 **726**
疏花雀麦 **(12)** 803 **807**
疏花雀梅藤 **(8)** 139 **141**
疏花软紫草 **(9)** **291**
疏花山梅花 **(6)** 260 **262**
疏花蛇菰 **(7)** 766 **769**
疏花石斛 **(13)** 663 **671**
疏花水柏枝 **(5)** 184 **187**
疏花酸藤子 **(6)** 102 **107**
疏花铁青树 **(7)** **715** 彩片281
疏花臀果木 **(6)** 791 **792**
疏花驼舌草 **(4)** **545**
疏花卫矛 **(7)** 778 **794**
疏花无叶莲 **(13)** **74**
疏花虾脊兰 **(13)** 599 **612**
疏花仙茅 **(13)** 305 **306** 彩片232
疏花沿阶草 **(13)** 244 **250**
疏花以礼草 **(12)** 863 **864**
疏花异燕麦 **(12)** 887 **891**
疏花早熟禾 **(12)** 704 **721**
疏花针茅 **(12)** 932 **939**
疏花帚菊 **(11)** 658 **662**
疏节过路黄 **(6)** 118 **139**
疏节竹
(=唐竹) **(12)** 597
疏晶楼梯草 **(4)** 120 **125**
疏脉半蒴苣苔 **(10)** 277 **278**
疏脉苍山蕨 **(2)** 442 **443**
疏毛翅茎草 **(10)** **222**
疏毛垂果南芥
(=垂果南芥) **(5)** 472
疏毛谷精草
(=尼泊尔谷精草) **(12)** 211
疏毛荷包蕨 **(2)** 771 **771**
疏毛卷花丹 **(7)** 650 **651**
疏毛楼梯草 **(4)** 121 **134**
疏毛磨芋
(=东亚芋) **(12)** 138
疏毛水苎麻 **(4)** 137 **141**
疏毛绣线菊 **(6)** 447 **457**
疏柔毛罗勒 **(9)** 591 **592**
疏散微孔草 **(9)** 319 **321**
疏松卷柏 **(2)** 33 **52**
疏生香青 **(11)** 263 **270**
疏穗画眉草 **(12)** 962 **966**
疏穗碱茅 **(12)** 764 **774**
疏穗姜花
(=草果药) **(13)** 35
疏穗莎草 **(12)** 321 **324**
疏穗嵩草 **(12)** 362 **365**
疏穗苔草
(=丝引薹草) **(12)** 544
疏穗野青茅 **(12)** 902 **911**
疏穗早熟禾 **(12)** 705 **727**
疏穗竹叶草 **(12)** 1041 **1043**
疏头过路黄 **(6)** 117 **138**
疏网凤丫蕨 **(2)** 254 **258**
疏网美喙藓 **(1)** 844 **845**
疏序苺草 **(12)** 1150 **1152**
疏序早熟禾 **(12)** 703 **718**
疏叶八角枫 **(7)** 683 **685**
疏叶当归 **(8)** 720 **727**
疏叶假护蒴苔 **(1)** 42 **43**
疏叶卷柏 **(2)** 33 **48**
疏叶石毛藓 **(1)** **365**
疏叶丝带藓 **(1)** 690 **691**
疏叶蹄盖蕨 **(2)** 294 **295**
疏叶香根芹 **(8)** 597 **598**
疏叶崖豆 **(7)** 103 **107**
疏叶羽苔 **(1)** 131 **158** 彩片30
疏羽半边旗 **(2)** 181 182 **192**
疏羽耳蕨 **(2)** 534 **543**
疏羽凤尾蕨 **(2)** 183 **204**
疏羽金星蕨
(=疏羽凸轴蕨) **(2)** 347
疏羽铁角蕨 **(2)** 403 **425**
疏羽凸轴蕨 **(2)** 345 **347**
疏枝大黄 **(4)** 531 **536**
疏钻叶火绒草 **(11)** 251 **252**
舒竹 **(12)** 602 **615**
黍属
(禾本科) **(12)** 553 **1026**
鼠鞭草 **(5)** **138** 彩片81
鼠鞭草属
(堇菜科) **(5)** 136 **138**
鼠草 **(11)** 279 **281**
鼠刺 **(6)** 289 **292**
鼠刺属
(茶藨子科) **(6)** 288 **289**
鼠耳芥
(=拟南芥) **(5)** 476
鼠耳芥属
(=拟南芥属) **(5)** 475
鼠妇草 **(12)** 962 **964**
鼠冠黄鹌菜 **(11)** 718 **720**
鼠李 **(8)** 146 **154** 彩片81
鼠李科 **(8)** **138**
鼠李属
(鼠李科) **(8)** 138 **144**
鼠李叶花楸 **(6)** 534 **549**
鼠毛菊 **(11)** 693 **694**
鼠毛菊属
(菊科) **(11)** 133 **693**
鼠茅 **(12)** **698**
鼠茅属
(禾本科) **(12)** 561 **698**
鼠皮树 **(7)** **536**
鼠皮树属
(瑞香科) **(7)** 514 **536**
鼠麹草属
(菊科) **(11)** 129 **279**
鼠尾草 **(9)** 507 **521**
鼠尾草属
(唇形科) **(9)** 396 **505**
鼠尾囊颖草 **(12)** **1036**
鼠尾粟 **(12)** 996 **997**
鼠尾粟属
(禾本科) **(12)** 558 **995**
鼠尾薹草 **(12)** 381 **384**
鼠尾藓 **(1)** **844**
鼠尾藓属

(青藓科) (1) 827 **843**
鼠雪兔子 (11) 569 **580**
鼠掌老鹳草 (8) 468 **471**
蜀藏兜蕊兰 (13) 515 **516**
蜀侧金盏花 (3) 546 **547**
蜀葵 (5) **73** 彩片43
蜀葵属
(锦葵科) (5) 69 **72**
蜀葵叶薯蓣 (13) 342 **345** 彩片248
蜀黍
(=高粱) (12) 1124
蜀西香青 (11) 264 **274**
蜀榆 (4) 3 **7**
薯豆
(=日本杜英) (5) 5
薯根延胡索 (3) 727 **766**
薯莨 (13) 344 **357**
薯蓣 (13) 344 **357** 彩片254
薯蓣科 (13) **342**
薯蓣属
(薯蓣科) (13) **342**
曙南芥 (5) **480**
曙南芥属
(十字花科) (5) 388 **480**
束根叶苔 (1) 69 **82**
束果茶藨子 (6) 298 **315**
束花报春
(=束花粉报春) (6) 212
束花粉报春 (6) 176 **212** 彩片63
束花蓝钟花 (10) 448 **452**
束花石斛 (13) 663 **672** 彩片489
束花铁马鞭 (7) 182 **188**
束伞女蒿 (11) **359**
束伞亚菊 (11) 364 **367**
束丝菝葜 (13) 318 **334**
束尾草 (12) **1159**
束尾草属
(禾本科) (12) 554 **1159**
束序苎麻 (4) 137 **145**
树 (10) 40 **42**
树斑鸠菊 (11) 136 **137**
树参 (8) 539 **540** 彩片254
树参属
(五加科) (8) 534 **539**
树发藓 (1) **957** 彩片282
树发藓属
(金发藓科) (1) 951 **957**
树番茄 (9) **236**
树番茄属
(茄科) (9) 203 **236**
树葛
(=木薯) (8) 106
树黄蓍 (7) 295 **348**
树灰藓科 (1) 591
树灰藓属
(树灰藓科) (1) 591
树角苔属
(角苔科) (1) 295 **298**
树锦鸡儿 (7) 265 **275**
树萝卜属
(杜鹃花科) (5) 554 **713**
树棉 (5) **100**
树平藓 (1) **705** 彩片214
树平藓属
(平藓科) (1) 702 **704**
树桑寄生 (7) 743 **745**
树生扁萼苔 (1) 187 **194**
树生杜鹃 (5) 558 **580** 彩片193
树生藓科 (1) **611**
树生羽苔 (1) 130 **148**
树头芭蕉 (13) 15 **17**
树头菜 (5) **367**
树藓 (1) **726**
树藓属
(万年藓科) (1) 724 **726**
树形杜鹃 (5) 569 **643**
树形蕨藓 (1) **675**
树形提灯藓
(=树形疣灯藓) (1) 589
树形疣灯藓 (1) 588 **589** 彩片175
树形羽苔 (1) 130 **144**
树形针毛蕨 (2) 351 **352**
树形走灯藓
(=皱叶匐灯藓) (1) 579
树雉尾藓 (1) **747**
树雉尾藓属
(孔雀藓科) (1) 742 **747**
树状美喙藓 (1) **846**
竖立鹅观草 (12) 844 **854**

shuai
衰老葶苈 (5) 439 **441**

shuan
栓翅地锦 (8) 184 **187**
栓翅芹属
(伞形科) (8) 579 **630**
栓翅卫矛 (7) 778 **791**
栓果菊属
(菊科) (11) 134 **727**
栓果芹 (8) **714**
栓果芹属
(伞形科) (8) 580 **714**
栓皮栎 (4) 240 **243**
栓皮木姜子 (3) 217 **225**
栓叶安息香 (6) 28 **36** 彩片9
栓叶猕猴桃 (4) 659 **669**

shuang
双瓣木犀 (10) 40 **45**
双参 (11) 106 **107**
双参属
(川续断科) (11) **106**
双叉细柄茅 (12) 949 **950**
双齿鞭苔 (1) 25 **27** 彩片5
双齿裂萼苔 (1) 122 **125**
双齿山茉莉 (6) **42**
双齿异萼苔 (1) 118 **120** 彩片26
双翅舞花姜 (13) 21 **22** 彩片20
双唇蕨
(=双唇鳞始蕨) (2) 170
双唇兰 (13) **530**
双唇兰属

(兰科) (13) 368 **530**
双唇鳞始蕨 (2) 165 **170**
双刺茶藨子 (6) 298 **316**
双袋兰 (13) **517**
双袋兰属
(兰科) (13) 367 **517**
双盾木 (11) **46** 彩片15
双盾木属
(忍冬科) (11) 1 **45**
双萼观音草 (10) 397 **399**
双耳南星 (12) 152 **162**
双稃草 (12) **983**
双稃草属
(禾本科) (12) 563 **983**
双灯藓
(=柔叶立灯藓) (1) 576
双盖蕨 (2) 309 **311**
双盖蕨属
(蹄盖蕨科) (2) 271 **309**
双沟卷柏 (2) 34 **54**
双果荠 (5) **415** 彩片169
双果荠果属
(十字花科) (5) 381 **414**
双核冬青 (7) 836 **853**
双蝴蝶 (9) **53**
双蝴蝶属
(龙胆科) (9) 11 **53**
双花报春 (6) 175 **199**
双花草 (12) **1127**
双花草属
(禾本科) (12) 556 **1126**
双花耳草 (10) 516 **525**
双花狗牙根 (12) **993**
双花华蟹甲 (11) **485**
双花金丝桃 (4) 694 **700**
双花堇菜 (5) 143 **170** 彩片85
双花木属
(金缕梅科) (3) 772 **773**
双花鞘花 (7) **739** 彩片288
双花石斛 (13) 662 **665**
双花委陵菜 (6) 654 659 **664**
双花香草 (6) 116 **129**
双喙虎耳草 (6) 382 **388**
双脊荠
(=泉沟子荠) (5) 522
双脊荠属
(十字花科) (5) 384 **420**
双荚决明 (7) 50 **53**
双角草 (10) **656**
双角草属
(茜草科) (10) 508 **655**
双角凤仙花 (8) 491 **509** 彩片306
双角蒲公英 (11) 768 **779**
双锯齿玄参 (10) 82 **85**
双鳞苔属
(细鳞苔科) (1) 224 **235**
双轮果
(=金钱槭) (8) 314
双脉薹草 (12) **452**
双牌阴山荠 (5) 423 **425**
双片苣苔 (10) **274**
双片苣苔属
(苦苣苔科) (10) 245 **274**
双歧卫矛 (7) 778 **795**
双球芹 (8) **602**
双球芹属
(伞形科) (8) 579 **602**
双蕊兰 (13) **400**
双蕊兰属
(兰科) (13) 368 **400**
双蕊鼠尾粟 (12) **996**
双色真藓 (1) 558 **564**
双扇蕨 (2) 661 **662** 彩片122
双扇蕨科 (2) 5 **661**
双扇蕨属
(双扇蕨科) (2) **661**
双舌千里光 (11) 531 **539**
双舌蟹甲草
(=双花华蟹甲) (11) 485
双生隐盘芹 (8) **627**
双室树参 (8) 539 **540**
双穗飘拂草 (12) 292 **304**
双穗求米草 (12) 1041 **1042**
双穗雀稗 (12) 1053 **1056**
双雄雀麦 (12) 804 **812**
双药芒 (12) 1088 **1089**
双药芒属
(禾本科) (12) 555 **1087**
双叶厚唇兰 (13) 688 **689**
双叶卷瓣兰 (13) 691 **713** 彩片530
双叶梅花草 (6) 432 **439**
双叶细辛 (3) 338 **340**
双翼豆
(=银珠) (7) 28
双珠小金发藓 (1) 958 **959**
双柱柳 (5) 309 **344**
双柱头草
(=双柱头针蔺) (12) 272
双柱头针蔺 (12) 270 **272**
双柱紫草 (9) **286**
双柱紫草属
(紫草科) (9) 280 **286**
双籽藤黄 (4) 686 **690**
霜红藤
(=大芽南蛇藤) (7) 809

shui
水八角
(=白花水八角) (10) 94
水八角属
(玄参科) (10) 70 **94**
水柏枝
(=三春水柏枝) (5) 186
水柏枝属
(柽柳科) (5) 174 **183**
水鳖 (12) **16** 彩片5
水鳖蕨 (2) **441**
水鳖蕨属
(铁角蕨科) (2) 399 **441**
水鳖科 (12) **13**
水鳖属
(水鳖科) (12) 13 **16**
水槟榔

(=马槟榔) (5) 374
水菜花 (12) 14 **15**
水朝阳草
(=水朝阳旋覆花) (11) 291
水朝阳花
(=柳叶菜) (7) 600
水朝阳旋覆花 (11) 288 **291** 彩片71
水车前属
(水鳖科) (12) **13**
水葱 (12) 263 **265**
水葱属
(莎草科) (12) 255 **263**
水甸附地菜 (9) 306 **309**
水定黄蓍 (7) 295 **349**
水东哥 (4) 674 **675**
水东哥属
(猕猴桃科) (4) 656 **674**
水繁缕
(=水茴草) (6) 226
水繁缕叶龙胆 (9) 21 **51**
水飞蓟 (11) **641**
水飞蓟属
(菊科) (11) 131 **641**
水凤仙花 (8) 491 **507** 彩片304
水浮莲
(=凤眼蓝) (13) 68
水甘草 (9) **101**
水甘草属
(夹竹桃科) (9) 89 **101**
水鬼蕉 (13) **270** 彩片187
水鬼蕉属
(石蒜科) (13) 259 **270**
水禾 (12) **671**
水禾属
(禾本科) (12) 557 **670**
水红木 (11) 7 **24**
水壶藤属
(夹竹桃科) (9) 90 **126**
水葫芦
(=凤眼蓝) (13) 68
水葫芦苗 (3) **579**
水虎尾 (9) **561**
水黄皮 (7) **114** 彩片67
水黄皮属
(蝶形花科) (7) 61 **113**
水灰藓 (1) 824 **825**
水灰藓属
(柳叶藓科) (1) 803 **824**
水茴草 (6) **226**
水茴草属
(报春花科) (6) 114 **226**
水棘菜
(=牡蒿) (11) 429
水棘针 (9) **399**
水棘针属
(唇形科) (9) 392 **399**
水角 (8) **533**
水角属
(凤仙花科) (8) 488 **532**
水金凤 (8) 494 **523** 彩片315
水金京 (10) **545** 彩片185
水锦树 (10) 545 **547**
水锦树属
(茜草科) (10) 511 **545**
水晶棵子 (10) 545 **550**
水晶兰 (5) **735**
水晶兰科 (5) **732**
水晶兰属
(水晶兰科) (5) 733 **735**
水韭科 (2) 1 **63**
水韭属
(水韭科) (2) **63**
水蕨 (2) 246 **246** 彩片79
水蕨科 (2) 2 **246**
水蕨属
(水蕨科) (2) **246**
水苦荬 (10) 147 **159**
水蜡烛 (9) **561**
水蜡烛属
(唇形科) (9) 397 **560**
水蓼 (4) 484 **506** 彩片215
水柳 (8) **84**
水柳属
(大戟科) (8) 12 **83**
水龙 (7) 582 **584** 彩片212
水龙骨科 (2) 5 6 7 **663**
水龙骨属
(水龙骨科) (2) 664 **667**
水马齿科 (10) **3**
水马齿属
(水马齿科) (10) **3**
水马桑
(=半边月) (11) 47
水麻 (4) 158 **159** 彩片64
水麻属
(荨麻科) (4) 76 **157**
水麦冬 (12) **27** 彩片6
水麦冬科 (12) **27**
水麦冬属
(水麦冬科) (12) **27**
水蔓菁 (10) 142 **143**
水茫草 (10) **128**
水茫草属
(玄参科) (10) 67 **128**
水毛茛 (3) 575 **576** 彩片386
水毛茛属
(毛茛科) (3) 390 **575**
水毛花 (12) 263 **266**
水茅 (12) **802**
水茅属
(禾本科) (12) 561 **802**
水密花 (7) 671 **674** 彩片250
水棉花 (3) 486 **493** 彩片355
水母雪莲花
(=水母雪兔子) (11) 582
水母雪兔子 (11) 569 **582** 彩片138
水皮莲 (9) 274 **275**
水萍
(=紫萍) (12) 177
水葡萄茶藨子 (6) 296 **309**
水茄 (9) 221 **228** 彩片98
水芹 (8) 693 **694** 彩片287
水芹属

(伞形科) (8) 582 **693**
水青冈 (4) 178 **179**
水青冈属
(壳斗科) (4) 177 **178**
水青树 (3) **768** 彩片430
水青树科 (3) **768**
水青树属
(水青树科) (3) **768**
水曲柳 (10) 25 **30**
水忍冬 (11) 54 **81**
水莎草 (12) **335**
水莎草属
(莎草科) (12) 256 **335**
水筛 (12) **18**
水筛属
(水鳖科) (12) 13 **18**
水山野青茅 (12) 902 **912**
水杉 (3) **73** 彩片100
水杉属
(杉科) (3) 68 **73**
水蛇麻 (4) **28**
水蛇麻属
(桑科) (4) 27 **28**
水生长喙藓 (1) 847 **849** 彩片253
水生菰 (12) 672 **673**
水生黍 (12) 1027 **1030**
水生酸模 (4) 521 **524**
水虱草 (12) 291 **298**
水石榕 (5) 1 **2** 彩片2
水石衣 (7) **491**
水石衣属
(川苔草科) (7) 490 **491**
水丝梨属
(金缕梅科) (3) 773 **791**
水丝麻 (4) **161**
水丝麻属
(荨麻科) (4) 76 **161**
水松 (3) **71** 彩片97
水松属
(杉科) (3) 68 **71**
水苏 (9) 492 **494**
水苏属
(唇形科) (9) 395 **492**
水蒜芥 (5) 383 **525**
水蓑衣 (10) **349**
水蓑衣属
(爵床科) (10) 331 **349**
水塔花 (13) 11 **12** 彩片11
水塔花属
(凤梨科) (13) **11**
水田白 (9) **9**
水田碎米荠 (5) 451 **460**
水甜茅 (12) 797 **800**
水同木 (4) 46 **70**
水团花 (10) **568**
水团花属
(茜草科) (10) 506 **568**
水翁 (7) **574**
水翁属
(桃金娘科) (7) 549 **574**
水藓 (1) **723** 彩片223
水藓科 (1) **722**
水藓属
(水藓科) (1) **723**
水苋菜 (7) **500**
水苋菜属
(千屈菜科) (7) 499 **500**
水栒子 (6) 482 **489**
水芫花 (7) **507** 彩片179
水芫花属
(千屈菜科) (7) 500 **507**
水杨梅
(=路边青) (6) 648
水蕹 (12) **25**
水蕹科 (12) **25**
水蕹属
(水蕹科) (12) **25**
水莴苣
(=水苦荬) (10) 159
水蜈蚣
(=短叶水蜈蚣) (12) 347
水蜈蚣属
(莎草科) (12) 256 **346**
水仙 (13) **267** 彩片183
水仙属
(石蒜科) (13) 259 **267**
水香薷 (9) 545 **552**
水椰 (12) **99**
水椰属
(棕榈科) (12) 58 **99**
水银竹 (12) **661**
水油甘 (8) 34 **37**
水榆花楸 (6) 534 **548** 彩片132
水玉簪 (13) **361** 彩片255
水玉簪科 (13) **361**
水玉簪属
(水玉簪科) (13) **361**
水芋 (12) **120**
水芋属
(天南星科) (12) 104 **119**
水蔗草 (12) **1138**
水蔗草属
(禾本科) (12) 556 **1137**
水珍珠菜 (9) 558 **560**
水珠草 (7) 587 **589**
水竹 (12) 602 **615**
水竹蒲桃 (7) 561 **572** 彩片204
水竹叶 (12) 190 **191** 彩片86
水竹叶属
(鸭跖草科) (12) 182 **190**
水烛 (13) 6 **8** 彩片6
水苎麻 (4) 137 138 **140**
睡菜 (9) **274** 彩片115
睡菜科 (9) **273**
睡菜属
(睡菜科) (9) **273**
睡莲 (3) **381**
睡莲科 (3) **379**
睡莲属
(睡莲科) (3) 379 **380**
睡茄 (9) **219**
睡茄属
(茄科) (9) 203 **218**

shun
顺宁贯众
(=显脉贯众) (2) 599

shuo
朔北林生草
(=东方草) (12) 257
硕苞蔷薇 (6) 712 **739**
硕大草 (12) **263**
硕大凤尾蕨 (2) 183 **201**
硕大马先蒿 (10) 184 **188** 彩片49
硕萼报春 (6) 172 **187**
硕花龙胆 (9) 18 **34**
硕花马先蒿 (10) 184 **221**
硕桦 (4) 276 **282**
硕羽新月蕨 (2) 391 **396**
蒴莲 (5) **195**
蒴莲属
(西番莲科) (5) 190 **195**
硕穗披碱草 (12) 822 **824**

si
丝瓣龙胆 (9) 19 **42**
丝瓣芹 (8) 674 **675**
丝瓣芹属
(伞形科) (8) 581 **674**
丝瓣玉凤花 (13) 500 **507**
丝苞菊
(=球菊) (11) 566
丝柄薹草 (12) 483 **486**
丝带草 (12) **895**
丝带蕨 (2) **706** 彩片135
丝带蕨属
(水龙骨科) (2) 664 **706**
丝带藓 (1) **690**
丝带藓属
(蔓藓科) (1) 683 **690**
丝粉藻 (12) **50**
丝粉藻科 (12) **47**
丝粉藻属
(丝粉藻科) (12) 48 **50**
丝秆薹草 (12) 428 **431**
丝梗扭柄花 (13) **203** 彩片148
丝梗婆婆纳 (10) 146 **154**
丝梗三宝木 (8) 104 **105**
丝瓜 (5) **225** 彩片111
丝瓜藓 (1) 542 **544** 彩片155
丝瓜藓属
(真藓科) (1) 539 **541**
丝瓜属
(葫芦科) (5) 198 **225**
丝光泥炭藓 (1) 300 **311** 彩片80
丝灰藓 (1) **898**
丝灰藓属
(锦藓科) (1) 873 **898**
丝茎黄蓍 (7) 293 **332**
丝葵 (12) **68**
丝葵属
(棕榈科) (12) 56 **67**
丝兰 (13) **173**
丝兰属
(百合科) (13) 70 **173**
丝栗栲
(=栲) (4) 192
丝裂沙参 (10) 475 **488**
丝裂亚菊 (11) 364 **369**
丝裂玉凤花 (13) 500 **506**
丝路蓟 (11) 622 **634**
丝毛草根
(=丝茅) (12) 1094
丝毛栝楼 (5) 235 **242**
丝毛蓝刺头 (11) 557 **560**
丝毛列当 (10) 238 **242** 彩片72
丝毛柳 (5) 307 311 **328**
丝毛芦 (12) **677**
丝毛瑞香 (7) 525 **527**
丝茅 (12) 1093 **1094**
丝棉草 (11) 279 **281**
丝穗金粟兰 (3) 310 **312**
丝铁线莲 (3) 506 **530** 彩片371
丝线吊芙蓉
(=毛棉杜鹃) (5) 666
丝形秋海棠 (5) 258 **274**
丝形指叶苔 (1) 37 **39**
丝须蒟蒻薯 (13) **309**
丝叶葛缕子
(=田葛缕子) (8) 652
丝叶谷精草 (12) 206 **209**
丝叶韭 (13) 141 **160**
丝叶芥 (5) **505**
丝叶芥属
(十字花科) (5) 386 **505**
丝叶芹 (8) **628**
丝叶芹属
(伞形科) (8) 579 **628**
丝叶球柱草 (12) **289**
丝叶嵩草 (12) 362 **366**
丝叶薹草 (12) 415 **421**
丝叶唐松草 (3) 461 **474**
丝叶小苦荬 (11) 752 **753**
丝叶鸦葱 (11) 687 **690**
丝叶眼子菜 (12) 30 **38**
丝引薹草 (12) 543 **544**
丝颖针茅 (12) 931 **934**
丝藻
(=小眼子菜) (12) 31
丝柱龙胆 (9) 18 **36**
丝状灯心草 (12) 221 **225**
丝锥 (4) 182 **184**
思茅豆腐柴 (9) 364 **369** 彩片137
思茅胡椒
(=粗梗胡椒) (3) 329
思茅栲
(=思茅锥) (4) 192
思茅蒲桃 (7) 560 **568**
思茅松
(=卡西松) (3) 65
思茅藤 (9) **130**
思茅藤属
(夹竹桃科) (9) 91 **130**
思茅香草 (6) 116 **128**
思茅锥 (4) 183 **192**

思维树
(=菩提树) (4) 48
斯哥佐早熟禾 (12) 708 **741**
斯碱茅 (12) 764 **773**
斯里兰卡梳藓 (1) 930 **931**
斯里兰卡天料木 (5) 123 **125**
斯氏合叶苔 (1) 102 **112**
斯塔夫早熟禾 (12) 706 **729**
撕裂阔蕊兰 (13) 493 **498**
撕裂铁角蕨 (2) 402 **417**
四瓣马齿苋 (4) 384 **385**
四瓣崖摩 (8) 390 **391**
四苞蓝 (10) **380**
四苞蓝属
(爵床科) (10) 332 **380**
四齿芥 (5) **497**
四齿芥属
(十字花科) (5) 388 **497**
四齿四棱草 (9) 391 **392**
四齿兔唇花
(=二刺叶兔唇花) (9) 484
四齿无心菜
(=四齿蚤缀) (4) 428
四齿藓 (1) **537**
四齿藓科 (1) **537**
四齿藓属
(四齿藓科) (1) **537**
四齿异萼苔 (1) 118 **119** 彩片24
四齿蚤缀 (4) 420 **428**
四翅菝葜 (13) 317 **337**
四翅月见草 (7) 593 **595**
四川白珠 (5) 689 **692**
四川报春 (6) 175 **203**
四川薄萼苔 (1) **117**
四川波罗花 (10) 431 **432**
四川茶藨子 (6) 295 **302**
四川长柄山蚂蝗 (7) 161 **164**
四川大头茶 (4) 607 **608**
四川冬青 (7) 835 **848**
四川杜鹃 (5) 565 **615**
四川风毛菊 (11) 570 **592**
四川凤仙花 (8) 494 **523**
四川挂苦绣球 (6) 276 **283**
四川沟酸浆 (10) 118 **119**
四川红淡
(=川杨桐) (4) 629
四川红门兰 (13) 447 **452**
四川厚皮香 (4) 621 **623**
四川虎刺 (10) 648 **650**
四川花楸 (6) 533 **545**
四川黄蓍 (7) 291 **324**
四川剪股颖 (12) 916 **921**
四川金粟兰
(=华南金粟兰) (3) 314
四川金罂粟 (3) **711**
四川堇菜 (5) 143 **168**
四川蜡瓣花 (3) 783 **786**
四川狼尾草 (12) 1078 **1079**
四川列当 (10) 237 **241**
四川龙胆 (9) 20 **50** 彩片24
四川鹿药 (13) 192 **196**
四川轮环藤 (3) 691 **692**
四川落叶松
(=红杉) (3) 47
四川毛鳞菊 (11) 759 **761**
四川牡丹 (4) 555 **558** 彩片243
四川木蓝 (7) 131 **140**
四川婆婆纳 (10) 147 **155**
四川婆婆纳多毛亚种
(=多毛四川婆婆纳) (10) 156
四川平藓 (1) 707 **711**
四川清风藤 (8) 292 **293**
四川人字果 (3) 482 **483**
四川忍冬 (11) 50 **59**
四川山矾 (6) 51 **54** 彩片15
四川山胡椒 (3) 229 **232**
四川舌喙兰
(=裂唇舌喙兰) (13) 455
四川石杉 (2) 8 **13**
四川石梓 (9) **373**
四川丝瓣芹 (8) 674 **676**
四川嵩草 (12) 363 **371**
四川溲疏 (6) 249 **259**
四川苏铁 (3) 2 **8** 彩片12
四川碎米荠
(=弹裂碎米荠) (5) 457
四川糖芥 (5) 513 **515**
四川兔儿风 (11) 665 **673**
四川无齿藓 (1) 388 **390**
四川虾脊兰 (13) 597 **602**
四川香茶菜 (9) 569 **580**
四川小檗 (3) 587 **610**
四川小金发藓
(=全缘小金发藓) (1) 962
四川新木姜子 (3) 209 **214**
四川沿阶草 (13) 243 **250** 彩片174
四川野青茅 (12) 901 **907**
四川淫羊藿 (3) 643 **649**
四川羽苔 (1) 131 **154**
四川玉凤花 (13) 500 **505**
四川鸢尾
(=薄叶鸢尾) (13) 300
四川蜘蛛抱蛋 (13) 182 **187**
四带芹属
(伞形科) (8) 582 **759**
四萼猕猴桃 (4) 657 **662**
四方蒿 (9) 545 **548** 彩片187
四方麻 (10) 137 **140**
四福花 (11) **89**
四福花属
(五福花科) (11) **88**
四果野桐 (8) 64 **68**
四合草
(=蘋蕨) (2) 783
四合木 (8) **461**
四合木属
(蒺藜科) (8) 449 **461**
四花合耳菊 (11) 521 **524**
四花薹草 (12) 428 **430**
四回毛枝蕨 (2) 476 **476**
四季报春
(=鄂报春) (6) 178
四季豆

(=菜豆) (7) 237
四季竹 (12) 645 **653**
四角矮菱 (7) 542 **546**
四角大柄菱 (7) 542 **543**
四角刻叶菱 (7) 542 **545**
四角柃 (4) 636 **642**
四角菱 (7) 542 **544**
四角蒲桃 (7) 560 **565**
四孔草 (12) 185 **186**
四棱白粉藤 (8) 197 **198**
四棱草 (9) **391**
四棱草属
(马鞭草科) (9) 346 **391**
四棱豆 (7) **227** 彩片111
四棱豆属
(蝶形花科) (7) 64 **227**
四棱芥 (5) 512 **513**
四棱芥属
(十字花科) (5) 383 **512**
四棱飘拂草 (12) 293 **307**
四棱穗莎草 (12) 321 **324**
四棱猪屎豆 (7) 441 **446** 彩片152
四裂红景天 (6) 354 **359** 彩片91
四裂红门兰 (13) 447 **452**
四裂花黄芩 (9) 418 **427**
四裂算盘子 (8) 46 **51**
四裂无柱兰 (13) 479 **481**
四瘤菱 (7) 542 **543**
四轮红景天 (6) 354 **357**
四轮香 (9) **564**
四轮香属
(唇形科) (9) 398 **563**
四脉金茅 (12) 1111 **1113**
四脉麻 (4) **160**
四脉麻属
(荨麻科) (4) 76 **160**
四芒景天 (6) 336 **347**
四蕊朴 (4) 20 **23**
四蕊槭 (8) 318 **335**
四蕊山莓草 (6) 692 **694**
四生臂形草 (12) 1047 **1048**
四数苣苔 (10) **248**
四数苣苔属
(苦苣苔科) (10) 243 **248**
四数龙胆 (9) 18 **38** 彩片19
四数木 (5) **254**
四数木科 (5) **254**
四数木属
(四数木科) (5) **254**
四数獐牙菜 (9) 77 **88**
四腺翻唇兰 (13) **427**
四药门花 (3) **781** 彩片440
四药门属
(金缕梅科) (3) 773 **781**
四叶葎 (10) 660 **663**
四叶萝芙木 (9) **103**
四照花 (7) 699 **700** 彩片269
四照花属
(山茱萸科) (7) 691 **699**
四籽野豌豆 (7) 408 **417**
四子海桐 (6) 234 **241**
四子柳 (5) 301 308 **314**
四子马蓝
(=黄猄草) (10) 357
似矮生薹草 (12) 493 **497**
似横果薹草 (12) 466 **469**
似荆
(=假紫珠) (9) 372
似柔果薹草 (12) 466 **469**

shi
似薄唇蕨 (2) 760 **761** 彩片150
似血杜鹃 (5) 563 **659**

song
松柏钝果寄生 (7) 750 **751**
松蒿 (10) **172** 彩片46
松蒿属
(玄参科) (10) 69 **172**
松寄生
(=松柏钝果寄生) (7) 751
松科 (3) **14**
松林风毛菊 (11) 573 **604**
松萝藓属
(蔓藓科) (1) 682 **696**
松毛翠 (5) **556** 彩片187
松毛翠属
(杜鹃花科) (5) 553 **556**
松毛火绒草 (11) 251 **252**
松潘矮泽芹 (8) 609 **610**
松潘翠雀花 (3) 430 **442**
松潘黄堇 (3) 724 **747**
松潘棱子芹 (8) 612 **618**
松潘乌头 (3) 405 **419** 彩片319
松潘小檗 (3) 588 **621**
松潘绣球 (6) 276 **282**
松穗卷柏 (2) 34 **61**
松下兰 (5) **735**
松下兰属
(=水晶兰属) (5) 735
松序茅香草 (12) 895 **896**
松叶耳草 (10) 515 **519**
松叶鸡蛋参 (10) 456 **466**
松叶蕨 (2) **71** 彩片26
松叶蕨科 (2) 1 **71**
松叶蕨属
(松叶蕨科) (2) **71**
松叶兰科
(=松叶蕨科) (2) 71
松叶兰属
(=松叶蕨属) (2) 71
松叶毛茛 (3) 550 **567**
松叶青兰 (9) 451 **453** 彩片165
松叶薹草 (12) **527**
松叶西风芹 (8) 686 **691**
松叶猪毛菜 (4) 359 **361** 彩片161
松属
(松科) (3) 15 **51**
菘
(=白菜) (5) 393
菘蓝 (5) 408 **409** 彩片168
菘蓝属
(十字花科) (5) 383 **408**

嵩草	(12)	363	**372**	
嵩草属				
(莎草科)	(12)	256	**361**	
嵩明省沽油	(8)		**261**	
楤木	(8)	569	**571**	
楤木属				
(五加科)	(8)	535	**568**	

sou

溲疏属				
(绣球花科)	(6)	246	**247**	

su

苏瓣大苞兰	(13)	717	**719**	
苏瓣石斛	(13)	663	**669**	
苏丹凤仙花	(8)	489	**497**	
苏门白酒草	(11)	225	**228**	
苏木	(7)	30	**31**	彩片20
苏木蓝	(7)	131	**133**	
苏铁	(3)	2	**6**	彩片7
苏铁蕨	(2)		**459**	彩片102
苏铁蕨属				
(乌毛蕨科)	(2)	458	**458**	
苏铁科	(3)		**1**	
苏铁属				
(苏铁科)	(3)		**2**	
酥醪绣球	(6)	275	**279**	
肃草	(12)	845	**856**	
素方花	(10)	58	**65**	彩片28
素花党参	(10)	455	**458**	
素馨花	(10)	58	**65**	
素馨属				
(木犀科)	(10)	23	**57**	
素羊茅	(12)	682	**688**	
宿苞豆	(7)		**219**	
宿苞豆属				
(蝶形花科)	(7)	65	**219**	
宿苞兰	(13)		**656**	彩片475
宿苞兰属				
(兰科)	(13)	372	**656**	
宿苞石仙桃	(13)	630	**634**	彩片459
宿萼木				
(=长腺萼木)	(8)		101	
宿萼木属				
(大戟科)	(8)	13	**101**	
宿根白酒草	(11)	224	**226**	
宿根画眉草	(12)	963	**966**	
宿根肋柱花	(9)		**70**	
宿根马唐	(12)	1061	**1063**	
宿根天人菊	(11)	333	**334**	
宿根亚麻	(8)	232	**234**	
宿生早熟禾	(12)	710	**749**	
宿蹄盖蕨	(2)	294	**297**	
宿枝小膜盖蕨	(2)	646	**649**	
粟	(12)	1071	**1075**	
粟草	(12)		**930**	
粟草属				
(禾本科)	(12)	557	**930**	
粟米草	(4)		**390**	彩片183
粟米草科	(4)		**388**	
粟米草属				
(粟米草科)	(4)	388	**390**	

suan

酸橙	(8)	444	**446**	
酸豆	(7)		**59**	彩片49
酸豆属				
(云实科)	(7)	23	**59**	
酸果藤				
(=酸藤子)	(6)		108	
酸浆	(9)		**217**	
酸浆属				
(茄科)	(9)	203	**216**	
酸脚杆	(7)	656	**658**	
酸脚杆属				
(野牡丹科)	(7)	615	**655**	
酸蔹藤	(8)		**216**	
酸蔹藤属				
(葡萄科)	(8)	183	**216**	
酸梅				
(=李梅杏)	(6)		759	
酸模	(4)	521	**523**	
酸模芒	(12)		**679**	
酸模芒属				
(禾本科)	(12)	557	**679**	
酸模叶蓼	(4)	484	**505**	彩片213
酸模叶橐吾				
(=牛蒡叶橐吾)	(11)		457	
酸叶胶藤	(9)	127	**128**	
酸模属				
(蓼科)	(4)	481	**521**	
酸苔菜	(6)	85	**87**	
酸藤子	(6)	103	**108**	
酸藤子属				
(紫金牛科)	(6)	77	**102**	
酸枣	(8)		**173**	彩片93
酸竹	(12)	640	**641**	
酸竹属				
(禾本科)	(12)	552	**640**	
蒜	(13)	143	**171**	
蒜头百合	(13)	119	**126**	
蒜头果	(7)		**714**	彩片280
蒜头果属				
(铁青树科)	(7)	713	**714**	
蒜味香科科	(9)		**400**	
蒜叶婆罗门参	(11)	694	**696**	
算盘竹	(12)	593	**594**	
算盘子	(8)	46	**49**	彩片18
算盘子属				
(大戟科)	(8)	11	**46**	
算珠豆	(7)		**172**	
算珠豆属				
(蝶形花科)	(7)	63	**172**	

sui

绥江鳞果星蕨	(2)	709	**710**	
遂瓣珍珠菜	(6)	115	**121**	
碎花溲疏	(6)	248	**250**	
碎米蕨	(2)	220	**221**	
碎米蕨叶黄堇				
(=地柏枝)	(3)		759	
碎米蕨叶马先蒿	(10)	182	**206**	彩片56
碎米蕨属				

(中国蕨科) **(2)** 208 **220**
碎米荠 **(5)** 452 **458**
碎米荠属
(十字花科) **(5)** 384 385 **451**
碎米莎草 **(12)** 322 **328**
碎米藓 **(1)** 755 **756**
碎米藓科 **(1)** **754**
碎米藓属
(碎米藓科) **(1)** **754**
碎米桠 **(9)** 569 **578**
碎叶岩风 **(8)** 686 **687**
穗菝葜 **(13)** 318 **338**
穗发草 **(12)** 883 **884**
穗发藓
(=穗发小金发藓) **(1)** 959
穗发小金发藓 **(1)** 958 **959**
穗花报春 **(6)** 171 **220**
穗花刺头菊 **(11)** 611 **612**
穗花地杨梅 **(12)** 248 **254**
穗花粉条儿菜 **(13)** 254 **256**
穗花荆芥 **(9)** 437 **438**
穗花韭 **(13)** **139**
穗花韭属
(百合科) **(13)** 72 **139**
穗花马先蒿 **(10)** 181 **204** 彩片54
穗花瑞香 **(7)** 526 **528**
穗花杉 **(3)** 109 **110** 彩片140
穗花杉属
(红豆杉科) **(3)** 106 **108**
穗花蛇菰 **(7)** 766 **770**
穗花香科科 **(9)** 400 **402**
穗花轴榈 **(12)** 66 **67**
穗花属
(玄参科) **(10)** 68 **142**
穗三毛 **(12)** 879 **880**
穗序大黄 **(4)** 530 **532**
穗序鹅掌柴 **(8)** 551 **552** 彩片259
穗序碱茅 **(12)** 762 **766**
穗序蔓龙胆 **(9)** 56 **57**
穗序木蓝 **(7)** 129 **145**
穗序钟花草
(=纤穗爵床) **(10)** 393
穗枝赤齿藓 **(1)** **851** 彩片253
穗状狐尾藻 **(7)** 493 **494**
穗状香薷 **(9)** 545 **549**
繸瓣繁缕 **(4)** 408 **417**
繸裂石竹 **(4)** 466 **469**

sun
笋瓜 **(5)** **247**
笋兰 **(13)** **618** 彩片441
笋兰属
(兰科) **(13)** 373 **618**

suo
娑罗双属
(龙脑香科) **(4)** 566 **569**
桫椤 **(2)** 143 **144**
桫椤科 **(2)** 4 5 **141**
桫椤鳞毛蕨 **(2)** 488 **496**
桫椤针毛蕨 **(2)** 351 **352**
桫椤属
(桫椤科) **(2)** 141 **143**
梭萼叶苔 **(1)** 69 **83**
梭果玉蕊 **(5)** 103 **104** 彩片63
梭罗草 **(12)** 863 **864**
梭罗树 **(5)** 46 **49** 彩片28
梭罗树属
(梧桐科) **(5)** 34 **46**
梭沙韭 **(13)** 140 **156**
梭砂贝母 **(13)** 108 **111** 彩片79
梭梭 **(4)** **357** 彩片157
梭梭属
(藜科) **(4)** 306 **356**
梭子果属
(山榄科) **(6)** 1 **4**
蓑藓属
(木灵藓科) **(1)** 617 **632**
缩刺仙人掌 **(4)** **302**
缩叶藓科 **(1)** **487**
缩叶藓属
(缩叶藓科) **(1)** 487 **488**
缩羽铁角蕨
(=虎尾铁角蕨) **(2)** 424
唢呐草 **(6)** **416**
唢呐草属
(虎耳草科) **(6)** 371 **416**
索伦野豌豆 **(7)** 408 **417**

T

ta
塔花山梗菜 **(10)** 494 **499**
塔吉旱熟禾 **(12)** 712 **758**
塔蕾假卫矛 **(7)** 819 **822**
塔里木沙拐枣 **(4)** 514 **516** 彩片219
塔氏马先蒿
(=华北马先蒿) **(10)** 208
塔藓 **(1)** **935** 彩片276
塔藓科 **(1)** **934**
塔藓属
(塔藓科) **(1)** **935**
塔序橐吾 **(11)** 448 **458**
塔叶苔 **(1)** **175**
塔叶苔属
(大萼苔科) **(1)** 166 **175**
塔枝圆柏 **(3)** 85 **92**

tai
胎生鳞茎早熟禾 **(12)** 711 **757**
胎生蹄盖蕨 **(2)** 295 **307**
胎生铁角蕨 **(2)** 402 **416**
台北艾纳香 **(11)** 230 **234**
台北杜鹃 **(5)** 570 **670**
台北红淡比 **(4)** **630** **631**
台岛风毛菊 **(11)** 573 **607**
台东耳蕨
(=尖齿耳蕨) **(2)** 578
台东狗舌草 **(11)** 515 **517**
台东荚 **(11)** 6 **20**
台东山矾 **(6)** 53 **69**
台东苏铁 **(3)** 2 **6** 彩片8

台高山柳 (5) 301 **321** 彩片145
台闽苣苔 (10) **328** 彩片109
台闽苣苔属
(苦苣苔科) (10) 247 **328**
台南铁角蕨 (2) 404 **435**
台钱草 (9) **446**
台钱草属
(唇形科) (9) 394 **446**
台琼海桐 (6) 235 **245** 彩片77
台琼楠 (3) 294 **296** 彩片249
台湾安息香 (6) 28 **39**
台湾白珠
(=高山白珠树) (5) 691
台湾蝙蝠草 (7) **173**
台湾扁柏 (3) 81 **82** 彩片111
台湾扁萼苔 (1) 186 **196**
台湾菝葜 (13) 315 **324**
台湾白桐树 (8) **81**
台湾败酱 (11) 92 **97**
台湾斑鸠菊 (11) 136 **140**
台湾草
(=玉山针蔺) (12) 271
台湾草绣球 (6) **270**
台湾檫木 (3) **245**
台湾车前蕨 (2) 260 **262**
台湾赤瓟 (5) 209 **212**
台湾赤杨叶 (6) 40 **41**
台湾翅子树 (5) 56 **58** 彩片33
台湾翅果菊 (11) 744 **747**
台湾椆
(=台湾青冈) (4) 239
台湾槌果藤
(=台湾山柑) (5) 371
台湾楤木 (8) 569 **572**
台湾粗榧 (3) 102 **104** 彩片132
台湾粗蔓藓
(=反叶粗蔓藓) (1) 692
台湾粗叶木 (10) 622 **629**
台湾翠柏 (3) 77 **78** 彩片104
台湾丁公藤 (9) **243**
台湾冬青 (7) 838 **861** 彩片320
台湾独活 (8) 720 **724** 彩片289
台湾独蒜兰 (13) 624 **627** 彩片453
台湾杜鹃 (5) 569 **641**
台湾短颈藓
(=卷叶短颈藓) (1) 948
台湾钝果寄生 (7) 750 **753**
台湾多枝藓 (1) 780 **781**
台湾鹅掌柴 (8) 551 **552** 彩片260
台湾耳蕨 (2) 538 **578**
台湾飞蓬 (11) 215 **223**
台湾蜂斗菜 (11) 505 **506**
台湾凤尾蕨
(=美丽凤尾蕨) (2) 194
台湾桂竹 (12) 601 **612**
台湾果松 (3) 52 **56** 彩片77
台湾含笑 (3) 146 **155** 彩片189
台湾禾叶兰 (13) **657**
台湾核子木 (7) 827 **828** 彩片313
台湾红豆 (7) 69 **77**
台湾厚距花
(=厚距花) (7) 658
台湾虎尾草 (12) **991**
台湾胡椒 (3) 321 **328**
台湾黄唇兰
(=金唇兰) (13) 616
台湾黄堇
(=北越紫堇) (3) 761
台湾黄芩 (9) 417 **422**
台湾黄瑞木
(=台湾杨桐) (4) 628
台湾黄杉 (3) 29 **30** 彩片47
台湾灰毛豆 (7) 123 **125**
台湾茴芹 (8) 664 **670**
台湾火筒树 (8) 179 **180** 彩片97
台湾姬蕨 (2) 175 **175**
台湾假繁缕 (10) **684**
台湾剪股颖 (12) 915 **918**
台湾剑蕨 (2) 779 **780**
台湾胶木 (6) **3**
台湾节毛蕨 (2) **604**
台湾金星蕨 (2) 339 **345**
台湾金足草 (10) 374 **376**
台湾堇菜 (5) 140 **166**
台湾景天
(=东南景天) (6) 351
台湾开口箭
(=开口箭) (13) 180
台湾铠兰 (13) **443**
台湾柯 (4) 199 **210** 彩片100
台湾孔雀藓 (1) 744 **746**
台湾苦槠
(=台湾锥) (4) 190
台湾款冬
(=台湾蜂斗菜) (11) 506
台湾阔蕊兰 (13) 492 **494**
台湾蜡瓣花 (3) 783 **784**
台湾蓝盆花 (11) 116 **120**
台湾冷杉 (3) 20 27 彩片41
台湾林檎 (6) 565 **575**
台湾鳞花草 (10) 382 **383**
台湾鳞毛蕨 (2) 492 **529**
台湾龙胆
(=小叶五岭龙胆) (9) 30
台湾菱 (7) 543 **548**
台湾芦竹 (12) 674 **675**
台湾鹿蹄草 (5) 722 **726**
台湾鹿药 (13) 191 **193**
台湾轮叶龙胆 (9) 17 **27**
台湾绿锯藓 (1) 663 **664**
台湾罗汉松 (3) 98 **100** 彩片127
台湾马儿 (5) 219 **220**
台湾马桑 (8) 373 **374**
台湾毛蕨 (2) 373 **375**
台湾毛兰 (13) 640 **651**
台湾毛柃 (4) 634 **638**
台湾茅 (12) 1138 **1139**
台湾美冠兰 (13) 568 **570**
台湾米仔兰 (8) 386 **387** 彩片195
台湾棉藓 (1) 865 **867**
台湾明萼草 (10) 403 **404**
台湾磨芋 (12) 136 **141**
台湾拟金发藓 (1) 965 **966** 彩片291

台湾牛齿兰 (13) **658**
台湾糯米团 (4) 149 **150**
台湾女贞 (10) 49 **51**
台湾泡桐 (10) 77 **79** 彩片33
台湾枇杷 (6) 525 **528**
台湾盆距兰 (13) 761 **764** 彩片575
台湾苹婆 (5) 36 **38** 彩片19
台湾桤木 (4) 272 **275**
台湾千金藤 (3) 683 **684**
台湾前胡 (8) 742 **745**
台湾琴柱草 (9) 507 **512**
台湾青冈 (4) 225 **239** 彩片106
台湾蜻蜓兰 (13) 471 **472**
台湾琼榄 (7) 878 **879** 彩片329
台湾秋海棠 (5) 256 **266**
台湾曲轴蕨 (2) **178**
台湾雀稗 (12) 1053 **1055**
台湾雀麦 (12) 803 **809**
台湾绒苔 (1) **20**
台湾榕 (4) 44 **59**
台湾肉豆蔻 (3) **198** 彩片206
台湾三尖杉
(=台湾粗榧) (3) 104
台湾沙参 (10) 475 **478**
台湾山柑 (5) 370 **371** 彩片153
台湾山芥
(=山芥) (5) 468
台湾山苦荬
(=台湾翅果菊) (11) 747
台湾山楝 (8) 389 **390**
台湾山苏花
(=巢蕨) (2) 438
台湾山香圆 (8) **263**
台湾山柚 (7) **721**
台湾山柚属
(山柚子科) (7) 719 **721**
台湾杉 (3) **69** 彩片95
台湾杉木 (3) **69** 彩片94
台湾杉属
(杉科) (3) 68 **69**
台湾鳝藤 (9) 125 **126**
台湾蛇床 (8) 699 **700**
台湾省藤 (12) 77 **81**
台湾十大功劳 (3) 626 **636**
台湾石笔木 (4) 604 **606**
台湾石栎
(=台湾柯) (4) 210
台湾鼠刺 (6) 289 **292**
台湾水东哥 (4) 674 **676**
台湾水韭 (2) 63 **64**
台湾水龙 (7) 582 **585** 彩片213
台湾水龙骨 (2) 667 **667**
台湾水青冈 (4) 178 **179** 彩片78
台湾松
(=黄山松) (3) 63
台湾溲疏 (6) 248 **252**
台湾苏铁
(=广东苏铁) (3) 8
台湾酸脚杆 (7) 655 **656**
台湾穗花杉 (3) **109** 彩片139
台湾梭罗 (5) 46 **47** 彩片27
台湾缩叶藓 (1) 488 **492**
台湾唐松草 (3) 461 **470**
台湾铁苋菜 (8) 87 **90**
台湾铁杉 (3) 32 **33** 彩片52
台湾铁线莲 (3) 508 **519**
台湾通泉草 (10) 121 **124**
台湾筒距兰 (13) **565**
台湾吻兰 (13) **614**
台湾蚊母树 (3) 789 **790** 彩片446
台湾五针松 (3) 52 **57** 彩片79
台湾觿茅 (12) 1138 **1139**
台湾虾脊兰 (13) 598 **611**
台湾狭叶艾 (11) 377 **412**
台湾藓 (1) **659** 彩片194
台湾藓属
(毛藓科) (1) **659**
台湾相思 (7) 7 **8** 彩片5
台湾香荚兰 (13) **520** 彩片358
台湾香叶树 (3) 230 **237** 彩片225
台湾小赤藓 (1) 954 **955**
台湾小蕨藓 (1) **677**
台湾小米草 (10) 174 **176** 彩片48
台湾肖菝葜 (13) **339**
台湾新木姜子 (3) 209 **213**
台湾新乌檀 (10) **565**
台湾悬钩子 (6) 589 **626**
台湾崖爬藤 (8) 206 **208** 彩片101
台湾岩扇 (5) **739**
台湾杨桐 (4) 625 **628** 彩片287
台湾野牡丹藤
(=台湾酸脚杆) (7) 656
台湾银背藤 (9) **267**
台湾银线兰 (13) 436 **440** 彩片306
台湾油点草 (13) 83 **84**
台湾油芒 (12) 1103 **1104**
台湾油杉 (3) 15 **17** 彩片24
台湾羽叶参 (8) 565 **567**
台湾鸢尾 (13) 281 **295** 彩片216
台湾原始观音座莲 (2) 86 **87**
台湾远志 (8) 245 **249**
台湾越桔 (5) **709**
台湾云杉 (3) 36 **40** 彩片60
台湾粘冠草 (11) **160**
台湾帚菊 (11) 658 **661**
台湾轴脉蕨 (2) 609 **612**
台湾竹叶草 (12) 1041 **1042**
台湾锥 (4) 183 **190** 彩片86
台湾紫丹 (9) **289**
台湾紫菀 (11) 176 **185**
台蔗觿茅 (12) 1099 **1101**
台中桑寄生 (7) 743 **744**
台中薹草 (12) 466 **470**
苔耳
(=苍耳) (11) 309
苔间丝瓣芹 (8) 675 **677**
苔穗嵩草 (12) 362 **368**
苔叶藓属
(树生藓科) (1) **611**
苔状小报春 (6) 176 **214**
薹草属
(莎草科) (12) 257 **381**
太白贝母 (13) 109 **115** 彩片85

太白虎耳草	(6)	386	**407**	
太白花揪	(6)	532	**538**	
太白韭	(13)	140	**145**	
太白冷杉				
(=巴山冷杉)	(3)		21	
太白棱子芹	(8)	612	**613**	
太白美花草	(3)	544	**545**	
太白山蒿	(11)	377	**414**	
太白山蓳草	(12)	473	**477**	
太白山蟹甲草	(11)	489	**501**	
太白细柄茅				
(=优雅细柄茅)	(12)		950	
太白山紫斑牡丹	(4) 555	**558**	彩片242	
太白溲疏	(6)	249	**256**	
太白瓦韦	(2)	683	**697**	
太白乌头	(3)	406	**416**	
太白岩黄蓍	(7)	392	**396**	
太平花	(6)	260	**261**	
太平鳞毛蕨	(2)	492	**530**	
太平莓	(6)	590	**633**	
太平悬钩子				
(=梨叶悬钩子)	(6)		630	
太武禾叶蕨	(2)	776	**777**	
太行阿魏	(8)	734	**738**	
太行花	(6)		**651**	
太行花属				
(蔷薇科)	(6)	444	**651**	
太行菊	(11)		**354**	
太行菊属				
(菊科)	(11)	125	**354**	
太行铁线莲	(3) 508	509	**524**	
太阳花				
(=大花马齿苋)	(4)		384	
太原黄蓍	(7)	296	**350**	
泰国黄叶树	(8)		**259**	
泰国杧果	(8)		**348**	
泰国紫堇				
(=细果紫堇)	(3)		729	
泰来藻	(12)		**17**	
泰来藻属				
(水鳖科)	(12)	13	**17**	
泰山前胡	(8)	742	**748**	
泰竹	(12)	569	**570**	
泰竹属				
(禾本科)	(12)	551	**569**	
tan				
滩贝母	(13)		**118**	
滩地韭	(13)	140	**151**	
坛果山矾	(6)	52	**58**	
坛花兰	(13)	**613**	彩片437	
坛花兰属				
(兰科)	(13)	373	**612**	
昙花	(4)	**304**	彩片138	
昙花属				
(仙人掌科)	(4)	300	**304**	
檀				
(=清檀)	(4)		12	
檀梨	(7)	**725**	彩片285	
檀梨属				
(檀香科)	(7)	723	**725**	
檀栗属				
(无患子科)	(8)	268	**283**	
檀香	(7)	**725**	彩片284	
檀香科	(7)		**722**	
檀香属				
(檀香科)	(7)	722	**724**	
探春花	(10)	58	**59**	
tang				
汤饭子				
(=茶荚)	(11)		29	
唐菖蒲	(13)	**275**	彩片191	
唐菖蒲属				
(鸢尾科)	(13)	273	**274**	
唐棣	(6)	576	**577**	
唐棣属				
(蔷薇科)	(6)	443	**576**	
唐古韭	(13)	143	**168**	
唐古拉齿缘草	(9)		**328**	
唐古拉翠雀花	(3)	428	**432**	
唐古拉婆婆纳	(10)	147	**156**	
唐古拉蓳草	(12)		**405**	
唐古特大黄				
(=鸡爪大黄)	(4)		535	
唐古特虎耳草	(6) 386	**409**	彩片106	
唐古特忍冬	(11)	50	**56**	
唐古特瑞香	(7)	526	**532**	
唐古特雪莲	(11)	567	**574**	
唐古特延胡索	(3)	726	**762**	
唐古特岩黄蓍	(7)	393	**399**	
唐进蓳草	(12)	493	**495**	
唐氏早熟禾	(12)	704	**721**	
唐松草	(3)	461	**469**	
唐松草属				
(毛茛科)	(3)	389	**459**	
唐松叶弓翅芹	(8)		**733**	
棠梨				
(=杜梨)	(6)		562	
棠叶悬钩子	(6)	591	**638**	
唐竹	(12)		**597**	
唐竹属				
(禾本科)	(12)	552	**597**	
糖茶藨子	(6)	295	**303**	
糖果草				
(=罗星草)	(9)		14	
糖胶树	(9) 99	**100**	彩片52	
糖芥	(5) 514	**515**	彩片182	
糖芥绢毛菊				
(=空桶参)	(11)		736	
糖芥属				
(十字花科)	(5)	386	**513**	
糖蜜草	(12)		**1037**	
糖蜜草属				
(禾本科)	(12)	553	**1037**	
糖树				
(=砂糖椰子)	(12)		86	
糖棕	(12)		**72**	
糖棕属				
(棕榈科)	(12)	56	**71**	
螳螂跌打	(12)		**109**	

tao
洮河棘豆 (7) 353 **365**
洮河柳 (5) 304 313 **359**
桃 (6) 753 **755**
桃花岛鳞毛蕨 (2) 491 **522**
桃金娘 (7) **575** 彩片205
桃金娘科 (7) **548**
桃金娘属
(桃金娘科) (7) 549 **575**
桃榄 (6) **8**
桃榄属
(山榄科) (6) 1 **7**
洮南灯心草 (12) 222 **229**
桃儿七 (3) **637** 彩片462
桃儿七属
(小檗科) (3) 582 **637**
桃花心木 (8) **378**
桃花心木属
(楝科) (8) 375 **378**
桃叶杜鹃 (5) 564 **636**
桃叶珊瑚 (7) 704 **705**
桃叶珊瑚属
(山茱萸科) (7) 691 **704**
桃叶石楠 (6) 514 **518**
桃叶鼠李 (8) 145 **152**
桃叶卫矛
(=西南卫矛) (7) 790
桃叶鸦葱 (11) 687 **691**
桃属
(蔷薇科) (6) 445 **752**
套鞘薹草 (12) 497 **499**
套鞘早熟禾 (12) 706 **733**
套叶馥兰 (13) **660**
套叶兰 (13) **559**
套叶兰属
(兰科) (13) 374 **559**

teng
藤本福王草 (11) 733 **734**
藤长苗 (9) 249 **250**
藤春 (3) 181 **182**
藤春属
(番荔枝科) (3) 159 **181**
藤构 (4) 32 **33**
藤荷包牡丹
(=荷包藤) (3) 720
藤槐 (7) **89**
藤槐属
(蝶形花科) (7) 60 **89**
藤黄科 (4) **681**
藤黄檀 (7) 90 **93** 彩片57
藤黄属
(藤黄科) (4) 682 **685**
藤金合欢 (7) 7 **10**
藤菊 (11) 528 **529**
藤菊属
(菊科) (11) 128 **528**
藤卷柏 (2) 33 **46**
藤蕨 (2) **631**
藤蕨 (2) 631 **631**
藤蕨
(=爬树蕨) (2) 640
藤蕨科 (2) 7 **630**
藤蕨属
(藤蕨科) (2) **631**
藤露兜树属
(露兜树科) (12) **100**
藤萝 (7) 114 **115**
藤麻 (4) **135**
藤麻属
(荨麻科) (4) 75 **135**
藤牡丹 (7) **654**
藤牡丹属
(野牡丹科) (7) 615 **654**
藤漆 (8) **352**
藤漆属
(漆树科) (8) 345 **352**
藤榕 (4) 46 **71**
藤三七
(=落葵薯) (4) 388
藤山柳 (4) 672 **673**
藤山柳属
(猕猴桃科) (4) 656 **672**
藤石松 (2) **30** 彩片11
藤石松属
(石松科) (2) 23 **30**
藤五加 (8) 557 **558** 彩片265
藤芋属
(天南星科) (12) 105 **117**
藤竹草 (12) 1027 **1031**
藤状火把花 (9) **498**
藤枣 (3) **672**
藤枣属
(防己科) (3) 669 **671**
藤紫珠 (9) 353 **355**

ti
梯翅蓬属
(藜科) (4) 307 **365**
梯牧草 (12) 926 **927**
梯牧草属
(禾本科) (12) 559 **925**
梯网花叶藓 (1) 424 **426**
梯叶花楸 (6) 532 **540**
提灯藓科 (1) **571**
提灯藓属
(提灯藓科) (1) 571 **573**
蹄盖蕨科 (2) 4 5 **271**
蹄盖蕨属
(蹄盖蕨科) (2) 271 **293**
蹄叶齿鳞苔 (1) **245**
蹄叶橐吾 (11) 449 **461** 彩片94

tian
天池碎米荠 (5) 451 **462**
天府虾脊兰 (13) 597 **603**
天胡荽 (8) 583 **584** 彩片278
天胡荽金腰 (6) 418 **425**
天胡荽属
(伞形科) (8) 578 **583**
天葵 (3) **459** 彩片343
天葵属

(毛茛科) (3) 389 **459**
天剑草
(=鼓子花) (9) 249
天芥菜 (9) **287**
天芥菜属
(紫草科) (9) 280 **287**
天蓝变豆菜 (8) 589 **591**
天蓝韭 (13) 141 **154**
天蓝苜蓿 (7) **433**
天蓝沙参 (10) 475 **478** 彩片167
天蓝绣球 (9) **278** 彩片117
天蓝绣球属
(花科) (9) 276 **278**
天料木 (5) 123 **124**
天料木属
(大风子科) (5) 110 **123**
天麻 (5) **23**
天麻 (13) **529** 彩片365
天麻属
(椴树科) (5) 12 **22**
天麻属
(兰科) (13) 368 **529**
天门冬 (13) 230 **233** 彩片168
天门冬属
(百合科) (13) 69 **229**
天名精 (11) 300 **306**
天名精属
(菊科) (11) 129 **299**
天目贝母 (13) 108 **110**
天目地黄 (10) **133** 彩片41
天目木姜子 (3) 215 **217**
天目木兰 (3) 132 **139** 彩片169
天目铁木 (4) 270 **271** 彩片119
天目山蟹甲草 (11) 488 **496**
天目紫茎 (4) 616 **617**
天南星 (12) 152 **164** 彩片71
天南星
(=一把伞南星) (12) 171
天南星科 (12) **104**
天南星属
(天南星科) (12) 105 **150**
天女花
(=天女木兰) (3) 136
天女木兰 (3) 131 **136** 彩片164
天蓬子 (9) **211**
天蓬子属
(茄科) (9) 203 **210**
天平山淫羊藿 (3) 642 **645**
天全囊瓣芹
(=纤细囊瓣芹) (8) 613
天全蒲公英 (11) 767 **783**
天全虾脊兰 (13) 597 **601**
天人草 (9) **555**
天人菊 (11) 333 **334**
天人菊属
(菊科) (11) 125 **333**
天山 (10) 25 **30**
天山报春 (6) 176 **213**
天山侧金盏花 (3) 546 **548**
天山茶藨子 (6) 295 **304**
天山翠雀花 (3) 429 **437**
天山大戟 (8) 118 **130**
天山点地梅 (6) 151 **166**
天山狗舌草 (11) 515 **518**
天山海罂粟 (3) **709**
天山花楸 (6) 532 **537**
天山黄堇 (3) 725 **756**
天山黄蓍 (7) 289 **303**
天山棘豆 (7) 352 **364**
天山蓟 (11) 621 **627**
天山假狼毒 (7) **541**
天山碱茅 (12) 765 **778**
天山赖草 (12) 827 **830**
天山柳 (5) 303 312 **351**
天山柳叶菜 (7) 598 **603**
天山毛茛 (3) 552 **558**
天山扭藿香 (9) 435 **436**
天山蒲公英 (11) 766 **784**
天山槭 (8) 316 **323**
天山千里光 (11) 532 **538**
天山乳菀 (11) 203 **204**
天山软紫草 (9) 291 **293**
天山蓍 (11) 125 **338**
天山蓍属
(菊科) (11) 125 **338**
天山橐吾 (11) 448 **459** 彩片93
天山瓦韦 (2) 683 **698**
天山邪蒿
(=西归芹) (8) 681
天山新塔花 (9) **526**
天山异燕麦 (12) 887 **891**
天山樱桃 (6) 765 **780**
天山蝇子草 (4) 440 **444**
天山鸢尾 (13) 279 **290** 彩片209
天山云杉
(=雪岭云杉) (3) 38
天山早熟禾 (12) 704 **723**
天山泽芹 (8) **684**
天山泽芹属
(伞形科) (8) 580 **683**
天山猪毛菜 (4) 359 **360**
天师栗 (8) 311 **312**
天蒜 (13) 142 **154**
天堂瓜馥木 (3) 186 **190**
天仙果 (4) 44 **56** 彩片40
天仙藤 (3) **674**
天仙藤属
(防己科) (3) 669 670 **674**
天仙子 (9) 211 **212** 彩片93
天仙子属
(茄科) (9) 203 **211**
天香藤 (7) **16**
天星蕨 (2) **88**
天星蕨科 (2) 2 **88**
天星蕨属
(天星蕨科) (2) **88**
天星藤 (9) **168**
天星藤属
(萝科) (9) 135 **168**
天竺桂 (3) 251 **257** 彩片233
天竺葵 (8) 484 **485** 彩片248
天竺葵属
(牛儿苗科) (8) 466 **484**

田葱 (13) **65** 彩片56
田葱科 (13) **64**
田葱属
(田葱科) (13) **64**
田繁缕 (4) **679**
田繁缕属
(沟繁缕科) (4) **678**
田方骨 (3) 170 **171**
田贲蒿
(=田葛缕子) (8) 652
田葛缕子 (8) 605 **606**
田基黄 (11) **158**
田基黄属
(菊科) (11) 122 **158**
田基麻 (9) **279**
田基麻科 (9) **279**
田基麻属
(田基麻科) (9) **279**
田间鸭嘴草 (12) 1133 **1135**
田林细子龙 (8) **284**
田七
(=三七) (8) 575
田菁 (7) **127**
田菁属
(蝶形花科) (7) 66 **126**
田雀麦 (12) 804 **813**
田旋花 (9) 251 **252** 彩片108
田阳风筝果 (8) 239 **240**
田野百蕊草 (7) 733 **735**
田野黑麦草 (12) **786**
田野千里光
(=散生千里光) (11) 548
田野水苏 (9) 492 **497**
田皂角
(=合萌) (7) 255
田紫草 (9) 303 **304**
甜艾
(=艾) (11) 398
甜菜 (4) **308**
甜菜属
(藜科) (4) 305 **307**
甜橙 (8) 444 **446** 彩片230
甜大节竹 (12) 593 **595**
甜高粱 (12) 1121 **1123**
甜根子草 (12) 1096 **1097**
甜瓜 (5) **228** 彩片115
甜果藤
(=定心藤) (7) 881
甜麻 (5) **22**
甜茅 (12) 797 **800**
甜茅属
(禾本科) (12) 561 **797**
甜荞
(=荞麦) (4) 512
甜薯
(=甘薯) (13) 350
甜杨 (5) 286 **293**
甜叶菊 (11) **153**
甜叶菊属
(菊科) (11) 122 **153**
甜叶算盘子 (8) 46 **50**
甜竹 (12) 601 **611**
甜槠 (4) 183 **191**
甜槠栲
(=甜槠) (4) 191
甜锥
(=甜槠) (4) 191
填缅旌节花 (5) 131 **134**

tiao
条瓣舌唇兰 (13) 458 **466**
条胞鞭苔 (1) 25 **34**
条唇阔蕊兰 (13) 493 **499**
条果芥属
(十字花科) (5) 382 **502**
条蕨科 (2) 4 **641**
条蕨属
(条蕨科) (2) **641**
条裂叉蕨 (2) 617 **620** 彩片118
条裂虎耳草
(=长白虎耳草) (6) 391
条裂黄堇 (3) 723 **740**
条裂三叉蕨
(=条裂叉蕨) (2) **620**
条裂委陵菜 (6) 655 **682**
条裂鸢尾兰 (13) 120 **131**
条毛青藤
(=大花青藤) (3) 306
条穗薹草 (12) 460 **462**
条纹凤尾蕨 (2) 181 182 **193**
条纹龙胆 (9) 19 **39**
条纹马先蒿 (10) 181 **205**
条纹木灵藓 (1) 621 **622** 彩片187
条叶车前
(=小车前) (10) 12
条叶垂头菊 (11) 472 **483** 彩片106
条叶吊石苣苔
(=吊石苣苔) (10) 320
条叶蓟
(=湖北蓟) (11) 631
条叶阔蕊兰 (13) 493 **495**
条叶龙胆 (9) 17 **31**
条叶芒毛苣苔 (10) 314 **315**
条叶毛茛 (3) 550 **566**
条叶榕 (4) 44 **61**
条叶肉叶荠
(=红花肉叶荠) (5) 535
条叶舌唇兰 (13) 459 **468**
条叶庭荠 (5) 432 **433**
条叶旋覆花
(=线叶旋覆花) (11) 292
条叶银莲花 (3) 488 **497** 彩片358
条叶猪屎豆
(=线叶猪屎豆) (7) 450

tie
贴苞灯心草 (12) 223 **235**
贴梗木瓜
(=皱皮木瓜) (6) 556
贴毛苎麻 (4) 136 **138**
贴生石韦 (2) 711 **712** 彩片136
贴生白粉藤 (8) 197 **200**
铁棒锤 (3) 407 **426** 彩片323

铁包金 (8) 165 **166** 彩片86
铁草鞋
(=三脉球兰) (9) 170
铁椆
(=青冈) (4) 238
铁刀木 (7) 51 **54** 彩片44
铁灯兔儿风
(=灯台兔儿风) (11) 674
铁钓竿 (10) 137 **140**
铁冬青 (7) 835 **846** 彩片315
铁杆蒿
(=碱菀) (11) 207
铁杆蔷薇 (6) 709 **720**
铁梗报春 (6) 171 **178**
铁箍散 (3) 370 **377**
铁贯藤
(=碗花草) (10) 336
铁海棠 (8) 117 **124** 彩片67
铁甲秋海棠 (5) 255 **260**
铁坚油杉 (3) 15 **17**
铁角蕨 (2) 400 **407**
铁角蕨科 (2) 5 **399**
铁角蕨属
(铁角蕨科) (2) 399 **400**
铁筷子 (3) **403**
铁筷子属
(毛茛科) (3) 389 **402**
铁榄 (6) 9 **10**
铁榄属
(山榄科) (6) 1 **9**
铁狼萁
(=芒萁) (2) 99
铁力木 (4) **682**
铁力木属
(藤黄科) (4) 681 **682**
铁灵花 (4) 20 **21**
铁凌 (4) **568** 彩片256
铁马鞭 (7) 182 **188**
铁芒萁 (2) 98 **99** 彩片44
铁木 (4) 270 **271**
铁木属
(桦木科) (4) 255 **270**
铁皮石斛 (13) 664 **678** 彩片502
铁破锣 (3) **398** 彩片306
铁破锣属
(毛茛科) (3) 388 **397**
铁青树 (7) **715**
铁青树科 (7) **713**
铁青树属
(铁青树科) (7) 713 **714**
铁伞
(=红凉伞) (6) 93
铁扫帚
(=河北木蓝) (7) 142
铁扫帚
(=截叶胡枝子) (7) 192
铁色箭
(=葱地笑) (13) 263
铁山矾 (6) 52 **63**
铁杉 (3) 32 **33**
铁杉属
(松科) (3) 14 **31**
铁藤 (3) 692 **694**
铁苋菜 (8) **88**
铁苋菜属
(大戟科) (8) 12 **88**
铁线蕨 (2) 233 **245** 彩片78
铁线蕨科 (2) 3 **232**
铁线蕨属
(铁线蕨科) (2) **232**
铁线莲 (3) 507 **514**
铁线莲属
(毛茛科) (3) 389 **505**
铁线子 (6) **2**
铁线子属
(山榄科) (6) **1**
铁橡栎 (4) 241 **252**
铁轴草 (9) 400 **403**
铁竹 (12) **660**
铁竹属
(禾本科) (12) 551 **660**
铁仔 (6) **109** 彩片30
铁仔属
(紫金牛科) (6) 77 **109**
帖木
(=钝基草) (12) 954

ting
庭菖蒲 (13) **303** 彩片228
庭菖蒲属
(鸢尾科) (13) 273 **303**
庭荠 (5) 432 **434**
庭荠属
(十字花科) (5) 387 **432**
庭藤 (7) 131 **133**
莛子 (11) 37 **38**
莛子属
(忍冬科) (11) 1 **37**
葶花 (9) **567**
葶花水竹叶 (12) 190 **192**
葶花属
(唇形科) (9) 398 **566**
葶芥 (5) **529**
葶芥属
(十字花科) (5) 386 **529**
葶茎天名精 (11) 299 **302**
葶菊 (11) **229**
葶菊属
(菊科) (11) 128 **229**
葶立报春
(=葶立钟报春) (6) 198
葶立钟报春 (6) 174 **198**
葶苈 (5) 440 **448**
葶苈属
(十字花科) (5) 386 **387** 389 **439**
挺茎遍地金 (4) 694 **704**
挺茎金丝桃
(=挺茎遍地金) (4) 704
挺叶拟蒴囊苔 (1) **115**
挺叶苔 (1) 59 **61**
挺叶苔属
(裂叶苔科) (1) 47 **59**
挺枝大萼苔 (1) 176 **179**

挺枝立灯藓 (1) 576 **577**
挺枝提灯藓
(=挺枝立灯藓) (1) 577

tong
通草
(=通脱木) (8) 536
通城虎 (3) 349 **356**
通光散
(=通光藤) (9) 181
通光藤 (9) **181**
通花
(=柳叶旌节花) (5) 132
通麦虾脊兰 (13) 597 **605** 彩片428
通脉丹
(=娃儿藤) (9) 192
通奶草 (8) 117 **120**
通泉草 (10) 121 **125**
通泉草属
(玄参科) (10) 71 **120**
通天连 (9) 190 **194**
通脱木 (8) **536** 彩片250
通脱木属
(五加科) (8) 534 **536**
同白秋鼠草 (11) 280 **282**
同齿樟味藜 (4) 337 **338** 彩片146
同花母菊 (11) 348 **349**
同距凤仙花 (8) 490 **505**
同色白点兰 (13) 740 **741**
同色扁担杆 (5) 25 **28**
同色兜兰 (13) 387 **389** 彩片279
同色香青 (11) 263 **268**
同蒴藓属
(青藓科) (1) 828 **829**
同心结 (9) **117**
同心结属
(夹竹桃科) (9) 91 **116**
同形鳞毛蕨 (2) 490 **510**
同叶藓属
(灰藓科) (1) 899 **917**
同羽贯众
(=阔羽贯众) (2) 596
同枝青藓 (1) 831 **834**
同钟花 (10) **493**
同钟花属
(桔梗科) (10) 447 **493**
茼蒿 (11) **339**
茼蒿属
(菊科) (11) 125 **339**
桐棉 (5) 99 **100** 彩片61
桐棉属
(锦葵科) (5) 69 **99**
桐叶千金藤 (3) 683 **686** 彩片400
桐油树
(=油桐) (8) 98
铜锤草
(=红花酢浆草) (8) 463
铜锤玉带草 (10) **501** 彩片180
铜锤玉带属
(桔梗科) (10) 447 **501**
铜绿净口藓 (1) **456**
铜绿山矾 (6) 53 **70**
铜钱树 (8) 171 **172** 彩片91
铜钱树属
(=马甲子属) (8) 171
铜钱细辛 (3) 338 **340**
铜钱叶白珠 (5) 690 **695**
铜山阿魏 (8) 734 **739**
筒瓣兰 (13) **614** 彩片438
筒瓣兰属
(兰科) (13) 373 **614**
筒冠花 (9) **562**
筒冠花属
(唇形科) (9) 397 **562**
筒花苣苔 (10) **265**
筒花苣苔属
(苦苣苔科) (10) 244 **264**
筒花开口箭 (13) 178 **179**
筒花龙胆 (9) 18 **36**
筒距兰 (13) **565**
筒距兰属
(兰科) (13) 374 **565**
筒距舌唇兰 (13) 458 **464** 彩片319
筒鞘蛇菰 (7) 766 **770**
筒蒴烟杆藓 (1) 949 **950**
筒轴茅 (12) **1162**
筒轴茅属
(禾本科) (12) 555 **1162**

tou
头花杯苋 (4) 375 **376**
头花草属
(=头序花属) (11) 120
头花独行菜 (5) 400 **404**
头花杜鹃 (5) 560 **592** 彩片205
头花蓼 (4) 483 **498** 彩片207
头花香薷 (9) 545 **547**
头花银背藤 (9) 267 **268**
头花猪屎豆 (7) 442 **449**
头九节 (10) **619**
头九节属
(茜草科) (10) 509 **619**
头蕊兰 (13) 393 **394** 彩片289
头蕊兰属
(兰科) (13) 365 **393**
头序报春 (6) 170 **219**
头序臭黄荆
(=近头状豆腐柴) (9) 369
头序楤木 (8) 568 **569**
头序花属
(川续断科) (11) 106 **120**
头序黄耆 (7) 290 **314**
头序荛花 (7) 516 **522**
头序歪头菜 (7) 408 **416**
头序无柱兰 (13) 479 **482**
头柱灯心草 (12) 223 **240**
头状石头花 (4) 473 **477**
头状四照花 (7) 699 **701** 彩片270
头状穗莎草 (12) 321 **326**
头嘴菊 (11) **763**
头嘴菊属
(菊科) (11) 135 **763**
透骨草 (10) **1**

透骨草
(=滇白珠) (5) 694
透骨草科 (10) 1
透骨草属
(透骨草科) (10) 1
透茎冷水花 (4) 93 107
透明凤尾藓 (1) 402 404
透明鳞荸荠 (12) 279 284
透明叶苔 (1) 70 74

tu

凸背鳞毛蕨 (2) 490 511
凸尖杜鹃 (5) 565 621 彩片227
凸尖鳞叶藓 (1) 919 920
凸孔阔蕊兰 (13) 493 497 彩片338
凸孔坡参 (13) 501 510
凸脉飞燕草 (3) 449
凸脉附地菜 (9) 306 307
凸脉猕猴桃 (4) 657 660
凸脉球兰 (9) 169 171 彩片82
凸脉越桔 (5) 698 700
凸叶黄藓 (1) 727 728
凸轴蕨 (2) 345 346
凸轴蕨属
(金星蕨科) (2) 335 345
秃败酱
(=光叶败酱) (11) 96
秃瓣杜英 (5) 1 6
秃瓣裂叶苔 (1) 53 57
秃柄锦香草 (7) 638 640
秃疮花 (3) 708 彩片413
秃疮花属
(罂粟科) (3) 695 707
秃房茶 (4) 576 593
秃梗连蕊茶 (4) 577 599
秃梗露珠草 (7) 587 588
秃果白珠 (5) 690 695
秃红紫珠 (9) 354 360
秃金锦香 (7) 616 618
秃蜡瓣花 (3) 783 785
秃杉
(=台湾杉) (3) 69
秃叶红豆 (7) 69 77
秃叶黄檗 (8) 425 彩片216
秃叶泥炭藓 (1) 301 308
突隔梅花草 (6) 431 439
突节荻 (12) 1090 1091
突节老鹳草 (8) 469 480
突蕨假香芥 (5) 509
突肋海桐 (6) 234 240
突脉金丝桃 (4) 694 701
突托蜡梅 (3) 204 205
图们黄芩 (9) 419 430
图们薹草 (12) 504
土常山
(=华山矾) (6) 75
土沉香 (7) 514 彩片183
土丹棘豆 (7) 352 362
土当归
(=食用土当归) (8) 573
土丁桂 (9) 242 彩片106
土丁桂属
(旋花科) (9) 240 241
土豆
(=阳芋) (9) 227
土圞儿 (7) 204 205
土圞儿属
(蝶形花科) (7) 64 204
土茯苓 (13) 316 330 彩片244
土鼓藤
(=地锦) (8) 186
土黄芪属
(蝶形花科) (7) 65 214
土荆芥 (4) 312 314 彩片140
土荆芥
(=水棘针) (9) 399
土连翘 (10) 552
土连翘属
(茜草科) (10) 507 552
土栾树
(=陕西荚) (11) 10
土蜜树 (8) 20 21 彩片7
土蜜树属
(大戟科) (8) 10 20
土蜜藤 (8) 21 22
土木香 (11) 288 289 彩片69
土楠 (3) 292
土楠属
(樟科) (3) 207 292
土牛膝 (4) 378 379
土人参 (4) 386 彩片181
土人参属
(马齿苋科) (4) 384 386
土生对齿藓 (1) 451 455
土生纽口藓
(=土生对齿藓) (1) 455
土生墙藓
(=山赤藓) (1) 477
土坛树 (7) 682 683 彩片257
土田七 (13) 30
土田七属
(姜科) (13) 20 30
土细辛
(=九头狮子草) (10) 398
土樟
(=网脉桂) (3) 256
土庄绣线菊 (6) 447 459
吐兰柳 (5) 302 312 356
吐鲁番锦鸡儿 (7) 267 283
吐烟花 (4) 114 115 彩片58
兔唇花属
(唇形科) (9) 396 483
兔儿风蟹甲草 (11) 488 495
兔儿风属
(菊科) (11) 130 663
兔儿伞 (11) 503
兔儿伞属
(菊科) (11) 127 503
兔儿尾苗 (10) 142 143
兔耳草属
(玄参科) (10) 68 160
兔耳兰 (13) 575 584 彩片409
兔耳苔 (1) 165

菟耳苔科 (1) 165
菟耳苔属
(菟耳苔科) (1) 165
菟葵 (3) 403
菟葵属
(毛茛科) (3) 389 **403**
菟丝子 (9) 270 **271** 彩片114
菟丝子科 (9) **270**
菟丝子属
(菟丝子科) (9) **270**

tuan
团垫黄蓍 (7) 293 **334**
团盖铁线蕨
(=肾盖铁角蕨) (2) 243
团花 (10) **564**
团花冬青 (7) 838 **864**
团花杜鹃 (5) 564 **634** 彩片237
团花假卫矛
(=密花假卫矛) (7) 822
团花龙船花 (10) 610 **611**
团花属
(茜草科) (10) 506 **564**
团花山矾 (6) 54 **71**
团花驼舌草 (4) 545 **546**
团球火绒草 (11) 251 **261**
团扇蕨 (2) 130 **130**
团扇蕨属
(膜蕨科) (2) 112 **130**
团扇荠 (5) **438**
团扇荠属
(十字花科) (5) 387 **437**
团扇叶秋海棠
(=癞叶秋海棠) (5) 262
团穗薹草 (12) 466 **467**
团香果 (3) 230 **236**
团叶单侧花
(=钝叶单侧花) (5) 730
团叶杜鹃 (5) 566 **617** 彩片224
团叶槲蕨 (2) 764 **765**
团叶鳞始蕨 (2) 164 **166**
团叶陵齿蕨
(=团叶鳞始蕨) (2) 166
团羽铁线蕨 (2) 232 **237**

tui
褪色扭连钱 (9) 447 **448**

tun
豚草 (11) **311**
豚草属
(菊科) (11) 124 **310**
臀果木 (6) **791**
臀果木属
(蔷薇科) (6) 445 **791**
臀形果
(=臀果木) (6) 791

tuo
托柄菝葜 (13) 315 **323**
托花红景天 (6) 354 **357**
托鳞高山苔 (1) 284 **286**
托玛早熟禾 (12) 704 **724**
托木尔黄蓍 (7) 294 **341**
托穆尔鼠耳芥
(=蚓果芥) (5) 532
托盘椆
(=托盘青冈) (4) 234
托盘青冈 (4) 224 **234**
托氏藓属
(丛藓科) (1) 437 **484**
托叶黄檀 (7) 90 **96**
托叶龙芽草 (6) 741 **743**
托叶楼梯草 (4) 120 **126**
托叶樱桃 (6) 765 **773**
托竹 (12) 645 **652**
脱萼鸦跖花 (3) **577**
脱喙荠 (5) **431**
脱喙荠属
(十字花科) (5) 382 **430**
脱毛银叶委棱菜 (6) 656 **667**
脱毛总梗委棱菜 (6) 656 **667**
脱皮榆 (4) 2 **5** 彩片4
陀螺果 (6) **44** 彩片11
陀螺果枸子 (6) 482 **485**
陀螺果属
(安息香科) (6) 26 **44**
陀螺紫菀 (11) 176 **188**
驼峰藤 (9) **188**
驼峰藤属
(萝科) (9) 136 **188**
驼绒蒿
(=华北驼绒藜) (4) 334
驼绒藜 (4) 334 **335** 彩片144
驼绒藜属
(藜科) (4) 305 **334**
驼舌草 (4) **545**
驼舌草属
(白花丹科) (4) 538 **545**
驼蹄瓣 (8) 453 **455**
驼蹄瓣属
(蒺藜科) (8) 449 **453**
橐吾 (11) 448 **459**
橐吾属(菊科) (11) 127 **447**
椭苞爵床 (10) 415 **416**
椭果绿绒蒿 (3) 696 **697**
椭叶小舌紫菀 (11) 176 **187**
椭圆果葶苈 (5) 440 **450**
椭圆马铃苣苔 (10) 251 **253**
椭圆马尾杉 (2) 15 **19**
椭圆线柱苣苔
(=线柱苣苔) (10) 323
椭圆悬钩子 (6) 584 **603**
椭圆叶白前
(=大理白前) (9) 159
椭圆叶齿果草 (8) **257**
椭圆叶花锚 (9) 59 **60** 彩片30
椭圆叶金丝桃 (4) 693 **695**
椭圆叶冷水花 (4) 91 **98**
椭圆叶米仔兰 (8) 386 **388** 彩片196
椭圆叶水麻 (4) 157 **158**
椭圆叶天芥菜
(=天芥菜) (9) 287

椭圆叶越桔 (5) 698 **701**
椭圆叶钻地风 (6) 272 **274**
椭圆玉叶金花 (10) 572 **576**

W

wa
娃儿藤 (9) 189 **192**
娃儿藤属
(紫草科) (9) 136 **189**
挖耳草 (10) 438 **439**
洼瓣花 (13) 101 **102**
洼瓣花属
(百合科) (13) 72 **101**
瓦理棕 (12) 90 **91**
瓦理棕属
(棕榈科) (12) 57 **89**
瓦莲属
(景天科) (6) 319 **333**
瓦山安息香 (6) 27 **30**
瓦山槐 (7) 83 **87**
瓦山栲
(=瓦山锥) (4) 195
瓦山锥 (4) 183 **195** 彩片88
瓦氏卷柏 (2) 32 **43**
瓦氏指叶苔 (1) 37 **40**
瓦松 (6) 323 **324** 彩片85
瓦松属
(景天科) (6) 319 **323**
瓦韦 (2) 681 **687**
瓦韦属
(水龙骨科) (2) 664 **680**
瓦叶鞭苔 (1) 25 **29**
瓦叶唇鳞苔 (1) 242 **243**
瓦叶假细罗藓 (1) 771 **772**
瓦叶苔属
(细鳞苔科) (1) 224 **231**
瓦叶藓 (1) 782 **783**
瓦叶藓属
(牛舌藓科) (1) 777 **782**

wai
歪脚龙竹 (12) 588 **589**
歪头菜 (7) 407 **416** 彩片144
歪叶榕 (4) 46 **67**
歪叶山蓊菜
(=密序山蓊菜) (5) 524
外贝加旱熟禾 (12) 709 **743**
外折糖芥 (5) 513 **517**

wan
弯瓣合叶苔 (1) 102 **111**
弯苞大丁草
(=弯苞扶郎花) (11) 683
弯苞扶郎花 (11) 681 **683**
弯柄刺山茄
(=刺天茄) (9) 228
弯柄假复叶耳蕨 (2) 474 **474**
弯柄薹草 (12) 473 **476**
弯齿盾果草 (9) **318**
弯齿风毛菊 (11) 572 **597**
弯齿黄蓍 (7) 288 **296**
弯刺蔷薇 (6) 708 **719**
弯刀藓属
(水藓科) (1) **723**
弯短距乌头
(=短距乌头) (3) 407
弯萼金丝桃 (4) 694 **700**
弯耳鬼箭 (7) 265 **271**
弯梗菝葜 (13) 316 **328**
弯梗荠 (5) **427**
弯梗荠属
(十字花科) (5) 384 **427**
弯弓假瘤蕨 (2) 732 **744** 彩片147
弯管花 (10) **618**
弯管花属
(茜草科) (10) 509 **618**
弯管列当 (10) 237 **240**
弯果茨藻 (12) 41 **43**
弯果杜鹃 (5) 568 **626**
弯花叉柱花 (10) 337 **338**
弯花马蓝 (10) 366 **367**
弯喙薹草 (12) 473 **479**
弯尖杜鹃 (5) 568 **638**
弯角四齿芥 (5) 497 **498**
弯茎还阳参 (11) 713 **717** 彩片169
弯距凤仙花 (8) 492 **513**
弯距翠雀花 (3) 430 **442**
弯芒乱子草 (12) 1000 **1002**
弯毛臭黄荆 (9) 364 **367**
弯曲碎米荠 (5) 452 **458** 彩片178
弯缺岩荠
(=弯缺阴山荠) (5) 423
弯缺阴山荠 (5) 422 **423**
弯蕊芥 (5) 463 **464**
弯蕊芥属
(十字花科) (5) 383 **462**
弯蕊开口箭 (13) 178 **179**
弯穗草 (12) **974**
弯穗草属
(禾本科) (12) 562 **974**
弯蒴杜鹃 (5) 572 **668**
弯尾冬青 (7) 838 **863**
弯叶白发藓 (1) 396 **398**
弯叶鞭苔 (1) 25 **31**
弯叶刺枝藓 (1) **881** 彩片261
弯叶大湿原藓 (1) **823**
弯叶多毛藓 (1) 772 **773**
弯叶画眉草 (12) 963 **965**
弯叶嵩草 (12) 362 **365**
弯叶灰藓 (1) 906 **909**
弯叶毛锦藓 (1) **888**
弯叶棉藓 (1) 865 **866**
弯叶梳藓 (1) 930 **931**
弯叶细锯齿藓 (1) **880**
弯叶细鳞苔 (1) **246**
弯叶小锦藓 (1) 886 **887**
弯叶真藓 (1) 558 **567**
弯月杜鹃 (5) 562 **610**
弯折巢菜 (7) 407 **415**
弯枝黄檀 (7) 90 **93**
弯枝藓 (1) **719**

弯枝藓属
(木藓科) (1) 715 **718**
弯柱杜鹃 (5) 561 **603**
弯柱唐松草 (3) 460 **465**
弯锥香茶菜 (9) 569 **578**
豌豆 (7) **426** 彩片145
豌豆属
(蝶形花科) (7) 66 **426**
豌豆形薹草 (12) 415 **422**
宛田红花油茶
(=多齿红山茶) (4) 585
晚花大丁草
(=晚花扶郎花) (11) 682
晚花扶郎花 (11) 681 **682**
晚香玉 (13) **305** 彩片230
晚香玉属
(龙舌兰科) (13) 303 **305**
晚绣花楸 (6) 532 **535**
碗苞麻花头 (11) 644 **645**
碗花草 (10) 333 **336**
碗蕨 (2) 152 **154**
碗蕨科 (2) 4 **152**
碗蕨属
(碗蕨科) (2) 152 **152**
万代兰属
(兰科) (13) 370 **745**
万年青 (13) **181** 彩片133
万年青属
(百合科) (13) 71 **181**
万年藓 (1) **725** 彩片224
万年藓科 (1) **724**
万年藓属
(万年藓科) (1) 724 **725**
万氏黄藓 (1) 728 **730**
万寿菊 (11) **332**
万寿菊属
(菊科) (11) 125 **332**
万寿竹 (13) 199 **201** 彩片145
万寿竹属
(百合科) (13) 71 **198**
万丈深
(=绿茎还阳参) (11) 716

wang
王不留行
(=麦蓝菜) (4) 464
王瓜 (5) 235 **245**
王莲 (3) **379** 彩片292
王莲属
(睡莲科) (3) **379**
王氏羽苔 (1) 130 **147**
王棕 (12) 92 **93** 彩片27
王棕属
(棕榈科) (12) 57 **92**
网苞蒲公英 (11) 767 **782**
网齿弯刀藓 (1) **724**
网萼木 (9) **590**
网萼木属
(唇形科) (9) 398 **590**
网果裂颖茅 (12) 360 **361**
网果酸模 (4) 522 **526**
网蕨 (2) 281 **282**
网蕨属
(蹄盖蕨科) (2) 271 **281**
网孔凤尾藓 (1) 403 **419** 彩片118
网络马尾杉 (2) 16 **22**
网络崖豆藤 (7) 103 **108** 彩片64
网脉短肠蕨 (2) 316 **321**
网脉桂 (3) 251 **256** 彩片232
网脉核果木 (8) **23**
网脉假卫矛 (7) 820 **824**
网脉林蕨
(=网脉鳞始蕨) (2) 169
网脉鳞始蕨 (2) 165 **169** 彩片56
网脉陵齿蕨
(=网脉鳞始蕨) (2) 169
网脉柳兰 (7) 596 **599** 彩片219
网脉木犀 (10) 40 **44**
网脉葡萄 (8) 218 **223**
网脉琼楠 (3) 293 **294** 彩片247
网脉肉托果 (8) **364**
网脉山龙眼 (7) 483 **485** 彩片171
网脉十大功劳 (3) 626 **631**
网脉守宫木 (8) 53 **54**
网脉酸藤子
(=密齿酸藤子) (6) 104
网脉唐松草 (3) 460 **468**
网脉铁角蕨 (2) 401 **412**
网脉橐吾 (11) 450 **468**
网脉蛛毛苣苔 (10) 303 **306**
网囊蕨 (2) **761**
网球花 (13) **269** 彩片184
网球花属
(石蒜科) (13) 259 **268**
网藤蕨 (2) **632**
网藤蕨属
(藤蕨科) (2) 630 **632**
网纹花萼苔
(=东亚花萼苔) (1) 277
网纹悬钩子 (6) 588 **624**
网藓 (1) **428**
网藓属
(花叶藓科) (1) 422 **427**
网檐南星 (12) 151 **159** 彩片63
网眼瓦韦 (2) 682 **696**
网叶木蓝 (7) 130 **139**
网籽草 (12) **200**
网籽草属
(鸭跖草科) (12) 183 **200**
望春玉兰 (3) 132 **139**
望江南 (7) 50 **51** 彩片38
望谟崖摩 (8) **390**
望天树 (4) **570** 彩片258

wei
威灵仙 (3) 508 509 **523**
威氏缩叶藓 (1) 488 **490**
威氏藓属
(曲尾藓科) (1) 333 **335**
威氏阴山荠 (5) 422 **424**
微糙三脉紫菀 (11) 175 **184**
微齿粗石藓 (1) **362**
微齿钝叶卷柏 (2) 34 **55**

微齿桂樱 **(6)** 786 **787**
微齿山梗菜 **(10)** 494 **499**
微齿眼子菜 **(12)** 29 **31**
微凤尾藓 **(1)** 403 **411** 彩片110
微果冬青
(=铁冬青) **(7)** 846
微果草 **(9)** **325**
微果草属
(紫草科) **(9)** 282 **325**
微红新月蕨 **(2)** 391 **393**
微花藤 **(7)** 882 **884** 彩片333
微花藤属
(茶茱萸科) **(7)** 876 **882**
微孔草 **(9)** 319 **321**
微孔草属
(紫草科) **(9)** 281 **319**
微孔鳞毛蕨 **(2)** 490 **513**
微绿苎麻 **(4)** 136 **139**
微毛花椒 **(8)** 401 **412**
微毛诃子 **(7)** 665 **668**
微毛茴芹 **(8)** 664 **665**
微毛金星蕨 **(2)** 338 **342**
微毛柃 **(4)** 635 **653**
微毛忍冬 **(11)** 52 **69**
微毛山矾 **(6)** 52 **57**
微毛唐松草 **(3)** 460 **464**
微毛凸轴蕨 **(2)** 345 **347**
微毛樱桃 **(6)** 764 **768**
微毛越南山矾 **(6)** 53 **68**
微绒绣球 **(6)** 276 **284**
微药碱茅 **(12)** 765 **778**
微药羊茅 **(12)** 684 **698**
微疣凤尾藓 **(1)** 402 **408**
微柱麻 **(4)** **146**
微柱麻属
(荨麻科) **(4)** 75 **146**
微子金腰 **(6)** 419 **425**
微籽龙胆 **(9)** 19 **38** 彩片20
薇
(=小巢菜) **(7)** 417
韦氏羽苔 **(1)** 131 **153**
围涎树
(=猴耳环) **(7)** 12
巍山茴芹 **(8)** 664 **666**
维登早熟禾 **(12)** 711 **757**
维氏马先蒿 **(10)** 185 **190**
维西风毛菊 **(11)** 570 **589**
维西贯众 **(2)** 588 **597**
维西堇菜 **(5)** 141 **152**
维西溲疏 **(6)** 249 **255**
维西香茶菜 **(9)** 568 **584**
伪泥胡菜 **(11)** 644 **647** 彩片162
伪针茅 **(12)** 1081 **1082**
伪针茅属
(禾本科) **(12)** 553 **1081**
尾瓣舌唇兰 **(13)** 458 **463**
尾苞紫云菜 **(10)** **379**
尾萼开口箭 **(13)** 178 **181**
尾萼蔷薇 **(6)** 709 **722**
尾稃草 **(12)** 1050 **1051**
尾稃草属
(禾本科) **(12)** 554 **1050**
尾花细辛 **(3)** 337 **339** 彩片264
尾尖风毛菊 **(11)** 571 **592**
尾尖合耳菊 **(11)** 522 **528**
尾尖假瘤蕨 **(2)** 732 **743** 彩片146
尾尖爬藤榕 **(4)** 46 **74**
尾尖石仙桃 **(13)** 630 **633**
尾鳞苔属
(细鳞苔科) **(1)** 224 **229**
尾囊草 **(3)** **454**
尾囊草属
(毛茛科) **(3)** 389 **454**
尾囊果 **(3)** **454**
尾球木 **(7)** **720**
尾球木属
(山柚子科) **(7)** 719 **720**
尾丝钻柱兰 **(13)** **731**
尾穗嵩草 **(12)** 364 **377**
尾穗薹草 **(12)** 424 **427**
尾穗苋 **(4)** 371 **373** 彩片172
尾头凤尾蕨 **(2)** 183 **199**
尾头贯众
(=峨眉贯众) **(2)** 595
尾叶白珠 **(5)** 690 **694**
尾叶槌果藤 **(5)** 370 **374**
尾叶冬青 **(7)** 839 **868**
尾叶鹅掌柴
(=尾叶罗伞) **(8)** 547
尾叶耳蕨 **(2)** 538 **579**
尾叶黄芩 **(9)** 418 **427**
尾叶尖柃 **(4)** 635 **645**
尾叶罗伞 **(8)** 544 **547**
尾叶马钱
(=长籽马钱) **(9)** 5
尾叶木蓝 **(7)** 129 **132**
尾叶雀梅藤 **(8)** 139 **143**
尾叶雀舌木 **(8)** **16**
尾叶山茶
(=长尾毛蕊茶) **(4)** 602
尾叶石韦 **(2)** 711 **714**
尾叶铁苋菜 **(8)** 87 **90**
尾叶铁线莲 **(3)** 510 **534**
尾叶香茶菜 **(9)** 568 **574**
尾叶稀子蕨 **(2)** 150 **150**
尾叶血桐 **(8)** 73 **76**
尾叶悬钩子 **(6)** 590 **637**
尾叶崖爬藤 **(8)** 206 **209**
尾叶异形木 **(7)** **626**
尾叶樱桃 **(6)** 764 **770**
尾叶远志 **(8)** 245 **248**
尾叶越桔 **(5)** 698 **701**
尾叶樟 **(3)** 250 **252**
尾叶紫金牛 **(6)** 86 **95**
尾叶紫薇 **(7)** 508 **510**
尾羽金星蕨 **(2)** 339 **343**
尾枝藓 **(1)** **720**
尾枝藓属
(细齿藓科) **(1)** **719**
苇 **(12)** **677**
苇谷草 **(11)** **296**
苇谷草属
(菊科) **(11)** 129 **296**

苇菅 (12) **1156**
苇状看麦娘 (12) 927 **928**
苇状羊茅 (12) 682 **685**
委陵菜 (6) 657 **674**
委陵菜属
(蔷薇科) (6) 444 **653**
委陵菊 (11) 342 **345**
萎软石蝴蝶 (10) **281**
萎软香青 (11) 263 **271**
萎软紫菀 (11) 177 **196**
卫矛 (7) 778 **794**
卫矛科 (7) **774**
卫矛叶蒲桃 (7) 561 **572**
卫矛属
(卫矛科) (7) **775**
猬草 (12) **838**
猬草属
(禾本科) (12) 560 **838**
猬菊 (11) 615 **616**
猬菊属
(菊科) (11) 131 **615**
猬莓 (6) 590 **632**
蔚
(=牡蒿) (11) 429
蝟实 (11) **40**
蝟实属
(忍冬科) (11) 1 **40**
魏氏苔 (1) **271**
魏氏苔科 (1) **269**
魏氏苔属
(魏氏苔科) (1) 270 **271**

wen
温莪术
(=温郁金) (13) 25
温郁金 (13) 23 **25**
榅桲 (6) **553**
榅桲属
(蔷薇科) (6) 443 **553**
文冠果 (8) **291** 彩片140
文冠果属
(无患子科) (8) 268 **291**
文山粗叶木 (10) 622 **631**
文山石仙桃 (13) 630 **632**
文殊兰 (13) **260** 彩片179
文殊兰属
(石蒜科) (13) 259 **260**
文水野丁香 (10) 637 **641**
文县黄蓍 (7) 291 **324**
文珠兰
(=文殊兰) (13) 260
文竹 (13) 229 **231** 彩片166
纹瓣兰 (13) 574 **575** 彩片392
纹苞菊 (11) **647**
纹苞菊属
(菊科) (11) 132 **647**
纹茎黄蓍 (7) 295 **346**
蚊母草 (10) 145 **149**
蚊母树 (3) **789**
蚊母树属
(金缕梅科) (3) 773 **788**
蚊子草 (6) **579**
蚊子草属
(蔷薇科) (6) 443 **579**
问荆 (2) 65 **68** 彩片24
吻兰 (13) 614 **615** 彩片439
吻兰属
(兰科) (13) 371 **614**
紊蒿 (11) **361**
汶川柳 (5) 303 **329**
汶川娃儿藤 (9) 189 **190**

weng
蕹菜 (9) 259 **264** 彩片113

wo
倭竹 (12) **617**
倭竹属
(禾本科) (12) 551 **616**
莴苣 (11) **748**
莴苣属
(菊科) (11) 134 **748**
莴笋花 (13) 56 **57** 彩片52
蜗儿菜 (9) 492 **495**
卧茎夜来香 (9) **179**
卧生水柏枝 (5) 184 **185** 彩片95
渥丹 (13) 119 **123** 彩片93

wu
乌哺鸡竹 (12) 601 **613**
乌材 (6) 13 **21** 彩片7
乌饭
(=江南越桔) (5) 704
乌饭树
(=南烛) (5) 703
乌饭叶菝葜 (13) 316 **330**
乌冈栎 (4) 241 **253**
乌韭
(=乌蕨) (2) 171
乌桕 (8) **113** 彩片60
乌桕属
(大戟科) (8) 14 **113**
乌蕨 (2) 171 **171**
乌蕨属
(鳞始蕨科) (2) 164 **170**
乌口树
(=白花苦灯笼) (10) 597
乌口树属
(茜草科) (10) 510 **594**
乌库早熟禾 (12) 710 **752**
乌拉草 (12) 394 **395**
乌拉特黄蓍 (7) 288 **296**
乌拉绣线菊 (6) 447 **457**
乌来卷瓣兰 (13) 691 **703**
乌来凸轴蕨 (2) 345 **348**
乌榄 (8) 342 **343** 彩片166
乌蔹莓 (8) 202 **203**
乌蔹莓叶五加 (8) 557 **559**
乌蔹莓属
(葡萄科) (8) 183 **202**
乌鳞耳蕨 (2) 537 **570**
乌鳞假瘤蕨 (2) 732 **743**
乌菱 (7) 543 **547**

乌柳	**(5)**	313	**361**	
乌毛蕨	**(2)**		**460**	
乌毛蕨科	**(2)**	5 6	**458**	
乌毛蕨属				
(乌毛蕨科)	**(2)**	458	**460**	
乌楣栲				
(=秀丽锥)	**(4)**		193	
乌蒙绿绒蒿	**(3)**	697	**703**	
乌墨	**(7)**	561	**571**	
乌木蕨	**(2)**		**459**	
乌木蕨属				
(乌毛蕨科)	**(2)**	458	**459**	
乌木铁角蕨	**(2)**	403	**431**	
乌奴龙胆	**(9)**	18	**35**	
乌恰还阳参	**(11)**	712	**714**	
乌柿	**(6)**	12	**14**	
乌苏里				
(=乌苏里狐尾藻)	**(7)**		493	
乌苏里残齿藓				
(=心叶残齿藓)	**(1)**		649	
乌苏里风毛菊	**(11)**	573	**603**	
乌苏里狐尾藻	**(7)**		493	
乌苏里锦鸡儿	**(7)**	264	**268**	
乌苏里荨麻	**(4)**	77	**81**	
乌苏里鼠李	**(8)**	146	**153**	
乌苏里葶苈	**(5)**	439	**444**	
乌苏里薹草	**(12)**		**437**	
乌苏里橐吾	**(11)**	447	**452**	
乌苏里瓦韦	**(2)**	682	**694**	
乌苏里鸢尾	**(13)**	279	**286**	
乌苏里早熟禾	**(12)**	708	**741**	
乌檀	**(10)**		**564**	彩片192
乌檀属				
(茜草科)	**(10)**	506	**563**	
乌头	**(3)**	406	**421**	彩片320
乌头属				
(毛茛科)	**(3)**	388	**404**	
乌头叶蛇葡萄	**(8)**	190	**194**	
乌心楠(樟科)	**(3)**	266	**270**	
乌鸦果	**(5)**	699	**705**	彩片290
乌药	**(3)**	231	**243**	
乌叶秋海棠	**(5)**	255	**260**	
乌竹				
(=毛壳竹)	**(12)**		605	
乌竹				
(=紫竹)	**(12)**		613	
污花胀萼紫草	**(9)**		**296**	
污毛粗叶木				
(=日本粗叶木)	**(10)**	622	**630**	
污毛降龙草				
(=半蒴苣苔)	**(10)**		278	
污毛香青	**(11)**	264	**275**	
巫山繁缕	**(4)**	407	**408**	
巫山牛奶子	**(7)**	468	**478**	
巫山淫羊藿	**(3)**	642	**647**	
屋根草	**(11)**	712	**715**	
屋久假瘤蕨	**(2)**	731	**734**	
无斑滇百合	**(13)**	119	**126**	
无瓣蔊菜	**(5)**	485	**486**	
无瓣黑籽重楼	**(13)**	220	**226**	
无苞杓兰	**(13)**	377	**385**	彩片271
无苞粗叶木	**(10)**	622	**628**	
无苞芥	**(5)**		**479**	
无苞芥属				
(十字花科)	**(5)**	386	**479**	
无苞双脊荠	**(5)**	420	**421**	
无苞香蒲	**(13)**	6	**8**	彩片5
无边提灯藓				
(=树形疣灯藓)	**(1)**		589	
无柄扁担杆	**(5)**	25	**28**	
无柄车前蕨	**(2)**	260	**261**	
无柄垂子买麻藤				
(=垂子买麻藤)	**(3)**		120	
无柄杜鹃	**(5)**	565	**622**	
无柄感应草	**(8)**	464	**465**	
无柄荆芥	**(9)**	437	**443**	
无柄鳞毛蕨	**(2)**	492	**526**	
无柄沙参	**(10)**	477	**479**	彩片169
无柄卫矛	**(7)**	776	**784**	
无柄五层龙	**(7)**		**829**	
无柄西风芹	**(8)**	686	**689**	
无柄象牙参	**(13)**	26	**27**	
无柄新乌檀	**(10)**		**565**	
无齿贯众				
(=披针贯众)	**(2)**		591	
无齿红叶藓	**(1)**	444	**445**	
无齿介蕨	**(2)**	284	**286**	
无齿镰羽贯众	**(2)**	588	**593**	
无齿蒌蒿	**(11)**	378	**413**	
无齿藓	**(1)**	388	**389**	
无齿藓属				
(曲尾藓科)	**(1)**	333	**388**	
无齿紫萼藓	**(1)**	496	**505**	
无翅秋海棠	**(5)**	258	**274**	
无翅山黧豆	**(7)**	421	**425**	
无翅参薯	**(13)**	344	**359**	
无翅兔儿风	**(11)**	665	**677**	
无翅猪毛菜	**(4)**	359	**362**	
无刺菝葜				
(=长苞菝葜)	**(13)**		329	
无刺鳞水蜈蚣	**(12)**	346	**347**	
无刺鼠李				
(=贵州鼠李)	**(8)**		149	
无刺硬核	**(7)**	732	**733**	
无刺枣	**(8)**	172	**173**	
无耳兰				
(=海南钻喙兰)	**(13)**		748	
无粉报春	**(6)**	176	**209**	
无粉刺红珠	**(3)**	583	**589**	
无粉头序报春	**(6)**	170	**219**	
无稃细柄黍	**(12)**	1027	**1030**	
无盖耳蕨	**(2)**	538	**577**	
无盖鳞毛蕨	**(2)**	487	**494**	
无盖肉刺蕨	**(2)**	473	**474**	
无盖轴脉蕨	**(2)**	609	**610**	
无刚毛荸荠	**(12)**	279	**287**	
无隔疣冠苔	**(1)**		**278**	
无根藤				
(=菟丝子)	**(9)**		271	
无根藤	**(3)**		**304**	
无根藤属				
(莲叶桐科)	**(3)**	207	**304**	
无根状茎荸荠	**(12)**	279	**285**	

无梗艾纳香 **(11)** 231 **238**
无梗风毛菊 **(11)** 570 **589** 彩片141
无梗拉拉藤 **(10)** 659 **662**
无梗五加 **(8)** 557 **560** 彩片267
无梗越桔 **(5)** 698 **710**
无花果 **(4)** 43 **54** 彩片37
无患子 **(8)** **272** 彩片124
无患子科 **(8)** **266**
无患子属
(无患子科) **(8)** 267 **272**
无喙兰 **(13)** **401**
无喙兰属
(兰科) **(13)** 368 **401**
无喙囊薹草 **(12)** 415 **420**
无喙乌巢兰
(=叉唇无喙兰) **(13)** 401
无角菱 **(7)** 543 **548**
无茎过路黄
(=香港过路黄) **(6)** 133
无茎黄鹌菜 **(11)** 717 **719** 彩片170
无茎黄蓍 **(7)** 291 **317**
无茎芥属
(十字花科) **(5)** **465**
无茎荠
(=单花荠) **(5)** 465
无茎亮蛇床 **(8)** 714 **715**
无茎盆距兰 **(13)** 761 **762** 彩片574
无茎栓果菊
(=光茎栓果菊) **(11)** 727
无茎条果芥
(=帕米尔光籽芥) **(5)** 504
无距凤仙花 **(8)** 492 **512**
无距花 **(7)** 644 **645**
无距花属
(野牡丹科) **(7)** 615 **644**
无距兰
(=河北红门兰) **(13)** 447
无距耧斗菜 **(3)** **455** 彩片336
无距虾脊兰 **(13)** 597 **600**
无肋藓 **(1)** **689**
无肋藓属
(蔓藓科) **(1)** 682 **689**
无肋悬藓
(=无肋藓) **(1)** 689
无鳞罗汉果
(=白兼果) **(5)** 216
无鳞毛枝蕨 **(2)** 476 **477**
无瘤木贼 **(2)** 65 **69**
无脉薹草 **(12)** 539 **541**
无芒稗 **(12)** 1044 **1045**
无芒鹅观草
(=无芒以礼草) **(12)** 866
无芒耳稃草 **(12)** 1010 **1011**
无芒雀麦 **(12)** 803 **808**
无芒山涧草 **(12)** **671**
无芒以礼草 **(12)** 863 **866**
无芒隐子草 **(12)** 977 **978**
无毛川滇绣线菊 **(6)** 446 **454** 彩片114
无毛翠竹 **(12)** 646 **656**
无毛淡红忍冬 **(11)** 53 **78**
无毛党参
(=素花党参) **(10)** 458
无毛灯心草蚤缀 **(4)** 419 **421**
无毛粉花绣线菊 **(6)** 445 **450**
无毛粉条儿菜 **(13)** **254**
无毛寒原荠
(=尖果寒原荠) **(5)** 530
无毛禾叶蕨 **(2)** 776 **777**
无毛蓟 **(11)** 622 **633**
无毛蕨麻 **(6)** 655 **669**
无毛老牛筋
(=无毛灯芯草蚤缀) **(4)** 421
无毛毛萼红果树 **(6)** 512 **513**
无毛毛叶石楠 **(6)** 515 **523**
无毛牛尾蒿 **(11)** 382 **432**
无毛漆姑草 **(4)** 432 **433**
无毛拳叶苔 **(1)** **172**
无毛肉叶荠
(=红花肉叶荠) **(5)** 535
无毛山尖子 **(11)** 487 **491**
无毛溲疏
(=光萼溲疏) **(6)** 249
无毛狭果葶苈
(=狭果葶苈) **(5)** 449
无毛藓属
(碎米藓科) **(1)** 754 **760**
无毛小舌紫菀 **(11)** 176 **187**
无毛蟹甲草 **(11)** 488 **494**
无毛叶黄蓍 **(7)** 289 **308**
无毛蚓果芥
(=蚓果芥) **(5)** 532
无毛羽衣草 **(6)** 749 **750**
无绒粘毛蒿 **(11)** 379 **416**
无舌条叶垂头菊 **(11)** 472 **483**
无穗柄薹草 **(12)** 405 **406**
无尾果 **(6)** **651**
无尾果属
(蔷薇科) **(6)** 444 **651**
无尾尖龙胆 **(9)** 17 **26** 彩片10
无尾水筛 **(12)** 18 **19**
无味薹草 **(12)** 539 **541**
无腺白叶莓 **(6)** 583 **593**
无腺茶藨子 **(6)** 294 **299**
无腺毛蕨 **(2)** 373 **378**
无腺吴萸 **(8)** 414 **418**
无腺吴茱萸
(=无腺吴萸) **(8)** 418
无心菜
(=蚤缀) **(4)** 420
无心菜属
(=蚤缀属) **(4)** 418
无须藤 **(7)** **884**
无须藤属
(茶茱萸科) **(7)** 876 **884**
无叶豆属
(蝶形花科) **(7)** 61 **262**
无叶假木贼 **(4)** **354** 彩片155
无叶兰 **(13)** **396**
无叶兰属
(兰科) **(13)** 368 **396**
无叶莲属
(百合科) **(13)** 69 **74**
无叶美冠兰 **(13)** 568 **572**

无翼柳叶芹 (8) **719**
无翼坡垒
(=铁凌) (4) 568
无忧花
(=中国无忧花) (7) 57
无忧花属
(云实科) (7) 23 **57**
无疣强肋藓 (1) 734 **735**
无褶曲尾藓 (1) 375 **377**
无轴藓科 (1) **315**
无轴藓属
(无轴藓科) (1) **315**
无爪虎耳草 (6) 385 **404**
无柱黑三棱 (13) 1 **4**
无柱兰 (13) 479 **480** 彩片326
无柱兰属
(兰科) (13) 367 **479**
无髭毛建草 (9) 451 **454** 彩片166
吴福花
(=虾仔花) (7) 505
吴兴铁线莲 (3) 506 **516**
吴茱萸 (8) 414 **416** 彩片207
吴茱萸五加 (8) **556**
吴茱萸五加属
(五加科) (8) 535 **556**
吴茱萸属
(芸香科) (8) 398 **414**
芜
(=葛藟葡萄) (8) 220
芜菁艾纳香 (11) 231 **240**
芜菁还阳参 (11) 712 **715**
芜箐 (5) 390 **392**
芜萍 (12) **178**
芜萍属
(浮萍科) (12) 176 **178**
梧桐 (5) 40 **41** 彩片22
梧桐科 (5) **34**
梧桐属
(梧桐科) (5) 34 **40**
蜈蚣草 (2) 180 **187** 彩片59
蜈蚣草 (12) 1163 **1164**
蜈蚣草属
(禾本科) (12) 554 **1163**
蜈蚣兰 (13) **733** 彩片541
蜈蚣薹草 (12) 429 **436**
蜈蚣藤
(=百足藤) (12) 110
五瓣桑寄生
(=离瓣寄生) (7) 742
五瓣沙晶兰 (5) **734**
五瓣子楝树 (7) **576**
五彩苏 (9) 586 **587** 彩片193
五层龙 (7) **829**
五层龙属
(翅子藤科) (7) **828**
五齿萼 (10) **178**
五齿萼属
(玄参科) (10) 69 **178**
五翅莓 (5) 714 **719**
五出瑞香 (7) 525 **528**
五唇兰 (13) **721** 彩片531
五唇兰属
(兰科) (13) 369 **721**
五刺金鱼藻 (3) 386 **387**
五萼冷水花 (4) 90 **94**
五风藤 (3) 660 **662** 彩片394
五福花 (11) **89** 彩片27
五福花科 (11) **88**
五福花属
(五福花科) (11) 88 **89**
五花紫金牛 (6) 87 **100**
五加 (8) 557 **561** 彩片268
五加科 (8) **534**
五加属
(五加科) (8) 535 **557**
五尖槭 (8) 318 **332** 彩片162
五角栝楼 (5) 234 **235**
五角叶老鹳草
(=五叶老鹳草) (8) 473
五节芒 (12) **1085**
五棱草
(=五棱水葱) (12) 267
五棱秆飘拂草 (12) 291 **298**
五棱苦丁茶 (7) 837 **858**
五棱水葱 (12) 263 **267**
五列木 (4) **678** 彩片305
五列木科 (4) **677**
五列木属
(五列木科) (4) **678**
五裂茶藨
(=天山茶藨子) (6) 304
五裂槭 (8) 317 **327**
五裂蟹甲草 (11) 488 **496**
五裂悬钩子 (6) 591 **639**
五岭龙胆 (9) 17 **30** 彩片15
五岭细辛 (3) 339 **346**
五龙山鹅观草 (12) 844 **849**
五脉槲寄生 (7) 760 **761**
五脉绿绒蒿 (3) 696 **702** 彩片408
五膜草 (10) 444 **445**
五膜草科 (10) **444**
五膜草属
(五膜草科) (10) 444
五匹青 (8) 657 **659**
五蕊东爪草 (6) 319 **320**
五蕊寄生 (7) **745**
五蕊寄生属
(桑寄生科) (7) 738 **745**
五蕊柳 (5) 304 308 **316**
五数苣苔 (10) **248**
五台虎耳草 (6) 385 **404**
五台金腰 (6) 418 **420**
五台山延胡索 (3) 726 **762**
五味子 (3) 370 **372** 彩片285
五味子科 (3) **367**
五味子属
(五味子科) (3) 367 **369**
五星花 (10) **539**
五星花属
(茜草科) (10) 507 **539**
五雄白珠 (5) 690 **693**
五桠果 (4) 553 **554** 彩片236
五桠果科 (4) **552**

五桠果属
(五桠果科) **(4)** 552 **553**
五叶白粉藤 **(8)** 198 **201**
五叶草莓 **(6)** 702 **703**
五叶参
(=羽叶参) **(8)** 522
五叶赤瓟
(=异叶赤瓟) **(5)** 215
五叶地锦 **(8)** 183 **185**
五叶黄精 **(13)** 205 **207**
五叶黄连 **(3)** 484 **486**
五叶鸡爪茶 **(6)** 590 **634**
五叶老鹳草 **(8)** 468 **473**
五叶山莓草 **(6)** 693 **697**
五叶薯蓣 **(13)** 343 **354**
五叶双花委陵菜 **(6)** 654 **664**
五叶铁线莲 **(3)** 507 **524**
五叶异木患 **(8)** 269 **272**
五月艾 **(11)** 378 **406**
五月茶 **(8)** 26 **29**
五月茶属
(大戟科) **(8)** 10 **25**
五掌楠 **(3)** 209 **215**
五针白皮松
(=巧家五针松) **(3)** 58
五柱滇山茶 **(4)** 574 **578** 彩片262
五柱红砂 **(5)** 174 **175**
五柱枇杷柴
(=五柱红砂) **(5)** 175
五指莲 **(13)** 220 **226**
五指莲重楼
(=五指莲) **(13)** 226
五指山蓝 **(10)** 397 **399**
午时花 **(5)** **56** 彩片32
午时花属
(梧桐科) **(5)** 34 **55**
武当菝葜 **(13)** 315 **323**
武当木兰 **(3)** 131 **137**
武汉葡萄 **(8)** 218 **224**
武陵山耳蕨 **(2)** 539 **584**
武鸣杜鹃 **(5)** 558 **579**
武夷桤叶树 **(5)** 545 **549**
武夷蒲儿根 **(11)** 508 **512**
武夷山凸轴蕨 **(2)** 346 **350**
武夷唐松草 **(3)** 460 **467**
武夷小檗 **(3)** 584 **596**
舞草 **(7)** **165**
舞草属
(蝶形花科) **(7)** 63 **165**
舞鹤草 **(13)** **198** 彩片142
舞鹤草属
(百合科) **(13)** 71 **198**
舞花姜 **(13)** 21 **22** 彩片19
舞花姜属
(姜科) **(13)** 20 **21**
婺源安息香 **(6)** 28 **34**
勿忘草 **(9)** **311** 彩片123
勿忘草属
(紫草科) **(9)** 281 **310**
雾冰藜 **(4)** **341** 彩片147
雾冰藜属
(藜科) **(4)** 306 **341**
雾灵韭 **(13)** 141 **155**
雾灵香花芥
(=北香花芥) **(5)** 507
雾水葛 **(4)** 147 **148**
雾水葛属
(荨麻科) **(4)** 75 **147**

X

xi
西北风毛菊 **(11)** 571 **593**
西北蒿 **(11)** 374 **389**
西北黄蓍 **(7)** 290 **309**
西北绢蒿 **(11)** 433 **435**
西北蔷薇 **(6)** 709 **723**
西北天门冬 **(13)** 230 **235**
西北铁角蕨 **(2)** 403 **425**
西北栒子 **(6)** 482 **489**
西北蚤缀 **(4)** 419 **424**
西北沼委陵菜 **(6)** **691**
西北针茅 **(12)** 931 **934**
西伯利亚败酱 **(11)** 91 **93**
西伯利亚滨藜 **(4)** 321 **325**
西伯利亚冰草 **(12)** 869 **871**
西伯利亚刺柏 **(3)** 93 **94**
西伯利亚还阳参 **(11)** 712 **713**
西伯利亚黄鱼草
西伯利亚剪股颖 **(12)** 915 **916**
西伯利亚碱茅 **(12)** 765 **777**
西伯利亚卷柏 **(2)** 31 **34**
西伯利亚冷杉 **(3)** 19 **23** 彩片31
西伯利亚离子芥 **(5)** 499 **500**
西伯利亚蓼 **(4)** 483 **494**
西伯利亚耧斗菜 **(3)** 455 **457**
西伯利亚落叶松 **(3)** 45 **48** 彩片70
西伯利亚婆罗门参 **(11)** 695 **696**
西伯利亚雀麦 **(12)** 803 **807**
西伯利亚三毛草 **(12)** 879 **882**
西伯利亚铁线莲 **(3)** 509 542
西伯利亚乌头 **(3)** 405 412
西伯利亚五针松 **(3)** 2 **55**
西伯利亚小檗 **(3)** 584 **593**
西伯利亚杏
(=山杏) **(6)** 759
西伯利亚疣冠苔 **(1)** 278 **279**
西伯利亚鸢尾 **(13)** 280 **284** 彩片199
西伯利亚远志 **(8)** 246 **255** 彩片119
西伯利亚云杉 **(3)** 35 **39** 彩片57
西伯利亚早熟禾 **(12)** 703 **717**
西藏凹乳芹 **(8)** **621**
西藏八角莲 **(3)** 638 **640** 彩片466
西藏白皮松
(=喜马拉雅白皮松) **(3)** 59
西藏白珠 **(5)** **690**
西藏柏木
(=喜马拉雅柏木) **(3)** 80
西藏杓兰 **(13)** 377 **381** 彩片265
西藏长叶松
(=喜马拉雅长叶松) **(3)** 59
西藏报春 **(6)** 176 **213**

西藏藏芥 (5) **466**
西藏草莓 (6) 702 **705**
西藏椆
(=西藏柯) (4) 201
西藏大豆蔻 (13) **55**
西藏大帽藓 (1) 433 **435**
西藏地杨梅 (12) 248 **252**
西藏点地梅 (6) 151 **160**
西藏吊灯花 (9) 200 **201**
西藏豆瓣菜
(=西藏花旗杆) (5) 494
西藏对叶兰 (13) 405 **406** 彩片294
西藏多榔菊 (11) 444 **445** 彩片84
西藏凤仙花 (8) 492 **514**
西藏附地菜 (9) 306 **310**
西藏沟酸浆 (10) **119**
西藏旱蕨
西藏核果茶 (4) 619 **620**
西藏红豆杉
(=喜马拉雅密叶红豆杉) (3) 107
西藏红景天 (6) 354 **359**
西藏红杉 (3) 45 **46** 彩片68
西藏红腺蕨 (2) 468 **469**
西藏虎耳草 (6) 386 **410** 彩片107
西藏虎头兰 (13) 575 **577** 彩片396
西藏花旗杆 (5) 491 **494** 彩片181
西藏假瘤蕨 (2) 732 **743**
西藏剑蕨 (2) 779 **781**
西藏箭竹 (12) 632 **638**
西藏姜味草 (9) 528 **529**
西藏金丝桃 (4) 694 **704**
西藏堇菜 (5) 139 **144**
西藏锦鸡儿 (7) 264 **268** 彩片126
西藏绢蒿 (11) 433 **437**
西藏柯 (4) 198 **201**
西藏棱子芹 (8) 612 **613**
西藏冷杉
(=喜马拉雅冷杉)(3) 27
西藏鳞果草 (9) 499 **500**
西藏鳞毛蕨
(=陇蜀鳞毛蕨) (2) 498
西藏瘤果芹 (8) 624 **625**
西藏龙胆
(=西藏秦艽) (9) 24
西藏落叶松
(=西藏红杉) (3) 46
西藏马兜铃 (3) 348 **351**
西藏猫乳 (8) 162 **163**
西藏毛鳞蕨 (2) 706 **708**
西藏南芥 (5) 470 **474**
西藏荨麻 (4) 77 **79**
西藏牛皮消
(=牛皮消) (9) 157
西藏秦艽 (9) 16 **24**
西藏肉叶荠
(=红花肉叶荠) (5) 535
西藏三瓣果 (12) 196 **197**
西藏沙棘 (7) 479 **480**
西藏珊瑚苣苔
(=珊瑚苣苔) (10) 267
西藏山龙眼 (7) 483 **485**
西藏山茉莉 (6) **42**
西藏嵩草 (12) 363 **373**
西藏石栎
(=西藏柯) (4) 201
西藏鼠南芥
(=西藏南芥) (5) 474
西藏溲疏 (6) 248 **251**
西藏苔草
(=藏薹草) (12) 477
西藏天门冬 (13) 230 **239**
西藏通泉草 (10) 121 **124**
西藏洼瓣花 (13) 102 **103**
西藏瓦韦 (2) 681 **687**
西藏微孔草 (9) **319** 彩片126
西藏无柱兰 (13) 480 **483**
西藏西距堇菜 (5) 143 **171**
西藏菥蓂 (5) 415 **416**
西藏香竹 (12) 631 **632**
西藏新小竹
(=小叶总序竹) (12) 572
西藏悬钩子 (6) 584 **602**
西藏延龄草 (13) 228 **229**
西藏盐生草 (4) 350 **351** 彩片152
西藏野豌豆 (7) 407 **411**
西藏玉凤花 (13) 500 **504** 彩片342
西藏芋兰
(=广布芋兰) (13) 527
西藏鸢尾 (13) 280 **285** 彩片200
西藏云杉
(=喜马拉雅云杉) (3) **44**
西藏早熟禾 (12) 702 **712**
西藏真藓
(=黄色真藓) (1) 566
西藏中麻黄
(=中麻黄) (3) 114
西藏轴脉蕨 (2) 610 **613**
西藏紫花报春
(=岷山报春) (6) 200
西昌小檗 (3) 585 **597**
西川韭 (13) 142 **162**
西川朴 (4) 20 **22**
西川真藓
(=极地真藓) (1) 560
西鄂小檗 (14) 4 **21**
西番莲 (5) 191 **195**
西番莲科 (5) **190**
西番莲属
(西番莲科) (5) **190**
西风芹属
(伞形科) (8) 580 **685**
西府海棠 (6) 565 **570**
西瓜 (5) **227** 彩片114
西瓜属
(葫芦科) (5) 199 **227**
西固凤仙花 (8) 495 **527** 彩片317
西固紫菀 (11) 174 **181**
西归芹 (8) **681**
西归芹属
(伞形科) (8) 581 **681**
西葫芦 (5) **247** 彩片127
西桦 (4) 276 **277** 彩片122
西黄松 (3) 54 **65**

西疆飞蓬 **(11)** 215 **223**
西疆岩蕨 **(2)** 451 **454**
西康扁桃 **(6)** 752 **755**
西康花楸 **(6)** 533 **542** 彩片128
西康绣线梅 **(6)** 474 **477**
西康玉兰 **(3)** 131 **135** 彩片162
西来稗 **(12)** 1044 **1045**
西柳 **(5)** 303 310 **325**
西盟磨芋 **(12)** 136 **139**
西奈早熟禾 **(12)** 711 **754**
西南菝葜 **(13)** 317 **331**
西南白头翁 **(3)** 502 **504**
西南草莓 **(6)** 702 **705**
西南齿唇兰 **(13)** 436 **439**
西南粗糠树 **(9)** 284 **285** 彩片120
西南粗叶木 **(10)** 622 **629**
西南灯心草 **(12)** 221 **224**
西南吊兰 **(13)** **88** 彩片67
西南耳叶苔 **(1)** 212 **216**
西南风车子 **(7)** 671 **673**
西南风铃草 **(10)** 471 **473** 彩片166
西南凤尾蕨 **(2)** 183 **202**
西南莩草 **(12)** 1071 **1073**
西南附地菜 **(9)** **306**
西南复叶耳蕨
(=阔羽复叶耳蕨) **(2)** 481
西南鬼灯檠 **(6)** 373 **374**
西南旱蕨 **(2)** 216 **219**
西南禾叶蕨
(=锡金锯蕨) **(2)** 773
西南红山茶 **(4)** 575 **587** 彩片270
西南胡麻草 **(10)** 164 **166**
西南蝴蝶草 **(10)** 115 **117**
西南虎刺 **(10)** 647 **648**
西南虎耳草 **(6)** 385 **406**
西南花楸 **(6)** 533 **541**
西南假耳目草
(=西南新耳草) **(10)** 526
西南假毛蕨 **(2)** 368 **370**
西南尖药兰 **(13)** **473**
西南菅草 **(12)** 1156 **1157**
西南金丝梅 **(4)** 693 **698**
西南荩草 **(12)** 1150 **1151**
西南拉拉藤
(=小红参) **(10)** **672**
西南蜡梅 **(3)** 204 **205**
西南犁头尖 **(12)** 144 **149**
西南鹿药 **(13)** 191 **195**
西南轮环藤 **(3)** 691 **692**
西南马先蒿 **(10)** 185 **201**
西南猫尾木 **(10)** **434**
西南毛茛 **(3)** 549 **568** 彩片384
西南牡蒿 **(11)** 382 **430**
西南木荷 **(4)** 609 **610** 彩片280
西南木蓝 **(7)** 130 **139**
西南泡花树 **(8)** 298 **302**
西南飘拂草 **(12)** 291 **95**
西南千金藤 **(3)** 683 **684**
西南千里光 **(11)** 530 **535**
西南蔷薇 **(6)** 710 **729**
西南忍冬 **(11)** 54 **85**
西南赛楠
(=赛楠) **(3)** 273
西南山茶
(=西南红山茶) **(4)** 587
西南山梗菜 **(10)** 494 **499**
西南山兰 **(13)** 560 **563**
西南石韦 **(2)** 711 **717**
西南手参 **(13)** **489** 彩片334
西南双药芒 **(12)** **1088**
西南水芹 **(8)** 693 **695**
西南水苏 **(9)** 492 **496**
西南唐松草 **(3)** 461 **467**
西南天门冬 **(13)** 230 **233**
西南铁角蕨 **(2)** 402 **416**
西南铁线莲 **(3)** 510 **540** 彩片377
西南臀果木 **(6)** 791 **792**
西南委陵菜 **(6)** 656 **666** 彩片145
西南卫矛 **(7)** 778 **790**
西南文殊兰 **(13)** 260 **261**
西南文珠兰
(=西南文殊兰) **(13)** 261
西南无心菜
(=西南蚤缀) **(4)** 426
西南五月茶 **(8)** 26 **29**
西南虾脊兰 **(13)** 598 **607**
西南新耳草 **(10)** **526**
西南绣球 **(6)** 275 **277**
西南萱草 **(13)** 93 **95** 彩片73
西南悬钩子 **(6)** 588 **622**
西南栒子 **(6)** 483 **491**
西南沿阶草 **(13)** 243 **247**
西南野丁香
(=甘肃野丁香) **(10)** 639
西南野古草 **(12)** 1012 **1014**
西南野黄瓜 **(5)** 228 **229**
西南野木瓜 **(3)** 664 **667**
西南野豌豆 **(7)** 407 **414**
西南叶下珠 **(8)** 34 **38**
西南银莲花 **(3)** 487 **488** 彩片352
西南鸢尾 **(13)** 280 **284**
西南圆头蒿 **(11)** 377 **410**
西南远志 **(8)** 246 **254**
西南蚤缀 **(4)** 419 **426**
西南杭子梢 **(7)** 177 **179** 彩片85
西南獐牙菜 **(9)** 77 **88** 彩片46
西南蔗茅 **(12)** 1099 **1101**
西山委陵菜 **(6)** 657 **672**
西山银穗草 **(12)** 759 **760**
西施花 **(5)** 572 **667**
西蜀丁香 **(10)** 33 **35**
西蜀海棠 **(6)** 565 **574**
西双版纳粗榧
(=海南粗榧) **(3)** **103**
西亚香茅 **(12)** 1141 **1143**
西亚桫椤 **(2)** 144 **148**
西洋菜
(=豆瓣菜) **(5)** 489
西洋参 **(8)** 575 **576** 彩片274
西洋接骨木 **(11)** 2 **4**
西洋梨 **(6)** 558 **560**
西洋梨栽培变种 **(6)** 558 **560**
西域荚 **(11)** 8 **33**

西域碱茅 (12) 764 **772**
西域旌节花 (5) 132 **135** 彩片80
西域鳞毛蕨 (2) 491 **517**
西域青荚叶 (7) 707 **708** 彩片275
菥蓂 (5) **415** 彩片170
菥蓂属
(十字花科) (5) 385 **415**
希萨尔早熟禾 (12) 711 **755**
希陶薹草 (12) 424 **427**
稀齿对羽苔 (1) **159**
稀果杜鹃 (5) 565 **630** 彩片236
稀花八角枫 (7) 683 **685**
稀花蓼 (4) 482 **489**
稀花薹草 (12) 428 **438**
稀花勿忘草 (9) 311 **312**
稀裂圆唇苣苔 (10) **300**
稀脉浮萍 (12) 177 **178**
稀毛针毛蕨
(=雅致针毛蕨) (2) 353
稀蕊唐松草 (3) 461 **471**
稀叶珠蕨 (2) 209 **209**
稀羽鳞毛蕨 (2) 491 **520**
稀羽铁角蕨 (2) 402 **420**
稀枝钱苔 (1) 293 **294** 彩片71
稀子蕨 (2) 150 **151** 彩片54
稀子蕨科 (2) 3 **149**
稀子蕨属
(稀子蕨科) (2) 149 **150**
溪岸连轴藓 (1) 506 **508**
溪边对齿藓 (1) 451 **454**
溪边凤尾蕨 (2) 182 **196**
溪边假毛蕨 (2) 368 **371** 彩片88
溪边九节 (10) 614 **615**
溪边蕨属
(金星蕨科) (2) 335 **388**
溪边纽口藓
(=溪边对齿藓) (1) 454
溪边青藓 (1) 831 **839**
溪边桑勒草 (7) **652**
溪边野古草 (12) 1012 **1016**
溪洞碗蕨 (2) 152 **152**
溪黄草 (9) 567 **572**
溪堇菜 (5) 139 **147**
溪木贼 (2) 65 **66**
溪楠 (10) **576**
溪楠属
(茜草科) (10) 507 **576**
溪畔杜鹃 (5) 571 **674** 彩片274
溪畔黄球花 (10) **362**
溪畔落新妇
(=钟花报春) (6) 197
溪生谷精草
(=瑶山谷精草) (12) 211
溪生薹草 (12) 532 **533**
溪石叶苔 (1) 70 **77**
溪水薹草 (12) 509 **510**
溪荪 (13) 280 **284** 彩片198
溪桫 (8) **395** 彩片199
溪桫属
(楝科) (8) 376 **395**
溪苔 (1) 263 **264** 彩片53
溪苔科 (1) **263**
溪苔属
(溪苔科) (1) **263**
溪尾凤尾蕨
(=溪边凤尾蕨) (2) 196
锡金鞭苔 (1) 25 **32**
锡金粗叶木 (10) 621 **625**
锡金灯心草 (12) 224 **245**
锡金海棠 (6) 564 **571**
锡金黄花茅 (12) 897 **898**
锡金剪股颖 (12) 915 **920**
锡金堇菜 (5) 140 **163**
锡金锯蕨 (2) 772 **773**
锡金龙胆 (9) 18 **34**
锡金蒲公英 (11) 766 **782**
锡金秋海棠 (5) 259 **279**
锡金石杉 (2) 8 **14**
锡金书带蕨 (2) 265 **267**
锡金栓果芹 (8) 714 **715**
锡金丝瓣芹 (8) 675 **678**
锡金铁线莲 (3) 510 **535**
锡金小檗 (3) 589 **624** 彩片457
锡金岩黄蓍 (7) 393 **399**
锡金早熟禾 (12) 706 **732**
锡金醉鱼草
(=大序醉鱼草) (10) 18
锡兰凤尾藓 (1) 403 **410** 彩片109
锡兰莲属
(毛茛科) (3) 389 **543**
锡兰蒲桃 (7) 561 **573**
锡兰肉桂 (3) 251 **259**
锡兰玉心花 (10) 595 **596**
锡生藤 (3) **691**
锡生藤属
(防己科) (3) 669 670 **691**
锡叶藤 (4) **552**
锡叶藤属
(五桠果科) (4) **552**
豨莶 (11) 314 **315**
豨莶属
(菊科) (11) 124 **314**
膝瓣乌头 (3) 406 **414**
膝柄木 (7) **818** 彩片310
膝柄木属
(卫矛科) (7) 775 **818**
膝曲碱茅 (12) 763 **768**
膝曲乌蔹莓 (8) **202**
膝曲莠竹 (12) 1105 **1110**
膝爪显柱乌头
(=显柱乌头) (3) 415
觿茅属
(禾本科) (12) 554 **1138**
觿茅 (12) **1138**
具脊觿茅 (12) 1138 **1139**
习见蓼 (4) 482 **486** 彩片201
喜斑鸠菊 (11) 136 **140**
喜冬草 (5) **731**
喜冬草属
(鹿蹄草科) (5) 721 **731**
喜峰芹 (8) **716**
喜峰芹属
(伞形科) (8) 582 **716**

喜高山葶苈
(=喜山葶苈) (5) 441
喜光花 (8) 14 **15** 彩片5
喜光花属
(大戟科) (8) 10 **14**
喜旱莲子草 (4) **381** 彩片178
喜花草 (10) **346** 彩片112
喜花草属
(爵床科) (10) 331 **346**
喜林风毛菊 (11) 572 **602**
喜林芋属
(天南星科) (12) 105 **134**
喜马灯心草 (12) 224 **246**
喜马红景天 (6) 354 **361** 彩片93
喜马拉雅白皮松 (3) 52 **59**
喜马拉雅柏木 (3) 78 **80**
喜马拉雅鞭苔 (1) 25 **28** 彩片6
喜马拉雅薄地钱 (1) **277**
喜马拉雅长叶松 (3) 53 **59**
喜马拉雅垂头菊 (11) 471 **475** 彩片102
喜马拉雅臭樱 (6) 792 **794**
喜马拉雅对叶苔 (1) **162**
喜马拉雅耳蕨 (2) 535 **553**
喜马拉雅茯蕨 (2) 364 **365**
喜马拉雅高原芥
(=须弥扇叶芥) (5) 482
喜马拉雅红豆杉 (3) 106 **107**
喜马拉雅红杉 (3) 45 **47**
喜马拉雅红腺蕨
(=西蕨红腺蕨) (2) 469
喜马拉雅胡卢巴 (7) 431 **432**
喜马拉雅虎耳草 (6) 386 **407**
喜马拉雅碱茅 (12) 763 **770**
喜马拉雅看麦娘 (12) 927 **928**
喜马拉雅冷杉 (3) 20 **27** 彩片40
喜马拉雅柳兰 (7) 596 **599**
喜马拉雅鹿霍 (7) 249 **252**
喜马拉雅乱子草 (12) 999 **1000**
喜马拉雅落叶松
(=喜马拉雅红杉) (3) 47
喜马拉雅马尾杉 (2) 15 19
喜马拉雅密叶红豆杉 (3) 106 **107** 彩片135
喜马拉雅荨麻 (4) 77 **82**
喜马拉雅缺齿藓 (1) **540**
喜马拉雅雀麦 (12) 803 **809**
喜马拉雅沙参 (10) 476 **487**
喜马拉雅砂藓 (1) 509 **513**
喜马拉雅山柳 (5) 303 305 **312** **354**
喜马拉雅珊瑚 (7) 705 **707**
喜马拉雅鼠耳芥
(=须弥芥) (5) 478
喜马拉雅双扇蕨 (2) 661 **661**
喜马拉雅水龙骨 (2) 667 **672**
喜马拉雅嵩草 (12) 362 **367**
喜马拉雅穗三毛 (12) 879 **881**
喜马拉雅塔藓
(=喜马拉雅星塔藓) (1) 936
喜马拉雅薹草 (12) 444 **446**
喜马拉雅香茅 (12) 1142 **1147**
喜马拉雅星塔藓 (1) **936**
喜马拉雅崖爬藤 (8) 207 **213** 彩片102
喜马拉雅岩梅 (5) **737**
喜马拉雅蝇子草 (4) 440 **450**
喜马拉雅云杉 (3) 36 **44**
喜马拉雅早熟禾 (12) 705 **728**
喜马拉雅紫菀
(=须弥紫菀) (11) 193
喜马山旌节花
(=西域旌节花) (5) 135
喜鹊苣苔属
(苦苣苔科) (10) 246 **308**
喜沙黄蓍 (7) 294 **340**
喜山葶苈 (5) 439 **441**
喜湿蚓果芥
(=蚓果芥) (5) 532
喜树 (7) **687** 彩片261
喜树属
(蓝果树科) (7) **687**
喜盐草 (12) **23**
喜盐草属
(水鳖科) (12) 13 **23**
喜盐鸢尾 (13) 279 **292**
喜阴悬钩子 (6) 585 **606**
喜荫草 (12) **55** 彩片8
喜荫草属
(霉草科) (12) **54**
喜荫黄芩 (9) 417 **423**
喜雨草 (9) **491**
喜雨草属
(唇形科) (9) 395 **491**
细苞藁本 (8) 704 **709**
细鞭苔 (1) **24**
细鞭苔属
(指叶苔科) (1) **24**
细柄百两金 (6) 86 **95**
细柄半枫荷 (3) **707**
细柄草 (12) **1132**
细柄草属
(禾本科) (12) 556 **1131**
细柄粉背蕨
(=阔盖粉背蕨) (2) 229
细柄凤仙花 (8) 495 **528**
细柄假瘤蕨 (2) 731 **735**
细柄柯 (4) 201 **216**
细柄买麻藤 (3) 119 **120**
细柄蔓龙胆 (9) 56 **57**
细柄毛蕨 (2) 373 374 **376**
细柄茅 (12) 949 **950**
细柄茅属
(禾本科) (12) 558 **949**
细柄青篱竹 (12) 645 **650**
细柄少穗竹
(=细柄青篱竹) (12) 650
细柄十大功劳 (3) 625 **627**
细柄石豆兰 (13) 692 **700** 彩片520
细柄石栎
(=细柄柯) (4) 216
细柄书带蕨
(=书带蕨) (2) 267
细柄黍 (12) 1027 **1029**
细柄薯蓣 (13) 343 **350**
细柄蕈树 (3) 780 **781**
细柄芋 (12) **130**

细柄芋属 (天南星科) **(12)** 105 **130**
细柄针筒菜 **(9)** 492 **495**
细叉梅花草 **(6)** 431 **435**
细长柄山蚂蝗 **(7)** 161 **162**
细长喙薹草 **(12)** 382 **384**
细长早熟禾 **(12)** 709 **745**
细齿草木樨 **(7)** 429 **430**
细齿稠李 **(6)** 781 **784**
细齿贯众蕨 (=刺齿贯众) **(2)** 598
细齿合叶苔 **(1)** 102 **110**
细齿冷水花 **(4)** 91 **100**
细齿大戟 **(8)** 117 **120**
细齿十大功劳 **(3)** 626 **631**
细齿水蛇麻 **(4)** 28 **29**
细齿藓科 **(1)** **719**
细齿蕈树 **(3)** 780 **781**
细齿崖爬藤 **(8)** 207 **214**
细齿叶柃 **(4)** 637 **646**
细齿异野芝麻 **(9)** **526**
细齿樱桃 **(6)** 765 **776**
细齿羽苔 **(1)** 130 **149**
细齿锥花 **(9)** 413 **414**
细齿紫麻 **(4)** 154 **156**
细带藓 **(1)** 699 **700**
细带藓属 (蔓藓科) **(1)** 683 **699**
细灯心草 (=扁茎灯心草) **(12)** 228
细萼扁蕾 **(9)** 61 **62** 彩片33
细萼茶 **(4)** 576 **595**
细萼连蕊茶 **(4)** 577 **601**
细萼沙参 **(10)** 475 **489** 彩片173
细风轮菜 **(9)** 530 **532**
细秆草 (=细莞) **(12)** 270
细秆甘蔗 **(12)** 1096 **1098**
细秆薹草 **(12)** 452 **454**
细秆羊胡子草 **(12)** 274 **276**
细秆萤蔺 **(12)** 263 **267**
细根黄精 **(13)** 205 **214**
细根茎甜茅 **(12)** 797 **798**
细梗附地菜 **(9)** 306 **309**
细梗红荚 **(11)** 6 **18**
细梗胡枝子 **(7)** 183 **189**
细梗黄鹌菜 **(11)** 717 **719**
细梗罗伞 **(8)** 544 **546**
细梗千里光 **(11)** 533 **547**
细梗蔷薇 **(6)** 708 **716**
细梗苔草 (=长柱头薹草) **(12)** 519
细梗香草 **(6)** 116 **131** 彩片34
细梗云南葶苈 (=云南葶苈) **(5)** 443
细梗紫菊 **(11)** 741 **742**
细狗尾藓 **(1)** **891**
细光萼苔 **(1)** 203 **204**
细果黄蓍 **(7)** 295 **348**
细果角茴香 **(3)** 715 **716**
细果嵩草 **(12)** 362 **369**
细果野菱 **(7)** 542 **545**
细果紫堇 **(3)** 721 **729**
细花八宝树 **(7)** 498 **499**
细花百部 **(13)** 311 **313**
细花丁香蓼 **(7)** 582 **583**
细花梗杭子梢 **(7)** 177 **178**
细花荆芥 **(9)** 437 **440**
细花泡花树 **(8)** 298 **300**
细花瑞香 **(7)** 526 **529**
细花蛇根草 (=小花蛇根草) **(10)** 533
细花薹草 **(12)** 548 **549**
细花莴苣 (=细莴苣) **(11)** 762
细花虾脊兰 **(13)** 597 **604** 彩片425
细花玉凤花 **(13)** 501 **513** 彩片350
细画眉草 **(12)** **975**
细画眉草属 (禾本科) **(12)** 563 **975**
细喙翅果菊 **(11)** 744 **747**
细喙藓属 (青藓科) **(1)** 828 **849**
细基丸 **(3)** **177** 彩片198
细尖太行铁线莲 **(3)** 509 **525**
细尖栒子 **(6)** 484 **500**
细角管叶苔 **(1)** **236**
细金鱼藻 **(3)** 386 **387**
细茎霸王 (=细茎驼蹄瓣) **(8)** 455
细茎扁萼苔 **(1)** 186 **198**
细茎灯心草 **(12)** 224 **245**
细茎蓼 **(4)** 483 **497**
细茎母草 **(10)** 106 **109**
细茎石斛 **(13)** 664 **677** 彩片501
细茎石竹 **(4)** 466 **468**
细茎双蝴蝶 **(9)** 53 **54**
细茎铁角蕨 **(2)** 403 **428**
细茎兔儿风 **(11)** 665 **672**
细茎驼蹄瓣 **(8)** 453 **455**
细茎橐吾 **(11)** 449 **461**
细茎乌头 (=德钦乌头) **(3)** 424
细茎旋花豆 **(7)** **206**
细茎羊耳蒜 **(13)** 537 **548**
细茎有柄柴胡 **(8)** 631 **637**
细茎鸢尾 (=紫苞鸢尾) **(13)** 291
细距兜被兰 **(13)** 485 **487**
细距堇菜 **(5)** 141 **150**
细距堇菜 (=西域细距堇菜) **(5)** 171
细距耧斗菜 **(3)** 455 **456** 彩片337
细距舌唇兰 **(13)** 458 **459** 彩片317
细锯齿藓属 (锦藓科) **(1)** 873 **880**
细口团扇蕨 **(2)** 130 **131**
细肋镰刀藓 **(1)** 814 **815**
细肋曲尾藓 **(1)** 376 **379**
细裂瓣苔 **(1)** **48**
细裂瓣苔属 (裂叶苔科) **(1)** **48**
细裂耳蕨 **(2)** 539 **585**

细裂复叶耳蕨 (2) 478 **484**
细裂复叶耳蕨
(=华南复叶耳蕨) (2) 483
细裂黄鹌菜 (11) 718 **721**
细裂芹 (8) **679**
细裂芹属
(伞形科) (8) 581 **679**
细裂铁角蕨 (2) 404 **432**
细裂委陵菜 (6) 657 **674**
细裂小报春 (6) 176 **214**
细裂小膜盖蕨 (2) 646 **650**
细裂叶莲蒿 (11) 374 **391**
细裂叶松蒿
(=裂叶松蒿) (10) 173
细裂羽节蕨 (2) 272 **274**
细裂针毛蕨 (2) 352 **354**
细鳞鳞毛蕨 (2) 488 **500**
细鳞苔科 (1) **224**
细鳞苔属
(细鳞苔科) (1) 225 **245**
细鳞藓 (1) **612**
细鳞藓属
(树生藓科) (1) 611 **612**
细柳藓 (1) **806**
细柳藓属
(柳叶藓科) (1) 803 **806**
细罗伞 (6) 86 **94**
细罗藓属
(薄罗藓科) (1) 765 **770**
细罗藓 (1) **770**
细麻羽藓 (1) **788**
细脉木犀 (10) 40 **43**
细芒羊茅 (12) 683 **695**
细毛含笑 (3) 145 **149**
细毛拉拉藤 (10) 660 **665**
细毛碗蕨 (2) 152 **153**
细毛鸭嘴草 (12) 1133 **1135**
细毛樟 (3) 250 **252**
细拟合睫藓 (1) **472**
细女贞 (10) 49 **50**
细青皮 (3) **780**
细雀麦 (12) 804 **812**
细锐果鸢尾
(=锐果鸢尾) (13) **302**
细弱黄耆 (7) 295 **347**
细弱金腰 (6) 419 **426**
细弱山蓊菜
(=山蓊菜) (5) 523
细弱栒子 (6) 483 **492**
细弱隐子草 (12) 977 **978**
细沙虫草
(=二齿香科科) (9) 404
细湿藓属
(柳叶藓科) (1) 803 **809**
细瘦卷柏 (2) 32 **35**
细瘦六道木 (11) 41 **42**
细瘦悬钩子 (6) 586 **610**
细瘦獐牙菜 (9) 76 **85**
细蒴苣苔 (10) **271**
细蒴苣苔属
(苦苣苔科) (10) 244 **270**
细穗草 (12) **822**
细穗草属
(禾本科) (12) 559 **821**
细穗柽柳 (5) 177 **182** 彩片92
细穗鹅观草 (12) 845 **858**
细穗腹水草 (10) 137 **138**
细穗桦 (4) 276 **277**
细穗藜 (4) 313 **316**
细穗密花香薷
(=密花香薷) (9) 550
细穗薹草 (12) 412 **414**
细穗薹草 (12) 483 **484**
细穗兔儿风 (11) 664 **670**
细穗玄参 (10) **141**
细穗玄参属
(玄参科) (10) 68 **141**
细唐松草 (3) 462 **476**
细葶无柱兰
(=无柱兰) (13) 480
细筒苣苔 (10) **285**
细筒苣苔属
(苦苣苔科) (10) 245 **284**
细莞 (12) **270**
细莞属
(莎草科) (12) 255 **269**
细尾楼梯草 (4) 119 **122**
细莴苣 (11) **762**
细莴苣属
(菊科) (11) 135 **761**
细小棘豆 (7) 355 **378**
细辛 (3) 338 **342** 彩片265
细辛蕨 (2) **442** 彩片96
细辛蕨属
(铁角蕨科) (2) 400 **441**
细辛属
(马兜铃科) (3) **337**
细形薹草 (12) 452 **454**
细须翠雀花 (3) 428 **436**
细序柳 (5) 307 310 **324**
细雅碱茅 (12) 765 **780**
细野麻 (4) 137 **143**
细叶桉 (7) 551 **553**
细叶白头翁 (3) 502 **504**
细叶百合
(=山丹) (13) 130
细叶百脉根 (7) 403 **404**
细叶彩花 (4) **543**
细叶臭草 (12) 790 **795**
细叶刺子莞 (12) 311 **313**
细叶丛菔 (5) 495 **497**
细叶地榆 (6) 745 **746**
细叶东俄芹 (8) 606 **608**
细叶杜香 (5) **554**
细叶短柱茶 (4) 574 **583**
细叶鹅观草 (12) 844 **854**
细叶繁缕 (4) 408 **415**
细叶谷木 (7) 660 **662**
细叶孩儿参 (4) **398**
细叶旱芹 (8) **647**
细叶旱芹 (8) **685**
细叶旱芹属
(伞形科) (8) 581 **685**

细叶花叶藓 (1) 424 427
细叶黄鹌菜 (11) 718 721
细叶黄皮 (8) 432 435
细叶黄蓍 (7) 291 316 彩片133
细叶芨芨草 (12) 953 955
细叶姬蕨
(=台湾姬蕨) (2) 175
细叶金丝桃 (4) 694 702
细叶景天 (6) 335 337
细叶韭 (13) 141 156
细叶菊 (11) 342 346
细叶卷柏 (2) 33 52
细叶蓝钟花 (10) 448 450 彩片147
细叶狸藻 (10) 439 442
细叶连蕊茶 (4) 577 599
细叶鳞毛蕨 (2) 488 501
细叶蕗蕨 (2) 113 117
细叶满江红 (2) 786 787
细叶母草 (10) 106 112
细叶楠 (3) 266 270
细叶泥炭藓 (1) 301 313
细叶牛毛藓 (1) 320 321
细叶飘拂草 (12) 292 305
细叶婆婆纳
(=细叶穗花) (10) 142
细叶千斤拔 (7) 243 245
细叶芹 (8) 595
细叶芹属
(伞形科) (8) 578 595
细叶曲尾藓 (1) 376 385
细叶荛花 (7) 515 518
细叶沙参 (10) 475 489 彩片174
细叶砂引草 (9) 288 290
细叶山艾 (11) 380 426
细叶石斛 (13) 663 667 彩片481
细叶石灰藓 (1) 459 461
细叶石头花 (4) 473 477
细叶石仙桃 (13) 630 632 彩片457
细叶鼠草 (11) 280 284
细叶水团花 (10) 568 569 彩片193
细叶穗花 (10) 142
细叶碎米荠 (5) 451 453
细叶薹草 (12) 539 540
细叶天芥菜 (9) 287
细叶铁线蕨 (2) 233 242
细叶蚊子草 (6) 579 581
细叶乌头 (3) 406 421
细叶细圆齿火棘 (6) 501 502
细叶藓科 (1) 329
细叶藓属
(细叶藓科) (1) 329 331
细叶香茶菜 (9) 569 578
细叶小檗 (3) 587 609 彩片451
细叶小苦荬 (11) 752 755
细叶小曲尾藓 (1) 338 342
细叶小羽藓 (1) 790 彩片242
细叶鸦葱 (11) 688 692
细叶亚菊 (11) 363 366
细叶野牡丹 (7) 621 622
细叶益母草 (9) 479 480
细叶鸢尾 (13) 279 288 彩片208
细叶早熟禾 (12) 702 713
细叶泽藓 (1) 602 607 彩片184
细叶桢楠
(=细叶楠) (3) 270
细叶针茅 (12) 932 940
细叶真藓 (1) 558 562 彩片163
细叶紫苏
(=水棘针) (9) 399
细蝇子草 (4) 440 448
细疣高山苔 (1) 284 285
细羽藓属
(羽藓科) (1) 784 792
细圆齿火棘 (6) 501 502 彩片122
细圆藤 (3) 678 彩片398
细圆藤属
(防己科) (3) 668 669
670 678
细早熟禾 (12) 706 733
细毡毛忍冬 (11) 54 86
细枝补血草 (4) 546 548
细枝茶藨子 (6) 297 313
细枝槌果藤
(=雷公桔) (5) 375
细枝柃 (4) 635 645
细枝柳 (5) 306 313 364
细枝蔓藓 (1) 693 694
细枝木麻黄 (4) 286 287
细枝藓 (1) 767 768
细枝藓属
(薄罗藓科) (1) 765 767
细枝小鼠尾藓 (1) 751 752
细枝绣线菊 (6) 448 464
细枝栒子 (6) 482 489
细枝岩黄蓍 (7) 392 393
细枝盐爪爪 (4) 309
细枝叶下珠 (8) 34 41
细枝羽藓 (1) 795 797
细枝圆柏
(=密枝圆柏) (3) 91
细枝直叶藓 (1) 637
细指剪叶苔 (1) 4 10
细指苔属
(指叶苔科) (1) 24 35
细指叶苔 (1) 37 38 彩片10
细钟花 (10) 469
细钟花属
(桔梗科) (10) 446 469
细轴荛花 (7) 515 519 彩片185
细株短柄草 (12) 819 820
细竹篙草 (12) 191 195
细柱柳 (5) 304 313 360
细柱五加
(=五加) (8) 561
细锥香茶菜 (9) 568 581
细籽柳叶菜 (7) 597 612
细子灯心草 (12) 222 233
细子焯菜 (5) 485 487
细子龙 (8) 284
细子龙属
(无患子科) (8) 268 284
细子麻黄 (3) 113 117
细棕竹 (12) 63 64

xia
虾海藻
(=黑纤维虾海藻) (12) 53
虾海藻属
(大叶藻科) (12) 51 **53**
虾脊兰 (13) 598 **609** 彩片435
虾脊兰属
(兰科) (13) 373 **596**
虾尾兰 (13) **770**
虾尾兰属
(兰科) (13) 369 **770**
虾藓 (1) **328**
虾藓科 (1) **328**
虾藓属
(虾藓科) (1) **328**
虾须草 (11) **308**
虾须草属
(菊科) (11) 123 **308**
虾衣花 (10) **407** 彩片124
虾仔花 (7) **505** 彩片178
虾仔花属
(千屈菜科) (7) 499 **505**
虾藻
(=菹草) (12) 33
虾子草 (10) **131**
虾子草 (12) **22**
虾子草属
(水鳖科) (12) 13 **22**
虾子草属
(玄参科) (10) 71 **131**
狭瓣贝母兰 (13) 619 **622**
狭瓣粉条儿菜 (13) 254 **257**
狭瓣忽地笑 (13) 262 **264**
狭瓣黄瑞木
(=狭瓣杨桐) (4) 629
狭瓣片鳞苔 (1) **248**
狭瓣玉凤花 (13) 500 **507**
狭瓣苔 (1) **182**
狭瓣苔属
(歧舌苔科) (1) **182**
狭瓣细鳞苔 (1) **246**
狭瓣杨桐 (4) 625 **629**
狭瓣鹰爪花
(=海南鹰爪花) (3) 185
狭瓣蝇子草 (4) 441 **453**
狭苞斑种草 (9) **315**
狭苞马兰 (11) 163 **164**
狭苞香青 (11) 264 **273**
狭苞异叶虎耳草 (6) 384 **398**
狭苞云南紫菀 (11) 178 **197**
狭苞紫菀 (11) 178 **198**
狭边大叶藓 (1) 569 **570** 彩片168
狭长斑鸠菊 (11) 137 **142**
狭长花沙参 (10) 477 **482**
狭翅巢蕨 (2) 436 **437**
狭翅桦 (4) 276 **279**
狭翅铁角蕨 (2) 401 **412**
狭带瓦韦 (2) 682 **691**
狭刀豆 (7) 207 **208** 彩片103
狭顶贯众
(=阔羽贯众) (2) 596
狭顶鳞毛蕨 (2) 490 **510**
狭萼报春 (6) 176 **207** 彩片61
狭萼吊石苣苔 (10) 317 **320**
狭萼鬼吹箫 (11) 48 **49** 彩片17
狭萼毛茛 (3) 549 **574**
狭冠长蒴苣苔 (10) 296 **298**
狭果鹤虱 (9) 336 **337**
狭果秤锤树 (6) **49** 彩片13
狭果葶苈 (5) 440 **449**
狭果蝇子草
(=狭瓣蝇子草) (4) 453
狭花心叶薯
(=齿萼薯) (9) 260
狭基巢蕨
(=狭翅巢蕨) (2) 437
狭基钩毛蕨 (2) 361 **362**
狭基细裂瓣苔 (1) 49 **50**
狭基线纹香茶菜 (9) 569 **576**
狭荚黄耆 (7) 294 **342**
狭脚金星蕨 (2) 338 **340**
狭茎栗寄生 (7) 757 **758**
狭距紫堇 (3) 722 **735**
狭裂白蒿 (11) 376 **401**
狭裂乌头 (3) 406 **424**
狭鳞鳞毛蕨 (2) 488 **498**
狭囊苔草
(=山林薹草) (12) 538
狭囊薹草 (12) 444 **447**
狭腔芹 (8) **701**
狭腔芹属
(伞形科) (8) 580 **701**
狭舌垂头菊 (11) 471 **475** 彩片103
狭舌多榔菊 (11) 444 **446**
狭舌毛冠菊 (11) 211 **212**
狭穗八宝 (6) 325 **327**
狭穗阔蕊兰 (13) 492 **494**
狭穗青天
(=狭穗八宝) (6) 327
狭穗薹草 (12) 460 **461**
狭头风毛菊 (11) 574 **609**
狭网真藓 (1) 558 **559** 彩片159
狭序鸡矢藤 (10) 633 **634**
狭序泡花树 (8) 298 **302**
狭序唐松草 (3) 460 **467**
狭眼凤尾蕨 (2) 183 **201**
狭叶白蝶兰 (13) 491 **492**
狭叶白发藓 (1) 396 **399** 彩片102
狭叶鞭苔 (1) 25 **26**
狭叶并齿藓 (1) 532 **533** 彩片152
狭叶长药八宝 (6) 326 **329**
狭叶巢蕨 (2) 437 **439**
狭叶垂头菊 (11) 472 **483**
狭叶丛菔
(=丛菔) (5) 496
狭叶带唇兰 (13) 587 **588**
狭叶当归 (8) 720 **728**
狭叶地囊苔 (1) **117**
狭叶点地梅 (6) 151 **165**
狭叶吊兰 (13) 88 **89**
狭叶冬青 (7) 837 **859**
狭叶短毛独活 (8) 752 **756**

狭叶鹅耳枥 (4) 261 **266**
狭叶鹅观草 (12) 844 **851**
狭叶耳唇兰 (13) **635** 彩片461
狭叶方竹 (12) 621 **623**
狭叶凤尾蕨 (2) 180 181 **188**
狭叶凤尾藓 (1) 403 **410**
狭叶钩粉草 (10) **391**
狭叶谷精草 (12) 205 **207**
狭叶海金沙 (2) 107 **110**
狭叶海桐 (6) 234 **238**
狭叶荷秋藤
(=荷秋藤) (9) 172
狭叶黑三棱 (13) **12**
狭叶红景天 (6) 354 **364** 彩片95
狭叶厚角藓 (1) 877 **878**
狭叶葫芦藓 (1) **519**
狭叶花萼苔 (1) **274** 彩片61
狭叶花椒 (8) 400 **406**
狭叶花柱草 (10) 502 **503**
狭叶黄精 (13) 205 **214**
狭叶黄芩 (9) 418 **428**
狭叶黄杨 (8) 1 **4**
狭叶黄檀 (7) 90 **91**
狭叶假糙苏 (9) 487 **488**
狭叶假繁缕
(=细叶孩儿参) (4) 398
狭叶剪叶苔 (1) 4 **12**
狭叶金石斛 (13) **686**
狭叶金粟兰 (3) 310 **311**
狭叶金星蕨 (2) 338 **341**
狭叶锦鸡儿 (7) 266 **278**
狭叶荆芥 (9) 438 **441**
狭叶卷柏 (2) 32 **41**
狭叶藜芦 (13) 78 **81**
狭叶链齿藓 (1) **448**
狭叶链珠藤 (9) 105 **106**
狭叶鳞毛蕨 (2) 490 **514**
狭叶龙舌兰 (13) **304**
狭叶楼梯草 (4) 119 **123**
狭叶罗汉松 (3) 98 **100**
狭叶落地梅 (6) 118 **143**
狭叶麻羽藓 (1) 788 **789** 彩片241
狭叶马兰 (11) 163 **164**
狭叶毛鳞蕨 (2) 706 **707**
狭叶米口袋 (7) 382 **384**
狭叶母草 (10) 106 **108**
狭叶牡丹
(=滇牡丹) (4) 559
狭叶牡蒿 (11) 382 **431**
狭叶拟合睫藓 (1) **472**
狭叶糯米团 (4) **149**
狭叶泡花树 (8) 299 **307**
狭叶蓬莱葛 (9) 5 **6**
狭叶瓶尔小草 (2) 80 **80**
狭叶坡垒 (4) 567 **568** 彩片255
狭叶葡萄 (8) 218 **225**
狭叶蒲桃 (7) 560 **566**
狭叶荨麻 (4) 77 **81**
狭叶墙藓
(=墙藓) (1) 481
狭叶青藤
(=红花青藤) (3) 307
狭叶求米草 (12) 1041 **1042**
狭叶球核荚 (11) 5 **16**
狭叶曲柄藓 (1) 346 **347**
狭叶润楠 (3) 274 **278**
狭叶三脉紫菀 (11) 175 **184**
狭叶沙参 (10) 477 **480**
狭叶山矾 (6) 53 **70**
狭叶山梗菜 (10) 494 **500**
狭叶山胡椒 (3) 230 **234**
狭叶山黄麻 (4) 17 **19**
狭叶山野豌豆 (7) 406 **410**
狭叶石笔木
(=小果石笔木) (4) 606
狭叶石韦 (2) 712 **723**
狭叶水竹叶 (12) 191 **196**
狭叶四照花
(=尖叶四照花) (7) 702
狭叶酸模 (4) 521 **525**
狭叶碎米藓 (1) **755**
狭叶缩叶藓 (1) 488 **490** 彩片137
狭叶铁角蕨 (2) 400 **405**
狭叶铁角蕨
(=线叶铁角蕨) (2) 406
狭叶土沉香 (8) 111 **113**
狭叶兔儿风 (11) 665 **673**
狭叶瓦韦 (2) 681 **685**
狭叶弯蕊芥 (5) 463 **464**
狭叶微孔草 (9) 319 **321**
狭叶委陵菜 (6) 655 **667**
狭叶倭竹 (12) 617 **618**
狭叶五味子 (3) 370 **375**
狭叶虾脊兰 (13) 596 **599**
狭叶香港远志 (8) 246 **256**
狭叶小黄藓 (1) **732**
狭叶小舌紫菀 (11) 176 **187**
狭叶小羽藓 (1) **790**
狭叶芽胞耳蕨 (2) 533 **540**
狭叶崖爬藤 (8) 207 **215**
狭叶崖爬藤
(=叉须崖爬藤) (8) 212
狭叶沿阶草 (13) 243 **248**
狭叶叶苔 (1) 69 **72**
狭叶异枝藓 (1) **786**
狭叶羽苔 (1) 130 **143**
狭叶鸢尾兰 (13) 555 **556**
狭叶獐牙菜 (9) 76 **83**
狭叶沼羽藓 (1) **800**
狭叶珍珠菜 (6) 115 **119** 彩片31
狭叶珍珠花 (5) 686 **687** 彩片284
狭叶栀子 (10) 581 **582** 彩片195
狭叶重楼 (13) 219 **223** 彩片161
狭叶竹叶草 (12) 1041 **1043**
狭叶紫萁 (2) 90 **92** 彩片39
狭翼风毛菊 (11) 573 **606**
狭颖早熟禾 (12) 702 **716**
狭羽凤尾蕨 (2) 179 **184**
狭羽节肢蕨 (2) 745 **745**
狭锥福王草 (11) 733 **735**
霞红报春
(=霞红灯台报春) (6) 192
霞红灯台报春 (6) 175 **192**

下江忍冬 (11) 51 **62**
下江委陵菜 (6) 657 **673**
下曲茴芹 (8) 664 **665**
下田菊 (11) **148**
下田菊属
(菊科) (11) 122 **147**
下延叉蕨 (2) 617 **619**
下延三叉蕨
(=下延叉蕨) (2) 619
下延石韦 (2) 711 **719**
下延叶古当归 (8) 717 **718**
夏河云南紫菀 (11) 178 **198** 彩片57
夏枯草 (9) **458** 彩片168
夏枯草属
(唇形科) (9) 394 **458**
夏蜡梅 (3) **203** 彩片212
夏蜡梅属
(蜡梅科) (3) **203**
夏飘拂草 (12) 292 **307**
夏天无 (3) 726 **762**
夏须草 (13) **176**
夏须草属
(百合科) (13) 70 **176**
夏雪片莲 (13) **270**
夏至草 (9) 433 **434** 彩片160
夏至草属
(唇形科) (9) 393 **433**

xian
仙笔鹤顶兰 (13) **594**
仙鹤藓属
(金发藓科) (1) **951**
仙居苦竹 (12) 645 **653**
仙客来 (6) **148**
仙客来属
(报春花科) (6) 114 **148**
仙茅 (13) 305 **307** 彩片234
仙茅属
(龙舌兰科) (13) 304 **305**
仙女木属
(蔷薇科) (6) 444 **646**
仙台薹草 (12) 518 **522**
仙人掌 (4) **301** 彩片134
仙人掌
(=单刺仙人掌) (4) 302
仙人掌科 (4) **300**
仙人掌属
(仙人掌科) (4) 300 **301**
仙桃 (4) **302**
纤柄肖菝葜 (13) 339 **341**
纤草 (13) 361 **362** 彩片256
纤齿枸骨 (7) 836 **854**
纤齿罗伞 (8) 544 **546** 彩片256
纤齿卫矛 (7) 779 **800**
纤杆蒿 (11) 381 **425**
纤秆珍珠茅 (12) 354 **355**
纤梗山胡椒 (3) 230 **234**
纤梗腺萼木 (10) 578 **580**
纤冠藤 (9) **178**
纤冠藤属
(萝藦科) (9) 135 **177**
纤花耳草 (10) 515 **518**
纤花千里光 (11) 531 **536** 彩片115
纤花鼠李 (8) 146 **156**
纤茎金丝桃 (4) 694 **703**
纤茎阔蕊兰 (13) 493 **496**
纤鳞苔属
(细鳞苔科) (1) 225 **247**
纤柳 (5) 307 309 **341**
纤脉桉 (7) 551 **556**
纤毛鹅观草 (12) 845 **854**
纤毛画眉草 (12) 962 **971**
纤毛丝瓜藓 (1) 542 **545**
纤弱黄芩 (9) 418 **429**
纤弱早熟禾 (12) 708 **739**
纤穗爵床 (10) **393**
纤穗爵床属
(爵床科) (10) 330 **393**
纤挺马先蒿 (10) 182 **194**
纤维鳞毛蕨 (2) 489 **503**
纤维马唐 (12) 1061 **1064**
纤维薹草 (12) 415 **419**
纤尾桃叶珊瑚 (7) 705 **706**
纤细半蒴苣苔 (10) 277 **278** 彩片81
纤细草莓 (6) 702 **705**
纤细茶藨子 (6) 295 **303**
纤细茨藻 (12) 41 **42**
纤细东俄芹 (8) 606 **607**
纤细鬼吹箫 (11) 48 **49**
纤细花楸 (6) 533 **543**
纤细黄鹌菜 (11) 718 **720**
纤细黄堇 (3) 725 **751**
纤细假糙苏 (9) 487 **489**
纤细剪叶苔 (1) 4 **8**
纤细碱茅 (12) 765 **776**
纤细金腰 (6) 418 **421**
纤细绢蒿 (11) 433 **438**
纤细拉拉藤 (10) 660 **667**
纤细老鹳草
(=汉荭鱼腥草) (8) 469
纤细龙脑香 (4) **566**
纤细轮环藤 (3) 692 **693**
纤细囊瓣芹 (8) 657 **659**
纤细婆罗门参 (11) 694 **695**
纤细雀梅藤 (8) 139 **141**
纤细荛花 (7) 516 **523**
纤细山莓草 (6) 692 **695**
纤细薯蓣 (13) 343 **348**
纤细薹草 (12) 518 **524**
纤细葶苈 (5) 440 **449**
纤细通泉草 (10) 121 **126**
纤细小广萼苔 (1) **59**
纤细羽苔 (1) 130 **148**
纤细羽衣草 (6) **749**
纤小叶苔 (1) **253**
纤叶钗子股 (13) 757 **758** 彩片569
纤幼羽苔 (1) 129 **140**
纤枝薄壁藓 (1) 942 **943**
纤枝短月藓 (1) 552 **553** 彩片157
纤枝金丝桃 (4) 693 **697**
纤枝南木藓
(=纤枝薄壁藓) (1) 943
纤枝曲柄藓

(=脆枝曲柄藓) (1) 351
纤枝同叶藓 (1) 917 **919** 彩片270
纤枝兔儿风 (11) 665 **675**
纤枝细裂瓣苔 (1) **48**
纤枝细羽藓 (1) 792 **793**
纤枝香青 (11) 264 **273**
纤枝野丁香 (10) 636 **638**
籼稻 (12) 666 **668**
鲜卑花 (6) **469**
鲜卑花属
(蔷薇科) (6) 442 **469**
鲜黄杜鹃 (5) 558 **598**
鲜黄连 (3) **638**
鲜黄连属
(小檗科) (3) 582 **637**
鲜黄小檗 (3) 584 **595**
鲜绿凸轴蕨 (2) 345 **346**
咸虾花 (11) 137 **145**
显苞灯心草 (12) 223 **240**
显苞过路黄 (6) 118 **143**
显苞芒毛苣苔 (10) 314 **315**
显齿蛇葡萄 (8) 190 **195**
显稃早熟禾 (12) 703 **718**
显脉报春 (6) 170 **185**
显脉冬青 (7) 835 **844**
显脉杜英 (5) 1 **4**
显脉钝果寄生 (7) 750 **752**
显脉贯众 (2) 588 **599**
显脉荚蒾 (11) 5 **14**
显脉尖嘴蕨 (2) 704 **705** 彩片134
显脉金花茶 (4) 576 **591** 彩片273
显脉拉拉藤 (10) 661 **671**
显脉瘤蕨 (2) 728 **729**
显脉毛鳞蕨 (2) 706 **707**
显脉猕猴桃 (4) 658 **665**
显脉山莓草 (6) 693 **698**
显脉石蝴蝶 (10) 281 **282**
显脉石韦 (2) 711 **720**
显脉薹草 (12) 492 **493**
显脉香茶菜 (9) 567 **571**
显脉小檗 (3) 585 **598**
显脉新木姜子 (3) 209 **213**
显脉星蕨 (2) 751 **752**
显脉旋覆花 (11) 288 **293**
显脉野木瓜 (3) 664 **666**
显脉獐牙菜 (9) 75 **83**
显异薹草 (12) 381 **384**
显柱南蛇藤 (7) 806 **813**
显柱乌头 (3) 406 **415**
显子草 (12) **1002**
显子草属
(禾本科) (12) 557 **1002**
蚬壳花椒 (8) 400 **404**
蚬木 (5) **31** 彩片14
蚬木属
(椴树科) (5) 12 **31**
藓丛粗筒苣苔 (10) 261 **262**
藓生马先蒿 (10) 184 **196**
藓叶卷瓣兰 (13) 691 **705** 彩片524
藓状景天 (6) 336 **349**
藓状马先蒿 (10) 183 **216**
藓状雪灵芝
(=藓状蚤缀) (4) 424
藓状蚤缀 (4) 419 424 彩片189
苋 (4) 371 **373**
苋科 (4) **368**
苋属
(苋科) (4) 368 **371**
线瓣石豆兰 (13) 692 **701**
线苞黄蓍 (7) 288 **297**
线苞两型豆 (7) 222 **223**
线苞米面蓊
(=秦岭米面蓊) (7) 723
线柄铁角蕨 (2) 403 **427**
线萼钩藤
(=恒春钩藤) (10) 560
线萼红景天 (6) 355 **370**
线萼金花树 (7) 630 **631**
线萼山梗菜 (10) 494 **498**
线萼蜘蛛花 (10) 540 **541**
线梗胡椒 (3) 320 **333**
线梗拉拉藤 (10) 661 **670**
线果兜铃属
(马兜拎科) (3) 337 **347**
线果芥 (5) **399**
线果芥属
(十字花科) (5) 385 **399**
线果芝麻菜
(=芝麻菜) (5) 396
线茎虎耳草 (6) 384 **400**
线蕨 (2) 755 **758**
线蕨属
(水龙骨科) (2) 665 **755**
线裂老鹳草 (8) 469 **480**
线裂铁角蕨 (2) 403 **431**
线片长筒蕨 (2) 136 **137**
线片乌蕨 (2) 171 **172**
线舌紫菀 (11) 177 **194**
线尾榕 (4) 44 **58**
线纹香茶菜 (9) 569 **575** 彩片192
线形草沙蚕 (12) 985 **986**
线形嵩草 (12) 363 **375**
线叶白绒草 (9) 464 **466**
线叶杯冠藤 (9) 151 **154**
线叶笔草 (12) **1114**
线叶柄果海桐 (6) 234 **239**
线叶繁缕 (4) 407 **411**
线叶蒿 (11) 376 **408**
线叶黑三棱 (13) 1 **4**
线叶槲寄生 (7) 760 **761**
线叶花旗杆 (5) 490 **491**
线叶蓟 (11) 621 **631**
线叶菊 (11) **370**
线叶菊属
(菊科) (11) 126 **370**
线叶拉拉藤 (10) 660 **663**
线叶两歧飘拂草
(=两歧飘拂草) (12) 300
线叶柳 (5) 304 313 **362**
线叶龙胆 (9) 17 **28**
线叶雀舌木 (8) **16**
线叶山黧豆 (7) 420 **425**
线叶十字兰 (13) 500 **506**

线叶石韦 (2) 711 **721**
线叶嵩草 (12) 363 **372**
线叶铁角蕨 (2) 400 **406**
线叶铁角蕨
(=叉叶铁角蕨) (2) 407
线叶托氏藓 (1) **484**
线叶旋覆花 (11) 288 **292**
线叶羽裂花旗杆 (5) 490 **493**
线叶藻
(=尖叶眼子菜) (12) 32
线叶珠光香青 (11) 263 **266** 彩片68
线叶猪屎豆 (7) 442 **450**
线羽凤尾蕨 (2) 182 **197**
线羽贯众 (2) 588 **595**
线枝蒲桃 (7) 561 **573**
线柱苣苔 (10) 322 **323**
线柱苣苔属
(苦苣苔科) (10) 246 **322**
线柱兰 (13) **431** 彩片302
线柱兰属
(兰科) (13) 366 **431**
陷边链珠藤 (9) 104 **105**
陷脉冬青 (7) 837 **857**
陷脉石楠 (6) 515 **521**
陷脉鼠李 (8) 145 **149**
陷脉悬钩子 (6) 586 **615**
腺瓣虎耳草 (6) 384 **399**
腺背蓝属
(爵床科) (10) 332 **365**
腺柄山矾 (6) 53 **71**
腺齿蔷薇 (6) 708 **719**
腺齿越桔 (5) 699 **711**
腺地榆 (6) 744 **745**
腺点风毛菊 (11) 574 **608**
腺点小舌紫菀 (11) 176 **187**
腺点油瓜 (5) **246**
腺萼马银花 (5) 572 **664**
腺萼木属
(茜草科) (10) 508 **578**
腺房杜鹃 (5) 566 **645** 彩片247
腺梗菜
(=和尚菜) (11) 306
腺梗蔷薇 (6) 711 **736**
腺梗豨莶 (11) 314 **316** 彩片74
腺果杜鹃 (5) 566 **619** 彩片226
腺果藤 (4) **291**
腺果藤属
(紫茉莉科) (4) 290 **291**
腺果香芥
(=突蕨假香芥) (5) 509
腺花滇紫草 (9) 297 **298**
腺花旗杆 (5) 490 **493**
腺花旗杆
(=花旗杆) (5) 491
腺花香茶菜 (9) 568 **585**
腺茎柳叶菜 (7) 597 **606**
腺蜡瓣花 (3) 783 **785**
腺鳞毛蕨
(=多雄拉鳞毛蕨)(2) 508
腺柳 (5) 302 308 **315**
腺脉毛蕨 (2) 374 **381**
腺毛半蒴苣苔 (10) 277 **279**
腺毛茶藨子 (6) 295 **303**
腺毛长蒴苣苔 (10) 296 **297**
腺毛刺萼悬钩子 (6) 584 **599**
腺毛翠雀 (3) 430 **447**
腺毛繁缕 (4) 407 **408**
腺毛肺草 (9) **290**
腺毛粉条儿菜 (13) 254 **258**
腺毛高粱泡 (6) 589 **632**
腺毛蒿 (11) 378 **414**
腺毛合耳菊 (11) 522 **527**
腺毛黑种草 (3) **404**
腺毛虎耳草 (6) 382 **387**
腺毛金花树 (7) 630 **633**
腺毛金星蕨
(=金星蕨) (2) 342
腺毛菊苣 (11) **686**
腺毛鳞毛蕨 (2) 490 **509**
腺毛莓 (6) 583 **594**
腺毛莓叶悬钩子 (6) 591 **643**
腺毛木蓝 (7) 129 **144**
腺毛千斤拔 (7) 243 **245**
腺毛泡花树 (8) 299 **308**
腺毛水竹叶 (12) 190 **192**
腺毛唐松草 (3) 462 **478**
腺毛委陵菜 (6) 655 **681**
腺毛阴行草 (10) 223 **224**
腺毛蝇子草 (4) 441 **451** 彩片195
腺毛莸 (9) 387 **390**
腺毛掌裂蟹甲草 (11) 489 **502**
腺毛肿足蕨 (2) 331 **333**
腺茉莉 (9) 378 **383** 彩片148
腺鼠刺 (6) 289 **291**
腺药珍珠菜 (6) 115 **124**
腺叶暗罗 (3) 177 **180**
腺叶扁刺蔷薇 (6) 710 **727**
腺叶峨眉蔷薇 (6) 708 **717**
腺叶桂樱 (6) **786**
腺叶拉拉藤 (10) 660 **663**
腺叶离蕊茶 (4) 576 **590**
腺叶蔷薇 (6) 708 **714**
腺叶山矾 (6) 53 175 **194**
腺叶藤 (9) **269**
腺叶藤属
(旋花科) (9) 240 **269**
腺叶香茶菜 (9) 569 **576**
腺叶帚菊 (11) 658 **662**
腺异蕊芥
(=腺花旗杆) (5) 493

xiang
乡城黄蓍 (7) 288 **297**
乡土竹 (12) 574 **577**
相仿薹草 (12) 473 **475**
相近石韦 (2) 711 **717**
相马石杉 (2) 8 **11**
相思子 (7) **99** 彩片59
相思子属
(蝶形花科) (7) 66 **98**
相似石韦 (2) 712 **722**
香柏 (3) 84 **87**
香茶菜 (9) 567 **571**

香茶菜属
(唇形科) (9) 398 **567**
香橙 (8) 444 **447**
香椿 (8) **376** 彩片189
香椿属
(楝科) (8) 375 **376**
香冬青 (7) 835 **845**
香豆蔻 (13) 50 **52**
香短星菊 (11) **208**
香酚草 (12) 1142 **1147**
香粉叶 (3) 231 **242**
香蜂花 (9) 527 **528**
香芙木 (7) **716**
香附子 (12) 321 **323**
香港安兰
(=香港带唇兰) (13) 587
香港斑叶兰 (13) 410 **418**
香港大沙叶 (10) 609 **610** 彩片206
香港带唇兰 (13) **587** 彩片411
香港凤仙花 (8) 489 **498**
香港瓜馥木 (3) 186 **188**
香港红山茶 (4) 575 **587**
香港胡颓子 (7) 467 **473**
香港黄檀 (7) 90 **92**
香港毛兰 (13) 640 **645**
香港毛蕊茶 (4) 578 **603**
香港木 (8) 392 **393**
香港四照花 (7) 699 **702**
香港算盘子 (8) 46 **48**
香港薹草 (12) 412 **413**
香港新木姜子 (3) 208 **210**
香港崖豆 (7) 103 **107**
香港鹰爪花 (3) 184 **185** 彩片202
香港远志 (8) 246 **256**
香膏萼距花 (7) **505**
香根草 (12) **1125**
香根草属
(禾本科) (12) 556 **1124**
香根芹 (8) **597**
香根芹属
(伞形科) (8) 578 **597**
香根鸢尾 (13) 281 **298** 彩片221
香瓜
(=甜瓜) (5) 228
香瓜属
(十字花科) (5) 382 388 **507**
香桂 (3) 252 **263** 彩片237
香果树 (10) **557** 彩片188
香果树属
(茜草科) (10) 511 **557**
香海仙花
(=香海仙报春) (6) 194
香合欢 (7) 16 **18**
香花暗罗 (3) 177 **180**
香花报春 (6) 170 **183**
香花毛兰 (13) 639 **642** 彩片466
香花木姜子 (3) 217 **225**
香花枇杷 (6) 525 **526**
香花球兰 (9) 169 **172**
香花藤 (9) **112**
香花藤属
(夹竹桃科) (9) 91 **112**
香花虾脊兰 (13) 598 **608**
香花崖豆藤 (7) 104 **113** 彩片66
香花羊耳蒜 (13) 536 **541**
香桦 (4) 276 **281**
香槐 (7) **78**
香槐属
(蝶形花科) (7) 60 **78**
香荚 (11) 5 **17**
香荚兰属
(兰科) (13) 365 **520**
香椒子
(=青花椒) (8) 409
香蕉 (13) **15** 彩片14
香芥 (5) **508**
香芥属
(十字花科) (5) 382 **508**
香堇菜 (5) 139 **143**
香科科 (9) 400 **404**
香科科属
(唇形科) (9) 392 **400**
香兰 (13) **760** 彩片571
香兰属
(兰科) (13) 369 **760**
香蓼 (4) 484 **504**
香鳞毛蕨 (2) 489 **508**
香茅属
(禾本科) (12) 556 **1141**
香楠 (10) **588**
香莓 (6) 586 **610**
香面叶
(=单花山胡椒) (3) 244
香木莲 (3) 124 **126** 彩片152
香皮树
(=基脉润楠) (3) 277
香皮树 (8) 299 **306**
香苹婆 (5) 36 **37**
香蒲 (13) 5 **6**
香蒲科 (13) **5**
香蒲属
(香蒲科) (13) **5**
香蒲桃 (7) 561 **569**
香茜 (10) **540**
香茜属
(茜草科) (10) 511 **540**
香芹 (8) 686 **687**
香青 (11) 263 **269**
香青兰 (9) 451 **453**
香青属
(菊科) (11) 129 **262**
香茹
(=鹿角草) (11) **330**
香茹属
(菊科) (11) 125 **330**
香薷 (9) 545 **553**
香薷属
(唇形科) (9) 397 **544**
香薷状香简草 (9) **556**
香石蒜 (13) 262 **266**
香石竹 (4) 466 **468**
香水月季 (6) 710 **730**
香睡莲 (3) 381 **382** 彩片296

香丝草 **(11)** 225 **228**
香筒草 **(9)** 556 **557**
香筒草属
(唇形科) **(9)** 397 **556**
香豌豆 **(7)** 420 **424**
香须树
(=香合欢) **(7)** 18
香雪兰 **(13)** **276** 彩片193
香雪兰属
(鸢尾科) **(13)** 273 **276**
香雪球 **(5)** **437** 彩片173
香雪球属
(十字花科) **(5)** 386 **437**
香杨 **(5)** 286 287 **293**
香叶蒿 **(11)** 373 **385**
香叶木 **(10)** **636**
香叶木属
(茜草科) **(10)** 509 **635**
香叶芹
(=细叶芹) **(8)** 595
香叶树 **(3)** 230 **237** 彩片224
香叶天竺葵 **(8)** **485**
香叶子 **(3)** 231 **241**
香蝇子草 **(4)** 440 **445**
香橼 **(8)** 444 **445**
香芸火绒草 **(11)** 250 **254** 彩片65
香竹 **(12)** 631 **633**
香竹属
(=箭竹属) **(12)** 631
香子含笑 **(3)** 145 **151** 彩片184
湘赣艾 **(11)** 375 **399**
湘桂栝楼 **(5)** 235 **243**
湘桂马铃苣苔 **(10)** 251 **254**
湘桂柿 **(6)** 13 **21**
湘桂新木姜子 **(3)** 208 **212**
湘桂羊角芹 **(8)** **680**
湘南星 **(12)** 153 **170** 彩片76
湘楠 **(3)** 266 **269**
湘黔复叶耳蕨
(=刺头复叶耳蕨) **(2)** 479
箱根野青茅 **(12)** 901 **906**
蘘荷 **(13)** 37 **38**
襄阳樱桃 **(6)** 764 **769**
响盒子 **(8)** **116**
响盒子属
(大戟科) **(8)** 14 **116**
响铃豆 **(7)** 442 **450** 彩片155
响叶杨 **(5)** 286 **289**
响子竹 **(12)** 571 **572**
向日垂头菊 **(11)** 471 **476**
向日葵 **(11)** **321**
向日葵属
(菊科) **(11)** 124 **321**
项脊耳叶苔 **(1)** 212 **213** 彩片38
象鼻兰 **(13)** **722** 彩片532
象鼻兰属
(兰科) **(13)** 369 **722**
象鼻藤 **(7)** 90 **92**
象草 **(12)** 1077 **1080**
象耳豆 **(7)** **21**
象耳豆属
(含羞草科) **(7)** 2 **21**
象蜡树 **(10)** 25 **29**
象南星 **(12)** 152 **161** 彩片67
象头花 **(12)** 152 **157** 彩片62
象腿蕉 **(13)** **18**
象腿蕉属
(芭蕉科) **(13)** 14 **18**
象牙参属
(姜科) **(13)** 20 **26**
象牙红
(=龙牙花) **(7)** 196
象牙树 **(6)** 14 **25**
橡胶草 **(11)** 768 **778**
橡胶树 **(8)** **96**
橡胶树属
(大戟科) **(8)** 13 **96**

xiao

小八角莲 **(3)** 638 **639** 彩片464
小巴豆 **(8)** 94 **96**
小白菜
(=青菜) **(5)** 393
小白花地榆 **(6)** 745 **746**
小白及 **(13)** **534** 彩片368
小白酒草
(=小蓬草) **(11)** 227
小白藤 **(12)** 77 **81**
小百合 **(13)** 119 **123** 彩片92
小百日菊 **(11)** **313**
小斑叶兰 **(13)** 410 **411** 彩片296
小瓣翠雀花 **(3)** 429 **438**
小苞报春 **(6)** 172 **188**
小苞黄蓍 **(7)** 288 **298**
小苞叶薹草 **(12)** 415 **421**
小胞仙鹤藓 **(1)** 951 **952**
小报春 **(6)** 172 **177**
小波叶藓 **(1)** **702** 彩片210
小扁豆 **(8)** 245 **251** 彩片115
小滨菊 **(11)** **340**
小滨菊属
(菊科) **(11)** 125 **340**
小驳骨 **(10)** **414**
小檗科 **(3)** **582**
小檗美登木 **(7)** **815**
小檗属
(小檗科) **(3)** 582 **583**
小糙野青茅 **(12)** 902 **910**
小草 **(12)** **994**
小草海桐 **(10)** **504** 彩片182
小草沙蚕 **(12)** 985 **985**
小草属
(禾本科) **(12)** 558 **994**
小侧金盏花 **(3)** 546 **549**
小柴胡 **(8)** 632 **642**
小长茎薹草 **(12)** 408 **409**
小巢菜 **(7)** 408 **417**
小车前 **(10)** 6 **12**
小齿唇兰 **(13)** 435 **438**
小齿龙胆 **(9)** 18 **33**
小齿锥花 **(9)** **413**
小赤车 **(4)** 114 **117**
小赤麻 **(4)** 137 **144**

小赤藓属
(金发藓科) (1) 951 **953**
小疮菊 (11) **700**
小疮菊属
(菊科) (11) 133 **700**
小垂花报春 (6) 171 **221**
小垂头菊 (11) 471 **478**
小唇马先蒿 (10) 181 **205** 彩片55
小唇盆距兰 (13) 761 **763**
小茨藻 (12) 41 **42**
小刺槌果藤
(=小刺山柑) (5) 376
小刺山柑 (5) 370 **376**
小刺蕊草 (9) 588 **560**
小丛红景天 (6) 354 **358** 彩片90
小粗疣藓 (1) **753**
小翠云 (2) 33 **49**
小寸金黄 (6) 118 **139**
小大黄 (4) 531 **537**
小袋苔科 (1) **97**
小刀豆 (7) 207 **208** 彩片102
小垫柳 (5) 301 304 308 **332**
小灯心草 (12) 222 **226**
小顶冰花 (13) **99**
小顶鳞苔 (1) **233**
小冻绿树 (8) 146 **155**
小独花报春 (6) 223 **225**
小短颈藓 (1) 946 **948**
小多疣藓 (1) **698**
小萼菜豆树 (10) **427**
小萼瓜馥木 (3) 187 **192**
小萼苔属
(叶苔科) (1) 65 **89**
小二仙草 (7) 495 **496**
小二仙草科 (7) **493**
小二仙草属
(小二仙草科) (7) 493 **495**
小反纽藓 (1) **478**
小凤尾藓 (1) 402 **406**
小甘菊 (11) **362** 彩片83
小甘菊属
(菊科) (11) 126 **362**
小高山苔 (1) 284 **285**
小勾儿茶 (8) **165** 彩片85
小勾儿茶属
(鼠李科) (8) 138 **164**
小钩叶藤 (12) **73**
小构树 (4) **33**
小谷精草
(=老谷精草) (12) 210
小冠花属
(蝶形花科) (7) 67 **405**
小冠薰 (9) **590**
小冠薰属
(唇形科) (9) 398 **590**
小灌木南芥 (5) 470 **471**
小光山柳 (5) 303 309 **322**
小广萼苔属
(裂叶苔科) (1) 48 **59**
小果阿尔泰葶苈
(=阿尔泰葶苈) (5) **445**
小果菝葜 (13) 315 **320**
小果白刺 (8) 449 **450**
小果滨藜 (4) **320**
小果滨藜属
(藜科) (4) 305 **320**
小果博落回 (3) 714 **715**
小果草 (10) **127**
小果草属
(玄参科) (10) 67 **127**
小果茶藨子 (6) 298 **315**
小果垂枝柏 (3) 84 **85**
小果大叶漆 (8) 356 **357**
小果冬青 (7) 839 **871** 彩片323
小果寒原荠
(=尖果寒原荠) (5) 530
小果鹤虱 (9) 336 **339**
小果红莓苔子 (5) **713**
小果虎耳草 (6) 387 **414**
小果黄蓍 (7) 291 **320**
小果栲
(=小果锥) (4) 194
小果柯 (4) 199 **212**
小果蕗蕨 (2) 113 **116**
小果螺序草 (10) 528 **529**
小果七叶树 (8) 311 **312**
小果朴 (4) 20 **24**
小果荨麻 (4) 76 **77**
小果蔷薇 (6) 712 **739** 彩片159
小果青藤
(=大花青藤) (3) 306
小果绒毛漆 (8) 356 **357**
小果肉托果 (8) **364**
小果润楠 (3) 274 **278**
小果山龙眼 (7) 483 **487**
小果十大功劳 (3) 626 **635** 彩片461
小果石笔木 (4) 604 **606**
小果石栎
(=小果柯) (4) 212
小果菘蓝 (5) 408 **410**
小果唐松草 (3) 461 **472**
小果微花藤 (7) 882 **883** 彩片332
小果微孔草 (9) 319 **323**
小果卫矛 (7) 778 **791**
小果香椿 (8) 376 **377**
小果雪兔子 (11) 569 **581**
小果雪兔子 (11) 569 **583**
小果丫蕊花 (13) **76**
小果亚麻荠 (5) **537**
小果岩荠
(=小果阴山荠) (5) 424
小果野蕉 (13) 15 **16**
小果野葡萄 (8) 217 **220**
小果野桐 (8) 64 **71**
小果叶下珠 (8) 33 **34**
小果阴山荠 (5) 422 **424**
小果枣 (8) 173 **175**
小果鹧鸪花 (8) 384 **385**
小果珍珠花 (5) 686 **687**
小果锥 (4) 183 **194**
小合叶苔 (1) 103 **111**
小黑三棱 (13) 1 **3**
小黑桫椤 (2) 143 **147**

小黑杨	(5)	287	**298**	
小红参	(10)	661	**672**	
小红花寄生	(7)	746	**748**	
小红栲				
(=米槠)	(4)		194	
小红菊	(11)	342	**344**	彩片80
小厚角藓	(1)		**877**	
小壶藓属				
(壶藓科)	(1)	526	**528**	
小葫芦	(5)	232	**233**	彩片121
小槲蕨	(2)	765	**767**	
小花暗罗	(3)	177	**178**	
小花八角	(3)	360	**365**	
小花八角枫	(7)	683	**686**	
小花斑籽	(8)	107	**108**	彩片56
小花报春茜	(10)		**544**	
小花扁担杆	(5)	25	**26**	彩片12
小花草	(12)	877	**878**	
小花草玉梅	(3)	487	**492**	
小花钗子股	(13)	757	**759**	
小花长筒鸢尾	(13)	281	**303**	
小花刺参				
(=青海刺参)	(11)		109	
小花粗叶木	(10)	621	**624**	
小花党参	(10)	455	**458**	
小花灯台报春	(6)	175	**195**	
小花灯心草	(12)	222	**231**	
小花地笋	(9)		**539**	
小花地杨梅	(12)	248	**251**	
小花吊兰	(13)	88	**89**	
小花杜鹃	(5)	571	**677**	
小花盾叶薯蓣	(13)	342	**346**	
小花风毛菊	(11)	574	**609**	
小花风筝果	(8)	239	**240**	
小花凤仙花	(8)	492	**511**	
小花鬼针草	(11)	326	**328**	
小花红苞木	(3)	776	**777**	彩片437
小花红花荷				
(=小花红苞木)	(3)		777	
小花花椒	(8)	400	**407**	
小花花旗杆	(5)	491	**492**	
小花黄堇	(3)	726	**760**	
小花棘豆	(7)	353	**368**	
小花剪股颖	(12)	916	**922**	
小花角茴香	(3)	715	**716**	
小花金挖耳	(11)	300	**304**	
小花苣苔	(10)		**295**	
小花苣苔属				
(苦苣苔科)	(10)	245	**294**	
小花宽瓣黄堇	(3)	726	**760**	
小花阔蕊兰	(13)	493	**496**	
小花蓝盆花	(11)	116	**117**	
小花老鼠	(10)	341	**342**	
小花琉璃草	(9)	342	**343**	
小花柳叶箬	(12)	1020	**1023**	
小花柳叶菜	(7)	596	**601**	
小花龙血树				
(=柬埔寨龙血树)	(13)		174	
小花龙芽草	(6)	741	**742**	
小花露籽草	(12)		**1035**	
小花轮钟花	(10)		**469**	
小花落芒草	(12)	941	**944**	
小花磨盘草	(5)	81	**84**	
小花木荷	(4)	609	**612**	
小花南芥				
(=圆锥南芥)	(5)		472	
小花扭柄花	(13)	203	**204**	彩片150
小花苹婆	(5)	36	**38**	
小花蒲公英	(11)	768	**772**	
小花荠苎	(9)	542	**543**	
小花青藤	(3)	306	**308**	
小花清风藤	(8)	293	**297**	
小花蜻蜓兰	(13)		**471**	彩片321
小花人字果	(3)		**482**	
小花忍				
(=花忍)	(9)		277	
小花忍冬	(11)	53	**74**	
小花山姜	(13)	40	**45**	
小花山桃草	(7)		**591**	
小花山小桔	(8)	430	**432**	
小花舌唇兰	(13)	458	**465**	
小花蛇根草	(10)	530	**533**	
小花使君子	(7)		**670**	
小花溲疏	(6)	247	**249**	
小花碎米荠	(5)	452	**459**	
小花糖芥	(5)	513	**515**	
小花藤	(9)	129	**130**	彩片74
小花瓦莲	(6)	333	**334**	
小花五味子	(3)	370	**376**	
小花五桠果	(4)		**553**	
小花细柄茅	(12)	949	**950**	
小花香槐	(7)	78	**79**	
小花小檗	(3)	594	**592**	
小花缬草	(11)	99	**103**	
小花玄参	(10)	82	**85**	
小花亚菊				
(=束伞亚菊)	(11)		367	
小花野青茅	(12)	901	**908**	
小花叶底红	(7)	639	**642**	彩片235
小花鹰爪枫	(3)	660	**661**	
小花玉凤花	(13)	499	**502**	
小花鸢尾	(13)	280	**294**	彩片215
小花鸢尾兰	(13)	555	**556**	
小花远志	(8)	246	**252**	
小花蜘蛛抱蛋	(13)	183	**190**	
小花蛛毛苣苔	(10)	303	**306**	
小花锥花	(9)	413	**414**	
小花紫草	(9)		**303**	
小花紫玉盘	(3)	159	**162**	
小槐花	(7)	152	**153**	彩片79
小画眉草	(12)	962	**970**	
小黄构	(7)	515	**519**	
小黄管	(9)		**13**	
小黄管属				
(龙胆科)	(9)	11	**13**	
小黄花菜	(13)	93	**94**	
小黄花石斛	(13)	661	**665**	
小黄花鸢尾	(13)	279	**286**	彩片204
小黄菊				
(=美丽匹菊)	(11)		353	
小黄皮	(8)	432	**435**	
小黄藓属				
(油藓科)	(1)	727	**732**	

小黄紫堇 (3) 724 **748**
小喙唐松草 (3) 460 **466**
小火藓 (1) 636 **637**
小茇茇草 (12) 953 **955**
小鸡藤 (7) 220 **221**
小姬苗
(=水田白) (9) 9
小戟叶耳蕨 (2) 538 **581**
小尖堇菜 (5) 140 **164**
小尖囊兰 (13) 743 **744**
小尖隐子草 (12) 977 **979**
小角柱花
(=小蓝雪花) (4) 541
小节眼子菜 (12) 30 **37**
小睫毛苔 (1) 13 **14**
小金独活 (8) 752 **758**
小金发藓
(=东亚小金发藓) (1) 961
小金发藓属
(金发藓科) (1) 951 **957**
小金梅草 (13) **308**
小金梅草属
(龙舌兰科) (13) 304 **308**
小金钱草
(=马蹄金) (9) 241
小锦藓属
(锦藓科) (1) 873 **886**
小荩草 (12) 1150 **1151**
小距紫堇 (3) 723 **739**
小卷柏 (2) 34 **62**
小绢藓属
(碎米藓科) (1) 754 **760**
小蕨藓属
(蕨藓科) (1) 668 **677**
小楷槭 (8) 318 **332**
小糠草
(=巨序剪股颖) (12) 917
小空竹 (12) 567 **569**
小孔筛齿藓 (1) **495**
小孔紫背苔 (1) 280 **282** 彩片63
小口葫芦藓 (1) 519 **520**
小口小金发藓 (1) 958 **960** 彩片285
小苦荬 (11) 752 **756**
小苦荬属
(菊科) (11) 135 **752**
小蜡 (10) 49 **53**
小梾木 (7) 692 **696**
小蓝花万代兰 (13) 745 **746** 彩片555
小蓝雪花 (4) **541** 彩片234
小肋五月茶 (8) 26 **30**
小藜 (4) 313 **317**
小丽草 (12) **1019**
小丽草属
(禾本科) (12) 552 **1019**
小丽茅 (12) 901 **909**
小粒咖啡 (10) 607 **608** 彩片205
小粒薹草 (12) 452 **453**
小连翘 (4) 695 **705**
小裂叶荆芥 (9) 437 **444**
小蓼花 (4) 482 **490**
小裂叶苔 (1) 53 **55**
小鳞苔草
(=亲族薹草) (12) 520
小鳞苔属
(细鳞苔科) (1) 225 **252**
小瘤果茶 (4) 574 **584**
小鹿霍 (7) 248 **251**
小露兜 (12) 101 **103** 彩片34
小鹭鸶草 (13) **90**
小萝卜大戟 (8) 118 **130**
小落芒草 (12) 941 **943**
小绿刺
(=尾叶槌果藤) (5) 374
小麦属
(禾本科) (12) 560 **842**
小蔓藓 (1) **679**
小蔓藓属
(蕨藓科) (1) 668 **679**
小芒虎耳草 (6) 383 **392**
小毛灯藓 (1) 585 **586**
小毛兰 (13) 640 **643**
小毛藓属
(曲尾藓科) (1) 332 **337**
小毛小檗 (3) 588 **620**
小米(=粱) (12) **1075**
小米草 (10) **174**
小米草属
(玄参科) (10) 69 **173**
小米黄蓍 (7) 290 **316**
小米空木 (6) **478**
小米空木属
(蔷薇科) (6) 442 **478**
小米辣
(=辣椒) (9) 219
小密早熟禾 (12) 711 **755**
小膜盖蕨 (2) 646 **648**
小膜盖蕨属
(骨碎补科) (2) 644 **646**
小木灵藓 (1) 621 **624**
小木通 (3) 506 **525** 彩片369
小苜蓿 (7) 433 **437**
小念珠芥
(=短果念珠芥) (5) 533
小蘖叶蔷薇 (6) 707 **712**
小牛舌藓 (1) 777 **778** 彩片238
小扭口藓 (1) 441 **442** 彩片127
小扭叶藓 (1) 665 **666**
小南星 (12) 152 **161**
小囊灰脉薹草 (12) 512 **515**
小牛鞭草 (12) 1160 **1161**
小盘木 (8) **9**
小盘木属
(攀打科) (8) **9**
小蓬 (4) **352**
小蓬草 (11) 225 **227**
小蓬属
(藜科) (4) 306 **351**
小片齿唇兰 (13) 435 **437**
小婆婆纳 (10) 145 **148**
小漆树 (8) 357 **361**
小牵牛 (9) **248**
小牵牛属
(旋花科) (9) 240 **248**

小墙藓属
(丛藓科) (1) 437 **484**
小乔木紫金牛 (6) 85 **87**
小巧羊耳蒜 (13) 537 **550**
小巧玉凤花 (13) 499 **502**
小茄 (6) 118 **140**
小窃衣 (8) **599**
小芹属
(伞形科) (8) 580 **653**
小琴丝竹
(=花孝顺竹) (12) 581
小青菜
(=青菜) (5) 393
小青杨 (5) 287 **296**
小秋海棠
(=小叶秋海棠) (5) 273
小球花蒿 (11) 377 **409**
小球穗扁莎 (12) 337 **338**
小曲柄藓 (1) **345**
小曲柄藓属
(曲尾藓科) (1) 332 **345**
小曲尾藓 (1) 338 **341**
小曲尾藓属
(曲尾藓科) (1) 332 **338**
小雀瓜 (5) **253**
小雀瓜属
(葫芦科) (5) 199 **253**
小雀花 (7) 177 **181**
小三叶耳蕨
(=小戟叶耳蕨) (2) 581
小沙冬青 (7) 456 **457** 彩片160
小沙蓬 (4) 333 **334**
小山菊 (11) 342 **346**
小山兰
(=短梗山兰) (13) 562
小山蒜 (13) 143 **168**
小舌垂头菊 (11) 471 **478**
小舌唇兰 (13) 458 **463**
小舌菊 (11) **223**
小舌菊属
(菊科) (11) 123 **223**
小舌紫菀 (11) 176 **18** 彩片51
小杉兰 (2) 8 **11** 彩片3
小蛇莲
(=曲莲) (5) 205
小蛇苔 (1) 272 **273** 彩片60
小升麻 (3) **399**
小省藤 (12) 77 **84**
小狮子草 (10) 349 **350**
小石花 (10) 267 **268**
小石积属
(蔷薇科) (6) 443 **511**
小石松 (2) **26**
小石松属
(石松科) (2) 23 **26**
小石藓 (1) **485**
小石藓属
(丛藓科) (1) 437 **485**
小鼠耳芥
(=无苞芥) (5) 479
小鼠尾藓 (1) **751**
小鼠尾藓属
(鳞藓科) (1) 750 **751**
小树平藓 (1) **705** 彩片213
小双花石斛 (13) 662 **665**
小水毛茛 (3) 575 **577**
小丝瓜藓 (1) 542 **543**
小四齿藓 (1) **538**
小四齿藓属
(四齿藓科) (1) 537 **538**
小酸浆 (9) 217 **218**
小酸模 (4) 521 **522**
小穗臭草 (12) 789 **792**
小穗发草 (12) 883 **886**
小穗砖子苗 (12) 341 **344**
小穗藓 (1) **329**
小穗藓属
(细叶藓科) (1) **329**
小蓑衣藤 (3) 508 **519**
小缩叶藓 (1) **487**
小缩叶藓属
(缩叶藓科) (1) **487**
小薹草 (12) **526**
小天蓝绣球 (9) **278** 彩片118
小天仙子
(=天仙子) (9) 212
小铁线蕨 (2) 232 **234**
小挺叶苔 (1) 59 **60** 彩片14
小头薄雪火绒草 (11) 250 **254**
小头风毛菊 (11) 570 **587**
小洼瓣花 (13) 101 **102**
小瓦松 (6) 323 **325**
小王莲 (3) 379 **380**
小微孔草 (9) 319 **323**
小卫矛 (7) 778 **792**
小五彩苏 (9) 586 **587**
小五台瓦韦 (2) 683 **698**
小喜盐 (12) 13 **24**
小细柳藓 (1) 806 **807**
小狭叶芽胞耳蕨 (2) 533 **541**
小仙鹤藓 (1) 951 **952**
小香蒲 (13) 6 **10** 彩片9
小香薷 (9) 528 **529**
小缬草 (11) 99 **104**
小新塔花 (9) **526**
小型珍珠茅 (12) 354 **356**
小悬铃花 (5) 87 **88**
小雪花 (10) **542**
小鸦葱 (11) 687 **690**
小鸦跖花 (3) 577 **578**
小芽草 (10) **513**
小芽草属
(茜草科) (10) 507 **512**
小芽胞耳蕨
(=小狭叶芽胞耳蕨) (2) 541
小沿沟草属
(禾本科) (12) 562 **785**
小眼子菜 (12) 29 **31**
小岩匙
(=岩匙) (5) 738
小盐芥 (5) **536**
小羊耳蒜 (13) 537 **547**
小洋紫苏

(=小五彩苏) (9) 587
小药八旦子 (3) 727 **765**
小药大麦草 (12) 834 **835**
小药早熟禾 (12) 705 **729**
小药猪毛菜 (4) 359 **362** 彩片163
小野荞麦 (4) 511 **512**
小野芝麻 (9) **476**
小野芝麻属
(唇形科) (9) 396 **476**
小叶 (10) 25 **27**
小叶矮探春 (10) 58 **59**
小叶菝葜 (13) 316 **330**
小叶白点兰 (13) 740 **742**
小叶白腊树
(=小叶) (10) 27
小叶白辛树 (6) **47**
小叶白颜树
(=滇糙叶树) (4) 16
小叶半脊荠 (5) **419**
小叶慈姑 (12) 4 **7**
小叶粗叶木 (10) 622 **632**
小叶川滇蔷薇 (6) 712 **737**
小叶大戟 (8) 117 **121**
小叶大节竹 (12) 593 **596**
小叶地笋 (9) 539 **540**
小叶滇紫草 (9) **297**
小叶吊石苣苔 (10) 317 **320**
小叶钓樟
(=小叶乌药) (3) 244
小叶丁香
(=小叶巧玲花) (10) 37
小叶兜兰 (13) 387 **391** 彩片283
小叶杜茎山 (6) 78 **81**
小叶杜鹃
(=高山杜鹃) (5) 592
小叶杜香
(=细叶杜香) (5) 554
小叶度量草 (9) **10**
小叶短肠蕨 (2) 316 **319**
小叶椴
(=蒙椴) (5) 17
小叶钝果寄生 (7) 750 **751**
小叶鹅耳枥 (4) 261 **268**
小叶茯蕨 (2) 363 **364**
小叶干花豆 (7) **102** 彩片61
小叶高河菜
(=高河菜) (5) 413
小叶弓果藤 (9) 141 **142**
小叶钩毛蕨 (2) 361 **363**
小叶海金沙 (2) 107 **108**
小叶黑柴胡 (8) 631 **635**
小叶黑面神 (8) **57** 彩片21
小叶红淡比 (4) 630 **631**
小叶红豆 (7) 69 **74**
小叶红光树 (3) 196 **197**
小叶红叶藤 (6) **229** 彩片72
小叶厚皮香 (4) 621 **624** 彩片284
小叶花楸 (6) 533 **544**
小叶华北绣线菊 (6) 446 **451**
小叶黄花稔 (5) 75 **78**
小叶黄华 (7) 457 **458**
小叶火绒草 (11) 251 **256**
小叶棘豆 (7) 352 **357** 彩片137
小叶碱蓬 (4) 343 **344** 彩片148
小叶金老梅
(=小叶金露梅) (6) 661
小叶金露梅 (6) 654 **661**
小叶金缕梅
(=银缕梅) (3) 788
小叶锦鸡儿 (7) 266 **277**
小叶荩草 (12) **1150**
小叶蓝丁香
(=山丁香) (10) 36
小叶蓝钟花 (10) 447 **449**
小叶榄 (8) 342 **344**
小叶冷水花 (4) 93 **110**
小叶梨果寄生 (7) 746 **747**
小叶栎 (4) 240 **242**
小叶柳 (5) 311 **326** 彩片147
小叶六道木 (11) 41 **43**
小叶楼梯草 (4) 120 **123**
小叶鹿蹄草 (5) 722 **726**
小叶罗汉松 (3) 99 **101**
小叶轮钟草
(=小叶轮钟花) (10) 468
小叶轮钟花 (10) **468**
小叶葎 (10) 661 **670**
小叶马蹄香 (3) 338 **343**
小叶买麻藤 (3) 119 **120**
小叶猫乳
(=卵叶猫乳) (8) 163
小叶毛兰 (13) 639 **641**
小叶毛蕨 (2) 373 **379**
小叶猕猴桃 (4) 659 **669**
小叶棉藓 (1) 865 **868**
小叶膜蕨 (2) 119 **122**
小叶拟大萼苔 (1) **176**
小叶糯米团 (4) **150**
小叶女贞 (10) 49 **50** 彩片19
小叶爬崖香 (3) 321 **328**
小叶枇杷 (6) 525 **529**
小叶平枝栒子 (6) 484 **499**
小叶瓶尔小草 (2) 80 **81**
小叶朴
(=黑弹树) (4) 24
小叶葡萄 (8) 218 **225**
小叶蔷薇 (6) 709 **720**
小叶巧玲花 (10) 33 **37**
小叶青冈 (4) 224 **235**
小叶青藤仔
(=青藤仔) (10) 61
小叶秋海棠 (5) 258 **273**
小叶雀舌木 (8) **16**
小叶忍冬 (11) 50 **60**
小叶榕 (4) **48**
小叶三点金草 (7) 153 **158**
小叶散爵床 (10) **415**
小叶山茶
(=细叶连蕊茶) (4) 599
小叶山羡子 (8) **346**
小叶石豆兰 (13) 693 **713**
小叶石楠 (6) 515 **524**
小叶柿

(=岩柿) (6) 15
小叶书带蕨
(=书带蕨) (2) 267
小叶鼠李 (8) 145 **150**
小叶树灰藓 (1) **591**
小叶碎米荠 (5) 452 **461**
小叶双蝴蝶 (9) 53 **54**
小叶水锦树 (10) 545 **546**
小叶水蓑衣 (10) 349 **351**
小叶苔科 (1) **253**
小叶苔属
(小叶苔科) (1) **253**
小叶唐松草 (3) 462 **475**
小叶铁角蕨
(=细茎铁角蕨) (2) 428
小叶铁线莲 (3) 506 **528**
小叶乌药 (3) 231 **244**
小叶五岭龙胆 (9) 17 **30**
小叶五月茶 (8) 26 **28**
小叶细鳞苔 (1) 246 **247**
小叶藓 (1) **551**
小叶藓属
(真藓科) (1) 539 **551**
小叶小金发藓
(=硬叶小金发藓) (1) 961
小叶绣球藤 (3) 506 **512** 彩片365
小叶栒子 (6) 483 **496**
小叶亚麻荠
(=小果亚麻荠) (5) 537
小叶眼树莲
(=圆叶眼树莲) (9) 174
小叶眼子菜
(=鸡冠眼子菜) (12) 36
小叶杨 (5) 286 **291**
小叶野决明
(=小叶黄华) (7) 458
小叶叶苔 (1) 69 **85**
小叶银缕梅
(=银缕梅) (3) 788
小叶鹰嘴豆 (7) 426 **427**
小叶疣点卫矛 (7) 778 **795**
小叶羽苔 (1) 129 **133**
小叶鸢尾兰 (13) **555**
小叶月桂 (10) 40 **41**
小叶云实 (7) 30 **33**
小叶珍珠菜 (6) 115 **125**
小叶中国蕨 (2) 225 **226**
小叶帚菊
(=针叶帚菊) (11) 659
小叶猪殃殃 (10) 660 661 **665**
小叶总序竹 (12) **572**
小叶醉鱼草
(=互叶醉鱼草) (10) 15
小一点红 (11) 554 **555**
小异萮藓
(=宽果异萮藓) (1) 956
小阴地蕨属
(阴地蕨科) (2) 73 **73**
小银莲花 (3) 487 **489**
小颖短柄草 (12) 818 **820**
小颖鹅观草 (12) 846 **860**
小颖沟稃草 (12) **899**
小颖羊茅 (12) 682 **685**
小颖异燕麦 (12) 886 **890**
小疣冠苔
(=疣冠苔) (1) 279
小鱼仙草 (9) 542 **543**
小鱼眼草 (11) 156 **157**
小羽耳蕨
(=小狭叶芽胞耳蕨) (2) 541
小羽贯众 (2) 588 **596**
小羽贯众 (2) 588 **593** 彩片114
小羽藓属
(羽藓科) (1) 784 **790**
小玉竹 (13) 205 **207**
小鸢尾 (13) 281 **297**
小圆叶冬青 (7) 837 **857**
小芸木 (8) **429** 彩片219
小芸木属
(芸香科) (8) 399 **429**
小獐毛 (12) 960 **961**
小掌唇兰 (13) 729 **730**
小掌叶毛茛 (3) 552 **566**
小沼兰 (13) 551 **552**
小针茅 (12) 932 **937**
小雉尾藓 (1) 748 **749**
小株鹅观草 (12) 845 **857**
小珠薏苡 (12) **1170**
小竹 (12) 573 **575**
小竹叶菜
(=地地藕) (12) 203
小烛藓 (1) **334**
小烛藓属
(曲尾藓科) (1) **333**
小柱芥属
(十字花科) (5) 387 **499**
小柱悬钩子 (6) 586 **614**
小籽口药花 (9) 68 **69**
小籽泉沟子荠 (5) 521 **522**
小紫果槭 (8) 317 **330**
小紫金牛 (6) 87 **100**
小棕包
(=高原鸢尾) (13) 293
肖菝葜 (13) 339 **340** 彩片246
肖菝葜属
(菝葜科) (13) 314 **338**
肖笼鸡 (10) **361**
肖笼鸡属
(爵床科) (10) 332 **361**
肖韶子
(=龙荔) (8) 277
肖鸢尾 (13) **278**
肖鸢尾属
(鸢尾科) (13) 273 **278**
肖竹芋属
(竹芋科) (13) 60 **64**
肖槿
(=白脚桐棉) (5) 99
肖榄属
(茶茱萸科) (7) **876**
肖蒲桃 (7) **559** 彩片198
肖蒲桃属
(桃金娘科) (7) 549 **559**

肖樱叶柃 (4) 634 635 **641**
筱竹属
(禾本科) (12) 550 **628**
孝顺竹 (12) 574 **581**

xie
楔翅藤属
(马鞭草科) (9) 346 **348**
楔基贯众
(=等基贯众) (2) 599
楔裂美花草 (3) 544 **545**
楔囊苔草
(=柞薹草) (12) 435
楔叶豆梨 (6) 558 **563**
楔叶独行菜 (5) 400 **404**
楔叶杜鹃 (5) 559 **586**
楔叶菊 (11) 342 **344**
楔叶葎 (10) 661 **670**
楔叶毛茛 (3) 553 **570**
楔叶榕 (4) 44 **57**
楔叶山莓草 (6) 692 **694**
楔叶委陵菜 (6) 657 **662**
楔叶绣线菊 (6) 447 **456**
楔颖草 (12) **1118**
楔颖草属
(禾本科) (12) 556 **1118**
蝎尾霸王
(=蝎尾驼蹄瓣) (8) 457
蝎尾蕉 (13) **14**
蝎尾蕉属
(旅人蕉科) (13) 12 **14**
蝎尾菊 (11) **686**
蝎尾菊属
(菊科) (11) 133 **686**
蝎尾驼蹄瓣 (8) 453 **457**
蝎尾藓 (1) **819**
蝎尾藓属
(柳叶藓科) (1) 802 **818**
蝎子草 (4) 88 **89**
蝎子草属
(荨麻科) (4) 75 **88**
斜齿藓属
(绢藓科) (1) 851 **852**
斜萼草 (9) **486**
斜萼草属
(唇形科) (9) 395 **486**
斜方刺耳蕨
(=斜方刺叶耳蕨) (2) 553
斜方刺叶耳蕨 (2) 535 **553**
斜方复叶耳蕨 (2) 477 **479**
斜方贯众 (2) 588 **592**
斜方鳞盖蕨 (2) 155 **160**
斜冠歧缬草 (11) **105**
斜果菊 (11) **648**
斜果菊属
(菊科) (11) 132 **648**
斜喉兔唇花
(=二刺叶兔唇花) (9) 484
斜花雪山报春 (6) 173 **205**
斜基粗叶木 (10) 621 **622**
斜基贯众 (2) 587 **590**
斜茎黄耆 (7) 295 **344**
斜茎獐牙菜 (9) 75 **81**
斜脉暗罗 (3) 177 **179**
斜脉粗叶木 (10) 622 **631**
斜脉假卫矛 (7) 820 **824**
斜脉胶桉 (7) 551 **553**
斜蒴对叶藓 (1) **326**
斜蒴藓属
(青藓科) (1) 827 **828**
斜下假瘤蕨 (2) 732 **742**
斜须裂稃草 (12) 1148 **1149**
斜叶黄檀 (7) 90 **91**
斜叶芦荟藓 (1) **438**
斜叶麻羽藓
(=大麻羽藓) (1) 788
斜叶榕 (4) 46 **68** 彩片50
斜叶铁角蕨
(=胎生铁角蕨) (2) 416
斜叶泽藓 (1) 602 **606**
斜翼属
(椴树科) (5) **12**
斜羽耳蕨 (2) 538 **576**
斜羽凤尾蕨 (2) 183 **199**
斜枝长喙藓 (1) 847 **848**
缬草 (11) 98 **100** 彩片31
缬草属
(败酱科) (11) 91 **98**
薤
(=藠头) (13) 167
薤白 (13) 143 **169** 彩片121
蟹橙
(=香橙) (8) 447
蟹甲草 (11) 487 **489**
蟹甲草属
(菊科) (11) 127 **486**

xin
心瓣蝇子草 (4) 442 **457**
心萼凤仙花 (8) 493 **520**
心萼薯
(=毛牵牛) (9) 261
心果囊瓣芹 (8) 657 **662**
心果小扁豆 (8) 246 **252**
心卵叶四轮香 (9) **564**
心托冷水花 (4) 91 **97**
心形莱蕨
(=心叶薄唇蕨) (2) 761
心檐南星 (12) 152 **167**
心叶斑籽 (8) 107 **108**
心叶薄唇蕨 (2) 760 **761**
心叶残齿藓 (1) 648 **649**
心叶大合欢 (7) 11 **13**
心叶大黄 (4) 531 **535** 彩片231
心叶大戟 (8) 117 **119**
心叶顶胞藓 (1) **892** 彩片264
心叶独行菜 (5) 400 **402**
心叶耳叶苔 (1) 212 **219**
心叶风毛菊 (11) 572 **601**
心叶黄瓜菜 (11) 757 **758**
心叶黄花稔 (5) 76 **78**
心叶灰绿龙胆 (9) 20 **50**
心叶稷 (12) 1027 **1031**

心叶堇菜 (5) 141 **148**
心叶荆芥 (9) 437 **443**
心叶鳞花木 (8) 275 **276**
心叶马铃苣苔 (10) 250 **252**
心叶毛蕊茶 (4) 577 **602**
心叶梅花草 (6) 431 **435**
心叶猕猴桃 (4) 657 **660**
心叶木 (10) **570**
心叶木属
(茜草科) (10) 506 **569**
心叶青藤 (3) 305 **306**
心叶秋海棠 (5) 257 **270** 彩片134
心叶球柄兰 (13) **586**
心叶日中花 (4) **298**
心叶榕 (4) 43 **49**
心叶山黑豆 (7) **220** 彩片108
心叶舌喙兰 (13) 453 **454**
心叶四川堇菜
(=康定堇菜) (5) 169
心叶兔儿风 (11) 664 **666**
心叶蚬木
(=柄翅果) (5) 32
心叶小檗 (3) 587 **614**
心叶小花苣苔 (10) **295**
心叶香草 (6) 116 **128**
心叶羊耳蒜 (13) 536 **538** 彩片371
心叶獐牙菜 (9) 75 **82**
心叶折柄茶 (4) 614 **615**
心叶帚菊 (11) 658 **662**
心叶诸葛菜 (5) 398 **399**
心叶紫金牛 (6) 87 **99**
心翼果 (7) **887** 彩片334
心翼果科 (7) **886**
心翼果属
(心翼果科) (7) **887**
心愿报春 (6) 175 **199**
心脏叶瓶尔小草 (2) 80 **81**
心籽绞股蓝 (5) 249 **250**
芯芭属
(玄参科) (10) 69 **224**
辛果漆 (8) **365**
辛果漆属
(漆树科) (8) 345 **365**
辛氏泡花树 (8) 299 **306**
辛夷
(=紫玉兰) (3) 140
新巴黄耆 (7) 293 **336**
新川西鳞毛蕨
(=近川西鳞毛蕨) (2) 506
新船叶藓 (1) **940**
新船叶藓属
(塔藓科) (1) 935 **940**
新店獐牙菜 (9) 75 **82**
新对生耳蕨 (2) 538 **576**
新都嵩草 (12) 364 **377**
新耳草属
(茜草科) (10) 507 **525**
新风轮 (9) **533**
新风轮属
(唇形科) (9) 397 **533**
新华草
(=毛逑水葱) (12) 269
新疆阿魏 (8) 734 **735** 彩片291
新疆白芥 (5) 394 **395**
新疆百脉根 (7) 403 **405**
新疆贝母 (13) 109 **112**
新疆扁芒菊
(=扁芒菊) (11) 358
新疆大蒜芥 (5) 383 **525**
新疆党参 (10) 456 **462** 彩片154
新疆短星菊 (11) 208 **209**
新疆方枝柏 (3) 85 **90** 彩片116
新疆枸杞 (9) 205 **206**
新疆海罂粟 (3) 709 **710**
新疆旱禾 (12) 761 **762**
新疆花葵 (5) **72** 彩片42
新疆黄堇 (3) 724 **746** 彩片425
新疆锦鸡儿 (7) 265 282 **275**
新疆黄精 (13) 206 **215**
新疆火烧兰 (13) 398 **399**
新疆假龙胆 (9) **66**
新疆绢蒿 (11) 433 **436**
新疆冷杉
(=西伯利亚冷杉) (3) 23
新疆藜 (4) **364**
新疆藜属
(藜科) (4) 306 **364**
新疆丽豆 (7) 284 **285**
新疆柳穿鱼 (10) 129 **130**
新疆柳叶菜 (7) 598 **609**
新疆落芒草 (12) 941 **944**
新疆落叶松
(=西伯利亚落叶松) (3) 48
新疆麻菀 (11) **206**
新疆猫儿菊 (11) **697**
新疆毛茛 (3) 551 552 **554**
新疆毛连菜 (11) 698 **700**
新疆梅花草 (6) 431 **438**
新疆千里光 (11) 531 **543**
新疆忍冬 (11) 53 **73**
新疆三肋果 (11) 349 **351**
新疆沙参 (10) 477 **485**
新疆山柳菊 (11) 709 **710**
新疆鼠尾草 (9) 507 **519**
新疆栓翅芹 (8) **630**
新疆桃 (6) 753 **756**
新疆薹草 (12) 405 **407**
新疆天门冬 (13) 231 **238**
新疆庭荠 (5) 433 **434**
新疆猬菊 (11) 615 **617**
新疆五针松
(=西伯利亚五针松) (3) 55
新疆缬草 (11) 99 **104**
新疆亚菊 (11) 364 **369**
新疆野苹果 (6) 564 **568**
新疆野豌豆 (7) 407 **414**
新疆远志 (8) 246 **255** 彩片117
新疆云杉
(=西伯利亚云杉) (3) 39
新疆早熟禾 (12) 709 **744**
新疆猪牙花 (13) **104**
新疆紫草
(=软紫草) (9) 293

新裂耳蕨
(=革叶耳蕨) **(2)** 552
新麦草 **(12)** 831 **832**
新麦草属
(禾本科) **(12)** 560 **831**
新木姜子 **(3)** 208 **211** 彩片215
新木姜子属
(樟科) **(3)** 206 **208**
新绒苔 **(1)** 21 **22**
新绒苔属
(多囊苔科) **(1)** **21**
新锐叶石松 **(2)** 24 **25**
新山生柳 **(5)** 305 310 **336**
新丝藓 **(1)** **695**
新丝藓属
(蔓藓科) **(1)** 683 **695**
新塔花 **(9)** **526** 彩片181
新塔花属
(唇形科) **(9)** 396 **526**
新蹄盖蕨
(=东北角蕨) **(2)** 280
新乌檀 **(10)** 565 **566**
新乌檀属
(茜草科) **(10)** 506 **565**
新小竹属
(=总序竹属) **(12)** 572
新缬草
(=舟果歧缬草) **(11)** 105
新缬草属
(=歧缬草属) **(11)** 105
新型兰 **(13)** **637** 彩片463
新型兰属
(兰科) **(13)** 374 **637**
新悬藓 **(1)** **695**
新悬藓属
(蔓藓科) **(1)** 683 **695**
新月蕨 **(2)** 391 **395**
新月蕨
(=单叶新月蕨) **(2)** 391
新月蕨属
(金星蕨科) **(2)** 335 **391**
新樟 **(3)** 264 **265**
新樟属
(樟科) **(3)** 206 **264**
信宜毛柃 **(4)** 634 **639**
信宜苹婆 **(5)** 36 **38**
信宜润楠 **(3)** 275 **280**
信宜石竹 **(12)** 574 **580**

xing
兴安白头翁 **(3)** 501 **504**
兴安白芷
(=白芷) **(8)** 724
兴安薄荷 **(9)** 537 **538**
兴安柴胡 **(8)** 631 **637**
兴安虫实 **(4)** 328 **331**
兴安独活 **(8)** 752 **755**
兴安杜鹃 **(5)** 572 **612** 彩片216
兴安繁缕 **(4)** 408 **417**
兴安胡枝子 **(7)** 183 **190** 彩片90
兴安堇菜 **(5)** 142 **156**
兴安藜芦 **(13)** 78 **79**
兴安鹿蹄草 **(5)** 722 **728**
兴安鹿药 **(13)** 191 **192**
兴安乳菀 **(11)** **203**
兴安蛇床 **(8)** **699**
兴安升麻 **(3)** 399 **401**
兴安薹草 **(12)** 402 **403**
兴安天门冬 **(13)** 231 **234**
兴安乌头 **(3)** 406 **423**
兴安悬钩子 **(6)** 592 **646**
兴安野青茅 **(12)** 902 **914**
兴安益母草 **(9)** 480 **481**
兴安圆柏 **(3)** 84 **87**
兴凯赤松 **(3)** 53 **60**
兴凯湖松
(=兴凯赤松) **(3)** 60
兴隆连蕊芥
(=连蕊芥) **(5)** 534
兴山榆 **(4)** 3 **7**
星苞扁萼苔 **(1)** 186 **190**
星果草 **(3)** **450** 彩片334
星果草属
(毛茛科) **(3)** 388 **450**
星花草 **(10)** **454**
星花草属
(桔梗科) **(10)** 446 **454**
星花灯心草 **(12)** 223 **234**
星花粉条儿菜 **(13)** 254 **256**
星花碱蓬 **(4)** 343 **348**
星花蒜 **(13)** 143 **171**
星花淫羊藿 **(3)** 642 **648**
星蕨 **(2)** 751 **753**
星蕨属
(水龙骨科) **(2)** 665 **750**
星孔苔 **(1)** **286**
星孔苔科 **(1)** **283**
星孔苔属
(星孔苔科) **(1)** 284 **286**
星毛补血草 **(4)** 546 **549**
星毛稠李 **(6)** 780 **781**
星毛短舌菊 **(11)** **341**
星毛鹅掌柴 **(8)** 552 **555**
星毛繁缕 **(4)** 407 **410**
星毛冠盖藤 **(6)** **267**
星毛胡颓子
(=星毛羊奶子) **(7)** 475
星毛角柱花
(=毛蓝雪花) **(4)** 541
星毛金锦香 **(7)** 616 **619**
星毛蕨 **(2)** **390**
星毛蕨属
(金星蕨科) **(2)** 335 **390**
星毛柯 **(4)** 200 **215**
星毛蜡瓣花 **(3)** 783 **784**
星毛卵果蕨
(=星毛紫柄蕨) **(2)** 357
星毛罗伞 **(8)** 544 **545**
星毛猕猴桃 **(4)** 659 **672** 彩片304
星毛唐松草 **(3)** 461 **478**
星毛庭荠
(=北方庭荠) **(5)** 434
星毛委陵菜 **(6)** 657 **687**

星毛羊奶子 (7) 468 **475**
星毛珍珠梅 (6) 471 **472**
星毛紫柄蕨 (2) 357 **357**
星舌紫菀 (11) 177 **195** 彩片54
星宿菜
(=红根草) (6) 123
星粟草 (4) **389**
星粟草属
(粟米草科) (4) 388 **389**
星塔藓 (1) 936 **937**
星塔藓属
(塔藓科) (1) 934 **936**
星星草 (12) 763 **767**
星叶草 (3) **581** 彩片388
星叶草科 (3) **581**
星叶草属
(星叶草科) (3) **581**
星叶丝瓣芹 (8) 674 **676**
星叶蟹甲草 (11) 487 **491**
星状雪兔子 (11) 568 **579** 彩片130
猩红杜鹃 (5) 569 **662**
猩猩草 (8) 117 **125** 彩片70
杏 (6) **758** 彩片166
杏花
(=杏) (6) 758
杏黄兜兰 (13) 387 **388** 彩片276
杏香兔儿风 (11) 664 **666**
杏李 (6) **762**
杏梅
(=李梅杏) (6) 759
杏树
(=杏) (6) 758
杏叶茴芹 (8) 664 **667**
杏叶柯 (4) 198 **203** 彩片91
杏叶沙参 (10) 476 **483** 彩片171
杏叶石栎
(=杏叶柯) (4) 203
杏属
(蔷薇科) (6) 445 **757**
荇菜 (9) **274**
荇菜属
(睡菜科) (9) **274**

xiong
雄黄兰 (13) **275** 彩片192
雄黄兰属
(鸢尾科) (13) 273 **275**
熊胆草 (11) 224 **225**
熊耳草 (11) 148 **149**

xiu
修蕨 (2) **744**
修蕨属
(水龙骨科) (2) 664 **744**
修枝荚 (11) 4 **11**
修株肿足蕨 (2) 330 **332**
秀苞败酱 (11) 91 **93**
秀丽兜兰 (13) 387 **392** 彩片287
秀丽莓 (6) 585 **607**
秀丽水柏枝 (5) 184 **185**
秀丽四照花 (7) 699 **700**
秀丽兔儿风 (11) 665 **671**
秀丽野海棠 (7) 634 **635**
秀丽锥 (4) 183 **193**
秀雅杜鹃 (5) 559 **583**
秀柱花 (3) **787** 彩片443
秀柱花属
(金缕梅科) (3) 773 **787**
绣毛崖豆藤 (7) 103 **111**
绣球
(=绣球荚) (11) 10
绣球 (6) 275 **280**
绣球防风 (9) 464 **465**
绣球防风属
(唇形科) (9) 295 **464**
绣球花科 (6) **246**
绣球荚 (11) 4 **10**
绣球茜草 (10) **554** 彩片186
绣球茜属
(茜草科) (10) 507 **554**
绣球蔷薇 (6) 711 **734**
绣球藤 (3) 506 **511** 彩片364
绣球小冠花 (7) **405**
绣球绣线菊 (6) 447 **460**
绣球属
(绣球花科) (6) 247 **275**
绣色珍珠茅 (12) 354 **357**
绣线菊 (6) 445 **449**
绣线菊属
(蔷薇科) (6) 442 **445**
绣线梅 (6) 474 **475**
绣线梅属
(蔷薇科) (6) 442 **474**
锈苞蒿 (11) 376 **411**
锈点苔草
(=滨海薹草) (12) 522
锈点薹草 (12) 444 **449**
锈果薹草 (12) 455 **458**
锈红杜鹃 (5) 559 **588**
锈红杜鹃 (5) 566 **645** 彩片248
锈荚藤 (7) 42 **47**
锈鳞木犀榄 (10) 46 **47**
锈鳞飘拂草 (12) 292 **302**
锈鳞苔草
(=仙台薹草) (12) 522
锈脉蚊子草 (6) 579 **580**
锈毛闭花木 (8) 18 **19**
锈毛刺葡萄 (8) 217 **219**
锈毛丁公藤 (9) **243**
锈毛冬青 (7) 835 **842**
锈毛杜英 (5) 2 **7**
锈毛钝果寄生 (7) 750 **755**
锈毛过路黄 (6) 118 **141**
锈毛海州常山 (9) 378 **384**
锈毛槐 (7) 83 **88**
锈毛金腰 (6) 418 **423** 彩片111
锈毛梨果寄生 (7) 746 **749**
锈毛两型豆 (7) 222 **223**
锈毛罗伞 (8) **544**
锈毛莓 (6) 589 **629**
锈毛棋子豆 (7) 12 **13** 彩片10
锈毛青藤
(=红花青藤) (3) 307

锈毛雀梅藤				
(=皱叶雀梅藤)	(8)		141	
锈毛忍冬	(11)	54	**79**	
锈毛山小桔	(8)	430	**431**	
锈毛蛇葡萄	(8)	190	**193**	
锈毛石斑木	(6)	529	**531**	
锈毛石花				
(=珊瑚苣苔)	(10)		267	
锈毛苏铁	(3)	3	**9**	
锈毛梭子果	(6)		**5**	彩片3
锈毛铁线莲	(3)	510	**535**	
锈毛绣球	(6)	276	**285**	
锈毛旋覆花	(11)	288	**290**	
锈毛野桐	(8)	63	**65**	
锈毛鱼藤	(7)	117	**119**	
锈毛羽叶参	(8)	565	**567**	
锈毛掌叶树				
(=锈毛罗伞)	(8)		544	
锈色花楸	(6)	534	**553**	
锈色羊耳蒜	(13)	536	**543**	
锈色蛛毛苣苔	(10)	303	**304**	彩片97
锈叶杜鹃	(5)	559	**585**	彩片198
锈叶新木姜子	(3)	208	**210**	
锈叶野牡丹				
(=褐鳞木)	(7)		659	
xu				
须苞石竹	(4)		**466**	
须花藤	(9)		**142**	
须花藤属				
(萝藦科)	(9)	133	**142**	
须花无心菜				
(=须花蚤缀)	(4)		428	
须花蚤缀	(4)	420	**428**	
须芒草	(12)	1140	**1141**	
须芒草属				
(禾本科)	(12)	556	**1140**	
须弥巴戟	(10)	652	**653**	
须弥孩儿参	(4)	398	**400**	
须弥芥	(5)		**478**	
须弥芥属				
(十字花科)	(5)	387 389	**177**	
须弥茜树	(10)		**591**	
须弥茜树属				
(茜草科)	(10)	510	**591**	
须弥扇叶芥	(5)		**482**	
须弥紫菀	(11)	177	**193**	
须蕊忍冬	(11)	53	**75**	
须蕊铁线莲	(3)	510	**540**	彩片376
须苔	(1)		**19**	
须苔属				
(复叉苔科)	(1)	18	**19**	
须药藤	(9)		**140**	彩片77
须药藤属				
(萝藦科)	(9)	133	**140**	
须叶藤	(12)		**217**	彩片95
须叶藤科	(12)		**217**	
须叶藤属				
(须叶藤科)	(12)		**217**	
徐长卿	(9)	151	**160**	
序托冷水花	(4)	93	**111**	
序叶苎麻	(4)	136	**140**	
续断				
(=日本续断)	(11)		113	
续随子	(8)	117	**126**	彩片71
絮菊	(11)		**248**	
絮菊属				
(菊科)	(11)	129	**248**	
xuan				
宣恩盆距兰	(13)	761	**762**	
萱草	(13)	93	**94**	彩片72
萱草属				
(百合科)	(13)	70	**92**	
玄参	(10)	82	**84**	
玄参科	(10)		**66**	
玄参属				
(玄参科)	(10)	68	**81**	
悬垂黄蓍	(7)	290	**315**	
悬钩子蔷薇	(6)	711	**734**	彩片156
悬钩子属				
(蔷薇科)	(6)	443	**582**	
悬铃花属				
(锦葵科)	(5)	69	**87**	
悬铃木科	(3)		**771**	
悬铃木叶苎麻	(4)	137	**142**	
悬铃木属				
(悬铃木科)	(3)		**771**	
悬藓	(1)		**687**	
悬藓属				
(蔓藓科)	(1)	683	**687**	
旋齿藓属				
(碎米藓科)	(1)	754	**761**	
旋果蚊子草	(6)	579	**582**	
旋花豆属				
(蝶形花科)	(7)	64	**206**	
悬竹属				
(禾本科)	(12)	551	**630**	
旋苞隐棒花	(12)		**174**	
旋覆花	(11)	288	**292**	
旋覆花属				
(菊科)	(11)	129	**287**	
旋花				
(=鼓子花)	(9)		249	
旋花科	(9)		**240**	
旋花茄	(9)	221	**223**	
旋花属				
(旋花科)	(9)	240	**251**	
旋鳞莎草	(12)	322	**334**	
旋蒴苣苔	(10)	306	**307**	彩片98
旋蒴苣苔属				
(苦苣苔科)	(10)	246	**306**	
旋叶香青	(11)	262	**267**	
xue				
穴果棱脉蕨	(2)	676	**676**	
穴果木	(10)		**647**	
穴果木属				
(茜草科)	(10)	508	**646**	
穴丝荠	(5)		**438**	彩片174
穴丝荠属				
(十字花科)	(5)	388	**438**	
穴子蕨	(2)	775	**775**	

穴子蕨属				
(禾叶蕨科)	(2)	771	**775**	
学煜贯众				
(=等基贯众)	(2)		599	
雪白睡莲	(3)	381	**382**	
雪白委陵菜	(6)	658	**677**	
雪层杜鹃	(5)	561	**594**	
雪胆	(5)	203	**206**	
雪胆				
(=马铜铃)	(5)		203	
雪胆属				
(葫芦科)	(5)	198	**203**	
雪地虎耳草	(6)	387	**412**	
雪地黄蓍	(7)	295	**349**	
雪地扭连钱	(9)	447	**448**	
雪地早熟禾	(12)	711	**756**	
雪花属				
(茜草科)	(10)	507	**541**	
雪里红				
(=芥菜)	(5)		393	
雪里见	(12)	153	**167**	
雪莲花	(11)	568	**577**	
雪灵芝				
(=短瓣蚤缀)	(4)		422	
雪岭云杉	(3)	35	**38**	彩片56
雪柳	(10)		**24**	彩片7
雪柳属				
(木犀科)	(10)		**23**	
雪片莲属				
(石蒜科)	(13)	259	**269**	
雪球点地梅	(6)	151	**167**	彩片47
雪山艾	(11)	373	**393**	
雪山报春				
(=心愿报春)	(6)		199	
雪山点地梅				
(=北点地梅)	(6)		157	
雪山杜鹃	(5)	567	**647**	
雪山茄				
(=刺天茄)	(9)		228	
雪山鼠尾草	(9)	506	**510**	
雪松	(3)		**51**	彩片74
雪松属				
(松科)	(3)	15	**51**	
雪兔子	(11)	569	**583**	
雪下红	(6)	86	**96**	
雪香兰	(3)		**315**	
雪香兰属				
(金粟兰科)	(3)	309	**315**	
血党				
(=九管血)	(6)		94	
血红杜鹃	(5)	563	**660**	
血红肉果兰	(13)		**521**	
血红小檗	(3)	585	**597**	
血见愁	(9)	400	**402**	
血满草	(11)		**2**	彩片1
血皮槭	(8)	318	**337**	
血散薯	(3)	683	**689**	
血色栒子	(6)	484	**500**	
血水草	(3)		**714**	彩片415
血水草属				
(罂粟科)	(3)	695	**713**	
血桐	(8)		**73**	彩片34
血桐属				
(大戟科)	(8)	12	**73**	
血苋	(4)		**383**	
血苋属				
(苋科)	(4)	368	**383**	
血叶兰	(13)		**419**	彩片299
血叶兰属				
(兰科)	(13)	366	**419**	
血槠				
(=苦槠)	(4)		185	
xun				
熏倒牛	(8)		**486**	
熏倒牛属				
(牛儿苗科)	(8)	466	**486**	
薰衣草	(9)		**432**	
薰衣草属				
(唇形科)	(9)	393	**432**	
寻骨风	(3)	349	**351**	
栒子属				
(蔷薇科)	(6)	442	**481**	
蕈树	(3)		**780**	
蕈树属				
(金缕梅科)	(3)	773	**779**	
Y				
ya				
丫蕊花	(13)		**76**	
丫蕊花属				
(百合科)	(13)	70	**76**	
丫蕊薹草	(12)	383	**389**	
鸦葱	(11)	687	**691**	彩片167
鸦葱属				
(菊科)	(11)	133	**687**	
鸦椿卫矛	(7)	779	**796**	
鸦胆子	(8)		**370**	彩片187
鸦胆子属				
(苦木科)	(8)	367	**370**	
鸦头梨				
(=陀螺果)	(6)		44	
鸦跖花	(3)	577	**578**	彩片387
鸦跖花属				
(毛茛科)	(3)	390	**577**	
鸭嘴草	(12)		**1053**	
鸭巴前胡	(8)	720	**721**	
鸭儿芹	(8)		**650**	
鸭儿芹属				
(伞形科)	(8)	581	**650**	
鸭公树	(3)	209	**214**	
鸭脚茶	(7)	634	**636**	
鸭脚子				
(=银杏)	(3)		11	
鸭绿报春				
(=肾叶报春)	(6)		183	
鸭绿薹草	(12)		410	
鸭茅	(12)		700	
鸭茅属				
(禾本科)	(12)	561	700	
鸭舌草	(13)	66	**67**	彩片59

鸭首马先蒿 (10) 182 **206**
鸭皂树
(=金合欢) (7) 9
鸭跖草 (12) 201 **202** 彩片92
鸭跖草科 (12) 182
鸭跖草属
(鸭跖草科) (12) 182 **201**
鸭跖草状凤仙花 (8) 492 **515** 彩片308
鸭子花
(=鸭嘴花) (10) 408
鸭嘴草 (12) 1134 1136
鸭嘴草属
(禾本科) (12) 556 **1133**
鸭嘴花 (10) **408** 彩片125
鸭嘴花属
(爵床科) (10) 331 **408**
鸭嘴罗伞
(=罗伞) (8) 547
牙疙瘩
(=越桔) (5) 708
牙蕨属
(叉蕨科) (2) 603 **614**
芽胞叉蕨 (2) 617 **621**
芽胞耳蕨
(=狭叶牙胞耳蕨) (2) 540
芽胞耳平藓 (1) 672 **674**
芽胞护蒴苔 (1) **44**
芽胞链齿藓 (1) 448 **449**
芽胞裂萼苔 (1) 122 **124**
芽胞湿地藓 (1) 464 **465**
芽胞同叶藓 (1) 917 **918**
芽胞银藓 (1) **550**
芽瓜子
(=仙茅) (13) 307
芽生虎耳草 (6) 384 **400**
崖柏 (3) **75**
崖柏属
(柏科) (3) 74 **75**
崖豆藤属
(蝶形花科) (7) 61 **102**
崖豆藤野桐 (8) 64 **67** 彩片28
崖花海桐
(=海金子) (6) 239
崖花子 (6) 234 **241**
崖角藤
(=狮子尾) (12) 115
崖角藤属
(天南星科) (12) 105 **113**
崖姜
(=崖姜蕨) (2) 763
崖姜蕨 (2) 762 **763**
崖柯 (4) 198 **203**
崖柳 (5) 312 **353**
崖摩属
(楝科) (8) 375 **390**
崖楠 (3) 266 **268**
崖爬藤 (8) 207 **213**
崖爬藤属
(葡萄科) (8) 183 **206**
崖藤 (3) **672**
崖藤属
(防己科) (3) 668 669 **672**
崖枣树
(=异叶鼠李) (8) 148
崖棕
(=石山棕) (12) 61
雅安紫云菜 (10) **379**
雅灯心草 (12) 224 **244**
雅加松 (3) 53 **62**
雅江报春 (6) 176 **213** 彩片64
雅江点地梅 (6) 152 **168**
雅洁粉报春 (6) 176 **206**
雅洁小檗 (3) 584 **593**
雅库羊茅 (12) 683 **694**
雅丽千金藤 (3) 683 **684**
雅容杜鹃 (5) 561 **602**
雅榕 (4) 42 **48**
雅致杓兰 (13) 377 **384**
雅致耳蕨
(=宜昌耳蕨) (2) 571
雅致角盘兰 (13) 474 **477**
雅致雾水葛 (4) **147**
雅致香青 (11) 264 **269**
雅致玉凤花 (13) 499 **503**
雅致针毛蕨 (2) 351 **353**
亚澳薹草 (12) 460 **463**
亚柄薹草 (12) 429 **436**
亚东点地梅 (6) 151 **163**
亚东蒿 (11) 378 **418**
亚东肋柱花 (9) 70 **71**
亚尖叶小檗 (3) 586 **603**
亚菊属
(菊科) (11) 126 **363**
亚麻 (8) 232 233 彩片108
亚麻科 (8) **231**
亚麻属
(亚麻科) (8) 231 **232**
亚东鼠南芥
(=窄翅南芥) (5) 473
亚东杨 (5) 287 **297**
亚高山冷水花 (4) 92 **107**
亚革质柳叶菜 (7) 598 **610**
亚麻荠 (5) **537**
亚麻荠属
(十字花科) (5) 386 **536**
亚麻叶碱蓬 (4) 343 **345**
亚美绢藓 (1) 854 **858**
亚南片叶苔 (1) 259 **260**
亚香茅 (12) 1142 **1144**
亚中兔耳草 (10) 161 **162**
亚洲假鳞毛蕨 (2) **337**
亚洲蒲公英 (11) 768 **770**
亚洲蓍 (11) 335 **336**

yan
烟草 (9) **239**
烟草属
(茄科) (9) 203 **238**
烟斗柯 (4) 199 **207** 彩片95
烟杆藓科 (1) **949**
烟杆藓属
(烟杆藓科) (1) **949**
烟管蓟 (11) 621 **628** 彩片151

烟管荚 **(11)** **13**
烟管头草 **(11)** 299 **300**
烟堇 **(3)** 767 **768**
烟堇属
(紫堇科) **(3)** 717 **767**
烟台补血草 **(4)** 546 **548**
烟色斑叶兰 **(13)** 410 **418**
烟台飘拂草 **(12)** 291 **294**
胭木 **(9)** 118 **119**
胭脂 **(4)** 37 **39**
胭脂花 **(6)** 175 **202** 彩片59
胭脂仙人掌
(=胭脂掌) **(4)** 302
胭脂掌 **(4)** 301 **302** 彩片136
焉蓍西风芹 **(8)** 686 **692**
延安小檗 **(3)** 586 **608**
延苞蓝 **(10)** **381**
延苞蓝属
(爵床科) **(10)** 332 **381**
延胡索 **(3)** 727 **766** 彩片429
延龄草 **(13)** 228 彩片165
延龄草属
(百合科) **(13)** 69 **228**
延平柿 **(6)** 13 **19**
延药睡莲 **(3)** 381 **383**
延叶凤尾藓 **(1)** 403 **414**
延叶平藓 **(1)** 707 **708**
延叶羽苔 **(1)** 129 **136**
延叶珍珠菜 **(6)** 115 **126**
延羽卵果蕨 **(2)** 355 **355**
芫花 **(7)** 527 **535**
芫荽 **(8)** **601** 彩片282
芫荽菊 **(11)** **442**
芫荽属
(伞形科) **(8)** 579 **601**
岩白翠 **(10)** 121 **123** 彩片38
岩白菜 **(6)** 379 **380** 彩片98
岩白菜属
(虎耳草科) **(6)** 371 **379**
岩败酱 **(11)** 92 94 彩片29
岩匙 **(5)** **738**
岩匙属
(岩梅科) **(5)** 736 **738**
岩参 **(11)** **743**
岩参属
(菊科) **(11)** 134 **743**
岩菖蒲 **(13)** **73**
岩菖蒲属
(百合科) **(13)** 69 **72**
岩村荛花
(=岩杉树) **(7)** 519
岩风 **(8)** 686 **689**
岩凤尾蕨 **(2)** 179 180 **184**
岩高兰
(=东北岩高兰) **(5)** 552
岩高兰科 **(5)** **552**
岩高兰属
(岩高兰科) **(5)** **552**
岩桂
(=少花桂) **(3)** 256
岩蒿 **(11)** 372 **384**
岩黄堇
(=毛黄堇) **(3)** 758
岩黄连
(=石生黄堇) **(3)** 758
岩黄蓍属
(蝶形花科) **(7)** 66 **392**
岩黄树 **(10)** **513**
岩黄树属
(茜草科) **(10)** 507 508 **513**
岩茴香 **(8)** 703 **707**
岩藿香 **(9)** 418 **426**
岩姬蕨
(=姬蕨) **(2)** 175
岩椒
(=贵州花椒) **(8)** 406
岩菊蒿 **(11)** 355 **356**
岩菊属
(菊科) **(11)** 123 **199**
岩蕨 **(2)** 451 **453** 彩片101
岩蕨科 **(2)** 4 **448**
岩蕨属
(岩蕨科) **(2)** 448 **451**
岩前胡 **(8)** 743 **749**
岩栎 **(4)** 241 **252**
岩蓼 **(4)** 482 **485**
岩鳞毛蕨
(=细叶鳞毛蕨) **(2)** 501
岩柃 **(4)** 636 **654**
岩梅科 **(5)** **736**
岩梅属
(岩梅科) **(5)** **736**
岩木瓜 **(4)** 45 **66** 彩片49
岩山柳叶菜
(=光滑柳叶菜) **(7)** 608
岩杉树 **(7)** 515 **519**
岩扇属
(岩梅科) **(5)** 736 **738**
岩上珠 **(10)** **512**
岩上珠属
(茜草科) **(10)** 507 **512**
岩生报春 **(6)** 171 **181**
岩生鹅耳枥 **(4)** 261 **269**
岩生黑藓 **(1)** **314**
岩生厚壳桂 **(3)** 300 **301** 彩片251
岩生犁头尖
(=单籽犁头尖) **(12)** 145
岩生南星 **(12)** 152 **165**
岩生蒲儿根 **(11)** 508 **509**
岩生千里光 **(11)** 532 **545**
岩生秋海棠 **(5)** 256 **267** 彩片132
岩生忍冬 **(11)** 50 **55** 彩片18
岩生石仙桃 **(13)** 630 **632**
岩生薹草 **(12)** 473 **481**
岩生蹄盖蕨 **(2)** 294 **300**
岩生银莲花 **(3)** 486 **494**
岩生头嘴菊 **(11)** **763**
岩生香薷 **(9)** 545 **552**
岩生野古草 **(12)** 1012 **1015**
岩生远志 **(8)** 245 **250**
岩生紫堇 **(3)** 725 **755**
岩柿 **(6)** 12 **15** 彩片5
岩葶苈

(=纤细葶苈) **(5)** 449
岩菀 **(11)** **200**
岩乌头 **(3)** 406 **417**
岩隙玄参 **(10)** 82 **90**
岩须 **(5)** 678 **680** 彩片278
岩须属
(杜鹃花科) **(5)** 553 **678**
岩穴蕨 **(2)** **149**
岩穴蕨属
(稀子蕨科) **(2)** 149 **149**
岩穴千里光
(=岩穴藤菊) **(11)** 529
岩穴藤菊 **(11)** 528 **529**
岩雪下
(=峨屏草) **(6)** 417
岩芋 **(12)** **128**
岩芋属
(天南星科) **(12)** 105 **128**
岩樟 **(3)** 250 **253**
沿沟草 **(12)** 782 **783**
沿沟草属
(禾本科) **(12)** 562 **782**
沿海紫金牛
(=山血丹) **(6)** 93
沿阶草 **(13)** 244 **252** 彩片176
沿阶草属
(百合科) **(13)** 69 **242**
盐地柽柳 **(5)** 177 **183**
盐地风毛菊 **(11)** 570 **590**
盐地碱蓬 **(4)** 343 **347**
盐地鼠尾粟 **(12)** 996 **998**
盐豆木
(=铃铛刺) **(7)** 263
盐肤木 **(8)** **354** 彩片175
盐肤木属
(漆树科) **(8)** 345 **354**
盐蒿 **(11)** 379 **421**
盐桦 **(4)** 277 **284**
盐角草 **(4)** **308**
盐角草属
(藜科) **(4)** 305 **308**
盐节木 **(4)** **312**
盐节木属
(藜科) **(4)** 305 **312**
盐芥 **(5)** **536**
盐芥属
(十字花科) **(5)** 382 385 **536**
盐蓬属
(藜科) **(4)** 306 **352**
盐千屈菜 **(4)** **309**
盐千屈菜属
(藜科) **(4)** 305 **308**
盐生草 **(4)** **350** 彩片151
盐生草属
(藜科) **(4)** 306 **350**
盐生车前 **(10)** 5 **13**
盐生黄耆 **(7)** 293 **338**
盐生假木贼 **(4)** 354 **355** 彩片156
盐生肉苁蓉 **(10)** 233 **234**
盐穗木 **(4)** **311** 彩片139
盐穗木属
(藜科) **(4)** 305 **311**
盐土藓 **(1)** **473**
盐土藓属
(丛藓科) **(1)** 436 **473**
盐源蜂斗菜 **(11)** 505 **507**
盐泽双脊荠 **(5)** 420 **421**
盐爪爪 **(4)** 309 **310**
盐爪爪属
(藜科) **(4)** 305 **309**
兖州卷柏 **(2)** 32 **41**
偃柏 **(3)** 85 **89**
偃麦草 **(12)** **868**
偃麦草属
(禾本科) **(12)** 560 **867**
偃松 **(3)** 52 **55**
偃卧繁缕 **(4)** 408 **417**
眼斑贝母兰 **(13)** 619 **621** 彩片445
眼树莲 **(9)** 173 **174**
眼树莲属
(萝科) **(9)** 134 **173**
眼子菜 **(12)** 30 **37**
眼子菜科 **(12)** **28**
眼子菜属
(眼子菜科) **(12)** **28**
艳花酸藤子 **(6)** 102 **106**
艳丽齿唇兰 **(13)** 435 **437** 彩片304
艳山姜 **(13)** 40 **41** 彩片35
雁股茅
(=茅) **(12)** 1138
艳枝藓 **(1)** **456**
艳枝藓属
(丛藓科) **(1)** 438 **456**
焰序山龙眼 **(7)** 483 **484**
雁婆麻 **(5)** 50 **52**
燕麦 **(12)** 892 **893**
燕麦草 **(12)** **872**
燕麦草属
(禾本科) **(12)** 559 **872**
燕麦属
(禾本科) **(12)** 561 **892**
燕尾叉蕨 **(2)** 617 **622**
燕尾蕨 **(2)** **663** 彩片123
燕尾蕨科 **(2)** 7 **662**
燕尾蕨属
(燕尾蕨科) **(2)** **662**
燕尾山槟榔 **(12)** 95 **96**
燕尾藓 **(1)** 841 **842**
燕尾藓属
(青藓科) **(1)** 827 **841**
燕子花 **(13)** 280 **285** 彩片202
燕子薹草 **(12)** 505 **506**

yang
秧青 **(7)** 90 **96**
扬子黄肉楠
(=豹皮樟) **(3)** 223
扬子毛茛 **(3)** 553 **572** 彩片385
扬子铁线莲 **(3)** 508 **521**
扬子小连翘 **(4)** 695 **705**
羊草 **(12)** 827 **829**
羊齿囊瓣芹 **(8)** 657 **661**
羊齿天门冬 **(13)** 229 **231**

羊脆木 (6) 235 **244**
羊耳白背
(=银背风毛菊) (11) 604
羊耳菊 (11) 289 **294**
羊耳蒜 (13) 537 **538** 彩片372
羊耳蒜属
(兰科) (13) 374 **536**
羊瓜藤 (3) 664 **665**
羊红膻 (8) 664 **671**
羊胡子草属
(莎草科) (12) 255 **274**
羊角拗 (9) **122** 彩片70
羊角拗属
(夹竹桃科) (9) 90 **122**
羊角棉 (9) 99 **101**
羊角槭 (8) 315 **319**
羊角芹属
(伞形科) (8) 581 **679**
羊角苔草
(=弓喙薹草) (12) 488
羊角藤 (10) 652 **653** 彩片214
羊角天麻 (8) **366** 彩片184
羊角藓 (1) **783**彩片239
羊角藓属
(牛舌藓科) (1) 777 **783**
羊毛杜鹃 (5) 563 **657** 彩片260
羊茅 (12) 683 **691**
羊茅属
(禾本科) (12) 561 **681**
羊茅状碱茅 (12) 764 **771**
羊尿泡
(=棠叶悬钩子) (6) 638
羊乳 (10) 455 **457** 彩片151
羊乳榕 (4) 46 **71**
羊舌树 (6) 52 **62**
羊蹄 (4) 522 **526** 彩片224
羊蹄甲 (7) 41 **42** 彩片29
羊蹄甲属
(云实科) (7) 23 **41**
羊须草 (12) 428 **429**
羊眼子
(=白蜡叶荛花) (7) 524
羊踯躅 (5) 570 **668** 彩片269
阳春子
(=胡颓子) (7) 472
阳荷 (13) 37 **38**
阳桃 (8) **462** 彩片237
阳桃属
(酢浆草科) (8) **462**
阳芋 (9) 221 **227** 彩片97
杨櫨
(=半边月) (11) 47
杨柳科 (5) **284**
杨梅 (4) 175 **176**
杨梅黄杨 (8) 1 **2**
杨梅科 (4) **175**
杨梅叶蚊母树 (3) **789**
杨梅属
(杨梅科) (4) **175**
杨山牡丹
(=凤丹) (4) 557
杨桐 (4) 625 **628**
杨桐
(=红淡比) (4) 630
杨桐属
(山茶科) (4) 573 **624**
杨叶风毛菊 (11) 572 **600**
杨叶木姜子 (3) 215 **217**
杨叶藤山柳 (4) 672 **673**
杨属
(杨柳科) (5) **285**
洋白菜
(=甘蓝) (5) 391
洋椿 (8) **378**
洋椿属
(楝科) (8) 375 **378**
洋葱 (13) 143 **166**
洋地黄
(=毛地黄) (10) 132
洋甘草 (7) **389**
洋狗尾草 (12) **701**
洋狗尾草属
(禾本科) (12) 561 **701**
洋槐
(=刺槐) (7) 126
洋金花 (9) 237 **238** 彩片104
洋柠檬
(=柠檬) (8) 446
洋麻
(=大麻槿) (5) 98
洋蒲桃 (7) 559 **562** 彩片200
洋丝瓜
(=佛手瓜) (5) 253
洋芋
(=阳芋) (9) 227
洋玉兰
(=荷花玉兰) (3) 137
洋竹草 (12) **204**
洋竹草属
(鸭跖草科) (12) 182 **204**
洋紫荆 (7) 41 **43**
洋紫苏
(=五彩苏) (9) 587
仰卧漆姑草 (4) **432**
仰卧水葱 (12) 264 **268**
仰卧早熟禾 (12) 706 **734**
仰叶拟细湿藓 (1) **811**
仰叶热泽藓 (1) 600 **601** 彩片181
仰叶藓 (1) **474**
仰叶藓属
(丛藓科) (1) 438 **474**
仰叶小壶藓 (1) 529 **531**
漾濞耳蕨
(=裸果耳蕨) (2) 564
漾濞核桃
(=泡核桃) (4) 171
漾濞荚 (11) 6 **18** 彩片5
漾濞鹿角藤 (9) 114 **115** 彩片64
漾濞牛奶菜
(=牛奶菜) (9) 184

yao
夭命藓科 (1) **515**

天命藓属
(天命藓科) **(1)** **516**
傜山稀子蕨 **(2)** 150 **151**
腰骨藤 **(9)** **129**
腰骨藤属
(夹竹桃科) **(9)** 91 **129**
腰果 **(8)** **347** 彩片168
腰果属
(漆树科) **(8)** 345 **347**
瑶山蝉翼藤 **(8)** **244**
瑶山谷精草 **(12)** 206 **211**
瑶山苣苔 **(10)** **273**
瑶山苣苔属
(苦苣苔科) **(10)** 244 **273**
瑶山南星 **(12)** 151 **155**
瑶山梭罗 **(5)** 46 **48**
瑶山条蕨
(=光叶条蕨) **(2)** 641
瑶山瓦韦 **(2)** 682 **692**
药百合 **(13)** 119 **128** 彩片101
药瓜
(=栝楼) **(5)** 243
药蕨 **(2)** **443**
药蕨属
(铁角蕨科) **(2)** 400 **443**
药囊花 **(7)** **629**
药囊花属
(野牡丹科) **(7)** 614 **628**
药芹
(=旱芹) **(8)** 647
药山兔儿风 **(11)** 664 **668**
药山紫堇 **(3)** 721 **730**
药蜀葵 **(5)** **73** 彩片44
药水苏 **(9)** **491**
药水苏属
(唇形科) **(9)** 395 **491**
药用大黄 **(4)** 530 **534**
药用稻 **(12)** **666**
药用狗牙花 **(9)** 96 **97**
药用牛舌草 **(9)** 300 **301**
药用蒲公英 **(11)** 767 **780** 彩片182
耀花豆 **(7)** **116**
耀花豆属
(蝶形花科) **(7)** 61 **116**
ye
贳蒿
(=葛缕子) **(8)** 652
椰子 **(12)** **98** 彩片31
椰子属
(棕榈科) **(12)** 58 **97**
野艾蒿 **(11)** 376 **400**
野艾蒿
(=五月艾) **(11)** 406
野桉 **(7)** 551 **554**
野八角 **(3)** 360 **362** 彩片276
野拔子 **(9)** 544 **545** 彩片184
野白菊花
(=三脉紫菀) **(11)** 184
野百合 **(13)** 118 **120** 彩片88
野百合 **(7)** 442 **448** 彩片154
野荸荠 **(12)** 278 **280**
野扁豆 **(7)** 241 **242**
野扁豆属
(蝶形花科) **(7)** 63 **240**
野滨藜 **(4)** 321 **325**
野槟榔 **(5)** 370 **372**
野波罗蜜 **(4)** 37 **39** 彩片28
野草果 **(13)** 50 **51**
野草莓 **(6)** **702**
野草香 **(9)** 545 **550** 彩片188
野茶树
(=普洱茶) **(4)** 594
野长蒲
(=露兜树叶野长蒲) **(12)** 351
野长蒲属
(莎草科) **(12)** 256 **351**
野慈姑 **(12)** 4 **6** 彩片1
野葱 **(13)** 143 **165**
野大豆 **(7)** **216**
野稻
(=疣粒稻) **(12)** 666
野灯心草 **(12)** 221 **226**
野地钟萼草 **(10)** **96**
野靛棵 **(10)** 410 411 **412**
野靛棵属
(爵床科) **(10)** 331 **410**
野丁香 **(10)** 636 **638**
野丁香属
(茜草科) **(10)** 509 **636**
野独活 **(3)** **166**
野独活属
(番荔枝科) **(3)** 158 **165**
野凤仙花 **(8)** 490 **506**
野甘草 **(10)** **92**
野甘草属
(玄参科) **(10)** 67 **92**
野葛
(=葛) **(7)** 213
野菰 **(10)** **230** 彩片70
野菰属
(列当科) **(10)** 228 **230**
野古草 **(12)** 1012 **1017**
野古草属
(禾本科) **(12)** 552 **1011**
野桂花 **(10)** 40 **43**
野海茄 **(9)** 222 **227**
野海棠
(=叶底红) **(7)** 641
野海棠属
(野牡丹科) **(7)** 615 **634**
野含笑 **(3)** 145 **148**
野核桃 **(4)** 171 **172**
野胡萝卜 **(8)** **760** 彩片293
野胡麻 **(10)** **127**
野胡麻属
(玄参科) **(10)** 70 **126**
野花椒 **(8)** 401 **412** 彩片204
野黄瓜 **(5)** 228 **229**
野黄桂 **(3)** 251 **256**
野黄韭 **(13)** 142 **162**
野火球 **(7)** **438**
野蓟 **(11)** 621 **625**
野蕉 **(13)** 15 **16**

野豇豆 **(7)** 231 **232**
野韭 **(13)** 140 **151**
野菊 **(11)** 342 **343** 彩片79
野苣菜 **(11)** **105**
野决明
(=东北亚黄华) **(7)** 458
野决明属
(=黄华属) **(7)** 457
野葵 **(5)** 70 **71**
野老鹳草 **(8)** 468 **470**
野笠薹草 **(12)** 500 **503**
野菱 **(7)** 542 **545**
野萝卜 **(5)** **397**
野棉花 **(3)** 486 **494** 彩片357
野棉皮
(=细轴荛花) **(7)** 519
野棉皮
(=小黄构) **(7)** 519
野茉莉 **(6)** 27 **31** 彩片8
野茉莉科
(=安息香科) **(6)** 26
野牡丹 **(7)** 621 **623** 彩片231
野牡丹
(=滇牡丹) **(4)** 559
野牡丹科 **(7)** **614**
野牡丹属
(野牡丹科) **(7)** 614 **620**
野木瓜 **(3)** 664 **666** 彩片395
野木瓜属
(木通科) **(3)** 655 **664**
野苜蓿 **(7)** 433 **436**
野牛草 **(12)** **995**
野牛草属
(禾本科) **(12)** 552 **994**
野枇杷
(=枇杷叶紫珠) **(9)** 354
野漆
(=野漆树) **(8)** 360
野漆树 **(8)** 357 **360** 彩片179
野蔷薇 **(6)** 711 **731**
野茄 **(9)** 221 **231**
野青茅 **(12)** 902 **913**
野青树 **(7)** 129 **142** 彩片75
野山茶
(=心叶毛蕊茶) **(4)** 602
野山蓝 **(10)** 397 **398**
野山楂 **(6)** 504 **506**
野扇花 **(8)** 6 **7** 彩片3
野扇花属
(黄杨科) **(8)** 1 **6**
野芍药
(=草芍药) **(4)** 560
野柿 **(6)** 14 **24**
野生稻 **(12)** 666 **667**
野生荔枝 **(8)** **278**
野生六棱大麦 **(12)** 834 **837**
野生紫苏 **(9)** **541**
野黍 **(12)** 1051 **1052**
野黍属
(禾本科) **(12)** 554 **1051**
野苏子 **(10)** 183 **186**
野茼蒿 **(11)** **549** 彩片120
野茼蒿属
(菊科) **(11)** 128 **548**
野桐 **(8)** 64 **72**
野桐属
(大戟科) **(8)** 11 **63**
野豌豆 **(7)** 408 **418**
野豌豆属
(蝶形花科) **(7)** 66 **406**
野万年青
(=苍山越桔) **(5)** 709
野莴苣 **(11)** 748 **749**
野梧桐 **(8)** 64 **71** 彩片33
野西瓜苗 **(5)** 91 **97** 彩片59
野苋
(=凹头苋) **(4)** 375
野香橼花 **(5)** 370 **375** 彩片155
野杏 **(6)** 758 **759**
野鸦椿 **(8)** **262** 彩片121
野鸦椿属
(省沽油科) **(8)** 259 **262**
野亚麻 **(8)** 232 **233**
野亚麻荠
(=小果亚麻荠) **(5)** 537
野燕麦 **(12)** 892 **893**
野罂粟 **(3)** 705 **706** 彩片411
野迎春 **(10)** 58 **62**
野油菜
(=无瓣焯菜) **(5)** 486
野芋 **(12)** 131 **132** 彩片47
野榆钱菠菜 **(4)** 321 **323**
野鸢尾 **(13)** 278 **294**
野皂荚 **(7)** 24 **25** 彩片14
野芝麻 **(9)** **475**
野芝麻属
(唇形科) **(9)** 396 **474**
野雉尾金粉蕨 **(2)** 211 **213**
业平竹 **(12)** **619**
业平竹属
(禾本科) **(12)** 551 **619**
叶苞阿尔泰葶苈
(=阿尔泰葶苈) **(5)** 445
叶苞点地梅 **(6)** 150 **152**
叶苞过路黄 **(6)** 117 **138**
叶苞蒿 **(11)** 377 **404**
叶苞银背藤 **(9)** 267 **268**
叶城假蒜芥 **(5)** **475** 彩片180
叶城小蒜芥
(=叶城假蒜芥) **(5)** 475
叶底红 **(7)** 639 **641**
叶底珠
(=一叶萩) **(8)** 30
叶萼龙胆 **(9)** 18 **36**
叶萼山矾 **(6)** 51 **55**
叶萼獐牙菜 **(9)** 74 **77**
叶角苔属
(角苔科) **(1)** 295 **297**
叶轮木 **(8)** **102**
叶轮木属
(大戟科) **(8)** 13 **102**
叶蛇葡萄 **(8)** 190 **192**
叶穗香茶菜 **(9)** 567 **571**

叶苔科 (1) **65**
叶苔属
(叶苔科) (1) 65 **68**
叶头风毛菊 (11) 570 **587**
叶头过路黄 (6) 118 **146** 彩片40
叶下珠 (8) 33 **37** 彩片13
叶下珠属
(大戟科) (8) 11 **33**
叶芽南芥
(=叶芽拟南芥) (5) 476
叶芽拟南芥 (5) **476**
叶芽鼠耳芥
(=叶芽拟南芥) (5) 476
叶状苞杜鹃 (5) 571 **678** 彩片276
叶子花 (4) 292 **293**
叶子花属
(紫茉莉科) (4) 290 **292**
夜合花
(=夜香木兰) (3) 133
夜花 (10) **39**
夜花属
(木犀科) (10) 23 **39**
夜花藤 (3) **678**
夜花藤属
(防己科) (3) 669 670 **678**
夜来香 (9) **179**
夜来香
(=月见草) (7) 593
夜来香属
(萝科) (9) 135 **179**
夜落金钱
(=午时花) (5) 56
夜香木兰 (3) 131 **133**
夜香牛 (11) 137 **144**
夜香树 (9) **238**
夜香树属
(茄科) (9) 203 **238**
掖蒴珠藓
(=明叶珠藓) (1) 598
腋花点地梅 (6) 150 **152**
腋花杜鹃 (5) 572 **612**
腋花勾儿茶 (8) 165 **166**
腋花芥
(=腋花南芥) (5) 475
腋花马先蒿 (10) 185 **195**
腋花南芥 (5) 471 **475**
腋花扭柄花 (13) 203 **204** 彩片149
腋花山橙 (9) 92 **93**
腋花莛子 (11) 37 **38**
腋花兔儿风 (11) 665 **678**
腋花苋 (4) 371 **374**
腋毛勾儿茶 (8) 166 **169**
腋毛合叶苔 (1) 102 **103**
腋毛泡花树 (8) 299 **307**
腋球苎麻 (4) 136 **138**
腋枕碱茅 (12) 763 **769**

yi

一把伞南星 (12) 153 **171** 彩片77
一把香 (7) 515 **517**
一串红 (9) 507 **520** 彩片179
一担柴 (5) **24**
一担柴属
(椴树科) (5) 12 **24**
一点红 (11) 554 **555**
一点红属
(菊科) (11) 128 **554**
一点血 (5) 257 **272** 彩片136
一点血秋海棠
(=一点血) (5) 272
一朵花杜鹃 (5) 560 **580**
一花无柱兰 (13) 480 **484** 彩片329
一轮贝母 (13) 108 **117**
一年风铃草 (10) 471 **473**
一年蓬 (11) 215 **220**
一品红 (8) 117 **125** 彩片69
一球悬铃木 (3) 771 **772**
一条线蕨属
(书带蕨科) (2) 265 **270**
一文钱 (3) 683 **685**
一叶兜被兰 (13) 486 **487** 彩片331
一叶萩 (8) **30**
一掌参 (13) 493 **498**
一枝黄花 (11) 154 **155** 彩片43
一枝黄花属
(菊科) (11) 122 **154**
一柱齿唇兰 (13) 435 **436**
一支箭
(=尖头瓶尔小草) (2) 82
伊贝母 (13) 108 **111** 彩片80
伊尔库早熟禾 (12) 705 **727**
伊拉克枣
(=海枣) (12) 58
伊朗臭草 (12) 789 **792**
伊朗蒿 (11) 373 **389**
伊朗紫罗兰 (5) **498**
伊犁霸王
(=伊犁驼蹄瓣) (8) 458
伊犁花 (4) **544**
伊犁花属
(白花丹科) (4) 538 **544**
伊犁碱茅 (12) 763 **770**
伊犁绢蒿 (11) 433 **434**
伊犁芒柄花 (7) 427 **428**
伊犁芹 (8) **751**
伊犁芹属
(伞形科) (8) 582 **751**
伊犁驼蹄瓣 (8) 454 **458**
伊犁岩风 (8) 686 **688**
伊犁郁金香 (13) 105 **106**
伊犁针茅 (12) 932 **938**
伊桐
(=栀子皮) (5) 122
医草
(=艾) (11) 398
依兰 (3) **183** 彩片200
依兰属
(番荔枝科) (3) 159 **183**
仪花 (7) **55** 彩片45
仪花属
(云实科) (7) 23 **55**
宜昌百合 (13) 118 **121**
宜昌橙 (8) 444 **445**

宜昌东俄芹 (8) 606 **607**
宜昌耳蕨 (2) 537 **571**
宜昌胡颓子 (7) 467 **473**
宜昌黄杨 (8) 1 **4**
宜昌荚 (11) 8 **35**
宜昌鳞毛蕨 (2) 487 **494**
宜昌楼梯草 (4) 120 **126**
宜昌木姜子 (3) 215 **219**
宜昌木蓝 (7) 131 **133**
宜昌女贞 (10) 49 **51**
宜昌飘拂草 (12) 291 **294**
宜昌润楠 (3) 275 **283**
宜昌蛇菰 (7) 766 **771**
宜昌薹草 (12) 412 **413**
宜昌悬钩子 (6) 590 **632**
宜兴苦竹 (12) 646 **655**
宜章山矾 (6) 54 **72**
宜章十大功劳 (3) 626 **633**
移 (6) **554**
移属(蔷薇科) (6) 443 **554**
蚁花 (3) **163**
蚁花属(番荔枝科) (3) 158 **163**
椅杨 (5) 286 **291** 彩片140
疑早熟禾 (12) 710 **748**
以礼草属(禾本科) (12) 560 **862**
苡米(=薏米) (12) 1170
异苞滨藜 (4) 321 **323**
异苞蒲公英 (11) 768 **771**
异胞羽枝藓 (1) 716 **717** 彩片222
异苞紫菀 (11) 177 **191**
异长齿黄耆 (7) 291 **321**
异长穗小檗 (3) 587 **615**
异齿红景天 (6) 354 **364**
异齿黄耆 (7) 290 **312**
异齿藓 (1) **766**
异齿藓属(薄罗藓科) (1) 765 **766**
异翅独尾草 (13) **86**
异唇花 (9) **566**
异唇苣苔 (10) **302**
异唇苣苔属(苦苣苔科) (10) 245 **302**
异唇兰(=异型兰) (13) 743
异刺鹤虱 (9) 336 **338**
异萼飞蛾藤(=大果飞蛾藤) (9) 246
异萼假龙胆 (9) **66**
异萼龙胆 (9) 19 **40**
异萼木 (8) **103**
异萼木属(大戟科) (8) 13 **103**
异萼忍冬 (11) 52 **69**
异萼苔属(地萼苔科) (1) 115 **118**
异果齿缘草 (9) 328 **329**
异果短肠蕨 (2) 316 **318**
异果鹤虱 (9) **341**
异果鹤虱属(紫草科) (9) 282 **341**
异果芥 (5) **501**
异果芥属(十字花科) (5) 382 **501**
异果毛蕨 (2) 373 **375**
异果小檗 (3) 588 **621** 彩片456
异果崖豆藤 (7) 104 **113**
异花孩儿参 (4) 398 **401**
异花寄生藤 (7) 730 **731**
异花假繁缕(=异花孩儿参) (4) 401
异花兔儿风 (11) 664 **669**
异花珍珠菜 (6) 115 **119**
异喙菊 (11) **786**
异喙菊属(菊科) (11) 133 **786**
异节藓 (1) **663**
异节藓属(扭叶藓科) (1) 662 **663**
异堇叶碎米荠(=露珠碎米荠) (5) 456
异裂菊 (11) **210**
异裂菊属(菊科) (11) 123 **210**
异裂苣苔 (10) **275** 彩片77
异裂苣苔属(苦苣苔科) (10) 245 **274**
异鳞薹草 (12) 509 **511**
异鳞杜鹃 (5) 561 **600**
异鳞红景天 (6) 353 **356**
异鳞肋毛蕨 (2) 605 **606**
异鳞苔 (1) **226**
异鳞苔属(细鳞苔科) (1) 224 **225**
异马唐 (12) 1062 **1070**
异芒菊 (11) **318**
异芒菊属(菊科) (11) 124 **318**
异猫尾藓 (1) **722**
异毛茶藨子 (6) 295 **304**
异毛忍冬 (11) 54 **83**
异木患 (8) 269 **270**
异木患属(无患子科) (8) 267 **269**
异片苣苔 (10) **275** 彩片78
异片苣苔属(苦苣苔科) (10) 245 **275**
异蕊草 (13) **90**
异蕊草属(百合科) (13) 14 **90**
异蕊芥(=羽裂花旗杆) (5) 493
异蕊一笼鸡 (10) 360 **361**
异伞棱子芹 (8) 612 **616**
异伞棱子芹(=松潘棱子芹) (8) 618
异色杜鹃(=褐毛杜鹃) (5) 650
异色繁缕(=翻白繁缕) (4) 412

异色黄芩 (9) 417 **419**
异色红景天 (6) 355 **365**
异色荆芥 (9) 437 **439**
异色假卫矛 (7) 820 **825**
异色来江藤 (10) 73 **74**
异色柳 (5) 307 **346**
异色猕猴桃 (4) 658 **665**
异色泡花树 (8) 298 **301**
异色山黄麻 (4) 17 **18** 彩片15
异色槭 (8) 317 **328**
异色柿 (6) 13 **22**
异色溲疏 (6) 248 **253**
异色线柱苣苔 (10) 322 **323**
异色雪花 (10) **542**
异蒴藓 (1) **956** 彩片281
异蒴藓属
(金发藓科) (1) 951 **956**
异穗卷柏 (2) 34 **57**
异穗薹草 (12) 493 **495**
异五棱飘拂草 (12) 291 **299**
异腺草 (8) **235**
异腺草属
(亚麻科) (8) 231 **235**
异心紫堇
(=岩生紫堇) (3) 755
异形假鹤虱 (9) 327 **328**
异形狭果鹤虱 (9) 336 **337**
异形木 (7) 625 **626**
异形木属
(野牡丹科) (7) 614 **625**
异形南五味子 (3) 367 **368**
异形拟绢藓 (1) **862**
异形玉叶金花 (10) 571 **572**
异型凤尾藓 (1) 403 **412**
异型兰 (13) **743** 彩片548
异型兰属
(兰科) (13) 370 **742**
异型柳 (5) 307 310 **325**
异型莎草 (12) 322 **333**
异型叶凤仙花 (8) 494 **523**
异序乌桕 (8) 113 **115**
异芽丝瓜藓 (1) 542 **546**
异檐花 (10) **491**
异檐花属
(桔梗科) (10) 447 **491**
异燕麦 (12) 886 **887**
异燕麦属
(禾本科) (12) 561 **886**
异药花 (7) 645 **647** 彩片238
异药花属
(野牡丹科) (7) 615 **645**
异药芥 (5) **509**
异药芥属
(十字花科) (5) 386 **509**
异药沿阶草 (13) 243 **244**
异野芝麻 (9) **525**
异野芝麻属
(唇形科) (9) 396 **525**
异叶败酱
(=墓头回) (11) 94
异叶梳子梢 (7) 177 **179**
异叶赤爬 (5) 209 **215** 彩片104
异叶地锦 (8) 183 **184**
异叶点地梅 (6) 150 **155**
异叶吊石苣苔 (10) 317 **319**
异叶海桐 (6) 234 **242**
异叶虎耳草 (6) 384 **397**
异叶花椒 (8) 401 **409**
异叶黄鹌菜 (11) 718 **724**
异叶茴芹 (8) 664 **667**
异叶假繁缕
(=孩儿参) (4) 400
异叶假福王草 (11) 730 **731**
异叶假盖果草 (10) **643**
异叶苣苔属
(苦苣苔科) (10) 247 **326**
异叶冷水花 (4) 93 **109**
异叶梁王茶 (8) **548** 彩片258
异叶裂萼苔 (1) 122 **124**
异叶鳞始蕨 (2) 165 **169**
异叶楼梯草 (4) 120 **124**
异叶轮草 (10) 662 **674**
异叶马兜铃 (3) 348 **350** 彩片270
异叶米口袋
(=高山豆) (7) 386
异叶南洋杉 (3) 12 **13** 彩片19
异叶囊瓣芹 (8) 657 **660**
异叶爬山虎
(=异叶地锦) (8) 184
异叶忍冬 (11) 51 **61**
异叶榕 (4) 44 **59** 彩片43
异叶三脉紫菀 (11) 175 **185**
异叶蛇葡萄 (8) 190 **192**
异叶石龙尾 (10) 99 **100**
异叶鼠李 (8) 145 **148**
异叶双唇蕨
(=异叶鳞始蕨) (2) 169
异叶碎米荠
(=云南碎米荠) (5) 456
异叶提灯藓 (1) **573**
异叶天南星
(=天南星) (12) 164
异叶兔儿风 (11) 665 **675**
异叶莴苣
(=林生假福王草) (11) 730
异叶细叶藓 (1) **331**
异叶亚菊 (11) 363 **365**
异叶眼子菜 (12) 30 **36**
异叶郁金香 (13) 105 **107**
异叶早熟禾 (12) 703 **717**
异叶泽兰 (11) 149 **152** 彩片41
异叶帚菊 (11) 658 **660**
异颖草 (12) **898**
异颖草属
(禾本科) (12) 559 **898**
异颖芨芨草 (12) 953 **955**
异颖三芒草 (12) 1003 **1005**
异羽复叶耳蕨 (2) 477 **480**
异羽千里光 (11) 530 531 **540**
异针茅 (12) 932 **939**
异枝碱茅 (12) 764 **772**
异枝绢藓 (1) 853 **856**
异枝狸藻 (10) 439 **442**

异枝砂藓 (1) 509 **515**
异枝藓属
(羽藓科) (1) 784 **786**
异枝皱蒴藓 (1) **593**
异枝竹属
(=酸竹属) (12) 640
异钟花
(=同钟花) (10) 493
异株矮麻黄
(=矮麻黄) (3) 118
异株百里香 (9) **535**
异株木犀榄 (10) **47** 彩片18
异株荨麻 (4) 77 **81**
异子蓬 (4) **349**
异子蓬属
(藜科) (4) 306 **348**
抑叶鳝藤
(=鳝藤) (9) 125
易贡鳞毛蕨 (2) 489 **502**
易乐早熟禾 (12) 707 **737**
益母草 (9) 479 **480** 彩片174
益母草属
(唇形科) (9) 396 **479**
益智 (13) 40 **43** 彩片38
缢苞麻花头 (11) 644 **645**
薏米 (12) **1170**
薏苡 (12) 1170 **1171** 彩片101
薏苡属
(禾本科) (12) 552 **1170**
虉草 (12) **894**
虉草属
(禾本科) (12) 559 **894**
翼柄翅果菊 (11) 744 **745**
翼柄风毛菊 (11) 573 **607**
翼柄厚喙菊 (11) 706 **707**
翼柄山莴苣
(=翼柄翅果菊) (11) 745
翼柄紫菀 (11) 176 **186**
翼炳碎米荠 (5) 451 **455**
翼齿六棱菊 (11) **242**
翼萼凤仙花 (8) 493 **516**
翼萼蔓 (9) **65**
翼萼蔓属
(龙胆科) (9) 12 **65**
翼梗五味子 (3) 370 **373** 彩片286
翼果霸王
(=翼果驼蹄瓣) (8) 458
翼果薹草 (12) **532**
翼果驼蹄瓣 (8) 454 **458**
翼核果 (8) 176 **177**
翼核果属
(鼠李科) (8) 138 **176**
翼蓟 (11) 621 **630**
翼茎白粉藤 (8) 198 **201**
翼茎草 (11) **247**
翼茎草属
(菊科) (11) 129 **247**
翼茎刺头菊 (11) 610 **611**
翼茎风毛菊 (11) 569 **585**
翼茎羊耳菊 (11) 289 **295**
翼蓼 (4) **514**
翼蓼属
(蓼科) (4) 481 **513**
翼蛇莲 (5) 203 **204**
翼首花属
(川续断科) (11) 106 **114**
翼药花 (7) **659**
翼药花属
(野牡丹科) (7) 615 **659**
翼叶九里香 (8) 435 **436**
翼叶棱子芹 (8) 612 **615**
翼叶山牵牛 (10) 333 **334** 彩片110
翼叶小绢藓 (1) **761**

yin
阴地蒿 (11) 378 **413**
阴地堇菜 (5) 141 **149**
阴地蕨 (2) 76 **76** 彩片31
阴地蕨科 (2) 2 **73**
阴地蕨属
(阴地蕨科) (2) **76**
阴地蛇根草 (10) 532 **536**
阴生红门兰 (13) 447 **453**
阴生沿阶草 (13) 244 **251**
阴地唐松草 (3) 461 **470**
阴地银莲花 (3) 487 **490**
阴地苎麻 (4) 136 **140**
阴山胡枝子 (7) 183 **193**
阴山芥属
(十字花科) (5) 384 386 **422**
阴山荠
(=锐棱阴山荠) (5) 423
阴生桫椤 (2) 143 **145**
阴湿铁角蕨 (2) 401 **411**
阴石蕨 (2) 656 **657**
阴石蕨属
(骨碎补科) (2) 644 **656**
阴香 (3) 251 **258** 彩片234
阴行草 (10) **223**
阴行草属
(玄参科) (10) 69 **223**
茵陈蒿 (11) 380 **425**
茵芋 (8) **427** 彩片218
茵芋属
(芸香科) (8) 399 **427**
荫地冷水花 (4) 93 **108**
荫生冷水花 (4) 93 **108**
荫生鼠尾草 (9) 506 **513**
淫羊藿 (3) 643 **650**
淫羊藿
(=朝鲜淫羊藿) (3) 645
淫羊藿属
(小檗科) (3) 582 **641**
银白杨 (5) 286 **288**
银背柳 (5) 306 309 **340**
银背风毛菊 (11) 573 **604**
银背菊 (11) 342 **347**
银背藤 (9) **267**
银背藤属
(旋花科) (9) 241 **266**
银背委陵菜 (6) 659 **680**
银边草 (12) **873**
银边翠 (8) 117 **123** 彩片66

银柴 (8) 44
银柴胡 (4) 407 **411**
银柴属
(大戟科) (8) 11 **43**
银带虾脊兰 (13) 598 **607** 彩片433
银粉背蕨 (2) 227 **227** 彩片69
银钩花 (3) **173**
银钩花属
(番荔枝科) (3) 158 **173**
银光委陵菜 (6) 659 **679**
银果胡颓子
(=银果牛奶子) (7) 478
银果牛奶子 (7) 468 **478**
银蒿 (11) 375 **397**
银合欢 (7) **6** 彩片4
银合欢属
(含羞草科) (7) 1 **5**
银桦 (7) **482**
银桦属
(山龙眼科) (7) 481 **482**
银灰毛豆 (7) 122 **123**
银灰旋花 (9) 251 **252**
银灰杨 (5) 286 **288**
银荆 (7) 7 **9**
银胶菊 (11) **312**
银胶菊属
(菊科) (11) 124 **312**
银兰 (13) 393 **395** 彩片290
银莲花 (3) 488 **498**
银莲花属
(毛茛科) (3) 389 **486**
银鳞茅 (12) 781 **82**
银鳞紫菀 (11) 176 **187**
银露梅 (6) 654 **660**
银缕梅 (3) **788** 彩片445
银缕梅属
(金缕梅科) (3) 773 **788**
银脉爵床 (10) **394**
银脉爵床属
(爵床科) (10) 330 **394**
银毛叶山黄麻 (4) 17 **18**
银木荷 (4) 609 **610**
银南星 (12) 151 **155** 彩片59
银屏牡丹 (4) **556**
银鹊树
(=瘿椒树) (8) 260
银色山矾 (6) 52 **60**
银砂槐 (7) **88**
银砂槐属
(蝶形花科) (7) 60 **88**
银杉 (3) **34** 彩片53
银杉属
(松科) (3) 15 **34**
银丝草 (9) **242**
银穗草 (12) 759 **760**
银穗草属
(禾本科) (12) 561 **758**
银穗湖瓜草 (12) 349 **350**
银条菜
(=风花菜) (5) 487
银藓 (1) **550**
银藓属
(真藓科) (1) 539 **550**
银线草 (3) 310 **312**
银杏 (3) **11** 彩片17
银杏科 (3) **11**
银杏叶铁角蕨
(=卵叶铁角蕨) (2) 425
银杏属
(银杏科) (3) **11**
银须草 (12) **874**
银须草属
(禾本科) (12) 559 **874**
银叶安息香 (6) 28 **35**
银叶巴豆 (8) 93 **94**
银叶菝葜 (13) 317 **336**
银叶杜茎山 (6) 78 **83**
银叶杜鹃 (5) 568 **642**
银叶桂 (3) 252 **262**
银叶蒿 (11) 372 **384**
银叶火绒草 (11) 251 **258**
银叶栲
(=银叶锥) (4) 189
银叶柳 (5) 305 310 **319**
银叶树 (5) **44** 彩片24
银叶树属
(梧桐科) (5) 34 **44**
银叶铁线莲 (3) 506 **527**
银叶委陵菜 (6) 656 **667**
银叶雾水葛 (4) 147 **148**
银叶樟
(=银叶桂) (3) 262
银叶真藓
(=真藓) (1) 557
银叶锥 (4) 182 **189**
银钟花 (6) **44**
银钟花属
(安息香科) (6) 26 **43**
银州柴胡 (8) 632 **641**
银珠 (7) **28** 彩片18
蚓果芥 (5) 531 **532**
隐瓣山莓草 (6) 692 **693**
隐瓣蝇子草 (4) 440 **449**
隐棒花 (12) 174 **175** 彩片80
隐棒花属
(天南星科) (12) 106 **174**
隐柄尖嘴蕨 (2) 704 **705**
隐刺卫矛 (7) 777 **785**
隐壶藓 (1) **528**
隐壶藓属
(壶藓科) (1) 526 **528**
隐花草 (12) **999**
隐花草属
(禾本科) (12) 558 **998**
隐棱芹 (8) **645**
隐棱芹属
(伞形科) (8) 580 **645**
隐脉杜鹃 (5) 557 **573**
隐脉红淡比 (4) 630 **632**
隐囊蕨 (2) 214 **215**
隐囊蕨属
(中国蕨科) (2) 208 **214**
隐匿薹草 (12) 429 **436**

隐盘芹属
(伞形科) (8) 579 **627**
隐蕊杜鹃 (5) 559 **587** 彩片201
隐舌橐吾 (11) 447 **452**
隐蒴苔科 (1) **181**
隐蒴藓科 (1) **644**
隐蒴藓属
(隐蒴藓科) (1) 644 **645**
隐松箩藓属
(蔓藓科) (1) 682 **688**
隐穗柄薹草 (12) **424**
隐穗薹草 (12) **411**
隐序南星 (12) 153 **169**
隐翼
(=隐翼木) (7) 512
隐翼科 (7) **512**
隐翼木 (7) **512**
隐翼属
(隐翼科) (7) **512**
隐柱兰 (13) **445**
隐柱兰属
(兰科) (13) 368 **445**
隐子草属
(禾本科) (12) 563 **977**
隐子芥 (5) **509**
隐子芥属
(十字花科) (5) 386 **509**
印禅铁苋菜 (8) 87 **90**
印度草木樨 (7) 429 **431**
印度灯心草 (12) 224 **244**
印度独活 (8) 752 **753**
印度狗肝菜 (10) 395 **396**
印度胶树
(=印度榕) (4) 50
印度锦鸡儿 (7) 265 **272** 彩片128
印度卷柏 (2) 32 **35**
印度栲
(=印度锥) (4) 188
印度蒲公英 (11) 768 **773**
印度榕 (4) 43 **50** 彩片34
印度蛇菰 (7) 766 **767**
印度薹草 (12) 382 **385**
印度型薹草 (12) 382 **385**
印度橡皮树
(=印度榕) (4) 50
印度血桐 (8) 73 **74**
印度崖豆 (7) 103 **106**
印度早熟禾 (12) 710 **750**
印度枣 (8) 173 **175**
印度锥 (4) 182 **188**
印西耳蕨 (2) 534 **550**

ying
英德尔大戟 (8) 119 **134**
英德黄芩 (9) 417 **423**
英吉利茶藨子 (6) 296 **306**
英雄树
(=木棉) (5) 66
缨齿藓 (1) **494**
缨齿藓属
(紫萼藓科) (1) 493 **494**
缨帽藓
(=节茎曲柄藓) (1) 353
莺哥木 (9) 374 **375** 彩片140
罂粟 (3) **705**
罂粟科 (3) **694**
罂粟莲花 (3) **501** 彩片363
罂粟莲花属
(毛茛科) (3) 389 **500**
罂粟属
(罂粟科) (3) 695 **705**
罂子桐
(=油桐) (8) 98
樱草 (6) 172 **181**
樱草杜鹃 (5) 561 **607**
樱草蔷薇 (6) 708 **715**
樱花
(=山樱花) (6) 774
樱井剪叶苔 (1) 4 **10**
樱桃 (6) 764 **771**
樱桃忍冬 (11) 53 **73**
樱属
(蔷薇科) (6) 445 **763**
璎珞柏
(=欧洲刺柏) (3) 94
鹦哥花 (7) 195 **196** 彩片92
鹰爪柴 (9) **251**
鹰爪豆 (7) **465**
鹰爪豆属
(蝶形花科) (7) 67 **464**
鹰爪枫 (3) 660 **662**
鹰爪花 (3) **184** 彩片201
鹰爪花属
(番荔枝科) (3) 159 **183**
鹰嘴豆 (7) 426 **427**
鹰嘴豆属
(蝶形花科) (7) 67 **426**
蘡薁葡萄
(=蘡薁) (8) 226
迎春花 (10) 58 **63** 彩片25
迎春樱桃 (6) 764 **768**
迎红杜鹃 (5) 572 **613** 彩片217
楹树 (7) 16 **20** 彩片13
蝇子草属
(石竹科) (4) 392 **439**
映山红
(=杜鹃) (5) 671
萤蔺 (12) 263 **266**
颖毛早熟禾 (12) 706 **730**
瘿花香茶菜 (9) 568 **582**
瘿椒树 (8) **260** 彩片120
瘿椒树属
(省沽油科) (8) 259 **260**
硬阿魏 (8) 734 **738**
硬草 (12) 780 **781**
硬草属
(禾本科) (12) 561 **780**
硬齿猕猴桃 (4) 658 **664** 彩片294
硬刺杜鹃 (5) 565 **657** 彩片259
硬斗柯
(=硬壳柯) (4) 214
硬稃稗 (12) 1044 **1046**
硬杆地杨梅 (12) 248 **252**

硬秆鹅观草
(=硬秆以礼草) **(12)** 863
硬秆以礼草 **(12)** **863**
硬秆子草 **(12)** 1132 **1133**
硬骨草 **(4)** **418**
硬骨草属
(石竹科) **(4)** 392 **418**
硬骨藤 **(3)** 670 **671**
硬果沟瓣 **(7)** 802 **803**
硬果鳞毛蕨 **(2)** 490 **512**
硬果薹草 **(12)** 460 **462**
硬核 **(7)** **732** 彩片287
硬核属
(檀香科) **(7)** 723 **732**
硬尖神香草 **(9)** **534** 彩片182
硬碱茅 **(12)** 765 **777**
硬壳桂 **(3)** 301 **303**
硬壳柯 **(4)** 201 **214**
硬粒小麦 **(12)** 842 **843**
硬毛白珠
(=毛滇白珠) **(5)** 695
硬毛草胡椒 **(3)** 334 **335**
硬毛地笋 **(9)** 539 **540**
硬毛冬青 **(7)** 835 **843**
硬毛火炭母 **(4)** 483 **499**
硬毛棘豆 **(7)** 354 **370**
硬毛蓼 **(4)** 483 **494**
硬毛柳叶菜 **(7)** 597 **605**
硬毛马甲子 **(8)** 171 **172**
硬毛猕猴桃
(=美味猕猴桃) **(4)** 671
硬毛木蓝 **(7)** 129 **144**
硬毛南芥 **(5)** 470 **473**
硬毛山黑豆 **(7)** **220**
硬毛山香圆 **(8)** 263 **264**
硬毛薹草 **(12)** 444 **450**
硬毛兔唇花 **(9)** **483**
硬毛夏枯草 **(9)** 458 **459**
硬皮葱 **(13)** 142 **164**
硬皮豆 **(7)** **230**
硬皮豆属
(蝶形花科) **(7)** 64 **230**
硬雀麦 **(12)** 804 **811**
硬穗飘拂草 **(12)** 291 **297**
硬头黄竹 **(12)** 575 **583**
硬头青竹 **(12)** 602 **614**
硬序重寄生 **(7)** 728 **729**
硬叶残齿藓
(=匍枝残齿藓) **(1)** 649
硬叶葱草 **(12)** 179 **180**
硬叶吊兰
(=纹瓣兰) **(13)** 575
硬叶冬青 **(7)** 835 **845**
硬叶兜兰 **(13)** 387 **388** 彩片277
硬叶杜鹃 **(5)** 559 **584**
硬叶对齿藓 **(1)** 451 **454**
硬叶粉苞菊 **(11)** **764**
硬叶槲蕨 **(2)** 764 **765**
硬叶兰 **(13)** 574 **576** 彩片393
硬叶蓝刺头 **(11)** 557 **558** 彩片122
硬叶柳 **(5)** 305 **338**
硬叶木蓝 **(7)** 131 **141**
硬叶纽口藓
(=硬叶对齿藓) **(1)** 454
硬叶蒲桃 **(7)** 560 **566**
硬叶曲尾藓 **(1)** 376 **384**
硬叶山兰 **(13)** 561 **563**
硬叶水毛茛 **(3)** **575**
硬叶藓科 **(1)** **862**
硬叶腺萼木
(=革叶腺萼木) **(10)** 579
硬叶小金发藓 **(1)** 958 **961** 彩片286
硬叶野古草 **(12)** 1012 **1014**
硬叶银穗草 **(12)** 758 **759**
硬叶早熟禾 **(12)** 710 **751**
硬羽藓
(=东亚硬羽藓) **(1)** 798
硬羽藓属
(羽藓科) **(1)** 784 **798**
硬枝点地梅 **(6)** 151 **161** 彩片44
硬枝野荞麦 **(4)** 511 **512**
硬指叶苔 **(1)** 37 **38** 彩片11
硬直黑麦草 **(12)** 786 **787**
硬质早熟禾 **(12)** 710 **752**

yong
永瓣藤 **(7)** **805**
永瓣藤属
(卫矛科) **(7)** 775 **805**
永健香青 **(11)** 265 **278**
永宁独活
(=多裂独活) **(8)** 754
永宁杜鹃 **(5)** 559 **588**
永善方竹 **(12)** 621 **625**

you
优美双盾木 **(11)** 46 **47**
优若藜
(=驼绒藜) **(4)** 335
优秀杜鹃 **(5)** 565 **622** 彩片229
优雅风毛菊 **(11)** 571 **593**
优雅狗肝菜 **(10)** **396**
优雅三毛草 **(12)** 879 **882**
优雅细柄茅 **(12)** 949 **950**
优越虎耳草 **(6)** 383 **396**
攸乐磨芋 **(12)** 136 **139**
尤里小檗 **(3)** 584 **594**
油胞耳叶苔 **(1)** 212 **220**
油菜
(=芸苔) **(5)** 392
油茶 **(4)** 574 **579** 彩片263
油茶离瓣寄生 **(7)** 741 **742**
油葱
(=芦荟) **(13)** 97
油丹 **(3)** **290** 彩片245
油丹属
(樟科) **(3)** 207 **290**
油点草 **(13)** **83**
油点草属
(百合科) **(13)** 71 **83**
油果樟 **(3)** **299**
油果樟属
(樟科) **(3)** 207 **298**

油桦 (4) 277 **285**
油芥菜
(=芥菜) (5) 393
油橄榄
(=木犀榄) (10) 47
油苦竹
(=斑苦竹) (12) 651
油麦吊杉
(=油麦吊云杉) (3) 44
油麦吊云杉 (3) 36 **44** 彩片67
油芒 (12) **1103**
油芒属
(禾本科) (12) 555 **1103**
油楠 (7) **58** 彩片48
油楠属
(云实科) (7) 23 **58**
油朴
(=菲律宾朴树) (4) 20
油杉 (3) 15 **18** 彩片25
油杉寄生 (7) **758**
油杉寄生属
(槲寄生科) (7) 757 **758**
油杉属
(松科) (3) 14 **15**
油柿 (6) 14 **24**
油松 (3) 53 **61** 彩片87
油桐 (8) 97 **98** 彩片47
油桐属
(大戟科) (8) 13 **97**
油藓科 (1) **727**
油藓属
(油藓科) (1) 727 **737**
油叶柯 (4) 199 **209** 彩片97
油叶石栎
(=油叶柯) (4) 209
油渣果 (5) **246** 彩片126
油渣果属
(葫芦科) (5) 199 **246**
油樟 (3) 250 **254**
油樟
(=油果樟) (3) 299
油竹 (12) 574 **578**
油棕 (12) **97**
油棕属
(棕榈科) (12) 57 **97**
柚 (8) 444 **446** 彩片229
柚木 (9) **363**
柚木属
(马鞭草科) (9) 346 **363**
疣苞滨藜 (4) **321**
疣胞提灯藓
(=疣灯藓) (1) 588
疣胞藓属
(锦藓科) (1) 873 **874**
疣柄顶胞藓 (1) 892 **893**
疣柄磨芋 (12) 136 **142** 彩片54
疣柄拟刺疣藓 (1) **885**
疣柄青藓 (1) 832 **836**
疣薄齿藓 (1) **466** 彩片133
疣草 (12) 190 **191**
疣齿丝瓜藓 (1) 542 **544**
疣齿藓属
(白齿藓科) (1) 651 **657**
疣灯藓 (1) **588** 彩片174
疣灯藓属
(提灯藓科) (1) 571 **588**
疣点卫矛 (7) 778 **795**
疣萼小萼苔 (1) 89 **90**
疣冠苔 (1) 278 **279** 彩片62
疣冠苔科 (1) **273**
疣冠苔属
(疣冠苔科) (1) 274 **278**
疣果匙荠 (5) **432** 彩片171
疣果地构叶
(=地构叶) (8) 61
疣果花楸 (6) 534 **550**
疣果冷水花 (4) 91 **96**
疣果楼梯草 (4) 120 **127**
疣果飘拂草 (12) 291 **293**
疣黑藓
(=东亚岩生黑藓) (1) 314
疣壶藓属
(壶藓科) (1) 525 **526**
疣护蒴苔 (1) **46**
疣护蒴苔属
(护蒴苔科) (1) 42 **46**
疣茎类钱袋苔 (1) **94**
疣茎麻羽藓
(=多疣麻羽藓) (1) 789
疣茎羽苔 (1) 129 **133**
疣卷柏藓 (1) **639**
疣肋曲柄藓 (1) **346**
疣粒稻 (12) **666**
疣鳞苔属
(细鳞苔科) (1) 225 **249**
疣囊薹草 (12) **536**
疣鞘独蒜兰 (13) 624 **625** 彩片447
疣小金发藓 (1) 958 **962**
疣序南星 (12) 152 **160** 彩片65
疣叶白发藓 (1) 396 **399**
疣叶鞭苔 (1) 25 **30**
疣叶石灰藓 (1) 459 **460**
疣叶树平藓 (1) 705 **706** 彩片216
疣叶苔属
(叶苔科) (1) 65 **66**
疣枝菝葜 (13) 317 **335**
疣枝寄生藤 (7) 730 **731**
疣枝小檗 (3) 584 **593**
疣枝栒子 (6) 484 **499**
友水龙骨 (2) 667 **673**
莜麦 (12) 892 **893**
莸 (9) 387 388
389 **390**
莸属
(马鞭草科) (9) 346 **387**
莸状黄芩 (9) 417 **421**
有斑百合 (13) 119 **124** 彩片94
有边瓦松
(=孔岩草) (6) 322
有边瓦韦 (2) 682 **689**
有柄柴胡 (8) 631 **637**
有柄马尾杉 (2) 15 **18**
有柄石韦 (2) 711 **715** 彩片138

有柄水苦荬 (10) 147 **160**
有柄凸轴蕨 (2) 346 **349**
有刺甘薯 (13) 343 **351**
有齿金星蕨 (2) 339 **342**
有齿鞘柄木 (7) 710 **711**
有翅星蕨 (2) 751 **754**
有刺凤尾蕨 (2) 183 **200**
有盖鳞毛蕨
(=平行鳞毛蕨) (2) 525
有盖肉刺蕨 (2) 473 **473**
有梗石龙尾 (10) 99 **100**
有梗越桔 (5) 698 **710**
有鳞短肠蕨
(=鳞柄短肠蕨) (2) 323
有棱小檗 (3) 584 **590**
有芒筱竹 (12) 628 **629**
有芒鸭嘴草 (12) 1134 **1136**
有尾水筛 (12) 18 **20**
有腺红柴枝 (8) 300 **309**
有腺泡花树 (8) 300 **309**
莠狗尾草 (12) 1071 **1077**
莠竹 (12) 1105 **1108**
莠竹属
(禾本科) (12) 555 **1105**
鼬瓣花 (9) **474**
鼬瓣花属
(唇形科) (9) 395 **474**

yu
余甘子 (8) 33 **35** 彩片12
盂兰 (13) **524** 彩片363
盂兰属
(兰科) (13) 368 **524**
鱼肚腩竹 (12) 574 **583**
鱼鳔槐 (7) 260 **261**
鱼鳔槐属
(蝶形花科) (7) 61 66 **260**
鱼骨木 (10) 604 **605**
鱼骨木属
(茜草科) (10) 508 **604**
鱼黄草 (9) 253 **255**
鱼黄草属
(旋花科) (9) 241 **253**
鱼蓝柯 (4) 199 **212**
鱼鳞蕨 (2) 470 **470** 彩片108
鱼鳞蕨属
(球盖蕨科) (2) 467 **470**
鱼鳞松
(=鱼鳞云杉) (3) 43
鱼鳞云杉 (3) 36 **43**
鱼木 (5) 367 **369**
鱼木属
(山柑科) (5) **367**
鱼藤 (7) 117 **118** 彩片69
鱼藤属
(蝶形花科) (7) 61 **117**
鱼尾葵 (12) 87 **88** 彩片23
鱼尾葵属
(棕榈科) (12) 57 **87**
鱼显子
(=华紫珠) (9) 360
鱼腥草
(=蕺菜) (3) 317
鱼眼草 (11) **156**
鱼眼草属
(菊科) (11) 122 **155**
鱼眼果冷水花 (4) 91 **102**
鱼子兰 (3) 310 **311** 彩片255
禺毛茛 (3) 554 **572**
俞藤 (8) **188**
俞藤属
(葡萄科) (8) 183 **187**
榆
(=榆树) (4) 7
榆桔 (8) **426**
榆桔属
(芸香科) (8) 398 **426**
榆科 (4) **1**
榆绿木 (7) **663** 彩片242
榆绿木属
(使君子科) (7) **663**
榆钱菠菜 (4) 321 **323**
榆树 (4) 3 **7** 彩片5
榆叶梅 (6) 752 **754**
榆属
(榆科) (4) 1 **2**
榆中贝母 (13) 109 **115**
虞美人 (3) 705 **706**
羽苞藁本 (8) 704 **712**
羽唇叉柱兰 (13) 422 **424**
羽唇兰 (13) **724** 彩片535
羽唇兰属
(兰科) (13) 371 **724**
羽萼
(=羽萼木) (9) 562
羽萼木 (9) **562**
羽萼木属
(唇形科) (9) 397 **562**
羽萼悬钩子 (6) 589 **627**
羽节蕨 (2) 272 **273**
羽节蕨属
(蹄盖蕨科) (2) 271 **272**
羽裂唇柱苣苔 (10) 287 **291** 彩片89
羽裂短肠蕨 (2) 316 **320**
羽裂风毛菊 (11) 569 **584**
羽裂风毛菊
(=东俄洛风毛菊) (11) 597
羽裂狗脊蕨
(=崇澍蕨) (2) 465
羽裂海金沙 (2) 107 **108** 彩片49
羽裂花旗杆 (5) 490 **493**
羽裂黄鹌菜 (11) 718 **722**
羽裂黄瓜菜 (11) 757 **758**
羽裂金盏苣苔 (10) 257 **258**
羽裂堇菜 (5) 141 **158**
羽裂绢毛苣 (11) 736 **737**
羽裂鳞毛蕨 (2) 492 **527**
羽裂荨麻 (4) 77 **78**
羽裂圣蕨 (2) 397 **398** 彩片91
羽裂条果芥 (5) 502 **503**
羽裂蟹甲草
(=华蟹甲) (11) 485
羽裂星蕨 (2) 751 **753**

羽裂玄参
(=裂叶玄参) **(10)** 83
羽裂雪兔子 **(11)** 569 **581** 彩片136
羽裂叶荠 **(5)** **539**
羽裂叶荠属
(十字花科) **(5)** 385 **538**
羽裂叶山芥 **(5)** **468**
羽裂叶双盖蕨 **(2)** 309 **310**
羽裂粘冠草 **(11)** 160 **161**
羽脉赤车 **(4)** 114 **118**
羽脉冷水花 **(4)** 93 **110**
羽脉山麻杆 **(8)** **77** 彩片36
羽脉山黄麻 **(4)** **17** 彩片14
羽脉山牵牛 **(10)** 333 **335**
羽脉新木姜子 **(3)** 208 **209**
羽脉野扇花 **(8)** **6**
羽芒菊 **(11)** **331**
羽芒菊属
(菊科) **(11)** 125 **331**
羽毛荸荠 **(12)** 279 **283**
羽毛地杨梅 **(12)** 248 **249**
羽毛三芒草 **(12)** **1003**
羽毛委陵菜 **(6)** 656 **671**
羽茅 **(12)** 953 **958**
羽扇豆 **(7)** 462 **463**
羽扇豆属
(蝶形花科) **(7)** 67 **462**
羽扇槭 **(8)** 316 **322**
羽穗草 **(12)** **974**
羽穗草属
(禾本科) **(12)** 562 **973**
羽苔科 **(1)** **127**
羽苔属
(羽苔科) **(1)** 127 **128**
羽藓科 **(1)** **784**
羽藓属
(羽藓科) **(1)** 784 **795**
羽序灯心草 **(12)** 223 **235**
羽叶阿里山鼠尾草 **(9)** 508 **523**
羽叶白头树 **(8)** **341**
羽叶报春
(=糙毛报春) **(6)** 217
羽叶扁芒菊 **(11)** 357 **358**
羽叶参 **(8)** 565 **568**
羽叶参属
(五加科) **(8)** 535 **564**
羽叶长柄山蚂蝗 **(7)** 161 **162**
羽叶点地梅 **(6)** **226** 彩片71
羽叶点地梅属
(报春花科) **(6)** 114 **225**
羽叶丁香 **(10)** 34 **38**
羽叶钉柱委陵菜 **(6)** 659 **678**
羽叶二药藻 **(12)** **48**
羽叶凤尾藓 **(1)** **420**
羽叶鬼灯檠 **(6)** 373 **374**
羽叶鬼针草 **(11)** 326 **328**
羽叶花 **(6)** **649**
羽叶花属
(蔷薇科) **(6)** 444 **649**
羽叶金合欢 **(7)** 7 **10**
羽叶锦藓 **(1)** **890** 彩片263
羽叶菊属
(菊科) **(11)** 127 **520**
羽叶蓼 **(4)** 483 **498** 彩片208
羽叶拟大豆 **(7)** **224**
羽叶山蚂蝗
(=羽叶长柄山蚂蝗) **(7)** 162
羽叶楸 **(10)** **426**
羽叶楸属
(紫葳科) **(10)** 419 **426**
羽叶三七 **(8)** 574 **575**
羽叶蛇葡萄 **(8)** 190 **196**
羽叶薯 **(9)** 259 **260**
羽叶穗花报春 **(6)** 171 **221** 彩片68
羽叶铁线莲 **(3)** 507 509 **530**
羽叶新月蕨 **(2)** 391 **393**
羽叶叶苔 **(1)** 70 **76**
羽叶照夜白 **(10)** 418 **420**
羽叶枝子花 **(9)** 451 **453**
羽衣草 **(6)** **749**
羽衣草属
(蔷薇科) **(6)** 444 **749**
羽枝耳平藓 **(1)** 672 **673**
羽枝灰藓
(=大灰藓) **(1)** 908
羽枝片叶苔 **(1)** **259** 彩片50
羽枝青藓 **(1)** 832 **836**
羽枝梳藓 **(1)** 930 **932**
羽枝瓦叶藓 **(1)** **782**
羽枝藓 **(1)** 716 **717** 彩片221
羽枝藓属
(木藓科) **(1)** 715 **716**
羽枝羽苔 **(1)** 129 **138** 彩片28
羽轴丝瓣芹 **(8)** 675 **677**
羽状短柄草 **(12)** 818 **819**
羽状青藓 **(1)** 831 **838**
羽状穗砖子苗 **(12)** 341 **342** 彩片96
羽状羽苔 **(1)** 129 **138**
雨久花 **(13)** **66** 彩片57
雨久花科 **(13)** **65**
雨久花属
(雨久花科) **(13)** 65 **66**
雨蕨 **(2)** **660**
雨蕨科 **(2)** 5 **660**
雨蕨属
(雨蕨科) **(2)** **660**
玉柏 **(2)** 24 **24**
玉柏石松
(=玉柏) **(2)** 24
玉钗草
(=水龙) **(7)** 584
玉蝉花 **(13)** 280 **283** 彩片197
玉凤花属
(兰科) **(13)** 367 **499**
玉桂
(=肉桂) **(3)** **262**
玉兰 **(3)** 131 **138** 彩片166
玉帘
(=葱帘) **(13)** 260
玉帘属
(=葱莲属) **(13)** 259
玉铃花 **(6)** 27 **28**
玉龙蕨 **(2)** 600 **600**

玉龙蕨属
(鳞毛蕨科) (2) 472 **600**
玉龙山无心菜
(=齿瓣蚤缀) (4) 429
玉龙羊茅 (12) 683 **397**
玉门点地梅 (6) 152 **169**
玉米
(=玉蜀黍) (12) 1169
玉蕊 (5) 103 **104** 彩片62
玉蕊科 (5) **103**
玉蕊属
(玉蕊科) (5) **103**
玉山艾 (11) 372 **386**
玉山灯台报春 (6) 175 **193**
玉山飞蓬 (11) 214 **217**
玉山剪股颖 (12) 915 **921**
玉山金丝桃 (4) 695 **708**
玉山裂叶苔 (1) 53 **56**
玉山龙胆 (9) 21 **51**
玉山南芥
(=琴叶拟南芥) (5) 47
玉山千里光 (11) 531 **532** 533 **535**
玉山山萝卜
(=台湾蓝盆花) (11) 120
玉山石竹 (4) 466 **470**
玉山香青 (11) 263 **266**
玉山小檗 (3) 584 **594** 彩片450
玉山蟹甲草 (11) 488 **498**
玉山针蔺 (12) 270 **271**
玉山竹 (12) 632 **638**
玉山竹属
(=箭竹属) (12) 631
玉蜀黍 (12) **1169**
玉蜀黍属
(禾本科) (12) 552 **1169**
玉树鹅观草 (12) 844 **853**
玉亭报春
(=紫花雪山报春) (6) 201
玉叶金花 (10) 572 **574** 彩片194
玉叶金花属
(茜草科) (10) 507 **571**
玉簪 (13) **91** 彩片69
玉簪薹草 (12) **402**
玉簪属
(百合科) (13) 70 **91**
玉竹 (13) 205 **208** 彩片151
芋 (12) 131 **132**
芋兰属
(兰科) (13) 365 **526**
芋头
(=芋) (12) 132
芋属 (12) 106 **130**
芋叶栝楼 (5) 234 **241**
郁金 (13) 23 **24** 彩片23
郁金香 (13) **105** 彩片78
郁金香属
(百合科) (13) 72 **104**
郁李 (6) 765 **779**
郁香忍冬 (11) 52 **73**
郁香野茉莉
(=芬芳安息香) (6) 33
裕民贝母 (13) 108 **113**
豫陕鳞毛蕨 (2) 489 **502**

yuan

鸢尾 (13) 280 **296** 彩片219
鸢尾科 (13) **273**
鸢尾兰属
(兰科) (13) 374 **554**
鸢尾蒜 (13) **268**
鸢尾蒜属
(石蒜科) (13) **259**
鸢尾叶风毛菊 (11) 571 **594** 彩片142
鸢尾属
(鸢尾科) (13) 273 **278**
鸳銮鼻铁线莲 (3) 508 **523**
元宝草 (4) 695 **704**
元宝槭 (8) 316 **319** 彩片152
元宝山冷杉 (3) 20 **26** 彩片38
元江栲
(=元江锥) (4) 197
元江毛蕨 (2) 373 **378**
元江铁线莲 (3) 510 **540**
元江羊蹄甲 (7) 41 **44**
元江锥 (4) 184 **197** 彩片89
元江杭子梢 (7) 177 **179**
原鳞苔 (1) **226**
原鳞苔属
(细鳞苔科) (1) 225 **226**
原始观音座莲属
(观音座莲科) (2) 84 **86**
原野菟丝子 (9) 271 **272**
圆白菜
(=甘蓝) (5) 391
圆柏 (3) 85 **89** 彩片115
圆柏寄生 (7) 758 **759**
圆柏属
(柏科) (3) 74 **84**
圆瓣扁萼苔 (1) 186 **195**
圆瓣大苞兰 (13) 717 **718**
圆瓣黄花报春 (6) 173 **202**
圆瓣姜花 (13) 33 **34** 彩片30
圆瓣冷水花 (4) 92 **102**
圆苞大戟 (8) 118 **128**
圆苞吊石苣苔 (10) 317 **319**
圆苞杜根藤 (10) **409**
圆苞金足草 (10) 374 **375**
圆苞鼠尾草 (9) 506 **510**
圆苞紫菀 (11) 174 **179**
圆柄铁线蕨 (2) 233 **240**
圆齿狗娃花 (11) 168 **171**
圆齿荆芥 (9) 437 **441**
圆齿石油菜 (4) 92 **106**
圆齿碎米荠 (5) 452 **458**
圆齿鸦跖花 (3) 577 **578**
圆齿褶龙胆 (9) 19 **41**
圆翅青藤
(=红花青藤) (3) 307
圆翅秋海棠 (5) 259 **282**
圆唇苣苔 (10) **300**
圆唇苣苔属
(苦苣苔科) (10) 246 **300**
圆唇虾脊兰 (13) 597 **602**

圆唇羊耳蒜 (13) 537 **544**
圆顶耳蕨 (2) 537 **572**
圆顶假瘤蕨 (2) 731 **733**
圆钝指叶苔 (1) 37 **40**
圆萼刺参 (11) 108 **109**
圆萼龙胆 (9) 18 **37**
圆萼叶苔 (1) 69 **82**
圆盖阴石蕨 (2) 656 **658**
圆秆珍珠茅 (12) 355 **357**
圆果杜英 (5) 1 **2** 彩片1
圆果甘草 (7) 389 **391**
圆果花楸 (6) 534 **550**
圆果化香树 (4) 164 **165**
圆果苣苔 (10) **325**
圆果苣苔属
(苦苣苔科) (10) 246 **324**
圆果金丝桃 (4) 693 **697**
圆果罗伞
(=圆果紫金牛) (6) 88
圆果秋海棠 (5) 256 **263**
圆果雀稗 (12) 1053 **1054**
圆果乳头基荸荠 (12) 279 **287**
圆果三角叶薯蓣 (13) 342 **347**
圆果算盘子 (8) 46 **50**
圆果紫金牛 (6) 85 **88**
圆滑番荔枝 (3) **194**
圆基条蕨 (2) 641 **643**
圆基原始观音座莲 (2) 86 **87**
圆坚果薹草 (12) 519 **525**
圆茎翅茎草 (10) 222 **223**
圆孔藓属
(金毛藓科) (1) 660 **661**
圆口藓属
(丛藓科) (1) 438 **458**
圆裂毛茛 (3) 551 **564**
圆裂四川牡丹 (4) 555 **559**
圆裂碎米荠
(=圆齿碎米荠) (5) 458
圆囊薹草 (12) **512**
圆片耳蕨 (2) 534 **549**
圆扇八宝 (6) 325 **327**
圆舌粘冠草 (11) **160** 彩片44
圆蒴连轴藓 (1) 506 **507**
圆蒴烟杆藓
(=筒蒴烟杆藓) (1) 950
圆穗蓼 (4) 484 **502** 彩片211
圆穗薹草 (12) 394 **397**
圆穗兔耳草 (10) 160 **161** 彩片45
圆条棉藓 (1) 865 **869** 彩片257
圆筒穗水蜈蚣 (12) 346 **347**
圆头杜鹃 (5) 566 **623**
圆头凤尾蕨 (2) 183 **203**
圆头蒿 (11) 379 **420**
圆头红腺蕨 (2) 468 **468**
圆头牛奶菜
(=大叶牛奶菜) (9) 184
圆头羽苔 (1) 129 **142**
圆网花叶藓 (1) 423 **424** 彩片122
圆网藓属
(油藓科) (1) 727 **733**
圆腺火筒树 (8) 180 **182**
圆芽箭竹 (12) 632 **636**
圆叶澳杨 (8) **110**
圆叶八宝 (6) 325 **326**
圆叶报春 (6) 171 **182**
圆叶薄荷 (9) 537 **539**
圆叶茶藨子 (6) 297 **310**
圆叶匙唇兰 (13) **728**
圆叶匙唇兰
(=匙唇兰) (13) 728
圆叶唇鳞苔 (1) 242 **243**
圆叶丛菔
(=总状丛菔) (5) 495
圆叶点地梅 (6) 150 **155**
圆叶杜鹃 (5) 562 **626**
圆叶短萼苔 (1) **181**
圆叶耳叶苔 (1) 212 **214**
圆叶匐灯藓 (1) 579 **583** 彩片172
圆叶附地菜 (9) 306 **308**
圆叶弓果藤
(=弓果藤) (9) 141
圆叶管口苔
(=抱茎叶苔) (1) 81
圆叶合头菊 (11) **738**
圆叶合叶苔 (1) 102 **112** 彩片23
圆叶横叶苔 (1) **161**
圆叶黄耆 (7) 292 **327**
圆叶节节菜 (7) 501 **502** 彩片176
圆叶筋骨草 (9) 407 **408**
圆叶锦葵 (5) **70**
圆叶老鹳草 (8) 468 **471**
圆叶蓼 (4) 482 **487**
圆叶肋柱花 (9) 69 **70**
圆叶裂叶苔 (1) 53 **58**
圆叶林蕨
(=团叶鳞始蕨) (2) 166
圆叶柳 (5) 301 307 **347**
圆叶鹿蹄草 (5) 722 **728**
圆叶裸蒴苔 (1) 2 **3** 彩片1
圆叶毛茛 (3) 550 **564**
圆叶毛堇菜
(=球果堇菜) (5) 143
圆叶茅膏菜 (5) **106**
圆叶棉藓 (1) 865 **869**
圆叶南蛇藤 (7) 806 **812**
圆叶拟扁枝藓 (1) **704**
圆叶忍冬 (11) 50 **55**
圆叶舌蕨 (2) 633 **633**
圆叶石豆兰 (13) 693 **713** 彩片529
圆叶肾蕨 (2) 637 **639**
圆叶湿原藓 (1) 820 **822**
圆叶水灰藓 (1) 824 **826**
圆叶鼠李 (8) 145 **151**
圆叶梭罗 (5) 46 **48**
圆叶苔 (1) **67**
圆叶苔属
(叶苔科) (1) 65 **67**
圆叶提灯藓
(=圆叶匐灯藓) (1) 583
圆叶兔耳草
(=圆穗兔耳草) (10) 161
圆叶娃儿藤 (9) 189 **192**
圆叶挖耳草 (10) 439 **441** 彩片144

圆叶乌桕 (8) 113 **114** 彩片61
圆叶无心菜
(=圆叶蚤缀) (4) 420
圆叶舞草 (7) 165 **166** 彩片82
圆叶小堇菜 (5) 143 **170**
圆叶小石积 (6) **511**
圆叶血桐
(=圆叶澳杨) (8) 110
圆叶枸子 (6) 483 **497**
圆叶眼树莲 (9) 173 **174**
圆叶野扁豆 (7) **241**
圆叶疣叶苔 (1) **66**
圆叶羽苔 (1) 130 **146**
圆叶羽叶参 (8) 565 **566**
圆叶玉兰 (3) 131 **136** 彩片163
圆叶蚤缀 (4) 419 **420**
圆叶真藓 (1) 558 **564**
圆叶猪屎豆 (7) 441 **442**
圆叶走灯藓
(=圆叶匐灯藓) (1) 583
圆叶钻地风 (6) 272 **273**
圆枝多核果 (7) 578 **579**
圆枝卷柏
(=红枝卷柏) (2) 36
圆枝青藓 (1) 831 **834**
圆柱萼叶苔 (1) 69 **83**
圆柱柳叶菜 (7) 597 **602**
圆柱披碱草 (12) 823 **825**
圆柱山羊草 (12) 840 **841**
圆柱鸭嘴草 (12) 1133 **1134**
圆柱叶灯心草 (12) 223 **234**
圆柱叶鸟舌兰 (13) **767** 彩片581
圆锥菝葜 (13) 317 **335**
圆锥大青 (9) 379 **385**
圆锥花桉 (7) 551 **556**
圆锥蕗蕨
(=细叶蕗蕨) (2) 117
圆锥南芥 (5) 470 **472**
圆锥茼麻 (5) 81 **82**
圆锥山蚂蝗 (7) 153 **159**
圆锥丝瓣芹 (8) 675 **678**
圆锥石头花 (4) 473 **478**
圆锥铁线莲 (3) 508 509 **522**
圆锥绣球 (6) 275 **281**
圆锥悬钩子 (6) 588 **624**
圆籽荷 (4) **613** 彩片282
圆籽荷属
(山茶科) (4) 573 **613**
缘脉菝葜 (13) 317 **332**
缘毛鹅观草 (12) 843 **848**
缘毛合叶豆 (7) 256 **257**
缘毛红豆 (7) 68 **72**
缘毛胡椒 (3) 320 **325**
缘毛棘豆 (7) 353 **370**
缘毛卷柏 (2) 34 **56**
缘毛卷耳 (4) 402 **405**
缘毛毛鳞菊 (11) 759 **760**
缘毛鸟足兰 (13) 518 **519** 彩片356
缘毛太行花 (6) **651**
缘毛薹草 (12) **546**
缘毛橐吾 (11) 450 **470**
缘生穴子蕨 (2) 775 **776**
缘毛珍珠茅 (12) 355 **359**
缘毛紫菀 (11) 177 **192** 彩片53
远东芨芨草 (12) 953 **959**
远东羊茅 (12) 682 **686**
远志 (8) 246 **255** 彩片118
远志科 (8) **243**
远志木蓝 (7) 128 **146**
远轴鳞毛蕨 (2) 488 **496**
远志属
(远志科) (8) 243 **244**
远志状马先蒿 (10) 181 **207**

yue
月瓣大萼苔 (1) 169 **171**
月光花 (9) 258 **259**
月桂 (3) **207**
月桂属
(樟科) (3) 206 **207**
月季花 (6) 710 **730**
月见草 (7) **593**
月见草属
(柳叶菜科) (7) 581 **592**
月牙一枝蒿
(=羊齿天门冬) (13) 231
月芽铁线蕨 (2) 233 **244** 彩片77
月月红 (6) 87 **98** 彩片27
岳桦 (4) 276 **280**
岳麓连蕊茶 (4) 577 **596**
岳麓紫菀 (11) 176 **189**
粤北鹅耳枥 (4) 260 **265**
粤赣荚 (11) 8 **32**
粤节肢蕨
(=龙头节肢蕨) (2) 748
粤琼玉凤花 (13) 501 **510**
粤蛇葡萄
(=广东蛇葡萄) (8) 196
粤铁角蕨
(=石生铁角蕨) (2) 418
粤瓦韦 (2) 681 **688**
粤西绣球 (6) 275 **279**
越桔 (5) 699 **708**
越桔杜鹃 (5) 562 **609**
越桔柳 (5) 302 311 **348**
越桔叶蔓榕 (4) 44 **61**
越桔属
(杜鹃花科) (5) 554 **697**
越桔叶忍冬 (11) 50 **55**
越榄 (8) **343**
越南安息香 (6) 27 **29**
越南巴豆 (8) 93 **94** 彩片43
越南白花风筝果 (8) 239 **240**
越南鞭苔 (1) 25 **34**
越南冬青 (7) 839 **867**
越南风筝果 (8) 239 **240**
越南凤仙花 (8) 489 **498**
越南割舌树 (8) **383**
越南槐 (7) 82 **85**
越南黄牛木 (4) 691 **692**
越南菱 (7) 543 **548**
越南密脉木 (10) 577 **578**
越南牡荆 (9) **374**

越南破布木 (9) 282 **283**
越南山矾 (6) 53 **68**
越南山核桃 (4) 173 **174**
越南山香圆 (8) 263 **265**
越南万年青 (12) **126**
越南悬钩子
(=蛇泡筋) (6) 620
越南叶下珠 (8) 34 **38**
越南异形木 (7) **626** 彩片233
越南油茶 (4) 574 **579**
越南榆 (4) 4 **11**
越南紫金牛 (6) 85 **89**
越南珍珠茅 (12) 355 **358**

yun
云广粗叶木 (10) 621 **624**
云贵粗叶木
(=梗花粗叶木) (10) 624
云贵鹅耳枥 (4) 261 **266**
云贵谷精草 (12) 206 **209**
云贵水韭 (2) 63 **64** 彩片22
云贵新月蕨 (2) 391 **395**
云贵牙蕨 (2) 614 **615**
云贵轴果蕨 (2) 329 **329**
云贵紫柄蕨 (2) 357 **360**
云桂暗罗 (3) 177 **179**
云桂骨碎补 (2) 652 **655**
云桂虎刺 (10) 648 **650**
云桂鸡矢藤 (10) 633 **634**
云桂叶下珠 (8) 34 **42**
云间地杨梅 (12) 248 **250**
云锦杜鹃 (5) 566 **617** 彩片223
云开红豆 (7) 68 **70**
云梅花草 (6) 431 **436**
云木香 (11) 569 **586**
云南凹脉柃 (4) 636 **655**
云南百部 (13) 311 **313**
云南白颜树
(=滇糙叶树) (4) 16
云南白杨 (5) 287 **297**
云南斑籽 (8) 107 **108** 彩片57
云南报春 (6) 177 **210**
云南豹子花 (13) 134 **135**
云南波罗栎 (4) 240 **244**
云南杓兰 (13) 377 **380** 彩片264
云南草蔻 (13) 40 **42**
云南叉蕨 (2) 617 **620**
云南叉柱兰 (13) 422 **423** 彩片300
云南长蒴苣苔 (10) 296 **298**
云南澄广花 (3) 164 **165**
云南赤瓟 (5) 209 **211**
云南赤枝藓 (1) **642**
云南翅子树 (5) 56 **58**
云南刺蕨 (2) 628 **630**
云南刺篱木 (5) 114 **115**
云南楤木 (8) 569 **572**
云南翠雀花 (3) 429 **444**
云南大百合
(=大百合) (13) 134
云南大柱藤 (8) **92**
云南地黄连 (8) 381 **382**
云南丁香 (10) 33 **34**
云南冬青 (7) 836 **850**
云南东俄芹 (8) **606**
云南豆腐柴 (9) 365 **369**
云南独蒜兰 (13) 624 **626** 彩片451
云南杜鹃 (5) 559 **583** 彩片196
云南多衣 (6) **554**
云南鹅耳枥 (4) 261 **268**
云南耳蕨 (2) 537 **570**
云南耳叶苔 (1) 211 **213** 彩片37
云南榧树 (3) 110 **111** 彩片142
云南风车子 (7) 671 **672**
云南风毛 (11) 571 572 **596**
云南枫杨 (4) 168 **170**
云南凤尾蕨 (2) 183 **203**
云南福王草 (11) 733 **734**
云南腹水草 (10) 137 **138**
云南高山大丛藓 (1) 468 **469**
云南高山豆 (7) 385 **387**
云南勾儿茶 (8) 166 **168** 彩片88
云南钩毛草 (10) **643**
云南狗尾草 (12) 1071 **1073**
云南谷精草 (12) 206 **208**
云南冠唇花 (9) 502 **504**
云南蒿 (11) 377 **402**
云南核果茶 (4) **619**
云南红豆杉
(=喜马拉雅红豆杉) (3) 107
云南红景天 (6) 355 **367**
云南红叶藓 (1) 444 **446**
云南胡桐
(=薄叶红厚壳) (4) 684
云南花椒 (8) 400 **403**
云南黄花稔 (5) 75 **79**
云南黄华 (7) 458 **459**
云南黄连 (3) 484 **485** 彩片350
云南黄皮 (8) 432 **434**
云南黄杞 (4) 165 **167** 彩片69
云南黄蓍 (7) 290 **310**
云南鸡矢藤 (10) **633**
云南棘豆 (7) 355 **379**
云南假木荷
(=云南金叶子) (5) 688
云南假韶子 (8) 285 **286**
云南假卫矛 (7) 820 **823**
云南假阴地蕨 (2) 74 **75** 彩片29
云南假鹰爪 (3) 168 **169** 彩片196
云南脚骨脆 (5) 126 **127**
云南金莲花 (3) 393 **394** 彩片303
云南金钱槭 (8) 314 **315** 彩片150
云南金叶子 (5) **688**
云南堇菜 (5) 140 **165**
云南锦鸡儿 (7) 264 **269**
云南九节 (10) 614 **615**
云南旌节花 (5) 131 **132**
云南聚花草 (12) 189 **190**
云南老鹳草 (8) 469 **483**
云南蓝果树 (7) **688**
云南榄仁
(=错枝榄仁) (7) 666
云南瘤果芹 (8) 624 **625**
云南肋毛蕨 (2) 605 **608**

云南连蕊茶 (4) 577 **598**
云南链荚豆 (7) **175**
云南灵芝草
(=大花蚤缀) (4) 424
云南柳 (5) 301 308 **314**
云南龙胆 (9) 18 **37**
云南毛齿藓 (1) **320**
云南毛茛 (3) 550 **563**
云南毛果草 (9) **324**
云南毛氏藓
(=云南高山大丛藓) (1) 469
云南蜜蜂花 (9) 527 **528**
云南木姜子 (3) 217 **226** 彩片219
云南拟单性木兰 (3) **142** 彩片172
云南鸟足兰 (13) 518 **519** 彩片357
云南牛栓藤 (6) **231** 彩片73
云南欧李
(=高盆樱桃) (6) 775
云南泡花树 (8) 299 **306**
云南泡花树
(=云南金叶子) (5) 688
云南盆距兰 (13) 761 **762**
云南七叶树 (8) 311 **312** 彩片146
云南桤叶树 (5) 544 **546**
云南墙藓 (1) 480 **482**
云南青毛藓 (1) 354 **357**
云南青牛胆 (3) 675 **677**
云南秋海棠 (5) 256 **266** 彩片131
云南曲唇兰 (13) 628 **629**
云南忍冬 (11) 55 **88**
云南肉豆蔻 (3) 198 **199** 彩片207
云南蕊帽忍冬
(=亮叶忍冬) (11) 66
云南沙参 (10) 477 **479**
云南莎草 (12) 322 **331**
云南沙棘 (7) 479 **481** 彩片168
云南山茶花
(=滇山茶) (4) 587
云南山壳骨 (10) 391 **392** 彩片119
云南山梅花 (6) 260 **264**
云南山枇杷
(=黄药大头茶) (4) 608
云南山楂 (6) 503 **505**
云南山指甲
(=毛叶假鹰爪) (3) 169
云南山竹子
(=云树) (4) 688
云南舌蕨 (2) 633 **635**
云南蓍 (11) 335 **337** 彩片78
云南石笔木 (4) 603 **605**
云南石仙桃 (13) 630 **631**
云南石梓 (9) **373**
云南土丁桂
(=短梗土丁桂) (9) 242
云南土圞儿 (7) 205
云南鼠尾草 (9) 507 **515** 彩片178
云南薯蓣 (13) 343 **351**
云南双盾木 (11) **46**
云南水壶藤 (9) 127 **128**
云南松 (3) 53 **64**
云南苏铁
(=宽叶苏铁) (3) 4
云南碎米荠 (5) 452 **456**
云南穗花杉 (3) **109** 彩片138
云南娑罗双 (4) **570**彩片257
云南薹草 (12) 455 **456**
云南檀栗 (8) **283**
云南藤黄 (4) 685 **687**
云南铁角蕨 (2) 402 403 **423**
云南铁杉 (3) 31 **32** 彩片50
云南铁线莲 (3) 510 **535**
云南葶苈 (5) 439 **443**
云南土圞儿 (7) **205**
云南土沉香 (8) 111 **112** 彩片59
云南兔儿风 (11) 664 **670**
云南橐吾 (11) 448 **455**
云南娃儿藤 (9) 189 **190** 彩片87
云南瓦韦 (2) 682 **691**
云南卫矛 (7) 777 **787**
云南吴萸 (8) 414 **417**
云南吴茱萸
(=云南吴萸) (8) 417
云南梧桐 (5) 40 **42**
云南菥蓂 (5) 415 **416**
云南锡兰莲 (3) **543**
云南香青 (11) 264 **272**
云南小花藤
(=小花藤) (9) 130
云南小连翘 (4) 695 **706**
云南小膜盖蕨 (2) 646 **649**
云南小檗 (3) 584 **594**
云南绣线菊 (6) 447 **459**
云南丫蕊花 (13) 76 **77**
云南牙蕨
(=薄叶牙蕨) (2) 614
云南崖摩 (8) 390 **391**
云南崖爬藤 (8) 207 **212**
云南亚麻荠
(=风花菜) (5) 487
云南羊耳蒜
(=大花羊耳蒜) (13) 549
云南羊蹄甲 (7) 42 **49** 彩片36
云南杨梅 (4) 175 **177** 彩片77
云南野独活 (3) **166**
云南野古草 (12) 1012 **1015**
云南野海棠 (7) 635 **637**
云南野桐 (8) 63 **65**
云南叶轮木 (8) 102 **103**
云南异木患 (8) 269 **271**
云南异燕麦 (12) 886 **890**
云南阴地蕨
(=云南假阴地蕨) (2) 75
云南阴石蕨 (2) 656 **659**
云南银柴 (8) 44 **45**
云南银钩花 (3) 173 **174**
云南樱桃 (6) 764 **771**
云南油杉 (3) 15 **16** 彩片22
云南羽叶参 (8) 565 **566**
云南鸢尾 (13) 279 **282** 彩片195
云南圆口藓 (1) **458**
云南獐牙菜 (9) 76 **85**
云南樟 (3) 250 **255**
云南沼兰

(=沼兰) (13) 552
云南折柄茶 (4) 613 **614**
云南针鳞苔 (1) **237**
云南真藓 (1) 558 **569**
云南舟柄茶
(=云南折柄茶) (4) 614
云南朱兰 (13) 525 **526**
云南猪屎豆 (7) 442 **450**
云南紫茎 (4) 617 **618**
云南紫菀 (11) 178 **197**
云南紫珠 (9) 353 **355**
云山八角枫 (7) 683 **685**
云山椆
(=云山青冈) (4) 229
云山青冈 (4) 223 **229**
云杉 (3) 35 **36**
云杉寄生 (7) 758 **759**
云杉属
(松科) (3) 14 **34**
云生毛茛 (3) 550 551 552 **560** 彩片383
云生早熟禾 (12) 704 **722**
云实 (7) 31 **35** 彩片25
云实科 (7) **22**
云实属
(云实科) (7) 23 **30**
云树 (4) 686 **688** 彩片311
云台南星 (12) 153 **169** 彩片75
云雾龙胆 (9) 17 **32** 彩片17
云雾雀儿豆 (7) 286 **287** 彩片130
云雾忍冬 (11) 53 **80**
云雾薹草 (12) 532 **534**
芸苔 (5) 390 **392** 彩片162
芸苔属
(十字花科) (5) 383 **390**
云叶兰 (13) **586**
云叶兰属
(兰科) (13) 372 **586**
云状雪兔子 (11) 568 **580**
芸香 (8) **422** 彩片211
芸香草 (12) 1142 **1147**
芸香科 (8) **398**
芸香属
(芸香科) (8) 398 **422**
芸香叶唐松草 (3) 462 **473**
芸香竹 (12) 571 **572**
蕴苞麻花头
(=缢苞麻花头) (11) 645

Z

za
杂交景天 (6) 336 **346**
杂毛蓝钟花 (10) 447 **449**
杂配藜 (4) 312 **314**
杂色杜鹃 (5) 570 **663**
杂色榕
(=青果榕) (4) 66
杂色钟报春 (6) 174 **198**
杂早熟禾 (12) 703 **719**
杂种车轴草 (7) 438 **439**

zai
栽培二棱大麦 (12) 834 **837**
栽秧花 (4) 694 **700**

zan
錾菜 (9) 479 **481**

zang
臧氏叶苔 (1) 69 **80**
臧氏羽苔 (1) 129 **137**
藏棒锤瓜 (5) **202**
藏报春 (6) 171 **186**
藏北高原芥
(=藏北扇叶芥) (5) 483
藏北碱茅 (12) 763 **766**
藏北扇叶芥 (5) 482 **483**
藏北嵩草 (12) 363 **373**
藏边栒子 (6) 482 **486**
藏波罗花 (10) 430 **433** 彩片139
藏布鳞毛蕨 (2) 489 **504**
藏臭草 (12) 789 **793**
藏刺榛 (4) 255 **256** 彩片110
藏滇风铃草 (10) 471 **474**
藏滇还阳参 (11) 712 **714**
藏滇羊茅 (12) 682 **687**
藏丁香
(=石丁香) (10) 554
藏东臭草 (12) 789 **791**
藏东虎耳草 (6) 383 **396**
藏东瑞香 (7) 526 **534**
藏东薹草 (12) 429 **433**
藏豆 (7) **402**
藏豆属
(蝶形花科) (7) 61 **402**
藏瓜 (5) **208**
藏瓜属
(葫芦科) (5) 198 **208**
藏寒蓬 (11) **213**
藏黄花茅 (12) **897**
藏茴芹 (8) 664 **668**
藏芨芨草 (12) 953 **956**
藏蓟 (11) 622 **634** 彩片156
藏芥 (5) 466 **467**
藏芥属
(十字花科) (5) 385 388 389 **466**
藏榄 (6) **6**
藏榄属
(山榄科) (6) 1 **6**
藏龙蒿 (11) 380 **422**
藏落芒草 (12) 941 **944**
藏麻黄 (3) 113 **115**
藏南百蕊草 (7) 733 **734**
藏南党参 (10) 456 **462**
藏南凤仙花 (8) 492 **515**
藏南犁头尖 (12) 143 **144**
藏南绿南星 (12) 153 **169**
藏南舌唇兰 (13) 459 **469**
藏南石斛 (13) 662 **684** 彩片512
藏南绣线菊 (6) 446 **450**
藏南悬钩子 (6) 584 **598**
藏南早熟禾 (12) 706 **732**

藏匹菊 (11) 351 **352**
藏蒲公英 (11) 767 **781**
藏荠 (5) **418**
藏荠属
(十字花科) (5) 386 **417**
藏青稞 (12) 834 **838**
藏扇穗茅 (12) 817 **818**
藏薹草 (12) 473 **477**
藏橐吾 (11) 448 **457** 彩片92
藏西凤仙花 (8) 491 **508**
藏西黄堇
(=革吉黄堇) (3) 746
藏西忍冬 (11) 52 **70**
藏西嵩草 (12) 363 **371**
藏象牙参 (13) **26**
藏新黄蓍 (7) 292 **326**
藏杏 (6) 758 **760**
藏玄参 (10) **91** 彩片34
藏玄参属
(玄参科) (10) 68 **91**
藏岩蒿 (11) 380 **423**
藏药木 (10) **600**
藏药木属
(茜草科) (10) 510 **600**
藏掖花 (11) **651**
藏掖花属
(菊科) (11) 132 **651**
藏异燕麦 (12) 887 **891**
藏银穗草 (12) 759 **761**
藏蝇子草 (4) 439 **443**
藏獐牙菜 (9) 77 **88**

zao
早春杜鹃 (5) 565 **615** 彩片220
早花大丁草
(=早花扶郎花) (11) 682
早花扶郎花 (11) 681 **682**
早花忍冬 (11) 52 **71**
早花象牙参 (13) 26 **27** 彩片25
早花悬钩子 (6) 591 **638**
早花岩芋 (12) 128 **129**
早开堇菜 (5) 142 **153** 彩片83
早落通泉草 (10) 121 **122**
早熟禾 (12) 706 **733**
早熟禾属
(禾本科) (12) 561 **701**
早园竹
(=沙竹) (12) 611
早竹 (12) 601 **612**
枣 (8) 172 **173** 彩片92
枣椰子
(=海枣) (12) 58
枣叶翅果麻 (5) **84**
枣属
(鼠李科) (8) 138 **172**
蚤草 (11) 297 **298**
蚤草属
(菊科) (11) 129 **297**
蚤休
(=华重楼) (13) 223
蚤缀 (4) 419 **420**
蚤缀属
(石竹科) (4) 392 **418**
藻百年 (9) **12**
藻百年属
(龙胆科) (9) 11 **12**
藻苔 (1) **1**
藻苔科 (1) **1**
藻苔属
(藻苔科) (1) **1**
皂荚 (7) 24 **26** 彩片16
皂荚属
(云实科) (7) 22 **24**
皂柳 (5) 302 303 **352** 彩片150
燥原荠
(=灰毛庭荠) (5) 435

ze
泽地早熟禾 (12) 708 **742**
泽蕃椒 (10) **95**
泽蕃椒属
(玄参科) (10) 70 **95**
泽兰
(=硬毛地笋) (9) 540
泽兰属(菊科) (11) 122 **149**
泽漆 (8) 118 **126**
泽芹 (8) **684**
泽芹属
(伞形科) (8) 580 **684**
泽山飞蓬 (11) 214 **216**
泽生藤 (12) 77 **84**
泽水苋 (7) **500**
泽苔草 (12) **9**
泽苔草属
(泽泻科) (12) **8**
泽泻 (12) 9 **10**
泽泻
(=东方泽泻) (12) 10
泽泻科 (12) **3**
泽泻虾脊兰 (13) 598 **607** 彩片432
泽泻属
(泽泻科) (12) **9**
泽藓属
(珠藓科) (1) 597 **602**
泽星宿菜
(=泽珍珠菜) (6) 125
泽珍珠菜 (6) 115 **125**

zei
贼小豆
(=山绿豆) (7) 234

zeng
增城杜鹃 (5) 571 **676**

zha
栅枝垫柳 (5) 301 308 **333**
痄腮树 (7) **488**
榨菜 (5) 390 **394**

zhai
窄瓣红苞木 (3) 776 **777**
窄瓣红花荷

(=窄瓣红苞木) (3) 777
窄瓣虎耳草 (6) 386 **410**
窄瓣鹿药 (13) 191 **194** 彩片140
窄瓣毛茛 (3) 551 552 **557**
窄苞蒲公英 (11) 768 **773**
窄苞橐吾 (11) 449 **464** 彩片96
窄边蒲公英 (11) 767 **774**
窄翅南芥 (5) 470 **473**
窄唇蜘蛛兰 (13) **739**
窄萼凤仙花 (8) 494 **522** 彩片313
窄果脆兰 (13) 725 **726**
窄花凤仙花 (8) 490 **504**
窄裂委陵菜 (6) 659 **679**
窄裂缬草 (11) 99 **102**
窄膜棘豆 (7) 355 **378**
窄穗莎草 (12) 322 **332**
窄穗细柄茅 (12) 949 **951**
窄穗针茅 (12) 932 **938**
窄筒小报春 (6) 176 **215**
窄头橐吾 (11) 449 **463**
窄序雀麦 (12) 803 **806**
窄沿沟草 (12) 782 **783**
窄叶败酱 (11) 92 **95**
窄叶半枫荷 (5) 56 **59**
窄叶单花鸢尾
(=单花鸢尾) (13) 291
窄叶杜鹃 (5) 564 **636**
窄叶短柱茶 (4) 574 **581**
窄叶贯众蕨
(=尖羽贯众) (2) 593
窄叶火棘 (6) 501 **502**
窄叶火炭母 (4) 483 **499**
窄叶金星蕨
(=延羽卵果蕨) (2) 355
窄叶柯 (4) 201 **220**
窄叶蓝盆花 (11) 116 **118**
窄叶柃 (4) 636 **647**
窄叶南蛇藤 (7) 806 **811**
窄叶枇杷 (6) 525 **528**
窄叶青冈 (4) 223 **229**
窄叶乳菀 (11) 203 **205**
窄叶石楠 (6) 514 **517**
窄叶束尾草 (12) 1159 **1160**
窄叶碎米荠
(=弹裂碎米荠) (5) 457
窄叶甜茅 (12) 797 **799**
窄叶鲜卑花 (6) 469 **470**
窄叶小苦荬 (11) 752 **754**
窄叶绣线菊 (6) 448 **464**
窄叶野青茅 (12) 902 **912**
窄叶野豌豆 (7) 408 **419**
窄叶泽泻 (12) 10 **11**
窄叶紫珠 (9) 354 **362**
窄翼风毛菊
(=狭翼风毛菊) (11) 606
窄翼黄蓍 (7) 289 **306**
窄颖赖草 (12) 827 **829**
窄颖早熟禾 (12) 703 **715**
窄竹叶柴胡 (8) 632 **643**

zhan
毡毛稠李 (6) 781 **784**
毡毛风毛菊
(=毡毛雪莲) (11) 576
毡毛马兰 (11) 163 **164**
毡毛泡花树 (8) 299 **306**
毡毛石韦 (2) 712 **726** 彩片142
毡毛薯蓣 (13) 343 **352**
毡毛雪莲 (11) 568 **576** 彩片127
粘萼蝇子草 (4) 442 **458**
粘冠草 (11) 160 **161**
粘冠草属
(菊科) (11) 122 **160**
粘蓼 (4) 484 **504**
粘毛白酒草 (11) 224 **225**
粘毛蒿 (11) 379 **415**
粘毛黄花稔 (5) 76 **79**
粘毛黄芩 (9) 418 **425**
粘毛假尖蕊
(=假尖蕊) (10) 363
粘毛蓼
(=香蓼) (4) 504
粘毛母草 (10) 106 **109**
粘毛忍冬 (11) 51 **61**
粘毛山芝麻 (5) 50 **52**
粘毛鼠尾草 (9) 506 **514**
粘毛香青 (11) 263 **265**
粘木 (8) **230** 彩片105
粘木科 (8) **230**
粘木属
(粘木科) (8) **230**
粘山药 (13) 343 **351**
粘腺果属
(紫茉莉科) (4) 291 **295**
詹氏泥炭藓
(=垂枝泥炭藓) (1) 304
斩蛇箭
(=开口箭) (13) 180
展苞灯心草 (12) 223 **236**
展苞飞蓬 (11) 214 **218** 彩片62
展萼金丝桃 (4) 694 **700**
展毛翠雀花 (3) 430 **447**
展毛地椒 (9) 535 **537**
展毛瓜叶乌头
(=爪叶乌头) (3) 417
展毛拟缺刻乌头
(=德钦乌头) (3) 424
展毛野牡丹 (7) 621 **622** 彩片230
展毛银莲花 (3) 488 **497** 彩片359
展穗碱茅 (12) 765 **776**
展穗膜稃草 (12) **1057**
展穗砖子苗 (12) 341 **344**
展序芨芨草 (12) 954 **959**
展羽假瘤蕨 (2) 731 **739**
展枝斑鸠菊 (11) 137 **142**
展枝沙参 (10) 476 **486**
展枝唐松草 (3) 463 **479**
展枝玉叶金花 (10) 572 **575**

zhang
獐耳细辛 (3) 499 **500** 彩片361
獐耳细辛属
(毛茛科) (3) 389 **499**

獐毛 (12) **960**
獐毛属
(禾本科) (12) 561 **960**
獐牙菜 (9) 75 **83** 彩片42
獐牙菜属
(龙胆科) (9) 12 **74**
樟 (3) 250 **254** 彩片230
樟科 (3) **206**
樟木
(=樟) (3) 254
樟木箭竹 (12) 632 **636**
樟木秋海棠 (5) 257 **269**
樟树
(=樟) (3) 254
樟味藜 (4) **337**
樟味藜属
(藜科) (4) 305 **337**
樟叶鹅掌柴 (8) 552 **555**
樟叶胡椒 (3) 319 **322**
樟叶荚 (11) 5 **16**
樟叶槿 (5) 91 **93**
樟叶楼梯草 (4) 121 **132**
樟叶泡花树 (8) 299 **303**
樟叶槭 (8) 317 **329** 彩片160
樟叶水丝梨 (3) 719 **720**
樟叶越桔 (5) 698 **701**
樟属
(樟科) (3) 206 **250**
樟子松 (3) 53 **60** 彩片85
掌唇兰 (13) 729 **730** 彩片540
掌唇兰属
(兰科) (13) 371 **729**
掌竿竹 (12) 656 **657**
掌裂草葡萄 (8) **194**
掌裂毛茛 (3) 552 **555**
掌裂蛇葡萄 (8) 190 **194**
掌裂蟹甲草 (11) 489 **502**
掌裂叶秋海棠 (5) 259 **283**
掌裂叶秋海棠
(=盾叶秋海棠) (5) 265
掌脉蝇子草 (4) 441 **457**
掌叶白头翁 (3) 501 **503**
掌叶报春 (6) 171 **182** 彩片50
掌叶大黄 (4) 530 **534** 彩片229
掌叶点地梅 (6) 150 **154**
掌叶蜂斗菜 (11) **505**
掌叶凤尾蕨
(=指叶凤尾蕨) (2) 185
掌叶复盆子 (6) 587 **619**
掌叶海金沙 (2) 107 **107**
掌叶海金沙
(=海南海金沙) (2) 107
掌叶花烛 (12) **108**
掌叶假瘤蕨 (2) 731 **736**
掌叶堇菜 (5) 141 **159**
掌叶梁王茶 (8) **548**
掌叶蓼 (4) 483 **497**
掌叶木 (8) **288**
掌叶木属
(无患子科) (8) **268**
掌叶秋海棠 (5) 259 **284**
掌叶石蚕 (9) **399**
掌叶石蚕属
(唇形科) (9) 392 **399**
掌叶铁线蕨 (2) 233 **238** 彩片74
掌叶橐吾 (11) 449 **463**
掌叶线蕨 (2) 755 **759**
掌叶悬钩子 (6) 587 **616**
掌叶鱼黄草 (9) 253 **254** 彩片109
掌状叉蕨 (2) 617 **619**
掌状多裂委棱菜 (6) 656 **669**
丈菊
(=向日葵) (11) 321
杖藜 (4) 313 **317** 彩片141
杖藤 (12) 77 **82** 彩片18
胀萼黄蓍 (7) 296 **350**
胀果甘草 (7) 389 **390**
胀果黄华 (7) 458 **461**
胀果棘豆 (7) 355 **379**
胀萼蓝钟花 (10) 448 **452** 彩片150
胀萼紫草属
(紫草科) (9) 281 **295**
胀果芹 (8) **741**
胀果芹属
(伞形科) (8) 582 **741**
胀囊薹草 (12) 488 **489**

zhao

招展杜鹃 (5) 561 **600**
昭苏乳菀 (11) 203 **204**
昭苏蝇子草 (4) 440 **446**
沼地虎耳草 (6) 383 **393**
沼地毛茛 (3) 552 **565**
沼寒藓 (1) **596**
沼寒藓属
(寒藓科) (1) 594 **596**
沼菊 (11) **316**
沼菊属
(菊科) (11) 124 **316**
沼兰 (13) 551 **552** 彩片379
沼兰属
(兰科) (13) 374 **551**
沼柳 (5) 302 **357**
沼楠 (3) 266 **267**
沼泞碱茅 (12) 765 **776**
沼沙参 (10) 476 **486**
沼生繁缕 (4) 407 **413**
沼生蔊菜 (5) 485 **488**
沼生合叶苔 (1) 103 **109**
沼生菰 (12) 672 **673**
沼生苦苣菜 (11) 701 **702**
沼生拉拉藤 (10) 661 **666**
沼生柳叶菜 (7) 597 **611**
沼生水马齿 (10) **3**
沼生苔草
(=湿生薹草) (12) 438
沼生橐吾 (11) 449 **460**
沼生虾子草 (10) 131 **132**
沼生小曲尾藓 (1) 338 **342**
沼生真藓 (1) 558 **546**
沼委陵菜 (6) **691**
沼委陵菜属
(蔷薇科) (6) 444 **690**

沼羽藓属				
(羽藓科)	**(1)**	784	**800**	
沼原草				
(=拟麦氏草)	**(12)**		679	
沼泽蕨	**(2)**	336	**336**	
沼泽蕨属				
(金星蕨科)	**(2)**	335	**336**	
沼泽香科科	**(9)**	400	**401**	
照山白	**(5)**	560	**599**	彩片210
照夜白属				
(紫葳科)	**(10)**	418	**420**	

zhe

折苞斑鸠菊	**(11)**	137	**143**	
折苞风毛菊	**(11)**	574	**610**	
折苞羊耳蒜	**(13)**	536	**540**	
折被韭	**(13)**	141	**163**	
折柄茶	**(4)**	614	**615**	
折柄茶属				
(山茶科)	**(4)**	573	**613**	
折唇羊耳蒜	**(13)**	537	**548**	
折冠藤	**(9)**		**196**	
折冠藤属				
(萝科)	**(9)**	135	**196**	
折甜茅	**(12)**	797	**800**	
折叶木灵藓	**(1)**	621	**626**	
折叶纽藓	**(1)**	478	**479**	
折叶曲尾藓	**(1)**	376	**381**	
折叶苔	**(1)**		**99**	
折叶苔属				
(合叶苔科)	**(1)**	98	**99**	
折叶萱草	**(13)**	93	**95**	彩片74
褶叶萱草				
(=折叶萱草)	**(13)**		95	
折叶直毛藓				
(=折叶曲属藓)	**(1)**		381	
褶萼苔	**(1)**		**98**	
褶萼苔属				
(合叶苔科)	**(1)**		**98**	
褶皮黧豆	**(7)**	198	**199**	
褶藓属				
(薄罗藓科)	**(1)**	765	**775**	
褶叶青藓	**(1)**	831	**840**	
褶叶石灰藓	**(1)**	459	**461**	
褶叶藓	**(1)**		**830**	
褶叶藓属				
(青藓科)	**(1)**	828	**830**	
褶叶小墙藓	**(1)**		**484**	
柘	**(4)**	40	**41**	
柘树				
(=柘)	**(4)**		41	
柘藤	**(4)**		**40**	
柘属				
(桑科)	**(4)**	28	**39**	
浙贝母	**(13)**	109	**11**	彩片81
浙赣车前紫草	**(9)**	312	**313**	
浙杭卷瓣兰	**(13)**	692	**707**	
浙江安息香	**(6)**	27	**33**	
浙江扁莎	**(12)**		**337**	
浙江凤仙花	**(8)**	495	**529**	
浙江红花油茶				
(=浙江红山茶)	**(4)**		589	
浙江红山茶	**(4)**	575	**589**	彩片272
浙江金线兰	**(13)**	436	**441**	
浙江蜡梅	**(3)**	204	**205**	
浙江铃子香	**(9)**	460	**461**	
浙江柳叶箬	**(12)**	1020	**1022**	
浙江马鞍树	**(7)**	80	**81**	
浙江木蓝	**(7)**	129	**135**	
浙江楠	**(3)**	267	**271**	彩片239
浙江七叶树	**(8)**	311	**312**	彩片145
浙江乳突果				
(=祛风藤)	**(9)**		165	
浙江山梅花	**(6)**	260	**266**	
浙江溲疏	**(6)**	248	**252**	
浙江碎米荠				
(=圆齿碎米荠)	**(5)**		458	
浙江蝎子草	**(4)**	88	**89**	
浙江新木姜子	**(3)**	208	**212**	
浙江雪胆	**(5)**	203	**206**	
浙江岩荠				
(=紫堇叶阴山荠)	**(5)**		425	
浙江叶下珠	**(8)**	34	**40**	
浙江獐牙菜	**(9)**	76	**86**	
浙荆芥	**(9)**	437	**442**	
浙闽樱桃	**(6)**	764	**770**	
浙皖粗筒苣苔	**(10)**	261	**263**	
浙皖凤仙花	**(8)**	493	**517**	
浙皖虎刺	**(10)**	647	**648**	
浙皖荚	**(11)**	8	**31**	
浙皖菅	**(12)**	1155	**1156**	
浙皖绣球	**(6)**	275	**280**	
蔗茅	**(12)**	1099	**1100**	
蔗茅属				
(禾本科)	**(12)**	555	**1099**	
鹧鸪草	**(12)**		**873**	
鹧鸪草属				
(禾本科)	**(12)**	559	**873**	
鹧鸪花	**(8)**		**384**	彩片194
鹧鸪花属				
(楝科)	**(8)**	375	**384**	
鹧鸪麻	**(5)**		**46**	彩片25
鹧鸪麻属				
(梧桐科)	**(5)**	34	**35**	

zhen

针苞菊	**(11)**		**650**	
针苞菊属				
(菊科)	**(11)**	132	**650**	
针刺齿缘草	**(9)**	328	**330**	
针刺矢车菊	**(11)**	653	**654**	
针齿铁仔				
(=密齿铁仔)	**(6)**		110	
针刺悬钩子	**(6)**	586	**609**	
针灯心草	**(12)**	222	**233**	
针果芹	**(8)**		**601**	
针果芹属				
(伞形科)	**(8)**	578	**601**	
针晶粟草				
(=吉粟草)	**(4)**		389	
针裂叶绢蒿	**(11)**	433	**438**	
针蔺属				
(莎草科)	**(12)**	255	**270**	

针鳞苔属
(细鳞苔科) **(1)** 225 **237**
针毛蕨 **(2)** 351 **352**
针毛蕨属
(金星蕨科) **(2)** 335 **351**
针毛鳞盖蕨 **(2)** 155 **160**
针毛新月蕨 **(2)** 391 **394**
针茅 **(12)** 931 **935**
针茅属
(禾本科) **(12)** 557 **931**
针筒菜 **(9)** 492 **494**
针叶耳蕨
(=刺叶耳蕨) **(2)** 550
针叶蕨 **(2)** **269**
针叶蕨属
(书带蕨科) **(2)** 265 **269**
针叶龙胆 **(9)** 20 **45**
针叶薹草 **(12)** 527 **529**
针叶天蓝绣球 **(9)** **278**
针叶苋 **(4)** **378**
针叶苋属
(苋科) **(4)** 368 **378**
针叶藻 **(12)** **49**
针叶藻属
(丝粉藻科) **(12)** 48 **49**
针叶帚菊 **(11)** 658 **659**
针枝芸香 **(8)** 421 **422**
针状猪屎豆 **(7)** 442 **449**
针子草 **(10)** **402**
针子草属
(爵床科) **(10)** 331 **402**
珍珠
(=珍珠猪毛菜) **(4)** 361
珍珠矮 **(13)** 575 **582**
珍珠菜 **(6)** 115 **122**
珍珠菜属
(报春花科) **(6)** **114**
珍珠草 **(12)** 206 **212**
珍珠枫
(=紫珠) **(9)** 359
珍珠花
(=珍珠荚) **(11)** 29
珍珠花 **(5)** **686** 彩片283
珍珠花属
(杜鹃花科) **(5)** 554 **686**
珍珠荚 **(11)** 7 **29**
珍珠莲 **(4)** 46 **74**
珍珠茅属
(莎草科) **(12)** 256 **354**
珍珠梅 **(6)** 471 **472**
珍珠梅
(=绣线菊) **(6)** 449
珍珠梅属
(蔷薇科) **(6)** 442 **471**
珍珠绣线菊 **(6)** 448 **467**
珍珠猪毛菜 **(4)** 359 **361** 彩片162
桢楠
(=楠木) **(3)** 272
真堇 **(3)** 725 **753**
真毛黄耆 **(7)** 288 **300**
真穗草 **(12)** **993**
真穗草属
(禾本科) **(12)** 559 **993**
真檀
(=檀香) **(7)** 725
真藓 **(1)** 557 **560** 彩片160
真藓科 **(1)** **539**
真藓属
(真藓科) **(1)** 539 **557**
榛 **(4)** 255 **257** 彩片112
榛叶黄花稔 **(5)** 76 **78**
榛属
(桦木科) **(4)** **255**
榛子
(=榛) **(4)** 257
镇康薹草 **(12)** 441 **442**
镇康胀萼紫草 **(9)** 295 **296**

zheng
整鳞苔属
(细鳞苔科) **(1)** 225 **241**
正鸡纳树 **(10)** 551 **552**
正宇耳蕨 **(2)** 537 **573**

zhi
支柱蓼 **(4)** 484 **501**
芝菜
(=冰沼菜) **(12)** 26
芝菜科
(=冰沼草科) **(12)** 26
芝菜属
(=冰沼草属) **(12)** 26
芝麻 **(10)** **417** 彩片126
芝麻菜 **(5)** **396** 彩片165
芝麻菜属
(十字花科) **(5)** 383 **395**
枝翅珠子木 **(8)** 42 **43**
枝花李榄 **(10)** 45 **46**
枝穗山矾 **(6)** 51 **56**
知本耳蕨
(=斜羽耳蕨) **(2)** 576
知风草 **(12)** 962 **968**
知风飘拂草 **(12)** 293 **308**
知荆
(=单叶豆) **(6)** 232
知母 **(13)** **87**
知母属
(百合科) **(13)** 70 **87**
栀子 **(10)** 581 **582** 彩片196
栀子皮 **(5)** **122** 彩片73
栀子皮属
(大风子科) **(5)** 110 **122**
栀子属
(茜草科) **(10)** 509 **581**
蜘蛛抱蛋 **(13)** 183 **187**
蜘蛛抱蛋属
(百合科) **(13)** 70 **182**
蜘蛛花 **(10)** **540**
蜘蛛花属
(茜草科) **(10)** 507 **540**
蜘蛛兰属
(兰科) **(13)** 370 **739**
蜘蛛香 **(11)** 98 **99** 彩片30

蜘蛛岩蕨 (2) 452 **456**
直瓣扁萼苔 (1) 185 **199**
直瓣苣苔 (10) 259 **260**
直瓣苣苔属
(苦苣苔科) (10) 244 **259**
直长筒蕨 (2) 136 **138**
直齿藓属
(真藓科) (1) 539 **541**
直唇姜属
(姜科) (13) 21 **49**
直唇卷瓣兰 (13) 691 **702** 彩片521
直刺变豆菜 (8) 589 **591**
直酢浆草 (8) 462 **464**
直萼黄芩 (9) 418 **425**
直杆蓝桉 (7) 551 **555** 彩片194
直根酸模 (4) 521 **523**
直梗高山唐松草 (3) 460 **481**
直果草 (10) **170**
直果草属
(玄参科) (10) 69 **170**
直果野桐
(=东南野桐) (8) 69
直荚草黄蓍 (7) 294 **341**
直角凤丫蕨 (2) 254 **259**
直角荚 (11) 7 **28** 彩片8
直茎叉羽藓
(=叉羽藓) (1) 785
直茎蒿 (11) 381 **427**
直茎黄堇 (3) 725 **757**
直距耧斗菜 (3) 455 **456** 彩片338
直棱藓 (1) **658**
直棱藓属
(棱蒴藓科) (1) **658**
直立百部 (13) 311 **312** 彩片237
直立点地梅 (6) 150 **157**
直立黄细心 (4) 294 **295**
直立茴芹 (8) 664 **669**
直立堇菜
(=立堇菜) (5) 167
直立锦香草 (7) 638 **639**
直立卷瓣兰 (13) 691 **703**
直立老鹳草 (8) 469 **482**
直立膜萼花 (4) **465**
直立婆婆纳 (10) 145 **149**
直立山牵牛 (10) **333**
直立山珊瑚 (13) 522 **523** 彩片361
直立省藤 (12) 76 **78**
直立石龙尾 (10) 100 **102**
直立委陵菜 (6) 659 **685**
直立悬钩子 (6) 586 **609**
直立叶苔 (1) 69 **73**
直鳞肋毛蕨 (2) 605 **606**
直鳞苔属
(细鳞苔科) (1) 225 **241**
直脉榕 (4) 43 **49**
直脉兔儿风 (11) 665 **672**
直芒草 (12) 947 **948**
直芒草属
(禾本科) (12) 558 **947**
直芒雀麦 (12) 804 **814**
直毛藓 (1) **374**
直毛藓属
(曲尾藓科) (1) 333 **374**
直球穗扁莎 (12) 337 **338**
直蕊囊草 (12) 415 **419**
直蒴卷柏藓 (1) 639 **640**
直蒴苔属
(小袋苔科) (1) **97**
直穗鹅观草 (12) 845 **857**
直穗囊草 (12) 500 **502**
直穗小檗 (3) 588 **617**
直葶石豆兰 (13) 693 **714**
直序五膜草 (10) **444**
直叶凤尾藓 (1) 402 **406**
直叶锦叶藓 (1) **391**
直叶棉藓 (1) 865 **866**
直叶藓属
(木灵藓科) (1) 617 **637**
直叶香柏 (3) 84 **87**
直叶珠藓 (1) 598 **599** 彩片179
直叶紫萼藓 (1) 497 **504**
直枝杜鹃 (5) 561 **595**
纸叶八月瓜 (3) 661 **664**
纸叶琼楠 (3) 293 **296**
纸质石韦 (2) 711 **719**
止泻木 (9) **124** 彩片71
止泻木属
(夹竹桃科) (9) 90 **123**
止血马唐 (12) 1062 **1065**
芷叶棱子芹 (8) 612 **618**
指甲花
(=凤仙花) (8) 496
指甲兰属
(兰科) (13) 370 **755**
指裂梅花草 (6) 431 **437**
指鳞苔属
(细鳞苔科) (1) 224 **244**
指叶凤尾蕨 (2) 179 180 **185**
指叶假瘤蕨 (2) 731 **737**
指叶毛兰 (13) 640 **646**
指叶山猪菜 (9) 253 **254**
指叶苔 (1) 37 **39** 彩片12
指叶苔科 (1) **23**
指叶苔属
(指叶苔科) (1) 24 **37**
指柱兰 (13) **444**
指柱兰属
(兰科) (13) 368 **444**
趾叶栝楼 (5) 234 **239** 彩片122
治疝草 (4) **394**
治疝草属
(石竹科) (4) 391 **394**
枳 (8) **441** 彩片227
枳椇 (8) **159** 彩片83
枳椇属
(鼠李科) (8) 138 **159**
枳属
(芸香科) (8) 399 **441**
栉苞堇叶延胡索
(=堇叶延胡索) (3) 763
栉齿黄鹌菜 (11) 718 **723**
栉齿细莴苣 (11) **762**
栉叶蒿属

(菊科) (11) 127 **441**
置疑小檗 (3) 588 **618**
雉尾藓属
(孔雀藓科) (1) 742 **747**

zhong
中败酱 (11) 92 **94**
中甸报春
(=中甸灯台报春) (6) 194
中甸长果婆婆纳 (10) 146 **152**
中甸灯台报春 (6) 175 **194** 彩片55
中甸风毛菊 (11) 572 **598**
中甸茴芹 (8) 664 **670**
中甸冷杉 (3) 19 **21** 彩片26
中甸岩黄蓍 (7) 392 **395**
中国粗榧
(=粗榧) (3) 103
中国地杨梅 (12) 248 **250**
中国繁缕 (4) 407 **410**
中国黄花柳 (5) 303 **351**
中国角萼苔 (1) **240**
中国旌节花 (5) 131 **134** 彩片79
中国蕨 (2) 225 **225** 彩片68
中国蕨科 (2) 3 **208**
中国蕨属
(中国蕨科) (2) 208 **225**
中国苦树 (8) 369 **370**
中国龙胆 (9) 18 **23**
中国马先蒿 (10) 184 **220** 彩片66
中国梅花草 (6) 431 **434**
中国木灵藓 (1) **621** 彩片186
中国茜草 (10) 675 **677**
中国石蒜 (13) 262 **265**
中国沙棘 (7) 479 **480** 彩片167
中国宿苞豆
(=宿苞豆) (7) 219
中国无忧花 (7) **57** 彩片46
中国喜山葶苈
(=喜山葶苈) (5) 441
中国绣球 (6) 275 **276** 彩片81
中国岩黄蓍 (7) 393 **397**
中国野菰 (10) 230 **231**
中国猪屎豆 (7) 442 **449**
中华安息香 (6) 28 **36**
中华白齿藓 (1) 652 **654**
中华笔草 (12) 1114 **1115**
中华扁萼苔 (1) 185 **200**
中华并列藓 (1) 316 **317**
中华补血草
(=补血草) (4) 547
中华残齿藓
(=匍枝残齿藓) (1) 649
中华残齿藓小叶变种
(=匍枝残齿藓) (1) 649
中华草沙蚕 (12) 985 **987**
中华刺蕨 (2) 628 **629**
中华刺毛藓 (1) **597**
中华叉柱兰 (13) 422 **423**
中华粗石藓 (1) **362**
中华大节竹 (12) 593 **596**
中华淡竹叶 (12) 680 **681**
中华地桃花 (5) 85 **86**
中华杜英 (5) 1 **5**
中华短肠蕨 (2) 317 **328**
中华对马耳蕨 (2) 534 **547**
中华盾蕨 (2) 677 **680**
中华鹅观草 (12) 844 **851**
中华鹅掌柴 (8) 551 **553**
中华耳蕨 (2) 536 **561**
中华凤尾蕨
(=变异凤尾蕨) (2) 196
中华复叶耳蕨 (2) 478 **482**
中华高地藓 (1) **319**
中华高山苔 (1) **284**
中华光萼苔 (1) 203 **205**
中华孩儿草 (10) **403**
中华红丝线 (9) 233 **235**
中华厚边藓 (1) **803**
中华胡枝子 (7) 183 **191**
中华槲蕨 (2) 765 **768** 彩片152
中华花
(=花忍) (9) **277**
中华黄花稔 (5) 74 **75**
中华荚果蕨 (2) 447 **448** 彩片100
中华尖药花 (10) **571**
中华菅 (12) 1156 **1158**
中华剑蕨 (2) 779 **780**
中华结缕草 (12) **1007**
中华金星蕨 (2) 339 **343**
中华金腰 (6) 419 **427** 彩片112
中华卷柏 (2) 33 **50**
中华克氏苔
(=中华高山苔) (1) 284
中华栝楼 (5) 235 **242** 彩片123
中华老鹳草 (8) 468 **473**
中华狸尾豆 (7) 169 **171**
中华里白 (2) 102 **102**
中华立毛藓 (1) **325**
中华立碗藓 (1) 522 **523**
中华列当 (10) 237 **238**
中华鳞盖蕨 (2) 155 **158**
中华鳞毛蕨 (2) 490 **516**
中华瘤枝卫矛 (7) 778 **793**
中华柳 (5) 307 311 **328**
中华柳叶菜 (7) 597 **603**
中华鹿藿 (7) 248 **250**
中华落芒草 (12) 941 **942**
中华马祖耳蕨 (2) **547**
中华猕猴桃 (4) 659 **670** 彩片300
中华木荷 (4) 609 **611**
中华木衣藓 (1) **631**
中华盆距兰 (13) 761 **763**
中华萍蓬草 (3) **384**
中华槭 (8) 317 **326** 彩片157
中华墙藓
(=高山赤藓) (1) **477**
中华青荚叶 (7) 707 **709** 彩片276
中华青牛胆 (3) 675 **676**
中华秋海棠 (5) 257 **267** 彩片133
中华全萼苔 (1) **91**
中华缺齿藓 (1) **540**
中华三叶委陵菜 (6) 658 **688**
中华沙参 (10) 476 **483**

中华山黧豆 (7) 420 **422**
中华山紫茉莉 (4) **294**
中华蛇根 (10) 532 **538**
中华蛇莲
(=雪胆) (5) 206
中华石蝴蝶 (10) 281 **282**
中华石龙尾 (10) 100 **102**
中华石楠 (6) 515 **520**
中华石杉 (2) 8 **9**
中华双扇蕨 (2) 661 **661** 彩片121
中华水锦树 (10) 545 **548**
中华水韭 (2) 63 **63**
中华水龙骨 (2) 667 **672**
中华水芹 (8) 693 **695**
中华水丝梨 (3) **791**
中华碎米荠
(=大叶碎米荠) (5) 454
中华桫椤 (2) 143 **144**
中华缩叶藓 (1) **488**
中华薹草 (12) 473 **474**
中华蹄盖蕨 (2) 294 **299**
中华天胡荽 (8) 583 **585**
中华甜茅 (12) 797 **801**
中华瓦韦 (2) 681 **683**
中华卫矛 (7) 778 **793**
中华蚊母树 (3) 789 **790**
中华无毛藓 (1) **760**
中华细枝藓 (1) **767**
中华仙茅 (13) 305 **307**
中华香简草 (9) **556**
中华小苦荬 (11) 752 **754** 彩片177
中华蟹甲草 (11) 489 **501**
中华绣线菊 (6) 447 **458**
中华绣线梅 (6) 474 **476**
中华羊茅 (12) 682 **689**
中华野独活 (3) 165 **166**
中华野葵 (5) 70 **71**
中华业平竹 (12) 619 **620**
中华隐囊蕨 (2) 214 **214**
中华隐蒴藓 (1) **645**
中华隐子草 (12) 978 **980**
中华缨帽藓
(=节茎曲柄藓) (1) 353
中华疣齿藓 (1) **657**
中华羽苔 (1) 131 **155**
中华粘腺果 (4) **295**
中华锥花 (9) 413 **415**
中间鹅观草 (12) 844 **851**
中间茯蕨 (2) 364 **364**
中间骨牌蕨 (2) 700 **702**
中间鹤虱
(=卵盘鹤虱) (9) 339
中间碱茅 (12) 764 **773**
中间锦鸡儿 (7) 266 **277**
中间髯药草 (9) 490 **491**
中间型荸荠 (12) 279 **288**
中间型冷水花 (4) 92 **104**
中间型竹叶草 (12) 1041 **1042**
中间早熟禾 (12) 707 **735**
中粒咖啡 (10) 607 **608** 彩片204
中麻黄 (3) 112 **114** 彩片144
中缅八角 (3) 360 **361**
中缅耳蕨 (2) 536 **562**
中缅玉凤花 (13) 501 **514**
中南蒿 (11) 379 **416**
中南胡麻草 (10) 164 **166**
中南悬钩子 (6) 587 **618**
中南鱼藤 (7) 118 **119**
中宁枸杞
(=宁夏枸杞) (9) 206
中平树 (8) 73 **75**
中日金星蕨 (2) 338 **340**
中泰玉凤花 (13) 499 **502**
中天山黄耆 (7) 293 **334**
中位泥炭藓 (1) 300 **306** 彩片76
中型冬青 (7) 838 **860**
中型狼尾草 (12) 1078 **1080**
中型千屈菜 (7) 503 **504**
中型树萝卜 (5) 714 **717**
中亚阿魏 (8) 734 **736**
中亚车轴草 (10) 661 **673**
中亚滨藜 (4) 321 **326**
中亚多榔菊 (11) 444 **445** 彩片85
中亚虫实 (4) 328 **330**
中亚荩草 (12) **1150**
中亚苦蒿 (11) 373 **383**
中亚沙棘 (7) 479 **481** 彩片169
中亚天仙子 (9) 211 **212**
中亚卫矛 (7) 777 **789**
中亚细柄茅 (12) **949**
中亚银穗草 (12) 759 **760**
中亚鸢尾 (13) 281 **99**
中亚羽裂叶荠 (5) **539**
中亚早熟禾 (12) 711 **755**
中亚紫菀木 (11) 201 **202** 彩片59
中越耳蕨 (2) 539 **583**
中越复叶耳蕨 (2) 478 **481**
中越猕猴桃 (4) 658 **666**
中越山茶 (4) 576 **592**
中越石韦 (2) 712 **722** 彩片141
中越蹄盖蕨 (2) 294 **303**
中州凤仙花 (8) 493 **518**
柊叶 (13) **62** 彩片54
柊叶属
(竹芋科) (13) 60 **62**
钟苞麻花头 (11) 643 **644**
钟萼草 (10) **96**
钟萼草属
(玄参科) (10) 71 **95**
钟萼木
(=伯乐树) (8) 266
钟萼鼠尾草 (9) 506 **512**
钟冠唇柱苣苔 (10) **287**
钟花白珠 (5) 690 **691**
钟花报春 (6) 174 **197** 彩片56
钟花草 (10) **393**
钟花草属
(爵床科) (10) 330 **393**
钟花垂头菊 (11) 470 **472**
钟花杜鹃 (5) 569 **655** 彩片257
钟花假百合 (13) **137** 彩片116
钟花蓼 (4) 483 **495**
钟花樱桃 (6) 765 **775**

钟君木
(=假紫珠) (9) 372
钟帽藓 (1) 613
钟帽藓属
(树生藓科) (1) 611 613
钟山草属
(=毛冠四蕊草属) (10) 163
钟状垂花报春 (6) 171 223
肿柄菊 (11) 321
肿柄菊属
(菊科) (11) 124 321
肿喙薹草 (12) 460 463
肿荚豆 (7) 100
肿荚豆属
(蝶形花科) (7) 61 100
肿节少穗竹
(=肿节竹) (12) 650
肿节石斛 (13) 663 673 彩片493
肿节竹 (12) 645 650
肿胀果薹草 (12) 460 461
肿足蕨 (2) 330 331
肿足蕨科 (2) 5 330
肿足蕨属
(肿足蕨科) (2) 330
肿足鳞毛蕨 (2) 491 519
仲氏薹草 (12) 414 417
种阜草 (4) 430
种阜草属
(石竹科) (4) 392 430
种棱粟米草 (4) 390 391
重瓣臭茉莉 (9) 378 382
重瓣棣棠花 (6) 578 彩片138
重瓣五味子 (3) 370 377
重齿风毛菊 (11) 570 588 彩片140
重齿胡卢巴 (7) 431 432
重齿秋海棠 (5) 256 264
重齿沙参
(=云南沙参) (10) 479
重齿碎米荠
(=大叶碎米荠) (5) 454
重唇石斛 (13) 663 680 彩片504
重冠紫菀 (11) 178 197 彩片56
重寄生 (7) 728
重寄生属
(檀香科) (7) 723 727
重楼
(=七叶一枝花) (13) 222
重楼排草
(=落地梅) (6) 142
重楼属
(百合科) (13) 69 219
重羽菊 (11) 639
重羽菊属
(菊科) (11) 131 639

zhou
舟瓣芹 (8) 623
舟瓣芹属
(伞形科) (8) 580 623
舟柄茶
(=折柄茶) (4) 615
舟果荠 (5) 429
舟果荠属
(十字花科) (5) 383 429
舟果歧缬草 (11) 105
舟曲耳蕨
(=杜氏耳蕨) (2) 556
舟曲高山耳蕨
(=杜氏耳蕨) (2) 556
舟山新木姜子 (3) 208 211 彩片214
舟叶橐吾 (11) 448 456 彩片89
舟状凤仙花 (8) 491 510
周裂秋海棠 (5) 259 283 彩片138
周毛悬钩子 (6) 591 641
周至柳 (5) 307 311 328
轴果蕨 (2) 328 329
轴果蕨属
(蹄盖蕨科) (2) 272 328
轴果蹄盖蕨 (2) 294 302
轴花木 (8) 105 彩片54
轴花木属
(大戟科) (8) 13 105
轴榈属
(棕榈科) (12) 56 66
轴藜 (4) 336
轴藜属
(藜科) (4) 305 336
轴脉蕨 (2) 609 610
轴脉蕨属
(叉蕨科) (2) 603 609
轴脉鳞毛蕨 (2) 491 522
帚灯草科 (12) 218
帚菊属
(菊科) (11) 130 657
帚蓼 (4) 482 485
帚序苎麻 (4) 136 139 彩片60
帚枝千屈菜 (7) 503 504
帚枝鼠李 (8) 145 153
帚枝唐松草 (3) 461 474
帚状鸦葱 (11) 687 688
胄叶线蕨 (2) 755 758
皱边石杉 (2) 8 12
皱边喉毛花 (9) 63 64
皱柄冬青 (7) 839 867
皱波黄堇 (3) 724 749
皱波球根鸦葱 (11) 688 693
皱翅厚壁蕨 (2) 118 119
皱萼苔 (1) 229
皱萼苔属
(细鳞苔科) (1) 224 229
皱果赤瓟 (5) 209 210
皱果棱子芹 (8) 612 616
皱果蛇莓 (6) 706
皱果薹草 (12) 460 465
皱果苋 (4) 371 374 彩片175
皱果崖豆藤 (7) 103 110
皱苦竹 (12) 645 655
皱面草 (9) 464 465 彩片169
皱皮杜鹃 (5) 567 646 彩片250
皱皮木瓜 (6) 555 556 彩片134
皱球蛇菰 (7) 766 769
皱蒴藓 (1) 593 594 彩片177
皱蒴藓科 (1) 592

皱蒴藓属
(皱蒴藓科) (1) **593**
皱纹柳 (5) 302 311 **348**
皱叶安息香 (6) 27 **29**
皱叶粗枝藓 (1) 926 **928**
皱叶杜茎山 (6) 78 **80**
皱叶耳叶苔 (1) 212 **215** 彩片40
皱叶匐灯藓 (1) 578 **579**
皱叶沟瓣 (7) 802 **803**
皱叶狗尾草 (12) 1071 **1072**
皱叶海桐 (6) 233 **235**
皱叶黄杨 (8) 1 **5**
皱叶荚 (11) 5 **14**
皱叶假黄藓 (1) **734**
皱叶假脉蕨 (2) 125 **128**
皱叶剪秋罗 (4) 436 **437**
皱叶芥菜
(=芥菜) (5) 393
皱叶裂叶苔 (1) 53 **56**
皱叶鹿蹄草 (5) 721 **724**
皱叶毛建草 (9) 452 **455**
皱叶毛口藓 (1) 482 **483**
皱叶牛舌藓 (1) 777 **778**
皱叶青藓 (1) 831 **835**
皱叶曲尾藓 (1) 376 **287**
皱叶雀梅藤 (8) 139 **141** 彩片79
皱叶忍冬 (11) 54 **86**
皱叶鼠李 (8) 146 **156**
皱叶树萝卜 (5) 714 **717**
皱叶酸模 (4) 521 **525**
皱叶酸藤子 (6) 102 **105**
皱叶提灯藓
(=皱叶匐灯藓) (1) 579
皱叶委陵菜 (6) 655 **663**
皱叶小蜡 (10) 49 **54**
皱叶鸦葱 (11) 688 **692**
皱叶野茉莉
(=皱叶安息香) (6) 29
皱叶醉鱼草 (10) 15 **21**
皱缘纤枝香青 (11) 264 **273**
皱枣 (8) 173 **176** 彩片95
皱褶马先蒿 (10) 181 **202**
骤尖楼梯草 (4) 121 **129**
骤尖叶旌节花 (5) 132 **135**

zhu

朱顶红 (13) **270**
朱顶红属
(石蒜科) (13) 259 **270**
朱顶兰
(=花朱顶红) (13) 271
朱果藤 (6) **227**
朱果藤属
(牛栓藤科) (6) **227**
朱红大杜鹃 (5) 562 **655**
朱红苣苔 (10) **302** 彩片95
朱红苣苔属
(苦苣苔科) (10) 245 **301**
朱蕉 (13) **174** 彩片123
朱蕉属
(百合科) (13) 69 **174**
朱槿 (5) 91 **93** 彩片53
朱兰 (13) **525**
朱兰属
(兰科) (13) 368 **525**
朱砂杜鹃 (5) 561 **597**
朱砂藤 (9) 150 **157**
朱氏羽苔 (1) 130 **143**
朱缨花 (7) **11** 彩片7
朱缨花属
(含羞草科) (7) 1 **11**
侏碱茅 (12) 763 **769**
侏儒报春
(=柔小粉报春) (6) 212
侏儒剪股颖
(=大理剪股颖) (12) 920
侏倭婆婆纳 (10) 145 **150**
珠峰飞蓬 (11) 215 **220**
珠峰火绒草 (11) 251 **257**
珠峰小檗 (3) 584 **592**
珠光香青 (11) 263 **266**
珠果黄堇 (3) 726 **761**
珠蕨 (2) 209 **209**
珠蕨属
(中国蕨科) (2) 208 **208**
珠藓科 (1) **597**
珠藓属
(珠藓科) (1) 597 **598**
珠芽艾麻 (4) **84**
珠芽八宝 (6) 326 **328**
珠芽地锦苗 (3) 721 **728**
珠芽瓜叶乌头
(=瓜叶乌头) (3) **417**
珠芽画眉草 (12) 963 **966**
珠芽景天 (6) 336 **350**
珠芽蓼 (4) 484 **499** 彩片210
珠芽蟹甲草 (11) 489 **499**
珠状泽藓 (1) 602 **603**
珠子参 (10) 456 **466** 彩片160
珠子参 (8) 574 **575**
珠子草 (8) 34 **39**
珠子木 (8) **42**
珠子木属
(大戟科) (8) 11 **42**
珠仔树 (6) 53 **66**
诸葛菜 (5) **398** 彩片167
诸葛菜属
(十字花科) (5) 382 383 **397**
猪菜藤 (9) **248**
猪菜藤属
(旋花科) (9) 240 **247**
猪肚木 (10) **604** 彩片200
猪鬣凤尾蕨 (2) 180 181 **189**
猪笼草 (5) **105** 彩片64
猪笼草科 (5) **104**
猪笼草属
(猪笼草科) (5) **105**
猪笼草状南星
(=猪笼南星) (12) 168
猪笼南星 (12) 153 **168**
猪毛菜 (4) 359 **363**
猪毛菜属
(藜科) (4) 306 307 **359**

猪毛草 (12) 263 **267**
猪毛蒿 (11) 381 **426**
猪屎豆 (7) 441 **443** 彩片148
猪屎豆属
(蝶形花科) (7) 67 **441**
猪头果 (4) **656**
猪血木 (4) **633** 彩片288
猪血木属
(山茶科) (4) 573 **633**
猪牙花 (13) **104**
猪牙花属
(百合科) (13) 71 **104**
猪腰豆 (7) **101**
猪腰豆属
(蝶形花科) (7) 61 **101**
猪油果 (4) **682**
猪油果属
(藤黄科) (4) 681 **682**
猪仔笠
(=鸡头薯) (7) 252
硃砂根 (6) 86 **92** 彩片23
蛛毛车前 (10) 6 **11**
蛛毛苣苔 (10) 303 **304** 彩片96
蛛毛苣苔属
(苦苣苔科) (10) 246 **303**
蛛毛喜鹊苣苔 (10) 308 **309**
蛛毛香青 (11) 263 **265**
蛛毛蟹甲草 (11) 488 **497**
蛛丝毛蓝耳草 (12) 185 **186**
蛛网萼 (6) **271**
蛛网萼属
(绣球花科) (6) 246 **271**
竹柏 (3) 96 **97** 彩片124
竹柏属
(罗汉松科) (3) 95 **96**
竹根假万寿竹
(=深裂竹根七) (13) **218**
竹根七 (13) 217 **218** 彩片159
竹根七属
(百合科) (13) 71 **217**
竹节参 (8) 574 **575**
竹节草 (12) 1125 **1126**
竹节前胡 (8) 742 **744**
竹节树 (7) **680** 彩片255
竹节树属
(红树科) (7) 676 **680**
竹茎兰属
(兰科) (13) 365 **408**
竹灵消 (9) 150 **159**
竹叶草 (12) 1041 **1042**
竹叶柴胡 (8) 632 **642**
竹叶椆
(=竹叶青冈) (4) 227
竹叶胡椒 (3) 321 **333**
竹叶花椒 (8) 401 **410** 彩片203
竹叶吉祥草 (12) **184** 彩片83
竹叶吉祥草属
(鸭跖草科) (12) 182 **183**
竹叶鸡爪茶 (6) 590 **635**
竹叶椒
(=竹叶花椒) (8) 410
竹叶蕉 (13) **61**
竹叶蕉属
(竹芋科) (13) 60 **61**
竹叶蕨 (2) **174** 彩片57
竹叶蕨科 (2) 6 **173**
竹叶蕨属
(竹叶蕨科) (2) **173**
竹叶兰 (13) **617** 彩片440
竹叶兰属
(兰科) (13) 373 **617**
竹叶毛兰 (13) 640 **648**
竹叶茅 (12) 1106 **1110**
竹叶木荷 (4) 609 **611**
竹叶楠 (3) 266 **269**
竹叶青冈 (4) 222 **227**
竹叶榕 (4) 44 **60**
竹叶西风芹 (8) 686 **690**
竹叶眼子菜 (12) 29 **34**
竹叶子 (12) **183** 彩片82
竹叶子属
(鸭跖草科) (12) 182 **183**
竹芋 (13) **61**
竹芋科 (13) **60**
竹芋属
(竹芋科) (13) 60 **61**
竹蔗 (12) 1096 **1098**
竹枝石斛 (13) 662 **664**
竹属
(禾本科) (12) 551 **573**
竺叶蒟 (3) 319 **329**
苎麻 (4) 136 **138** 彩片59
苎麻属
(荨麻科) (4) 75 **136**
柱萼苔 (1) **179** 彩片31
柱萼苔属
(拟大萼苔科) (1) 176 **179**
柱冠西风芹 (8) 686 **692**
柱果宽框荠 (5) 421 **422**
柱果绿绒篙 (3) 696 **697**
柱果铁线莲 (3) 507 **526**
柱茎风毛菊 (11) 570 **589**
柱毛独行菜 (5) 401 **405**
柱穗薹草 (12) 424 **425**
柱形葶苈 (5) 440 **446**
柱序悬钩子 (6) 586 **608**
柱叶茶藨子 (6) 297 **310**
柱状石韦 (2) 711 **721**

zhua

爪瓣虎耳草 (6) 385 **404** 彩片104
爪瓣山柑 (5) 369 **371**
爪耳木 (8) **276**
爪耳木属
(无患子科) (8) 267 **276**
爪花芥属
(十字花科) (5) 387 **511**
爪盔膝瓣乌头
(=膝瓣乌头) (3) 414
爪槭翅藤 (9) **348**
爪哇白发藓 (1) 396 **398** 彩片101
爪哇扁萼苔 (1) 187 **192**
爪哇凤尾蕨 (2) 180 **188**

爪哇凤尾藓 (1) 403 **413** 彩片112
爪哇黄芩 (9) 417 **419**
爪哇厚叶蕨 (2) 135 **135**
爪哇甲克苔 (1) **180**
爪哇剪叶苔 (1) 4 **9**
爪哇脚骨脆
(=毛脚骨脆) (5) 127
爪哇鳞始蕨 (2) 165 **168**
爪哇帽儿瓜 (5) **221**
爪哇南木藓 (1) **943**
爪哇雀尾藓 (1) 742 **743**
爪哇舌蕨 (2) 633 **634**
爪哇湿地藓
(=湿地藓) (1) 464
爪哇石灰藓 (1) 459 **462**
爪哇唐松草 (3) 460 **464** 彩片344
爪哇小金发藓
(=硬叶小金发藓) (1) 961

zhuan
砖红杜鹃 (5) 570 **671** 彩片271
砖子苗 (12) 341 **344**
砖子苗属
(莎草科) (12) 256 **341**
转子莲 (3) 507 **515**

zhuang
壮刺小檗 (3) 586 **605**
壮大荚 (11) 4 **10**
壮观垂头菊 (11) 471 **479**
壮丽桤叶树 (5) 545 **550**

zhui
锥 (4) 183 **191**
锥果椆
(=长果青冈) (4) 235
锥果厚皮香 (4) 621 **623**
锥果芥 (5) **531**
锥果芥属
(十字花科) (5) 388 **530**
锥果栎
(=长果青冈) (4) 235
锥果石笔木 (4) 604 **606**
锥果葶苈 (5) 440 **447**
锥花绿绒蒿 (3) 696 **698**
锥花鼠刺 (6) **289**
锥花属
(唇形科) (9) 393 **413**
锥花莸 (9) 387 **390**
锥茎石豆兰 (13) 692 **701**
锥栗 (4) 180 **181** 彩片81
锥连栎 (4) 242 **253**
锥茅 (12) **1159**
锥茅属
(禾本科) (12) 554 **1158**
锥囊薹草 (12) 500 **501**
锥囊坛花兰 (13) **613** 彩片436
锥头麻 (4) 151 **152**
锥头麻属
(荨麻科) (4) 74 **151**
锥腺樱桃 (6) 764 **766**
锥形果 (5) **201**
锥形果属
(葫芦科) (5) 198 **201**
锥属
(壳斗科) (4) 177 **181**
锥序荚 (11) 7 **26**
锥序蛛毛苣苔 (10) **303**
锥叶柴胡 (8) 632 **640**
锥叶风毛菊 (11) 570 **589**

zhun
准噶尔阿魏 (8) 734 **738**
准噶尔大戟 (8) 118 **127**
准噶尔蓟 (11) 621 **627**
准噶尔绢蒿 (11) 433 **437**
准噶尔拉拉藤 (10) 660 **664**
准噶尔大蒜芥
(=多型大蒜芥) (5) 527
准噶尔棘豆 (7) 354 **375**
准噶尔金莲花 (3) 393 **394**
准噶尔锦鸡儿 (7) 265 **274**
准噶尔山楂 (6) 504 **510**
准噶尔石竹 (4) 466 **469**
准噶尔铁线莲 (3) 505 **526** 彩片370
准噶尔橐吾 (11) 448 **458**
准噶尔无叶豆 (7) **263**
准噶尔栒子 (6) 482 **487**
准噶尔蝇子草 (4) 440 **450**
准噶尔鸢尾 (13) 279 **290**
准噶尔鸢尾蒜 (13) **268**
准噶尔早熟禾 (12) 711 **754**
准噶尔猪毛菜 (4) 359 **362**

zhuo
卓巴百合 (13) 119 **127**
卓越马先蒿 (10) 185 **190**
茁壮早熟禾 (12) 706 **730**
着色龙胆 (9) 19 **39**

zi
仔榄树 (9) **96** 彩片49
仔榄树属
(夹竹桃科) (9) 90 **96**
孜然芹 (8) **646**
孜然芹属
(伞形科) (8) 580 **646**
资源冷杉 (3) 20 **27**
髭脉桤叶树 (5) 545 **548**
髭毛八角枫 (7) 683 **686**
籽纹紫堇 (3) 721 **729**
子宫草
(=葶花) (9) 567
子楝树 (7) 576 **577** 彩片207
子楝树属
(桃金娘科) (7) 549 **576**
子凌蒲桃 (7) 560 **564**
梓 (10) **422**
梓木草 (9) **303**
梓叶槭 (8) 316 **321** 彩片154
梓属
(紫葳科) (10) 418 **422**
紫八宝 (6) 326 **330**

紫白吊石苣苔
(=吊石苣苔) (10) 320
紫斑牡丹 (4) 555 **558**
紫斑百合 (13) 119 **126**
紫斑风铃草 (10) **471** 彩片163
紫斑蝴蝶草 (10) 115 **117**
紫斑洼瓣花 (13) 102 **103** 彩片77
紫苞风毛菊
(=紫苞雪莲) (11) 577
紫苞蒿 (11) 377 **403**
紫苞雪莲 (11) 568 **577** 彩片129
紫苞野靛棵 (10) 410 **411**
紫苞鸢尾 (13) 280 **291**
紫背杜鹃 (5) 563 **661**
紫背金盘 (9) 407 **411**
紫背冷水花 (4) 91 **96**
紫背鹿蹄草 (5) 721 **722**
紫背水竹叶 (12) 190 **193**
紫背秋海棠 (5) 257 **270** 彩片135
紫背苔 (1) **282**
紫背苔 (1) 280 **281**
紫背苔属
(疣冠苔科) (1) 274 **280**
紫背天葵
(=狗头七) (11) 551
紫背蟹甲草 (11) 489 **499**
紫柄假瘤蕨 (2) 732 **741**
紫柄蕨 (2) 357 **359**
紫柄蕨属
(金星蕨科) (2) 335 **357**
紫菜苔 (5) 390 **392**
紫参 (10) 675 **678**
紫草 (9) **303**
紫草科 (9) **280**
紫草属
(紫草科) (9) 281 **302**
紫翅梯翅蓬 (4) 365 **366**
紫翅猪毛菜
(=紫翅梯翅蓬) (4) 366
紫椿
(=小果香椿) (8) 377
紫刺卫矛 (7) 776 **784**
紫大麦草
(=小药大麦草) (12) 835
紫丹 (9) **289**
紫丹属
(紫草科) (9) 280 **288**
紫弹树 (4) 20 **21**
紫地榆 (8) 468 **474**
紫点杓兰 (13) 377 **383** 彩片269
紫丁香 (10) 33 **35**
紫椴 (5) 14 **17**
紫萼 (13) 91 **92**
紫萼蝴蝶草 (10) 114 **116**
紫萼黄蓍 (7) 290 **312**
紫萼老鹳草 (8) 468 **474**
紫萼路边青 (6) 647 **649**
紫萼山梅花 (6) 260 **263**
紫萼石头花 (4) 473 **476**
紫萼藓科 (1) **493**
紫萼藓属
(紫萼藓科) (1) 493 **496**
紫杆柽柳
(=白花柽柳) (5) 178
紫果冬青 (7) 840 **875**
紫果冷杉 (3) 20 **28** 彩片42
紫果蔺 (12) 279 **286**
紫果猕猴桃 (4) 657 **660**
紫果槭 (8) 317 **330**
紫果云杉 (3) 36 **42** 彩片64
紫红报春
(=暗红紫晶报春) (6) 197
紫红假龙胆 (9) 66 **67** 彩片35
紫红悬钩子 (6) 584 **601**
紫红獐牙菜 (9) 76 **87** 彩片45
紫花百合 (13) 119 **125** 彩片97
紫花棒果芥
(=紫爪花芥) (5) 511
紫花苞舌兰 (13) **592** 彩片415
紫花茶藨子 (6) 297 **314**
紫花大叶柴胡 (8) **639**
紫花大翼豆 (7) **236**
紫花丹 (4) 538 **539** 彩片233
紫花党参 (10) 456 **462**
紫花地丁 (5) 142 **154**
紫花地丁
(=东北堇菜) (5) 155
紫花点地梅 (6) 151 **166**
紫花高茎堇菜
(=紫花堇菜) (5) 145
紫花含笑 (3) 145 **148** 彩片181
紫花合掌消
(=合掌消) (9) 158
紫花鹤顶兰 (13) **594** 彩片417
紫花厚喙菊 (11) 706 **708**
紫花黄华 (7) 458 **461** 彩片163
紫花黄金凤 (8) 490 **504**
紫花疆罂粟
(=红花裂叶罂粟)(3) 710
紫花堇菜 (5) 139 **145**
紫花景天
(=紫花八宝) (6) 330
紫花韭
(=碱韭) (13) 152
紫花苣苔 (10) **312**
紫花苣苔属
(苦苣苔科) (10) 246 **312**
紫花冷蒿 (11) 373 **383**
紫花裂叶罂粟
(=紫花裂叶罂粟)(3) 710
紫花柳穿鱼 (10) 128 **129**
紫花耧斗菜 (3) 455 **458**
紫花鹿药 (13) 191 **193** 彩片139
紫花络石 (9) 111 **112** 彩片63
紫花马苓苣苔 (10) 251 **154**
紫花美冠兰 (13) 568 **570**
紫花蒲公英 (11) 766 **783**
紫花槭 (8) 316 **322**
紫花桤叶树 (5) 545 **548**
紫花前胡 (8) 720 **721** 彩片288
紫花忍冬 (11) 51 **65**
紫花山莓草 (6) 693 **696**
紫花溲疏 (6) 249 **258**

紫花碎米荠 (5) **452** 彩片176
紫花糖芥 (5) 513 **516**
紫花铁线莲 (3) 511 **541**
紫花娃儿藤 (9) 190 **194**
紫花卫矛 (7) 779 **799** 彩片302
紫花五蕊梅
(=大瓣紫花山莓草) (6) 696
紫花绣线菊 (6) 446 **450**
紫花雪山报春 (6) 174 **201** 彩片58
紫花鸭跖柴胡 (8) 631 **636**
紫花羊耳蒜 (13) 536 **542** 彩片375
紫花野菊 (11) 342 **345**
紫花野决明
(=紫花黄华) (7) 461
紫花硬毛南芥
(=硬毛南芥) (5) 473
紫花鱼灯草
(=刻叶紫堇) (3) 754
紫花油点草 (13) 83 **85**
紫花玉山竹 (12) 632 **637**
紫花芋兰 (13) 527 **528**
紫花针茅 (12) 932 **937**
紫花醉鱼草 (10) 15 **19** 彩片4
紫金莲
(=岷江蓝雪花) (4) 542
紫喙薹草 (12) 394 **401**
紫金龙 (3) 718 **719**
紫金龙属
(紫堇科) (3) 717 **718**
紫金牛 (6) 87 **99** 彩片28
紫金牛科 (6) **77**
紫金牛叶冬青 (7) 839 **870**
紫金牛属
(紫金牛科) (6) 77 **85**
紫堇 (3) 725 **755**
紫堇科 (3) **717**
紫堇叶岩荠
(=紫堇叶阴山荠)(5) 425
紫堇叶阴山荠 (5) 423 **425**
紫堇属
(紫堇科) (3) 717 **720**
紫茎 (4) 616 **617** 彩片283
紫茎垂头菊 (11) 471 **474**
紫茎兰 (13) **560** 彩片382
紫茎兰属
(兰科) (13) 373 **560**
紫茎属
(山茶科) (4) 573 **616**
紫茎小芹 (8) 653 **654**
紫茎锥果葶苈
(=苞序葶苈) (5) 448
紫荆 (7) 39 **40** 彩片28
紫荆木 (6) **3**
紫荆木属
(山榄科) (6) 1 **3**
紫荆属
(云实科) (7) 23 **38**
紫菊 (11) **741**
紫菊属
(菊科) (11) 134 **741**
紫矿 (7) **202** 彩片99
紫矿属
(蝶形花科) (7) 65 **202**
紫盔南星
(=象头花) (12) 157
紫蓝杜鹃 (5) 560 **590**
紫肋真藓
(=毛状真藓) (1) 560
紫鳞苔草
(=刺囊薹草) (12) 396
紫柳 (5) 302 308 **315**
紫绿红景天 (6) 355 **365**
紫罗兰 (5) **498**
紫罗兰报春 (6) 174 **200**
紫罗兰属
(十字花科) (5) 388 **498**
紫马唐 (12) 1061 **1063**
紫麻 (4) 154 **157**
紫麻属
(荨麻科) (4) 76 **153**
紫脉花鹿霍 (7) 249 **252**
紫脉紫金牛 (6) 87 **98**
紫脉滇芎 (8) 603 **604**
紫芒 (12) 1085 **1087**
紫铆
(=紫矿) (7) 202
紫铆属
(=紫矿属) (7) 202
紫毛蕊花 (10) **71**
紫毛香茶菜 (9) 567 **570**
紫茉莉 (4) **293** 彩片130
紫茉莉科 (4) **290**
紫茉莉属
(紫茉莉科) (4) 291 **293**
紫苜蓿 (7) 433 **436**
紫楠 (3) 267 **273**
紫盆花 (11) 116 **118**
紫萍 (12) **177**
紫萍属
(浮萍科) (12) 176 **177**
紫槭
(=紫果槭) (8) 330
紫萁 (2) 89 **90** 彩片36
紫萁科 (2) 2 **89**
紫萁属
(紫萁科) (2) **89**
紫雀花 (7) **428**
紫雀花属
(蝶形花科) (7) 62 **428**
紫蕊白头翁 (3) 501 **502**
紫伞芹 (8) 579 **624**
紫伞芹属
(伞形科) (8) 579 **624**
紫色悬钩子 (6) 584 **597**
紫沙参
(=细叶沙参) (10) 489
紫杉
(=东北红豆杉) (3) 106
紫杉科
(=红豆杉科) (3) 105
紫杉属
(=红豆杉属) (3) 106
紫舌厚喙菊

(=紫花厚喙菊) **(11)** 708
紫蒴花萼苔
(=侧托花萼苔) **(1)** 275
紫苏 **(9)** **541**
紫苏草 **(10)** 99 **101**
紫苏叶黄芩 **(9)** 417 **420**
紫苏属
(唇形科) **(9)** 397 **541**
紫穗稗 **(12)** 1044 **1047**
紫穗鹅观草 **(12)** 846 **862**
紫穗槐 **(7)** **254** 彩片121
紫穗槐属
(蝶形花科) **(7)** 65 **254**
紫穗毛轴莎草 **(12)** 321 **327**
紫台蔗茅 **(12)** 1099 **1102**
紫檀 **(7)** **98**
紫檀属
(蝶形花科) **(7)** 66 **98**
紫藤 **(7)** **114** 彩片68
紫藤属
(蝶形花科) **(7)** 61 **114**
紫筒草 **(9)** **294**
紫筒草属
(紫草科) **(9)** 280 **293**
紫菀 **(11)** 174 **178** 彩片49
紫菀木 **(11)** **201**
紫菀木属
(菊科) **(11)** 123 **201**
紫菀属
(菊科) **(11)** 123 **174**
紫万年青 **(12)** **204**
紫万年青属
(鸭跖草科) **(12)** 182 **204**
紫葳科 **(10)** **418**
紫薇 **(7)** 508 **509** 彩片180
紫薇属
(千屈菜科) **(7)** 500 **508**
紫纹兜兰 **(13)** 387 **392** 彩片286
紫纹卷瓣兰 **(13)** 692 **708**
紫纹毛颖草 **(12)** 1059 **1060**
紫乌头 **(3)** 405 **418**
紫心黄马蹄莲 **(12)** 122 **123**
紫心菊 **(11)** **333**
紫杏 **(6)** 758 **760** 彩片168
紫雪花
(=紫花丹) **(4)** 539
紫羊茅 **(12)** 683 **697**
紫羊蹄甲
(=羊蹄甲) **(7)** 42
紫药红荚 **(11)** 6 **18**
紫药女贞 **(10)** 49 **55**
紫叶堇菜 **(5)** 143 **171**
紫叶堇菜
(=柔毛堇菜) **(5)** 162
紫叶美人蕉 **(13)** 58 **60**
紫叶秋海棠 **(5)** 259 **281**
紫叶苔科 **(1)** **201**
紫叶苔属
(紫叶苔科) **(1)** **201**
紫叶兔耳草 **(10)** 160 **162**
紫叶绣球 **(6)** 275 **278**
紫芋 **(12)** 131 **132**
紫玉兰 **(3)** 132 **140** 彩片171
紫玉盘 **(3)** 159 **161** 彩片193
紫玉盘杜鹃 **(5)** 569 **654** 彩片256
紫玉盘柯 **(4)** 199 **206** 彩片94
紫玉盘石栎
(=紫玉盘柯) **(4)** 206
紫玉盘属
(番荔枝科) **(3)** 158 **159**
紫云菜属
(爵床科) **(10)** 332 **378**
紫云英 **(7)** 291 **324** 彩片135
紫云英岩黄蓍 **(7)** 393 **398**
紫枝柳 **(5)** 303 312 **346**
紫轴凤尾蕨 **(2)** 183 **198**
紫珠 **(9)** 354 **359**
紫珠
(=日本紫珠) **(9)** 361
紫珠属
(马鞭草科) **(9)** 347 **352**
紫竹 **(12)** 601 **613**
紫爪花芥 **(5)** **511**

zong
棕巴箬竹
(=光箨箬竹) **(12)** 663
棕背杜鹃 **(5)** 568 **653**
棕边鳞毛蕨 **(2)** 493 **532**
棕红悬钩子 **(6)** 588 **625**
棕鳞大耳蕨
(=棕鳞耳蕨) **(2)** 566
棕鳞耳蕨 **(2)** 536 **566**
棕鳞耳蕨
(=布朗耳蕨) **(2)** 564
棕鳞肋毛蕨 **(2)** 605 **607**
棕鳞铁角蕨 **(2)** 402 **416**
棕鳞瓦韦 **(2)** 682 **692** 彩片129
棕榈 **(12)** **60** 彩片11
棕榈科 **(12)** **55**
棕榈属
(棕榈科) **(12)** 56 59
棕毛山柳菊 **(11)** 709 **712**
棕茅 **(12)** 1111 **1112**
棕脉花楸 **(6)** 534 **552**
棕毛轴脉蕨 **(2)** 610 **613**
棕色曲尾藓 **(1)** 376 **382**
棕树
(=油棕) **(12)** 60
棕叶狗尾草 **(12)** **1071**
棕竹 **(12)** **63** 彩片14
棕竹属
(棕榈科) **(12)** 56 **62**
鬃尾草 **(9)** **478**
鬃尾草属
(唇形科) **(9)** 396 **478**
总苞草 **(12)** **989**
总苞草属
(禾本科) **(12)** 562 **989**
总苞葶苈 **(5)** 439 **442**
总梗女贞 **(10)** 49 **55**
总梗委陵菜 **(6)** 656 **666**
总花来江藤 **(10)** 73 **75**

总序阿尔泰葶苈
(=阿尔泰葶苈) (5) 445
总序大黄 (4) 531 **536**
总序豆腐柴 (9) 364 **370**
总序黄鹌菜 (11) 718 **720**
总序蓟 (11) 621 **626**
总序羽叶参 (8) **564**
总序羽叶参属
(五加科) (8) 535 **564**
总序竹属
(禾本科) (12) 550 **572**
总状丛菔 (5) **495**
总状凤仙花 (8) 491 **510**
总状蓟
(=灰蓟) (11) 629
总状绿绒蒿 (3) 696 **700** 彩片406
总状雀麦 (12) 804 **813**
总状山矾 (6) 52 **59**
总状土木香 (11) 288 **289** 彩片70
总状橐吾 (11) 449 **466**
纵肋人字果 (3) 482 **484**
粽叶草 (13) 182 **186**
粽叶芦 (12) **678**
粽叶芦属
(禾本科) (12) 552 **678**

zou
走茎灯心草 (12) 224 **246**
走茎华西龙头草 (9) 449 **450**
走茎薹草 (12) 539 **540**
走马胎 (6) 87 **101**

zu
菹草 (12) 29 **33**
足茎毛兰 (13) 640 **645** 彩片469
足柱兰 (13) **629** 彩片455
足柱兰属
(兰科) (13) 374 **629**

zuan
钻苞蓟 (11) 621 **629**
钻苞水葱 (12) 263 **264**
钻齿卷瓣兰 (13) 691 **705**
钻地风 (6) **272**
钻地风属
(绣球花科) (6) 246 **271**
钻萼唇柱苣苔 (10) 286 **288**
钻果大蒜芥 (5) 383 **525**
钻喙兰 (13) **748** 彩片558
钻喙兰属
(兰科) (13) 370 **748**
钻裂风铃草 (10) 471 **474**
钻鳞耳蕨 (2) 537 **569**
钻天柳 (5) **285** 彩片139
钻天柳属
(杨柳科) (5) **285**
钻叶风毛菊 (11) 570 **589**
钻叶火绒草 (11) 251 **252**
钻叶龙胆 (9) 19 **41** 彩片22
钻柱兰 (13) **731**
钻柱兰属
(兰科) (13) 371 **731**

zui
醉蝶花 (5) 378 **379** 彩片156
醉魂藤 (9) **197** 彩片88
醉魂藤属
(萝科) (9) 134 **197**
醉马草 (12) 953 **957**
醉翁榆 (4) 2 **5** 彩片3
醉香含笑 (3) 145 **151** 彩片185
醉鱼草 (10) 15 **22**
醉鱼草科 (10) **14**
醉鱼草属
(醉鱼草科) (10) **14**
醉鱼草状荚 (11) 4 **9**
醉鱼草状六道木 (11) 41 **44**

zun
遵义十大功劳 (3) 626 **634**
遵义薹草 (12) 474 **482**

zuo
柞栎
(=槲树) (4) 243
柞木 (5) **117**
柞木属
(大风子科) (5) 110 **116**
柞薹草 (12) 429 **435**
座花针茅 (12) 932 **939**

拉 丁 名 索 引

（按字母顺序，正体字为正名，斜体字为异名，（ ）括号内为卷号）

A

Abacopteris aspera **(2)** 395
penangiana **(2)** 393
rubra **(2)** 394
simplex **(2)** 391
triphylla **(2)** 392
Abelia
(Caprifoliaceae) **(11)** 1 **41**
biflora **(11)** 41 **44**
buddleioides **(11)** 41 **44**
chinensis **(11)** **41** Ph.14
dielsii **(11)** 41 **45**
engleriana **(11)** 41 **43**
forrestii **(11)** 41 **42**
macrotera **(11)** 41 **42**
parvifolia **(11)** 41 **43**
umbellata **(11)** 41 **45**
Abelmoschus
(Malvaceae) **(5)** 69 **88**
crinitus **(5)** 88 **89** Ph.48
esculentus **(5)** 88 **89**
manihot **(5)** **88**
var. pungens **(5)** 88 **89**
moschatus **(5)** 88 **90** Ph.49
sagittifolius **(5)** 88 **90** Ph.50
Abies
(Pinaceae) **(3)** 14 **19**
beshanzuensis **(3)** 20 **26** Ph.39
var. ziyuanensis **(3)** 20 **27**
brachytyla **(3)** 43
chinensis **(3)** 33
delavayi **(3)** 20 **24** Ph.32
ernestii **(3)** 20 **28** Ph.43
var. salouenensis **(3)** 20 **29** Ph.44
fabri **(3)** 20 **25** Ph.37
fanjingshanensis **(3)** 20 **25** Ph.36
fargesii **(3)** 19 **21**
var. faxoniana **(3)** 19 **22** Ph.27
faxoniana **(3)** 22
ferreana **(3)** 19 **21** Ph.26
firma **(3)** 19 **22** Ph.29
forrestii **(3)** 20 **25** Ph.35
var. *smithii* **(3)** 24
gemlini **(3)** 49
georgei **(3)** 20 **24** Ph.33
var. smithii **(3)** 20 **24** Ph.34
griffithiana **(3)** 46
holophylla **(3)** 19 **23** Ph.30
kawakamii **(3)** 20 **27** Ph.41
likiangensis **(3)** 42
mariesii var. *kawakamii* **(3)** 27
menziesii **(3)** 31
microsperma **(3)** 43
nephrolepis **(3)** 19 20 **22** Ph.28
polita **(3)** 41
recurvata **(3)** 20 **28** Ph.42
salouenensis **(3)** 29
sibirica **(3)** 19 **23** Ph.31
var. *nephrolepis* **(3)** 22
spectabilis **(3)** 20 **27** Ph.40
spinulosa **(3)** 44
squamata **(3)** 19 **21**
sutchuenensis **(3)** 21
yuanbaoshanensis **(3)** 20 **26** Ph.38
ziyuanensis **(3)** 27
Abietinella
(Thuidiaceae) **(1)** 784 **798**
abietina **(1)** **798**
Abildgaardia eragrostis **(12)** 308
fusca **(12)** 309
Abrodictyum
(Hymenophuyllaceae) **(2)** 112 **136**
cumingii **(2)** **136**
Abrus
(Fabaceae) **(7)** 66 **98**
cantoniensis **(7)** 99 **100** Ph.100
mollis **(7)** **99**
precatorius **(7)** **99** Ph.59
pulchellus **(7)** 99
Absinthium lagocephalum **(11)** 385
Abutilon
(Malvaceae) **(5)** 69 **80**
crispum **(5)** 80 **81**
forrestii **(5)** 84
indicum **(5)** 81 **83**
var. forrestii **(5)** 81 **84**
paniculatum **(5)** 81 **82**
roseum **(5)** 80 **81**
sinense **(5)** 81 **82**
striatum **(5)** 81 **82** Ph.45
theophrasti **(5)** 81 **83** Ph.46
Acacia
(Mimosaceae) **(7)** 1 **7**
auriculiformis **(7)** **7**
catechu **(7)** 7 **8** Ph.6
confusa **(7)** 7 **8** Ph.5
dealbata **(7)** 7 **9**
farnesiana **(7)** 7 **9**
mearnsii **(7)** 7 **9**
megaladena **(7)** 7 **10**
mollis **(7)** 20
pennata **(7)** 7 **10**

sinuata (7) 7 **10**
Acalypha
(EuPhorbiaceae) (8) 12 **88**
acmoPhylla (8) 87 **90**
angatensis (8) 87 **90**
australis (8) **88**
brachystachya (8) 87 **89**
indica (8) 87 **89**
mairei (8) 87 **89**
wilkesiana (8) 88 **91** Ph.41
wui (8) 87 **90**
Acampe
(Orchidaceae) (13) 371 **725**
multiflora (13) 725
ochracea (13) 725 **726**
papillosa (13) 725 **726** Ph.537
rigida (13) **725** Ph.536
Acanthaceae (10) **329**
Acanthephippium
(Orchidaceae) (13) 373 **612**
striatum (13) **613** Ph.436
sylhetense (13) **613** Ph.437
Acanthochlamydaceae (13) **271**
Acanthochlamys
(Acanthochlamydaceae) (13) **271**
acanthoch-lamydaceae (13) **272**
bracteata (13) **272** Ph.189
Acanthocladium deflexifolium (1) 881
tanytrichum (1) 882
Acantholimon
(Plumbaginaceae) (4) 538 **542**
alatavicum (4) **543**
borodinii (4) **543**
kokandense (4) 543 **544**
Acanthopale dalziellii (10) 381
Acanthopanax brachypus (8) 557
cissifolius (8) 559
evodiaefolius (8) 556
var. *pseudo-evodiaefolius* (8) 557
giraldii (8) 560
gracilistylus (8) 561
henryi (8) 559
leucorrhizus (8) 557 558
scandens (8) 562
senticosus (8) 558
sessiliflorus (8) 560
trifoliatum (8) 561
Acanthophyllum
(Caryophyllaceae) (4) 393 **471**
pungens (4) **471**
Acanthospermum
(Compositae) (11) 124 **311**
australe (11) **312**
Acanthus
(Acanthaceae) (10) 329 **341**
ebracteatus (10) 341 **342**
ilicifolius (10) **341**
leucostachyus (10) **341**
maderaspatensis (10) 342
Acer
(Aceraceae) (8) 314 **315**
amplum (8) 316 **321**
buergerianum (8) 317 **328**
cappadocicum
var. tricaudatum (8) 316 **320**
catalpifolium (8) 316 **321** Ph.154
caudatum (8) 316 **324**
cinnamomifolium (8) 317 **329** Ph.160
var. *pseudo-sieboldianum* (8) 322
cordatum (8) 317 **330**
var. microcordatum (8) 317 **330**
coriaceifolium (8) 317 **329**
davidii (8) 318 **331** Ph.161
decandrum (8) 318 **334**
discolor (8) 317 **328**
erianthum (8) 317 **325** Ph.156
fabri (8) 317 **331**
flabellatum (8) 316 **325**
franchetii (8) 318 **336**
ginnala (8) 316 **323**
griseum (8) 318 **337**
grosseri (8) 318 **331**
var. hersii (8) 318 **332**
henryi (8) 318 **338**
heptalobum (8) 317 **327**
hersii (8) 332
japonicum (8) 316 **322**
komarovii (8) 318 **332**
kweilinense (8) 317 **326**
laetum var. *tricaudatum* (8) 320
laevigatum (8) 317 **330**
longipes (8) 316 **321**
mandshuricum (8) 318 **338**
maximowiczii (8) 318 **332** Ph.162
megalodum (8) 318 **335**
metcalfii (8) 318 **334**
miaotaiense (8) 315 **319** Ph.151
mono (8) 316 **320** Ph.153
var. macropterum (8) 316 **320**
negundo (8) 319 **339**
nikoense (8) 318 **336**
var. *grisea* (8) 337
oblongum (8) 317 **329**
var. concolor (8) 317 **329**
oliverianum (8) 317 **327**
palmatum (8) 316 **322** Ph.155
paxii (8) 317 **328** Ph.159
pectinatum (8) 318 **333** Ph.163
pseudo-sieboldianum (8) 316 **322**
robustum (8) 316 **323**
semenovii (8) 316 **323**
septemlobum (8) 491
sinense (8) 317 **326** Ph.157
tegmentosum (8) 318 **334**
tetramerum (8) 318 **335**
triflorum (8) 318 **337**
truncatum (8) 316 **319** Ph.152
tsinglingense (8) 318 **336**
tutcheri (8) 317 **328** Ph.158
ukurunduense (8) 316 **324**
wardii (8) 318 **333**
wilsonii (8) 317 **327**
yanjuechi (8) 315 **319**

Aceraceae (8) **314**
Aceranthus sargittatus (3) 644
Aceratorchis tschiliensis (13) 447
Achasma megalocheilos (13) 54
Achasma yunnanense (13) 54
Achillea
(Compositae) (11) 125 **335**
acuminata (11) 336 **338**
alpina (11) 335 **337**
asiatica (11) 335 **336**
millefolium (11) 335 **336** Ph.77
ptarmicoides (11) 335 **337**
trichophylla (11) 338
wilsoniana (11) 335 **337** Ph.78
Achnatherum
(Poaceae) (12) 558 **952**
brandisii (12) 954 **959**
caragana (12) 953 **955**
chingii (12) 953 **955**
chingii (12) 956
var. laxum (12) 953 **956**
confusum (12) 953 **957**
duthiei (12) 953 **956**
extremiorientale (12) 953 **959**
inaequiglume (12) 953 **955**
inebrians (12) 953 **957**
jacquemontii (12) 953 **956**
nakaii (12) 953 **958**
psilantherum (12) 953 **955**
psilentherum (12) 955
pubicalyx (12) 957
regelianum (12) 938
saposhnikowii (12) 952 **954**
sibiricum (12) 953 **958**
splendens (12) 953 **954**
Achras zapota (6) 2
Achudemia japonica (4) 94
Achyranthes
(Amaranthaceae) (4) 368 **378**
amaranthoides (4) 369
aspera (4) 378 **379**
var. indica (4) 378 **379**
bidendota var. *longifolia* (4) 379
bidentata (4) 378 **379**
corymbosa (4) 397
ferruginea (4) 380
longifolia (4) 378 **379**
prostrate (4) 375
sanguinolenta (4) 377
Achyrospermum
(Lamiaceae) (9) **499**
densiflorum (9) **499**
philippinense (9) 499
wallichianum (9) 499 **500**
Acidosasa
(Poaceae) (12) 552 **640**
chienouensis (12) 640 **643**
chinensis (12) 640 **641**
edulis (12) 640 **644**
gigantea (12) 640 **643**
hirtiflora (12) 640 **641**
longiligula (12) 642
nanunica (12) 640 **641**
notata (12) 640 **642**
venusta (12) 640 **642**
Acilepis squarrosa (11) 144
Acianthus petiolatus (13) 543
Acmena
(Myrtaceae) (7) 549 **559**
acuminatissima (7) **559** Ph.198
Acomastylis
(Rosaceae) (6) 444 **649**
elata (6) **649**
var. humilis (6) 649 **650**
var. leiocarpa (6) 649 **650**
macrosepala (6) 649 **650**
Aconitum
(Ranunculaceae) (3) 388 **404**
alboviolaceum (3) 405 **409**
ambiguum (3) 405 **423**
austroyunnanense (3) 417
barbatum
var. hispidum (3) 405 **412**
var. puberulum (3) 405 **411** Ph.313
brevicalcaratum (3) 405 **407** Ph.312
var. *lauenerianum* (3) 407
brevipetalum (3) 424
brunneum (3) 406 **413**
cannabifolium (3) 405 **419**
carmichaeli (3) 406 **421**
cavaleriei (3) 407
var. *aggregatifolium* (3) 407
contortum (3) 405 406 **416**
coreanum (3) 406 **426**
crassicaule (3) 417
crassiflorum (3) 405 **408**
delavayi (3) 405 **418**
var. *coreanum* (3) 426
episcopale (3) 418
finetianum (3) 405 **408**
flavum (3) 407 **425**
forrestii (3) 406 **414**
geniculatum (3) 406 **414**
var. *humilius* (3) 414
var. *unguiculatum* (3) 414
gymnandrum (3) 407 **427**
handelianum (3) **412**
hemsleyanum (3) 405 **417** Ph.317
var. *chingtungense* (3) 417
var. *circinatum* (3) 417
var. *elongatum* (3) 417
var. *hsiae* (3) 417
var. *unguiculatum* (3) 417
kirinense (3) 405 **411**
var. australe (3) 405 **411**
kongboense (3) 407 **423**
kusnezoffii (3) 406 **422** Ph.321
leucostomum (3) 405 **410**
liljestrandii (3) 407 **425**
liouii (3) 419
lycoctonum
var. *brevicalcaratum* (3) 407
macrorhynchum (3) 406 **421**

nagarum **(3)** 406 **413** Ph.316
f. *ecalcaratum* **(3)** 413
var. *refractum* **(3)** 424
ochranthum **(3)** 411
ouvrardianum **(3)** 407 **424** Ph.322
pendulum **(3)** 07 **426** Ph.323
pukeense **(3)** 414
pulchellum **(3)** 406 **412** Ph.315
var. *racemosum* **(3)** 412
racemulosum **(3)** 406 **417**
raddeanum **(3)** 406 **420**
refractum **(3)** 406 **424**
scaposum **(3)** 405 **407**
var. *hupehanum* **(3)** 407
var. *vaginatum* **(3)** 407
sczukinii **(3)** 420
sinomontanum **(3)** 405 **409**
var. *weisiense* **(3)** 424
stylosum **(3)** 406 **415**
var. *geniculatum* **(3)** 415
sungpanense **(3)** 405 **419** Ph.319
szechenyianum **(3)** 426
taipaicum **(3)** 406 **416**
tanguticum **(3)** 406 **412** Ph.314
tenuicaule **(3)** 424
vilmorinianum **(3)** 405 **418** Ph.318
volubile **(3)** 405 **420**
wardii **(3)** 408
Acorus
(Araceae) **(12)** 104 **106**
calamus **(12)** **106** Ph.35
gramineus **(12)** 106 **107** Ph.37
tatarinowii **(12)** 106 **107** Ph.36
Acrachne
(Poaceae) **(12)** 563 **974**
racemosa **(12)** **974**
Acranthera
(Rubiaceae) **(10)** 507 **571**
sinensis **(10)** **571**
Acrchilejeunea pusilla **(1)** 233
Acriopsis
(Orchidaceae) **(13)** 371 **585**
indica **(13)** **585**
Acrobolbaceae **(1)** **163**
Acrobolbus
(Acrobolbaceae) **(1)** **163**
ciliatus **(1)** **163**
Acrocarpus
(Caesalpiniaceae) **(7)** 23 **27**
fraxinifolius **(7)** **27** Ph.17
Acrocephalus
(Lamiaceae) **(9)** 398 **589**
hispidus **(9)** **589**
indicus **(9)** 589
Acroceras
(Poaceae) **(12)** 554 **1039**
diffusum **(12)** 1038
munroanum **(12)** **1039**
tonkinensis **(12)** 1039
Acrochaene rimannii **(13)** 718
Acroglochin
(Chenopodiaceae) **(4)** 304 **307**
persicarioides **(4)** **307**
Acrolejeunea
(Lejeuneaceae) **(1)** 224 **233**
pusilla **(1)** **233**
Acromastigum
(Lepidoziaceae) **(1)** **24**
divaricatum **(1)** **24**
Acronema
(Umbelliferae) **(8)** 581 **674**
astrantiifolium **(8)** 674 **676**
commutatum **(8)** 675 **678**
graminifolium **(8)** 674 **675**
hookeri **(8)** 675 **678**
var. *graminifolium* **(8)** 675
muscicolum **(8)** 675 **677**
nervosum **(8)** 675 **677**
paniculatum **(8)** 675 **678**
schneideri **(8)** 674 **675**
sichuanense **(8)** 674 **676**
tenerum **(8)** 674 **675**
Acronychia
(Rutaceae) **(8)** 399 **426**
pedunculata **(8)** **426** Ph.217
Acrophorus
(Peranemaceae) **(2)** 467 **470**
assamicus **(2)** 656
diacalpioides **(2)** 470 **471**
hooker **(2)** 649
stipellatus **(2)** 470 **470** Ph.108
Acroporium
(Sematophyllaceae) **(1)** 873 **891**
complanata **(1)** 885
condensatum **(1)** **892**
secundum **(1)** **892** Ph.264
stramineum **(1)** 892 **893**
strepsiphyllum **(1)** 892 **893**
surculare **(1)** 880
Acroptilon
(Compositae) **(11)** 131 **614**
repens **(11)** **614**
Acrorumohra
(Dryopteridaceae) **(2)** 472 **474**
diffrecta **(2)** 474 **474**
hasseltii **(2)** 474 **475**
Acrostichaceae **(2)** 2 7 **206**
Acrostichum
(Acrostichaceae) **(2)** **206**
acuminatum **(2)** 762
alpinum **(2)** 454
angulatum **(2)** 634
appendiculatum **(2)** 628
aureum **(2)** 206 **206** Ph.63
axillaries **(2)** 760
bifurcatum **(2)** 770
calomelanos **(2)** 249
conforme **(2)** 635
dichotomum **(2)** 105
digitatum **(2)** 105
heteroclitum **(2)** 626
ilvense **(2)** 453
lanceolatum **(2)** 714

lingus **(2)** 715
longifolium **(2)** 713
marantae **(2)** 251
nummularifolium **(2)** 723
palustris **(2)** 336
punctatum **(2)** 753
septentrionale **(2)** 407
sinense **(2)** 629
speciosum **(2)** 206
thalictroides **(2)** 246
tricuspe **(2)** 750
yoshinagae **(2)** 634
yunnanense **(2)** 635
Actaea
(Ranunculaceae) **(3)** 388 **402**
asiatica **(3)** **402** Ph.310
erythrocarpa **(3)** **402** Ph.311
japonica **(3)** 399
Actegeton sarmentosum **(7)** 833
Actephila
(Euphorbiaceae) **(8)** 10 **14**
excelsa **(8)** 14
merrilliana **(8)** 14 **15** Ph.5
Actinidia
(Actinidiaceae) **(4)** 656 **657**
arguta **(4)** 657 **660** Ph.290
var. cordifolia **(4)** 657 **660**
var. giraldii **(4)** 657 **660**
var. nervosa **(4)** 657 **660**
var. purpurea **(4)** 657 **660**
asymmetrica **(4)** 666
callosa **(4)** 658 **664** Ph.294
var. *coriacea* **(4)** 664
var. discolor **(4)** 658 **665**
var. henryi **(4)** 658 **665**
var. *pilosula* **(4)** 671
var. strigillosa **(4)** 658 **664**
carnosifolia
var. glaucescens **(4)** 658 **667**
chinensis **(4)** 659 **670** Ph.300
f. *chlorocarpa* **(4)** 671
var. *deliciosa* **(4)** 671
var. *hispida* **(4)** 671
var. rufopulpa **(4)** 659 **671**
var. *setosa* **(4)** 671
chrysantha **(4)** 658 **666** Ph.297
cordifolia **(4)** 660
deliciosa **(4)** 659 **671**
var. chlorocarpa **(4)** 659 **671**
eriantha **(4)** 659 **670** Ph.299
fulvicoma **(4)** 659 **668**
var. lanata **(4)** 659 **669** Ph.298
giraldii **(4)** 660
glaucophylla **(4)** 658 **665** Ph.295
var. asymnetrica **(4)** 658 **666** Ph.296
grandiflora **(4)** 659 **671**
guilinensis **(4)** 659 **671** Ph.302
hemsleyana **(4)** 658 **668**
var. kengiana **(4)** 659 **668**
henanensis **(4)** 657 **660**
indochinensis **(4)** 658 **666**
kengiana **(4)** 668
kolomikta **(4)** 657 **661** Ph.291
lanata **(4)** 669
lanceolata **(4)** 659 **669**
latifolia **(4)** 659 **669**
macrosperma **(4)** 658 **663** Ph.292
var. mumoides **(4)** 658 **664**
maloides **(4)** 657 **662**
melanandra **(4)** 657 **661**
melliana **(4)** 658 **667**
pilosula **(4)** 659 **671** Ph.303
polygama **(4)** 657 **662**
purpurea **(4)** 660
rubricaulis **(4)** 658 **664**
var. coriacea **(4)** 658 **664** Ph.293
sabiaefolia **(4)** 658 **667**
setosa **(4)** 659 **671** Ph.301
stellato-pilosa **(4)** 659 **672** Ph.304
suberifolia **(4)** 659 **669**
tetramera **(4)** 657 **662**
valvata **(4)** 657 **663**
venosa **(4)** 658 **665**
Actinidiaceae **(4)** **656**
Actinocarya
(Boraginacea) **(9)** 282 **326**
bhutanica **(9)** 323
kansuensis **(9)** 326
tibetica **(9)** **326**
Actinodaphne
(Lauraceae) **(3)** 206 **246**
chinensis **(3)** 222
confertiflora **(3)** 240
cupularis **(3)** 246 **248**
koshepangii **(3)** 246 **248**
kweichowensis **(3)** 246 **247**
lancifolia var. *sinensis* **(3)** 223
lecomtei **(3)** 246 **248**
obovata **(3)** **246** Ph.227
pilosa **(3)** 246 **249** Ph.228
trichocarpa **(3)** 246 **247**
Actinodontium
(Hookeriaceae) **(1)** 727 **734**
rhaphidoategum **(1)** **734**
Actinoscirpus
(Cyperaceae) **(12)** 255 **262**
grossus **(12)** **263**
Actinostemma
(Cucurbitaceae) **(5)** 197 **199**
biglandulosum **(5)** 201
lobatum **(5)** 199
tenerum **(5)** **199**
Actinothuidium
(Thuidiaceae) **(1)** 784 **801**
hookeri **(1)** **801** Ph.247
Actractylocarpus
(Dicranaceae) **(1)** 332 **358**
alpinus **(1)** **358**
Acuminata
var. lanceolata **(7)** **663** Ph.242
Acystopteris
(Athyriaceae) **(2)** 271 **278**
japonica **(2)** 278 **278**

tenuisecta (2) 278 **279**
Adansoinia
(Bombacaceae) (5) **64**
digitata (5) **64**
Adelanthaceae (1) **181**
Adelanthus rotundifolius (1) 181
Adelia castanicarpa (8) 109
Adelostemma
(Asclepiadaceae) (9) 134 **149**
gracillimum (9) **149**
microcentrum (9) 165
tibetica (9) 326
Adenacanthus
(Acanthaceae) (10) 332 **365**
longispicus (10) **365**
Adenanthera
(Mimosaceae) (7) 1 **2**
falcataria (7) 20
microsperma (7) 2
pavonina (7) 2
var. microsperma (7) **2** Ph.1
Adenanthera triphysa (8) 367
Adenia
(Passifloraceae) (5) 190 **195**
chevalieri (5) **195**
Adenocaulon
(Compositae) (11) 129 **306**
himalaium (11) **306**
Adenodus sylvestris (5) 6
Adenophora
(Campanulaceae) (10) 447 **475**
alpina (10) 487
aurita (10) 477 **479**
axilliflora (10) ∂478
borealis (10) 476 **486**
bulleyana (10) 479
capillaris (10) 475 **488**
subsp. leptosepala (10) 475 **489** Ph.173
coelestis (10) 475 **478** Ph.167
diplodonta (10) **479**
divaricata (10) 476 **486**
elata (10) 477 **482**
gmelinii (10) 477 **480**
himalayana (10) 476 **487**
subsp. alpina (10) 476 **487**
hunanensis (10) 476 **483** Ph.171
jasionifolia (10) 475 **477**
khasiana (10) 477 **479**
leptosepala (10) 489
liliifolia (10) 477 **485**
liliifolioides (10) 475 **488**
longipedicellata (10) 477 **480**
morrisonensis (10) 475 **478**
palustris (10) 476 **486**
paniculata (10) 475 **489** Ph.174
pereskiifolia (10) 476 **487** Ph.172
petiolata (10) 476 **482**
polyantha (10) 477 **481** Ph.170
potaninii (10) 477 **484**
pubescens (10) 484
remotiflora (10) 476 **482**
rupincola (10) 480
rupincola (10) 476 **484**
sinensis (10) 476 **483**
stenanthina (10) 475 **487**
stenophylla (10) 477 **481**
stricta (10) 477 **478** Ph.168
subsp. sessilifolia (10) 477 **479** Ph.169
tetraphylla (10) 475 **489** Ph.175
trachelioides (10) 476 **482**
tricuspidata (10) 476 **485**
wawreana (10) 477 **484**
wilsonii (10) 477 **485**
Adenosacme coriacea (10) 579
longiflora var. *sinensis* (10) 579
Adenosma
(Scrophulariaceae) (10) 67 **97**
affinis (10) 361
glutinosum (10) **97**
indianum (10) 97 **98**
javanicum (10) 97 **98**
retusilobum (10) 97 **98**
Adenostemma
(Compositae) (11) 122 **147**
latifolium (11) 148
lavenia (11) **148**
var. latifolium (11) **148**
Adhatoda
(Acanthaceae) (10) 331 **408**
chinensis (10) 409
vasica (10) **408** Ph.125
ventricosa (10) 414
Adiantaceae (2) 3 **232**
Adiantum
(Adiantaceae) (2) **232**
aberi (2) 244
bonatianum (2) 233 **241**
capillus-junonis (2) 232 **237**
capillus-veneris (2) 233 **245** Ph.78
caudatum (2) 232 **235**
davidii (2) 233 **241**
davidii
var. longispinum (2) 233 **242**
denticulatum (2) 652
diaphanum (2) 232 233 **238**
edentulum (2) 233 **244** Ph.77
edgeworthii (2) 232 **237** Ph.73
erythrochlamys (2) 233 **243**
fimbriatum (2) 233 **242**
fimbriatum
var. shensienses (2) 233 **243**
flabellulatum (2) 233 **240** Ph.76
gravesii (2) 232 **234**
induratum (2) 233 **240**
malesianum (2) 232 **235**
mariesii (2) 232 **234**
monochlamys (2) 233 **243**
myriosorum (2) 233 **239** Ph.75
orbiculatum (2) 166
pedatum (2) 233 **238** Ph.74
philippense (2) 232 **236** Ph.72
pubescens (2) 233 **239**
reniforme

var. sinense **(2)** 232 **233** Ph.71
repens **(2)** 657
roborowskii **(2)** 233 **244**
roborowskii f. faberi **(2)** 233 **244**
smithianum var. *shensienses* **(2)** 243
soboliferum **(2)** 232 **236**
venustum **(2)** 233 **242**
Adina
(Rubiaceae) **(10)** 506 **568**
griffithii **(10)** 566
hainanensis **(10)** 568
pilulifera **(10)** **568**
polycephala **(10)** 567
racemosa **(10)** 567
rubella **(10)** 568 **569** Ph.193
Adinandra
(Theaceae) **(4)** 573 **624**
acutifolia **(4)** 629
bockiana **(4)** 625 **629**
chinensis **(4)** 626
formosana **(4)** 625 **628** Ph.287
glischroloma **(4)** 625 **626**
var. jubata **(4)** 625 **627**
var. macrosepala **(4)** 625 **627**
hainanensis **(4)** 624 **626**
hirta **(4)** 625 **627** Ph.286
var. macrobracteata **(4)** 625 **627**
jubata **(4)** 627
lancipetala **(4)** 625 **629**
macrosepala **(4)** 627
megaphylla **(4)** 624 **626** Ph.285
millettii **(4)** 625 **628**
nitida **(4)** 624 **625**
obscurinervis **(4)** 632
var. acutifolia **(4)** 625 **629**
Adinobotrys filipes **(7)** 101
Adlumia
(Fumariaceae) **(3)** 717 **720**
asiatica **(3)** **720**
Adonis
(Ranunculaceae) **(3)** 398 **546**
Adoxa
(Adoxaceae) **(11)** 88 **89**
moschatellina **(11)** **89** Ph.27
omeiensis **(11)** 89
orientalis **(11)** 89 **90**
Adoxaceae **(11)** **88**
Aechmanthera
(Acanthaceae) **(10)** 332 **356**
gossypina **(10)** **356**
tomentosa **(10)** **356**
Aegiceras
(Myrsinaceae) **(6)** 77 **84**
corniculatum **(6)** **84** Ph.21
minus **(6)** 230
Aegilops
(Poaceae) **(12)** 560 **840**
cylindrical **(12)** **841**
exaltata **(12)** 1165
incurve **(12)** 821
ovata **(12)** 840 **842**
squarrosa **(12)** 840
tauschii **(12)** 840
triaristata **(12)** 840 **842**
triuncialis **(12)** 840 **841**
umbellulata **(12)** 840 **842**
ventricosa **(12)** **840**
Aeginetia
(Orobanchaceae) **(10)** 228 **230**
acaulis **(10)** 230 **232**
indica **(10)** **230** Ph.70
sinensis **(10)** 230 **231**
Aegiphila laevigata **(9)** 128
Aegle
(Rutaceae) **(8)** 399 **448**
marmelos **(8)** **448**
Aegopodium
(Umbelliferae) **(8)** 581 **679**
alpestre **(8)** 679 **680**
handelii **(8)** **680**
henryi **(8)** 679 **680**
Aellenia glauca **(4)** 364
Aeluropus
(Poaceae) **(12)** 561 **960**
littoralis **(12)** 961
var. *sinensis* **(12)** 960
pungens **(12)** 960 **961**
sinensis **(12)** **960**
Aemena championi **(7)** 564
Aerides
(Orchidaceae) **(13)** 370 **755**
ampullacea **(13)** 767
biswasiana **(13)** 750
calceolaris **(13)** 761
difformis **(13)** 724
flabellata **(13)** 755 **756**
flavescens **(13)** 766
japonica **(13)** 755
multiflora **(13)** 755
paniculata **(13)** 736
rigida **(13)** 725
rosea **(13)** **755** Ph.567
taeniale **(13)** 744
Aerobryidium
(Meteoriaceae) **(1)** 682 **683**
aureo-nitens **(1)** **683**
filamentosum **(1)** 683 **684**
Aerobryopsis
(Meteoriaceae) **(1)** 682 **684**
auriculata **(1)** 696
longissima **(1)** 685 **686**
membranacea **(1)** **685**
parisii **(1)** **685** Ph.202
subdivergens **(1)** 685 **686**
Aerobryum
(Meteoriaceae) **(1)** 682 **683**
speciosum **(1)** **683**
Aerva
(Amaranthaceae) **(4)** 368 **377**
glabrata **(4)** 377 **378**
sanguinolenta **(4)** **377**
Aeschynanthus
(Gesneriaceae) **(10)** 246 **313**

acuminatus (10) **314** Ph.99
austroyunnanensis (10) 314 **315**
var. guangxiensis (10) 314 **316**
bracteatus (10) 314 **315**
buxifolius (10) 314 **316** Ph.101
guangxiensis (10) 316
levipes (10) **320**
linearifolius (10) 314 **315**
minetes (10) 314 **316** Ph.102
moningeriae (10) **314** Ph.100
Aeschynomene
(Fabaceae) (7) 67 **255**
bispinosa (7) 127
cannabina (7) 127
indica (7) **255**
Aesculus
(Hippocastanaceae) (8) **310**
assamica (8) 311 **313** Ph.147
chekiangensis (8) 312
chinensis (8) **311** Ph.144
var. chekiangensis (8) 311 **312** Ph.145
hippocastanum (8) 311 **314** Ph.148
tsiangii (8) 311 **312**
turbinata (8) 311 **313**
wangii (8) 311 **312** Ph.146
wilsonii (8) 311 **312**
Adonis
(ranunculaceae) (3) 380 **546**
aestivalis
var. parviflora (3) 546 **549**
amurensis (3) 546 **547**
apennina (3) 546 **548**
bobroviana (3) 546 **548**
brevistyla (3) **546** Ph.381
chrysocyatha (3) 546 **547**
coerulea (3) 546 **547**
pseudoamurensis (3) **548**
ramosa (3) 546 **548**
sibirica (3) **548**
sutchuenensis (3) 546 **547**
tianschainca (3) 546 **548**
turkestanica
var. *tianschanica* (3) 549
Aetheria fusca (13) 416
Afgekia
(Fabaceae) (7) 61 **101**
filipes (7) **101**
Afzelia
(Caesalpiniaceae) (7) 23 **58**
xylocarpa (7) **58** Ph.47
Agalma taiwanianum (8) 552
Aganosma
(Apocynaceae) (9) 91 **112**
acuminatum (9) 112
kwangsiensis (9) 113
marginata (9) **112**
navaillei (9) 113
schlechteriana (9) 112 **113**
var. breviloba (9) 113
var. leptantha (9) 113
siamensis (9) 112 **113**
Agapetes
(Ericaceae) (5) 554 **713**
angulata (5) 714 **716**
brandisiana (5) 714 **716**
burmanica (5) 714 **715**
forrestii (5) 714 **718**
incurvata (5) 714 **717**
interdicta (5) 714 **717**
var. *stenoloba* (5) 717
lacei (5) 714 **718**
lacei (5) 718
lobbii (5) 714 **715**
oblonga (5) 714 **719**
pensilis (5) 714 **720**
pubiflora (5) 714 **715** Ph.293
rubrobracteata (5) 714 **720**
serpens (5) 714 **719**
Agastache
(Lamiaceae) (9) **435**
rugosa (9) **435**
Agathis
(Araucariaceae) (3) 12 **13**
dammara (3) **14** Ph.20
Agavaceae (13) **303**
Agave
(Agavaceae) (13) 303 **304**
americana (13) **304** Ph.229
angustifolia (13) **304**
cantula (13) 304 **305**
sisalana (13) **304**
Agelaea
(Connaraceae) (6) 227 **231**
trinervis (6) **232**
Ageratum
(Compositae) (11) 122 **148**
conyzoides (11) 148 **149**
houstonianum (11) 148 **149**
Aglaia
(Meliaceae) (8) 375 **385**
dasyclada (8) 391
elaeagnoidea
var. *formosana* (8) 387
elliptifolia (8) 386 **388** Ph.196
formosana (8) 386 **387** Ph.195
odorata (8) 385 **386**
perviridis (8) 386 **387**
polystachya (8) 389
roxburghiana (8) **386**
tetrapetala (8) 391
yunnanensis (8) 391
Aglaomorpha
(Drynariaceae) (2) 762 **762**
acuminata (2) 762 **762**
coronans (2) 762 **763**
meyeniana (2) 762 **763**
Aglaonema
(Araceae) (12) 105 **125**
modestum (12) **126** Ph.44
tenuipes (12) **126**
Agrimonia
(Rosaceae) (6) 444 **741**
asiatica (6) 742

coreana **(6)** 741 **742**
eupatoria
subsp. asiatica **(6)** 741 **742**
nepalensis **(6)** 742
nipponica
var. occidentalis **(6)** 741 **742**
pilosa **(6)** 741 **742** Ph.161
var. nepalensis **(6)** 741 **742**
Agriophyllum
(Chenopodiaceae) **(4)** 305 **333**
arenarium **(4)** 333
minus **(4)** 333 **334**
squarrosum **(4)** **333** Ph.143
Agropyron
(Poaceae) **(12)** 560 **869**
aegilopoides **(12)** 869
alatavicum **(12)** 866
amurense **(12)** 853
ciliare var. *lasiophyllum* **(12)** 855
var. *submuticum* **(12)** 855
cristatum **(12)** **869**
var. pectiniforme **(12)** 869 **870**
desertorum **(12)** 869 **870**
ferganense **(12)** 868
fragile **(12)** 869 **871**
japonensis **(12)** 854
var. *hackelianum* **(12)** 854
komarovii **(12)** 850
melanthera **(12)** 867
michnoi **(12)** 869 **870**
mongolicum **(12)** 869 **870**
nutans **(12)** 858
pectiniforme **(12)** 870
semicostatum
var. *transiens* **(12)** 846
sibiricum **(12)** 871
thoroldianum **(12)** 864
triticeum **(12)** 872
turczaninovii **(12)** 857
Agrostemma
(Caryophyllaceae) **(4)** 392 **435**
coronaria **(4)** 436
githago **(4)** **436**
Agrostis
(Poaceae) **(12)** 559 **914**
arundinacea **(12)** 913
canina
var. formosana **(12)** 915 **918**
clavata **(12)** 915 **921**
var. *matsumurae* **(12)** 922
var. szechuanica **(12)** 916 **921**
diandra **(12)** 996
distans var. *coreensis* **(12)** 776
divaricatissima **(12)** 915 **917**
fertilis **(12)** 997
gigantean **(12)** 915 **917**
hugoniana **(12)** 915 **919**
var. aristata **(12)** 915 **919**
latifolia **(12)** 923
limprichtii **(12)** 920
matrella **(12)** 1008
matsumurae **(12)** 916 **922**
maxima **(12)** 678
megathyrsa **(12)** 915 **917**
micrantha **(12)** 916 **922**
morrisonensi **(12)** 915 **921**
muliensis **(12)** 915 **916**
myriantha **(12)** 915 **920**
perlaxa **(12)** 915 **919**
procera **(12)** 1052
sibirica **(12)** 915 **916**
sikkimensis **(12)** 915 **920**
suizanensis **(12)** 912
taliensis **(12)** 915 **920**
trinii **(12)** 915 **918**
virginica **(12)** 998
Agrostophyllum
(Orchidaceae) **(13)** 373 **657**
callosum **(13)** **657**
inocephalum **(13)** **657**
Agyneia coccinea **(8)** 47
pubera **(8)** 49
Aidia
(Rubiaceae) **(10)** 510 **587**
canthioides **(10)** **588**
cochinchinensis **(10)** 588 **589**
oxyodonta **(10)** 588 **589**
pycnantha **(10)** **588**
Ailanthus
(Simaroubaceae) **(8)** **367**
altissima **(8)** 367 **368** Ph.185
var. sutchuenensis **(8)** 367 **369**
fordii **(8)** 367 **368**
giraldii **(8)** 367 **369**
sutchuenensis **(8)** 369
triPhysa **(8)** **367**
vilmoriniana **(8)** 367 **368**
Ainsliaea
(Compositae) **(11)** 130 **663**
acerifolia **(11)** 665 **673**
angustata **(11)** 665 **672**
angustifolia **(11)** 665 **673**
aptera **(11)** 665 **677**
bonatii **(11)** 664 **666**
caesia **(11)** 665 **675**
chapaensis **(11)** 664 **667**
crassifolia **(11)** 664 **666**
elegans **(11)** 665 **671**
foliosa **(11)** 665 **675**
fragrans **(11)** 664 **666**
glabra **(11)** 665 **677**
gracilis **(11)** 665 **675**
grossedentata **(11)** 665 **674**
henryi **(11)** 664 **669**
heterantha **(11)** 664 **669**
lancifolia **(11)** 665 **678**
latifolia **(11)** 664 **667**
macrocephala **(11)** 664 **668**
macroclinidioides **(11)** 665 **674**
mairei **(11)** 664 **668**
mollis **(11)** 664 **667**
nervosa **(11)** 665 **672**
pertyoides **(11)** 665 **678**

var. albo-tomentosa **(11)** 665 **678**
plantaginifolia **(11)** 665 **675**
pteropoda
var. *macrocephala* **(11)** 668
ramosa **(11)** 665 **671**
reflexa **(11)** 664 **669**
rubrifolia **(11)** 665 **671**
spicata **(11)** 664 **670**
sutchuenensis **(11)** 665 **673**
tenuicaulis **(11)** 665 **672**
triflora **(11)** 668
trinervis **(11)** 665 **676**
walkeri **(11)** 665 **676**
yunnanensis **(11)** 664 **670**
Aira
(Poaceae) **(12)** 559 **874**
altaica **(12)** 762
aquatica **(12)** 783
caespitosa **(12)** 885
β. *littoralis* **(12)** 884
caryophyllea **(12)** **874**
cristata **(12)** 878
flexuosa **(12)** 884
humilis **(12)** 785
spicata **(12)** 880
Aizoaceae **(4)** **296**
Ajania
(Compositae) **(11)** 126 **363**
achilloides **(11)** 368
fastigiata **(11)** 364 **369**
fruticulosa **(11)** 364 **368**
khartensis **(11)** 363 **367**
myriantha **(11)** 363 **366**
nematoloba **(11)** 364 **369**
parviflora **(11)** 364 **367**
potaninii **(11)** 364 **368**
quercifolia **(11)** 363 **364**
remotipinna **(11)** 363 **365**
salicifolia **(11)** 363 **364**
scharnhorstii **(11)** 364 **367**
tenuifolia **(11)** 363 **366**
variifolia **(11)** 363 **365**
Ajaniopsis
(Compositae) **(11)** 126 **370**
penicilliformis **(11)** **370**
Ajuga
(Lamiaceae) **(9)** 393 **407**
bracteosa **(9)** 407 **410**
calantha **(9)** 409
ciliata **(9)** 407 **409**
dencumbens **(9)** 407 **410**
forrestii **(9)** 407 **410** Ph.157
furcata **(9)** 502
lobata **(9)** **407**
lupulina **(9)** 407 **408** Ph.155
macrosperma **(9)** 407 **411**
multiflora **(9)** 407 **409**
nipponensis **(9)** 407 **411**
ovalifolia **(9)** 407 **408**
var. calantha **(9)** 407 **409** Ph.156
Akebia
(Lardizabalaceae) **(3)** 655 **657**
Lobata var. *australis* **(3)** 658
quinata **(3)** **657**
var. *retusa* **(3)** 657
trifoliata **(3)** 657 **658** Ph.392
subsp. australis **(3)** 657 **658** Ph.393
Alajia
(Lamiaceae) **(9)** 396 **477**
rhomboidea **(9)** **477**
Alangiaceae **(7)** **682**
Alangium
(Alangiaceae) **(7)** **682**
barbatum **(7)** 684 **686**
chinense **(7)** 683 **684** Ph.259
subsp. pauciflorum **(7)** 683 **685**
subsp. strigosum **(7)** 683 **685**
subsp. triangulare **(7)** 683 **685**
faberi **(7)** 683 **686**
handelii **(7)** 685
kurzii **(7)** 683 **685** Ph.260
var. handelii **(7)** 683 **685**
var. laxifolium **(7)** 683 **685**
platanifolium **(7)** 683 **684** Ph.258
var. *genuinum* f. *triangulare* **(7)** 685
rotundifolium
var. *laxifolium* **(7)** 686
salviifolium **(7)** 682 **683** Ph.257
Albertisia
(Menispermaceae) **(3)** 668 669 **672**
laurifolia **(3)** **672**
Albizia
(Mimosaceae) **(7)** 2 **15**
bracteata **(7)** 16 **18**
chinensis **(7)** 16 **20** Ph.13
corniculata **(7)** **16**
crassiramea **(7)** 16 **17**
falcataria **(7)** 16 **20**
julibrissin **(7)** 16 **19** Ph.12
kalkora **(7)** 16 **18** Ph.11
lebbeck **(7)** 16 **19**
lucidior **(7)** 16 **17**
mollis **(7)** 16 **20**
odoratissima **(7)** 16 **18**
procera **(7)** 16 **17**
Albuca gardenii **(13)** 176
Alcaea indica **(5)** 91
rosea **(5)** 73
Alchemilla
(Rosaceae) **(6)** 444 **749**
glabra **(6)** 749 **750**
gracilis **(6)** 749 **750**
japonica **(6)** 749 **749**
Alchornea
(Euphorbiaceae) **(8)** 12 **77**
davidii **(8)** 77 **78**
hainanensis
var. *pubescens* **(8)** 78
mollis **(8)** 77 **79**
rufescens **(8)** 76
rugosa **(8)** **77** Ph.36
var. pubescens **(8)** 77 **78**
tiliifolia **(8)** 77 **79** Ph.37

trewioides (8) 77 **78**
var. sinica (8) 77 **79**
Alcimandra
(Magnoliaceae) (3) 123 **144**
cathcartii (3) **144** Ph.176
Aldrovanda
(Droseraceae) (5) 106 **109**
vesiculosa (5) **109**
Aletris
(Liliaceae) (13) 70 **254**
alpestris (13) 254 **255**
glabra (13) **254**
glandulifera (13) 254 **258**
khasiana (13) 256
laxiflora (13) 254 **256**
pauciflora (13) 254 **255**
var. khasiana (13) 254 **256**
scopulorum (13) 254 **258**
spicata (13) 254 **257**
stelliflora (13) 254 **256**
stenoloba (13) 254 **257**
Aleurites
(Euphorbiaceae) (8) 13 **97**
fordii (8) 98
moluccana (8) **97** Ph.46
montana (8) 98
Aleuritopteris
(Sinopteridaceae) (2) 208 **226**
albomarginata (2) 227 **229**
anceps (2) 227 **228** Ph.70
argentea (2) 227 **227** Ph.69
duclouxii (2) 227 **228**
gresia (2) 227 **229**
kuhnii (2) 227 **231**
pseudofarinosa (2) 228
shensiensis (2) 227 **228**
stenochlamys (2) 229
subrufa (2) 229
subvillosa (2) 227 **230**
tamburii (2) 227 **227**
Alfredia
(Compositae) (11) 131 **618**
acantholepis (11) **618**
nivea (11) **618**
Alhagi
(Fabaceae) (7) 62 **387**
sparsifolia (7) **387** Ph.140
Alicularia hasskarliana (1) 74
Alisma
(Alismataceae) (12) **9**
canaliculatum (12) 10 **11**
flava (12) 3
gramineum (12) 10 **12**
lanceolatum (12) 10 **11**
orientale (12) **10** Ph.2
parnassifolia (12) 9
plantagoaquatica (12) 9 **10**
var. *orientale* (12) 10
Alismataceae (12) **3**
Alismorchis reflexa (13) 601
Allaeanthus kurzii (4) 33
Allamanda
(Apocynaceae) (9) 89 **110**
cathartica (9) **110** Ph.61
var. *hendersonii* (9) 110
neriifolia (9) 110
schottii (9) **110** Ph.60
Allantodia
(Athyriaceae) (2) 272 **315**
cavaleriana (2) 312
chinensis (2) 317 **328**
contermina (2) 316 **326**
crenata (2) 316 **324**
crinipes (2) 324
dilatata (2) 316 **324**
doederleinii (2) 316 **326**
griffithii (2) 316 **321**
hachijoensis (2) 317 **327**
heterocarpa (2) 316 **318**
hirsutipes (2) 316 **322**
hirtipes (2) 316 **323**
lobulosa (2) 316 **318**
matthewii (2) 316 322 Ph.87
megaphylla (2) 316 **319**
metteniana (2) 316 **319**
metteniana
var. fauriei (2) 316 **319**
okudairai (2) 315 **317**
petri (2) 316 **320**
pinnatifido-pinnata (2) 316 **320**
squamigera (2) 316 **323**
stenochlamys (2) 316 **321**
virescens (2) 317 **327**
viridescens (2) 316 **325**
viridissima (2) 316 **325**
wichurae (2) 315 **317**
yaoshanensis (2) 316 **319**
Allardia
(Compositae) (11) 126 **357**
tomentosa (11) 357 **358**
tridactylites (11) **358**
Amberboa
(Compositae) (11) 132 **651**
moschata (11) **652**
turanica (11) **652**
Alleizettella
(Rubiaceae) (10) 510 **590**
leucocarpa (10) **590**
Alliaria
(Brassicaceae) (5) 385 **520**
grandifolia (5) 399
petiolata (5) **520**
Allium
(Liliaceae) (13) 71 **139**
altaicum (13) 143 **165**
anisopodium (13) 141 **157**
var. zimmermannianum (13) 141 **157**
ascalonicum (13) 143 **166**
atrosanguineum (13) 142 **163**
bidentatum (13) 141 **153**
caeruleum (13) 143 **169**
carolinianum (13) 142 **158**
cepa (13) 143 **166**

var. proliferum (13) 143 **166**
chinense (13) 143 **167**
chrysanthum (13) 143 **165**
chrysocephalum (13) 141 **163**
condensatum (13) 142 **162**
cyaneum (13) 141 **154**
cyathophorum (13) 140 **147** Ph.119
decipiens (13) 143 **171**
eduardii (13) 141 **148**
fasciculatum (13) 140 **146**
fetisowii (13) 143 **171**
fistulosum (13) 143 **166**
forrestii (13) 140 **156**
galanthum (13) 143 **166**
globosum (13) 141 **161**
hookeri (13) 140 **146**
var. muliense (13) 140 **146**
humile var. *trifurcatum* (13) 148
hymenorrhizum (13) 142 **159**
kaschianum (13) 142 **159**
ledebourianum (13) 142 **164**
leucocephalum (13) 141 **149**
lineare (13) 141 **150**
listera (13) 144
longistylum (13) 142 **161**
macranthum (13) 140 **147**
macrostemon (13) 143 **169** Ph.121
mairei (13) 140 **156**
monanthum (13) 143 **170**
mongolicum (13) 140 **152**
nanodes (13) 140 **145**
neriniflorum (13) 144 **172**
oreoprasum (13) 140 **151**
ovalifolium (13) 140 **144**
paepalanthoides (13) 142 **154**
pallasii (13) 143 **168**
platyspathum (13) 142 **158**
platystylum (13) 158
plurifoliatum (13) 141 **155**
polyrhizum (13) 141 **152**
porrum (13) 143 **170**
prattii (13) 140 **145**
prostratum (13) 142 **153**
przewalskianum (13) 141 **149**
ramosum (13) 140 **151**
rude (13) 142 **162**
sacculiferum (13) 167
sativum (13) 143 **171**
schoenoprasum (13) 142 **164**
var. scaberrimum (13) 142 **164**
senescens (13) 142 **158** Ph.120
setifolium (13) 141 **160**
sikkimense (13) 141 **153**
stenodon (13) 141 **155**
strictum (13) 140 141 **150**
subangulatum (13) 152
subtilissimum (13) 142 **160**
tanguticum (13) 143 **168**
tenuissimum (13) 141 **156**
thunbergii (13) 143 **167**
trifurcatum (13) 140 **148**
tuberosum (13) 140 **151**
tubiflorum (13) 143 **172**
victorialis (13) 139 **144**
var. listera (13) 139 **144**
wallichii (13) 140 **147** Ph.118
xichuanense (13) 142 **162**
yanchiense (13) 143 **167**
zimmermannianum (13) 157
Allmania
(Amaranthaceae) (4) 368 **370**
nodiflora (4) **370**
Allocheilos
(Gesneriaceae) (10) 245 **302**
cortusiflorum (10) **302**
Allomorphia
(Melastomataceae) (7) 614 **625**
balansae (7) 625 **626**
baviensis (7) **626** Ph.233
cavaleriei (7) 643
urophylla (7) **626**
Allophylus
(Sapindaceae) (8) 267 **269**
caudatus (8) 269 **270**
chartaceus (8) **269**
cobbe var. velutinus (8) 269 **270**
dimorPhus (8) 269 **272**
hirsutus (8) 269 **271**
longipes (8) 269 **271**
timorensis (8) 269 **271**
viridis (8) 269 **270**
Allostigma
(Gesneriaceae) (10) 245 **275**
guangxiense (10) **275** Ph.78
Alloteropsis
(Poaceae) (12) 553 **1059**
cimicina (12) 1059 **1060**
semialata (12) **1059**
var. eckloniana (12) 1059 **1060**
Alniphyllum
(Styracaceae) (6) 26 **40**
eberhardtii (6) 40 **41**
fortunei (6) 40 **41**
pterospermum (6) 40 **41**
Alnus
(Betulaceae) (4) 255 **272**
cremastogyne (4) 272 **273** Ph.120
ferdinandi-coburgii (4) **272**
formosana (4) 272 **275**
fruticosa var. *mandshurica* (4) 274
hirsuta (4) 272 **274**
japonica (4) 272 **275**
mandshurica (4) 272 **274**
maritima var. *formosana* (4) 275
nepalensis (4) 272 **273** Ph.121
sibirica (4) **274**
trabeculosa (4) 272 **275**
media (4) 409
prostratum (4) 396
Alnus dioica (8) 44
Alobiella parvifolia (1) 173
Alobiellopsis
(Cephaloziaceae) (1) 166 **173**

parvifolia (1) **173**
Alocasia
(Araceae) (12) 106 **132**
cucullata (12) **133** Ph.48
longiloba (12) 133 **134**
macrorrhiza (12) 134
odora (12) 133 **134** Ph.49
Aloe
(Liliaceae) (13) 71 **96**
barbadensis var. *chinensis* (13) 97
chinensis (13) **97** Ph.75
vera var. *chinensis* (13) 97
Aloina
(Pottiaceae) (1) 436 **438**
leptotheca (1) 480
obliquifolia (1) **438**
Alopecurus
(Poaceae) (12) 559 **927**
aequalis (12) 927 **929**
arundinaceus (12) 927 **928**
brachystachyus (12) 927 **928**
himalaicus (12) 927 **928**
japonicus (12) 927 **929**
longiaristatus (12) 928 **930**
mandshuricus (12) 928 **930**
monspeliensis (12) 924
myosuroides (12) 927 **929**
Alphitonia
(Rhamnaceae) (8) 138 **161**
philippinensis (8) **161** Ph.84
Alphonsea
(Annonaceae) (3) 159 **181**
hainanensis (3) 181 **182**
mollis (3) **181**
monogyna (3) 181 **182**
prolificum (3) 167
squamosa (3) 181 **182**
tsangyuanensis (3) 181 **183**
Alpinia
(Zingiberaceae) (13) 21 **39**
blepharocalyx (13) 40 **42**
var. glabrior (13) 40 **43**
brevis (13) 40 **45**
chinensis (13) 46
conchigera (13) 40 **41** Ph.34
galanga (13) 40 **46** Ph.42
hainanensis (13) 40 **43** Ph.37
japonica (13) 40 **44** Ph.40
jianganfeng (13) 40 **45** Ph.41
katsumadai (13) 43
kwangsiensis (13) 40 **42** Ph.36
maclurei (13) 40 **47** Ph.43
nigra (13) **40**
oblongifolia (13) 40 **46**
officinarum (13) 40 **44** Ph.39
oxyphylla (13) 40 **43** Ph.38
pumila (13) 40 **48**
stachyoides (13) 40 **48**
stachyoides (13) 45
strobiliformis (13) 40 **47**
zerumbet (13) 40 **41** Ph.35
Alseodaphne
(Lauraceae) (3) 207 **290**
andersonii (3) 290 **291**
breviflora (3) 286
chinensis (3) 286
hainanensis (3) **290** Ph.245
petiolaris (3) 290 **291** Ph.246
Alsodeia bengalensis (5) 136
Alsomitra graciliflora (5) 203
Alsophila
(Cyatheaceae) (2) 141 **143**
andersonii (2) 143 **145**
brunoniana (2) 142
costularis (2) 143 **144**
denticulata (2) 143 **147**
gigantea (2) 143 **146**
khasyana (2) 144 **148**
latebrosa (2) 143 **145**
lepifera (2) 142
loheri (2) 143 **145**
metteniana
var. subglabra (2) 143 **148**
metteniana (2) 143 **147**
podophylla (2) 143 **146**
polypodioides (2) 352
spinulosa (2) 143 **144**
subglandulosa (2) 608
Alstonia
(Apocynaceae) (9) 89 **99**
mairei (9) 99 **101**
rostrata (9) **99**
scholaris (9) 99 **100** Ph.52
yunnanensis (9) 99 **100** Ph.53
Alternanthera
(Amaranthaceae) (4) 368 **381**
bettzickiana (4) 381 **382**
philoxeroides (4) **381** Ph.178
sessilis (4) **381** Ph.177
Althaea
(Malvaceae) (5) 69 **72**
officinalis (5) **73** Ph.44
rosea (5) **73** Ph.43
Altingia
(Hamamelidaceae) (3) 773 **779**
chinensis (3) **780**
chingii (3) 779
excelsa (3) 780
gracilipes (3) 780 **781**
var. serrulata (3) 780 **781**
Alysicarpus
(Fabaceae) (7) 63 **174**
bupleurifolius (7) **175**
vaginalis (7) **175**
yunnanensis (7) **175**
Alyssum
(Brassicaceae) (5) 387 **432**
alyssoides (5) 432 **433**
canescens (5) 433 **435** Ph.172
desertorum (5) 432 **434**
incanum (5) 438
lenense (5) 433 **434**
var. *dasycarpum* (5) 434

linifolium (5) 432 **433**
magicum (5) 436
minus (5) 434
obovatum (5) 433 **435**
simplex (5) 433 **434**
spathulatum (5) 437
Alyxia
(Apocynaceae) (9) 89 **104**
acutifolia (9) 106
euonymifolia (9) 107
funingensis (9) 105
hainanensis (9) 107
jasminea (9) 107
kweichowensis (9) 106
lehtungensis (9) 107
levinei (9) 104 **106**
marginata (9) 104 **105**
odorata (9) 105 **107**
schlechteri (9) 105 **106**
sinensis (9) 104 **105**
villilimba (9) 104 **105**
vulgaris (9) 107
Amalocalyx
(Apocynaceae) (9) 91 **116**
microlobus (9) **116** Ph.65
yunnanensis (9) 116
Amaranthaceae (4) **368**
Amaranthus
(Amaranthaceae) (4) 368 **371**
albus (4) 371 **374**
ascendens (4) 375
caudatus (4) 371 **373** Ph.172
hybridus (4) 371 **372**
hypochondriacus (4) 371 **373** Ph.174
lividus (4) 371 **375**
paniculatus (4) 371 **373** Ph.173
persicarioides (4) 307
retroflexus (4) 371 **372** Ph.171
roxburghianus (4) 371 **374**
spinosus (4) **371** Ph.370
tricolor (4) 371 **373**
viridis (4) 371 **374** Ph.175
Amaryllidaceae (13) **259**
Amaryllis aurea (13) 263
candida (13) 260
formosissima (13) 271
radiata (13) 262
rutila (13) 270
tatarica (13) 268
vittata (13) 271
Amblyglottis angustifolia (13) 599
Amblynotus
(Boraginaceae) (9) 282 **325**
obovatus (9) 326
rupestris (9) **326**
Amblystegiaceae (1) **802**
Amblystegium
(Amblystegiaceae) (1) 802 **805**
cennexum (1) 903
polygamum (1) 812
serpens (1) **805**
spurio-subtile (1) 775
squarrulosum (1) 810
varium (1) **805**
Ambroma
(Sterculiacee) (5) 35 **61**
augusta (5) 35 **61** Ph.36
Ambrosia
(Compositae) (11) 124 **310**
artemisiifolia (11) **311**
trifida (11) **311**
Ambrosinica retrospiralis (12) 174
Ambulia aromatica (10) 101
Amelanchier
(Rosaceae) (6) 443 **576**
asiatica (6) **577**
var. *sinica* (6) 577
racemosa (6) 479
sinica (6) 576 **577**
Amentotaxus
(Taxaceae) (3) 106 **108**
argotaenia (3) 109 **110** Ph.140
formosana (3) **109** Ph.139
yunnanensis (3) **109** Ph.138
Amesiodendron
(Sapindaceae) (8) 268 **284**
chinense (8) **284**
tienlinense (8) **284**
Amethystea
(Lamiaceae) (9) 392 **399**
caerulea (9) **399**
Amischophacelus axillaris (12) 186
Amischotolype
Commelinaceae (12) 182 **187**
hispida (12) **187** Ph.84
hookeri (12) **187**
Amitostigma
(Orchidaceae) (13) 367 **479**
basifoliatum (13) 479 **481**
bifoliatum (13) 479 **482** Ph.328
capitatum (13) 479 **482**
faberi (13) 479 **480** Ph.327
farreri (13) 480 **483**
gracile (13) 479 **480** Ph.326
monanthum (13) 480 **484** Ph.329
physoceras (13) 479 **482**
pinguiculum (13) 479 **483**
simplex (13) 480 **485**
tetralobum (13) 479 **481**
tibeticum (13) 480 **483**
yuanum (13) 480 **484**
Ammannia
(Lythraceae) (7) 499 **500**
baccifera (7) **500**
densiflora (7) 501
myriophylloides (7) **500**
pentandra (7) 502
rotundifolia (7) 502
Ammi
(Umbelliferae) (8) 581 **651**
visnaga (8) **651**
Ammodendron
(Fabaceae) (7) 60 **88**

bifolium (7) **88**
Ammopiptanthus
(Fabaceae) (7) 60 **456**
mongolicus (7) **456** Ph.159
nanus (7) 456 **457** Ph.160
Amomum
(Zingiberaceae) (13) 21 **50**
koenigii (13) 50 **51**
littoralis (13) 54
maximum (13) 50 **52** Ph.47
mioga (13) 38
monophyllum (13) 53
subulatum (13) 50 **52**
tsao-ko (13) **50** Ph.45
villosum (13) 50 **51** Ph.46
zedoaria (13) 24
zerumbet (13) 37
Amoora
(Meliaceae) (8) 375 **390**
dasyclada (8) 390 **391** Ph.198
ouangliensis (8) **390**
tetrapetala (8) 390 **391**
yunnanensis (8) 390 **391**
Amorpha
(Fabaceae) (7) 65 **254**
fruticosa (7) **254** Ph.121
Amorphoghallus konjac
var. *kiusiana* (12) 138
Amorphophallus
(Araceae) (12) 105 **135**
albus (12) 135 **138** Ph.52
dunnii (12) 136 **140** Ph.53
henryi (12) 136 **141**
hirtus (12) 135 **136**
kiusianus (12) 135 **138** Ph.51
konjac (12) 135 **137** Ph.50
krausei (12) 136 **139**
nanus (12) 136 **141**
paeoniifolius (12) 136 **142** Ph.54
pingbianensis (12) 135 **136**
rivieri (12) 137
sinensis (12) 138
virosus (12) 142
yuloensis (12) 136 **139**
yunnanensis (12) 136 **140**
Ampelocalamus
(Poaceae) (12) 551 **630**
actinotrichus (12) **630**
calcareous (12) **630**
Ampelocissus
(Vitaceae) (8) 183 **216**
artemisiaefolia (8) **216**
hoabinhensis (8) 216 **217**
Ampelopsis
(Vitaceae) (8) 183 **189**
aconitifolia (8) 190 **194**
var. glabra (8) **194**
var. palmiloba (8) **194**
var. setulosa (8) **193**
acutidentata (8) 190 **191**
bodinieri (8) 190 **191**
var. cinerea (8) 190 **191**
brevipdunculata (8) 193
var. *maximowizii* (8) 190 192
var. *hancei* (8) 190 193
var. *kulingensis* (8) 193
cantoniensis (8) 191 **196** Ph.99
var. *grossedentata* (8) 195
chaffanjoni (8) 190 **196**
delavayana (8) 190 **193**
var. glabra (8) 190 **194**
var. setulosa (8) **193**
grossedentata (8) 190 **195**
heterophylla (8) 190 **192**
var. brevipeduncnlata (8) 190 **193**
var. *cinerea* (8) 191
var. hencei (8) 190 **193**
var. kulingensis (8) 190 **193**
var. vestita (8) 190 **193**
humulifolia (8) 190 **192**
hypoglauca (8) 191 **196**
japonica (8) 190 **194** Ph.98
megalophylla (8) 190 **195**
palmiloba (8) 194
rubifolia (8) 191 **197**
tricuspidata (8) 184 186
Ampelopteris
(Thelypteridaceae) (2) 335 **390**
prolifera (2) 390
Amphicarpaea
(Fabaceae) (7) 65 **222**
edgeworthii (7) **222**
var. *rufescens* (7) 223
linearis (7) 222 **223**
rufescens (7) 222 **223**
Amphicome arguta (10) 431
Amphidium
(Dicranaceae) (1) 333 **361**
lapponicum (1) **361**
Amphiraphis rubricaulis (11) 295
Amphirhapis albescens (11) 186
Amsonia
(Apocynaceae) (9) 89 **101**
elliptica (9) **101**
sinensis (9) 101
Amydrium
(Araceae) (12) 104 **112**
hainanense (12) 112 **113**
sinense (12) **112**
Amygdalus
(Rosaceae) (6) 445 **752**
communis (6) 752 **753**
davidiana (6) 753 **756**
var. potanini (6) 753 **756**
ferganensis (6) 753 **756**
kansuensis (6) 753 **757**
mira (6) 753 **757**
mongolica (6) 752 753 **755**
nana (6) 752 754 **753**
pedunculata (6) 752 753 **754**
persica (6) 753 753 **756**
tangutica (6) 752 753 **756**
triloba (6) 752 753 **754**

Anabasis
(Chenopodiaceae) **(4)** 306 **354**
ammodendron **(4)** 357
aphylla **(4)** **354** Ph.155
brevifolia **(4)** **354** Ph.154
cretacea **(4)** 354 **355**
fglomerata **(4)** 350
foliosa **(4)** 350
salsa **(4)** 354 **355** Ph.156
Anacamptodon
(Fabroniaceae) **(1)** 754 **758**
amblystegioides **(1)** **759**
latidens **(1)** **759**
Anacardiaceae **(8)** **345**
Anacardium
(Anacardiaceae) **(8)** 345 **347**
occidentale **(8)** 345 **347** Ph.168
Anacolia
(Bartramiaceae) **(1)** **597**
sinensis **(1)** **597**
Anadendrum
(Araceae) **(12)** 104 **111**
montanum **(12)** **111**
Anagallis
(Primulaceae) **(6)** 114 **147**
arvensis **(6)** **147**
Anagalloides procumbens **(10)** 108
Anagollidium dichotoma **(9)** 87
Anamtia stolonifera **(6)** 110
Ananas
(Bromeliaceae) **(13)** **11**
comosus **(13)** **11** Ph.10
Anaphalis
(Compositae) **(11)** 129 **262**
adnata **(11)** 280
alata var. viridis **(11)** 268
aureo-punctata **(11)** 264 **270**
var. atrata **(11)** 264 **270**
var. plantaginifolia **(11)** 264 **270**
var. tomentosa **(11)** 264 **270**
bicolor **(11)** 263 **268**
var. longifolia **(11)** 263 **268**
var. subconcolor **(11)** 263 **268**
bulleyana **(11)** 263 **265**
busua **(11)** 263 **265**
cinerascens **(11)** 264 **276**
contorta **(11)** 262 **267**
elegans **(11)** 264 **269**
flaccida **(11)** 263 **271**
flavescens **(11)** 265 **276**
gracilis **(11)** 264 **273**
var. ulophylla **(11)** 264 **273**
hancockii **(11)** 265 **277**
lactea **(11)** 264 **273**
latialata **(11)** 263 **267**
var. viridis **(11)** 263 **268**
margaritacea **(11)** 263 **266**
var. cinnamomea **(11)** 263 **266**
var. japonica **(11)** 263 **266** Ph.68
monocephala **(11)** 278
morrisonicola **(11)** 263 **266**
muliensis **(11)** 264 **272**
nagasawai **(11)** 265 **278**
nepalensis **(11)** 265 **277**
var. corymbosa **(11)** 265 **278**
var. monocephala **(11)** 265 **278**
pannosa **(11)** 264 **275**
pterocaula var. *surculosa* **(11)** 271
rhododactyla **(11)** 264 **274**
sinica **(11)** 263 **269**
var. remota **(11)** 263 **270**
souliei **(11)** 264 **274**
stenocephala **(11)** 264 **273**
surculosa **(11)** 263 **271**
virens **(11)** 264 **268**
viridis **(11)** 264 **276**
xylorhiza **(11)** 264 **275**
yunnanensis **(11)** 264 **272**
var. *muliensis* **(11)** 272
Anastatica syriacum **(5)** 430
Anastrepta
(Lophoziaceae) **(1)** 47 **48**
orcadensis **(1)** **48**
Anastrophyllum
(Lophoziaceae) **(1)** 47 **59**
assimile **(1)** 59 **60**
donianum **(1)** 59 **61**
joergensenii **(1)** 60 **61**
michauxii **(1)** 60 **62**
minutum **(1)** 59 **60** Ph.14
saxicola **(1)** 60 **62**
speciosum **(1)** 88
yakushimense **(1)** 66
Anaxagorea
(Annonaceae) **(3)** 158 **170**
luzonensis **(3)** **170**
Ancathia
(Compositae) **(11)** 131 **634**
igniaria **(11)** **635**
Ancistrocladaceae **(5)** **189**
Ancistrocladus
(Ancistrocladacee) **(5)** **189**
tectorius **(5)** **189** Ph.97
Ancylostemon
(Gesneriaceae) **(10)** 244 **259**
humilis **(10)** **259**
saxatilis **(10)** 259 **260**
Andira horsfieldii **(7)** 453
Andrachne australis **(8)** 17
chinensis **(8)** 17
esquirolii **(8)** 16
fruticosa **(8)** 58
lolonum **(8)** 16
Andreaea
(Andreaeaceae) **(1)** **314**
fauriei **(1)** 314
likiangensis **(1)** 314
mamillosula **(1)** 314
rupestris **(1)** **314**
var. fauriei **(1)** **314**
Andreaeaceae **(1)** **313**
Andreoskia dentatus **(5)** 491
Androcorys

(Orchidaceae) **(13)** 367 **515**
ophioglossoides **(13)** **515** Ph.353
pugioniformis **(13)** 515 **516** Ph.354
spiralis **(13)** 515 **516**
Andrographis
(Acanthaceae) **(10)** 330 **385**
laxiflora **(10)** **385**
paniculata **(10)** **385**
caylculata **(5)** 689
elliptica **(5)** 687
fastigiata **(5)** 679
formosa **(5)** 684
japonica **(5)** 685
lanceolata **(5)** 687
ovalifolia **(5)** 686
Andromeda caerulea **(5)** 556
Andropogon
(Poaceae) **(12)** 556 **1140**
aciculatus **(12)** 1126
amaurus **(12)** 1116
annulatus **(12)** 1127
antephoroides **(12)** 1136
aristatus **(12)** 1127
assimilis **(12)** 1133
biaristatus **(12)** 1107
binatus **(12)** 1115
bladhii **(12)** 1130
bracteata **(12)** 1153
brevifolium **(12)** 1148
caesius **(12)** 1144
caricosus **(12)** 1128
chinensis **(12)** **1140**
citratus **(12)** 1144
contortus **(12)** 1155
cotuliferum **(12)** 1103
crinitus **(12)** 1118
delavayi **(12)** 1128
diplandra **(12)** 1153
distans **(12)** 1147
dulcis **(12)** 280
flexuosus **(12)** 1145
glaber **(12)** 1131
goeringii **(12)** 1146
hamatulus **(12)** 1146
ischaemum **(12)** 1129
jwarancusa **(12)** 1142
kwashotensis **(12)** 1132
lanceolatus **(12)** 1152
lancifolius **(12)** 1150
leschenaultianus **(12)** 1113
martini **(12)** 1143
microphyllus **(12)** 1151
nardus **(12)** 1144
var. *khasianus* **(12)** 1145
var. *stracheyi* **(12)** 1147
nervosa **(12)** 1137
obliquiberbe **(12)** 1149
olivieri **(12)** 1143
propinquum **(12)** 1123
punctatus **(12)** 1131
ravennae **(12)** 1099
sorghum
var. *technicus* **(12)** 1124
triticeus **(12)** 1155
vimineus **(12)** 1108
yunnanensis **(12)** 1140 **1141**
Androsace
(Primulaceae) **(6)** 114 **149**
aizoon var. *integra* **(6)** 157
alaschenica **(6)** 150 **159**
axillaris **(6)** 150 **152**
bisulca **(6)** 151 **166**
brachystegia **(6)** 152 **169**
cuttingii **(6)** 151 **161**
delavayi **(6)** 152 **168** Ph.48
dissecta **(6)** 150 **154**
elatior **(6)** 150 **155**
erecta **(6)** 150 **157**
euryantha **(6)** 151 **163**
filiformis **(6)** 150 **156**
geraniifolia **(6)** 150 **154**
graceae **(6)** 150 **155**
graminifolia **(6)** 150 **160**
henryi **(6)** 150 **153**
hookeriana **(6)** 151 **163**
incana **(6)** 151 **166**
integra **(6)** 150 **157**
laxa **(6)** 151 **164**
lehmanniana **(6)** 151 **167**
limprichtii **(6)** 151 **162**
longifolia **(6)** 150 **158**
mariae **(6)** 151 **160**
var. *tibetica* **(6)** 160
maxima **(6)** 150 **156**
mollis **(6)** 152 **168**
nortonii **(6)** 151 **162**
ovczinnikovii **(6)** 151 **166**
paxiana **(6)** 150 **154**
primulina **(6)** 215
rigida **(6)** 151 **161** Ph.44
robusta **(6)** 151 **167** Ph.47
rotundifolia **(6)** 150 **152**
var. *axillaris* **(6)** 152
var. *dissecta* **(6)** 154
runcinata **(6)** 150 **155**
sarmentosa **(6)** 151 **163**
var. *stenophylla* **(6)** 165
selago **(6)** 151 **166**
septentrionalis **(6)** 150 **157**
spinulifera **(6)** 150 **159** Ph.43
squarrosula **(6)** 150 **158**
stenophylla **(6)** 151 **165**
strigillosa **(6)** 151 **161**
var. *spinulifera* **(6)** 159
tapete **(6)** 151 **165** Ph.46
umbellata **(6)** 150 **153** Ph.42
villosa var. *robusta* **(6)** 167
var. *zambalensis* **(6)** 169
wardii **(6)** 151 **164** Ph.45
yargongensis **(6)** 152 **168**
zambalensis **(6)** 152 **169**
Aneilema divergens **(12)** 193
hookeri **(12)** 194

kainantense (12) 196
keisak (12) 191
loriforme (12) 195
nudiflorum
var. *bracteatum* (12) 195
siamense (12) 200
spectabile (12) 192
triquetrum (12) 191
Anemarrhena
(Liliaceae) (13) 70 **87**
asphodeloides (13) **87**
hongkongensis (13) 587
hookeriana (13) 588
ruybarrettoi (13) 589
Anemoclema
(Ranunculaceae) (3) 389 **500**
glaucifolium (3) **501** Ph.363
Anemone
(Ranunculaceae) (3) 389 **486**
altaica (3) 487 **489**
amurensis (3) 487 **490**
baicalensis (3) 487 **492**
var. glabrata (3) 487 **492**
begoniifolia (3) 487 **493**
cathayensis (3) 488 **498**
var. hispida (3) 488 **498**
cernua (3) 503
chinensis (3) 502
coelestina (3) 497
dahurica (3) 504
davidii (3) 487 **488** Ph.352
demissa (3) 488 **497** Ph.359
var. major (3) 488 **498**
var. villosissima (3) 488 **498** Ph.360
dichotoma (3) 487 **499**
exigua (3) 487 **489**
flaccida (3) 487 **491** Ph.353
geum (3) 495
glaucifolia (3) 501
griffithii (3) 487 **489**
henryi (3) 500
hofengensis (3) 487 **491**
howellii (3) 487 **493**
hupehensis (3) 486 **493**
f. alba (3) 486 **493** Ph.355
var. japonica (3) 486 **494**
imbricata (3) 488 **498**
japonica (3) 494
kostyczewii (3) 502
millefolium (3) 505
narcissiflora var. sibirica (3) 488 **497**
nemorosa subsp. amurensis (3) 490
obtusiloba (3) 487 **495**
subsp. trullifolia var. *linearis* (3) 497
patens var. *multifida* (3) 503
polycarpa (3) 496
prattii (3) 487 **491**
raddeana (3) 487 **490**
reflexa (3) 487 **491**
rivularis (3) 487 **492** Ph.354
var. flore-minore (3) 487 **492**
rockii (3) 487 **495**
rupestris (3) 487 **496**
subsp. polycarpa (3) 488 **496**
rupicola (3) 486 **494**
sibirica (3) 497
silvestris (3) 486 **495**
stolonifera (3) 487 **489**
tomentosa (3) 486 **494** Ph.356
trullifolia (3) 488 **496**
var. coelestina (3) 488 **496**
var. linearis (3) 488 **497** Ph.358
umbrosa (3) 487 **490**
vitifolia (3) 486 **494** Ph.357
Anerincleistus caudatus (7) 625
Anethum
(Umbelliferae) (8) 582 **697**
graveolens (8) **697**
Aneura
(Aneuraceae) (1) **258**
pinguis (1) **259** Ph.49
Aneuraceae (1) **258**
Aneurolepidium chinensis (12) 829
dasystachys (12) 830
Angelica
(Umbelliferae) (8) 682 **719**
acutiloba (8) 720 **722**
amurensis (8) 720 **728**
anomala (8) 720 **728**
apaensis (8) 726
biserrata (8) 720 **725**
citriodora (8) 730
dahurica (8) 720 **724**
cv. Hangbaizhi (8) 720 **724**
cv. Qibaizhi (8) 720 **724**
var. formosana (8) 720 **724** Ph.289
decursiva (8) 720 **721** Ph.288
f. albiflora (8) 720 **721**
dissoluta (8) 749
formosana (8) 724
gigas (8) 720 **722**
grosseserrata (8) 730
laxifoliata (8) 720 **727**
maximowiczii f. *australis* (8) 731
megaphylla (8) 720 **723**
morii (8) 720 **728**
nitida (8) 720 **725**
nubigena (8) 720 **726**
omeiensis (8) 720 **723**
oncosepala (8) 720 **721**
polymorpha (8) 720 **727**
var. *sinensis* (8) 722
pubescens (8) 725
f. *biserrata* (8) 725
saxatilis (8) 718
silvestris (8) 720 **726**
sinensis (8) 720 **722**
taiwaniana (8) 724
Angelicarpa brevicaulis (8) 717
Angiopteridaceae (2) 2 **84**
Angiopteris
(Angiopteridaceae) (2) 84 **84**
esculenta (2) 85 **85**

fokiensis **(2)** 85 **86** Ph.34
lygodiifolia **(2)** 85 **85**
Angiospermae **(3)** 122
Ania angustifolia **(13)** 588
Anictangium ciliatum **(1)** 643
lapponicum **(1)** 361
Anisachne
(Poaceae) **(12)** 559 **898**
gracilis **(12)** **898**
Anisadenia
(Linaceae) **(8)** 231 **235**
pubescens **(8)** **235**
Aniseia biflora **(9)** 261
stenantha **(9)** 260
Anisocampium
(Atheriaceae) **(2)** 271 **291**
cumingianum **(2)** 291 **291**
sheareri **(2)** 291 **291**
Anisochilus
(Lamiaceae) **(9)** 398 **566**
pallidus **(9)** **566**
Anisodus
(Solanaceae) **(9)** 203 **208**
acutangulus **(9)** 208 **209**
var. breviflorus **(9)** 208 **209**
carniolicoides **(9)** 208 **209**
luridus **(9)** **208**
tanguticus **(9)** 208 **210**
var. *viridulus* **(9)** 210
Anisomeles
(Lamiaceae) **(9)** 394 **501**
indica **(9)** **501** Ph.176
Anisopappus
(Compositae) **(11)** 130 **307**
chinensis **(11)** **307**
Anna
(Gesneriaceae) **(10)** 246 **310**
mollifolia **(10)** **311**
ophiorrhizoides **(10)** **311**
submontana **(10)** **311**
Annamocarya
(Juglandaceae) **(4)** 164 **172**
sinensis **(4)** **173**
Anneslea
(Theaceae) **(4)** 573 **655**
fragrans **(4)** **656** Ph.289
Annona
(Annonaceae) **(3)** 159 **194**
glabra **(3)** **194**
hexapetala **(3)** 184
muricata **(3)** 194 **195** Ph.204
reticulata **(3)** 194 **195**
squamosa **(3)** 194 **195** Ph.205
Annonaceae **(3)** **158**
Anochusa
(Boraginaceae) **(9)** 281 **300**
hispida **(9)** 301
italica **(9)** **300**
officinalis **(9)** 300 **301**
ovata **(9)** **300**
saxatile **(9)** **294**
sikkimensis **(9)** 321
spinocarpos **(9)** 340
zeylanicum **(9)** 316
Anodendron
(Apocynaceae) **(9)** 91 **125**
affine **(9)** **125**
var. *effusum* **(9)** 125
var. *pingpienense* **(9)** 125
benthamianum **(9)** 125 **126**
fangchengense **(9)** 126
formicinum **(9)** 125 **126**
salicifolium **(9)** 126
Anoectangium
(Pottiaceae) **(1)** 437 **439**
aestivum **(1)** **439**
sendtnerianum **(1)** 469
stracheyanum **(1)** 439 **440**
thomsonii **(1)** 439 **440**
Anoectochilus
(Orchidaceae) **(13)** 366 **435**
abbreviatus **(13)** 435 **437**
brevistylus **(13)** 436 **439**
burmannicus **(13)** 436 **439**
chapaensis **(13)** 436 **441**
crispus **(13)** 435 **438**
elwesii **(13)** 436 **439**
formosanus **(13)** 436 **440** Ph.306
lanceolatus **(13)** 436 **438** Ph.305
moulmeinensis **(13)** 435 **437** Ph.304
roxburghii **(13)** 436 **440** Ph.307
tortus **(13)** 435 **436**
yakushimensis **(13)** 425
zhejiangensis **(13)** 436 **441**
Anogeissus
(Combretaceae) **(7)** **663**
acuminata **663** Ph.242
Anogramma
(Hemionitidaceae) **(2)** 248 **252**
leptophylla **(2)** 253 **253**
microphylla **(2)** 253 **253**
Anomobryum
(Bryaceae) **(1)** 539 **550**
gemmigerum **(1)** **550**
julaceum **(1)** **550**
Anomodon
(Anomodontaceae) **(1)** **777**
dentatus **(1)** 777 **779**
giraldii **(1)** 777 **779**
minor **(1)** 777 **778** Ph.238
rugelii **(1)** 777 **778**
toccoae **(1)** 783
viticulosus **(1)** **777** Ph.237
Anomodontaceae **(1)** **777**
Anomospermum excelsum **(8)** 14
Anota hainanensis **(13)** 748
Anotis chrysotricha **(10)** 517
hirsuta **(10)** 527
ingrata **(10)** 526
kwangtungensis **(10)** 527
Anplectrum assamicum **(7)** 657
barbatum **(7)** 654
Anredera

(Basellaceae) **(4)** **387**
cordifolia **(4)** **388** Ph.182
Antennaria
(Compositae) **(11)** 129 **249**
cinnamomea **(11)** 266
contorta **(11)** 267
dioica **(11)** **249**
japonica **(11)** 266
nana **(11)** 257
Antenoron
(Polygonaceae) **(4)** 481 **510**
filiforme **(4)** **510** Ph.216
var. neofiliforme **(4)** 510 **511**
neofiliforme **(4)** 511
Anthelia
(Antheliaceae) **(1)** **165**
julacea **(1)** **165**
Antheliaceae **(1)** **165**
Anthemis
(Compositae) **(11)** 125 **334**
nobilis **(11)** 335
tinctoria **(11)** **334**
Antheroporum
(Fabaceae) **(7)** 61 **100**
harmandii **(7)** **100**
Anthericum comosum **(13)** 88
Antheru rarubra **(10)** 617
Anthistiria *arundinacea* **(12)** 1156
caudata **(12)** 1157
heteroclite **(12)** 1154
hookeri **(12)** 1157
japonica **(12)** 1158
villosa **(12)** 1156
Anthocephalus chinensis **(10)** 564
Anthoceros
(Anthocerotaceae) **(1)** 295 **296**
fusciformia **(1)** 297
punctatus **(1)** **296**
Anthocerotaceae **(1)** **295**
Anthogonium
(Orchidaceae) **(13)** 373 **614**
gracile **(13)** **614** Ph.438
Anthoxanthum
(Poaceae) **(12)** 559 **897**
hookeri **(12)** **897**
nipponicum **(12)** 898
odoratum
var. alpinum **(12)** 897 **898**
var. nipponicum **(12)** 897 **898**
sikkimense **(12)** 897 **898**
Anthriscus
(Umbelliferae) **(8)** 578 **596**
nemorosa **(8)** 596 **597**
sylvestris **(8)** **596**
Anthurium
(Araceae) **(12)** 104 **107**
pedatoradiatum **(12)** **108**
variabile **(12)** **108**
Anthyllis cuneata **(7)** 192
Antiaris
(Moraceae) **(4)** 28 **41**
toxicaria **(4)** **42** Ph.30
Antidesma
(Euphorbiaceae) **(8)** 10 **25**
acidum **(8)** 26 **29**
bunius **(8)** 26 **29**
costulatum **(8)** 26 **30**
fordii **(8)** 26 **27**
ghaesembilla **(8)** 26 **27**
hainanense **(8)** **26**
japonicum **(8)** 26 **29**
montanum **(8)** 26 **28**
pseudomicrophyllum **(8)** 26 **27**
scandens **(4)** 26
venosum **(8)** 26 **28**
Antiotrema
(Boraginaceae) **(9)** 281 **314**
dunnianum **(9)** **314** Ph.124
Antirhea
(Rubiaceae) **(10)** 511 **606**
chinensis **(10)** **606** Ph.202
Antostyrax tonkinensis **(6)** 29
Antrophyaceae **(2)** 6 **260**
Antrophyum
(Antrophyaceae) **(2)** **260**
callifolium **(2)** 261 **263** Ph.83
coriaceum **(2)** 261 **263**
formosanum **(2)** 260 **262**
henryi **(2)** 260 **262**
obovatum **(2)** 260 **261**
parvulum **(2)** 260 **261**
taiwanianum **(2)** **262**
vittarioides **(2)** 261 **264**
Anygdalus communis
var. *tangutica* **(6)** 756
Aongstroemia
(Dicranaceae) **(1)** 333 **336**
coarctata **(1)** 340
liliputana **(1)** 341
micro-divaricata **(1)** 342
orientalis **(1)** **336**
Aongstroemiopsis
(Dicranaceae) **(1)** 333 **337**
julacea **(1)** **337**
Apama hainanensis **(3)** 347
Aperula formosana **(3)** 218
Aphanamixis
(Meliaceae) **(8)** 375 **388**
grandifolia **(8)** 388 **389**
polystachya **(8)** 388 **389**
sinensis **(8)** **389** Ph.197
tripetala **(8)** 389 **390**
Aphananthe
(Ulmaceae) **(4)** 1 **15**
aspera **(4)** **16**
var. pubescens **(4)** **16**
cuspidata **(4)** 15 **16**
Aphania
(Sapindaceae) **(8)** 267 **274**
rubra **(8)** **274**
Aphanochilus blandus **(9)** 549
flavus **(9)** 548
pilosus **(9)** 548

Aphanolejeunea
(Lejeuneaceae) **(1)** 225 **252**
truncatifolia **(1)** **252**
Aphanopleura
(Umbelliferae) **(8)** 580 **645**
capillifolia **(8)** **645**
Aphragmus
(Brassicaceae) **(5)** 387 **530**
oxycarpus **(5)** 387 **530**
var. *glaber* **(5)** 530
var. *microcarps* **(5)** 530
tibeticus **(5)** 530
Aphyllodium
(Fabaceae) **(7)** 63 **151**
biarticulatum **(7)** **151**
Aphyllorchis
(Orchidaceae) **(13)** 368 **396**
gollanii **(13)** 396 **397**
montana **(13)** **396**
Apiaceae
(=Umbelliferae) **(8)** 578
Apios
(Fabaceae) **(7)** 64 **204**
carnea **(7)** 205 **206** Ph.100
delavayi **(7)** **205**
fortunei **(7)** 204 **205**
macrantha **(7)** 204 **205**
Apium
(=Umbelliferae) **(8)** 580 **646**
crispum **(8)** 647
graveolens **(8)** **647**
var. *dulce* **(8)** 647
leptophyllum **(8)** **647**
Aplenium scolopendrium **(2)** 435
Aplotaxis auriculata **(11)** 586
deltoidea **(11)** 587
fastuosa **(11)** 588
gnaphalodes **(11)** 580
involucrata **(11)** 577
leontodontoides **(11)** 599
obvallata **(11)** 575
simpsoniana **(11)** 581 583
uniflora **(11)** 576
Apluda
(Poaceae) **(12)** 556 **1137**
digitata **(12)** 1168
mutica **(12)** **1138**
Apocopis
(Poaceae) **(12)** 556 **1118**
breviglumis **(12)** 1118 **1120**
paleacea **(12)** **1118**
wrightii **(12)** 1118 **1119**
var. macrantha **(12)** 1118 **1120**
Apocynaceae **(9)** **89**
Apocynum
(Apocynaceae) **(9)** 89 **124**
frutescens **(9)** 129
juventas **(9)** 138
mucronatum **(9)** 180
pictum **(9)** 124 **125**
venetum **(9)** **124** Ph.72
Apodytes
(Icacinaceae) **(7)** 876 **879**
cambodiana **(7)** 879
dimidiate **(7)** **879**
Apomarsupella
(Gymnomitriaceae) **(1)** 91 **94**
crystallocaulon **(1)** **94**
revoluta **(1)** 94 **95**
verrucosa **(1)** 94 **95**
Apometzgeria
(Metzgeriaceae) **(1)** 261 **262**
pubescens **(1)** **263** Ph.52
Aponogeton
(Aponotophoenix) **(12)** **25**
lakhonensis **(12)** **25**
natans **(12)** 25
Aponogetonaceae **(12)** **25**
Aporosa
(Euphorbiaceae) **(8)** 11 **43**
dioica **(8)** **44**
planchoniana **(8)** 44 **45**
villosa **(8)** **44** Ph.15
wallichii var. *yunnanensis* **(8)** 45
yunnanensis **(8)** 44 **45**
Apostasia
(Orchidaceae) **(13)** 365 **375**
odorata **(13)** 375
Appendicula
(Orchidaceae) **(13)** 373 **658**
cornuta **(13)** **658**
formosana **(13)** **658**
Apterosperma
(Theaceae) **(4)** 573 **613**
oblata **(4)** **613** Ph.282
Aquifoliaceae **(7)** **834**
Aquilaria
(Thymelaeaceae) **(7)** 513 **514**
sinensis **(7)** **514** Ph.183
Aquilegia
(Ranunculaceae) **(3)** 389 **455**
anemonoides **(3)** 454
atropurpurea **(3)** 458
atrovinosa **(3)** 455 **457**
ecalcarata **(3)** **455** Ph.366
f. semicalcarata **(3)** 455 **456** Ph.337
glandulosa **(3)** 455 **458**
japonica **(3)** 455 **457** Ph.342
oxysepala **(3)** 455 **457** Ph.340
var. kansuensis **(3)** 455 **457** Ph.341
rockii **(3)** 455 **456** Ph.338
sibirica **(3)** 455 **457**
viridiflora **(3)** 455 **458**
f. atropurpurea **(3)** 455 **458**
yabeana **(3)** 455 **456** Ph.339
Arabidopsis
(Brassicaceae) **(5)** 388 389 **475**
halleri subsp. gemmifera **(5)** **476**
himalaica **(5)** 478
lyrata
subsp. kamtschatica **(5)** 476 **477**
mollissima **(5)** 478
thaliana **(5)** **476**

tibetica **(5)** 474
tuemurnica **(5)** 532
Arabis
(Brassicaceae) **(5)** 387 388 389 **470**
alaschanica **(5)** 470 **471**
alpina var. *parviflora* **(5)** 470 472
axilliflora **(5)** 471 **475**
flagellosa **(5)** 470 **471**
fruticulosa **(5)** 470 **471**
gemmifera **(5)** 476
glandulosus **(5)** 493
himalaica **(5)** **478**
hirsuta **(5)** 470 **473**
var. *nipponica* **(5)** 474
var. *purpurea* **(5)** 474
latialata **(5)** 473
lyrata var. *kamtschatica* **(5)** 477
morrisonnesis **(5)** 477
nuda **(5)** 481
paniculata **(5)** 470 **472**
pendula **(5)** 470 **472**
var. *galbrescens* **(5)** 472
var. *hebecarpa* **(5)** 472
var. *hypoglauca* **(5)** 472
petiolata **(5)** 520
pterosperma **(5)** 470 **473**
thaliana **(5)** 476
tibetica **(5)** 470 **474**
toxophylla **(5)** 480
yadongensis **(5)** 473
Arabodopsis pumila **(5)** 479
toxophylla **(5)** 480
Araceae **(12)** **104**
Arachis
(Fabaceae) **(7)** 67 **260**
hypogaea **(7)** **260** Ph.122
Arachniodes
(Dryopteridaceae) **(2)** 472 **477**
abrupta **(2)** 482
amoena **(2)** 478 **480**
assamica **(2)** 478 **481**
calcarata **(2)** 480
cavalerii **(2)** 477 **478**
chinensis **(2)** 478 **482**
coniifolia **(2)** 478 **484**
exilis **(2)** 477 **479**
festina **(2)** 478 **483**
gansuensis **(2)** 482
grossa **(2)** 478 **481**
henryi **(2)** 478 **484**
leuconeura **(2)** 481
michelli **(2)** 479
nigrospinosa **(2)** 478 **484**
nipponica **(2)** 478 **483**
pseudoaristata **(2)** 482
rhomboidea **(2)** 477 **479**
simplicior **(2)** 477 **480**
simulans **(2)** 478 **484**
speciosa **(2)** 478 **482**
tonkinensis **(2)** 478 **481**
Arachnis
(Orchidaceae) **(13)** 370 **739**
clarkei **(13)** 738
labrosa **(13)** **739**
Araiostegia
(Davauiaceae) **(2)** 644 **646**
beddomei **(2)** 646 **648**
delavayi **(2)** 646 **648**
faberiana **(2)** 646 **650**
hookeri **(2)** 646 **649**
perdurans **(2)** 646 **650**
pseudocystopteris **(2)** 646 **646**
pulchra **(2)** 646 **647**
yunnanensis **(2)** 646 **649**
Aralia
(Araliaceae) **(8)** 535 **568**
apioides **(8)** 569 **573**
armata **(8)** 568 **570**
bipinnata **(8)** 569 **572**
caesius **(8)** 566
chinensis **(8)** 569 **571**
cissifolius **(8)** 559
cordata **(8)** 569 **573**
dasyphylla **(8)** 568 **569**
decaisneana **(8)** 569 **571** Ph.270
disperma **(8)** 549
echinocaulis **(8)** 569 **570**
elata **(8)** 569 **572** Ph.271
fargesii **(8)** 569 **574** Ph.272
glomerulata **(8)** 547
papyrifera **(8)** 536
quinquefolia var. *major* **(8)** 575
var. notoginseng **(8)** 575
spinifolia **(8)** 568 **569**
thomsonii **(8)** 569 **572**
tomentella **(8)** 567
undulata **(8)** 569 **572**
Araliaceae **(8)** **534**
Araucaria
(Araucariaceae) **(3)** **12**
bidwillii **(3)** **12** Ph.18
cunninghamii **(3)** 12 **13**
heterophylla **(3)** 12 **13** Ph.19
Araucariaceae **(3)** **12**
Arbutus alpina **(5)** 696
Arcangelisia
(Menispermaceae) **(3)** 668 669 **673**
gusanlung **(3)** **673**
Arceuthobium
(Viscaceae) **(7)** 757 **758**
chinense **(7)** **758**
oxycedri **(7)** 758 **759**
pini **(7)** 758 **759**
var. sichuanense **(7)** 758 **759**
Archakebia
(Lardizabalaceae) **(3)** 655 **656**
apetala **(3)** **657**
Archangelica
(Umbelliferae) **(8)** 582 **717**
brevicaulis **(8)** **717**
decurrens **(8)** 717 **718**
Archangiopteris
(Angiopteriaceae) **(2)** 84 **86**

somai **(2)** 86 **87**
subrotundata **(2)** 86 **87**
tonkinensis **(2)** 86 **87** Ph.35
Archiatriplex
(Chenopodiaceae) **(4)** 305 **319**
nanpinensis **(4)** **320**
Archiboehmeria
(Urticaceae) **(4)** 75 **135**
atrata **(4)** **135**
Archiclematis alternata **(3)** 534
Archidendron
(Mimosaceae) **(7)** 1 **11**
balansae **(7)** 12 **13** Ph.10
clypearia **(7)** 11 **12** Ph.9
cordifolium **(7)** 11 **13**
eberhardtii **(7)** 12 **14**
kerrii **(7)** 12 **14**
lucida **(7)** 11 **12** Ph.8
turgida **(7)** 12 **14**
Archidiaceae **(1)** **315**
Archidium
(Archidiaceae) **(1)** **315**
ochioense **(1)** **315**
Archilejeunea
(Lejeuneaceae) **(1)** 225 **226**
flavescens **(1)** 227
kiushiana **(1)** **226**
Archileptopus
(Euphorbiaceae) **(8)** 10 **18**
fangdingianus **(8)** **18**
Archiphysalis kwangsiensis **(9)** 216
sinensis **(9)** 216
Archontophoenix
(Arecaceae) **(12)** 57 **93**
alexandrae **(12)** **93** Ph.28
Arctium
(Compositae) **(11)** 131 **613**
lappa **(11)** **613** Ph.144
tomentosum **(11)** 613 **614** Ph.145
Arctoa
(Dicranaceae) **(1)** 333 **372**
hyperborean **(1)** **372**
Arctogeron
(Compositae) **(11)** 123 **207**
gramineum **(11)** **207**
Arctous
(Ericaceae) **(5)** 696
alpinus **(5)** 554 **696** Ph.286
var. *japonicus* **(5)** 696
var. *ruber* **(5)** 697
ruber **(5)** 696 **697**
Arcuatopterus
(Umbelliferae) **(8)** 583 **732**
filipedicellus **(8)** 733
sikkimensis **(8)** **733**
thalictrioideus **(8)** **733**
Ardisia
(Myrsinaceae) **(6)** 77 **85**
affinis **(6)** 94
alyxiaefolia **(6)** 86 **96**
arborescens **(6)** 87
bicolor **(6)** 93
brevicaulis **(6)** 86 **94** Ph.24
brunnescens **(6)** 85 **90**
caudata **(6)** 86 **95**
chinensis **(6)** 87 **100**
conspersa **(6)** 86 **92** Ph.22
corymbifera **(6)** 86 **91**
crenata **(6)** 86 **92** Ph.23
var. bicolor **(6)** 86 **93**
crispa **(6)** 86 **95**
var. amplifolia **(6)** 86 **95**
var. dielsii **(6)** 86 **95**
depressa **(6)** 85 **88**
dielsii **(6)** 95
elegans **(6)** 86 **91**
ensifolia **(6)** 85 **90**
faberi **(6)** 87 **98** Ph.27
garrettii **(6)** 84 **87**
gigantifolia **(6)** 87 **101**
hanceana **(6)** 86 **93**
hypargyrea **(6)** 85 **90**
japonica **(6)** 87 **99** Ph.28
maclurei **(6)** 87 **99**
mamillata **(6)** 87 **97** Ph.25
neriifolia **(6)** 85 **88**
oyxphylla
var. *cochinchinensis* **(6)** 89
primulaefolia **(6)** 87 **98** Ph.26
pubivenula **(6)** 87 **101**
punctata **(6)** 86 **93**
purpureovillosa **(6)** 87 **98**
pusilla **(6)** 87 **99**
quinquegona **(6)** 85 **89**
var. hainanensis **(6)** 85 **89**
sieboldii **(6)** 85 **88**
sino-australis **(6)** 86 **94**
solanacea **(6)** 85 **87**
triflora **(6)** 87 **100**
velutina **(6)** **98**
verbascifolia **(6)** 86 **97**
villosa **(6)** 86 **96**
var. ambovestita **(6)** 86 **96**
villosoides **(6)** 97
virens **(6)** 86 91
var. *annamensis* **(6)** 91
waitaku **(6)** 85 **89**
yunnanensis **(6)** 88
Areca
(Arecaceae) **(12)** 57 **94**
catechu **(12)** **94** Ph.29
oleracca **(12)** 93
triandra **(12)** 94 **95** Ph.30
Arecaceae **(12)** **55**
Arenaria
(Caryophyllaceae) **(4)** 392 **418**
barbata **(4)** 420 **429**
brevipetala **(4)** 419 **422** Ph.187
bryophylla **(4)** 419 **424** Ph.189
capillaris **(4)** 419 **421**
cherleriae **(4)** 417
densissima **(4)** 419 **425**
diandra **(4)** 395

dimorphortricha (4) 420 **429**
formosa (4) 419 **422**
forrestii (4) 419 **426**
fridericae (4) 420 **429**
giraldii (4) 420 **428**
juncea (4) 419 **421**
var. glabra (4) 419 **421**
kansuensis (4) 419 **423**
lancangensis (4) 419 **423**
lateriflora (4) 430
longistyla (4) 420 **427**
melanandra (4) 420 **427**
napuligera (4) 420 **426**
orbiculata (4) 419 **420**
oreophila (4) 419 **425**
pogonantha (4) 420 **428**
przewalskii (4) 419 **424**
quadridentata (4) 420 **428**
roborowskii (4) 419 **423** Ph.188
rubra marina (4) 395
saginoides (4) 420 **426**
serpyllifolia (4) 419 **420**
smithiana (4) 419 **424**
trivervia (4) 431
Arenga
(Arecaceae) (12) 57 **85**
engleri (12) **86** Ph.21
pinnata (12) **86**
pinnata (12) 86
westerhoutii (12) **86** Ph.20
Arethusa plicata (13) 528
Argemone
(Papaveraceae) (3) 694 **695**
mexicana (3) **695** Ph.404
Argostemma
(Rubiaceae) (10) 507 **541**
discolor (10) **542**
verticillatum (10) **542**
Argyranthemum
(Compositae) (11) 125 **339**
frutescens (11) **339**
Argyreia
(Convolvulaceae) (9) 241 **266**
acuta (9) 266 **267**
capitata (9) 268
capitiformis (9) 267 **268**
formosana (9) **267**
henryi (9) 267 **268**
mastersii (9) 267 **268**
mollis (9) **267**
obtusifolia (9) 267
roxburghii (9) 269
wallichii (9) 267 **269**
Argyrothamnia cantonensis (8) 61
Arisaema
(Araceae) (12) 105 **150**
aridum (12) 152 **166**
asperatum (12) 152 **160**
auriculatum (12) 152 **165** Ph.72
austroyunnanense (12) 151 **155**
bathycoleum (12) 151 **155** Ph.59
biauriculatum (12) 162
bockii (12) 153 **168** Ph.74
calcareum (12) 151 **154**
candidissimum (12) 152 **156** Ph.61
clavatum (12) 153 **170**
consanguineum (12) 153 **171**
cordatum (12) 152 **167**
costatum (12) 151 **158**
decipiens (12) 153 **167**
dilatatum (12) 152 **162** Ph.68
duboisreymondiae (12) 153 **169** Ph.75
echinatum (12) 153 **171** Ph.78
elephas (12) 152 **161** Ph.67
erubescens (12) 153 **171** Ph.77
fargesii (12) 152 **158**
flavum (12) 153 **166** Ph.73
franchetianum (12) 152 **157** Ph.62
handelii (12) 152 **160** Ph.65
heterophyllum (12) 152 **164** Ph.71
hunanense (12) 153 **170** Ph.76
inkiangense (12) 151 **154**
intermedium (12) 151 **159** Ph.64
jacquemontii (12) 153 **169**
lobatum (12) 152 **163** Ph.69
nepenthoides (12) 153 **168**
parvum (12) 152 **161**
penicillatum (12) 151 **154**
pingbianense (12) 151 **153**
prazeri (12) 151 **156**
rhizomatum (12) 153 **167**
ringens (12) 152 **163**
saxatile (12) 152 **165**
sikokianum var. *serratum* (12) 168
sinii (12) 151 **155**
speciosum (12) 151 **158**
tortuosum (12) 152 **164** Ph.70
utile (12) 151 **159** Ph.63
wardii (12) 153 **169**
wattii (12) 152 **162**
wilsonii (12) 152 **160** Ph.66
yunnanense (12) 151 **156** Ph.60
Aristida
(Poaceae) (12) 557 **1003**
adscensionis (12) 1005
arundinacea (12) 676
chinensis (12) 1003 **1004**
cumingiana (12) 1003 **1005**
depressa (12) 1003 **1005**
heymannii (12) 1003 **1005**
pennata (12) **1003**
triseta (12) 1003 **1004**
Aristolochia
(Aristolochiaceae) (3) 337 **348**
championii (3) 349 **353**
chlamydophylla (3) 349 **356**
contorta (3) 349 **357**
cucurbitoides (3) 349 **355**
debilis (3) 349 **358** Ph.274
fangchi (3) 349 **353**
fordiana (3) 349 **356**
foveolata (3) 349 **356**
fujianensis (3) 349 **357**

griffithii	(3)	348	**351**	
hainanensis	(3)	349	**354**	
heterophylla	(3)		350	
kaempferi	(3)	348	**349**	
f. heterophylla	(3)	348	**350**	Ph.270
kwangsiensis	(3)	348	**350**	Ph.271
mairei	(9)		200	
manshuriensis	(3)	348	**350**	Ph.272
mollissima	(3)	349	**351**	
moupinensis	(3)	349	**352**	Ph.273
ovatifolia	(3)	349	**355**	
saccata	(3)	349	**354**	
scytophylla	(3)	349	**353**	
tagala	(3)	349	**359**	
thwaitesii	(3)	349	**355**	
tuberosa	(3)	349	**359**	
tubiflora	(3)	349	**358**	
versicolor	(3)	349	**352**	
Aristolochiaceae	(3)		**336**	
Armeniaca				
(Rosaceae)	(6)	445	**757**	
dasycarpa	(6)	758	**760**	Ph.168
holosericea	(6)	758	**759**	
limeixing	(6)	758	**759**	
mandshurica	(6)	758	**760**	
var. glabra	(6)	758	**761**	
mume	(6)	758	**761**	
sibirica	(6)	758	**759**	Ph.167
var. pubescens	(6)	758	**760**	
vulgaris	(6)	758	**758**	Ph.166
var. ansu	(6)	758	**759**	
Armoracia				
(Brassicaceae)	(5)	385	**450**	
rusticana	(5)		**450**	
Arnebia				
(Boraginaceae)	(9)	280	**291**	
euchroma	(9)	291	**293**	
fimbriata	(9)	291	**292**	
guttata	(9)	291	**292**	
szechenyi	(9)		**291**	
tschimganica	(9)	291	**293**	
Arnelliaceae	(1)		**161**	
Arnica ciliata	(11)		698	
hirsuta	(11)		679	
japonica	(11)		451	
Aronia asiatica	(6)		577	
Arracacia delavayi	(8)		603	
peucedanifolia	(8)		629	
Arrhenatherum				
(Poaceae)	(12)	559	**872**	
elatius	(12)		**872**	
var. bulbosum				
f.variegatum	(12)	872	**873**	
Arrhenopterum heterostichum	(1)		593	
Arrhynchium labrosum	(13)		739	
Artabotrys				
(Annonaceae)	(3)	159	**183**	
hainanensis	(3)	184	**185**	
hexapetalus	(3)		**184**	Ph.201
hongkongensis	(3)	184	**185**	Ph.202
pilosus	(3)		**184**	
Artemisia				
(Compositae)	(11)	127	**371**	
abaensis	(11)	377	**410**	
absinthium	(11)	373	**383**	
adamsii	(11)	375	**396**	
anethifolia	(11)	372	**388**	
anethoides	(11)	372	**388**	
angustissima	(11)	382	**431**	
annua	(11)	374	**394**	
anomala	(11)	379	**419**	
var. tomentella	(11)	379	**420**	
apiacea	(11)		394	
argyi	(11)	375	**398**	
argyrophylla	(11)	372	**384**	
atrovirens	(11)	379	**416**	
aurata	(11)	375	**397**	
austriaca	(11)	375	**397**	
austro-yunnanensis	(11)	375	**399**	
blepharolepis	(11)	381	**427**	
brachyloba	(11)	375	**397**	
calophylla	(11)	375	**399**	
campbellii	(11)	376	**410**	
campestris	(11)	380	**422**	
capillaris	(11)	380	**425**	
carvifolia	(11)	374	**394**	
var. schochii	(11)	374	**394**	
centiflora	(11)		361	
changaica	(11)		420	
chinensis	(11)		441	
chingii	(11)	379	**417**	
cina	(11)		437	
commutata var. *gebleriana*	(11)		424	
compacta	(11)		439	
dalai-lamae	(11)	375	**396**	
demissa	(11)	381	**425**	
desertorum	(11)	381	**428**	
var. foetida	(11)	381	**428**	
var. tongolensis	(11)	381	**428**	
deversa	(11)	379	**418**	
divaricata	(11)	377	**406**	
dracunculus	(11)	379	**420**	
var. changaica	(11)	379	**420**	
var. pamirica	(11)	379	**420**	
dubia	(11)	382	**431**	
var. subdigitata	(11)	382	**432**	
edgeworthii	(11)	381	**427**	
eriopoda	(11)	381	**429**	
fastigiata	(11)		369	
fauriei	(11)	373	**387**	
feddei	(11)		401	
fedtschenkoana	(11)		437	
finita	(11)		435	
foetida	(11)		428	
frigida	(11)	373	**383**	
var. atropurpurea	(11)	373	**383**	
gansuensis	(11)	380	**424**	
gilvescens	(11)	375	**399**	
giraldii	(11)	382	**432**	
gmelinii	(11)	374	**391**	
gmelinii	(11)		390	
gracilescens	(11)		438	
gyangzeensis	(11)	380	**423**	

gyitangensis **(11)** 379 **417**
halodendron **(11)** 379 **421**
hedinii **(11)** 374 **395**
igniaria **(11)** 376 **407**
imponens **(11)** 376 **411**
indica **(11)** 378 **406**
integrifolia **(11)** 376 **408**
intricata **(11)** 361
japonica **(11)** 381 **429**
var. *manshurica* **(11)** 429
juncea **(11)** 440
kanashiroi **(11)** 376 **401**
kaschgarica **(11)** 436
var. *dshungarica* **(11)** 437
kawakamii **(11)** 376 **411**
keiskeana **(11)** 376 **413**
lactiflora **(11)** 379 **419**
lagocephala **(11)** 372 **385**
lancea **(11)** 376 **401**
latifolia **(11)** 373 **392**
lavandulaefolia **(11)** 376 **400**
lehmanniana **(11)** 439
leucophylla **(11)** 377 **403**
littoricola **(11)** 382 **430**
macrocephala **(11)** 372 **382**
maderaspatana **(11)** 158
manshurica **(11)** 381 **429**
maritima var. *sublessingiana* **(11)** 438
var. *thomsoniana* **(11)** 437
matricarioides **(11)** 349
mattfeldii **(11)** 379 **415**
var. etomentosa **(11)** 379 **416**
medioxima **(11)** 373 **392**
messerschmidtiana **(11)** 390
var. *incana* **(11)** 390
minima **(11)** 442
minor **(11)** 372 **386**
mongolica **(11)** 377 **405**
mongolorum **(11)** 436
moorcroftiana **(11)** 377 **409**
var. *viscida* **(11)** 414
morrisonensis **(11)** 380 **426**
myriantha **(11)** 378 **417**
var. pleiocephala **(11)** 378 **418**
nakai **(11)** 372 **388**
nanschanica **(11)** 382 **431**
niitakayamensis **(11)** 372 **386**
var. *tsugitakaensis* **(11)** 393
nitrosa **(11)** 435
oligocarpa **(11)** 380 **426**
ordosica **(11)** 380 **421**
oxycephala **(11)** 380 **422**
palustris **(11)** 375 **396**
pamirica **(11)** 420
parviflora **(11)** 382 **430**
pectinata **(11)** 441
persica **(11)** 373 **389**
phaeolepis **(11)** 373 **392**
phyllobotrys **(11)** 377 **404**
pleiocephala var. *typica* **(11)** 418
polybotryoidea **(11)** 373 **389**
pontica **(11)** 374 **389**
prattii **(11)** 380 **423**
princeps **(11)** 378 **407**
pubescens **(11)** 380 **424**
var. gebleriana **(11)** 380 **424**
purpurascens **(11)** 403
qinlingensis **(11)** 377 **404**
robusta **(11)** 376 **403**
roxburghiana **(11)** 377 **402**
var. *divaricata* **(11)** 406
var. purpurascens **(11)** 377 **403**
rubripes **(11)** 378 **405**
rupestris **(11)** 372 **384**
rutifolia **(11)** 373 **385**
sacrorum **(11)** 374 **390**
var. incana **(11)** 374 **390**
var. messerschmidtiana **(11)** 374 **390**
salsoloides var. *prattii* **(11)** 423
santolina **(11)** 439
santolinaefolia **(11)** 391
schrenkiana **(11)** 434
schochii **(11)** 394
scoparia **(11)** 381 **426**
selengensis **(11)** 378 **412**
var. shansiensis **(11)** 378 **413**
shangnanensis **(11)** 374 **393**
sieversiana **(11)** 372 **382**
simulans **(11)** 379 **416**
sinensis **(11)** 377 **410**
somai **(11)** 377 **412**
sphaerocephala **(11)** 379 **420**
stolonifera **(11)** 375 **398**
stracheyi **(11)** 372 **387**
var. *phyllobotrys* **(11)** 404
var. *sinensis* **(11)** 410
var. *sinensis* f. *robusta* **(11)** 403
subdigitata **(11)** 432
subulata **(11)** 376 **408**
sylvatica **(11)** 378 **413**
var. meridionalis **(11)** 378 **414**
taibaishanensis **(11)** 377 **414**
tainingensis **(11)** 377 **412**
tanacetifolia **(11)** 374 **393**
tangutica **(11)** 378 **415**
tournefortiana **(11)** 374 **395**
transiliensis **(11)** 434
tsugitakaensis **(11)** 373 **393**
velutina **(11)** 375 **400**
verbenacea **(11)** 378 **405**
verlotorum **(11)** 376 **400**
vestita **(11)** 374 **391**
virdisquama **(11)** 376 **408**
viridissima **(11)** 376 **409**
viscida **(11)** 378 **414**
vulgaris **(11)** 377 **401**
var. *leucophylla* **(11)** 403
var. *mongolica* **(11)** 405
var. *stolonifera* **(11)** 398
var. *verbenacea* **(11)** 405
var. *viriissima* **(11)** 409
waltonii **(11)** 380 **422**
xerophytica **(11)** 373 **385**

xigazeensis **(11)** 380 **423**
yadongensis **(11)** 378 **418**
yunnanensis **(11)** 377 **402**
Arthraxon
(Poaceae) **(12)** 554 **1149**
ciliaris subsp.*langsdorffii*
var. *cryptatherus* **(12)** 1150
guizhouensis **(12)** 1150 **1151**
hispidus **(12)** 1149 **1150**
var. centrasiaticus **(12)** **1150**
var. cryptatherus **(12)** **1150**
lanceolatus **(12)** 1150 **1152**
var. raizadae **(12)** 1150 **1152**
lancifolius **(12)** **1150**
microphyllus **(12)** 1150 **1151**
nodosus **(12)** 1108
raizadae **(12)** 1152
xinanensis **(12)** 1150 **1151**
var. laxiflorus **(12)** 1150 **1152**
Arthromeris
(Polypodiaceae) **(2)** 664 **745**
elegans **(2)** 745 **747**
himalayensis
var. niphoboloides **(2)** 745 **747**
himalayensis **(2)** 745 **746**
lehmanni **(2)** 745 **748**
lungtauensis **(2)** 745 **748**
mairei **(2)** 745 **747**
tatsienensis **(2)** 745 **746**
tenuicauda **(2)** 745 **745**
wallichiana **(2)** 745 **746**
wardii **(2)** 745 **749**
Arthrophytum
(Chenopodiaceae) **(4)** 306 **358**
longibracteatum **(4)** **358**
Arthropteris
(Nephrolepidaceae) **(2)** 636 **640**
palisotii **(2)** **640**
Arthtostemma paniculatum **(7)** 627
Arthrostylis chinensis **(12)** 310
Artocarpus
(Moraceae) **(4)** 28 **36**
gomeziana var. *griffithii* **(4)** 39
heterophyllus **(4)** **37** Ph.25
hypargyreus **(4)** 37 **38** Ph.27
incisa **(4)** **37**
lacucha **(4)** 37 **39** Ph.28
lakoocha **(4)** 39
lingnanensis **(4)** 38
nitidus subsp. griffithii **(4)** 37 **39**
subsp. lingnanensis **(4)** 37 **38**
styracifolius **(4)** **37** Ph.26
tonkinensis **(4)** 37 **39**
Arum
(Araceae) **(12)** 105 **142**
costatum **(12)** 158
cucullatum **(12)** 133
echinatum **(12)** 171
esculentum **(12)** 132
flagelliforme **(12)** 146
flavum **(12)** 166
korolkowii **(12)** **142**
nepenthoides **(12)** 168
odorum **(12)** 134
ringens **(12)** 163
speciosum **(12)** 158
ternatum **(12)** 173
tortuosum **(12)** 164
trilobatum **(12)** 145
tripartitum **(12)** 135
venosum **(12)** 150
Aruncus
(Rosaceae) **(6)** 442 **470**
gombalanus **(6)** 470 **471**
sylvester **(6)** **470** Ph.116
Arundina
(Orchidaceae) **(13)** 373 **617**
chinensis **(13)** 617
graminifolia **(13)** **617** Ph.440
Arundinaria
(Poaceae) **(12)** 552 **644**
actinotricha **(12)** 630
amabilis **(12)** 644 **646**
var. convexa **(12)** 644 **646**
amara **(12)** 645 **650**
aristata **(12)** 629
armata **(12)** 625
brevipaniculata **(12)** 633
cantori **(12)** 645 **652**
cuspidate **(12)** 628
densiflora **(12)** 619
faberi **(12)** 644 **647**
falcata **(12)** 636
fargesii **(12)** 644 **647**
ferax **(12)** 636
fortunei **(12)** 646 **656**
gracilipes **(12)** 645 **650**
graminea **(12)** 645 **648**
griffithiana **(12)** 632
hindsii **(12)** 645 **653**
var. *graminea* **(12)** 648
hookeriana **(12)** 637
hsienchuensis **(12)** 645 **653**
var. subglabrata **(12)** 645 **654**
hupehensis **(12)** 645 **649**
japonica **(12)** 658
kwangsiensis **(12)** 645 651
latifolia **(12)** 664
lubrica **(12)** 645 **653**
maling **(12)** 638
melanostachys **(12)** 640
niitakayamensis **(12)** 638
nitida **(12)** 639
nuspicula **(12)** 645 **649**
oedogonata **(12)** 645 **650**
oleosa **(12)** 645 **651**
pubiflora **(12)** 644 **646**
pygmaea var. disticha **(12)** 646 **656**
rugata **(12)** 645 **655**
sanmingensis **(12)** 645 **652**
scabriflora **(12)** 645 **648**
sinica **(12)** 661
solida **(12)** 645 **655**

subsolida **(12)** 645 **654**
sulcata **(12)** 645 **648**
szechuanensis **(12)** 622
violascens **(12)** 637
wilsoni **(12)** 662
yixingensis **(12)** 646 **655**
Arundinella
(Poaceae) **(12)** 552 **1011**
anomala **(12)** 1012 **1017**
bengalensis **(12)** 1012 **1013**
cochinchinensis **(12)** **1012**
flavida **(12)** 1012 **1014**
fluviatilis **(12)** 1012 **1016**
grandiflora **(12)** 1012 **1015**
hirta **(12)** 1017
hirta **(12)** 1012 **1017**
hookeri **(12)** 1012 **1014**
nepalensis **(12)** 1012 **1013**
rupestris **(12)** 1012 **1015**
setosa **(12)** 1012 **1016**
yunnanensis **(12)** 1012 **1015**
Arundo
(Poaceae) **(12)** 562 **674**
australis **(12)** 677
donax **(12)** **674**
epigejos **(12)** 903
formosana **(12)** 674 **675**
karka **(12)** 677
langsdorffii **(12)** 906
multiplex **(12)** 581
neglecta **(12)** 908
pseudophragmites **(12)** 904
reynaudiana **(12)** 676
selloana **(12)** 674
villosa **(12)** 948
Arytera
(Sapindaceae) **(8)** 268 **281**
littoralis **(8)** **282** Ph.132
Asarum
(Aristolochiaceae) **(3)** **337**
cardiophyllum **(3)** 339
caudigerellum **(3)** 338 **340**
caudigerum **(3)** 337 **339** Ph.264
var. cardiophyllum **(3)** 337 **339**
caulescens **(3)** 338 **340**
chinense **(3)** 338 **342**
debile **(3)** 338 **340**
delavayi **(3)** 338 **345** Ph.268
forbesii **(3)** 338 **344** Ph.267
fukienense **(3)** 338 **343**
geophilum **(3)** 338 **341**
heterotropoides
var. mandshuricum **(3)** 338 **342**
himalaicum **(3)** 388 **341**
ichangense **(3)** 338 **343**
insigne **(3)** 339 **345**
longeorhizomatoxum **(3)** 339 **346**
magnificum **(3)** 339 **347** Ph.269
maximum **(3)** 338 **345**
pulchellum **(3)** 338 **339**
sagittarioides **(3)** 339 **346**
sieboldii **(3)** 338 **342** Ph.265
f. seoulense **(3)** 338 **342**
var. mandshuricum **(3)** **342**
var. *seoulense* **(3)** 342
splendens **(3)** 338 **344** Ph.266
wulingense **(3)** 339 **346**
Ascidiota
(Porellaceae) **(1)** 202 **209**
blepharophylla **(1)** **209**
Asclepiadaceae **(9)** **133**
Asclepias
(Asclepiadaceae) **(9)** 134 **146**
acida **(9)** 145
carnosa **(9)** 170
cordata **(9)** 179
curassavica **(9)** **147** Ph.79
fruticosa **(9)** **147**
gigantea **(9)** 146
panicilata **(9)** 160
pulchella **(9)** 166
tenacissima **(9)** 182
volubilis **(9)** 186
Ascocentrum
(Orchidaceae) **(13)** 369 **767**
ampullaceum **(13)** **767** Ph.580
himalaicum **(13)** **767** Ph.581
loratus **(13)** 730
setacea **(13)** 231
Ascochilus annamensis **(13)** 741
Ascyrum filicaule **(4)** 703
Asparagus
(Liliaceae) **(13)** 69 **229**
acicularis **(13)** 230 **238**
brachyphyllus **(13)** 230 **236**
breslerianus **(13)** 230 **235**
cochinchinensis **(13)** 230 **233** Ph.168
dauricus **(13)** 231 **234**
densiflorus **(13)** 229 **231**
filicinus **(13)** 229 **231**
gobicus **(13)** 231 **235**
graminifolius **(13)** 241
longiflorus **(13)** 230 231 **236**
lycopodineus **(13)** 230 **232** Ph.167
meioclados **(13)** 231 **234**
munitus **(13)** 230 **233**
myriacanthus **(13)** 230 **233**
neglectus **(13)** 231 **238**
officinalis **(13)** 231 **237** Ph.170
oligoclonos **(13)** 231 **237**
persicus **(13)** 235
schoberioides **(13)** 230 **232**
setaceus **(13)** 229 **231** Ph.166
tibeticus **(13)** 230 **239**
trichophyllus **(13)** 230 **237** Ph.169
duthiei komarovii **(12)** 838
Asparagopsis densi-flora **(13)** 231
Asperella duthiei **(12)** 838
Asperugo
(Boraginaceae) **(9)** 281 **299**
procumbens **(9)** **299**
Asperula
(Rubiaceae) **(10)** 508 **658**

elongata (10) 683
hoffmeisteri (10) 666
maximowiczii (10) 674
odorata (10) 674
oppositifolia (10) **659**
orientalis (10) **659**
platygalium (10) 675
rivalis (10) 673
Asphodelus altaicus (13) 86
Asphodelus inderiensis (13) 86
Aspicium capillipes (2) 580
Aspidiaceae (2) 5 7 **603**
Aspidistra
(Liliaceae) (13) 70 **182**
caespitosa (13) 183 **189**
elatior (13) 183 **187**
fimbriata (13) 182 **185**
flaviflora (13) 182 **184**
hainanensis (13) 183 **188**
longiloba (13) 183 **188** Ph.137
longipedunculata (13) 182 **184**
luodianensis (13) 183 **187** Ph.136
lurida (13) 182 **186**
minutiflora (13) 183 **190**
oblanceifolia (13) 182 **186**
omeiensis (13) 183 **189**
pernyi (13) 218
punctata (13) 182 **186**
retusa (13) 182 **183** Ph.134
saxicola (13) 182 **184**
sichuanensis (13) 182 **187**
tonkinensis (13) 182 **185** Ph.135
triloba (13) 182 **183**
typica (13) 183 **188**
Aspidium acanthophyllum (2) 550
aculeatum var. *semifertile* (2) 568
var. *tonkinense* (2) 583
angustifrons (2) 341
apiciflorum (2) 605
aridum (2) 387
assamicum (2) 481
atratum (2) 497
auriculatum
var. *submarginale* (2) 574
basipinnatum (2) 601
biaristatum (2) 555
biserratum (2) 638
blinii (2) 485
bodinieri (2) 493
boryanum (2) 286
brachypterum (2) 553
braunii (2) 564
caryotideum (2) 598
cavalerii (2) 478
championii (2) 524
ciliatus (2) 371
cnemidaria (2) 614
coadunatum (2) 617
conilii (2) 289
craspedosorum (2) 539
cycadinum (2) 496
decurrens (2) 619
deltodon (2) 575
devexum (2) 611
dickinsii (2) 496
discretum (2) 563
duthiei (2) 556
ebeninum (2) 620
edentulum (2) 286
erythrosorum (2) 522
exilis (2) 479
falcatum
var. *macrophyllum* (2) 594
festinum (2) 483
filix-mas var. *chrysocoma* (2) 501
flaccidum (2) 350
flexile (2) 363
foeniculaceum (2) 487
formosanum (2) 529
fuscipes (2) 611
glanduligera (2) 342
goeringianum (2) 517
gracilescens (2) 346
grammitoides (2) 341
jaculosum (2) 385
labordei (2) 528
lachenense (2) 556
lanceolatum (2) 573
laxum (2) 347
lentum (2) 542
lepidocaulon (2) 601
lonchitoides (2) 593
lunanensis (2) 499
manmeiense (2) 545
maximowiczianum (2) 607
miquelianum (2) 476
molliusculum (2) 377
moupinense (2) 557
musifolium (2) 641
nepalense (2) 545
nigripes (2) 309
nipponicum (2) 340
obliquum (2) 576
opulentum (2) 381
palisotii (2) 640
pellucida (2) 277
phaeocaulon (2) 620
podophylla (2) 494
polyblepharum (2) 566
polymorphum (2) 622
prescottianum
var. *bakeriana* (2) 560
var. *castaneum* (2) 557
prescottianum (2) 558
procurrens (2) 378
productum (2) 385
pseudovarium (2) 511
pycnopteriodes (2) 498
rhomboideum (2) 479
rufostramineum (2) 367
sagenioides (2) 610
shikokianum (2) 474
sieboldi (2) 493

speciosum **(2)** 482
squarrosum **(2)** 551
stimulans **(2)** 549
submite **(2)** 562
subsageniacum **(2)** 610
tacticopterum **(2)** 555
tenuisecta **(2)** 279
thelypteris
var. *squamulosum* **(2)** 337
thibeticum **(2)** 498
thomosonii **(2)** 579
tripteron **(2)** 581
tsus-simense **(2)** 548
tylodes **(2)** 368
var. *latipinna* **(2)** 383
variolosum **(2)** 618
varium var. *fructusum* **(2)** 512
wallichianum **(2)** 505
wallichii **(2)** 642
wattii **(2)** 585
xiphophyllum **(2)** 546
Aspidocarya
(Menispermaceae) **(3)** 668 670 **675**
uvifera **(3)** **675**
Aspidopteris hypoglaucum **(7)** 826
Aspidopterys
(Malpighiaceae) **(8)** **236**
cavaleriei **(8)** 237 **238**
concava **(8)** **237**
esquirolii **(8)** 237 **238**
glabruiscula **(8)** 236 **237**
henryi **(8)** 236 **237**
nutans **(8)** 237 **238**
Aspleniaceae **(2)** 5 **399**
Asplenium
(Aspleniaceae) **(2)** 399 **400**
adiantum-nigrum
var. yuanum **(2)** 403 **430**
antiqum **(2)** 439
antrophyoides **(2)** 437
austro-chinense **(2)** 402 **419**
belangeri **(2)** 404 **434**
bullatum **(2)** 402 **420**
bullatum
var. shikokianum **(2)** 02 **420**
capillipes **(2)** 403 **427**
castaneo-viride **(2)** 402 **422**
cheilosorum **(2)** 401 **410**
chinense **(2)** 328
coenobiale **(2)** 403 **431**
crenatum **(2)** 324
crinicaule **(2)** 402 **415**
davallioides **(2)** 404 **434**
doederleinii **(2)** 326
donianum **(2)** 311
ensiforme
f. stenophyllum **(2)** 400 **406**
ensiforme **(2)** 400 **406**
excisum **(2)** 401 **411**
falcatum **(2)** 401 **415**
finlaysonianum **(2)** 401 **412**
fujianense **(2)** 401 **413**
fuscipes **(2)** 403 **431**
griffithianum **(2)** 400 **405**
gulingense **(2)** 401 **409**
hainanense **(2)** 402 **420**
heterocarpum **(2)** 375
heterophlebium **(2)** 282
humbertii **(2)** 437
incisum **(2)** 402 403 **424**
indicum **(2)** 402 **416**
var. yoshinagae **(2)** 402 **416**
interjectum **(2)** 404 **432**
japonicum **(2)** 290
javanicum **(2)** 313
laciniatum **(2)** 402 **417**
lobulosum **(2)** 318
loriceum **(2)** 401 **412**
loxogrammioides **(2)** 400 **405**
megaphyllum **(2)** 319
mesosorum **(2)** 329
mettenianum **(2)** 319
microtum **(2)** 400 **408**
moupinense **(2)** 403 **424**
neolaserpitiifolium **(2)** 402 **422**
nesii **(2)** 403 **425**
nidus **(2)** 438
niponicum **(2)** 298
normale **(2)** 401 **408**
obscurum **(2)** 401 **411**
oldhami **(2)** 402 **418**
otophorum **(2)** 305
pectinatum **(2)** 306
pekinense **(2)** 403 **427**
petersenii **(2)** 289
phyllitidis **(2)** 439
pinnatifido-pinnatum **(2)** 320
praemorsum **(2)** 402 **416**
prolongatum **(2)** 404 **433**
propinquum **(2)** 403 **429**
pseudolaserpitiifolium **(2)** 402 **422**
pseudowrightii **(2)** 401 **413**
pullingeri **(2)** 283
rockii **(2)** 402 **419**
rupicola **(2)** 300
ruta-muraria **(2)** 403 **425**
var. *subtenuifolium* **(2)** 425
sampsoni **(2)** 404 **434**
sarelii **(2)** 403 **426**
saxicola **(2)** 402 **418**
scallanii **(2)** 365
scortechinii **(2)** 400 **405**
septentrionale **(2)** 400 **407** Ph.93
serratissimum **(2)** 401 **414**
shikokianum **(2)** 420
simonsianum **(2)** 439
spathulinum **(2)** 402 **418**
speluncae **(2)** 400 **404**
squamigerum **(2)** 323
stenophyllum **(2)** 406
strigillosum **(2)** 307
subdigitatum **(2)** 403 **429**
sublaserpitiifolium **(2)** 402 **421**

subsinuatum (2) 310
subtenuifolium (2) 403 **425**
subtriangulare (2) 293
subvarians (2) 403 **428**
tenerum (2) 404 **433**
tenuicaule (2) 403 **428**
tenuifolium (2) 404 **432**
trichomanes (2) 400 **407**
trigonopterum (2) 404 **435**
tripteropus (2) 400 **408**
unilaterale (2) 401 **410**
unilaterale var. udum (2) 401 **411**
varians (2) 403 **430**
vidalii (2) 301
viride (2) 402 **423**
wardii (2) 305
wichurae (2) 317
wilfordii (2) 402 **421**
wrightii (2) 401 **412**
wrightioides (2) 401 **414**
yokoscens (2) 297
yoshinagae (2) 416
yuanum (2) 430
yunnanense (2) 402 403 **423**

Aster
(Compositae) (11) 123 **174**
ageratoides (11) 175 **184** Ph.50
var. firmus (11) 175 **184**
var. gerlachii (11) 175 **184**
var. heterophyllus (11) 175 **185**
var. lasiocladus (11) 175 **184**
var. laticorymbus (11) 75 **184**
var. pilosus (11) 175 **184**
var. scaberulus (11) 175 **184**
alatipes (11) 176 **186**
albescens (11) 176 **186** Ph.51
var. glandulosus (11) 176 **187**
var. gracilior (11) 176 **187**
var. levissimus (11) 176 **187**
var. limprichtii (11) 176 **187**
var. pilosus (11) 176 **187**
var. rugosus (11) 176 **187**
var. salignus (11) 176 **187**
alpinus (11) 177 **190**
altaicus (11) 168
alyssoides (11) 201
angustissimus (11) 205
annuus (11) 220
argyropholis (11) 176 **187**
asteroides (11) 177 **195** Ph.54
auriculatus (11) 174 **180**
baccharoides (11) 176 **189** Ph.52
batangensis (11) 178 **199** Ph.58
var. staticefolius (11) 178 **199**
bietii (11) 177 **194**
bowerii (11) 169
brachytrichus (11) 177 **194**
breviscapus (11) 217
chinensis (11) 167
crenatifolius (11) 171
diplostephioides (11) 178 **197** Ph.56
dolichopodus (11) 174 **183**
eremophilus (11) 200
falcifolius (11) 176 **188**
farreri (11) 178 **198**
fastigiatus (11) 173
flaccidus (11) 177 **196** Ph.55
subsp. *tsarungensis* (11) 196
fuscescens (11) 174 **179**
gerlachii (11) 184
gouldii (11) 171
handelii (11) 177 **191**
hauptii (11) 205
heterolepis (11) 177 **191**
himalaicus (11) 177 **193**
hispidus (11) 170
homochlamydeus (11) 176 **186**
incisus (11) 165
indicus (11) 163
jeffreyanus (11) 177 **195**
labrangensis (11) 198
lasiocladus (11) 184
latibrateatus (11) 177 **194**
laticorymbus (11) 184
likiangensis (11) 177 **195**
limprichtii (11) 187
lingulatus (11) 177 **191**
maackii (11) 174 **179**
mangshanensis (11) 174 **180**
marchandii (11) 172
mongolicus (11) 166
moupinensis (11) 176 **185**
oreophilus (11) 177 **190**
panduratus (11) 174 **180**
piccolii (11) 162
poliothamnus (11) 174 **181**
poncinsii (11) 213
prorerus (11) 174 **182**
salwinensis (11) 177 **193**
sampsonii (11) 176 **189**
scaber (11) 172
scaberulus (11) 184
senecioides (11) 178 **198**
sikuensis (11) 174 **181**
sinianus (11) 176 **189**
smithianus (11) 175 **183**
souliei (11) 177 **192** Ph.53
staticefolius (11) 199
taiwanensis (11) 176 **185**
taliangshanensis (11) 174 **182**
tataricus (11) 174 **178** Ph.49
tongolensis (11) 177 **192**
trinervius (11) 175 **185**
var. *firmus* (11) 184
var. *pilosus* (11) 184
tsarungensis (11) 178 **196**
turbinatus (11) 176 **188**
vestitus (11) 174 **181**
yunnanensis (11) 178 **197**
var. angustior (11) 178 **197**
var. labrangensis (11) 178 **198** Ph.57

Asterella
(Aytoniaceae) (1) **274**

angusta **(1)** **274** Ph.61
khasiana **(1)** 274 **275**
mitsumiensis **(1)** 274 **275**
multiflora **(1)** 274 **275**
mussuriensis **(1)** 274 **275**
yoshinagana **(1)** 274 **277**
Asteromoea indica
var. *stenolepis* **(11)** 164
shimadai **(11)** 164
Asteropyrum
(Ranunculaceae) **(3)** 388 **450**
cavaleriei **(3)** **450**
peltatum **(3)** **450** Ph.334
Asterothamnus
(Compositae) **(11)** 123 **201**
alyssoides **(11)** **201**
centrali-asiaticus **(11)** 201 **202** Ph.59
fruticosus **(11)** 201 **202**
Astilbe
(Saxifragaceae) **(6)** 371 **375**
chinensis **(6)** **375** Ph.97
grandis **(6)** 375 **376**
henricii **(6)** 374
macrocarpa **(6)** 375 **376**
myriantha **(6)** 377
rivularis **(6)** 375 **377**
var. myriantha **(6)** 375 **377**
Astilboides
(Saxifragaceae) **(6)** 370 **372**
tabularis **(6)** **372**
Astomiopsis
(Ditrichaceae) **(1)** 316 **319**
julacea **(1)** **319**
Astomum exsertum **(1)** 486
Astragalus
(Fabaceae) **(7)** 62 **287**
acaulis **(7)** 291 **317**
adsurgens **(7)** 295 **344**
alaschanensis **(7)** 293 **333**
alaschanus **(7)** 290 **314**
alopecias **(7)** 292 **327**
alopecurus **(7)** 292 **328**
alpinus **(7)** 291 **323**
ammodytes **(7)** 294 **340**
ammophilus **(7)** 293 **331**
arbuscula **(7)** 294 **340**
arkalycensis **(7)** 296 **351**
arnoldii **(7)** 293 **334**
arpilobus **(7)** 292 **328**
aurantiacus **(7)** 315
austrosibiricus **(7)** 295 **344**
balfourianus **(7)** 288 **298**
basiflorus **(7)** 294 **339**
batangensis **(7)** 291 **322**
bhotanensis **(7)** 294 **339**
caeruleopetalinus **(7)** 290 **310**
var. glabricarpus **(7)** 290 **311**
caeruleus **(7)** 374
camptodontus **(7)** 288 **296**
var. lichiangensis **(7)** 288 **297**
candidissimus **(7)** 294 **339**
capilipes **(7)** 290 **315**
ceratoides **(7)** 294 **342**
chinensis **(7)** 291 **318** Ph.134
chomutovii **(7)** 293 **334**
chrysopterus **(7)** 289 **307**
coelestis **(7)** 385
commixtus **(7)** 292 **329**
complanatus **(7)** 288 **299**
var. eutrichus **(7)** 288 **300**
compressus **(7)** 294 **343**
confertus **(7)** 291 **320**
contortuplicatus **(7)** 292 **330**
dahuricus **(7)** 292 **330**
danicus **(7)** 292 **327**
deflexus **(7)** 364
degensis **(7)** 289 **306**
dendroides **(7)** 295 **348**
densiflorus **(7)** 290 **313**
dependens **(7)** 290 **315**
var. aurantiacus **(7)** 290 **315**
dilutus **(7)** 296 **351**
discolor **(7)** 295 **345**
dsharkenticus **(7)** 294 **341**
var. gongliuensis **(7)** 294 **341**
dumetorum **(7)** 291 **318**
efoliolatus **(7)** 293 **337**
ellipsoideus **(7)** 296 **350**
englerianus **(7)** 291 **318**
ernestii **(7)** 289 **301**
fenzelianus **(7)** 290 **309**
filicaulis **(7)** 293 **332**
floridus **(7)** 289 **306**
frigidus **(7)** 289 **301**
galactites **(7)** 293 **335**
glaber **(7)** 368
gladiatus **(7)** 294 **340**
grandiflorus **(7)** 375
hamiensis **(7)** 295 **345**
handelii **(7)** 290 **314**
hendersonii **(7)** 288 **300**
henryi **(7)** 289 **301**
heterodontus **(7)** 290 **312**
heydei **(7)** 288 **300**
hoantchy **(7)** 288 **296**
hsinbaticus **(7)** 293 **336**
kialensis **(7)** 291 **319**
kifonsanicus **(7)** 294 **342**
kronenburgii
var. chaidamuensis **(7)** 293 **333**
kuschakevitschii **(7)** 291 **322**
leansanicus **(7)** 295 **345**
lepsensis **(7)** 289 **303**
leptophyllus **(7)** 371
levitubus **(7)** 289 **302**
licentianus **(7)** 290 **309**
lichiangensis **(7)** 297
limprichtii **(7)** 295 **346**
lioui **(7)** 295 **346**
longilobus **(7)** 289 **303**
lucidus **(7)** 291 **319**
luteolus **(7)** 289 **304**
macrotrichus **(7)** 293 **337**

mahoschanicus **(7)** 290 **311**
majevskianus **(7)** 295 **348**
melanostachys **(7)** 292 **326**
melilotoides **(7)** 290 **316**
var. tenuis **(7)** 291 **316** Ph.133
membranaceus **(7)** 289 **305** Ph.131
var. mongholicus **(7)** 289 **305** Ph.132
f. purpurinus **(7)** 289 **305**
var. *purpurinus* **(7)** 305
miniatus **(7)** 295 **347**
monadelphus **(7)** 289 **302**
monbeigii **(7)** 291 **321**
mongholicus **(7)** 305
moocroftiana **(7)** 84
muliensis **(7)** 289 **304**
nigrescens **(7)** 321
nivalis **(7)** 295 **349**
var. aureocalycatus **(7)** 296 **350**
oplites **(7)** 291 **317**
orbicularifolius **(7)** 292 **327**
ortholobiformis **(7)** 294 **341**
oxyglottis **(7)** 292 **331**
oxyphylla **(7)** 361
parvicarinatus **(7)** 293 **335**
pastorius **(7)** 288 **297**
var. linearibracteatus **(7)** 288 **297**
peduncularis **(7)** 294 **343**
peterae **(7)** 290 **311**
platyphyllus **(7)** 293 **332**
polycladus **(7)** 291 **321**
var. nigrescens **(7)** 291 **321**
porphyrocalyx **(7)** 290 312
prattii **(7)** 288 **298**
przewalskii **(7)** 289 **305**
pseudoscaberrimus **(7)** 93 **336**
pseudoversicolor **(7)** 290 **313**
pullus **(7)** 291 **321**
rigidulus **(7)** 292 **325**
roseus **(7)** 293 **332**
saccocalyx **(7)** 295 **349**
salsugineus
var. multijugus **(7)** 293 **338**
sanbilingensis **(7)** 288 **297**
satoi **(7)** 290 **316**
saxorum **(7)** 291 **323**
scaberrimus **(7)** 293 **338**
scabrisetus **(7)** 293 **336**
sinicus **(7)** 291 **324** Ph.135
skythropos **(7)** 290 **308**
smithianus **(7)** 289 **308**
soongoricus **(7)** 375
stalinskyi **(7)** 292 **329**
stenoceras **(7)** 294 **342**
strictus **(7)** 292 **325** Ph.136
suidenensis **(7)** 295 **249**
sulcatus **(7)** 295 **346**
sunpanensis **(7)** 321
sutchuenensis **(7)** 291 **324**
taiyuanensis **(7)** 296 **350**
tanguticus **(7)** 288 **299**
tataricus **(7)** 291 **320**
tatsienensis **(7)** 290 **310**
tibetanus **(7)** 292 **326**
tongolensis **(7)** 289 **307**
var. glaber **(7)** 289 **307**
var. lanceolato-dentatus **(7)** 289 **307**
tribuloides **(7)** 292 **331**
turgidocarpus **(7)** 288 **298**
tyttocarpus **(7)** 295 **348**
uliginosus **(7)** 294 **343**
variabilis **(7)** 295 **347**
vernus **(7)** 382
vulpinus **(7)** 292 **328**
wenxianensis **(7)** 291 **324**
yunnanensis **(7)** 290 **310**
Astranthus cochinchinensis **(5)** 124
Astronia
(Melastomataceae) **(7)** 615 **659**
ferruginea **(7)** **659**
Asyneuma
(Campanulaceae) **(10)** 447 **490**
chinense **(10)** **490**
fulgens **(10)** 490
fulgens **(10)** 490 **491**
japonicum **(10)** **490** Ph.176
Asystasia
(Acanthaceae) **(10)** 330 **389**
calycina **(10)** 368
chelonoides **(10)** **389**
gangetica **(10)** 389 **390**
lanceolata **(10)** 384
Asystasiella
(Acanthaceae) **(10)** 330 **390**
chinensis **(10)** 390
neesiana **(10)** **390** Ph.118
Atalantia
(Rutaceae) **(8)** 399 **439**
acuminata **(8)** 439 **440**
buxifolia **(8)** **439** Ph.226
henryi **(8)** 439 **440**
kwangtungensis **(8)** 439 440
racemosa var. *henryi* **(8)** 439 440
Ataxia hookeri **(12)** 897
Atelanthera
(Brassicaceae) **(5)** 386 **509**
perpusilla **(5)** **509**
Athalamia
(Cleveaceae) **(1)** **284**
chinensis **(1)** **284**
glauco-virens **(1)** 284 **285**
f. *subsessilis* **(1)** 285
hylina **(1)** 284 **286**
nana **(1)** 284 **285**
Athamanta condensata **(8)** 686
chinensis **(8)** 717
denudata **(8)** 702
depressa **(8)** 716
incana **(8)** 687
Athruphyllum lineare **(6)** 112
Athyriaceae **(2)** 4 **5**
(Athyriaceae) **(2)** 271 **289**
conilii **(2)** 289 **289**
japonica **(2)** 289 **290**

petersenii (2) 289 **289**
Athyriopsis 6 **271**
(Athyriaceae) (2) 271 **289**
conilii (2) 289 **289**
japonica (2) 289 **290**
petersenii (2) 289 **289**
Athyrium
(Athyriaceae) (2) 271 **293**
anisopterum (2) 294 **297**
atkinsonii (2) 292
brevifrons (2) 299
christensenii (2) 294 **303**
clivicola (2) 294 **304**
coreanum (2) 285
crenulatoserrulata (2) 280
cuspidatum (2) 293 **295**
cystopteroides (2) 340
delavayi (2) 294 **304**
devolii (2) 294 **301**
dissitifolium (2) 294 **295**
drepanopterum (2) 294 **298**
elongatum (2) 294 **302**
epirachis (2) 294 **302**
fallaciosum (2) 294 **300**
fangii (2) 295 **308**
giraldii (2) 287
imbricatum (2) 295 **308**
iseanum (2) 294 **306**
matthewii (2) 322
multidentatum (2) 299
nakanoi (2) 294 **296**
nigripes (2) 295 **309**
niponicum (2) 294 **298**
okuboanum (2) 285
otophorum (2) 294 **305**
pectinatum (2) 294 **306**
pubicostatum (2) 294 **303**
pycnosorum (2) 287
rupicola (2) 294 **300**
sinense (2) 294 **299**
strigillosum (2) 295 **307**
vidalii (2) 294 **301**
viridifrons (2) 286
viviparum (2) 295 **307**
wallichianum (2) 294 **296**
wardii (2) 294 **305**
yokoscens (2) 294 **297**
Atractylis lancea (11) 562
Atractylodes
(Compositae) (11) 130 **561**
japonica (11) **562**
lancea (11) 56 **562**
macrocephala (11) **562** Ph.124
Atragene japonica (3) 494
Atragene ochotensis (3) 542
Atraphaxis
(Polygonaceae) (4) 481 **517**
bracteata (4) 517 **519**
frutescens (4) 517 **518**
manshurica (4) 517 **519**
pungens (4) 517 **518**
spinosa (4) **517**
Atrichum
(Polytrichaceae) (1) **951**
crispulum (1) 951 **952**
rhystophyllum (1) 951 **952**
undulatum var. gracilisetum (1) 951 **952** Ph.280
yakushimense (1) 952 **953**
Atriplex
(Chenopodiaceae) (4) 305 **321**
aucheri (4) 321 **323**
cana (4) 321 **322**
centralasiatica (4) 321 **326**
dimorphostegia (4) 321 **327**
var. *sagittiformis* (4) 327
fera (4) 321 **325**
hortensis (4) 321 **323**
littoralis var. *patens* (4) 324
maximowicziana (4) 321 **322**
micrantha (4) 321 **323**
patens (4) 321 **324**
patula (4) 321 **324**
repens (4) 321 **323**
sagittiformis (4) 321 **327**
sibirica (4) 321 **325**
tatarica (4) 321 **326** Ph.142
verrucifera (4) **321**
Atropa
(Solanaceae) (9) 204 **207**
belladonna (9) **208** Ph.91
physalodes (9) 204
Atropanthe
(Solanaceae) (9) 203 **210**
sinensis (9) **211**
distans var. *limosa* (12) 776
var. *glauca* (12) 769
var. *pauciramea* (12) 768
gigantean (12) 776
grosheimiana (12) 768
hauptiana (12) 778
intermedia (12) 773
roshevitsiana (12) 772
tenuiflora (12) 767
Atropis bulbosa (12) 775
Atylosia crassa (7) 239
grandiflora (7) 239
mollis (7) 239
scarabaeoides (7) 240
Aubletia ramosissima (8) 171
Auclandia costus (11) 586
Aucuba
(Cornaceae) (7) 691 **704**
chinensis (7) 704 **705**
chinensis (7) 707
f. *obcordata* (7) 706
filicauda (7) 705 **706**
himalaica (7) 705 **707**
japonica (7) **705** Ph.272
var. variegata (7) **705** Ph.273
obcordata (7) 705 **706** Ph.274
Aulacia falcata (8) 429
Aulacolepis
(Poaceae) (12) 559 **899**

agrostoides
var. *formosana* **(12)** 899
formosana **(12)** **899**
treutleri **(12)** **899**
Aulacomitrium humillimum **(1)** 615
Aulacomniaceae **(1)** **592**
Aulacomnium
(Aulacomniaceae) **(1)** **593**
heterostichum **(1)** **593**
palustre **(1)** 593 **594** Ph.177
Aulisconema aspera **(13)** 219
Aulacopilum
(Erpodiaceae) **(1)** **611**
japonicum **(1)** **612**
Aurantium maximum **(8)** 446
Avena
(Poaceae) **(12)** 561 **892**
altius **(12)** 888
aspera var. *schmidii* **(12)** 890
callosa **(12)** 699
chinensis **(12)** 892 **893**
clarkei **(12)** 880
delavayi **(12)** 890
elatior **(12)** 872
fatua **(12)** 892 **893**
subsp. *meridionalis* **(12)** 892
var. glabrata **(12)** 892 **894**
var. mollis **(12)** 892 **894**
leiantha **(12)** 888
meridionalis **(12)** **892**
mongolica **(12)** 891
nuda **(12)** 893
var. *chinensis* **(12)** 893
planiculmis subsp. *dahurica* **(12)** 887
polyneurum **(12)** 889
pubescens **(12)** 888
sativa **(12)** 892 **893**
schelliana **(12)** 887
sibirica **(12)** 958
tibetica **(12)** 891
Avenastrum tianschanicum **(12)** 891
Averrhoa
(Oxalidaceae) **(8)** **462**
carambola **(8)** **462**
Avicennia
(Verbenaceae) **(9)** 346 **347**
marina **(9)** **347** Ph.129
Axonopus
(Poaceae) **(12)** 554 **1052**
affinis **(12)** 1052 **1053**
compressus **(12)** **1052**
Axyris
(Chenopodiaceae) **(4)** 305 **336**
amaranthoides **(4)** **336**
prostrata **(4)** **336**
rupestre **(1)** 282
Aytonia japonicum **(1)** 281
Aytoniaceae **(1)** **273**
Azalea indica **(5)** 674
lapponica **(5)** 592
molle **(5)** 668
mucronata **(5)** 672
obtusa **(5)** 676
ovata **(5)** 572 664
Azima
(Salvadoraceae) **(7)** **833**
sarmentosa **(7)** **833**
Azolla
(Azollaceae) **(2)** **786**
filiculoides **(2)** 786 **787**
imbricata **(2)** 786 **786** Ph.157
var. prolifera **(2)** 786 **787**
var. sempervirens **(2)** 786 **787**
Azollaceae **(2)** 7 **786**

B

Balantiopsidaceae **(1)** **97**
Baccaurea
(Euphorbiaceae) **(8)** 11 **45**
cavalieriei **(8)** 87
gracilis **(8)** 32
ramiflora **(8)** **45** Ph.16
Baccharis indica **(11)** 243
Bacopa
(Scrophulariaceae) **(10)** 67 **92**
floribunda **(10)** **93**
monnieri **(10)** **93**
Baeckea
(Myrtaceae) **(7)** 549 **557**
frutescens **(7)** **558** Ph.197
ramentacea **(6)** 79
sargentea **(6)** 83
Baeobotry indica **(6)** 80
Baijiania
(Cucurbitaceae) **(5)** 198 **216**
borneensis **(5)** **216**
Baimashania
(Brassicaceae) **(5)** 381 **520**
pulvinata **(5)** **520**
wangii **(5)** **520**
malaccensis **(9)** 131
Baissea acuminata **(9)** 131
Ballota lanata **(9)** 482
suaveolens **(9)** 565
Balanophora
(Balanophoraceae) **(7)** **766**
dioica **(7)** 766 **767**
dioica **(7)** 767
fargesii **(7)** 766 **771**
harlandii **(7)** 766 **771** Ph.296
henryi **(7)** 766 **771**
indica **(7)** 766 **767**
involucrata **(7)** 766 **770**
laxiflora **(7)** 766 **769**
mutinoides **(7)** 766 **772**
polyandra **(7)** 766 **768**
rugosa **(7)** 766 **769**
spicata **(7)** 766 **770**
subcupularis **(7)** 766 **768**
tobiracola **(7)** 767 **771**
Balanophoraceae **(7)** **765**

Baliospermum
(Euphorbiaceae) **(8)** 14 **107**
effusum **(8)** 107 **108** Ph.57
micranthum **(8)** 107 **108** Ph.58
montanum **(8)** **107**
yui **(8)** 107 **108**
Balsaminaceae **(8)** **488**
Bambos tootsik **(12)** 597
Bambusa
(Poaceae) **(12)** 551 **573**
albolineata **(12)** 574 **581**
baccifera **(12)** 563
blumeana **(12)** 573 **576**
boniopsis **(12)** 575 **583**
cantori **(12)** 652
cerosissima **(12)** 575 **584**
chungii **(12)** 575 **584**
cornigera **(12)** 574 **579**
diffusa **(12)** 564
dissimulator **(12)** 573 **577**
distegia **(12)** 575 **585**
disticha **(12)** 656
dolichoclada **(12)** 574 **582**
dumetorum **(12)** 565
duriuscula **(12)** 574 **577**
edulis **(12)** 602
eutuldoides **(12)** 574 **579**
fastuosa **(12)** 619
fauriei **(12)** 575 **584**
flexuosa **(12)** 573 **575**
flexuosa **(12)** 611
fortunei **(12)** 656
gibba **(12)** 573 **576**
gibboides **(12)** 574 **583**
guangxiensis **(12)** 575 **585**
indigena **(12)** 574 **577**
kumasasa **(12)** 617
lapidea **(12)** 574 **578**
malingensis **(12)** 574 **577**
marmoreal **(12)** 621
multiplex **(12)** 574 **581**
cv.' Alphonsekarr' **(12)** **581**
cv.' Ernleaf' **(12)** **581**
nigra **(12)** 613
nigrociliata **(12)** 587
pervariabilis **(12)** 574 **580**
quadrangularis **(12)** 623
remotiflora **(12)** 575 **585**
rigida **(12)** 575 **583**
rutila **(12)** 574 **578**
siamensis **(12)** 570
sinospinosa **(12)** 573 **576**
stricta **(12)** 588
subtruncata **(12)** 574 **580**
sulphurea **(12)** 609
tessellate **(12)** 663
textilis **(12)** 575 **583**
tulda **(12)** 574 **579**
tuldoides **(12)** 574 575 **580**
ventricosa **(12)** 575 **586** Ph.99
violascens **(12)** 612
viridiglaucescens **(12)** 603
vulgaris **(12)** 574 **582**
cv.'Vittata' **(12)** **582** Ph.98
cv.'Wamin' **(12)** **582**
Banisteria benghalensis **(8)** 240
timoriensis **(8)** 242
Banksea speciosa **(13)** 56
Baolia
(Chenopodiaceae) **(4)** 305 **318**
bracteata **(4)** **319**
Baphicacanthus
(Acanthaceae) **(10)** 331 **363**
cusia **(10)** **363** Ph.114
Baptisia nepalensis **(7)** 455
Barbarea
(Brassicaceae) **(5)** 383 **467**
elata **(5)** 488
intermedia **(5)** **468**
orthoceras **(5)** **468**
taiwaniana **(5)** 468
vulgaris **(5)** 468 **469**
Barbella
(Meteoriaceae) **(1)** 683 **687**
compressiramea **(1)** **687**
flagellifera **(1)** **687** Ph.203
Barbilophozia
(Lophoziaceae) **(1)** **48**
attenuata **(1)** **48**
barbata **(1)** **48**
hatcheri **(1)** 49 **50**
lycopodioides **(1)** 49 **50**
Barbula
(Pottiaceae) **(1)** 438 **441**
anserino-capitata **(1)** 451
arcuata **(1)** 460
chenia **(1)** **441**
constricta **(1)** 452
convolute **(1)** **441**
ditrichoides **(1)** 452
dixoniana **(1)** 441 **442**
fallax **(1)** 453
gangetica **(1)** 460
gigantea **(1)** 453
gracilenta **(1)** 461
indica **(1)** 441 **442** ph.127
javanica **(1)** 462
leucostoma **(1)** 450
nigrescens **(1)** 454
obliquifolia **(1)** 438
pseudo-ehrenbergii **(1)** 459
rivicola **(1)** 455
ruralis **(1)** 477
sinensis **(1)** 477
sordida **(1)** 463
squamifera **(1)** 447
squarrosa **(1)** 470
tectorum **(1)** 455
unguiculata **(1)** 441 **443** ph.128
vinealis **(1)** 455
Barleria
(Acanthaceae) **(10)** 329 **348**
cristata **(10)** **348** Ph.113

var. mairei (10) **348**
prionitis (10) 348 **349**
pyramidata (10) 354
Barnardia scilloides (13) 138
Barringtonia
(Lecythidaceae) (5) **103**
asiatica (5) **103**
fusicarpa (5) 103 **104** Ph.63
racemosa (5) 103 **104** Ph.62
Barthea
(Melastomataceae) (7) 614 **629**
barthei (7) **629**
esquirolii (7) 638
Bartramia
(Bartramiaceae) (1) 597 **598**
dicranacea (1) 601
falcata (1) 604
halleriana (1) **598** Ph.178
ithyphylla (1) 598 **599** Ph.179
longicollis (1) 601
mollis (1) 605
oederiana (1) 608
pomiformis (1) 598 **599** Ph.180
secunda (1) 606
turneriana (1) 607
Bartramiaceae (1) **597**
Bartsia pallida (10) 170
Basella
(Basellaceae) (4) **387**
alba (4) **387**
rubra (4) 387
Basellaceae (4) **387**
Bashania
(=Arundinaria) (12) 644
fangiana (12) 647
fargesii (12) 647
Basilicum
(Lamiaceae) (9) 398 **590**
polystachyon (9) **590**
Bassia
(Chenopodiaceae) (4) 306 **341**
dasyphylla (4) **341** Ph.147
hyssopifolia (4) **341**
Bassiabutyracea (6) **6**
Batis fruticosa (4) 39
Batrachium
(Ranunculaceae) (3) 390 **575**
bungei (3) 575 **576** Ph.386
eradicatum (3) 575 **577**
foeniculaceum (3) **575**
kauffmanii (3) 575 **576**
pekinense (3) 575 577
trichophyllum (3) 575 **576**
trichophyllum (3) 576
Bauhinia
(Caesalpiniaceae) (7) 23 **41**
acuminata (7) 41 **42**
apertilobata (7) 42 **46**
aurea (7) 42 **47** Ph.34
blakeana (7) 41 **43** Ph.30
brahycarpa (7) 42 **48** Ph.35
championii (7) 41 **45**
comosa (7) 41 **44**
corymbosa (7) 41 **45** Ph.31
didyma (7) 42 **48**
erythropoda (7) 42 **47**
esquirolii (7) 41 **44**
faberi (7) 48
glauca (7) 42 **46** Ph.32
subsp. hupehana (7) 42 **46** Ph.33
hupehana (7) 46
purpurea (7) 41 **42** Ph.29
variegata (7) 41 **43**
yunnanensis (7) 42 **49** Ph.36
Bazzania
(Lepidoziaceae) (1) **24**
albifolia (1) 25 **26**
angustifolia (1) 25 **26**
appendiculata (1) 25 **26**
assamica (1) 25 **27**
bidentula (1) 25 **27** Ph.5
denudata (1) 25 **28**
himalayana (1) 25 **28** Ph.6
imbricata (1) 25 **29**
japonica (1) 25 **29** Ph.7
mayebarae (1) 25 **30**
oshimensis (1) 25 **30** Ph.8
pearsonii (1) 25 **31**
semiopacea (1) 25 **31**
sikkimensis (1) 25 **32**
tricrenata (1) 25 **32**
tridens (1) 25 **33** Ph.9
trilobata (1) 25 **33**
vietnamica (1) 25 **34**
vittata (1) 25 **34**
Beaumontia
(Apocynaceae) (9) 90 **120**
brevituba (9) **120**
grandiflora (9) 120 **121**
indecora (9) 121
Beccarinda
(Gesneriaceae) (10) 244 **270**
tonkinensis (10) **270** Ph.76
colais (10) 426
ghorta (10) 424
grandiflora (10) 429
indicum (10) 421
radicans (10) 429
tomentosa (10) 77
venusta (10) 419
Beckmannia
(Poaceae) (12) 559 **925**
syzigachne (12) **925**
var. hirsutiflora (12) **925**
Beesia
(Ranunculaceae) (3) 388 **397**
calthifolia (3) **398** Ph.306
Begonia
(Begoniaceae) (5) **255**
acetosella (5) 258 **274**
algaia (5) 259 **282**
asperifolia (5) 257 **269**
baviensis (5) 258 **277**

bowringiana (5) 277
cathayana (5) 258 **276**
cavaleriei (5) 256 **264**
cavalerieii (5) 265
circumlobata (5) 259 **283** Ph.138
cirrosa (5) 255 **261**
coptidi-montana (5) 256 **266**
crassirostris (5) 256 **263**
dielsiana (5) 259 **280**
digyna (5) 258 **279**
edulis (5) 258 **278**
evasiana (5) 267
filiformis (5) 258 **274**
fimbristipula (5) 257 **270** Ph.135
grandis (5) 257 **267**
subsp. holostyla (5) 257 **268**
subsp. sinensis (5) 257 **267** Ph.133
hainanensis (5) 256 **265**
hatacoa (5) 258 **275**
hayatae (5) 256 **263**
hemsleyana (5) 259 **284**
henryi (5) 257 **273**
josephii (5) 256 **264**
labordei (5) 257 **270** Ph.134
laciniata (5) **276**
laminariae (5) 259 **282**
leprosa (5) 256 **262**
limprichtii (5) 259 **280**
lipingensis (5) 258 **278**
lithophila (5) 257 **272**
macrotoma (5) 259 **280**
masoniana (5) 255 **260**
miranda (5) 257 **272**
morifolia (5) 257 **268**
morsei (5) 255 **261**
muliensis (5) 257 **271**
obsolescens (5) 255 **261**
ornithophylla (5) 255 **260**
palmata (5) 258 **276**
var. bowringiana (5) 258 **277** Ph.137
parvula (5) 258 **273**
pedatifida (5) 259 **283**
peltatifolia (5) 256 **265**
picta (5) 257 **269**
pingbienensis (5) 257 **268**
porteri (5) 256 **262**
prostrata (5) 258 **275**
ravenii (5) 256 **267** Ph.132
rex (5) 259 **281**
setifolia (5) 257 **269**
sikkimensis (5) 259 **279**
silletensis (5) 258 **274**
sinensis (5) 267
smithiana (5) 259 **281**
taiwaniana (5) 256 **266**
taliensis (5) 257 **272**
tetragona (5) 258 **274**
truncatiloba (5) 258 **277**
umbraculifolia (5) 255 **259**
wangi (5) 256 **265**
wilsonii (5) 257 **272** Ph.136
yunnanensis (5) 256 **266** Ph.131
Beilschmiedia
(Lauraceae) (3) 207 **293**
brevipaniculata (3) 294 **297**
chinensis (3) 301
delicata (3) 293 **295**
erythrophloia (3) 294 **296** Ph.249
fordii (3) 294 **297**
furfuracea (3) 294 **297**
intermedia (3) 294 **298**
kwangsiensis (3) 299
kweichowensis (3) 294 **298**
laevis (3) 293 **294**
percoriacea (3) 294 **298**
pergamentacea (3) 293 **296**
robusta (3) 293 **296** Ph.248
tsangii (3) 293 **294** Ph.247
wangii (3) 293 **295**
yunnanensis (3) 293 **295**
Benzoin glaucum (3) 233
praecox (3) 233
Belamcanda
(Iridaceae) (13) 273 **277**
chinensis (13) **277** Ph.194
Bellibarbula
(Pottiaceae) (1) 438 **443**
kurziana (1) **443**
Bellis
(Compositae) (11) 122 **161**
perennis (11) **161**
stipitata (11) 159
Beloperone guttata (10) 407
Belostemma
(Asclepiadaceae) (9) 136 **187**
hirsutum (9) **187**
yunnanense (9) 187 **188**
Belosynapsis
(Commelinaceae) (12) 182 **184**
ciliata (12) **184**
Belvisia
(Polypodiaceae) (2) 664 **704**
annamensis (2) 704 **705** Ph.134
henryi (2) 704 **705**
mucronata (2) 704 **704**
Benincasa
(Cucurbitaceae) (5) 199 **226**
hispida (5) **226** Ph.113
var. chieh-qua (5) **226**
Bennettiodendron
(Flacourtiaceae) (5) 110 **118**
brevipes (5) 118 **119**
lanceolatum (5) **118**
leprosipes (5) 118 **119**
Berberidaceae (3) **582**
Berberis
(Berberidaceae) (3) 582 **583**
aggregata (3) 588 **623**
amoena (3) 587 **611**
amurensis (3) 588 **618**
angulosa (3) 584 **590**
anhweiensis (3) 588 **617**
approximata (3) 583 **590**

arguta (3) 586 **603**
aristato-serrulata (3) 586 **603**
atrocarpa (3) 585 **602**
bealei (3) 631
beijingensis (3) 589 625
barchypoda (3) 586 **607**
candidula (3) 583 **589**
cavaleriei (3) 586 **603**
chingii (3) 586 **606**
chitria var. *sikkimensis* (3) 624
circumserrata (3) 584 **594**
concinna (3) 584 **593**
crrasilimba (3) 584 **591**
dasystachya (3) 588 **617**
dawoensis (3) 588 **620**
deinacantha (3) 586 **605**
var. *valida* (3) 606
diaphana (3) 584 **595**
var. *circumserrata* (3) 595
dictyoneura (3) 588 **621**
dictyophlla (3) 583 **589**
var. epruinosa (3) 583 **589**
dielsiana (3) 588 **621**
dubia (3) 588 **618**
everestiana (3) 584 **592**
fallaciosa (3) 585 **602**
feddeana (3) 587 **615**
fortunei (3) 629
franchetiana (3) 588 **619**
francisci-ferdinandi (3) 588 **623**
gagnepainii (3) 585 **598**
gilgiana (3) 586 **607**
gracilipes (3) 627
griffithiana (3) 585 **599**
var. pallida (3) 585 **600**
henryana (3) 587 **616**
hersii (3) 588 **618**
heteropoda (3) 588 **621** Ph.456
ignorata (3) 588 **622**
impedita (3) 586 **605**
incrassata (3) 597
insignis (3) 585 **597**
subsp. incrassata (3) 585 **597**
insolita (3) 585 **597**
jamesiana (3) 587 **615** Ph.455
julianae (3) 585 **601**
kansuensis (3) 587 **616**
lecomtei (3) 588 **620**
lepidifolia (3) 587 **611**
levis (3) 585 **600**
liohylla (3) 585 **601**
mekongensis (3) 587 **610**
microtricha (3) 588 **620**
minutiflora (3) 584 **592**
morrisonensis (3) 584 **594** Ph.450
mouillacana (3) 588 **619**
muliensis (3) 584 **591**
nutanticarpa (3) 588 **622**
papillifera (3) 587 **612** Ph.453
parisepala (3) 583 **590**
phanera (3) 585 **598**
platyphylla (3) 587 **609**
poiretii (3) 587 **609** Ph.451
polyantha (3) 589 **624**
potaninii (3) 588 **619**
prattii (3) 588 **624**
pruinosa (3) 586 **604**
pubescens (3) 587 **614**
purdomii (3) 586 **608**
reticulinervis (3) 584 **594**
retusa (3) 587 **614**
salicaria (3) 586 **607**
sanguinea (3) 585 **597**
sargentiana (3) 586 **604**
sibirica (3) 584 **593**
sichuanica (3) 587 **610**
sikkimensis (3) 589 **624** Ph.457
silva-taroucana (3) 587 **613** Ph.454
soulieana (3) 586 **605**
subacuminata (3) 586 **603**
sublevis (3) 585 **600**
taronensis (3) 585 **601**
thunbergii (3) 586 **606**
var. *papillifera* (3) 612
tischleri (3) 587 **612**
triacanthophora (3) 585 **599**
tsarongensis (3) 587 **613**
ulicina (3) 584 **594**
valida (3) 586 **606**
veitchii (3) 585 **599**
vernae (3) 586 **608**
verruculosa (3) 584 **593**
virescens (3) 587 **611** Ph.452
virgetorum (3) 587 **614**
wallichiana f. *arguta* (3) 603
wallichiana (3) 603
var. *pallida* (3) 600
wilsonae (3) 584 **596**
wuyiensis (3) 584 **596**
yunnanensis (3) 584 **594**
var. *platyphylla* (3) 609
zanlanscianensis (3) 585 **602**
Berchemia
(Rhamnaceae) (8) 138 **165**
barbigera (8) 166 **169**
edgeworthii (8) 165 **166**
flavescens (8) 166 **170**
floribunda (8) 166 **170** Ph.89
hispida (8) 166 **169**
huana (8) 166 **168**
hypochrysa var. *hispida* (8) 169
kuligensis (8) 165 **167**
lineata (8) 165 **166** Ph.86
omeiensis (8) 166 **169**
polyphylla (8) 165 **167**
var. leioclada (8) 165 **167** Ph.87
var. trichophylla (8) 165 **167**
sinica (8) 166 **169**
yunnanensis (8) 166 **168** Ph.88
Berchemiella
(Rhamnaceae) (8) 138 **164**
koenigii (8) 437
wilsonii (8) **165** Ph.85

Bergenia
(Saxifragaceae) **(6)** 371 **379**
crassifolia **(6)** 379 **380**
pacumbis **(6)** 379 **380**
purpurascens **(6)** 379 **380** Ph.98
scopulosa **(6)** **379**
stracheyi **(6)** 379 **381**
Berghausia mutica **(12)** 1011
patula **(12)** 1011
tenella **(12)** 1010
Bergia
(Elatinaceae) **(4)** **678**
ammannioides **(4)** **679**
capensis **(4)** **679**
serrata **(4)** 679 **680**
Bergera integerrima **(8)** 429
Berneuxia
(Diapensiaceae) **(5)** 736 **738**
thibetica **(5)** **738**
yunnanensis **(5)** **738**
Bernardina pumila **(6)** 124
Berrya
(Tiliaceae) **(5)** 12 **33**
cordifolia **(5)** **33**
Berteroa
(Brassicaceae) **(5)** 387 **437**
incana **(5)** **438**
potaninii **(5)** 436
Berteroella
(Brassicaceae) **(5)** 388 **530**
maximowiczii **(5)** **531**
Berula
(Umbelliferae) **(8)** 580 **683**
erecta **(8)** **684**
Beta
(Chenopodiaceae) **(4)** 305 **307**
vulgaria **(4)** **308**
Betonica
(Lamiaceae) **(9)** 395 **491**
laevigata **(9)** 438
officinalis **(9)** **491**
Betula
(Betulaceae) **(4)** 255 **276**
albo-sinensis **(4)** 276 **282**
alnoides **(4)** 276 **277** Ph.122
austro-sinensis **(4)** 276 **281**
chinensis **(4)** 276 **280**
var. *fargesii* **(4)** 279
costata **(4)** 276 **282**
cylindrostachya **(4)** 276 **277**
davurica **(4)** 276 **283**
delavayi **(4)** 276 **279**
ermanii **(4)** 276 **280**
fargesii **(4)** 276 **279**
fruticosa **(4)** 277 **286**
gmelinii **(4)** 277 **285**
halophila **(4)** 277 **284**
insignis **(4)** 276 **281**
japonica **(4)** 275
luminifera **(4)** 276 **278** Ph.123
middendorfii **(4)** 277 **284**
ovalifolia **(4)** 277 **285**
pendula **(4)** 276 **283**
plathphylla **(4)** 283
potaninii **(4)** 276 **278**
schmidtii **(4)** 276 **279**
utilis **(4)** 276 **282** Ph.124
Betulaceae **(4)** **255**
Bhesa
(Celastraceae) **(7)** 775 **818**
robusta **(7)** **818** Ph.310
Biasolettia nymphaeifolia **(3)** 305
Biota orientalis **(3)** 76
Bladhia glabar **(3)** 309
Bocconia cordata **(3)** 642
microcarpa **(3)** 643
Bidens
(Compositae) **(11)** 125 **326**
bipinnata **(11)** 326 **330**
biternata **(11)** 326 **330**
cernua **(11)** **326**
maximowicziana **(11)** 326 **328**
parviflora **(11)** 326 **328**
pilosa **(11)** 326 **328**
var. radiata **(11)** 326 **329**
radiata **(11)** 326 **328**
repens **(11)** 327
tripartita **(11)** 326 **327**
var. repens **(11)** 326 **327**
Biebersteinia
(Geraniaceae) **(8)** 466 **486**
heterstemon **(8)** **486**
odora **(8)** **486**
Bifaria fasciculata **(7)** 758
Bignonia africana **(10)** 437
Bignoniaceae **(10)** **418**
Billbergia
(Bromeliaceae) **(13)** **11**
nutans **(13)** 11 **12** Ph.12
pyramidalis **(13)** 11 **12** Ph.11
Bletia bicallosa **(13)** 570
formosana **(13)** 534
graminifolia **(13)** 617
Biondia
(Asclepiadaceae) **(9)** 135 **164**
chinensis **(9)** **164**
henryi **(9)** 164 **165**
insignis **(9)** 164 **166**
microcentra **(9)** 164 **165**
pilosa **(9)** 164 **165**
Biophytum
(Oxalidaceae) **(8)** 462 **464**
esquifolii **(8)** 464
fruticosum **(8)** **464**
petersianum **(8)** 464 **465**
sensitivum **(8)** 464 **465**
Bischofia
(Euphorbiaceae) **(8)** 11 **59**
javanica **(8)** **59** Ph.24
polycarpa **(8)** 59 **60**
Bistorta milletii **(4)** 500
Biswarea
(Cucurbitaceae) **(5)** 199 **230**

tonglensis (5) **230**
Biscutella megalocarpa (5) 414
Bivolva fargesii (7) 771
Bixa
(Bixaceae) (5) **129**
orellana (5) **129** Ph.74
Bixaceae (5) **129**
Blachia
(Euphorbiaceae) (8) 13 **100**
pentzii (8) **101**
Blackwellia ceylanica (5) 125
Bladhia crispa (6) 95
japonica (6) 99
Blainvillea
(Compositae) (11) 124 **318**
acmella (11) **318**
Blasia
(Blasiaceae) (1) **255**
pusilla (1) **255**
Blasiaceae (1) **255**
Blastus
(Melastomataceae) (7) 614 **630**
apricus (7) 630 **631**
var. longiflorus (7) 630 **632**
cavaleriei (7) 630 **632**
cochinchinensis (7) **630**
cogniauxii (7) 630 **631**
dunnianus (7) 630 **633**
var. glandulo-setosus (7) 630 **633**
ernae (7) 630 **632**
longiflorus (7) 632
setulosus (7) 630 **631**
spathulicalyx var. *apricus* (7) 631
yunnanensis (7) 637
Blechnaceae (2) 5 6 **458**
Blechnidium
(Blechnaceae) (2) 458 **459**
melanopus (2) **459**
Blechnum
(Blechnaceae) (2) 458 **460**
eburneum (2) 461
hancockii (2) 461
japonicum (2) 464
melanopus (2) 459
orientale (2) **460**
stenopterum (2) 96
Blechum
(Acanthaceae) (10) 331 **353**
pyramidatum (10) **354**
Bleekrodea tonkinensis (4) 35
Blepharis
(Acanthaceae) (10) 329 **342**
maderaspatensis (10) **342**
Blepharostoma
(Pseudolepicoleaceae) (1) **13**
minus (1) 13 **14**
trichophyllum (1) **13**
trollii (1) 14
Blepharozia sacculata (1) 22
Bletilla
(Orchidaceae) (13) 365 **533**
formosana (13) **534** Ph.368
ochracea (13) 534 **535** Ph.370
striata (13) **534** Ph.369
yunnanensis (13) 534
Blindia
(Seligeraceae) (1) **329**
acuta (1) **329**
japonica (1) 329 **330**
Blinkworthia
(Convolvuaceae) (9) 240 **266**
convolvuloides (9) **266**
discostigma (9) 266
Bluffa eckloniana (12) 1060
Blumea
(Compositae) (11) 128 **230**
aromatica (11) 230 **234**
balsamifera (11) 230 **233**
barbata var. *sericans* (11) 236
clarkei (11) 231 **236**
eberhardtii (11) 230 **232**
fistulosa (11) 231 **239**
flava (11) 241
formosana (11) 230 **234**
hamiltoni (11) 231 **236**
henryi (11) 230 **233**
hieracifolia (11) 231 **235**
lacera (11) 231 **238**
laciniata (11) 231 **239**
lanceolaria (11) 230 **233**
martiniana (11) 230 **232**
megacephala (11) 230 **231**
membranacea (11) 231 **240**
mollis (11) 231 **237**
napifolia (11) 231 **240**
oblongifolia (11) 231 **237**
oxyodonta (11) 231 **240**
pterodonta (11) 242
repanda (11) 230 **232**
riparia (11) 230 **232**
var. *megacephala* (11) 231
sagittata (11) 230 **235**
sericans (11) 231 **236**
sessiliflora (11) 231 **238**
Blumeopsis
(Compositae) (11) 128 **241**
flava (11) **241**
Blysmocarex nudicarpa (12) 370
Blysmus
(Cyperaceae) (12) 255 **272**
compressus (12) 272 **273**
rufus (12) 272 **273**
sinocompressus (12) **273**
var. nodosus (12) 273 **274**
Blyxa
(Hydrocharitaceae) (12) 13 18
aubertii (12) 18 **19**
echinosperma (12) 18 **20**
japonica (12) **18**
leiosperma (12) 18 **19**
octandra (12) 18 **20**
Bocconia cordata (3) 714
microcarpa (3) 715

Boea
(Gesneriaceae) (10) 246 **306**
arachnoidea (10) 309
birmanica (10) 309
clarkeana (10) 306 **308**
crassifolia (10) 305
glutinosa (10) 305
hygrometrica (10) 306 **307** Ph.98
philippensis (10) 306 **307**
rufescens (10) 304
swinhoii (10) 303
thirionii (10) 306
Boehmeria
(Urticaceae) (4) 75 **136**
canescens (4) 141
clidemioides (4) 136 **139**
var. diffusa (4) 136 **140**
var. *umbrosa* (4) 140
delavayi (4) 148
densiglomerata (4) 137 **143**
diffusa (4) 140
formosana (4) 137 138 **142**
gracilis (4) 137 **143**
grandifolia (4) 142
longispica (4) 137 **142** Ph.61
macrophylla (4) 137 138 **140**
macrophylla (4) 146
var. canescens (4) 138 **141**
var. scabrella (4) 137 138 **141**
malabarica (4) 136 **138**
martinii (4) 99
nipononivea (4) 139
nivea (4) 136 **138** Ph.59
var. nipononivea (4) 136 **139**
var. tenacissima (4) 136 **139**
var. viridula (4) 136 **139**
pendulifera (4) 137 **146**
pilosiuscula (4) 137 **141**
platanifolia (4) 142
var. *silvestrii* (4) 144
platyphylla (4) 140
var. *tricuspis* (4) 142
polystachya (4) 137 **145**
pseudotricuspis (4) 136 **140**
scabrella (4) 141
siamensis (4) 137 **145**
silvestrii (4) 137 **144**
spicata (4) 137 **144**
strigosifolia (4) 137 138 **143**
tenacissima (4) 139
tricuspis (4) 137 **142**
tricuspis (4) 144
umbrosa (4) 136 **140**
zollingeriana (4) 136 **139** Ph.60
Boeica
(Gesneriaceae) (10) 244 **271**
porosa (10) **271**
Boenninghausenia
(Rutaceae) (8) 398 **420**
albiflora (8) **420**
sessilicarpa (8) 420 **421**
Boerhavia
(Nyctaginaceae) (4) 291 **294**
diffusa (4) **294** Ph.131
erecta (4) 294 **295**
Boerlagiodendron
pectinatum (8) 497
Boesenbergia
(Zingiberaceae) (13) 20 **29**
rotunda (13) **29**
Bolbitidaceae (2) 7 **625**
Bolbitis
(Bolbitidaceae) (2) 625 **626**
angustipinna (2) 626 **627**
annamensis (2) 626 **626**
christensenii (2) 626 **628**
heteroclita (2) 626 **626**
subcordata (2) 626 **627**
Bolboschoenus
(Cyperaceae) (12) 255 **260**
planiculmis (12) **261**
strobilinus (12) 261 **262**
yagara (12) **261**
Bolbostemma
(Cucurbitaceae) (5) 197 **200**
biglandulosum (5) 200 **201**
paniculatum (5) **200** Ph.101
Bolocephalus
(Compositae) (11) 130 **566**
saussureoides (11) **566**
Boltonia lautureana (11) 166
Bombacaceae (5) **64**
Bombax
(Bombacaceae) (5) 64 **65**
insigne (5) 65 **66**
malabaricum (5) 65 **66** Ph.40
pentandrum (5) 67
Boniniella
(Aspleniaceae) (2) 400 **441**
cardiophylla (2) **442** Ph.96
Boottia acuminate (12) 15
cordata (12) 15
sinensis (12) 14
Botrichium ternatum (2) 76
daucifolium
var. *japonicum* (2) 79
daucifolium (2) 78
japonicum (2) 79
multifidum (2) 77
robustum (2) 77
rutaefolium
var. *robustum* (2) 77
strictum (2) 74
viginianum (2) 75
yunnanense (2) 75
lanuginosum (2) 75
Boniodendron
(Sapindaceae) (8) 267 **288**
minus (8) **289**
Boragicacea (9) **280**
Boymia glabrifolia (8) 416
rutaecarpa (8) 416
Borassus

(Arecaceae) **(12)** 56 **71**
flabellifer **(12)** **72**
Borreria
(Rubiaceae) **(10)** 509 **656**
articularis **(10)** 656 **657**
repens **(10)** 656 **657**
stricta **(10)** **656**
Borszczowia
(Chenopodiaceae) **(4)** 306 **348**
aralocaspica **(4)** **349**
Borthwickia
(Capparaceae) **(5)** 367 **378**
trifoliata **(5)** **378**
Botrocaryum controversum **(7)** 693
Boschniakia
(Orobanchaceae) **(10)** **228**
himalaica **(10)** 228 **229** Ph.69
rossica **(10)** 228 **229**
Bostrychanthera
(Lamiaceae) **(9)** 393 **416**
deflexa **(9)** **416**
Bothriochloa
(Poaceae) **(12)** 556 **1129**
bladhii **(12)** 1129 **1130**
bladhii
var. punctata **(12)** 1129 **1131**
glabra **(12)** 1129 **1131**
ischaemum **(12)** **1129**
pertusa **(12)** 1129 **1130**
Bothriospermum
(Boraginaceae) **(9)** 281 **315**
chinense **(9)** 315 **317**
kusnezowii **(9)** **315**
secundum **(9)** 315 **316**
tenellum **(9)** 316
zeylanicum **(9)** 315 **316**
Botrychiaceae **(2)** 2 **73**
Botrychium
(Botrychiaceae) **(2)** 73 **73**
lunaria **(2)** **73** Ph.28
Botrypus
(Botrychiaceae) **(2)** 73 **74**
lanuginosum **(2)** 74 **75** Ph.30
strictum **(2)** 74 **74**
virginianum **(2)** 74 **75**
yunnanense **(2)** 74 **75** Ph.29
Botryopheuron
longispicatum **(10)** 139
plukenetii **(10)** 138
yunnanensis **(10)** 138
Bougainvillea
(Nytaginaceae) **(4)** 291 **292**
glabra **(4)** **292** Ph.129
spectabilis **(4)** 292 **293**
Boussingaultia cordifolia **(4)** 388
Boulaya
(Thuidiaceae) **(1)** 784 **787**
mittenii **(1)** **787**
Bournea
(Gesneriaceae) **(10)** 243 **248**
leiophylla **(10)** **248**
sinensis **(10)** **248**
Bousigonia
(Apocynaceae) **(9)** 90 **95**
mekongensis **(9)** **95**
Bouteloua
(Poaceae) **(12)** 559 **990**
gracilis **(12)** **990**
Bowringia
(Fabaceae) **(7)** 60 **89**
callicarpa **(7)** **89**
Braba tibetica f. *brevisearpa* **(5)** 535
Brachanthemum
(Compositae) **(11)** 125 **341**
pulvinatum **(11)** **341**
Brachiaria
(Poaceae) **(12)** 554 **1047**
eruciformis **(12)** 1048 **1049**
mutica **(12)** 1048 **1049**
paspaloides **(12)** 1050
ramose **(12)** 1047 **1048**
reptans **(12)** 1051
subquadripara **(12)** 1047 **1048**
villosa **(12)** 1047 **1049**
Brachyactis
(Compositae) **(11)** 123 **208**
anomalum **(11)** **208**
ciliata **(11)** 208 **209**
roylei **(11)** 208 **209**
Brachybotrys
(Boraginaceae) **(9)** 281 **304**
paridiformis **(9)** **305**
Brachycorythis
(Orchidaceae) **(13)** 367 **456**
galeandra **(13)** 456 **457**
henryi **(13)** **456**
Brachydontium
(Seligeraceae) **(1)** 329 **330**
trichodes **(1)** **330**
Brachyelytrum
(Poaceae) **(12)** 557 **900**
erectum var. japonicum **(12)** **900**
Brachylepis salsa **(4)** 355
Brachymeniopsis
(Funariaceae) **(1)** **517**
gymnostoma **(1)** **517**
Brachymenium
(Bryaceae) **(1)** 539 **552**
acuminatum **(1)** **552**
capitulatum **(1)** 552 **553**
exile **(1)** 552 **553** Ph.157
leucostomum **(1)** 546
longidens **(1)** 552 **554**
muricola **(1)** 552 **554**
nepalense **(1)** 552 **554** Ph.158
systylium **(1)** 552 **555**
Brachypodium
(Poaceae) **(12)** 560 **818**
durum **(12)** 860
kawakamii **(12)** 819 **820**
pinnatum **(12)** 818 **819**
pretense **(12)** 818 **819**
sylvaticum **(12)** 819 **820**

var. breviglume **(12)** 818 **820**
var. gracile **(12)** 819 **820**
Brachystachyum
densiflorum **(12)** 619
Brachystelma
(Boraginaceae) **(9)** 134 **199**
edule **(9)** **199**
Brachystemma
(Caryophyllaceae) **(4)** 392 **432**
calycinum **(4)** **432**
Brachytheciaceae **(1)** **827**
Brachythecium
(Brachytheciaceae) **(1)** 827 **831**
albicans **(1)** 831 **832**
auriculatum **(1)** 828
brachydictyon **(1)** 775
brotheri **(1)** 831 **832**
dicranoides **(1)** 831 **833**
fasciculirameum **(1)** 832 **833**
garovaglioides **(1)** 831 **834**
helminthocladum **(1)** 831 **834**
homocladum **(1)** 831 **834**
kuroishicum **(1)** 831 **835**
moriense **(1)** 831 **835**
perscabrum **(1)** 832 **836**
plumosum **(1)** 832 **836**
populeum **(1)** 831 **837**
procumbens **(1)** 832 **837**
propinnatum **(1)** 831 **838**
pulchellum **(1)** 831 **838**
rivulare **(1)** 831 **839**
rutabulum **(1)** 832 **839**
salebrosum **(1)** 831 **840**
velutinum **(1)** 831 **840**
Brachytome
(Rubiaceae) **(10)** 510 **591**
hainanensis **(10)** 591 **592**
wallichii **(10)** 591 **592**
Bradleia hirsuta **(8)** 47
lanceolaria **(8)** 48
philippica **(8)** 50
zeylanica **(8)** 48
Brainea
(Blechnaceae) **(2)** 458 **458**
insignis **(2)** **459** Ph.102
Brandisia
(Scrophulariaceae) **(10)** 67 **73**
discolor **(10)** 73 **74**
hancei **(10)** **73**
kwangsiensis **(10)** 73 **74**
racemosa **(10)** 73 **75**
rosea **(10)** 73 **75**
swinglei **(10)** 73 **74**
Brasenia
(Cabombaceae) **(3)** **385**
schreberi **(3)** **385**
Brassaiopsis
(Araliaceae) **(8)** 534 535 **543**
ciliata **(8)** 544 **546** Ph.256
fatsioides **(8)** 544 **545**
ferruginea **(8)** **544**
glomerulata **(8)** 544 **547** Ph.257
gracilis **(8)** 544 **546**
hainla **(8)** 544 **545**
producta **(8)** 544 **547**
stellata **(8)** 544 **545**
Brassica
(Brassicaceae) **(5)** 383 **390**
alboglabra **(5)** 391
campestris **(5)** 392
var. *purpuraria* **(5)** 392
caulorapa **(5)** 391
chinensis **(5)** 393
integrifolia **(5)** 393
juncea **(5)** 390 **393** Ph.163
var. *crispifolia* **(5)** 393
var. *foliosa* **(5)** 393
var. *gracilis* **(5)** 393
var *megarrhiza* **(5)** 394
var. *multiceps* **(5)** 393
var. *multisecta* **(5)** 393
var. napiformis **(5)** 390 **394**
var. tumida **(5)** 390 **394**
napiformis **(5)** **394**
napus **(5)** 390 **392**
oleracea
var. albiflora **(5)** 390 **391** Ph.161
var. botrytis **(5)** 390 **391** Ph.159
var. capitata **(5)** 390 **391** Ph.158
var. gongylodes **(5)** 390 **391** Ph.160
parachinensis **(5)** 393
polymorpha **(5)** 527
rapa **(5)** 390 **392**
var. chinensis **(5)** 390 **393**
var. glabra **(5)** 390 **393**
var. oleifera **(5)** 390 **392** Ph.162
var. purpuraria **(5)** 390 **392**
violacea **(5)** 398
Braunia
(Hedwigiaceae) **(1)** 641 **642**
delavayi **(1)** **642**
Braya
(Brassicaceae) **(5)** 385 388 **534**
fonestii **(5)** **535**
heterophylla **(5)** 524
kokonorica **(5)** 467
oxycarpa **(5)** 530
rosea **(5)** **535**
var. *aenea* **(5)** 535
var. *glabrata* **(5)** 535
tibetica **(5)** 535
f. *linearifolia* **(5)** 535
f. *sinuata* **(5)** 535
uniflora **(5)** 519
verticillata **(5)** 522
Bredia
(Melastomataceae) **(7)** 615 **634**
amoena **(7)** 634 **635**
esquirolii **(7)** 635 **638**
fordii **(7)** 641
fordii **(7)** 642
longiloba **(7)** 634 **637**
longiradiosa **(7)** 642

oldhamii **(7)** 634 **636**
quadrangularis **(7)** 634 **635**
sessilifolia **(7)** 634 **636**
sinensis **(7)** 634 **636**
tuberculata **(7)** 635 **637**
yunnanensis **(7)** 635 **637**
Bretschneidera
(Bretschneideraceae) **(8)** **266**
sinensis **(8)** **266** Ph.122
Bretschneideraceae **(8)** **265**
Breutelia
(Bartramiaceae) **(1)** 597 **600**
arundinifolia **(1)** **600**
dicranacea **(1)** 600 **601** Ph.181
Breynia
(Euphorbiaceae) **(8)** 11 **57**
fruticosa **(8)** 57 **58** Ph.23
retusa **(8)** **57** Ph.22
rostrata **(8)** 57 **58**
vitis-idaea **(8)** **57** Ph.21
Bridelia
(Euphorbiaceae) **(8)** 10 **20**
fordii **(8)** 20 **21**
insulana **(8)** 21 **22** Ph.28
monoica **(8)** 21
montana **(8)** 20 **22**
pubescens **(8)** 21 **22**
stipularis **(8)** 21 **22**
tomentosa **(8)** 20 **21** Ph.7
Briggsia
(Gesneriaceae) **(10)** 244 **260**
amabilis **(10)** 260 **261**
chienii **(10)** 261 **263**
kurzii **(10)** 261
ongipes **(10)** 261 **262**
mihieri **(10)** **261**
muscicola **(10)** 261 **262** Ph.74
rosthornii **(10)** 261 **264** Ph.73
speciosa **(10)** 261 **263**
Briggsiopsis
(Gesneriaceae) **(10)** 244 **264**
delavayi **(10)** **265**
Briza
(Poaceae) **(12)** 561 **781**
bipinnata **(12)** 974
maxima **(12)** **781**
media **(12)** **781**
minor **(12)** 781 **782**
Bromelia comosa **(13)** 11
Bromeliaceae **(13)** **10**
Bromus
(Poaceae) **(12)** 560 **802**
alaicus **(12)** 818
arvensis **(12)** 804 **813**
benekeni **(12)** 803 **807**
bifidus **(12)** 881
canadensis **(12)** 803 **807**
catharticus **(12)** 804 **816**
cristatus **(12)** 869
danthoniae **(12)** 804 **815**
diandrus **(12)** 804 **812**
formosanus **(12)** 803 **809**
gedrosianus **(12)** 804 **814**
giganteus **(12)** 684
gracilis **(12)** 820
gracillimus **(12)** 804 **812**
grandis **(12)** 803 **809**
himalaicus **(12)** 809
himalaicus **(12)** 803 **809**
inermis **(12)** 803 **808**
ircutensis **(12)** 803 **808**
japonica **(12)** 804 **814**
korotkiji **(12)** 803 **806**
lanceolatus **(12)** 804 **815**
magnus **(12)** 803 **804**
mairei **(12)** 803 **810**
oxyodon **(12)** 804 **815**
pectinatus **(12)** 804 **814**
pinnatus **(12)** 819
plurinodes **(12)** 803 **805**
porphyranthos **(12)** 803 **811**
pseudoramosus **(12)** 803 **805**
pskemensis **(12)** 803 **808**
pumpellianus **(12)** 803 **806**
racemosus **(12)** 804 **813**
ramosus **(12)** 803 **806**
remotiflorus **(12)** 803 **807**
rigidus **(12)** 804 **811**
secalinus **(12)** 804 **812**
sericeus **(12)** 803 **811**
sewerzowii **(12)** 804 **814**
sibiricus **(12)** 803 **807**
sinensis **(12)** 803 **810**
squarrosus **(12)** 804 **813**
stenostachys **(12)** 803 **806**
tectorum **(12)** 803 **811**
Brothera
(Dicranaceae) **(1)** 332 **360**
leana **(1)** **360** Ph.93
Brotherella
(Sematophyllaceae) **(1)** 873 **886**
curvirostris **(1)** **886**
erythrocaulis **(1)** **886**
falcata **(1)** 886 **887**
henonii **(1)** 886 **887**
Broussonetia
(Moraceae) **(4)** 28 **32**
kaemperi var. *australis* **(4)** 33
kaempferi **(4)** 32 **33**
kazinoki **(4)** 32 **33**
kurzii **(4)** 32 **33**
papyrifera **(4)** **32** Ph.22
Browiningia insignis **(2)** 459
Brucea
(Simaroubaceae) **(8)** 367 **370**
javanica **(8)** **370** Ph.187
mollis **(8)** 370 **371**
Bruchia
(Dicranaceae) **(1)** **333**
vogesiaca **(1)** **334**
Bruguiera
(Rhizophoraceae) **(7)** 676 **679**
gymnorrhiza **(7)** **679** Ph.254

sexangula (7) **679**
Bruinsmia
(Styracaceae) (6) 26 **40**
polysperma (6) **40**
Bryaceae (1) **539**
Bryhnia
(Brachytheciaceae) (1) 827 841
brachycladula (1) **841**
novae-angliae (1) 841 **842**
serricuspis (1) 841 **842**
Brylkinia
(Poaceae) (12) 558 **700**
caudata (12) **700**
Bryocarpum
(Primulaceae) (6) 114 **225**
himalaicum (6) **225**
Bryocles ventricosa (13) 92
Bryoerythrophyllum
(Pottiaceae) (1) 438 **444**
alpigenum (1) **444** Ph.129
brachystegium (1) 444 **445**
gymnostomum (1) 444 **445**
rubrum (1) 444 **446**
yunnanense (1) 444 **446**
Bryonia amplexicaulis (5) 221
cucumeroides (5) 245
grandis (5) 248
maysorensis (5) 219
mucronata (5) 220
palmata (5) 230
pedunculosa (5) 231
Bryonoguchia
(Thuidiaceae) (1) 784 **799**
molkenboeri (1) **799** Ph.246
Bryophyllum
(Crassulaceae) (6) 319 **320**
pinnatum (6) **321**
Bryowijkia
(Hedwigiaceae) (1) 641 **643**
ambigua (1) **643** Ph.191
Bryoxiphyiaceae (1) **328**
Bryoxiphyium
(Bryoxiphyiaceae) (1) **328**
norvegicum (1) **328**
Bryum
(Bryaceae) (1) 539 **557**
algovicum (1) 558 **559** Ph.159
alpinum (1) 558 **559**
apiculatum (1) 558 **560**
arcticum (1) 559 **560**
argenteum (1) 557 **560** Ph.160
attenuatum (1) 519
billarderi (1) 559 **560** ph.161
blandum subsp. handelii (1) 558 **561**
brownianum (1) 538
caespiticium (1) 558 **562** Ph.162
capillare (1) 558 **562** Ph.163
capitulatum (1) 553
cellulare (1) 558 **563** Ph.164
coronatum (1) 558 **563** Ph.165
crispatum (1) 362
crudoides (1) 543
cyclophyllum (1) 558 **564**
demissum (1) 556
dichotomum (1) 558 **564**
drummondii (1) 543
exile (1) 553
griffithianum (1) 536
handelii (1) 561
heterophyllum (1) 573
hyperboreum (1) 372
julaceum (1) 550
knowltonii (1) 558 **564**
lescurianum (1) 546
lonchocaulon (1) 558 **565**
ontariense (1) 570
pallens (1) 558 **565**
pallescens (1) 558 **566**
palustre (1) 342
paradoxum (1) 558 **566** Ph.166
parasiticum (1) 430
pseudotriquetrum (1) 558 **567**
recurvulum (1) 558 **567**
spinosum (1) 575
squarrosum (1) 596
systylium (1) 555
tozeri (1) 551
turbinatum (1) 558 **568**
uliginosum (1) 558 **568**
viridissimum (1) 619
yuennanense (1) 558 **569**
zierii (1) 556
Bubon buchtormensis (8) 689
Buchanania
(Anacardiaceae) (8) 345 **346**
arborescens (8) **346**
latifolia (8) **346** Ph.167
microphylla (8) **346**
Buchleya
(Santalaceae) (7) 722 **723**
graebneriana (7) **723**
henryi (7) 724
lanceolata (7) 723 **724**
Buchloe
(Poaceae) (12) 552 **995**
dactyloides (12) **995**
Buchnera
(Scrophulariaceae) (10) 69 **168**
asiatica (10) 169
cruciata (10) **168**
masuria (10) 169
Bucklandia populnea (3) 774
tonkinensis (3) 774
Buddleja
(Buddlejaceae) (10) **14**
albiflora (10) 15 **20** Ph.5
alternifolia (10) 14 **15**
asiatica (10) 14 **16** Ph.2
brachystachya (10) 15 **17**
candida (10) 15 **21**
colvilei (10) 15 **18**
crispa (10) 15 **21**
davidii (10) 15 **22** Ph.6

fallowiana **(10)** 15 **19** Ph.4
forrestii **(10)** 15 **19**
lindleyana **(10)** 15 **22**
macrostachya **(10)** 15 **18**
madagascariensis **(10)** 14 **15**
myriantha **(10)** 15 **20**
nivea **(10)** 15 **19**
officinalis **(10)** 15 **17** Ph.3
paniculata **(10)** 14 **16**
wardii **(10)** 14 **16**
Buddlejaceae **(10)** **14**
Bulbophyllum
(Orchidaceae) **(13)** 373 **690**
affine **(13)** 690 **693** Ph.515
ambrosia **(13)** 690 **693** Ph.516
amplifolium **(13)** 691 **705**
andersonii **(13)** 692 **710** Ph.527
serotinum **(13)** 102
careyanum **(13)** **699**
cariniflorum **(13)** 693 **715**
cauliflorum **(13)** 691 **697**
chrondriophorum **(13)** 692 **707**
corallinum **(13)** 690 **695**
crassipes **(13)** 692 **699**
cylindraceum **(13)** 693 **711**
delitenscens **(13)** 691 **702** Ph.521
drymoglossum **(13)** 693 **713** Ph.529
emarginatum **(13)** 692 **707**
forrestii **(13)** 691 **710** Ph.526
griffithii **(13)** 690 **695**
guttulatum **(13)** 691 **705**
gymnopus **(13)** 692 **701**
hastatum **(13)** 690 **696**
helenae **(13)** 692 **709**
hirtum **(13)** 693 **714**
hirundinis **(13)** 692 **711** Ph.528
insulsum **(13)** 692 **708**
japonicum **(13)** 691 **704** Ph.522
khaoyaiense **(13)** 691 **714**
khasyanum **(13)** 693 **712**
kwangtungense **(13)** 691 **698** Ph.519
levinei **(13)** 690 **697**
longibrachiatum **(13)** 692 **706**
macraei **(13)** 691 **703**
melanoglossum **(13)** 692 **708**
monanthum **(13)** 690 **694**
nigrescens **(13)** 692 **700**
odoratissimum **(13)** 691 **697** Ph.518
omerandrum **(13)** 692 **710**
orientale **(13)** 692 **699**
otoglossum **(13)** 690 **694**
pectenveneris **(13)** 692 **709** Ph.525
pectinatum **(13)** 690 **694** Ph.517
polyrhizum **(13)** 692 **701**
psittacoglossum **(13)** 690 **695**
psychoon **(13)** 697
pteroglossum **(13)** 694
quadrangulum **(13)** 692 **707**
reptans **(13)** 692 **701**
retusiusculum **(13)** 691 **705** Ph.524
riyanum **(13)** 693 **712**
rotschildianum **(13)** 692 **706**
rubrolabellum **(13)** 691 **697**
shanicum **(13)** 693 **715**
shweliense **(13)** 691 **699**
spathaceum **(13)** 692 **712**
spathulatum **(13)** 691 **703**
stenobulbon **(13)** 691 **698**
striatum **(13)** 692 **700** Ph.520
suavissimum **(13)** 693 **714**
sutepense **(13)** 690 **696**
tokioi **(13)** 693 **713**
triste **(13)** 693 **715**
umbellatum **(13)** 691 **704** Ph.523
unciniferum **(13)** 691 **703**
violaceolabellum **(13)** 691 **702**
wallichii **(13)** 691 **713** Ph.530
Bulbostylis
(Cyperaceae) **(12)** 255 **289**
barbata **(12)** 289 **290**
densa **(12)** **289**
puberula **(12)** **289**
Bulleyia
(Orchidaceae) **(13)** 374 **637**
yunnanensis **(13)** **638** Ph.464
Bunias
(Brassicaceae) **(5)** 384 **431**
cochlearioides **(5)** **432**
cornuta **(5)** 411
orientalis **(5)** **432** Ph.171
Buphthalmum
(Compositae) **(11)** 129 **307**
salicifolium **(11)** **307**
Bupleurum
(Umbelliferae) **(8)** 580 **630**
aureum **(8)** 630 **633**
bicaule **(8)** 632 **640**
boissieuanum **(8)** 632 **639**
candollei **(8)** 631 **638**
var. virgatissimum **(8)** 631 **638**
chinense **(8)** 632 **644** Ph.286
f. chiliosciadium **(8)** 632 **645**
f. octoradiatum **(8)** 633 **645**
f. pekinense **(8)** 633 **645**
commelynoideum **(8)** 631 **636**
var. flaviflorum **(8)** 631 **636**
dalhousieanum **(8)** 631 **633**
densiflorum **(8)** 631 **634**
euphorbioides **(8)** 631 **636**
falcatum
var. *chiliosciadium* **(8)** 645
var. *stenophyllum* **(8)** 632 643
fenue var. *humile* **(8)** 642
hamiltonii **(8)** 632 **642**
var. humile **(8)** 632 **642**
komarovianum **(8)** 632 **643**
krylovianum **(8)** 632 **644**
longicaule
var. amplexicaule **(8)** 631 **635**
var. *dalhousieanum* **(8)** 633
var. franchetii **(8)** 631 **634**
var. giraldii **(8)** 631 **635**
longiradiatum **(8)** 631 **638**

f. australe (8) 632 **639**
var. breviradiatum (8) 632 **639**
var. *rophyranthum* (8) 639
malconense (8) 633 **645**
marginatum (8) 632 **642**
var. stenophyllum (8) 632 **643**
microcephalum (8) 632 **643**
octoradiatum (8) 645
pekinense (8) 645
petiolulatum (8) 631 **637**
var. tenerum (8) 631 **637**
pusillum (8) 632 **640**
rockii (8) 631 **638** Ph.285
scorzonerifolium (8) 632 **641**
f. longiradiatum (8) 632 **641**
f. pauciflorum (8) 632 **641**
sibiricum (8) 631 **637**
smithii (8) 631 **635**
var. parvifolium (8) 631 **635**
tenue (8) 642
triradiatum (8) 631 **634**
yinchowense (8) 632 **641**
Burmannia
(Burmanniaceae) (13) **361**
coelestis (13) 361 **362**
disticha (13) **361** Ph.255
itoana (13) 361 **362** Ph.256
nana (13) **364**
nepalensis (13) 361 **363**
oblonga (13) 361 **363**
Burmanniaceae (13) **361**
Burretiodendron
(Tiliaceae) (5) 12 **32**
esquirolii (5) **32** Ph.15
hsienmu (5) 31
Bursera serrata (8) 340
Burseraceae (8) **339**
Butea
(Fabaceae) (7) 65 **202**
monosperma (7) **202** Ph.99
Butomaceae (12) **1**
Butomopsis
(Limnocharitaceae) (12) **2**
latifolia (12) **2**
Butomus
(Butomaceae) (12) **1**
latifolia (12) **2**
umbellatus (12) **1**
Butyrospermum
(Sapotaceae) (6) **14**
parkii (6) **14**
Buxaceae (8) **1**
Buxbaumia
(Buxbaumiaceae) (1) **949**
foliosa (1) 946
minakatae (1) 949 **950**
punctata (1) 949 **950**
Buxbaumiaceae (1) **949**
Buxus
(Buxaceae) (8) **1**
harlandii (8) 1 **5**
henryi (8) 1 **2**
latistyla (8) 1 **2**
ichangensis (8) 1 **4**
megistophylla (8) 1 **3**
microphylla
subsp. sinica (8) 1 **3** Ph.1
var. aemulans (8) **4**
microphylla
var. aemulans (8) **4**
var. sinica (8) **3**
myrica (8) 1 **2**
rugulosa (8) 1 **5**
stenophylla (8) 1 **4**
Byttneria
(Sterculiaceae) (5) 35 **62**
aspera (5) **62** Ph.37
integrifolia (5) 62 **63**
pilosa (5) **62**

C

Cabombaceae (3) **385**
Cacalia aconititolia (11) 503
ainsliaeflora (11) 495
ambigua (11) 494
auriculata (11) 491
bicolor (11) 552
bulbiferoides (11) 499
coccinea (11) 554
cusimbua (11) 552
cyclota (11) 497
dasythyrsa (11) 501
deltophylla (11) 490
hastata (11) 490
var. *glabra* (11) 491
hwangshanica (11) 499
latipes (11) 496
matsudai (11) 496
nokoensis (11) 494
otopteryx (11) 493
palmatisecta (11) 502
pilgeriana (11) 501
procumbens (11) 554
profundorum (11) 498
roborowskii (11) 497
rubescens (11) 495 496
sinica (11) 501
sonchifolia (11) 555
subglabra (11) 494
tsinlingensis (11) 500
volubilis (11) 529
xanthotricha (11) 453
Cachrys
(Umbelliferae) (8) 579 **627**
athamantoides (8) 701
didyma (8) 627
macrocarpa (8) **627**
sibirica (8) 741
vaginata (8) 602

Cactaceae (4) **300**
Cactus cochinellifera (4) 302
dillenii (4) 301
ficus-indica (4) 302
monacanthos (4) 302
strictus (4) 302
Caduciella
(Leptodontaceae) **(1)** **719**
mariei **(1)** **720**
Caelospermum
(Rubiaceae) **(10)** 508 **646**
kanehirae **(10)** **647**
Caesalpinia
(Caesalpiniaceae) (7) 23 **30**
bonduc (7) 30 **32** Ph.22
crista (7) 32
crista (7) 31 **34** Ph.24
cucullata (7) 31 **35**
decapetala (7) 31 **35** Ph.25
enneaphylla (7) 31 **36**
hymenocarpa (7) 31 **36**
magnifoliolata (7) 30 **33**
millettii (7) 30 **33**
minax (7) 30 **32** Ph.23
nuga (7) 34
pulcherrima (7) 30 **31** Ph.21
sappan (7) 30 **31** Ph.20
sepiaria (7) 35
sinensis (7) 31 **33**
vernalis (7) 31 **34**
Caesalpiniaceae (7) **22**
Cajanus
(Fabaceae) (7) 63 **238**
cajan (7) **238**
crassus (7) 238 **239**
grandiflorus (7) 238 **239** Ph.116
scarabaeoides (7) 238 **240** Ph.117
Caladium giganteum (12) 131
pumilum (12) 129
viviparum (12) 128
Calamagrostis
(Poaceae) (12) 559 **900**
arundinacea (12) 902 **913**
conferta (12) 901 **908**
diffusa (12) 901 **905**
effusiflora (12) 902 **911**
emodensis (12) 901 **904**
epigejos (12) 900 **903**
var. densiflora (12) 900 **903**
flaccida (12) 901 **905**
flavens (12) 902 **910**
gigantean (12) 902
hakonensis (12) 901 **906**
hedinii (12) 901 **904**
henryi (12) 902 **911**
holciformis (12) 901 **907**
hupehensis (12) 902 **913**
kokonorica (12) 901 **909**
langsdorffii (12) 901 **906**
levipes (12) 902 **912**
macilenta (12) 901 **909**
macrolepis (12) 900 **902**
var. rigidula (12) 900 **903**
matsudana (12) 902 **912**
moupinensis (12) 901 **907**
neglecta (12) 901 **908**
nyingchiensis (12) 902 **910**
pappophorea (12) 947
pseudophragmites (12) 901 **904**
pulchella (12) 901 **909**
scabrescens (12) 902 **910**
var. humilis (12) 902 **910**
sichuanensis (12) 901 **907**
sinelatior (12) 902 **911**
stenophylla (12) 902 **912**
suizanensis (12) 902 **912**
turczaninowii (12) 902 **914**
varia var. *macilenta* (12) 909
Calamintha
(Lamiaceae) (9) 397 **533**
barosma (9) 529
chinensis (9) 531
var. *megalantha* (9) 532
clinopodium var. *urticifolia* (9) 531
confinis (9) **533**
debilis (9) **533**
esquirolii (9) 587
euosma (9) 529
gracilis (9) 532
polycephala (9) 530
Calamus
(Arecaceae) (12) 57 **76**
balansaeanus (12) 77 **81**
var. castaneolepis (12) 77 **82**
bonianus (12) 77 **82**
erectus (12) 76 **78**
var. birmanicus (12) 76 **79**
faberii (12) 77 **80**
var. brevispicatus (12) 77 **81**
fascicuatus (12) 81
formosanus (12) 77 **81**
gracilis (12) 77 **84**
henryanus
var. *castaneolepis* (12) 82
hoplites (12) 76 **78**
macrorrhynchus (12) 76 **80**
margaritae (12) 75
orientalis (12) 77 **85**
oxycarpus (12) 76 **79**
palustris (12) 77 **84**
var. longistachys (12) 77 **85**
platyacanthoides (12) 85
rhabdocladus (12) 77 **82** Ph.18
var. globulosus (12) 77 **82**
simplicifolius (12) 77 **85**
tetradactylus (12) 77 **83** Ph.19
thysanolepis (12) 76 **77**
tonkinensis
var. *brevispicatus* (12) 81
viminalis
var. fasciculatus (12) 77 **81** Ph.17
walkerii (12) 80
Calanthe

(Orchidaceae) **(13)** 373 **596**
alismaefolia **(13)** 598 **607** Ph.432
alpina **(13)** 597 **602** Ph.423
angustifolia **(13)** 596 **599**
arcuata **(13)** 597 **604** Ph.426
argenteo-striata **(13)** 598 **607** Ph.433
arisanensis **(13)** 598 **611**
aristulifera **(13)** 598 **610**
biloba **(13)** 597 **604**
brevicornu **(13)** 597 **605** Ph.429
clavata **(13)** 596 **600**
davidii **(13)** 598 **606** Ph.430
delavayi **(13)** 597 **603** Ph.424
densiflora **(13)** 596 **599**
discolor **(13)** 598 **609** Ph.435
ecarinata **(13)** 597 **601**
fargesii **(13)** 597 **603**
fimbriata **(13)** 602
formosana **(13)** 596 **600**
graciliflora **(13)** 598 **611**
gracilis **(13)** 593
griffithii **(13)** 597 **605** Ph.428
hamata **(13)** 611
hancockii **(13)** 597 **605** Ph.427
henryi **(13)** 599 **612**
herbacea **(13)** 598 **607**
lamellosa **(13)** 605
lobrosa **(13)** 599 **612**
lyroglossa **(13)** 596 **599**
mannii **(13)** 597 **604** Ph.425
masuca **(13)** 606
metoensis **(13)** 598 **608**
nipponica **(13)** 598 **609**
odora **(13)** 598 **608**
petelotiana **(13)** 597 **602**
plantaginea **(13)** 599 **611**
puberula **(13)** 597 **602** Ph.422
reflexa **(13)** 597 **601**
sieboldii **(13)** 598 **610**
simplex **(13)** 597 **602**
sylvatica **(13)** 598 **606** Ph.431
tricarinata **(13)** 597 **601** Ph.421
triplicata **(13)** 598 **608** Ph.434
tsoongiana **(13)** 597 **600**
viridifusca **(13)** **589**
whiteana **(13)** 597 **602**
yuana **(13)** 598 **609**
Calathea
(Marantaceae) **(13)** 60 **64**
zebrina **(13)** **64**
Calathodes
(Ranunculaceae) **(3)** 388 **392**
oxycarpa **(3)** **392**
palmata **(3)** **392**
polycarpa **(3)** **392**
unciformis **(3)** **392**
Calcareoboea
(Gesneriaceae) **(10)** 245 **301**
coccinea **(10)** **302** Ph.95
Caldesia
(Alismataceae) **(12)** **8**
parnassifolia **(12)** **9**
reniformis **(12)** 9
Calendula
(Compositae) **(11)** 130 **556**
officinalis **(11)** **556**
Calimeris ciliosa **(11)** 168
fruticosus **(11)** 202
tatarica **(11)** 170
Calispermum scandens **(6)** 105
Calla
(Araceae) **(12)** 104 **119**
aethiopica **(12)** 122
calyptrate **(12)** 125
montana **(12)** 111
occulta **(12)** 124
palustris **(12)** **120**
Callialaria
(Amblystegiaceae) **(1)** 802 **803**
curvicaulis **(1)** **804**
Calliandra
(Mimosaceae) **(7)** 1 **11**
haematocephala **(7)** **11** Ph.7
Callianthemum
(Ranunculaceae) **(3)** 389 **544**
alatavicum **(3)** **544**
angustifolium **(3)** 544 **545**
cuneilobum **(3)** 544 **545**
farreri **(3)** 544 **545**
pimpinelloides **(3)** 544 **545** Ph.380
taipaicum **(3)** 544 **545**
Calliaspidia
(Acanthaceae) **(10)** 330 **407**
guttata **(10)** **407** Ph.124
Callicarpa
(Verbenaceae) **(9)** 347 **352**
arborea **(9)** 353 **355**
bodinieri **(9)** 354 **359**
brevipes **(9)** 354 **361**
candicans **(9)** 353 **357**
cathayana **(9)** 354 **360**
dichotoma **(9)** 354 **358** Ph.135
formosama **(9)** 353 **357**
var. *chinensis* **(9)** 355
giraldii **(9)** 353 **357**
var. *lyi* **(9)** 358
var. subcanescens **(9)** 353 **358**
integerrima **(9)** 353 **355**
var. chinensis **(9)** 353 **355**
japonica **(9)** 354 **361**
var. angustata **(9)** 354 **362**
f. *glabra* **(9)** 361
kochiana **(9)** 353 **354**
kwangtungensis **(9)** 354 **362** Ph.136
lingii **(9)** 354 **362**
lobo-apiculata **(9)** 353 **356**
longifolia **(9)** 353 **358**
var. brevipes **(9)** **361**
var. longissima **(9)** **358**
longipes **(9)** 354 **359**
longissima **(9)** 353 **358**
loureiri **(9)** 354
macrophylla **(9)** 353 **356** Ph.134

nudiflora (9) 353 **356**
peichieniana (9) 354 **362**
peii (9) 355
pendunculata (9) 357
randaiensis (9) 354 **360**
rubella (9) 354 **360**
var. *hemslyana* f. *subglabra* (9) 360
var. subglabra (9) 354 **360**
yunnanensis (9) 353 **355**
Callicostella
(Hookeriaceae) (1) 727 **734**
papillata (1) 734 **735** Ph.272
prabaktiana (1) 734 **735**
Calliergon
(Amblystegiaceae) (1) 802 **820**
cordifolium (1) 820 **821**
giganteum (1) 820 **821** Ph.247
megalophyllum (1) 820 **822**
stramineum (1) 820 **822**
Calliergonella
(Amblystegiaceae) (1) 802 **822**
cuspidata (1) **823**
lindbergii (1) **823**
Calligonum
(Polygonaceae) (4) 481 **514**
alaschanicum (4) 514 **516**
junceum (4) **514**
klementzii (4) 514 **515**
leucocladum (4) 514 **515**
mongolicum (4) 514 **516**
roborovskii (4) 514 **516** Ph.219
Calliphysa juncea (4) 514
Callipteris
(Athyriaceae) (2) 272 **313**
esculenta (2) 314 **314**
esculenta
var. pubescens (2) 314 **314**
paradoxa (2) 314 **314**
Callisace dahurica (8) 724
Callisia
(Commelinaceae) (12) 182 **204**
repens (12) **204**
Callistemon
(Myrtaceae) (7) 549 **556**
rigidus (7) **556** Ph.195
viminalis (7) 556 **557** Ph.196
Callistephus
(Compositae) (11) 122 **166**
chinensis (11) **167**
Callistopteris
(Hymenophyllaceae) (2) 112 **138**
apiifolia (2) **138**
Callitrichaceae (10) **3**
Callitriche
(Callitrichaceae) (10) **3**
palustris (10) **3**
stagnalis (10) **3**
Callostylis
(Orchidaceae) (13) 372 **653**
rigida (13) **653**
Calocedrus
(Cupressaceae) (3) 74 **77**
macrolepis (3) **77** Ph.103
var. formosana (3) 77 **78** Ph.104
Calogyne
(Goodeniaceae) (10) 503 **505**
pilosa (10) **505**
Calolinea macrocarpa (5) 65
Calophaca
(Fabaceae) (7) 62 **284**
polystichoides (7) 286
sinica (7) **284**
soongorica (7) 284 **285**
Calophyllum
(Guttiferae) (4) 682 **683**
blancoi (4) 684 **685** Ph.308
inophyllum (4) **684** Ph.306
membranaceum (4) **684**
polyanthum (4) 684 **685** Ph.307
thorelii (4) 685
Calopogonium
(Fabaceae) (7) 65 **210**
mucunoides (7) **211**
Caloscordum neriniflorum (13) 172
Calotis
(Compositae) (11) 122 **161**
caespitosa (11) **162**
Calotropis
(Asclepiadaceae) (9) 134 **146**
gigantea (9) **146** Ph.78
Caloyction aculeatum (9) 259
Caltha
(Ranunculaceae) (3) 388 **390**
natans (3) 390 **391**
palustris (3) **390** Ph.300
var. barthei (3) 390 **391** Ph.301
var. membranaceae (3) 390 **391**
var. sibirica (3) 390 **391**
scaposa (3) 390 **391** Ph.302
Calycanthaceae (3) **203**
chinensis (3) **203**
praecox (3) 204
Calycopteris
(Combretaceae) (7) 663 **664**
floribunda (7) **664**
Calymmodon
(Grammitidaceae) (2) 770 **771**
asiaticus (2) 771 **771**
cucullatus (2) 771
gracilis (2) 771 **771**
Calymperaceae (1) **422**
Calymperes
(Calymperaceae) (1) 422 **424**
afzelii (1) 424 **426**
erosum (1) 423 **424** Ph.122
fasciculatum (1) 424 **426**
gardneri (1) 428
graeffeanum (1) 424 **427**
japonicum (1) 428
lonchophyllum (1) 423 **424**
moluccense (1) 424 **425**
tahitense (1) 424 **425**
tenerum (1) 424 **426**

Calypogeia
(Calypogeiaceae) (1) 42 **43**
arguta (1) **44** ph.13
cordifolia (1) 42
fissa (1) 44 **46**
muelleriana (1) **44**
nessiana (1) 44 **45**
trichomanis (1) 44 **45**
Calypogeiaceae (1) **42**
Calypso
(Orchidaceae) (13) 374 **566**
bulbosa (13) **566** Ph.387
Calyptothecium
(Pterobryaceae) (1) 668 **672**
auriculatum (1) 672 **674**
hookeri (1) **672**
phyllogonioides (1) 672 **674**
pinnatum (1) 672 **673**
Calyptrochaeta
(Hookeriaceae) (1) 727 **736**
japonica (1) **737** Ph.228
Calysphyrum floridum (11) 47
Calystegia
(Convolvulaceae) (9) 240 **249**
hederacea (9) 249 **250**
pellita (9) 249 **250**
sepium (9) 249
var. *japonica* (9) 249
silvatica subsp. orientalis (9) **249**
soldanella (9) **249**
Camchaya
(Compositae) (11) 128 **145**
loloana (11) **145**
Camelina
(Brassicaceae) (5) 386 **536**
microcarpa (5) **537**
microphylla (5) 537
sativa (5) **537**
sylvestris (5) 537
yunnanensis (5) 487
Camellia
(Theaceae) (4) **573**
acutiserrata (4) 576 **590**
albogigas (4) 574 **578**
amplixifolia (4) 576 **591**
assamica (4) 576 **594** Ph.277
assimilis (4) 578 **603**
axillaris (4) 607
brevistyla (4) 574 **582**
buxifolia (4) 576 **596**
caudata (4) 578 **602**
chekiangoleosa (4) 575 **589** Ph.272
chrysantha (4) 591
cordifolia (4) 577 **602**
costei (4) 577 **597**
crapnelliana (4) 574 **580** Ph.264
cratera (4) 577 **601**
cuspidata (4) 576 **595**
dubia (4) 577 **599**
edithae (4) 575 **588**
elongata (4) 577 **600**
euphlebia (4) 576 **591** Ph.273
euryoides (4) 577 **598**
faseicularis (4) 576 **591**
fluviatilis (4) 574 **581**
fraterna (4) 577 **600**
furfuracea (4) 574 **580**
gigantocarpa (4) 580
granthamiana (4) 574 **578** Ph.261
grijsii (4) 574 **581** Ph.265
gymnogyna (4) 576 **593**
handelii (4) 577 **596**
henryana (4) 575 **584**
hongkongeniss (4) 575 **587**
imdochinensis (4) 576 **592**
impressinervis (4) 576 **592** Ph.275
japonica (4) 575 **589**
kissi (4) 574 **581**
kwangsiensis (4) 576 **592**
lapidea (4) 575 **585**
liberistyla (4) 574 **579**
logicalyx (4) 576 **596**
magnocarpa (4) 575 **589**
mairei (4) 575 **586**
melliana (4) 578 **602**
microphylla (4) 574 **583**
nitidissima (4) 576 **591** Ph.274
obtusifolia (4) 574 **582**
oleifera (4) 574 **579** Ph.263
omeiensis (4) 575 **584**
parvilimba (4) 577 **599**
parvimuricata (4) 574 **584**
parvisepala (4) 576 **595**
paucipunctata (4) 576 **590**
pitardii (4) 575 **587** Ph.270
polyodenta (4) 575 **585** Ph.267
reticulata (4) 575 **587** Ph.269
rosthorniana (4) 577 **598**
salicifolia (4) 578 **603**
semiserrata (4) 575 **586** Ph.268
var. *magnocarpa* (4) 589
shensiensis (4) 574 **583** Ph.266
sinensis (4) 576 **594** Ph.276
var. *assamica* (4) 594
sophiae (4) 605
sraluenensis (4) 575 **588** Ph.271
synaptica (4) 597
tachangensis (4) 576 **592**
taliensis (4) 576 **593**
transarisanensis (4) 577 **601**
transnokoensis (4) 577 **598**
trichoclada (4) 577 **599**
tsaii (4) 577 **598**
var. synaptica (4) 577 **597**
tsofui (4) 577 **601**
tuberculata (4) 574 **583**
veitnamensis (4) 574 **579**
wardii (4) 575 **590**
yungkiangensis (4) 576 **593**
yunnanensis (4) 574 **578** Ph.262
Cameraria zeylanica (9) 96
Campanula
(Campanulaceae) (10) 447 **470**

aristata **(10)** 471 **474**
biflora **(10)** 491
calcicola **(10)** 471 **474**
cana **(10)** 471 **473**
canescens **(10)** 471 **473**
carnosa **(10)** 492
cephalotes **(10)** 472
colorata **(10)** 471 **473** Ph.166
crenulata **(10)** 471 **474**
fischeriana **(10)** 480
fulgens **(10)** 491
glomerata **(10)** 471 **472** Ph.164
subsp. cephalotes **(10)** 471 **472** Ph.165
grandiflora **(10)** 470
khasiana **(10)** 479
lancifolia **(10)** 468
liliifolia **(10)** 485
marginata **(10)** 453
medium **(10)** 471 **472**
modesta **(10)** 471 **474**
pereskiifolia **(10)** 487
perfoliata **(10)** 492
punctata **(10)** **471** Ph.163
remotiflora **(10)** 482
sibirica **(10)** 471 **472**
stenanthina **(10)** 487
tetraphylla **(10)** 489
tricuspidata **(10)** 485
Campanulaceae **(10)** **446**
Campanumoea
(Campanulaceae) **(10)** 446 **467**
celebica **(10)** 468
javanica **(10)** **467**
subsp. japonica **(10)** **467** Ph.161
var. *japonica* **(10)** 467
lanceolata **(10)** 457
lancifolia **(10)** **468**
parviflora **(10)** **469**
pilosula **(10)** 457
Camphorosma
(Chenopodiaceae) **(4)** 305 **337**
lessingii **(4)** 337 **338** Ph.146
monspeliaca **(4)** **337**
Campium christensenii **(2)** 628
matthewii **(2)** 632
subcordatum **(2)** 627
Campsis
(Bignoniaceae) **(10)** 419 **429**
fortunei **(10)** 78
grandiflora **(10)** **429** Ph.132
radicans **(10)** **429** Ph.133
Camptosorus
(Aspleniaceae) **(2)** 399 **440**
sibiricus **(2)** **440**
Camptotheca
(Nyssaceae) **(7)** **687**
acuminata **(7)** **687** Ph.261
Camptothecium
(Brachytheciaceae) **(1)** 827 **828**
auriculatum **(1)** **828**
Campyliadelphus
(Amblystegiaceae) **(1)** 803 **810**
chrysophyllus **(1)** **811**
polygamum **(1)** 811 **812**
stellatus **(1)** **811**
Campylium
(Amblystegiaceae) **(1)** 803 **809**
hispidulum **(1)** **809**
squarrulosum **(1)** 809 **810**
Campylophyllum
(Amblystegiaceae) **(1)** 803 **813**
halleri **(1)** **813**
Campylopodiella
(Dicranaceae) **(1)** 332 **344**
tenella **(1)** **344**
Campylopodium
(Dicranaceae) **(1)** 332 **343**
medium **(1)** **344**
Campylopus
(Dicranaceae) **(1)** 332 **346**
atrovirens **(1)** 346 **349**
ericoides **(1)** 346 **350**
flexosus **(1)** 346 **351**
fragilis **(1)** 346 **351**
hemitrichus **(1)** 346 **352**
japonicum **(1)** 346 **352** Ph.89
laevigatus **(1)** 501
schimperi **(1)** 346 **349**
schmidii **(1)** 346 **350**
schwarzii **(1)** **346**
subfragilis **(1)** 346 **347**
subulatus **(1)** 346 **347**
umbellatus **(1)** 346 **353** Ph.90
viridis **(1)** 378
zollingeranus **(1)** 346 **348**
Campylostelium
(Ptychomitriaceae) **(1)** **487**
saxicola **(1)** **487**
Catharinea rhystophyllum **(1)** 952
yakushimensis **(1)** 953
Campylotropis
(Fabaceae) **(7)** 63 66 **176**
bonatiana **(7)** 177 **180**
capillipes **(7)** 177 **178**
delavayi **(7)** 177 **179** Ph.85
diversifolia **(7)** 177 **179**
henryi **(7)** 177 **179**
hirtella **(7)** 176 **177**
macrocarpa **(7)** 177 **180** Ph.87
polyantha **(7)** 177 **181**
prainii **(7)** 177 **178**
trigonoclada **(7)** 177 **180** Ph.86
Campylus sinensis **(3)** 604
Canalia davidii **(11)** 485
tangutica **(11)** 485
Cananga
(Annonaceae) **(3)** 159 **183**
odorata **(3)** **183** Ph.200
Canarium
(Burseraceae) **(8)** 339 **342**
album **(8)** 342 **343** Ph.165
bengalense **(8)** 342 **344**
parvum **(8)** 342 **344**

pimela (8) 343
pimela (8) 342 **343** Ph.166
strictum (8) 342 **344**
subulatum (8) 343 **344**
tonkinense (8) **343**
Canavalia
(Fabaceae) (7) 65 **207**
cathartica (7) 207 **208** Ph.102
gladiata (7) **207** Ph.101
gladiolata (7) **207**
lineata (7) 207 **208** Ph.103
maritima (7) 207 **208** Ph.104
Cancrinia
(Compositae) (11) 126 **362**
discoidea (11) **362** Ph.83
lasiocarpa (11) 362 **363**
maximowiczii (11) **362**
Canna
(Cannaceae) (13) **58**
edulis (13) 58 **59**
flaccida (13) **58**
generalis (13) 58 **59** Ph.53
glauca (13) 58 **59**
indica (13) 58 **59**
var. flava (13) 58 **59**
orchioides (13) **58**
warscewiezii (13) 58 **60**
Cannaceae (13) **57**
Cardiocrinum
(Liliaceae) (13) 72 **133**
cathayanum (13) **133** Ph.110
giganteum (13) 134
var. yunnanense (13) 133 **134** Ph.111
Cannabinaceae (4) **25**
Cannabis
(Cannabinaceae) (4) 25 **27**
sativa (4) **27** Ph.20
Carpinus
(Betulaceae) (4) 255 **260**
chuniana (4) 260 **265**
cordata (4) 260 **262**
var. chinensis (4) 260 **262**
var. mollis (4) 260 **262**
fangiana (4) 260 **261**
fargesiana (4) 261 **266**
var. hwai (4) 261 **266**
henryana (4) 261 **267**
hupeana (4) 261 **267**
var. *henryana* (4) 267
var. *simplicidentata* (4) 268
hwai (4) 266
kweichowensis (4) 260 **264**
londoniana (4) 260 **262** Ph.115
mollis (4) 261 **269**
mollis (4) 262
monbeigiana (4) 261 **268**
polyneura (4) 261 **270**
pubescens (4) 261 **266**
putoensis (4) 260 **263**
rupestris (4) 261 **269**
shensiensis (4) 260 **265** Ph.118
stipulata (4) 261 **268**
tsaiana (4) 260 **264**
tschonoskii (4) 261 **268**
var. *falcatibracteata* (4) 268
var. *henryana* (4) 267
turczaninowii (4) 260 **264** Ph.117
viminea (4) 260 **263** Ph.116
var. chiukiangensis (4) 260 **263**
Canscora
(Gentianaceae) (9) 11 **14**
andrographioides (9) **14**
lucidissima (9) 14 **15**
melastomacea (9) 15
Cansjera
(Opiliaceae) (7) **719**
manillana (7) 721
rheedii (7) **719** Ph.283
Canthium
(Rubiaceae) (10) 508 **604**
dicoccum (10) 604 **605**
dicoccum (10) 605
dubium (10) 593
henryi (10) 650
horridum (10) **604** Ph.200
labordei (10) 649
simile (10) **604**
Capillipedium
(Poaceae) (12) 556 **1131**
assimile (12) 1132 **1133**
kwashotensis (12) **1132**
parviflorum (12) **1132**
Capparaceae (5) **366**
Capparis
(Capparaceae) (5) 367 **369**
acutifolia (5) 370 **376**
bodinieri (5) 370 **375** Ph.155
cantoniensis (5) 370 **373**
chingiana (5) 370 **372**
formosana (5) 370 **371** Ph.153
himalayensis (5) 369 **371**
masaikai (5) 370 **374** Ph.154
membranifolia (5) 370 **375**
micracantha (5) 370 **376**
pubiflora (5) 370 **373**
pubifolia (5) 370 **374**
sepiaria (5) 370 **371**
spinosa (5) 369 **370** Ph.152
trifoliata (5) 368
urophylla (5) 370 **374**
versicolor (5) 370 **372**
zeylanica (5) 370 **375**
Caprifoliaceae (11) **1**
Caprifolium hemsleyanum (11) 62
longiflorum (11) 83
macranthum (11) 83
Capsella
(Brassicaceae) (5) 387 **417**
bursa-pastoria (5) **417**
Capsicum
(Solanaceae) (9) 204 **219**
annuum (9) **219**
anomalum (9) 220

frutescens (9) 219
Caragana
(Fabaceae) (7) 62 **264**
acanthophylla (7) 264 **269**
arborescens (7) 275
bicolor (7) 264 **270**
boisi (7) 265 **276**
brachypoda (7) 266 **279**
brevifolia (7) 266 **283**
camilli-schneideri (7) 266 **282**
changduensis (7) 265 **273**
czetyrkininii (7) 271
dasyphylla (7) 264 **267**
davazamcii (7) 266 **276**
densa (7) 267 **283**
erinacea (7) 264 **268**
franchetiana (7) 264 **269**
frutescens var. *ussuriensis* (7) 268
frutex (7) 267 **284**
fruticosa (7) 265 **274**
gerardiana (7) 265 **272** Ph.128
intermedia (7) 266 **277**
jubata (7) 265 **270** Ph.127
var. biaurita (7) 265 **271**
var. czetyrkininii (7) 265 **271**
var. recurva (7) 265 **271**
kansuensis (7) 266 **280**
korshinskii (7) 266 **277**
kozlowii (7) 265 **271**
leucophloea (7) 266 **278**
leveillei (7) 266 **280**
manshurica (7) 265 **275**
microphylla (7) 266 **277**
opulens (7) 266 **281**
polourensis (7) 266 **282**
pruinosa (7) 264 **269**
purdomii (7) 266 **276**
pygmaea (7) 266 **278**
roborovskyi (7) 265 **273**
rosea (7) 266 **281**
sibirica (7) 265 **275**
sinica (7) 264 **267** Ph.125
soongorica (7) 265 **274**
spinifera (7) 264 **268** Ph.126
spinosa (7) 264 **268**
stenophylla (7) 266 **278**
stipitata (7) 265 **273**
tangutica (7) 265 **272**
tibetica (7) 265 **271**
turfanensis (7) 267 **283**
turfanensis (7) 284
turkestanica (7) 265 **275**
ussuriensis (7) 264 **268**
versicolor (7) 266 **279** Ph.129
zahlbruckneri (7) 265 **274**
Carallia
(Rhizophoraceae) (7) 676 **680**
brachiata (7) **680** Ph.255
diphopetala (7) 680 **681**
garciniaefolia (7) 680 **681**
longipes (7) 680 **681**
Cardamine
(Brassicaceae) (5) 384 385 **451**
agyokumontana (5) 456
arisanensis (5) 458
baishanensis (5) 458
changbaiana (5) 462
circaeoides (5) 451 **456**
dasycarpa (5) 457
engleriana (5) 451 **455**
flexuosa (5) 452 **458** Ph.178
var. *debilis* (5) 458
var. *fallax* (5) 459
glaphyropoda (5) 457
var. *crenata* (5) 457
griffithii (5) 451 **460**
var. *grandifolia* (5) 455
heterophylla (5) 456
hirsuta (5) 452 **458**
var. *formosana* (5) 458
var. *omeiensis* (5) 458
var. *rotundiloba* (5) 458
impatiens (5) 452 **457**
var. *angustifolia* (5) 457
var. dasycarpa (5) 452 **457**
var. *obtusifolia* (5) 457
komarovii (5) 451 **455**
leucantha (5) 452 **454**
loxostemonoides (5) 463
lyrata (5) 451 **460**
macrophylla (5) 452 **454** Ph.177
var. *crenata* (5) 454
var. *diplodonta* (5) 454
var. *polyphylla* (5) 454
microzyga (5) 452 **461**
nivalis (5) **389**
nudicalis (5) **503**
paradoxa (5) **426**
parviflora (5) 452 **459**
var. *manshurica* (5) 459
pratensis (5) 452 **459**
prorepens (5) 452 **461**
pulchellua (5) 464
reniformis (5) 456
resedifolia var. morii (5) 451 **462**
scaposa (5) 451 **453**
schulziana (5) 451 **453**
scutata (5) 452 **458**
stenoloba (5) 464
tangutorum (5) **452** Ph.176
trifida (5) 453
urbaniana (5) 454
verticillata (5) 522
violacea (5) 451 **456**
violifolia var. *diversifolia* (5) 456
yunnanensis (5) 452 **456**
zhejiangensis (5) 458
Cardaria
(Brassicaceae) (5) 384 **407**
draba (5) **407**
pubescens (5) 407 **408**
Cardemine flexuosa
var. *ovatifolia* (5) 458

scutata var. *longiloba* **(5)** 458
violifolia **(5)** 456
Cardiandra
(Hydrangeaceae) **(6)** 246 **270**
formosana **(6)** **270**
moellendorffii **(6)** **270**
Cardiopteridaceae **(7)** **886**
Cardiopteris
(Cardiopteridaceae) **(7)** **887**
lobata **(7)** **887** Ph.334
platycarpa **(7)** **887**
Cardiospermum
(Sapindaceae) **(8)** 267 **268**
halicacabum **(8)** **268** Ph.123
Carduus
(Compositae) **(11)** 131 **639**
acanthoides **(11)** **640** Ph.159
crispus **(11)** 640
lanatus **(11)** 634
lanipes **(11)** 617
leucophyllus **(11)** 616
linearis **(11)** 631
lomonosowii **(11)** 616
marianus **(11)** 641
nutans **(11)** **640**
serratuloides **(11)** 624
vulgaris **(11)** 630
Carex
(Cyperaceae) **(12)** 357 **381**
acuta var. *appendiculata* **(12)** 515
adrienii **(12)** 382 **389**
aequialta **(12)** 505 **507**
agglomerate **(12)** 466 **467**
albata **(12)** 534
alliformis **(12)** 466 **467**
alopecuroides **(12)** 466 **470**
alta **(12)** **546**
amgunensis **(12)** 402 **404**
amurensis var. *abbreviate* **(12)** 504
angarae **(12)** 394 **397**
aphanolepis **(12)** 466 **468**
appendiculata **(12)** 512 **515**
var. sacculiformis **(12)** 512 **515**
arcatica **(12)** 512 **513**
argyi **(12)** 492 **493**
aridula **(12)** 405 **407**
arisanensis **(12)** 483 **487**
aristata subsp. radelei
var. *eriophylla* **(12)** 502
arnellii **(12)** 455 **457**
ascocetra **(12)** 412 **413**
asperifructus **(12)** 405 **408**
atrata subsp.pullata **(12)** 394 **399**
var. *pullata* **(12)** 399
subsp.minor **(12)** 444 **445**
atrofuscoides **(12)** 444 **446**
augustinowiczii **(12)** 394 **395**
autumnalis **(12)** 518 **523**
baccans **(12)** 381 **383** Ph.97
basiflora **(12)** 482
blinii **(12)** 483 **487**
bodinieri **(12)** 518 **522**
bohemica **(12)** **545**
bostrychostigma **(12)** 458 **459**
breviaristata **(12)** 415 **420**
breviculmis **(12)** 415 **419**
var. cupulifera **(12)** 415 **419**
var. fibrillosa **(12)** 415 **419**
brevicuspis **(12)** 474 **481**
var. basiflora **(12)** 474 **482**
breviscapa **(12)** 412 **413**
broronii **(12)** 460 **463**
brunnea **(12)** 518 **521**
caespititia **(12)** 512 **516**
caespitosa **(12)** 512 **517**
calcicola **(12)** 473 **480**
callitrichos **(12)** 428 **429**
var. *nana* **(12)** 430
canaliculata **(12)** 483 **485**
capillacea **(12)** 527 **528**
capillaries **(12)** 452 **454**
subsp.*karoi* **(12)** 453
capilliformis **(12)** 415 **421**
capricornis **(12)** **488**
cardiolepis **(12)** 429 **433**
caudispicata **(12)** 424 **427**
cercostachya **(12)** 377
cheniana **(12)** 473 **481**
chinensis **(12)** 473 **474**
chinganensis **(12)** 402 **403**
chlorocephalula **(12)** 424 **425**
chlorostachys **(12)** 452 **455**
chuiana **(12)** 424 **426**
chungii **(12)** 414 **417**
var. riglda **(12)** 414 **418**
cinerascens **(12)** 512 **516**
commixta **(12)** 382 **384**
composite **(12)** 381 **384**
confertiflora **(12)** 460 **465**
continua **(12)** 382 **387**
coriophora **(12)** 444 **445**
courtallensis **(12)** **424**
cranaocarpa **(12)** 444 **451**
craspedotricha **(12)** **546**
crebra **(12)** 429 **434**
cremostachys **(12)** 505 **506**
cruciata **(12)** 382 **386**
cruenta **(12)** 444 **447**
cryptostachys **(12)** **411**
curta **(12)** **548**
curvata **(12)** 365
cylindriostachya **(12)** 424 **425**
davidii **(12)** 415 **420**
delavayi **(12)** 424 **426**
densefimbriata **(12)** 382 **389**
var. hirsute **(12)** 382 **389**
dielsiana **(12)** 441 **442**
digitata subsp.*quadriflora* **(12)** 430
digyna **(12)** 447
dimorpholepis **(12)** 505 **508**
diplasicarpa **(12)** 538
diplodon **(12)** 473 **474**
dispalata **(12)** 460 **465**

disperma (12) **542**
dolichostachya (12) 415 **416**
doniana (12) 467 **471**
drepanorhyncha (12) 444 **448**
drymophyla (12) 500 **503**
var. abbreviate (12) 500 **504**
duriuscula (12) **539**
subsp. rigescens (12) 539 **540**
subsp. Stenophylloides (12) 539 **540**
echinochloaeformis (12) **531**
egena (12) 483 **486**
emineus (12) 381 **384**
enervis (12) 539 **541**
ensifolia (12) 512 **513**
eremopyroides (12) **472**
eriophylla (12) 500 **502**
escanbeckii (12) 379
fargesii (12) 505 **506**
fastigiata (12) **458**
ferruginea var. *tatsiensis* (12) 448
fibrillose (12) 419
filamentosa (12) 428 **431**
filicina (12) 382 **386**
filipes var. *oligostachys* (12) 486
var. sparsinux (12) 483 **486**
finitima (12) 458 **459**
fluviatilis (12) 532 **533**
foraminate (12) 414 **415**
foraminatiformis (12) 415 **146**
forficula (12) 509 **510**
forrestii (12) 512 **514**
gentilis (12) 518 **520**
var. intermedia (12) 518 **521**
gibba (12) **543**
giraldiana (12) 483 **484**
glaucaeformis (12) **401**
globularis (12) **402**
glossostigma (12) 440 **441**
gotoi (12) 493 **494**
gracilenta (12) 398
grandiligulata (12) **440**
haematostoma (12) 444 **450**
var. *hirtelloides* (12) 449
hancockiana (12) 394 **398**
handelii (12) **452**
harlandii (12) 473 **478**
hastate (12) 473 **478**
hebecarpa (12) 497 **498**
henryi (12) 518 **519**
heterolepis (12) 509 **511**
heterostachya (12) 493 **495**
heudesii (12) 473 **476**
hirtella (12) 444 **450**
hirtelloides (12) 444 **449**
humida (12) 500 **503**
humilis (12) 428 **430**
var. nana (12) 428 **430**
var. scirrobasia (12) 428 **430**
hypochlora (12) 415 **419**
inanis (12) 408 **409**
indica (12) 382 **385**
indicaeformis (12) 382 **385**
infossa (12) 429 **436**
infuscata
var. gracilenta (12) 394 **398**
insignis (12) **441**
ischnostachya (12) 460 **461**
var. *subtumida* (12) 461
ivanoviae (12) 405 **406**
jaluensis (12) **410**
japonica (12) 466 **469**
jiuxianshanensis (12) 455 **457**
kansuensis (12) 394 **397**
kaoi (12) 473 **479**
karoi (12) 452 **453**
kiangsuensis (12) 415 **423**
kirganica (12) 492 **493**
kirinensis (12) 527 **529**
kobomugi (12) **542**
korshinskyi (12) 405 **406**
laeta (12) 428 **433**
laevissima (12) 532 **535**
lanceolata (12) 429 **435**
var. laxa (12) 429 **436**
var. *macrosandra* (12) 432
var. *nana* (12) 430
var. subpediformis (12) 429 **436**
lancifolia (12) 428 **431**
lasiocarpa (12) **500**
laticeps (12) 473 **479**
latisquamea (12) 500 **501**
laxa (12) **438**
lehmanii (12) 394 **400**
leiorhyncha (12) 532 **535**
leporine (12) **547**
ligata (12) 412 **413**
ligulata. (12) 497 **498**
limosa (12) **438**
lingii (12) 383 **390**
liouana (12) 382 **389**
lithophila (12) 536 **537**
liui (12) 466 **470**
loliacea (12) 548 **549**
longerostrata (12) 474 **483**
var. pallida (12) 483 **484**
longipes (12) 519 **525**
longispiculata (12) 505 **507**
luctuosa (12) 509 **511**
maackii (12) **547**
macrosandra (12) 428 **432**
maculate (12) **410**
magnoutriculata (12) 455 **456**
manca (12) 473 **476**
mancaeformis (12) 473 **475**
maubertiana (12) 497 **499**
maximowiczii (12) 505 **507**
melinacra (12) **505**
metallica (12) 455 **458**
meyeriana (12) 394 **395**
microglochin (12) 526 **526**
minuta (12) 517
mitrata (12) 415 **418**
var. aristata (12) 415 **419**

mollicula (12) 466 **438**
mollissima (12) 488 **490**
moorcroftii (12) 394 **396**
mosoynensis (12) 518 **520**
moupinensis (12) 383 **390**
mucronatiformis (12) **444**
muliensis (12) 512 **514**
myosuroides (12) 372
myosurus (12) 381 **384**
nachiana (12) 518 **521**
nemostachys (12) 460 **462**
nervata (12) 415 **423**
neurocarpa (12) **532**
nivalis (12) 444 **446**
nubigena (12) 532 **534**
obovatosquamata (12) 429 **434**
obscura
var. brachycarpa (12) 394 **396**
obscuriceps (12) 489 **491**
obtusata (12) **527**
oedorrhampha (12) 460 **463**
oligostachya (12) 383 **390**
olivacea (12) 460 **464**
omeiensis (12) 518 **524**
onoei (12) 527 **529**
orbicularinucis (12) 519 **525**
orbicularis (12) **512**
orthostachys (12) 500 **502**
orthostemon var. *cupulifera* (12) 419
ovata (12) 310
ovatispiculata (12) **543**
oxyleuca (12) 445
oxyphylla (12) 473 **475**
pachyneura (12) 428 **432**
pachyrrhiza (12) 449
pallida (12) **536**
pamirensis (12) 489 **490**
panicea var. *sparsiflora* (12) 439
parva (12) **526**
paxii (12) 532 **533**
pediformis (12) 429 **434**
var. pedunculata (12) 429 **435**
peiktusani (12) 394 **399**
perakensis (12) 441 **443**
pergracilis (12) 518 **524**
petersii (12) 439
phacota (12) 505 **509**
pilosa (12) 483 **485**
pilosa var. auriculata (12) 483 **486**
pisiformis (12) 415 **422**
var. *subebracteata* (12) 421
planiculmis (12) 467 **471**
pocilliformis (12) 418
poculisquama (12) **497**
polyschoenoides (12) 415 **422**
polyscoena (12) 422
praeclara (12) **394**
prainii (12) 443
pruinosa (12) 505 **508**
przewalskii (12) 444 **447**
pseudocuraica (12) 536 **538**
pseudofoetida (12) 539 **541**
pseudolongerostrata(12) 483 **484**
pumila (12) 493 **496**
quadriflora (12) 428 **430**
raddei (12) 500 **501**
radiciflora (12) 474 **482**
rafflesiana (12) 382 **388**
rara (12) **527**
recurvisaccus (12) 460 **464**
remota var. *reptans* (12) 545
remotispicula (12) 545
remotiuscula (12) 543 **544**
reptabunda (12) 539 **540**
reventa (12) 435
rhizina (12) 434
rhynchachaenium (12) 413
rhynchophora (12) 473 **480**
rhynchophysa (12) 488 **489**
rigescens (12) 540
rochebruni (12) 543 **544**
subsp. remotispicula (12) 543 **545**
subsp. reptans (12) 543 **545**
rostrata (12) 489 **491**
rubigena subsp.albata (12) 532 **534**
rubrobrunnea (12) 505 **510**
var. brevibracteata (12) 509 **510**
var. taliensis (12) 509 **510**
rugata (12) 415 **417**
rugulosa (12) 492 **494**
satsumensis (12) 381 **383**
saxicola (12) 473 **481**
scabrifolia (12) 493 **496**
scaposa (12) 382 **388**
var. dilicostachya (12) 382 **388**
var. hirsute (12) 382 **388**
schlagintweitiana (12) 410
schmidtii (12) 512 **517**
schneideri (12) 394 **400**
scirrobasia (12) 430
sclerocarpa (12) 460 **462**
scobrirostris (12) 444 **450**
scolopendriformis (12) 429 **436**
sedakovii (12) **452**
sendaica (12) 518 **522**
var. pseudosendaica (12) 518 **522**
serreana (12) 394 **401**
setigera (12) 408 **409**
var. schlagintweitiana (12) 408 **409**
setosa (12) 444 **449**
var. punctata (12) 444 **449**
shaanxiensis (12) 428 **432**
siderosticta (12) 439 **440**
var. pilosa (12) 439 **440**
simulans (12) 473 **475**
souliei (12) 396
sparsiflora (12) **439**
var. petersii (12) **439**
sparsinux (12) 486
speciosa (12) 424 **426**
stenophylla var. *rigescens* (12) 540
stenophylloides (12) 540
stipata (12) **536**

stipitinux (12) 518 **523**
stramentitia (12) 382 **386**
subebracteata (12) 415 **421**
subfilicinoides (12) 382 **387**
submollicula (12) 466 **469**
subpediformis (12) 436
subpumila (12) 493 **497**
subtransversa (12) 466 **469**
subtumida (12) 460 **461**
sutschanensis (12) 435
taipaishanica (12) 473 **477**
taliensis (12) 510
tangiana (12) 493 **495**
tangulashanensis (12) **405**
tapintzensis (12) 428 **431**
tatsiensis (12) 444 **448**
teinogyna (12) 518 **519**
tenuiflora (12) 548 **549**
tenuiformis (12) 452 **454**
tenuispicula (12) 412 **414**
tenuistachya (12) 484
thibetica (12) 473 **477**
thompsonii (12) 531 **532**
thomsonii (12) **531**
thunbergii (12) 512 **515**
transversa (12) 460 **463**
tricephala (12) 383 **391**
tristachya (12) 415 **418**
var. pocilliformis (12) 415 **418**
truncatigluma (12) **412**
subsp.rhynchachaenium (12) **412**
tsaiana (12) 424 **427**
tuminensis (12) **504**
turkestanica (12) 405 **407**
uda (12) 527 **528**
ulobasis (12) 402 **403**
uncinoides (12) 366
unisexualis (12) 536 **537**
ussuriensis (12) **437**
ustulata var. *minor* (12) 445
vanheurckii (12) 402 **404**
vesicaria (12) 488 **489**
vesicata (12) 489 **492**
vidua (12) 380
wui (12) 500 **501**
yamatsutana (12) 536 **538**
ypsilandraefolia (12) 383 **389**
yunnanensis (12) 455 **456**
zhenkangensis (12) 441 **442**
zunyiensis (12) 474 **482**
Carica
(Caricaceae) (5) **196**
papaya (5) **196** Ph.100
Caricaceae (5) **196**
Carissa
(Apocynaceae) (9) 89 **91**
carandas (9) 91 **92**
spinarum (9) **91** Ph.47
yunnanensis (9) 92
Carlemannia
(Rubiaceae) (10) 511 **540**
henryi (10) 540
tetragona (10) **540**
Carlesia
(Umbelliferae) (8) 580 **683**
sinensis (8) **683**
Carlina
(Compositae) (11) 130 **561**
biebersteinii (11) **561**
Carmona
(Boraginaceae) (9) 280 **285**
microphylla (9) **286**
Carolinella henryi (6) 187
Carparia crustacea (10) 107
Carpesium
(Compositae) (11) 129 **299**
abrotanoides (11) 300 **306**
cernuum (11) 299 **300**
α. *lanatum* (11) 301
divaricatum (11) 300 **303**
faberi (11) 300 **304**
himalaicum (11) **306**
humile (11) 299 **302**
lipskyi (11) 300 **302**
longifolium (11) 300 **305**
macrocephalum (11) 299 **300**
minum (11) 30 **304**
nepalense (11) 299 **301**
var. lanatum (11) 299 **301**
scapiforme (11) 299 **302**
trachelifolium (11) 300 **305**
triste (11) 300 **303**
var. sinense (11) 300 **303**
Carrierea
(Flacourtiaceae) (5) 110 **121**
calycina (5) **121**
dunniana (5) 121 **122**
Carthamus
(Compositae) (11) 132 **649**
lanatus (11) **650**
tinctorius (11) **650**
Carum
(Umbelliferae) (8) 581 **651**
atrosanguineum (8) 651 **653**
bretschneideri (8) **651**
buriaticum (8) 651 **652**
f. *angustissimum* (8) 652
cardiocarpum (8) 662
carvi (8) 651 **652**
coloratum (8) 654
coriacea (8) 667
cruciatum (8) 655
delavayi (8) 662
dolichopodum (8) 653
filicinum (8) 661
panculatum (8) 678
scaberula (8) 649
schizopetalum (8) 654
setaceum (8) 628
trichomanifolium (8) 660
trichophyllum (8) 682
Carya
(Juglandaceae) (4) 164 **173**

cathayensis (4) **173**
hunanensis (4) 173 **174**
illinoensis (4) 173 **174**
sinensis (4) 173
tonkinensis (4) 173 **174**
Caryodaphnopsis
(Lauraceae) (3) 207 **289**
laotica (3) **289**
tonkinensis (3) **289**
Caryophyllaceae (4) **391**
Caryopteris
(Verbenaceae) (9) 346 **387**
aureoglandulosa (9) 387 **389**
divaricata (9) 387 **390**
esquirolii (9) 559
forrestii (9) 387 **388** Ph.153
incana (9) 387 **388**
mongholica (9) 387 **388**
nepetaefolia (9) 387 **389**
ningpoensis (9) 555
paniculata (9) 387 **390**
siccanea (9) 387 **390**
tangutica (9) 387 **389** Ph.154
terniflora (9) 387 **389**
trichosphaera (9) 387 **389**
Caryota
(Arecaceae) (12) 57 **87**
mitis (12) 87 **88**
monostachya (12) **87** Ph.22
no (12) 87 **89** Ph.25
ochlanda (12) 87 **88** Ph.23
urens (12) 87 **89** Ph.24
Casearia
(Flacourtiaceae) (5) 110 **126**
aequilateralis (5) 128
balansae (5) 127
calciphila (5) 128
flexuosa (5) 126 **127**
glomerata (5) 126 **127**
membranacea (5) 126 **128**
tardieuse (5) 126 **128**
velutina (5) 126 **127**
villilimba (5) 127
yunnanensis (5) 127
Casparya silletensis (5) 274
Cassia
(Caesalpiniaceae) (7) 23 **50**
agnes (7) 51 **54**
alata (7) 50 **53** Ph.42
bicapsularis (7) 50 **53**
candenatensis (7) 93
fistula (7) 50 **53** Ph.41
javanica var. *agnes* (7) 54
leschenaultiana (7) 50 **52**
mimosoides (7) 50 **52** Ph.40
nomame (7) 50 **52**
occidentalis (7) 50 **51** Ph.38
siamea (7) 51 **54** Ph.44
sophera (7) 50 **51** Ph.39
surattensis (7) 51 **54** Ph.43
tora (7) 50 **51**
Cassiope
(Ericaceae) (5) 553 **678**
fastigiata (5) 678 **679** Ph.277
membranifolia (5) 678 **679**
pectinata (5) 679 **681**
selaginoides (5) 678 **680** Ph.278
wardii (5) 678 **680**
Cassytha
(Lauraceae) (3) 207 **304**
filiformis (3) **304**
Castanea
(Fagaceae) (4) 177 **180**
concinna (4) 187
henryi (4) 180 **181** Ph.81
indica (4) 188
mollissima (4) **180** Ph.79
seguinii (4) **180** Ph.80
Castanola trinervis (6) 232
Castanopsis
(Fagaceae) (4) 177 **181**
argyrophylla (4) 182 **189**
calathiformis (4) 182 **184**
carlesii (4) 183 **194**
ceratacantha (4) 183 **195** Ph.88
chinensis (4) 183 **191**
chunii (4) 183 **196**
clarkei (4) 182 **188**
concinna (4) 182 **187** Ph.85
delavayi (4) 183 **194** Ph.87
diversifolia (4) 187
eyrei (4) 183 **191**
fabri (4) 183 **195**
fargesii (4) 183 **192**
ferox (4) 183 **192**
fissa (4) 182 **184** Ph.82
fleuryi (4) 183 **194**
fordii (4) 182 **187**
formosana (4) 183 **190** Ph.86
hainanensis (4) 182 **188**
henryi (4) 181
hupehensis (4) 183 **193**
hystrix (4) 182 **186**
indica (4) 182 **188**
jucunda (4) 183 **193**
kawakamii (4) 182 **186** Ph.84
lamontii (4) 183 **196**
longzhouica (4) 182 **185**
mekongensis (4) 182 **187**
microcarpa (4) 194
nigrescens (4) 183 **189**
orthacantha (4) 184 **197** Ph.89
ouonbinensis (4) 183 **192**
platyacantha (4) 184 **197** Ph.90
sclerophylla (4) 182 **185**
tibetana (4) 182 **188**
tonkinensis (4) 183 **190**
tribuloides (4) 193
var. *formosana* (4) 190
uraiana (4) 182 **185** Ph.83
Castilleja
(Scrophulariaceae) (10) 68 **170**
pallida (10) **170**

Casuarina
(Casuarinaceae) (4) **286**
cunningmiana (4) 286 **287**
equisetifolia (4) 286 **287**
Casuarinaceae (4) **286**
Catabrosa
(Poaceae) (12) 562 **782**
aquatica (12) 782 **783**
var. angusta (12) 782 **783**
capusii (12) **782**
Catabrosella
(Poaceae) (12) 562 **785**
humilis (12) **785**
Catalpa
(Bignoniaceae) (10) 418 **422**
bignonioides var. speciosa (10) 423
bungei (10) 422 **423** Ph.128
duclouxii (10) 424
fargesii (10) 422 **423**
f. duclouxii (10) 422 **424** Ph.129
ovata (10) **422**
speciosa (10) 422 **423**
Catha
(Celastraceae) (7) 775 **819**
edulis (7) **819**
Catharanthus
(Apocynaceae) (9) 89 **102**
roseus (9) **102** Ph.54
Cathaya
(Pinaceae) (3) 15 **34**
argyrophylla (3) **34** Ph.53
Cathayanthe
(Gesneriaceae) (10) 244 **269**
biflora (10) **269**
Cathcartia integrifolia (3) 699
lancifolia (3) 702
lyrata (3) 700
Cathcartia smithiana (11) 474
Cathetus cochinchinensis (8) 38
Catunaregam
(Rubiaceae) (10) 509 **584**
spinosa (10) **584**
Caturus scandens (4) 34
Caucalis japonica (8) 599
Caudalejeunea
(Lejeuneaceae) (1) 224 **229**
reniloba (1) **229**
Caulinia ovalis (12) 23
Caulokaempferia
(Zingiberaceae) (13) 21 **36**
coenobialis (13) 21 **36**
Caulophyllum
(Berberidaceae) (3) 582 **652**
robustum (3) **652** Ph.471
Cautleya
(Zingiberaceae) (13) 20 **28**
gracilis (13) **28**
spicata (13) 28 **29**
Cavea
(Compositae) (11) 128 **229**
tanguensis (11) **229**
Cayratia
(Vitaceae) (8) 183 **202**
albifolia (8) 202 **205**
corniculata (8) 202 **204**
geniculata (8) **202**
japonica (8) 202 **203**
var. mollis (8) 202 **204**
var. pseudotrifolia (8) 202 **204**
oligocarpa (8) **205**
oligocarpa (8) 205
pedata (8) 202 **203**
pseudotriforia (8) 204
Ceanothus asiatica (8) 160
napalensis (8) 149
Cedrela
(Meliaceae) (8) 375 **378**
glaziovii (8) **378**
mahagoni (8) 378
microcarpa (8) 377
sinensis (8) 376
var. *schensiana* (8) 377
toona var. *pubescens* (8) 378
yunnanensis (8) 378
Celtis polycarpa (8) 60
Cenesmon hainanense (8) 91
tonkinensis (8) 91
Cedrus
(Pinaceae) (3) 15 **51**
deodara (3) **51** Ph.74
Ceiba
(Bombacaceae) (5) 64 **67**
pentandra (5) **67**
Celastraceae (7) **774**
Celastrus
(Celastraceae) (7) 775 **805**
aculeatus (7) 806 **812**
alatus (7) 794
angulatus (7) 805 **807**
flagellaris (7) 806 **811**
gemmatus (7) 806 **809**
glaucophyllus (7) 806 **807**
var. *puberulus* (7) 813
hindsii (7) 806 **813** Ph.305
hypoleucoides (7) 806 **808**
hypoleucus (7) 806 **808**
kusanoi (7) 806 **812**
loeseneri (7) 811
monospermus (7) 806 **814** Ph.306
oblanceifolius (7) 806 **811**
opposita (7) 827
orbiculatus (7) 806 **809** Ph.303
paniculatus (7) 805 **807**
punctatus (7) 806 **810** Ph.304
robustus (7) 818
rosthornianus (7) 806 **810**
var. loeseneri (7) 806 **811**
royleana (7) 816
stylosus (7) 806 **813**
var. puberulus (7) 806 **813**
suaveolens (7) 845
vaniotii (7) 806 **809**
variabilis (7) 816

Celosia
(Amaranthaceae) **(4)** 368 **369**
argentea **(4)** 369 **370** Ph.168
cristata **(4)** **370** Ph.169
nodiflora **(4)** 370
polysperma **(4)** 369
Celtis
(Ulmaceae) **(4)** 1 **20**
biondii **(4)** 20 **21**
bungeana **(4)** 20 **24** Ph.19
cerasifera **(4)** 20 **24**
cinnamonea **(4)** 21
collinsae **(4)** 21
julianae **(4)** 20 **22**
koraiensis **(4)** 20 **23**
labilis **(4)** 24
orientalis **(4)** 18
philippensis **(4)** **20** Ph.16
var. consimilis **(4)** 20 **21**
sinensis **(4)** 20 **24** Ph.18
tetrandra **(4)** 20 **23**
timorensis **(4)** 20 **21** Ph.17
tomentosa **(4)** 18
vandervoetiana **(4)** 20 **22**
wightii **(4)** 20
Cenchrus
(Poaceae) **(12)** 553 **1080**
calyculatus **(12)** 1081
echinatus **(12)** **1081**
granularis **(12)** 1166
lappaceus **(12)** 679
racemosus **(12)** 1009
Cenocentrum
(Malvaceae) **(5)** 69 **102**
tonkinense **(5)** **102**
Cenolophium
(Umbelliferae) **(8)** 581 **702**
denudatum **(8)** **702**
Centaurea
(Compositae) **(11)** 132 **652**
adpressa **(11)** **653** Ph.164
cyanus **(11)** **653**
iberica **(11)** 653 **654**
moschata **(11)** 652
pulchella **(11)** 656
repens **(11)** 614
ruthenica **(11)** 653 **654**
Centaurium
(Gentianaceae) **(9)** 11 **14**
pulchellum var. altaicum **(9)** **14**
Centella
(Umbelliferae) **(8)** 578 **587**
asiatica **(8)** **587**
Centipeda
(Compositae) **(11)** 127 **442**
minima **(11)** **442**
Centotheca
(Poaceae) **(12)** 557 **679**
lappacea **(12)** **679**
Centranthera
(Scrophulariaceae) **(10)** 70 **164**
cochinchinensis **(10)** 164 **165**
var. *longiflora* **(10)** 165
var. lutea **(10)** 164 **166**
var. nepalensis **(10)** 164 **166**
grandiflora **(10)** **164**
nepalensis **(10)** 166
tranquebarica **(10)** 164 **165**
Centrolepidaceae **(12)** **220**
Centrolepis
(Centrolepidaceae) **(12)** **220**
banksii **(12)** **220**
hainanensis **(12)** 220
Centrosema
(Fabaceae) **(7)** 64 **224**
pubescens **(7)** **225** Ph.109
Centrosis sylvatica **(13)** 606
Centrostemma multiflora **(9)** 169
Ceodes
(Nyctaginaceae) **(4)** 290 **291**
grandis **(4)** **292**
umbellifera **(4)** **292**
Cephaelis
(Rubiaceae) **(10)** 509 **619**
laui **(10)** **619**
Cephalanthus
Cephalanthera
(Orchidaceae) **(13)** 365 **393**
alpicola **(13)** 393 **394**
erecta **(13)** 393 **395** Ph.290
falcata **(13)** 394 **396** Ph.291
longibracteata **(13)** 394 **395**
longifolia **(13)** 393 **394** Ph.289
Cephalantheropsis
(Orchidaceae) **(13)** 372 **593**
calanthoides **(13)** **593** Ph.416
gracilis **(13)** **593**
Cephalanthus
(Rubiaceae) **(10)** 506 **570**
occidentalis **(10)** 570
pilulifera **(10)** 568
tetrandrus **(10)** **570**
Cephalaria
(Dipsacaceae) **(11)** 106 **120**
beijiangensis **(11)** **121**
Cephalomanes
(Hymenophyllaceae) **(2)** 112 **134**
laciniatum **(2)** 135 **135**
sumatranum **(2)** 134 **135**
Cephalomappa
(Euphorbiaceae) **(8)** 12 **86**
sinensis **(8)** **86**
Cephalonoplos segetum **(11)** 633
setosum **(11)** 633
Cephalorrhynchus
(Compositae) **(11)** 135 **763**
macrorrhizus **(11)** **763**
saxatilis **(11)** **763**
Cephalostachyum
(Poaceae) **(12)** 551 **567**
fuchsianum **(12)** 567 **568**
pallidum **(12)** 567 **569**
pergracile **(12)** 567 **568**

virgatum (12) 567 **568**
Cephalostigma
(Campanulaceae) (10) 446 **454**
hookeri (10) **454**
Cephalotaxaceae (3) **101**
Cephalotaxus
(Cephalotaxaceae) (3) **102**
drupacea var. *sinensis* (3) 103
fortunei (3) 102 **104** Ph.133
var. alpina (3) **102**
var. *concolor* (3) 104
lanceolate (3) 102 **105**
latifolia (3) 102 **104**
mannii (3) 102 **103** Ph.131
oliveri (3) **102** Ph.130
sinensis (3) 102 **103**
var. *latifolia* (3) 104
var. wilsoniana (3) 102 **104** Ph.132
wilsoniana (3) 104
Cephalozia
(Cephaloziaceae) (1) 166 **168**
ambigus (1) 168 **169**
bicuspidata (1) **169**
catenulata (1) 169 **170**
lacinulata (1) 169 **170**
lunulifolia (1) 169 **171**
macounii (1) 169 **171**
microphylla (1) 176
recurvifolia (1) 179
Cephaloziaceae (1) **166**
Cephaloziella
(Cephaloziellaceae) (1) **176**
breviperianthia (1) 176 **178**
dentata (1) 176 **177**
divaricata (1) 176 **179**
kiaeri (1) 176 **177**
microphylla (1) **176**
rubella (1) 176 **178**
Cephaloziellaceae (1) **175**
Cerastium
(Caryophyllaceae) (4) 392 **402**
aquaticum (4) 401
arvense (4) 402 **406** Ph.184
caespitosum (4) 405
cerastoides (4) 402
dahuricum (4) 402 **403**
falcatum (4) 402 **405**
fontanum subsp. triviale (4) 402 **404**
furcatum (4) 402 **405**
glomeratum (4) 402 **404**
melanandrum (4) 427
pusillum (4) 402 **404**
vulgare subsp. *triviale* (4) 405
wilsonii (4) 402 **403**
Cerasus
(Rosaceae) (6) 445 **763**
campanulata (6) 765 **775**
cerasoides (6) 765 **775**
clarofolia (6) 764 **768**
conadenia (6) 764 **766**
conradinae (6) 765 **776**
crataegifolius (6) 765 **773**
cyclamina (6) 764 **769**
dictyoneura (6) 766 **776**
dielsiana (6) 765 **770**
discoidea (6) 765 **768**
glandulosa (6) 765 **778**
heyryi (6) 764 **772**
humilis (6) 765 **778**
japonica (6) 765 **779**
lannesiana (6) 775
maximowiczii (6) 764 **766**
napaulensis (6) 785
pleiocerasus (6) 764 **767**
pogonostyla (6) 765 **777**
polytricha (6) 764 **769**
pseudocerasus (6) 764 **771**
schneideriana (6) 764 **770**
serrula (6) 765 **776**
serrulata (6) 765 **774**
var. lannesiana (6) 765 **775**
var. pubescens (6) 765 **774**
setelosa (6) 765 **772**
stipulacea (6) 765 **773**
tatsienensis (6) 765 **767**
tianshanica (6) 765 **780**
tomentosa (6) 765 **779** Ph.170
yunnanensis (6) 764 **771**
Ceratostachys arborea (7) 689
Ceratanthus
(Lamiaceae) (9) 398 **585**
calcaratus (9) **585**
Ceratocarpus
(Chenopodiaceae) (4) 305 **337**
arenarius (4) **337** Ph.145
Ceratocephalus
(Ranunculaceae) (3) 389 **580**
orthoceras (3) **581**
Ceratodon
(Ditrichaceae) (1) 316 **324**
purpureus (1) **324**
Ceratoides arborescens (4) 334
compacta (4) 335
compacta (4) 336
latens (4) 335
Ceratolejeunea
(Lejeuneaceae) (1) 225 **240**
sinensis (1) **240**
Ceratophyllaceae (3) **386**
Ceratophyllum
(Ceratophyllaceae) (3) **386**
demersum (3) **386**
var. quadrispinum (3) 386 **387**
inflatum (3) 386 **387**
manschuricum (3) 386 **387**
oryzetorum (3) 387
submersum (3) 386 **387**
var. manschuricum (3) 387
Cercidiphyllaceae (3) **697**
Ceratopteridaceae
(=Parkeriaceae) (2) 246
Ceratopteris
(Parkeriaceae) (2) **246**

pteridoides (2) 246 **247**
thalictroides (2) 246 **246** Ph.79
Ceratostemma angulatum (5) 716
Ceratostigma
(Plumbaginaceae) (4) 538 **540**
griffithii (4) 540 **541**
minus (4) **541** Ph.234
plumbaginoides (4) 541 **542**
willmottianum (4) 541 **542** Ph.235
Ceratostylis
(Orchidaceae) (13) 372 **654**
himalaica (13) **655**
subulata (13) **655**
Cerbera
(Apocynaceae) (9) 89 **109**
manghas (9) **109** Ph.59
peruviana (9) 109
Cercidiphyllaceae (3) **769**
Cercidiphyllum
(Cercidiphyllaceae) (3) **770**
japonicum (3) **770** Ph.432
Cercis
(Caesalpiniaceae) (7) 23 **38**
chinensis (7) 39 **40** Ph.28
f. pubescens (7) 39 **41**
chuniana (7) 38 **39**
glabra (7) 39 **40**
racemosa (7) **39**
Cereus oxypetalus (4) 304
undatus (4) 303
Ceriops
(Rhizophoraceae) (7) 676 **677**
tagal (7) **677**
Ceriscoides
(Rubiaceae) (10) 509 **583**
howii (10) **584**
Ceropegia
(Asclepiadaceae) (9) 134 **199**
baohsingensis (9) 200 **202**
dolichophylla (9) **200**
mairei (9) **200**
monticola (9) 200 **202**
pubescens (9) 200 **201**
trichantha (9) 200 **201**
Cestrum
(Solanaceae) (9) 203 **238**
nocturnum (9) **238**
Ceterach
(Aspleniaceae) (2) 400 **443**
officinarum (2) **443**
paucivenosa (2) 443
penduculatum (2) 756
Ceterachopsis
(Aspleniaceae) (2) 400 **442**
latibasis (2) 442 **443**
paucivenosa (2) 442 **443**
Chaemaerops fortunei (12) 60
Chaenome1es
(Rosaceae) (6) 443 **555**
cathayensis (6) 555 **556**
japonica (6) 555 **557**
lagenaria (6) 556
sinensis (6) **555** Ph.133
speciosa (6) 555 **556** Ph.134
Chaerophyllopsis
(Umbelliferae) (8) 579 **600**
huai (8) **600**
Chaerophyllum
(Umbelliferae) (8) 578 **595**
aristatum (8) 597
gracile (8) 595
nemorosa (8) 597
scabra (8) 599
sylvestris (8) 596
villosum (8) **595**
Chaetocarpus
(Euphorbiaceae) (8) 14 **109**
castanocarpus (8) **109**
Chaetomitriopsis
(Hookeriaceae) (1) 727 **738**
glaucocarpa (1) **738**
Chaetoseris
(Compositae) (11) 135 **759**
cyanea (11) 759 **760**
grandiflora (11) **759**
hastata (11) 759 **760**
lyriformis (11) 759 **760**
macrantha (11) 759 **760**
roborowskii (11) 759 **761**
sichuanensis (11) 759 **761**
Chaetospora calostachya (12) 315
Chailletia longipetala (7) 888
Chaiturus
(Lamiaceae) (9) 396 **478**
marrubiastrum (9) **478**
Chalcas paniculata (8) 436
Chamaesaracha echinatum (9) 215
heterophylla (9) 214
sienense (9) 216
Chamabainia
(Urticaceae) (4) 75 **146**
cuspidata (4) **146**
Chamaeanthus
(Orchidaceae) (13) 370 **753**
wenzelii (13) **753**
Chamaecyparis
(Cupressaceae) (3) 74 **81**
formosensis (3) **81**
lawsoniana (3) 81 **83**
obtusa (3) 81 **82**
f. *formosana* (3) 82
var. formosana (3) 81 **82** Ph.111
pisifera (3) 81 **82** Ph.110
thyoides (3) 81 **82**
Chavica boehmeriifolia (3) 329
thomsonii (3) 327
wallichii (3) 331
Chamaedaphne
(Ericaceae) (5) 554 **689**
calyculata (5) **689**
Chamaegastrodia
(Orchidaceae) (13) 368 **429**
inverta (13) 429 **430**

poilanei (13) 429 **430** Ph.301
shikokiana (13) **429**
Chamaele tanakae (8) 661
Chamaemelum
(Compositae) (11) 125 **335**
limosum (11) 350
nobile (11) **335**
tetragonospermum (11) 350
Chamaenerion
(=Epilobium) (7) 596
angustifolium (7) 599 600
latifolium (7) 598
Chamaepericlymenum
(Cornaceae) (7) 691 **711**
canadense (7) **711**
Chamaerhodes
(Rosaceae) (6) 444 **699**
altaica (6) 699 **701**
canescens (6) 699 **700**
erecta (6) 699 **700**
sabulosa (6) 699 **700**
trifida (6) 699 **701**
Chamaeraphis depauperata (12) 1082
Chamaerops excelsa (12) 63
Chamaesciadium
(Umbelliferae) (8) 581 **663**
acaule var. simplex (8) **663**
Chamaesium
(Umbelliferae) (8) 579 **609**
delavayi (8) 609 **611**
paradoxum (8) 609 **610**
spatuliferum (8) **609**
thalictrifolium (8) 609 **610**
viridiflorum (8) 609 **610**
Chamaesphacos
(Lamiaceae) (9) 395 **505**
ilicifolius (9) **505**
Champereia
(Opiliaceae) (7) 719 **721**
manillana (7) **721**
Championella
(Acanthaceae) (10) 332 **356**
japonica (10) **357**
labordei (10) 357 **358**
maclurei (10) **357**
tetrasperma (10) **357**
Championia multiflora (10) 271
Changium (8) 579 **608**
smyrnioides (8) **608**
Chaydaia (8) 138 **164**
crenulata (8) 164
rubrinervis (8) **164**
wilsonii (8) 165
Cheilanthes albofusca (2) 226
albomarginata (2) 229
anceps (2) 228
chusana (2) 220
farinosa var. *gresia* (2) 229
grevilleoides (2) 225
hancockii (2) 222
insignis (2) 222
kuhnii (2) 231
mysurensis (2) 221
nitidula (2) 217
setigera (2) 352
subvillosa (2) 230
trichophylla (2) 217
Cheilanthopsis
(Woodsiaceae) (2) 448 **449**
elongata (2) 450 **450**
indusiosa (2) 450 **450**
Cheilolejeunea
(Lejeuneaceae) (1) 225 **242**
imbricata (1) 242 **243**
intertexta (1) 242 **243**
trifaria (1) 242 **243**
Cheilosoria
(Sinopteridaceae) (2) 208 **220**
chusana (2) 220 **220**
hancockii (2) 220 **222**
insignis (2) 220 **222**
mysurensis (2) 220 **221**
tenuifolia (2) 220 **223**
Cheilotheca
(Monotropaceae) (5) **733**
humilis (5) **733**
macrocarpa (5) **733** Ph.297
Cheiranthus apricus (5) 508
caspicus (5) 510
cheiri (5) 518
hamilayensis (5) 482
incanus (5) 498
parryoides (5) 467
roseus (5) 517
siliculosum (5) 518
Cheiropleuria
(Cheiropleuriaceae) (2) **662**
bicuspis (2) **663** Ph.123
Cheiropleuriaceae (2) 7 **662**
Cheirostylis
(Orchidaceae) (13) 366 **421**
chinensis (13) 422 **423**
griffithii (13) 422 **424**
inabai (13) 422 **424**
liukiuensis (13) **422**
tatewakii (13) 422
tatewakii (13) 421 **422**
yunnanensis (13) 422 **423** Ph.300
Chelidonium
(Papaveraceae) (3) 695 **713**
hybridum (3) 710
japonicum (3) 712
lasiocarpum (3) 711
majus (3) **713**
sutchuense (3) 711
Chelonopsis
(Lamiaceae) (9) 394 **459**
albiflora (9) 459 **460**
bracteata (9) 460 **461**
chekiangensis (9) 460 **461**
forrestii (9) 459 **460**
lichiangensis (9) 460 **461**
millissima (9) 460 **461**

odontochila (9) **460**
rosea (9) 460 **461**
Chengiopanax
(Araliaceae) (8) 535 **555**
fargesii (8) **555**
Chenia
(Pottiaceae) (1) 437 **447**
leptophalla (1) **447**
Chenopodiaceae (4) **304**
Chenopodium
(Chenopodiaceae) (4) 305 **312**
acuminatum (4) 313 **315**
album (4) 313 **318**
ambrosioides (4) 312 **314** Ph.140
aristatum (4) 312 **313**
australe (4) 343
bryoniaefolium (4) 313 **316**
foetidum (4) 312 **313**
foliosum (4) 313 **315**
giganteum (4) 313 **317** Ph.141
glauca (4) 313 **315**
gracilispicum (4) 313 **316**
hybridum (4) 312 **314**
prostratum (4) 313 **317**
salsum (4) 347
scoparia (4) 339
serotinum (4) 313 **317**
Chesneya
(Fabaceae) (7) 62 **286**
mongolica (7) 286
nubigena (7) 286 **287** Ph.130
polystichoides (7) **286**
polystichoides (7) 286
Chesniella
(Fabaceae) (7) 62 **285**
mongolica (7) **286**
Chienodoxa tetrodonta (9) 392
Chieniodendron
(Annonaceae) (3) 158 **176**
hainanense (3) **176** Ph.197
Chieniopteris
(Blechnaceae) (2) 458 **465**
harlandii (2) 465 **465** Ph.106
kempii (2) 465 **465**
Chiloschista
(Orchidaceae) (13) 370 **742**
usneoides (13) 743
yunnanensis (13) **743** Ph.548
Chiloscyphus
(Geocalycaceae) (1) 115 **122**
cuspidatus (1) 122 **125**
integristipulus (1) 122 **123**
latifolius (1) 122 **125**
minor (1) 122 **124**
muricatus (1) 122 **126**
planus (1) 121
polyanthus (1) **122**
profundus (1) 122 **124**
tener (1) 118
zollingeri (1) 120
Chimaphila
(Pyrolaceae) (5) 721 **731**
japonica (5) **731**
umbellata (5) 731 **732**
Chimonanthus
(Calycanthaceae) (3) 203 **204**
campanulatus (3) 204 **205**
gramatus (3) 204 **205**
nitens (3) 204 **205**
praecox (3) **204**
salicifolius (3) **204**
zhejiangensis (3) 204 **205**
Chimonobambusa
(Poaceae) (12) 551 **620**
angustifolia (12) 621 **623**
armata (12) 621 **625**
communis (12) 621 **627**
hejiangensis (12) 621 **623**
macrophylla (12) 621 **626**
marmoreal (12) 620 **621**
neopurpurea (12) 620 **622**
opienensis (12) 621 **627**
pachystachys (12) 621 **624**
quadrangularis (12) 621 **623**
szechuanensis (12) 621 **622**
tuberculata (12) 621 **625**
tumidinoda (12) 621 **626**
utilis (12) 621 **624**
Chiogenes suborbicularis (5) 696
var. *albiflorus* (5) 696
Chionanthus
(Oleaceae) (10) 23 **45**
ramiflorus (10) 45 **46**
retusus (10) **45** Ph.17
Chionocharis
(Boraginaceae) (9) 281 **314**
hookeri (9) **315** Ph.125
Chionographis
(Liliaceae) (13) 69 **75**
chinensis (13) **75**
Chionostomum
(Sematophyllaceae) (1) 873 **883**
rostratum (1) **884**
Chirita
(Gesneriaceae) (10) 245 **286**
anachoreta (10) 287 **293** Ph.90
dalzielii (10) 272
dimidiata (10) 293
eburnea (10) 286 **288** Ph.84
fimbrisepala (10) 286 **289** Ph.86
fordii (10) 287 **290** Ph.88
forrestii (10) 287 **292**
guangxiensis (10) 275
guilinensis (10) 287 **290** Ph.87
hamosa (10) 287 **294** Ph.92
juliae (10) 287 **290**
lunglinensis (10) 287 **289**
macrophylla (10) 287 **293**
macrosiphon (10) **265**
oblongifolia (10) 287 **292**
obtusa (10) 274
pinnatifida (10) 287 **291** Ph.89
pumila (10) 287 **293** Ph.91

sinensis (10) 286 **288** Ph.85
subulatisepala (10) 286 **288**
swinglei (10) **287**
tenuituba (10) 287 **291**
tibetica (10) 287 **292**
macrosiphon (10) 265
Chiritopsis
(Gesneriaceae) (10) 245 **294**
cordifolia (10) **295**
repanda (10) **295**
Chisocheton
(Meliaceae) (8) 376 **395**
hongkongensis (8) 393
paniculatus (8) **395** Ph.199
Chlamydoboea sinensis (10) 304
Chloranthaceae (3) **309**
Chloranthus
(Chloranthaceae) (3) 309 **310**
angustifolius (3) 310 **311**
anhuiensis (3) 313
elatior (3) 310 **311** Ph.255
fortunei (3) 310 **312**
var. holostegius (3) **313**
hainanensis (3) **310**
henryi (3) 310 **314**
holostegius (3) 310 **313** Ph.256
japonicus (3) 310 **312**
monostachys (3) 310 **314**
multistachys (3) 314
serratus (3) 310 **313** Ph.257
sessilifolius (3) 311 **314**
spicatus (3) 310 **311** Ph.254
Chloris
(Poaceae) (12) 559 **990**
barbata var. *formosana* (12) 991
dolichostachya (12) 992
formosana (12) **991**
virgata (12) **991**
Chondrosium gracile (12) 990
Chlorophytum
(Liliaceae) (13) 70 **87**
chinensis (13) 88 **89**
comosum (13) **88**
laxum (13) 88 **89**
nepalense (13) **88** Ph.67
Choerospondias
(Anacardiaceae) (8) 345 **350**
axillaris (8) **350**
Chomelia gracilipes (10) 598
Chondrilla
(Compositae) (11) 133 **764**
ambiqua (11) 764 **765**
aspera (11) **764**
brevirostris (11) 764 **765**
canescens (11) 764 **765**
piptocoma (11) 764 **765**
polydichotoma (11) 726
rouillieri (11) 764 **765**
Chonemorpha
(Apocynaceae) (9) 90 **114**
eriostylis (9) 114 **115**
griffithii (9) 114 **115** Ph.64
splendens (9) **114**
valvata (9) **115**
verrucosa (9) 114 **115**
Choripetalum undulatum (6) 108
Chorisis
(Compositae) (11) 135 **757**
repens (11) 757
Chorispora
(Brassicaceae) (5) 381 382 **499**
bungeana (5) 499 **501**
greigii (5) 499 **501**
sibirica (5) 499 **500**
tenella (5) 499 **500**
Chosenia
(Salicaceae) (5) **285**
arbutifolia (5) **285** Ph.139
Christensenia
(Christenseniaceae) (2) **88**
assamica (2) **88**
Christenseniaceae (2) 2 **88**
Christia
(Fabaceae) (7) 63 **173**
campanulata (7) **173**
obcordata (7) 173 **174**
vespertilionis (7) **173**
Christiopteris
(Polypodiaceae) (2) 665 **749**
tricuspis (2) **750** Ph.148
Christisonia
(Orobanchaceae) (10) 228 **232**
hookeri (10) **232**
sinensis (10) 232
Christolea
(Brassicaceae) (5) 385 **481**
baiogoensis (5) 483
crassifolia (5) **481**
himalayensis (5) 482
lanuginosa (5) 484
rosularis (5) 490
villosa (5) 467
var. *platyfilamenta* (5) 467
Chroesthes
(Acanthaceae) (10) 329 **384**
lanceolata (10) **384**
pubiflora (10) 384
Chrozophora
(Euphorbiaceae) (8) 11 **62**
sabulosa (8) **62**
Chrysalidocarpus lutescens (12) 92
Chrysanthemum
(Compositae) (11) 125 **339**
argyrophyllum (11) 347
arisanense (11) 345
atkinsonii (11) 352
chanetii (11) 344
coronarium (11) **339**
var. *spatiosum* (11) 339
frutescens (11) 339
indicum (11) 343
lavandulifolium (11) 344
lineare (11) 340

maximowiczii **(11)** 346
mongolicum **(11)** 347
morifolium **(11)** 344
myconis **(11)** 355
naktongense **(11)** 344
nematolobum **(11)** 369
oreastrum **(11)** 346
parviflorum **(11)** 367
potentilloides **(11)** 345
pulvinatum **(11)** 341
remotipinnum **(11)** 365
sinense var. *vestitum* **(11)** 342
taihangense **(11)** 354
tatsienense **(11)** 352
variifolium **(11)** 365
zawadskii **(11)** 345
Chrysobaphus roxburghii **(13)** 440
Chrysocladium
(Meteoriaceae) **(1)** 682 **688**
retrorsum **(1)** **688**
Chrysocoma tatarica **(11)** 206
Chrysoglossum
(Orchidaceae) **(13)** 371 **616**
assamicum **(13)** 615
chapaense **(13)** 614
ornatum **(13)** **616**
Chrysogonum peruvianum **(11)** 313
Chrysophyllum
(Sapotaceae) **(6)** **15**
lanceolatum var. stellatocarpon **(6)** **15**
Chrysopogon
(Poaceae) **(12)** 556 **1125**
aciculatus **(12)** 1125 **1126**
orientalis **(12)** **1125**
Chrysosplenium
(Saxifragaceae) **(6)** 371 **417**
alternifolium var. *chinense* **(6)** 423
β. *japonicum* **(6)** 424
β. *sibiricum* **(6)** 420
axillare **(6)** 418 **422**
biondianum **(6)** 418 **430**
carnosum **(6)** 418 **422**
cavaleriei **(6)** 418 **428**
chinense **(6)** 418 **423**
ciliatum **(6)** 426
davidianum **(6)** 418 **423** Ph.111
delavayi **(6)** 418 **429**
flagelliferum **(6)** 418 **425**
forrestii **(6)** 417 **419** Ph.109
giraldianum **(6)** 418 **421**
gracile **(6)** 426
griffithii **(6)** 418 **421** Ph.110
var. intermedium **(6)** 418 **421**
hydrocotylifolium **(6)** 418 **425**
japonicum **(6)** 418 **424**
lanuginosum **(6)** 419 **425**
var. ciliatum **(6)** 419 **426**
var. gracile **(6)** 419 **426**
lectus-cochleae **(6)** 418 **427**
macrophyllum **(6)** 418 **424**
microspermum **(6)** 419 **425**
ndicaule var. *intermedium* **(6)** 422
nepalense **(6)** 419 **426**
nudicaule **(6)** 418 **420**
pilosum **(6)** 418 **429**
var. valdepilosum **(6)** **418** **428**
pseudo fauriei **(6)** 427
qinlingense **(6)** 418 **430**
ramosum **(6)** 418 **429**
serreanum **(6)** 418 **420**
sinicum **(6)** 419 **427** Ph.112
uniflorum **(6)** 418 **421**
Chuanminshen
(Umbelliferae) **(8)** 582 **750**
violaceum **(8)** **750**
Chukrasia
(Meliaceae) **(8)** 375 **379**
tabularis **(8)** **379**
var. velutina **(8)** **379**
Chunechites xylinabariopsoides **(9)** 127
Chunia
(Hamamelidaceae) **(3)** 773 **775**
bucklandioides **(3)** **776**
Chuniophoenix
(Arecaceae) **(12)** 56 **69**
hainanensis **(12)** 69 **70**
nana **(12)** 69 **70**
Chylocalyx
(Basellaceae) **(4)** **488**
senticosum **(4)** **488**
Cibotium
(Dicksoniaceae) **(2)** **140**
barometz **(2)** **140** Ph.152
Cicca flexuosa **(8)** 35
Cicendia microphylla **(9)** 13
Cicer
(Fabaceae) **(7)** 67 **426**
arietinum **(7)** 426 **427**
microphyllum **(7)** 426 **427**
Cicerbita
(Compositae) **(11)** 134 **743**
azurea **(11)** **743**
Cichorium
(Compositae) **(11)** 132 **685**
glandulosum **(11)** **686**
intybus **(11)** **686** Ph.166
Ciclospermum
(Umbelliferae) **(8)** 581 **685**
leptophyllum **(8)** **685**
Cicuta
(Umbelliferae) **(8)** 580 **648**
virosa **(8)** **648**
Cimicifuga
(Ranunculaceae) **(3)** 388 **399**
acerina **(3)** **399**
calthaefolia **(3)** 398
dahurica **(3)** 399 **401**
foetida **(3)** 400
var. mairei **(3)** 399 **400** Ph.309
heracleifolia **(3)** 399 **401**
japonica **(3)** **399**
mairei **(3)** 400
nanchuanensis **(3)** 399 **401**

simplex (3) 399 **400** Ph.308
Cinchona
(Rubiaceae) (10) 507 **551**
calisaya var. *ledgeriana* (10) 552
gratissima (10) 556
ledgeriana (10) 551 **552**
officinalis (10) 551 **552**
orixense (10) 553
succirubra (10) 551 **552**
Cinclidium
(Mniaceae) (1) **571**
stygium (1) **572**
Cinna
(Poaceae) (12) 558 **923**
latifolia (12) **923**
Cinnamomum
(Lauraceae) (3) 206 **250**
albiflorum
var. tonkinensis (3) **258**
appelianum (3) 252 **263**
austrosinense (3) 251 **261** Ph.236
bejolghota (3) 251 258
bodinieri (3) 250 **252**
burmannii (3) 251 **258** Ph.234
camphora (3) 250 **254** Ph.230
cassia (3) 252 **262**
caudatum (3) 264
caudiferum (3) 250 **252**
delavayi (3) 265
fargesii (3) 264
glanduliferum (3) 250 **255**
iners (3) 251 **261**
inunctum
var. *longepaniculatum* (3) 254
japonicum (3) 251 **257** Ph.233
jensenianum (3) 251 **256**
liangii (3) 251 **257**
longepaniculatum (3) 250 **254**
mairei (3) 252 **262**
micranthum (3) 250 **253** Ph.229
migao (3) 250 **253**
mollifolium (3) 250 **253**
parthenoxylon (3) 250 **255** Ph.231
pauciflorum (3) 250 **256**
pittosporoides (3) 251 **260**
porrectum (3) 255
reticulatum (3) 251 **256** Ph.232
saxatile (3) 250 **253**
subavenium (3) 252 **263** Ph.237
tamala (3) 251 **259**
tenuipilis (3) 250 **252**
tonkinense (3) 251 **258**
tsangii (3) 251 **261**
verum (3) 251 **259**
wilsonii (3) 251 **260** Ph.235
zeylanicum (3) 259
Cipadessa
(Meliaceae) (8) 375 **382**
baccifera (8) 382 **383**
cinerascens (8) **382** Ph.192
fruticosa var. *cinerascens* (8) 382
Circaea
(Onagraceae) (7) 581 **587**
alpina (7) 587 **590**
subsp. micrantha (7) 587 **591**
subsp. imaicola (7) 587 **591**
var. *imaicola* (7) 591
cordata (7) **587**
var. *glabrescens* (7) 588
erubescens (7) 587 **588**
glabrescens (7) 587 **588**
lutetiana f. quadrisulcata (7) 588
subsp. quadrisulcata (7) 587 **588**
micrantha (7) 591
mollis (7) 587 **588**
quadrisulcata (7) 588
repens (7) 587 **590**
Circaeaster
(Circaeasteraceae) (3) **581**
agrestis (3) **581** Ph.388
Circaeasteraceae (3) **581**
Cirrhopetalum amplifolium (13) 705
andersonii (13) 710
chrondriophorum (13) 707
delitenscens (13) 702
emarginatum (13) 707
guttulatum (13) 705
hirundinis (13) 711
insulsum (13) 708
japonicum (13) 704
macraei (13) 703
miniatum (13) 709
pectenveneris (13) 709
refractum (13) 713
rotschildianum (13) 706
spathulatum (13) 703
sutepense (13) 696
wallichii (13) 705
Cirriphyllum
(Brachytheciaceae) (1) 828 **843**
cirrhosum (1) **843** Ph.250
Cirsium
(Compositae) (11) 131 **620**
alatum (11) 621 **627**
alberti (11) 621 **627**
argyrancanthum (11) 621 **631** Ph.154
arvense (11) 622 **634**
botryodes (11) 629
chinense (11) 621 **630**
chlorolepis (11) 621 **629**
eriophoroides (11) 621 **628**
esculentum (11) 621 **625** Ph.150
glabrifolium (11) 622 **633**
griseum (11) 621 **629** Ph.153
handelii (11) 621 **627**
henryi (11) 620 **622**
hupehense (11) 621 **631**
igniarium (11) 635
interpositum (11) 621 **630**
japonicum (11) 621 **624** Ph.149
lanatum (11) 622 **634** Ph.156
leducei (11) 622 **632**
leo (11) 620 **622** Ph.147

lineare **(11)** 621 **631**
lineare **(11)** 631
lyratum **(11)** 635
maackii **(11)** 621 **625**
monocephalum **(11)** 620 **623**
nidulans **(11)** 613
pendulum **(11)** 621 **628** Ph.151
racemiforme **(11)** 621 **626**
sairamense **(11)** 621 **628**
salicifolium **(11)** 620 **624**
schantarense **(11)** 621 **626**
serratuloides **(11)** 621 **624**
setosum **(11)** 622 **633** Ph.155
shansiense **(11)** 621 **632**
sieversii **(11)** 622 **633**
souliei **(11)** 620 **623** Ph.148
subulariforme **(11)** 621 **629**
vlassovianum **(11)** 621 **624**
vulgare **(11)** 621 **630**
Cissampelopsis
(Compositae) **(11)** 128 **528**
corifolia **(11)** **528**
spelaeicola **(11)** 528 **529**
volubilis **(11)** 528 **529**
Cissampelos
(Menispermaceae) **(3)** 669 670 **691**
hernandifolia **(3)** 686
hirsuta **(3)** 691
hypoglauca **(3)** 693
pareira var. hirsuta **(3)** **691**
Cissus
(Vitaceae) **(8)** 183 **197**
adnata **(8)** 197 **200**
aristata **(8)** 198 **200**
assamica **(8)** 197 **200**
brevipedunculata **(8)** 193
cantoniensis **(8)** 196
elongata **(8)** 198 **201**
geniculata **(8)** 202
hexangularis **(8)** 198 **201**
javana **(8)** 197 **200**
kerrii **(8)** 197 **199** Ph.100
modeccoides var. *subintegra* **(8)** 199
napaulensis **(8)** 214
pedata **(8)** 203
pteroclada **(8)** 198 **201**
repanda **(8)** 197 **199**
repens **(8)** 197 **198**
serrulata **(8)** 215
subtetragona **(8)** 197 **198**
Cissus umbellata **(9)** 3
Cistaceae **(5)** **130**
Cistanche
(Orobanchaceae) **(10)** 228 **233**
deserticola **(10)** **233**
salsa **(10)** 233 **234**
sinensis **(10)** 233 **234**
tubulosa **(10)** **233**
Cithareloma
(Brassicaceae) **(5)** 388 **503**
vernum **(5)** **503**
Citrullus
(Cucurbitaceae) **(5)** 199 **227**
lanatus **(5)** **227** Ph.114
Citrus
(Rutaceae) **(8)** 399 **443**
aurantium **(8)** 444 **446**
var. sinensis **(8)** **446**
buxifolia **(8)** 439
daoxianensis **(8)** 444 **448**
grandis **(8)** 446
hongheensis **(8)** 444 **445**
hystrix **(8)** **444**
ichangensis **(8)** 444 **445**
japonica **(8)** 443
junos **(8)** 444 **447**
limon **(8)** 444 **446**
limonia **(8)** 444 **447** Ph.231
mangshanensis **(8)** 444 **448**
margarita **(8)** 443
maxima **(8)** 444 **446** Ph.229
medica **(8)** 444 **445**
var. *limon* **(8)** 446
var. sarcodactylis **(8)** 444 **445** Ph.228
reticulata **(8)** 444 **448** Ph.232
sarcodactylis **(8)** 445
sinensis **(8)** 444 **446** Ph.230
trifoliata **(8)** 441
Cladium
(Cyperaceae) **(12)** 256 **316**
chinense **(12)** 316
jamaicense **(12)** **316**
myriantham **(12)** 317
undulatum **(12)** 318
Cladodium uliginosum **(1)** 568
Cladogynos
(Euphorbiaceae) **(8)** 12 **85**
orientalis **(8)** **85**
Cladoles rugosa **(8)** 77
Cladopodiella
(Cephaloziaceae) **(1)** 166 **168**
francisci **(1)** **168**
Cladopus
(Podostemaceae) **(7)** 490 **492**
nymani **(7)** **492**
Cladostachys
(Amaranthaceae) **(4)** **368**
amaranthoides **(4)** **369**
frutescens **(4)** 369
polysperma **(4)** **369**
Cladrastis
(Fabaceae) **(7)** 60 **78**
platycarpa **(7)** **78**
sinensis **(7)** 78 **79**
wilsonii **(7)** **78**
Claopodium
(Thuidiaceae) **(1)** 784 **787**
aciculum **(1)** 788 **789** Ph.241
assurgens **(1)** **788** Ph.240
gracillimum **(1)** **788**
pellucinerve **(1)** 788 **789**
Clasmatocolea truncata **(1)** 127
Claoxylon

(Euphorbiaceae) (8) 12 **81**
brachyandrum (8) **81**
indicum (8) **81**
khasianum (8) 81 **82**
polot (8) 81
Clarkella
(Rubiaceae) (10) 507 **512**
nana (10) **512**
Clastobryopsi
(Sematophyllaceae) (1) 872 **874**
brevinervis (1) 874 **875**
planula (1) 874 **875** Ph.259
Clastobryum
(Sematophyllaceae) (1) 873 **874**
ceylonense (1) 877
glabrescens (1) **874**
tonkinensis (1) 878
Cleistostoma
(= Bryowijkia) (1) 643
Clevea chinensis (1) 284
Clausena
(Rutaceae) (8) 399 **432**
anisum-olens (8) 432 **435**
dentata var. *robusta* (8) 433
dunniana (8) 432 **433**
var. robusta (8) 432 **433**
emarginata (8) 432 **435**
excavata (8) 432 **433** Ph.222
lansium (8) 432 **434** Ph.223
lenis (8) 433 **434**
yunnanensis (8) 432 434
Clausia
(Brassicaceae) (5) 382 **508**
aprica (5) **508**
trichosecarpa (5) **508**
trukestanica (5) 509
var. *glandulosissima* (5) 509
Cleghornia
(Apocynaceae) (9) 91 **131**
malaccensis (9) **131**
Cleidiocarpon
(Euphorbiaceae) (8) 12 **87**
cavalieriei (8) **87** Ph.40
Cleidion
(Euphorbiaceae) (8) 12 **80**
bracteosum (8) **80**
brevipetiolatum (8) **80**
xyphophylloidea (8) 104
Cleisostoma
(Orchidaceae) (13) 371 **732**
birmanicum (13) 733 **736** Ph.544
brevipes (13) 736
dawsonianum (13) 730
filiforme (13) 733 **738**
flagelliforme (13) 737
fuerstenbergianum (13) 733 **737** Ph.546
hongkongense (13) 737
paniculatum (13) 733 **736** Ph.545
parishii (13) 733 **734** Ph.542
racemiferum (13) 733 **734**
rostratum (13) 733 **735** Ph.543
rostratum (13) 735
sagittiforme (13) 733 **734**
scolopendrifolium (13) **733** Ph.541
spatulatum (13) 750
striatum (13) 733 **735**
williamsonii (13) 733 **737**
Cleistanthium nepalense (11) 685
Cleistanthus
(Euphorbiaceae) (8) 10 **18**
macrophyllus (8) 19 **20**
pedicellatus (8) 19 **20**
saichikii (8) 19
sumatranus (8) 18 **19**
tomentosus (8) 18 **19**
tonkinensis (8) 19 **20**
Cleistocalyx
(Myrtaceae) (7) 549 **574**
operculatus (7) **574**
Cleistogenes caespitosa (12) 981
chinensis (12) 980
var. *nakai* (12) 983
foliosa (12) 981
gracilis (12) 978
hackeli (12) 983
var. *nakai* (12) 983
hancei (12) 982
kitagawai var. *foliosa* (12) 981
kokonorica (12) 976
longiflora (12) 980
mucronata (12) 979
polyphylla (12) 982
songorica (12) 978
squarrosa (12) 979
Clematis
(Ranunculaceae) (3) 389 **505**
acerifolia (3) 505 **511**
acuminata var. *sikkimensis* (3) 535
aethusifolia (3) 511 **539** Ph.375
akebioides (3) 509 **532**
alternata (3) 510 **534**
angustifolia var. *tchefouensis* (3) 527
apiifolia (3) 507 **516**
var. argentilucida (3) 507 **516**
armandii (3) 506 **525** Ph.369
f. *farquhariana* (3) 525
var. farquhariana (3) 506 **525**
brevicaudata (3) 508 **520**
var. *tenuisepala* (3) 521
buchananiana (3) 511 **536**
var. *trullifera* (3) 538
cadmia (3) 507 **514**
canescens (3) 506 **527**
subsp. viridis (3) 506 **527**
chinensis (3) 508 509 **523**
chingii (3) 508 **518**
chrysocoma (3) 506 **512** Ph.366
connata (3) 511 **538** Ph.374
var. bipinnata (3) 511 **538**
var. trullifera (3) 511 **538**
courtoisii (3) 507 **515**
crassifolia (3) 507 **525**
delavayi (3) 506 **527**

fasciculiflora (3) 506 **513**
filamentosa (3) 530
finetiana (3) 507 **521**
florida (3) 507 **514**
formosana (3) 507 **517**
fruticosa (3) 506 **528**
β *canescans* (3) 527
fulvicoma (3) 506 **529**
fusca (3) 511 **541**
var. violacea (3) 511 **541**
ganpiniana (3) 508 **521**
var. tenuisepala (3) 508 **521**
garanbiensis (3) 523
glauca (3) 509 **533**
gouriana (3) 508 **519**
gracilifolia (3) 506 **512**
grandidentata (3) 508 **517**
var. *likiangensis* (3) 508 **518**
grata var. *grandidentata* (3) 517
var. *likiangensis* (3) 518
gratopsis (3) 508 **517**
hancockiana (3) 507 **515**
henryi (3) 510 **534**
heracleifolia (3) 510 **531**
hexapetala (3) 506 **527**
var. *tchefouensis* (3) **527**
huchouensis (3) 506 **516**
integrifolia (3) 510 **540**
intricata (3) 509 **533** Ph.373
kirilowii (3) 508 509 **524**
var. bashanensis (3) 508 509 **524**
var. latisepala (3) 509 **525**
koreana (3) 509 **541**
kweichowensis (3) 510 **537**
lasiandra (3) 511 **538**
leschenaultiana (3) 510 **535**
loureiriana (3) 529
loureiriana (3) 506 **530**
macropetala (3) 510 **542** Ph.378
mandshurica (3) 523
meyeniana (3) 507 **522**
montana (3) 506 **511** Ph.364
var. grandiflora (3) 506 **512**
var. sterilis (3) 506 **512** Ph.365
nannophylla (3) 506 **528**
obscura (3) 509 **523**
orientalis (3) 509 **533**
var. *akebioides* (3) 532
var. *tantutica* (3) 531
otophora (3) 511 **537**
parviloba (3) 508 **520**
patens (3) 507 **515**
peterae (3) 508 **518** Ph.368
var. trichocarpa (3) 508 **519**
pinnata (3) 509 **530**
pogonandra (3) 510 **540** Ph.376
potaninii (3) 507 508 509 **513** Ph.367
pseudootophora (3) 510 **537**
pseudopogonandra (3) 510 **540** Ph.377
psilandra (3) 510 **531**
quinquefoliolata (3) 507 **524**
ranunculoides (3) 510 **539**
rehderiana (3) 511 **537**
repens (3) 510 **536**
rubifolia (3) 510 **536**
serratifolia (3) 509 **533**
shensiensis (3) 507 508 509 **524**
sibirica (3) 509 **542**
var. ochotensis (3) 509 **542**
sikkimensis (3) 510 **535**
smilacifolia (3) 506 **529**
songarica (3) 505 **526** Ph.370
taiwaniana (3) 508 **519**
tangutica (3) 509 **531** Ph.372
tashiroi (3) 506 **529**
tenuifolia (3) 532
terniflora (3) 508 509 **522**
var. garanbiensis (3) 508 **523**
var. *latisepala* (3) 525
var. mandshurica (3) 508 **522**
tibetana var. vernayi (3) 509 **532**
trifoliata (3) 658
trullifera (3) 538
tsaii (3) 508 **518**
uncinata (3) 507 **526**
urophylla (3) 510 **534**
vernayi (3) 532
var. *ganpiniana* (3) 521
var. *argentilucida* (3) 516
yuanjiangensis (3) 510 **540**
yunnanensis (3) 510 **535**
Clematoclethra
(Actinidiaceae) (4) 656 **672**
actinidioides (4) **672**
var. populifolia (4) 672 **673**
faberi (4) 672 **673**
lanosa (4) 672 **673**
lasioclada (4) 672 **673**
scandens (4) 672 **673**
Cleome
(Capparaceae) (5) 367 **378**
gynandra (5) 378 **380**
speciosa (5) 378 **379**
spinosa (5) 378 **379** Ph.156
viscosa (5) 378 **379** Ph.157
Clerodendranthus
(Lamiaceae) (9) 398 **594**
spicatus (9) **594** Ph.195
Clerodendrum
(Verbenaceae) (9) 347 **378**
bungei (9) 378 **383** Ph.147
canescens (9) 378 **382**
chinense (9) 378 **382**
var. simplex (9) 378 **383** Ph.146
colebrookianum (9) 378 **383** Ph.148
cyrtophyllum (9) 378 **380** Ph.144
fortunatum (9) 378 **379**
herbaceum (9) 381
indicum (9) 379 **385** Ph.152
inerme (9) 378 **379** Ph.143
japonicum (9) 379 **385** Ph.151
kwangtungense (9) 378 **381**
lindleyi (9) 378 **383**

luteopunctatum (9) 378 **380**
mandarinorum (9) 379 **384** Ph.150
paniculatum (9) 379 **385**
philippinum (9) 382
var. *simplex* (9) 383
serratum (9) 378 **381**
var. amplexifolium (9) 378 **382** Ph.145
var. wallichii (9) 378 **382**
var. herbaceum (9) 378 **381**
trichotomum (9) 378 **384** Ph.149
var. ferrugineum (9) 378 **384**
wallichii (9) 378 **380**
Clerodendrum petasites (9) 382
spicatum (9) 594
Clethra
(Clethraceae) (5) **544**
barbinervis (5) 545 **548**
bodinieri (5) 544 **545**
cavaleriei (5) 544 **547**
delavayi (5) 544 **546**
esquirolii (5) 547
faberi (5) 545 **550**
fargesii (5) 545 **549**
kaipoensis (5) 545 **551**
var. polyneura (5) 545 **551**
magnifica (5) 545 **550**
monostachya (5) 544 **546** Ph.185
petelotii (5) 545 **551**
pinfaensis (5) 551
polyneura (5) 551
purpurea (5) 545 **548**
sleumeriana (5) 544 **547**
tonkinensis (5) 550
wuyishanica (5) 545 **549**
Clethraceae (5) **544**
Clypeola alyssoides (5) 433
Cleveaceae (1) **283**
Cleyera
(Theaceae) (4) 573 **629**
gymnanthera (4) 622
incornuta (4) 630 **632**
japonica (4) **630**
var. *grandiflora* (4) 631
var. lipingensis (4) 630 **631**
var. morii (4) 630 **631**
var. *parvifolia* (4) 631
var. taipehensis (4) 630 **631**
var. wallichiana (4) **630**
millettii (4) 628
obovata (4) 630 **633**
obscurinervis (4) 630 **632**
ochnacea var. *wallichiana* (4) 630
pachyphylla (4) 630 **631**
parvifolia (4) 630 **631**
Climaciaceae (1) **724**
Climacium
(Climaciaceae) (1) 724 **725**
dendroides (1) **725** Ph.224
japonicum (1) **725** Ph.225
Climacoptera
(Chenopodiaceae) (4) 307 **365**
affinis (4) 365 **366**
brachiata (4) **365** Ph.166
subcrassa (4) 365 **366**
Clinacanthus
(Acanthaceae) (10) 330 **401**
nutans (10) **401**
Clinelymus tangutorum (12) 825
Clinopodium
(Lamiaceae) (9) 397 **529**
chinense (9) 530 **531**
confine (9) 530 **533**
gracile (9) 530 **532**
martinicensis (9) 466
megalanthum (9) 530 **532**
polycephalum (9) **530**
repens (9) 530 **531**
urticifolium (9) 530 **531**
Clintonia
(Liliaceae) (13) 71 **190**
udensis (13) **190** Ph.138
Clitoria
(Fabaceae) (7) 64 **225**
hanceana (7) 225 **226**
laurifolia (7) 225 **226**
mariana (7) 225 **226**
ternatea (7) **225** Ph.110
Clivia
(Amaryllidaceae) (13) 259 **269**
miniata (13) **269** Ph.185
nobilis (13) **269** Ph.186
Clsusena esquirolii (8) 431
Clutia androgyna (8) 56
montana (8) 22
stipularis (8) 22
Cnemidia angulosa (13) 408
Cnesmone
(Euphorbiaceae) (8) 13 **91**
hainanensis (8) **91**
tonkinensis (8) **91**
Cnestis
(Connaraceae) (6) 227 **228**
emarginata (6) 227
palala (6) **228**
Cnicus
(Compositae) (11) 132 **651**
benedictus (11) **651**
carthamoides (11) 649
eriophoroides (11) 628 Ph.152
esculentus (11) 625
glabrifolium (11) 633
henryi (11) 622
leducei (11) 632
monocephalus (11) 623
sairamensis (11) 628
souliei` (11) 623
uniflorus (11) 649
vlassovianum (11) 624
Cnidium
(Umbelliferae) (8) 581 **698**
dahuricum (8) **699**
formosanum (8) 700
japonicum (8) **699**

jeholense (8) 705
monnieri (8) 699 **700**
var. formosanum (8) 699 **700**
salinum (8) 699 **700**
Cobaea
(Polemoniaceae) (9) **276**
scandens (9) **277**
Coccinia
(Cucurbitaceae) (5) 199 **248**
cordifolia (5) 248
grandis (5) **248**
Cocculus
(Menispermaceae) (3) 669 670 **680**
affinis (3) 679
lucidus (3) 671
orbiculatus (3) **680** Ph.399
Cochlearia acutangula (5) 423
formosana (5) 425
fumarioides (5) 425
henryi (5) 424
hobsonii (5) 427
microcarpa (5) 424
paradoxa (5) 426
rivulorum (5) 425
rupicola (5) 424
rusticana (5) 450
scapiflorum (5) 465
serpens (5) 428
sinuata (5) 423
warbrugii (5) 425
Cochlianthus
(Fabaceae) (7) 64 **206**
gracilis (7) **206**
Cocos
(Arecaceae) (12) 58 **97**
nucifera (12) **98** Ph.31
romanzoffiana (12) 99
Codariocalyx
(Fabaceae) (7) 61 63 **165**
gyroides (7) 165 **166** Ph.82
motorius (7) **165**
Codiaeum
(Euphorbiaceae) (8) 13 **100**
pentzii (8) 101
variegatum (8) **100**
Codonacanthus
(Acanthaceae) (10) 330 **393**
acuminatus (10) 393
pauciflorus (10) **393**
spicatus (10) 393
Codonopsis
(Campanulaceae) (10) 446 **455**
affinis (10) 455 **459**
alpina (10) 456 **464**
bicolor (10) 456 **464**
bulleyana (10) 456 **463** Ph.155
canescens (10) 456 **463** Ph.157
cardiophylla (10) 456 **464**
chlorocodon (10) 456 **465**
clematidea (10) 456 **462** Ph.154
convolvulacea (10) 456 **465** Ph.158
var. forrestii (10) 456 **466** Ph.160
var. forrestii (10) 456 **466**
var. pinifolia (10) 456 **466**
var. vinciflora (10) 456 **466** Ph.159
deltoidea (10) 455 **460**
forrestii (10) 466
gracilis (10) 469
handeliana (10) 458
lanceolata (10) 455 **457** Ph.151
limprichtii var. *pinifolia* (10) 466
macrocalyx (10) 456 **461**
micrantha (10) 455 **458**
modesta (10) 458
nervosa (10) 456 **463** Ph.156
ovata var. nervosa (10) 463
pilosula (10) 455 **457** Ph.152
var. *glaberrima* (10) 458
var. handeliana (10) 455 **458**
var. modesta (10) 455 **458**
purpurea (10) 456 **462**
subglobosa (10) 455 **458**
subscaposa (10) 456 **461**
subsimplex (10) 456 **462**
tangshen (10) 455 **459** Ph.153
tsinglingensis (10) 456 **465**
tubulosa (10) 456 **460**
ussuriensis (10) 455 **457**
vinciflora (10) 466
viridiflora (10) 456 **465**
Coelachne
(Poaceae) (12) 552 **1019**
simpliciuscula (12) **1019**
Coeloglossum
(Orchidaceae) (13) 367 **470**
densum (13) 494
lacertiferus (13) 498
mannii (13) 496
viride (13) **470** Ph.320
var. bracteatum (13) **470**
Coelogyne
(Orchidaceae) (13) 374 **618**
barbata (13) 619 **622**
bulbocodioides (13) 627
coronaria (13) 645
corymbosa (13) 619 **621** Ph.445
cristata (13) 619 **621**
fimbriata (13) 619 **620** Ph.442
flaccida (13) 619 **620** Ph.443
gardenriana (13) 637
hookeriana (13) 625
leucantha (13) 619 **623** Ph.446
longipes (13) 619 **623**
mandarinorum (13) 638
occultata (13) 619 **621** Ph.444
ovalis (13) **619**
prolifera (13) 619 **624**
punctulata (13) 619 **622**
punctulata (13) 621
yunnanensis (13) 626
Coelonema
(Brassicaceae) (5) 388 **438**
draboides (5) **438** Ph.174

Coelopleurum
(Umbelliferae) **(8)** 682 **712**
saxatile **(8)** **712**
Coelorachis
(Poaceae) **(12)** 554 **1162**
striata **(12)** **1162**
Coffea
(Rubiaceae) **(10)** 510 **607**
arabica **(10)** 607 **608** Ph.205
canephora **(10)** 607 **608** Ph.204
liberica **(10)** **607** Ph.203
Coix
(Poaceae) **(12)** 552 **1170**
chinensis **(12)** **1170**
lacrymajobi **(12)** 1170 **1171** Ph.101
var. maxima **(12)** 1170 **1711**
puellarum **(12)** **1170**
Colania tonkinensis **(13)** 185
Coldenia
(Boraginaceae) **(9)** 280 **286**
procumbens **(9)** **286**
Coleanthus
(Poaceae) **(12)** 558 **1018**
subtilis **(12)** **1018**
Colebrookea
(Lamiaceae) **(9)** 397 **562**
oppositifolia **(9)** **562**
Coleostephus
(Compositae) **(11)** 125 **354**
myconis **(11)** **355**
Coleus
(Lamiaceae) **(9)** 398 **586**
carnosifolius **(9)** 586 **587**
esquirolii **(9)** 586 **587**
forskohlii **(9)** **586**
macranthus var. *crispipilus* **(9)** 587
pumilus **(9)** 587
scutellarioides **(9)** 586 **587** Ph.193
var. crispipilus **(9)** 586 **587**
wulfenioides **(9)** 593
Collabium
(Orchidaceae) **(13)** 371 **614**
assamicum **(13)** 614 **615**
chinense **(13)** 614 **615** Ph.439
formosanum **(13)** **614**
Colocasia
(Araceae) **(12)** 106 **130**
antiquorum **(12)** 132
esculenta **(12)** 131 **132**
var. antiquorum **(12)** 131 **132** Ph.47
fallax **(12)** **131**
gigantea **(12)** **131** Ph.46
tonoimo **(12)** 131 **132**
Colpodium altaicum **(12)** 784
leucolepis **(12)** 784
Cololejeunea
(Lejeuneaceae) **(1)** 225 **249**
floccosa **(1)** **250**
lanciloba **(1)** 248
ocellata **(1)** **250**
ocelloides **(1)** 250 **251**
pseudofloccosa **(1)** 250 **251**
spinosa **(1)** 250 **251**
Colona
(Tiliaceae) **(5)** 12 **24**
floribunda **(5)** **24**
Colquhounia
(Lamiaceae) **(9)** 394 **497**
coccinea var. mollis **(9)** **498** Ph.175
compta **(9)** **498**
mollis **(9)** 498
seguinii **(9)** **498**
vestita **(9)** **498**
Colubrina
(Rhamnaceae) **(8)** 138 **160**
asiatica **(8)** **160**
Columbia floribunda **(5)** 24
Columnea chinensis **(10)** 102
heterophylla **(10)** 100
Colura
(Lejeuneaceae) **(1)** **236**
tenuicornis **(1)** **236**
Coluria
(Rosaceae) **(6)** 444 **651**
henryi **(6)** 651 **652**
longifolia **(6)** **651**
Colurolejeunea tenuicornis **(1)** 236
Colutea
(Fabaceae) **(7)** 66 **260**
arborescens **(7)** 260 **261**
delavayi **(7)** 260 **261**
nepalensis **(7)** 260 **261**
Colysis
(Polyodiaceae) **(2)** 665 **755**
digitata **(2)** 755 **759**
elliptica **(2)** 755 **758**
var. flexiloba **(2)** 755 **759**
var. pentaphylla **(2)** 755 **759**
var. pothifolia **(2)** 755 **759**
hemionitidea **(2)** **755**
hemitoma **(2)** 755 **758**
henryi **(2)** 755 **757**
leveillei **(2)** 755 **757**
pendunculata **(2)** 55 **756**
wrightii **(2)** 755 **756**
Comanthosphace
(Lamiaceae) **(9)** 398 **555**
japonica **(9)** **555**
ningpoensis **(9)** **555**
Comarum
(Rosaceae) **(6)** 444 **690**
palustre **(6)** **691**
salesovianum **(6)** **691**
Comastoma
(Gentianaceae) **(9)** 12 **62**
cyananthiflorum **(9)** 62 **63** Ph.34
falcatum **(9)** 62 **63**
pedunculatum **(9)** 63 **64**
polycladum **(9)** 63 **64**
pulmonarium **(9)** 62 **64**
Combretum
(Combretaceae) **(7)** 663 **671**
alfredii **(7)** 671 **675**

griffithii (7) 671 **673**
latifolium (7) 671 **674**
olivaeforme (7) 671 **674**
pilosum (7) **671**
punctatum (7) 671 **673**
subsp. squamosum (7) 671 **674** Ph.250
roxburghii (7) 671 **672**
squamosum (7) 674
wallichii (7) 671 **672** Ph.249
yunnanense (7) 671 **672**
Combretum kachinense (6) 10
Commelina
(Commelinaceae) (12) 182 **201**
auriculata (12) 202 **204**
axillaries (12) 186
bengalensis (12) 201 **202** Ph.94
communis (12) 201 **202** Ph.92
conspicua (12) 200
cristata (12) 186
diffusa (12) 201 **202** Ph.93
edulis (12) 192
maculate (12) 202 **203**
medica (12) 192
nudiflora (12) 194
paludosa (12) 201 **203**
scaberrima (12) 201
secundiflora (12) 199
simplex (12) 195
spirata (12) 193
Commelinaceae (12) **182**
Commersonia
(Sterculiaceae) (5) 35 **63**
bartramia (5) **63** Ph.38
Commicarpus
(Nyctaginaceae) (4) 291 **295**
chinensis (4) **295**
lantsangensis (4) 295 **296**
Compositae (11) **121**
Compylocercum striatum (4) 564
Conandron
(Gesneriaceae) (10) 243 **249**
ramondioides (10) **250**
Conchidium pusillum (13) 642
sinicum (13) 643
Congea
(Verbenaceae) (9) 346 **349**
chinensis (9) **349**
tomentosa (9) **349**
Coniogeton arborescens (8) 346
Coniogramme
(Hemionitidaceae) (2) 248 **254**
affinis (2) 254 **256**
caudata (2) 254 **256**
centro-chinensis (2) 254 **259**
fraxinea (2) 254 **254**
intermedia (2) 254 **257**
japonica (2) 254 **258**
procera (2) 254 **259**
robusta (2) 254 **255**
rosthornii (2) 254 **255**
wilsonii (2) 254 **258**
Conioselinum
(Umbelliferae) (8) 582 **716**
chinense (8) **717**
Conium
(Umbelliferae) (8) 579 **626**
maculatum (8) **626**
Connaraceae (6) **227**
Connarus
(Connaraceae) (6) 227 **230**
microphylla (6) 229
paniculatus (6) **231**
yunnanensis (6) **231** Ph.73
Conocephalaceae (1) **272**
Conocephalum
(Conocephalaceae) (1) **272**
conicum (1) **272** Ph.59
japonicum (1) 272 **273** Ph.60
Conocephalus lanceolatus (4) 152
suaveolens (4) 152
Conringia
(Brassicaceae) (5) 385 **399**
planisiliqua (5) **399**
Consolida
(Ranunculaceae) (3) 388 **449**
rugulosa (3) **449**
Convallaria
(Liliaceae) (13) 70 **177**
bifolia (13) 198
cirrhifolium (13) 216
fruticosa (13) 174
japonica (13) 252
majalis (13) **177** Ph.127
odoratumv (13) 208
rosea (13) 215
spicata (13) 241
trifolia (13) 192
verticillata (13) 213
Convolvulaceae (9) 240
Convolvulus
(Convolvulaceae) (9) 240 **251**
alsinoides (9) 242
ammanii (9) 251 **253**
arvensis (9) 251 **252** Ph.108
batatas (9) 260
biflorus (9) 261
binectariferum (9) 265
capitiformis (9) 268
gortschakovii (9) **251**
imperari (9) 263
littoralis (9) 264
malabarica (9) 248
marginatus (9) 264
mollis (9) 267
nil (9) 262
nummularius (9) 251 **242**
pellitus (9) 250
sibiricus (9) 255
soldanella (9) 249
tiliaefolius (9) 270
tragacanthoides (9) 251 **252**
tridentatus (9) 257
turpethum (9) 258

vitifolius (9) 254
Conyza
(Compositae) (11) 123 **224**
aegyptiaca (11) 224 **225**
balsamifera (11) 233
blinii (11) 224 **225**
bonariensis (11) 225 **228**
canadensis (11) 225 **227**
cinerea (11) 144
cappa (11) 294
fistulosa (11) 239
japonica (11) 224 **226**
lacera (11) 238
laciniata (11) 239
lanceolaria (11) 233
leucantha (11) 224 **225**
patula (11) 145
perennis (11) 224 **226**
pyrifolia (11) 223
redolens (11) 247
repanda (11) 232
riparia (11) 232
roylei (11) 209
salsoloides (11) 295
stricta (11) 225 **227**
sumatrensis (11) 225 **228**
Cookia anisum-olens (8) 435
Corchorus serrata (4) 13
Coptis
(Ranunculaceae) (3) 388 **484**
chinensis (3) 484 **485** Ph.348
var. brevisepala (3) 484 **485** Ph.349
var. *omeiensis* (3) 485
omeiensis (3) 484 **485** Ph.351
quinquefolia (3) 484 **486**
teeta (3) 484 **485** Ph.350
Coptosapelta
(Rubiaceae) (10) 511 **555**
diffusa (10) **555** Ph.187
Corallodiscus
(Gesneriaceae) (10) 244 **266**
bullatus (10) 267
conchifolius (10) 267 **268**
cordatus (10) 267
flabellatus (10) 267
var. *leiocalyx* (10) 267
var. *luteus* (10) 267
var. *puberulus* (10) 267
var. *sericeus* (10) 267
kingianus (10) 266 **267**
lanuginosa (10) 266 **267**
patens (10) 267
plicatus (10) 267
var. *lineatus* (10) 267
taliensis (10) 267
ellipticum (10) 323
Corallorhiza
(Orchidaceae) (13) 373 **567**
indica (13) 563
patens (13) 561
trifida (13) **567** Ph.389
Corchoropsis
(Tiliaceae) (5) 12 **22**
psilocarpa (5) **23**
tomentosa (5) **23**
Corchorus
(Tiliaceae) (5) 12 **21**
aestuans (5) **22**
capsularis (5) **22**
Corchorus scandens (6) 578
Cordia
(Boraginaceae) (9) 280 **282**
cochinchinensis (9) 282 **283**
dichotoma (9) 282 **283**
furcans (9) **282**
Cordyline
(Liliaceae) (13) 69 **174**
fruticosa (13) **174** Ph.123
Coreopsis
(Compositae) (11) 124 **324**
biternata (11) 330
grandiflora (11) **324**
lanceolata (11) **324**
tinctoria (11) **324**
Coriandrum
(Umbelliferae) (8) 579 **601**
sativum (8) **601** Ph.282
Coriaria
(Coriariaceae) (8) **373**
intermedia (8) 373 **374**
nepalensis (8) **373** Ph.188
sinica (8) 373
terminalis (8) 373 **374**
Coriariaceae (8) **373**
Corispermum
(Chenopodiaceae) (4) 305 **328**
chinganicum (4) 328 **331**
confertum (4) 328 **331**
declinatum (4) 328 **330**
var. tylocarpum (4) 328 **330**
elongatum (4) 328 **332**
falcatum (4) 328 **333**
heptapotamicum (4) 328 **330**
lehmannianum (4) 328 **329**
macrocarpum (4) 328 **331**
mongolicum (4) 328 **329**
patelliforme (4) **328**
platypterum (4) 328 **332**
puberulum (4) 328 **331**
retortum (4) 328 **332**
squarrosum (4) 333
stauntonii (4) 328 **330**
tylocarpum (4) 330
Cornaceae (7) **690**
Cornopteris
(Athyriaceae) (2) 271 **279**
crenulatoserrulata (2) 279 **280**
decurrenti-alata (2) 279 **280**
opaca (2) 279 **281**
Cornulaca
(Chenopodiaceae) (4) 307 **366**
alaschanica (4) **366** Ph.167
Cornus

(Cornaceae) (7) 691 **692**
alba (7) 692 **694** Ph.266
alsophila (7) 692 **698**
bretschneideri (7) 692 **694**
canadensis (7) 711
capitata (7) 701
chinensis (7) 703
controversa (7) 692 **693** Ph.264
coreana (7) 692 **695**
hongkongensis (7) 702
kousa var. *angustata* (7) 702
var. *chinensis* (7) 700
macrophylla (7) 692 **695** Ph.267
oblonga (7) 692 **693** Ph.265
officinalis (7) 704
paucinervis (7) 692 **696**
poliophylla (7) 692 **696**
ulotricha (7) 692 **698**
walteri (7) 692 **697** Ph.268
wilsoniana (7) 692 **697**
Cornutia corymbosa (9) 370
quinata (9) 375
Coronilla
(Fabaceae) (7) 67 **405**
varia (7) **405**
Coronopus
(Brassicaceae) (5) 381 **406**
didymus (5) **406**
integrifolius (5) 406 **407**
Corsinia
(Corsiniaceae) (1) **268**
coriandrina (1) **268**
Corsiniaceae (1) **268**
Cortaderia
(Poaceae) (12) 552 **673**
selloana (12) **674**
Cortia
(Umbelliferae) (8) 582 **716**
depressa (8) **716**
hookeri (8) 714
Cortiella
(Umbelliferae) (8) 580 **714**
caespitosa (8) 714 **715**
cortioides (8) 714 **715**
hookeri (8) **714**
Corton paniculatus (8) 69
Cortusa
(Primulaceae) (6) 114 **148**
mattioli (6) **148**
f. *pekinensis* (6) 148
subsp. pekinensis (6) **148** Ph.41
Corybas
(Orchidaceae) (13) 368 **443**
taiwanensis (13) **443**
taliensis (13) 443 **444**
Corydalis
(Fumariaceae) (3) 717 **720**
acuminata (3) 721 **731**
adrienii (3) 723 **743** Ph.424
adunca (3) 725 **757**
aegopodioides (3) 727
alaschanica (3) 726 **762**
ambigua var. *amurensis* (3) 763
appendiculata (3) 723 **739**
asterostigma (3) 728
atuntsuensis (3) 723 **741**
balansae (3) 726 **761** Ph.428
benecincta (3) 725 **754** Ph.426
brevirostrata (3) 724 **751**
bungeana (3) 725 **756**
capnoides (3) 725 **753**
casimiriana (3) 724 **751**
caudata (3) 727 **765**
chanetii (3) 726 **761**
cheilanthifolia (3) 726 **759**
conspersa (3) 722 **733**
crispa (3) 724 **749**
curviflora (3) 723 **737**
subsp. pseudosmithii (3) 723 **738**
var. *cytisiflora* (3) 737
var. *pseudosmithii* (3) 738
cytisiflora (3) 722 **737**
dasyptera (3) 724 **745**
davidii (3) 722 **732**
decumbens (3) 726 **762**
delavayi (3) 723 **741**
delphinioides (3) 722 **733**
densisprica (3) 722 **736**
drakeana (3) 724 **748**
duclouxii (3) 721 **728**
edulis (3) 725 **755**
esquirolii (3) 721 **729**
fangshanensis (3) 725 **758**
fargesii (3) 724 **748**
feddeana (3) 723 **739**
flaccida (3) 725 **753**
foetida (3) 726 **762**
fumariaefolia (3) 726 **763**
var. *incisa* (3) 763
gamosepala (3) 727 **765**
gigantea (3) 722 **732**
var. *macrantha* (3) 731
giraldii (3) 726 **760**
gortschakovii (3) 726 **746** Ph.425
gracillima (3) 725 **751**
hamata (3) 722 **734** Ph.420
hendersonii (3) 725 **752**
heterocentra (3) 755
hookeri (3) 724 **747**
hsiaowutaishanensis (3) 726 **762**
impatiens (3) 724 **749**
incisa (3) 725 **754**
iochanensis (3) 721 **730**
jingyuanensis (3) 721 **730**
juncea (3) 723 **742**
kiautchouensis (3) 726 **764**
kokiana (3) 722 **735**
laucheana (3) 724 **747**
ledebouriana (3) 727 **766**
leptocarpa (3) 721 **729**
linarioides (3) 723 730
livida (3) 723 **744**
macrantha (3) 721 **731**

melanochlora (3) 723 **742** Ph.423
moorcroftiana (3) 724 **746**
mucronifera (3) 725 **752**
nigro-apiculata (3) 722 **736**
nobilis (3) 723 **744**
ochotensis (3) 724 **749**
ophiocarpa (3) 726 **759**
pachycentra (3) 723 **738**
pachypoda (3) 724 **745**
pallida (3) 726 **760** Ph.427
pauciflora var. *alaschanica* (3) 762
petrophila (3) 725 **755**
polyphylla (3) 723 **743**
pseudo-adoxa (3) 723 **743**
pseudohamata (3) 722 **734**
pseudoimpatiens (3) 724 **750**
pseudoschlechteriana (3) 741
pterygopetala (3) 722 **733**
racemosa (3) 726 **760**
raddeana (3) 724 **748**
radicans (3) 721 **730**
remota (3) 765
repens (3) 726 **763**
rheinbabeniana (3) 723 **739**
saxicola (3) 725 **758**
scaberula (3) 722 **736** Ph.422
schanginii (3) 726 **764**
semenovii (3) 725 **756**
sewerzovi (3) 727 **767**
sheareri (3) 721 **728** Ph.419
f. bulbillifera (3) 721 **728**
shensiana (3) 722 **737**
siamensis (3) 729
sibirica (3) 724 **750**
speciosa (3) 726 **761**
straminea (3) 723 **744**
stricta (3) 725 **757**
tangutica (3) 726 **762**
temulifolia (3) 721 **727**
subsp. aegopodioides (3) 721 **727**
thyrsiflora (3) 747
tibetica var. *pachypoda* (3) 745
tomentella (3) 725 **758**
tongolensis (3) 724 **750**
trachycarpa (3) 722 **735** Ph.421
trifoliata (3) 723 **738**
trilobipetala (3) 725 **754**
trisecta (3) 723 **740**
turtschaninovii (3) 727 **765**
wilsonii (3) 759
yanhusuo (3) 727 **766** Ph.429
yunnanensis (3) 722 **733**
Corylopsis
(Hamamelidaceae) (3) 773 **783**
glandulifera (3) 783 **785**
henryi (3) **783**
multiflora (3) 783 **784** Ph.442
omeiensis (3) 783 **786**
pauciflora (3) 783 **784**
sinensis (3) 783 **784**
var. calvescens (3) 783 **785**
stelligera (3) 783 **784**
veitchiana (3) 783 **785**
willmottiae (3) 783 **786**
Corylus
(Betulaceae) (4) **255**
chinensis (4) 256 **258** Ph.113
fargesii (4) 256 **258**
ferox (4) 255 **256**
var. thibetica (4) 255 **256** Ph.110
heterophylla (4) 255 **257** Ph.112
var. sutchuanensis (4) 255 **257**
var. *yunnanensis* (4) 256
mandshurica (4) 256 **257**
var. *fargesii* (4) 258
thibetica (4) 256
yunnanensis (4) 255 **256** Ph.111
Corymborkis
(Orchidaceae) (13) 365 **409**
veratrifolia (13) **409** Ph.295
Corypha
(Arecaceae) (12) 56 **69**
minor (12) 71
palmetto (12) 71
vgv (12) 65
umbraculifera (12) **69**
Coscinodon
(Grimmiaceae) (1) 493 **495**
cribrosus (1) **495**
wrightii (1) 494
Cosmianthemum
(Acanthaceae) (10) 330 **405**
knoxifolium (10) **406**
viriduliflorum (10) **406**
Cosmos
(Compositae) (11) 125 **325**
bipinnata (11) **325**
Cosmostigma
(Asclepiadaceae) (9) 135 **175**
hainanense (9) **175**
Costaceae (13) **55**
Costus
(Costaceae) (13) **55**
lacerus (13) 56 **57** Ph.52
speciosus (13) **56** Ph.51
tonkinensis (13) **56**
zerumbet (13) 41
Cottonia championii (13) 724
Cotinus
(Anacardiaceae) (8) 345 **353**
coggygria
var. cinerea (8) **353** Ph.174
var. glaucophylla (8) **353**
Cotoneaster
(Rosaceae) (6) 442 **481**
acuminatus (6) 483 **493**
acutifolius (6) 483 **494**
var. villosulus (6) 483 **494**
adpressus (6) 484 **498**
affinis (6) 482 **486**
ambiguus (6) 483 **495**
angustifolia (6) 502
apiculatus (6) 484 **500**

bullatus (6) 483 **493**
buxifolius (6) 483 **495**
coriaceus (6) 482 **485**
dammerii (6) 483 **496**
dielsianus (6) 482 **490**
divaricatus (6) 484 **499**
foveolatus (6) 483 **495**
franchetii (6) 483 **491**
frigidus (6) 482 **485**
glabratus (6) 482 **486**
glacophyllus (6) 482 **486**
gracilis (6) 483 **492**
hebephyllus (6) 482 **488**
horizontalis (6) 484 **498**
var. perpusillus (6) 484 **499**
hupehensis (6) 487
integerrimus (6) 483 **491** Ph.120
melanocarpus (6) 483 **492**
microphyllus (6) 483 **496**
moupinensis (6) 483 **494**
multiflorus (6) 482 **489**
nitidus (6) 484 **499**
nummularia β. soongoricum (6) **487**
obscurus (6) 482 **490**
rhytidophyllus (6) 482 **485**
rotundifolius (6) 483 **497**
rubens (6) 483 **497**
salicifolius (6) 481 **484**
sanguineus (6) 484 **500**
silvestrii (6) 482 **487**
soongoricus (6) 482 **487**
subadpressus (6) 484 **498**
submultiflorus (6) 482 **488**
tenuipes (6) 482 **489**
turbinatus (6) 482 **485**
uniflorus (6) 484 **497**
verruculosus (6) 484 **499**
zabelii (6) 482 **489**
Cotyledon fimbriata (6) 324
laciniata (6) 322
lievenii (6) 331
malaeophylla (6) 323
minuta (6) 325
spinosus (6) 324
Cotula
(Compositae) (11) 127 **442**
anthemoides (11) **442**
hemisphaerica (11) 442 **443**
Cotylanthera
(Gentianaceae) (9) 11 **13**
paucisquama (9) **13**
Courtoisia
(Cyperaceae) (12) 256 **345**
cyperoides (12) **345**
Cousinia
(Compositae) (11) 131 **610**
affinis (11) **611**
alata (11) 610 **611**
caespitosa (11) 611 **612**
falconeri (11) 611 **612**
thomsonii (11) 611 **612**
Cracca purpurea (7) 124
Craibiodendron
(Ericaceae) (5) 554 **687**
stellatum (5) **688**
yunnanense (5) **688**
Craigia
(Tiliaceae) (5) 12 **30**
kwangsiensis (5) 30 **31**
yunnanensis (5) **30** Ph.13
Crambe
(Brassicaceae) (5) 384 **397**
kotschyana (5) **397**
Craniospermum
(Boraginaceae) (9) 281 **295**
echioides (9) **295**
mongolicum (9) 281 **295**
Craniotome
(Lamiaceae) (9) 394 **501**
furcata (9) **502**
Craspedolobium
(Fabaceae) (7) 61 **116**
schochii (7) **117**
Craspedosorus
(Thelypteridaceae) (2) 335 **356**
sinensis (2) **356**
Crassocephalum
(Compositae) (11) 128 **548**
crepidioides (11) **549** Ph.120
Crassula aliciae (6) 322
indica (6) 333
pinnata (6) 321
Crassulaceae (6) **319**
Crataegus
(Rosaceae) (6) 443 **503**
alnifolia (6) 548
altaica (6) 504 **509** Ph.125
aurantia (6) 504 **507**
cuneata (6) 504 **506**
dahurica (6) 504 **508**
glabra (6) 516
hupehensis (6) 503 **505**
indica (6) 529
kansuensis (6) 504 **509**
komarovii (6) 572
maximowiczii (6) 504 **507**
pinnatifida (6) **504** Ph.123
var. major (6) 504 **505** Ph.124
purpurea Y. altaica (6) 509
remotilobata (6) 504 **510**
sanguinea (6) 504 **508**
scabrifolia (6) 503 **505**
songorica (6) 504 **510**
villosa (6) 523
wilsonii (6) 504 **506**
Crataeva marmelos (8) 448
Crateva
(Capparaceae) (5) **367**
adansonii subsp. *formosensis* (5) 369
formosensis (5) 367 **369**
nurvala (5) 367 **368**
trifoliata (5) 367 **368**
unilocularis (5) **367**

Cratoneuron
(Amblystegiaceae) **(1)** 802 **804**
filicinum **(1)** **804**
Cratoxylum
(Guttiferae) **(4)** 682 **691**
cochinchinensis **(4)** **691** Ph.317
formosum **(4)** 691 **692**
subsp. pruniflorum **(4)** 691 **692**
Crawfurdia
(Gentianaceae) **(9)** 11 **56**
angustata **(9)** **56** Ph.27
chinense **(9)** 53
cordifolium **(9)** 55
crawfurdioides **(9)** 56 **57**
var. iochroa **(9)** 56 **58**
gracilipes **(9)** 56 **57**
maculaticaulis **(9)** 56 **57**
pricei **(9)** **56**
speciosa **(9)** 56 **57**
Cremanthodium
(Compositae) **(11)** 127 **470**
angustifolium **(11)** 472 **483**
arnicoides **(11)** 472 **482**
bhutanicum **(11)** 472 **482**
brunneo-pilosum **(11)** 472 **484** Ph.107
bupleurifolium **(11)** 471 **477**
campanulatum **(11)** 470 **472**
var. *pinnatisectum* **(11)** 473
coriaceum **(11)** 472 **482**
decaisnei **(11)** 471 **475** Ph.102
discoideum **(11)** 471 **478**
subsp. *ramosum* **(11)** 481
ellisii **(11)** 472 **481**
var. ramosum **(11)** 472 **481**
var. roseum **(11)** 472 **481**
farreri **(11)** 471 **473**
forrestii **(11)** 471 **476**
helianthus **(11)** 471 **476**
hookeri **(11)** 461
humile **(11)** 471 **477** Ph.104
lineare **(11)** 472 **483** Ph.106
var. eligulatum **(11)** 472 **483**
var. roseum **(11)** 472 **483**
microglossum **(11)** 471 **478**
nanum **(11)** 471 **478**
nobile **(11)** 471 **479**
oblongatum **(11)** 472 **481**
pinnatisectum **(11)** 470 **473**
plantagineum **(11)** 481
f. *roseum* **(11)** 481
potaninii **(11)** 471 **479** Ph.105
principis **(11)** 472 **480**
reniforme **(11)** 471 **473**
rhodocephalum **(11)** 471 **473** Ph.101
smithianum **(11)** 471 **474**
stenactinium **(11)** 472 **484**
stenoglossum **(11)** 471 **475** Ph.103
suave **(11)** 471 **477**
thomsonii **(11)** 471 **474**
variifolium **(11)** 472 **480**
Cremastra
(Orchidaceae) **(13)** 374 **564**
appendiculata **(13)** **564** Ph.386
Crepidiastrum
(Compositae) **(11)** 134 **727**
lanceolatum **(11)** **727**
Crepidomanes
(Hymenophyllaceae) **(2)** 112 **124**
bipunctatum **(2)** 125 **125**
insigne **(2)** 125 **127**
latealatum **(2)** 125 **126**
latemarginale **(2)** 125 **125**
latifrons **(2)** 125 **128**
plicatum **(2)** 125 **128**
racemulosum **(2)** 125 **127**
Crepidopteris
(Hymenophyllaceae) **(2)** 112 **129**
humilis **(2)** **129**
Crepis
(Compositae) **(11)** 134 **712**
bhotanica **(11)** 707
bodinieri **(11)** 712 **716**
chrysantha **(11)** 712 **713**
cineripappa **(11)** 720
crocea **(11)** 712 **714**
depressa **(11)** 719
disciformis **(11)** 739
elongata **(11)** 712 **714**
flexuosa **(11)** 713 **717** Ph.169
fusca **(11)** 721
gillii **(11)** 737
var. *erysimoides* **(11)** 736
var. *hirsuta* **(11)** 737
gracilipes **(11)** 719
graminifolia **(11)** 753
henryi **(11)** 722
heterophylla **(11)** 724
karelinii **(11)** 712 **714**
lactea **(11)** 712 **714**
lignea **(11)** 713 **716**
longipes **(11)** 724
multicaulis **(11)** 712 **714**
nana **(11)** 712 **713**
napifera **(11)** 712 **715**
oreades **(11)** 712 **715**
paleacea **(11)** 722
prattii **(11)** 722
prenanthoides **(11)** 731
racemifera **(11)** 720
rigescens **(11)** 713 **716**
rosthornii **(11)** 725
sibirica **(11)** 712 **713**
simulatrix **(11)** 719
stenoma **(11)** 719
subscaposa **(11)** 713 **717**
tectorum **(11)** 712 **715**
tenuifolia **(11)** 721
umbrella **(11)** 740
wilsonii **(11)** 723
Crescentia
(Bignoniaceae) **(10)** 419 **436**
alata **(10)** **436**
Crinum

(Amaryllidaceae) **(13)** 259 **260**
asiaticum var. sinicum **(13)** **260** Ph.179
latifolium **(13)** 260 **261**
sinicum **(13)** 260
Crocosmia
(Iridaceae) **(13)** 273 **275**
crocosmiflora **(13)** **275** Ph.192
Crocus
(Iridaceae) **(13)** **273**
alatavicus **(13)** 273 **274**
sativus **(13)** 273 **274** Ph.190
Croomia
(Stemonaceae) **(13)** 311 **313**
japonica **(13)** **313**
Crossidium
(Pottiaceae) **(1)** 436 **447**
squamiferum **(1)** **447**
Crossostephium
(Compositae) **(11)** 127 **441**
chinense **(11)** **441**
Crotalaria
(Fabaceae) **(7)** 67 **441**
acicularis **(7)** 442 **449**
alata **(7)** 441 **444**
albida **(7)** 442 **450** Ph.155
assamica **(7)** 441 **445** Ph.151
calycina **(7)** 442 **448**
chinensis **(7)** 442 **449**
cytisoides **(7)** 452
ferruginea **(7)** 441 **447** Ph.153
incana **(7)** 441 **442**
juncea **(7)** 442 **446**
linifolia **(7)** 442 **450**
macrophylla **(7)** 246
mairei **(7)** 442 **449**
medicaginea **(7)** 442 **451**
micans **(7)** 441 **442**
mucronata **(7)** 443
mysorensis **(7)** 441 **447**
pallida **(7)** 441 **443** Ph.148
peguana **(7)** 442 **446**
retusa **(7)** 441 **445**
sessiliflora **(7)** 442 **448** Ph.154
spectabilis **(7)** 441 **445**
tetragona **(7)** 441 **446** Ph.152
uncinella **(7)** 442 **451**
usaramensis **(7)** 443
verrucosa **(7)** 441 **444** Ph.150
yunnanensis **(7)** 442 **450**
zanzibarica **(7)** 441 **443** Ph.149
Croton
(Euphorbiaceae) **(8)** 13 **93**
cascarilloides **(8)** 93 **94**
f. pilosus **(8)** 93 **94**
crassifolius **(8)** 94 **95** Ph.44
euryphyllus **(8)** **94**
japonicum **(8)** 71
kongensis **(8)** 93 **94** Ph.43
lachnocarpus **(8)** 94 **95**
multiglandulosus **(8)** 72
philippinensis **(8)** 68
repandus **(8)** 67
sebiferum **(8)** 113
tiglium **(8)** 94 **95** Ph.45
var. xiaopadou **(8)** 94 **96**
tuberculatus **(8)** 61
variegatum **(8)** 100
Cruciferae
(=Brassicaceae) **(5)** 380
Crucihimalaya
(Brassicaceae) **(5)** 387 389 **477**
himalaica **(5)** **478**
mollissima **(5)** **478**
Crupina
(Compositae) **(11)** 132 **642**
vulgaris **(11)** **643**
Cryphaea
(Cryphaeaceae) **(1)** 644 **645**
obovatocarpa **(1)** **645**
sinensis **(1)** **645**
Cryphaeaceae **(1)** **644**
Crypsis
(Poaceae) **(12)** 558 **998**
aculeata **(12)** **999**
schoenoides **(12)** **999**
Cryptanthus chinense **(9)** 382
Crypteronia
(Crypteroniaceae) **(7)** **512**
paniculata **(7)** **512**
Crypteroniaceae **(7)** **512**
Cryptocarya
(Lauraceae) **(3)** 207 **300**
andersonii **(3)** 291
calcicola **(3)** 300 **301** Ph.251
chinensis **(3)** 300 **301** Ph.250
chingii **(3)** 301 **303**
concinna **(3)** 300 **303**
densiflora **(3)** 300 **301**
hainanensis **(3)** 300 **302**
impressinervia **(3)** 300 **303**
maclurei **(3)** 300 **302**
Cryptochilus
(Orchidaceae) **(13)** 372 **656**
luteus **(13)** **656** Ph.475
sanguineus **(13)** **656**
Cryptodiscus
(Umbelliferae) **(8)** 579 **627**
didymus **(8)** **627**
Cryptogramma
(Sinopteridaceae) **(2)** 208 **208**
brunoniana **(2)** 209 **210**
raddeana **(2)** 209 **209**
stelleri **(2)** 209 **209**
Cryptolepis
(Asclepiadaceae) **(9)** 133 **136**
sinensis **(9)** **137**
Cryptomeria
(Taxodiaceae) **(3)** 68 **70**
fortunei **(3)** 70
japonica **(3)** 70 **71**
var. sinensis **(3)** **70** Ph.96
Cryptomitrium
(Aytoniaceae) **(1)** 273 **277**

himalayense (1) **277**
Cryptopapillaria
(Meteoriaceae) (1) 682 **688**
feae (1) **688**
Cryptospora
(Brassicaceae) (5) 386 **509**
falcata (5) **509**
Cryptostylis
(Orchidaceae) (13) 368 **445**
arachnites (13) **445**
Cryptotaenia
(Umbelliferae) (8) 581 **650**
japonica (8) **650**
Cryptotaeniopsis botrychioides (8) 658
gracilima (8) 659
nudicaulis (8) 657
vulgare (8) 659
Crytocoryne
(Araceae) (12) 106 **174**
retrospiralis (12) **174**
sinensis (12) 174 **175** Ph.80
yunnanensis (12) 175
Cssuarina
(Casuarinaceae) (4) **286**
glauca (4) 286 **287**
Ctenidium
(Hypnaceae) (1) 900 **930**
capillifolium (1) 930 **933**
ceylannicum (1) 930 **931**
lychnites (1) 930 **931**
molluscum (1) **930**
pinnatum (1) 930 **932**
Ctenitis
(Aspidiaceae) (2) 603 **604**
apiciflora (2) 605 **605**
clarkei (2) 605 **606**
eatoni (2) 605 **606**
heterolaena (2) 605 **606**
mariformis (2) 604 **605**
maximowicziana (2) 605 **607**
nidus (2) 605 **606**
pseudorhodolepis (2) 605 **607**
subglandulosa (2) 605 **608**
yunnanensis (2) 605 **608**
Ctenitopsis
(Aspidiaceae) (2) 603 **609**
devexa (2) 609 **611**
dissecta (2) 609 **612**
fuscipes (2) 609 **611**
glabra (2) 609 **611**
ingens (2) 610 **613**
kusukusensis (2) 609 **612**
var. crenatolobata (2) 609 **613**
sagenioides (2) 609 **610**
setulosa (2) 610 **613**
sinii (2) 610 **613**
subsageniaca (2) 609 **610**
Ctenopteris
(Grammitidaceae) (2) 771 **773**
blechnoides (2) 774 **775**
curtisii (2) 774 **774**
moultonii (2) 775
subfalcata (2) 774 **774**
Cucholzia *philoxeroides* (4) 381
Cucubalus
(Caryophyllaceae) (4) 393 **463**
baccifer (4) **464** Ph.197
venosa (4) 454
Cucumis
(Cucurbitaceae) (5) 199 **227**
acutangula (5) 225
conomon (5) 228
hardwickii (5) 229
hystrix (5) 228 **229**
integrifolius (5) 232
maderaspatanus (5) 221
melo (5) **228** Ph.115
var. agrestis (5) **228**
var. conomon (5) **228**
sativus (5) **228** Ph.116
var. hardwickii (5) 228 **229**
Cucurbita
(Cucurbitaceae) (5) 199 **247**
hispida (5) 226
hispida (5) 233
maxima (5) **247**
moschata (5) **247** Ph.128
pepo (5) **247** Ph.127
var. *moschata* (5) 248
siceraria (5) 232
Cucurbitaceae (5) **197**
Cudrania
(Moraceae) (4) 28 **39**
cochinchinensis (4) **40** Ph.29
fruticosa (4) **39**
pubescens (4) 39 **40**
tricuspidata (4) 40 **41**
Cuminum
(Umbelliferae) (8) 580 **646**
cyminum (8) **646**
Cunninghamia
(Taxodiaceae) (3) **68**
konishii (3) 69
lanceolata (3) 68 **69** Ph.93
var. konischii (3) **69** Ph.94
Cuphea
(Lythraceae) (7) 499 **504**
balsamona (7) **505**
lanceolata (7) **505**
Cupia mollissima (10) 597
Cupressaceae (3) **73**
Cupressina leptothalla (1) 905
turgens (1) 929
Cupressus
(Cupressaceae) (3) 74 **78**
arizonica (3) 78 **79**
chengiana (3) 78 **79** Ph.106
distichum (3) 72
var. *imbricaria* (3) 72
duclouxiana (3) **78** Ph.105
funebris (3) 78 **80** Ph.109
gigantea (3) 78 **80** Ph.107
hodginsii (3) 83

japonica (3) 71
lawsoniana (3) 83
lusitanica (3) 78 **79**
thyoides (3) 83
torulosa (3) 78 **80** Ph.108
Curculigo
(Agavaceae) (13) 304 **305**
breviscapa (13) 305 **306**
capitulata (13) 305 **306** Ph.231
crassifolia (13) 305 **307** Ph.233
glabrescens (13) 306 **308**
gracilis (13) 305 **306** Ph.232
latifolia var. *glabrescens* (13) 308
orchioides (13) 305 **307** Ph.234
sinensis (13) 305 **307**
Curcuma
(Zingiberaceae) (13) 20 **23**
aromatica (13) 23 **24** Ph.23
cv. Wenyujin (13) 23 **25**
domestica (13) 23
kwangsiensis (13) 23 **25** Ph.24
longa (13) **23** Ph.21
rotunda (13) 29
zedoaria (13) 23 **24** Ph.22
Curvicladium
(Thamnobryaceae) (1) 715 **718**
kruzii (1) **719**
Cuscuta
(Cuscutaceae) (9) **270**
anguina (9) 273
approximata (9) 270 **271**
australis (9) 271 **272**
campestris (9) 271 **272**
chinensis (9) 270 **271** Ph.114
europaea (9) 270 **271**
japonica (9) 271 **272**
reflexa (9) 271 **273**
var. anguina (9) 271 **273**
Cuscutaceae (9) **270**
Cyamopsis
(Fabaceae) (7) 61 65 **147**
tetragonolobus (7) **148**
Cyananthus
(Campanulaceae) (10) 446 **447**
delavayi (10) 448 **450** Ph.147
fasciculatus (10) 448 **452**
formosus (10) 448 **449**
hookeri (10) 448 **453**
incanus (10) 448 **451** Ph.149
var. *leiocalyx* (10) 450
inflatus (10) 448 452 Ph.150
leiocalyx (10) 448 **450**
lichangensis (10) 448 **451**
lobatus (10) 447 **448** Ph.146
macrocalyx (10) 448 **450** Ph.148
microphyllus (10) 447 **449**
montanus (10) 448 **451**
neurocalyx (10) 448 **450**
pseudo-inflatus (10) 448 **453**
sherriffii (10) 447 **449**
umbrosa (10) 325
Cyanotis
(Commelinaceae) (12) 182 **185**
arachnoidea (12) 185 **186**
axillaris (12) 185 **186**
cristata (12) 185 **186**
vaga (12) **185**
Cyathea loheri (2) 145
spinulosa (2) 144
Cyatheaceae (2) 4 5 **141**
Cyathocline
(Compositae) (11) 122 **157**
purpurea (11) **157**
Cyathodiaceae (1) **267**
Cyathodium
(Cyathodiaceae) (1) **267**
aureo-nitens (1) **267** Ph.56
Cyathophorella
(Hypopterygiaceae) (1) 742 **747**
hookeriana (1) **748** Ph.234
intermedium (1) 748 **749**
kyusyuensiset (1) 748 **750**
subspinosa (1) 748 **749**
tonkinensis (1) **748**
Cyathella insulana var. *linearis* (9) 154
Cyathophorum intermedium (1) 749
tonkinense (1) 748
Cyathostemma
(Annonaceae) (3) 158 **162**
yunnanense (3) **163**
Cyathula
(Amaranthaceae) (4) 368 **375**
capitata (4) 375 **376**
officinalis (4) 375 **376** Ph.176
prostrata (4) **375**
tomentosa (4) 376
Cybbanthera connata (10) 101
Cycadaceae (3) **1**
Cycas
(Cycadaceae) (3) **2**
balansae (3) **4**
changjiangensis (3) 3 **10** Ph.15
debaoensis (3) 2 **3** Ph.3
ferruginea (3) 3 **9**
guizhouensis (3) 3 **8** Ph.13
hainanensis (3) 2 **7** Ph.10
micholitzii (3) 2 **4** Ph.4、5
miquelii (3) 3 **9** Ph.14
multipinnata (3) 2 **3** Ph.1、2
panzhihuaensis (3) 3 **7** Ph.9
pectinata (3) 3 **10** Ph.16
revoluta (3) 2 **6** Ph.7
sementifida (3) 2 **5**
siamensis (3) **4**
szechuanensis (3) 2 **8** Ph.12
taitungensis (3) 2 **6** Ph.8
taiwaniana (3) 2 **8**
taiwaniana (3) 8 Ph.11
tonkinensis (3) 2 **4** Ph.6
Cyclamen
(Primulaceae) (6) 114 **148**
persicum (6) **148**
Cyclanthera

(Cucurbitaceae) (5) 199 **253**
pedata (5) **253**
Cyclea
(Menispermaceae) (3) 669 670 **691**
gracillima (3) 692 **693**
hypoglauca (3) 692 **693** Ph.403
polypetala (3) 692 **694**
racemosa (3) 692 **693**
sutchuenensis (3) 691 **692**
wattii (3) 691 **692**
Cyclobalanopsis
(Fagaceae) (4) 178 **222**
augustinii (4) 223 **229**
bella (4) 223 224 **232**
blakei (4) 224 **233**
championii (4) 222 225 **227**
chevalieri (4) 223 225 **230**
chungii (4) 222 225 **228**
delavayi (4) 225 **237**
edithae (4) 224 225 **233**
fleuryi (4) 222 **226**
gambleana (4) 223 **232**
gilva (4) 224 **236**
glauca (4) 225 **238**
glaucoides (4) 225 **237** Ph.104
helferiana (4) 223 225 **231**
hui (4) 223 225 **228**
jenseniana (4) 222 **225** Ph.101
kerrii (4) 223 225 **231**
kouangsiensis (4) 224 225 **234**
lamellosa (4) 223 **230** Ph.103
litoralis (4) 225 **239**
longinux (4) 224 **235**
morii (4) 225 **239** Ph.106
multinervis (4) 225 **238** Ph.105
myrsinaefolia (4) 224 **235**
neglecta (4) 222 **227**
obovatifolia (4) 222 **226**
oxyodon (4) 223 **232**
pachyloma (4) 225 **236**
patelliformis (4) 224 **234**
rex (4) 223 224 **230** Ph.102
sessilifolia (4) 223 **229**
stewardiana (4) 224 **234**
thorelii (4) 224 **233**
Cyclocarya
(Juglandaceae) (4) 164 **167**
paliurus (4) **167** Ph.70
Cyclocodon
(Campanulaceae) (10) 446 **468**
celebica (10) **468**
lancifolius (10) **468**
parviflora (10) **468**
parviflora (10) 469
Cyclodictyon
(Hookeriaceae) (1) 727 **733**
blwmeanum (1) **733**
Cyclogramma
(Thelypteridaceae) (2) 334 **361**
auriculata (2) 361 **361**
flexilis (2) 361 **363**
leveillei (2) 361 **362**
omeiensis (2) 361 **362**
Cyclopeltis
(Dryopteridaceae) (2) 472 **586**
crenata (2) **587**
Cyclophorus eberhardtii (2) 719
Cyclorhiza
(Umbelliferae) (8) 579 **628**
major (8) 629
peucedanifolia (8) **629**
waltonii (8) **629**
Cyclosorus
(Thelypteridaceae) (2) 335 **373**
acuminatus (2) 374 **384**
var. *kuliangensis* (2) 376
aridus (2) 374 375 **387**
crinipes (2) 373 **376**
dehuaensis (2) 375 **388**
dentatus (2) 373 374 **377**
euphlebius (2) 374 **386**
excelsior (2) 374 **380**
fukienensis (2) 375 **388**
hainanensis (2) 374 **380**
heterocarpus (2) 373 **375**
interruptus (2) 374 **382**
jaculosus (2) 374 **385**
kuliangensis (2) 373 374 **376**
latipinnus (2) 374 **383**
molliusculus (2) 373 **377**
nanchuanensis (2) 374 **385**
opulentus (2) 374 **381**
orientalis (2) 373 **377**
papilio (2) 374 **385**
paralatipinnus (2) 374 **386**
parasiticus (2) 373 **379**
parvifolius (2) 373 **379**
procurrens (2) 373 **378**
productus (2) 374 **385**
subacuminatus (2) 374 **384**
subacutus (2) 374 **381**
taiwanensis (2) 373 **375**
terminans (2) 374 **382**
truncatus (2) 374 **386**
yuanjiangensis (2) 373 **378**
Cyclostemon cumingii (8) 24
indica (8) 25
Cyclostemon cuspidatum (4) 16
Cydonia
(Rosaceae) (6) 443 **553**
cathayensis (6) 556
oblonga (6) **553**
sinensis (6) 555
speciosa (6) 556
Cylindrocolea
(Cephaloziellaceae) (1) 176 **179**
recurvifolia (1) **179** ph.31
Cylindrokelupha balansae (7) 13
eberhardtii (7) 14
kerrii (7) 14
turgida (7) 14
Cymaria
(Lamiaceae) (9) 393 **411**

dichotoma (9) **412**
Cymbaria
(Scrophulariaceae) (10) 69 **224**
dahurica (10) 224 **225**
mongolica (10) 224 **225**
Cymbidium
(Orchidaceae) (13) 371 **574**
aloifolium (13) 574 **575** Ph.392
appendiculatum (13) 564
bicolor
subsp.obtusum (13) 574 **576** Ph.393
cyperifolium (13) 575 **582** Ph.406
dayanum (13) 574 **576** Ph.394
eburneum (13) 575 **580** Ph.401
elegans (13) 575 **580** Ph.402
ensifolium (13) 575 **581** Ph.403
erythraeum (13) 575 **578** Ph.398
faberi (13) 575 **583** Ph.407
floribundum (13) 574 **577** Ph.395
giganteum var. *lowianum* (13) 579
goeringii (13) 575 **583** Ph.408
var. longibracteatum (13) **584**
grandiflorum (13) 579
hookerianum (13) 575 **579** Ph.399
iridioides (13) 575 **578** Ph.397
ixioides (13) 592
kanran (13) 575 **582** Ph.405
lancifolium (13) 575 **584** Ph.409
longifolium (13) 578
lowianum (13) 575 **579** Ph.400
macrorhizon (13) 575 **584** Ph.410
nanulum (13) 575 **582**
pendulum (13) 575 576
sinense (13) 575 **581** Ph.404
tracyanum (13) 575 **577** Ph.396
Cymbopogon
(Poaceae) (12) 556 **1141**
caesius (12) 1142 **1144**
citratus (12) 1142 **1144**
distans (12) 1142 **1147**
eugenolatus (12) 1142 **1147**
flexuosus (12) 1142 **1145**
goeringii (12) 1142 **1146**
hamatulus (12) 1142 **1146**
jwarancusa (12) 1141 **1142**
khasianus (12) 1142 **1145**
martinii (12) 1142 **1143**
nardus (12) 1142 **1144**
olivieri (12) 1141 **1143**
stracheyi (12) 1142 **1147**
winterianus (12) 1142 **1145**
Cymodocea
(Cymodoceaceae) (12) 48 **50**
isoetifolium (12) 49
rotundata (12) **50**
Cymodoceaceae (12) **47**
Cynanchum
(Asclepiadaceae) (9) 134 **149**
acuminatifolium (9) 150 **162**
acutum
subsp. sibiricum (9) 150 **152**
amplexicaule (9) 150 **158**
var. *castaneum* (9) **158**
ascyrifolium (9) 162
atratum (9) 150 **158**
auriculatum (9) 150 **157**
balfourianum (9) 159
bungei (9) 150 **156**
chinense (9) 150 **152** Ph.80
corymbosum (9) 151 **153**
decipiens (9) 150 **153**
fordii (9) 151 **163**
forrestii (9) 150 **159**
var. *balfourianum* (9) 159
var. *stenolobum* (9) 159
giraldii (9) 150 **155**
glaucescens (9) 151 **161**
gracillimum (9) 149
hancockianum (9) 160
henryi (9) 165
inamoeum (9) 150 **159**
inodorum (9) 177
insulanum (9) 151 **154**
var. lineare (9) 151 **154**
kintungense (9) 151 **153**
komarovii (9) 160
likiangense (9) 156
limprichtii (9) 159
lysimachioides (9) 150 **156**
mongolicum (9) 151 **160**
mooreanum (9) 151 **163**
muliense (9) 159
officinale (9) 150 **157**
otophyllum (9) 151 **155** Ph.81
paniculatum (9) 151 **160**
saccatum (9) 157
sibiricum (9) 152
stauntonii (9) 150 **162**
steppicola (9) 159
thesioides (9) **151**
var. *australe* (9) 151
versicolor (9) 151 **163**
verticillatum (9) 151 **161**
var. arenicolum (9) 161
wilfordii (9) 151 **154**
Cynanchun yunnanensis (10) 633
Cynara
(Compositae) (11) 131 **619**
scolymus (11) **620**
Cynocrambe formosana (10) 684
Cynodon
(Poaceae) (12) 558 **992**
dactylon (12) 992 **993**
var. biflorus (12) **993**
tener (12) 993
Cynodontium
(Dicranaceae) (1) 333 **363**
alpestre (1) **364**
fallax (1) **364**
gracilecens (1) 364 **365**
Cynoglossum
(Boraginaceae) (9) 282 **342**
amabile (9) **342** Ph.128

divaricatum (9) 342 **344**
dunnianum (9) 314
furcatum (9) 342 **343**
gansuense (9) 342 **344**
lanceolatum (9) 342 **343**
macrocalycinum (9) 342 **344**
officinale (9) 344
stylosa (9) 334
uncinatum (9) 327
viridiflorum (9) 342 **343**
zeylanicum (9) 343
Cynometra pinnata (7) 76
Cynontodium capillaceum (1) 326
inclinatum (1) 326
Cynoctonum insulanum (9) 154
wilfordii (9) 151 154
Cynosurus
(Poaceae) (12) 561 **701**
aegyptius (12) 989
coracanus (12) 988
cristatus (12) **701**
durus (12) 781
indicus (12) 988
retroflexus (12) 974
Cynoxylon multinervosa (7) 699
Cypeola maritima (5) 437
Cyperaceae (12) **255**
Cyperus
(Cyperaceae) (12) 256 **321**
alternifolius
subsp.flabeliformis (12) 322 **330**
amuricus (12) 322 **328**
aristatus (12) 343
compactus (12) 341
compressus (12) 322 **330**
cuspidatus (12) 322 **333**
difformis (12) 322 **333**
diffuses (12) 322 **330**
dilutus
var. *macrostachys* (12) 342
distans (12) 321 **324**
duclouxii (12) 322 **331**
eleusinoides (12) 321 **325**
exaltats (12) 321 **322**
exaltatus
var. megalanthus (12) 321 **323**
flabeliformis (12) 330
flavidus (12) 338
fuseus (12) 322 **331**
glomeratus (12) 321 **326**
haspan (12) 322 **332**
imbricatus (12) 321 **323**
iria (12) 322 **328**
javanicus (12) 342
malaccensislam.
subsp.monoph-yllus (12) 321 **326**
var. *brevifolius* (12) 326
michelianus (12) 322 **334**
microiria (12) 322 **328**
monophyllus (12) 326
nilagiricus (12) 338
nipponicus (12) 322 **334**
niveus (12) 322 **334**
nutans (12) 321 **325**
obliquus (12) 327
odoratus (12) 349
orthostachys (12) 322 **329**
var. longibracteatus (12) **329**
pannonicus (12) 336
pilosus (12) 321 **327**
var. obliquus (12) 321 **327**
var. pauciflorus (12) 321 **327**
var. purpurascens (12) 321 **327**
polystachyus pumilus (12) 339
radians (12) 343
rotundus (12) 321 **333**
sanguinolentus (12) 340
serotinus (12) 335
f. *depauperatus* (12) 336
strictus (12) 338
sulcinux (12) 338
tenuiculmis (12) 321 **324**
tenuispica (12) 322 **332**
tuberosus (12) 321 **324**
zollingeri (12) 324
Cypholophus
(Urticaceae) (4) 75 **150**
moluccanus (4) **150**
Cyphomandra
(Solanaceae) (9) 203 **236**
betacea (9) **236**
Cyphotheca
(Melastomataceae) (7) 614 **628**
montana (7) **629**
Cypripedium
(Orchidaceae) (13) 365 **376**
appletonianum (13) 391
bardolphianum (13) 377 **385** Ph.271
bellatulum (13) 389
bulbosum (13) 566
calceolus (13) 376 **378** Ph.258
concolor (13) 389
debile (13) 377 **384** Ph.270
elegans (13) 377 **384**
fargesii (13) 377 **386** Ph.274
farreri (13) 376 **379** Ph.262
fasciolatum (13) 376 **379** Ph.261
flavum (13) 376 **377** Ph.257
franchetii (13) 377 **382** Ph.266
guttatum (13) 377 **383** Ph.269
henryi (13) 376 **378** Ph.259
hirsutissimum (13) 390
japonicum (13) 377 **383** Ph.268
lichiangense (13) 377 **385** Ph.273
macranthum (13) 377 **380** Ph.263
margaritaceum (13) 377 **385** Ph.272
plectrochilum (13) 377 **382** Ph.267
purpurtum (13) 392
shanxiense (13) 376 **378** Ph.260
smithii (13) 377 **381**
tibeticum (13) 377 **381** Ph.265
venustum (13) 392
yunnanense (13) 377 **380** Ph.264

Cyrta agrestis	**(6)**		37
Cyrtandra			
(Gesneriaceae)	**(10)**	246	**324**
umbellifera	**(10)**	**324**	Ph.107
Cyrtandromoea			
(Scrophulariaceae)	**(10)**	70	**120**
grandiflora	**(10)**		**120**
pterocaulis	**(10)**		**120**
Cyrtanthera			
(Acanthaceae)	**(10)**	330	**406**
carnea	**(10)**	**406**	Ph.123
Cyrtococcum			
(Poaceae)	**(12)**	553	**1025**
oxyphyllum	**(12)**		**1025**
patens	**(12)**	1025	**1026**
var. latifolium	**(12)**	1025	**1026**
var. schmidtii	**(12)**	1025	**1026**
pilipes	**(12)**		1025
Cyrtogonellum			
(Dryopteridaceae)	**(2)**	472	**585**
caducum	**(2)**	586	**586**
emeiensis	**(2)**	586	**586**
fraxinellum	**(2)**	586	**586**
Cyrto-hypnum			
(Thuidiaceae)	**(1)**	784	**792**
bonianum	**(1)**	792	**793**
gratum	**(1)**	792	**794**
pygmaeum	**(1)**		**792**
versicolor	**(1)**	792	**794**
vestitissimum	**(1)**	792	**793**
Cyrtomidictyum			
(Dryopteridaceae)	**(2)**	472	**601**
basipinnatum	**(2)**	601	**601**
faberi	**(2)**	601	**602**
lepidocaulon	**(2)**	601	**601**
Cyrtomium			
(Dryopteridaceae)	**(2)**	472	**587**
aequibasis	**(2)**	588	**599**
balansae	**(2)**	588	**592**
f. edentatum	**(2)**	588	**593**
caryotideum			
f. grossedentatum	**(2)**	588	**598**
caryotideum	**(2)**	588	**598**
var. *aequibasis*	**(2)**		599
devexiscapulae	**(2)**	587	**591**
falcatum	**(2)**	588	**591**
fortunei	**(2)**	588	**595**
f. polypterum	**(2)**	588	**596**
fraxinellum	**(2)**		586
hemionitis	**(2)** 587	**589**	Ph.113
hookerianum	**(2)**	588	**593**
lonchitoides	**(2)** 588	**593**	Ph.114
macrophyllum	**(2)** 588	**594**	Ph.115
neocaryotideum	**(2)**	588	**597**
nephrolepioides	**(2)**	587	**589**
nervosum	**(2)**	588	**599**
obliquum	**(2)**	587	**590**
omeiense	**(2)**	588	**595**
pachyphyllum	**(2)**	587	**589**
serratum	**(2)**	588	**598**
tengii	**(2)**	587	**590**
trapezoideum	**(2)**	588	**592**
tsinglingense	**(2)**	588	**597**
tukusicola	**(2)**	588	**594**
urophyllum	**(2)**	588	**595**
yamamotoi	**(2)**	588	**596**
var. intermedium	**(2)**	588	**597**
Cyrtomnium			
(Mniaceae)	**(1)**	571	**572**
hymenophylloides	**(1)**		**572**
Cyrtopera flava	**(13)**		568
zollingeri	**(13)**		572
Cyrtotropis carnea	**(7)**		206
Cyrtosia			
(Orchidaceae)	**(13)**	365	**520**
altissima	**(13)**		524
lindleyana	**(13)**		522
nana	**(13)**		**521**
septentrionalis	**(13)**		**521**
Cyrtosperma			
(Araceae)	**(12)**	104	**120**
lasioides	**(12)**		120
merkusii	**(12)**		**120**
Cystacanthus			
(Acanthaceae)	**(10)**	330	**388**
affinis	**(10)**		**388**
paniculatus	**(10)** 388	**389**	Ph.117
yunnanensis	**(10)**	388	**389**
Cystoathyrium			
(Athyriaceae)	**(2)**	271	**274**
Chinense	**(2)**		**275**
Cystopteris			
(Athyriaceae)	**(2)**	271	**275**
fragilis	**(2)**	275	**275**
japonica	**(2)**		278
montana	**(2)**	275	**276**
moupinensis	**(2)**	275	**277**
pellucida	**(2)**	275	**277**
spinulosa	**(2)**		293
sudetica	**(2)**	275	**276**
Cytisus			
(Fabaceae)	**(7)**	67	**464**
cajan	**(7)**		238
nigricans	**(7)**		**464**
pinnatus	**(7)**		114
scoparius	**(7)**		**464**
Czernaevia			
(Umbelliferae)	**(8)**	518	**719**
laevigata	**(8)**		**719**
var. exalatocarpa	**(8)**		**719**

D

Dacrycarpus			
(Podocarpaceae)	**(3)**	95	**96**
imbricatus	**(3)**	**96**	Ph.122
Dacrydium			
(Podocarpaceae)	**(3)**		**95**
pectinatum	**(3)**	**95**	Ph.121
pierrei	**(3)**		95
Dactylicapnos			
(Fumariaceae)	**(3)**	717	**718**

roylei (3) 719 **720**
scandens (3) 718 **719**
torulosa (3) 718 **719**
Dactylis
(Poaceae) (12) 561 **700**
glomerata (12) **700**
spicata (12) 989
Dactyloctenium
(Poaceae) (12) 562 **988**
aegyptium (12) **989**
Daemonorops
(Arecaceae) (12) 57 **75**
margaritae (12) **75** Ph.16
Dahlia
(Compositae) (11) 125 **325**
pinnata (11) **325**
Daiswa cronquistii (13) 220
fargesii (13) 225
var. *brevipetalata* (13) 225
forrestii (13) 227
hainanensis
subsp. *vietnamensis* (13) 221
Dalbergia
(Fabaceae) (7) 66 **89**
assamica (7) 90 **96**
balansae (7) 91 **97**
benthami (7) 90 **94**
candenatensis (7) 90 **93**
collettii (7) 95
dyeriana (7) 90 **94**
fusca (7) 90 **95**
hancei (7) 90 **93** Ph.57
hupeana (7) 91 **97**
marginata (7) 118 **120**
millettii (7) 90 **92**
mimosoides (7) 90 **92**
odorifera (7) 90 **96** Ph.58
pinnata (7) 90 **91**
polyadelpha (7) 91 **98**
rimosa (7) 90 **96**
sericea (7) 91 **97**
stenophylla (7) 90 **91**
stipulacea (7) 90 **96**
yunnanensis (7) 90 **95**
var. collettii (7) 90 **95**
Dalechampia
(Euphorbiaceae) (8) 13 **93**
bidentata
var. yunnanensis (8) **93** Ph.42
Daltonia
(Hookeriaceae) (1) 727 **732**
angustifolia (1) **732**
Damnacanthus
(Rubiaceae) (10) 509 **647**
giganteus (10) 647 **649**
henryi (10) 648 **650**
indicus (10) 647 **648** Ph.211
var. *giganteus* (10) 649
labordei (10) 648 **649**
macrophyllus (10) 647 **648**
officinarum (10) 648 **650**
tsaii (10) 647 **648**
Danthonia
(Poaceae) (12) 561 **874**
schneideri (12) **875**
Daphne
(Thymelaeaceae) (7) 514 **525**
acutiloba (7) 526 **531**
altaica var. *longilobata* (7) 530
aurantiaca (7) 526 **530**
bholua (7) 526 **534**
var. glacialis (7) 526 **534**
cannabina var. *glacialis* (7) 534
championii (7) 527 **535**
esquirolii (7) 526 **528**
feddei (7) 526 **534** Ph.190
gardneri (7) 538
genkwa (7) 527 **535**
giraldii (7) 526 **529**
holosericea (7) 525 **527**
var. thibetensis (7) 525 **528**
kiusiana var. atrocaulis (7) 526 **533**
longilobata (7) 526 **530**
myrtilloides (7) 526 **528**
odora (7) 526 **531**
var. *atrocaulis* (7) 533
papyracea (7) 526 **533** Ph.189
var. crassiuscula (7) 526 **533**
retusa (7) 526 **531** Ph.188
rosmarinifolia (7) 525 **527**
tangutica (7) 526 **532**
tenuiflora (7) 526 **529**
Daphnidium elongatum (3) 227
Daphniphyllaceae (3) **792**
Daphniphyllum
(Daphniphyllaceae) (3) **792**
calycinum (3) 792 **793**
glaucescens var. *oldhami* (3) 794
macropodum (3) 792
oldhami (3) 792 **794**
paxianum (3) 792 **793**
Daphnium caudatum (3) 244
Darea belangeri (2) 434
Dartus perlarius (6) 82
Dasillipe pasquieri (6) 3
Dasiphora fruticosa (6) 659
parvifolia (6) 661
Dasymaschalon rostratum (3) 168
sootepense (3) 168
Datura
(Solanaceae) (9) 204 **237**
inoxia (9) 237 **238**
metel (9) 237 **238** Ph.104
stramonium (9) **237**
Daucus
(Umbelliferae) (8) 578 **760**
carota (8) **760** Ph.293
var. sativa (8) **760**
visnaga (8) 651
Davallia
(Davalliaceae) (2) 644 **652**
amabilis (2) 652 **655**
beddomei (2) 648

biflora (2) 171
brevisora (2) 652 **655**
calvescens (2) 157
clarkei var. *faberiana* (2) 650
denticulata (2) 652 **652**
formosana (2) 652 **653**
griffithiana (2) 659
henryana (2) 659
hirsute (2) 153
hookeriana (2) 156
immersa (2) 651
macraeana (2) 166
mariesii (2) 652 **654**
membranulosa (2) 645
multidentatum (2) 645
pectinata (2) 657
perdurans (2) 650
pinnatum (2) 172
platyphylla (2) 159
pseudocystopteris (2) 646
pulchra (2) 647
var. *delavayi* (2) 648
rhomboidea (2) 160
solida (2) 652 **654**
trapeziformis (2) 160
vestita (2) 658
villosa (2) 162
yunnanensis (2) 649
Davalliaceae (2) 3 **644**
Davidia
(Nyssaceae) (7) 687 **689**
involucrata (7) **690** Ph.262
var. vilmoriniana (7) **690** Ph.263
vilmoriniana (7) 690
Dayaoshania
(Gesneriaceae) (10) 244 **273**
cotinifolia (10) **273**
Debregeasia
(Urticaceae) (4) 76 **157**
atrata (4) 135
edulis (4) 159
elliptica (4) 157 **158**
longifolia (4) 157 **158** Ph.63
obovata (4) **155**
orientalis (4) 158 **159** Ph.64
saeneb (4) 158 **160**
squamata (4) 157 **158**
Decaisnea
(Lardizabalaceae) (3) **655**
insignis (3) **656** Ph.390
Decaschistia
(Malvaceae) (5) 69 **98**
nervifolia (5) **98**
Dentaria leucantha (5) 454
Decaspermum
(Myrtaceae) (7) 549 **576**
cambodianum (7) 576 **577**
esquirolii (7) 576 **577** Ph.206
fruticosum (7) **576**
gracilentum (7) 576 **577** Ph.207
Decumaria
(Hydrangeaceae) (6) 246 **266**
sinensis (6) **266**
Deeringia amaranthoides (4) 369
Dehaasia
(Lauraceae) (3) 207 **288**
hainanensis (3) **288**
Demidovia tetragonioides (4) 299
Deinanthe
(Hydrangeaceae) (6) 247 **274**
caerulea (6) **274**
Deinocheilos
(Gesneriaceae) (10) 245 **284**
sichuanense (10) **284**
Deinostemma
(Scrophulariaceae) (10) 70 **95**
violaceum (10) **95**
Delavaya
(Sapindaceae) (8) 268 **290**
toxocarpa (8) **291**
Delavayella
(Scapaniaceae) (1) 98 **114**
serrate (1) **114**
Delonix
(Caesalpiniaceae) (7) 23 **29**
regia (7) **29** Ph.19
Delphinium
(Ranunculaceae) (3) 388 **427**
albocoeruleum (3) 428 **435** Ph.326
anthriscifolium (3) 430 **448** Ph.333
var. *calleryi* (3) 449
var. majus (3) 430 **449**
var. savatieri (3) 430 **449**
batangense (3) 428 **433**
beesianum (3) **448**
bovalotii var. *eriostylum* (3) 441
brunonianum (3) 428 **431**
caeruleum (3) 430 **447**
campylocentrum (3) 430 **442**
candelabrum
var. monanthum (3) 428 **434** Ph.325
ceratophorum (3) 429 **443** Ph.329
chrysotrichum (3) 428 **432**
var. tsarongense (3) 428 **432** Ph.324
delavayi (3) 429 **439**
densiflorum (3) 429 **436**
eriostylum (3) 429 **441**
forrestii (3) 428 **430**
giraldii (3) 430 **442**
grandiflorum (3) 430 **446** Ph.331
var. glandulosum (3) 430 **447**
var. *majus* (3) 446
henryi (3) 428 **435**
hirticaule (3) 429 **440**
honanense (3) 429 **440**
kamaonense
var. glabrescens (3) 430 **447**
leptopogon (3) 436
maackianum (3) 429 **437**
mairei (3) 430
majus (3) 430 **446**
malacophyllum (3) 429 **433**
micropetalum (3) 429 **438**

monanthum **(3)** 434
omeiense **(3)** 430 **439**
pachycentrum **(3)** 429 **438**
potaninii **(3)** 429 **440**
pseudograndiflorum
var. *glabrescens* **(3)** 447
pylzowii **(3)** 428 **434**
var. trigynum **(3)** 429 **434**
rugulosum **(3)** 449
savatieri **(3)** 449
siwanense **(3)** 428 429 **436**
var. *leptopogon* **(3)** 436
smithianum **(3)** 428 **433**
souliei **(3)** 430 **445**
sparsiflorum **(3)** 430 **442**
spirocentrum **(3)** 429 **441** Ph.327
sutchuenense **(3)** 430 **442**
taliense **(3)** 429 **443** Ph.328
tangkulaense **(3)** 428 **432**
tatsienense **(3)** 430 **448** Ph.332
tenii **(3)** 429 **444** Ph.330
thibeticum **(3)** 430 **445**
var. laceratilobum **(3)** 430 **445**
tianshanicum **(3)** 429 **437**
tongolense **(3)** 429 **440**
trichophorum **(3)** 428 **431**
trifoliolatum **(3)** 430 **443**
trisectum **(3)** 429 **437**
tsarongense **(3)** 432
yunnanense **(3)** 429 **444**
Deltocheilos tenuitubum **(10)** 291
Democritea serissoides **(10)** 645
Dendranthema
(Compositae) **(11)** 125 **341**
argyrophyllum **(11)** 342 **347**
arisanense **(11)** 342 **345**
chanetii **(11)** 342 **344** Ph.80
erubescens **(11)** 344
glabriusculum **(11)** 342 **347**
indicum **(11)** 342 **343** Ph.79
lavandulifolium **(11)** 342 **344** Ph.81
maximowiczii **(11)** 342 **346**
mongolicum **(11)** 342 **347**
morifolium **(11)** 342 **344**
naktongense **(11)** 342 **344**
oreastrum **(11)** 342 **346**
potentilloides **(11)** 342 **345**
vestitum **(11)** **342**
zawadskii **(11)** 342 **345**
Dendrobenthamia
(Cornaceae) **(7)** 691 **699**
angustata **(7)** 699 **702**
capitata **(7)** 699 **701** Ph.270
elegans **(7)** 699 **700**
hongkongensis **(7)** 699 **702**
japonica
var. chinensis **(7)** 699 **700** Ph.269
multinervosa **(7)** **699**
tonkinensis **(7)** 699 **701**
Dendrobium
(Orchidaceae) **(13)** 373 **661**
acinaciforme **(13)** 662 **685** Ph.513
aduncum **(13)** 663 **680** Ph.505
amplum **(13)** 689
aphyllum **(13)** 664 **675** Ph.497
aurantiacum
var. denneanum **(13)** 663 **668** Ph.483
bellatulum **(13)** 662 **681** Ph.506
brymerianum **(13)** 663 **669** Ph.484
candidum **(13)** 678
capillipes **(13)** 663 **670** Ph.487
cariniferum **(13)** 662 **682** Ph.509
chrysanthum **(13)** 663 **672** Ph.489
chrysotoxum **(13)** 662 **666** Ph.478
compactum **(13)** 662 **684**
crepidatum **(13)** 664 **676** Ph.499
denneanum **(13)** 668
densiflorum **(13)** 662 **667** Ph.479
devonianum **(13)** 664 **674** Ph.496
exile **(13)** 662 **684**
falconeri **(13)** 663 **672** Ph.490
fargesii **(13)** 688
fimbriatum **(13)** 663 **669** Ph.485
findlayanum **(13)** 663 **673** Ph.494
flexicaule **(13)** 664 **679** Ph.503
furcatopedicellatum **(13)** 662 **665**
fuscescens **(13)** 689
gibsonii **(13)** 663 **670**
gratiosissimum **(13)** 663 **673** Ph.492
guangxiense **(13)** 664 **679**
hainanensis **(13)** 662 **686**
hancockii **(13)** 663 **667** Ph.481
harveyanum **(13)** 663 **669**
henryi **(13)** 663 **671**
hercoglossum **(13)** 663 **680** Ph.504
heterocarpum **(13)** 663 **671** Ph.488
hookerianum **(13)** 663 **670** Ph.486
huoshanense **(13)** 664 **678**
javanicum **(13)** 642
jenkinsii **(13)** 661 **665**
jenkinsii **(13)** 665
leptocladum **(13)** 662 **665**
linawianum **(13)** 664 **677**
lindleyi **(13)** 661 **665** Ph.476
lituiflorum **(13)** 664 **675**
loddigesii **(13)** 664 **674** Ph.495
lohohense **(13)** 663 **668**
longicornu **(13)** 662 **682** Ph.508
moniliforme **(13)** 664 **677** Ph.501
monticola **(13)** 662 **684** Ph.512
moschatum **(13)** 663 **668** Ph.482
nobile **(13)** 664 **676** Ph.500
officinale **(13)** 664 **678** Ph.502
parciflorum **(13)** 662 **686**
pendulum **(13)** 663 **673** Ph.493
porphyrochilum **(13)** 662 **683**
primulinum **(13)** 664 **675** Ph.498
reptans **(13)** 650
salaccense **(13)** 662 **664**
somai **(13)** 662 **665**
striatum **(13)** 700
strongylanthum **(13)** 662 **683** Ph.511
sulcatum **(13)** 662 **666** Ph.477

teres (13) 750
terminale (13) 662 **685**
thyrsiflorum (13) 662 **667** Ph.480
tosaense (13) 664 **678**
trigonopus (13) 662 **681** Ph.507
wardianum (13) 663 **672** Ph.491
williamsonii (13) 662 **683** Ph.510
wilsonii (13) 664 **677**
Dendrocalamopsis
(=Bambusa) (12) 573
Dendrocalamus
(Poaceae) (12) 551 **588**
farinosus (12) 588 **592**
giganteus (12) 588 **590**
hamiltonii (12) 588 **590**
latiflorus (12) 588 **590**
membranaceus (12) 588 **589**
minor (12) 588 **591**
sinicus (12) 588 **589**
strictus (12) **588**
tsiangii (12) 588 **591**
Dendroceros
(Anthocerotaceae) (1) 295 **298**
tubercularis (1) **298**
Dendrochilum
(Orchidaceae) (13) 374 **629**
uncatum (13) **629** Ph.455
Dendrocnide
(Urticaceae) (4) 75 **86**
sinuata (4) 86 **87**
stimulans (4) **86**
urentissima (4) 86 **87** Ph.54
Dendrocolla appendiculata (13) 769
Dendrocyathophorum
(Hypopterygiaceae) (1) 742 **747**
paradoxum (1) **747**
Dendrolobium
(Fabaceae) (7) 63 **149**
triangulare (7) **149**
umbellatum (7) **149** Ph.77
Dendropanax
(Araliaceae) (8) 534 **539**
bilocularis (8) 539 **540**
caloneurus (8) 539 **541**
chevalieri (8) 540
dentigerus (8) 539 **540** Ph.254
ferrugineus (8) 544
ficifolius (8) 541
hainanensis (8) **540**
hoi (8) **539**
listeri (8) 542
macrocarpus (8) 539
proteus (8) 539 **541**
Dendrophthoe
(Loranthaceae) (7) 738 **745**
pentandra (7) **745**
Desmotrichum angustifolium (13) 686
fimbriatum (13) 687
Dendrotrophe
(Santalaceae) (7) 723 **730**
buxifolia (7) 730 **732**
frutescens (7) 730 **731**
granulata (7) 730 **731**
heterantha (7) 730 **731**
polyneura (7) **730**
umbellata (7) 730 **731**
Dennstaedtia
(Dennstaedtiaceae) (2) 152 **152**
glabrescens (2) 154
hirsuta (2) 152 **153**
pilosella (2) 153
scabra (2) 152 **154**
var. glabrescens (2) 152 **154**
scandens (2) 152 **154**
wilfordii (2) 152 **152**
Dennstaedtiaceae (2) 4 **152**
Denotarisia
(Lophoziaceae) (1) 47 **64**
linguifolia (1) **64**
Dentella
(Rubiaceae) (10) 507 **512**
repens (10) **513**
var. grandis (10) 513
Derris
(Fabaceae) (7) 61 **117**
alborubra (7) 118 **120**
elliptica (7) 117 **121**
eriocarpa (7) 117 **118**
ferruginea (7) 117 **119**
fordii (7) 118 **119**
var. lucida (7) 118 **120**
glauca (7) 118 **121**
marginata (7) 118 **120**
pinnata (7) 91
scabricaulis (7) 118
scabricaulis (7) 118 **120**
thyrsiflora (7) 118 **122**
trifoliata (7) 117 **118** Ph.69
Deschampsia
(Poaceae) (12) 561 **883**
caespitosa (12) 883 **885**
var. microstachya (12) 883 886
flexuosa (12) 883 **884**
ivanovae (12) 885
koelerioides (12) 883 **884**
littoralis (12) 883 **884**
var. ivanovae (12) 883 **885**
Descurainia
(Brassicaceae) (5) 385 **538**
sophia (5) **538**
Desideria
(Brassicaceae) (5) 381 384 385 386 389 **482**
baiogoinensis (5) 482 **483**
himalayensis (5) **482**
Desmanthus
(Mimosaceae) (7) 1 **6**
virgatus (7) **6**
Desmatodon
(Pottiaceae) (1) 437 **448**
cernuus (1) **448**
gemmascens (1) 448 **449**
latifolius (1) 448 **449**
laureri (1) 448 **449**

leucostoma (1) 448 **450**
Desmodium
(Fabaceae) (7) 63 66 **152**
caudatum (7) 152 **153** Ph.79
concinnum (7) 152 **155**
elegans (7) 153 **159**
esquirolii (7) 159
fallax (7) 164
formosum (7) 184
gangeticum (7) 153 **155**
gyrans (7) **165**
gyroides (7) **166**
heterocarpon (7) 152 **156**
var. strigosum (7) 152 **157**
laterale (7) 163
laxiflorum (7) 152 **154**
laxum (7) 163
leptopus (7) 162
longipes (7) 150
megaphyllum (7) 153 **160**
microphyllum (7) 153 **158**
multiflorum (7) 153 **159**
oldhami (7) 162
oxyphyllum (7) 164
podocarpum (7) 163
var. *mandshuricum* (7) 164
var. *szechuenense* (7) 164
pulchellum (7) 151
racemosum (7) 164
renifolium (7) 153 **157**
rufescens (7) 170
sambuense (7) 159
sequax (7) 153 **160** Ph.81
sinuatum (7) 160
styracifolium (7) 153 **157** Ph.80
szechuenense (7) 164
tortuosum (7) 152 **155**
triangulare (7) 149
triflorum (7) 153 **158**
triquetrum (7) 167
velutinum (7) 153 **156**
williamsii (7) 165
zonatum (7) 152 **154**
Desmos
(Annonaceae) (3) 158 **167**
chinensis (3) 167 **169** Ph.195
dumosus (3) 167 **169** Ph.194
rostratus (3) 167 **168**
sootepensis (3) 167 **168**
yunnanensis (3) 168 **169** Ph.196
Desmostachya
(Poaceae) (12) 562 **973**
bipinnata (12) **974**
Dermatodon cernuus (1) 448
Dendropogon dentatus (1) 648
Devauxia banksii (12) 220
Deyeuxia arundinacea (12) 913
conferta (12) 908
diffusa (12) 905
effusiflora (12) 911
flaccida (12) 905
flavens (12) 910
grata (12) 912
hakonensis (12) 906
henryi (12) 911
holciformis (12) 907
hupehensis (12) 913
kokonorica (12) 909
langsdorffii (12) 906
levipes (12) 912
matsudana (12) 912
micilenta (12) 909
moupinensis (12) 907
neglecta (12) 908
nyingchiensis (12) 910
pulchella (12) 909
scabrescens (12) 910
var. *humilis* (12) 910
sinelatior (12) 911
suizanensis (12) 912
turczaninowii (12) 914
Deutzia
(Hydrangeaceae) (6) 246 **247**
calycosa (6) 249 **258** Ph.79
compacta (6) 248 **251**
corymbiflora (6) 259
corymbosa var. *hookeriana* (6) 251
crenata (6) 248 **253**
б. taiwanensis (6) 252
discolor (6) 248 **253**
var. *purpurascens* (6) 258
faberi (6) 248 **252**
glabrata (6) 247 **249**
glauca (6) 248 **252**
glomeruliflora (6) 249 **257**
grandiflora (6) 248 **254** Ph.78
hamata (6) 248 **254**
hookeriana (6) 248 **251**
hypoglauca (6) 248 **250**
longifolia (6) 249 **257**
micrantha (6) 250
monbeigii (6) 249 **255**
ningpoensis (6) 248 **253**
parviflora (6) 247 **249**
var. amurensis (6) 248 **250**
var. micrantha (6) 248 **250**
pilosa (6) 249 **259**
pulchra (6) 248 **253**
purpurascens (6) 249 **258**
rehderiana (6) 249 **255**
rubens (6) 248 **251**
schneideriana (6) 248 **253**
setchuenensis (6) 249 **259**
var. corymbiflora (6) 249 **259**
staminea (6) 249 **256**
taibaiensis (6) 249 **256**
taiwanensis (6) 248 **252**
Deutzianthus
(Euphorbiaceae) (8) 13 **99**
tonkinensis (8) **99** Ph.49
Diacalpe
(Peranemaceae) (2) 467 **468**
annamensis (2) 468 **468**

aspidioides (2) 468 **469** Ph.107
var. hookeriana (2) 468 **469**
var. minor (2) 468 **469**
chinensis (2) 468 **470**
hookeriana (2) 469
laevigata (2) 468 **469**
Dialium coromandelica (8) 352
Diandranthus
(Poaceae) (12) 555 **1087**
brevipilus (12) 1088 **1090**
nepalensis (12) **1088**
nudipes (12) 1088 **1089**
yunnanensis (12) **1088**
Dianella
(Liliaceae) (13) 71 **85**
ensifolia (13) **85** Ph.65
mairei (13) 313
Dicerostylis nipponica (13) 418
Dianthera bicalyculata (10) 399
japonica (10) 398
Dianthus
(Caryophyllaceae) (4) 393 **465**
amurensis (4) 467
barbatus (4) **466**
caryophyllus (4) 466 **468**
chinensis (4) 466 **467** Ph.198
elatus (4) 466 **467**
hoeltzeri (4) 466 **471**
japonicus (4) 466 **467**
longicalyx (4) 466 **470**
orientalis (4) 466 **469**
pygmaeus (4) 466 **470**
ramosissimus (4) 466 **468**
saxifraga (4) 465
soongoricus (4) 466 **469**
superbus (4) 466 **470** Ph.199
f. *longicalycinus* (4) 470
subsp. speciosus (4) 466 **470**
var. *speciosus* (4) 470
turkestanicus (4) 466 **468**
Diapensia
(Diapensiaceae) (5) **736**
himalaica (5) **737**
purpurea (5) **737** Ph.298
f. albida (5) 737 **738**
Diapensiaceae (5) **736**
Diaphanodon
(Trachypodaceae) (1) 662 **663**
blandus (1) **663**
gracillimum (1) 788
Diarrhena
(Poaceae) (12) 562 **787**
fauriei (12) **788**
japonica (12) **788**
manshurica (12) **788**
Diarthron
(Thymelaeaceae) (7) 514 **539**
linifolium (7) **539**
Diatoma brachiata (7) 680
biarticulatum (7) 151
Dicalix cochinchinensis (6) 68
Dicentra
(Fumariaceae) (3) **717**
macrantha (3) 717 **718** Ph.418
roylei (3) 720
spectabilis (3) **717** Ph.417
torulosa (3) 719
Dicercoclados
(Compositae) (11) 127 **486**
triplinervis (11) **486**
Dichanthelium
(Poaceae) (12) 553 **1033**
acuminatum (12) **1034**
Dichanthium
(Poaceae) (12) 556 **1126**
annulatum (12) **1127**
aristatum (12) **1127**
caricosum (12) 1127 **1128**
Dichapetalaceae (7) **888**
Dichapetalum
(Dichapetalaceae) (7) **888**
gelonioides (7) 888 **889**
longipetalum (7) **888**
Dichelyma
(Fontinalaceae) (1) **723**
falcatum (1) **724**
Dichiloboea birmanica (10) 309
Dichocarpum
(Ranunculaceae) (3) 388 **481**
adiantifolium (3) 482
var. sutchuenense (3) 482 **483**
auriculatum (3) **482** Ph.346
dalzielii (3) 482 **483**
fargesii (3) 482 **484**
franchetii (3) **482**
hypoglaucum (3) 482 **484** Ph.347
Dichodontium
(Dicranaceae) (1) 333 **366**
pellucidum (1) **366**
Dichondra
(Convolvulaceae) (9) 240 **241**
micrantha (9) **241**
repens (9) 241
Dichotomanthes
(Rosaceae) (6) 442 **481**
tristaniaecarpa (6) **481** Ph.119
Dichroa
(Hydrangeaceae) (6) 246 **268**
daimingshanensis (6) 268 **269**
febrifuga (6) **268** Ph.80
mollissima (6) 268 **269**
yaoshanensis (6) 268 **269**
Dichrocephala
(Compositae) (11) 122 **155**
auriculata (11) **156**
benthamii (11) 156 **157**
chrysanthemifolia (11) **156**
Dichrostachys
(Mimosaceae) (7) 1 **3**
cinerea (7) **3**
Dickinsia
(Umbelliferae) (8) 578 **588**
hydrocotyloides (8) **588** Ph.280

Dicksonia scabra **(2)** 154
scandens **(2)** 154
Dicksoniaceae **(2)** 3 **140**
Dicladiella
(Meteoriaceae) **(1)** 682 **689**
trichophora **(1)** **689**
Dicliptera
(Acanthaceae) **(10)** 330 **395**
bupleuroides **(10)** 395 **396**
chinensis **(10)** **396**
crinita var. *floribunda* **(10)** 398
elegans **(10)** **396**
roxburghiana **(10)** 396
Dicranaceae **(1)** **332**
Dicranella
(Dicranaceae) **(1)** 332 **338**
austro-sinensiset **(1)** **339**
cerviculata **(1)** **339**
coarctata **(1)** 338 **340** Ph.87
grevilleana **(1)** 338 **341**
heteromalla **(1)** 338 **340**
liliputana **(1)** 338 **341**
micro-divaricata **(1)** 338 **342**
palustris **(1)** 338 **342**
subulata **(1)** 339 **342**
varia **(1)** 339 **343** Ph.88
Dicranodontium
(Dicranaceae) **(1)** 332 **353**
asperulum **(1)** **354**
caespitosum **(1)** **354**
denudatum **(1)** 353 **355**
didictyon **(1)** 354 **355** Ph.91
filifolium **(1)** 354 **356**
porodictyon **(1)** 353 **356**
tenii **(1)** 354 **357**
uncinatum **(1)** 353 **357**
Dicranoloma
(Dicranaceae) **(1)** 332 **392**
assimile **(1)** **391**
blumii **(1)** **391**
cylindrothecium **(1)** 391 **392**
fragile **(1)** 391 **392**
Dicranopteris
(Gleicheniaceae) **(2)** 98 **98**
ampla **(2)** 98 **98** Ph.43
dichotoma **(2)** **99**
linearis **(2)** 98 **99** Ph.44
pedata **(2)** 98 **99** Ph.45
splendida **(2)** 98 **100**
Dicranostigma
(Papaveraceae) **(3)** 695 **707**
lactucoides **(3)** **708** Ph.412
leptopodum **(3)** **708** Ph.413
platycarpum **(3)** **708**
Dicranoweisia
(Dicranaceae) **(1)** 333 **367**
crispula **(1)** **367**
indiea **(1)** **367**
Dicranum
(Dicranaceae) **(1)** 333 **375**
alpestre **(1)** 364
ambiguum **(1)** 335
asperulum **(1)** 354
assamicum **(1)** 376 **379**
assimile **(1)** 391
blumii **(1)** 391
bonjeanii **(1)** 376 **379**
caespitosum **(1)** 354
cerviculata **(1)** 339
cheoi **(1)** **376**
crispifolium **(1)** 376 **380**
cylindrothecium **(1)** 392
denudatum **(1)** 355
didictyon **(1)** 355
drummondii **(1)** 376 **380**
elongatum **(1)** 376 **381**
enerve **(1)** 359
ericoides **(1)** 350
falcatum **(1)** 373
flagellare **(1)** 374
flagilifolium **(1)** 376 **381**
flexosus **(1)** 351
fuscescens **(1)** 376 **382**
glancum var. sanctum **(1)** 397
glaucum **(1)** 400
gracilescens **(1)** 365
gragile **(1)** 351
groenlandicum **(1)** 376 **382** Ph.96
gymnostomum **(1)** 389
gymnostomum var. hokinense **(1)** 388
hamulosum **(1)** 375 **377**
hemitrichum **(1)** 352
heteromallum **(1)** 340
japonicum **(1)** 376 **383** Ph.97
juniperoideum **(1)** 400
kashmirense **(1)** 376 **383**
khasianum **(1)** 345
latifolium **(1)** 449
leiodontum **(1)** 375 **377**
longifolium **(1)** 359
lorifolium **(1)** 376 **384**
majus **(1)** 376 **384**
mayrii **(1)** 375 **378**
molle **(1)** 393
montanum **(1)** 374
muehlenbeckii **(1)** 376 **385**
nipponense **(1)** 376 **385**
ovale **(1)** *500*
pellucidum **(1)** 366
phascoides **(1)** 318
polysetum **(1)** 376 **386**
purpureum **(1)** 324
ramosum **(1)** 389
reinwardtii **(1)** 370
saxicola **(1)** 487
schmidii **(1)** 350
schreberianum **(1)** 341
scoparium **(1)** 376 **386**
selschwanicum **(1)** 390
spurium **(1)** 376 **387**
starkei **(1)** 373
subulatum **(1)** 342
undulatum **(1)** 376 **387**

varium **(1)** 343
virens **(1)** 369
viride **(1)** 375 ***378***
zollingeranum **(1)** 348
Dictamnus
(Rutaceae) **(8)** 398 **423**
dasycarpus **(8)** **423** Ph.212
Dictyocline
(Thelypteridaceae) **(2)** 335 **396**
griffithii **(2)** 397 **397** Ph.90
mingchegensis **(2)** 397 **397**
sagittifolia **(2)** 397 **398** Ph.92
wilfordii **(2)** 397 **398** Ph.91
Dictyodroma
(Athyriaceae) **(2)** 271 **281**
formosanum **(2)** 281 **282**
hainanense **(2)** 282 **282**
heterophlebium **(2)** 281 **282**
Dictyospermum
(Commelinaceae) **(12)** 183 **200**
conspicuum **(12)** **200**
scaberrimum **(12)** 201
Didissandra
(Gesneriaceae) **(10)** 244 **265**
amabilis **(10)** **261**
begoniifolia **(10)** 265 **266** Ph.75
cavaleriei **(10)** 313
delavayi **(10)** 265
glandulosa **(10)** 257
kingiana **(10)** 267
longipes **(10)** 262
macrosiphon **(10)** **265**
mihieri **(10)** 261
muscicola **(10)** 262
primuliflora **(10)** 258
rosthornii **(10)** 264
saxatilis **(10)** 260
sinophiorrhizoides **(10)** 311
speciosa **(10)** 263
Didymocarpus
(Gesneriaceae) **(10)** 246 **296**
aromaticus **(10)** 296 **297**
auricula **(10)** 251
fordii **(10)** 290
glandulosus **(10)** 296 **297**
var. lasiantherus **(10)** 296 **297**
grffithii **(10)** **312**
hancei **(10)** 296 **299** Ph.93
heucherifolius **(10)** 296 **299**
martinii **(10)** 305
pinnaiifidus **(10)** 291
sericeus **(10)** 252
silvarum var. *glandulosa* **(10)** 297
var. *lasiantherus* **(10)** 297
stenanthos **(10)** 296 **298**
swinglei **(10)** 287
yunnanensis **(10)** 296 **298**
Didymodon
(Pottiaceae) **(1)** 438 **450**
alpigens **(1)** 444
anserino-capitatus **(1)** **451**
constrictus **(1)** 451 **452** Ph.130
crispifolius **(1)** 368
ditrichoides **(1)** 451 **452**
fallax **(1)** 451 **453**
fragilis **(1)** 479
giganteus **(1)** 451 **453** Ph.131
gymnostomus **(1)** 445
medium **(1)** 344
nigrescens **(1)** 451 **463**
pusillus **(1)** *321*
rigidulus **(1)** 451 **454**
rivicolus **(1)** 451 **454**
rubber **(1)** 446
tectorum **(1)** 451 **455**
tortula **(1)** 491
vaginatus **(1)** 370
vinealis **(1)** 451 **455**
Didymoglossum holochilum **(2)** 118
insigne **(2)** 127
latealatum **(2)** 126
plicatum **(2)** 128
racemulosum **(2)** 127
Didymoplexiella
(Orchidaceae) **(13)** 368 **531**
siamensis **(13)** **531**
Didymoplexis
(Orchidaceae) **(13)** 368 **530**
pallens **(13)** **530**
Didymostigma
(Gesneriaceae) **(10)** 245 **274**
obtusum **(10)** **274**
Dielytra scandens **(3)** 719
Diervilla japonica var. *sinica* **(11)** 47
Diflugossa
(Acanthaceae) **(10)** 332 **376**
colorata **(10)** 376 **377**
divaricata **(10)** 376 **377**
scoriarum **(10)** 376 **377**
Digitalis
(Scrophulariaceae) **(10)** 70 **132**
cochinchinensis **(10)** 165
glutinosa **(10)** 133
purpurea **(10)** **132** Ph.39
Digitaria
(Poaceae) **(12)** 553 **1061**
abludens **(12)** 1062 **1065**
abscendens **(12)** 1068
bicornis **(12)** 1062 **1070**
chrysoblephara **(12)** 1062 **1068**
ciliaris **(12)** 1062 **1068**
cruciata **(12)** 1062 **1069**
denudate **(12)** 1062 **1066**
fibrosa **(12)** 1061 **1064**
hengduanensis **(12)** 1062 **1066**
henryi **(12)** 1062 **1067**
heterantha **(12)** 1062 **1070**
ischaemum **(12)** 1062 **1065**
longiflora **(12)** 1061 **1062**
microbachne **(12)** 1062 **1067**
mollicoma **(12)** 1061 **1064**
paspaloides **(12)** 1056
radicosa **(12)** 1062 **1068**

sanguinalis **(12)** 1062 **1069**
setigera **(12)** 1062 **1067**
ternate **(12)** 1062 **1066**
thwaitesii **(12)** 1061 **1063**
violascens **(12)** 1061 **1063**
Diglyphosa
(Orchidaceae) **(13)** 371 **617**
latifolia **(13)** **617**
Dillenia
(Dilleniaceae) **(4)** 552 **553**
indica **(4)** 553 **554** Ph.236
pentagyna **(4)** **553**
turbinata **(4)** 553 **554** Ph.237
Dilleniaceae **(4)** **552**
Dilophia
(Brassicaceae) **(5)** 384 **420**
dutreuilii **(5)** 421
ebracteata **(5)** 420 **421**
fortana **(5)** 522
salsa **(5)** 420 **421**
Dimeria
(Poaceae) **(12)** 554 **1138**
falcata var. taiwaniana **(12)** 1138 **1139**
ornithopoda **(12)** **1138**
subsp. subrobusta **(12)** 1138 **1139**
var. *subrobusta* **(12)** 1139
sinensis **(12)** 1138 **1139**
taiwaniana **(12)** 1139
Dimocarpus
(Sapindaceae) **(8)** 267 **276**
confinis **(8)** **277**
longan **(8)** **277** Ph.127
Dimorphanthus elata **(8)** 526
Dimorphocalyx
(Euphorbiaceae) **(8)** 13 **103**
poilanei **(8)** **103**
Dimorphostemon
glandulosus **(5)** 490 493
pinnatus **(5)** 493
shanxiensis **(5)** 493
Dinebra
(Poaceae) **(12)** 562 **974**
falcate **(12)** 1138 **1139**
retroflexa **(12)** **974**
Dinetus duclouxii **(9)** 247
racemosus **(9)** 247
Diodia
(Rubiaceae) **(10)** 508 **655**
virginiana **(10)** **656**
Dioscorea
(Dioscoreaceae) **(13)** **342**
alata **(13)** 344 **360**
althaeoides **(13)** 342 **345** Ph.248
asperata **(13)** 344 **356**
benthamii **(13)** 344 **356** Ph.253
bicolor **(13)** 344 **356**
bulbifera **(13)** 343 **353** Ph.252
cirrhosa **(13)** 344 **357**
collettii **(13)** 343 **348** Ph.251
var. hypoglauca **(13)** 343 **348**
deltoidea **(13)** 342 **347** Ph.250
var. orbiculata **(13)** 342 **347**
esculenta **(13)** 343 **350**
var. spinosa **(13)** 343 **351**
esquirolii **(13)** 343 **355**
exalata **(13)** 344 **359**
fordii **(13)** 344 **359**
futschauensis **(13)** 343 **349**
glabra **(13)** 344 **358**
gracillima **(13)** 343 **348**
hemsleyi **(13)** 343 **351**
henryi **(13)** 343 **354**
hispida **(13)** 344 **355**
hypoglauca **(13)** 348
japonica **(13)** 344 **358**
var. pilifera **(13)** 344 **358**
kamoonensis **(13)** 343 **354**
var. *henryi* **(13)** 354
lineari-cordata **(13)** 344 **357**
martini **(13)** 343 **352**
melanophyma **(13)** 343 **353**
nipponica **(13)** 342 **344** Ph.247
subsp.rosthornii **(13)** 342 **345**
var. *rosthornii* **(13)** 345
opposita **(13)** 344 **357** Ph.254
panthaica **(13)** 342 **347**
parviflora **(13)** 342 **346**
pentaphylla **(13)** 343 **354**
persimilis **(13)** 344 **360**
var. pubescens **(13)** 344 **360**
septemloba **(13)** 343 **349**
simulans **(13)** 343 **350**
spinosa **(13)** 351
subcalva **(13)** 343 **352**
tenuipes **(13)** 343 **350**
tokoro **(13)** 342 **345**
velutipes **(13)** 343 **352**
yunnanensis **(13)** 343 **351**
zingiberensis **(13)** 342 **346** Ph.249
Dioscoreaceae **(13)** **342**
Diospyros
(Ebenaceae) **(6)** **12**
cathayensis **(6)** 12 **14**
diversilimba **(6)** 12 **14**
dumetorum **(6)** 12 **15** Ph.5
ehretioides **(6)** 13 **23**
eriantha **(6)** 13 **21** Ph.7
ferrea **(6)** 14 **25**
glaucifolia **(6)** 13 **16**
kaki **(6)** 14 **23**
var. silvestris **(6)** 14 **24**
lotus **(6)** 13 **17**
var. mollissima **(6)** 13 **17**
maritima **(6)** 14 **25**
miaoshanica **(6)** 14 **24**
mollifolia **(6)** 12 15
morrisiana **(6)** 13 **18** Ph.6
navillei **(6)** 132
nitida **(6)** 13 **18**
oldhami **(6)** 13 **17**
oleifera **(6)** 14 **24**
philippensi **(6)** 13 **22**
potingensis **(6)** 13 **20**

rhombifolia **(6)** 12 **15**
rubra **(6)** 13 **19**
siderophylla **(6)** 13 **18**
strigosa **(6)** 13 **22**
tsangii **(6)** 13 **19**
tutcheri **(6)** 13 **20**
xiangguiensis **(6)** 13 **21**
Dipelta
(Caprifoliaceae) **(11)** 1 **45**
elegans **(11)** 46 **47**
floribunda **(11)** **46** Ph.15
florida **(11)** **47**
yunnanensis **(11)** **46**
Dipentodon
(Dipentodontaceae) **(7)** **712**
longipedicellatus **(7)** 712 **713**
sinicus **(7)** **712** Ph.278
Dipentodontaceae **(7)** **712**
Diphaea cochinchinense **(7)** 255
Diphasiastrum
(Lycopodiaceae) **(2)** 23 **28**
alpinum **(2)** 28 **29**
complanatum **(2)** 28 **28** Ph.9
var. glaucum **(2)** 28 **29**
veitchii **(2)** 28 **30** Ph.10
Diphylax
(Orchidaceae) **(13)** 367 **472**
contigua **(13)** 473 **474**
uniformis **(13)** **473**
urceolata **(13)** **473**
Diphylleia
(Berberidaceae) **(3)** 582 **641**
grayi **(3)** 641
sinensis **(3)** **641**
Diphysciaceae **(1)** **946**
Diphyscium
(Diphysciaceae) **(1)** **946**
foliosum **(1)** **946**
fulvifolium **(1)** 946 **947** Ph.279
lorifolium **(1)** 946 **947**
mucronifolium **(1)** 946 **948**
satoi **(1)** 946 **948**
Diplachne
(Poaceae) **(12)** 563 **983**
fusca **(12)** **983**
hackeli **(12)** 983
serotina var. *chinensis* **(12)** 980
songorica **(12)** 978
thoroldii **(12)** 976
Diplacrum
(Cyperaceae) **(12)** 356 **360**
caricinum **(12)** **360**
reticulatum **(12)** 360 **361**
Diplandrorchis
(Orchidaceae) **(13)** 368 **400**
sinica **(13)** **400**
Diplanthera pinifolia **(12)** 48
uninervis **(12)** 48
Diplarche
(Ericaceae) **(5)** 553 **555**
multiflora **(5)** **555**
pauciflora **(5)** **555**
Diplasiolejeunea
(Lejeuneaceae) **(1)** 224 **235**
brachyclada **(1)** **235**
Diplaziopsis
(Athyriaceae) **(2)** 271 **312**
cavaleriana **(2)** 312 **312** Ph.86
javanica **(2)** 312 **313**
Diplazium
(Athyriaceae) **(2)** 271 **309**
contermina **(2)** 326
crassiculum **(2)** 309 **311**
dilatatum **(2)** 324
donianum **(2)** 309 **311**
epirachis **(2)** 302
fauriei **(2)** 319
formosanum **(2)** 282
fraxineum **(2)** 254
griffithii **(2)** 321
hachijoense **(2)** 327
heterocarpum **(2)** 318
hirtipes **(2)** 323
japonicum var. *yaoshanense* **(2)** 319
lanceum **(2)** 310
okudairai **(2)** 317
paradoxum **(2)** 314
petri **(2)** 320
pinfaense **(2)** 309 **312**
pubescens **(2)** 314
stenochlamys **(2)** 321
stoliczkae var. *hirsutipes* **(2)** 322
subsinuatum **(2)** 309 **310** Ph.85
tomitaroanum **(2)** 309 **310**
virescens **(2)** 327
viridescens **(2)** 325
viridissimum **(2)** 325
zeylanicum **(2)** 310
Diplazoptilon
(Compositae) **(11)** 131 **639**
picridifolium **(11)** **639**
Diplectria
(Melastomataceae) **(7)** 615 **654**
barbata **(7)** **654**
Diploblechnum
(Blechnaceae) **(2)** 458 **462**
freseri **(2)** **462**
Diploclisia
(Menispermaceae) **(3)** 669 670 **679**
affinis **(3)** **679**
Diploconchium inocephalum **(13)** 657
Diplocyclos
(Cucurbitaceae) **(5)** 198 **229**
palmatus **(5)** **230**
Diploknema
(Sapotaceae) **(6)** **16**
butyracea **(6)** **16**
Diplolepis ovata **(9)** 192
Diplomeris
(Orchidaceae) **(13)** 367 **514**
pulchella **(13)** **515** Ph.352
Diplopanax
(Araliaceae) **(8)** 535 **577**

stachyanthus (8) **577** Ph.276
Diplopappus baccaharoides (11) 189
Diplophragma tetrangulare (10) 519
Diplophyllum
(*Scapaniaceae*) (1) 98 **99**
albicans (1) **99**
apiculatum (1) 99 **100**
obtusifolium (1) 99 **100**
plicatum (1) 98
taxifolium (1) 99 **100**
Diploprora
(Orchidaceae) (13) 370 **724**
championii (13) **724**
Diplopterigium
(Gleicheniaceae) (2) 98 **101**
blotianum (2) 101 **102**
chinense (2) 102 **102**
giganteum (2) 102 **104**
glaucum (2) 102 **103**
laevissimum (2) 102 **103**
Diplospora
(Rubiaceae) (10) 510 **592**
dubia (10) **593** Ph.197
fruticosa (10) **593**
Diplotaxis
(Brassicaceae) (5) 383 **395**
muralis (5) **395**
Diplycosia semi-infera (5) 693
Dipoma
(Brassicaceae) (5) 387 **420**
iberideum (5) **420**
f. *pilosius* (5) 420
var. *dasycarpum* (5) 420
Dipsacaceae (11) **106**
Dipsacus
(Dipsacaceae) (11) 106 **111**
asper (11) 111 **113**
asperoides (11) 113
chinensis (11) 111 **114** Ph.35
fullonum (11) 111 **112**
β. *sativus* (11) 112
inermis (11) 111 **112**
var. mitis (11) 111 **112**
japonicus (11) 111 **113** Ph.34
mitis (11) 112
sativus (11) 111 **112**
Dipteracanthus
(Acanthaceae) (10) 331 **343**
repens (10) **343**
Dipteridaceae (2) 5 **661**
Dipteris
(Dipteridaceae) (2) **661**
chinensis (2) 661 **661** Ph.121
conjugata (2) 661 **662** Ph.122
wallichii (2) 661 **661**
Dipterocarpaceae (4) **565**
Dipterocarpus
(Diptercarpaceae) (4) 565 **566**
gracilis (4) **566**
retusus (4) **566** Ph.253
turbinatus (4) 566 **567**
Dipteronia
(Aceraceae) (8) **314**
dyerana (8) 314 **315** Ph.150
sinensis (8) **314** Ph.149
Diptychocarpus
(Brassicaceae) (5) 382 **501**
strictus (5) **501**
Disanthus
(Hamamelidaceae) (3) 772 **773**
cercidifolius
var. longipes (3) **773** Ph.434
Dischidanthus
(Asclepiadaceae) (9) 135 **185**
urceolatus (9) **186**
Dischidia
(Asclepiadaceae) (9) 134 **173**
alboflava (9) 173
chinensis (9) 173 **174**
esquirolii (9) 173
minor (9) 174
nummularia (9) 173 **174**
tonkinensis (9) **173** Ph.83
Discocleidion
(Euphorbiaceae) (8) 12 **76**
rufescens (8) **76**
Disemma horsfieldii
var. *teysmanniana* (5) 192
Disperis
(Orchidaceae) (13) 367 **517**
siamensis (13) **517**
Disporopsis
(Liliaceae) (13) 71 **217**
aspera (13) 217 **218**
fuscopicta (13) 217 **218** Ph.159
longifolia (13) **217**
pernyi (13) 217 **218** Ph.158
Disporum
(Liliaceae) (13) 71 **198**
bodinieri (13) **199** Ph.143
calcaratum (13) 199 **202** Ph.146
cantoniense (13) 199 **201** Ph.145
longistylum (13) 199 **200**
megalanthum (13) 199 **200** Ph.144
trabeculatum (13) 199 **201**
uniflorum (13) 199 **202** Ph.147
viridescens (13) 198 **199**
Dissochaeta barthei (7) 629
Dissolaena verticillata (9) 104
Distichium
(Ditrichaceae) (1) 317 **326**
brevisetum (1) 326 **327**
capillaceum (1) **326**
inclinatum (1) **326**
Distichophyllum
(Hookeriaceae) (1) **727**
carinatum (1) 727 **728**
cirratum (1) 728 **730**
collenchymatosum (1) 728 **731** Ph.226
cuspidatum (1) 727 **728**
maibarae (1) 728 **731**
mittenii (1) 728 **729**
osterwaldii (1) 728 **732**

subnigricaule **(1)** 728 **729**
wanianum **(1)** 728 **730**
Distylium
(Hamamelidaceae) **(3)** 773 **788**
chinense **(3)** 789 **790**
chingii **(3)** 789 **790**
elaeagnoides **(3)** 789 **790**
gracile **(3)** 789 **790** Ph.446
myricoides **(3)** **789**
racemosum **(3)** **789**
var. *chinense* **(3)** 790
Ditrichaceae **(1)** **316**
Ditrichum
(Ditrichaceae) **(1)** 316 **320**
brevidens **(1)** 320 **322**
clausa **(1)** **323**
gracile **(1)** 320 **322**
heteromallum **(1)** **320**
pallidum **(1)** 320 **321** Ph.85
pusillum **(1)** 320 **321**
Diuranthera
(Liliaceae) **(13)** 70 **89**
major **(13)** **90** Ph.68
minor **(13)** **90**
Dobinea
(Anacardiaceae) **(8)** **365**
delavayi **(8)** **366** Ph.184
vulgaris **(8)** **366**
Docynia
(Rosaceae) **(6)** 443 **554**
delavayi **(6)** **554**
indica **(6)** **554**
Dodartia
(Scrophulariaceae) **(10)** 70 **126**
orientalis **(10)** **127**
Dodecadenia
(Lauraceae) **(3)** 206 **228**
grandiflora **(3)** **229**
Dodonaea
(Sapindaceae) **(8)** 267 **287**
viscosa **(8)** **287** Ph.137
Doellingeria
(Compositae) **(11)** 123 **172**
marchandii **(11)** **172**
scaber **(11)** **172** Ph.48
Dolichandrone cauda-felina **(10)** 434
stipulata **(10)** 434
Dolicholoma
(Gesneriaceae) **(10)** 246 **301**
jasminiflorum **(10)** **301** Ph.94
Dolichomitra
(Lembophyllaceae) **(1)** **720**
cymbifolia **(1)** **721**
Dolichomitriopsis
(Lembophyllaceae) **(1)** 720 **721**
diversiformis **(1)** **721**
Dolichopetalum
(Asclepiadaceae) **(9)** 135 **174**
kwangsiense **(9)** **175**
Dolichos
(Fabaceae) **(7)** 64 **229**
angularis **(7)** 234
erosus **(7)** 209
gigantea **(7)** 199
gladiatus **(7)** 207
junghuhnianus **(7)** 229 **230**
lablab **(7)** 229
lagopus **(7)** 214
lineatus **(7)** 208
lobatus **(7)** 213
maritimus **(7)** 208
minima **(7)** 251
montana **(7)** 213
phaseoloides **(7)** 212
pilosus **(7)** 232
pruriens **(7)** 201
purpureus **(7)** 228
scarabaeoides **(7)** 240
sesquipedalis **(7)** 235
tetragonolobus **(7)** 227
thorelii **(7)** 229 **230**
trilobus **(7)** **229**
umbellata **(7)** 235
unguiculata **(7)** 235
uniflorum **(7)** 230
Dolomiaea
(Compositae) **(11)** 131 **636**
berardioidea **(11)** 637 **638**
edulis **(11)** 637 **638** Ph.158
forrestii **(11)** **637**
souliei **(11)** **637**
Donax
(Marantaceae) **(13)** 60 61
canniformis **(13)** **61**
Dontostemon
(Brassicaceae) **(5)** 382 **490**
dentatus **(5)** 490 **491**
var. *glandulosa* **(5)** 491
glandulosus **(5)** 490 **493**
integrifolius **(5)** 490 **491**
matthioloides **(5)** 511
micranthus **(5)** 491 **492**
perennis **(5)** **491**
pinnatifidus **(5)** 490 **493**
subsp. linearifolius **(5)** 490 **493**
scorpioides **(5)** 506
senilis **(5)** 491 **492**
tibeticus **(5)** 491 **494** Ph.181
Dopatrium
(Scrophulariaceae) **(10)** 70 **94**
junceum **(10)** **94**
Doraena japonica **(6)** 83
umbellata **(6)** 153
Dorcoceras hygrometrica **(10)** 307
Doritis
(Orchidaceae) **(13)** 369 **721**
braceana **(13)** 744
pulcherrima **(13)** **721** Ph.531
Doronicum
(Compositae) **(11)** 127 **444**
altaicum **(11)** **444**
stenoglossum **(11)** 444 **446**
thibetanum **(11)** 444 **445** Ph.84

turkestanicum **(11)** 444 **445** Ph.85
wightii **(11)** 545
Doryopteris
(Sinopteridaceae) **(2)** 208 **223**
concolor **(2)** 223 **224**
duclouxii **(2)** 228
ludens **(2)** 223 **224** Ph.67
Dozya
(Leucodontaceae) **(1)** 651 **656**
japonica **(1)** **657**
Draba
(Brassicaceae) **(5)** 386 387 389 **439**
alpina var. *involucrata* **(5)** 442
altaica **(5)** 439 **445**
var. *microcarpa* **(5)** 445
var. *modesta* **(5)** 445
var. *racemosa* **(5)** 445
amplexicaulis **(5)** 439 **442**
var. *bracteata* **(5)** 443
var. *dolichocarpa* **(5)** 442
composita **(5)** 441
dasyastra **(5)** 440 **446**
elata **(5)** 439 **443**
ellipsoidea **(5)** 440 **450**
eriopoda **(5)** 440 **449**
glomerata **(5)** 439 **445**
var. *dasycarpa* **(5)** 439 445
gracillima **(5)** 440 **449**
granitica **(5)** 449
handelii **(5)** 440 **446** Ph.175
involucrata **(5)** 439 **442**
ladyginii **(5)** 440 **448**
var. *trichocarpa* **(5)** 448
lanceolata **(5)** 440 **447**
var. *brachycarpa* **(5)** 447
var. *leiocarpa* **(5)** 447
lichiangensis **(5)** 439 **444**
mongolica **(5)** 440 **448**
var. *trichocarpa* **(5)** 448
moupinensis **(5)** 443
nemorosa **(5)** 440 **448**
var. *leiocarpa* **(5)** 448
oreades var. *chinensis* **(5)** 441
var. *ciliolate* **(5)** 441
var. *commutata* **(5)** 441
var. dpicola **(5)** 439 **441**
var. *tafellii* **(5)** 441
piepunensis **(5)** 441
rupestris **(5)** 445
senilis **(5)** 439 **441**
stetosa **(5)** 439 **440**
var. *glabrata* **(5)** 440
stenocarpa **(5)** 440 **449**
var. *leiocarpa* **(5)** 449
stylaris var. *leiocarpa* **(5)** 447
subamplexicaulis **(5)** 440 **447**
surculosa **(5)** 439 **443**
ussuriensis **(5)** 439 **444**
yunnanensis **(5)** 439 **443**
var. *gracilipes* **(5)** 443
var. *latifolia* **(5)** 443
Drabopsis
(Brassicaceae) **(5)** 338 **481**
nuda **(5)** **481**
Dracaena
(Liliaceae) **(13)** 69 **174**
angustifolia **(13)** 174 **175**
cambodiana **(13)** **174** Ph.124
cochinchinensis **(13)** 174
ensifolia **(13)** 85
Dracocephalum
(Lamiaceae) **(9)** 394 **450**
argunense **(9)** 451 **456**
biondianum **(9)** 445
bipinnatum **(9)** 451 **453**
bullatum **(9)** 452 **455**
calophyllum **(9)** 451 **452**
cochinchinensis **(9)** 588
faberi **(9)** 450
fargesii **(9)** 449
forrestii **(9)** 451 **453** Ph.165
grandiflorum **(9)** 451 **455**
henryi **(9)** 450
heterophyllum **(9)** 451 **453**
imberbe **(9)** 451 **454** Ph.166
integrifolium **(9)** 451 **454**
isabellae **(9)** 451 **452**
moldavica **(9)** 451 **453**
nutans **(9)** 451 **455**
origanoides **(9)** 451 **456**
peregrinum **(9)** 451 **454**
radicans **(9)** 450
royleanum **(9)** 457
rupestre **(9)** 452 **455** Ph.167
ruyschiana **(9)** 451 **457**
stamineum **(9)** 451 **457**
tanguticum **(9)** 451 **452**
truncatum **(9)** 451 **455**
urticifolium **(9)** 449
wallichii **(9)** 451 **455**
Dracontium foetidum **(12)** 119
paeoniifolium **(12)** 142
spinosum **(12)** 121
Dracontomelon
(Anacardiaceae) **(8)** 345 **349**
dao **(8)** 349
duperreanum **(8)** **349**
Dregea
(Asclepiadaceae) **(9)** 136 **186**
corrugata **(9)** 187
sinensis **(9)** 186 **187** Ph.86
var. corrugata **(9)** 186 **187**
volubilis **(9)** **186**
Drepanocladus
(Amblystegiaceae) **(1)** 802 **813**
aduncus **(1)** 813 **814** ph.248
revolvens **(1)** 814 **816**
sendtneri **(1)** 813 **814**
tenuinervis **(1)** 814 **815**
vernicosus **(1)** 814 **815**
Drepanolejeunea
(Lejeuneaceae) **(1)** 225 **239**
dactylophora **(1)** **239**

ternatensis (1) **239**
Drepanostachyum
(=Sinarundinaria) (12) 631
falcate (12) 636
Drimycarpus
(Anacardiaceae) (8) 345 **365**
recemosus (8) **365**
Droguetia
(Urticaceae) (4) 76 **162**
iners subsp. urticoides (4) **162**
Drosera
(Droseraceae) (5) **106**
burmannii (5) 106 **107**
indica (5) 106 **108**
oblanceolata (5) 106 **108**
peltata var. glabrata (5) 106 **109**
var. multisepala (5) 106 **108** Ph.65
rotundifolia (5) **106**
var. furcata (5) **106**
spathulata (5) 106 **107**
Droseraceae (5) **106**
Drummondia
(Orthotrichaceae) (1) 617 **631**
sinensis (1) **631**
Dryas
(Rosaceae) (6) 444 **646**
octopetala (6) **647**
f. *asiatica* (6) 647
var. *asiatica* (6) 647
Drymaria
(Caryophyllaceae) (4) 392 **396**
cordata (4) 396
diandra (4) **396**
Dubruelia peploides (4) 110
Drymoglossum
(Polypodiaceae) (2) 664 **727**
carnosum var. *obovatum* (2) 703
piloselloides (2) **727** Ph.143
Drymotaenium
(Polypodiaceae) (2) 664 **706**
miyoshianum (2) **706** Ph.135
Drynaria
(Drynariaceae) (2) 762 **764**
baronii (2) 768
bonii (2) 764 **765**
delavayi (2) 765 **769** Ph.153
fortunei (2) 766
mollis (2) 765 **767**
parishii (2) 765 **767**
propinqua (2) 765 **767**
quercifolia (2) 765 **767**
rigidula (2) 764 **765**
roosii (2) 765 **766** Ph.151
sinica (2) 765 **768** Ph.152
Drynariaceae (2) 3 **762**
Dryoathyrium
(Athyriaceae) (2) 271 **283**
boryanum (2) 284 **286**
coreanum (2) 284 **285**
edentulum (2) 284 **286**
okuboanum (2) 284 **285**
stenopteron (2) 284 **284**
unifurcatum (2) 284 **284**
viridifrons (2) 284 **286**
Dryopteridaceae (2) 4 5 **471**
Dryopteris
(Dryopteridaceae) (2) 472 **487**
acutodentata (2) 489 **509**
alpestris (2) 489 **508**
alpicola (2) 488 **502**
amurensis (2) 492 **529**
angustifrons (2) 490 **514**
assamensis (2) 492 **527**
atrata (2) 488 **497**
barbigera (2) 489 **507**
bissetiana (2) 532
blanfordii
subsp. nigrosquamosa (2) 491 **518**
blanfordii (2) 491 **517**
bodinieri (2) 487 **493**
caroli-hopei (2) 490 **515**
carthusiana (2) 490 **516**
castanea (2) 345
championii (2) 492 **524**
chinensis (2) 490 **516**
chrysocoma (2) 488 **501**
cochleata (2) 490 **512**
commixta (2) 488 **497**
conjugata (2) 488 **499**
coreano-montana (2) 489 **505**
crassirhizoma (2) 489 **506** Ph.110
cycadina (2) 488 **496**
decipiens (2) 491 **521**
var. diplazioides (2) 491 **521**
dehuaensis (2) 492 **529**
dickinsii (2) 488 **496**
var. *namegatae* (2) 495
elegans (2) 353
enneaphylla (2) 487 **494**
erythrosora (2) 491 **522**
esquirolii (2) 370
expansa (2) 490 **515**
filix-mas (2) 489 **504**
formosana (2) 492 **529**
fragrans (2) 489 **508**
fructuosa (2) 490 **512**
fuscipes (2) 491 **521**
goeringiana (2) 491 **517**
gymnophylla (2) 490 **516**
gymnopteridifrons (2) 395
gymnosora (2) 492 **525**
handeliana (2) 488 **495**
hattorii (2) 349
heterolaena (2) 606
himachalensis (2) 488 **501**
hirtirachis (2) 359
hondoensis (2) 491 **522**
huangshanensis (2) 489 **502**
idusiata (2) 492 **525**
immixta (2) 492 **531**
incisolobata (2) 489 **503**
indusiata var. *paleacea* (2) 524
var. *simasakii* (2) 524

integriloba (2) 492 **527**
jessoensis (2) 273
juxtaposita (2) 490 **512**
kinkiensis (2) 491 **523**
komarovii (2) 489 **507**
kusukusensis (2) 612
labordei (2) 492 **528**
lacera (2) 490 **510**
lachoongensis (2) 490 **512**
laeta (2) 517
lakhimpurensis (2) 394
lepidopoda (2) 489 **504** Ph.109
lepidorachis (2) 491 **522**
leveillei (2) 362
liangkwangensis (2) 488 **495**
lofouensis (2) 615
lunanensis (2) 488 **499**
marginata (2) 490 **514**
mariformis (2) 605
microlepis (2) 488 **500**
namegatae (2) 488 **495**
neopodophyllum (2) 486
neorosthornii (2) 489 **506**
nigrosquamosa (2) 518
nipponica var. *borealis* (2) 340
pacifica (2) 492 **530**
panda (2) 488 **500**
peninsulae (2) 490 **511**
podophylla (2) 487 **494**
polita (2) 491 **519**
porosa (2) 490 **513**
pseudosparsa (2) 492 **528**
pseudovaria (2) 490 **511**
pteridoformis (2) 490 **514**
pulcherrima (2) 489 **502**
pulvinulifera (2) 491 **519**
pycnopteroides (2) 488 **498**
quelpaertensis (2) 337
redactopinnata (2) 489 **504**
reflexosquamata (2) 491 **518**
remote-pinnata (2) 274
rosthornii (2) 489 **506**
ryo-itoana (2) 491 **522**
sacrosancta (2) 493 **532**
saxifraga (2) 493 **532**
scottii (2) 487 **494**
sericea (2) 490 **509**
serrato-dentata (2) 489 **509**
setosa (2) 493 **532**
sieboldii (2) 487 **493**
simasakii (2) 492 **524**
var. paleacea (2) 492 **524**
sinofibrillosa (2) 489 **503**
sparsa (2) 491 **520**
splendens (2) 491 **518**
stegnogramma
var. *cyrtomioides* (2) 389
stenolepis (2) 488 **498**
subaurita (2) 358
subimpressa (2) 490 **515**
sublacera (2) 490 **511**
submarginata (2) 492 **526**
subtriangularis (2) 492 **526**
tahmingensis (2) 492 **528**
taiwanensis (2) 375
tenuicula (2) 492 **526**
thibetica (2) 488 **498**
tokyoensis (2) 488 **500**
tonkinensis (2) 372
tsoongii (2) 491 **523**
tuberculifera (2) 369
uniformis (2) 490 **510**
uraiensis (2) 348
varia (2) 493 **531**
wallichiana (2) 489 **505**
woodsiisora (2) 488 **501**
yigongensis (2) 489 **502**
yoroii (2) 491 **520**
Drypetes
(Euphorbiaceae) (8) 10 **23**
arcuatinervia (8) 23 **24**
congestiflora (8) 23 **25**
cumingii (8) 22 **23**
indica (8) 23 **25** Ph.9
obtusa (8) 23 **24**
perreticulata (8) **23**
Duabanga
(Sonneratiaceae) (7) 497 **498**
grandiflora (7) **498** Ph.174
taylorii (7) 498 **499**
Dubyaea
(Compositae) (11) 133 **706**
atropurpurea (11) 706 **708**
bhotanica (11) 706 **707**
gombalana (11) 707 **708**
hispida (11) 706 **707**
pteropoda (11) 706 **707**
rubra (11) 706 **708**
tsarongensis (11) 706 **707**
Duchesnea
(Rosaceae) (6) 444 **706**
chrysantha (6) **706**
indica (6) **706** Ph.148
Dumasia
(Fabaceae) (7) 65 **219**
cordifolia (7) **220** Ph.108
forrestii (7) 220 **221**
hirsuta (7) **220**
truncata (7) 220 **222**
villosa (7) 220 **221**
Dumortiera
(Wiesnerellaceae) (1) **2** **70**
denudata (1) 271
hirsuta (1) **270** Ph.58
Dunbaria
(Fabaceae) (7) 63 **240**
fusca (7) **241**
henryi (7) 241 **243**
podocarpa (7) 241 **242**
rotundifolia (7) **241**
villosa (7) 241 **242**
Dunnia
(Rubiaceae) (10) 507 **554**

sinensis (10) **554** Ph.186
Duperrea
(Rubiaceae) (10) 510 **613**
pavettaefolia (10) **613**
Duranta
(Verbenaceae) (9) 346 **352**
erecta (9) **52** Ph.133
repens (9) 352
Durio
(Bombacaceae) (5) 64 **68**
zibethinus (5) **68**
Duthiea
(Poaceae) (12) 558 **875**
brachypodia (12) **875**
Duthiella
(Trachypodaceae) (1) **663**
flaccida (1) 663 **664**
formosana (1) 663 **664**
speciosissima (1) 663 **664**
Dypsis
(Arecaceae) (12) 57 **91**
lutescens (12) **92** Ph.26
Dyschoriste
(Acanthaceae) (10) **331**
sinica (10) **353**
Dysolobium
(Fabaceae) (7) 64 **226**
grande (7) **227**
Dysophylla
(Lamiaceae) (9) 397 **560**
auricularia (9) 560
benthamiana (9) 561
communis (9) 549
cruciata (9) **561**
sampsonii (9) **561**
stellata (9) **561**
yatabeana (9) **561**
Dysosma
(Berberidaceae) (3) 582 **638**
difformis (3) 638 **639** Ph.464
majorensis (3) **638**
pleiantha (3) 638 **640** Ph.465
tsayuensis (3) 638 **640** Ph.466
veitchii (3) 638 **640**
ph.467-1,467-2
versipellis (3) 638 **639** Ph.463
Dysoxylum
(Meliaceae) (8) 375 **392**
binectariferum (8) 392 **393**
cumingianum (8) 392 **395**
excelsum (8) **392**
hongkongense (8) 392 **393**
lenticellatum (8) 392 **394**
leytense (8) 392 **395**
lukii (8) 392 **394**
mollissimum (8) 392 **394**

E

Ebenaceae (6) **12**
Eberhardtia
(Sapotaceae) (6) **14**
aurata (6) **15** Ph.3
Ebermaiera concinnula (10) 339
Ecballium
(Cucurbitaceae) (5) 198 **226**
elaterium (5) **226**
Eccoilopus
(Poaceae) (12) 555 **1103**
cotulifer (12) **1103**
formosanus (12) 1103 **1104**
Ecdysanthera rosea (9) 128
tournieri (9) 128
Echenais sieversii (11) 633
Echinacanthus
(Acanthaceae) (10) 331 **354**
lofouensis (10) **354**
Echinocarpus dasycarpus (5) 9
sinensis (5) 10
tomentosus (5) 9
Echinochloa
(Poaceae) (12) 554 **1043**
caudate (12) 1044 **1046**
colonum (12) **1044**
crusgalli (12) 1044 **1045**
var. mitis (12) 1044 **1045**
var. zelavensis (12) 1044 **1045**
cruspavonis (12) 1044 **1045**
frumentacea (12) 1044 **1047**
glabrescens (12) 1044 **1046**
hispidula (12) 1044 **1046**
utilis (12) 1044 **1047**
Echinocodon
(Campanulaceae) (10) 446 **466**
lobophyllus (10) **466**
Echinolaena polystachya (12) 1040
Echinops
(Compositae) (11) 130 **556**
dissectus (11) 557 **559**
gmelini (11) 557 **560**
grijsii (11) 557 **558**
latifolius (11) 557 **558** Ph.123
nanus (11) 557 **560**
przewalskii (11) 557
ritro (11) 557 **558** Ph.122
sphaerocephalus (11) 557 **559**
Echinospermum
consanguineum (9) 338
heteracanthum (9) 338
intermedium (9) 339
microcarpum (9) 339
patulum (9) 339
semiglabrum (9) 337
strictum (9) 340
thymifolium (9) 329
Echioglossum birmanicum (13) 736
striatum (13) 735
Echites marginata (9) 112
micrantha (9) 127
scholaris (9) 100
Echium
(Boraginaceae) (9) 280 **294**
vulgare (9) **294**
Eclipta
(Compositae) (11) 124 **317**

prostrata (11) **317** Ph.75
Ectropotheciella
(Hypnaceae) (1) 899 **913**
distichophylla (1) **913**
Ectropothecium
(Hypnaceae) (1) 899 **914**
aneitense (1) 914 **916**
buitenzorgii (1) 914 **916**
dealbatum (1) 914 **915**
wangianum (1) 914 **915**
zollingeri (1) **914** Ph.268
Edgaria
(Cucurbitaceae) (5) 198 **218**
darjeelingensis (5) **218**
Edgeworthia
(Thymelaeaceae) (7) 514 **537**
chinensis (7) **252**
chrysantha (7) **537**
gardneri (7) 537 **538**
himalaicum (7) 252 **253**
Edosmia neurohyllum (8) 698
Egenolfia
(Bolbitidaceae) (2) 625 **628**
appendiculata (2) 628 **628**
bipinnatifida (2) 628 **630**
rhizophylla (2) 628 **629**
sinensis (2) 628 **629**
tonkinensis (2) 628 **629**
yunnanensis (2) 628 **630**
Ehretia
(Boraginaceae) (9) 280 **283**
acuminata (9) 283 **284** Ph.119
corylifolia (9) 284 **285** Ph.120
dicksoni (9) **284**
var. glabrescens (9) 284 **285**
longiflora (9) 284 **285**
macrophylla (9) 284
var. *glabrescens* (9) 285
microphylla (9) 286
thyrsiflora (9) 284
tsangii (9) 284 **285**
Ehretia ferrea (6) 25
Ehrharta caudate (12) 700
Eichhornia
(Pontederiaceae) (13) 65 **68**
crassipes (13) **68** Ph.60
Elachanthemum intricatum (11) 361
Elaeagnaceae (7) **466**
Elaeagnus
(Elaegnaceae) (7) **466**
angustifolia (7) 467 **474**
var. orientalis (7) 467 **475**
argyi (7) 468 **476**
bockii (7) 467 **470** Ph.164
conferta (7) 467 **469**
courtoisi (7) 468 **476**
cuprea (7) 474
difficilis (7) 467 **474**
glabra (7) 467 **472**
gonyanthes (7) 467 **469**
henryi (7) 467 **473**
lanceolata (7) 467 **471**
loureirii (7) 467 **468**
macrophylla (7) 467 **470**
magna (7) 468 **478**
mollis (7) 468 **475** Ph.165
multiflora (7) 468 **478**
var. obovoidea (7) 468 **479**
nanchuanensis (7) 468 **477**
oldhami (7) 467 **469**
orientalis (7) 475
pungens (7) 467 **472**
sarmentosa (7) 467 **471**
stellipila (7) 468 **475**
tutcheri (7) 467 **473**
umbellata (7) 468 **477** Ph.166
wushanensis (7) 468 478
Elaeis
(Arecaceae) (12) 57 **97**
guineensis (12) **97**
Elaeocarpaceae (5) **1**
Elaeocarpus integerrimus (4) 563
Elaeocarpus
(Elaeocarpaceae) (5) 1
apiculatus (5) 1 **3**
balansae (5) 2 **7**
chinensis (5) 1 **5**
decipiens (5) 2 **8**
dubius (5) 1 **4**
duclouxii (5) 2 **8**
glabripetalus (5) 1 **6**
hainanensis (5) 1 **2** Ph.2
hemsleyana (5) 11
howii (5) 2 **7**
japonicus (5) 1 **5** Ph.3
laoticus (5) 1 **4**
limitaneus (5) 2 **7** Ph.5
nitentifolius (5) 1 4
petiolatus (5) 1 **3**
sphaericus (5) 1 **2** Ph.1
sylvestris (5) 1 **6** Ph.4
varunua (5) 1 **3**
Elaphoglosssaceae (2) 7 **633**
Elaphoglossum
(Elaphoglosssaceae) (2) **633**
angulatum (2) 633 **634** Ph.119
conforme (2) 633 **635**
fusco-punctatum (2) 634
sinii (2) 633 **633**
yoshinagae (2) 633 **634**
yunnanense (2) 633 **635**
Elatinaceae (4) **678**
Elatine
(Elatinaceae) (4) 678 **680**
ambigua (4) 680 **681**
hydropiper (4) **680**
trindra (4) 680 **681**
Elatostema
(Urticaceae) (4) 75 **119**
acuminatum (4) 119 **122**
albopilosum (4) 121 **134**
auriculatum (4) 121 **132**
backeri (4) 120 **124**

balansae (4) 121 **130**
brachyodontum (4) 121 **134**
cuspidatum (4) 121 **129**
cyrtandrifolium (4) 121 **129**
dissectum (4) 121 **132**
edule (4) 120 **131**
ficoides (4) 121 **135**
var. *brachyodontum* (4) 134
hookerianum (4) 120 **125**
ichangense (4) 120 **126**
incisoserratum (4) 118
integrifolium (4) 119 **122**
involucratum (4) 120 **128**
laevissimum (4) 119 **122**
lineolatum
var. *majus* (4) 123
var. majus (4) 119 **123**
macintyrei (4) 121 **130**
monandrum (4) 120 **124**
myrtillus (4) 120 **125**
nasutum (4) 120 **126**
oblongifolium (4) 119 **121**
obtusum (4) 120 **128**
var. glabrescens (4) 120 **129**
parvum (4) 120 **123**
petelotii (4) 121 **132**
platyphyllum (4) 120 **131**
pseudoficoides (4) 121 **133**
pycnodontum (4) 120 **125**
retrohirtum (4) 121 **130**
rupestre (4) 130
salvinioides (4) 120 **126**
sinense (4) 120 **124**
stewardii (4) 120 **127**
tenuicaudatum (4) 119 **122**
tenuifolium (4) 121 **133**
trichocarpum (4) 120 **127**
Eleocharis
(Cyperaceae) (12) 255 **278**
acutangula (12) 278 **281**
atropurpurea (12) 279 **286**
attenuata (12) 279 **284**
var. erhizomatosa (12) 279 **285**
dulcis (12) 278 **280**
equisetina (12) 278 **279**
geniculata (12) 279 **285**
intersita (12) 279 **288**
japonica (12) 284
kamtschatica
f.reducta (12) 279 **287**
var. *reducta* (12) 287
mamillata
var. cyclocarpa (12) 279 **287**
migoana (12) 279 **286**
ochrostachys (12) 278 **281**
ovata (12) 279 **285**
pauciflora (12) 282
pellucida (12) 279 **284**
var. japonica (12) 279 **284**
plantagineiformis (12) 278 **280**
quinqueflora (12) 278 **282**
spiralis (12) 278 **280**
tetraquetra (12) 279 **283**
tuberose (12) 280
uniglumis (12) 279 **288**
valleculosa f.sefosa (12) 279 **287**
var. *setosa* (12) 287
wichurai (12) 279 **283**
yokoscensis (12) 279 **282**
Eleodendron fortunei (7) 780
Elephantopus
(Compositae) (11) 128 **146**
scaber (11) **146**
spicatus (11) 147
tomentosus (11) 146 **147**
Elettariopsis
(Zingiberaceae) (13) 21 **53**
monophylla (13) **53** Ph.48
Eleusine
(Poaceae) (12) 562 **987**
coracana (12) **988**
indica (12) 987 **988**
racemosa (12) 974
Eleutharrhena
(Menispermaceae) (3) 669 **671**
macrocarpa (3) **672**
Eleutherine
(Iridaceae) (13) 273 **277**
plicata (13) **277**
Eleutherococcus
(Araliaceae) (8) 535 **557**
brachypus (8) **557**
cissifolius (8) 557 **559**
giraldii (8) 557 **560**
gracilistylus (8) 557 **561** Ph.268
henryi (8) 557 **559** Ph.266
leucorrhizus (8) 557 **558** Ph.265
scandens (8) 557 **562**
senticosus (8) 557 **558** Ph.264
sessiliflorus (8) 557 **560** Ph.267
trifoliatus (8) 557 **561** Ph.269
rubrinervis (8) 164
Elichrysum nepalensis (11) 277
Ellipanthus
(Connaraceae) (6) 227 **232**
glabrifolius (6) **232** Ph.74
Ellisiophyllum
(Scrophulariaceae) (10) 67 **135**
pinnatum (10) **135**
Elmeriobryum philippinense (1) 926
Elodea formosa (4) **692**
japonica (4) **708**
Elodium paludosum (1) 800
Elsholtzia
(Lamiaceae) (9) 397 **544**
blanda (9) 545 **549** Ph.187
bodinieri (9) 545 **551** Ph.189
capituligera (9) 545 **547**
ciliata (9) 545 **553**
communis (9) 545 **549**
cristata f. saxatilis (9) 552
cypriani (9) 545 **550** Ph.188
densa (9) 545 **550**

var. *calycocarpa* **(9)** 550
var. *ianthina* **(9)** 550
dependens **(9)** 554
flava **(9)** 545 **548**
fruticosa **(9)** 545 **546**
glabra **(9)** 544 **546**
japonica **(9)** 555
kachinensis **(9)** 545 **552**
luteola **(9)** 545 **551**
penduliflora **(9)** 544 **548**
pilosa **(9)** 545 **548**
rugulosa **(9)** 544 **545** Ph.184
saxatilis **(9)** 545 **552**
splendens **(9)** 545 **553**
stachyodes **(9)** 545 **549**
stauntoni **(9)** 545 **547** Ph.185
strobilifera **(9)** 545 **551**
winitiana **(9)** 545 **547** Ph.186
Elyma schoenoides **(12)** 367
Elymus
(Poaceae) **(12)** 560 **822**
angustus **(12)** 829
barystachyus **(12)** 822 **824**
breviaristatus **(12)** 822 **823**
cylindricus **(12)** 823 **825**
dahuricus **(12)** 823 **826**
var. *cylindricus* **(12)** 825
excelsus **(12)** 823 **826**
junceus **(12)** 832
lanuginose **(12)** 832
mollis **(12)** 828
multicaulis **(12)** 828
nutans **(12)** 822 **823**
paboanus **(12)** 828
racemosus **(12)** 827
shandongensis **(12)** 847
sibiricus **(12)** 822 **824**
tangutorum **(12)** 822 **825**
tianschanicus **(12)** 830
Elyna capillifolia **(12)** 372
filifolia **(12)** 366
humilis **(12)** 374
stenocarpa **(12)** 369
Elytranthe
(Loranthaceae) **(7)** 738 **740**
albida **(7)** **741**
fordii **(7)** 739
parasitica **(7)** **741**
robinsonii **(7)** 740
tricolor **(7)** 740
Elytrigia
(Poaceae) **(12)** 560 **867**
aegilopoides **(12)** 868 **869**
ferganensis **(12)** 867 **868**
repens **(12)** **868**
Elytrophorus
(Poaceae) **(12)** 562 **989**
spicatus **(12)** **989**
Embelia
(Myrsinaceae) **(6)** 77 **102**
floribunda **(6)** 102 **104**
gamblei **(6)** 102 **105**
henryi **(6)** 102 **107**
laeta **(6)** 103 **108**
lenticellata **(6)** 105
longifolia **(6)** 108
oblongifolia **(6)** 104
parvifiora **(6)** 102 **106**
paucifiora **(6)** 102 **107**
polypodioides **(6)** 102 **106**
procumbens **(6)** 102 **107**
pulchella **(6)** 102 **106**
ribes **(6)** 102 **103**
var. pachyphylla **(6)** 102 **104** Ph.29
rudia **(6)** 104
scandens **(6)** 102 **105**
sessiliflora **(6)** 102 **103**
subcoriacea **(6)** 108
undulata **(6)** 103 **108**
vestita **(6)** 102 **104**
var. lenticellata **(6)** 102 **105**
Emilia
(Compositae) **(11)** 128 **554**
coccinea **(11)** **554**
prenanthoidea **(11)** 554 **555**
sonchifolia **(11)** 554 **555**
Emmenopterys
(Rubiaceae) **(10)** 511 **557**
henryi **(10)** **557** Ph.188
Empetraceae **(5)** **552**
Empetrum
(Empetraceae) **(5)** **552**
nigrum var. japonicum **(5)** **552** Ph.186
Encalypta
(Encalyptaceae) **(1)** 432
alpina **(1)** 433
buxbaumioida **(1)** 433
ciliata **(1)** 433 434 Ph.126
lanceolata **(1)** 481
ligulata **(1)** 475
rhaptocarpa **(1)** 433 434
tibetana **(1)** 433 435
vulgaris **(1)** 433 435
Encalyptaceae **(1)** 432
Endiandra
(Lauraceae) **(3)** 207 **292**
hainanensis **(3)** **292**
Endospermum
(Euphorbiaceae) **(8)** 14 **108**
chinense **(8)** **109**
Endotrichella
(Pterobryaceae) **(1)** 668 **670**
elegans **(1)** **670**
Endotrichum elegans **(1)** 670
Enemion
(Ranunculaceae) **(3)** 388 **451**
raddeanum **(3)** **451**
Engelhardtia
(Juglandaceae) **(4)** 164 **165**
colebrookiana **(4)** 165 **166**
fenzelii **(4)** 165 **166** Ph.68
roxburghiana **(4)** **165** Ph.67
spicata **(4)** 165 **167** Ph.69

var. *colebrookiana* **(4)** 166
Enhalus
(Hydrocharitaceae) **(12)** 13 **17**
acoroides **(12)** **17**
Enkianthus
(Ericaceae) **(5)** 553 **681**
chinensis **(5)** **681** Ph.279
deflexus **(5)** 681 **683** Ph.281
quinqueflorus **(5)** 681 **682** Ph.280
var. *serrulatus* **(5)** 682
serrulatus **(5)** 681 **682**
var. *hirtinervus* **(5)** 682
Enneapogon
(Poaceae) **(12)** 561 **960**
borealis **(12)** **960**
brachystachyus **(12)** 960
Ensete
(Musaceae) **(13)** 14 **18**
glaucum **(13)** **18**
Entada
(Mimosaceae) **(7)** 1 **4**
phaseoloides **(7)** **4** Ph.2
Enterolobium
(Mimosaceae) **(7)** 2 **21**
cyclocarpum **(7)** **21**
Enteropogon
(Poaceae) **(12)** 558 **992**
dolichostachyus **(12)** **992**
Entodon
(Entodontaceae) **(1)** 851 853
aeruginosus **(1)** 854 860
cladorrhizans **(1)** 854 858
compressus **(1)** 854 857
conchophyllus **(1)** 861
concinnus **(1)** 853 857
divergens **(1)** 853 856
kungshanensis **(1)** 853 855
longifolius **(1)** 853 855
luridus **(1)** 854 860 Ph.255
macropodus **(1)** 853 854 Ph.254
obtusatus **(1)** 853 855
prorepens **(1)** 854 859
pulchellus **(1)** 854 858
pylaisioides **(1)** 853 856
scariosus **(1)** 853 861
sullivantii **(1)** 854 858
Entodontaceae **(1)** 850
Entodontopsis
(Stereophyllaceae) **(1)** **862**
anceps **(1)** 862 **863**
nitens **(1)** 862 **863**
pygmaea **(1)** **862**
Entosthodon
(Funariaceae) **(1)** 517 **518**
buseanus **(1)** **518** Ph.145
wichurae **(1)** **518**
Enydra
(Compositae) **(11)** 124 **316**
fluctuans **(11)** **316**
Eomecon
(Papaveraceae) **(3)** 695 **713**
chionantha **(3)** **714** Ph.415
Eopleurozia
(Pleuroziaceae) **(1)** 201 **202**
gigenteoides **(1)** **202**
Epaltes
(Compositae) **(11)** 129 **244**
australis **(11)** **245**
divaricata **(11)** **245**
Ephedra
(Ephedraceae) **(3)** **112**
equisetine **(3)** 113 **115**
fedtschenkoae **(3)** 113 **118** Ph.147
gerardiana **(3)** 115
gerardiana **(3)** 113 **116** Ph.145
var. *congesta* **(3)** 116
intermedia **(3)** 112 **114** Ph.144
var. *tibetica* **(3)** 114
lepidosperma **(3)** 116
likiangensis **(3)** 113 **115**
minuta **(3)** 113 **118**
var. *dioeca* **(3)** 118
monosperma **(3)** 113 **117** Ph.146
przewalskii **(3)** 112 **113**
var. *kaschgaricn* **(3)** 113
regeliana **(3)** 113 **117**
rhytidosperma **(3)** 113 **116**
saxatilis **(3)** 113 **115**
sinica **(3)** 113 **114**
Ephedraceae **(3)** **112**
Ephemeraceae **(1)** **515**
Ephemerantha fimbriata **(13)** 687
Ephemerum
(Ephemeraceae) **(1)** **516**
apiculatum **(1)** **516**
Epidendrum aloifolium **(13)** 575
concretum **(13)** 639
ensifolium **(13)** 581
moniliforme **(13)** 677
moschatum **(13)** 668
myosurus **(13)** 558
praecox **(13)** 625
retusum **(13)** 748
sinense **(13)** 581
teres **(13)** 759
tomentosum **(13)** 646
Epigeneium
(Orchidaceae) **(13)** 373 **688**
amplum **(13)** 688 **689** Ph.514
fargesii **(13)** **688**
fuscescens **(13)** 688 **689**
rotundatum **(13)** 688 **689**
Epigynium *leucobotrys* **(5)** 707
Epigynum
(Apocynaceae) **(9)** 91 **130**
auritum **(9)** **130**
Epilasia
(Compositae) **(11)** 133 **693**
acrolasia **(11)** **694**
hemilasia **(11)** 693 **694**
Epilobium
(Onagraceae) **(7)** 581 **596**
amurense **(7)** 598 **607** Ph.224

subsp. cephalostigma (7) 598 **608**
anagallidifolium (7) 598 **609**
angustifolium (7) 596 **599** Ph.220
subsp. circumvagum (7)596 **600** Ph.221
blinii (7) 596 **601**
brevifolium (7) 597 **606**
subsp. trichoneurum (7) 597 **606**
cephalostigma (7) 608
ciliatum (7) 598 **613**
conspersum (7) 596 **599**Ph.219
cylindricum (7) 597 **602**
fangii (7)
fastigiatoramosum (7) 597 **612**
hirsutum (7) 596 **600** Ph.222
hohuanense (7) 597 **604**
kermodei (7) 597 **605**
kingdonii (7) 598 **608**
latifolium (7) 596 **598** Ph.218
minutiflorum (7) 597 **612**
nankotaizanense (7) 596 **602** Ph.223
palustre (7) 597 **611**
pannosum (7) 597 **605**
parviflorum (7) 596 **601**
platystigmatosum (7) 597 **604**
pyrricholophum (7) 597 **606**
royleanum (7) 597 **604**
sikkimense (7) 598 **609**
sinense (7) 597 **603**
speciosum (7) 596 **599**
subcoriaceum (7) 598 **610**
tianschanicum (7) 598 **603**
tibetanum (7) 598 **603**
trichoneurum (7) 606
wallichianum (7) 598 **608**
williamsii (7) 598 **609**
Epimedium
(Berberidaceae) (3) 582 **641**
acuminatum (3) 642 **648**
brevicornu (3) 643 **650**
davidii (3) 642 **647**
var. *hunanense* (3) 649
fargesii (3) 642 **646**
franchetii (3) 642 **647**
hunanense (3) 643 **649**
koreanum (3) 642 **645** Ph.470
leptorrhizum (3) 642 **646**
myrianthum (3) 642 **645**
pinnadium var. davidii (12) 669
platypetalum (3) 642 **643**
pubescens (3) 642 **644** Ph.468
sagittatum (3) 642 **644** Ph.469
var. glabratum (3) 642 **645**
simplicifolium (3) 642 **643**
stellulatum (3) 642 **648**
sutchuenense (3) 643 **649**
wushanense (3) 642 **647**
Epimeredi indica (9) 501
Epipactis
(Orchidaceae) (13) 365 **397**
consimilis (13) 398 **399**
helleborine (13) 397 **398**
mairei (13) **398** Ph.292
palustris (13) 398 **399**
xanthophaea (13) 398 **400**
Epiphanes javanica (13) 530
Epiphyllum
(Cactaceae) (4) 300 **304**
oxypetalum (4) **304** Ph.138
Epipogium
(Orchidaceae) (13) 368 **532**
aphyllum (13) 532 **533** Ph.367
roseum (13) **532** Ph.366
Epipremnopsis hainanensis (12) 113
Epipremnum
(Araceae) (12) 105 **116**
pinnatum (12) **117**
Epiprinus
(Euphorbiaceae) (8) 12 **85**
siletianus (8) **85** Ph.39
Epipterygium
(Bryaceae) (1) 539 **551**
tozeri (1) **551**
Epirixanthes elongata (8) 258
Epithema
(Gesneriaceae) (10) 247 **327**
carnosum (10) **327**
Equisetaceae (2) 1 **64**
Equisetum
(Equisetaceae) (2) **65**
arvense (2) 65 **68** Ph.24
debile (2) 69
diffusum (2) 65 **65** Ph.23
fluviatile (2) 65 **66**
hyemale (2) 65 **69**
subsp. affine (2) 65 **69**
palustre (2) 65 **66**
pratense (2) 65 **67**
ramosissimum (2) 65 **68**
subsp. debile (2) 65 **69**
robustum var. *affine* (2) 69
scirpoides (2) 65 **70**
sylvaticum (2) 65 **67**
variegatum (2) 65 **70** Ph.25
Eragrostiella
(Poaceae) (12) 563 **975**
lolioides (12) **975**
Eragrostis
(Poaceae) (12) 562 **961**
atrovirens (12) 962 **964**
autumnalis (12) 962 **969**
bulbillifera (12) 966
cilianensis (12) 962 **969**
ciliata (12) 962 **971**
cumingii (12) 963 **966**
curvula (12) 963 **965**
cylindrica (12) 962 **964**
ferruginea (12) 962 **968**
harpachnoides (12) 973
japonica (12) 962 **972**
lolioides (12) 975
mairei (12) 962 **967**
minor (12) 962 **970**
nevinii (12) 962 **964**

nigra (12) 963 **967**
perennans (12) 963 **966**
perlaxa (12) 962 **966**
pilosa (12) 962 **968**
pilosissima (12) 962 **965**
poaeoides (12) 970
reflexa (12) 962 **963**
tenella (12) 962 **971**
unioloides (12) 962 **970**
zeylanica (12) 962 **963**
Eranthemum
(Acanthaceae) (10) 331 **346**
austrosinense (10) 346 **347**
graciliflorum (10) 392
nervosum (10) 346
polyanthum (10) 393
pubipetalum (10) 346 **347**
pulchellum (10) **346** Ph.112
Eranthis
(Ranunculaceae) (3) 389 **403**
stellata (3) **403**
Erechtites
(Compositae) (11) 128 **549**
hieracifolia (11) **549**
valerianaefolia (11) 549 **550**
Eremochloa
(Poaceae) (12) 554 **1163**
ciliaris (12) 1163 **1164**
ophiuroides (12) **1163**
zeylanica (12) 1163 **1164**
Eremonotus
(Gymnomitriaceae) (1) 91 **96**
myriocarpus (1) **96**
Eriopus japonicus (1) **737**
Eremopoa
(Poaceae) (12) 561 **761**
altaica (12) 761 **762**
oxyglumis (12) 761 **762**
persica (12) **761**
songarica (12) 761 **762**
Eremopogon
(Poaceae) (12) 556 **1128**
delavayi (12) **1128**
Eremopyrum
(Poaceae) (12) 560 **871**
orientale (12) 871 **872**
triticeum (12) 871 **872**
Eremosparton
(Fabaceae) (7) 61 **262**
aphyllum var. *songoricum* (7) 263
songoricum (7) **263**
Eremostachys
(Lamiaceae) (9) 395 **463**
moluccelloides (9) **463**
speciosa var. viridifolia (9) **463**
Eremotropa
(Monotropaceae) (5) 733 **734**
wuana (5) **734**
Eremurus
(Liliaceae) (13) 70 **85**
altaicus (13) **86**
anisopterus (13) **86**
chinensis (13) **86** Ph.66
inderiensis (13) **86**
Eria
(Orchidaceae) (13) 372 **639**
acervata (13) 641 **651** Ph.473
ambrosia (13) 693
amica (13) 641 **648** Ph.471
bambusifolia (13) 640 **648**
clausa (13) 640 **644** Ph.468
corneri (13) 640 **644**
coronaria (13) 640 **645** Ph.469
crassifolia (13) 640 **652**
dalatensis (13) 641
excavata (13) 641 **649**
formosana (13) 640 **651**
gagnepainii (13) 640 **645**
graminifolia (13) 641 **649**
hainanensis (13) 646
javanica (13) 639 **642** Ph.466
marginata (13) 640 **647**
microphylla (13) 639 **641**
obvia (13) 641 **650** Ph.472
ovata (13) 640 **653**
pannea (13) 640 **646**
pulvinata (13) 639 **641**
pusilla (13) 640 **642** Ph.467
reptans (13) 640 **650**
rhomboidalis (13) 640 **645**
rosea (13) 640 **643**
sinica (13) 640 **643**
spicata (13) 641 **652** Ph.474
stricta (13) 640 **647** Ph.470
szetschuanica (13) 640 **650**
tomentosa (13) 640 **646**
ustulata (13) 654
Eriachne
(Poaceae) (12) 559 **873**
pallescens (12) **873**
Erianthus
(Poaceae) (12) 555 **1099**
formosanus (12) 1099 **1101**
var. pollinioides (12) 1099 **1102**
nudipes (12) 1089
pollinioides (12) 1102
ravennae (12) **1099**
rockii (12) 1099 **1100**
rufipilus (12) 1099 **1100**
speciosus (12) 1111
Ericaceae (5) **553**
Ericala loureirii (9) 52
tubiflora (9) 36
Erigeron
(Compositae) (11) 123 **214**
acer (11) 215 **221** Ph.63
aegyptiacus (11) 225
alata (11) 242
alpinus β. *eriocalyx* (11) 219
altaicus (11) 214 **216** Ph.61
amonalum (11) 208
annuus (11) 215 **220**
aurantiacus (11) 214 **215** Ph.60

bonariensis **(11)** 228
breviscapus **(11)** 214 **217**
canadensis **(11)** 227
elongatus **(11)** 215 **221**
eriocalyx **(11)** 214 **219**
fukuyamae **(11)** 215 **223**
gramineum **(11)** 207
hieracifolium **(11)** 235
himalajensis **(11)** 215 **220**
japonicum **(11)** 226
kamtschaticus **(11)** 215 **222**
kiukiangensis **(11)** 215 **220**
komarovii **(11)** 214 **216**
krylovii **(11)** 215 **223**
lachnocephalus **(11)** 214 **219**
leucanthum **(11)** 225
molle **(11)** 237
morrisonensis **(11)** 214 **217**
moupinensis **(11)** 185
multifolius **(11)** 214 **218**
multiradiatus **(11)** 214 **219**
nigromontanus **(11)** 213
patentisquamus **(11)** 214 **218** Ph.62
pseudoseravschanicus **(11)** 215 **222** Ph.64
schmalhausenii **(11)** 215 **223**
seravschanicus **(11)** 214 **216**
sumatrensis **(11)** 228
Eriobotrya
(Rosaceae) **(6)** 443 **525**
cavaleriei **(6)** 525 **527**
deflaxa **(6)** 255 **528**
fragrans **(6)** 525 **526**
henryi **(6)** 525 **528**
japonica **(6)** **525** Ph.126
lasiogyna **(6)** 518
ochracea **(6)** 553
prinoides **(6)** 525 **526**
seguinii **(6)** 525 **529**
serrata **(6)** 525 **527**
Eriocaulaceae **(12)** **205**
Eriocaulon
(Eriocaulaceae) **(12)** **205**
alpestre **(12)** 206 **215**
var. *robustius* **(12)** 215
angustulum **(12)** 205 **207**
australe **(12)** 206 **207**
bilobatum **(12)** 206 **212**
brownianum **(12)** 206 **208**
var. *nilagirense* **(12)** 208
buergerianum **(12)** 206 **214**
cinereum **(12)** 206 **213**
decemflorum **(12)** 206 **216**
echinulatum **(12)** 206 **213**
faberi **(12)** 206 **216**
fluviatile **(12)** 211
luzulaefolium **(12)** 210
merrillii **(12)** 212
miquelianum **(12)** 206 **214**
nantoense **(12)** 205 **206**
var. *parviceps* **(12)** 211
nepalense **(12)** 206 **211**
pullum **(12)** 211
robustius **(12)** 206 **215**
schochianu **(12)** 206 **209**
senile **(12)** 206 **210**
setaceum **(12)** 206 **209**
sexangulare **(12)** 206 **208**
sieboldianum **(12)** 213
sikokianum **(12)** 214
sollyanum **(12)** 206 **210**
truncatum **(12)** 206 **212**
yaoshanense **(12)** 206 **211**
Eriochloa
(Poaceae) **(12)** 554 **1051**
procera **(12)** 1051 **1052**
villosa **(12)** 1051 **1052**
Eriochrysis porphyrocoma **(12)** 1095
Eriocycla
(Umbelliferae) **(8)** 581 **649**
albescens **(8)** **649**
var. latifolia **(8)** 649 **650**
Eriodes
(Orchidaceae) **(13)** 372 **590**
barbata **(13)** **590**
Erioglossum
(Sapindaceae) **(8)** 267 **273**
rubiginosum **(8)** **274** Ph.126
Eriolaena
(Sterculiaceae) **(5)** 34 **53**
kwangsiensis **(5)** **53**
spectabilis **(5)** **53** Ph.30
Eriophorum
(Cyperaceae) **(12)** 255 **274**
comosum **(12)** 274 **275**
gracile **(12)** 274 **276**
latifolium **(12)** 275
polystachion **(12)** 274 **275**
russeolum **(12)** 274 **276**
var. *majus* **(12)** 276
vaginatum **(12)** 274 **276**
Eriophyton
(Lamiaceae) **(9)** 396 **485**
wallichii **(9)** **486**
Eriosema
(Fabaceae) **(7)** 64 **252**
chinensis **(7)** **252**
himalaicun **(7)** 252 **253**
Eriosolena
(Thymelaeaceae) **(7)** 514 **536**
composita **(7)** **536**
involucrata **(7)** 536
Erismanthus
(Euphorbiaceae) **(8)** 13 **105**
sinensis **(8)** **105** Ph.54
Eritrichium
(Boraginaceae) **(9)** 282 **328**
aciculare **(9)** 328 **330**
borealisinense **(9)** 328 **332**
brachytubum **(9)** 327
deflexum **(9)** 328 **329**
densiflorum **(9)** 324
difforme **(9)** 328

hemisphaericum **(9)** 328 **331**
heterocarpum **(9)** 328 **329**
humillimum **(9)** 328 **330**
incanum **(9)** 328 **332**
laxum **(9)** 328 **331**
mandshuricum **(9)** 328 **333**
microcarpa **(9)** 308
myosotideum **(9)** 309
pectinato-ciliatum **(9)** 328 **332**
pustulosum **(9)** 323
pygmaeum **(9)** 325
rupestre **(9)** 328 **332**
tangkulaense **(9)** **328**
thymifolium **(9)** 328 **329**
tibeticum **(9)** 310
uncinatum **(9)** 327
villosum **(9)** 328 **330**
Erodium
(Geraniaceae) **(8)** **466**
cicutarium **(8)** 466 **467**
hoefftianum **(8)** **466**
oxyrrhynchum **(8)** **466**
stephanianum **(8)** 466 **467** Ph.241
Erpodiaceae **(1)** **611**
Erpodium sinense **(1)** **613**
Eruca
(Brassicaceae) **(5)** 383 **395**
sativa **(5)** 396
var. *eriocarpa* **(5)** 396
vesicaria subsp. sativa **(5)** **396** Ph.165
Ervatamia chengkiangensis **(9)** 97
divaricata **(9)** 98
flabelliformis **(9)** 98
hainanensis **(9)** 97
officinalis **(9)** 97
Ervum hirsutum **(7)** 417
tetraspermum **(7)** 417
Erycibe
(Convolvulaceae) **(9)** 240 **243**
elliptilimba **(9)** 243 **245** Ph.107
expansa **(9)** **243**
ferruginea **(9)** 243
henryi **(9)** 243 **244**
obtusifolia **(9)** 243 **244**
schmidtii **(9)** 243 **244**
Erymopyrum
(Poaceae) **(12)** 560 **871**
orientale 571 **572**
triticeum 571 **572**
Eryngium
(Umbelliferae) **(8)** 578 **594**
foetidum **(8)** **594**
planum **(8)** **594**
Erysimum
(Brassicaceae) **(5)** 386 **513**
altaicum **(5)** 516
amurense **(5)** 514 **515** Ph.182
aurantiacum **(5)** **515**
benthamii **(5)** 513 515
bracteatum **(5)** 514
bungei **(5)** 515
chamaephyton **(5)** 516
cheiranthoides **(5)** 513 **515**
cheiri **(5)** 514 **518**
deflenum **(5)** 513 **517**
flavum **(5)** 513 **516**
subsp. altaicum **(5)** 513 **516**
var. *shinganicum* **(5)** 516
funiculosum **(5)** 513 **516**
hieracifolium **(5)** 513 **514**
longisiliquum **(5)** 515
macilentum **(5)** 513 **515**
officinale **(5)** 383 528
quadricorne **(5)** 497
roseum **(5)** 513 **517** Ph.183
siliculosum **(5)** 514 **518**
sinuatum **(5)** 516
violaceum **(5)** 456
wardii **(5)** **514**
yunnanense **(5)** 516
Erythophleum
(Caesalpiniaceae) **(7)** 23 **29**
fordii **(7)** **29**
Erythraea ramosissima
var. *altaica* **(9)** 14
Erythrina
(Fabaceae) **(7)** 64 65 **195**
arborescens **(7)** 195 **196** Ph.92
corallodendron **(7)** 195 **196** Ph.93
crista-galli **(7)** 195 **196**
monosperma **(7)** 202
stricta **(7)** 196 **197** Ph.95
variegata **(7)** 196 **197** Ph.94
Erythrocarpus glomerulatus **(8)** 106
Erythrochaeta dentata **(11)** 450
Erythrodes
(Orchidaceae) **(13)** 366 **421**
blumei **(13)** **421**
chinensis **(13)** 421
Erythrodontium
(Entodontaceae) **(1)** **851**
julaceum **(1)** **851** Ph.253
Erythrophyllum yunnanense **(1)** 446
Erythronium
(Liliaceae) **(13)** 71 **104**
denscanis
var. sibiricum **(13)** **104**
japonicum **(13)** **104**
sibiricum **(13)** **104**
Erythropalum
(Olacaceae) **(7)** 713 **717**
scandens **(7)** **718** Ph.282
Erythropsis
(Sterculiaceae) **(5)** 34 **42**
colorata **(5)** 42 **43**
kwangsiensis **(5)** **43**
pulcherrima **(5)** **43**
Erythrorchis
(Orchidaceae) **(13)** 365 **523**
altissima **(13)** **524** Ph.362
Erythrospermum hypoleucum **(7)** 808
Erythrostaphyle vitiginea **(7)** 883
Erythroxylaceae **(8)** **228**

Erythroxylum
(Erythroxylaceae) **(8)** **228**
coca var. *novogranatense* **(8)** 229
kunthianum **(8)** 229
novogranatense **(8)** 228 **229**
sinensis **(8)** **229**
indicus **(8)** 81
Eschscholtzia
(Papaveraceae) **(3)** 695 **707**
californica **(3)** **707**
Esenbeckia plicta **(1)** 671
Esmeralda
(Orchidaceae) **(13)** 370 **738**
clarkei **(13)** **738**
Espera cordifolia **(5)** 33
Etaeria abbreviata **(13)** 437
moulmeinensis **(13)** 437
Ethulia
(Compositae) **(11)** 128 **135**
auriculata **(11)** 156
conyzoides **(11)** **135**
divaricata **(11)** 245
Etlingera
(Zingiberaceae) **(13)** 21 **53**
littoralis **(13)** **54** Ph.49
yunnanense **(13)** **54** Ph.50
Euaraliopsis ciliata **(8)** 546
fatsioides **(8)** 545
ferruginea **(8)** 544
hainla **(8)** 545
Eucalyptus
(Myrtaceae) **(7)** 549 **550**
amplifolia **(7)** 551 **553**
bicolor **(7)** 551 **555**
camaldulensis **(7)** 551 **554**
citriodora **(7)** 550 **551**
crebra **(7)** 551 **555**
exserta **(7)** 551 **554**
globulus **(7)** 551 **555** Ph.193
kirtoniana **(7)** 551 **553**
leptophleba **(7)** 551 **556**
maculata **(7)** 550 **552**
maideni **(7)** 551 **555** Ph.194
melliodora **(7)** 551 **556**
paniculata **(7)** 551 **556**
pellida **(7)** 551 **552**
punctata **(7)** 550 **552**
robusta **(7)** 551 **553** Ph.192
rudis **(7)** 551 **554**
saligna **(7)** 550 **552**
tereticornis **(7)** 551 **553**
Euchlaena
(Poaceae) **(12)** 552 **1169**
mexicana **(12)** **1169**
Euchresta
(Fabaceae) **(7)** 66 **452**
horsfieldii **(7)** **453**
japonica **(7)** **453** Ph.156
tenuifolia **(7)** 80
trifoliolata **(7)** 453
tubulosa **(7)** **453**
Eucladium
(Pottiaceae) **(1)** 438 **456**
verticillatum **(1)** **456**
Euclidium
(Brassicaceae) **(5)** 387 **430**
syriacum **(5)** **430**
Eucommia
(Eucommiaceae) **(3)** **794**
ulmoides **(3)** **795** Ph.448
Eucommiaceae **(3)** **794**
Eugenia
(Myrtaceae) **(7)** 549 **558**
bullockii **(7)** 570
claviflora **(7)** 564
esquirolii **(7)** 577
euonymifolia **(7)** 572
fluviatilis **(7)** 572
fruticosa **(7)** 571
gracilenta **(7)** 577
grijsii **(7)** 567
hainanensis **(7)** 579
jambos **(7)** 561
kwangtungensis **(7)** 569
levinei **(7)** 574
malaccensis **(7)** 563
operculata **(7)** 574
tsoongii **(7)** 566
uniflora **(7)** **558**
Eugenia racemosa **(5)** 104
Eulalia
(Poaceae) **(12)** 555 **1111**
contorta var. *sinensis* **(12)** 1115
leschenaultiana **(12)** 1111 **1113**
nana **(12)** 1116
nepalensis **(12)** 1088
pallens **(12)** 1111 **1112**
phaeothrix **(12)** 1111 **1112**
quadrinervis **(12)** 1111 **1113**
speciosa **(12)** **1111**
splendens **(12)** 1111 **1112**
Eulaliopsis
(Poaceae) **(12)** 555 **1115**
binata **(12)** **1115**
Eulophia
(Orchidaceae) **(13)** 371 **568**
bicallosa **(13)** 568 **570**
bracteosa **(13)** 568 **569**
campestris **(13)** 571
faberi **(13)** 568 **571**
flava **(13)** **568** Ph.390
graminea **(13)** 568 **571**
herbacea **(13)** 568 **569**
sooi **(13)** 568 **570**
spectabilis **(13)** 568 **570**
zollingeri **(13)** 568 **572**
Eumyurium
(Pterobryaceae) **(1)** 668 **680**
sinicum **(1)** **680**
Euonymus
(Celastraceae) **(7)** **775**
acanthocarpus **(7)** 776 **783**
aculeatus **(7)** 776 **783**

alatus (7) 778 **794**
var. pubescens (7) 778 **795**
angustatus (7) 776 **784**
bockii (7) 776 **782**
bungeanus (7) 790
carnosus (7) 777 **786** Ph.299
centidens (7) 779 **797**
chenmoui (7) 777 **786**
chinenses (7) 793
var. *microcarpa* (7) 791
chuii (7) 777 **785**
cinereus (7) 776 **785**
cornutus (7) 779 **798** Ph.301
dielsianus (7) 779 **796**
var. *fertilis* (7) 797
distichus (7) 778 **795**
euscaphis (7) 779 **796**
feddei (7) 802
fertilis (7) 779 **797**
fortunei (7) 776 **780** Ph.297
geloniifolium (7) 804
var. *rubusta* (7) 804
gibber (7) 778 **792**
giraldii (7) 779 **800**
grandiflorus (7) 777 **786**
hamiltonianus (7) 778 **790**
hederaceus (7) 776 **781**
ilicifolia (7) 804
japonicus (7) 776 **782** Ph.298
jinggangshanensis (7) 776 **781**
kiautschovicus (7) 776 **780**
laxiflorus (7) 778 **794**
leclerei (7) 779 **797**
lichiangensis (7) 778 **792**
longipedicellata
var. *vcontinentalis* (7) 803
maackii (7) 777 **790** Ph.300
macropterus (7) 779 **800**
maximowiczianus (7) 779 **799**
microcarpus (7) 778 **791**
mupinensis (7) 785
myrianthus (7) 777 **788**
nanoides (7) 778 **792**
nanus (7) 777 **789**
nitidus (7) 778 **793**
oblongifolius (7) 777 **788**
oxyphyllus (7) 779 **798**
pauciflorus (7) 793
phellomanus (7) 778 **791**
porphyreus (7) 779 **799** Ph.302
przwalskii (7) 777 **789**
rhytidophyllum (7) 803
sanguineus (7) 779 **800**
schensianus (7) 779 **800**
sclerocarpum (7) 803
semenovii (7) 777 **789**
spraguei (7) 776 **785**
subsessilis (7) 776 **784**
theifolius (7) 776 **782**
tingens (7) 777 **787**
tonkinensis (7) 776 **781**
venosus (7) 776 **782**
verrucosoides (7) 778 **795**
var. viridiflorus (7) 778 **795**
verrucosus var. chinensis (7) 778 **793**
var. pauciflorus (7) 778 **793**
viburnoides (7) 775 **779**
wilsonii (7) 776 **783**
yunnanensis (7) 777 **787**
Eupatorium
(Compositae) (11) 122 **149**
asperum (11) 141
chinense (11) 149 **151** Ph.40
cordatum (11) 153
fortunei (11) 149 **150**
heterophyllum (11) 149 **152** Ph.41
japonicum (11) 149 **152** Ph.42
lindleyanum (11) 149 **150**
odoratum (11) 149 **150**
rebaudianum (11) 153
shimadai (11) 149 **151**
Euphorbia
(Euphorbiaceae) (8) 14 **116**
altaica (8) 118 **133**
altotibetica (8) 118 **127**
antiqorum (8) 124
antiquorum (8) 117 **124** Ph.68
atoto (8) 117 **119**
bifida (8) 117 **120**
blepharophylla (8) 118 **129**
cyathophora (8) 117 **125** Ph.70
dracunculoides (8) 119 **135**
esula (8) 119 **136** Ph.77
fischeriana (8) 118 **131**
griffithii (8) 118 **128**
heishulensis (8) 118 **133**
helioscopia (8) 118 **126**
heterophylla (8) 125
hirta (8) 117 **121** Ph.63
humifusa (8) 117 **122** Ph.64
humilis (8) 118 **127**
hylonoma (8) 118 **132**
hypericifolia (8) 117 **120**
inderiensis (8) 119 **134**
indica (8) 120
jolkinii (8) 119 **134** Ph.75
kansuensis (8) 118 **131**
kansui (8) 119 **136** Ph.76
kozlovii (8) 118 **132**
lathyris (8) 117 **126** Ph.71
lucorum (8) 119 **133**
lunulata (8) 136
maculata (8) 117 **123** Ph.65
makinoi (8) 117 **121**
marginata (8) 117 **123** Ph.66
micractina (8) 118 **133**
milii (8) 117 **124** Ph.67
neriifolia (8) 117 **124**
pekinensis (8) 119 **134** Ph.64
peplus (8) 119 **134**
pilosa (8) 118 **132**
prostrata (8) 117 **122**
pulcherrima (8) 117 **125** Ph.69

rapulum **(8)** 118 **130**
royleana **(8)** 117 **125**
sieboldiana **(8)** 119 **135**
sikkimensis **(8)** 118 **128**
soongarica **(8)** 118 **127**
sparrmannii **(8)** 117 **119**
stracheyi **(8)** 118 **129** Ph.72
thomsoniana **(8)** 118 **130**
thymifolia **(8)** 117 **122**
tirucalli **(8)** 117 **123**
tithymaloides **(8)** 137
wallichii **(8)** 118 **130** Ph.73
Euphorbiaceae **(8)** **10**
Euphoria longan **(8)** 277
Euphorbia lucidissima **(9)** 15
Euphrasia
(Scrophulariaceae) **(10)** 69 **173**
durietziana **(10)** 174 **176**
hirtella **(10)** 174 **175**
maximowiczi
var. simplex **(10)** **175**
nankotaizanensis **(10)** 174 **176** Ph.47
pectinata **(10)** **174**
subsp. simplex **(10)** **174**
pumilis **(10)** 174 **177**
regelii **(10)** 174 **175**
subsp. kangtienensis **(10)** **175**
tatarica **(10)** **174**
transmorrisonensis **(10)** 174 **176** Ph.48
Euproboscis pygmaea **(13)** 660
Euptelea
(Eupteleaceae) **(3)** **770**
pleiosperma **(3)** **771** Ph.433
Eupteleaceae **(3)** **770**
Eurhynchium
(Brachytheciaceae) **(1)** 827 **846**
arbuscula **(1)** **846**
kirishimense **(1)** 845 **846**
serricuspis **(1)** **842**
Eurohypnum
(Hypnaceae) **(1)** 899 **904**
leptothallum **(1)** **904**
Eurotia arborescens **(4)** 334
ceratoides **(4)** 335
compacta **(4)** 336
Eurya
(Theaceae) **(4)** 573 **633**
acuminata **(4)** 635 **645**
acuminatissima **(4)** 634 **640**
acuminoides **(4)** 635 **644**
acutisepala **(4)** 634 **640**
alata **(4)** 636 **654**
amplexifolia **(4)** 636 **650**
aurea **(4)** 636 **653**
auriformis **(4)** 634 **639**
brevistyla **(4)** 636 **652**
cavinervis **(4)** 636 **655**
chinensis **(4)** 636 **646**
var. glabra **(4)** 637 **646**
ciliata **(4)** 634 **637**
distichophylla **(4)** 634 **638**
emarginata **(4)** 635 **643**
fangii **(4)** 635 **651**
glaberrima **(4)** 636 **644**
gnaphalocarpa **(4)** 634 **641**
groffii **(4)** 635 **644**
gungshanensis **(4)** 636 **648**
handel-mazzettii **(4)** 635 **651**
hebeclados **(4)** 635 **653**
var. *aureo-punctata* **(4)** 645
huiana **(4)** 643
impressinervis **(4)** 636 **642**
japonica **(4)** 637 **647**
var. *aurescens* **(4)** 647
kueichowensis **(4)** 634 **641**
loquaiana **(4)** 635 **645**
var. aureo-punctata **(4)** 635 **645**
macartneyi **(4)** 636 **649**
muricata **(4)** 636 **643**
var. huiana **(4)** 635 **643**
nitida **(4)** 637 **646**
var. aurescens **(4)** 637 **647**
oblonga **(4)** 636 **648**
ochnacea var. *lipingensis* **(4)** 631
var. *morii* **(4)** 631
patentipila **(4)** 634 **637**
polyneura **(4)** 636 **648**
pseudocerasifera **(4)** 634 635 **641**
pseudopolyneura **(4)** 642
quinquelocularis **(4)** 635 **645**
rubiginosa
var. attenuata **(4)** 636 **649**
saxicola **(4)** 636 **654**
f. puberula **(4)** 635 636 **655**
semiserrata **(4)** 635 **653**
stenophylla **(4)** 636 **647**
f. pubescens **(4)** 636 **648**
var. caudata **(4)** 636 **648**
strigillosa **(4)** 634 **638**
tetragonoclada **(4)** 636 **642**
trichocarpa **(4)** 634 **639**
tsaii **(4)** 635 **652**
velutina **(4)** 634 **639**
weissiae **(4)** 634 **650**
Euryale
(Nymphaeaceae) **(3)** 379 **380**
amazonica **(3)** 379
ferox **(3)** **380** Ph.393
Eurycarpus
(Brassicaceae) **(5)** 388 **483**
lanuginosus **(5)** **483**
Eurycorymbus
(Sapidaceae) **(8)** 268 **289**
cavaleriei **(8)** **289** Ph.138
Euryodendron
(Theaceae) **(4)** 573 **633**
excelsum **(4)** **633** Ph.288
Eurysolen
(Lamiaceae) **(9)** 394 **500**
gracilis **(9)** **500**
Eurythalia pedunculata **(9)** 64
Euscaphis
(Staphyleaceae) **(8)** 259 **262**

japonica (8) **262** Ph.121
Eustachys
(Poaceae) (12) 559 **993**
tener (12) **993**
Eustigma
(Hamamelidaceae) (3) 773 **787**
oblongifolium (3) **787** Ph.443
Eutassa heterophylla (3) 13
Eutrema
(Brassicaceae) (5) 384 385 **523**
compactum (5) **524**
deltoideum (5) 523 **525**
var. *granciflorum* (5) 525
heterophylla (5) 523 **524**
himalaicum (5) 523 **524**
lancifolium (5) 524
obliquum (5) 524
yunnanense (5) **523** Ph.184
var. *tenerum* (5) 523
Evodia
(Rutaceae) (8) 398 **414**
ailanthifolia (8) 414 **417**
austrosinensis (8) 414 **417**
bodinieri (8) 416
calcicola (8) 414 **418**
daniellii (8) 414 **419** Ph.210
fargesii (8) 414 **417** Ph.209
fraxinifolia (8) 414 **418**
glabrifolia (8) 414 **416** Ph.208
henryi (8) 414 **419**
lepta (8) 414 **415**
meliaefolia (8) 416
patulinervia (8) 420
rutaecarpa (8) 414 **416** Ph.207
var. bodinieri (8) 414 **416**
simplicifolia (8) **414** Ph.205
trichotoma (8) 414 **415** Ph.206
Evolvulus
(Convolvulaceae) (9) 240 **241**
alsinoides (9) **242** Ph.106
var. decumbens (9) **242**
decumbens (9) 242
hederaceus (9) 255
nummularius (9) **242**
Evonymus chinense (5) 231
Evonymus tobira (6) 236
Evrardia poilanei (13) 430
Exacum
(Gentianaceae) (9) 11 **12**
tetragonum (9) **12**
Exbucklandia
(Hamamelidaceae) (3) 772 **774**
populnea (3) **774** Ph.435
tonkinensis (3) **774**
Excentrodendron
(Tiliaceae) (5) 12 **31**
hsienmu (5) **31** Ph.14
Excoecaria
(Euphorbiaceae) (8) 14 **111**
acerifolia (8) 111 **112** Ph.59
var. cuspidata (8) 111 **113**
agallocha (8) 111 **112**
cochinchinensis (8) 111 **112**
crenulata var. *formosana* (8) 111
formosana (8) **111**
himalayensis var. *cuspidata* (8) 113
Exochorda
(Rosaceae) (6) 442 **479**
giraldii (6) 479 **480**
racemosa (6) **479**
serratifolia (6) 479 **480**
Exostratum
(Leucobryaceae) (1) 394 **395**
blumii (1) **395**
micrantha (9) 127
scholaris (9) 100

F

Faberia
(Compositae) (11) 134 **728**
nanchuanensis (11) 729
sinensis (11) **728** Ph.173
Faberiopsis
(Compositae) (11) 134 **729**
nanchuanensis (11) **729**
Fabronia
(Fabroniaceae) (1) **754**
angustifolia (1) **755**
ciliaris (1) **755**
matsuhmurae (1) 755 **756**
pusilla (1) 755 **756**
rostrata (1) 755 **757**
shensiana (1) 755 **757**
Fabroniaceae (1) **754**
Fagaceae (4) **177**
Fagara avicennae (8) 407
dissita var. *hispida* (8) 404
kwangsiensis (8) 403
macranthum (8) 402
nitida (8) 401
Fagerlindia
(Rubiaceae) (10) 509 **585**
depauperata (10) 585 **586**
scandens (10) **585**
Fagopyrum
(Polygonaceae) (4) 481 **511**
dibotrys (4) 511 **513** Ph.218
esculentum (4) 511 **512** Ph.217
leptopodum (4) 511 **512**
tataricum (4) **511**
urophyllum (4) 511 **512**
Fagraea
(Loganiaceae) (9) **1**
ceilanica (9) **1** Ph.1
Fagus
(Fagaceae) (4) 177 **178**
engleriana (4) **178**
hayatae (4) 178 **179** Ph.78
longipetiolata (4) 178 **179**
lucida (4) 178 **179**
Fallopia convolvulus (4) 492

dentato-alata **(4)** 491
multiflora **(4)** 491
Farfugium
(Compositae) **(11)** 127 **446**
japonicum **(11)** **446** Ph.86
Falconeria insignis **(8)** 115
Fargesia
(=Thamnocalamus) **(12)** 628
ampullaris **(12)** 636
collaris **(12)** 629
cuspidate **(12)** 628
ferax **(12)** 636
fungosa **(12)** 635
melanostachys **(12)** 640
murielae **(12)** 628
scabrida **(12)** 639
semiorbiculata **(12)** 637
setosa **(12)** 638
spathacea **(12)** 628
sylvestris **(12)** 638
yunnanensis **(12)** 637
Fartunella
(Rutaceae) **(8)** 398 **441**
venosa **(8)** **442**
Fatoua
(Moraceae) **(4)** 27 **28**
pilosa **(4)** 28 **29**
villosa **(4)** **28**
Fatsia
(Araliaceae) **(8)** 534 **536**
polycarpa **(8)** **536**
Fauriella
(Theliaceae) **(1)** 750 **752**
tenerrima **(1)** **753**
tenuis **(1)** **753**
Fedia rupestris var. *intermedia* **(11)** 94
Fedtschenkiella staminea **(9)** 457
Felipponea
(Leucodontaceae) **(1)** 651 **656**
esquirolii **(1)** **656**
Fimbriaria angusta **(1)** 274
khasiana **(1)** 275
multiflora **(1)** 275
mussuriensis **(1)** 275
yoshinagana **(1)** 276
Fernandoa
(Bignoniaceae) **(10)** 419 **424**
guangxiensis **(10)** **425**
Ferrocalamus
(Poaceae) **(12)** 551 **660**
strictus **(12)** **660**
Ferula
(Umbelliferae) **(8)** 582 **734**
akitschkensis **(8)** 734 **739**
bungeana **(8)** 734 **738**
canescens **(8)** 726 **736**
dissecta **(8)** 734 **737**
ferulaeoides **(8)** **734**
fukanensis **(8)** 734 **736**
jaeschkeana **(8)** 734 **736**
kirialovii **(8)** 734 **739**
lehmannii **(8)** 734 **735**
licentiana **(8)** 734 **738**
var. tunshanica **(8)** 734 **739**
sinkiangensis **(8)** 734 **735** Ph.291
songorica **(8)** 734 **738**
syreitschikowii **(8)** 734 **737**
tunshanica **(8)** 739
Festuca
(Poaceae) **(12)** 561 **681**
alatavica **(12)** 683 **691**
altaica **(12)** 683 **691**
amblyodes **(12)** 683 **696**
arioides **(12)** 683 **691**
arundinacea **(12)** 682 **685**
subsp.orientalis **(12)** 682 **685**
brachyphylla **(12)** 684 **698**
caucasica **(12)** 760
coelestis **(12)** 683 **692**
dahurica **(12)** 683 **694**
subsp.mongolica **(12)** 683 **695**
deasyi **(12)** 761
diversifolia **(12)** 717
dolichantha **(12)** 682 **689**
elata **(12)** 682 **686**
elatior subsp. arundinacea
var. g-*enuina* subvar. *orientalis* **(12)** 685
extremiorientalis **(12)** 682 **686**
fascinate **(12)** 682 **688**
filiformis var. *chinensis* **(12)** 987
forrestii **(12)** 683 **697**
fusca **(12)** 983
gigantean **(12)** 682
jacutica **(12)** 683 **694**
japonica **(12)** 682 **689**
kansuensis **(12)** 683 **696**
kirilowii **(12)** 683 **695**
kryloviana **(12)** 683 **693**
kurtschumica **(12)** 683 **694**
leptopogon **(12)** 682 **687**
litvinovii **(12)** 683 **692**
mazzetiana **(12)** 682 **684**
modesta **(12)** 682 **688**
myuros **(12)** 698
nitidula **(12)** 684 **698**
ovina **(12)** 683 **691**
subsp. *coelestis* **(12)** 692
subsp. *laevis* var. *dahurica* **(12)** 694
parvigluma **(12)** 682 **685**
poecilantha **(12)** 772
pratensis **(12)** 682 **684**
pseudosclerophylla **(12)** 759
pseudosulcata var. *litvinovii* **(12)** 692
pseudovina **(12)** 683 **693**
remotiflorus **(12)** 807
rubra **(12)** 683 **697**
subsp. *alatavica* **(12)** 691
rupicola **(12)** 683 **694**
scaberrima **(12)** 790
scabriflora **(12)** 682 **685**
scherophylla **(12)** 759
sinensis **(12)** 682 **689**
stapfii **(12)** 683 **695**

sylvatica (12) 820
tristis (12) 682 **690**
undata (12) 682 **690**
valesiaca (12) 683 **693**
vierhapperi (12) 682 **687**
yunnanensis (12) 682 **687**
Fibraurea
(Menispermaceae) (3) 669 670 **674**
recisa (3) **674**
Ficus
(Moraceae) (4) 28 **42**
abelii (4) 45 **62**
altissima (4) 43 **50** Ph.35
ampelas (4) 45 **67**
asperiuscula (4) 46 **68**
auriculata (4) 45 **65** Ph.48
awkeotsang (4) 73
beecheyana (4) 56
benjamina (4) 43 **52** Ph.36
carica (4) 43 **54** Ph.37
chlorocarpa (4) 66
chrysocarpa (4) 45 **64**
concinna (4) 42 **48**
cyrtophylla (4) 46 **67**
elastica (4) 43 **50** Ph.34
erecta
var. beecheyana (4) 44 **56** Ph.40
esquiroliana (4) 45 **63** Ph.47
filicauda (4) 44 **58**
fistulosa (4) 46 **70**
formosana (4) 44 **59**
foveolata var. *henryi* (4) 74
fulva (4) 63 64
gasparriniana (4)
var. laceratifolia (4) 44 **58** Ph.42
var. viridescens (4) 44 **59**
gibbosa (4) 68
glaberrima (4) 43 **51**
harlandii (4) 70
harmandii (4) 55
hederacea (4) 46 **71**
henryi (4) 45 **54** Ph.38
heteromorpha (4) 44 **59** Ph.43
heterophylla (4) 45 **67**
hirta (4) 45 **63**
var. roxburghii (4) 45 **64**
hispida (4) 46 **70** Ph.51
hookeriana (4) 43 **48** Ph.33
impressa (4) 74
ischnopoda (4) 44 **60** Ph.44
laceratifolia (4) 58
lacor (4) 47
lacor (4) 47
lacrymans (4) 74
laevis (4) 46 **72**
langkokensis (4) 43 **55**
maclellandi (4) 43 **51**
microcarpa (4) 43 **51**
neriifolia (4) 44 **55**
nervosa (4) 43 **53**
nipponica (4) 74
obscura (4) 67
oligodon (4) 45 **65**
orthoneura (4) 43 **49**
ouangliensis (8) 390
ovatifolia (4) 44 **59**
pandurata (4) 44 **60** Ph.45
var. angustifolia (4) 44 **61**
var. holophylla (4) 44 **61**
pubigera (4) 46 **72**
pumila (4) 46 **72**
var. awkeotsang (4) 46 **73** Ph.52
pyrifolia (6) 561
pyriformis (4) 44 **56** Ph.41
racemosa (4) 43 **53**
religiosa (4) 42 **48** Ph.32
roxburghii (4) 64
rumphii (4) 43 **49**
sagittata (4) 46 **71**
sarmentosa (4) 46 **73**
var. henryi (4) 46 **74**
var. impressa (4) 46 **74**
var. lacrymans (4) 46 **74**
var. nipponica (4) 46 **74**
saxophila var. *sublanceolata* (4) 47
semicordata (4) 45 **66**
simplicissima var. *hirta* (4) 63
squamosa (4) 46 **69**
stenophylla (4) 44 **60**
subincisa (4) 45 **54** Ph.39
subulata (4) 46 **69**
superba var. japonica (4) 42 **47**
tikoua (4) 45 **62** Ph.46
tinctoria subsp. gibbosa (4) 46 **68** Ph.50
trivia (4) 44 **57**
tsiangii (4) 45 **66** Ph.49
tuphapensis (4) 45 **64**
vaccinioides (4) 44 **61**
variegata var. chlorocarpa (4) 45 **66**
variolosa (4) 44 **57**
vasculosa (4) 43 **52**
virens (4) 42 **47** Ph.31
var. sublanceolata (4) 42 **47**
viridescens (4) 59
wightiana (4) 47
Filago
(Compositae) (11) 129 **248**
arvensis (11) **248**
leontopodioides (11) 262
Filifolium
(Compositae) (11) 126 **370**
sibiricum (11) **370**
Filipendula
(Rosaceae) (6) 443 **579**
angustiloba (6) 579 **581**
intermeida (6) 579 **581**
palmata (6) **579**
var. glabra (6) 579 **580**
purpurea (6) 579 **580**
ulmaria (6) 579 **582**
vestita (6) 579 **580**
Fimbristylis
(Cyperaceae) (12) 255 **290**

aestivalis **(12)** 292 **307**
bisumbellata **(12)** 292 **306**
chinensis **(12)** 293 **310**
complanata **(12)** 291 **295**
var. kraussiana **(12)** 291 **296**
dichotoma **(12)** 292 **300**
f. *annua* **(12)** 300
f. depauperata **(12)** **300**
dichotomoides **(12)** 292 301
diphylla var. *depauperata* **(12)** 301
diphylloides **(12)** 292 **299**
dipsacea **(12)** 291 **293**
disticha **(12)** 293 **309**
eragrostis **(12)** 293 **308**
ferrugineae **(12)** 292 **302**
var. sieboldii **(12)** 292 **302**
fordii **(12)** 292 **303**
fusca **(12)** 293 **309**
globulosa **(12)** 291 **299**
henryi **(12)** 29 **294**
hookeriana **(12)** 292 **303**
insignis **(12)** 291 **297**
longispica **(12)** 292 **301**
mekinoana **(12)** 306
miliacea **(12)** 291 **298**
nigrobrunnea **(12)** 293 **308**
nutans **(12)** 293 **308**
ovata **(12)** 293 **310**
pierotii **(12)** 291 **296**
polytrichoides **(12)** 292 **305**
quinquangularis **(12)** 291 **298**
var. bistaminifera **(12)** 291 **299**
var. elata **(12)** 291 **299**
rigidula **(12)** 292 **301**
rufoglumosa **(12)** 309
schoenoides **(12)** 292 **303**
sericea **(12)** 291 **296**
sieboldii **(12)** 302
spathacea **(12)** 291 **297**
squarrosa **(12)** 292 **305**
stauntoni **(12)** 291 **294**
stolonifera **(12)** 292 **300**
subbispicata **(12)** 292 **304**
tetragona **(12)** 293 **307**
thomsonii **(12)** 291 **295**
tristachya **(12)** 292 **304**
velata **(12)** 292 **306**
verrucifera **(12)** 291 **293**
Firmiana
(Sterculiaceae) **(5)** 34 **40**
danxiaensis **(5)** 40 **41**
hainanensis **(5)** 40 **41**
kwangsiensis **(5)** 43
major **(5)** 40 **42**
pulcherrima **(5)** 43
simplex **(5)** 40 **41** Ph.22
Fissidens
(Fissidentaceae) **(1)** **402**
anomalus **(1)** 403 **412**
bryoides **(1)** 402 **406**
ceylonensis **(1)** 403 **410** Ph.109
crenulatus **(1)** 402 **408** Ph.108
crispulus **(1)** 403 **416** Ph.116
curvatus **(1)** 402 **406**
diversifolius **(1)** 402 **407** Ph.107
dubius **(1)** 403 **412** Ph.111
flaccidus **(1)** 402 **404** Ph.105
ganguleei **(1)** 403 **417**
gardneri **(1)** 403 **411**
geminiflorus **(1)** 403 **414** Ph.114
geppii **(1)** 402 **407**
grandifrons **(1)** 403 **415** Ph.115
guandongensis **(1)** 403 **417**
gymnogynus **(1)** 404 **421** Ph.120
hollianus **(1)** 402 **409**
hyalinus **(1)** 402 **404**
involutus **(1)** 404 **420**
javanicus **(1)** 403 **413** Ph.112
kinabaluensis **(1)** 402 **409**
minutus **(1)** 403 **411** Ph.110
nobilis **(1)** 403 **413** Ph.113
oblongifolius **(1)** 404 **421** Ph.119
obscurus **(1)** 403 **419**
pellucidus **(1)** 403 **418** Ph.117
perdecurrens **(1)** 403 **414**
polypodioides **(1)** 403 **419** Ph.118
pulvinatus **(1)** 497
schwabei **(1)** 402 **408**
sciuroides **(1)** 655
serratus **(1)** 403 **416**
taxifolius **(1)** 404 **420**
teysmannianus **(1)** 403 **417**
tosaensis **(1)** 402 **405** Ph.106
wichurae **(1)** 403 **410**
zollingeri **(1)** 402 **405**
Fissidentaceae **(1)** **401**
Fissistigma
(Annonaceae) **(3)** 159 **186**
acuminatissimum **(3)** 186 **190**
balansae **(3)** 187 **192**
bracteolatum **(3)** 186 **189**
cavaleriei **(3)** 186 **190**
chloroneurum **(3)** 186 **187**
glaucescens **(3)** 186 **188**
hainanense **(3)** 176
kwangsiense **(3)** 186 **189**
maclurei **(3)** 186 **191**
minuticalyx **(3)** 192
oldhamii **(3)** 187 **193** Ph.203
polyanthoides **(3)** 187 **192**
polyanthum **(3)** 187 **193**
retusum **(3)** 186 **191**
tientangense **(3)** 186 **190**
uonicum **(3)** 186 **188**
wallichii **(3)** 186 **187**
xylopetalum **(3)** 187 **192**
Flacourtia
(Flacourtiaceae) **(5)** 110 **114**
indica **(5)** 114 **115**
jangomas **(5)** 114 **115**
ramontchii **(5)** 114 **116** Ph.71
rukam **(5)** 114 **115** Ph.70
Flacourtiaceae **(5)** **110**

Flagellaria
(Flagellariaceae) **(12)** **217**
indica **(12)** **217** Ph.95
repens **(12)** 110
Flagellariaceae **(12)** **217**
Fleischerobryum
(Bartramiaceae) **(1)** 597 **601**
longicolle **(1)** **601**
Flemingia grandiflora **(10)** 334
Flickingeria
(Orchidaceae) **(13)** 373 **686**
albopurpurea **(13)** 686 **687**
angustifolia **(13)** **686**
fimbriata **(13)** 686 **687**
Floribundaria
(Meteoriaceae) **(1)** 683 **690**
floribunda **(1)** **690**
pseudofloribunda **(1)** **690**
walkeri **(1)** 690 **691**
Floscopa
(Commelinaceae) **(12)** 182 **189**
scandens **(12)** **189** Ph.85
yunnanensis **(12)** 189 **190**
Forrestia hispida **(12)** 187
hookeri **(12)** 187
Flueggea
(Euphorbiaceae) **(8)** 11 **30**
acicularis **(8)** 30 **31**
leucopyra **(8)** 30 **31**
suffruticosa **(8)** **30**
virosa **(8)** 30 **31** Ph.10
Flueggea dracaenoides **(13)** 244
Foeniculum
(Umbelliferae) **(8)** 580 **697**
vulgare **(8)** **697**
Fokienia
(Cupressaceae) **(3)** 74 **83**
hodginsii **(3)** **83** Ph.112
Folioceros
(Anthocerotaceae) **(1)** 295 **297**
fusiformis **(1)** **297** Ph.73
Fontanesia
(Oleaceae) **(10)** **23**
fortunei **(10)** 23
phillyraeoides
subsp. fortunei **(10)** **23** Ph.7
Fontinalaceae **(1)** **722**
Fontinalis
(Fontinalaceae) **(1)** **723**
antipyretica **(1)** **723** Ph.223
falcata **(1)** 724
Formania
(Compositae) **(11)** 126 **357**
mekongensis **(11)** **357**
Formanodendron
(Fagaceae) **(4)** 178 **254**
doichangensis **(4)** **254** Ph.109
Forskohlea urticoides **(4)** 162
Forsstroemia
(Cryphaeaceae) **(1)** 644 **648**
cryphaeoides **(1)** 648 **649**
neckeroides **(1)** 649 **650**
producta **(1)** 648 **649**
trichomitria **(1)** 649 **650**
Fortunearia
(Hamamelidaceae) **(3)** 773 **786**
sinensis **(3)** **786**
Fortunella
(Rutaceae) **(8)** 399 **441**
hindsii **(8)** **442**
japonica **(8)** 442 **443**
margarita **(8)** 442 **443**
Fossombronia
(Fossombroniaceae) **(1)** **253**
japonica **(1)** 53 **254**
pusilla **(1)** **253**
Fossombroniaceae **(1)** **253**
Forsythia
(Oleaceae) **(10)** 23 **31**
giraldiana **(10)** 31 **32**
likiangensis **(10)** 31 **32**
suspensa **(10)** **31** Ph.11
f. pubescens **(10)** **31**
viridissima **(10)** 31 **32** Ph.12
Fragaria
(Rosaceae) **(6)** 444 **702**
chrysantha **(6)** 706
daltoniana **(6)** 702 **705**
gracilis **(6)** 702 **705**
indica **(6)** 706
mairei **(6)** 704
moupinensis **(6)** 702 **705**
nilgerrensis **(6)** 702 **704** Ph.147
var. mairei **(6)** 702 **704**
nubicola **(6)** 702 **705**
orientalis **(6)** 702 **703** Ph.146
pentaphylla **(6)** 702 **703**
vesca **(6)** **702**
var. *nubicola* **(6)** 705
Frankenia
(Frankeniaceae) **(5)** **188**
pulverulenta **(5)** **188**
Frankeniaceae **(5)** **188**
Fraxinus
(Oleaceae) **(10)** 23 **24**
angustifolia subsp. syriaca **(10)** **30**
bungeana **(10)** 25 **27**
chinensis **(10)** 25 **28**
subsp. rhynchophylla **(10)** **28**
floribunda **(10)** 24 **26**
subsp. insularis **(10)** 24 **26** Ph.9
griffithii **(10)** 24 **25** Ph.8
inopinata **(10)** 29
insularis **(10)** 26
var. *henryana* **(10)** 26
malacophylla **(10)** 24 **25**
f. retusifoliolata **(10)** 24 **26**
mandshurica **(10)** 30
mariesii **(10)** 27
nigra subsp. mandshurica **(10)** 25 **30**
paxiana **(10)** 25 **26**
pennsylvanica **(10)** 25 **29**
platypoda **(10)** 25 **29**

retusifoliolata **(10)** 26
rhynchophylla **(10)** 25 **28** Ph.10
sieboldiana **(10)** 25 **27**
sikkimensis **(10)** 26
sogdiana **(10)** 30
syriaca **(10)** 30
szaboana **(10)** 28
xanthoxyloides **(10)** 25 **29**
Freesia
(Iridaceae) **(13)** 273 **276**
refracta **(13)** **276** Ph.193
Freycinetia
(Pandanaceae) **(12)** **100**
formosana **(12)** **100**
williamsii **(12)** 100 **101**
Friesia chinensis **(5)** 5
Friesodielsia hainanensis **(3)** 185
Fritillaria
(Liliaceae) **(13)** 71 **108**
anhuiensis **(13)** 108 **110**
cantoniense **(13)** 201
cirrhosa **(13)** 109 **114** Ph.83
var. *ecirrhosa* **(13)** 114
crassicaulis **(13)** 108 **109**
delavayi **(13)** 108 **111** Ph.79
flavida **(13)** 123
hupehensis **(13)** 110
karelinii **(13)** 108 **118**
lophophorum **(13)** 122
macrophylla **(13)** 136
maximowiczii **(13)** 108 **117**
meleagroides **(13)** 109 **117**
monantha **(13)** 108 **110**
pallidiflora **(13)** 108 **111** Ph.80
przewalskii **(13)** 108 **116** Ph.86
sichuanica **(13)** 109 **114** Ph.84
souliei **(13)** 125
stenanthera **(13)** 108 **113**
taipaiensis **(13)** 109 **115** Ph.85
thunbergii **(13)** 109 **112** Ph.81
unibracteata **(13)** 108 **116** Ph.87
ussuriensis **(13)** 108 **113** Ph.82
verticillata **(13)** 109 **112**
walujewii **(13)** 109 **112**
yuminensis **(13)** 113
yuzhongensis **(13)** 109 **115**
Frullania
(Frullaniaceae) **(1)** **211**
apiculata **(1)** 212 **222**
chenii **(1)** 212 **216**
consociata **(1)** 212 **216**
davurica **(1)** 212 **214** Ph.39
ericoides **(1)** 212 **215** Ph.40
fuscovirens **(1)** 212 **220**
giraldiana **(1)** 212 **219**
hunanensis **(1)** 212 **217** Ph.42
inouei **(1)** 212 **214**
moniliata **(1)** 212 **221**
motoyana **(1)** 212 **222**
muscicola **(1)** 212 **215** Ph.41
nepalensis **(1)** 212 **219** Ph.43
pallide-virens **(1)** 212 **218**
physantha **(1)** 212 **213** Ph.38
schensiana **(1)** 212 **217**
serrata **(1)** 212 **222**
siamensis **(1)** 211 **212** Ph.36
tamarisci **(1)** 212 **221**
taradakensis **(1)** 212 **218**
trichodes **(1)** 212 **220**
yuenanensis **(1)** 211 **213** Ph.37
Frullaniaceae **(1)** **211**
Fuirena
(Cyperaceae) **(12)** 255 **277**
ciliaris **(12)** **277**
umbellate **(12)** **277**
Fumaria
(Fumariaceae) **(3)** 717 **767**
capnoides **(3)** 753
caudata **(3)** 765
decumbens **(3)** 762
impatiens **(3)** 749
incise **(3)** 754
nobilis **(3)** 744
pallida **(3)** 760
racemosa **(3)** 760
schanginii **(3)** 764
schleicheri **(3)** 767 **768**
sibirica **(3)** 750
spectabilis **(3)** 717
vaillantii **(3)** **767**
Fumariaceae **(3)** **717**
Funaria
(Funariaceae) **(1)** 517 **519**
attenuata **(1)** **519**
hygromitrica **(1)** 519 **520** Ph.146
lignicola **(1)** 541
microstoma **(1)** 519 **520**
muehlenbergii **(1)** 519 **521**
Funariaceae **(1)** **516**
Xananassa **(6)** 702 **704**

G

Gagea
(Liliaceae) **(13)** 72 **98**
fedtschenkoana **(13)** 99 **100**
filiformis **(13)** **99**
hiensis **(13)** 99
lutea **(13)** 100
nakaiana **(13)** 99 **100**
pauciflora **(13)** 99 **100**
terraccianoana **(13)** **99**
triflora **(13)** 99 **101**
Gahnia
(Cyperaceae) **(12)** 256 **319**
baniensis **(12)** 319 **320**
tristis **(12)** **319**
Gaillardia
(Compositae) **(11)** 125 **333**
aristata **(11)** 333 **334**
pulchella **(11)** 333 **334**
Galactia

(Fabaceae) (7) 65 **209**
tashiroi (7) 209 **210**
tenuiflora (7) 209 **210**
Galatella
(Compositae) (11) 123 **202**
angustissima (11) 203 **205**
dahurica (11) 203
hauptii (11) 203 **205**
meyendorffii (11) 170
regelii (11) 203 **204**
scoparia (11) 203 **204**
tianshanica (11) 203 **204**
Galedupa elliptica (7) 121
Galega
(Fabaceae) (7) 62 **388**
dahurica (7) 330
officinalis (7) **388**
Galeobdolon
(Lamiaceae) (9) 396 **476**
chinense (9) **476**
tuberiferum (9) 476 **477**
Galeola
(Orchidaceae) (13) 365 **522**
faberi (13) **522** Ph.360
lindleyana (13) **522** Ph.359
matsudai (13) 522 **523** Ph.361
nana (13) **521**
septentrionalis (13) 521
Galeopis
(Lamiaceae) (9) 395 **474**
bifida (9) **474**
Galinsoga
(Compositae) (11) 125 **331**
parviflora (11) **331**
Galitzkya
(Brassicaceae) (5) 387 **436**
potaninii (5) **436**
spathulata (5) 436 **437**
Galium
(Rubiaceae) (10) 508 **659**
agreste a. echinospermum (10) 668
aparine
var. echinospermum (10) 660 **668**
argyi (10) 679
asperifolium (10) 661 **670**
var. sikkimense (10) 661 **670**
asperuloides
subsp. hoffmeisteri (10) 660 **666**
var. *hoffmeisteri* (10) 666
boreale (10) 661 **671**
bungei (10) 660 **663**
comari (10) 661 **670**
davuricum (10) 660 **669**
var. tokyoense (10) 661 **669**
elegans (10) 661 **672**
exile (10) 659 **662**
glandulosum (10) 660 **663**
humifusum (10) 661 **673**
kamtschaticum (10) 661 **671**
kinuta (10) 661 **671**
linearifolium (10) 660 **663**
maximowiczii (10) 662 **674**
nakaii (10) 661 **672**
odoratum (10) 661 **674**
palustre (10) 661 **666**
paradoxum (10) 660 **664**
platy (10) 662 **674**
pseudoasprellum (10) 660 **668**
pusillosetosum (10) 660 **665**
rivale (10) 661 **673**
sikkimense (10) 670
smithii (10) 659 **662**
soogoricum (10) 660 **664**
tenuissimum (10) 660 **667**
todyoense (10) 669
tricorne (10) 660 **667**
trifidum (10) 660 661 **665**
triflorum (10) 660 **666**
verum (10) 660 **667**
Gamblea
(Araliaceae) (8) 535 **556**
evodiaefolius (8) **556**
pseudo-evodiaefolius (8) 556 **557**
Gammiella
(Sematophyllaceae) (1) 873 **876**
ceylonensis (1) **877**
pterogonioides (1) **877**
tonkinensis (1) 877 **878**
Ganitrus spharicus (5) 2
Garcinia
(Guttiferae) (4) 682 **685**
bracteata (4) 685 **687**
cowa (4) 686 **688** Ph.311
esculenta (4) 686 **690**
kwangsiensis (4) 686 **690**
mangostana (4) 686 **688**
multiflora (4) 685 **686** Ph.309
nujiangensis (4) 686 **688**
oblongifolia (4) 686 **689** Ph.312
oligantha (4) 686 **689**
paucinervia (4) 685 **687** Ph.310
pedunculata (4) 686 **690** Ph.313
rubrisepala (4) 686 **689**
subelliptica (4) 686 **691** Ph.316
subfalcata (4) 686 **689**
tetralata (4) 686 **690**
tinctoria (4) 690
xanthochymus (4) 686 **690** Ph.315
xipshuanbannaensis (4) 686 **690** Ph.314
yunnanensis (4) 685 **687**
Garckea
(Ditrichaceae) (1) 316 **318**
phascoides (1) **318** ph.84
Gardenia
(Rubiaceae) (10) 509 581
florida
var. *fortuniana* (10) 583
hainanensis (10) 581 **582**
jasminoides (10) 581 **582** Ph.196
var. fortuniana (10) 581 **583**
scandens (10) 585
sootepensis (10) 581 **583**
spinosa (10) 584

stenophylla **(10)** 581 **582** Ph.195
Gardneria
(Loganiaceae) **(9)** 1 **5**
angustifolia **(9)** 5 **6**
distincta **(9)** 5 **7**
lanceolata **(9)** 5 **6**
multiflora **(9)** 5 **6**
ovata **(9)** 5 **7**
Garhadiolus
(Compositae) **(11)** 133 **700**
papposus **(11)** **700**
Garnotia
(Poaceae) **(12)** 552 **1010**
fragilis **(12)** 1010
mutica **(12)** 1011
patula **(12)** 1010 **1011**
var. mutica **(12)** 1010 **1011**
tenella **(12)** **1010**
Garovaglia
(Pterobryaceae) **(1)** 668 **671**
plicata **(1)** **671**
powellii **(1)** 671 **672**
Garrettia
(Verbenaceae) **(9)** 346 **386**
siamensis **(9)** **386**
Garuga
(Burseraceae) **(8)** 339 **340**
floribunda var. gamblei **(8)** **341**
forrestii **(8)** 340 **341** Ph.164
gamblei **(8)** 341
pierrei **(8)** 341 **342**
pinnata **(8)** **341**
Gastonia palmata **(8)** 535
Gastrochilus
(Orchidaceae) **(13)** 369 **760**
bellinus **(13)** **761** Ph.572
calceolaris **(13)** **761** Ph.573
distichus **(13)** 761 **763**
formosanus **(13)** 761 **764** Ph.575
japonicus **(13)** 761 **762**
obliquus **(13)** 761 **762** Ph.574
pseudodistichus **(13)** 761 **763**
sinensis **(13)** 761 **763**
xuanenensis **(13)** 761 **762**
yunnanensis **(13)** 761 **762**
Gastrocotyle
(Boraginaceae) **(9)** 281 **301**
hispida **(9)** **301**
Gastrodia
(Orchidaceae) **(13)** 368 **529**
elata **(13)** **529** Ph.365
javanica **(13)** 529 **530**
Gaultheria
(Ericaceae) **(5)** 554 **689**
borneensis **(5)** 689 **691** Ph.285
codonantha **(5)** 690 **691**
crenulata **(5)** 695
cumingiana **(5)** **694**
cuneata **(5)** 689 **692**
dumicola var. aspera **(5)** 690 **691**
forrestii **(5)** 693
var. *setigera* **(5)** 693
fragrantissima **(5)** 690 **693**
griffithiana **(5)** 690 **694**
hookeri **(5)** 690 **692**
hypochlora **(5)** 690 **696**
itoana **(5)** 691
leucocarpa
var. crenulata **(5)** 690 **695**
var. *crenulata* **(5)** 694
var. *cumingiana* **(5)** 694
var. *hirsuta* **(5)** 695
var. *pingbienensis* **(5)** 694
var. *psilocarpa* **(5)** 690 695
var. yunnanensis **(5)** 690 **694**
nummularioides **(5)** 690 **695**
var. *microphylla* **(5)** 695
psilocarpa **(5)** 695
pyroloides var. *cuneata* **(5)** 692
semi-infera **(5)** 690 **693**
sinensis **(5)** 696
suborbicularis **(5)** 690 **695**
veitchiana **(5)** 692
wardii **(5)** **690**
yunnanensis **(5)** 690 **694**
Gaurea binectariferum **(8)** 393
Gaura
(Onagraceae) **(7)** 581 **591**
chinensis **(7)** 496
lindheimeri **(7)** 591 **592**
parviflora **(7)** **591**
Gaylussacia incurvata **(5)** 717
Gmelia indica **(5)** 115
Geissaspis
(Fabaceae) **(7)** 67 **258**
cristata **(7)** **258**
Gelidocalamus
(Poaceae) **(12)** 551 **656**
latifolius **(12)** 656 **657**
solidus **(12)** 656 **657**
stellatus **(12)** **656**
tessellates **(12)** 656 **657**
Gelonium glomerulatum **(8)** 106
Gelsemium
(Loganiaceae) **(9)** 1 **7**
elegans **(9)** **7** Ph.3
Gendarussa
(Acanthaceae) **(10)** 331 **414**
quadrifaria **(10)** 410
ventricosa **(10)** **414**
vulgaris **(10)** **414**
Genianthus
(Asclepiadaceae) **(9)** 133 **142**
bicoronatus **(9)** **143**
laurifolius **(9)** 143
Geniosporum
(Lamiaceae) **(9)** 398 **590**
axillare **(9)** 527
coloratum **(9)** **590**
Geniostoma
(Loganiaceae) **(9)** 1 **8**
rupestre **(9)** **8**
Genista

(Fabaceae) **(7)** 67 **465**
tinctoria **(7)** **465**
Gentiana scandens **(10)** 635
Gentiana
(Gentianaceae) **(9)** 11 **15**
acuta **(9)** 67
algida **(9)** 17 **31**
var. *przewalskii* **(9)** 32
alsinoides **(9)** 21 50
amplicrater **(9)** 18 34
anomala **(9)** 66
arenaria **(9)** 67
arethusae
var. delicatula **(9)** 17 **27** Ph.11
aristata **(9)** 20
atuntsiensis **(9)** 18 **33**
azurea **(9)** 67
bartata **(9)** **62**
bryoides **(9)** 20 **46** Ph.23
burkillii **(9)** 20 **49**
callistantha **(9)** 26
canaliculata **(9)** 68
chinensis **(9)** 18 **34**
choanantha **(9)** 20 **45**
contorta **(9)** 61
cordata **(9)** 55
crassicaulis **(9)** 16 **24** Ph.6
crassuloides **(9)** 20 **46**
crawfurdioides **(9)** 57
crenulato-truncata **(9)** 19 **41**
cuneibarba **(9)** 19 **44**
cyananthiflora **(9)** 63
dahurica **(9)** 16 **23** Ph.5
damyonensis **(9)** 16 **22**
davidii **(9)** 17 **30** Ph.15
var. formosana **(9)** 17 **30**
decorata **(9)** 16 **22**
delavayi **(9)** 19 **38** Ph.20
detonsa var. *ovato-deltoidea* **(9)** 61
var. *paludosa* **(9)** 61
diluta **(9)** 85
discoidea **(9)** 54
ecaudata **(9)** 17 **26** Ph.10
exquisita **(9)** 19 **42**
falcatum **(9)** 63
farreri **(9)** 29
fetissowi **(9)** 25
filicaule **(9)** 54
filistyla **(9)** 18 **36**
flavo-maculata **(9)** 19 **43**
formosana **(9)** 30
futtereri **(9)** 17 **29**
georgei **(9)** 16 **26** Ph.9
gilvo-striata **(9)** 18 **35**
grandis **(9)** 61
harrowiana **(9)** 18 **34**
haynaldii **(9)** 19 **41** Ph.22
heleonastes **(9)** 20 **45**
hexaphylla **(9)** 17 **27**
incompta **(9)** 48
iochroa **(9)** 58
jamesii **(9)** 20 **46**
lawrencei **(9)** 17 **28**
var. farreri **(9)** 17 **28**
leucomelaena **(9)** 20 **47**
lineolata **(9)** 18 **38** Ph.19
loureirii **(9)** 21 **52** Ph.26
macrauchena **(9)** 20 **48**
macrophylla **(9)** 16 **24**
var. fetissowii **(9)** 16 **25**
manshurica **(9)** 17 **31**
microdonta **(9)** 18 **33**
napulifera **(9)** 21 **52**
nubigena **(9)** 17 **32** Ph.17
officinalis **(9)** 16 **25**
oligophylla **(9)** 19 **42**
otophora **(9)** 16 **21**
otophoroides **(9)** 16 **22**
panthaica **(9)** 19 **42**
pedata **(9)** 20 **49**
phyllocalyx **(9)** 18 **36**
piasezkii **(9)** 21 **52**
picta **(9)** 19 **39**
polyclada **(9)** 64
praticola **(9)** 21 **52** Ph.25
prattii **(9)** 20 **47**
pricei **(9)** 56
prostrata
var. *crenulato-truncata* **(9)** 41
pseudo-aquatica **(9)** 20 **48**
pterocalyx **(9)** 19 **40**
pubicaulis **(9)** 52
pubigera **(9)** 20 **49**
pudica **(9)** 19 **41**
pulmonaria **(9)** 64
purdomii **(9)** 17 **32** Ph.16
rhodantha **(9)** 19 **39** Ph.21
rigescens **(9)** 17 **29** Ph.14
rubicunda **(9)** 19 **43**
samolifolia **(9)** 21 **51**
scabra **(9)** 17 **30**
scabrida **(9)** 21 **51**
sichitoensis **(9)** 16 **21**
sikkimensis **(9)** 18 **34**
sino-ornata **(9)** 17 **28** Ph.13
siphonantha **(9)** 16 **25** Ph.7
souliei **(9)** 19 **40**
spathulifolia **(9)** 20 **47**
squarrosa **(9)** 20 **45**
stipitata **(9)** 16 **25**
straminea **(9)** 16 **23** Ph.4
striata **(9)** 19 **39**
stylophora **(9)** 59
suborbisepala **(9)** 18 **37**
sutchuenensis **(9)** 20 **50** Ph.24
szechenyii **(9)** 16 **26** Ph.8
szechenyii **(9)** 16 26
tibetica **(9)** 16 **24**
tongolensis **(9)** 18 **38**
triflora **(9)** 17 **31**
tubiflora **(9)** 18 **36**
turkestanorum **(9)** 66
urnula **(9)** 18 **35**

vandellioides **(9)** 19 **44**
veitchiorum **(9)** 17 **28** Ph.12
volubile **(9)** 55
wardii **(9)** 18 **36** Ph.18
yakushimensis **(9)** 17 **27**
yokusai **(9)** 20 49
var. cordifolia **(9)** 20 **50**
yunnanensis **(9)** 18 **37**
zollingeri **(9)** 21 **51**
Gentianaceae **(9)** **11**
Gentianella
(Gentianaceae) **(9)** 12 **65**
acuta **(9)** 66 **67**
anomala **(9)** **66**
arenaria **(9)** 66 **67** Ph.35
azurea **(9)** 66 **67**
falcata **(9)** 63
turkestanorum **(9)** **66**
Gentianopsis
(Gentianaceae) **(9)** 12 **60**
barbata **(9)** 61 **62**
var. stenocalyx **(9)** 61 **62** Ph.33
contorta **(9)** 60 **61**
grandis **(9)** 60 **61** Ph.32
paludosa **(9)** 60 **61** Ph.31
var. alpina **(9)** 60 **61**
var. ovato-deltoidea **(9)** 60 **61**
Geocalycaceae **(1)** **115**
Geocalyx
(Geocalycaceae) **(1)** 115 **117**
lancistipulus **(1)** **117**
Geodorum
(Orchidaceae) **(13)** 371 **572**
attenuatum **(13)** 573 **574** Ph.391
densiflorum **(13)** 572 **573**
nutans **(13)** 573
recurvum **(13)** 572 **573**
Geophila
(Rubiaceae) **(10)** 508 **618**
herbacea **(10)** **618**
herbacea **(10)** 619
foliosa **(13)** 414
parviflora **(10)** 167
Georchis biflora **(13)** 412
Geraniaceae **(8)** **465**
Geranium
(Geraniaceae) **(8)** 466 **467**
affine **(8)** 478
carolinianum **(8)** 468 **470**
cicutarium **(8)** 467
collinum **(8)** 469 **477**
dahuricum **(8)** 469 **479**
delavayi **(8)** 468 **473**
donianum **(8)** 469 **481**
erianthum **(8)** 469 **478**
eriostemon **(8)** 474
franchetii **(8)** 469 **482**
himalayense **(8)** 468 **476**
koreanum **(8)** 469 **482**
krameri **(8)** 469 **480**
lamberti **(8)** 469 **477**
napuligerum **(8)** 469 **480**
nepalense **(8)** 468 **472**
ocellatum **(8)** 468 **470**
peltatum **(8)** 485
platyanthum **(8)** 468 **474** Ph.244
platylobum **(8)** 468 **475**
polyanthes **(8)** 468 **475**
pratense **(8)** 469 **477** Ph.245
var. affine **(8)** 469 **478**
pseudosibiricum **(8)** 469 **478** Ph.246
pylzowianum **(8)** 469 **479**
rectum **(8)** 469 **482**
refractoides **(8)** 468 **474**
refractum **(8)** 468 **472**
robertianum **(8)** 468 **469** Ph.242
rosthornii **(8)** 469 **484**
rotundifolium **(8)** 468 **471**
rubifolium **(8)** 469 **482**
sibiricum **(8)** 468 **471**
sinense **(8)** 468 **473**
soboliferum **(8)** 469 **480**
strictipes **(8)** 468 **474**
strigosum var. *platylobum* **(8)** 475
transversale **(8)** 468 **476**
wallichianum **(8)** 469 **481**
wilfordii **(8)** 468 **471** Ph.243
wlassowianum **(8)** 469 **483**
yunnanense **(8)** 469 **483**
Gerardia japonica **(10)** 172
Gerbera
(Compositae) **(11)** 130 **680**
anandria **(11)** 684
var. *bonatiana* **(11)** 682
bonatiana **(11)** 681 **682**
curvisquama **(11)** 681 **683**
delavayi **(11)** 681 **683**
hederifolia **(11)** 509
henryi **(11)** 681 **684**
jamesonii **(11)** 680
kunzeana **(11)** 685
lijiangensis **(11)** 680 **681**
nivea **(11)** 681 **683**
piloselloides **(11)** 679
ruficoma **(11)** **681**
serotina **(11)** 681 **682**
Germainia
(Poaceae) **(12)** 556 **1120**
capitata **(12)** **1120**
Gesneriaceae **(10)** **243**
Getonia floribunda **(7)** 664
Geum
(Rosaceae) **(6)** 444 **647**
aleppicum **(6)** 647 **648** Ph.143
elata var. *leiocarpum* **(6)** 650
japonicum
var. chinense **(6)** 647 **648**
macrosepalum **(6)** 650
rivale **(6)** 647 **649**
Gigantochloa
(Poaceae) **(12)** 551 **586**
albociliata **(12)** **587**
nigrociliata **(12)** **587**

Gilibertia caloneurus (8) 541
dentigera (8) 540
hainanensis (8) 540
Ginkgo
(Ginkgoaceae) (3) **11**
biloba (3) **11** Ph.17
Ginkgoaceae (3) **11**
Giraldiella
(Sematophyllaceae) (1) 873 **898**
levieri (1) **898**
Girardinia
(Urticaceae) (4) 75 **88**
chingiana (4) 88 **89**
cuspidata (4) 85
cuspidata (4) 89
subsp. *triloba* (4) 89
diversifolia (4) **88** Ph.55
suborbiculata (4) 88 **89**
subsp. triloba (4) 88 **89**
Girgensohnia
(Chenopodiaceae) (4) 306 **356**
oppositiflora (4) **356**
Gironniera
(Ulmaceae) (4) 1 **15**
cuspidata (4) 16
subaequalis (4) **15**
yunnanensis (4) 16
Gisekia
(Molluginaceae) (4) **388**
pharnaceoides (4) **389**
Gladiolus
(Iridaceae) (13) 273 **274**
gandavensis (13) **275** Ph.191
Glaphyropteridopsis
(Thelypteridaceae) (2) 335 **366**
erubescens (2) 366 **367**
rufostramenea (2) 366 **367**
Glaucium
(Papaveraceae) (3) 709 **710**
elegans (3) **719**
fimbrilligerum (3) 709 **710**
refracta (3) 710
squamigerum (3) 709 **710**
Glaux
(Primulaceae) (6) 114 **147**
maritima (6) **147**
Gleadovia
(Orobanchaceae) (10) 228 **234**
mupinense (10) **235**
ruborum (10) **235**
Glechoma
(Lamiaceae) (9) 394 **444**
biondiana (9) 444 **445**
hederacea (9) 444 **445**
var. *longituba* (9) 444
longituba (9) **444** Ph.162
sinograndis (9) 444 **445**
Gleditsia
(Caesalpiniaceae) (7) 22 **24**
australis (7) 24 **25**
fera (7) 24 **26** Ph.15
heterophylla (7) 25
japonica (7) 25 **27**
melanacanth (7) 27
microphylla (7) 24 **25** Ph.14
officinalis (7) 26
sinensis (7) 24 **26** Ph.16
Glehnia
(Umbelliferae) (8) 581 **732**
littoralis (8) **732** Ph.290
Gleicheniaceae (2) 5 **97**
Gleichenia blotiana (2) 102
chenensis (2) 102
gigantea (2) 104
laevissima (2) 103
splendida (2) 100
Glodfussia divaricata (10) 377
Glossocomia ussuriensis (10) 457
Glossostylis arvensis (10) 166
Gmelinia speciosissima (10) 81
Glinus
(Molluginaceae) (4) 388 **389**
lotoides (4) **389**
oppositifolius (4) 389 **390**
Globba
(Zingiberaceae) (13) 20 **21**
barthei (13) 21 **22**
bulbosa (13) 22
japonica (13) **44**
lancangensis (13) 21 **23**
racemosa (13) 21 **22** Ph.19
schomburgkii (13) 21 **22** Ph.20
Glochidion
(Euphorbiaceae) (8) 11 **46**
assamicum (8) 46 **51**
coccineum (8) 46 **47**
daltonii (8) 47 **52**
eriocarpum (8) 46 **49** Ph.17
hirsutum (8) 46 **47**
khasicum (8) 47 **53**
lanceolarium (8) 46 **48**
obovatum (8) 47 **52**
philippicum (8) 46 **50**
puberum (8) 46 **49** Ph.18
sphaerogynum (8) 46 **50**
triandrum (8) 46 **49**
wilsonii (8) 47 **52**
wrightii (8) 46 **51**
zeylanicum (8) 46 **48**
Gloriosa
(Liliaceae) (13) 69 **98**
superba (13) **98** Ph.76
Glossula calcarata (13) 494
tentaculata (13) 493
Glossadelphus
(Sematophyllaceae) (1) 873 **897**
glossoides (1) **897**
lingulatus (1) **897** Ph.266
Glossogyne
(Compositae) (11) 125 **330**
tenuifolia (11) **330**
Goniophlebium hendersonii (2) 672
Gonyanthes mepalensis (13) 363

Glyceria
(Poaceae) **(12)** 561 **797**
acutiflora
subsp.japonica **(12)** 797 **800**
aquatica **(12)** 799
var. *triflora* **(12)** 799
chinensis **(12)** 797 **801**
distans var. *pulvinata* **(12)** 769
fluitans var. *leptorhiza* **(12)** 798
var. *plicata* **(12)** 800
leptolepis **(12)** 797 **798**
leptorhiza **(12)** 797 **798**
lithuanica **(12)** 797 **799**
maxima **(12)** 797 **800**
plicata **(12)** 797 **800**
songarica **(12)** 762
spiculosa **(12)** 797 **799**
tenella **(12)** 780
thomsonii **(12)** 767
tonglensis **(12)** 797 **801**
triflora **(12)** 797 **799**
Glyphocarpa cernua **(1)** 603
Glycine
(Fabaceae) **(7)** 65 **215**
floribunda **(7)** 115
gracilis **(7)** 216 **217**
involucrata **(7)** 219
koordersii **(7)** 218
labialis **(7)** 218
max **(7)** **216** Ph.107
pinnata **(7)** 224
rufescens **(7)** 249
sinensis **(7)** 114
soja **(7)** **216**
tenuiflora **(7)** 210
tomentella **(7)** 216 **217**
villosa **(7)** 242
Glycosmis
(Rutaceae) **(8)** 399 **430**
cochinchinensis **(8)** **430** Ph.221
eaquirolii **(8)** 430 **431**
montana **(8)** 430 **431**
parviflora **(8)** 430 **432**
Glycyrrhiza
(Fabaceae) **(7)** 62 **388**
aspera **(7)** 389 **390**
glabra **(7)** **389**
inflata **(7)** 389 **390**
pallidiflora **(7)** 389 **391**
squamulosa **(7)** 389 **391**
uralensis **(7)** **389**
Glyphomitriaceae **(1)** **614**
Glyphomitrium
(Glyphomitriaceae) **(1)** **614**
acuminatum **(1)** **614**
calycinum **(1)** 614 **615**
dentatum **(1)** 489
umillimum **(1)** 614 **615**
sinense **(1)** 488
tortifolium **(1)** 614 **616**
Glyphothecium
(Ptychomniaceae) **(1)** **658**
sciuroides **(1)** **658**
Glyptopetalum
(Celastraceae) **(7)** 775 **801**
continentale **(7)** 802 **803**
feddei **(7)** **802**
geloniifolium **(7)** 802 **804**
var. rubustum **(7)** 802 **804**
ilicifolium **(7)** 802 **804**
rhytidophyllum **(7)** 802 **803**
sclerocarpum **(7)** 802 **803**
Glyptostrobus
(Taxodiaceae) **(3)** 68 **71**
pensilis **(3)** **71** Ph.97
Gmelina
(Verbenaceae) **(9)** 347 **372**
arborea **(9)** **373**
chinensis **(9)** **373** Ph.139
hainanensis **(9)** **373** Ph.138
szechuanensis **(9)** **373**
Gnaphalium
(Compositae) **(11)** 129 **279**
adnatum **(11)** 279 **280**
affine **(11)** 279 **281**
amoyense **(11)** 282
arenarium **(11)** 287
artemisiifolium **(11)** 255
baicalense **(11)** 280 **283**
bicolor **(11)** 268
busum **(11)** 265
chrysocephalum **(11)** 280 **282**
corymbosa **(11)** 278
dedekensii **(11)** 256
dioicum **(11)** 249
hypoleucum **(11)** 279 **282**
var. amoyense **(11)** 280 **282**
involucratum
var. ramosum **(11)** 280 **284**
var. simplex **(11)** 280 **284**
japonicum **(11)** 280 **284**
luteo-album **(11)** 279 **281**
mandshuricum **(11)** 280 **284**
margaritaceum **(11)** 266
nanchuanense **(11)** 280 **284**
norvegicum **(11)** 280 **285**
pensylvanicum **(11)** 280 **285**
polycaulon **(11)** 280 **285**
stewartii **(11)** 280 **286**
subulatum **(11)** 252
tranzschelii **(11)** 280 **283**
yunnanensis **(11)** 272
Gnetaceae **(3)** **118**
Gnetum
(Gnetaceae) **(3)** **119**
catasphaericum **(3)** **119**
gracilipes **(3)** 119 **120**
hainanensis **(3)** 119 **120**
luofuense **(3)** 121
montanum **(3)** 119 Ph.148
parvifolium **(3)** 119 **120**
pendulum **(3)** 119 **120**
f. *intermedium* **(3)** 120

f. *subsessile* **(3)** 120
scandens var. *parvifolium* **(3)** 121
Gochnatia
(Compositae) **(11)** 130 **656**
decora **(11)** **657**
Goldbachia
(Ericaceae) **(5)** 383 **512**
laevigata **(5)** 512 **513**
lancifolia **(5)** 524
pendula **(5)** **512**
Goldfussia
(Acanthaceae) **(10)** 332 **374**
austinii **(10)** **374**
capitata **(10)** 374 **375**
colorata **(10)** 377
cusia **(10)** 363
formosana **(10)** 374 **376**
glomerata **(10)** 374 **376**
grandissimus **(10)** 368
leucocephala **(10)** 374 **376**
pentstemonoides **(10)** 374 **375**
Gollania
(Hypnaceae) **(1)** 900 **925**
arisanensis **(1)** 926 **929**
neckerella **(1)** 926 **928**
philippinensis **(1)** 925 **926**
robusta **(1)** 926 **927**
ruginosa **(1)** 926 **928**
schensiana **(1)** 925 **926**
turgens **(1)** 926 **929**
varians **(1)** 925 **927**
Gollaniella nana **(1)** 285
Gomphandra
(Icacinaceae) **(7)** 876 **877**
hainanensis **(7)** 877
tetrandra **(7)** **877**
Gomphia
(Ochnaceae) **(4)** 563 **564**
serrata **(4)** **564**
striata **(4)** **564** Ph.252
Gomphocarpus
(Asclepiadaceae) **(9)** 134 **147**
fruticosus **(9)** **147**
Gomphogyne
(Cucurbitaceae) **(5)** 198 **201**
cissiformis **(5)** **201**
var. villosa **(5)** **201**
delavayi **(5)** 204
Gossampinus malabarica **(5)** 66
Gomphopetalum
maximowiczii **(8)** 731
Gomphostemma
(Lamiaceae) **(9)** 393 **413**
chinense **(9)** 413 **415**
crinitum **(9)** 413 **414**
insuave **(9)** 503
leptodon **(9)** 413 **414**
lucidum **(9)** 413 **415**
microdon **(9)** **413**
parviflorum **(9)** 413 **414**
var. farinosum **(9)** 413 **414**
pedunculatum **(9)** 413 **415**
Gomphrena hispidal **(9)** 589
Gomphrena
(Amaranthaceae) **(4)** 368 **382**
globosa **(4)** **382** Ph.179
Gonatanthus pumilus **(12)** 129
Gongronema
(Asclepiadaceae) **(9)** 135 **177**
nepalense **(9)** **178**
Gongylanthus
(Arnelliaceae) **(1)** 161 **162**
himalayensis **(1)** **162**
Goniolimon
(Plumbaginaceae) **(4)** 538 **545**
callicomum **(4)** **545**
eximium **(4)** 545 **546**
speciosum **(4)** **545**
Gonocarpus micranthus **(7)** 496
Gonostegia
(Urtiaceae) **(4)** 75 **149**
hirta **(4)** **149** Ph.62
matsudai **(4)** 149 **150**
neurocarpa **(4)** 150
pentandra var. hypericifolia **(4)** **149**
Goniostemma
(Asclepiadacea) **(9)** 133 **142**
punctatum **(9)** **142**
Goniothalamus
(Annonaceae) **(3)** 158 **170**
cheliensis **(3)** 170 **171**
chinensis **(3)** 170 **171**
donnaiensis **(3)** 170 **171**
gabriacianus **(3)** 171 **172**
gardneri **(3)** 171 **172**
griffithii **(3)** 171 **172**
howii **(3)** 171 **172**
Gonocaryum
(Icacinaceae) **(7)** 876 **878**
calleryanum **(7)** 878 **879** Ph.329
lobbianum **(7)** **878** Ph.328
maclurei **(7)** 878
Gonocormus
(Hymenophyllaceae) **(2)** 112 **130**
minutus **(2)** 130 **130**
nitidulus **(2)** 130 **131**
Goodeniaceae **(10)** **503**
Goodyera
(Orchidaceae) **(13)** 366 **409**
biflora **(13)** 410 **412**
bomiensis **(13)** 410 **413**
brachystegia **(13)** 410 **415**
discolor **(13)** 419
foliosa **(13)** 411 **414**
fumata **(13)** 410 **418**
fusca **(13)** 410 **416**
grandis **(13)** 410 **418**
henryi **(13)** 410 **414**
kwangtungensis **(13)** 410 **412**
prainii **(13)** 411 **415**
procera **(13)** 411 **417** Ph.298
repens **(13)** 410 **411** Ph.296
schlechtendaliana **(13)** 410 **411** Ph.297

velutina (13) 410 **413**
viridiflora (13) 410 **417**
youngsayei (13) 410 **418**
yunnanensis (13) 410 **416**
Goodyera elongata (13) 428
Gordonia
(Theaceae) (4) 573 **607**
acuminata (4) 607 **608**
axillaris (4) **607**
var. *acuminata* (4) 608
chrysandra (4) 607 **608** Ph.279
hiananensis (4) 607 **608**
hirta (4) 605
longicarpa (4) 607 **608**
sinensis (4) 611
wallichii (4) 610
Gossypium
(Malvaceae) (5) 69 **100**
arboretum (5) **100**
barbadense (5) 100 **101**
herbaceum (5) 100 **101**
hirsutum (5) 100 **101**
Gottschea
(Schistochilaceae) (1) **182**
aligera (1) **182**
nuda (1) 182 **183**
philippinensis (1) 182 **183**
Gouania
(Rhamnaceae) (8) 138 **178**
javanica (8) 178 **179**
leptostachya (8) **178**
Gouffeia holosteoides (4) 435
Gramineae
(=Poaceae) (12) 550
Grammitidaceae (2) 5 **770**
Grammitis
(Grammitidaceae) (2) 771 **776**
adspersa (2) 776 **777**
blechnoides (2) 775
congener (2) 776 **777**
cuspidata (2) 781
dorsipila (2) 776 **777**
sikkimensis (2) 773
hirtella (2) 777
lasiosora (2) 777
Grangea
(Compositae) (11) 122 **158**
maderaspatana (11) **158**
Graphistemma
(Asclepiadaceae) (9) 135 **168**
pictum (9) **168**
Gratiola
(Scrophulariaceae) (10) 70 **94**
ciliata (10) 113
hyssopioides (10) 114
japonica (10) **94**
juncea (10) 94
pusilla (10) 109
ruellioides (10) 113
tenuifolia (10) 112
violacea (10) 95
viscosa (10) 109
Graptophyllum viriduliflorum (10) 406
Grastidium salaccense (13) 664
Grevillea
(Proteaceae) (7) 481 **482**
robusta (7) **482**
Grewia salviifolia (7) 683
Grewia
(Tiliaceae) (5) 12 **25**
abutilifolia (5) 25 **27**
var. *urenifolia* (5) 27
biloba (5) 25 **26**
var. *parviflora* (5) 25 **26** Ph.12
concolor (5) 25 **28**
eriocarpa (5) **25**
parviflora (5) **27**
sessiliflora (5) 25 **28**
tiliaefolia (5) 25 **26**
urenifolia (5) 25 **27**
Grimaldia pilosa var. *sibirica* (1) 279
Grimaldiaceae
(=Aytoniaceae) (1) 273
Grimmia
(Grimmiaceae) (1) 493 **496**
anodon (1) 496 **505**
apocarpa (1) 507
chenii (1) 506
cribrosa (1) 495
decipiens (1) 497 **504**
donniana (1) 496 **499**
elatior (1) 497 **504**
elongata (1) 496 **498**
fuscolutea (1) 497 **503**
handelii (1) 496 **498**
himalayana (1) 513
laevigata (1) 496 **501**
laxifolia (1) 365
limprichtii (1) 496 **502**
longirostris (1) 496 **497**
mammosa (1) 496 **502**
montana (1) 496 **500**
ovalis (1) 496 **500**
pilifera (1) 496 **497** Ph.139
pulvinata (1) 497 **503**
rivularis (1) 508
stricta (1) 507
unicolorex (1) 496 **501**
Grimmiaceae (1) **493**
Groftia spectabilis (13) 49
Guatteria pisocarpa (3) 181
rumphii (3) 180
simiarum (3) 180
Guarea paniculata (8) 395
Gymnantha cilia (1) 163
Grosourdya
(Orchidaceae) (13) 369 **768**
appendiculatum (13) **769**
Grossulariaceae (6) **288**
Gueldenstaedtia
(Fabaceae) (7) 62 **381**
delavayi (7) 382 **384**
diversifolia (7) 386

gansuensis (7) 382 **384**
harmsii (7) 382 **383**
henryi (7) 381 **382**
himalaica (7) 386
maritima (7) 382 **384**
multiflora (7) 383
stenophylla (7) 382 **384**
tongolensis (7) 386
verna (7) **382**
subsp. multiflora (7) 382 **383**
yunnanensis (7) 387
Guettarda
(Rubiaceae) (10) 511 **605**
speciosa (10) **605** Ph.201
Guettardella chinensis (10) 606
Guihaia
(Arecaceae) (12) 56 **61**
argyrata (12) **61** Ph.13
grossefibrosa (12) 61 **62**
Guihaiothamnus
(Rubiaceae) (10) 510 **551**
acaulis (10) **551**
Guilandia bonduc (7) 32
Guttiferae (4) **681**
Gutzlaffia
(Acanthaceae) (10) 332 **359**
aprica (10) **359**
Gyammitis vestita (2) 251
Gymnadenia
(Orchidaceae) (13) 367 **488**
calcicola (13) 486
conopsea (13) **489** Ph.333
crassinervis (13) 489 **490**
faberi (13) **480**
monophylla (13) **487**
orchidis (13) **489** Ph.334
pinguicula (13) 483
pseudo-diphylax (13) 487
Gymnandra integrifolia (10) 162
Gymnanthera
(Asclepiadaceae) (9) 133 **136**
nitida (9) 136
oblonga (9) **136**
Gymnaster
(Compositae) (11) 122 **162**
piccolii (11) **162**
Gymnostyles anthemifolia (11) 443
Gymnema
(Asclepiadaceae) (9) 134 **175**
inodorum (9) 176 **177**
latifolium (9) 176 **177**
longiretinaculatum (9) **176**
nepalense (9) 178
sylvestre (9) **176** Ph.84
tingens (9) 177
Gynoctonum petiolatum (9) 10
Gymnocarpium
(Athyriaceae) (2) 271 **272**
disjunctum (2) 273
dryopteris (2) 272 **273**
jessoense (2) 272 **273**
oyamense (2) 272 **272**
remotepinnatum (2) 272 **274**
Gymnocarpos
(Caryophyllaceae) (4) 391 **393**
przewalskii (4) **393**
Gymnocladus
(Caesalpiniaceae) (7) 22 **23**
chinensis (7) **23**
Gymnogramma aurita (2) 358
cantoniense (2) 761
caudate (2) 256
decurrenti-alata (2) 280
digitata (2) 759
grammitoides (2) 779
henryi (2) 757
levingei (2) 357
makinoi (2) 444
microphylla (2) 253
rhizophylla (2) 629
Gymnogramme andersonii (2) 456
delavayi (2) 250
marantae (2) 251
salicifolia (2) 781
wrightii (2) 756
Gymnosporia berberoides (7) 815
diversifolia (7) 815
variabilis (7) 816
Gymnogrammidaceae (2) **660**
Gymnogrammitis
(Gymnogrammidaceae) (2) **660**
dareiformis (2) **660**
Gymnomitriaceae (1) **90**
Gymnomitrion
(Gymnomitriaceae) (1) 90 **91**
sinense (1) **91**
verrucosum (1) 95
Gymnopteris bipinnata (2) 252
decurren (2) 624
sargentii (2) 252
vestita (2) 251
Gymnopetalum
(Cucurbitaceae) (5) 199 **231**
chinense (5) **231** Ph.117
integrifolium (5) 231 **232** Ph.118
Gymnosiphon
(Burmanniaceae) (13) 361 **363**
nana (13) **364**
Gymnospermae (3) **1**
Gymnospermium
(Berberidaceae) (3) 582 **650**
altaicum (3) 650 **651**
kiangnanense (3) **650**
microrrhynchum (3) 650 **651**
Gymnostachyum
(Acanthaceae) (10) 331 **351**
knoxiifolium (10) 406
subrosulatum (10) **351**
Gymnostomiella
(Splachnaceae) (1) 525 **526**
longinervis (1) **526**
Gymnostomum
(Pottiaceae) (1) 437 **456**

aeruginosum (1) **456**
aestivum (1) 439
barbula (1) 467
brachystegium (1) 445
calcareum (1) 456 **457**
inconspicuum (1) 474
intermedium (1) 471
involutum (1) 464
javanicum (1) 465
laxirete (1) 456 **457**
pennatum (1) 524
recurvirostrum (1) 463
spathulatum (1) 465
sphaericum (1) 523
subsessile (1) 473
trichodes (1) 330
Gymnotheca
(Sauruaceae) (3) 316 **317**
chinensis (3) **317**
involucrata (3) 317 **318** Ph.260
Gynocardia
(Flacourtiaceae) (5) 110 **112**
odorata (5) **112**
Gynostemma
(Cucurbitaceae) (5) 198 **249**
cardiospermum (5) 249 **250**
integrifoliola (5) 202
laxum (5) 249 **251**
longipes (5) 249 **252**
pedata var. *pubescens* (5) 252
pentaphyllum (5) 249 **251** Ph.129
pubescens (5) 249 **252**
simplicifolium (5) 249 **250**
yixingense (5) **249**
Gynura
(Compositae) (11) 128 **550**
barbareifolia (11) 551 **553**
bicolor (11) 551 **552**
crepidioides (11) 549
cusimbua (11) 551 **552**
divaricata (11) 551 **553**
formosana (11) 551 **554**
japonica (11) 550 **551** Ph.121
nepalensis (11) 551 **553**
procumbens (11) 551 **554**
pseudochina (11) 550 **551**
segetum (11) 552
sinica (11) 524
Gypsophila
(Caryophyllaceae) (4) 393 **472**
alpina (4) 465
altissima (4) 473 **474**
capituliflora (4) 473 **477**
cephalotes (4) 473 **474**
cerastioides (4) 473 **478**
davurica (4) 473 **475**
desertorum (4) 474 **479**
elegans (4) 474 **479**
gastigiata cephalotes (4) 474
huashanensis (4) 473 **475**
licentiana (4) 473 **477**
oldhamiana (4) 473 **474**
pacifica (4) 473 **476**
paniculata (4) 473 **478**
patrinii (4) 473 **476**
perfoliata (4) 473 **478**
spinosa (4) 473 **477**
tschiliensis (4) 473 **475**
Gyrocheilos
(Gesneriaceae) (10) 246 **300**
chorisepalum (10) **300**
retrotrichum var. oligolobum (10) **300**
Gyrogyne
(Gesneriaceae) (10) 246 **324**
subaequifolia (10) **325**
Gyroweisia
(Pottiaceae) (1) 438 **458**
yunnanensis (1) **458**

H

Habenaria
(Orchidaceae) (13) 367 **499**
acianthoides (13) 499 **502**
acuifera (13) 501 **510**
affinis (13) 496
aitchisoni (13) 503
aitchisonii (13) 500 **503** Ph.340
bakeriana (13) 466
balfouriana (13) 500 **503**
bulleyi (13) **495**
camptoceras (13) 488
chiloglossa (13) 468
chrysea (13) 450
ciliolaris (13) 501 **510** Ph.346
cyclochila (13) 448
davidii (13) 500 **508** Ph.343
delavayi (13) 499 **501** Ph.339
dentata (13) 501 **513** Ph.349
diplonema (13) 499 **502**
fargesii (13) 499 **503**
finetiana (13) 501 **513**
formosana (13) 494
forrestii (13) 499
glaucifolia (13) 500 **504** Ph.341
goodyeroides (13) 497
hystrix (13) 501 **510**
japonica var. *minor* (13) 463
leptocaulon (13) 468
limprichtii (13) 500 **509** Ph.345
linearifolia (13) 500 **506**
linguella (13) 501 **511** Ph.347
longiracema (13) 495
lucida (13) 501 **513** Ph.350
mairei (13) 500 **509** Ph.344
malintana (13) 501 **512**
oreophila (13) 462
pantlingiana (13) 500 **507**
petelotii (13) 500 **508**
platantheroides (13) 469
plurifoliata (13) 501 **514**
polytricha (13) 500 **506**
rhodocheila (13) 501 **512** Ph.348
roseotincta (13) 467
rostellifera (13) 501 **511**

rostrata (13) 501 **512**
sagittifera (13) 505
schindleri (13) 500 **505**
secundiflora (13) 487
shweliensis (13) 501 **514**
siamensis (13) 499 **502**
stenantha (13) 466
stenopetala (13) 500 **507**
szechuanica (13) 500 **505**
tibetica (13) 500 **504** Ph.342
tonkinensis (13) 501 **514** Ph.351
urceolata (13) 473
Habrodon
(Fabroniaceae) (1) 754 **764**
perpusillus (1) **764**
Hackelia
(Boraginaceae) (9) 282 **326**
brachytuba (9) **327**
difformis (9) 327 **328**
thymifolia (9) 329
uncinatum (9) 326 **327**
Hackelochloa
(Poaceae) (12) 554 **1166**
granularis (12) **1166**
porifera (12) 1166 **1167**
Haemanthus
(Amaryllidaceae) (13) 259 **268**
multiflorus (13) **269** Ph.184
Hageniella
(Sematophyllaceae) (1) 873 **884**
sikkimensis (1) **884**
Hainania
(Tiliaceae) (5) 12 **32**
trichosperma (5) **33**
Haldina
(Rubiaceae) (10) 506 **569**
cordifolia (10) **570**
Halenia
(Gentianaceae) (9) 12 **59**
corniculata (9) **59** Ph.29
elliptica (9) 59 **60** Ph.30
Halerpestes
(Ranunculaceae) (3) 390 **578**
cymbalaris (3) 580
lancifolia var. *variifolia* (3) 579
ruthenica (3) 579 **580**
sarmentosa (3) **579**
tricuspis (3) **579**
tricuspis (3) 579
var. intermedia (3) **579**
var. variifolia (3) **579**
Halesia
(Styracaceae) (6) 26 **43**
fortunei (6) 41
macgregorii (6) **44**
Halimocnemis
(Chenopodiaceae) (4) 306 **352**
longifolia (4) 352 **353**
squarrosa (4) 353
villosa (4) **352**
Halimodendron
(Fabaceae) (7) 62 **263**
halodendron (7) **263** Ph.124
Halocnemum
(Chenopodiaceae) (4) 305 **312**
caspicum (4) 311
strobilaceum (4) **312**
Halodule
(Cymodoceaceae) (12) **48**
pinifolia (12) **48**
uninervis (12) **48**
Halogeton
(Chenopodiaceae) (4) 306 **350**
arachnoideus (4) 349
glomeratus (4) **350** Ph.151
var. tibeticus (4) 350 **351** Ph.152
tibeticus (4) 351
Halopeplis
(Chenopodiaceae) (4) 305 **308**
pygmaea (4) **309**
Halophila
(Hydrocharitaceae) (12) 13 **23**
beccarii (12) 23 **24**
minor (12) 13 **24**
ovalis (12) **23**
Haloragidaceae (7) **493**
Haloragis
(Haloragaceae) (7) 493 **495**
chinensis (7) 495 **496**
micrantha (7) 495 **496**
Halostachys
(Chenopodiaceae) (4) 305 **311**
caspica (4) **311** Ph.139
Halothamnus
(Chenopodiaceae) (4) 306 **364**
glaucus (4) **364**
Haloxylon
(Chenopodiaceae) (4) 306 **356**
ammodendron (4) **357** Ph.157
persicum (4) **357** Ph.158
regelii (4) 359
Hamamelidaceae (3) **772**
Hamamelis
(Hamamelidaceae) (3) 773 **782**
chinensis (3) 782
mollis (3) **782** Ph.441
subaequalis (3) 788
Hamelia
(Rubiaceae) (10) 511 **601**
patens (10) **601** Ph.198
Hamaealis subaequalis (3) 716
Hancea hookeriana (8) 64
sinensis (9) 564
Hanceola
(Lamiaceae) (9) 398 **563**
cordiovata (9) **564**
exserta (9) **564**
sinensis (9) **564**
Hancockia
(Orchidaceae) (13) 372 **591**
uniflora (13) **591**
Handelia

(Compositae) **(11)** 125 **338**
trichophylla **(11)** 125 **338**
Handeliodendron
(Sapindaceae) **(8)** **268**
bodinieri **(8)** **288**
Hapalanthus repens **(12)** 204
Hapaline
(Araceae) **(12)** 105 **130**
ellipticifolium **(12)** **130**
Haplocladium
(Thuidiaceae) **(1)** 784 **790**
angustifolium **(1)** **790**
microphyllum **(1)** **790** Ph.242
strictulum **(1)** 790 **791**
Haplohymenium
(Anomodontaceae) **(1)** 777 **780**
flagelliforme **(1)** **780**
formosanum **(1)** 780 **781**
pseudo-triste **(1)** 780 **781**
triste **(1)** 780 **781**
Haplomitriaceae **(1)** **2**
Haplomitrium
(Haplomitriaceae) **(1)** **2**
blumei **(1)** **2**
mnioides **(1)** 2 **3** Ph.1
Haplophyllum
(Rutaceae) **(8)** 398 **421**
dauricum **(8)** **421**
tragacanthoides **(8)** 421 **422**
Haplopteris
(Vittaricaceae) **(2)** 265 **265**
amboinensis **(2)** 265 **265**
anguste-elongata **(2)** 265 **269**
doniana **(2)** 265 **266**
elongata **(2)** 265 **268**
flexuosa **(2)** 265 **267**
fudzinoi **(2)** 265 **266**
sikkimensis **(2)** 265 **267**
Haplospaera
(Umbelliferae) **(8)** 580 **714**
phaea **(8)** **714**
Haplozia ariadne **(1)** 81
Haraella
(Orchidaceae) **(13)** 369 **760**
retrocalla **(13)** **760** Ph.571
Harpachne
(Poaceae) **(12)** 562 **973**
harpachnoides **(12)** **973**
Harpullia
(Sapindaceae) **(8)** 268 **290**
cupanoides **(8)** **290** Ph.139
Harrisonia
(Simaroubaceae) **(8)** 367 **372**
perforata **(8)** 367 **372**
Harrysmithia
(Umbelliferae) **(8)** 581 **679**
heterophylla **(8)** **679**
Hartia
(Theaceae) **(4)** 573 **613**
brevicaly **(4)** 614 **615**
cordifolia **(4)** 614 **615**
obovata **(4)** 613 **614**
sinensis **(4)** 614 **615**
sinii **(4)** 614 **616**
villosa **(4)** 614 **616**
yunnanensis **(4)** 613 **614**
Hasteola komaroviana **(11)** 491
praetermissa **(11)** 492
Hattoria
(Jungermanniaceae) **(1)** **65**
yakushimense **(1)** **66**
Hayataella mitchelloides **(10)** 534
Hedera
(Araliaceae) **(8)** 534 **538**
fragrans **(8)** 563
fragrans **(8)** 568
hainla **(8)** 545
hypoglauca **(8)** 196
nepalensis var. sinensis **(8)** **538** Ph.253
parasitica **(8)** 565
protea **(8)** 541
senticosa **(8)** 558
sinensis **(8)** 538
undulata **(8)** 550
Hedinia
(Brassicaceae) **(5)** 386 **417**
tibetica **(5)** **418**
Hedwigia
(Hedwigiaceae) **(1)** 641 **642**
ciliata **(1)** **643** Ph.190
hornschuchiana **(1)** 468
Hedwigiaceae **(1)** **641**
Hedychium
(Zingiberaceae) **(13)** 21 **32**
coccineum **(13)** 33 **34** Ph.31
coronarium **(13)** **33** Ph.28
flavum **(13)** **33**
forrestii **(13)** 33 **34** Ph.30
spicatum **(13)** 33 35
villosum **(13)** 33 **34** Ph.29
Hedyosmum
(Chloranthaceae) **(3)** 309 **315**
orientale **(3)** **315**
Hedyotis
(Rubiaceae) **(10)** 507 509 **514**
acutangula **(10)** 515 **520**
auricularia **(10)** 515 **517**
biflora **(10)** 516 **525**
capituligera **(10)** 516 **522**
caudatifolia **(10)** 515 **520**
chrysotricha **(10)** 515 **517**
communis **(10)** 515 **521**
coreana **(10)** 515 **516**
corymbosa **(10)** 516 **523**
costata **(10)** 515 **516**
diffusa **(10)** 516 **524** Ph.183
effusa **(10)** 515 **521**
hedyotidea **(10)** 516 **522**
herbacea **(10)** 516 **524**
hispida **(10)** 518
lancea **(10)** 520
longidens **(10)** 550
mellii **(10)** 515 **521**

ovatifolia (10) 516 **523**
pinifolia (10) 515 **519**
platystipula (10) 515 **518**
pterita (10) 516 **524**
scandens (10) 516 **522**
tenelliflora (10) 515 **518**
tetrangularis (10) 515 **519**
uncinella (10) 516 **521**
verticillata (10) 515 **518**
wightiana (10) 526
Hedysarum
(Fabaceae) (7) 61 66 **392**
algidum (7) 393 **398**
alpinum (7) 393 **397**
var. *chinense* (7) 397
biarticulatum (7) 151
brachypterum (7) 393 **400**
bupleurifolium (7) 175
caudatum (7) 153
chinense (7) 393 **397**
citrinum (7) 392 **396**
crinitum (7) 169
esculentum var. *taipeicum* (7) 396
fruticosum (7) 392 **394**
var. lignosum (7) 392 **395**
var. mongolicum (7) 392 **394**
gangeticum (7) 155
gmelinii (7) 393 **400** Ph.143
gyroides (7) 166
heterocarpon (7) 156
inundatum (7) 393 **396** Ph.142
juncea (7) 193
lagopodioides (7) 170
lignosum (7) 395
limitaneum (7) 392 **395**
lineatum (7) 245
linifolia (7) 147
lutescens (7) 167
microphyllum (7) 158
mongolicum (7) 394
montanum (7) 393 **401**
motorius (7) 165
multijugum (7) 392 **393**
nummularifoium (7) 147
obcordatum (7) 174
petrovii (7) 393 **401**
pictum (7) 169
pilosa (7) 188
polybotrys (7) 392 **395** Ph.141
var. alaschanicum (7) 392 **396**
pseudoastragalus (7) 393 **398**
pulchellum (7) 151
renifolium (7) 157
repandum (7) 164
scoparium (7) 392 **393**
semenovii var. *alaschanicum* (7) 396
sikkimense (7) 393 **399**
striatum (7) 194
strobilifera (7) 244
styracifolium (7) 157
taipeicum (7) 392 **396**
tanguticum (7) 393 **399**
thiochroum (7) 392 **395**
tomentosum (7) 190
tortuosum (7) 155
triangulare (7) 149
triflorum (7) 158
triquetrum (7) 167
tuberosum (7) 398
umbellatum (7) 149
vaginale (7) 175
velutinum (7) 156
vespertilionis (7) 173
virgatum (7) 189
Heimia
(Lythraceae) (7) 500 **507**
myrtifolia (7) **507**
Helenium
(Compositae) (11) 125 **333**
autumnale (11) 333
flexuosum (11) **333**
Heleocharis fistulosa (12) **281**
pellucida (12) **284**
Helianthemum
(Cistaceae) (5) **130**
songaricum (5) **130** Ph.75
Helianthus
(Compositae) (11) 124 **321**
annuus (11) **321**
tuberosus (11) 321 **322**
Helichrysum
(Compositae) (11) 129 **286**
arenarium (11) **287**
bracteatum (11) **287**
Helicia
(Proteaceae) (7) 481 **482**
cochinchinensis (7) 483 **487**
falcata (7) 483 **488**
formosana (7) 483 **484** Ph.170
hainanensis (7) 483 **486**
kwangtungensis (7) 483 **486**
lobata (7) 489
longipetiolata (7) 483 **487**
nilagirica (7) 483 **486** Ph.172
obovatifolia (7) 482 **483**
var. mixta (7) 482 **484**
pyrrhobotrya (7) 483 **484**
reticulata (7) 483 **485** Ph.171
tibetensis (7) 483 **485**
vestita var. *mixta* (7) 484
Heliciopsis
(Proteaceae) (7) 482 **488**
henryi (7) 488
lobata (7) 488 **489**
terminalis (7) **488**
terminalis (7) 488
Helicodontium
(Fabroniaceae) (1) 754 **761**
fabronia (1) 763
robustum (1) **761**
Heliconia
(Strelitziaceae) (13) 12 **14**
metallica (13) **14**

Helicteres
(Sterculiaceae) **(5)** 34 **50**
angustifolia **(5)** **50**
elongata **(5)** 50 **51**
hirsuta **(5)** 50 **52**
isora **(5)** **50** Ph.29
lanceolata **(5)** 50 **51**
viscida **(5)** 50 **52**
Helictotrichon
(Poaceae) **(12)** 561 **886**
altius **(12)** 886 **888**
dahuricum **(12)** **886** **887**
delavayi **(12)** 886 **890**
leianthum **(12)** 886 **888**
mongolicum **(12)** 887 **891**
polyneurum **(12)** 886 **889**
pubescens **(12)** 886 **888**
schellianum **(12)** 886 **887**
schmidii **(12)** 886 **890**
var. parviglumum **(12)** 886 **890**
tianschanicum **(12)** 887 **891**
tibeticum **(12)** 887 **891**
var. laxiflorum **(12)** 887 **891**
virescens **(12)** 886 **889**
Heliotropium
(Boraginaceae) **(9)** 280 **287**
ellipticum **(9)** 287
europaeum **(9)** **287**
var. lasiocarpum **(9)** 287
indicum **(9)** 287 **288** Ph.121
lasiocarpum **(9)** 287
strigosum **(9)** 287 **288**
Helixanthera
(Loranthaceae) **(7)** 738 **741**
guangxiensis **(7)** 742 **743**
parasitica **(7)** 741 **742** Ph.289
sampsoni **(7)** 741 **742**
Helleborus
(Ranunculaceae) **(3)** 389 **402**
thibetanus **(3)** **403**
Helminthostachayaceae **(2)** 2 **72**
Helminthostachys
(Helminthostachayaceae) **(2)** **72**
zeylanica **(2)** **72** Ph.27
Helodium
(Thuidiaceae) **(1)** 784 **800**
paludosum **(1)** **800**
sachalinense **(1)** **800**
Heloniopsis
(Liliaceae) **(13)** 69 **75**
umbellata **(13)** **75** Ph.62
Helwingia
(Cornaceae) **(7)** 691 **707**
chinensis **(7)** 707 **709** Ph.276
himalaica **(7)** 707 **708** Ph.275
f. *omeiensis* **(7)** 709
japonica **(7)** 707 **708**
omeiensis **(7)** 707 **709** Ph.277
Hemarthria
(Poaceae) **(12)** 554 **1160**
altissima **(12)** **1160**
compressa **(12)** 1160 **1161**
longiflora **(12)** 1160 **1161**
protensa **(12)** 1160 **1161**
Hemerocallis
(Liliaceae) **(13)** 70 **92**
citrina **(13)** **93** Ph.70
esculenta **(13)** 93 **96**
forrestii **(13)** 93 **95** Ph.73
fulva **(13)** 93 **94** Ph.72
lilio-asphodelus **(13)** **93** Ph.71
β. *fulvus* **(13)** 94
middendorfii **(13)** 93 **96**
minor **(13)** 93 **94**
plantaginea **(13)** 91
plicata **(13)** 93 **95** Ph.74
Hemiboea
(Gesneriaceae) **(10)** 244 **276**
cavaleriei **(10)** **277** Ph.80
var. paucinervis **(10)** 277 **278**
flaccida **(10)** 277 **279**
follicularis **(10)** 277 **280**
gracilis **(10)** 277 **278** Ph.81
var. pilobracteata **(10)** 277 **278**
henryi **(10)** 278
mollifolia **(10)** 277 **279**
subacaulis **(10)** 277 **279**
subcapitata **(10)** 277 **278** Ph.82
var. denticulata **(10)** **278**
strigosa **(10)** 277 **279**
Hemiboeopsis
(Gesneriaceae) **(10)** 245 **280**
longisepala **(10)** **281**
Hemibromus japonicus **(12)** 800
Hemicardion crenata **(2)** 587
Hemicarex filicina **(12)** 376
Hemigramma
(Aspidiaceae) **(2)** 603 **624**
decurrens **(2)** **624**
Hemigraphis
(Acanthaceae) **(10)** 332 **355**
chinensis **(10)** 362
fluviatilis **(10)** 362
primulifolia **(10)** **355**
reptans **(10)** **355**
Hemilophia
(Brassicaceae) **(5)** 384 386 387 **419**
pulchella **(5)** **419**
var. *flavida* **(5)** 419
rockii **(5)** **419**
Hemionitidaceae **(2)** 6 **248**
Hemionitis arifolia **(2)** 248
cordata **(2)** 248
coriacea **(2)** 263
esculenta **(2)** 314
japonica **(2)** 258
opaca **(2)** 281
pozoi **(2)** 366
prolifera **(2)** 390
wilfordii **(2)** 398
Hemiphragma
(Scrophulariaceae) **(10)** 67 **134**
heterophyllum **(10)** **135**

Hemipilia
(Orchidaceae) **(13)** 367 **453**
brevicalcarata **(13)** 450
calophylla **(13)** 453 **456** Ph.316
cordifolia **(13)** 453 **454**
crassicalcarata **(13)** 453 **454**
cruciata **(13)** **453** Ph.312
flabellata **(13)** 453 **454** Ph.313
henryi **(13)** 453 **455** Ph.314
kwangsiensis **(13)** 456
limprichtii **(13)** 453 **455** Ph.315
Hemiptelea
(Ulmaceae) **(4)** 1 **12**
davidii **(4)** **12** Ph.10
Hemistepta
(Compositae) **(11)** 131 **635**
lyrata **(11)** **635** Ph.157
Hemsleya
(Cucurbitaceae) **(5)** 198 **203**
amabills **(5)** 203 **205**
chinensis **(5)** 203
chinensis **(5)** 203 **206**
delavayi **(5)** 203 **204**
dipterygia **(5)** 203 **204**
graciliflora **(5)** **203**
macrosperma **(5)** 203 **207**
sphaerocarpa **(5)** 203 **205**
szechuanensis **(5)** 203 206
zhejiangensis **(5)** 203 **206**
Henningia anisopterus **(13)** 86
Henslowia buxifolia **(7)** 732
frutescens **(7)** 731
granulata **(7)** 731
polyneura **(7)** 730
Hepatica
(Ranunculaceae) **(3)** 389 **499**
asiatica **(3)** 500
henryi **(3)** 499 **500**
nobilis
var. asiatica **(3)** 499 **500** Ph.361
yamatutai **(3)** 500
Heptac latifolia **(4)** 669
Heptacodium
(Caprifoliaceae) **(11)** 1 **38**
miconioides **(11)** **39**
Heptapleurum arboricola **(8)** 553
delavayi **(8)** 552
fargesii **(8)** 555
productum **(8)** 547
Heracleum
(Umbelliferae) **(8)** 582 **752**
acuminatum **(8)** 752 **754**
apaense **(8)** **726**
barmanicum **(8)** 752 **753**
bivittatum **(8)** 752 **753**
candicans **(8)** 752 **756**
dissectifolium **(8)** 752 **754**
dissectum **(8)** 752 **755**
hemsleyanum **(8)** 752 **754**
longilobum **(8)** 752 **753**
microcapum
var. *subbipinnatum* **(8)** 756
millefolium **(8)** **752**
var. *longilobum* **(8)** 753
moellendorfii **(8)** 752 **756**
var. subbipinnatum **(8)** 752 **756**
nepalense **(8)** 759
nubigena **(8)** 726
obtusifolium **(8)** 752 **757**
scabridum **(8)** 752 **755**
tiliifolium **(8)** 752 **753**
xiaojinense **(8)** 752 **758**
yungningse **(8)** 753
Herbertaceae **(1)** **4**
Herbertus
(Herbertaceae) **(1)** **4**
aduncus **(1)** 5 **8**
angustissima **(1)** 4 **12**
ceylanicus **(1)** 4 **6**
delavayii **(1)** 4 **11**
dicranus **(1)** 5 **6** Ph.2
fragilis **(1)** 4 **8**
gaochienii **(1)** 4 **12**
giraldianus **(1)** 4 **9**
herpocladioides **(1)** 4 **5**
javanicus **(1)** 4 **9**
kurzii **(1)** 4 **10**
longifissus **(1)** 5 **7**
mastigophoroides **(1)** 4 **11**
parisii **(1)** 5 **7**
ramosus **(1)** 5 **8**
sakuraii **(1)** 4 **10**
sendtneri **(1)** 4 **5**
Heritiera
(Sterculiaceae) **(5)** 34 **44**
angustata **(5)** 44 **45**
littoralis **(5)** **44** Ph.24
parvifolia **(5)** **44** Ph.23
Herminium
(Orchidaceae) **(13)** 367 **474**
alaschanicum **(13)** 474 **478** Ph.325
biporosum **(13)** 517
bulleyi **(13)** 495
calceoliformis **(13)** 472
chloranthum **(13)** 474 **476**
coeloceras **(13)** 497
forceps **(13)** 498
glossophyllum **(13)** 474 **477**
josephi **(13)** 475 **478**
lanceum **(13)** 474 **475** Ph.322
monorchis **(13)** 474 **476** Ph.323
ophioglossoides **(13)** 474 **477** Ph.324
pugioniformis **(13)** 516
singulum **(13)** 475 **478**
souliei **(13)** 474 **475**
Hernandia
(Hernandiaceae) **(3)** **305**
nymphiifolia **(3)** **305**
ovigera **(3)** 305
sonora **(3)** 305
Hernandiaceae **(3)** **304**
Herniaria
(Caryophyllaceae) **(4)** 391 **394**

glabra (4) **394**
Herpestis floribunda (10) 93
javanicum (10) 98
rugosa (10) 101
Herpetineuron
(Anomodontaceae) (1) 777 **783**
toccoae (1) **783** Ph.239
Herpetospermum
(Cucurbitaceae) (5) 199 **231**
pedunculosum (5) **231**
Herpysma
(Orchidaceae) (13) 366 **420**
longicaulis (13) **420**
Hesperis
(Brassicaceae) (5) 382 388 **507**
africana (5) 506
flavum (5) 516
leutea (5) 526
matronalis (5) **507**
oreophila (5) 507
sibiricus (5) **507**
trichosepala (5) 508
Hetaeria
(Orchidaceae) (13) 366 **427**
biloba (13) **427**
cristata (13) 427 **428**
elongata (13) 427 **428**
parviflora (13) 433
Heteracia
(Compositae) (11) 133 **786**
szovitsii (11) **786**
Heterocaryum
(Boraginaceae) (9) 282 **341**
rigidum (9) **341**
Heterochaeta asteroides (11) 196
diplostephioides (11) 197
Heterochroa desertorum (4) 479
Heterocladium
(Thuidiaceae) (1) 784 **786**
angustifolium (1) **786**
tenue (1) 753
Heterocodon brevipes (10) 493
Heterolamium
(Lamiaceae) (9) 396 **525**
debile (9) **525**
var. cardiophyllum (9) **526**
Heteropanax
(Araliaceae) (8) 534 **562**
chinensis (8) 562 **563**
fragrans (8) 562 **563**
var. *chinensis* (8) 563
Heteropappus
(Compositae) (11) 123 **167**
altaicus (11) 167 **168** Ph.47
bowerii (11) 167 **169**
ciliosus (11) 167 **168**
crenatifolius (11) 168 **171**
gouldii (11) 168 **171**
hispidus (11) 168 **170**
meyendorffii (11) 167 **170**
sampsonii (11) 189
semiprostratus (11) 167 **169**
tataricus (11) 168 **170**
Heteropholis
(Poaceae) (12) 555 **1165**
cochinchinensis (12) **1166**
Heterophyllium
(Sematophyllaceae) (1) 873 **879**
affine (1) **879**
Heteroplexis
(Compositae) (11) 123 **210**
sericophylla (11) **210**
vernonioides (11) **210**
Heteropogon
(Poaceae) (12) 1156 **1154**
contortus (12) **1155**
triticeus (12) **1155**
Heteroscyphus
(Geocalycaceae) (1) 115 **118**
argutus (1) 118 **119** Ph.24
coalitus (1) 118 **120** Ph.26
flaccidus (1) 118 **119**
lophocoleoides (1) 118 **121**
planus (1) 118 **121** Ph.27
tener (1) **118**
zollingeri (1) 118 **120** Ph.25
Heterosmilax
(Smilacaceae) (13) 314 **338**
chinensis (13) 339 **341**
japonica (13) 339 **340** Ph.246
polyandra (13) 339 **340**
pottingeri (13) 339 **341**
seisuiensis (13) **339**
var. gaudichaudiana (13) 339 **341**
yunnanensis (13) **339**
Heterostemma
(Asclepiadaceae) (9) 134 **197**
alatum (9) **197** Ph.88
esquirolii (9) 197 **198**
grandiflorum (9) 197 **199**
oblongifolium (9) 197 **198**
Heterotrichum pulchellum (11) 584
Heterotropa splendens (3) 344
Hevea
(Euphorbiaceae) (8) 13 **96**
brasiliensis (8) **96**
Hewittia
(Convolvulaceae) (9) 240 **247**
malabarica (9) **248**
sublobata (9) **248**
Hexadica cochinchinensis (7) 867
Hexanthus umbellatus (3) 223
Hexinia
(Compositae) (11) 133 **726**
polydichotoma (11) **726**
Heynea cochinchinensis (8) 383
trijuga (8) 384
var. *microcarpa* (8) 385
velutina (8) 385
Hibiscus
(Malvaceae) (5) 69 **91**
cannabinus (5) 91 **98**
coccineus (5) 91 **96** Ph.56

esculentus **(5)** 89
grewiifolius **(5)** 91 **93**
indicus **(5)** 91 **94**
lampas **(5)** 99
macrophyllus **(5)** 91 **92**
manihot **(5)** **88**
moscheutos **(5)** 91 **96** Ph.57
mutabilis **(5)** 91 **95** Ph.54
paramutabilis **(5)** 91 **94**
populneus **(5)** 100
pungens **(5)** 89
rosa-sinensis **(5)** 91 **93** Ph.53
var. *schizopetalus* **(5)** 93
sabdariffa **(5)** 91 **97** Ph.60
sagittifolius **(5)** 90
schizopetalus **(5)** 91 **93** Ph.52
simplex **(5)** 41
sinosyriacus **(5)** 91 **96**
surattensis **(5)** 91 **97** Ph.58
syriacus **(5)** 91 **95** Ph.55
tiliaceus **(5)** 91 **92** Ph.51
trionum **(5)** 91 **97** Ph.59
Hicriopteris blotiana **(2)** 102
chinensis **(2)** 102
gigantea **(2)** 104
glauca **(2)** 103
laevissima **(2)** 103
Hieracium
(Compositae) **(11)** 133 **709**
chrysanthum **(11)** 713
coreanum **(11)** 709 **710** Ph.168
croceum **(11)** 714
echioides **(11)** 709 **711**
hispidum **(11)** **707**
hololeion **(11)** 709 **711**
korshinskyi **(11)** 709 **710**
procerum **(11)** 709 **712**
regelianum **(11)** 709 **710**
umbellatum **(11)** **709**
virosum **(11)** 709 **710**
Hierochloe
(Poaceae) **(12)** 559 **895**
alpina **(12)** **895**
glabra **(12)** 895 **896**
laxa **(12)** 895 **896**
odorata **(12)** 895 **896**
var. pubescens **(12)** 895 **897**
sikkimensis **(12)** 898
Hilliella shuangpriensis **(5)** 425
Hilpertia
(Pottiaceae) **(1)** 437 **458**
velenovskyi **(1)** **459**
Himalrandia
(Rubiaceae) **(10)** 510 **591**
lichiangensis **(10)** **591**
Himanthocladium
(Neckeraceae) **(1)** **702**
plumula **(1)** **702** Ph.210
Hippeastrum
(Amaryllidaceae) **(13)** 259 **270**
rutilum **(13)** **270**
vittatum **(13)** 270 **271** Ph.188
Hippeophyllum
(Orchidaceae) **(13)** 374 **559**
pumilum **(13)** **559**
sinicum **(13)** **559**
Hippocastanaceae **(8)** **310**
Hippocratea arborea **(7)** 832
cambodiana **(7)** 832
indica **(7)** 831
Hippocrateaceae **(7)** **828**
Hippolytia
(Compositae) **(11)** 126 **359**
alashanensis **(11)** 359
delavayi **(11)** **359**
desmantha **(11)** **359**
gossypina **(11)** 359 **360**
kaschgarica **(11)** **359**
Hippophae
(Elaeagnaceae) **(7)** 466 **479**
neurocarpa **(7)** **479**
rhamnoides
subsp. sinensis **(7)** 479 **480** Ph.167
subsp. turkestanica **(7)** 479 **481** Ph.169
subsp. yunnanensis **(7)** 479 **481** Ph.168
thibetana **(7)** 479 **480**
Hippuridaceae **(10)** **2**
Hippuris
(Hippuridaceae) **(10)** **2**
vulgaris **(10)** **2** Ph.1
Hiptage
(Malpighiaceae) **(8)** 236 **239**
benghalensis **(8)** 239 **240** Ph.109
var. tonkinensis **(8)** 239 **240**
candicans **(8)** **239**
var. harmandiana **(8)** 239 **240**
harmandiana **(8)** 240
minor **(8)** 239 **240**
tianyangensis **(8)** 239 **240**
Hiptage cavaleriei **(6)** 527
Hiraea concava **(8)** 237
nutans **(8)** 238
Hisingera racemosa **(5)** 117
Histiopteris
(Pteridaceae) **(2)** 179 **205**
incisa **(2)** **205** Ph.62
Hodgsonia
(Cucurbitaceae) **(5)** 199 **246**
capniocarpa **(5)** 246
macrocarpa **(5)** **246** Ph.126
var. capniocarpa **(5)** **246**
Holarrhena
(Apocynaceae) **(9)** 90 **123**
antidysenterica **(9)** 124
pubescens **(9)** **124** Ph.71
Holarrhna affinis **(9)** 125
Holboellia
(Lardizabalaceae) **(3)** 655 **660**
angustifolia **(3)** 660 **662** Ph.394
subsp. obtuse **(3)** 660 **663**
apetala **(3)** **657**
chapaensis **(3)** 660 **661**
coriacea **(3)** 660 **662**

cuneata (3) 654
fargesii (3) 662
grandiflora (3) 661 **663**
latifolia (3) 661 **663**
subsp. chartacea (3) 661 **664**
var. obtusa (3) **663**
latistaminea (3) 661
parviflora (3) 660 **661**
Holcoglossum
(Orchidaceae) (13) 369 **764**
amesianum (13) 764 **765** Ph.576
flavescens (13) 765 **766**
kimballianum (13) 764 **765** Ph.577
var. *lingulatum* (13) 766
lingulatum (13) 764 **766**
quasipinifolium (13) 764 **766** Ph.579
subulifolium (13) 764 **765** Ph.578
Holcus
(Poaceae) (12) 559 **873**
alpinus (12) 895
bicolor (12) 1124
dochna (12) 1123
halepensis (12) 1122
lanatus (12) **873**
nitidum (12) 1121
odorata (12) 896
parviflorum (12) 1132
pertusus (12) 1130
Holigarna racemosa (8) 365
Holmskioldia
(Verbenaceae) (9) 347 **386**
sanguinea (9) **386**
Holocheila
(Lamiaceae) (9) 393 **406**
longipedunculata (9) **406**
Hololeion maximowiczii (11) 711
Holomitrium
(Dicranaceae) (1) 333 **371**
densifolium (1) **371**
Holopogon
(Orchidaceae) (13) 368 **401**
gaudissartii (13) **401**
smithianus (13) **401**
Holostemma
(Asclepiadaceae) (9) 135 **167**
ada-kodien (9) **167**
annulare (9) 167
pictum (9) 168
Holosteum
(Caryophyllaceae) (4) 392 **418**
umbellatum (4) **418**
Homalanthus
(Euphorbiaceae) (8) 14 **110**
fastuosus (8) **110**
Homalia
(Neckeraceae) (1) 702 **703**
exiguum (1) 705
japonica (1) 703
nitidula (1) 714
pygmaea (1) 739
trichomanoides (1) **703** Ph.211
var. japonica (1) **703**
Homaliadelphus
(Neckeraceae) (1) 702 **704**
sharpii var. rotundatus (1) **704**
targionians var. *rotundatus* (1) 704
targionianus (1) **704** Ph.212
Homaliodendron
(Neckeraceae) (1) 702 **704**
exiguum (1) **705** Ph.213
flabellatum (1) **705** Ph.214
microdendron (1) 705 **706** Ph.215
papillosum (1) 705 **706** Ph.216
scalpellifolium (1) 705 **707**
Homalium
(Sterculiaceae) (5) 110 **123**
breviracemosum (5) 123 **126**
ceylanicum (5) 123 **125**
cochinchinense (5) 123 **124**
hainanense (5) 123 **125**
kainantense (5) 123 **124**
mollissimum (5) 123 **124**
paniculiflorum (5) **123**
Homalomena
(Araceae) (12) 105 **123**
hainanensis (12) **124**
occulta (12) 123 **124**
Homalothecium
(Brachytheciaceae) (1) 828 **829**
leucodonticaule (1) **829**
Homocodon
(Campanulaceae) (10) 447 **493**
brevipes (10) **493**
pedicellatum (10) **493**
Homoeatherum chinensis (12) 1140
Homomallium
(Hypnaceae) (1) 899 **902**
connexum (1) **903**
incurvatum (1) 903 **904**
plagiangium (1) **903**
Homonoia
(Euphorbiaceae) (8) 12 **83**
riparia (8) **84**
Hookeria blumeana (1) 733
cuspidata (1) 728
flabellata (1) 705
microdendron (1) 706
papillata (1) 735
prabaktiana (1) 735
rhaphidostega (1) 734
strumosa (1) 741
utacamundiana (1) 736
Hookeriaceae (1) **727**
Hookeriopsis
(Hookeriaceae) (1) 727 **736**
utacamundian (1) **736**
Hookeris
(Hookeriaceae) (1) 727 **737**
acutifolia (1) **737** Ph.229
Hopea
(Dipterocarpaceae) (4) 66 **567**
chinensis (4) 567 **568** Ph.255
exalata (4) **568** Ph.256

hainanensis (4) 567 **568** Ph.254
mollissima (4) 568 **569**
Horaninowia
(Chenopodiaceae) (4) 307 **367**
ulicina (4) **367**
Hordeum
(Poaceae) (12) 560 **833**
agriocrithon (12) 834 **837**
bogdanii (12) 833 **834**
brevisubulatum (12) 834 **835**
bulbosum (12) 834 **836**
coeleste var. *trifurcatum* (12) 838
distichon (12) 834 **837**
ithaburense
var. *ischnatherum* (12) 837
kronenburgii (12) 832
roshevitzii (12) 834 **835**
secalinum var. *brevisubulatum* (12) 835
spontaneum (12) 834 **836**
var. ischnatherum (12) 834 **837**
var. prostowetzii (12) 834 **837**
turkestanicum (12) 834 **836**
violaceum (12) 835
vulgare (12) 834 **837**
var. nudum (12) 834 **837**
var. trifurcatum (12) 834 **838**
Horikawaea
(Phyllogoniaceae) (1) **701**
nitida (1) **701** Ph.209
Horikawaella
(Jungermanniaceae) (1) 65 **66**
rotundifolia (1) **66**
Hornstedtia
(Zingiberaceae) (13) 21 **54**
hainanensis (13) **55**
tibetica (13) **55**
Hornungia
(Brassicaceae) (5) 388 **418**
procumbens (5) **418**
Horsfieldia
(Myristicaceae) (3) 196 **199**
amygdalina (3) 200 **202** Ph.211
glabra (3) 202
hainanensis (3) 200 **201**
kingii (3) 200 **202** Ph.210
pandurifolia (3) **200** Ph.208
tetratepala (3) 200 **201** Ph.209
Hosiea
(Icacinaceae) (7) 876 **884**
sinensis (7) **884**
Hosta
(Liliaceae) (13) 70 **91**
ensata (13) 91 **92**
plantaginea (13) **91** Ph.69
vertricosa (13) 91 **92**
Hoteia chinensis (6) 375
Hottonia indica (10) 100
sessiliflora (10) 100
Houttuynia
(Saururaceae) (3) 316 **317**
cordata (3) **317** Ph.259
Hovenia
(Rhammaceae) (8) 138 **159**
acerba (8) **159** Ph.83
dulcis (8) **159**
dulcis (8) 159
trichocarpa (8) **160**
Hoya
(Asclepiadaceae) (9) 134 **169**
carnosa (9) 169 **170**
fungii (9) 169 **170**
griffithii (9) 169 **172**
kwangsiensis (9) 172
lancilimba (9) 172
f. *tsoi* (9) 172
lantsangensis (9) 168
lyi (9) 169 **172**
mengtzeensis (9) 169 **172**
multiflora (9) **169**
nervosa (9) 169 **171** Ph.82
pottsii (9) 169 **170**
var. *angustifolia* (9) 170
villosa (9) 169 **171**
Hugeria vaccinioides (5) **713**
Humata
(Davalliaceae) (2) 644 **656**
assamica (2) 656 **656**
griffithiana (2) 656 **659**
henryana (2) 656 **659**
pectinata (2) 656 **657**
repens (2) 656 **657**
trifoliata (2) 656 **657**
tyermanni (2) 656 **658**
vestita (2) 656 **658**
Humulus
(Cannabinaceae) (4) **25**
lupulus (4) 25 **26**
scandens (4) 25 **26**
yunnanensis (4) **26**
Hunaniopanax hypoglaucus (8) 565
Hunteria
(Apocynaceae) (9) 90 **96**
zeylanica (9) **96** Ph.49
Huodendron
(Styracaceae) (6) 26 **42**
biaristatum (6) **42**
var. parviflorum (6) 42 **43**
tibeticum (6) **42**
tomentosum (6) 42 **43**
Huperzia
(Huperziaceae) (2) 8 **8**
austrosinica (2) 18
chinensis (2) 8 **9**
crispata (2) 8 **12**
delavayi (2) 9 **14**
dixitiana (2) 9 **14**
emeiensis (2) 8 **10** Ph.2
herterana (2) 8 **14**
kangdingensis (2) 8 **13**
kunmingensis (2) 9 **14**
lucidula (2) 8 **14**
mingcheensis (2) 20
miyoshiana (2) 8 **9** Ph.1

nanchuanensis (2) 8 **10**
quasipolytrichoides (2) 8 **11**
selago (2) 8 **11** Ph.3
serrata (2) 8 **12**
somai (2) 8 **11**
sutchueniana (2) 8 **13**
Huperziaceae (2) 2 **7**
Hura
(Euphorbiaceae) (8) 14 **116**
crepitans (8) **116**
Hutchinsia sisymbrioides (5) 539
tibetica (5) 418
Hyalea
(Compositae) (11) 132 **656**
pulchella (11) **656**
Hyalolaena
(Umbelliferae) (8) 581 **681**
bupleuroides (8) **682**
trichophyllum (8) **682**
Hybanthus
(Violaceae) (5) 136 **138**
enneaspermus (5) **138** Ph.81
Hydnocarpus
(Sterculiaceae) (5) **110**
annamensis (5) **111** Ph.66
hainanensis (5) **111** Ph.67
Hydrangea
(Hydrangeaceae) (6) 247 **275**
anomala (6) 276 **287**
var. sericea (6) 276 **287**
aspera (6) 276 **285**
bretschneideri (6) 276 **282** Ph.82
chinensis (6) 275 **276** Ph.81
coenobialis (6) 275 **279**
davidii (6) 275 **277**
fulvescens (6) 285
glaucophylla (6) 287
var. *sericea* (6) 287
heteromalla (6) 276 **284**
var. *mollis* (6) 283
hypoglauca (6) 275 **281**
integrifolia (6) 276 **287**
kwangsiensis (6) 275 **279**
kwangtungensis (6) 275 **279**
longipes (6) 276 **284**
var. fulvescens (6) 276 **285**
lonifolia (6) 276 **286**
macrophylla (6) 275 **280**
var. normalis (6) 275 **281**
mangshanensis (6) 275 **277**
moellendorffii (6) 270
mollis (6) 276 **283**
paniculata (6) 275 **281**
rosthornii (6) 276 **286**
stenophylla (6) 275 **278**
strigosa (6) 276 285
var. *macrophylla* (6) 285
sungpanensis (6) 276 **282**
umbellata (6) 276
vinicolor (6) 275 **278**
xanthoneura (6) 276 **283**
var. setchuenensis (6) 276 **283**
zhewanensis (6) 275 **280**
Hydrangeaceae (6) **246**
Hydrilla
(Hydrocharitaceae) (12) 13 **22**
japonica (12) 18
verticillata (12) 22 **23**
Hydrobryum
(Podostemaceae) (7) 490 **491**
griffithii (7) **491**
Hydrocera
(Balsaminaceae) (8) 488 **532**
triflora (8) **533**
Hydrocharis
(Hydrocharitaceae) (12) 13 **16**
dubia (12) **16** Ph.5
Hydrocharitaceae (12) **13**
Hydrocotyle
(Umbelliferae) (8) 578 **583**
asiatica (8) 587
batrachium (8) 584
burmanica (8) 583 **585**
chinensis (8) 585
dielsiana (8) 583 **585**
himalaica (8) 583 **587** Ph.279
nepalensis (8) **583** Ph.277
podentha (8) 587
pseudo-conferta (8) 583 **584**
ramiflora (8) 583 **586**
rubescens (8) 670
shanii (8) 583 **585**
sibthorpioides (8) 583 **584** Ph.278
var. batrachium (8) 583 **584**
wilfordi (8) 583 **586**
wilsonii (8) 583 **585**
Hydrocryphaea
(Pterobryaceae) (1) 668 **681**
wardii (1) **681** Ph.201
Hydrogonium
(Pottiaceae) (1) 438 **459**
arcuatum (1) 459 **460**
dixonianum (1) 442
ehrenbergii (1) 459 **460**
gangeticum (1) 459 **460**
gracilentum (1) 459 **461**
inflexum (1) 459 **461**
javanicum (1) 459 **462**
pseudo-ehrenbergii (1) 459 **462**
sordidum (1) 459 **463**
Hydrolea
(Hydrophyllaceae) (9) **279**
zeylanica (9) **279**
Hydrolla
(Hydrocharitaceae) (12) **23**
verticillata
var. roxburghii (12) **23**
Hydrophyllaceae (9) **279**
Hydrophyum latifolium (12) 673
Hydrotrophus
echinospermus (12) 20
Hygroamblystegium
(Amblystegiaceae) (1) 802 **807**

tenax (1) **807**
Hygrobiella
(Cephaloziaceae) (1) **166**
laxifolia (1) **166**
Hygrochilus
(Orchidaceae) (13) 370 **739**
parishii (13) **739** Ph.547
subparishii (13) 754
Hygrohypnum
(Amblystegiaceae) (1) 803 **824**
eugyrium (1) **824**
fontinaloides (1) 824 **825**
luridum (1) 824 **825**
molle (1) 824 **826**
ochraceum (1) 824 **826**
Hygrophila
(Acanthaceae) (10) 331 **349**
erecta (10) 349 **351**
megalantha (10) 349 **350**
phlomiodes (10) 349 **351**
polysperma (10) 349 **350**
salicifolia (10) **349**
Hygroryza
(Poaceae) (12) 557 **670**
aristata (12) **671**
Hylacomium varians (1) 927
Hylocereus
(Cactaceae) (4) 300 **303**
undatus (4) **303** Ph.137
Hylocomiaceae (1) **934**
Hylocomiastrum
(Hylocomiaceae) (1) 934 **936**
himalayanum (1) **936**
pyrenaicum (1) 936 **937**
Hylocomium
(Hylocomiaceae) (1) **935**
neckerella (1) 928
splendens (1) **935** Ph.276
yunnanense (1) 940
Hylodesmum
(Fabaceae) (7) 63 **161**
laterale (7) 161 **163**
laxum (7) 161 **163**
leptopus (7) 161 **162**
oldhami (7) 161 **162**
podocarpum (7) 161 **163**
subsp. fallax (7) 161 **164**
subsp. oxyphyllm (7) 161 **164**
var. mandshuricum (7) 161 **164**
var. szechuenense (7) 161 **164**
repandum (7) 161 **164**
williamii (7) 162 **165**
Hylomecon
(Papaveraceae) (3) 695 **712**
japonica (3) **712** Ph.414
var. subincisa (3) 712 **713**
Hylophila
(Orchidaceae) (13) 366 **418**
nipponica (13) **418**
Hylotelephium
(Crassulaceae) (6) 319 **325**
angustum (6) 325 **327**
erythrostictum (6) 326 **329**
ewersii (6) 325 **326**
mingjinianum (6) 326 **330**
purpureum (6) 326 **330**
siebodlii (6) 325 **327**
spectabile (6) 326 **329** Ph.86
var. angustifolium (6) 326 **329**
tatarinowii (6) 325 **326**
verticillatum (6) 326 **328**
viviparum (6) 326 **328**
Hymenachne
(Poaceae) (12) 553 **1057**
acutigluma (12) 1057 **1058**
insulicola (12) 1057 **1058**
pseudointerrupta (12) 1058
Hymenaea
(Caesalpiniaceae) (7) 23 **56**
courbaril (7) **56**
Hymenathne
(Poaceae) (12) **1057**
patens (12) **1057**
Hymenocallis
(Amaryllidaceae) (13) 259 **270**
littoralis (13) **270** Ph.187
Hymenochlaena
(Acanthaceae) (10) 332 **381**
pteroclada (10) **381**
Hymenodictyon
(Rubiaceae) (10) 507 **552**
flaccidum (10) **552**
orixense (10) 552 **553**
Hymenolaena angelicoides (8) 615
bupleuroides (8) 682
trichophyllum (8) 682
Hymenolepis annamensis (2) 705
henryi (2) 705
mucronata (2) 704
Hymenolobus procumbens (5) 418
Hymenophyllaceae (2) 3 **111**
Hymenophyllum
(Hymenophyllaceae) (2) 112 **119**
austro-sinicum (2) 119 **121**
badium (2) 114
barbatum (2) 119 **121**
crispatum (2) 115
denticulatum (2) 118
exsertum (2) 113
fastigiosum (2) 119 **122**
khasyanum (2) 119 **120**
levingei (2) 114
microsorum (2) 116
oxyodon (2) 119 **122**
simonsianum (2) 119 **120**
wrightii (2) 116
Hymenophysa pubescens (5) 408
Hymenopogon parasiticus (10) 554
Hymenopyramis
(Verbenaceae) (9) 346 **391**
cana (9) **391**
Hymenostylium
(Pottiaceae) (1) 437 **463**

laxirete **(1)** 457
recurvirostrum **(1)** **463**
Hyocomium capillifolium **(1)** **933**
ruginosum **(1)** **928**
Hyophila
(Pottiaceae) **(1)** 438 **464**
anomala **(1)** 484
involuta **(1)** **464** Ph.132
javanica **(1)** **464**
propagulifera **(1)** 464 **465**
spathulata **(1)** 464 **465**
Hyoscyamus
(Solanaceae) **(9)** 203 **211**
bohemicus **(9)** 212
niger **(9)** 211 **212** Ph.93
physaloides **(9)** 213
pusillus **(9)** **212**
Hypaelyptum microcephala **(12)** 350
Hyparrhenia
(Poaceae) **(12)** 556 **1152**
bracteata **(12)** **1153**
diplandra **(12)** **1153**
Hypecoum
(Papaveraceae) **(3)** 695 **715**
erectum **(3)** **715**
leptocarpum **(3)** 715 **716**
parviflorum **(3)** 715 **716**
Hypericum
(Guttiferae) **(4)** 682 **692**
acmosepalum **(4)** 693 **697**
ascyron **(4)** 694 **701** Ph.319
attenuatum **(4)** 695 **707**
beanii **(4)** 694 **700**
bellum **(4)** 694 **699**
breviflorum **(4)** 708
choisianum **(4)** 694 **699**
cochinchinensis **(4)** 691
curvisepalum **(4)** 694 **700**
delavayi **(4)** 704
elliptifolium **(4)** 693 **695**
elodeoides **(4)** 694 **704**
erectum **(4)** 695 **705**
faberi **(4)** 695 **705**
filicaule **(4)** 694 **703**
forrestii **(4)** 694 **700**
geminiflorum **(4)** 694 **700**
giraldii **(4)** 697
gramineum **(4)** 694 **702**
henryi **(4)** 693 **698**
subsp. hancockii **(4)** 693 **698**
subsp. uraloides **(4)** 693 **698**
himalaicum **(4)** 694 **704**
hirsutum **(4)** 694 **702**
hookerianum **(4)** 693 **698**
japonicum **(4)** 694 **702**
lagarocladum **(4)** 693 **697**
lancasteri **(4)** 694 **700**
longistylum **(4)** 693 **697**
subsp. giraldii **(4)** 693 **697**
monanthemum **(4)** 694 **703**
monogynum **(4)** 693 **696**
nagasawai **(4)** 695 **708**
patulum **(4)** 693 **699**
patulum **(4)** 700
var. *forrestii* **(4)** 700
perforatum **(4)** 695 **707** Ph.320
petiolatum **(4)** 695 **706**
subsp. yunnanensis **(4)** 695 **706**
prattii **(4)** 693 **696**
przewalskii **(4)** 694 **701**
pseudopetiolatum **(4)** 695 **706**
reptans **(4)** 693 **696**
sampsonii **(4)** 695 **704**
scabrum **(4)** 694 **703**
seniavinii **(4)** 695 **706**
uraloides **(4)** 699
uralum **(4)** 694 **699**
wightianum **(4)** 694 **704**
wilsonii **(4)** 693 **698** Ph.318
yunnanensis **(4)** 706
Hyphear kaoi **(7)** 744
Hypnaceae **(1)** **899**
Hypnodendraceae **(1)** **591**
Hypnodendron
(Hypnodendraceae) **(1)** **591**
vitiense **(1)** **592**
Hypnum
(Hypnaceae) **(1)** 899 **905**
abietinum **(1)** 798
aduncum **(1)** 814
albescens **(1)** 917
albicans **(1)** 832
alopecuroides **(1)** 717
anceps **(1)** 863
angustifolium **(1)** 790
aomoriense **(1)** 820
argentatum **(1)** 876
arundinifolium **(1)** 600
assurgens **(1)** 788
aureo-nitens **(1)** 683
boschii **(1)** 894
buitenzorgii **(1)** 916
bunodicarpum **(1)** 891
callichroum **(1)** 906 **910**
cavifolium **(1)** 869
chrysophyllum **(1)** 811
ciliare **(1)** 755
cirrosum **(1)** 843
concinnum **(1)** 857
cordifolium **(1)** 821
crispatulum **(1)** 667
crista-castrensisex **(1)** 933
cupressiformeex **(1)** 905 **908**
curvicaule **(1)** 804
cuspidatum **(1)** 823
cuspidigerum **(1)** 639
cymbifolium **(1)** 795
dealbatum **(1)** 915
delicatulum **(1)** 797
denticulatum **(1)** 865
distichophyllum **(1)** 913
diversiformis **(1)** 721
exannulatus **(1)** 816

fertile (1) 906 911
filicinum (1) 804
fluitans (1) 817
giganteum (1) 821
glaucocarpon (1) 738
glossoides (1) 897
gratum (1) 794
hakoniensis (1) 775
halleri (1) 813
hamatum (1) 880
hamulosum (1) 906 **909**
hastatum (1) 604
henonii (1) 887
hians (1) 844
hispidulum (1) 809
hornschuchii (1) 882
humile (1) 808
versicolor (1) 794
inclinatum (1) 848
incurvatum (1) 904
inflexum (1) 852
jungermannioides (1) 806
lindbergii (1) 823
luridum (1) 825
macrocarpum (1) 944
macrogynum (1) 906 **909**
maximowiczii (1) 844
microphyllum (1) 790
minutirameum (1) 919
molle (1) 826
molluscum (1) 930
nepalense (1) 896
nitens (1) 829
novae-angliae (1) 842
ochraceum (1) 826
oldhamii (1) 906 **911**
pallidifolium (1) 848
phoeniceum (1) 890
plumaeforme (1) 906 **908** Ph.267
plumosum (1) 836
pollescens (1) 905 **907**
populeum (1) 837
pristocalyx (1) 796
procerrimum (1) 913
procumbens (1) 837
pseudo-triste (1) 781
pseudorevolutum (1) 912
pyeoniacum (1) 937
recurvatum (1) 905 **906**
reticulatum (1) 922
revolutum (1) 905 **907**
revolvens (1) 816
riparioides (1) 849
riparium (1) 808
rugelii (1) 778
rugosum (1) 941
var. *breviristre* (1) 938
rutabulumex (1) 839
ruthenicum (1) 726
sacculentum (1) 870
salebrosum (1) 840
schreberi (1) 941
scorpioides (1) 819
sendtneri (1) 814
serpens (1) 805
sibirica (1) 751
splendens (1) 935
squarrosumex (1) 939
stellatum (1) 811
stramineum (1) 822
strepsiphyllum (1) 893
struthiopteris (1) 743
tectorum (1) 772
tenax (1) 807
triquetrum (1) 939
turgenscens (1) 819
uncinatum (1) 818
undulatum (1) 871
velutinumex (1) 840
zippelii (1) 774
zollingeri (1) 914
Hypochaeris
(Compositae) (11) 133 **697**
ciliata (11) 697 **698**
maculata (11) **697**
Hypodematiaceae (2) 5 **330**
Hypodematium
(Hypodematiaceae) (2) **330**
crenatum (2) 330 331
fauriei f. *glanduloso-pilosum* (2) 333
fordii (2) 331 **333**
glanduloso-pilosum (2) 331 **333**
glandulosum (2) 331 **333**
gracile (2) 330 **332**
hirsutum (2) 330 **331**
squamuloso-pilosum (2) 330 **332**
Hypolepidaceae (2) 4 5 **174**
Hypolepis
(Hypolepidaceae) (2) **174**
punctata (2) 175 **175**
tenuifolia (2) 175 **175**
Hypolytrum
(Cyperaceae) (12) 256 **353**
latifolium (12) 353
nemorum (12) **353**
pandanophyllum (12) 351
pergracilis (12) 355
Hypopitys monotropa (5) 735
var. *hirsuta* (5) 735
Hypopterygiaceae (1) **741**
Hypopterygium
(Hypopterygiaceae) (1) 742 **744**
fauriei (1) 744 **745** Ph.232
flavo-limbatum (1) 744 **746**
formosanum (1) 744 **746**
japonicum (1) **744** Ph.231
nazeense (1) 742
paradoxum (1) 747
tenellum (1) 744 **745** Ph.233
trichocladon (1) 743
Hypoxis
(Agavaceae) (13) 304 **308**
aurea (13) **308**

spicata **(13)** 257
Hypserpa
(Menispermaceae) **(3)** 669 **670** 678
nitida **(3)** **678**
Hyptianthera
(Rubiaceae) **(10)** 510 **600**
stricta **(10)** **600**
Hyptis
(Lamiaceae) **(9)** 398 **565**
rhomboidea **(9)** **565**
stachyodes **(9)** 549
suaveolens **(9)** **565**
Hyssopus
(Lamiaceae) **(9)** 397 **534**
cuspidatus **(9)** **534** Ph.182
lophanthoides **(9)** 575
officinalis **(9)** **534**
Hypoestes
(Acanthaceae) **(10)** 330 **400**
cumingiana **(10)** 400 **401** Ph.122
purpurea **(10)** **400** Ph.121
triflora **(10)** **400**
Hysteria veratrifolia **(13)** 409
Hystrix
(Poaceae) **(12)** 560 **838**
duthiei **(12)** **838**
komarovii **(12)** **838**

I

Iberidella andersonii **(5)** 416
Iberis
(Brassicaceae) **(5)** 382 **412**
amara **(5)** **413**
Icacinaceae **(7)** **875**
Ichnanthus
(Poaceae) **(12)** 553 **1034**
vicinus **(12)** **1034**
Ichnocarpus
(Apocynaceae) **(9)** 90 **129**
frutescens **(9)** **129**
polyanthus **(9)** 129 **130** Ph.74
Idesia
(Sterculiaceae) **(5)** 110 **120**
polycarpa **(5)** **120** Ph.72
var. vestita **(5)** **120**
Ikonnikovia
(Plumbaginaceae) **(4)** 538 **544**
kaufmanniana **(4)** **544**
Ilex
(Aquifoliaceae) **(7)** **834**
aculeolata **(7)** 840 **873**
asprella **(7)** 840 **874** Ph.327
bioritsensis **(7)** 836 **853** Ph.318
buergeri **(7)** 837 **859**
centrochinensis **(7)** 836 **852**
championii **(7)** 838 **866**
chapaensis **(7)** 840 **873** Ph.326
chinensis **(7)** 835 **844**
chingiana **(7)** 837 **855**
ciliospinosa **(7)** 836 **854**
cochinchinensis **(7)** 839 **867**
confertiflora **(7)** 838 **862**
corallina **(7)** 838 **862**
cornuta **(7)** 836 **851** Ph.316
crenata **(7)** 836 **848**
var. *kanehirai* **(7)** 848
cyrtura **(7)** 838 **863**
dasyphylla **(7)** 834 **840**
delavayi **(7)** 837 **857**
var. exalta **(7)** 837 **857**
dipyrena **(7)** 836 **853**
dunniana **(7)** 838 **860**
editicostata **(7)** 835 **844**
elmerrilliana **(7)** 839 **869**
emarginata **(4)** 635
fargesii **(7)** 837 **859**
ferruginea **(7)** 834 842
ficifolia **(7)** 835 **845**
ficoidea **(7)** 838 **863** Ph.321
formosana **(7)** 838 **861** Ph.320
fragilis **(7)** 839 **870**
f. kingii **(7)** 839 **871**
franchetiana **(7)** 837 **859**
georgei **(7)** 836 **853**
glomerata **(7)** 838 864
godajam **(7)** 835 **847**
hainanensis **(7)** 838 **865**
hanceana **(7)** 838 **866**
heterophylla **(10)** 42
hirsuta **(7)** 835 **843**
intermedia **(7)** 838 **860**
intricata **(7)** 837 **856**
japonica **(3)** 636
kaushue **(7)** 837 **854**
kengii **(7)** 839 **867**
kwangtungensis **(7)** 834 **841**
lancilimba **(7)** 834 **841**
latifolia **(7)** 837 **855** Ph.319
latifrons **(7)** 835 **842**
lepta **(8)** 415
limii **(7)** 835 **843**
litseaefolia **(7)** 835 **843**
lohfauensis **(7)** 838 **865**
macrocarpa **(7)** 840 **872**
var. longipedunculata **(7)** 840 **873**
macropoda **(7)** 840 **874**
melanotricha **(7)** 837 **858**
memecylifolia **(7)** 839 **869**
metabaptista **(7)** 839 **870**
var. *myrsinoides* **(7)** 839 870
micrococca **(7)** 839 **871** Ph.323
f. pilosa **(7)** 839 **871** Ph.324
var. *polyneura* **(7)** 871
nitidissima **(7)** 837 **869**
nothofagifolia **(7)** 837 **857**
oligodonta **(7)** 839 **868**
omeiensis **(7)** 836 **851**
pedunculosa **(7)** 836 **849**
pentagona **(7)** 837 **858**
pernyi **(7)** 836 **852** Ph.317
polyneura **(7)** 839 **871** Ph.325

polypyrena (7) 834 **840**
pubescens (7) 838 **864** Ph.322
racemosa (7) 827
rockii (7) 836 **850**
rotunda (7) 835 **846**
var. *microcarpa* (7) 846
serrata (7) 839 **872**
stenophylla (7) 835 **844**
suaveolens (7) 835 **845**
subficoidea (7) 837 **856**
szechwanensis (7) 835 **848**
tetramera (7) 838 **861**
triflora (7) 835 **847**
var. kanehirai (7) 835 **847**
tsoii (7) 840 **875**
viridis (7) 836 **849**
wilsonii (7) 839 **868**
yunnanensis (7) 836 **850**
var. gentilis (7) 836 **850**
Iljinia
(Chenopodiaceae) (4) 306 **358**
regelii (4) **359** Ph.159
Illecebrum monsoniae (4) 378
sessile (4) 381
Illiciaceae (3) **360**
Illicium
(Illiciaceae) (3) **360**
angustisepalum (3) **360** Ph.275
brevistylum (3) 363
burmanicum (3) 360 **361**
difengpi (3) 360 **364** Ph.278
dunnianum (3) 360 **366**
fargesii (3) 360 **361**
henryi (3) 360 **364** Ph.279
jiadifengpi (3) **360**
var. *baishanense* (3) 360
lanceolatum (3) 360 **363** Ph.277
leiophyllum (3) 363
macranthum (3) 361
majus (3) 360 **362**
micranthum (3) 360 **365**
pachyphyllum (3) 360 **366**
simonsii (3) 360 **362** Ph.276
spathulatum (3) 360 **363**
verum (3) 360 **365** Ph.280
Illigera
(Hernandiaceae) (3) **305**
brevistaminata (3) 306 **308**
celebica (3) 306 **307**
cordata (3) 305 **306**
grandiflora (3) 305 **306**
var. *microcarpa* (3) 306
var. *pubescens* (3) 306
henryi (3) 306 **308**
parviflora (3) 306 **308**
rhodantha (3) 306 **307** Ph.252
var. *angustifoliolata* (3) 307
var. *dunniana* (3) 307
var. *orbiculata* (3) 307
Impatiens
(Balsaminaceae) (8) **488**
amplexicaulis (8) 491 **508**
apalophylla (8) 489 **500** Ph.297
apsotis (8) 495 **527**
aquatilis (8) 491 **507** Ph.304
arguta (8) 492 **513**
aureliana (8) 489 **496**
balsamina (8) 489 **496** Ph.295
barbara (8) 494 **522**
bicornuta (8) 491 **509** Ph.306
blepharosepala (8) 495 **528**
brachycentra (8) 492 **511**
chekiangensis (8) 495 **529**
chimiliensis (8) 489 **498**
chinensis (8) 489 **495** Ph.294
chlorosepala (8) 493 **521** Ph.312
claviger (8) 489 **501** Ph.298
commellinoides (8) 492 **515** Ph.308
compta (8) 494 **525**
corchorifolia (8) 494 **522** Ph.314
crassicaudes (8) 492 **511**
cristata (8) 492 **514**
cyanantha (8) 490 **503**
cymbifera (8) 491 **510**
davidi (8) 495 **531** Ph.318
delavayi (8) 494 **526** Ph.316
var. *subecalcarata* (8) 526
dicentra (8) 495 **530**
dimorpho-phylla (8) 494 **523**
dolichoceras (8) 490 **504**
drepanophora (8) 490 **505**
epilobioides (8) 493 **518**
falcifer (8) 492 **515**
fargesii (8) 493 **520**
forrestii (8) 493 **519**
fragicolor (8) 491 **508**
furcillata (8) 490 **505** Ph.302
henanensis (8) 493 **518**
henryi (8) 493 **520**
holocentra (8) 490 **505**
hongkongensis (8) 489 **498**
hunanensis (8) 490 **501** Ph.299
infirma (8) 492 **512**
jinggangensis (8) 491 **507** Ph.305
lasiophyton (8) 495 **528**
latebracteata (8) 494 **524**
laxiflora (8) 491 **510**
leptocaulon (8) 495 **528**
linocentra (8) 493 **517**
longialata (8) 494 **524**
longipes (8) 490 **504**
loulanensis (8) 490 **502**
margaritifera (8) 492 **512**
mengtzeana (8) 493 **521** Ph.311
musyana (8) 489 **498**
nasuta (8) 494 **525**
neglecta (8) 493 **517**
noli-tangere (8) 494 **523** Ph.315
notolophora (8) 495 **527** Ph.317
nubigena (8) 495 **530**
obesa (8) 489 **497**
odontopetala (8) 494 **524**
odontophylla (8) 493 **519**

omeiana **(8)** 490 **501**
parviflora **(8)** 492 **511**
pinfanensis **(8)** 493 **518** Ph.309
platyceras **(8)** 495 **531**
platysepala **(8)** 495 **529**
potaninii **(8)** 493 **520** Ph.310
pritzelii **(8)** 489 **499**
pterosepala **(8)** 493 **516**
puberula **(8)** 492 **513** Ph.307
racemosa **(8)** 491 **510**
radiata **(8)** 491 **510**
recurvicornis **(8)** 492 **513**
reptans **(8)** 493 **516**
rubro-striata **(8)** 490 **502** Ph.300
scabrida **(8)** 492 **514**
serrata **(8)** 492 **515**
siculifer **(8)** 490 **503** Ph.301
var. porphyrea **(8)** 490 **504**
stenantha **(8)** 490 **504**
stenosepala **(8)** 494 **522** Ph.313
subecalcarata **(8)** 494 **526**
sulcata **(8)** 491 **507**
sutchuanensis **(8)** 494 **523**
tayemonii **(8)** 495 **532**
textori **(8)** 490 **506**
thomsonii **(8)** 491 **508**
triflora **(8)** 533
tuberculata **(8)** 492 **512**
tubulosa **(8)** 489 **500** Ph.296
uliginosa **(8)** 490 **506** Ph.303
uniflora **(8)** 493 **516**
urticifolia **(8)** 491 **509**
wallerana **(8)** 489 **497**
xanthina **(8)** 489 **497**
Imperata
(Poaceae) **(12)** 555 **1093**
arundinacea var. *latifolia* **(12)** 1094
cylindrica var. *major* **(12)** 1094
cylindrical **(12)** **1093**
koenigii **(12)** 1093 **1094**
latifolia **(12)** 1093 **1094**
sacchariflora **(12)** 1091
spontanea **(12)** 1097
Incarvillea
(Bignoniaceae) **(10)** 419 **429**
arguta **(10)** 430 **431** Ph.136
beresowskii **(10)** 431 **432**
compacta **(10)** 430 **433** Ph.140
delavayi **(10)** 430 **433** Ph.138
forrestii **(10)** 430 **431**
lutea **(10)** 431 **432**
mairei **(10)** 430 **433** Ph.137
oblongifolia **(10)** 292
sinensis **(10)** **430** Ph.134
var. przewalskii **(10)** 430 **431** Ph.135
variabilis var. *przewalskii* **(10)** 431
younghusbandii **(10)** 430 **433** Ph.139
Isanthera discolor **(10)** 323
Indigofera
(Fabaceae) **(7)** 61 62 65 **128**
amblyantha **(7)** 130 **143**
atropurpurea **(7)** 130 **137**
bracteata **(7)** 131 **138**
bungeana **(7)** 129 **142**
carlesii **(7)** 131 **133**
caudata **(7)** 129 **132**
decora **(7)** 131 **133**
var. ichangensis **(7)** 131 **133**
delavayi **(7)** **131**
densifructa **(7)** 130 **136**
esquirolii **(7)** 129 **132**
fortunei **(7)** 130 **134**
galegoides **(7)** 130 **136**
hancockii **(7)** 131 **140**
henryi **(7)** 130 **138**
hirsuta **(7)** 129 **144**
ichangensis **(7)** 133
kirilowii **(7)** 131 **134**
lenticellata **(7)** 131 **141**
linifolia **(7)** 128 **147**
linnaei **(7)** 129 **145**
longipedunculata **(7)** 129 **135**
monbeigii **(7)** 130 **139**
mulinnensis **(7)** 130 **139**
nigrescens **(7)** 130 **135**
nummularifolia **(7)** 129 **147**
parkesii **(7)** 129 **135**
pseudotinctoria **(7)** 130 **142** Ph.76
reticulata **(7)** 130 **139**
rigioclada **(7)** 131 **141**
rotundifolia **(7)** 241
scabrida **(7)** 129 **144**
spicata **(7)** 129 **145**
squalida **(7)** 128 **146**
stachyodes **(7)** 129 **132**
suffruticosa **(7)** 129 **142** Ph.75
sylvestris **(7)** 130 **143**
szechuensis **(7)** 131 **140**
tinctoria **(7)** 129 **141** Ph.74
trifoliata **(7)** 129 **146**
zollingeriana **(7)** 130 **137**
Inga clypearia **(7)** 12
lucidior **(7)** 17
Indocalamus
(Poaceae) **(12)** 551 **661**
barbatus **(12)** 661 **664**
bashanensis **(12)** 661 **662**
basihirsutus **(12)** 634
emeiensis **(12)** 661 **664**
herklotsii **(12)** 661 **663**
latifolius **(12)** 661 **664**
longiauritus **(12)** 661 **664**
nanunicus **(12)** 641
pseudosinicus **(12)** 661 **662**
sinicus **(12)** **661**
solida **(12)** 571
tessellates **(12)** 661 **663**
wilsoni **(12)** 661 **662**
Indofevillea
(Cucurbitaceae) **(5)** 198 **208**
khasiana **(5)** **208**
Indosasa
(Poaceae) **(12)** 552 **592**

albohispidula **(12)** 594
angustata **(12)** 593 **595**
chienouensis **(12)** 643
crassiflora **(12)** 593 **594**
giganta **(12)** 643
glabrata **(12)** 593 **594**
var. albohispidula **(12)** 593 **594**
ingens **(12)** 593 **595**
longispicata **(12)** 593 **596**
parvifolia **(12)** 593 **596**
patens **(12)** 593 **597**
shibataeoides **(12)** 592 **593**
sinica **(12)** 593 **596**
spongiosa **(12)** 593 **595**
Indusiella
(Grimmiaceae) **(1)** **493**
thianschanica **(1)** **494**
surcularis **(1)** **880** Ph.260
Inula
(Compositae) **(11)** 129 **287**
britanica **(11)** 288 **291**
cappa **(11)** 289 **294**
caspica **(11)** 288 **293**
chrysanths **(11)** 298
forrestii **(11)** 289 **294**
helenium **(11)** 288 **289** Ph.69
helianthus-aquatica **(11)**288 291 Ph.71
hookeri **(11)** 288 **290**
hupehensis **(11)** 288 **291**
indica **(11)** 296
var. *hypoleuca* **(11)** 297
japonica **(11)** 288 **292**
lineariifolia **(11)** 288 **292**
nervosa **(11)** 288 **293**
prostrata **(11)** 298
pterocaula **(11)** 289 **295**
racemosa **(11)** 288 **289** Ph.70
rubricaulis **(11)** 289 **295**
salicina **(11)** 288 **290**
salsoloides **(11)** 289 **295**
vestita **(11)** 297
Involucraria lepiniana **(5)** 236
wallichiana **(5)** 238
Iodes
(Icacinaceae) **(7)** 876 **882**
balansae **(7)** 882 883
cirrhosa **(7)** 882 **884** Ph.333
ovalis var. *vitiginea* **(7)** 883
seguini **(7)** **882** Ph.331
vitiginea **(7)** 882 **883** Ph.332
Ione andersonii **(13)** 717
var. *flavescens* **(13)** 717
candida **(13)** 718
intermedia **(13)** 718
soidaoensis **(13)** 719
thailandica **(13)** 719
Iozoste hirtipes var. *lanuginosa* **(3)** 223
rotundifolia var. *oblongifolia* **(3)** 222
Iphigenia
(Liliaceae) **(13)** 72 **97**
indica **(13)** **97**
Ipomoea
(Convolvulaceae) **(9)** 240 **258**
alba **(9)** 258 **259**
aquatica **(9)** 259 **265** Ph.113
batatas **(9)** 258 **260**
biflora **(9)** 259 **261**
boisiana **(9)** 256
var. *fulvopilosa* **(9)** 256
digitata **(9)** 262
fimbriosepala **(9)** 259 **260**
gracilis **(9)** 264
henryi **(9)** 268
imperati **(9)** 259 **263** Ph.112
littoralis **(9)** 259 **264**
marginata **(9)** 259 **264**
mauritiana **(9)** 259 **262**
maxima **(9)** 264
nil **(9)** 259 **262**
paniculata **(9)** 248
pes-tigridis **(9)** 259 **261**
pileata **(9)** 259 **262**
polymorpha **(9)** 259 **260**
quamoclit **(9)** 259 **260** Ph.111
quinata **(9)** 254
staphylina **(9)** 263
stolonifera **(9)** 263
sumatrana **(9)** 259 **263**
triloba **(9)** 259 **262**
yunnanensis **(9)** 256
Iresine
(Amaranthaceae) **(4)** 368 **383**
herbstii **(4)** 368 **383**
Iridaceae **(13)** **273**
Irina tomentosa **(8)** 279
Iris
(Iridaceae) **(13)** 273 **278**
anguifuga **(13)** 279 **292** Ph.212
bloudowii **(13)** 281 **299**
bulleyana **(13)** 280 **284**
bungei **(13)** 279 **290**
cathayensis **(13)** 279 **289**
chrysographes **(13)** 280 **283**
clarkei **(13)** 280 **285** Ph.200
collettii **(13)** 278 **293** Ph.213
var. acaulis **(13)** 278 **293**
confusa **(13)** 281 **295** Ph.218
cuniculiformis **(13)** 281 **302**
decora **(13)** 278 **293** Ph.214
delavayi **(13)** 280 **285**
dichotoma **(13)** 278 **294**
dolichosiphon
subsp. orientalis **(13)** 281 **303**
ensata **(13)** 280 **283** Ph.197
ensata **(13)** **288**
var. hortensis **(13)** 280 **283**
farreri **(13)** 279 **290**
flavissima **(13)** 281 **299** Ph.223
formosana **(13)** 281 **295** Ph.216
forrestii **(13)** 279 **282** Ph.195
germanica **(13)** 281 **298** Ph.220
goniocarpa **(13)** 281 **302** Ph.227
var. grossa **(13)** **302**

var. tenella (13) **302**
grijsi (13) 294
halophila (13) 279 **292**
var. sogdiana (13) 279 **293**
henryi (13) 280 **287**
japonica (13) 281 **295** Ph.217
kaempferi (13) 283
kemaonensis (13) 281 **302**
lactea (13) 279 **288** Ph.207
var. *chinensis* (13) 288
var. chrysantha (13) 279 **288**
laevigata (13) 280 **285** Ph.202
leptophylla (13) 282 **300**
loczyi (13) 279 **290** Ph.209
maackii (13) 279 **286**
mandshurica (13) 282 **298** Ph.222
milesii (13) 281 **297**
minutoaurea (13) 279 **286** Ph.204
pallida (13) 281 **298** Ph.221
pandurata (13) 281 **300**
polysticta (13) 290
potaninii (13) 281 **300** Ph.224
var. ionantha (13) 281 **301** Ph.225
proantha (13) 281 **297**
pseudacorus (13) 279 **286** Ph.203
qinghainica (13) 279 **289**
rossii (13) 280 **287** Ph.205
ruthenica (13) 280 **291**
var. *brevituba* (13) 291
var. *nana* (13) 291
sanguinea (13) 280 **284** Ph.198
f. albiflora (13) 280 **284**
scariosa (13) 281 **299**
setosa (13) 280 **287** Ph.206
sibirica (13) 280 **284** Ph.199
sichuanensis (13) 300
sogdiana (13) 293
songarica (13) 279 **290**
speculatrix (13) 280 **294** Ph.215
tectorum (13) 280 **296** Ph.219
f. alba (13) 280 **297**
var. *alba* (13) 297
tenuifolia (13) 279 **288** Ph.208
tigridia (13) 281 **301** Ph.226
var. fortis (13) 281 **301**
typhifolia (13) 280 **282** Ph.196
uniflora (13) 280 **291** Ph.211
var. *caricina* (13) 292
ventricosa (13) 279 **291** Ph.210
versicolor (13) 280 **285** Ph.201
wattii (13) 281 **296**
wilsonii (13) 279 **282**
Isachne
(Poaceae) (12) 552 **1020**
albens (12) 1020 **1022**
beneckei (12) 1020 **1023**
debilis (12) 1020 **1021**
dispar (12) 1020 **1024**
globosa (12) 1020 **1023**
hainanensis (12) 1020 **1024**
hoi (12) 1020 **1022**
nipponensis (12) 1020 **1021**
repens (12) **1020**
truncate (12) 1020 **1022**
Isatis
(Brassicaceae) (5) 383 **408**
brevipes (5) 411
costata (5) 408 **410**
indigotica (5) 409
minima (5) 408 **410**
tinctoria (5) 408 **409** Ph.168
violascens (5) 408 **409**
Ischaemum
(Poaceae) (12) 556 **1133**
antephoroides (12) 1133 **1136**
aristatum (12) 1134 **1136**
var. glaucum (12) 1134 **1136**
barbatum (12) 1133 **1134**
crassipes var. *glaucum* (12) 1136
goebelii (12) 1133 **1134**
indicum (12) 1133 **1135**
involutum (12) 1084
ophiuroides (12) 1163
paleaceum (12) 1118
rugosum (12) 1133 **1135**
var. *segetum* (12) 1135
Ischnochloa
(Poaceae) (12) 555 **1104**
monostachya (12) **1104**
Ischnogyne
(Orchidaceae) (13) 374 **638**
mandarinorum (13) **638** Ph.465
Isodon
(Lamiaceae) (9) 398 **567**
adenanthus (9) 568 **585**
adenolomus (9) 569 **576**
amethystoides (9) 567 **571**
coetsa (9) 568 **581**
enanderianus (9) 567 **570**
eriocalyx (9) 567 **570** Ph.191
excisoides (9) 568 **583**
excisus (9) 568 **574**
flabelliformis (9) 568 **583**
flavidus (9) 568 **574**
flexicaulis (9) 569 **579**
gibbosus (9) 568 **584**
glaucocalyx (9) 573
glutinosus (9) 569 **580**
grandifolius
var. atuntzeensis (9) 569 **576**
henryi (9) 568 **581**
inflexus (9) 567 **572**
irroratus (9) 568 **574**
japonicus (9) 567 **573**
var. glaucocalyx (9) 568 **573**
leucophyllus (9) 569 **576**
longitubus (9) 568 **573**
lophanthoides (9) 569 **575** Ph.192
var. gerardianus (9) 569 **576**
loxothyrsus (9) 569 **578**
macrocalyx (9) 568 **582**
nervosus (9) 567 **571**
oresbius (9) 569 **577**

pharicus (9) 569 **579**
phyllostachys (9) 567 **571**
rosthornii (9) 568 **582**
rubescens (9) 569 **578**
rugosiformis (9) 569 **579**
scrophularioides (9) 568 **583**
sculponeatus (9) 568 **581**
serra (9) 567 **572**
setschwanensis (9) 569 **580**
setschwanensis (9) 580
striatus (9) 575
tenuifolius (9) 569 **578**
ternifolius (9) 567 **569**
walkeri (9) 568 **575**
weisiensis (9) 568 **584**
wikstroemioides (9) 569 **577**
yuennanensis (9) 568 **575**
Isoetaceae (2) 1 **63**
Isoetes
(Isoetaceae) (2) **63**
hypsophila (2) 63 **64**
sinensis (2) 63 **63**
taiwanensis (2) 63 **64**
yunguiensis (2) 63 **64** Ph.22
Isoglossa
(Acanthaceae) (10) 330 **395**
collina (10) **395**
Isolepis
(Poaceae) (12) 255 **269**
setacea (12) **267**
verrucifera (12) 293
Isopterygium
(Hypnaceae) (1) 899 **917**
albescens (1) **917** Ph.269
alternans (1) 920
cuspidifolium (1) 920
euryphyllum (1) 866
minutirameum (1) 917 **919** Ph.270
propaguliferum (1) 917 **918**
serrulatum (1) 917 **918**
Isopyrum
(Ranunculaceae) (3) 389 **451**
adoxoides (3) 459
anemonoides (3) **451**
cavaleriei (3) 450
dalzielii (3) 483
fargesii (3) 484
henryi (3) 454
manshuricum (3) 451 **452**
microphyllum (3) 453
peltatum (3) 450
sutchuenense (3) 483
vaginatum (3) 398
Isotachis
(Balantiopsidaceae) (1) **97**
japonica (1) **97**
Isothecium
(Lembophyllaceae) (1) 720 **722**
buchananii (1) 693
cymbifolium (1) 721
nilgheriense (1) 830
subdiversiforme (1) **722**
trichophorum (1) 689
Itea
(Grossulariaceae) (6) 288 **289**
chinensis (6) 289 **292**
var. *pubinervia* (6) 294
coriacea (6) 289 **291**
glutinosa (6) 289 **291**
illicifolia (6) 289 **290**
indochinensis (6) 289 **293**
var. pubinervia (6) 289 **294**
macrophylla (6) 289 **291**
oblonga (6) 289 **293**
oldhamii (6) 289 **292**
thorelii (6) **289**
yunnanensis (6) 289 **290**
Iteadaphne
(Lauraceae) (3) 206 **244**
caudata (3) **244**
Itoa
(Sterculiaceae) (5) 110 **122**
orientalis (5) **122** Ph.73
Ixeridium
(Compositae) (11) 135 **752**
biparum (11) 752 **753**
chinense (11) 752 **754** Ph.177
dentatum (11) 752 **756**
elegans (11) 752 **755**
gracile (11) 752 **755**
gramineum (11) 752 **754**
graminifolium (11) 752 **753**
laevigatum (11) 752 **756**
sagittaroides (11) **752**
sonchifolium (11) 752 **755** Ph.178
strigosum (11) 752 **754**
Ixeris
(Compositae) (11) 134 **750**
chinensis (11) 754
debilis (11) 751
dentata (11) 754
denticulata (11) 758
dissecta (11) 751 **752**
japonica (11) **751**
laevigata (11) 756
polycephala (11) **751**
repens (11) 757
sonchifolia (11) 755
Ixia chinensis (13) 277
crocata (13) 276
Ixiolirion
(Amaryllidaceae) (13) **259**
songaricum (13) **268**
tataricum (13) **268**
Ixonanthaceae (8) **230**
Ixonanthes
(Ixonanthaceae) (8) **230**
chinensis (8) **230** Ph.105
Ixora
(Rubiaceae) (10) 510 **610**
cephalophora (10) 610 **611**
chinensis (10) 610 **611** Ph.207
effusa (10) 611 **612**

finlaysoniana (10) 610 **611**
fulgens (10) 610 **612**
hainanensis (10) 611 **613**
henryi (10) 610 **612**
nienkui (10) 610 **612**

J

Jacaranda
(Bignoniaceae) (10) 419 **435**
Mimosifolia (10) **435**
Jackiella
(Jackiellaceae) (1) **180**
javanica (1) **180**
Jackiellaceae (1) **180**
Jacquemontia
(Convolvulaceae) (9) 240 **248**
paniculata (9) **248**
Jaeschkea
(Gentianaceae) (9) 12 **68**
canaliculata (9) **68**
microsperma (9) 68 **69**
Jaffueliobryum
(Grimmiaceae) (1) 493 **494**
wrightii (1) **494**
Jambolifera pedunculata (8) 426
Jamesoniella
(Jungermanniaceae) (1) 65 **67**
autumnalis (1) **67**
carringtoni var. *recurvata* (1) 147
nipponica (1) **67**
undulifolia (1) 67 **68**
Janhedgea
(Brassicaceae) (5) 386 **529**
minutiflora (5) **529**
Jasminanthes
(Asclepiadaceae) (9) 135 **180**
chunii (9) **180**
mucronata (9) **180**
Jasminum
(Oleaceae) (10) 23 **57**
amplexicaule (10) 62
beesianum (10) 58 **60**
elongatum (10) 58 **61** Ph.23
floridum (10) 58 **59**
subsp. giraldii (10) 58 **59**
giraldii (10) 59
grandiflorum (10) 58 **65**
humile (10) 58 **59** Ph.21
f. *microphyllum* (10) 59
var. microphyllum (10) 58 **59**
lanceolarium (10) 58 **64**
laurifolium
var. brachylobum (10) 58 **60**
mesnyi (10) 58 **62**
multiflorum (10) 58 **62**
nervosum (10) 58 **61**
var. *elegan* (10) 61
var. *villosum* (10) 61
nudiflorum (10) 58 **63** Ph.25
var. pulvinatum (10) 58 **63**
officinale (10) 58 **65** Ph.28
f. *grandiflorum* (10) 65
polyanthum (10) 58 **65** Ph.29
pulvinatum (10) 63
sambac (10) 58 **62** Ph.24
seguinii (10) 58 **61** Ph.22
sinense (10) 58 **64** Ph.27
urophyllum (10) 58 **63** Ph.26
Jasminum oblonga (9) 136
Jatropha
(Euphorbiaceae) (8) 13 **99**
curcas (8) **99** Ph.50
moluccana (8) 97
montana (8) 107
podagrica (8) 99 **100** Ph.51
Jerrersonia dubia (3) 638
Jubula
(Frullaniaceae) (1) 211 **223**
japonica (1) **223**
Juglandaceae (4) **164**
Juglans
(Juglandaceae) (4) 164 **170**
cathayensis (4) 171 **172**
var. formosana (4) 171 **172**
formosana (4) 172
illinoensis (4) 174
mandshurica (4) **171** Ph.74
regia (4) **171** Ph.73
sigillata (4) **171**
Juncaceae (12) **221**
Juncaginaceae (12) **27**
Juncellus
(Cyperaceae) (12) 325 **335**
pannonicus (12) 335 **336**
serotinus (12) **335**
f.depauperatus (12) 335 **336**
Juncus
(Juncaceae) (12) **221**
alatus (12) 223 **233**
allioides (12) 222 **229**
amplifolius (12) 224 **246**
var. pumilus (12) 224 **246**
articulatus (12) 222 **231**
atratus (12) 222 **230**
benghalensis (12) 223 **239**
brachystigma (12) 223 **237**
bracteatus (12) 223 **240**
bufonius (12) 222 **226**
campestris (12) 251
castaneus (12) 224 **246**
cephalostigma (12) 223 **240**
clarkei (12) 224 **244**
var. marginatus (12) 224 **244**
compressus (12) 222 **228**
concinnus (12) 224 **244**
concinnus (12) 229
diastrophanthus (12) 223 **234**
effuses (12) 221 **225**
filiformis (12) 221 **225**
gracilicaulis (12) 224 **245**
gracillimus (12) 228

heptapotamicus (12) 222 **228**
himalensis (12) 224 **246**
inflexus (12) 221 **224**
subsp. austrooccidentalis (12) 221 **224**
kingii (12) 223 **237**
krameri (12) 222 **232**
lampocarpus (12) 231
var. *turczaninowii* (12) 231
leptospermus (12) 222 **233**
leschenaultia (12) 234
leucanthus (12) 223 **241**
leucomelas (12) 223 **236**
membranaceus (12) 223 **239**
minimus (12) 224 **243**
modestus (12) 223 **238**
modicus (12) 223 **241**
multiflorus (12) 252
ochraceus (12) 223 **235**
pallescens (12) 253
papillosus (12) 222 **232**
parviflorus (12) 251
pauciflorus (12) 221 **225**
perparvus (12) 222 **227**
potaninii (12) 223 **238**
prismatocarpus (12) 223 **234**
subsp. teretifolius (12) 223 **234**
przewalskii (12) 224 **242**
pseudocastaneus (12) 222 **230**
ranarius (12) 222 **227**
setchuensis (12) 221 **226**
var. effusoides (12) 221 **226**
sikkimensis (12) 224 **245**
var. *pseudocastaneus* (12) 230
sphacelatus (12) 224 **247**
spicatus (12) 254
tanguticus (12) 224 **242**
taonanensis (12) 222 **229**
tenuis (12) 222 **229**
thomsonii (12) 223 **236**
triglumis (12) 223 **235**
turczaninowii (12) 222 **231**
unifolius (12) 224 **243**
wallichianus (12) 222 **233**
Jungermannia
(Jungermanniaceae) (1) 65 **68**
adunca (1) 8
albescens (1) 167
albicans (1) 99
aligera (1) 182
appressifolia (1) 69 **81**
aquilegia (1) 199
arbuscula (1) 144
arguta (1) 119
ariadne (1) 69 **81**
assamica (1) 86
assimilis (1) 60
atrovirens (1) 69 **70**
auriculata (1) 230
autumnalis (1) 67
bantamensis (1) 132
bantriensis (1) 54
barbata (1) 48
bicuspidata (1) 169
bidentula (1) 244
blasia (1) 255
blumei (1) 184
brauniana (1) 159
campylophylla (1) 208
catenulata (1) 170
ciliare (1) 16
clavellata (1) 69 **82**
coalita (1) 120
comata (1) 70 **72**
complanata (1) 189
compressa (1) 87
confertissima (1) 69 **82**
curta (1) 104
curvifolia (1) 172
cyclops (1) 69 **83**
dendroides (1) 138
dentata (1) 177
divaricata (1) 24
divaricata (1) 179
doniana (1) 61
emarginata (1) 92
endiviifolia (1) 264
epiphylla (1) 264
erectum (1) 69 **73**
ericoides (1) 215
excisa (1) 58
exigua (1) 140
exsecta (1) 51
exsertifolia (1) 69 **71**
filamentosa (1) 39
flagellate (1) 70 **73**
flava (1) 246
floccosa (1) 250
formosa (1) 196
francisci (1) 168
furcata (1) 262
fusca (1) 47
fusiformis (1) 69 **83**
gigantea (1) 201
guinguedentata f. attenuata (1) 48
hasskarliana (1) 69 **74**
hatcheri (1) 50
hirtella (1) 63
hyalina (1) 70 **74**
incisa (1) 56
infusca (1) 70 **75**
interrupta (1) 128
irrigua (1) 106
julacea (1) 165
kiaeri (1) 177
lacinulata (1) 170
laxifolia (1) 166
leiantha (1) 69 **71**
linguifolia (1) 64
lixingjiangii (1) 69 **75**
lunulifolia (1) 171
lutescens (1) 88
lycopodioides (1) 50
lyellii (1) 256

macounii **(1)** 171
macrocarpa **(1)** 69 **84**
michauxii **(1)** 62
minuta **(1)** 60
moniliata **(1)** 221
multifida **(1)** 259
muriscata **(1)** 126
myriocarpa **(1)** 96
nepalensis **(1)** 219
obovata **(1)** 70 **76**
obtusa **(1)** 57
obtusata **(1)** 204
obtusifolia **(1)** 100
orcadensis **(1)** 48
ornithopoides **(1)** 109
pauciflora **(1)** 36
pinguis **(1)** 259
plagiochiloides **(1)** 70 **76**
polyanthos **(1)** 122
porelloides **(1)** 158
pseudocyclops **(1)** 69 **84**
pubescens **(1)** 263
pulcherrima **(1)** 17
pusilla **(1)** 69 **85**
pusilla **(1)** 253
pyriflora **(1)** 69 **85**
quinquedentata **(1)** 52
quinquelentata var. *collaris* **(1)** 55
radicellosa **(1)** 69 **79**
reptans **(1)** 39
rigidula **(1)** 115
rotundata **(1)** 70 **77**
rubella **(1)** 178
rubripunctata **(1)** 70 **77**
rupicola **(1)** 70 **78**
saxicola **(1)** 62
schraderi var. *undulifolia* **(1)** 68
scolopendra **(1)** 18
semidecurrens **(1)** 136
semirepandus **(1)** 228
setigera **(1)** 15
setosa **(1)** 57
sphaerocarpa **(1)** 69 **85**
sphagni **(1)** 174
striata **(1)** 229
subelliptica **(1)** 70 **78**
subfusca **(1)** 233
subulata **(1)** 69 **72**
tamarisci **(1)** 221
taxifolia **(1)** 100
thymifolia var. *imbricata* **(1)** 243
tomentella **(1)** 20
torticalyx **(1)** 70 **79**
trichodes **(1)** 38
trichophyllum **(1)** 13
tricrenata **(1)** 32
tridens **(1)** 33
trifaria **(1)** 243
trilobata **(1)** 33
truncata **(1)** 70 **80** Ph.17
undulata **(1)** 113
ventricosa **(1)** 54
virgata **(1)** 69 **80**
wenzelii **(1)** 58
woodsii **(1)** 19
xanthocarpa **(1)** 234
zangmuii **(1)** 69 **80**
Jungermanniaceae **(1)** **65**
Juniperus
(Cupressaceae) **(3)** 74 **93**
centrasiatica **(3)** 91
chinensis **(3)** 89
var. *procumbens* **(3)** 87
var. *sargentii* **(3)** 89
communis **(3)** 93 **94**
convallium **(3)** 91
coxii **(3)** 86
davurica **(3)** 87
formosana **(3)** **93** Ph.119
indica **(3)** 90
komarovii **(3)** 92
pingii **(3)** 87
var. *carinata* **(3)** 87
var. *wilsonii* **(3)** 87
procumbens **(3)** 87
przewalskii **(3)** 92
pseudosabina **(3)** 90
recurva **(3)** 85
var. *coxii* **(3)** 86
rigida **(3)** 93 **94** Ph.120
sabina **(3)** 88
saltuaria **(3)** 90
semiglobosa **(3)** 88
sibirica **(3)** 93 **94**
squamata **(3)** 86
var. *fargensii* **(3)** 86
tibetica **(3)** 91
virginiana **(3)** 88
Juratzkaea
(Fabroniaceae) **(1)** 754 **760**
sinensis **(1)** **760**
Jurinea
(Compositae) **(11)** 130 **563**
algida **(11)** 563 **565**
chaetocarpa **(11)** 563 **565**
filifolia **(11)** 567
forrestii **(11)** 637
lanipes **(11)** 563 **564**
lipskyi **(11)** 563 **565**
mongolica **(11)** 563 **564**
multiflora **(11)** **563**
picridifolia **(11)** 639
souliei **(11)** 637
Jussiaea adscendens **(7)** 584
hyssopifolia **(7)** 584
prostrata **(7)** 583
repens **(7)** 584
repens **(7)** 585
stipulacea **(7)** 585
Justicia austroguanxiensis **(10)** 412
austrosinensis **(10)** 411
baphica **(10)** 397
canescens **(10)** 340

chinensis **(10)** 396
collina **(10)** 395
curviflorus **(10)** 387
diffusa **(10)** 415
var. *prostrata* **(10)** 416
gangetica **(10)** 390
lanceolaria **(10)** 399
latiflora **(10)** 411
latifolium **(10)** 392
laxiflora **(10)** 385
leptostachya **(10)** 413
lianshanica **(10)** 412
linearfolia
subsp. liankwangensis **(10)** 416
nasuta **(10)** 405
nutans **(10)** 401
panduriformis **(10)** 413
paniculata **(10)** 385
patentiflora **(10)** 412
pectinata **(10)** 404
procumbens **(10)** 416
purpurea **(10)** 400
vagabunda **(10)** 402
ventricosa **(10)** 414
vitellina **(10)** 386

K

Kadsura
(Schisandraceae) **(3)** **367**
chinensis **(3)** 372
coccinea **(3)** **367**
grandiflora **(3)** 370
heteroclita **(3)** 367 **368**
japonica **(3)** 367 **369**
longipedunculata **(3)** 367 **368** Ph.281
propinqua **(3)** 376
Kaempferia
(Zingiberaceae) **(13)** 20 **31**
galanga **(13)** **31** Ph.27
involucrata **(13)** 30
rotunda **(13)** **31**
yunnanensis **(13)** 32
Kalanchoe
(Crassulaceae) **(6)** 319 **321**
laciniata **(6)** 321 **322** Ph.84
spathulata **(6)** **321**
Kalidium
(Chenopodiaceae) **(4)** 305 **309**
Arabicum var. *cuspidatum* **(4)** 310
caspicum **(4)** 309 **310**
cuspidatum **(4)** 309 **310**
foliatum **(4)** 309 **310**
gracile **(4)** **309**
Kalimeris
(Compositae) **(11)** 122 **163**
incisa **(11)** 163 **165**
indica **(11)** 163 Ph.45
var. polymorpha **(11)** 163 **164**
var. stenolepis **(11)** 163 **164**
var. stenophylla **(11)** 163 **164**
integrifolia **(11)** 163 **165**
lautureana **(11)** 163 **166** Ph.46
mongolica **(11)** 163 **166**
shimadai **(11)** 163 **164**
Kalonymus maximowiczianus **(7)** 799
Kalopanax
(Araliaceae) **(8)** 534 **537**
septemlobus **(8)** **537** Ph.252
Kandelia
(Rhizophoraceae) **(7)** 676 **678**
candel **(7)** **678** Ph.253
Kantia mülleriana **(1)** 44
trichomanis var. nessiana **(1)** 45
Karelinia
(Compositae) **(11)** 129 **244**
caspia **(11)** **244**
Karivia javanica **(5)** 221
Kaschgaria
(Compositae) **(11)** 126 **371**
komarovii **(11)** **371**
Kaukfussia assamica **(2)** 88
Keenania
(Rubiaceae) **(10)** 507 **576**
tonkinensis **(10)** **576**
Keiskea
(Lamiaceae) **(9)** 397 **556**
australis **(9)** 556 **557**
elsholtzioides **(9)** **556**
sinensis **(9)** **556**
szechuanensis **(9)** 556 **557**
Kelloggia
(Rubiaceae) **(10)** 508 **643**
chinensis **(10)** **643**
Kengia
(Poaceae) **(12)** 563 **977**
caespitosa **(12)** 978 **981**
chinensis **(12)** 978 **980**
foliosa **(12)** 978 **981**
gracilis **(12)** 977 **978**
hackeli **(12)** 978 **983**
hancei **(12)** 978 **982**
longiflora **(12)** 978 **980**
mucronata **(12)** 977 **979**
nakai **(12)** 978 **983**
polyphylla **(12)** 978 **982**
songorica **(12)** 977 **978**
squarrosa **(12)** 977 **979**
Kengyilia
(Poaceae) **(12)** 560 **862**
alatavica **(12)** 863 **866**
batalinii **(12)** 863 **867**
grandiglumis **(12)** 863 **865**
hirsuta **(12)** 863 **866**
kokonorica **(12)** 863 **865**
laxiflora **(12)** 863 **864**
melanthera **(12)** 863 **867**
mutica **(12)** 863 **866**
nana **(12)** 863 **865**
rigidula **(12)** **863**
thoroldiana **(12)** 863 **864**
Kerria

(Rosaceae) **(6)** 443 **577**
japonica **(6)** **577** Ph.137
f. pleniflora **(6)** **578** Ph.138
var. *pleniflora* **(6)** 578
Keteleeria
(Pinaceae) **(3)** 14 **15**
calcarea **(3)** 17
cyclolepis **(3)** 18
davidiana **(3)** 15 **17**
var. calcarea **(3)** 15 **17** Ph.23
var. *chien-peii* **(3)** 17
var. formosana **(3)** 15 **17** Ph.24
evelyniana **(3)** 15 **16** Ph.22
fabri **(3)** 25
formosana **(3)** 17
fortunei **(3)** 15 **18** Ph.25
var. cyclolepis **(3)** 16 **18**
hainanensis **(3)** 15 **16** Ph.21
oblonga **(3)** 16 **18**
pubescens **(3)** 15 **17**
Khaya
(Meliaceae) **(8)** 375 **379**
senegalensis **(8)** **379**
Kiaeria
(Dicranaceae) **(1)** 333 **372**
falcate **(1)** **373**
starkei **(1)** **373**
Kibatalia
(Apocynaceae) **(9)** 90 **123**
macrophylla **(9)** **123**
Kigelia
(Bignoniaceae) **(10)** 419 **436**
africana **(10)** **437**
Kingdonia
(Ranunculaceae) **(3)** 389 **543**
uniflora **(3)** **544** Ph.379
Kingidium
(Orchidaceae) **(13)** 370 **743**
braceanum **(13)** 743 **744** Ph.550
deliciosum **(13)** **743** Ph.549
taeniale **(13)** 743 **744**
Kinostemon
(Lamiaceae) **(9)** 392 **405**
alborubrum **(9)** 405 **406**
ornatum **(9)** **405**
Kirengeshoma
(Hydrangeaceae) **(6)** 246 **247**
palmata **(6)** **247**
Kirganelia triandra **(8)** 49
Kirilowia
(Chenopodiaceae) **(4)** 306 **338**
eriantha **(4)** **339**
Kleinhovia
(Sterculiaceae) **(5)** 34 **45**
hospita **(5)** **46** Ph.25
Knema
(Myristicaceae) **(3)** **196**
erratica **(3)** 196 **198**
furfuracea **(3)** **196**
globularia **(3)** 196 **197**
linifolia **(3)** 196 **197**
Knoxia
(Rubiaceae) **(10)** 509 **602**
corymbosa **(10)** **602**
valerianoides **(10)** **602**
Kobresia
(Poaceae) **(12)** 356 **361**
bellardii **(12)** 372
capillifolia **(12)** 363 **372**
caricina **(12)** 362 **368**
cercostachya **(12)** 364 **377**
var. capillacea **(12)** 364 **378**
cuneata **(12)** 362 **370**
curvata **(12)** 362 **365**
deasyi **(12)** 363 **371**
duthiei **(12)** 363 **375**
esanbeckii **(12)** 364 **379**
filicina **(12)** 363 **376**
filifolia **(12)** 362 **366**
var. *macroprophylla* **(12)** 367
fragilis **(12)** 361 **364**
glaucifolia **(12)** 363 **371**
graminifolia **(12)** 364 **379**
humilis **(12)** 363 **374**
humilis **(12)** 374
inflate **(12)** 364 **378**
kansuensis **(12)** 362 **368**
laxa **(12)** 362 **365**
littledalei **(12)** 363 **373**
loliacea **(12)** 362 **365**
longearistita **(12)** 363 **376**
macrantha **(12)** 362 **370**
var. nudicarpa **(12)** 362 **370**
macroprophylla **(12)** 362 **367**
minshanica **(12)** 362 **369**
myosuroides **(12)** 363 **372**
nepalensis **(12)** 364 **378**
prainii **(12)** 364 **380**
prattii **(12)** 380
pusilla **(12)** 363 **374**
pygmaea **(12)** 364 **377**
var. filiculmis **(12)** 364 **377**
robusta **(12)** 363 **375**
royleana **(12)** 362 **367**
schoenoides **(12)** 362 **367**
setchwanensis **(12)** 363 **371**
seticulmis **(12)** 363 **376**
stenocarpa **(12)** 362 **369**
stolonifera **(12)** 363 **374**
tibetica **(12)** 363 **373**
uncinoides **(12)** 362 **366**
vidua **(12)** 364 **380**
Kochia
(Chenopodiaceae) **(4)** 306 **339**
dasyphylla **(4)** 341
krylovii **(4)** 339 **340**
melanoptera **(4)** 339 **340**
prostrata **(4)** 339 **340**
scoparia **(4)** **339**
var. sieversiana **(4)** 339 **340**
Kmeria septentrionalis **(3)** 143
Koeleria
(Poaceae) **(12)** 562 **876**

asiatica (12) 877 **878**
cristata (12) 877 **878**
var. poaeformis (12) 877 **878**
var. pseudocristata (12) 877 **878**
hosseana var. *tafelii* (12) 877
litvinowii (12) **877**
var. tafelii (12) **877**
poaeformis (12) 878
pseudocristata (12) 878
Koelpinia
(Compositae) (11) 133 **686**
linearis (11) **686**
Koelreuteria
(Sapindaceae) (8) 267 **286**
bipinnata (8) 286 **287** Ph.136
var. integrifoliola (8) 286 **287**
minus (8) 289
paniculata (8) **286** Ph.135
intergrifoliola (8) 287
Koenigia
(Polygonaceae) (4) **481**
islandica (4) **481**
Koilodepas
(Euphorbiaceae) (8) 12 **86**
hainanense (8) **86**
Kolkwitzia
(Caprifoliaceae) (11) 1 **40**
amabilis (11) **40**
Kopsia
(Apocynaceae) (9) 90 **107**
arborea (9) **107** Ph.57
hainanensis (9) 107 **108**
lancibracteolata (9) 107
officinalis (9) 107
Korthalsella
(Viscaceae) (7) **757**
japonica (7) **757** Ph.291
var. fasciculata (7) 757 **758**
Krascheninnikovia
(Chenopodiaceae) (4) 305 **334**
arborescens (4) **334**
compacta (4) 334 **336**
latens (4) 334 **335** Ph.144
longipilosa (4) 334 **335**
Krascheninnikowia davidii (4) 399
heterantha (4) 401
heterophylla (4) 400
japonica (4) 399
macximowicziana (4) 399
rupestris (4) 399
sylvatica (4) 398
Krasnovia
(Umbelliferae) (8) 579 **598**
longiloba (8) **598**
Krylovia
(Compositae) (11) 123 **199**
eremophila (11) **200**
limoniifolia (11) **200**
Kudoacanthus
(Acanthaceae) (10) 330 **394**
albo-nervosa (10) **394**
Kummerowia
(Fabaceae) (7) 63 **194**
stipulacea (7) 194 **195**
striata (7) **194**
Kungia
(Crassulaceae) (6) 319 **322**
aliciae (6) **322**
var. komarovii (6) 322 **323**
Kuniwatsukia cuspidata (2) 295
Kurzia
(Lepidoziaceae) (1) 24 **35**
gonyotricha (1) **35**
makinoana (1) 35 **36**
pauciflora (1) 35 **36**
Kydia
(Malvaceae) (5) 69 **84**
calycina (5) 84 **85**
glabrescens (5) 84 **85**
jujubifolia (5) **84**
Kyllinga
(Cyperaceae) (12) 256 **346**
brevifolia (12) 346 **347**
var. leiolepis (12) 346 **347**
cororata (12) 348
cylindrical (12) 346 **347**
cyperina (12) 345
melanosperma (12) **346**
monocephala (12) 348
var. *leiolepis* (12) 347
nemoralis (12) 346 **348**
sumatrensis (12) 344

L

Labiatae (9) **392**
Lablab
(Fabaceae) (7) 64 **228**
purpureus (7) **228** Ph.112
Laburnum
(Fabaceae) (7) 67 **463**
anagyroides (7) **463**
Lachnoloma
(Brassicaceae) (5) 387 **428**
lehmannii (5) **428**
Lactuca
(Compositae) (11) 134 **748**
altaica (11) **748**
atropurpurea (11) 708
bracteata (11) 705
denticulata f. *pinnatipartita* (11) 758
dissecta (11) 748 **749**
diversifolia (11) 730
dolichophylla (11) **748**
elata (11) 744
elegans (11) 755
erythrocarpa (11) 726
formosana (11) 747
glandulosissima (11) 733
gombalana (11) 708
graciliflora (11) 762
gracilis (11) 755

gradiliflora **(11)** 762
grandiflora **(11)** 759
hastata **(11)** 760
humifusa **(11)** 758
indica **(11)** 746
lessertiana **(11)** 705
lignea **(11)** 716
macrantha **(11)** 760
matsumurae var. *dissecta* **(11)** 752
napifera **(11)** 715
polypodifolia **(11)** 732
pseudosenecio **(11)** 725
raddeana **(11)** 745
var. *elata* **(11)** 744
roborowskii **(11)** 761
sativa **(11)** **748**
seriola **(11)** 748 **749**
sibirica **(11)** 704
sonchus **(11)** 747
sororia **(11)** 730
souliei **(11)** 739
strigosa **(11)** 754
taliensis **(11)** 762
tatarica **(11)** 705
triangulata **(11)** 745
tsarongensis **(11)** 707
undulata **(11)** 748 **749**
Lafoensia
(Lythraceae) **(7)** 499 **506**
bandelliana **(7)** **506**
Lagarosiphon alternifolia **(12)** **22**
Lagarosolen
(Gesneriaceae) **(10)** 245 **284**
hispidus **(10)** **285**
Lagedium
(Compositae) **(11)** 133 **704**
sibiricum **(11)** **704**
Lagenaria
(Cucurbitaceae) **(5)** 199 **232**
microcarpa **(5)** 232 **233**
siceraria **(5)** **232** Ph.119
var. depressa **(5)** 232 **233**
var. hispida **(5)** 232 **233** Ph.120
var. microcarpa **(5)** 232 **233** Ph.121
vulgaris γ. depressa **(5)** 232 **233**
Lagenophora
(Compositae) **(11)** 122 **158**
billardieri **(11)** **159**
stipitata **(11)** **159**
Lagerstroemia
(Lythraceae) **(7)** 500 **508**
caudata **(7)** 508 **510**
excelsa **(7)** 508 **511**
fordii **(7)** **508**
grandiflora **(7)** 498
indica **(7)** 508 **509** Ph.180
limii **(7)** 508 **509**
speciosa **(7)** 508 **511** Ph.182
subcostata **(7)** 508 **510** Ph.181
Laggera
(Compositae) **(11)** 128 **241**
alata **(11)** **242**
pterodonta **(11)** **242**
Lagochilus
(Lamiaceae) **(9)** 395 396 **483**
brachyacanthus **(9)** **483**
bungei **(9)** **483**
diacanthophyllus **(9)** 483 **484**
grandiflorus **(9)** 483 **485**
hirtus **(9)** **483**
ilicifolius **(9)** 483 **484**
iliensis **(9)** 485
lanatonodus **(9)** 483 **484**
lataicus **(9)** 483
macrodontus **(9)** 483 **485**
obliquus **(9)** 484
Langodorffia indica **(7)** 767
Lagopsis
(Lamiaceae) **(9)** 393 **433**
eriostachys **(9)** 433 **434**
supina **(9)** 433 **434** Ph.160
Lagotis
(Scrophulariaceae) **(10)** 68 **160**
alutacea **(10)** 161 **162**
brachystachya **(10)** 160 **161** Ph.44
brevituba **(10)** 161 **162**
decumbens **(10)** 160 **162**
integra **(10)** 161 **163**
integrifolia **(10)** 161 **162**
pharica **(10)** 160 **161**
precox **(10)** 160 **162**
ramalana **(10)** 160 **161** Ph.45
Lagurus cylindricus **(12)** 1093
Lallemantia
(Lamiaceae) **(9)** 394 **457**
royleana **(9)** **457**
Lamiaceae **(9)** **392**
Lamiophlomis
(Lamiaceae) **(9)** 395 **473**
rotata **(9)** **473** Ph.173
Lamium
(Lamiaceae) **(9)** 396 **474**
album **(9)** **475**
amplexicaule **(9)** 474 **475**
barbatum **(9)** **475**
chinensis **(9)** 476
foliatum **(9)** 489
kouyangense **(9)** 496
rhomboideum **(9)** 477
Lancea
(Scrophulariaceae) **(10)** 67 **103**
hirsuta **(10)** **103**
tibetica **(10)** **103** Ph.35
Languas blepharocalyx
var. *glabrior* **(13)** 43
Lannea
(Anacardiaceae) **(8)** 345 **351**
coromandelica **(8)** **352** Ph.172
Lansium dubium **(8)** 388
Laserpitium davuricum **(8)** 699
Lantana
(Verbenaceae) **(9)** 346 **350**
camara **(9)** **350** Ph.130

Laportea
(Urticaceae) **(4)** 75 **84**
bulbifera **(4)** **84**
cuspidata **(4)** 84 **85** Ph.53
interrupta **(4)** 84 **86**
macrostachya **(4)** 85
urentissima **(4)** 87
violacea **(4)** 84 **85**
Lappula
(Boraginaceae) **(9)** 282 **336**
consanguinea **(9)** 336 **338**
deserticola **(9)** 336 **339**
duplicicarpa **(9)** 336 **340**
echinata **(9)** 337
heteracantha **(9)** 336 **338**
intermedia **(9)** 336 **339**
intermedia **(9)** 339
lasiocarpa **(9)** 336 **341**
microcarpa **(9)** 336 **339**
myosotis **(9)** 336 **337**
patula **(9)** 336 **339**
redowskii **(9)** 339
semiglabra **(9)** 336 **337**
var. heterocaryoides **(9)** 336 **337**
shanhsiensis **(9)** 336 **338**
spinocarpos **(9)** 336 **340**
stricta **(9)** 336 **340**
Lapsana
(Compositae) **(11)** 133 **740**
apogonoides **(11)** **740**
japonica **(11)** 751
Lardizabalaceae **(3)** **655**
Larix
(Pinaceae) **(3)** 15 **45**
amabilis **(3)** 50
gmelini **(3)** 45 **49**
var. *principis-rupprechtii* **(3)** 48
griffithiana **(3)** 45 **46** Ph.68
griffithii **(3)** 46
himalaica **(3)** 45 **47**
kaempferi **(3)** 45 **50** Ph.72
olgensis **(3)** 45 **49**
var. *koreana* **(3)** 49
potaninii **(3)** 45 **47**
var. australis **(3)** 45 **47** Ph.69
var. *macrocarpa* **(3)** 47
prineipis-rupprechii **(3)** 45 **48** Ph.71
sibirica **(3)** 45 **48** Ph.70
speciosa **(3)** 45 **46**
Laserpitium davuricum **(8)** 699
Lasia
(Araceae) **(12)** 104 **121**
merkusii **(12)** 120
spinosa **(12)** **121** Ph.41
Lasia fruticella **(1)** *783*
Lasiagrostis
subsessiliflora **(12)** 939
Lasiahthera tetrandra **(7)** 877
Lasianthus
(Rubiaceae) **(10)** 509 **621**
appressihirtus **(10)** 622 **630**
austrosinensis **(10)** 622 **628**
biermanni **(10)** 621 **624**
bunzanensis **(10)** 622 **631**
chinensis **(10)** 622 **627**
chunii **(10)** 621 **626**
curtisii **(10)** 622 **628**
filipes **(10)** 621 **623**
fordii **(10)** 622 **629**
formosensis **(10)** 622 **629**
hartii **(10)** 630
henryi **(10)** 622 **629**
hiiranensis **(10)** 622 **627**
hirsutus **(10)** 621 **625**
hookeri **(10)** 622 **632**
japonicus **(10)** 622 **630**
koi **(10)** 621 **623**
kwangtungensis **(10)** 628
lancifolius **(10)** 622 **632**
longicaudus **(10)** 621 **624**
lucidus **(10)** 622 **628**
micranthus **(10)** 621 **624**
microphyllus **(10)** 622 **632**
obliquinervis **(10)** 622 **631**
sikkimensis **(10)** 621 **625**
tsangii **(10)** 625
tubiferus **(10)** 621 **626**
wallichii **(10)** 621 **622**
Lasiocaryum
(Boraginaceae) **(9)** 282 **324**
densiflorum **(9)** **324**
trichocarpum **(9)** **324**
Lasiococca
(Euphorbiaceae) **(8)** 12 **83**
comberi var. pseudoverticillata **(8)** **83**
Lastrea
(Thelypteridaceae) **(2)** 335 **337**
beddomei **(2)** 339
coniifolia **(2)** 484
cuspidate **(2)** 295
falciloba **(2)** 369
filix-mas
var. *lachoongensis* **(2)** 512
var. *serrato-dentata* **(2)** 509
hendersonii **(2)** 473
hookeriana **(2)** 593
pilvinulifera **(2)** 519
quelpaertensis **(2)** **337**
thelypteris var. *pubescens* **(2)** 336
Lastreopsis
(Aspidiaceae) **(2)** 603 **603**
tenera **(2)** **604**
Latania chinensis **(12)** 65
Lathraea
(Orobanchaceae) **(10)** 228 **236**
chinfushanica **(10)** 236
japonica **(10)** **236**
Lathyrus
(Fabaceae) **(7)** 66 **420**
davidii **(7)** 420 **421**
dielsianus **(7)** 420 **422**
humilis **(7)** 420 **421**
japonicus **(7)** 422

komarovii **(7)** 421 **423**
maritimus **(7)** 420 **422**
odoratus **(7)** 420 **424**
palustris subsp. exalata **(7)** 421 **425**
subsp. pilosa **(7)** 420 **425**
var. linearifolius **(7)** 420 **425**
pilosus **(7)** 425
pratensis **(7)** 420 **424**
quinquenervius **(7)** 420 **423**
sativa **(7)** 420 **424**
vaniotii **(7)** 421 **423**
Latouchea
(Gentianaceae) **(9)** 11 **58**
fokiensis **(9)** **58**
Launaea
(Compositae) **(11)** 134 **727**
acaulis **(11)** **727** Ph.171
sarmentosa **(11)** 727 **728** Ph.172
Lauraceae **(3)** **206**
Laurocerasus
(Rosaceae) **(6)** 445 **786**
australis **(6)** 786 **790**
fordiana **(6)** 786 **787**
hypotricha **(6)** 786 **788**
jenkinsii **(6)** 786 **789**
phaeosticta **(6)** 786 **786**
f. ciliospinosa **(6)** 786 **787**
f. lasioclada **(6)** 786 **787**
spinulosa **(6)** 786 **790** Ph.171
undulata **(6)** 786 **789**
f. microbotrys **(6)** 786 **789**
zippeliana **(6)** 786 **789**
Laurus
(Lauraceae) **(3)** 206 **206**
aggregata **(3)** 243
bejolghota **(3)** 258
burmannii **(3)** 258
camphora **(3)** 254
cubeba **(3)** 218
glandulifera **(3)** 255
lanceolata **(3)** 267
nacusua **(3)** 236
nobilis **(3)** 206 **207**
parthenoxylon **(3)** 255
pilosa **(3)** 249
sericea **(3)** 211
tamala **(3)** 259
Laurus glauca **(6)** 62
Lavandula
(Lamiaceae) **(9)** 393 **432**
angustifolia **(9)** **432**
latifolia **(9)** **432**
Lavatera
(Malvaceae) **(5)** 69 **71**
arborea **(5)** **72**
cashemiriana **(5)** **72** Ph.42
trimestris **(5)** 71 **72**
Lawsonia
(Lythraceae) **(7)** 500 **512**
inermis **(7)** **512**
Layia emarginata **(7)** 75
Lecanorchis
(Orchidaceae) **(13)** 368 **524**
cerina **(13)** 524 **525**
japonica **(13)** **524** Ph.363
nigricans **(13)** 524 **525**
Lecanthus
(Urticaceae) **(4)** 75 **112**
peduncularis **(4)** **112**
petelotii var. corniculata **(4)** 112 **113**
pileoides **(4)** 112 **113**
Lectuca sagittaroides **(11)** 752
Lecythidaceae **(5)** **103**
Ledum
(Ericaceae) **(5)** 553 **554**
palustre var. decumbens **(5)** **554**
var. dilatatum **(5)** 554 **555**
Leea
(Leeaceae) **(8)** **179**
aequata **(8)** 180 **182**
compactiflora **(8)** 180 **181**
crispa **(8)** 180 **182**
glabra **(8)** 179 **181**
guineensis **(8)** 179 **180** Ph.97
indica **(8)** 179 **180** Ph.96
macrophylla **(8)** 179 **181**
Leeaceae **(8)** **179**
Leersia
(Poaceae) **(12)** 557 **668**
hexandra **(12)** **669**
var. *japonica* **(12)** 669
japonica **(12)** **669**
oryzoides **(12)** 669 **670**
sayanuka **(12)** 669 **670**
Leerisa oryzoides
var. *japonica* **(12)** 670
Legazpia
(Scrophulariaceae) **(10)** 70 **104**
polygonoides **(10)** **104**
Leibnitzia
(Compositae) **(11)** 130 **684**
anandria **(11)** **684** Ph.165
nepalensis **(11)** 684 **685**
Leiopyxis sumatrana **(8)** 19
Leiospora
(Brassicaceae) **(5)** 381 382 **504**
pamirica **(5)** **504**
Lejeunea
(Lejeuneaceae) **(1)** 225 **245**
anisophylla **(1)** **246**
apiculata **(1)** 245
biseriata **(1)** 612
curviloba **(1)** **246**
dactylophora **(1)** 239
flava **(1)** **246**
goebelii **(1)** 249
intertexta **(1)** 243
parva **(1)** 247 **247**
ternatensis **(1)** 239
Lejeuneaceae **(1)** **224**
Lembophyllaceae **(1)** **720**
Lemmaphyllum
(Polypodiaceae) **(2)** 664 **703**

carnosum (2) 703 **703** Ph.133
microphyllum (2) 703 **703**
microphyllum
var. obovatum (2) 703 **703** Ph.132
Lemna
(Lemnaceae) (12) 176 **177**
arrhiza (12) 178
minor (12) **177**
perpusilla (12) 177 **178**
polyrrhiza (12) 177
trisulca (12) **177**
Lemnaceae (12) **176**
Lemnopsis minor (12) 24
Lens
(Fabaceae) (7) 66 **425**
culinaris (7) **425**
phaceoloides (7) 4
Lentibulariaceae (10) **437**
Leocosceptrum sinense (9) 554
Leontice
(Berberidaceae) (3) 582 **651**
altaica (3) 651
incerta (3) **652**
kiangnanensis (3) 650
microrrhyncha (3) 651
robustum (3) 652
Leontodon bessarabicus (11) 773
eriopodum (11) 782
leucanthum (11) 769
Leontopodium
(Compositae) (11) 129 **249**
alpinum α. *campestre* (11) 260
var. *pusillum* (11) 257
var. *stracheyi* (11) 255
andersonii (11) 251 **252**
artemisiifolium (11) 250 **255**
banatii (11) 252
calocephalum (11) 251 **259**
var. uliginosum (11) 251 **259**
campestre (11) 251 **260** Ph.66
chuii (11) 250 **253**
conglobatum (11) 251 **261**
dedekensii (11) 250 **256**
franchetii (11) 250 **255**
haplophylloides (11) 250 **254** Ph.65
himalayanum (11) 251 **257**
japonicum (11) 250 **253**
var. microcephalum (11) 250 **254**
var. xerogenes (11) 250 **254**
leontopodioides (11) 252 **262**
longifolium (11) 251 **258**
microphyllum (11) 251 **256**
nanum (11) 251 **257**
ochroleucum (11) 251 **259**
pusillum (11) 251 **257**
sibiricum (11) 254
var. *conglobatum* (11) 261
sinense (11) 250 **254**
smithianum (11) 251 **261** Ph.67
souliei (11) 251 **258**
stracheyi (11) 250 **255**
subulatum (11) 251 **252**
var. bonatii (11) 251 **252**
Leonurus
(Lamiaceae) (9) 396 **479**
artemisia (9) 480
chaituroides (9) 479 **480**
deminutus (9) 480 **481**
heterophyllus (9) 480
japonicus (9) 479 **480** Ph.174
javanicus (9) 488
macranthus (9) 479 **481**
marrubiastrum (9) 478
pseudomacranthus (9) 479 **481**
sibiricus (9) 479 **480**
supinus (9) 434
tuberiferus (9) 477
Lepechiniella lasiocarpa (9) 341
Lepicolea
(Lepicoleaceae) (1) **18**
scolopendra (1) **18**
Lepicoleaceae (1) **18**
Lepidagathis
(Acanthaceae) (10) 329 **382**
fasciculata (10) **382**
formosensis (10) 382 **383**
hainanensis (10) 382 **383**
incurva (10) 382 **384**
Lepidium
(Brassicaceae) (5) 381 383 **400**
apetalum (5) 401 **406**
calycinum (5) 540
campestre (5) 400 **401**
f. *glabratam* (5) 401
capitatum (5) 400 **404**
cartilagineum (5) 400 **402**
chinense (5) 404
cordatum (5) 400 **402**
cuneiforme (5) 400 **404**
densiflorum (5) 401 **405**
didymum (5) 406
draba (5) 407
latifolium (5) 400 **403**
var. *affine* (5) 403
obtusum (5) 400 **403**
perfoliatum (5) 400 **403**
procumbens (5) 418
ruderale (5) 401 **405**
sativum (5) 400 **401**
virginicum (5) 400 **405**
Lepidogrammitis
(Polypodiaceae) (2) 664 **699**
diversa (2) 700 **700**
drymoglossoides (2) 700 **701** Ph.131
elongata (2) 700 **702**
intermedia (2) 700 **702**
pyriformis (2) 700 **700**
rostrata (2) 700 **701**
Lepidolaenaceae (1) **21**
Lepidolejeunea
(Lejeuneaceae) (1) 224 **244**
bidentula (1) **244**
Lepidomicrosorum

(Polypodiaceae)	**(2)**	664	**708**	
brevipes	**(2)**	709	**710**	
buergerianum	**(2)**	708	**710**	
emeiense	**(2)**	708	**709**	
hederaceum	**(2)**	708	**709**	
latibasis	**(2)**	708	**709**	
suijiangense	**(2)**	709	**710**	
Lepidosperma				
(Cyperaceae)	**(12)**	256	**317**	
chinense	**(12)**		**317**	
Lepidostemon				
(Brassicaceae)	**(5)**	381 384 389	**489**	
rosularis	**(5)**		**489**	
Lepidozia				
(Lepidoziaceae)	**(1)**	24	**37**	
ceratophylla	**(1)**		1	
fauriana	**(1)**		**37**	
filamentosa	**(1)**	37	**39**	
gonyotricha	**(1)**		35	
makinoana	**(1)**		36	
reptans	**(1)**	37	**39**	Ph.12
robusta	**(1)**	37	**40**	
subtransversa	**(1)**	37	**40**	
trichodes	**(1)**	37	**38**	Ph.10
vitrea	**(1)**	37	**38**	Ph.11
wallichiana	**(1)**	37	**40**	
Lepidoziaceae	**(1)**		**23**	
Lepionurus				
(Opiliaceae)	**(7)**	719	**721**	
latisquamus	**(7)**		720	
sylvestris	**(7)**		**721**	
Lepironia				
(Cyperaceae)	**(12)**	256	**353**	
articulata	**(12)**		**353**	
mucronata var. *compressa*	**(12)**		353	
Lepisanthes				
(Sapindaceae)	**(8)**	267	**275**	
basicardia	**(8)**	275	**276**	
browniana	**(8)**		**275**	
hainanensis	**(8)**		**275**	
unilocularis	**(8)**		276	
Lepisorus				
(Polypodiaceae)	**(2)**	664	**680**	
albertii	**(2)**	683	**698**	
angustus	**(2)**	681	**685**	
asterolepis	**(2)**	682	**690**	Ph.128
bicolor	**(2)**	682	**693**	Ph.130
clathratus	**(2)**	682	**696**	
coaetaneus	**(2)**	682	**696**	
contortus	**(2)**	681	**688**	
crassipes	**(2)**	682	**696**	
eilophyllus	**(2)**	682	**690**	
hsiawutaiensis	**(2)**	683	**698**	
kasuensis	**(2)**	682	**696**	
kuchenensis	**(2)**	682	**692**	
lewissi	**(2)**	681	**685**	
likiangensis	**(2)**	683	**698**	
loriformis	**(2)**	682	**691**	
macrosphaerus	**(2)**	681	**689**	Ph.127
marginatus	**(2)**	682	**689**	
morrisonensis	**(2)**	682	**694**	
obscure-venulosus	**(2)**	681	**688**	
oligolepidus	**(2)**	681	**686**	
paleparaphysus	**(2)**	682	**693**	
paohuashanensis	**(2)**	681	**684**	
patungensis	**(2)**	682	**695**	
pseudo-clathratus	**(2)**	683	**697**	
pseudonudus	**(2)**	682	**691**	
scolopendrium	**(2)**	682	**692**	Ph.129
shansiensis	**(2)**	683	**699**	
shensiensis	**(2)**	683	**697**	
sinensis	**(2)**	681	**683**	
sordidus	**(2)**	681	**683**	
soulieanus	**(2)**	682	**695**	
stenistus	**(2)**	682	**691**	
subconfluens	**(2)**	681	**684**	
suboligolepidus	**(2)**	681	**686**	
thaipaiensis	**(2)**	683	**697**	
thunbergianus	**(2)**	681	**687**	
tibeticus	**(2)**	681	**687**	
tosaensis	**(2)**	681	**684**	
ussuriensis	**(2)**	682	**694**	
variabilis	**(2)**	682	**695**	
virencens	**(2)**	682	**693**	
xiphiopteris	**(2)**	682	**691**	
Lepistemon				
(Convolvulaceae)	**(9)**	240	**265**	
binectariferum	**(9)**		**265**	
lobatum	**(9)**		**265**	
Leptaleum				
(Brassicaceae)	**(5)**	386	**505**	
filifolium	**(5)**		**505**	
Leptaspis				
(Poaceae)	**(12)**	557	**665**	
formosana	**(12)**		**665**	
Leptoboea				
(Gesneriaceae)	**(10)**	244	**270**	
multiflora	**(10)**		**271**	
Leptobryum				
(Bryaceae)	**(1)**	539	**557**	
pyriforme	**(1)**		**557**	
Leptocarpus				
(Restionaceae)	**(12)**		**219**	
disjunctus	**(12)**		**219**	
Leptochilus				
(Polypodiaceae)	**(2)**	665	**760**	
angustipinna	**(2)**		627	
axillaris	**(2)**	760	**760**	
cantoniensis	**(2)**	760	**761**	
decurrens	**(2)**	760	**761**	Ph.150
Leptochloa				
(Poaceae)	**(12)**	563	**984**	
chinensis	**(12)**		**984**	
Leptocionium acanthoides	**(2)**		119	
barbatum	**(2)**		121	
Leptocladiella				
(Hylocomiaceae)	**(1)**	935	**942**	
delicatulum	**(1)**	942	**943**	
psilura	**(1)**		**942**	
Leptocladium				
(Thuidiaceae)	**(1)**	784	**786**	
sinense	**(1)**		**787**	
Leptocodon				

(Campanulaceae) (10) 446 **469**
gracilis (10) **469**
hirsutus (10) **469**
Leptocolea
(Lejeuneaceae) (1) 225 **249**
goebelii (1) **249**
ocellata (1) 250
ocelloides (1) 251
pseudofloccosa (1) 251
Leptodermis
(Rubiaceae) (10) 509 **636**
buxifolia (10) 637 **641**
diffusa (10) 637 **641**
forrestii (10) 636 **639**
kumaonensis (10) 637 **642**
oblonga (10) 636 **637**
ordosica (10) 637 **640**
ovata (10) 636 **637**
pilosa (10) 637 **642**
potanini (10) 636 **638**
purdomii (10) 636 **639**
scabrida (10) 637 **640**
schneideri (10) 636 **638**
wilsoni (10) 636 **640**
Leptodictyum
(Amblystegiaceae) (1) 803 **808**
humile (1) **808**
riparium (1) **808**
Leptodontaceae (1) **719**
Leptodontium
(Pottiaceae) (1) 438 **466**
handelii (1) **466**
scaberrimum (1) **466** Ph.133
viticulosoides (1)466 **467** Ph.134
Leptogramma
(Thelypteridaceae) (2) 335 **363**
himalaica (2) 364 **365**
intermedia (2) 364 **364**
pozoi (2) 364 **366**
scallanii (2) 364 **365**
tottoides (2) 363 **364**
Leptohymenium
(Hylocomiaceae) (1) 935 **945**
tenue (1) **945**
Leptolejeunea
(Lejeuneaceae) (1) 225 **238**
elliptica (1) **238**
Leptolepidium kuhnii (2) 231
subvillosum (2) 230
Leptoloma
(Poaceae) (12) 553 **1060**
fujianensis (12) **1061**
Leptomischus
(Rubiaceae) (10) 507 **543**
parviflorus (10) **544**
primuloides (10) **544**
Leptopterigynandrum
(Thuidiaceae) (1) 784 **785**
austro-alpinum (1) **785**
incurvatum (1) **785**
Leptopus
(Euphorbiaceae) (8) 10 **15**
australis (8) 16 **17**
chinensis (8) 16 **17** Ph.6
esquirolii (8) **16**
lolonum (8) **16**
nanus (8) **16**
Leptopyrum
(Ranunculaceae) (3) 389 **452**
fumarioides (3) **453**
Leptorhabdos
(Scrophulariaceae) (10) 69 **167**
parviflora (10) **167**
Leptorumohra
(Dryopteridaceae) (2) 472 **475**
miqueliana (2) 476 **476**
quadripinnata (2) 476 **476**
sino-miqueliana (2) 476 **477**
Leptoscyphus
(Geocalycaceae) (1) 115 **116**
sichuanensis (1) **117**
gracile (1) 322
indicum (1) 367
Leptosiphonium
(Acanthaceae) (10) 331 **345**
venustum (10) **345**
Leptostachya
(Acanthaceae) (10) 330 **393**
wallichii (10) **393**
Leptostegia lucida (2) 213
Leptulus
(Poaceae) (12) 559 **821**
repens (12) **822**
Lepyrodiclis
(Caryophyllaceae) (4) 392 **435**
giraldii (4) 428
holosteoides (4) **435**
quadridentata (4) 428
Lerchea
(Rubiaceae) (10) 508 **511**
micrantha (10) **511**
Lescuraea
(Leskeaceae) (1) 765 **772**
incurvata (1) 772 **773**
saxicola (1) 772 **773**
striata var. *saxicola* (1) 773
Lesicea incurvata (1) 773
Leskea
(Leskeaceae) (1) 765 **769**
assimilis (1) 796
dendroides (1) 725
falcata (1) 887
floribunda (1) 690
hookeri (1) 801
julacea (1) 751
pallescens (1) 907
pellucinerve (1) 789
polyantha (1) 901
polycarpa (1) **769**
pterogonioides (1) 761
scabrinervis (1) 769 **770**
sciuroides (1) 658
secunda (1) 892

straminea (1) 893
striatella (1) 924
subpinnata (1) 890
subtilis (1) 807
tenuirostris (1) 888
trichomanoides (1) 703
tristis (1) 781
varia (1) 805
Leskeaceae (1) **765**
Leskeella
(Leskeaceae) (1) 765 **770**
nervosa (1) **770**
Lespedeza
(Fabaceae) (7) 63 **181**
bicolor (7) 182 **187** Ph.89
bonatiana (7) 180
buergeri (7) 182 **184**
capillipes (7) 178
caraganae (7) 183 **192** Ph.91
chinensis (7) 183 **191**
cuneata (7) 183 **192**
cyrtobotrya (7) 182 **183**
daurica (7) 183 **190** Ph.90
davidii (7) 182 **186**
delavayi (7) 179
diversifolia (7) 179
eriocarpa var. *polyantha* (7) 181
fasciculiflora (7) 182 **188**
floribunda (7) 182 **189**
fordii (7) 182 **184**
formosa (7) 182 **184** Ph.88
henryi (7) 179
hirtella (7) 177
inschanica (7) 183 **193**
juncea (7) 183 **193**
var. *inschanica* (7) 193
macrocarpa (7) 180
maximowiczii (7) 182 **185**
mucronata (7) 183 **191**
pilosa (7) 182 **188**
potaninii (7) 183 **191**
prainii (7) 178
pubescens (7) 182 **185**
stipulacea (7) 195
tomentosa (7) 183 **190**
trigonoclada (7) 180
viatorum (7) 182 **186**
virgata (7) 183 **189**
wilfordii (7) 182 **187**
Lettsomia mastersii (9) 268
sumatrana (9) 263
Leucaena
(Mimosaceae) (7) 1 **5**
glauca (7) **6**
leucocephala (7) **6** Ph.4
Leucanthemella
(Compositae) (11) 125 **340**
linearis (11) **340**
linearis (11) 346
Leucanthemum
(Compositae) (11) 125 **340**
vulgare (11) **340**
Leucas
(Lamiaceae) (9) 395 **464**
aspera (9) 464 **466**
ciliata (9) 464 **465**
lavandulifolia (9) 464 **466**
martinicensis (9) 464 **466**
mollissima (9) **464**
zeylanica (9) 464 **465** Ph.169
Leucobryaceae (1) **394**
Leucobryum
(Leucobryaceae) (1) 394 **396**
aduncum (1) 306 **398**
boninense (1) 396 **397** Ph.100
bowringii (1) 396 **399** Ph.102
chlorophyllosum (1) 396 **397**
glaucum (1) 396 **400**
javense (1) 396 **398** Ph.101
juniperoides (1) 396 **400** Ph.103
sanctum (1) 396 **397**
scabrum (1) 396 **399**
Leucodon
(Leucodontaceae) (1) **651**
esquirolii (1) 656
exaltatus (1) 652 **653**
flagelliformis (1) 652 **653**
pendulus (1) **652**
radicalis (1) 652
rufescens (1) 661
sciuroides (1) 652 **655**
secundus (1) 652 **655**
sinensis (1) 652 **654**
subulatus (1) 652 **654** Ph.193
Leucodontaceae (1) **651**
Leucojum
(Amaryllidaceae) (13) 259 **269**
aestivum (13) **270**
capitulata (13) 306
Leucolaena siamensis (13) 531
Leucolejeunea
(Lejeuneaceae) (1) 225 **234**
xanthocarpa (1) **234**
Leucoloma
(Dicranaceae) (1) 332 **393**
molle (1) **393** Ph.98
Leucomeris decora (11) 657
Leucomiaceae (1) **740**
Leucomium
(Leucomiaceae) (1) **741**
strumosum (1) **741**
Leucophanes
(Leucobryaceae) (1) **394**
albescens (1) 394
glaucum (1) **394** Ph.99
leanum (1) 360
octoblepharioides (1) 394 **395**
Leucopoa
(Poaceae) (12) 561 **758**
albida (12) 759 **760**
caucasica (12) 759 **760**
deasyi (12) 759 **761**
karatavica (12) 759 **760**

olgae **(12)** 759 **760**
pseudosclerophylla **(12)** 758 **759**
sclerophylla **(12)** 758 **759**
Leucosceptrum
(Lamiaceae) **(9)** 398 **544**
canum **(9)** **544**
Leucostegia
(Davvlliaceae) **(2)** 644 **651**
immersa **(2)** **651**
Leucosyke
(Urticaceae) **(4)** 76 **160**
quadrinervia **(4)** **160**
Leucothoe
(Ericaceae) **(5)** 553 **683**
griffithiana **(5)** **683**
sessilifolia **(5)** 683
Leuonurus tataricus **(9)** 481
Levisticum
(Umbelliferae) **(8)** 582 **731**
officinale **(8)** **731**
Leycesteria
(Caprifoliaceae) **(11)** 1 **48**
formosa **(11)** **48** Ph.16
var. stenosepala **(11)** 48 **49** Ph.17
gracilis **(11)** 48 **49**
Leymus
(Poaceae) **(12)** 560 **827**
angustus **(12)** 827 **829**
chinensis **(12)** 827 **829**
mollis **(12)** 827 **828**
var. *coreensis* **(12)** 828
multicaulis **(12)** 827 **828**
paboanus **(12)** 827 **828**
racemosus **(12)** **827**
secalinus **(12)** 827 **830**
tianschanicus **(12)** 827 **830**
Liatris baicalensis **(11)** 594
latifolia **(11)** 667
Libanotis buchtormensis **(8)** 689
condensata **(8)** 686
iliense **(8)** 688
incana **(8)** 687
schrenkiana **(8)** 688
seseloides **(8)** 687
villosa **(8)** 742
Libocedrus formosana **(3)** 78
Licuala
(Arecaceae) **(12)** 56 **66**
dasyantha **(12)** 66 **67**
fordiana **(12)** 66 **67**
spinosa **(12)** **66**
Lignariella
(Brassicaceae) **(5)** 384 **427**
hobsonii **(5)** **427**
serpens **(5)** **428**
Ligularia
(Compositae) **(11)** 127 **447**
achyrotricha **(11)** 455
alatipes **(11)** 449 **466**
altaica **(11)** 450 **469**
arnicoides **(11)** 482
botryodes **(11)** 449 **466**
caloxantha **(11)** 449 **462**
calthifolia **(11)** 447 **452**
cremanthodioides **(11)** 447 **452**
cymbulifera **(11)** 448 **456** Ph.89
dentata **(11)** 447 **450**
dictyoneura **(11)** 450 **468**
duciformis **(11)** 448 **454** Ph.87
fischeri **(11)** 449 **461** Ph.94
franchetiana **(11)** 447 **452**
hodgsonii **(11)** 445 **451**
hookeri **(11)** 449 **461**
intermedia **(11)** 449 **464** Ph.96
jaluensis **(11)** 449 **464**
jamesii **(11)** 450 **467** Ph.98
japonica **(11)** 447 **451**
var. scaberrima **(11)** 445 **451**
lamarum **(11)** 449 **460**
lankongensis **(11)** 450 **466**
lapathifolia **(11)** 448 **457** Ph.90
liatroides **(11)** 450 **470**
macrodonta **(11)** 448 **453**
macrophylla **(11)** 450 **468**
mongolica **(11)** 450 **467**
muliensis **(11)** 449 **465**
nana **(11)** 478
narynensis **(11)** 448 **459** Ph.93
nelumbifolia **(11)** 448 **454** Ph.88
paradoxa **(11)** 448 **456**
pleurocaulis **(11)** 450 **469** Ph.99
potaninii **(11)** 448 **455**
przewalskii **(11)** 449 **463**
purdomii **(11)** 448 **455**
reniformis **(11)** 473
retusa **(11)** 447 **452**
rumicifolia **(11)** 448 **457** Ph.92
sachalinensis **(11)** 449 **462**
sagitta **(11)** 450 **466**
sibirica **(11)** 448 **459**
var. araneosa **(11)** 448 **460**
songarica **(11)** 448 **458**
stenocephala **(11)** 449 **463**
var. scabrida **(11)** 449 **464**
stenoglossa **(11)** 447 **453**
tenuipes **(11)** 449 **465**
thyrsoidea **(11)** 448 **458**
tongolensis **(11)** 448 **457** Ph.91
tsangchanensis **(11)** 449 **465** Ph.97
veitchiana **(11)** 449 **462** Ph.95
vellerea **(11)** 448 **459**
virgaurea **(11)** 450 **469** Ph.100
wilsoniana **(11)** 449 **460**
xanthotricha **(11)** 448 **453**
yunnanensis **(11)** 448 **455**
Ligulariopsis
(Compositae) **(11)** 127 **503**
shichuana **(11)** **503**
Ligusticum
(Umbelliferae) **(8)** 682 **703**
acuminatum **(8)** 703 **706**
acutilobum **(8)** 722
ajanense **(8)** 703 **708**

angelicifolium (8) 703 **704**
angelicoide (8) 615
brachylobum (8) 704 **708**
calophlebium (8) 704 **709**
capillaceum (8) 704 **709**
chuanxiong (8) 707
daucoides (8) 704 **712**
delavayi (8) 703 **707**
hispidum (8) 704 **711**
involucratum (8) 704 **710**
jebolense (8) 703 **705**
multivittatum (8) 704 **712**
oliverianum (8) 704 **710**
pteridophyllum (8) 703 **705**
scapiforme (8) 704 **711**
seseloides (8) 687
sikiangense (8) 704 **709**
sinense (8) 703 **706**
cv. Chuanxiong (8) 703 **707**
cv. Fuxiong (8) 703 **707**
tachiroei (8) 703 **707**
thomsonii (8) 703 **704**
waltonii (8) 629
Ligustrum
(Oleaceae) (10) 23 **48**
acutissimum (10) 56
amamianum (10) 49 **51**
compactum (10) 49 **51**
var. *glabrum* (10) 50
confusum (10) 49 **54**
delavayanum (10) 49 **55**
gracile (10) 49 **50**
henryi (10) 49 **54**
ibota var. *microphyllum* (10) 56
var. *suave* (10) 56
japonicum (10) 49 **53**
leucanthum (10) 50 **56**
leucanthum (10) 56
lianum (10) 49 **52**
lucidum (10) 49 **53** Ph.20
molliculum (10) 56
myrianthum (10) 54
obtusifolium
subsp. microphyllum (10) 50 **56**
subsp. suave (10) 50 **56**
var. *suave* (10) 56
ovalifolium (10) 50 **57**
patulum (10) 37
pedunculare (10) 49 **55**
pricei (10) 55
quihoui (10) 49 **50** Ph.19
robustrum subsp. chinense (10) 49 **52**
rugosulum (10) 54
sempervirens (10) 50 **57**
sinense (10) 49 **53**
var. myrianthum (10) 49 **54**
var. rugosulum (10) 49 **54**
strongylophyllum (10) 49 **51**
suspensa (10) 31
tsoongii (10) 47
Liliaceae (13) **68**
Lilium
(Liliaceae) (13) 72 **118**
bakerianum (13) 119 **125** Ph.98
var. aureum (13) 119 **126** Ph.99
var. delavayi (13) 119 **126**
var. yunnanense (13) 119 **126**
brownii (13) 118 **120** Ph.88
var. *leucanthum* (13) 121
var. viridulum (13) 118 **120** Ph.89
callosum (13) 120 **131**
cathayanum (13) 133
cernuum (13) 120 **130** Ph.106
concolor (13) 119 **123** Ph.93
var. pulchellum (13) 119 **124** Ph.94
dauricum (13) 119 **124** Ph.95
davidii (13) 120 **130** Ph.105
delavayi (13) 126
distichum (13) 120 **133** Ph.109
duchartrei (13) 120 **129** Ph.103
fargesii (13) 120 **131**
giganteum var. *yunnanense* (13) 134
henricii (13) 119 **124** Ph.96
henryi (13) 119 **128** Ph.102
lancifolium (13) 132
lankongense (13) 120 **129**
leichtlinii
var. maximowiczii (13) 120 **129**
leucanthum (13) 118 **121**
longiflorum (13) 118 **121**
var. scabrum (13) 118 **121**
lophophorum (13) 119 **122** Ph.91
maximowiczii (13) 129
nanum (13) 119 **123** Ph.92
var. flavidum (13) 119 **123**
nepalense (13) 119 **126**
papilliferum (13) 120 **131**
pulchellum (13) 124
pumilum (13) 120 **130** Ph.104
regale (13) 118 **121** Ph.90
rosthornii (13) 119 **128**
saluenensis (13) 135
sempervivoideum (13) 119 **126**
souliei (13) 119 **125** Ph.97
speciosum
var. gloriosoides (13) 119 **128** Ph.101
sulphureum (13) 118 **122**
taliense (13) 119 **127** Ph.100
tigrinum (13) 120 **132** Ph.107
tsingtauense (13) 120 **132** Ph.108
wardii (13) 119 **127**
yunnanense (13) 126
Limacia sagittata (3) 604
Limatodes labrosa (13) 612
mishmensis (13) 594
Limnanthemum peltatum (9) 274
Limnocharis
(Limnocharitaceae) (12) 2 **3**
flava (12) **3**
Limnocharitaceae (12) **2**
Limnophila
(Scrophulariaceae) (10) 67 **99**
aromatica (10) 99 **101**

chinensis (10) 100 **102**
connata (10) 99 **101**
erecta (10) 100 **102**
heterophylla (10) 99 **100**
indica (10) 99 **100**
repens (10) 99 100 **102**
rugosa (10) 99 **101**
sessiliflora (10) 99 **100**
Limodarum aphyllum (13) 675
densiflorum (13) 573
flavus (13) 596
recurvum (13) 573
roseum (13) 532
striata (13) 534
tankervilleae (13) 595
Limonia parviflora (8) 432
scandens (8) 438
Limonium
(Plumbaginaceae) (4) 538 **546**
aureum (4) 546 **549**
var. potaninii (4) 546 **549**
bicolor (4) 546 **547**
chrysocomum (4) 547 **549**
coralloides (4) 547 **550**
franchetii (4) 546 **548**
gmelinii (4) 547 **551**
otolepis (4) 547 **550**
potaninii (4) 549
sinense (4) 546 **547**
suffruticosum (4) 547 **551**
tenellum (4) 546 **548**
Limosella
(Scrophulariaceae) (10) 67 **128**
aquatica (10) **128**
Linaria
(Scrophulariaceae) (10) 67 **128**
bungei (10) 128 **129**
buriatica (10) 129 **130**
japonica (10) 129 **131**
kulabensis (10) 128 **129**
thibetica (10) 128 **129**
vulgaris
subsp. acutiloba (10) 129 **130**
subsp. chinensis (10) 129 **130**
var. *chinensis* (10) 130
Linceae (8) **231**
Lindbergia
(Leskeaceae) (1) 765 **767**
brachyptera (1) 767 **768**
brevifolia (1) 767 **768**
ovata (1) 768
sinensis (1) **767**
Lindelofia
(Boraginaceae) (9) 282 **334**
stylosa (9) **334**
Lindenbergia
(Scrophulariaceae) (10) 71 **95**
grandiflora (10) **96**
philippensis (10) **96**
ruderalis (10) **96**
Lindera
(Lauraceae) (3) 206 **229**
aggregata (3) 231 **243**
var. playfairii (3) 231 **244**
akoensis (3) 230 **237** Ph.225
angustifolia (3) 230 **234**
caudata (3) 244
cavaleriei (3) 273
chienii (3) 229 **232**
chunii (3) 230 **239**
communis (3) 230 **237** Ph.224
erythrocarpa (3) 229 **232**
flavinervia (3) 292
floribunda (3) 231 **243**
fragrans (3) 231 **241**
fruticosa (3) 230 **238**
gambleana var. *floribunda* (3) 243
glauca (3) 230 **233** Ph.222
gracilipes (3) 230 **234**
heterophylla (3) 239
kwangtungensis (3) 230 **235**
latifolia (3) 230 **236**
limprichtii (3) 231 **241**
longipedunculata (3) 230 **235**
megaphylla (3) 229 **231** Ph.221
meissneri f. *kwangtungensis* (3) 235
metcalfiana (3) 230 **235**
nacusua (3) 230 **236** Ph.223
obtusiloba (3) 230 **238**
var. heterophylla (3) 230 **239**
pedunculata (3) 228
populifolia (3) 217
praecox (3) 229 **233**
prattii (3) 231 **240**
pulcherrima
var. attenuata (3) 231 **242**
var. hemsleyana (3) 231 **242** Ph.226
randaiensis (3) 245
reflexa (3) 229 **233**
rubronervia (3) 230 **237**
setchuenensis (3) 229 **232**
strychnifolia (3) 243
var. hemsleyana (3) 242
supracostata (3) 231 **240**
thomsonii (3) 231 **242**
tonkinensis (3) 230 **239**
tzumu (3) 245
villipes (3) 231 **243**
Lindernia
(Scrophulariaceae) (10) 70 71 **105**
anagallis (10) 106 **111**
angustifolia (10) 108
antipoda (10) 106 **112**
ciliata (10) 106 **113**
crustacea (10) 105 **107**
elata (10) 106 **110**
hyssopioides (10) 106 **114**
japonica (10) 125
micrantha (10) 106 **108**
mollis (10) 106 **110**
montana (10) 110
nummularifolia (10) 105 **106**
oblonga (10) 105 **107**

procumbens **(10)** 106 **108**
pusilla **(10)** 106 **109**
ruellioides **(10)** 106 **113**
setulosa **(10)** 106 **111**
tenuifolia **(10)** 106 **112**
urticifolia **(10)** 110
viscosa **(10)** 106 **109**
ramiflora **(10)** 46
Lindsaea
(Lindsaeaceae) **(2)** 164 **164**
chienii **(2)** 165 **168**
conmixta **(2)** 164 **167**
cultrata **(2)** 165
davallioides **(2)** 165 **169** Ph.56
ensifolia **(2)** 165 **170**
heterophylla **(2)** 165 **169**
javaensis **(2)** 165 **168**
liankwangensis **(2)** 164 **167**
longipetiolata **(2)** 168
lucida **(2)** 164 **165**
macraeana **(2)** 164 **166**
odorata **(2)** 164 **165**
orbiculata **(2)** 164 **166**
recedens **(2)** 165 **168**
Lindsaeaceae **(2)** 4 **164**
Lingnania tsiangii **(12)** 591
Linnaea
(Caprifoliaceae) **(11)** 1 **40**
borealis **(11)** **40**
dielsii **(11)** 45
engleriana **(11)** 43
forrestii **(11)** 42
macrotera **(11)** 42
umbellata **(11)** 45
Linosyris
(Compositae) **(11)** 123 **206**
scoparia **(11)** 204
tatarica **(11)** **206**
Linum
(Linaceae) **(8)** 231 **232**
altaicum **(8)** 232 **235**
amurense **(8)** 232 **234**
nutans **(8)** 232 **234**
pallescens **(8)** 232 **234**
perenne **(8)** 232 **234**
stelleroides **(8)** 232 **233**
usitatissimum **(8)** 232 **233** Ph.108
Liparis
(Orchidaceae) **(13)** 374 **536**
balansae **(13)** 537 **544**
bautingensis **(13)** 537 **545**
bistriata **(13)** 537 **548**
bootanensis **(13)** 537 **544**
caespitosa **(13)** 537 **545** Ph.376
campylostalix **(13)** 537 **539**
cathcartii **(13)** 537 **539**
chapaensis **(13)** 537 **546**
chloroxantha **(13)** 549
condylobulbon **(13)** 537 **548**
cordifolia **(13)** 536 **538** Ph.371
delicatula **(13)** 537 **550**
distans **(13)** 537 **549** Ph.378
elliptica **(13)** 537 **550**
fargesii **(13)** 537 **547**
ferruginea **(13)** 536 **543**
glossula **(13)** 536 **538**
inaperta **(13)** 537 **546**
japonica **(13)** 537 **538** Ph.372
kwangtungensis **(13)** 537 **546**
longipes **(13)** 547
macrantha **(13)** 542
nervosa **(13)** 536 **541** Ph.374
nigra **(13)** 536 **542** Ph.375
odorata **(13)** 536 **541**
pauliana **(13)** 537 **540** Ph.373
petiolata **(13)** 536 **543**
resupinata **(13)** 537 **551**
sootenzanensis **(13)** 536 **542**
stricklandiana **(13)** 537 **549**
tschangii **(13)** 536 **540**
viridiflora **(13)** 537 **547** Ph.377
yunnanensis **(13)** 549
Lipocarpha
(Cyperaceae) **(12)** 256 **349**
chinensis **(12)** **349**
chinensis **(12)** 350
microcephala **(12)** 349 **350**
senegalensis **(12)** 349
Liquidambar
(Hamamelidaceae) **(3)** 773 **777**
acalycina **(3)** **778**
chinensis **(3)** 780
formosana **(3)** **778** Ph.438
var. *monticola* **(3)** 778
Liriodendron
(Magnoliaceae) **(3)** 124 **156**
chinense **(3)** 156 **157** Ph.191
coco **(3)** 133
figo **(3)** 148
tulipifera **(3)** 156 **157** Ph.192
var. chinensis **(3)** 157
Liriope
(Liliaceae) **(13)** 69 **239**
graminifolia **(13)** 240 **241**
kansuensis **(13)** 239 **240**
minor **(13)** **240**
platyphylla **(13)** 240 **242** Ph.172
spicata **(13)** 240 **241** Ph.171
Listera
(Orchidaceae) **(13)** 365 **405**
grandiflora **(13)** 405 **407**
macrantha **(13)** 405 **407**
morrisonicola **(13)** **405**
mucronata **(13)** 405 **406**
pinetorum **(13)** 405 **406** Ph.294
puberula **(13)** **405**
Litchi
(Sapindaceae) **(8)** 267 **278**
chinensis **(8)** **278** Ph.128
var. euspontanea **(8)** **278**
Lithocarpus
(Fagaceae) **(4)** 177 **198**
amygdalifolius **(4)** 198 **203** Ph.91

var. praecipitiorum (4) 198 **203**
areca (4) 201 **221**
bacgiangensis (4) 199 211
balansae (4) 198 **202**
brevicaudatus (4) 200 **218**
calophyllus (4) 200 **215**
chrysocomus (4) 198 **205**
cleistocarpus (4) 198 **204**
var. omeiemsis (4) 198 **204**
confinis (4) 201 **220**
corneus (4) 199 **207** Ph.95
var. fructuosus (4) 199 **207**
var. zonatus (4) 199 **207**
cyrtocarpus (4) 199 **212**
dealbatus (4) 198 **205** Ph.93
dodonaeifolius (4) 199 **210** Ph.99
elizabethae (4) 200 **212**
ellipticus (4) 206
fenestratus (4) 200 **214**
var. brachycarpus (4) 200 **214**
floccosus (4) 200 **216**
fodianus (4) 199 **207**
formosanus (4) 199 **210** Ph.100
glaber (4) 200 **216**
grandifolius200 (4) 201 **218**
haipinii (4) 201 **221**
hancei (4) 200 **214**
harlandii (4) 200 **217**
henryi (4) 201 **219**
himalaicus (4) 201 **216**
hypoglaucus (4) 201 **221**
kawakamii200 (4) 201 **217**
konishii (4) 199 **209** Ph.97
laoticus (4) 198 **202**
litseifolius (4) 201 **220**
longanoides (4) 200 **214**
longipedicellatus (4) 199 **208**
macilentus (4) 200 **215**
magneinii (4) 199 **211**
megalophyllus (4) 201 **218**
microspermus (4) 199 **212**
nantoensis (4) 199 **209** Ph.98
oleaefolius (4) 200 **213**
pachylepis (4) 199 **208** Ph.96
paihengii (4) 198 **205**
petelotii (4) 200 **215**
podocarpa (4) 208
pseudo-reinwardtii (4) 199 **208**
rhabdostachyus
subsp. dakhaensis (4) 200 **213**
silvicolarum (4) 200 **219**
skanianus (4) 200 **213**
sphaerocarpus (4) 199 **211**
spicatus (4) 218
truncatus (4) 198 **203**
uraiana (4) 185
uvariifolius (4) 199 206 Ph.94
var. ellipticus (4) 199 **206**
variolosus (4) 198 **204** Ph.92
vestitus (4) 211
xizangensis (4) 198 **201**
xylocarpus (4) 198 **202**
Lithospermum
(Boraginaceae) (9) 281 **302**
arvense (9) 303 **304**
erythrorhizon (9) **303**
euchromon (9) 293
officinale (9) **303**
pallasii (9) 305
tschimganica (9) 293
zollingeri (9) **303**
Lithostegia
(Dryopteridaceae) (2) 472 **486**
foeniculacea (2) **487**
Litosanthes
(Rubiaceae) (10) 511 **632**
biflora (10) **633**
Litsea
(Lauraceae) (3) 206 **215**
aciculata (3) 213
acutivena (3) 217 **227**
atrata (3) 216 **224**
aurata (3) 211
auriculata (3) 215 **215**
baviensis (3) 217 **226**
chenii (3) 221
confertifolia (3) 210
coreana
var. lanuginosa (3) 216 **223** Ph.218
var. sinensis (3) 216 **223**
cubeba (3) 215 **218** Ph.217
var. formosana (3) 216 **218**
cupularis (3) 248
elongata (3) 217 **227**
var. faberi (3) 217 **228**
var. subverticillata (3) 217 **228** Ph.220
euosma (3) 216 **220**
faberi (3) 228
glutinosa (3) 216 **221**
ichangensis (3) 215 **219**
konishii (3) 215
lancilimba (3) 216 **225**
mollifolia (3) 216 **220**
mollis (3) 220
monantha (3) 229
monopetala (3) 216 **224**
obovata (3) 246
panamonja (3) 217 **225**
pedunculata (3) 216 **228**
playfairii (3) 244
populifolia (3) 215 **217**
pungens (3) 216 **220**
rotundifolia
var. oblongifolia (3) 216 **222**
rubescens (3) 215 **218**
subcoriacea (3) 217 **225**
suberosa (3) 217 **225**
subverticillata (3) 228
tsinlingensis (3) 216 **219**
umbellata (3) 216 **223**
undulatifolia (3) 211
veitchiana (3) 216 **221**
verticillata (3) 216 **222**

yunnanensis (3) 217 **226** Ph.219
Littledalea
(Poaceae) (12) 560 **816**
alaica (12) 817 **818**
przevalskyi (12) 816 **817**
racemosa (12) **817**
tibetica (12) 817 **818**
Litwinowia
(Brassicaceae) (5) 382 **430**
tenuissima (5) **431**
Livistona
(Arecaceae) (12) 56 **64**
chinensis (12) **65** Ph.15
saribus (12) **65**
speciosa (12) 65 **66**
Lloydia
(Liliaceae) (13) 72 **101**
ixiolirioides (13) 102 **103** Ph.77
oxycarpa (13) **102**
serotina (13) 101 **102**
f. *parva* (13) 102
var. parva (13) 101 **102**
tibetica (13) 102 **103**
triflora (13) 101
Lobelia
(Campanulaceae) (10) 447 **493**
alsinoides (10) 494 **495**
chinensis (10) 494 **497** Ph.177
clavata (10) 494 **500**
colorata (10) 494 **500**
davidii (10) 494 **500** Ph.179
doniana (10) 494 **499**
hancei (10) 494 **496**
heyneana (10) 494 **497**
lobbiana (10) 495
melliana (10) 494 **498**
montana (10) 502
nummularia (10) 501
pyramidalis (10) 494 **499**
sequinii (10) 494 **499**
sessilifolia (10) 494 **498** Ph.178
terminalis (10) 494 **496**
zeylanica (10) 494 **495**
var. lobbiana (10) 494 **495**
Lobularia
(Brassicaceae) (5) 386 **437**
maritima (5) **437** Ph.173
Loeseneriella
(Hippocrateaceae) (7) 828 **830**
concinna (7) **830** Ph.314
lenticellata (7) 830 **831**
merrilliana (7) **830**
Loeskeobryum
(Hylocomiaceae) (1) 935 **937**
breviristre (1) **938**
Loganiaceae (9) **1**
Lolium
(Poaceae) (12) 559 **785**
arvense (12) **786**
multiflorum (12) 786 **787**
perenne (12) **786**
persicum (12) 786 **787**
remotum (12) **786**
rigidum (12) 786 **787**
temulentum (12) 785 **786**
Lomagramma
(Lomariopsidaceae) (2) 630 **632**
matthewii (2) **632**
Lomaria adnata (2) 96
euphlebia (2) 95
fraseri (2) 462
pycnophylla (2) 94
spectabilis (2) 631
Lomariopsidaceae (2) 7 **630**
Lomariopsis
(Lomariopsidaceae) (2) 630 **631**
cochinchinensis (2) 631 **631**
spectabilis (2) 631 **631**
Lomatogoniopsis
(Gentianaceae) (9) 12 **73**
alpina (9) 74 Ph.38
galeiformis (9) **74**
Lomatogonium
(Gentianaceae) (9) 12 **69**
bellum (9) 70 **73**
brachyantherum (9) 70 **71**
carinthiacum (9) 70 72 Ph.36
chumbicum (9) 70 **71**
gamosepalum (9) 70 **71**
macranthum (9) 70 **72**
oreocharis (9) 69 **79**
perenne (9) 70
rotatum (9) 70 **72** Ph.37
thomsonii (9) 71
Lonchitis tenuifolia (2) 175
Londesia
(Chenopodiaceae) (4) 306 **338**
eriantha (4) **338**
Lonicera
(Caprifoliaceae) (11) 1 **49**
acuminata (11) 53 **77**
var. depilata (11) 53 **78**
altmannii (11) 52 **72**
anisocalyx (11) 52 **69**
bournei (11) 54 **85**
caerulea var. altaica (11) 52 **67**
var. edulis (11) 52 **67**
calcarata (11) 53 **76**
chinensis (11) 82
chrysantha (11) 53 **74**
subsp. koehneana (11) 53 **75**
cinerea (11) 52 **72**
confusa (11) 53 **82**
crassifolia (11) 53 **77**
cyanocarpa (11) 52 **69**
dasystyla (11) 54 **81**
deflexicalyx (11) 76
elisae (11) 52 **71** Ph.21
fargesii (11) 51 **61**
ferdinandii (11) 52 **68** Ph.20
ferruginea (11) 54 **79**
fragrantissima (11) 52 **73**
subsp. phyllocarpa (11) 53 **73**

subsp. standishii **(11)** 52 **73**
fulvotomentosa **(11)** 54 **80**
giraldii f. *nubium* **(11)** 80
gracilis **(11)** 49
graebneri **(11)** 51 **62**
gynochlamydea **(11)** 51 **65**
hemsleyana **(11)** 51 **62**
henryi **(11)** 77
var. *trichosepala* **(11)** 78
heterophylla **(11)** 51 **61**
hildebrandiana **(11)** 54 **84**
hispida **(11)** 52 **69**
humilis **(11)** 52 **72**
hypoglauca **(11)** 54 **82**
subsp. nudiflora **(11)** 54 **83**
inconspicua **(11)** 50 **57**
inodora **(11)** 54 **78**
japonica **(11)** 53 **81** Ph.25
var. chinensis **(11)** 53 **82**
kansuensis **(11)** 51 **64**
koehneana **(11)** 75
kungeana **(11)** 59
lanceolata **(11)** 51 **63**
var. glabra **(11)** 51 **63**
ligustrina **(11)** 51 **66**
subsp. yunnanensis **(11)** 52 **66**
β. *yunnanensis* **(11)** 66
litangensis **(11)** 50 **59**
longiflora **(11)** 54 **83**
longituba **(11)** 54 **84**
maackii **(11)** 53 **75** Ph.23
var. erubescens **(11)** 53 **76**
macrantha **(11)** 54 **83**
var. heterotricha **(11)** 54 **83**
macranthoides **(11)** 54 **85**
maximowiczii **(11)** 51 **65**
microphylla **(11)** 50 **60**
minuta **(11)** 50 **56**
modesta **(11)** 51 **62**
var. lushanensis **(11)** 51 **62**
mongolica **(11)** 11
mucronata **(11)** 52 **72**
myrtillus **(11)** 50 **55**
var. cyclophylla **(11)** 50 **55**
nervosa **(11)** 51 **64** Ph.19
nigra **(11)** 5 **64**
nubium **(11)** 53 **80**
orientalis var. *kansuensis* **(11)** 64
pampaninii **(11)** 54 **79**
phyllocarpa **(11)** 73
pileata **(11)** 52 **67**
f. *yunnanensis* **(11)** 66
praeflorens **(11)** 52 **71**
reticulata **(11)** 86
retusa **(11)** 51 **63**
rhytidophylla **(11)** 54 **86**
rupicola **(11)** 50 **55** Ph.18
var. syringantha **(11)** 50 **56**
ruprechtiana **(11)** 53 **74** Ph.22
saccata **(11)** 50 **58**
var. tangiana **(11)** 50 **58**
schneideriana **(11)** 50 **59**
semenovii **(11)** 52 **70**
sempervirens **(11)** 54 **87**
serreana **(11)** 50 **57**
setifera **(11)** 52 **68**
similis **(11)** 54 **86**
var. *omeiensis* **(11)** 54 87
standishii **(11)** 73
stephanocarpa **(11)** 52 **70**
subaequalis **(11)** 54 **87**
subhispida **(11)** 52 **72**
syringantha **(11)** 56
szechuanica **(11)** 50 **59**
tangiana **(11)** 58
tangutica **(11)** 50 **56**
tatarica **(11)** 53 **73**
var. micrantha **(11)** 53 **74**
tatarinowii **(11)** 51 **65**
tatsiensis **(11)** 60
tragophylla **(11)** 55 **87** Ph.26
trichogyne **(11)** 50 **58**
trichosantha **(11)** 53 **76** Ph.24
var. xerocalyx **(11)** 53 **76**
trichosepala **(11)** 53 **78**
webbiana **(11)** 51 **60**
xerocalyx **(11)** 76
yunnanensis **(11)** 55 **88**
Lonicera parasitica **(7)** 741
Lophanthus
(Lamiaceae) **(9)** 393 **435**
chinensis **(9)** 436
cypriani **(9)** 550
krylovii **(9)** 435 **436**
rugosus **(9)** 435
schrenkii **(9)** 435 **436**
Lophatherum
(Poaceae) **(12)** 557 **680**
gracile **(12)** **680**
sinense **(12)** 680 **681**
Lopholejeunea
(Lejeuneaceae) **(1)** 224 **233**
kiushiana **(1)** 226
subfusca **(1)** **233**
Lophotocarpus guyanensis **(12)** 5
Lophocolea bidentata var.
Cuspidata **(1)** 125
flaccida **(1)** 119
integristipula **(1)** 123
lancistipulus **(1)** 117
latifolia **(1)** 125
minor **(1)** 124
profunda **(1)** 124
Lophozia
(Lophoziaceae) **(1)** 47 **52**
ascendens **(1)** **53**
bantriensis **(1)** 53 **54**
collaris **(1)** 53 **55**
cornuta **(1)** 53 **55**
excisa **(1)** 53 **58**
incisa **(1)** 53 **56**
morrisoncola **(1)** 53 **56**
obtusa **(1)** 53 **57**

setosa **(1)** 53 **57**
ventricosa **(1)** 53 **54**
wenzelii **(1)** 53 **58**
Lophoziaceae **(1)** **47**
Lopidium
(Hypopterygiaceae) **(1)** **742**
nazeense **(1)** **742** Ph.230
struthiopteris **(1)** 742 **743**
trichocladon **(1)** 742 **743**
Loranthaceae **(7)** **738**
Loranthus
(Loranthaceae) **(7)** 738 **743**
albidus **(7)** 741
balansae **(7)** 754
bibracteolatus **(7)** 739
buddleioides **(7)** 748
caloreas **(7)** 752
var. *fargesii* **(7)** 752
chinensis **(7)** 754
chingii **(7)** 749
cochinchinensis **(7)** 739
delavayi **(7)** 743 **745**
duclouxii **(7)** 753
elatus **(7)** 747
esquirolii **(7)** 756
europaeus **(7)** 743
ferrugineus **(7)** 749
graciliflorus **(7)** 748
guizhouensis **(7)** 743 **744**
kaoi **(7)** 743 **744**
levinei **(7)** 755
limprichti **(7)** 752
maclurei **(7)** 756
nigrans **(7)** 754
notothixoides **(7)** 748
parasiticus **(7)** 754
pentandrus **(7)** 745
pentapetalus **(7)** 742
philippensis **(7)** 747
pseudo-odoratus **(7)** 743 **744**
sampsoni **(7)** 742
sutchuenensis **(7)** 753
tanakae **(7)** **743**
theifer **(7)** 753
thibetensis **(7)** 753
yadoriki **(7)** 754
Loropetalum
(Hamamelidaceae) **(3)** 773 **782**
chinense **(3)** **782**
Lotus
(Fabaceae) **(7)** 67 **403**
alpinus **(7)** 403 **404**
corniculatus **(7)** **403**
var. *alpinus* **(7)** 404
subsp. *frondosus* **(7)** 405
frondosus **(7)** 403 **405**
tenuis **(7)** 403 **404**
Lourea campanulata **(7)** 173
Lowiaceae **(13)** **19**
Loxocalyx
(Lamiaceae) **(9)** 395 **486**
uriticifolius **(9)** 486
Loxogrammaceae **(2)** 6 **778**
Loxogramme
(Loxogrammaceae) **(2)** **779**
assimilis **(2)** 779 **780**
chinensis **(2)** 779 **780**
cuspidata **(2)** 779 **781**
duclouxii **(2)** 779 **782**
formosana **(2)** 779 **780**
grammitoides **(2)** 779 **779**
salicifolia **(2)** 779 **781**
Loxostemon
(Brassicaceae) **(5)** 383 **462**
delavayi **(5)** **463**
delavayi **(5)** 463
loxostemonoides **(5)** 462 **463**
pulchellus **(5)** 463 **464**
stenolobus **(5)** 463 **464**
Loxostigma
(Gesneriaceae) **(10)** 246 **312**
cavaleriei **(10)** 312 **313**
glabrifolium **(10)** 312 **313**
griffithii **(10)** **312**
sesamoides **(10)** *337*
Luculia
(Rubiaceae) **(10)** 511 **556**
gratissima **(10)** **556**
intermedia **(10)** 556
pinciana **(10)** **556**
japonicum **(10)** 645
Lucuma
(Sapotaceae) **(6)** **17**
nervosa **(6)** **7** Ph.4
Ludisia
(Orchidaceae) **(13)** 366 **419**
discolor **(13)** **419** Ph.299
Ludwigia
(Onagraceae) **(7)** **581**
adscendens **(7)** 582 **584** Ph.212
caryophylla **(7)** 583
epilobioides **(7)** 582 **583** Ph.210
hyssopifolia **(7)** 582 **584** Ph.211
octovalvis **(7)** **582**
ovalis **(7)** 582 **586**
peploides
subsp. stipulacea **(7)** 582 **585** Ph.214
perennis **(7)** 582 **583**
prostrata **(7)** 582 583
prostrata **(7)** 583
taiwanensis **(7)** 582 **585** Ph.213
Luffa
(Cucurbitaceae) **(5)** 198 **225**
acutangula **(5)** **225** Ph.112
cordifolia **(5)** 209
cylindrica **(5)** **225** Ph.111
Luisia
(Orchidaceae) **(13)** 369 **757**
brachystachys **(13)** 757 **759**
hancockii **(13)** 757 **758** Ph.569
magniflora **(13)** 757 **758**
morsei **(13)** **757** Ph.568
ramosii **(13)** 757 **759**

teres (13) 757 **759** Ph.570
zollingeri (13) 757 **759**
Luisierella
(Pottiaceae) (1) 438 **467**
barbula (1) **467**
Lumnitzera
(Combretaceae) (7) 663 **668**
littorea (7) **668** Ph.246
racemosa (7) 668 **669** Ph.247
Lunathyrium
(Athyriaceae) (2) 271 **287**
centrochinene (2) 288
giraldii (2) 287 **287**
pycnosorum (2) 287 **287**
shennongense (2) 287 **288**
Lunularia
(Lunulariaceae) (1) **269**
alpine (1) 286
cruciataex (1) **269** Ph.57
Lunulariaceae (1) **269**
Lupinus
(Fabaceae) (7) 67 **462**
albus (7) **462**
luteus (7) 462 **463**
micranthus (7) 462 **463**
polyphyllus (7) **462**
Luvunga
(Rutaceae) (8) 399 **438**
scandens (8) **438**
Luzula
(Juncaceae) (12) 221 **247**
campestris (12) 248 **251**
var. *frigida* (12) 252
effusa var. chinensis (12) 248 **250**
effuse (12) 248 **250**
jilongensis (12) 248 **252**
multiflora (12) 248 **252**
subsp.frigida (12) 248 **252**
oligantha (12) 248 **253**
pallescens (12) 248 **253**
parviflora (12) 248 **251**
plumose (12) 248 **249**
rufescens (12) 248 **249**
var. macrocarpa (12) 248 **249**
spicata (12) 248 **254**
wahlenbergii (12) 248 **250**
Lychnis
(Caryophyllaceae) (4) 392 **436**
alaschanica (4) 452
chalcedonica (4) 436 **437**
cognata (4) 436 **437** Ph.191
coronaria (4) **436**
coronata (4) 436 **438** Ph.193
fulgens (4) 436 **438** Ph.194
senno (4) 436 **438**
Lycianthes
(Solanaceae) (9) 204 **233**
biflora (9) **233** Ph.102
subsp. *hupehensis* (9) 234
subsp. *yunnanensis* (9) 234
hupehensis (9) 233 **234**
laevis (9) 233 **235**
lysimachioides (9) 233 **235**
var. caulorhiza (9) 233 **235**
var. sinensis (9) 233 **235**
neesiana (9) 233 **234**
subtruncata (9) 234
var. *paucicarpa* (9) 234
var. *remotidens* (9) 234
yunnanensis (9) 233 **234**
Lycimmia suaveolens (9) 94
Lycium
(Solanaceae) (9) 204
barbarum (9) 205 **206** Ph.89
chinense (9) 205 **207** Ph.90
var. potaninii (9) 205 **207**
dasystemum (9) 205 **206**
var. rubricaulium (9) 206
potaninii (9) 207
ruthenicum (9) 205
truncatum (9) 205
Lycopersicon
(Solanaceae) (9) 203 **235**
esculentum (9) 236
Lycopodiaceae (2) 2 **23**
Lycopodiastrum
(Lycopodiaceae) (2) 23 **30**
casuarinoides (2) **30** Ph.11
Lycopodiella
(Lycopodiaceae) (2) 23 **26**
inundata (2) **26**
Lycopodium
(Lycopodiaceae) (2) 23 **23**
alpinum (2) 29
annotinum (2) 24 **24** Ph.7
cancellatum (2) 22
carinatum (2) 22
carolinianum (2) 27
casuarinoides (2) 30
cernuum (2) 27
chinense (2) 9
chrysocaulos (2) 54
clavatum (2) 24 **26**
clavatum (2) 25
complanatum (2) 28
crispatum (2) 12
cryptomerianum (2) 20
cunninghamioides (2) 18
delavayi (2) 14
delicatulum (2) 43
dendroideum f. *strictum* (2) 24
emeiense (2) 10
fargesii (2) 22
fordii (2) 19
hamiltonii (2) 19
var. *petiolatum* (2) 18
henryi (2) 19
herteranum (2) 14
inundatum (2) 26
involvens (2) 41
japonicum (2) 24 **25**
kangdingense (2) 13
lucidulum (2) 14

mingcheense	**(2)**		20	
miyoshianum	**(2)**		9	
nanchuanense	**(2)**		10	
neopungens	**(2)**	24	**25**	
nudum	**(2)**		71	
obscurum	**(2)**	24	**24**	
f. strictum	**(2)**	24	**24**	
phlegmaria	**(2)**		16	
pulcherrimum	**(2)**		17	
pulvinatum	**(2)**		37	
quasipolytrichoides	**(2)**		11	
repandum	**(2)**		53	
sanguinolentum	**(2)**		36	
selago	**(2)**		11	
serratum	**(2)**		12	
sieboldii	**(2)**		21	
sinense	**(2)**		50	
somai	**(2)**		11	
squarrosum	**(2)**		21	
sutchuenianum	**(2)**		13	
uncinatum	**(2)**		47	
veitchii	**(2)**		30	
wallichii	**(2)**		43	
willdenowii	**(2)**		46	
Lycopsis orientalis	**(9)**		300	
Lycopus				
(Lamiaceae)	**(9)**	397	**539**	
cavaleriei	**(9)**	539	**540**	
dianthera	**(9)**		543	
lucidus	**(9)**	539	**540**	
var. hirtus	**(9)**	539	**540**	
parviflorus	**(9)**	539	**540**	
Lycoris				
(Amaryllidaceae)	**(13)**	259	**262**	
albiflora	**(13)**	262	**265**	
anhuiensis	**(13)**	262	**265**	
aurea	**(13)**	262	**263**	Ph.181
var. angustitepala	**(13)**	262	264	
chinensis	**(13)**	262	**265**	
guangxiensis	**(13)**	262	**264**	
incarnata	**(13)**	262	**266**	

longituba	**(13)**	262	**266**	
var. flava	**(13)**	262	**267**	
radiata	**(13)**		**262**	Ph.180
rosea	**(13)**	262	**264**	
sprengeri	**(13)**	262	**266**	Ph.182
squamigera	**(13)**	262	**265**	
straminea	**(13)**	262	**263**	
Lyellia				
(Polytrichaceae)	**(1)**	951	**956**	
crispa	**(1)**		**956**	Ph.281
platycarpa	**(1)**		**956**	
Lygisma				
(Asclepiadaceae)	**(9)**	135	**196**	
inflexum	**(9)**		196	
Lygodiaceae	**(2)**	3	**106**	
Lygodium				
(Lygodiaceae)	**(2)**		**106**	
conforme	**(2)**	107	**107**	Ph.48
digitatum	**(2)**	107	**107**	
flexuosum	**(2)**	107	**109**	Ph.50
japonicum	**(2)**	107	**111**	Ph.51
microphyllum	**(2)**		108	
microstachyum	**(2)**	107	**110**	
polystachyum	**(2)**	107	**108**	Ph.49
salicifolium	**(2)**	107	**109**	
scandens	**(2)**	107	**108**	
Lyonia				
(Ericaceae)	**(5)**	554	**686**	
ovalifolia	**(5)**		**686**	Ph.283
var. elliptica	**(5)**	686	**687**	
var. hebecarpa	**(5)**	686	**687**	
var. lanceolata	**(5)**	686	**687**	Ph.284
villosa	**(5)**	686	**687**	
Lysidice				
(Caesalpiniaceae)	**(7)**	23	**55**	
brevicalyx	**(7)**	55	**56**	
rhodostegia	**(7)**		**55**	Ph.45
Lysimachia				
(Primulaceae)	**(6)**		**114**	
alfredii	**(6)**	118	**143**	Ph.38
alpestris	**(6)**	117	**133**	Ph.36

auriculata	**(6)**	115	**120**	
barystachys	**(6)**	115	**122**	
biflora	**(6)**	116	**129**	
candida	**(6)**	115	**125**	
capillipes	**(6)**	116	**131**	Ph.34
chapaensis	**(6)**	116	**130**	
chenopodioides	**(6)**	115	**121**	
chikungensis	**(6)**	115	**123**	
chrisfinae	**(6)**	118	**141**	
circaeoides	**(6)**	115	**120**	
var. *silvestrii*	**(6)**		125	
clethroides	**(6)**	**115**	**122**	
congestiflora	**(6)**	118	**145**	Ph.39
cordifolia	**(6)**	116	**128**	
crispidens	**(6)**	115	**119**	
davurica	**(6)**	117	**133**	Ph.35
decurrens	**(6)**	115	**126**	
deltoidea				
var. cinerascens	**(6)**	118	**139**	
drymarifolia	**(6)**	118	**141**	
englerii	**(6)**	116	**128**	
evalvis	**(6)**	116	**131**	
excisa	**(6)**	115	**121**	
foenum-graecum	**(6)**	116	**129**	
fooningensis	**(6)**	117	**132**	
fordiana	**(6)**	118	**144**	
fortunei	**(6)**	115	**123**	
fukienensis	**(6)**	117	**137**	
glanduliflora	**(6)**	115	**121**	
grammica	**(6)**	118	**140**	
hemsleyana	**(6)**	118	**140**	
hemsleyi	**(6)**	117	**138**	
heterogenea	**(6)**	115	**123**	
huitsunae	**(6)**	117	**134**	
hypericoides	**(6)**	117	**135**	
insignis	**(6)**	116	**128**	
japonica	**(6)**	118	**140**	
kiattiana	**(6)**	118	**142**	
lancifolia	**(6)**	116	**131**	
laxa	**(6)**	116	**130**	
lichiangensis	**(6)**	116	**127**	

lobelioides (6) 116 **127**
longipes (6) 117 **136**
mauritiana (6) 115 **121**
melampyroides (6) 117 **137**
var. amplexicaulis (6) 117 **138**
nanchuanensis (6) 117 **136**
nanpingensis (6) 118 **144**
navillei (6) 116 **132**
nutantiflora (6) 116 **129**
omeiensis (6) 117 **135** Ph.37
ophelioides (6) 117 **134**
otophora (6) 117 **136**
paridiformis (6) 118 **142**
var. stenophylla (6) 118 **143**
parvifolla (6) 115 **125**
patungensis (6) 118 **145**
pentapetala (6) 115 **119** Ph.31
perfoliata (6) 117 **137**
petelotii (6) 117 **132**
phyllocephala (6) 118 **146** Ph.40
platypetala (6) 116 **126**
prolifera (6) 115 **124**
pseudo-henryi (6) 117 **138**
pumila (6) 115 **124** Ph.32
remota (6) 118 **139**
rubiginosa (6) 118 **143**
sikokiana (6) 132
silvestrii (6) 115 **125**
stenosepala (6) 115 **124**
subracemosa (6) 130
taliensis (6) 116 **128**
thyrsiflora (6) 114 **118**
trichopoda (6) 116 **130**
violascems var. *robusta* (6) 127
vulgaris (6) 117 **133**
var. *davurica* (6) 133
wilsonii (6) 116 **129** Ph.33
Lysimachia monnieri (10) 93
Lysionoius ophiorrhizoides (10) 311
Lysionotus
(Gesneriaceae) (10) 246 **317**
aeschynanthoides (10) 317 **318**
angustisepalus (10) 320
carnosus (10) **320**
chingii (10) 318 **321** Ph.106
denticulosus (10) 317 **318**
hainanensis (10) 320
heterophyllus (10) 317 **319**
involucratus (10) 317 **319**
levipes (10) 317 **320**
longisepala (10) 281
microphyllus (10) 317 **320**
mollifolius (10) 311
montanus (10) 320
oblongifolius (10) 317 **318** Ph.103
pauciflorus (10) 318 **320** Ph.104
var. *lancifolius* (10) 320
var. *linearis* (10) 320
serratus (10) 318 **321** Ph.105
wardii (10) 317 **319**
Lythraceae (7) **499**
Lythrum
(Lythraceae) (7) 499 **503**
anceps (7) 503 **504**
intermedium (7) 503 **504**
salicaria (7) **503** Ph.177
var. *anceps* (7) 504
virgatum (7) 503 **504**

M

Maackia
(Fabaceae) (7) 60 **79**
amurensis (7) **80**
chekiangensis (7) 80 **81**
hupehensis (7) 80 **81**
tenuifolia (7) **80**
Macadamia
(Proteaceae) (7) 482 **489**
ternifolia (7) **490**
Macaranga
(Euphorbiaceae) (8) 12 **73**
adenantha (8) 73 **74**
auriculata (8) 73 **76**
denticulata (8) 73 **75**
henryi (8) 73 **75** Ph.35
indica (8) 73 **74**
kurzii (8) 73 **76**
sampsonii (8) 73 **74**
tanarius (8) **73** Ph.34
trigonostemonoides (8) 73 **76**
Machaerina
(Cyperaceae) (12) 256 **317**
myriantha (12) **317**
Machilus
(Lauraceae) (3) 207 **274**
bonii (3) 276 **287**
breviflora (3) 276 **286**
chienkweiensis (3) 275 **280**
chinensis (3) 276 **286**
chuanchienensis (3) 274 **279**
decursinervis (3) 274 **277**
faberi (3) 269
foonchewii (3) 276 **285**
grijsii (3) 275 **280**
ichangensis (3) 275 **283**
kwangtungensis (3) 275 **281**
leptophylla (3) 275 **283**
lichuanensis (3) 275 **284**
litseifolia (3) 274 **279**
longipedicellata (3) 275 **284** Ph.243
micranthum (3) 253
microcarpa (3) 274 **278**
mienkweiensis (3) 275 **284**
multinervia (3) 274 **279**
nakao (3) 275 **281**
nanmu (3) 275 **282**
neurantha (3) 272
oculodracontis (3) 276 **288**
oreophila (3) 276 **285**
pauhoi (3) 275 **282**
Phoenicis (3) 274 **277**

pingii (3) 282
platycarpa (3) 275 **281**
rehderi (3) 274 **278**
robusta (3) 276 **287**
rufipes (3) 276 **288** Ph.244
salicina (3) 276 **286**
sheareri (3) 273
suaveolens (3) 275 **282**
tavoyana (3) 270
thunbergii (3) 274 **277** Ph.242
velutina (3) 275 **280**
wangchiana (3) 275 **280**
yunnanensis (3) 274 **276**
var. *duclouxii* (3) 276
Macleaya
(Papaveraceae) (3) 695 **714**
cordata (3) **714** Ph.416
microcarpa (3) 714 **715**
Maclura tricuspidata (4) 41
Macrocarpium
(Cornaceae) (7) 691 **703**
chinensis (7) **703**
officinale (7) 703 **704** Ph.271
Macrocoma
(Orthotrichaceae) (1) 617 **637**
tenue subsp. sullivantii (1) **637**
Macrodiplophyllum
(Scapaniaceae) (1) **98**
plicatum (1) **98**
Macromitrium
(Orthotrichaceae) (1) 617 **632**
calycinum (1) 615
comatum (1) 632 **635**
ferriei (1) **632**
gymnostomum (1) 632 **633**
japonicum (1) 632 **634** Ph.189
reinwardtii (1) 632 **635**
sullivantii (1) **637**
tosae (1) 632 **634**
Macropanax
(Araliaceae) (8) 535 **549**
decandrus (8) 549 **550**
dispermus (8) **549**
oreophilus (8) **549**
rosthornii (8) **549**
undulatus (8) 549 **550**
Macropodium
(Brassicaceae) (5) 388 **389**
nivale (5) **389**
Macroptilium
(Fabaceae) (7) 64 **236**
atropurpureum (7) 236
lathyroides (7) **236**
Macrosolen
(Loranthaceae) (7) **738**
bibracteolatus (7) **739** Ph.288
cochinchinensis (7) **739**
robinsonii (7) 739 **740**
tricolor (7) 739 **740**
Macrothamnium
(Hylocomiaceae) (1) 935 **943**
cucullatophyllum (1) 940
delicatulum (1) *943*
javense (1) **943**
macrocarpum (1) 943 **944**
Macrothelypteris
(Thelypteridaceae) (2) 335 **351**
contigens (2) 352 **354**
oligophlebia (2) 351 **352**
var. elegans (2) 351 **353**
ornata (2) 351 **352**
polypodioides (2) 351 **352**
setigera (2) 351 **352**
torresiana (2) 352 **354**
viridifrons (2) 351 **353**
Macrotyloma
(Fabaceae) (7) 64 **230**
uniflorum (7) **230**
Macvicaria
(Porellaceae) (1) 202 **210**
ulophylla (1) **210**
Maddenia
(Rosaceae) (6) 445 **792**
himalaica (6) 792 **794**
hypoleuca (6) 792 **792**
incisoserrata (6) 792 **793**
wilsonii (6) 792 **793**
Madhuca
(Sapotaceae) (6) **3**
hainanensis (6) **4** Ph.2
pasquieri (6) **3**
Madotheca acutifolia (1) 207
appendiculata (1) 208
caespitans (1) 206
chinensis (1) 206
densifolia (1) 208
longifolia (1) 206
nitens (1) 205
perrottetiana (1) 209
ulophylla (1) 210
Maesa
(Myrsinaceae) (6) **77**
acuminatissima (6) **78**
argentea (6) 78 **83**
brevipaniculata (6) 78 **82**
hupehends (6) 78 **79**
insignis (6) 78 **82**
japonica (6) 78 **83**
parvifolia (6) 78 **81**
var. *brevipaniculata* (6) 78 82
perlarius (6) 78 **82**
ramentacea (6) 78 **79**
Maesa myrsinoides (7) 870
Magnolia
(Magnoliaceae) (3) 123 **130**
amoena (3) 132 **139** Ph.169
baillonii (3) 155
balansae (3) 149
biondii (3) 132 **139**
coco (3) 131 **133**
compressa (3) 155
cylindrica (3) 132 **140** Ph.170
delavayi (3) 131 **132** Ph.158

denudata (3) 131 **138** Ph.166
globosa (3) 131 **135**
var. *sinensis* (3) 136
grandiflora (3) 131 **137** Ph.165
henryi (3) 131 **132** Ph.157
insignis (3) 127
liliflora (3) 132 **140** Ph.171
lotungensis (3) 143
martinii (3) 149
officinalis (3) 131 **134** Ph.160
subsp. biloba (3) 131 **135** Ph.161
var. *biloba* (3) 135
paenetalauma (3) 131 **133** Ph.159
parviflora var. wilsonii (3) 135
rostrata (3) 131 **134**
sieboldii (3) 131 **136** Ph.164
sinensis (3) 131 **136** Ph.163
soulangeana (3) 132 **138** Ph.167
sprengeri (3) 131 **137**
wilsonii (3) 131 **135** Ph.162
zenii (3) 132 **138** Ph.168
Magnoliaceae (3) **123**
Maharanga
(Boraginaceae) (9) 281 **295**
bicolor (9) 295 **296**
emodi (9) **296**
microstoma (9) 295 **296**
Mahonia
(Berberidaceae) (3) 582 **625**
bealei (3) 626 **631**
bodinieri (3) 626 **635** Ph.461
bracteolata (3) 625 **627**
cardiophylla (3) 626 **633**
duclouxiana (3) 626 **628** Ph.459
eurybracteata (3) 626 **630** Ph.460
subsp. ganpinensis (3) 626 **630**
fordii (3) 626 **636**
fortunei (3) 626 **629**
ganpinensis (3) 630
gracilipes (3) 625 **627**
imbricata (3) 626 **634**
japonica (3) 626 **636**
leptodonta (3) 626 **631**
longibracteata (3) 626 **632**
napaulensis (3) 626 **633**
nitens (3) 626 **634**
oiwakensis (3) 625 **628** Ph.458
polydonta (3) 626 **632**
retinervis (3) 626 **631**
shenii (3) 626 **629**
sheridaniana (3) 626 **635**
taronensis (3) 626 **629**
Maianthemum
(Liliaceae) (13) 71 **198**
bifolium (13) **198** Ph.142
Makinoa
(Makinoaceae) (1) **257**
crispata (1) **258** Ph.48
Makinoaceae (1) **257**
Malaisia
(Moraceae) (4) 28 **34**
scandens (4) **34** Ph.23
Malania
(Olacaceae) (7) 713 **714**
oleifera (7) **714** Ph.280
Malaxis
(Orchidaceae) (13) 374 **551**
acuminata (13) 551 **553**
caespitosa (13) 545
ensiformis (13) 558
japonica (13) 555
latifolia (13) 551 **553** Ph.380
matsudai (13) 551 **554**
microtatantha (13) 551 **552**
monophyllos (13) 551 **552** Ph.379
odorata (13) 541
purpurea (13) 551 **554**
viridiflora (13) 547
yunnanensis (13) 552
Malcolmia
(Brassicaceae) (5) 388 **505**
africana (5) 505 **506**
var. *trichocarpa* (5) 506
brevipes (5) 507
hispida (5) 505 **506**
karelinii (5) 505 **506**
scorpioides (5) 505 **506**
Malea platanifolia (7) 684
Malleola
(Orchidaceae) (13) 369 **771**
dentifera (13) **771**
Mallotus
(Euphorbiaceae) (8) 11 **63**
anomalus (8) 63 **65**
apelta (8) 64 **70** Ph.32
var. kwangsiensis (8) 64 **70**
auriculata (8) 76
chrysocarpus (8) 67
barbatus (8) 64 **69** Ph.31
esquirolii (8) 63 **65**
garrettii (8) 63 **66**
hainanensis (8) 63 **66**
henryi (8) 75
hookerianus (8) 63 **64**
japonicus (8) 64 **71** Ph.33
var. floccosus (8) 64 **72**
var. oreophilus (8) 64 **72**
lianus (8) 64 **69**
metcalfianus (8) 64 **70**
microcarpus (8) 64 **71**
millietii (8) 64 **67** Ph.28
oblongifolius (8) 63 **66** Ph.27
oreophilus (8) 72
β. *floccosus* (8) 72
paniculatus (8) 64 **69**
paxii (8) 64 **70**
philippinensis (8) 64 **68** Ph.30
pseudoverticillatus (8) 83
repandus (8) 64 **67** Ph.29
var. chrysocarpus (8) 64 **67**
tetracoccus (8) 64 **68**
tiliifolius (8) 63 **66**
yunnanensis (8) 63 **65**

Malpighia
(Malpighiaceae) **(8)** 236 **242**
coccigera **(8)** **242**
Malpighiaceae **(8)** **236**
Malus
(Rosaceae) **(6)** 443 **564**
asiatica **(6)** 564 **569**
baccata **(6)** 564 **565** Ph.135
f. gracilis **(6)** 564 **566**
centralasiatica **(6)** 574
doumeri **(6)** 565 **575**
halliana **(6)** 564 **567**
honanensis **(6)** 565 **574**
hupehensis **(6)** 564 **567**
kansuensis **(6)** 565 **572**
komarovii **(6)** 565 **572**
leiocalyca **(6)** 565 **576**
manshurica **(6)** 564 **566**
melliana **(6)** 575
melliana **(6)** 576
micromalus **(6)** 565 **570**
ombrophila **(6)** 565 **574**
prattii **(6)** 565 **574**
prunifolia **(6)** 564 **569**
pumila **(6)** 564 **568**
rockii **(6)** 564 **566** Ph.136
sieboldii **(6)** 565 **571**
sieversii **(6)** 564 **568**
sikkimensis **(6)** 565 **571**
spectabilis **(6)** 565 **570**
toringoides **(6)** 565 **573**
transitoria **(6)** 565 **573**
var. centralasiatica **(6)** 565 **574**
var. *toringoides* **(6)** 573
yunnanensis **(6)** 565 **575**
var. veitchii **(6)** 565 **575**
Malva
(Malvaceae) **(5)** **69**
chinensis **(5)** 70 71
coromandeliana **(5)** 74
crispa **(5)** 69 **70**
rotundifolia **(5)** **70**
sinensis **(5)** 69 **70** Ph.41
verticillata **(5)** 70 **71**
var. chinensis **(5)** 70 **71**
Malvaceae **(5)** **68**
Malvastrum
(Malvaceae) **(5)** 69 **74**
coromandelianum **(5)** **74**
Malvaviscus
(Malvaceae) **(5)** 69 **87**
arboreus
var. drummondii **(5)** 87 **88**
var. penduliflorus **(5)** **87** Ph.47
coccineus **(5)** **96**
penduliflorus **(5)** 87
Mamiscus
(Cyperaceae) **(12)** **341**
compactus **(12)** **342**
var. macrostachys **(12)** 341 **342**
cyperinus
var. bengalensis **(12)** 341 **345**
Mammea asiatica **(5)** 103
Mananthes
(Acanthaceae) **(10)** 331 **410**
austroguanxiensis **(10)** 410 **412**
austrosinensis **(10)** 410 **411**
latiflora **(10)** 410 **411**
leptostachya **(10)** 410 411 **413**
lianshanica **(10)** 410 **412**
panduriformis **(10)** 410 **413**
patentiflora **(10)** 410 411 **412**
Mandragora
(Solanaceae) **(9)** 204 **236**
caulescens **(9)** **237** Ph.103
chinghaiensis **(9)** 237
Mangifera
(Anacardiaceae) **(8)** 345 **347**
indica **(8)** 347 **348** Ph.169
longipes **(8)** 348 **349**
persiciformis **(8)** **348**
pinnata **(8)** 351
siamensis **(8)** **348**
sylvatica **(8)** **348** Ph.170
Manglietia
(Magnoliaceae) **(3)** 123 **124**
aromatica **(3)** 124 **126** Ph.152
chingii **(3)** 124 **126** Ph.151
decidua **(3)** 124 **129**
duclouxii **(3)** 124 **127**
fordiana **(3)** 124 **129**
grandis **(3)** 124 **125** Ph.150
hainanensis **(3)** 124 **129** Ph.155
insignis **(3)** 124 **127** Ph.153
megaphylla **(3)** **124** Ph.149
moto **(3)** 124 **125**
patungensis **(3)** 124 **128** Ph.154
yuyuanensis **(3)** 124 **128**
Manglietiastrum
(Magndiaceae) **(3)** 123 **130**
sinicum **(3)** **130** Ph.156
Manihot
(Euphorbiaceae) **(8)** 14 **105**
esculenta **(8)** **106**
glaziovii **(8)** **106**
Manilkara
(Sapotaceae) **(6)** **1**
hexandra **(6)** **2**
zapota **(6)** **2** Ph.1
Manisuris porifera **(12)** 1167
Mannagettaea
(Orobanchaceae) **(10)** 228 **236**
labiata **(10)** **236**
Mannia
(Aytoniaceae) **(1)** 274 **278**
fragrans **(1)** **278**
sibirica **(1)** 278 **279**
triandra **(1)** 278 **279** Ph.62
Manulea indiana **(10)** 98
Maoutia
(Urticaceae) **(4)** 76 **161**
puya **(4)** **161**
setosa **(4)** **161**

Mapania
(Cyperaceae) **(12)** 256 **351**
dolichopoda **(12)** 352
sinensis **(12)** 351 **352**
wallichii **(12)** 351 **352**
Mappia pittosporoides **(7)** 880
Mappianthus
(Lcacinaceae) **(7)** 876 **881**
iodoides **(7)** **881**
Marlea barbata **(7)** 686
Maranta
(Marantaceae) **(13)** 60 **61**
arundinacea **(13)** **61**
bicolor **(13)** 61 **62**
galanga **(13)** 46
Marantaceae **(13)** **60**
Marantha zebrina **(13)** 64
Microstylis japonica **(13)** 538
matsudai **(13)** 554
microtatantha **(13)** 552
purpurea **(13)** 554
Marattia
(Marattiaceae) **(2)** **83**
pellucida **(2)** **84**
Marattiaceae **(2)** 2 **83**
Marchantia
(Marchantiaceae) **(1)** 287 **288**
conica **(1)** 272
cruciata **(1)** 269
diptera **(1)** 289
emarginata
subsp. tosana **(1)** **288** Ph.65
fragrans **(1)** 278
grossibarba **(1)** *289*
hemispherica **(1)** 283
hirsuta **(1)** 270
hylina **(1)** 286
paleacea **(1)**288 **289** Ph.66
paleacea var. diptera **(1)** 288 **289**
papillata
subsp. grossibarba **(1)** 288 **289**
polymorpha **(1)**288 **290** Ph.67
quadrata **(1)** 291
stoloniscyphulas **(1)** 288 **290**
tosana **(1)** 288
triandra **(1)** 279
Marchantiaceae **(1)** **287**
Marchantiopsis
stoloniscyphulas **(1)** 290
Margaritaria
(Euphorbiaceae) **(8)** 11 **32**
indica **(8)** **32** Ph.11
Mariscus
(Cyperaceae) **(12)** 256 **341**
aristatus **(12)** 341 **343**
compactus **(12)** **341**
cyperinus **(12)** 341 **345**
cyperoide var. *microstachys* **(12)** 344
javanicus **(12)** 341 **342** Ph.96
radians **(12)** 341 **343**
sieberianus var. *evolutior* **(12)** 344
sumatrensis **(12)** 341 **344**
var. evoloutior **(12)** 341 **344**
var. microstachys **(12)** 341 **344**
trialatus **(12)** 341 **343**
umbellartus **(12)** 344
var. *microstachys* **(12)** 344
var. *evolutior* **(12)** 344
Marmoritis
(Lamiaceae) **(9)** 393 **447**
complanatum **(9)** **447** Ph.163
decolorans **(9)** 447 **448**
nivalis **(9)** 447 **448**
Marraya
(Rutaceae) **(8)** 399 **435**
alata **(8)** 435 **436**
Marrubium
(Lamiaceae) **(9)** 393 **433**
eriostachyum **(9)** 434
vulgare **(9)** **433**
Marsdenia
(Asclepiadaceae) **(9)** 135 **181**
globifera **(9)** 185
griffithii **(9)** 181 **182**
hainanensis **(9)** 181 **184**
var. *alata* **(9)** 184
koi **(9)** 181 **184**
longipes **(9)** 181 **182**
officinalis **(9)** 181 **183**
oreophila **(9)** 181 **183**
sinensis **(9)** 181 **185**
tenacissima **(9)** **182**
tinctoria **(9)** 181 **185**
var. *brevis* **(9)** 185
var. *tomentosa* **(9)** 185
tsaiana **(9)** 184
urceolata **(9)** 186
yaungpienensis **(9)** 185
Marsilea
(Marsileaceae) **(2)** **783**
aegyptica **(2)** 783 **784**
crenata **(2)** 783 **784**
natans **(2)** 785
quadrifolia **(2)** 783 **783** Ph.155
Marsileaceae **(2)** 7 **783**
Marsupella
(Gymnomitriaceae) **(1)** **91**
alpina **(1)** 92 **93**
commutata **(1)** 92 **93**
crystallocaulon **(1)** 94
emarginata **(1)** **92**
yakushimensis **(1)** **92**
Marsupidium
(Acrobolbaceae) **(1)** 163 **164**
knightii **(1)** **164**
Martinella violifolia **(5)** 469
Martinia polymorpha **(11)** 164
Mastichodendron wightianum **(6)** 9
Mastigobryanum himalayana **(1)** 28
alternifolium **(1)** 43
appendiculatum **(1)** 26
assamica **(1)** 27
denudatum **(1)** 28

imbricatum **(1)** 29
japonicum **(1)** 29
oshimensis **(1)** 30
sikkimense **(1)** 32
vittatum **(1)** 34
Mastigolejeunea
(Lejeuneaceae) **(1)** 225 **230**
auriculata **(1)** **230** Ph.44
Mastigophora
(Lepicoleaceae) **(1)** 18 **19**
bissetii **(1)** *22*
woodsii **(1)** **19**
Mastixia
(Cornaceae) **(7)** **691**
alternifolia **(7)** **691**
Matricaria
(Compositae) **(11)** 125 126 **348**
inodora **(11)** 351
matricarioides **(11)** 348 **349**
recutita **(11)** **348**
Matteuccia
(Onocleaceae) **(2)** 445 **446**
intermedia **(2)** 447 **448** Ph.100
orientalis **(2)** 447 **447** Ph.99
struthiopteris **(2)** 446 **447** Ph.98
var. acutiloba **(2)** 446 **447**
Matthiola
(Brassicaceae) **(5)** 388 **498**
chorassanica **(5)** **498**
incana **(5)** **498**
stoddarti **(5)** **503**
Mattia himalayensis **(9)** 345
Mattiastrum
(Boraginaceae) **(9)** 282 **345**
himalayense **(9)** **345**
Maxillaria goeringii **(13)** 583
Mayodendron
(Bignoniaceae) **(10)** 419 **435**
igneum **(10)** **435** Ph.141
Maytenus
(Celastraceae) **(7)** 775 **814**
austroyunnanensis **(7)** 815 **817** Ph.308
berberoides **(7)** **815**
diversifolius **(7)** 814 **815** Ph.307
hookeri **(7)** 815 **817** Ph.309
jinyangensis **(7)** 815 **817**
longlinensis **(7)** 815 **817**
royleanus **(7)** 815 **816**
variabilis **(7)** 815 **816**
Mazus
(Scrophulariaceae) **(10)** 71 **120**
caducifer **(10)** 121 **122**
fauriei **(10)** 121 **124**
gracilis **(10)** 121 **126**
humilis **(10)** 121 **123**
japonicus **(10)** 121 **125**
var. macrocalyx **(10)** 121 **125**
lecomtei **(10)** 121 **124**
macrocalyx **(10)** 125
miquelii **(10)** 121 **125**
omeiensis **(10)** 121 **123** Ph.38
pulchellus **(10)** 121 **123**
spicatus **(10)** 121 **122**
stachydifolius **(10)** **121**
surculosus **(10)** 121 **124**
Measa
(Myrsinaceae) **(6)** **77**
balansae **(6)** 78 **79**
chisia **(6)** 78 **80**
indica **(6)** 78 **80**
montana **(6)** 78 **81**
rugosa **(6)** 78 **80**
Mecodium
(Hymenophyllaceae) **(2)** 112 **112**
acrocarpum **(2)** 113 **117**
badium **(2)** 113 **114**
crispatum **(2)** 113 **115**
exsertum **(2)** 113 **113**
levingei **(2)** 113 **114**
microsorum **(2)** 113 **116**
polyanthos **(2)** 113 **117**
tenuifrons **(2)** 113 **115**
wrightii **(2)** 113 **116**
Meconopsis
(Papaveraceae) **(3)** 695 **696**
betonicifolia **(3)** 696 **699**
chelidonifolia **(3)** 696 **697**
forrestii **(3)** 696 **701**
henrici **(3)** 697 **703**
horridula **(3)** 700
horridula **(3)** 697 **704** Ph.409
impedita **(3)** 697 **704** Ph.410
integrifolia **(3)** 696 **699** Ph.405
lancifolia **(3)** 696 **702**
lyrata **(3)** 696 **700**
napaulensis **(3)** 696 **798**
oliverana **(3)** 696 **797**
paniculata **(3)** 696 **798**
pseudovenusta **(3)** 696 **703**
punicea **(3)** 696 **702** Ph.407
quintuplinervia **(3)** 696 **702** Ph.408
racemosa **(3)** 696 **700** Ph.406
simplicifolia **(3)** 697 **703**
speciosa **(3)** 696 **701**
wumungensis **(3)** 697 **703**
Mecopus
(Fabaceae) **(7)** 63 **168**
nidulans **(7)** **168**
Medicago
(Fabaceae) **(7)** 62 67 **433**
archiducis-nicolai **(7)** 433 **434**
edgeworthii **(7)** 433 **435**
falcata **(7)** 433 **436**
hispida **(7)** **437**
lupulina **(7)** **433**
minima **(7)** 433 **437**
platycarpos **(7)** 433 **435**
polymorpha **(7)** 433 **437**
var. *minima* **(7)** 437
ruthenica **(7)** 433 **435**
sativa **(7)** 433 **436**
Medicia elegans **(9)** 7
Medinilla

(Melastomataceae) **(7)** 615 **655**
assamica **(7)** 655 **657** Ph.241
formosana **(7)** 655 **656**
lanceata **(7)** 656 **658**
nana **(7)** 655 **656**
septentrionalis **(7)** 655 **657**
yunnanensis **(7)** 655 **658**
Meehania
(Lamiaceae) **(9)** 394 **448**
faberi **(9)** 449 **450**
fargesii **(9)** **449**
var. radicans **(9)** 449 **450**
henryi **(9)** 449 **450** Ph.164
urticifolia **(9)** 448 **449**
Meesia
(Meesiaceae) **(1)** 594 **595**
longiseta **(1)** **595**
triquetra **(1)** **595**
Meesia serrata **(4)** 564
Meesiaceae **(1)** **594**
Megacarpaea
(Brassicaceae) **(5)** 381 384 **413**
delevayi **(5)** **413**
var. *grandiflora* **(5)** 413
var. *minor* **(5)** 413
f. *microphylla* **(5)** 413
f. *pallidiflora* **(5)** 413
var. *poinnatifida* **(5)** 414
megalocarpa **(5)** 413 **414**
polyandra **(5)** 413 **414**
Megaceros
(Anthocerotaceae) **(1)** 295 **298**
flagellaris **(1)** **298** Ph.74
tosanus **(1)** 298
Megacodon
(Gentianaceae) **(9)** 12 **58**
stylophorus **(9)** **58** Ph.28
Megadenia
(Brassicaceae) **(5)** 381 **414**
pygmaea **(5)** **415** Ph.169
Megistostigma
(Euphorbiaceae) **(8)** 13 **92**
yunnanense **(8)** **92**
Meiogyne
(Annonaceae) **(3)** 158 **175**
kwangtungensis **(3)** **175**
Melaleuca
(Myrtaceae) **(7)** 549 **557**
leucadendron **(7)** **557**
Melampyrum
(Scrophulariaceae) **(10)** 69 **171**
klebelsbergianum **(10)** 171 **172**
roseum **(10)** **171**
Melandrium apetalum **(4)** 8
himalayense **(4)** 450
firmum **(4)** 453
songaricum **(4)** 450
tatarinowii **(4)** 457
Melanolepis
(Euphorbiaceae) **(8)** 12 **72**
multiglandulosa **(8)** **72**
Melanosciadium
(Umbelliferae) **(8)** 579 **624**
pimpinelloideum **(8)** 579 **624**
Melanoseris saxatilis **(11)** 763
Melanthium cochinchinensis **(13)** 233
sibiricum **(13)** 77
Melasma
(Scrophulariaceae) **(10)** 70 **166**
arvense **(10)** **166**
Melastoma
(Melastomataceae) **(7)** 614 **620**
affine **(7)** 621 **623**
candidum **(7)** 621 **623** Ph.231
dodecandrum **(7)** **621** Ph.229
imbricatum **(7)** 621 **624**
intermedium **(7)** 621 **622**
normale **(7)** 621 **622** Ph.230
sanguineum **(7)** 621 **624** Ph.232
vagans **(7)** 628
Melastomataceae **(7)** **614**
Melhania
(Sterculiaceae) **(5)** 35 **61**
hamiltaniana **(5)** **61**
Melia
(Meliaceae) **(8)** 376 **396**
azedarach **(8)** **396** Ph.200
baccifera **(8)** 383
toosendan **(8)** 396 **397**
Meliaceae **(8)** 375
Melica
(Poaceae) **(12)** 561 **789**
altissima **(12)** 790 **794**
canescens **(12)** 789 **793**
cupani var. *canescens* **(12)** 793
grandiflora **(12)** 790 **796**
komarovii **(12)** 790 **796**
kozlovii **(12)** 789 **793**
nutans **(12)** 790 **796**
onoei **(12)** 789 **790**
pappiana **(12)** 790 **797**
persica **(12)** 789 **792**
przewalskyi **(12)** 789 **791**
radula **(12)** 790 **795**
scaberrima **(12)** 789 **790**
scabrosa **(12)** 790 **795**
var. puberula **(12)** 790 **795**
schuetzeana **(12)** 789 **791**
secunda **(12)** 790 **796**
tangutorum **(12)** 789 **793**
taurica **(12)** 789 **792**
tibetica **(12)** 789 **793**
transsilvanica **(12)** 789 **792**
turczaninowiana **(12)** 789 **794**
virgata **(12)** 790 **794**
Melicope
(Rutaceae) **(8)** 398 **420**
patulinervia **(8)** **420**
Melilotus
(Fabaceae) **(7)** 62 **428**
albus **(7)** **429**
dentata **(7)** 429 **430**
indicus **(7)** 429 **431**

officinalis (7) **429**
suaveolens (7) 430
Melinis
(Poaceae) (12) 553 **1037**
minutiflora (12) **1037**
Meliosma
(Sabiaceae) (8) 292 **298**
angustifolia (8) 299 **307**
arnottiana (8) 299 **308**
beaniana (8) 300 **309**
cuneifolia (8) 298 **300** Ph.142
dumicola (8) 299 **304**
flexuosa (8) 298 **301**
fordii (8) 299 **306**
var. sinii (8) 299 **306**
glandulosa (8) 299 **308**
henryi (8) 299 **304**
kirkii (8) 299 **308**
myriantha (8) 298 **301**
var. discolor (8) 298 **301**
var. pilosa (8) 298 **302**
oldhamii (8) 299 **209**
var. glandulifera (8) 300 **309**
pannosa (8) 306
parviflora (8) 298 **300**
paupera (8) 298 **302**
pilosa (8) 302
rhoifolia (8) 299 **307**
subsp. *barbulata* (8) 307
var. barbulata (8) 299 **307**
rigida (8) 299 **305**
var. pannosa (8) 299 **306**
simplicifolia (8) 299 **303**
sinii (8) 306
squamulata (8) 299 **303**
thomsonii (8) 298 **302**
thorelii (8) 299 **303** Ph.143
veitchiorum (8) 300 **310**
velutina (8) 299 **305**
yunnanensis (8) 299 **306**
Melissa
(Lamiaceae) (9) 397 **527**
axillaris (9) **527**
offcinalis (9) 527 **528**
yunnanensis (9) 527 **528**
Melliodendron
(Styracaceae) (6) 26 **44**
crenulata (6) 502
xylocarpum (6) **44** Ph.11
Melocalamus
(Poaceae) (12) 551 **570**
compactiflorus (12) **570**
Melodinus
(Apocynaceae) (9) 90 **92**
axillaris (9) 92 **93**
fusiformis (9) 93 **95**
hemsleyanus (9) 93 **94**
suaveolens (9) 93 **94**
tenuicaudatus (9) 93 **94**
yunnanensis (9) **92** Ph.48
Melodorum balansea (3) 192
chloroneurum (3) 187
glaucescens (3) 188
oldhamii (3) 193
polyanthoides (3) 192
polyanthum (3) 193
retusum (3) 191
uonicum (3) 188
wallichii (3) 187
Melosciadium tenerum (8) 675
Memecylon
(Melastomataceae) (7) 615 **660**
cyanocarpum (7) **660**
floribundum (7) 660 **661**
hainanense (7) 660 **661**
ligustrifolium (7) 660 **661**
octocostatum (7) 660 **662**
scutellatum (7) 660 **662**
Memorialis hirta (4) 149
Memorialis matsudai (4) 150
Meniscium cuspidatum (2) 392
parishii (2) 393
simplex (2) 391
triphyllum (2) 392
Menispermaceae (3) **668**
Menispermum
(Menispermaceae) (3) 669 670 **682**
acutum (3) 681
crispum (3) 676
dauricum (3) **682**
glaucum (3) 678
japonicum (3) 685
orbiculatum (3) 680
Mentha
(Lamiaceae) (9) 397 **537**
arvensis subsp. *haplocalyx*
var. *sachalinensis* (9) 538
asiatica (9) 537 **538**
auricularis (9) 560
cablin (9) 559
canadensis (9) **537**
dahurica (9) 537 **538**
haplocalyx (9) 537
pulegium (9) 537 **539**
rotundifolia (9) 539
sachalinensis (9) 537 **538**
spicata (9) 537 **539**
x piperita (9) 537 **539**
stellata (9) 561
suaveolens (9) 537 **539**
Menyanthaceae (9) **273**
Menyanthes
(Menyanthaceae) (9) **273**
criatata (9) 275
hydrophylla (9) 275
indica (9) 275
trifoliata (9) **274** Ph.115
Mephitidia chinensis (10) 627
wallichii (10) 622
Mercurialis
(Euphorbiaceae) (8) 11 **82**
leiocarpa (8) **82**
Meringium

(Hymenophyllaceae) (2) 112 **118**
acanthoides (2) 118 **119**
denticulatum (2) 118 **118**
holochilum (2) 118 **118**
Merremia
(Convolvulaceae) (9) 241 **253**
boisiana (9) 254 **256** Ph.110
var. fulvopilosa (9) 254 **256**
hederacea (9) 253 **255**
quinata (9) 253 **254**
sibirica (9) 253 **255**
var. macrosperma (9) 253 **255**
var. trichosperma (9) 253 **255**
var. vesiculosa (9) 253 **255**
tridentata (9) 257
subsp. *hastata* (9) 257
umbellata
subsp. orientalis (9) 254 **257**
var. *orientalis* (9) 257
vitifolia (9) 253 **254**
yunnanensis (9) 254 **256** Ph.109
Merrillanthus
(Asclepiadaceae) (9) 136 **188**
hainanensis (9) **188**
Merrilliopanax
(Araliaceae) (8) 534 **542**
chinensis (8) **542**
listeri (8) **542**
membranifolius (8) **542**
Mertensia
(Boraginaceae) (9) 281 **305**
davurica (9) **305**
pallasii (9) **305**
sibirica (9) **305**
Mesembryanthemum
(Aizoaceae) (4) 296 **298**
cordifolium (4) **298**
crystallinum (4) **298**
spectabile (4) **298**
Mesona
(Lamiaceae) (9) 398 **588**
chinensis (9) **588** Ph.194
Mesonodon
(Entodontaceae) (1) 851 **852**
flavescens (1) **852**
Mesopteris
(Thelypteridaceae) (2) 335 **372**
tonkinensis (2) **372**
Mespilus japonica (6) 525
Messerschmidia sibirica (9) 289
subsp. *angustior* (9) 290
var. *angustior* (9) 290
Mesua
(Guttiferae) (4) 681 **682**
ferrea (4) **682**
Metabriggsia
(Gesneriaceae) (10) 245 **276**
ovalifolia (10) **276** Ph.79
Metacalypogeia
(Calypogeiaceae) (1) **42**
alternifolia (1) 42 **43**
cordifolia (1) **42**
Metadina
(Rubiaceae) (10) 506 **566**
trichotoma (10) **566**
Metaeritrichium
(Boraginaceae) (9) 282 **333**
microuloides (9) **333** Ph.127
Metanemone
(Ranunculaceae) (3) 389 **505**
ranunculoides (3) **505**
Metapetrocosmea
(Gesneriaceae) (10) 245 **283**
peltata (10) **283** Ph.93
Metaplexis
(Asclepiadaceae) (9) 135 **148**
hemsleyana (9) **148**
japonica (9) **148**
Metapolypodium
(Polypodiaceae) (2) 664 **666**
manmeiense (2) **666**
Metasequoia
(Taxodiaceae) (3) 68 **73**
glyptostroboides (3) **73** Ph.100
Metastachydium
(Lamiaceae) (9) 393 **497**
sagittatum (9) **497**
Metathelypteris
(Thelypteridaceae) (2) 335 **345**
adscendens (2) 345 **347**
decipiens (2) 345 **348**
flaccida (2) 346 **350**
gracilescens (2) 345 **346**
hattorii (2) 346 **349**
laxa (2) 345 **347**
petiolulata (2) 346 **349**
singalanensis (2) 345 **346**
uraiensis (2) 345 **348**
wuyishanensis (2) 346 **350**
Meteoriaceae (1) **682**
Meteoriella
(Pterobryaceae) (1) 668 **679**
soluta (1) **679**
Meteoriopsis
(Meteoriaceae) (1) 682 **691**
reclinata (1) **692** Ph.204
undulataet (1) **692**
Meteorium
(Meteoriaceae) (1) 682 **693**
attenuata (1) 697
aureum (1) 700
buchananii (1) **693** Ph.205
compressirameum (1) 687
flagelliferum (1) 687
flammeum (1) 698
flexicaule (1) 697
hookeri (1) 672
horridum (1) 665
levieri (1) 698
membranaceum (1) 685
papillarioides (1) 693 **694**
parisii (1) 685
pendulum (1) 695

polytrichum (1) **693**
retrorsum (1) 688
scabriusculum (1) 676
solutum (1) 679
sparsum (1) 700
subdivergens (1) 686
subpolytrichum (1) 693 **694** Ph.206
Metrosideros viminalis (7) 557
Metzgeria
(Metzgeriaceae) (1) **261**
conjugata (1) **261**
furcata (1) 261 **262** Ph.51
hamata (1) 261 **262**
Metzgeriaceae (1) **261**
Metzleria alpina (1) 358
Meyna
(Rubiaceae) (10) 509 **603**
hainanensis (10) **603** Ph.199
Meyenia erecta (10) 333
Mezoneuron hymenocarpum (7) 36
sinense (7) 33
Mezzettiopsis
(Annonaceae) (3) 158 **163**
creaghii (3) **163**
Michelia
(Magnoliaceae) (3) 123 **144**
alba (3) 145 **146** Ph.178
balansae (3) 145 **149**
var. appressipubescens (3) 145 **149**
bodinieri (3) 150
cavaleriei (3) 146 **154**
champaca (3) 145 **146** Ph.177
chapensis (3) 145 **150**
compressa (3) 146 **155** Ph.189
crassipes (3) 145 **148** Ph.181
figo (3) 145 **148** Ph.182
floribunda (3) 145 **147** Ph.179
foveolata (3) 145 **153** Ph.188
fulgens (3) 145 **154**
hedyosperma (3) 145 **151** Ph.184
macclurei (3) 145 **151** Ph.185
martinii (3) 145 **149** Ph.183
maudiae (3) 145 **152** Ph.187
mediocris (3) 145 **153**
platypetala (3) 145 **152** Ph.186
skinneriana (3) 145 **148**
szechuanica (3) 145 **150**
taiwaniana (3) 155
velutina (3) 144 **146**
wilsonii (3) 145 **147** Ph.180
Micholitzia
(Asclepiadaceae) (9) 133 **168**
obcordata (9) **168**
Micranthus oppositifolius (10) 352
Micrechites formicina (9) 126
lachnocarpa (9) 130
malipoensis var. *parvifolia* (9) 130
polyantha (9) 130
rehderiana (9) 130
Microcampylopus
(Dicranaceae) (1) 332 **345**
khasianus (1) **345**
Microcarpaea
(Scrophulariaceae) (10) 67 **127**
minima (10) **127**
Microcaryum
(Boraginaceae) (9) 282 **325**
pygmaeum (9) **325**
trichocarpum (9) 324
Microchloa
(Poaceae) (12) 558 **994**
indica (12) **994**
Microcos
(Tiliaceae) (5) 12 **24**
paniculata (5) **24** Ph.11
Microdendron
(Polytrichaceae) (1) 951 **957**
sinense (1) **957** Ph.282
Microdesmis
(Pandaceae) (8) **9**
caseariifolia (8) **9**
Microdus
(Dicranaceae) (1) 332 **337**
brasiliensis (1) **338**
Microglossa
(Compositae) (11) 123 **223**
pyrifolia (11) **223**
Microgonium
(Hymenophyllaceae) (2) 112 **122**
beccarianum (2) 122 **123**
bimarginatum (2) 123 **124**
omphalodes (2) 122 **123**
sublimbatum (2) 122 **124**
Microgynoecium
(Chenopodiaceae) (4) 305 **320**
tibeticum (4) **320**
Microlejeunea
(Lejeuneaceae) (1) 225 **247**
rotundistipula f. *parva* (1) 247
ulicina (1) **248**
Microlepia
(Dennstiaceae) (2) 152 **155**
bipinnata (2) 155 **157**
calvescens (2) 155 **157**
hancei (2) 156 **161**
hookeriana (2) 155 **156**
marginata (2) 155 **156**
var. villosa (2) 155 **157**
pallida (2) 156 **162**
pilosula (2) 156 **163**
platyphylla (2) 155 **159**
pseudostrigosa (2) 155 **158**
quadripinnata (2) 476
rhomboidea (2) 155 **160**
sinostrigosa (2) 158
speluncae (2) 156 **162**
strigosa (2) 155 **159**
tenera (2) 155 **161**
trapeziformis (2) 155 **160**
villosa (2) 156 **162**
villosa (2) 157
wilfordii (2) 152
Microlonchus albispinus (11) 655

minimus **(11)** 641
Micromeles caloneura **(6)** 549
folgneri **(6)** 552
hemsleyi **(6)** 547
keissleri **(6)** 551
rhamnoides **(6)** 549
Micromelum
(Rutaceae) **(8)** 399 **429**
falcatum **(8)** **429**
integerrimum **(8)** **429** Ph.219
var. mollissimum **(8)** 429 **430** Ph.220
Micropeplis
(Chenopodiaceae) **(4)** 306 **349**
arachnoidea **(4)** **349**
foliosa **(4)** 349 **350**
Microphysa
(Rubiaceae) **(10)** 508 **683**
elongata **(10)** **683**
Micropodium cardiophyllum **(2)** 442
Micropolypodium
(Grammitidaceae) **(2)** 771 **772**
cornigerum **(2)** 772 **772**
okuboi **(2)** 772 **772**
sikkimense **(2)** 772 **773**
Microrhamnus franguloides **(8)** 162
Microsisymbrium minutiflorum **(5)** 529
yechengicum **(5)** 475
Microsorum
(Polyodiaceae) **(2)** 665 **750**
dilatatum **(2)** 753
fortunei **(2)** 750 **751** Ph.149
insigne **(2)** 751 **753**
membranaceum **(2)** 751 **752**
pteropus **(2)** 751 **754**
punctatum **(2)** 751 **753**
steerei **(2)** 751 **753**
superficiale **(2)** 750 **751**
zippelii **(2)** 751 **752**
Microstegium
(Poaceae) **(12)** 555 **1105**
biaristatum **(12)** 1105 **1107**
ciliatum **(12)** 1105 **1106**
fauriei **(12)** 1106 **1110**
geniculatum **(12)** 1105 **1110**
japonicum **(12)** 1105 **1109**
monanthum **(12)** 1105 **1107**
nodosum **(12)** 1105 **1108**
nudum **(12)** 1106 **1110**
somai **(12)** 1105 **1109**
vagans **(12)** 1105 **1106**
vimineum **(12)** 1105 **1108**
var. *imberbe* **(12)** 1108
Microstigma
(Brassicaceae) **(5)** 387 **499**
brachycarpum **(5)** **499**
Mesoclastes brachystachys **(13)** 759
Microtatorchis
(Orchidaceae) **(13)** 369 **768**
compacta **(13)** **768**
Microtis
(Orchidaceae) **(13)** 368 **445**
parviflora **(13)** 446
unifolia **(13)** **446**
Microtropis
(Celastraceae) **(7)** 775 **819**
confertiflora **(7)** 822
discolor **(7)** 820 **825**
fokienensis **(7)** 820 **823**
gracilipes **(7)** 820 **822**
illicifolia var. *yunnanensis* **(7)** 823
macrophyllus **(7)** 819 **820**
obliquinervia **(7)** 820 **824**
paucinervis **(7)** 820 **824**
petelotii **(7)** 819 **820**
pyramidalis **(7)** 819 **822**
reticulata **(7)** 820 **824**
submembranacea **(7)** 819 **821**
tertragona **(7)** 819 **821**
triflora **(7)** 819 **822**
yunnanensis **(7)** 820 **823**
Microula
(Boraginaceae) **(9)** 281 **319**
bhutanica **(9)** 319 **323**
diffusa **(9)** 319 **321**
floribunda **(9)** 319 **321**
pseudotrichocarpa **(9)** 319 **322**
pustulosa **(9)** 319 **323**
rockii **(9)** 319 **322**
sikkimensis **(9)** 319 **321**
stenophylla **(9)** 319 **321**
tangutica **(9)** 319 **323**
tibetica **(9)** **319** Ph.126
trichocarpa **(9)** 319 **320**
turbinata **(9)** 319 **320**
younghusbandii **(9)** 319 **323**
Mielichhoferia
(Bryaceae) **(1)** **539**
himalayana **(1)** **540**
sinensis **(1)** **540**
Mikania
(Compositae) **(11)** 122 **153**
cordata **(11)** **153**
Milium
(Poaceae) **(12)** 557 **930**
cimicinum **(12)** 1060
compressum **(12)** 1052
effusum **(12)** **930**
globosum **(12)** 1023
treutleri **(12)** 899
Miliusa
(Annonaceae) **(3)** 158 **165**
balansae **(3)** **166**
chunii **(3)** 166
prolifica **(3)** 166 **167**
sinensis **(3)** 165 **166**
tenuistipitata **(3)** **166**
Millettia
(Fabaceae) **(7)** 61 **102**
championi **(7)** 103 **109**
cinerea **(7)** 104 **110**
congestiflora **(7)** 104 **112**
dielsiana **(7)** 104 **113** Ph.66
var. heterocarpa **(7)** 104 **113**

eurybotrya (7) 103 **108**
gentiliana (7) 104 **111**
heterocarpa (7) 113
ichthyochtona (7) 103 **104**
kiangsiensis (7) 103 **109**
lasiopetala (7) 105
longipedunculata (7) 104 **111**
nitida (7) 104 **112** Ph.65
var. hirsutissima (7) 104 **112**
oosperma (7) 103 **110**
oraria (7) 103 **107**
pachycarpa (7) 103 **105** Ph.63
pachyloba (7) 103 **105** Ph.62
pulchra (7) 103 **106**
var. laxior (7) 103 **107**
var. *typica f. laxior* (7) 107
reticulata (7) 103 **108** Ph.64
scabricaulis (7) 120
sericosema (7) 103 **111**
speciosa (7) 103 **107**
sphaerosperma (7) 103 **110**
thyrsiflora (7) 122
tsui (7) 103 **109**
velutina (7) 103 **106**
Millingtonia
(Bignoniaceae) (10) 418 **420**
hortensis (10) **421**
Millingtonia simplicifolia (8) 303
Milula
(Liliaceae) (13) 72 **139**
spicata (13) **139**
Mimosa
(Mimosaceae) (7) 1 **5**
catechu (7) 8
chinensis (7) 20
cinerea (7) 3
corniculata (7) 16
cyclocarpa (7) 21
duclis (7) 15
farnesiana (7) 9
fera (7) 26
juliflora (7) 3
kalkora (7) 18
lebbeck (7) 19
leucocephala (7) 6
odoratissima (7) 18
pennata (7) 10
plena (7) 4
precera (7) 17
pudica (7) **5** Ph.3
sinuata (7) 10
virgata (7) 6
Mimosaceae (7) **1**
Mimulicalyx
(Scrophulariaceae) (10) 71 **131**
paludigenus (10) 131 **132**
rosulatus (10) **131**
Mimulus
(Scrophulariaceae) (10) 70 **118**
nepalensis var. *platyphyllus* (10) 120
var. *procerus* (10) 119
szechuenensis (10) 118 **119**
tenellus (10) 118 **119**
var. platyphyllus (10) 118 **120**
var. procerus (10) 118 **119**
tibeticus (10) **119**
violacea (10) 116
Mimusops hexandra (6) 2
Minuartia
(Caryophyllaceae) (4) 392 **434**
biflora (4) 434 **435**
laricina (4) **434**
Mirabilis
(Nyctaginaceae) (4) 291 **293**
himalaica var. *chinensis* (4) 294
jalapa (4) **293** Ph.130
Miscanthus
(Poaceae) (12) 555 **1085**
brevipilus (12) 1090
floridulus (12) **1085**
jinxianensis (12) 1085 **1086**
nudipes subsp. *yunnanensis* (12) 1088
purpurascens (12) 1085 **1087**
sacchariflorus (12) 1091
sinensis (12) 1085 **1086**
transmorrisonensis (12) 1085 **1087**
Mischobulbum
(Orchidaceae) (13) 372 **586**
cordifolium (13) **586**
macrantha (13) 589
Mischocarpus
(Sapindaceae) (8) 268 **282**
Fuscescens var. *bonii* (8) 280
pentapetalus (8) 282 **283**
sundaicus (8) **282** Ph.133
Mitchella
(Rubiaceae) (10) 508 **644**
undulata (10) **644**
Mitella
(Saxifragaceae) (6) 371 **416**
nuda (6) **416**
Mitostigma gracile (13) 480
Mitracarpus
(Rubiaceae) (10) 509 **657**
villosus (10) **657**
Mitragyna
(Rubiaceae) (10) 506 **558**
brunonis (10) 558
rotundifolia (10) **558**
Mitrasacme
(Loganiaceae) (9) 1 **9**
indica (9) **9**
pygmaea (9) **9**
Mitrastemon
(Mitrastemonaceae) (7) **773**
yamamotoi (7) **773**
Mitrastemonaceae (7) **772**
Mitreola
(Loganiaceae) (9) 1 **10**
Pedicellata (9) **10**
petiolata (9) **10**
petiolatoides (9) **10**
Mitrephora

(Annonaceae) **(3)** 158 **173**
maingayi **(3)** **173**
thorelii **(3)** **173**
wangii **(3)** 173 **174**
Mitthyridium
(Calymperaceae) **(1)** **422**
fasciculatum **(1)** **422**
flavum **(1)** 422 **423** Ph.121
Mitrosicyos paniculatus **(5)** 200
Miyabea
(Anomodontaceae) **(1)** 777 **782**
fruticella **(1)** 782 **783**
thuidioides **(1)** **782**
Miyoshia sakuraii **(13)** 74
Mnesithea
(Poaceae) **(12)** 554 **1167**
mollicoma **(12)** **1167**
Mniaceae **(1)** **571**
Mnioloma
(Calypogeiaceae) **(1)** 42 **46**
fuscum **(1)** **46**
Mnium
(Mniaceae) **(1)** 571 **573**
acutum **(1)** 579
arbuscula **(1)** 579
cinclidioides **(1)** 584
crudum **(1)** 542
cuspidatum **(1)** 580
cyclophyllum **(1)** 564
dilatatum **(1)** 576
fissum **(1)** 46
giganteum **(1)** 569
handelii **(1)** 577
heterophyllum **(1)** **573**
hymenophylloides **(1)** 572
integrum **(1)** 580
japonicum **(1)** 581
laevinerve **(1)** 573 **574**
lycopodioides **(1)** 573 **574**
magnifolium **(1)** 586
maximoviczii **(1)** 581
medium **(1)** 582
microphyllum **(1)** 588
palustre **(1)** 594
parvulum **(1)** 586
pseudopunctatum **(1)** 587
pseudotriquetrum **(1)** 567
punctatum **(1)** 587
rostratum **(1)** 582
spinosum **(1)** 573 **575**
succulentum **(1)** 583
thomsonii **(1)** 573 **575**
trichomanis **(1)** 45
triquetrumex **(1)** 595
turbinatum **(1)** 568
ussuriense **(1)** 589
vesicatum **(1)** 583
Moacurra gelonioides **(7)** 889
Mniumawae horikawae **(1)** 585
Moehringia
(Caryophyllaceae) **(4)** 392 **430**
lateriflora **(4)** **430**
trinervia **(4)** 430 **431**
Moghania macrophylla **(7)** 246
philippinensis **(7)** 247
strobilifera **(7)** 244
Molendoa
(Pottiaceae) **(1)** 437 **468**
hornschuchiana **(1)** **468**
sendtneriana **(1)** 468 **469**
sendtneriana
var. yunnanensis **(1)** 468 **469**
yunnanensis **(1)** 469
Monoclea blumei **(1)** 2
Molinia
(Poaceae) **(12)** 562 **678**
fauriei **(12)** 788
hui **(12)** **679**
japonica **(12)** **679**
maxima **(12)** 800
olgae **(12)** 760
squarrosa **(12)** 979
Molineria crassifolia **(13)** 307
gracilis **(13)** 306
Moliniopsis hui **(12)** 679
Molluginaceae **(4)** **388**
Mollugo
(Molluginaceae) **(4)** 388 **390**
lotoides **(4)** 389
oppositifolia **(4)** 390
pentaphylla **(4)** 390
stricta **(4)** **390** Ph.183
Molucella diacanthophyllum **(9)** 484
Momordica
(Cucurbitaceae) **(5)** 198 **223**
charantia **(5)** **224** Ph.109
cochinchinensis **(5)** **224** Ph.110
cylindrica **(5)** 225
elaterium **(5)** 226
grosvenorii **(5)** 217
lanata **(5)** 227
pedata **(5)** 253
subangulata **(5)** 224 **225**
Monachosoraceae **(2)** 3 **149**
Monachosorum
(Monachosoraceae) **(2)** 149 **150**
davallioides **(2)** 150 **151**
elegans **(2)** 150 **151**
flagellare **(2)** 150 **150**
var. nipponicum **(2)** 150 **151**
henryi **(2)** 150 **151** Ph.54
nipponicum **(2)** 151
Monarda
(Lamiaceae) **(9)** 396 **524**
didyma **(9)** 524 **525**
fistulosa **(9)** 524 **525** Ph.180
Moneses
(Pyrolaceae) **(5)** 721 **730**
uniflora **(5)** **731** Ph.296
Monimopetalum
(Celastraceae) **(7)** 775 **805**
chinense **(7)** **805**
Monocarpus foliosus **(4)** 315

Monocelastrus monospermus **(7)** 814
Monocera petiolata **(5)** 3
Monochasma
(Scrophulariaceae) **(10)** 69 **225**
savatieri **(10)** **226**
sheareri **(10)** **226**
Monochilus affinis **(13)** 434
nervosus **(13)** 432
Monochoria
(Pontederiaceae) **(13)** 65 **66**
hastata **(13)** **66** Ph.58
korsakowii **(13)** **66** Ph.57
vaginalis **(13)** 66 **67** Ph.59
Monocladus
(Poaceae) **(12)** 550 **571**
amplexicaulis **(12)** 571 **572**
levigatus **(12)** 571 **572**
saxatilis **(12)** **571**
var. *solida* **(12)** 571
solida **(12)** **571**
Monogramma
(Vittaricaceae) **(2)** 265 **270**
paradoxa **(2)** **270**
Monolophus coenobialis **(13)** 36
yunnanensis **(13)** 32
Monomelangium
(Athyriaceae) **(2)** 271 **283**
pullingeri **(2)** **283** Ph.84
Monomeria
(Orchidaceae) **(13)** 373 **716**
barbata **(13)** **716**
Monosoleniaceae **(1)** **265**
Monosolenium
(Monosoleniaceae) **(1)** **265**
tenerum **(1)** **265** Ph.55
Muscoflorschuetzia **(1)** 946
Monotropa
(Monotropaceae) **(5)** 733 **735**
humilis **(5)** **733**
hypopitys **(5)** **735**
var. hirsuta **(5)** **735**
uniflora **(5)** **735**
Monotropaceae **(5)** **732**
Monotropastrum macrocarpum **(5)** 733
Monstera
(Araceae) **(12)** 105 **118**
deliciosa **(12)** **118**
Moraceae **(4)** **27**
Moraea
(Iridaceae) **(13)** 273 **278**
iridioides **(13)** **278**
Morella rubra **(4)** 176
Morina
(Dipsacaceae) **(11)** 106 **108**
alba **(11)** 109
betonicoides **(11)** 108
bulleyana **(11)** 109
chinensis **(11)** 108 **109**
chlorantha **(11)** 108 **110**
delavayi **(11)** 109
kokonorica **(11)** 108 **109**
longifolia **(11)** 108 **110**
nepalensis **(11)** **108** Ph.32
var. alba **(11)** 108 **109**
var. delavayi **(11)** 108 **109** Ph.33
parviflora **(11)** 109
var. *chinensis* **(11)** 109
Morinda
(Rubiaceae) **(10)** 508 **651**
citrifolia **(10)** 651 **652** Ph.213
cochinchinensis **(10)** **652**
hupehensis **(10)** 652 **654**
lacunosa **(10)** 652 **653**
officinalis **(10)** 652 **654**
parvifolia **(10)** 652 **654** Ph.215
umbellata **(10)** 652 **653** Ph.214
umbellata **(10)** 653
subsp. *obovata* **(10)** 653
villosa **(10)** 652 **653**
Moringa
(Moringaceae) **(5)** **541**
oleifera **(5)** **541**
Moringaceae **(5)** **541**
Morus
(Moraceae) **(4)** 28 **29**
alba **(4)** **29** Ph.21
var. *mongolica* **(4)** 31
australis **(4)** 29 **31**
var. inusitata **(4)** 29 **32**
var. linearipartita **(4)** 29 **32**
cathayana **(4)** 29 **30**
inusitata **(4)** 32
macroura **(4)** 29 **30**
mongolica **(4)** 29 **31**
var. diabolica **(4)** 29 **31**
nigra **(4)** 29 **30**
papyrifera **(4)** 32
wittiorum **(4)** 29 **30**
Morus mairei **(8)** 89
Mosla
(Lamiaceae) **(9)** 397 **541**
cavaleriei **(9)** 542 **543**
chinensis **(9)** 541 **542**
dianthera **(9)** 542 **543**
longibracteata **(9)** 542 **543**
scabra **(9)** **542**
Mouretia
(Rubiaceae) **(10)** 507 **543**
guangdongensis **(10)** **543**
Mucuna
(Fabaceae) **(7)** 64 68 **197**
birdwoodiana **(7)** 198 **200** Ph.96
bracteata **(7)** 198 **202**
castanea **(7)** 200
gigantea **(7)** 198 **199**
lamellata **(7)** 198 **199**
macrobotrys **(7)** **198**
macrocarpa **(7)** 198 **200** Ph.97
pruriens **(7)** 198 **201**
var. utilis **(7)** 198 **202**
sempervirens **(7)** 198 **201** Ph.98
utilis **(7)** 202
Muhlenbergia

(Poaceae)	(12)	559	**999**	
curviaristata	(12)	1000	**1002**	
himalayensis	(12)	999	**1000**	
hugelii	(12)	999	**1001**	
japonica	(12)	999	**1000**	
var. *ramose*	(12)		1001	
ramosa	(12)	1000	**1001**	
ramosa var. *curviaristata*	(12)		1002	
tenuiflora subsp. *curviaristata*	(12)		1002	
Mukdenia				
(Saxifragaceae)	(6)	371	**378**	
rossii	(6)		**378**	
Mukia				
(Cucurbitaceae)	(5)	198	**220**	
javanica	(5)		**221**	
maderaspatana	(5)		**221**	
Mulgedium				
(Compositae)	(11)	135	**704**	
bracteatum	(11)	704	**705**	
lessertianum	(11)	704	**705**	
macrorrhizum	(11)		763	
tataricum	(11)	704	**705**	
Mullugo				
(Molluginaceae)	(4)	388	**390**	
verticillata	(4)	390	**391**	
Munchausia speciosa	(7)		511	
Mundulea pulchra	(7)		106	
Munronia				
(Meliaceae)	(8)	375	**380**	
delavayi	(8)	381	**382**	
henryi	(8)		**381**	
sinica	(8)	381	**382**	
unifoliolata	(8)		**381**	
Muntingia bartramia	(5)		63	
Murdannia				
(Commelinaceae)	(12)	182	**190**	
bracteata		191	**195**	
divergens	(12)	190	**193**	
edulis	(12)	190	**192**	
hookeri	(12)	190	**194**	
kainantensis	(12)	191	**196**	
keisak	(12)	190	**191**	
loriformis	(12)	191	**195**	
loureirii	(12)		192	
macrocarpa	(12)	190	**193**	
medica	(12)	190	**192**	
nudiflora	(12)	191	**194**	
simplex	(12)	191	**195**	
spectabilis	(12)	190	**192**	
spirata	(12)	190	**193**	
triquetra	(12)	190	**191**	Ph.86
Muricia cochinchinensis	(5)		224	
Muricoccum sinense	(8)		86	
Murraya				
(Rutaceae)	(8)	399	**435**	
euchrestifolia	(8)	435	**437**	
exotica	(8)	435	**436**	Ph.225
koenigii	(8)	435	**437**	
paniculata	(8)	435	**436**	Ph.224
Musa				
(Musaceae)	(13)	14	**15**	
acuminata	(13)	15	**16**	
balbisiana	(13)	15	**16**	
basjoo	(13)	15	**16**	Ph.16
coccinea	(13)	15	**17**	Ph.17
glauca	(13)		18	
itinerans	(13)	15	**17**	
lasiocarpa	(13)		18	
nana	(13)		**15**	Ph.14
sapientum	(13)	15	**16**	Ph.15
rubra	(13)	15	**17**	
textilis	(13)	15	**17**	
wilsonii	(13)	15	**17**	
Musaceae	(13)		**14**	
Musella				
(Musaceae)	(13)	14	**17**	
lasiocarpa	(13)		**18**	Ph.18
Mussaenda				
(Rubiaceae)	(10)	507	**571**	
anomala	(10)	571	**572**	
dehiscens	(10)		576	
divaricata	(10)	572	**575**	
elliptica	(10)	572	**576**	
erosa	(10)	572	**573**	
esquirolii	(10)		**572**	
hirsutula	(10)	572	**574**	
macrophylla	(10)	572	**573**	
pavettaefolia	(10)		613	
pubescens	(10)	572	**574**	Ph.194
treutleri	(10)	572	**575**	
Myagrum paniculatum	(5)		431	
sativum	(5)		537	
Mycelis sororia var. *pilipes*	(11)		732	
pseudosellecio	(11)		725	
Mycetia				
(Rubiaceae)	(10)	508	**578**	
coriacea	(10)	578	**579**	
gracilis	(10)	578	**580**	
hirta	(10)	578	**579**	
longifolia	(10)	578	**580**	
sinensis	(10)	578	**579**	
Mylia				
(Jungermanniaceae)	(1)	65	**89**	
nudaet	(1)		**89**	
verrucosa	(1)	89	**90**	
Myoporaceae	(10)		**227**	
Myoporum				
(Myoporaceae)	(10)		**227**	
bontioides	(10)		**227**	Ph.68
Myosotis				
(Boraginaceae)	(9)	281	**310**	
alpestris	(9)		**311**	Ph.123
caespitosa	(9)		**311**	
deflexa	(9)		329	
hookeri	(9)		315	
incana	(9)		332	
peduncularis	(9)		309	
radicans	(9)	306	307	
rupestris	(9)		332	
rupestris	(9)		326	
sparsiflora	(9)	311	**312**	
sylvatica	(9)		311	
villosa	(9)		330	

Myosoton
(Caryophyllaceae) **(4)** 392 **401**
aquaticum **(4)** **401**
Myriactis
(Compositae) **(11)** 122 **160**
delevayi **(11)** 160 **161**
longipedunculata **(11)** **160**
nepalensis **(11)** **160** Ph.44
wightii **(11)** 160 **161**
Myrica
(Myricaceae) **(4)** **175**
adenophora **(4)** 175 **176** Ph.76
adenophora var. *kusanoi* **(4)** 176
esculenta **(4)** **175** Ph.75
nana **(4)** 175 **177** Ph.77
rubra **(4)** 175 **176**
Myrica nigi **(3)** 97
Myricaceae **(4)** **175**
Myricaria
(Tamaricaceae) **(5)** 174 **183**
alopecuroides **(5)** 187
bracteata **(5)** 184 **187**
elegans **(5)** 184 **185**
germanica **(5)** 187
var. *laxiflora* **(5)** 188
laxa **(5)** 186
laxiflora **(5)** 184 **187**
paniculata **(5)** 184 **186** Ph.96
platyphylla **(5)** 184 **186**
prostrata **(5)** **184** Ph.94
rosea **(5)** 184 **185** Ph.95
squamosa **(5)** 184 **186**
Myrioneuron
(Rubiaceae) **(10)** 508 **577**
fabri **(10)** **577**
tonkinensis **(10)** 577 **578**
Myriophyllum
(Haloragaceae) **(7)** **493**
humile **(7)** 493 **495**
propinquum **(7)** **493**
spicatum **(7)** 493 **494**
ussuriense **(7)** 493
verticillatum **(7)** 493 **494**
Myriopteron
(Asclepiadaceae) **(9)** 133 **138**
extensum **(9)** **138** Ph.75
Myripnois
(Compositae) **(11)** 130 **663**
dioica **(11)** **663**
Myristica
(Myristicaceae) **(3)** 196 **198**
amygdalina **(3)** 202
cagayanensis **(3)** **198** Ph.206
erratica **(3)** 198
fragrans **(3)** 198 **199**
furfuracea **(3)** 196
globularia **(3)** **197**
kingii **(3)** 202
linifolia **(3)** 197
yunnanensis **(3)** 198 **199** Ph.207
Myristicaceae **(3)** **196**
Myrmechis
(Orchidaceae) **(13)** 366 **425**
chinensis **(13)** **426**
japonica **(13)** **426**
urceolata **(13)** 426 **427**
Myrobalanus bellirica **(7)** 667
yrtaceae **(7)** 548
Myrsinaceae **(6)** **77**
Myrsine
(Myrsinaceae) **(6)** 77 **109**
affinis **(6)** 111
africana **(6)** **109** Ph.30
neriifolia **(6)** 113
semiserrata **(6)** 109 **110**
stolonifera **(6)** 109 **110**
Myrtus acuminatissima **(7)** 559
cumini **(7)** 571
dumetora **(7)** 579
samarangensis **(7)** 562
tomentosa **(7)** 575
zeylanica **(7)** 573
Myrtus chinensis **(6)** 75
laurina **(6)** 68
Mytilaria
(Hamamelidaceae) **(3)** 772 **775**
laosensis **(3)** **775**
Myurella
(Theliaceae) **(1)** 750 **751**
julacea **(1)** **751**
sibirica **(1)** **751**
tenerrima **(1)** 751 **752**
Myuriaceae **(1)** **660**
Myuroclada
(Brachytheciaceae) **(1)** 827 **843**
maximowiczii **(1)** **844**
Myxopyrum
(Oleaceae) **(10)** 23 **66**
hainanense **(10)** 66
pierrei **(10)** **66**

N

Nabalus
(Compositae) **(11)** 134 **743**
ochroleucus **(11)** **743**
Nageia
(Podocarpaceae) **(3)** 95 **96**
fleuryi **(3)** 96 **97** Ph.123
nagi **(3)** 96 **97** Ph.124
wallichiana **(3)** 96 **97**
Najadaceae **(12)** **41**
Najas
(Najadaceae) **(12)** **41**
ancistrocarpa **(12)** 41 **43**
browniana **(12)** 41 **43**
gracillima **(12)** 41 **42**
graminea **(12)** 41 **44**
indica var. *gracillima* **(12)** 42
marina **(12)** **41**
var. brachycarpa **(12)** 41 **42**
minor **(12)** 41 **42**

oguraensis **(12)** 41 **44**
orientalis **(12)** 41 **44**
Nama zeylanica **(9)** 279
Nandina
(Berberidaceae) **(3)** **582**
domestica **(3)** **583** ph.449
Nannoglottis
(Compositae) **(11)** 123 **210**
carpesioides **(11)** 211 **212**
delavayi **(11)** **211**
gynura **(11)** 211 **212**
latisquama **(11)** **211**
Nanocnide
(Urticaceae) **(4)** 74 **83**
japonica **(4)** **83**
lobata **(4)** **83**
Nanophyton
(Chenopodiaceae) **(4)** 306 **351**
erinaceum **(4)** **352**
Naravelia
(Ranunculaceae) **(3)** 389 **543**
pilulifera **(3)** **543**
var. yunnanensis **(3)** **543**
zeylanica **(3)** 543
Narcissus
(Amaryllidaceae) **(13)** 259 **267**
jonquilla **(13)** **267**
pseudo-narcissus **(13)** **267**
tazetta
var. chinensis **(13)** **267** Ph.183
Nardia
(Jungermanniaceae) **(1)** **65** **86**
assamica **(1)** **86**
compressa **(1)** 86 **87**
fusiformis **(1)** **83**
japonica **(1)** 86 **87**
subelliptica **(1)** **78**
Nardosmia japonica **(11)** 507
Nardostachys
(Valerianaceae) **(11)** 91 **97**
chinensis **(11)** 98
jatamansi **(11)** **98** 彩片147
Nardus ciliaris **(12)** 1164
indica **(12)** 994
Narenga
(Poaceae) **(12)** 555 **1095**
fallax **(12)** **1095**
var. aristata **(12)** 1095 **1096**
porphyrocoma **(12)** **1095**
Nasturtium
(Brassicaceae) **(5)** 384 **489**
globosum **(5)** 487
henryi **(5)** 424
officinale **(5)** **489**
rivulorum **(5)** 425
tibeticum **(5)** 494
Nathaliella
(Scrophulariaceae) **(10)** 68 **91**
alaica **(10)** **92**
Natsiatopsis
(Icacinaceae) **(7)** 876 **886**
thunbergiaefolia **(7)** **886**
Natsiatum
(Icacinaceae) **(7)** 876 **885**
herpeticum **(7)** **885**
sinense **(7)** 884
Nauclea
(Rubiaceae) **(10)** 506 **563**
cadamba **(10)** 564
cordifolia **(10)** 570
officinalis **(10)** **564** Ph.192
racemosa **(10)** 567
rhynchophylla **(10)** 562
rotundifolia **(10)** 558
scandens **(10)** 562
sessilifolia **(10)** 565
sinensis **(10)** 560
tetrandra **(10)** 570
trichotoma **(10)** 566
truncata **(10)** 565
Nephelium
(Sapindaceae) **(8)** 267 **280**
chryseum **(8)** **280**
topengii **(8)** 280 **281** Ph.131
Neanotis
(Rubiaceae) **(10)** 507 **525**
hirsuta **(10)** 526 **527**
ingrata **(10)** 525 **526** Ph.184
kwangtungensis **(10)** 526 **527**
wightiana **(10)** 526
Nechamandra
(Hydrocharitaceae) **(12)** 13 **22**
alternifolia **(12)** **22**
Neckera
(Neckeraceae) **(1)** 702 **707**
anacamptolepis **(1)** 717
blanda **(1)** 663
borealis **(1)** 707 **708**
cladorrhizans **(1)** 858
comes **(1)** 695
cordata **(1)** 678
crassicaulis **(1)** 676
crenulata **(1)** 707 **708**
curvirostris **(1)** 886
deurrens **(1)** 707 **708**
filamentosa **(1)** 684
flexiramea **(1)** 707 **709**
goughiana **(1)** 707 **709**
hookeriana **(1)** 748
humilis **(1)** 708 **710**
julaceum **(1)** 851
lepineana **(1)** 713
longifolia **(1)** 855
longissimai **(1)** 685
luridus **(1)** 860
macropodus **(1)** 854
mariei **(1)** 720
orientalis **(1)** 675
pennata **(1)** 708 **710** Ph.217
polyclada **(1)** 707 **711**
pulchellus **(1)** 858
rostrata **(1)** 884
scalpellifolia **(1)** 707

semitorta **(1)** 699
semperiana **(1)** 714
setschwanica **(1)** 707 **711**
sphaerocarpa **(1)** 647
subserrata **(1)** 716
sullivantii **(1)** 858
targionianus **(1)** 704
tenuis **(1)** 945
var. minor **(1)** 778
viticulosoides **(1)** 467
viticulosus **(1)** 777
yezoana **(1)** 708 **711** Ph.218
Neckeraceae **(1)** **702**
Neckeropsis
(Neckeraceae) **(1)** 702 **712**
boniana **(1)** **712**
calcicola **(1)** 712 **713**
lepineana **(1)** 712 **713** Ph.219
nitidula **(1)** 712 **714**
semperiana **(1)** 712 **714** Ph.220
Neillia
(Rosaceae) **(6)** 442 **474**
affinis **(6)** 474 **476**
gracilis **(6)** 474 **475**
longiracemosa var. *lobata* **(6)** 478
ribesioides **(6)** 474 **477**
rubiflora **(6)** 474 **475**
sinensis **(6)** 474 **476**
thibetica **(6)** 474 **477**
var. lobata **(6)** 474 **478**
thyrsiflora **(6)** 474 **475**
Nelsonia
(Acanthaceae) **(10)** 329 **340**
canescens **(10)** **340**
Nelumbo
(Nelumbonaceae) **(3)** **378**
nucifera **(3)** **378** Ph.291
Nelumbonaceae **(3)** **378**
Nemosenecio
(Compositae) **(11)** 127 **520**
incisifolius **(11)** **520**
yunnanensis **(11)** **520**
Neoalsomitra
(Cucurbitaceae) **(5)** 198 **202**
clavigera **(5)** **202**
integrifoliola **(5)** **202**
Neoathyrium
crenulatoserrulatum **(2)** 280
Neobarbella
(Meteoriaceae) **(1)** 683 **695**
comes **(1)** **695**
Neocheiropteris
(Polyodiaceae) **(2)** 664 **676**
palmatopedata **(2)** **676** Ph.124
Neocinnamomum
(Lauraceae) **(3)** 206 **264**
caudatum **(3)** **264**
delavayi **(3)** 264 **265**
fargesii **(3)** **264**
lecomtei **(3)** 264 **265**
Neodicladiella
(Meteoriaceae) **(1)** 683 **695**
pendula **(1)** **695**
Neodolichomitra
(Hylocomiaceae) **(1)** 935 **940**
yunnanensis **(1)** **940**
Neofinetia
(Orchidaceae) **(13)** 370 **753**
falcata **(13)** **753** Ph.565
Neogyna
(Orchidaceae) **(13)** 374 **637**
gardenriana **(13)** **637** Ph.463
Neohusnotia
(Poaceae) **(12)** 554 **1038**
tonkinensis **(12)** **1039**
Neohymenopogon
(Rubiaceae) **(10)** 507 **553**
parasiticus **(10)** **554**
Neolamarckia
(Rubiaceae) **(10)** 506 **564**
cadamba **(10)** **564**
Neolepisorus
(Polyodiaceae) **(2)** 664 **677**
dengii **(2)** 677 **679**
emeiensis **(2)** 677 **678**
ensatus **(2)** 677 **680** Ph.126
lancifolius **(2)** 677 **679**
ovatus **(2)** 677 **677** Ph.125
sinensis **(2)** 677 **680**
truncates **(2)** 677 **678**
Neolitsea
(Lauraceae) **(3)** 206 **208**
aciculata **(3)** 209 **213**
acuminatissima **(3)** 208 **209** Ph.213
acutotrinervia **(3)** 213
aurata **(3)** 208 **211** Ph.215
var. chekiangensis **(3)** 208 **212**
brevipes **(3)** 209 **213**
cambodiana **(3)** 208 **210**
var. glabra **(3)** 208 **210**
chekiangensis **(3)** 212
chuii **(3)** 209 **214**
confertifolia **(3)** 208 **210**
hsiangkweiensis **(3)** 208 **212**
konishii **(3)** 209 **215**
levinei **(3)** 208 **212** Ph.216
longipedicellata **(3)** 209 **212**
ovatifolia **(3)** 209 **213**
Phanerophlebia **(3)** 209 **213**
pinninervis **(3)** 208 **209**
sericea **(3)** 208 **211** Ph.214
sutchuanensis **(3)** 209 **214**
undulatifolia **(3)** 208 **211**
Neomartinella
(Brassicaceae) **(5)** 385 **469**
grandiflora **(5)** 469 **470**
violifolia **(5)** **469**
Neomicrocalamus
(=Racemobambos) **(12)** 572
microphylla **(12)** 572
Neonauclea
(Rubiaceae) **(10)** 506 **565**
griffithii **(10)** 565 **566**

sessilifolia (10) **565**
truncata (10) **565**
Neonoguchia
(Meteoriaceae) (1) 682 **696**
auriculata (1) **696**
Neopallasia
(Compositae) (11) 127 **441**
pectinata (11) **441**
Neopicrorhiza
(Scrophulariaceae) (10) 68 **136**
scrophulariiflora (10) **136**
Neosinocalamus
(=Bambasa) (12) 573
Neotorularia
(Brassicaceae) (5) 389 **531**
brachycarpa (5) 531 **533**
humilis (5) 531 **532**
korolkovi (5) 531 **533**
torulosa (5) **531**
Neotrichocolea
(Lepidolaenaceae) (1) **21**
bissetii (1) 21 **22**
Neottia
(Orchidaceae) (13) 368 **402**
acuminata (13) 402 **404**
camtschatea (13) 402 **403** Ph.293
grandis (13) **418**
listeroides (13) **402**
megalochila (13) 402 **403**
papilligera (13) 402 **404**
procera (13) 417
sinensis (13) 442
smithiana (13) 401
viridiflora (13) 417
Neottianthe
(Orchidaceae) (13) 367 **485**
calcicola (13) 485 **486**
camptoceras (13) 486 **488** Ph.332
cucullata (13) 485 **486** Ph.330
gymnadenioides (13) 485 **487**
monophylla (13) 486 **487** Ph.331
pseudo-diphylax (13) 486 **487**
secundiflora (13) 486 **487**
Neottopteris
(Aspteniaceae) (2) 399 **436**
antiqua (2) 436 **439**
antrophyoides (2) 436 **437**
humbertii (2) 436 **437**
latipes (2) 436 **438**
nidus (2) 436 **438** Ph.95
phyllitidis (2) 437 **439**
simonsiana (2) 437 **439**
Nepenthaceae (5) **104**
Nepenthes
(Nepenthaceae) (5) **105**
mirabilis (5) **105** Ph.64
Nepeta
(Lamiaceae) (9) 394 **436**
annua (9) 437 **444**
cataria (9) 437 **442** Ph.161
coerulescens (9) 437 **439**
complanata (9) 447
decolorans (9) 448
densiflora (9) 437 **439**
discolor (9) 437 **439**
everardi (9) 437 **442**
fordii (9) 437 **443**
incana (9) 388
indica (9) 501
laevigata (9) 437 **438**
longibracteata (9) 437 **438**
multifida (9) 437 **443**
nivalis (9) 448
prattii (9) 437 **441**
sessilis (9) 437 **443**
sibirica (9) 438 **440**
souliei (9) 438 **441**
stewartiana (9) 438 **440**
tenuiflora (9) 437 **440**
tenuifolia (9) 437 **443**
veitchii (9) 437 **442**
wilsonii (9) 437 **441**
Nephelaphyllum
(Orchidaceae) (13) 372 **586**
chinense (13) 615
tenuiflorum (13) **586**
Nephrodium assamense (2) 527
banksiifolium (2) 91
barbigerum (2) 507
blanfordii (2) 517
chinense (2) 516
clarkei (2) 606
cochleata (2) 512
crinipes (2) 376
decipien (2) 521
delicatula (2) 637
diffractum (2) 474
eatoni (2) 606
enneaphyllum (2) 494
expansum (2) 515
faberi (2) 602
filix-mas var. *marginatum* (2) 514
var. *panda* (2) 500
fordii (2) 333
gracilescens var. *decipiens* (2) 348
var. *hirsutipes* (2) 343
griffithii (2) 618
gymnophyllum (2) 516
gymnosorum (2) 525
var. *indusiatum* (2) 525
hirsutum (2) 331
ingens (2) 613
japonicum (2) 343
lacerum (2) 510
microlepis (2) 500
nidus (2) 606
oligophlebium (2) 352
papilio (2) 385
rosthornii (2) 506
setulosum (2) 613
sheareri (2) 291
simonsii (2) 622
sinensis (2) 683

singalanense (2) 346
sparsum (2) 520
splendens (2) 518
var. *angustifrons* (2) 514
squamisetum (2) 473
stenopteron (2) 284
subpedatum (2) 619
subtriangularis (2) 526
tenerum (2) 604
terminans (2) 382
tokyoense (2) 500
unifurcatum (2) 284
yunnanense (2) 620
Nephrolepidaceae (2) 4 **636**
Nephrolepis
(Nephrolepidaceae)(2) 636 **636**
auriculata (2) 637 **638**
biserrata (2) 637 **638**
var. auriculata (2) 637 **639**
delicatula (2) 637 **637**
duffii (2) 637 **639**
falcata (2) 637 **637**
hirsutula (2) 637 **639**
Neptunia
(Mimosaceae) (7) 1 **4**
plena (7) **4**
Nerium
(Apocynaceae) (9) 89 **118**
divaricata (9) 98
indicum (9) 118
oleander (9) **118** Ph.66
Nertera
(Rubiaceae) (10) 508 **646**
depressa (10) **646**
sinensis (10) **646**
Nervilia
(Orchidaceae) (13) 365 **526**
aragoana (13) **527**
fordii (13) **527**
mackinnonii (13) 527 **529**
plicata (13) 527 **528** Ph.364
var. purpurea (13) 527 **528**
tibetensis (13) 527
Neslia
(Brossicaceae) (5) 386 **431**
paniculata (5) **431**
Nesopteris
(Hymenophyllaceae) (2) 112 **139**
grandis (2) 139 **140**
thysanostoma (2) 139 **139**
Neurolejeunea
(Lejeuneaceae) (1) 224 **231**
fukiensis (1) **231**
Neuropeltis
(Convolvulaceae) (9) 240 **242**
racemosa (9) **243**
Neustanthus peduncularis (7) 212
Neuwiedia
(Orchidaceae) (13) 365 **374**
singapureana (13) **375**
veratrifolia (13) 375
Neyraudia
(Poaceae) (12) 562 **675**
arundinacea (12) 675 **676**
montanar (12) **675**
rreynaudiana (12) 675 **676**
Nicandra
(Solanaceae) (9) 203 **204**
physalodes (9) **204**
Nicotiana
(Solanaceae) (9) 203 **238**
rustica (9) **239**
tabacum (9) **239**
Nigella
(Ranunculaceae) (3) 388 **404**
damascena (3) **404**
glandulifera (3) **404**
Nigrina *serrata* (3) 313
spicata (3) 311
Nintooa confusa (11) 82
Niphobolus angustissimus (2) 727
bonii (2) 723
costatus (2) 719
fissus var. *stenophyllus* (2) 723
gralla (2) 717
linearifolius (2) 721
mannii (2) 725
nudus (2) 714
porosus (2) 724
tonkinensis (2) 722
Nipponolejeunea
(Lejeuneaceae) (1) 225 **235**
pilifera (1) **235**
Nitraria
(Zygophyllaceae) (8) **449**
praevisa (8) 450 **451**
roborowskii (8) 449 **450**
sibirica (8) 449 **450**
sphaerocarpa (8) 449 **450** Ph.233
tangutorum (8) 450 **451**
Nogra
(Fabaceae) (7) 65 **214**
guangxiensis (7) **214**
Nomocharis
(Liliaceae) (13) 72 **134**
forrestii (13) 134 **135** Ph.112
mairei (13) 135
meleagrina (13) 135 **136** Ph.114
pardantina (13) 134 **135** Ph.113
saluenensis (13) 134 **135**
Nonea
(Boraginaceae) (9) 281 **302**
caspica (9) **302**
Nosema
(Lamiaceae) (9) 398 **588**
cochinchinensis (9) **588**
Nothaphoebe
(Lauraceae) (3) 207 **273**
cavaleriei (3) **273** Ph.241
petiolaris (3) 291
tonkinensis (3) 289
Nothapodytes
(Icacinaceae) (7) 876 **880**

foetida (7) 880 **881**
pittosporoides (7) **880** Ph.330
Nothodoritis
(Orchidaceae) (13) 369 **722**
zhejiangensis (13) **722** Ph.532
Notholaena
(Sinopteridaceae) (2) 208 **214**
chinensis (2) 214 **214**
hirsuta (2) 214 **215**
Notholirion
(Liliaceae) (13) 72 **136**
bulbuliferum (13) **137** Ph.115
campanulatum (13) **137** Ph.116
macrophyllum (13) **136**
Nothopanax davidii (8) 548
membranifolius (8) 542
rosthornii (8) 549
Nothoperanema
(Dryopteridaceae) (2) 472 **472**
hendersonii (2) 473 **473**
shikokianum (2) 473 **474**
squamisetum (2) 473 **473**
Nothosmyrnium
(Umbelliferae) (8) 581 **682**
japonicum (8) **682**
Notochaete
(Lamiaceae) (9) 395 **462**
hamosa (9) **462**
ongiaristata (9) **462**
Notopterygium
(Umbelliferae) (8) 579 **622**
franchetii (8) **622**
incisum (8) **622**
Notoscyphus
(Jungermanniaceae) (1) 65 **88**
lutescens (1) **88** ph.18
Notoseris
(Compositae) (11) 134 **741**
gracilipes (11) 741 **742**
henryi (11) 741 **742**
porphyrolepis (11) 741 **742**
psilolepis (11) **741**
Notothyladaceae (1) **299**
Notothylas
(Notothyladaceae) (1) **299**
levieri (1) **299**
Nouelia
(Compositae) (11) 130 **679**
insignis (11) **679**
Nowellia
(Cephaloziaceae) (1) **166** **172**
aciliata (1) **172**
curvifolia (1) **172**
var aciliata (1) **172**
Nuphar
(Nymphaeaceae) (3) 379 **383**
bornetii (3) **384**
luteum (3) 384 **385**
pumila (3) **384** Ph.299
sinensis (3) **384**
Nyctaginaceae (4) **290**
Nyctanthes
(Oleaceae) (10) 23 **39**
arbortristis (10) **39**
elongata (10) 61
multiflora (10) 62
sambac (10) 62
Nyctocalos
(Bignoniaceae) (10) 418 **420**
pinnata (10) 418 **420**
Nymphaea
(Nymphaeaceae) (3) 379 **380**
alba (3) 381 **382** Ph.294
var. rubra (3) 381 **382** Ph.295
candida (3) 381 **382**
lotus
var. pubescens (3) 381 **382** Ph.298
lutea (3) 385
var. *pumila* (3) 384
mexicana (3) 381 **382** Ph.297
Nymphaeaceae (3) **379**
odorata (3) 381 **382** Ph.296
pubescens (3) 382
stellata (3) 381 **383**
tetragona (3) **381**
Nymphoides
(Menyanthaceae) (9) 273 **274**
cristatum (9) 274 **275**
hydrophyllum (9) 274 **275**
indica (9) 274 **275**
peltatum (9) **274**
Nypa
(Arecaceae) (12) 58 **99**
fructicans (12) **99**
Nyssa
(Nyssaceae) (7) 687 **688**
javanica (7) 688 **689**
sinensis (7) **688**
yunnanensis (7) **688**
Nyssaceae (7) **687**

O

Oberonia
(Orchidaceae) (13) 374 **554**
caulescens (13) 555 **556**
ensiformis (13) 555 **558**
gammiei (13) 555 **557**
japonica (13) **555**
jenkinsiana (13) **555**
mannii (13) 555 **556**
myosurus (13) 555 **558**
pyrulifera (13) 555 **557** Ph.381
Ochna
(Ochnaceae) (4) **563**
integerrima (4) **563** Ph.251
Ochnaceae (4) **563**
Ochranthe arguta (8) 263
Ochrocarpus
(Guttiferae) (4) 682 **683**
yunnanensis (4) **683**
Ochroma

(Bombacaceae) (5) 64 **67**
lagopus (5) **67**
Ochrosia
(Apocynaceae) (9) 90 **108**
borbonica (9) **108**
Ocimum
(Lamiaceae) (9) 398 **591**
aureoglandulosum (9) 390
basilicum (9) **591**
var. pilosum (9) 591 **592**
frutescens (9) 541
gratissimum
var. suave (9) 591 **592**
inflexum (9) 572
pilosum (9) 592
polystachyon (9) 590
sanctum (9) 591 **592**
scabrum (9) 542
scutellarioides (9) 587
suave (9) 592
Octoblepharum
(Leucobryaceae) (1) 394 **401**
albidum (1) **401** Ph.104
Octomeria spicata (13) 652
Odontarrhena obovata (5) 435
Odontites
(Scrophulariaceae) (10) 69 **178**
serotina (10) 178
vulgaris (10) **178**
Odontochilus brevistylus (13) 439
elwesii (13) 439
tortus (13) 436
yunnanensis (13) 438
Odontoschisma
(Cephaloziaceae) (1) 166 **174**
grosseverrucosum (1) **174**
sphagni (1) **174**
Odontosoria eberhardtii (2) 172
Oedicladium
(Myuriaceae) (1) **660**
fragile (1) **660** Ph.195
rufescens (1) 660 **661**
sinicum (1) 680
Oedipodiaceae (1) 536
Oedipodium
(Oedipodiaceae) (1) **536**
griffithianum (1) **536**
Oenanthe
(Umbelliferae) (8) 582 **693**
dielsii (8) 693 **695**
hookeri (8) **693**
javanica (8) 693 **694** Ph.287
rosthornii (8) 693 **694**
sinensis (8) 693 **695**
thomsonii (8) 693 **695**
Oenothera
(Onagraceae) (7) 581 **592**
biennis (7) **593**
drummondii (7) 593 **594**
glazioviana (7) 593 **594** Ph.216
octovalvis (7) **582**
odorata (7) 594
Olacaceae (7) **713**
rosea (7) 593 **595**
stricta (7) 593 **594** Ph.217
tetraptera (7) 593 **595**
villosa (7) **593**
Oidymocarpus lanuginosa (10) 267
Okamura
(Leskeaceae) (1) 765 **775**
brachydictyon (1) **775**
hakoniensis (1) **775**
Olax
(Olacaceae) (7) 713 **714**
austro-sinensis (7) **715** Ph.281
wightiana (7) **715**
Oldenlandia biflora (10) 525
corymbosa (10) 523
heterophylla (10) 643
hirsuta (10) 527
repens (10) 513
verticillata (10) 518
Olea
(Oleaceae) (10) 23 **46**
brachiata (10) 47 **48**
compacta (10) 51
cuspidata (10) 47
dioica (10) 48
europaea (10) 46 **47**
subsp. cuspidata (10) 46 **47**
ferruginea (10) 47
fragrans (10) 43
marginata (10) 41
rosea (10) **47**
tsoongii (10) **47** Ph.18
yuennanensis (10) 48
Oleaceae (10) **23**
Oleandra
(Oleandraceae) (2) **641**
cumingii (2) 641 **643**
intermedia (2) 641 **643**
musifolia (2) 641 **641**
undulata (2) 641 **642**
wallichii (2) 641 **642** Ph.120
Oleandraceae (2) 4 **641**
Olgaea
(Compositae) (11) 131 **615**
lanipes (11) 615 **617**
leucophylla (11) 615 **616**
lomonosowii (11) 615 **616**
pectinata (11) 615 **617**
tangutica (11) 615 **617**
Oligobotrya henryi (13) 196
szechuanica (13) 196
Oligochaeta
(Compositae) (11) 131 **641**
minima (11) **641**
Oligomeris
(Resedaceae) (5) 542 **543**
linifolia (5) **543**
Oligostachyum
(=Arandinaria) (12) 644
gracilipes (12) 650

hupehensis **(12)** 649
lubricum **(12)** 653
nuspicula **(12)** 649
oedogonatum **(12)** 650
scabriflora **(12)** 648
sulcatum **(12)** 648
Oligotrichum
(Polytrichaceae) **(1)** 951 **953**
aligerum **(1)** **954**
crossidioides **(1)** **954**
falcatum **(1)** **954**
semilamellatum **(1)** 954 **955**
suzukii **(1)** 954 **955**
Olimarabidopsis
(Brassicaceae) **(5)** 386 **479**
pumila **(5)** **479**
Ombrocharis
(Lamiaceae) **(9)** 395 **491**
dulcis **(9)** **491**
Omphalodes cavaleriei **(9)** 306
chekiangensis **(9)** 313
diffusa **(9)** 321
moupinensis **(9)** 312
trichocarpa **(9)** 320
Omphalogramma
(Primulaceae) **(6)** 114 **223**
delavayi **(6)** 223 **224**
minus **(6)** 223 **225**
souliei **(6)** 223 **224**
vincaeflora **(6)** **223** Ph.70
Omphalothrix
(Scrophulariaceae) **(10)** 69 **177**
longipes **(10)** **177**
Omphalotrigonotis
(Boraginaceae) **(9)** 281 **313**
cupulifera **(9)** **314**
vaginata **(9)** 313
Onagraceae **(7)** **581**
Oncodostigma hainanense **(3)** 176
Oncophorus
(Dicranaceae) **(1)** 332 **368**
crispifolius **(1)** **368**
virens **(1)** 368 **369**
wahlenbergii **(1)** 368 **369** Ph.94
Oncus esculentus **(13)** 350
Onobrychis
(Fabaceae) **(7)** 61 **402**
taneitica **(7)** **402**
viciifolia **(7)** 402 **403**
Onoclea
(Onocleaceae) **(2)** 445 **446**
sensibilis **(2)** **446** Ph.97
Onocleaceae **(2)** 3 **445**
Ononis
(Fabaceae) **(7)** 62 67 **427**
antiquorum **(7)** 427 **428**
arvensis **(7)** **427**
Onopordum
(Compositae) **(11)** 131 **636**
acanthium **(11)** **636**
deltoides **(11)** 648
Onosma
(Boraginaceae) **(9)** 281 **296**
adenopus **(9)** 297 **298**
bicolor **(9)** 296
caspica **(9)** 302
confertum **(9)** 296 **297**
emodi **(9)** 296
exsertum **(9)** 297 **298**
microstoma **(9)** 296
multiramosum **(9)** 297 **298**
paniculatum **(9)** 296 **297** Ph.122
sinicum **(9)** **297**
Onychium
(Sinopteridaceae) **(2)** 208 **210**
contiguum **(2)** 211 **212**
japonicum **(2)** 211 **213**
var. lucidum **(2)** 211 **213**
moupinense **(2)** 211 **213**
siliculosum **(2)** 211 **211**
tenuifrons **(2)** 211 **212**
Opa odoratum **(7)** 569
Operculina
(Convolvulaceae) **(9)** 240 **258**
turpethum **(9)** **258**
Ophelia bimaculata **(9)** 83
cordata **(9)** 82
macrosperma **(9)** 85
racemosa **(9)** 88
Ophioderma
(Ophioglossaceae) **(2)** 80 **82**
pendula **(2)** **83**
Ophioglossaceae **(2)** 2 **80**
Ophioglossum
(Ophioglossaceae) **(2)** 80 **80**
flexuosum **(2)** 109
hermale **(2)** 80 **80**
japonicum **(2)** 111
nudicaule **(2)** 80 **81**
parvifolium **(2)** 81
pedunculosum **(2)** 80 **82**
pendulum **(2)** 83
petiolatum **(2)** 80 **82**
reticulatum **(2)** 80 **81**
scandens **(2)** 108
vulgatum **(2)** 80 **81** Ph.33
zeylanicum **(2)** 624
Ophiopogon
(Liliaceae) **(13)** 69 **242**
amblyphyllus **(13)** 243 **245**
angustifoliatus **(13)** 243 **249**
bockianus **(13)** 244 **249** Ph.173
var. *angustifoliatus* **(13)** 249
bodinieri **(13)** 244 **252** Ph.176
chingii **(13)** 243 **246**
clavatus **(13)** 242 **245**
dracaenoides **(13)** 243 **244**
grandis **(13)** 243 **248**
heterandrus **(13)** 243 **244**
intermedius **(13)** 244 **251** Ph.175
japonicus **(13)** 244 **252**
kansuensis **(13)** 240
mairei **(13)** 243 **247**

peliosanthoides **(13)** 242 **246**
platyphyllus **(13)** 243 **247**
sparsiflorus **(13)** 244 **250**
specatus
var. *minor* **(13)** 240
stenophyllus **(13)** 243 **248**
szechuanensis **(13)** 243 **250** Ph.174
tonkinensis **(13)** 243 **246**
umbraticola **(13)** 244 **251**
zingiberaceus **(13)** 244 **250**
Ophiorrhiza
(Rubiaceae) **(10)** 507 **530**
cantoniensis **(10)** 532 **538**
chinensis **(10)** 532 **538**
grandibracteolata **(10)** 532 **535**
hayatana **(10)** 530 **532**
hispida **(10)** 530 **532**
hispidula **(10)** 532 **534**
japonica **(10)** 532 **537**
lanceolata **(10)** 539
liangkwangensis **(10)** 532 **535**
lignosa **(10)** 532 **536**
liukiuensis **(10)** 530 **533**
micrantha **(10)** 511
mitchelloides **(10)** 532 **534**
nana **(10)** 512
napoensis **(10)** 532 **536**
nigricans **(10)** 532 **537**
nutans **(10)** 530 **532**
oppositiflora **(10)** 532 **539**
parviflora **(10)** 533
pellucida **(10)** 512
pumila **(10)** 532 **539**
rosea **(10)** 530 **533**
rugosa **(10)** 532 **534**
subrubescens **(10)** 530 531 **532**
succirubra **(10)** 532 **535**
umbricola **(10)** 532 **536**
wallichii **(10)** 532 **538**
Ophiorrhiziphyllon
(Acanthaceae) **(10)** 329 **339**
macrobotryum **(10)** **340**
Ophiospermum sinense **(7)** 514
Ophioxylon serpentinum **(9)** 103
Ophiuros
(Poaceae) **(12)** 555 **1165**
exaltatus **(12)** **1165**
Ophrestia
(Fabaceae) **(7)** 64 **224**
pinnata **(7)** **224**
Ophrys camtschatea **(13)** 403
lancea **(13)** 475
monophyllos **(13)** 552
monorchis **(13)** 476
nervosa **(13)** 541
unifolia **(13)** 446
Opilia
(Opiliaceae) **(7)** **719**
amentacea **(7)** **720**
venosus **(7)** 415
excelsa **(7)** 511
Opiliaceae **(7)** **718**
Opisthopappus
(Compositae) **(11)** 125 **354**
longilobus **(11)** 354
taihangensis **(11)** **354**
Opithandra
(Gesneriaceae) **(10)** 244 **272**
dalzielii **(10)** **272**
pumila **(10)** **272**
Oplismensis zelavensis **(12)** 1045
Oplismenus
(Poaceae) **(12)** 554 **1040**
burmanni var. *intermedium* **(12)** 1042
compositus **(12)** 1041 **1042**
var. *angustifolius* **(12)** 1043
var. formosanus **(12)** 1041 **1042**
var. intermedius **(12)** 1041 **1042**
var. owatarii **(12)** 1041 **1042**
cruspavonis **(12)** 1045
formosanus **(12)** 1042
owatarii **(12)** 1043
patens **(12)** 1041 **1043**
var. angustifolius **(12)** 1041 **1043**
undulatifolius **(12)** 1040 **1041**
var. binatus **(12)** 1041 **1042**
var. glabrus **(12)** 1041 **1042**
var. imbecillis **(12)** 1041 **1042**
var. japonicus **(12)** 1040 **1041**
Oplopanax
(Araliaceae) **(8)** 534 **537**
elatus **(8)** **537** Ph.251
Opuntia
(Cactaceae) **(4)** 300 **301**
cochinellifera **(4)** 301 **302** Ph.136
ficus-indica **(4)** 301 **302**
monacantha **(4)** 301 **302** Ph.135
stricta **(4)** **302**
var. dillenii **(4)** **301** Ph.134
Orchidaceae **(13)** **364**
Orchidantha
(Orchidaceae) **(13)** **19**
chinensis **(13)** **19**
insularis **(13)** 19 **20**
Orchis
(Orchidaceae) **(13)** 366 **446**
aphylla **(13)** 533
brevicalcarata **(13)** 447 **450** Ph.309
chrysea **(13)** 447 **450**
chusua **(13)** 447 **451** Ph.310
conopsea **(13)** 489
cucullata **(13)** 486
cyclochila **(13)** 446 **448**
dentata **(13)** 513
diantha **(13)** 446 **448**
falcata **(13)** 753
fuscescens **(13)** 471
japonica **(13)** 461
latifolia **(13)** 447 **452** Ph.311
limprichtii **(13)** 447 **451**
militaris **(13)** 447 **452**
radiata **(13)** 492
roborovskii **(13)** 447 **449**

sichuanica **(13)** 447 **452**
strateumatica **(13)** 431
susannae **(13)** 491
tipuloides **(13)** 464
triplicata **(13)** 608
tschiliensis **(13)** 446 **447**
umbrosa **(13)** 447 **453**
wardii **(13)** 446 **449**
Oreas
(Dicranaceae) **(1)** 333 **363**
martiana **(1)** **363**
Oreocalamus utilis **(12)** 624
Oreocharis
(Gesneriaceae) **(10)** 243 **250**
argyreia **(10)** 251 **154**
aurea **(10)** 251 **253**
auricula **(10)** 250 **251**
benthamii **(10)** 251 **254**
bodinieri **(10)** 251 **255**
cinnamomea **(10)** 251 **252**
cordatula **(10)** 250 **252**
delavayi **(10)** 251 **253**
elliptica **(10)** 253
var. *parvifolia* **(10)** 254
esquirolii **(10)** 247
forrestii **(10)** 251 **253**
georgei **(10)** 251 **252**
henryana **(10)** 251 **253**
leiophylla **(10)** 248
maximowiczii **(10)** 251 **255**
sericea **(10)** 250 **252**
tubicella **(10)** 251 **255**
xiangguiensis **(10)** 251 **254**
Oreocnide
(Urticaceae) **(4)** 76 **153**
frutescens **(4)** 154 **157**
integrifolia **(4)** 153 **154**
subsp. subglabra **(4)** 154 **155**
obovata **(4)** 154 **155**
pedunculata **(4)** 154 **156**
rubescens **(4)** 153 **154**
serrulata **(4)** 154 **156**
tonkinensis **(4)** 154 **155**
Oreodoxa regia **(12)** 93
Oreoloma
(Brassicaceae) **(5)** 387 **511**
eglandulosum **(5)** **511**
matthioloides **(5)** **511**
Oreomyrrhis
(Umbelliferae) **(8)** 579 **602**
involucrata **(8)** **602** Ph.283
Oreopanax chinense **(8)** 553
formosana **(8)** 543
Oreorchis
(Orchidaceae) **(13)** 374 **560**
angustata **(13)** 560 **563**
erythrochrysea **(13)** 560 **562** Ph.385
fargesii **(13)** 560 **561** Ph.384
foliosa **(13)** 562
indica **(13)** 561 **563**
nana **(13)** 561 **563**
parvula **(13)** 560 **562**
patens **(13)** 560 **561** Ph.383
Oreoseris nivea **(11)** 683
Oreosolen
(Scrophulariaceae) **(10)** 68 **91**
wattii **(10)** **91** Ph34
Oreoweisia
(Dicranaceae) **(1)** 333 **365**
laxifolia **(1)** **365**
Oresitrophe
(Saxifragaceae) **(6)** 371 **377**
rupifraga **(6)** **377**
Origanum
(Lamiaceae) **(9)** 397 **534**
vulgare **(9)** **535** Ph.183
Orinus
(Poaceae) **(12)** 563 **976**
kokonorica **(12)** **976**
thoroldii **(12)** **976**
Orithyia edulis **(13)** 105
heterophylla **(13)** 107
Oritrephes septentrionalis **(7)** 657
Orixa
(Rutaceae) **(8)** 398 **413**
japonica **(8)** **413**
Ormocarpum
(Fabaceae) **(7)** 67 **254**
cochinchinense **(7)** **255**
sennoides **(7)** 255
Ormosia
(Fabaceae) **(7)** 60 **68**
balansae **(7)** 68 **69**
elliptica **(7)** 68 **71**
emarginata **(7)** 69 **75** Ph.50
fordiana **(7)** 68 **70**
formosana **(7)** 69 **77**
glaberrima **(7)** 69 **76**
henryi **(7)** 69 **73**
var. *nuda* **(7)** 77
hosiei **(7)** 68 **71**
howii **(7)** 68 **72**
merrilliana **(7)** 68 **70**
microphylla **(7)** 69 **74**
nuda **(7)** 69 **77**
pingbianensis **(7)** 68 **72**
pinnata **(7)** 69 **76**
semicastrata **(7)** 68 **73**
f. pallida **(7)** 68 **73**
simplicifolia **(7)** 68 **69**
striata **(7)** 69 **75**
xylocarpa **(7)** 69 **74**
Ornithoboea
(Gesneriaceae) **(10)** 246 **308**
arachnoidea **(10)** 308 **309**
wildeana **(10)** **308**
Ornithochilus
(Orchidaceae) **(13)** 371 **724**
difformis **(13)** **724** Ph.535
fuscus **(13)** 724
Ornithogalum
(Liliaceae) **(13)** 72 **138**
caudatum **(13)** **138**

filiformis (13) 99
triflorum (13) 101
Ornus xanthoxyloides (10) 29
Orobanchaceae (10) **228**
Orobanche
(Orobanchaceae) (10) 228 **237**
acaulis (10) 232
aegyptiaca (10) 237 **239** Ph.71
alba (10) 238 **242**
alsatica var. *yunnanensis* (10) 242
amoena (10) 237 **240**
brassicae (10) 237 **238**
caesia (10) 237 **238**
caryophyllacea (10) 238 **242** Ph.72
cernua (10) 237 **240**
coerulescens (10) 237 **239**
lanuginosa (10) 238
major (10) 238 **242**
mongolica (10) 237 **238**
pycnostachya (10) 237 **241**
rossica (10) 229
sinensis (10) 237 **241**
yunnanensis (10) 238 **242**
Orobus humilis (7) 421
ramuliflorus (7) 416
Orontium japonicum (13) 181
Orophea
(Annonaceae) (3) 158 **163**
anceps (3) 164
hainanensis (3) 164 **165**
hirsuta (3) **164**
polycarpa (3) **164**
yunnanensis (3) 164 **65**
Orostachys
(Crassulaceae) (6) 319 **323**
aliciae (6) 322
fimbriatus (6) 323 **324** Ph.85
malacophyllus (6) **323**
minutus (6) 323 **325**
spinosus (6) 323 **324**
Oroxylum
(Bignoniaceae) (10) 418 **421**
indicum (10) **421**
Orthilia
(Pyrolaceae) (5) 721 **729**
obtusata (5) 729 **730**
secunda (5) **729**
Orthoamblystegium
(Leskeaceae) (1) 765 **775**
spurio-subtile (1) **775**
Orthocarpus chinensis (10) 170
Orthodicranum
(Dicranaceae) (1) 333 **374**
flagellare (1) **374**
montanum (1) **374**
Orthodon longibracteatus (9) 544
Orthodon subglabra (1) 532
Orthodontium
(Bryaceae) (1) 539 **541**
lignicolum (1) **541**
Orthomnion
(Mniaceae) (1) 571 **576**
bryoides (1) **576**
dilatatum (1) **576** Ph.169
handelii (1) 576 **577**
nudum (1) 576 **577**
Orthopogon imbecillis (12) 1042
Orthoraphium
(Poaceae) (12) 558 **947**
grandifolium (12) **947**
roylei (12) 947 **948**
Orthosiphon
(Lamiaceae) (9) 398 **593**
debilis (9) 525
wulfenioides (9) **593**
var. foliosus (9) **594**
Orthotrichaceae (1) **617**
Orthotrichum
(Orthotrichaceae) (1) 617 **620**
anomalum (1) 621 **628** Ph.188
bryoides (1) 576
callistomum (1) 621 **627**
concavifolium (1) 646
consobrium (1) 621 **625**
crispum (1) **630**
dasymitrium (1) 621 **622**
exiguum (1) 621 **624**
griffithii (1) 621 **626**
hookeri (1) **621** Ph.186
ibukiense (1) 621 **629**
macounii subsp. japonicum (1) 621 628
obtusifolium (1) 621 **625**
sordidum (1) 621 **623**
speciosum (1) 621 **624**
striatum (1) 621 **622** ph.187
subpumilum (1) 621 **627**
Orychophragmus
(Brossicaceae) (5) 382 383 **397**
grandifolinus (5) 398 **399**
limprichtianus (5) 398
limprichtianus (5) 398 **399**
violaceus (5) **398** Ph.167
var. *hepehensis* (5) 398
var. *intermedius* (5) 398
var. *lasiocarpus* (5) 398
Oryza
(Poaceae) (12) 557 **665**
glaberrima (12) 666 **668**
granulata (12) **666**
latifolia (12) 666 **668**
meyeriana subsp. *granulate* (12) 666
officinalis (12) **666**
rufipogon (12) 666 **667**
sativa (12) 666 **667**
subsp.indica (12) 666 **668**
subsp.japonica (12) 666 **668**
Oryzopsis
(Poaceae) (12) 557 **940**
aequiglumis (12) 941 **945**
chinensis (12) 941 **942**
gracilis (12) 941 **943**
henryi (12) 941 **942**
munroi (12) 941 **944**

var. parviflora (12) 941 **944**
obtuse (12) 940 **941**
songarica (12) 941 **944**
tibetica (12) 941 **944**
var. psilolepis (12) 941 **945**
wendelboi (12) 941 **943**
Osbeckia
(Melastomataceae) (7) 614 **615**
angustifolia (7) 616
chinensis (7) 615 **616** Ph.225
var. angustifolia (7) 615 **616**
crinita (7) 617
crinita (7) 616 **617** Ph.226
japonica (7) 708
mairei (7) 616 **619**
nepalensis (7) 616 **619** Ph.228
opipara (7) 616 **617** Ph.227
paludosa (7) 616 **618**
rostrata (7) 616 **618**
scaberrima (7) 620
sikkimensis (7) 616 **619**
Osmanthus
(Oleaceae) (10) 23 **40**
cooperi (10) 40 **42**
delavayi (10) 40 **44** Ph.16
didymopetalus (10) 40 **45**
fragrans (10) 40 **43** Ph.15
gracilinervis (10) 40 **43**
heterophyllus (10) 40 **42**
marginatus (10) 40 **41** Ph.14
matsumuranus (10) 40 **41**
minor (10) 40 **41**
reticulatus (10) 40 **44**
yunnanensis (10) 40 **43**
Osmorhiza
(Umbelliferae) (8) 578 **597**
aristata (8) **597**
var. laxa (8) 597 **598**
laxa (8) 598
Osmoxylon
(Araliaceae) (8) 534 **543**
pectinatum (8) **543**
Osmunda
(Osmundaceae) (2) **89**
angustifolia (2) 90 **92** Ph.39
banksiifolia (2) 90 **91**
cinnamomea
var. asiatica (2) 89 **90** Ph.37
var. fokiense (2) 89 **91**
claytoniana
var. pilosa (2) 90 **91** Ph.38
japonica (2) 89 **90** Ph.36
javanica (2) 90 **92**
lunaria (2) 73
multifidum (2) 77
pilosa (2) 91
struthiopteris (2) 447
ternatum (2) 76
vachellii (2) 90 **92** Ph.40
virginiana (2) 75
zeylanica (2) 72
Osmundaceae (2) 2 **89**
Osteomeles
(Rosaceae) (6) 443 **511**
schwerinae (6) **511**
subrotunda (6) **511**
Ostericum
(Umbelliferae) (8) 581 **729**
citriodorum (8) 729 **730**
grosseserratum (8) 729 **730**
maximowiczii (8) 729 **731**
var. australe (8) 729 **731**
viridiflorum (8) **729**
Osterwaldiella
(Pterobryaceae) (1) 668 **669**
monostricta (1) **670**
Ostodes
(Euphorbiaceae) (8) 13 **102**
katharinae (8) 102 **103** Ph.53
paniculata (8) **102**
Ostrya
(Betulaceae) (4) 255 **270**
japonica (4) 270 **271**
multinervis (4) 270 **271**
rehderiana (4) 270 **271** Ph.119
Ostryopsis
(Betulaceae) (4) 255 **259**
davidiana (4) **259**
nobilis (4) **259** Ph.114
Osyris
(Santalaceae) (7) 723 **727**
wightiana (7) **727** Ph.286
Otanthera
(Melastomataceae) (7) 614 **620**
fordii (7) 641
scaberrima (7) **620**
Othonna palustris (11) 519
sibirica (11) 459
Otochilus
(Orchidaceae) (13) 374 **635**
forrestii (13) 636
fuscus (13) **635** Ph.461
lancilabius (13) 635 **636** Ph.462
porrectus (13) 635 **636**
Otophora
(Sapindaceae) (8) 267 **276**
unilocularis (8) **276**
Ottelia
(Hydrocharitaceae) (12) **13**
acuminate (12) 14 **15**
alismoides (12) **14** Ph.3
cordata (12) 14 **15**
sinensis (12) **14**
Ottochloa
(Poaceae) (12) 553 **1035**
nodosa (12) **1035**
var. micrantha (12) **1035**
Ouratea lobopetala (4) 564
striata (4) 564
Ourisia pinnata (10) 135
Oxalidaceae (8) **461**
Oxalis
(Oxalidaceae) (8) **462**

acetosella **(8)** 462 **463** Ph.238
subsp. griffithii **(8)** 462 **463**
subsp. japonica **(8)** 462 **463**
corniculata **(8)** 462 **464** Ph.240
var. strica **(8)** 462 **464**
corymbosa **(8)** 462 **463** Ph.239
griffithi **(8)** 463
sensitiva **(8)** 465
stricta **(8)** 464
Oxybaphus
(Nyctaginaceae) **(4)** 291 **293**
himalaicus var. chinensis **(4)** **294**
Oxyceros
(Rubiaceae) **(10)** 510 **586**
griffithii **(10)** 586 **587**
sinensis **(10)** **586**
Oxycoccoides japonica
var. *sinica* **(5)** 713
Oxycoccus microcarpus **(5)** 713
quadripetalus **(5)** 712
Oxygraphis
(Ranunculaceae) **(3)** 390 **577**
delavayi **(3)** **577**
glacialis **(3)** 577 **578** Ph.387
polypetala **(3)** 577 **578**
tenuifolia **(3)** 577 **578**
Oxymitra gabriaciana **(3)** 172
Oxyria
(Polygonaceae) **(4)** 481 **520**
digyna **(4)** **520** Ph.221
Oxyrrhynchium
(Brachytheciaceae) **(1)** 827 **844**
hians **(1)** **844**
laxirete **(1)** 844 **845**
savatieri **(1)** 844 **845** Ph.251
Oxyspora
(Melastomataceae) **(7)** 614 **627**
paniculata **(7)** **627** Ph.234
vagans **(7)** 627 **628**
Oxystelma
(Asclepiadaceae) **(9)** 134 **145**
esculentum **(9)** **145**
Oxytenanthera albociliata **(12)** 587
Oxytropis
(Fabaceae) **(7)** 62 **351**
aciphylla **(7)** 351 **355**
assiensis **(7)** 354 **372**
bella **(7)** 354 **371**
bicolor **(7)** 352 **358**
caerulea **(7)** 354 **374**
ciliata **(7)** 353 **370**
deflexa **(7)** 353 **364**
densa **(7)** 355 **380**
dicroantha **(7)** 355 **381**
diversifolia **(7)** 354 **377**
falcata **(7)** 352 **363** Ph.138
giraldii **(7)** 353 **367**
glabra **(7)** 353 **368**
glacialis **(7)** 380
globiflora **(7)** 354 **372**
grandiflora **(7)** 354 **375**
hirsuta **(7)** 353 **368**
hirsutiuscula **(7)** 353 **365**
hirta **(7)** 354 **370**
imbricata **(7)** 354 **374**
kansuensis **(7)** 353 **366**
lapponica **(7)** 353 **369**
latibracteata **(7)** 354 **376**
leptophylla **(7)** 354 **371**
meinshausenii **(7)** 353 **366**
melanocalyx **(7)** 353 **369**
merkensis **(7)** 354 **373**
microphylla **(7)** 352 **357** Ph.137
moellendorffii **(7)** 355 **378**
myriophylla **(7)** 352 **357**
neimonggolica **(7)** 352 **356**
ochrantha **(7)** 352 **359**
ochrocephala **(7)** 353 **365**
var. *longibracteata* **(7)** **359**
ochrolongibracteata **(7)** 352 **359**
oxyphylla **(7)** 352 **361**
penduliflora **(7)** 352 **363**
platysema **(7)** 355 **377**
podoloba **(7)** 353 **367**
proboscidea **(7)** 355 **380**
psammocharis **(7)** 361
pseudofrigida **(7)** 355 **381**
pseudomyriophylla **(7)** 352 **360**
pusilla **(7)** 355 **378**
qilianshanica **(7)** 354 **374**
racemosa **(7)** 352 **361**
ramosissima **(7)** 352 **360**
sericopetale **(7)** 354 **371** Ph.139
soongorica **(7)** 354 **375**
squammulosa **(7)** 352 **362**
stracheyana **(7)** 355 **379**
strobilacea **(7)** 376
taochensis **(7)** 353 **365**
tianschanica **(7)** 352 **364**
tragacanthoides **(7)** 352 **356**
trichophora **(7)** 352 **358**
trichosphaera **(7)** 371
tudanensis **(7)** 352 **362**
yunnanensis **(7)** 355 **379**

P

Pachira
(Bombacaceae) **(5)** 64 **65**
macrocarpa **(5)** **65** Ph.39
Pachycentria
(Melastomataceae) **(7)** 615 **658**
formosana **(7)** **658**
Pachygone
(Menispermaceae) **(3)** 669 **670** 680
sinica **(3)** **680**
Pachypleurum
(Umbelliferae) **(8)** 580 **713**
alpinum **(8)** **713**
lhasanum **(8)** 713
Pachypteris multicaulis **(5)** 411
Pachypterygium

(Brassicaceae) **(5)** 383 **410**
brevipes **(5)** **411**
multicaule **(5)** **411**
Pachyrhizus
(Fabaceae) **(7)** 65 **209**
erosus **(7)** **209** Ph.105
Pachysandra
(Buxaceae) **(8)** 1 **8**
axillaris **(8)** **8** Ph.4
terminalis **(8)** **8**
Pachystachys
(Acanthaceae) **(10)** 330 **386**
lutea **(10)** **386** Ph.115
Pachystoma
(Orchidaceae) **(13)** 372 **591**
pubescens **(13)** **591**
Padus
(Rosaceae) **(6)** 445 **780**
avium **(6)** 780 **783**
brachypoda **(6)** 781 **783**
buergeriana **(6)** 780 **780**
grayana **(6)** 780 **782**
maackii **(6)** 780 **782**
napaulensis **(6)** 781 **785**
obtusata **(6)** 781 **784**
racemosa **(6)** 783
stellipila **(6)** 780 **781**
velutina **(6)** 781 **784**
wilsonii **(6)** 781 **785**
Paederia
(Rubiaceae) **(10)** 509 **633**
cavaleriei **(10)** 633 **635**
laxiflora **(10)** 633 **635**
pertomentosa **(10)** 633 **634**
scandens **(10)** 633 **635** Ph.210
spectatissima **(10)** 633 **634**
stenobotrya **(10)** 633 **634**
yunnanensis **(10)** **633**
Paederota axillaris **(10)** 139
minima **(10)** 127
villosula **(10)** 139
Paedicalyx attopevensis **(10)** 514
Paeonia
(Paeoniaceae) **(4)** **555**
anomala **(4)** 562
var. *intermedia* **(4)** 562
decomposita **(4)** 555 **558** Ph.243
subsp. rotundiloba **(4)** 555 **559**
delavayi **(4)** 555 **559** Ph.244
var. *angustiloba* **(4)** 559
var. *lutea* **(4)** 559
hybrida **(4)** 556 **562**
jishanensis **(4)** 555 **556** Ph.239
lactiflora **(4)** 556 **560** Ph.247
ludlowii **(4)** 555 **559** Ph.245
lulea var. *ludlowii* **(4)** 559
mairei **(4)** 556 **561** Ph.248
obovata **(4)** 556 **560** Ph.246
subsp. willmottiae **(4)** 556 **560**
var. *willottiae* **(4)** 560
ostii **(4)** 555 **557** Ph.241
papaveracea **(4)** 558
qiui **(4)** 555 **557** Ph.240
rockii **(4)** 555 **558**
subsp. taibaishanica **(4)** 555 **558** Ph.242
sterniana **(4)** 556 **561** Ph.249
suffruticosa **(4)** 555 **556** Ph.238
subsp. rockii **(4)** **558**
subsp. yinpingmudan **(4)** **556**
var. *papaveracea* **(4)** 558
var. *spontanea* **(4)** 556
szechuanica **(4)** 558
veitchii **(4)** 556 **561** Ph.250
willmottiae **(4)** 560
Paeoniaceae **(4)** **555**
Paesia
(Pteridiaceae) **(2)** 176 **178**
taiwanensis **(2)** **178**
Pahudia xylocarpa **(7)** 58
Palamocladium
(Brachytheciaceae) **(1)** 828 **830**
Nilgheriense **(1)** **830**
Palaquium
(Sapotaceae) **(6)** **13**
formosanum **(6)** **3**
Palhinhaea
(Lyopodiaceae) **(2)** 23 **27**
cernua **(2)** **27** Ph.8
Palisadula
(Myuriaceae) **(1)** 660 **661**
Chrysophylla **(1)** **662** Ph.196
Paliurus
(Rhamnaceae) **(8)** 1 38 **171**
hemsleyanus **(8)** 171 **172** Ph.91
hirsutus **(8)** 171 **172**
perforata **(8)** 367 372
ramosissimus **(8)** **171** Ph.90
spina-christi **(8)** 171 **172**
Pallavicinia
(Pallaviciniaceae) **(1)** **256**
lyellii **(1)** **256** Ph.47
subciliata **(1)** **256** Ph.46
Pallaviciniaceae **(1)** **256**
Palmae **(12)** **55**
Paludella
(Meesiaceae) **(1)** 594 **596**
squarrosa **(1)** **596**
Panax
(Araliaceae) **(8)** 535 **574**
armatum **(8)** 570
bipinnatifidus **(8)** 575
davidii **(8)** 548
delavayi **(8)** 548
ginseng **(8)** 575 **576** Ph.273
japonicus **(8)** 574 **575**
var. bipinnatifidus **(8)** 574 **575**
var. major **(8)** 574 **575**
notoginseng **(8)** 574 **575**
pseudo-ginseng **(8)** 575
var. *major* **(8)** 575
var. *notoginseng* **(8)** 575
quinquefolius **(8)** 575 **576** Ph.274
sessiliflorus **(8)** 560

stipuleanatus **(8)** 575 **577** Ph.275
zingiberensis **(8)** 575 **576**
Pancovia delavayi **(8)** 273
Pancratium
(Amaryllidaceae) **(13)** 259 **261**
biflorum **(13)** **261**
littoralis **(13)** 270
Pandaceae **(8)** **9**
Pandanaceae **(12)** **100**
Pandanus
(Pandanaceae) **(12)** 100 **101**
austrosinensis **(12)** 101 **103**
forceps **(12)** 101 **102**
furcatus **(12)** **101**
gressittii **(12)** 101 **103** Ph.34
tectorius **(12)** 101 **103** Ph.33
var. sinensis **(12)** 101 **103**
Panderia
(Chenopodiaceae) **(4)** 306 **342**
turkestanica **(4)** **342**
Panicum
(Poaceae) **(12)** 553 **1026**
abludens **(12)** 1065
acuminatum **(12)** 1034
acutigluma **(12)** 1058
alopecuroides **(12)** 1079
austroasiaticum **(12)** 1028
bengalense **(12)** 1013
bisulcatum **(12)** 1027 **1032**
brevifolium **(12)** 1027 **1033**
caffrorum **(12)** 1124
cambogiense **(12)** 1027 **1029**
chondrachne **(12)** 1074
ciliare **(12)** 1068
colonum **(12)** 1044
compositus **(12)** 1042
cordatum **(12)** 1031
cruciatum **(12)** 1069
crusgalli **(12)** 1045
var. *mite* **(12)** 1045
dactylon **(12)** 993
eruciformis **(12)** 1049
fibrosa **(12)** 1064
flavidium **(12)** 1082
forbesianum **(12)** 1073
frumentacea **(12)** 1047
geniculatum **(12)** 1077
germanicum **(12)** 1075
glaucum **(12)** 1076
var. *viridis* **(12)** 1074
heteranthum **(12)** 1070
hispidula **(12)** 1046
incomtum **(12)** 1027 **1031**
indicum **(12)** 1036
insulicola **(12)** 1058
ischaemum **(12)** 1065
italicum **(12)** 1075
japonicum **(12)** 1041
longiflorum **(12)** 1062
malaccense **(12)** 1019
maximum **(12)** 1027 **1032**
microbachne **(12)** 1067
miliaceum **(12)** 1027 **1028**
mollicomum **(12)** 1064
munroanum **(12)** 1039
mutica **(12)** 1049
myosuroides **(12)** 1036
nodosa **(12)** 1035
var. *micranthum* **(12)** 1035
notatum **(12)** 1027 **1031**
oxyphyllum **(12)** 1025
pallidefuscum **(12)** 1076
palmaefolia **(12)** 1071
paludosum **(12)** 1027 **1030**
patens **(12)** 1026
var. *latifolium* **(12)** 1026
plicatum **(12)** 1072
psilopodium **(12)** 1027 **1029**
var. epaleatum **(12)** 1027 **1030**
pycnocomum **(12)** 1075
radicosum **(12)** 1068
ramose **(12)** 1048
repens **(12)** 1027 **1030**
reptans **(12)** 1051
sanguinale **(12)** 1069
schmidtii **(12)** 1026
semialatum **(12)** 1059
simpliciusculum **(12)** 1019
spinescens **(12)** 1082
subquadripara **(12)** 1048
syzigachne **(12)** 925
ternatum **(12)** 1066
thwaitesii **(12)** 1063
tonkinensis **(12)** 1039
trichoides **(12)** 1027 **1033**
trypheron **(12)** **1027**
undulatifolius **(12)** 1041
vicinum **(12)** 1034
villosa **(12)** 1052
villosum **(12)** 1049
virgatum **(12)** **1027**
walense **(12)** 1027 **1028**
Panisea
(Orchidaceae) **(13)** 374 **628**
cavalerei **(13)** 628 **629** Ph.454
tricallosa **(13)** **628**
yunnanensis **(13)** 628 **629**
Panzeria
(Lamiaceae) **(9)** 396 **482**
alaschanica **(9)** 482
lanata **(9)** **482**
var. alaschenica **(9)** **482**
Papaver
(Papaveraceae) **(3)** 695 **705**
nudicaule **(3)** 705 **706** Ph.411
var. aquilegioides **(3)** 705 **707**
subsp. rubro-aurantiacum
var. *chinense* **(3)** 706
pavoninum **(3)** 705 **706**
rhoeas **(3)** 705 **706**
simpicifolium **(3)** 703
somniferum **(3)** **705**
Papaveraceae **(3)** **694**

Paphiopedilum
(Orchidaceae) **(13)** 365 **386**
appletonianum **(13)** 387 **391** Ph.285
armeniacum **(13)** 387 **388** Ph.276
barbigerum **(13)** 387 **391** Ph.283
bellatulum **(13)** 387 **389** Ph.280
concolor **(13)** 387 **389** Ph.279
dianthum **(13)** 387 **390** Ph.281
emersonii **(13)** 387 **388** Ph.278
henryanum **(13)** 387 **391** Ph.284
hirsutissimum **(13)** 387 **390** Ph.282
malipoense **(13)** **387** Ph.275
micranthum **(13)** 387 **388** Ph.277
purpuratum **(13)** 387 **392** Ph.286
venustum **(13)** 387 **392** Ph.287
Papilionaceae
(=Fabaceae) **(7)** 60
Papilionanthe
(Orchidaceae) **(13)** 370 **750**
biswasiana **(13)** **750** Ph.561
teres **(13)** **750** Ph.560
Papillaria
(Meteoriaceae) **(1)** 682 **696**
feae **(1)** **688**
flexicaule **(1)** 697
subpolytricha **(1)** **694**
walkeri **(1)** **691**
Papillidiopsis
(Sematophyllaceae) **(1)** 873 **885**
complanata **(1)** **885**
Pappophorum borealis **(12)** 960
Parabaena
(Menispermaceae) **(3)** 669 670 **677**
sagittata **(3)** **677** Ph.397
Parabarium micranthum **(9)** 127
tournieri **(9)** 128
Paraboea
(Gesneriaceae) **(10)** 246 **303**
barbatipes **(10)** 305
crassifolia **(10)** 303 **305**
dictyoneura **(10)** 303 **306**
glutinosa **(10)** 303 **305**
martinii **(10)** 305
martinii **(10)** 303 **305**
rufescens **(10)** 303 **304** Ph.97
sinensis **(10)** 303 **304** Ph.96
swinhoii **(10)** **303**
thirionii **(10)** 303 **306**
Paracaryum brachytubum **(9)** 327
Parachampionella
(Acanthaceae) **(10)** 332 **358**
flexicaulis **(10)** **358**
rankanensis **(10)** 358 **359**
tashiroi **(10)** 358 **359**
Paracolpodium
(Poaceae) **(12)** 562 **784**
altaicum **(12)** **784**
subsp.leucolepis **(12)** **784**
Paradavallodes
(Davalliaceae) **(2)** 644 **644**
membranulosum **(2)** 644 **645**
multidentatum **(2)** 644 **645**
Paradisea bulbuliferum **(13)** 136
minor **(13)** 90
Paradombeya
(Sterculiaceae) **(5)** 34 **60**
sinensis **(5)** **60**
Paragutzlaffia
(Acanthaceae) **(10)** 332 **360**
henryi **(10)** **360**
lyi **(10)** 360 **361**
Paragymnopteris
(Hemionitidaceae) **(2)** 248 **250**
bipinnata **(2)** 250 **252**
delavayi **(2)** 250 **250**
marantae **(2)** 250 **251** Ph.80
sargentii **(2)** 250 **252** Ph.82
vestita **(2)** 250 **251** Ph.81
Parahemionitis
(Hemionitidaceae) **(2)** 248 **248**
cordata **(2)** **248**
Paraisometrum
(Gesneriaceae) **(10)** 244 **258**
mileene **(10)** **259**
Paraixeris
(Compositae) **(11)** 135 **757**
denticulata **(11)** 757 **758** Ph.179
humifusa **(11)** 757 **758**
pinnatipartita **(11)** 757 **758**
serotina **(11)** 758 **759**
Parakmeria
(Magnoliaceae) **(3)** 123 **141**
lotungensis **(3)** 142 **143** Ph.174
omeiensis **(3)** **142** Ph.173
yunnanensis **(3)** **142** Ph.172
Paralamium
(Lamiaceae) **(9)** 396 **486**
gracile **(9)** **487**
Paraleucobryum
(Dicranaceae) **(1)** 332 **359**
enerve **(1)** **359** Ph.92
longifolium **(1)** 359
Parameria
(Apocynaceae) **(9)** 89 **128**
laevigata **(9)** **128** Ph.73
Paramichelia
(Magnoliaceae) **(3)** 123 **155**
baillonii **(3)** **155** Ph.190
Paramicrorhynchus
(Compositae) **(11)** 133 **787**
procumbens **(11)** **787**
Paramignya
(Rutaceae) **(8)** 399 **438**
confertifolia **(8)** **438**
Parane
Parapentapanax
(Araliaceae) **(8)** 535 **564**
racemosus **(8)** **564**
Paraphlomis
(Lamiaceae) **(9)** 395 **487**
albida **(9)** 487 **490**
var. brevidens **(9)** 487 **490**
albiflora **(9)** 487 **488**

foliata **(9)** 484 **488**
gracilis **(9)** 487 **498**
intermedia **(9)** 491
javanica **(9)** 487 **488**
var. angustifolia **(9)** 487 **488**
lanceolata **(9)** 487 **489**
membranacea **(9)** 487 **489**
rugosa **(9)** 488
var. *angustifolia* **(9)** 488
Parapholis
(Poaceae) **(12)** 558 **821**
incurve **(12)** **821**
Paraprenanthes
(Compositae) **(11)** 134 **729**
glandulosissima **(11)** 730 **733**
heptantha **(11)** 730 **731**
luchunensis **(11)** 730 **732**
multiformis **(11)** 729 **730**
pilipes **(11)** 730 **732**
polypodifolia **(11)** 730 **732**
prenanthoides **(11)** 730 **731**
sororia **(11)** **730**
sylvicola **(11)** 729 **730**
Parapteroceras
(Orchidaceae) **(13)** 369 **770**
elobe **(13)** **770**
Parapteropyrum
(Polygonaceae) **(4)** 481 **519**
tibeticum **(4)** **520** Ph.220
Parapyrenaria
(Theaceae) **(4)** 573 **618**
multisepala **(4)** **618**
Paraquilegia
(Ranunculaceae) **(3)** 389 **453**
anemonoides **(3)** 453 **454**
microphylla **(3)** **453** Ph.335
Pararuellia
(Acanthaceae) **(10)** 331 **344**
alata **(10)** **344**
cavaleriei **(10)** **344**
delavayana **(10)** 344 **345**
flagelliformis **(10)** 344
Parasassafras
(Annonaceae) **(3)** 206 **249**
confertiflora **(3)** **249**
Parasenecio
(Compositae) **(11)** 127 **486**
ainsliiflorus **(11)** 488 **495**
ambiguus **(11)** 488 **494**
auriculatus **(11)** 487 **491**
begoniaefolius **(11)** 487 **490**
bulbiferoides **(11)** 489 **499**
cyclotus **(11)** 488 **497**
dasythyrsus **(11)** 489 **501**
delphiniphyllus **(11)** 489 **501**
deltophyllus **(11)** 487 **490**
forrestii **(11)** 487 **489**
gansuensis **(11)** 487 **492**
hastatus **(11)** 487 **490**
var. glaber **(11)** 487 **491**
hwangshanicus **(11)** 489 **499**
ianthophyllus **(11)** 488 **499**
komarovianus **(11)** 487 **491**
lancifolius **(11)** 487 **491**
latipes **(11)** 488 **496**
leucocephalus **(11)** 488 **498**
matsudai **(11)** 488 **496**
morrisonensis **(11)** 488 **498**
nokoensis **(11)** 488 **494**
otopteryx **(11)** 487 **493**
palmatisectus **(11)** 489 **502**
var. moupinensis **(11)** 489 **502**
petasitoides **(11)** 489 **500**
phyllolepis **(11)** 488 **498**
pilgerianus **(11)** 489 **501**
praetermissus **(11)** 487 **492**
profundorum **(11)** 488 **498**
quinquelobus **(11)** 488 496
roborowskii **(11)** 488 **497**
rubescens **(11)** 488 **495**
rufipilis **(11)** 489 **500**
sinicus **(11)** 489 **501**
subglaber **(11)** 488 **494**
tsinlingensis **(11)** 489 **500**
vespertilo **(11)** 488 **493**
Parashorea
(Dipterocarpaceae) **(4)** 566 **570**
chinensis **(4)** **570** Ph.258
Parastyrax
(Styracaceae) **(6)** 26 **45**
lacei **(6)** **45**
macrophyllus **(6)** **45**
Parathelypteris **(2)** 335 **338**
angulariloba **(2)** 339 **344**
angustifrons **(2)** 338 **341**
beddomei **(2)** 338 **339**
borealis **(2)** 338 **340**
castanea **(2)** 339 **345**
caudata **(2)** 339 **343**
chinensis **(2)** 339 **343**
chinensis var. hirticarpa **(2)** 339 **343**
chingii **(2)** 339 **342**
cystopteroides **(2)** 338 **340**
glanduligera **(2)** 338 **342**
var. puberula **(2)** 338 **342**
grammitoides **(2)** 338 **341**
hirsutipes **(2)** 339 **343**
japonica **(2)** 339 **343**
var. glabrata **(2)** 339 **344**
var. musashiensis **(2)** 339 **344**
nigrescens **(2)** 339 **345**
nipponica **(2)** 338 **340**
qinlingensis **(2)** 338 **340**
serrulata **(2)** 339 **342**
Paravallaris macrophylla **(9)** 123
yunnanensis **(9)** 123
Parepigynum
(Apocynaceae) **(9)** 90 **131**
funingense **(9)** **131**
Parietaria
(Urticaceae) **(4)** 76 **161**
micrantha **(4)** **162**
microphylla **(4)** 110

zeylanica **(4)** 148
Paris
(Liliaceae) **(13)** 69 **219**
axialis **(13)** 220 **226**
bashanensis **(13)** 220 **228**
chinensis **(13)** 223
cronquistii **(13)** 219 **220**
delavayi **(13)** 219 **221**
var. petiolata **(13)** 219 **222**
dunniana **(13)** 219 **220**
fargesii **(13)** 220 **225**
var. brevipetalata **(13)** 220 **225**
var. *petiolata* **(13)** 222 226
forrestii **(13)** 220 **227**
luquanensis **(13)** 219 **224** Ph.163
mairei **(13)** 219 **223**
marmorata **(13)** 219 **224**
petiolata **(13)** 222
polyphylla **(13)** 219 **222** Ph.160
var. *appendiculata* **(13)** 225
var. chinensis **(13)** 219 **223**
var. latifolia **(13)** 220 **223**
var. pseudothibetica **(13)** 220 **223** Ph.162
var. stenophylla **(13)** 219 **223** Ph.161
var. *thibetica* **(13)** 225
var. yunnanensis **(13)** 220 **222**
pubescens **(13)** 223
thibetica **(13)** 220 **225**
var. apetala **(13)** 220 **226**
vanioti **(13)** 220 **226**
verticillata **(13)** 220 **227** Ph.164
vietnamensis **(13)** 219 **221**
violacea **(13)** 224
yunnanensis **(13)** **222**
Parkeria pteridoides **(2)** 247
Parkeriaceae **(2)** 2 **246**
Parkia
(Mimosaceae) **(7)** 2 **21**
leiophylla **(7)** **22**
Parkinsonia
(Caesalpiniaceae) **(7)** 23 **36**
aculeata **(7)** **37**
Parnassia
(Saxifragaceae) **(6)** 371 **430**
bifolia **(6)** 432 **439**
brevistyla **(6)** 431 **438**
chinensis **(6)** 431 **434**
cooperi **(6)** 431 **437**
cordata **(6)** 431 **435**
crassifolia **(6)** 431 **434**
delavayi **(6)** 431 **439**
var. *brevistyla* **(6)** 438
deqenensis **(6)** 431 **436**
farreri **(6)** 431 **433**
foliosa **(6)** 432 **440**
laxmanni **(6)** 431 **438**
longipetala **(6)** 431 **432**
mysorensis **(6)** 431 **434**
nubicola **(6)** 431 **436**
var. *cordata* **(6)** 435
oreophila **(6)** 431 **435**
palustris **(6)** 432 **441**
var. multiseta **(6)** 432 **441**
scaposa **(6)** 430 **433**
tenella **(6)** 431 **432**
trinervis **(6)** 431 **437**
wightiana **(6)** 431 **440**
Parochetus
(Fabaceae) **(7)** 62 **428**
communis **(7)** **428**
Parrotia
(Hamamelidaceae) **(3)** 773 **788**
subaequalis **(3)** **788**
Parrya
(Brassicaceae) **(5)** 382 **502**
eurycarpa **(5)** 496
exscapa **(5)** 504
lancifolia **(5)** **502**
lanuginosa **(5)** 483
nudicalis **(5)** 502 **503**
pamirica **(5)** **504**
pinnatifida **(5)** 502 **503**
platycarpa **(5)** 495
pulvinata **(5)** 502
villosa **(5)** 467
Parryodes axilliflora **(5)** 475
Parsonsia
(Apocynaceae) **(9)** 91 **116**
alboflavescens **(9)** **117**
howii **(9)** 117
laevigata **(9)** 117
Parthenium
(Compositae) **(11)** 124 **312**
argentatum **(11)** 312 **313**
hysterophorus **(11)** **312**
Parthenocissus
(Vistaceae) **(8)** **183**
austro-orientalis **(8)** 189
dalzielii **(8)** 183 **184**
feddei **(8)** 183 **185**
henryana **(8)** 184 **186**
var. *glaucescens* **(8)** 188
himalayana **(8)** 184
laetevirens **(8)** 184 **186**
quinquefolia **(8)** 183 **185**
rubifolia **(8)** 184
semicordata **(8)** 183 **184**
var. rubifolia **(8)** 183 **184**
suberosa **(8)** 184 **187**
thomsoni **(8)** 188
tricuspidata **(8)** 184 **186**
Parvatia
(Lardizabalaceae) **(3)** 655 **659**
brunoniana **(3)** **659**
subsp. elliptica **(3)** **659**
chinensis **(3)** 656
decora **(3)** 659 **660**
Pasania areca **(4)** 221
bacgiangensis **(4)** 211
cyrtocarpa **(4)** 212
hypoglauca **(4)** 221
laotica **(4)** 202
longipedicellata **(4)** 208

magneinii (4) 211
sphaerocarpus (4) 211
Paspalidium
(Poaceae) (12) 553 **1082**
flavidium (12) **1082**
Paspalum
(Poaceae) (12) 554 **1053**
bicorne (12) 1070
commersonii (12) 1053 **1054**
conjugatum (12) 1053 **1056**
dilatatum (12) 1053 **1057**
formosanum (12) 1053 **1055**
longifolium (12) 1053 **1055**
orbiculare (12) 1053 **1054**
paspaloides (12) 1053 **1056**
scrobiculatum (12) **1053**
thunbergii (12) 1053 **1055**
vaginatum (12) 1053 **1057**
Passerina chamaedaphne (7) 523
Passiflora
(Passifloraceae) (5) **190**
altebilobata (5) 193
coerulea (5) 191 **195**
cupiformis (5) 191 **193**
edulis (5) 191 **194**
foetida (5) 191 **194** Ph.99
jianfengensis (5) 191 **193**
kwangtungensis (5) 191 **192**
moluccana
var. teysmanniana (5) 191 **192** Ph.98
siamica (5) **191**
wilsonii (5) 191 **194**
Passifloraceae (5) **190**
Pastinaca
(Umbelliferae) (8) 582 **751**
sativa (8) **751**
Patrinia
(Compositae) (11) **91**
angustifolia (11) 95
formosana (11) 97
glabrifolia (11) 92 **96**
heterophylla (11) 92 **94**
subsp. angustifolia (11) 92 **95**
intermedia (11) 92 **94**
jatamansi (11) 98
monandra (11) 92 **97**
var. formosana (11) 92 **97**
punctiflora (11) 92 **96**
var. *robusta* (11) 96
rupestris (11) 92 **94** Ph.29
subsp. *scabra* (11) 93
scabiosaefolia (11) 91 **92**
scabra (11) 92 **93**
sibirica (11) 91 **93**
speciosa (11) 91 **93**
villosa (11) 92 **95**
subsp. punctifolia (11) 92 **96**
Pauldopia
(Bignoniaceae) (10) 419 **424**
ghorta (10) **424** Ph.130
Paullinia asiatica (8) 424
japonica (8) 194
Paulownia
(Scrophulariaceae) (10) 67 **76**
australis (10) 77 **80**
catalpifolia (10) 76 **78**
elongata (10) 76 **77** Ph.32
fargesii (10) 77 **80**
fortunei (10) 76 **78**
var. *tsinlingensis* (10) 77
kawakamii (10) 77 **79** Ph.33
tomentosa (10) 76 **77** Ph.31
var. tsinlingensis (10) 76 **77**
Pavetta
(Rubiaceae) (10) 510 **609**
arenosa (10) **609**
hongkongensis (10) 609 **610** Ph.206
polyantha (10) **609**
sinica (10) 609
Pavieasia
(Sapindaceae) (8) 268 **283**
yunnanensis (8) **283**
Pecteilis
(Orchidaceae) (13) 367 **491**
henryi (13) **491**
radiata (13) 491 **492**
susannae (13) **491** Ph.335
Pedaliaceae (10) **417**
Pedicularis
(Scrophulariaceae) (10) 69 **180**
alaschanica (10) 182 **208** Ph.57
anas (10) 182 **206**
armata (10) 184 **220**
artselaeri (10) 183 **195**
axillaris (10) 185 **195**
bella (10) 184 **219**
brevilabris (10) 182 **207**
cernua (10) 180 **215**
cheilanthifolia (10) 182 **206** Ph.56
chenocephala (10) 182 **215**
chinensis (10) 184 **220** Ph.66
colletti var. *nigra* (10) 200
comptoniifolia (10) 181 **202**
confertiflora (10) 180 **213**
corydaloides (10) 183 **218**
cristatella (10) 182 **209**
croizatiana (10) 184 **219**
cyathophylla (10) 182 **199**
davidii (10) 185 **212** Ph.60
decora (10) 184 **188**
decorissima (10) 184 **221**
dichotoma (10) 180 **197**
dolichocymba (10) 184 **188**
dolichorrhiza (10) 183 **211**
elata (10) 183 **210**
elwesii (10) 185 **217**
excelsa (10) 185 **190**
fargesii (10) 185 **197**
fletcherii (10) 185 **218**
furfuracea (10) 185 **201**
geosiphon (10) 183 **196**
globifera (10) 182 **206**
gracilis

subsp. stricta (10) 182 **194**
grandiflora (10) 183 **186**
henryi (10) 185 **200**
hirtella (10) 183 **192**
holocalyx (10) 181 **205**
ingens (10) 184 **188** Ph.49
integrifolia (10) 180 **214** Ph.63
kangtingensis (10) 185 **192** Ph.53
kansuensis (10) 181 **204**
kiangsiensis (10) 183 **199**
labellata (10) 212
labordei (10) 185 **201**
labradorica (10) 183 **199**
lachnoglossa (10) 183 **191**
lasiophrys (10) 184 **189**
lineata (10) 181 **205**
lipskyana (10) 198
longiflora
var. tubiformis (10) 184 **220** Ph.67
lophocentra (10) 217
megalantha (10) 184 **221**
megalochila (10) 184 **222**
melampyriflora (10) 181 **193**
merrilliana (10) 183 **216**
microchila (10) 181 **205** Ph.55
mollis (10) 182 **207**
moupinensis (10) 182 **194**
muscicola (10) 184 **196**
muscoides (10) 183 **216**
mussoti
var. lophocentra (10) 180 **217**
nasturtiifolia (10) 185 **195**
nigra (10) 185 **200**
var. sinensis (10) 183 **218**
paians (10) 183 **187**
pilostachya (10) 182 **214** Ph.64
plicata (10) 181 **202**
polygaloides (10) 181 **207**
przewalskii (10) 184 **219** Ph.65
pseudomelampyriflora (10) 181 **193**
recurva (10) 184 **192**
resupinata (10) 185 **199**
rex (10) 181 **198** Ph.50
subsp. lipskyana (10) 181 **198**
rhinanthoides
subsp. labellata (10) 185 **212** Ph.62
roborowskii (10) 182 **209**
roylei (10) 181 **202**
rubens (10) 183 **210**
rudis (10) 184 **187**
salviaeflora (10) 180 **193**
schizorhyncha (10) 180 **215**
semitorta (10) 182 **209** Ph.59
shansiensis (10) 183 **186**
spicata (10) 181 **204** Ph.54
striata (10) 183 **191**
strobilacea (10) 185 **211**
superba (10) 182 **198**
tatarinowii (10) 182 **208** Ph.58
torta (10) 185 **212** Ph.61
trichoglossa (10) 184 **189**
tsekouensis (10) 183 **186**
tubiformis (10) 220
verbenaefolia (10) 182 **213**
versicolor var. *sinensis* (10) 218
verticillata (10) 181 **203** Ph.52
vialii (10) 185 **190**
violascens (10) 181 **203** Ph.51
Pedilanthus
(Euphorbiaceae) (8) 14 **137**
tithymaloides (8) **137** Ph.78
Pedinolejeunea
(Lejeuneaceae) (1) 225 **248**
lanciloba (1) **248**
Pedinophyllum
(Plagiochilaceae) (1) **127**
interruptum (1) 127 **128**
truncatum (1) **127**
Pegaeophyton
(Brassicaceae) (5) 381 **465**
scapiflorum (5) **465** Ph.179
var. *pilosicalyx* (5) 465
var. *robustum* (5) 465 466
sinense var. *robustum* (5) 466
Peganum
(Zygophyllaceae) (8) 449 **451**
dauricum (8) 421
harmala (8) **452** Ph.234
var. *multisecta* (8) 452
multisectum (8) **452**
nigellastrum (8) 452 **453**
Pegia
(Anacardiaceae) (8) 345 **352**
nitida (8) **352**
sarmentosa (8) 352 **353** Ph.173
Pelargonium
(Geraniaceae) (8) 466 **484**
domesticum (8) **485**
graveolens (8) **485**
hortorum (8) 484 **485** Ph.248
peltatum (8) 484 **485** Ph.247
Pelatantheria
(Orchidaceae) (13) 371 **731**
bicuspidata (13) **731**
insectifera (13) 731
rivesii (13) **731**
Pelekium
(Thuidiaceae) (1) **784** **791**
velatum (1) **792**
Pelexia
(Orchidaceae) (13) 368 **442**
obliqua (13) **443**
Peliosanthes
(Liliaceae) (13) 69 **253**
macrostegia (13) **253**
sinica (13) **253**
stenophylla (13) 248
teta (13) 253 **254**
Pellacalyx
(Rhizophoraceae) (7) 676 **681**
yunnanensis (7) **681** Ph.256
Pellaea
(Sinopteridaceae) (2) 208 **215**

calomelanos (2) 216 **216** Ph.65
mairei (2) 216 **218**
nitidula (2) 216 **217**
paupercula (2) 216 **218**
smithii (2) 216 **219**
straminea (2) 216 **219** Ph.66
tamburii (2) 227
trichophylla (2) 216 **217**
Pellia
(Pelliaceae) (1) **263**
crispata (1) **258**
endiviifolia (1) 263 **264** Ph.54
epiphylla (1) 263 **264** Ph.53
Pelliaceae (1) **263**
Pellionia
(Urticaceae) (4) 75 **113**
brevifolia (4) 114 **117**
grijsii (4) 114 **118**
heyeneana (4) **114**
incisoserrata (4) 114 **118**
minima (4) 114 **117**
myrtillus (4) 125
radicans (4) 114 **116**
f. grandis (4) 114 **117**
repens (4) 114 **115** Ph.58
retrohispida (4) 114 **116**
scabra (4) 114 **116**
tsoongii (4) 114 **115**
viridis (4) 114 **118**
Peltoboykinia
(Saxifragaceae) (6) 371 **381**
tellimoides (6) **381**
Peltophorum
(Caesalpiniaceae) (7) 23 **28**
pterocarpum (7) 28
tonkinense (7) **28** Ph.18
Pemace esquirolii (5) 32
Pemphis
(Lythraceae) (7) 500 **507**
acidula (7) **507** Ph.179
Pennilabium
(Orchidaceae) (13) 369 **770**
proboscideum (13) **770**
Pennisetum
(Poaceae) (12) 553 **1077**
alopecuroides (12) 1078 **1079**
centrasiaticum (12) 1078 **1079**
cladestinum (12) 1077 **1078**
flaccidum (12) 1079
longissimum (12) 1078 **1080**
var. intermedium (12) 1078 **1080**
purpureum (12) 1077 **1080**
qianningense (12) 1077 **1078**
sichuanense (12) 1078 **1079**
Pentacoelium bontioides (10) 227
Pentadesma
(Guttiferae) (4) 681 **682**
butyracea (4) **682**
Pentanema
(Compositae) (11) 129 **296**
indicum (11) **296**
var. hypoleucum (11) 296 **297**
vestitum (11) 296 **297**
Pentapanax
(Araliaceae) (8) 535 **564**
caesius (8) 565 **566**
castanopsisicola (8) 565 **567**
fragrans (8) 565 **568**
henryi (8) 565 **567**
hypoglaucus (8) 564 **565**
leschenaultii (8) 568
longipedunculatus (8) 565 **568**
parasiticus (8) 564 **565**
racemosus (8) 564
tomentellus (8) 565 **567**
verticillatus (8) 564 **566**
yunnanensis (8) 565 **566**
Pentapetes
(Sterculiaceae) (5) 34 **55**
phoenicea (5) **56** Ph.32
Pentaphragma
(Pentaphragmataceae) (10) **444**
sinense (10) 444 **445**
spicatum (10) **444**
Pentaphragmataceae (10) **444**
Pentaphylaceae (4) **677**
Pentaphylax
(Pentaphylaceae) (4) **678**
euryoides (4) **678** Ph.305
Pentapterygium interdictum (5) 717
serpens (5) 719
Pentas
(Rubiaceae) (10) 507 **539**
lanceolata (10) **539**
Pentasachme
(Asclepiadaceae) (9) 134 **196**
caudatum (9) **197**
championii (9) 197
esquirolii (9) 198
glaucescens (9) 161
stauntonii (9) 162
Pentastelma
(Asclepiadaceae) (9) 136 **188**
auritum (9) **189**
Pentatropis officinalis (9) 157
Penthorum
(Saxifragaceae) (6) 370 **371**
chinense (6) **372**
Penzigiella
(Pterobryaceae) (1) 668 **678**
cordata (1) **678**
Peperomia
(Piperaceae) (3) 318 **334**
blanda (3) 334 **335**
cavaleriei (3) 334 **335**
dindygulensis (3) 335
duclouxii (3) 336
heyneana (3) 334 **336**
pellucida (3) 334 **336**
tetraphylla (3) **334** Ph.263
var. *sinensis* (3) 334
Peplis indica (7) 502
Peracarpa

(Campanulaceae) **(10)** 447 **492**
carnosa **(10)** **492**
Peranema
(Peranemaceae) **(2)** 467 **467**
cyatheoides **(2)** 467 **467**
var. luzonicum **(2)** 467 **467**
luzonicum **(2)** 467
Peranemaceae **(2)** 4 **466**
Perantha cordatula **(10)** 252
Pereskia
(Cactaceae) **(4)** **300**
aculeata **(4)** **300**
Pergularia divaricatus **(9)** 122
japonica **(9)** 148
procumbens **(9)** 179
sinensis **(9)** 137
Periandra caespitosa **(4)** 431
Periballanthus involucratus **(13)** 206
Pericallis
(Compositae) **(11)** 128 **555**
hybrida **(11)** **555**
Pericampylus
(Menispermaceae) **(3)** 668 669 670 **678**
glaucus **(3)** **678** Ph.398
Perilepta
(Acanthaceae) **(10)** 332 **364**
auriculata **(10)** **364**
dyeriana **(10)** 364 **365**
edgeworthiana **(10)** **364**
Perilla
(Lamiaceae) **(9)** 397 **541**
frutescens **(9)** **541**
var. *acuta* **(9)** 541
var. crispa **(9)** **541**
var. purpurascens **(9)** **541**
fruticosa **(9)** 546
ocymoides var. *crispa* **(9)** 541
var. *purpurascens* **(9)** 541
Periploca
(Asclepiadaceae) **(9)** 133 **138**
alboflavescens **(9)** 117
arborea **(9)** 119
calophylla **(9)** **139**
esculenta **(9)** 145
forrestii **(9)** 139 **140**
khasiana **(9)** 140
sepium **(9)** 138 **139** Ph.70
sylvestre **(9)** 176
Peripterygium platycarpa **(7)** 887
quinquelobum **(7)** 887
Peristrophe
(Acanthaceae) **(10)** 330 **397**
baphica **(10)** **397**
bicalyculata **(10)** 397 **399**
fera **(10)** 397 **398**
floribunda **(10)** 397 **398**
japonica **(10)** 397 **398** Ph.120
lanceolaria **(10)** 397 **399**
yunnanensis **(10)** 397 **399**
Peristylus
(Orchidaceae) **(13)** 367 **492**
affinis **(13)** 493 **496**
bulleyi **(13)** 493 **495**
calcaratus **(13)** 492 **494**
coeloceras **(13)** 493 **497** Ph.338
densus **(13)** 492 **494**
fallax **(13)** 493 **496**
forceps **(13)** 493 **498**
formsanus **(13)** 492 **494**
forrestii **(13)** 493 **499**
goodyeroides **(13)** 493 **497** Ph.337
lacertiferus **(13)** 493 **498**
longiracemus **(13)** 492 **495**
mannii **(13)** 493 **496**
monanthus **(13)** 484
parishii **(13)** 493 **497**
sampsoni **(13)** 496
tentaculatus **(13)** 492 **493** Ph.336
tetralobus **(13)** 481
f. *basifoliatus* **(13)** 481
Perotis
(Poaceae) **(12)** 558 **1006**
macrantha **(12)** **1006**
Perovskia
(Lamiaceae) **(9)** 396 **524**
atriplicifolia **(9)** **524**
Perrottetia
(Celastraceae) **(7)** 775 **827**
arisanensis **(7)** 827 **828** Ph.313
racemosa **(7)** **827**
Persea
(Lauraceae) **(3)** 207 **289**
americana **(3)** **290**
nanmu **(3)** 282
Persica davidiana **(6)** 756
Pertusadina
(Rubiaceae) **(10)** 506 **567**
hainanensis **(10)** **568**
Pertya
(Compositae) **(11)** 130 **657**
berberidoides **(11)** 658 **660**
bodinieri var. *berberidoides* **(11)** 660
cordifolia **(11)** 658 **662**
corymosa **(11)** 658 **662**
desmocephala **(11)** 658 **662**
dioica **(11)** **663**
discolor **(11)** 657 **659**
glabrescens **(11)** 658 **660**
henanensis **(11)** 658 **661**
monocephala **(11)** 658 **660**
phylicoides **(11)** 658 **659**
pubescens **(11)** 658 **662**
shimozawai **(11)** 658 **661**
sinensis **(11)** 657 **658**
Petasites
(Compositae) **(11)** 127 **505**
formosanus **(11)** 505 **506**
japonicus **(11)** 505 **507**
rubellus **(11)** 505 **507**
tatewakianus **(11)** **505**
tricholobus **(11)** 505 **506**
versipilus **(11)** 505 **507**
Petitmenginia

(Scrophulariaceae) **(10)** 70 **163**
comosa **(10)** **164**
Petrea
(Verbenaceae) **(9)** 346 **352**
volubilis **(9)** **352**
Petrocodon
(Gesneriaceae) **(10)** 246 **295**
dealbatus **(10)** **296**
Petrocosmea
(Gesneriaceae) **(10)** 245 **281**
flaccida **(10)** **281**
iodioides **(10)** 281 **282**
martinii **(10)** 281 **282**
nervosa **(10)** 281 **282**
peltata **(10)** **283**
qinlingensis **(10)** 281 **282**
sinensis **(10)** 281 **282**
Petrorhagia
(Caryophyllaceae) **(4)** 393 **465**
alpina **(4)** **465**
saxifrage **(4)** **465**
Petrosavia
(Liliaceae) **(13)** 69 **74**
sakurai **(13)** **74**
Petroselinum
(Umbelliferae) **(8)** 581 **647**
crispum **(8)** **647**
Petrosimonia
(Chenopodiaceae) **(4)** 306 **353**
sibirica **(4)** **353**
squarrosa **(4)** **353**
Petunia
(Solanaceae) **(9)** 204 **239**
hybrida **(9)** **239** Ph.105
violacea var. *hybrida* **(9)** 239
Peucedanum
(Umbelliferae) **(8)** 582 **742**
caespitosum **(8)** 742 **746**
canescens **(8)** 736
decursivum var. *albiflorum* **(8)** 721
deltoideum **(8)** 748
dielsianum **(8)** 742 **744**
dissectum **(8)** **737**
dissolutum **(8)** 743 **749**
elegans **(8)** 742 **743**
ferulaeoides **(8)** 734
formosanum **(8)** 742 **745**
harry-smithii **(8)** 743 **749**
var. grande **(8)** 743 **750**
var. subglabrum **(8)** 743 **750**
hirsutisculum var. *subglabrum* **(8)** 750
japonicum **(8)** 742 **743**
longshengense **(8)** 742 **744**
medicum **(8)** 743 **748**
var. gracile **(8)** 743 **749**
praeruptorum **(8)** 742 **745**
var. grande **(8)** **750**
pubescense **(8)** 742 **747**
rubricaule **(8)** 742 **746**
sikkimensis **(8)** 733
silaus **(8)** 698
terebinthaceum **(8)** 742 **747**
var. deltoideum **(8)** 742 **748**
transiliense **(8)** 751
turgeniifolium **(8)** 742 **742**
wawrae **(8)** 742 **748**
Phaca frigida **(7)** 301
lapponica **(7)** 369
membranacea **(7)** 305
microphylla **(7)** 357
myriophylla **(7)** 357
salsula **(7)** 262
Phacellanthus
(Orobanchaceae) **(10)** 228 **230**
tubiflorus **(10)** **230**
Phacellaria
(Santalaceae) **(7)** 723 **727**
caulescens **(7)** **728**
compressa **(7)** 728 **729**
fargesii **(7)** **728**
rigidula **(7)** 728 **729**
Phacelurus
(Poaceae) **(12)** 554 **1159**
latifolius **(12)** **1159**
var. angustifolius **(12)** 1159 **1160**
var. monostachyus **(12)** 1159 **1160**
Phaeanthus yunnanensis **(3)** 169
Phaenopus orientalis **(11)** 750
Phaenosperma
(Poaceae) **(12)** 557 **1002**
globosa **(12)** **1002**
Phaeoceros
(Anthocerotaceae) **(1)** **295** **296**
laevis **(1)** **296** Ph.72
Phaeonychium
(Brassicaceae) **(5)** 385 388 389 **466**
jafri **(5)** **466**
parryoides **(5)** 466 **467**
villosum **(5)** 466 **467**
Phagnalon
(Compositae) **(11)** 129 **278**
niveum **(11)** **279**
Phaius
(Orchidaceae) **(13)** 373 **594**
albus **(13)** 618
calanthoides **(13)** 593
columnaris **(13)** **594**
flavus **(13)** 594 **596** Ph.420
magniflora **(13)** 594 **595** Ph.419
mishmensis **(13)** **594** Ph.417
tankervilleae **(13)** 594 **595** Ph.418
woodfordii **(13)** 596
Phalaenopsis
(Orchidaceae) **(13)** 370 **751**
aphrodite **(13)** **751** Ph.562
deliciosa **(13)** 743
hainanensis **(13)** 751 **752**
mannii **(13)** **751** Ph.563
wilsonii **(13)** 751 **752** Ph.564
Phalangium nepalensis **(13)** 88
Phalaris
(Poaceae) **(12)** 559 **894**
arundinacea **(12)** **894**

var. picta (12) **895**
hispidus (12) 1150
oryzoides (12) 670
phleoides (12) 927
zizanioides (12) 1125
Phanera championii (7) 45
glauca (7) 46
Phanerophlebiopsis
(Dryopteridaceae) (2) 472 **485**
blinii (2) 485 **485**
neopodophylla (2) 485 **486**
Pharbitis nil (9) 262
Pharus aristatus (12) 671
Phascum
(Pottiaceae) (1) 437 469
cuspidatum (1) **469**
leptophyllum (1) 447
subulatum (1) 317
Phaseolus
(Fabaceae) (7) 64 65 **236**
angularis (7) 234
atropurpureus (7) 236
calcaratus (7) 235
coccineus (7) **237** Ph.115
cylindricus (7) 235
fusca (7) 241
grandis (7) 227
lathyroides (7) 236
lunatus (7) 237 **238**
marinus (7) 232
max (7) 216
minimus (7) 234
radiatus (7) 233
vexillata (7) 232
vulgaris (7) **237** Ph.114
Phaulopsis
(Acanthaceae) (10) 331 **352**
dorsiflora (10) 352
oppositifolia (10) **352**
Phegopteris
(Thelypteridaceae) (2) 335 **354**
auriculata (2) 361
connectilis (2) 355 **355**
decusive-pinnata (2) 355 **355**
eximia (2) 544
polypodioides (2) 355
Phelipaea salsa (10) 234
tubulosa (10) 233
Phelium
(Sapindaceae) (8) 268 **285**
chinense (8) 284
hainanensis (8) **285** Ph.134
hystrix (8) 285 **286**
Phellodendron
(Rutaceae) (8) 399 **424**
amurense (8) **425** Ph.214
chinense (8) **425** Ph.215
var. glabriusculum (8) **425** Ph.216
Philadelphus
(Hydrangeaceae) (6) 246 **260**
brachybotrys (6) 260 **261**
var. *purpurascens* (6) 263
calvescens (6) 260 **266**
dasycalyx (6) 260 **264**
delavayi (6) 260 **264**
var. *calvesens* (6) 266
incanus (6) 260 **263**
laxiflorus (6) 260 **262**
nsericanthus (6) 260 **265**
pekinensis (6) 260 **261**
var. *dasycalyx* (6) 264
var. *zhejiangensis* (6) 266
purpurascens (6) 260 **263**
schrenkii (6) 260 **262**
var. jackii (6) 260 **262**
subcanus (6) 260 **265**
tenuifolius (6) 260 **261**
zhejiangensis (6) 260 **266**
Philodendron
(Araceae) (12) 105 **134**
tripartitum (12) **135**
Philonotis
(Bartramiaceae) (1) 597 **602**
bartramioides (1) 602 **603**
cernua (1) 602 **603**
falcata (1) 602 **604**
hastata (1) 602 **604** Ph.182
lancifolia (1) 602 **604** Ph.183
mollis (1) 602 **605**
revoluta (1) 603 **605**
secunda (1) 602 **606**
seriata (1) 603 **606**
thwaitesii (1) 602 **607** Ph.184
turneriana (1) 603 **607** Ph.185
Philoxeru
(Amaranthaceae) (4) 368 **382**
wrightii (4) **383**
Philydraceae (13) **64**
Philydrum
(Philydraceae) (13) **64**
lanuginosum (13) **65** Ph.56
Phlebocalymma calleryana (7) 879
Phlebochiton sarmentosa (8) 352 353
Phlegmariurus
(Huperziaceae) (2) 8 **15**
austrosinicus (2) 15 **18**
cancellatus (2) 16 **22**
carinatus (2) 16 **22**
cryptomerianus (2) 16 **20**
cunninghamioides (2) 15 **18**
fargesii (2) 16 **22**
fordii (2) 16 **19** Ph.5
guangdongensis (2) 15 **17**
hamiltonii (2) 15 **19**
henryi (2) 15 **19**
mingjoui (2) 16 **20**
petiolatus (2) 15 **18**
phlegmaria (2) 15 **16** Ph.4
pulcherrimus (2) 15 **17**
salvinioides (2) 15 **16**
sieboldii (2) 16 **21**
squarrosus (2) 16 **21** Ph.6
Phleum

(Poaceae) **(12)** 559 **925**
alpinum **(12)** 925 **926**
cochinchinensis **(12)** 1166
indicum **(12)** 1135
paniculatum **(12)** 925 **926**
phleoides **(12)** 926 **927**
pretense **(12)** 926 **927**
schoenoides **(12)** 999
Phlogacanthus
(Acanthaceae) **(10)** 330 **386**
asperulus **(10)** 386
colaniae **(10)** 386 **387**
curviflorus **(10)** 386 **387** Ph.116
pubinervius **(10)** 386 **387**
vitellinus **(10)** **386**
Phlojodicarpus
(Umbelliferae) **(8)** 582 **741**
abolinii **(8)** 692
sibiricus **(8)** **741**
villosus **(8)** 741 **742**
Phlomis
(Lamiaceae) **(9)** 395 **446**
albiflora **(9)** 488
aspera **(9)** 466
betonicoides **(9)** 467 **468**
congesta **(9)** 467 **472**
dentosa **(9)** 467 **470**
forrstii **(9)** 467 **472**
gracilis **(9)** 489
marrubioides **(9)** 479
maximowiczii **(9)** 467 **470**
medicinalis **(9)** 467 **471**
megalantha **(9)** 467 **471**
melanantha **(9)** 467 **472** Ph.172
mongolica **(9)** 467 **469** Ph.171
oblongata **(9)** 478
ornata **(9)** 467 **471**
pratensis **(9)** **467** Ph.170
rotata **(9)** 474
sagittata **(9)** 497
tuberosa **(9)** 467 **469**
umbrosa **(9)** 467 **473**
var. australis **(9)** 467 **473**
younghusbandii **(9)** 467 **468**
zeylanica **(9)** 465
Phlox
(Polemoniaceae) **(9)** 276 **278**
drummondii **(9)** **278** Ph.118
paniculata **(9)** **278** Ph.117
subulata **(9)** **278**
Phoberos chinensis **(5)** 112
saeva **(5)** 113
Phoebe
(Lauraceae) **(3)** 207 **266**
angustifolia **(3)** 266 **267**
bournei **(3)** 267 **271** Ph.240
chekiangensis **(3)** 267 **271** Ph.239
chinensis **(3)** 266 **268**
faberi **(3)** 266 **269**
hainanensis **(3)** 266 **268**
hui **(3)** 266 **270**
hunanensis **(3)** 266 **269**
kwangsiensis **(3)** 266 **268**
lanceolata **(3)** 266 **267** Ph.238
nanmu **(3)** 282
neurantha **(3)** 267 **272**
neuranthoides **(3)** 266 **270**
sheareri **(3)** 267 **273**
tavoyana **(3)** 266 **270**
yaiensis **(3)** 266 **268**
zhennan **(3)** 267 **272**
Phoenix
(Arecaceae) **(12)** 56 **58**
dactylifera **(12)** **58**
hanceana **(12)** 58 **59** Ph.10
roebelenii **(12)** 58 **59** Ph.9
Pholidota
(Orchidaceae) **(13)** 374 **630**
articulata **(13)** **630** Ph.456
bracteata **(13)** 630 **634**
cantonensis **(13)** 630 **632** Ph.457
chinensis **(13)** 630 **633** Ph.458
imbricata **(13)** 630 **634** Ph.459
leveilleana **(13)** 630 **635** Ph.460
missionariorum **(13)** 630 **631**
protracta **(13)** 630 **633**
rupestris **(13)** 630 **632**
wenshanica **(13)** 630 **632**
yunnanensis **(13)** 630 **631**
Photinia
(Rosaceae) **(6)** 443 **514**
amphidaxa var. *amphileia* **(6)** 513
beauverdiana **(6)** 515 **520**
var. brevifolia **(6)** 515 **521**
var. notabilis **(6)** 515 **521**
benthamiana **(6)** 515 **522**
var. salicifolia **(6)** 515 **522**
bodinieri **(6)** 514 **516**
callosa **(6)** 515 **521**
crassifolia **(6)** 514 **520**
deflexa **(6)** 528
fortuneana **(6)** 501
glabra **(6)** 514 **516**
glomerata **(6)** 514 **517**
hirsuta **(6)** 515 **524**
impressivena **(6)** 515 **521**
var. urceolocarpa **(6)** 515 **522**
integrifolia **(6)** 514 **519**
lancilimbum var. *urceolocarpa* **(6)** 522
lasiogyna **(6)** 514 **518**
loriformis **(6)** 514 **518**
notabilis **(6)** 521
parvifolia **(6)** 515 **524**
podocarpifolia **(6)** 515 **523**
prunifolia **(6)** 514 **518**
var. denticulata **(6)** 514 **519**
raupingensis **(6)** 514 **519**
schneideriana **(6)** 515 **522**
serrulata **(6)** 514 **515**
var. prunifolia **(6)** 514 **518**
stenophylla **(6)** 514 **517**
villosa **(6)** 515 **523**
var. sinica **(6)** 515 **523**

Photinopteris acuminata **(2)** 762
Phragmicoma polymorphus **(1)** 228
reniloba **(1)** 229
Phragmites
(Poaceae) **(12)** 562 **676**
australis **(12)** **677**
communis **(12)** **677**
japonica **(12)** **677**
karka **(12)** 676 **677**
var. cincta **(12)** **677**
Phreatia
(Orchidaceae) **(13)** 372 **660**
evrardii **(13)** 660
formosana **(13)** **660**
morii **(13)** 660 **661**
Phryma
(Phrymaceae) **(10)** **1**
leptostachya **(10)**
subsp. asiatica **(10)** **1**
var. asiatica **(10)** **1**
Phrymaceae **(10)** **1**
Phrynium
(Marantaceae) **(13)** 60 **62**
capitatum **(13)** **62** Ph.54
dispermum **(13)** 62 **63**
placentarium **(13)** 62 **63** Ph.55
Phtheirospermum
(Scrophulariaceae) **(10)** 69 **172**
japonicum **(10)** **172** Ph.46
tenuisectum **(10)** 172 **173**
Phuopsis
(Rubiaceae) **(10)** 508 **658**
stylosa **(10)** **658**
Phyla
(Verbenaceae) **(9)** 346 **351**
nodiflora **(9)** **351** Ph.131
Phylacium
(Fabaceae) **(7)** 63 **176**
majus **(7)** **176**
Phylala
(Polygalaceae) **(8)** 246 **256**
hybrida **(8)** 246 **255** Ph.117
isocarpa **(8)** 246 **252**
japonica **(8)** 246 **254**
koi **(8)** 245 **250**
latouchei **(8)** 245 **249**
longifolia **(8)** 246 **253**
persicariifolia **(8)** 246 **253** Ph.116
saxicola **(8)** 245 **250**
sibirica **(8)** 246 **255** Ph.119
stenophylla **(8)** 256
tatarinowii **(8)** 245 **251** Ph.115
tenuifolia **(8)** 246 **255** Ph.118
tricholopha **(8)** 245 **246**
tricornis **(8)** 245 **249**
umbonata **(8)** 246 **252**
wattersii **(8)** 245 **248** Ph.114
Phyllagathis
(Melastomataceae) **(7)** 615 **638**
anisophylla **(7)** 639 **641**
cavaleriei **(7)** 639 **643** Ph.236
var. tankahkeei **(7)** 639 **643**
elattandra **(7)** 639 **642**
erecta **(7)** 638 **639**
erythrotricha **(7)** 651
fordii **(7)** 639 **641**
var. micrantha **(7)** 639 **642** Ph.235
longiradiosa **(7)** 639 **642**
nudipes **(7)** 638 **640**
plagiopetala **(7)** 638 **640**
setotheca **(7)** 638 **639**
tankahkeei **(7)** 643
Phyllamphora mirabilis **(5)** 105
Phyllanthodendron
(Euphorbiaceae) **(8)** 11 **42**
anthopotamicum **(8)** **42**
dunnianum **(8)** 42 **43**
Phyllanthus
(Euphorbiaceae) **(8)** 11 **33**
anthopotamicus **(8)** **42**
arenarius **(8)** 34 **39**
assamicus **(8)** 51
bacciformis **(8)** 56
bodinieri **(8)** 34 **39**
chekiangensis **(8)** 34 **40**
clarkei **(8)** 33 **36**
cochinchinensis **(8)** 34 **38**
daltonii **(8)** **52**
emblica **(8)** 33 **35** Ph.12
flexuosus **(8)** 33 **35**
forrestii **(8)** 34 **41** Ph.14
glaucus **(8)** 33 **35**
leptoclados **(8)** 34 **41**
nanellus **(8)** 34 **40**
niruri **(8)** 34 **39**
parvifolius **(8)** 34 **37**
pulcher **(8)** 34 **42**
quadrangularis **(8)** 55
reticulatus **(8)** 33 **34**
retusus **(8)** 57
sphaerogynus **(8)** 50
tsarongensis **(8)** 34 **38**
urinaria **(8)** 33 **37** Ph.13
ussuriensis **(8)** 34 **40**
virgatus **(8)** 33 **36**
virosus **(8)** 31
Phyllitis
(Aspleniaceae) **(2)** 399 **435**
scolopendrium **(2)** **435** Ph.94
Phylloboea sinensis **(10)** 304
Phyllodes placentarium **(13)** 63
Phyllodesmis delavayi **(7)** 750
Phyllodium
(Fabaceae) **(7)** 63 **150**
longipes **(7)** **150**
pulchellum **(7)** 150 **151** Ph.78
Phyllodoce
(Ericaceae) **(5)** 553 **556**
caerulea **(5)** **556** Ph.187
deflexa **(5)** 556 **557**
Phyllogoniaceae **(1)** **701**
Phyllogonium norvegicum **(1)** **328**
Phyllomphax henryi **(13)** 456

Phyllophyton complanatum **(9)** 447
decalorans **(9)** 448
nivale **(9)** 448
Phyllorchis helenae **(13)** 709
monantha **(13)** 694
Phyllospadix
(Zosteraceae) **(12)** 51 **53**
iwatensis **(12)** 53 **54**
japonica **(12)** **53**
Phyllostachys
(Poaceae) **(12)** 551 **599**
acuta **(12)** 601 **608**
angusta **(12)** 601 **610**
arcane **(12)** 601 **608**
aurea **(12)** 601 **607**
aureosulcata **(12)** 600 **606**
bambusoides **(12)** 600 **604**
bissetii **(12)** 602 **615**
circumpilis **(12)** 600 **604**
dulcis **(12)** 600 **605**
edulis **(12)** 600 **602**
fimbriligula **(12)** 601 **609**
flexuosa **(12)** 601 **611**
glabrata **(12)** 601 **611**
glauca **(12)** 601 **610**
henonis **(12)** 614
heteroclada **(12)** 602 **615**
heterocycla **(12)** 602
incarnate **(12)** 600 **603**
iridescens **(12)** 601 **612**
kwangsiensis **(12)** 600 **603**
makinoi **(12)** 601 **612**
mannii **(12)** 600 **606**
meyeri **(12)** 601 **607**
nidularia **(12)** 602 **615**
nigra **(12)** 601 **613**
var. henonis **(12)** 602 **614**
nuda **(12)** 601 **608**
parvifolia **(12)** 602 **616**
platyglossa **(12)** 600 **603**
praecox **(12)** 612
prominens **(12)** 600 **605**
propinqua **(12)** 601 **611**
rubicunda **(12)** 602 **616**
rubromarginata **(12)** 602 **614**
shuchengensis **(12)** 602 **615**
sulphurea **(12)** 601 **609**
f.houzeauana **(12)** **610**
var. viridis **(12)** **609**
varioauriculata **(12)** 600 **605**
veitchiana **(12)** 602 **614**
violascens **(12)** 601 **612**
viridiglaucescens **(12)** 600 **603**
viridis *f. houzeauana* **(12)** 610
vivax **(12)** 601 **613**
Phymatodes conmixta **(2)** 742
digitata **(2)** 736
hainanensis **(2)** 733
lucida **(2)** 728
stracheyi **(2)** 742
Phymatopsis albopes **(2)** 740
conjuncta **(2)** 742
griffithiana **(2)** 734
nigropaleacea **(2)** 743
obtusa **(2)** 733
oxyloba **(2)** 738
rhynchophylla **(2)** 732
shensiensis **(2)** 741
tenuipes **(2)** 735
tibetana **(2)** 743
Phymatopteris
(Polypodiaceae) **(2)** 664 **730**
albopes **(2)** 731 **740**
conjuncta **(2)** 732 **742**
conmixta **(2)** 732 **742**
crenatopinnata **(2)** 732 **741**
dactylina **(2)** 731 **737**
digitata **(2)** 731 **736**
ebenipes **(2)** 731 **739**
var. oakesii **(2)** 731 **739**
engleri **(2)** 731 **735**
glaucopsis **(2)** 732 **742**
griffithiana **(2)** 731 **734**
hainanensis **(2)** 731 **733**
hastata **(2)** 731 **736** Ph.145
majoensis **(2)** 731 **733**
malacodon **(2)** 732 **744** Ph.147
nigropaleacea **(2)** 732 **743**
nigrovenia **(2)** 731 **740**
obtusa **(2)** 731 **733**
oxyloba **(2)** 731 **738**
quasidivaricata **(2)** 731 **739**
rhynchophylla **(2)** 731 **732**
shensiensis **(2)** 732 **741**
stewartii **(2)** 732 **743** Ph.146
stracheyi **(2)** 732 **742**
tenuipes **(2)** 731 **735**
tibetana **(2)** 732 **743**
triloba **(2)** 731 **738**
trisecta **(2)** 731 **737**
yakushimensis **(2)** 731 **734**
Phymatosorus
(Polypodiaceae) **(2)** 664 **728**
cuspidatus **(2)** 728 **728**
hainanensis **(2)** 728 **730**
longissimus **(2)** 728 **729**
membranifolius **(2)** 728 **729**
scolopendria **(2)** 728 **730** Ph.144
Physaliastrum
(Solanaceae) **(9)** 203 **214**
chamaesarachoides **(9)** 214 **216**
echinatum **(9)** 214 **215**
heterophyllum **(9)** **214**
japonicum **(9)** 215
sinense **(9)** 214 **215**
Physalis
(Solanaceae) **(9)** 203 **216**
alkekengi **(9)** **217**
var. franchetii **(9)** 217
angulata **(9)** 217 **218**
franchetii **(9)** 217
minima **(9)** 217 **218**
peruviana **(9)** 217 **218**

philadelphica (9) **217**
pubescens (9) 217
somnifera (9) 219
Physcomitrium
(Funariaceae) (1) 517 **521**
courtoisii (1) **522**
eurystomum (1) **522** Ph.147
sinensi-sphaericum (1) 522 **523**
sphaericum (1) 522 **523** Ph.148
Physkium natans (12) 21
Physocarpus
(Rosaceae) (6) 442 **473**
amurensis (6) **473**
Physochlaina
(Solanaceae) (9) 203 **212**
infundibularis (9) **213**
physaloides (9) **213**
Physocolea spinosa (1) **251**
Physolychnis gonosperma (4) 449
Physospermopsis
(Umbelliferae) (8) 580 **603**
delavayi (8) **603**
muliensis (8) 603 **604**
obtusiuscula (8) 603 **605**
rubrinervis (8) 603 **604**
Physostigma
(Fabaceae) (7) 64 **228**
venenosum (7) **228**
Physurus blumei (13) 421
Phyteuma japonicum (10) 490
Phytolacca
(Phytolaccaceae) (4) **288**
acinosa (4) **288** Ph.125
americana (4) 288 **289** Ph.128
japonica (4) 288 **289** Ph.127
polyandra (4) 288 **289** Ph.126
Phytolaccaceae (4) **288**
Picea
(Pinaceae) (3) 14 **34**
abies (3) 35 **37**
asperata (3) 35 **36**
var. aurantiaca (3) 35 **37**
aurantiace (3) 37
balfouriana (3) 42
brachytyla (3) 36 **43** Ph.66
var. complanata (3) 36 **44** Ph.67
complanata (3) 44
crassifolia (3) 35 **38**
fortunei (3) 18
jezoensis
var. komarovii (3) 36 **43** Ph.65
var. microsperma (3) 36 **43**
komarovii (3) 43
koraiensis (3) 35 **37** Ph.54
likiangensis (3) 36 **41**
var. *balfouriana* (3) 42
var. linzhiensis (3) 36 **42** Ph.63
var. montigena (3) 36 **42**
var. rubescens (3) 36 **42** Ph.62
meyeri (3) 35 **38** Ph.55
var. mongolica (3) **38**
mocrosperma (3) 43
montigena (3) 42
morrisonicola (3) 36 **40** Ph.60
neoveitchii (3) 35 **40** Ph.59
obovata (3) 35 **39** Ph.57
polita (3) 36 **41**
purpurea (3) 36 **42** Ph.64
schrenkiana (3) 35 **38** Ph.56
var. *tianschanica* (3) 39
smithiana (3) 36 **40** Ph.61
spinulosa (3) 36 **44**
wilsonii (3) 35 **39** Ph.58
Picrasma
(Simaroubaceae) (8) 367 **369**
chinensis (8) 369 **370**
quassioides (8) **369** Ph.186
Picria
(Scrophulariaceae) (10) 67 **103**
fel-terrae (10) **104**
Picris
(Compositae) (11) 133 **698**
divaricata (11) 698 **700**
hieracioides (11) 698 **699**
subsp. fuscipilosa (11) 698 **699**
subsp. *japonica* (11) 699
japonica (11) 698 **699**
similis (11) 698 **700**
Picrorhiza scrophulariiflora (10) 136
Pieris
(Ericaceae) (5) 553 **684**
formosa (5) **684** Ph.282
japonica (5) 684 **685**
ovalifolia
var. *hebecarpa* (5) 687
swinhoei (5) 684 **685**
villosa (5) 687
Pilea
(Urticaceae) (4) 75 90
angulata (4) 92 **102**
subsp. latiuscula (4) 92 **103**
subsp. petiolaris (4) 92 **103**
anisophylla (4) 93 **109**
aquarum (4) 91 **97**
subsp. brevicornuta (4) 91 **97**
auricularis (4) 91 **100**
boniana (4) 90 **94**
bracteosa (4) 91 **99**
brevicornuta (4) 97
cadierei (4) 90 **96**
cavaleriei (4) 92 **106**
subsp. crenata (4) 92 **106**
subsp. valida (4) 92 **106**
cordistipulata (4) 91 **97**
elegantissima (4) 92 **104**
elliptilimba (4) 91 **98**
gansuensis (4) 93 **112**
glaberrima (4) 91 **100**
hamaoi (4) 108
hilliana (4) 90 **93**
japonica (4) 90 **94**
lomatogramma (4) 91 **98**
longipedunculata (4) 91 **102**

martinii (4) 91 **99** Ph.56
media (4) 92 **104**
melastomoides (4) 91 **101**
microphylla (4) 93 **110**
mongolica (4) 107
monilifera (4) 92 **105**
morseana (4) 94
nanchuanensis (4) 92 **104**
notata (4) 92 **103**
pauciflora (4) 93 **108**
peltata (4) 92 **105**
penninervis (4) 93 **109**
pentasepala (4) 94
peperomioides (4) 92 **105** Ph.57
peploides (4) 111
peploides (4) 93 **110**
var. major (4) 93 **111**
plataniflora (4) 92 **102**
pseudonotata (4) 90 **95**
pumila (4) 93 **107**
var. hamaoi (4) 93 **108**
var. obtusifolia (4) 93 **108**
purpurella (4) 91 **96**
racemosa (4) 92 **107**
receptacularis (4) 93 **111**
rubriflora (4) 90 **95**
salwinensis (4) 93 **109**
scripta (4) 91 **100**
semisessilis (4) 91 **101**
sinocrassifolia (4) 92 **106**
sinofasciata (4) 92 **104**
squamosa (4) 91 **101**
subcoriacea (4) 91 **98**
swinglei (4) 93 **111**
symmeria
var. *salwinensis* (4) 109
var. *subcoriacea* (4) 98
ternifolia (4) 93 **110**
trinervia (4) 100
umbrosa (4) 93 **108**
verrucosa (4) 91 **96**
Pileostegia
(Hydrangeaceae) (6) 246 **267**
riburnoides (6) **267**
tomentella (6) **267**
Piloselloides
(Compositae) (11) 130 **679**
hirsuta (11) **679**
jamesonii (11) 679 **680**
Pilostemon
(Compositae) (11) 130 **566**
filifolia (11) **567**
Pilostigma inflexum (9) 196
Pilotrichopsis
(Cryphaeaceae) (1) 644 **647**
dentata (1) **648** Ph.192
Pilotrichum plumula (1) **702**
reclinatum (1) 692
Pimela alba (8) 343
Pimpinella
(Umbelliferae) (8) 581 **664**
albescens (8) 649
arguta (8) 665 **673**
bisinuata (8) 664 **668**
brachycarpa (8) 665 **673**
brachystyla (8) 665 **672**
calycina var. *brachycarpa* (8) 673
candolleana (8) 664 **667**
capillifolia (8) 647
chungdienensis (8) 664 **670**
cnidioides (8) 664 **671**
coriacea (8) 664 **667**
diversifolia (8) 664 **667**
dunnii (8) 607
fargesii (8) 664 **669**
henryi (8) 665 **672**
hookeri (8) 678
kingdon-wardii (8) 664 **666**
leptophylla (8) 647
leptophylla (8) 685
loloensis (8) 606
muscicolum (8) 677
niitakayamensis (8) 664 **670**
puberula (8) 664 **665**
refracta (8) 664 **665**
rhomboidea (8) 665 **672**
rosthornii (8) 658
rubescens (8) 664 **670**
silaifolia (8) 606
silvatica (8) 664 **666**
smithii (8) 664 **669**
thellungiana (8) 664 **671**
tibetanica (8) 664 **668**
valleculosa (8) 664 **674**
weishanensis (8) 666
Pinaceae (3) **14**
Pinanga
(Arecaceae) (12) 57 **95**
chinensis (12) 95 **97**
discolor (12) 95 **96**
macroclada (12) **95**
sinii (12) 95 **96**
viridis (12) 95 **96**
Pinellia
(Araceae) (12) 106 **172**
cordata (12) 172 **173**
integrifolia (12) **172**
pedatisecta (12) 172 **174**
peltata (12) 172 **173**
ternata (12) 172 **173** Ph.79
Pinguicula
(Lentibulariaceae) (10) **437**
alpina (10) **438** Ph.142
villosa (10) **438**
Pinnatella
(Thamnobryaceae) (1) 715 **716**
alopecuroides (1) 716 **717** Ph.222
ambigua (1) 716 **717** Ph.221
anacamptolepis (1) 716 **717**
makinoi (1) 716 **718**
Pinus
(Pinaceae) (3) 15 **51**
abies (3) 37

armandi (3) 52 **55** Ph.76
 var. mastersiana (3) 52 **56** Ph.77
banksiana (3) 54 **66** Ph.91
bungeana (3) 52 **59** Ph.83
caribaea (3) 54 **66**
cembra var. *pumila* (3) 55
dabeshanensis (3) 56
dammara (3) 14
densata (3) 53 **64** Ph.90
 var. *pygmea* (3) 64
densiflora (3) 53 **60** Ph.84
 f. *sylvestriformis* (3) 61
 var. ussuriensis (3) 53 **60**
deodara (3) 51
dumosa (3) 32
echinata (3) 54 **66**
elliottii (3) 54 **66**
fenzeliana (3) 52 **56**
 var. dabeshanensis (3) 52 **56** Ph.78
gerardiana (3) 52 **59**
griffithii (3) 56
henryi (3) 62
kaempferi (3) 50
kesiya (3) 54 **65**
 var. *langbianensis* (3) 65
koraiensis (3) 52 **54** Ph.75
kwangtungensis (3) 52 **58** Ph.80
lanceolata (3) 69
latteri (3) 53 **62**
massoniana (3) 53 **62** Ph.88
 var. hainanensis (3) 53 **62**
mastersiana (3) 56
morrisonicola (3) 52 **57** Ph.79
nigra (3) 53 **63**
palustris (3) 54 **65**
parviflora (3) 52 **57**
ponderosa (3) 54 **65**
pumila (3) 52 **55**
rigida (3) **54**
roxbourghii (3) 52 **59**
sibirica (3) 52 **55**
smithiana (3) 41
spectabilis (3) 27
squamata (3) 52 **58** Ph.87
strobus (3) 52 **57**
sylvestris (3) 53 **61**
 var. mongolica (3) 53 **60** Ph.85
 var. sylvestriformis (3) 53 **61** Ph.86
tabulaeformis (3) 53 **61** Ph.87
 var. henryi (3) 53 **62**
taeda (3) 54 **65**
taiwanensis (3) 53 63 **89**
takahasii (3) 60
thumbergii (3) 53 **63**
wallichiana (3) 52 **56**
wangii (3) 52 **58** Ph.81
yunnanensis (3) 53 **64**
 var. pygmea (3) 54 **64**
Piper
(Piperaceae) (3) 318 **319**
 arboricola (3) 328
 attenuatum (3) 320 **322**
 austrosinense (3) 320 **331**
 bambusifolium (3) 321 **333**
 betle (3) 320 **326**
 blandum (3) 335
 boehmeriifolium (3) 319 **329**
 bonii (3) 321 **327**
 cathayanum (3) 320 **324**
 dolichostachyum (3) 319 **330**
 hainanense (3) 320 **323**
 hancei (3) 321 **332**
 hongkongense (3) 321 **328**
 laetispicum (3) 320 **323** Ph.262
 lingshuiense (3) 320 **324**
 longum (3) 320 **325**
 macropodum (3) 320 **329**
 mullesua (3) 320 **321**
 mutabile (3) 320 **323**
 nigrum (3) 320 **321** Ph.261
 pedicellatum (3) 321 **330**
 pellucidum (3) 336
 pleiocarpum (3) 320 **333**
 polysyphonum (3) 319 **322**
 puberulilimbum (3) 320 **332**
 puberulum (3) 328
 rubrum (3) 321 **332**
 sarmentosum (3) 320 **326**
 semiimmersum (3) 320 **325**
 sinense (3) 324
 sintenense (3) 321 **328**
 spirei (3) 330
 stipitiforme (3) 320 **324**
 submultinerve (3) 320 **324**
 szemaoense (3) 329
 taiwanense (3) 321 **328**
 terminaliflorum (3) 329
 tetraphylla (3) 334
 thomsonii (3) 320 **327**
 tsangyuanense (3) 320 **330**
 umbellatum (3) 319 **333**
 wallichii (3) 321 **331**
 yunnanense (3) 319 **326**
Piperaceae (3) **318**
Piptanthus
(Fabaceae) (7) 60 **454**
 concolor (7) **455** Ph.158
 laburnifolia (7) 455
 mongolicus (7) 456
 nanus (7) 457
 nepalensis (7) **455** Ph.157
Piptatherum gracile (12) 943
 tibeticum (12) 944
Pipturus
(Urticaceae) (4) 75 **153**
 arborescens (4) **153**
Pireella
(Pterobryaceae) (1) 668 **677**
 formosana (1) **677**
Pirus astateria (6) 553
 coronata (6) 548
 delavayi (6) 554
 doumeri (6) 575

oligodonta (6) 538
thibetica (6) 546
Pisonia
(Nyctaginaceae) (4) 290 **291**
aculeata (4) **291**
grandis (4) 292
Pistacia
(Anacardiaceae) (8) 345 **362**
chinensis (8) **363** Ph.181
vera (8) 363 **364**
weinmannifolia (8) **363** Ph.182
Pistia
(Araceae) (12) 105 **175**
stratiotes (12) **176** Ph.81
Pisum
(Fabaceae) (7) 66 **426**
maritimum (7) 422
sativum (7) **426** Ph.145
Pithcellobium balansae (7) 13
clypearia (7) 12
kerrii (7) 14
lucidum (7) 12
turgida (7) 14
Pithecelloium
(Mimosaceae) (7) 2 **15**
dulce (7) 2 **15**
Pittosporaceae (6) **233**
Pittosporopsis
(Icacinaceae) (7) 876 **879**
kerrii (7) **880**
Pittosporum
(Pittosporaceae) (6) **233**
adaphniphylloides (6) 235 **243**
balansae (6) 234 **240**
brevicalyx (6) 235 **243**
crispulum (6) 233 **235**
daphniphylloides (6) 235 **243**
elevaticostatum (6) 234 **240**
formosanum var. *hainanense* (6) 245
glabratum (6) 234 **238**
var. neriifolium (6) 234 **238**
heterophyllum (6) 234 **242**
illicioides (6) 234 **239**
kerrii (6) 235 **244**
leptosepalum (6) 234 **242**
napaulense (6) 235 **245**
omeiense (6) 234 **238** Ph.76
ovoideum (6) 234 **240**
pauciflorum (6) 234 **237**
var. *brevicalyx* (6) 243
pentandrum
var. hainanense (6) 235 **245** Ph.77
perryanum (6) 234 **237**
podocarpum (6) 234 **239**
var. angustatum (6) 234 **239**
rehderianum (6) 234 **235**
sahnianum (6) 239
tobira (6) 234 **236** Ph.75
tonkinense (6) 234 **241**
truncatum (6) 234 **241**
viburnifolium (6) 235 **244**
xylocarpum (6) 234 **236**
Pittosporum yunnanense (10) 43
Pityrogramma
(Hemionitidaceae) (2) 248 **249**
calomelanos (2) **249**
Plagiobasis
(Compositae) (11) 132 **648**
centauroides (11) **648**
sogdiana (11) 647
Plagiobryum
(Bryaceae) (1) 539 **555**
demissum (1) **556**
zierii (1) **556**
Plagiochasma
(Aytoniaceae) (1) 274 **280**
appendiculatumet (1) **280**
cordatumet (1) 280 **281**
japonicum (1) 280 **281**
pterospermum (1) 280 **281**
rupestre (1) 280 **282** Ph.63
Plagiochila
(Plagiochilaceae) (1) 127 **128**
akiyamae (1) 130 **150**
arbuscula (1) 130 **144**
aspericaulis (1) 129 **132**
bantamensis (1) 128 **132**
biondiana (1) 130 **145**
caulimammillosa (1) 129 **133**
chenii (1) 130 **147**
chinensis (1) 131 **155**
corticola (1) 130 **148**
debilis (1) 129 **139**
defolians (1) 129 **140**
delavayi (1) 131 **155**
dendroides (1) 129 **138**
denticulata (1) 130 **149**
devexa (1) 129 **133**
durelii (1) 129 **134**
duthiana (1) 130 **146**
elegans (1) 131 **156**
emeiensis (1) 131 **154**
exigua (1) 129 **140**
flexuosa (1) 130 **144**
fordiana (1) 129 **141** Ph.29
fruticosa (1) 129 138 Ph.28
furcifolia (1) 129 **142**
ghatiensis (1) 129 **141**
gracilis (1) 130 **148**
grollei (1) 129 **134**
gymnoclada (1) 131 **156**
hakkodensis (1) 131 **157**
integrifolia (1) **160**
junghuhniana (1) 130 **151**
khasiana (1) 130 **151**
nepalensis (1) 131 **152**
ovalifolia (1) 131 **157**
parvifolia (1) 129 **142**
peculiaris (1) 128 **131**
perserrata (1) 129 **135**
poeltii (1) 130 **146**
porelloides (1) 131 **158**
pseudofirma (1) 130 **149**

pseudopoeltii (1) 129 **135**
pseudorenitens (1) 130 **150**
pulcherrima (1) 129 **139**
recurvata (1) 130 **147**
salacensis (1) 131 **152**
sciophila (1) 130 **145**
secretifolia (1) 131 **158** Ph.30
semidecurrens (1) 129 **136**
shanghaica (1) 131 **153**
sichuanensis (1) 131 **154**
trabeculata (1) 130 **143**
vexans (1) 129 **136**
wangii (1) 130 **147**
wightii (1) 131 **153**
zangii (1) 129 **137**
zhuensis (1) 130 **143**
zonata (1) 129 **137**
Plagiochilaceae (1) **127**
Plagiochilion
(Plagiochilaceae) (1) 127 **159**
braunianus (1) **159**
mayebarae (1) **159**
Plagiogyria
(Plagiogyriaceae) (2) **94**
adnata (2) 94 **96**
assurgens (2) 94 **97**
distinctissima (2) 96
dunnii (2) 97
euphlebia (2) 94 **95**
falcata (2) 94 **96** Ph.42
glauca (2) 94 **94**
japonica (2) 94 **95**
media (2) 94
pycnophylla (2) 94 **94**
stenoptera (2) 94 **96** Ph.41
Plagiogyriaceae (2) 3 **93**
Plagiomnium
(Mniaceae) (1) 571 **578**
acutum (1) 578 **579**
arbusculum (1) 578 **579**
cuspidatum (1) 578 **580** Ph.170
integrum (1) 579 **580**
japonicum (1) 578 **581**
maximoviczii (1) 578 **581**
medium (1) 579 **582**
rostratum (1) 578 **582**
succulentum (1) 578 **583** Ph.171
vesicatum (1) 579 **583** Ph.172
Plagiopetalum
(Melastomataceae) (7) 614 **628**
esquirolii (7) **628**
Plagiopteron
(Tiliaceae) (5) **12**
chinense (5) **13**
Plagiopus
(Bartramiaceae) (1) 597 608
oederiana (1) **608**
Plagiorhegma
(Berberidaceae) (3) 582 **637**
dubia (3) **638**
Plagiospermum sinense (6) 751
Plagiostachys
(Zingiberaceae) (13) 21 **39**
austrosinensis (13) **39** Ph.33
Plagiotaxis velutina (8) 379
Plagiotheciaceae (1) **864**
Plagiothecium
(Plagiotheciaceae) (1) **864**
cavifolium (1) 865 **869** Ph.257
curvifolium (1) 865 **866**
denticulatum (1) **865**
euryphyllum (1) 865 **866**
formosicum (1) 865 **867**
giraldii (1) **921**
laetum (1) 865 **868**
latebricola (1) 865 **868**
neckeroideum (1) 865 **867** Ph.256
nemorale (1) 865 **871**
paleaceum (1) 865 **869**
platyphyllum (1) 865 **870**
succulentum (1) 856 **870**
undulatum (1) 865 **871** Ph.258
Planchonella annamensis (6) 8
aurata (6) 5
obovata (6) 8
Planera dividii (4) 12
Plantaginaceae (10) **4**
Plantago
(Plantaginaceae) (10) **4**
arachnoidea (10) 6 **11**
arenaria (10) 6 **13**
aristata (10) 5 **12**
asiatica (10) 5 **8**
subsp. densiflora (10) 5 **8**
subsp. erosa (10) 5 **8**
camtschatica (10) 6 **11**
cavaleriei (10) 5 **8**
densiflora (10) **8**
depressa (10) 6 **10**
subsp. turczaninowii (10) 6 **10**
var. *turczaninowii* (10) 11
erosa (10) 8
gentianoides subsp. griffithii (10) 5 **9**
griffithii (10) 9
lagocephala (10) 5 **13**
lanceolata (10) 5 **11**
lessingii (10) 12
major (10) 5 **7**
maritima (10)
subsp. ciliata (10) 5 **13**
var. salsa (10) **13**
maxima (10) 5 **6**
media (10) 6 **7**
minuta (10) 6 **12**
virginica (10) 6 **9**
Platanaceae (3) **699**
Platanthera
(Orchidaceae) (13) 367 **457**
bakeriana (13) 459 **466**
chiloglossa (13) 459 **468**
chlorantha (13) 458 **460**
clavigera (13) 459 **469**
contigua (13) 474

cornu-bovis **(13)** 458 **462**
damingshanica **(13)** 458 **464**
exelliana **(13)** 459 **467**
finetiana **(13)** 458 **461**
galeandra **(13)** 457
hologlottis **(13)** 458 **460**
japonica **(13)** 458 **461** Ph.318
latilabris **(13)** 459 **469**
leptocaulon **(13)** 459 **468**
mandarinorum **(13)** 458 **463**
metabifolia **(13)** 458 **459** Ph.317
minor **(13)** 458 **463**
minutiflora **(13)** 458 **465**
oreophila **(13)** 458 **462**
platantheroides **(13)** 459 **469**
roseotincta **(13)** 459 **467**
sinica **(13)** 458 **461**
stenantha **(13)** 458 **466**
stenophylla **(13)** 458 **465**
tipuloides **(13)** 458 **464** Ph.319
var. *ussuriensis* **(13)** 471
uniformis **(13)** 473
Platanus
(Platanaceae) **(3)** **771**
acerifolia **(3)** 771 **772**
occidentalis **(3)** 771 **772**
orientalis **(3)** **772**
var. *acerifolia* **(3)** 772
Platea
(Icacinaceae) **(7)** **876**
hainanensis **(7)** 877
latifolia **(7)** **877**
lobbiana **(7)** 878
Platycarya
(Juglandaceae) **(4)** **164**
longipes **(4)** 164 **165**
strobilacea **(4)** **164** Ph.66
Platyceriaceae **(2)** 3 **769**
Platycerium
(Platyceriaceae) **(2)** **769**
bifurcatum **(2)** 769 **770** Ph.154
wallichii **(2)** 769 **769**
Platycladus
(Cupressaceae) **(3)** 74 **76**
orientalis **(3)** **76** Ph.102
Platycodon
(Campanulaceae) **(10)** 446 **470**
grandiflorus **(10)** **470** Ph.162
Platycraspedum
(Brassicaceae) **(5)** 384 **421**
tibeticum **(5)** **421**
wuchengyii **(5)** 421 **422**
Platycrater
(Hydrangeaceae) **(6)** 246 **271**
arguta **(6)** **271**
Platydictya
(Amblystegiaceae) **(1)** 803 **806**
Jungermannioides **(1)** **806**
subtilis **(1)** 806 **807**
Platygyrium
(Hypnaceae) **(1)** 899 **900**
repens **(1)** **900**
Platypetalum roseum **(5)** 535
Platystemma
(Gesneriaceae) **(10)** 244 **268**
violoides **(10)** **269**
Platytaenia rubtzovii **(8)** 758
Plectocolea erecta **(1)** 73
flagellata **(1)** 73
infusca **(1)** 75
rubripunctata **(1)** 77
virgata **(1)** 80
Plectocomia
(Arecaceae) **(12)** 56 **73**
himalayana **(12)** 73 **74**
kerrana **(12)** 73
microstachys **(12)** **73**
Plectopteris gracilis **(2)** 771
Plectranthus adenanthus **(9)** 585
adenoloma **(9)** 576
amethystoides **(9)** 571
calcaratus **(9)** 585
cardiophyllus **(9)** 526
carnosifolius **(9)** 587
coetsa **(9)** 581
coloratum **(9)** 590
enanderianus **(9)** 570
eriocalyx **(9)** 570
excisoides **(9)** 583
excisus **(9)** 574
flavidus **(9)** 574
forskohlii **(9)** 586
gerardiana **(9)** 576
glaucocalyx **(9)** 573
henryi **(9)** 582
irroratus **(9)** 574
leucophyllus **(9)** 576
longitubus **(9)** 573
loxothyrsus **(9)** 578
macranthus **(9)** 562
macrocalyx **(9)** 582
nervosus **(9)** 571
nudiopes **(9)** 563
oreophilus **(9)** 567
var. *elongatus* **(9)** 567
oresbius **(9)** 577
patchoulii **(9)** 502
pharicus **(9)** 579
phyllostachys **(9)** 571
rosthornii **(9)** 582
rubescens **(9)** 578
rugosiformis **(9)** 579
scrophularioides **(9)** 583
sculponeatus **(9)** 581
serra **(9)** 572
setschwanensis **(9)** 580
tenuifolius **(9)** 578
ternifolius **(9)** 569
walkeri **(9)** 575
wikstroemioides **(9)** 577
yuennanensis **(9)** 575
Pleioblastus
(=Arundinaria) **(12)** 644

altiligulatus (12) 651
amarus (12) 650
var. *subglabratus* (12) 654
gramineus (12) 648
hsienchuensis (12) 653
hupehensis (12) 649
juxiangensis (12) 654
kwangsiensis (12) 651
maculates (12) 651
oedogonatus (12) 650
oleosus (12) 651
rugatus (12) 655
sanmingensis (12) 652
solidus (12) 655
yixingensis (12) 655
Pleione
(Orchidaceae) **(13)** 374 **624**
bulbocodioides **(13)** 624 **627** Ph.452
formosana **(13)** 624 **627** Ph.453
forrestii **(13)** 624 **626** Ph.450
hookeriana **(13)** 624 **625** Ph.449
praecox **(13)** 624 **625** Ph.447
scopulorum **(13)** 624 **625** Ph.448
yunnanensis **(13)** 624 **626** Ph.451
Pleocnemia
(Asphdidceae) **(2)** 603 **616**
winitii **(2)** **616** Ph.116
Pleopeltis ovata **(2)** 677
rostrata **(2)** 701
soulieanum **(2)** 695
stewartii **(2)** 743
thunbergianus **(2)** 687
ussuriensis **(2)** 694
Pleuridium
(Ditrichaceae) **(1)** **316** **317**
julaceum **(1)** 319
subulatum **(1)** **317**
Pleurochaete
(Pottiaceae) **(1)** 437 **470**
squarrosa **(1)** **470**
Pleuroclada
(Cephaloziaceae) **(1)** 166 **167**
albescens **(1)** **167**
Pleurogramma paradoxa **(2)** 270
Pleurogyne brachyanthera **(9)** 71
macrantha **(9)** 72
oreocharis **(9)** 70
Pleuromanes
(Hymenophyllaceae) **(2)** 112 **128**
pallidum **(2)** **129**
Pleuroplitis centrasiatica **(12)** 1150
Pleuropus pterogonioides **(1)** 877
Pleuroschisma bidentulum **(1)** 27
Pleurosoriopsidaceae **(2)** 6 **444**
Pleurosoriopsis
(Pleurosoriopsidaceae) **(2)** **444**
makinoi **(2)** **444**
Pleurospermum
(Umbelliferae) **(8)** 579 **611**
amabile **(8)** 612 **614**
angelicoides **(8)** 612 **615**
camtschaticum **(8)** 612 **618**
crassicaule **(8)** 612 **617**
cristatum **(8)** 612 **619**
davidii **(8)** 612 **619**
decurrens **(8)** 612 **615**
foetens **(8)** 612 **620**
franchetianum **(8)** 612 **618**
giraldii **(8)** 612 **613**
govanianum var. bicolor **(8)** 612 **614**
hedinii **(8)** 612 **617** Ph.284
heracleifolium **(8)** 612 **618**
heterosciadium **(8)** 612 **616**
hookeri var. thomsonii **(8)** 612 **613**
nanum **(8)** 612 **613**
nubigenum **(8)** 612 **616**
wrightianum **(8)** 612 **620**
Pleurostylia
(Celastraceae) **(7)** 775 **827**
opposita **(7)** **827**
Pleurozia
(Pleuroziaceae) **(1)** **201**
gigantea **(1)** **201** Ph.33
gigenteoides **(1)** **202**
Pleuroziaceae **(1)** **201**
Pleuroziopsis
(Climaciaceae) **(1)** 724 **726**
ruthanica **(1)** **726**
Pleurozium
(Hylocomiaceae) **(1)** 935 **940**
schreberi **(1)** **941** Ph.277
Pluchea
(Compositae) **(11)** 129 **243**
bulleyana **(11)** 265
eupatorioides **(11)** 243 **244**
indica **(11)** **243**
pteropoda **(11)** **243**
Plumbagella
(Plumbaginaceae) **(4)** 538 **540**
micrantha **(4)** **540**
Plumbaginaceae **(4)** **538**
Plumbago
(Plumbaginaceae) **(4)** **538**
auriculata **(4)** 538 **539**
indica **(4)** 538 **539** Ph.233
micrantha **(4)** **540**
zeylanica **(4)** **538** Ph.232
Plumeria
(Apocynaceae) **(9)** 89 **99**
rubra **(9)** **99** Ph.51
Poa
(Poaceae) **(12)** 561 **701**
acmocalyx **(12)** 708 **738**
acroleuca **(12)** 706 **731**
afghanica **(12)** 702 **714**
aitchisonii **(12)** 703 **717**
alberti **(12)** 707 **735**
albida **(12)** 760
alpigena **(12)** 702 **715**
alpina **(12)** 707 **734**
altaica **(12)** 709 **747**
angustata **(12)** 778
angustifolia **(12)** 702 **713**

angustiglumis **(12)** 703 **716**
annua **(12)** 706 **733**
var. *sikkimensis* **(12)** 732
araratica **(12)** 711 **754**
arctica **(12)** 704 **720**
argunensis **(12)** 710 **750**
atrovirens **(12)** 964
attenuata var. *stepposa* **(12)** 753
attenuate **(12)** 710 **753**
bactriana **(12)** 711 **757**
badensis **(12)** 707 **735**
botryoides **(12)** 709 **744**
bracteosa **(12)** 704 **720**
bucharica **(12)** 703 **718**
bulbosa **(12)** 711 **757**
var. vivipara **(12)** 711 **757**
burmanica **(12)** 706 **730**
calliopsis **(12)** 702 **715**
chaixii **(12)** 703 **718**
chalarantha **(12)** 704 **721**
chinensis **(12)** 984
cilianensis **(12)** 969
ciliate **(12)** 971
ciliatiflora **(12)** 702 **713**
compressa **(12)** 703 **719**
convolute **(12)** 771
crymophila **(12)** 710 **751**
curvula **(12)** 965
cylindrical **(12)** 964
dahurica **(12)** 710 **750**
debilior **(12)** 706 **733**
declinata **(12)** 705 **728**
densa **(12)** 712 **758**
densissima **(12)** 711 **755**
distans **(12)** 779
diversifolia **(12)** 703 **717**
dolichachyra **(12)** 703 **716**
dschungarica **(12)** 711 **754**
dshilgensis **(12)** 712 **758**
elanata **(12)** 708 **743**
eleanorae **(12)** 707 **737**
eminens **(12)** 702 **712**
eragrostioides **(12)** 705 **729**
faberi **(12)** 709 **745**
falconeri **(12)** 705 **727**
fascinate **(12)** 708 **739**
ferruginea **(12)** 968
festucaeformis **(12)** 771
flavida **(12)** 707 **738**
fragilis **(12)** 703 **717**
gamblei **(12)** 707 **737**
gammieana **(12)** 707 **736**
glabriflora **(12)** 712 **758**
glauca **(12)** 709 **746**
gracilior **(12)** 706 **730**
grandispica **(12)** 708 **742**
hengshanica **(12)** 709 **744**
himalayana **(12)** 705 **728**
hirta **(12)** 1017
hirtiglumis **(12)** 706 **730**
hisauchii **(12)** 706 **731**
hissarica **(12)** 711 **755**
hybrida **(12)** 703 **719**
ianthina **(12)** 709 **747**
imperialis **(12)** 706 **730**
incerta **(12)** 710 **748**
indattenuata **(12)** 710 **750**
infirma **(12)** 706 **734**
insignis **(12)** 703 **718**
ircutica **(12)** 705 **727**
irrigate **(12)** 709 **747**
japonica **(12)** 972
kanboensis **(12)** 707 **738**
karatavica **(12)** 760
karateginensis **(12)** 711 **755**
khasiana **(12)** 705 **727**
komarovii **(12)** 704 **720**
korshunensis **(12)** 708 **739**
krylovii **(12)** 708 **742**
ladakhensis **(12)** 768
lahulensis **(12)** 711 **756**
lanata **(12)** 707 **736**
lepta **(12)** 708 **740**
levipes **(12)** 705 **724**
ligulata **(12)** 707 **735**
lipskyi **(12)** 705 **727**
lithophila **(12)** 705 **726**
lithuanica **(12)** 799
litwinowiana **(12)** 711 **755**
longifolia **(12)** 703 **716**
longiglumis **(12)** 709 **743**
ludens **(12)** 707 **736**
macrocalyx **(12)** 707 **736**
var. *sachalinensis* **(12)** 720
var. *tianschanica* **(12)** 723
malaca **(12)** 708 **739**
malacantha **(12)** 704 **720**
masenderana **(12)** 703 **719**
media **(12)** 707 **735**
megalothyrsa **(12)** 705 **726**
micrandra **(12)** 705 **729**
mongolica **(12)** 708 **741**
nemoralis **(12)** 707 **737**
var. *mongolica* **(12)** 741
nepalensis **(12)** 705 **729**
nephelophila **(12)** 706 **733**
nipponica **(12)** 706 **731**
nitidespiculata **(12)** 707 **737**
nubigena **(12)** 704 **722**
var. *levipes* **(12)** 724
nudiflora **(12)** 769
ochotensis **(12)** 710 **752**
oligophylla **(12)** 708 **739**
orinosa **(12)** 710 **748**
pachyantha **(12)** 702 **714**
pagophila **(12)** 705 **724**
palustris **(12)** 708 **742**
pamirica **(12)** 704 **723**
patens **(12)** 705 **725**
paucifolia **(12)** 710 **753**
paucispicula **(12)** 705 **724**
perennis **(12)** 710 **749**
persica **(12)** 761

var. *oxyglumis* **(12)** 762
phryganodes **(12)** 766
pilipes **(12)** 708 **740**
pilosa **(12)** 968
platyantha **(12)** 704 **720**
plurifolia **(12)** 709 **746**
polycolea **(12)** 704 **722**
poophagorum **(12)** 711 **756**
pratensis **(12)** 702 **713**
var. *alpigena* **(12)** 715
var. *sabulosa* **(12)** 715
prolixior **(12)** 709 **745**
pseudamoena **(12)** 706 **732**
pseudopalustris **(12)** 709 **745**
psilolepis **(12)** 711 **754**
pumila **(12)** 707 **736**
pungens **(12)** 961
radula **(12)** 703 **719**
raduliformis **(12)** 704 **724**
rangkulensis **(12)** 711 **756**
relaxa **(12)** 709 **744**
remota **(12)** 703 **718**
reverdattoi **(12)** 709 **747**
rhadina **(12)** 706 **731**
sabulosa **(12)** 702 **715**
sachalinensis **(12)** 703 **720**
schoenites **(12)** 710 **752**
serotina
var. *botryoides* **(12)** 744
setulosa **(12)** 705 **728**
sibirica **(12)** 703 **717**
sikkimensis **(12)** 706 **732**
sinaica **(12)** 711 **754**
sinoglauca **(12)** 71 **749**
skvoctzovii **(12)** 708 **741**
smirnowii **(12)** 704 **720**
sphondylodes **(12)** 710 **752**
stapfiana **(12)** 706 **729**
stenachyra **(12)** 703 **715**
stepposa **(12)** 710 **753**
stereophylla **(12)** 710 **751**
sterilis **(12)** 710 **749**
stewartiana **(12)** 706 **731**
subfastigiata **(12)** 702 **712**
supine **(12)** 706 **734**
sylvicola **(12)** 708 **742**
takasagomontana **(12)** 705 **725**
tangii **(12)** 704 **721**
tenella **(12)** 971
tianschanica **(12)** 704 **723**
tibetica **(12)** 702 **712**
tibeticola **(12)** 706 **732**
timoleontis **(12)** 711 **757**
tolmatchewii **(12)** 704 **724**
transbaicalica **(12)** 709 **743**
tristis **(12)** 711 **754**
trivialiformis **(12)** 704 **720**
trivialis? **(12)** 704 **723**
tunicate **(12)** 706 **733**
unioloides **(12)** 970
urssulensis **(12)** 708 **741**
vedenskyi **(12)** 711 **757**
versicolor **(12)** 709 **744**
viridula **(12)** 709 **747**
zaprjagajevii **(12)** 712 **758**
Poaceae **(12)** **550**
Poacynum hendersonii **(9)** 125
pictum **(9)** 125
Podocarpaceae **(3)** **95**
Podocarpium laxum **(7)** 163
var. *laterale* **(7)** 163
leptopus **(7)** 162
oldhami **(7)** 162
podocarpum **(7)** 163
var. *fallax* **(7)** 164
var. *mandshuricum* **(7)** 164
var. *oxyphyllum* **(7)** 164
var. *szeshuenense* **(7)** 164
repandum **(7)** 164
williamsii **(7)** 165
Podocarpus
(Podocarpaceae) **(3)** 95 **98**
annamiensis **(3)** 98 **100** Ph.128
argotaenia **(3)** 110
brevifolius **(3)** 101
costalis **(3)** 98 **100** Ph.129
fleuryil **(3)** 97
imbricatus **(3)** 96
macrophyllus **(3)** 98 **99** Ph.126
var. angustifolius **(3)** 98 **100**
var. maki **(3)** 98 **99**
nagi **(3)** 97
nakaii **(3)** 98 **100** Ph.127
nerrifolius **(3)** 98 **99** Ph.125
wallichiana **(3)** 97
wangii **(3)** 99 **101**
Podochilus
(Orchidaceae) **(13)** 373 **659**
khasianus **(13)** **659**
Podoon delavayi **(8)** 366
Podophyllum difforme **(3)** 639
emodi var. chinensis **(3)** 637
hexandrum **(3)** 637
majorense **(3)** 638
pleianthum **(3)** 640
veitchii **(3)** 640
versipelle **(3)** 639
Podostemaceae **(7)** **490**
Podostemon griffithii **(7)** 491
Pogonanthera caulopteris **(9)** 490
Pogonatherum
(Poaceae) **(12)** 555 **1117**
contortum **(12)** 1114
crinitum **(12)** 1117 **1118**
paniceum **(12)** **1117**
Pogonatum
(Polytrichaceae) **(1)** 951 **957**
camusii **(1)** 958 **959**
cirratum **(1)** 958 **963** Ph.288
contortum **(1)** 958 **964** Ph.289
fastigiatum **(1)** 958 **963**
inflexum **(1)** 958 **961**
japonicum **(1)** 958 **962**

microstomum **(1)** 958 **960** Ph.285
neesii **(1)** 958 **961** Ph.286
nudiusculum **(1)** 958 **960**
pergranulatum **(1)** 958 **959**
perichaetiale **(1)** 958 **962** Ph.287
proliferum **(1)** 958 **964** Ph.290
sphaerothecium **(1)** **969**
spinulosum **(1)** **958** Ph.283
subfuscatum **(1)** 958 **960** Ph.284
suzukii **(1)** **955**
urnigerum **(1)** 958 **962**
Pogonia
(Orchidaceae) **(13)** 368 **525**
fordii **(13)** 527
japonica **(13)** **525**
mackinnonii **(13)** 529
purpurea **(13)** 528
yunnanensis **(13)** 525 **526**
Pogostemon
(Lamiaceae) **(9)** 397 **558**
auricularius **(9)** 558 **560**
brevicorollus **(9)** 558 **559**
cablin **(9)** 558 **559**
chinensis **(9)** **558**
esquirolii **(9)** 558 **559**
glaber **(9)** 558 **559** Ph.190
menthoides **(9)** 558 **560**
Pohlia
(Bryaceae) **(1)** 539 541
arctica **(1)** 560
cruda **(1)** **542**
crudoides **(1)** 542 **543**
drummondii **(1)** 542 **543**
elongata **(1)** 542 **544** Ph.155
flexuosa **(1)** 542 **544**
hisae **(1)** 542 **545**
hyaloperistoma **(1)** 542 **545**
lescuriana **(1)** 542 **546**
leucostoma **(1)** 542 **546**
longicollis **(1)** 542 **546** Ph.156
lutescens **(1)** 542 **547**
minor **(1)** 542 **547**
nutans **(1)** 542 **548**
proligera **(1)** 542 **548**
Poikilospermum
(Urticaceae) **(4)** 74 **151**
lanceolatum **(4)** 151 **152**
suaveolens **(4)** 151 **152**
Poinciana pulcherrima **(7)** 31
regia **(7)** 29
Polemoniaceae **(9)** **276**
Polemonium
(Polemoniaceae) **(9)** 276 **277**
chinense **(9)** 277
coeruleum **(9)** **277** Ph.116
var. *chinense* **(9)** **277**
laxiflorum **(9)** 277
liniflorum **(9)** 277
Polianthes
(Agavaceae) **(13)** 303 **305**
tuberosa **(13)** **305** Ph.230
Poliothyrsis
(Flacourtiaceae) **(5)** 110 **120**
sinensis **(5)** **121**
Polisnemum sibiricum **(4)** 353
Pollia
(Commelinaceae) **(12)** 182 **197**
hasskarlii **(12)** 197 **198** Ph.88
japonica **(12)** **197** Ph.87
miranda **(12)** 197 **198** Ph.89
omeiensis **(12)** 198
secundiflora **(12)** 197 **199** Ph.91
siamensis **(12)** 197 **199**
thyrsiflora **(12)** 197 **199** Ph.90
Pollinia ciliate **(12)** 1106
fauriei **(12)** 1110
geniculatum **(12)** 1110
japonica **(12)** 1109
monantha **(12)** 1107
nuda **(12)** 1110
pallens **(12)** 1112
phaeothrix **(12)** 1112
quadrinervis **(12)** 1113
setifolia **(12)** 1115
vagans **(12)** 1106
Polliniopsis somai **(12)** 1109
Polyalthia
(Annonaceae) **(3)** 159 **177**
cerasoides **(3)** **177** Ph.198
consanguinea **(3)** 179
florulenta **(3)** 177 **178**
laui **(3)** 177 **180**
nemoralis **(3)** 177 **178** Ph.199
obliqua **(3)** 177 **179**
petelotii **(3)** 177 **179**
plagioneura **(3)** 177 **179**
rumphii **(3)** 177 **180**
simiarum **(3)** 177 **180**
suberosa **(3)** 177 **178**
Polycarpaea
(Caryophyllaceae) **(4)** 392 **397**
corymbosa **(4)** **397**
Polycarpon
(Caryophyllaceae) **(4)** 392 **396**
indicum **(4)** 397
prostratum **(4)** **396**
Polychroa repens **(4)** 115
tsoongii **(4)** 115
Polycnemum
(Chenopodiaceae) **(4)** 305 **319**
arvense **(4)** **319**
erinaceum **(4)** 352
Polygala
(Polygalaceae) **(8)** 243 **244**
arcuata **(8)** 245 **249**
arillata **(8)** 245 **247** Ph.112
arvensis **(8)** 246 **252**
caudata **(8)** 245 **248**
chinensis **(8)** 246 252
crotalarioides **(8)** 246 **254**
dunniana **(8)** 245 **249**
fallax **(8)** 245 **247** Ph.113
furcata **(8)** 246 **251**

globulifera **(8)** 245 **248**
glomerata **(8)** 246 **253**
hongkongensis **(8)** 246 **256**
var. steno
Polygalaceae **(8)** **243**
Polygonaceae **(4)** **480**
Polygonatum
(Liliaceae) **(13)** 71 **204**
acuminatifolium **(13)** 205 **207**
cathcartii **(13)** 205 **212**
cirrhifolium **(13)** 206 **216** Ph.157
curvistylum **(13)** 205 **214**
cyrtonema **(13)** 205 **210** Ph.152
filipes **(13)** 205 **209**
franchetii **(13)** 205 **209**
gracile **(13)** 205 **214**
hirtellum **(13)** 205 **212**
hookeri **(13)** 205 **211** Ph.154
humile **(13)** 205 **207**
inflatum **(13)** 205 **207**
involucratum **(13)** 204 **206**
kingianum **(13)** 205 **211** Ph.153
macropodium **(13)** 205 **208**
megaphyllum **(13)** 204 **206**
nodosum **(13)** 205 **210**
odoratum **(13)** 205 **208** Ph.151
prattii **(13)** 205 **213** Ph.155
punctatum **(13)** 205 **211**
roseum **(13)** 206 **215**
sibiricum **(13)** 206 **215** Ph.156
stenophyllum **(13)** 205 **214**
verticillatum **(13)** 205 206 **213**
zanlanscianense **(13)** 206 **216**
Polygonum
(Polygonaceae) **(4)** 481 **482**
alpinum **(4)** 483 **494** Ph.206
amphibium **(4)** 485 **508**
amplexicaule **(4)** 484 **501**
argyrocoleum **(4)** 482 **485**
aviculare **(4)** 482 **486**
barbatum **(4)** 485 **509**
bistorta **(4)** 484 **501**
bungeanum **(4)** 482 **489**
caespitosum **(4)** 507
campanulatum **(4)** 483 **495**
var. fulvidum **(4)** 483 **495**
capitatum **(4)** 483 **498** Ph.207
chinense **(4)** 483 **499** Ph.209
var. hispidum **(4)** 483 **499**
var. paradoxum **(4)** 483 **499**
cognatum **(4)** 482 **485**
convolvulus **(4)** 483 **492**
criopolitanum **(4)** 483 **495**
cuspidatum **(4)** 482 **490** Ph.203
dentato-alatum **(4)** 483 **491**
dibotrys **(4)** 513
dissitiflorum **(4)** 482 **489**
emodi **(4)** 484 **503** Ph.212
filicaule **(4)** 483 **497**
filiforme **(4)** 510
forrestii **(4)** 483 **493** Ph.205
frutescens **(4)** 518
glabrum **(4)** 484 **503**
glaciale **(4)** 483 **496**
hookeri **(4)** 483 **494**
hydropiper **(4)** 484 **506** Ph.215
intramongolicum **(4)** 482 **487**
japonicum **(4)** 485 **509**
lapathifolium **(4)** 484 **505** Ph.213
leptopodum **(4)** 512
longisetum **(4)** 484 **508**
maackianum **(4)** 482 **488**
macrophyllum **(4)** 484 **502** Ph.211
milletii **(4)** 484 **500**
molle **(4)** 483 **492**
multiflorum **(4)** 482 **491** Ph.204
muricatum **(4)** 482 **490**
neofiliforme **(4)** 511
nepalense **(4)** 483 **496**
orientale **(4)** 484 **506** Ph.214
paleaceum **(4)** 484 **502**
palmatum **(4)** 483 **497**
paradoxum **(4)** 499
perfoliatum **(4)** 482 **487** Ph.202
r. *glaciale* **(4)** 496
persicaria **(4)** 484 **504**
plebeium **(4)** 482 **486** Ph.201
polystachyum **(4)** 483 **493**
posumbu **(4)** 484 **507**
pubescens **(4)** 484 **507**
pulchrum **(4)** 485 **509**
runcinatum **(4)** 483 **498** Ph.208
var. sinense **(4)** 483 **498**
senticosum **(4)** 482 **487**
sibiricum **(4)** 483 **494**
sieboldii **(4)** 482 **489**
sinomontanum **(4)** 484 **500**
suffultum **(4)** 484 **501**
tataricum **(4)** 511
thunbergii **(4)** 482 **488**
tinctorum **(4)** 484 **505**
urophyllum **(4)** 512
viscoferum **(4)** 484 **504**
viscosum **(4)** 484 **504**
viviparum **(4)** 484 **499** Ph.210
Polyosma
(Grossulariaceae) **(6)** **288**
cambodiana **(6)** **288**
Polypodiaceae **(2)** 567 **663**
Polypodiastrum
(Polypodiaceae) **(2)** 664 **673**
argutum **(2)** 674 **674**
dielseanum **(2)** 674 **674**
mengtzeense **(2)** 674 **675**
Polypodiodes **(2)** 664 **667**
amoena **(2)** 667 **673**
var. duclouxi **(2)** 667 **673**
var. pilosa **(2)** 667 **673**
bourretii **(2)** 667 **669**
chinensis **(2)** 667 **672**
formosana **(2)** 667 **667**
hendersonii **(2)** 667 **672**
lachnopus **(2)** 667 **670**

microzhizoma (2) 667 **670**
niponica (2) 667 **668**
pseudolachnopus (2) 667 **671**
subamoena (2) 667 **671**
wattii (2) 667 **669**
Polypodium
(Polypodiaceae) (2) 663 **665**
acuminatum (2) 384
adnascens (2) 712
albertii (2) 698
albopes (2) 740
alcicorne (2) 582
amoenum (2) 673
var. *pilosum* (2) 673
argutum (2) 674
assimile (2) 717
asterolepis (2) 690
auriculatum (2) 638
barometz (2) 140
bicuspe (2) 663
bourretii (2) 669
buergerianum (2) 710
calvatum (2) 718
carthusianum (2) 516
clathratum (2) 696
conjugatum (2) 662
connectilis (2) 355
contortum (2) 688
cornigerum (2) 772
coronans (2) 763
crenatopinnatum (2) 741
crenatum (2) 331
curtisii (2) 774
cuspidatum (2) 728
dactylinum (2) 737
dareiforme (2) 660
davidii (2) 718
decusive-pinnatum (2) 355
dentatum (2) 377
dielseanum (2) 674
dissecta (2) 612
dissitifolium (2) 295
distans var. *glabratum* (2) 359
diversum (2) 700
dorsipilum (2) 777
drakeana (2) 726
drepanopterum (2) 298
drymoglossoides (2) 701
dryopteris (2) 273
duclouxi (2) 673
ebenipes (2) 739
var. *oakesii* (2) 739
eilophyllu (2) 690
ellipticum (2) 758
engleri (2) 735
var. *yakushimense* (2) 734
ensatum (2) 680
erubescens (2) 367
falcatum (2) 591
filix-mas (2) 504
flagellare (2) 150
flexilobum (2) 759
flocculosum (2) 720
formosanum (2) 667
fragile (2) 275
fragrans (2) 508
glaucopsis (2) 742
glaucum (2) 103
griffithianum (2) 734
hastatum (2) 736
hederaceum (2) 709
hemionitidum (2) 755
hemitomum (2) 758
heteractis (2) 719
himalayense (2) 746
hirsutulum (2) 639
khasyanum (2) 775
kuchenensis (2) 692
lacerum (2) 510
lachnopus (2) 670
lehmanni (2) 748
leptophylla (2) 253
lewissi (2) 685
lineare (2) 99
var. *steniste* (2) 691
lonchitis (2) 544
longissimum (2) 729
loriforme (2) 691
macrosphaerum (2) 689
maculosum (2) 708
mairei (2) 747
majoense (2) 733
malacodon (2) 744
manmeiense (2) 666
marginatum (2) 156
megacuspe (2) 393
membranaceum (2) 752
membranifolum (2) 729
mengtzeense (2) 675
microstegium (2) 360
microzhizoma (2) 670
mollissimum (2) 725
montanum (2) 276
morrisonense (2) 694
niponicum (2) 668
var. *wattii* (2) 669
normale (2) 706
nudatum (2) 395
obliquatum (2) 776
obscure-venulosus (2) 688
okuboi (2) 772
oligolepidum (2) 686
omeiense (2) 362
ornatum (2) 352
oxylobum (2) 738
oyamense (2) 272
pachyphyllum (2) 589
palmatopedatum (2) 676
palustre (2) 207
parasiticus (2) 379
pedatum (2) 99
penangianum (2) 393
pentaphyllum (2) 759

persicifolium (2) 676
petiolosum (2) 715
polydactylon (2) 717
princeps (2) 720
propinquum (2) 767
pteropus (2) 754
punctatum (2) 175
pyriformis (2) 700
pyrrhorachis (2) 359
quasidivaricatum (2) 739
quercifolium (2) 767
rectangulare (2) 360
rhynchophyllum (2) 732
rigidulum (2) 765
scolopendria (2) 730
scolopendrium (2) 692
scottii (2) 494
setosum (2) 532
sheareri (2) 716
shensiense (2) 741
var. *nigrovenium* (2) 740
sikkimense (2) 773
sordidum (2) 683
speluncae (2) 162
steerei (2) 753
stenolepis (2) 498
stigmosum (2) 721
subamoenum (2) 671
var. *chinense* (2) 672
subauriculatum (2) 676
subfalcatum (2) 774
subfurfuraceum (2) 726
subtriphyllum (2) 623
superficiale (2) 751
tatsienense (2) 746
tenuicauda (2) 745
tosaense (2) 684
trilobum (2) 738
trisectum (2) 737
truncatum (2) 386
undulatum (2) 642
varium (2) 531
venustum var. *niphoboloides* (2) 747
virginianum (2) **665**
vulgatum (2) **665**
wallichianum (2) 746
wallichii (2) 661
wardii (2) 749
xiphiopteris (2) 691
zippelii (2) 752
Polypogon
(Poaceae) (12) 559 **923**
fugax (12) **923**
maritimus (12) 923 **924**
monspeliensis (12) 923 **924**
Polyspora axillaris (4) 607
balansae (4) 608
chrysandra (4) 608
Polystachya
(Orchidaceae) (13) 373 **639**
concreta (13) **639**
flavescens (13) 639
Polystichum
(Dryopteridaceae) (2) 472 **533**
acanthophyllum (2) 534 **550**
aculeatum var. *makinoi* (2) 569
var. *ovato-paleaceum* (2) 565
var. *retroso-paleaceum* (2) 566
acutidens (2) 538 **578**
acutipinnulum (2) 536 **567**
alcicorne (2) 538 **582**
altum (2) 535 **554**
amabile var. *chinensis* (2) 482
aristatum var. *simplicius* (2) 480
atkinsonii (2) 533 **541**
attenuatum (2) 533 **543**
var. subattenuatum (2) 534 **543**
bakerianum (2) 536 **560**
balansae (2) 592
baoxingense (2) 535 **551**
biaristatum (2) 535 **555**
brachypterum (2) 535 **553**
braunii (2) 536 **564**
capillipes (2) 538 **580**
castaneum (2) 535 **557**
christii (2) 539 **583**
chunii (2) 533 **543**
conaense (2) 541
consimile (2) 537 **574**
craspedosorum (2) 533 **539**
crassinervium (2) 537 **571**
cyclolobum (2) 534 **549**
deltodon (2) 538 **575**
var. cultripinnum (2) 538 **576**
var. henryi (2) 538 **576**
devexiscapulae (2) 591
dielsii (2) 537 **572**
diplazioides (2) 521
discretum (2) 536 **563**
disjunctum (2) 534 **543**
duthiei (2) 535 **556**
erosum (2) 533 **539**
excellens (2) 538 **577**
excelsius (2) 539 **584**
eximium (2) 534 **544**
falcatilobum (2) 538 **579**
falcatum (2) 597
var. *polypterum* (2) 596
formosanum (2) 538 **578**
gongboense (2) 536 **559**
grandifrons (2) 535 **554**
gymnocarpium (2) 538 **577**
hancockii (2) 538 **581**
hasseltii (2) 475
hecatopteron (2) 537 **572**
henryi (2) 484
herbaceum (2) 534 **548**
ichangense (2) 537 **571**
jinfoshanense (2) 537 **573**
lachenense (2) 535 **556**
lanceolatum (2) 537 **573**
langchungense (2) 534 **546**
latilepis (2) 535 **552**

lentum (2) 533 **542**
leveillei (2) 539 **584**
liui (2) 537 **573**
lonchitis (2) 534 **544**
longiaristatum (2) 537 **568**
longipaleatum (2) 536 **563**
longipinnulum (2) 537 **568**
longispinosum (2) 535 **555**
makinoi (2) 537 **569**
manmeiense (2) 534 **545**
mayebarae (2) 534 **548**
mehrae (2) 534 **550**
mollissimum (2) 536 **561**
moupinense (2) 535 **557**
muscicola (2) 538 **575**
nayongense (2) 538 **576**
neolobatum (2) 535 **552** Ph.112
nepalense (2) 534 **545**
nephrolepioides (2) 589
nigrospinosu (2) 484
nipponicum (2) 483
nudisorum (2) 536 **564**
obliquum (2) 538 **576**
omeiense (2) 538 **582**
ovato-paleaceum (2) 536 **565**
pacificum (2) 530
paradeltodon (2) 538 **576**
pianmaense (2) 536 **564**
piceo-paleaceum (2) 537 **570**
polyblepharum (2) 536 **566**
prescottianum (2) 535 **558**
prionolepis (2) 533 **541**
pseudo-makinoi (2) 536 **567**
pseudo-xiphophyllum (2) 534 **547**
pseudorhomboideum (2) 534 **549**
punctiferum (2) 536 **562**
qamdoense (2) 535 **559**
retroso-paleaceum (2) 536 **566**
rhombiforme (2) 535 **553**
rigens (2) 535 **551**
rufopaleaceum (2) 536 **560**
semifertile (2) 536 **568**
shandongense (2) 533 **540**
shensiense (2) 535 **558**
simplicipinnum (2) 538 **580**
sinense (2) 536 **561**
sino-tsus-simense (2) 534 **547**
squarrosum (2) 535 **551**
stenophyllum (2) 533 **540**
 var. conaense (2) 533 **541**
stimulans (2) 534 **549**
subattenuatum (2) 543
submarginale (2) 537 **574**
submite (2) 536 **562**
subulatum (2) 537 **569**
tacticopterum (2) 535 **555**
thomsonii (2) 538 **579**
tonkinense (2) 539 **583**
torresianum (2) 354
tripteron (2) 538 **581**
tsus-simense (2) 534 **548** Ph.111
wattii (2) 539 **585**
xiphophyllum (2) 534 **546**
yunnanense (2) 537 **570**
Polytoca
(Poaceae) (12) 552 **1167**
 digitata (12) **1168**
Polytrias
(Poaceae) (12) 555 **1116**
 amaura (12) **1116**
 var. nana (12) **1116**
Polytrichaceae (1) **951**
Polytrichastrum
(Polytrichaceae) (1) 951 **964**
 alpinum (1) **965**
 enaedi (1) **965**
 formosum (1) 965 **966** Ph.291
 ohioense (1) 965 **966**
 papillatum (1) 965 **967**
 xanthopilum (1) 965 **967**
Polytrichum
(Polytrichaceae) (1) 951 **967**
 alpinum (1) 965
 cavifolium (1) **970**
 cirratum (1) **963**
 commune (1) **968** Ph.292
 contortum (1) 964
 formosum (1) 966
 inflexum (1) 961
 juniperinum (1) **968** Ph.293
 microstomum (1) 960
 neesii (1) 961
 ohioense (1) 966
 perichaetiale (1) 962
 piliferum (1) 968 **969**
 proliferum (1) 964
 semilamellatum (1) 955
 sphaerrothecium (1) 968 **969**
 urnigerum (1) 962
 xanthopilum (1) 967
Pomatocalpa
(Orchidaceae) (13) 371 **730**
 spicatum (13) **730**
 wendlandorum (13) 730
Pomatosace
(Primulaceae) (6) 114 **225**
 filicula (6) **226** Ph.71
Pometia
(Sapindaceae) (8) 267 **278**
 pinnata (8) **279**
 tomentosa (8) **279** Ph.129
Pommereschea
(Zingiberaceae) (13) 21 **49**
 spectabilis (13) **49**
Poncirus
(Rutaceae) (8) 399 **441**
 polyandra (8) **441**
 trifoliata (8) **441** Ph.227
Pongamia
(Fabaceae) (7) 61 **113**
 pinnata (7) **114** Ph.67
Pontederia crassipes (13) 68
 hastata (13) 66

vaginalis **(13)** 67
Pontederia dubia **(12)** 16
Pontederiaceae **(13)** **65**
Popowia
(Annonaceae) **(3)** 159 **180**
pisocarpa **(3)** **181**
Populus
(Salicaceae) **(5)** **285**
adenopoda **(5)** 286 **289**
alba **(5)** 286 **288**
var. *canescens* **(5)** 288
x canadensis **(5)** 287 **299**
candicans **(5)** 287 **295**
canescens **(5)** 286 **288**
cathayana **(5)** 287 **292**
davidiana **(5)** 286 **289**
deversifolia **(5)** **299**
euphratica **(5)** 287 **299**
haoana **(5)** 287 **297**
x jrtyschensis **(5)** 287 **298**
koreana **(5)** 286 287 **293**
lasiocarpa **(5)** 286 **290**
laurifolia **(5)** 287 **295**
maximowiczii **(5)** 286 **294**
nigra **(5)** 287 **298**
pruinosa **(5)** 287 **300** Ph.141
przewalskii **(5)** 286 **292**
pseudo-simonii **(5)** 287 **296**
purdomii **(5)** 287 **292**
simonii **(5)** 286 **291**
suaveolens **(5)** 286 **293**
szechuanica **(5)** 287 **296**
talassica **(5)** 287 **295**
tomentosa **(5)** 286 **290**
tremula **(5)** 286 **289**
ussuriensis **(5)** 286 287 **294**
wilsonii **(5)** 286 **291** Ph.140
x xiaohei **(5)** 287 **298**
yatungensis **(5)** 287 **297**
yunnanensis **(5)** 287 297
var. *yatungensis* **(5)** 297
Porana
(Convolvulaceae) **(9)** 240 **245**
delavayi **(9)** 246
discifera **(9)** 245 **246**
duclouxii **(9)** 245 **247**
henryi **(9)** 245 **246**
racemosa **(9)** 245 **247**
sinensis **(9)** 245 **246**
var. delavayi **(9)** 245 **246**
Porandra
(Commelinaceae) **(12)** 182 **188**
ramose **(12)** **188**
scandens **(12)** 188 **189**
Poranopsis discifera **(9)** 246
sinensis **(9)** 246
Porella
(Porellaceae) **(1)** 202 **203**
acutifolia **(1)** 203 **207**
caespitans **(1)** 203 **206**
var. nipponica **(1)** 203 **207**
campylophylla **(1)** 203 **208**
chinensis **(1)** 203 **205**
ciliatodentata **(1)** 209
densifolia **(1)** 203 **208**
subsp. appendiculata **(1)** 203 **208**
gracillima **(1)** 203 **204**
longifolia **(1)** 203 **206**
nitens **(1)** **203** **205** Ph.34
obtusata **(1)** 203 **204**
perrottetiana **(1)** 203 **209** Ph.35
var. ciliatodentata **(1)** 203 **209**
pinnata **(1)** **203**
Porellaceae **(1)** **202**
Porolabium
(Orchidaceae) **(13)** 367 **517**
biporosum **(13)** **517**
Porotrichum bonianum **(1)** 712
makinoi **(1)** 718
Porpax
(Orchidaceae) **(13)** 372 **654**
ustulata **(13)** **654**
Porphyra dichotoma **(9)** 358
Porphyroscias decursiva **(8)** 721
Porterandia
(Rubiaceae) **(10)** 510 **599**
sericantha **(10)** **600**
Portulaca
(Portulacaceae) **(4)** **384**
grandiflora **(4)** **384**
oleracea **(4)** 384 **385**
paniculata **(4)** 386
pilosa **(4)** 384 **385** Ph.180
protulacastrum **(4)** 297
quadrifida **(4)** 384 **385**
Portulacaceae **(4)** **384**
Posidonia
(Posidoniaceae) **(12)** **46**
australis **(12)** **47**
Posidoniaceae **(12)** **46**
Potamogeton
(Potamogetonaceae) **(12)** **28**
acutifolius **(12)** 29 **30**
amblyophyllus **(12)** 30 **38**
crispus **(12)** 29 **33**
cristatus **(12)** 30 **36**
distinctus **(12)** 30 **37**
filiformis **(12)** 30 **38**
gramineus **(12)** 29 **35**
heterophyllus **(12)** 30 **36**
hubeiensis **(12)** 30 **36**
lucens **(12)** 29 **34**
maackianus **(12)** 29 **31**
malaianus **(12)** 29 **34**
miduhikimo **(12)** 35
natans **(12)** 37
natans **(12)** 30 **37**
nodosus **(12)** 30 **37**
obtusifolius **(12)** 29 **32**
octandrus
var. miduhikimo **(12)** 29 **35**
oxyphyllus **(12)** 29 **32**
pamiricus **(12)** 30 **38**

pectinatus	**(12)**	30	**39**
var. diffuses	**(12)**	30	**39**
perfoliatus	**(12)**	29	**33**
polygonifolius	**(12)**	30	**37**
praelongus	**(12)**	29	**34**
pusillus	**(12)**	29	**31**
Potamogetonaceae	**(12)**		**28**
Potaninia			
(Rosaceae)	**(6)**	444	**740**
mongolica	**(6)**		**741**
Potentilla			
(Rosaceae)	**(6)**	444	**653**
acaulis	**(6)**	657	**687**
ambigua	**(6)**		662
ancistrifolia	**(6)**	655	**663**
var. dickinsii	**(6)**	655	**664**
angustiloba	**(6)**	659	**679**
anserina	**(6)**	655	**668**
var. nuda	**(6)**	655	**669**
var. sericea	**(6)**	655	**669**
arbuscula	**(6)**		660
argentea	**(6)**	659	**680**
argyrophylla	**(6)**	659	**679**
articulata	**(6)**	657	**664**
var. latipetiolata	**(6)**	657	**664**
betonicifolia	**(6)**	658	**677**
biflora	**(6)** 654	659	**664**
var. lahulensis	**(6)**	654	**664**
bifurca	**(6)**	654	**661**
var. humilior	**(6)**	645	**662**
var. major	**(6)**	654	**662**
caespitosa	**(6)**		678
centigrana	**(6)**	658	**683**
chinensis			
var. lineariloba	**(6)**	657	**674**
chrysantha	**(6)**	659	**685**
compsophylla	**(6)**		676
conferta	**(6)**	657	**674**
cryptotaeniae	**(6)**	658	**684**
var. radicans	**(6)**	658	**684**
cuneata	**(6)**	657	**662**
desertorum	**(6)**	659	**686**
dickinsii	**(6)**		664
discolor	**(6)**	656	**675**
eriocarpa	**(6)**	658	**663**
var. tsarongensis	**(6)**	658	**663**
fallens	**(6)**	655	**665**
flagellaris	**(6)**	659	**690**
fragarioides	**(6)**	655	**687**
freyniana	**(6)**	658	**688**
var. sinica	**(6)**	658	**688**
fruticosa	**(6)** 653	**659**	Ph.144
var. albicans	**(6)**	653	**660**
var. arbuscula	**(6)**	653	**660**
var. *mandshurica*	**(6)**		661
fulgens	**(6)** 656	**666**	Ph.145
glabra var. mandshurica	**(6)**	54	**661**
gelida	**(6)**	658	**686**
glabra	**(6)**	654	**660**
var. veitchii	**(6)**	654	**661**
griffithii	**(6)**	656	**676**
var. velutina	**(6)**	656	**677**
inclinata	**(6)**	659	**680**
kleiniana	**(6)**	659	**682**
lancinata	**(6)**	655	**682**
latipetiolata	**(6)**		665
leuconata			
var. brachyphyllaria	**(6)**	656	**667**
leucorota	**(6)**	656	**667**
limprichtii	**(6)**	657	**673**
longifolia	**(6)**	655	**681**
macrospepala	**(6)**	658	**684**
micropetala	**(6)**		699
moupinensis	**(6)**		705
multicauils	**(6)**	657	**670**
multiceps	**(6)**	655	**671**
multifida	**(6)**	656	**669**
var. nubigena	**(6)**	657	**670**
var. ornithopoda	**(6)**	656	**669**
nivea	**(6)**	658	**677**
var. elongata	**(6)**	658	**677**
ohinensis	**(6)**	657	**674**
pamiroalaica	**(6)** 654	656	**670**
parvifolia	**(6)**	654	**661**
var. hypoleuca	**(6)**	654	**661**
peduncularis	**(6)**	656	**666**
var. glabriuscula	**(6)**	656	**667**
var. *stenophylla*	**(6)**		667
perpusilloides	**(6)**		694
peterae	**(6)**		673
plumosa	**(6)**	656	**671**
polyphylla	**(6)**	655	**665**
potaninii	**(6)**	656	**676**
var. compsophylla	**(6)**	656	**676**
recta	**(6)**	659	**685**
reptans	**(6)**	659	**689**
var. sericophylla	**(6)**	659	**689**
rupestris	**(6)**	654	**665**
salesoviana	**(6)**		691
saundersiana	**(6)**	659	**678**
var. caespitosa	**(6)**	659	**678**
var. jacquemontii	**(6)**	659	**678**
var. subpinnata	**(6)**	659	**678**
sericea	**(6)**	657	**672**
var. polyschista	**(6)**	657	**672**
simulatrix	**(6)**	658	**689**
sischanensis	**(6)**	657	**672**
var. peterae	**(6)**	657	**673**
stenophylla	**(6)**	655	**667**
strigosa	**(6)**	657	**675**
supina	**(6)** 654	655	**683**
var. ternata	**(6)**	654	**683**
tanacetifoila	**(6)**	655	**681**
tatsienluensis	**(6)**	655	**668**
veitchii	**(6)**		661
verticillaris	**(6)**	657	**673**
viscosa	**(6)**		681
yokusaiana	**(6)**	658	**688**
Poterium filiforme	**(6)**		747
Pothoidium			
(Araceae)	**(12)**	104	**110**
lobbianum	**(12)**		**111**
Pothomorphe subpeltata	**(3)**		333

Pothos
(Araceae) (12) 104 **108**
chinensis (12) **109**
decursiva (12) 116
kerrii (12) 109 **110**
pinnata (12) 117
repens (12) 109 **110** Ph.38
scandens (12) **109**
Pottia
(Pottiaceae) (1) 437 471
intermedia (1) **471**
julacea (1) 337
lanceolata (1) 471
Pottiaceae (1) 436
Pottsia
(Apocynaceae) (9) 91 **117**
laxiflora (9) **117**
pubescens (9) 118
Pourthiaea parvifolia (6) 524
Pouteria
(Sapotaceae) (6) **17**
annamensis (6) **18**
grandifolia (6) **18**
Pouzolzia
(Urticaceae) (4) 75 **147**
argenteonitida (4) 147 **148**
elegans (4) **147**
var. delavayi (4) 147 **148**
hypericifolia (4) 149
sanguinea (4) **147**
zeylanica (4) 147 **148**
Prangos
(Umbelliferae) (8) 579 **630**
herderi subsp. xinjiangensis (8) **630**
Pranus conadenia (6) 766
Pratia
(Campanulaceae) (10) 447 **501**
montana (10) 501 **502**
nummularia (10) **501** Ph.180
Preissia
(Marchantiaceae) (1) **287** **291**
quadrata (1) **291** Ph.68
Premna
(Verbenaceae) (9) 347 **363**
acutata (9) 365 **369**
bodinieri (9) 365
bracteata (9) 364 **371**
cavaleriei (9) 364 **366**
confinis (9) 364 **366**
corymbosa (9) 364 **370**
crassa (9) 364 **368**
flavescens (9) 364 **367**
fohaiensis (9) 364 **370**
fordii (9) 364 **367**
fulva (9) 364 **368**
hainanensis (9) 364 **370**
herbacea (9) 364 **371**
interrupta (9) 364 **371**
ligustroides (9) 364 **366**
maclurei (9) 364 **367**
microphylla (9) 364 **365**
puberula (9) 364 **365**
var. bodinieri (9) 364 **365**
racemosa (9) 364 **370**
steppicola (9) 365 **368**
subcapitata (9) 365 **369**
szemaoensis (9) 364 **370** Ph.137
yunnanensis (9) 365 **370**
Prenanthes
(Compositae) (11) 134 **733**
acaulis (11) 727
aspera (11) 764
chinensis (11) 754
dentata (11) 756
denticulata (11) 758
diversifolia (11) 721
faberi (11) 733 **735**
glamerata (11) 736
graminea (11) 754
henryi (11) 742
japonica (11) 725
laciniata (11) 746
laevigata (11) 756
lanceolata (11) 727
macrophylla (11) 733 **735**
polymorpha γ. flexuosa (11) 717
procumbens (11) 787
quinqueloba (11) 496
repens (11) 757
sarmentosa (11) 728
scandens (11) 733 **734**
tatarinowii (11) 733 **734**
yakoensis (11) 733 **734**
Pridania poilanei (3) 599
Primula
(Primulaceae) (6) 114 **169**
agleniana (6) 173 **204**
algida (6) 176 **207**
alpicola (6) 174 **198**
alsophila (6) 172 **183**
amethystina
subsp. brevifolia (6) 174 **196**
aromatica (6) 170 **183**
aurantiaca (6) 175 **194**
bathangensis (6) 170 **185**
beesiana (6) 175 **192**
begoniiformis (6) 179
bella (6) 175 **216**
blattariformis (6) 170 **184**
blinii (6) 173 **217**
boreiocalliantha (6) 173 **204**
bracteata (6) 172 **188**
brevifolia (6) 196
bulleyana (6) 175 **192**
caldaria (6) 176 **208**
calderiana (6) 173 190 Ph.52
capitata (6) 170 **219**
subsp. sphaerocephala (6) 170 **219**
caveana (6) 176 **206**
celsiaeformis (6) 170 **185**
cernua (6) 170 **220**
chapaensis (6) 172 **187**
chionantha (6) 174 **201** Ph.58

chungensis	(6)	175	**194**	Ph.55
cicutariifolia	(6)	171	**186**	
cinerascens	(6)	173	**180**	
concinna	(6)	176	**206**	
conspersa	(6)	177	**211**	
deflexa	(6)	171	**220**	
delavayi	(6)		224	
denticulata	(6)	170	**218**	Ph.66
subsp. sinodenticulata	(6)	170	**218**	
diantha	(6)	175	**199**	
dryadifolia	(6)	170	**217**	Ph.65
eburnea	(6)	171	**221**	
efarinosa	(6)	176	**209**	
elongata	(6)	173	**201**	
eucyclia	(6)		182	
faberi	(6)	174	**197**	
farinosa	(6)	176	**208**	
fasciculata	(6)	176	**212**	Ph.63
firmipes	(6)	174	**198**	
fistulosa	(6)	176	**209**	
flaccida	(6)	171	**222**	Ph.69
flava	(6)	176	**209**	
florindae	(6)	174	**199**	Ph.57
forbesii	(6)	172	**177**	
gambeliana	(6)	174	**205**	
gemmifera	(6)	177	**211**	
glabra	(6)	170	**213**	
henryi	(6)	172	**187**	
huana	(6)		187	
incisa	(6)		217	
involucrata	(6)		212	
subsp. *yargongensis*	(6)		213	
jesoana	(6)		183	
klattii	(6)	172	**222**	
littledalei	(6)	174	**205**	
loeseneri	(6)	172	**183**	
longiscapa	(6)	176	**208**	
macrocalyx	(6)		187	
macrophylla	(6)	174	**200**	
malacoides	(6)	172	**177**	
malvacea	(6)	170	**184**	Ph.51
maximowiczii	(6)	175	**202**	Ph.59
megalocarpa	(6)	173	**201**	
microdonta var. *alpicola*	(6)		198	
minutissima	(6)	176	**215**	
miyabeana	(6)	175	**193**	
modesta	(6)		208	
mollis	(6)	171	**179**	
muliensis	(6)		204	
munroi	(6)	176	**212**	
subsp. yargongensis	(6)	176	**213**	Ph.64
muscarioides	(6)	171	**221**	
muscoides	(6)	176	**214**	
var. *tenuiloba*	(6)		214	
neurocalyx	(6)	173	**179**	
nutans	(6)		222	
nutans	(6)	176	**213**	
nutantiflora	(6)	174	**210**	
obconica	(6)	171	**178**	
subsp. begoniiformis	(6)	171	**179**	
obliqua	(6)	173	**205**	
odontocalyx	(6)	175	**189**	
optata	(6)	175	**199**	
orbicularis	(6)	173	**202**	
ovalifolia	(6)	172	**191**	
palmata	(6)	171	**182**	Ph.50
petiolaris var. *odontocalyx*	(6)		189	
pinnatifida	(6)		217	
pinnatifida	(6)	171	**221**	Ph.68
poissonii	(6)	175	**193**	Ph.54
subsp. *wilsonii*	(6)		194	
polyneura	(6)	171	**180**	Ph.49
prenantha	(6)	175	**195**	
primulina	(6)	175	**215**	
pseudodenticulata	(6)	170	**218**	
pulchella	(6)	177	**210**	Ph.62
pumilio	(6)	176	**212**	
purdomii	(6)	174	**200**	
ranunculoides	(6)		186	
rupestris	(6)	171	**186**	
rupicola	(6)	173	**216**	
sapphirina	(6)	171	**221**	
saxatilis	(6)	171	**181**	
secundiflora	(6)	174	**192**	Ph.53
serratifolia	(6)	175	**195**	
sibirica	(6)		213	
sieboldii	(6)	172	**181**	
sikkimensis	(6)	174	**197**	Ph.56
silaensis	(6)	174	**196**	
sinensis	(6)	171	**186**	
sinodenticulata	(6)		218	
sinolisteri	(6)	171	**178**	
sinopurpurea	(6)		201	
sinuata	(6)	175	**189**	
sonchifolia	(6)	173	**190**	
sphaerocephala	(6)		219	
stenocalyx	(6)	176	**207**	Ph.61
stenodonta	(6)	175	**193**	
strumosa	(6)	173	**190**	
szechuanica	(6)	175	**203**	
taliensis	(6)	172	**188**	
tangutica	(6)	175	**203**	Ph.60
tenuiloba	(6)	176	**214**	
tibetica	(6)	176	**213**	
triloba	(6)	172	**218**	
vaginata	(6)	171	172	**182**
subsp. eucyclia	(6)	171	**182**	
valentiniana	(6)	174	**197**	
veitchiana	(6)	174	**191**	
veris				
subsp. macrocalyx	(6)	172	**187**	
vialii	(6)	170	**219**	Ph.67
vincaeflora	(6)		223	
violaris	(6)	173	**180**	
vittata	(6)		192	
waddellii	(6)	176	**215**	
wangii	(6)	172	**188**	
wilsonii	(6)	175	**194**	
wollastonii	(6)	171	**223**	
woodwardii	(6)	173	**200**	
yargongensis	(6)		213	
yunnanensis	(6)	177	**210**	
Primulaceae	(6)		**114**	

Primulina
(Gesneriaceae) **(10)** 245 **285**
tabacum **(10)** **286**
Pringleella
(Ditrichaceae) **(1)** **316** **317**
sinensis **(1)** **316** **317**
Prinos asprellus **(7)** 874
godajam **(7)** 847
Prinsepia
(Rosaceae) **(6)** 444 **750**
sinensis **(6)** 750 **751** Ph.165
uniflora **(6)** 750 **751**
var. serrata **(6)** 750 **752**
utilis **(6)** 750 **750** Ph.164
Prionodontaceae **(1)** **659**
Priotropis
(Fabaceae) **(7)** 68 **452**
cytisoides **(7)** **452**
Prismatomeris
(Rubiaceae) **(10)** 508 **650**
connata **(10)** 650 **651**
multiflora **(10)** 650
tetrandra
subsp. multiflora **(10)** **650** Ph.121
Pristimera
(Hippocrateaceae) **(7)** 828 **831**
arborea **(7)** 831 **832**
cambodiana **(7)** 831 **832**
indica **(7)** **831**
setulosa **(7)** 831 **832**
Pritchardia filifera **(12)** 68
Procris
(Urticaceae) **(4)** 75 **135**
acuminata **(4)** 119
cyrtandrifolia **(4)** 129
integrifolia **(4)** 123
laevigata **(4)** 135
monandra **(4)** 124
parva **(4)** 123
peduncularis **(4)** 112
racemosa **(4)** 107
radicans **(4)** 116
wightiana **(4)** **135**
Pronephrium
(Thelypteridaceae) **(2)** 335 **391**
cuspidatum **(2)** 391 **392**
gymnopteridifrons **(2)** 391 **395**
hekouensis **(2)** 391 **396**
hirsutum **(2)** 391 **394**
lakhimpurense **(2)** 391 **394**
macrophyllum **(2)** 391 **396**
megacuspe **(2)** 391 **393**
nudatum **(2)** 391 **395**
parishii **(2)** 391 **393**
penangianum **(2)** 391 **393**
simplex **(2)** 391 **391** Ph.89
triphyllum **(2)** 391 **392**
yunguiensis **(2)** 391 **395**
Prosaptia
(Grammitidaceae) **(2)** 771 **775**
contigua **(2)** 775 **776**
khasyana **(2)** 775 **775**
obliquata **(2)** 775 **776**
urceolaris **(2)** 775
Prosopis
(Mimosaceae) **(7)** 1 **2**
juliflora **(7)** **3**
Prosorus indicus **(8)** 32
Proteaceae **(7)** **481**
Protium
(Burseraceae) **(8)** **339**
serratum **(8)** **340**
yunnanensis **(8)** **340**
Protomarattia tonkinensis **(2)** 87
Protowoodsia
(Woodsiaceae) **(2)** 448 **448**
manchuriensis **(2)** **449**
Prunella
(Lamiaceae) **(9)** 394 **458**
asiatica **(9)** **458**
hispida **(9)** 458 **459**
vulgaris **(9)** **458** Ph.168
Prunus
(Rosaceae) **(6)** 445 **762**
armeniaca **(6)** 758
var. *ansu* **(6)** 759
var. *holosericea* **(6)** 759
var. *mandshurica* **(6)** 760
brachypoda **(6)** 783
buergeriana **(6)** 781
campanulata **(6)** 775
cerasoides **(6)** 775
clarofolia **(6)** 768
conadenia **(6)** 766
conradinae **(6)** 776
crataegifolius **(6)** 773
cyclamina **(6)** 769
dasycarpa **(6)** 760
davidiana **(6)** 756
dielsiana **(6)** 770
dirtyoneura **(6)** 777
domestica **(6)** **762**
fordiana **(6)** 787
glandulosa **(6)** 778
grayana **(6)** 782
humilis **(6)** 778
hypotricha **(6)** 788
japonica **(6)** 779
jenkinsii **(6)** 789
kansuensis **(6)** 757
maackii **(6)** 782
mandshurica **(6)** 761
var. *glabna* **(6)** 761
maximowiczii **(6)** 766
microbotrys **(6)** 789
mira **(6)** 757
mongolica **(6)** 755
mume **(6)** 761
obtusata **(6)** 784
padus **(6)** 783
paniculata **(6)** 76
persica **(6)** 756
subsp. *ferganensis* **(6)** 756

var. *potanini* (6) 756
phaeosticta (6) 787
f. *lasioclada* (6) 787
pleiocerasus (6) 767
pogonostyla (6) 777
polytricha (6) 769
pseudocerasus (6) 771
salicina (6) 762 **763** Ph.169
var. pubipes (6) 762 **763**
schneideriana (6) 770
serrula (6) 776
serrulata (6) 774
var. *pubescens* (6) 774
setelosa (6) 772
sibirica (6) 759
simonii (6) **762**
spinulosa (6) 790
stellipila (6) 781
stipulacea (6) 773
tatsienensis (6) 767
tomentosa (6) 779
triflora var. *pubipes* (6) 764
triloba (6) 754
undulata (6) 788
ussuriensis (6) 762 **763**
velutina (6) 784
yunnanensis (6) 771
var. *henryi* (6) 772
zippeliana (6) 789
Prunus aspera (4) 16
kolomikta (4) 661
Przewalskia
(Solanaceae) (9) 203 **211**
tangutica (9) **211** Ph.92
Psammochloa
(Poaceae) (12) 558 **948**
villosa (12) **948**
Psammosilene
(Caryophyllaceae)(4) 393 **480**
tunicoides (4) **480**
Psathyrostachys
(Poaceae) (12) 560 **831**
huashanica (12) **831**
juncea (12) 831 **832**
kronenburgii (12) 831 **832**
lanuginosa (12) 831 **832**
Pseuconephelium confine (8) 277
Pseudaechmanthera
(Acanthaceae) (10) 332 **363**
glutinosa (10) **363**
Pseudanthistiria
(Poaceae) (12) 556 **1154**
heteroclita (12) **1154**
Pseudelephantopus
(Compositae) (11) 128 **147**
spicatus (11) **147**
Pseuderanthemum
(Acanthaceae) (10) 330 **391**
couderci (10) **391**
graciliflorum (10) 391 **392** Ph.119
haikangense (10) **391**
latifolium (10) 391 **392**
malaccense (10) 392
palatiferus (10) 392
polyanthum (10) 391 **393**
Pseudoarabidopsis
(Brassicaceae) (5) 387 **479**
toxophylla (5) **480**
Pseudobarbella
(Meteoriaceae) (1) 682 **697**
attenuata (1) **697** Ph.207
levieri (1) 697 **698** Ph.208
Pseudobartsia
(Scrophulariaceae) (10) 69 **178**
yunnanensis (10) **178**
Pseudobryum
(Mniaceae) (1) 571 **584**
cinclidioides (1) **584**
Pseudochinolaena
(Poaceae) (12) 554 **1040**
polystachya (12) **1040**
Pseudochirita
(Gesneriaceae) (10) 245 **274**
guangxiensis (10) **275** Ph.77
Pseudochorisodontium
(Dicranaceae) (1) **333** **388**
gymnostomum (1) 388 **389**
hokinense (1) **388**
ramosum (1) 388 **389**
setschwanicum (1) 388 **390**
Pseudoclausia
(Brassicaceae) (5) 382 **508**
turkestanica (5) **509**
Pseudocyclosorus
(Thelypteridaceae)(2) 334 **368**
ciliatus (2) 368 **371** Ph.88
esquirolii (2) 368 **370**
falcilobus (2) 368 **369**
subochthodes (2) 368 **371**
tsoi (2) 368 **370**
tuberculiferus (2) 368 **369**
tylodes (2) 368 **368**
Pseudocystopteris
(Athyriacaea) (2) 271 **292**
atkinsonii (2) 292 **292**
spinulosa (2) 292 **293**
subtriangularis (2) 292 **293**
Pseudodis sochaetalanceata (7) 658
Pseudodrynaria coronans (2) 763
Pseudolarix
(Pinaceae) (3) 15 **50**
amabilis (3) **50** Ph.73
kaempferi (3) 50
Pseudolepicolea
(Pseudolepicoleaceae) (1) 13 **14**
trollii (1) **14**
Pseudolepicoleaceae (1) **13**
Pseudoleskeella
(Leskeaceae) (1) 765 **771**
catenulate (1) **771**
tectorum (1) 771 **772**
Pseudoleskeopsis
(Leskeaceae) (1) 765 **774**

zipelii (1) **774** Ph.236
Pseudolycopodiella
(Lycopodiaceae) (2) 23 **27**
caroliniana (2) **27**
Pseudolysimachion
(Scrophulariaceae) (10) 68 **142**
incanum (10) 142 **143**
kiusianum (10) 142 **144**
linariifolium (10) **142**
subsp. dilatatum (10) 142 **143**
longifolium (10) 142 **143**
rotunda subsp. coreanum (10) 142 **145**
subsp. subintegrum (10) 142 **144**
Pseudopanax
(Araliaceae) (8) 534 535 **548**
davidii (8) **548** Ph.258
delavayi (8) **548**
Pseudophegopteris
(Thelypteridaceae) (2) 335 **357**
aurita (2) 357 **358**
hirtirachis (2) 357 **359**
levingei (2) 357 **357**
microstegia (2) 357 **360**
pyrrhorachis (2) 357 **359**
var. glabrata (2) 357 **359**
rectangularis (2) 357 **360**
subaurita (2) 357 **358**
yunkweiensis (2) 357 **360**
Pseudopogonatherum
(Poaceae) (12) 555 **1114**
contortum (12) 1114 **1115**
var. linearifolium (12) **1114**
setifolium (12) 1114 **1115**
Pseudopohlia
(Bryaceae) (1) 539 **549**
bulbifera (1) **549**
Pseudopterobryum
(Pterobryaceae) (1) 668 **679**
tenuicuspes (1) **679**
Pseudopyxis
(Rubiaceae) (10) 509 **643**
heterophylla (10) **643**
Pseudoraphis
(Poaceae) (12) 553 **1081**
spinescens (12) 1081 **1082**
var. depauperata (12) 1081 **1082**
Pseudosasa
(Poaceae) (12) 552 **658**
amabilis (12) 646
var. *convexa* (12) 646
cantori (12) 652
hindsii (12) 653
japonica (12) **658**
nanunica (12) 641
notata (12) 642
subsolida (12) 654
Pseudosedum
(Crassulaceae) (6) 319 **331**
lievenii (6) **331**
Pseudosmilax seisuiensis (13) 339
Pseudospiridentopsis
(Trachypodaceae) (1) 662 **665**
horrida (1) **665**
Pseudostachyum
(Poaceae) (12) 550 **567**
polymorphum (12) **567**
Pseudostellaria
(Caryophyllaceae) (4) 392 **398**
davidii (4) 398 **399**
heteranthe (4) 398 **401**
heterophylla (4) 398 **400**
himalaica (4) 398 **400**
japonica (4) 398 **399**
maximowicziana (4) 398 **399**
rupestris (4) 398 **399**
sylvatica (4) **398**
Pseudostereodon
(Hypnaceae) (1) **899** **912**
procerrimum (1) **913**
Pseudostreblus indicus (4) 35
Pseudosymblepharis
(Pottiaceae) (1) 437 **472**
angustata (1) **472**
duriuscula (1) **472**
Pseudotaxus
(Taxaceae) (3) 105 **108**
chienii (3) **108** Ph.137
Pseudotrismegistia
(Sematophyllaceae) (1) **873** **883**
undulate (1) **883**
Pseudotsuga
(Pinaceae) (3) 14 **29**
brevifolia (3) 29 **30** Ph.48
davidiana (3) 17
forrestii (3) **29** Ph.45
gaussenii (3) 30
menziesii (3) 29 **31**
sinensis (3) 29 **30** Ph.46
var. wilsoniana (3) 29 **30** Ph.47
wilsoniana (3) 30
Pseuduvaria
(Annonaceae) (3) 158 **174**
indochinensis (3) **174**
Psidium
(Myrtaceae) (7) 549 **578**
guajava (7) **578** Ph.208
littorale (7) **578**
Psilopeganum
(Rutaceae) (8) 398 **423**
sinense (8) **423**
Psilopilum
(Polytrichaceae) (1) 951 **969**
cavifolium (1) **970**
Psilotaceae (2) 1 **71**
Psilotrichum
(Amaranthaceae) (4) 368 **380**
ferrugineum (4) **380**
Psilotum
(Psilotaceae) (2) **71**
nudum (2) **71** Ph.26
Psophocarpus
(Fabaceae) (7) 64 **227**
tetragonolobus (7) **227** Ph.111

Psoralea
(Fabaceae) (7) 65 **253**
corylifolia (7) **253** Ph.120
tetragonoloba (7) 148
Psychotria
(Rubiaceae) (10) 509 **614**
calocarpa (10) 614 **617**
fluviatilis (10) 614 **615**
herbacea (10) 618
laui (10) 619
prainii (10) 614 **616**
rubra (10) 614 **617** Ph.208
serpens (10) 614 **617** Ph.209
siamica (10) 616
straminea (10) 614 **616**
tutcheri (10) 614 **615**
yunnanensis (10) 614 **615**
Psychrogeton
(Compositae) (11) 123 **213**
nigromontanus (11) **213**
poncinsii (11) **213**
Psydrax dicoccos (10) 605
Ptarmica acuminata (11) 338
Ptelea
(Rutaceae) (8) 398 **426**
trifoliata (8) **426**
viscosa (8) 287
Pteracanthus
(Acanthaceae) (10) **332**
alatiramosus (10) 366 **370**
alatus (10) 366 **369**
calycinus (10) 366 **368**
claviculatus (10) 366 **368**
cognatus (10) 366 **369**
cyphanthus (10) 366 **367**
dryadum (10) 366 **370**
flexus (10) 366 **367**
grandissimus (10) 366 **368**
hygrophiloides (10) 367 **370**
panduratus (10) 366 **370**
versicolor (10) 367 **371**
Pteridaceae (2) 3 **179**
Pteridiaceae (2) 3 **176**
Pteridium
(Pteridiaceae) (2) 176 **176**
aquilinum
var. latiusculum (2) 176 **176**
esculentum (2) 176 **177**
revolutum (2) 176 **177**
var. muricatulum (2) 176 **178**
Pteridrys
(Aspidiaceae) (2) 603 **614**
australis (2) 614 **615**
cnemidaria (2) 614 **614**
lofouensis (2) 614 **615**
Pterigynadrum
catenulatum (1) 771
nervosum (1) 770
repens (1) 900
tenerrima (1) 752
trichomitria (1) 650
Pteris
(Pteridaceae) (2) 179 **179**
actiniopteroides (2) 180 181 **189**
amoena (2) 182 **197**
argentea (2) 227
aspericaulis (2) 183 **198**
var. cuspigera (2) 183 **198**
var. tricolor (2) 183 **198**
austro-sinica (2) 183 **203**
biaurita (2) 183 **201**
blechnoides (2) 174
cadieri (2) 181 182 **193**
var. hainanensis (2) 181 **194**
calomelanos (2) 216
concolor (2) 224
cretica var. laeta (2) 181 **186**
var. nervosa (2) 180 181 **185** Ph.58
dactylina (2) 179 180 **185**
decrescens (2) 182 **195**
var. parviloba (2) 182 **195**
deltodon (2) 179 180 **184**
dispar (2) 181 182 **193**
dissitifolia (2) 181 182 **192**
ensiformis (2) 181 **191**
var. merrillii (2) 180 **191**
var. victoria (2) 181 **191**
esculenta (2) 177
esquirolii (2) 181 **190** Ph.60
var. muricatula (2) 180 **190**
excelsa (2) 182 **196**
var. inaequalis (2) 181 182 **196**
fauriei (2) 183 **199**
var. chinensis (2) 183 **200**
finotii (2) 183 **204**
formosana (2) 181 **194**
gallinopes (2) 180 **186**
grevilleana (2) 182 **196**
var. ornata (2) 182 **197**
hainanensis (2) 194
henryi (2) 180 181 **188**
heteromorpha (2) 182 **194**
hirsuta (2) 215
inaequalis (2) 196
incisa (2) 205
insignis (2) 180 **189**
interrupta (2) 382
kiuschiuensis (2) 183 **200**
var. centro-chinensis (2) 183 **201**
laeta (2) 186
latiuscula (2) 176
linearis (2) 182 **197**
longipes (2) 181 **191**
longipinnula (2) 182 **195**
ludens (2) 224
maclurei (2) 183 **202**
majestica (2) 183 **201**
merrillii (2) 191
multifida (2) 180 181 **189**
muricatula (2) 190
nervosa (2) 185
oshimensis (2) 183 **199**
var. paraemeiensis (2) 183 **199**

parviloba (2) 195
paupercula (2) 218
piloselloides (2) 727
plumbea (2) 180 **186**
semipinnata (2) 181 **192** Ph.61
setuloso-costulata (2) 183 **200**
siliculosum (2) 211
splendida (2) 183 **198**
stelleri (2) 209
stenophylla (2) 179 180 **184**
subsimplex (2) 179 **184**
tripartita (2) 183 **204**
venusta (2) 180 **188**
vittata (2) 180 **187** Ph.59
wallichiana (2) 183 **202**
var. *austro-sinica* (2) 203
var. obtusa (2) 183 **203**
var. yunnanensis (2) 183 **203**
wangiana (2) 183 **198**
yunnanensis (2) 203
Pternandra
(Melastomataceae) (7) 615 **659**
caerulescens (7) **659**
Pternopetalum
(Umbelliferae) (8) 580 **656**
botrychioides (8) 656 **658**
caespitosum (8) 657 **663**
cardiocarpum (8) 657 **662**
davidii (8) 656 **658**
delavayi (8) 657 **662**
filicinum (8) 657 **661**
gracilimum (8) 657 **659**
heterophyllum (8) 657 **660**
nudicaule (8) 656 **657**
rosthornii (8) 656 **658**
tanakae (8) 657 **661**
trichomanifolium (8) 657 **660**
vulgare (8) 657 **659**
var. *foliosum* (8) 659
var. strigosum (8) 657 **659**
wangianum (8) 659
Pterobryaceae (1) **668**
Pterobryon
(Pterobryaceae) (1) 668 **674**
arbuscula (1) **675**
Pterobryopsis
(Pterobryaceae) (1) 668 **675**
auriculata (1) 674
crassicaulis (1) 675 **676**
orientalis (1) **675** Ph.200
scabriucula (1) 675 **676**
Pterocarpus
(Fabaceae) (7) 66 **98**
indicus (7) **98**
Pterocarya
(Juglandaceae) (4) 164 **168**
delavayi (4) 168 **170**
hepehensis (4) **168**
insignis (4) 168 **169** Ph.72
macroptera (4) 168 **169**
var. *delavayi* (4) 170
var. *insignis* (4) 169
paliurus (4) 167
stenoptera (4) **168** Ph.71
Pterocaulon
(Compositae) (11) 129 **247**
redolens (11) **247**
Pteroceltis
(Ulmaceae) (4) 1 **12**
tatarinowii (4) **12** Ph.11
Pterocephalus
(Dipsacaceae) (11) 106 **114**
bretschneideri (11) 114 **115**
hookeri (11) **114** Ph.36
Pteroceras
(Orchidaceae) (13) 370 **756**
elobe (13) 770
leopardinum (13) **756**
Pterococcus leucocladus (4) 515
Pterocypsela
(Compositae) (11) 134 **744**
elata (11) **744**
formosana (11) 744 **747**
indica (11) 744 **746**
laciniata (11) 744 **746**
raddeana (11) 744 **745**
sonchus (11) 744 **747**
triangulata (11) 744 **745**
Pterogonium ambiguum (1) 643
declinatum (1) 766
flavescens (1) 852
perpusillum (1) 764
productum (1) 649
Pterolobium
(Caesalpiniaceae) (7) 23 **37**
macropterum (7) **37** Ph.26
punctatum (7) 37 **38** Ph.27
Pteroptychia
(Acanthaceae) (10) 332 **381**
dalziellii (10) **381**
Pterospermum
(Sterculiaceae) (5) 34 **56**
acerifolium (5) **56**
heterophyllum (5) 56 **59** Ph.35
kingtungense (5) 56 **57**
lanceaefolium (5) 56 **59**
menglunense (5) 56 **58** Ph.34
niveum (5) 56 **58** Ph.33
truncatolobatum (5) 56 **57**
yunnanense (5) 56 **58**
Pterostyrax
(Styracaceae) (6) 26 **47**
corymbosus (6) **47**
henryi (6) 50
psilophyllus (6) 47 **48**
Pteroxygonum
(Polygonaceae) (4) 481 **513**
giraldii (4) **514**
Pterygiella
(Scrophulariaceae) (10) 69 **222**
bartschioides (10) 180
cylindrica (10) 222 **223**
duclouxii (10) **222**

nigrescens **(10)** 222 **223**
Pterygocalyx
(Gentianaceae) **(9)** 12 **65**
volubilis **(9)** **65**
Pterygoneurum
(Pottiaceae) **(1)** 436 **473**
subsessile **(1)** **473**
montagnei **(1)** 922
Pterygopleurum
(Umbelliferae) **(8)** 580 **698**
neuro phyllum **(8)** **698**
Pterygota
(Sterculiaceae) **(5)** 34 **35**
alata **(5)** **35** Ph.16
Ptilagrostis
(Poaceae) **(12)** 558 **949**
concinna **(12)** 949 **950**
dichotoma **(12)** 949 **950**
var. roshevitsiana **(12)** 949 **950**
junatovii **(12)** 949 **951**
mongholica **(12)** 949 **950**
pelliotii **(12)** **949**
Ptilidiaceae **(1)** **16**
Ptilidium
(Ptilidiaceae) **(1)** **16**
ciliare **(1)** **16** Ph.3
pulcherrimum **(1)** 16 17
Ptilium
(Hypnaceae) **(1)** 900 **933**
crista-castrensia **(1)** **933** Ph.275
Ptilocnema bracteatum **(13)** 634
Ptilopteris
(Monachosoraceae) **(2)** 149 **149**
hancockii **(2)** 581
maximowiczii **(2)** **149**
Ptilotrichum canescens **(5)** 435
cretaceum **(5)** 435
Ptychanthus
(Lejeuneaceae) **(1)** **224** **229**
striatus **(1)** **229**
tumidus **(1)** **232**
Ptychodium leucodonticaule **(1)** 829
Ptychomitriaceae **(1)** **487**
Ptychomitrium
(Ptychomitriaceae) **(1)** 487 **488**
dentatum **(1)** 488 **489** Ph.136
fauriei **(1)** 488 **489**
formosicum **(1)** 488 **492**
gardneri **(1)** 488 **492** Ph.138
linearifolium **(1)** 488 **490** Ph.137
sinense **(1)** **488**
tortula **(1)** 488 **491**
wilsonii **(1)** 488 **490**
Ptychomniaceae **(1)** **658**
Ptychosperma alexandrae **(12)** 93
Ptychotis puberula **(8)** 665
Puccinellia
(Poaceae) **(12)** 561 **762**
altaica **(12)** 764 **774**
angustata **(12)** 765 **778**
anisoclada **(12)** 764 **772**
borealis **(12)** 765 **780**
bulbosa **(12)** 764 **775**
chinampoensis **(12)** 764 **774**
choresmica **(12)** 765 **779**
convolute **(12)** 764 **771**
coreensis **(12)** 765 **776**
diffusa **(12)** 765 **776**
distans **(12)** 765 **779**
var. *micrandra* **(12)** 778
dolicholepis **(12)** 764 **774**
festuciformis **(12)** 764 **771**
geniculata **(12)** 763 **768**
gigantean **(12)** 765 **776**
glauca **(12)** 763 **769**
grossheimiana **(12)** 763 **768**
hackeliana **(12)** 765 **777**
hauptiana **(12)** 765 **778**
himalaica **(12)** 763 **770**
humilis **(12)** 764 **771**
iliensis **(12)** 763 **770**
intermedia **(12)** 764 **773**
jeholensis **(12)** 764 **773**
kamtschatica **(12)** 765 **779**
kashmiriana **(12)** 763 **769**
kengiana 780
koeieana **(12)** 764 **775**
kurilensis **(12)** 764 **771**
ladakhensis **(12)** 763 **768**
leiolepis **(12)** 763 **770**
limosa **(12)** 765 **776**
manchuriensis **(12)** 765 **775**
micrandra **(12)** 765 **778**
minuta **(12)** 763 **769**
multiflora **(12)** 762 **766**
nipponica **(12)** 765 **777**
nudiflora **(12)** 763 **769**
pamirica **(12)** 763 **767**
pauciramea **(12)** 763 **768**
phryganodes **(12)** 762 **766**
poecilantha **(12)** 764 **772**
przewalskii **(12)** 764 **773**
pulvinata **(12)** 763 **769**
roborovskyi **(12)** 764 **774**
roshevitsiana **(12)** 764 **772**
schischkinii **(12)** 764 **773**
sclerodes **(12)** 765 **777**
sevangensis **(12)** 763 **769**
sibirica **(12)** 765 **777**
stapfiana **(12)** 763 **766**
subspicata **(12)** 762 **766**
tenella **(12)** 765 **780**
tenuiflora **(12)** 763 **767**
tenuissima **(12)** 765 **776**
subsp tianshanica **(12)** 778
thomsonii **(12)** 763 **767**
tianshanica **(12)** 765 **778**
Pueraria
(Fabaceae) **(7)** 65 **211**
edulis **(7)** 213 **214**
lobata **(7)** 211 **213** Ph.106
var. montana **(7)** 211 **213**
var. thomsonii **(7)** 212 **213**

montana **(7)** 213
peduncularis **(7)** 211 **212**
phaseoloides **(7)** 211 **212**
thomsoni **(7)** 213
Pugionium
(Brassicaceae) **(5)** 382 **411**
calcaratum **(5)** 412
cornutum **(5)** **411**
cristatum **(5)** 412
dolabratum **(5)** **412**
Pulicaria
(Compositae) **(11)** 129 **297**
chrysantha **(11)** **298**
insignis **(11)** 298 **299** Ph.72
prostrata **(11)** 297 **298**
Pulmonaria
(Boraginaceae) **(9)** 280 **290**
davurica **(9)** 305
mollissima **(9)** **290**
sibirica **(9)** 305
Pulsatilla
(Ranunculaceae) **(3)** 389 **501**
ambigua **(3)** 501 502 **504**
cernua **(3)** 501 **503**
chinensis **(3)** 501 **502** Ph.362
dahurica **(3)** 501 **504**
kostyczewii **(3)** 501 **502**
millefolium **(3)** **502**
patens var. multifida **(3)** 501 **503**
turczaninovii **(3)** 502 **504**
Punica
(Punicaceae) **(7)** **580**
granatum **(7)** **580** Ph.209
Punicaceae **(7)** **580**
Pycnospora
(Fabaceae) **(7)** 63 **167**
lutescens **(7)** **167**
Pycnarrhena
(Menispermaceae) **(3)** 668 669 **670**
lucida **(3)** 670 **671**
macrocarpa **(3)** 672
poilanei **(3)** 670 **671**
Pycnolejeunea
(Lejeuneaceae) **(1)** 224 **242**
grandiocellata **(1)** **242**
molishii **(1)** 237
pilifera **(1)** 235
Pycnoplinthopsis
(Brassicaceae) **(5)** 381 **519**
bhutanica **(5)** **519**
Pycnoplinthus
(Brassicaceae) **(5)** 381 **519**
uniflorus **(5)** **519**
Pycreus
(Cyperaceae) **(12)** 256 **336**
checkiangensis **(12)** **337**
flavidus **(12)** 337 **338**
var. nilagiricus **(12)** 337 **338**
var. strictus **(12)** 337 **338**
globosus **(12)** 338
polystachyus **(12)** 337 **339**
pseudolatespicatus **(12)** 337 **340**
pumilus **(12)** 337 **339**
sanguinolentus **(12)** 337 **340**
sulcinux **(12)** 337 **338**
Pygeum
(Rosaceae) **(6)** 445 **791**
griseum **(6)** 791 **792**
laxiflorum **(6)** 792
phaeosticta **(6)** 788
f. *lacioclada* **(6)** 787
topengii **(6)** 791 **791**
wilsonii **(6)** 791 **792**
Pygmaeopremna herbacea **(9)** 371
Pylaisia brotheri **(1)** 901
chryosphylla **(1)** 662
plagiangia **(1)** 903
selwynii **(1)** 902
Pylaisiadelpha
(Sematophyllaceae) **(1)** 873 **888**
tenuirostris **(1)** **888**
Pylaisiella
(Hypnaceae) **(1)** 899 **900**
brotheri **(1)** **901**
polyantha **(1)** **901**
selwynii **(1)** **902**
Pylaisiopsis
(Sematophyllaceae) **(1)** 873 **878**
speciosa **(1)** **878**
Pyracantha
(Rosaceae) **(6)** 443 **500**
angustifolia **(6)** 501 **502**
atalantioides **(6)** 500 **501**
crenulata **(6)** 501 **502** Ph.122
var. kansuensis **(6)** 501 **502**
fortuneana **(6)** **501** Ph.121
inermis **(6)** 501 **503**
Pyrenacantha
(Icacinaceae) **(7)** 876 **885**
volubilis **(7)** **885**
Pyrenaria
(Theaceae) **(4)** 573 **619**
brevisepala **(4)** 619 **620**
cheliensis **(4)** 619 **620**
greeniae **(4)** 605
manglaense **(4)** 619 **620**
oblongicarpa **(4)** 619 **620**
tibetana **(4)** 619 **620**
yunnanensis **(4)** **619**
Pyrenocarpa
(Myrtaceae) **(7)** 549 **578**
hainanensis **(7)** 578 **579**
teretis **(7)** 578 **579**
Pyrethrum
(Compositae) **(11)** 126 **351**
ambiguum **(11)** 349
atkinsonii **(11)** 351 **352**
cinerariifolium **(11)** 351 **352**
crassipes **(11)** 356
discoideum **(11)** 362
lavandulifolium **(11)** 344
pulchrum **(11)** 351 **353**
pyrethroides **(11)** 351 **353**

scopulorum **(11)** 356
tatsienense **(11)** 351 **352** Ph.82
Pyrgophyllum
(Zingiberaceae) **(13)** 21 **32**
yunnanensis **(13)** **32**
Pyrola
(Pyrolaceae) **(5)** **721**
americana γ. dahurica **(5)** 728
atropurpurea **(5)** 721 **722**
calliantha **(5)** 722 **729** Ph.295
chlorantha **(5)** 721 **725**
dahurica **(5)** 722 **728**
decorata **(5)** 722 **726** Ph.294
elegantula **(5)** 722 **727**
elliptica var. *morrisonensis* **(5)** 726
forrestiana **(5)** 721 **724**
incarnata **(5)** 721 **723**
japonica **(5)** 722 **727**
media **(5)** 722 **726**
minor **(5)** 721 **725**
morrisonensis **(5)** 722 **726**
renifoliaip **(5)** 721 **722**
rotundifolia **(5)** 722 **728**
subsp. *chinensis* **(5)** 729
rugosa **(5)** 721 **724**
secunda **(5)** 729
var. *obtusata* **(5)** 730
subaphylla **(5)** 721 **723**
umbellata **(5)** 732
uniflora **(5)** 731
Pyrolaceae **(5)** **621**
Pyrostegia
(Bignoniaceae) **(10)** 418 **419**
venusta **(10)** **419** Ph.127
Pyrrhanthus littoreus **(7)** 668
Pyrrhobryum
(Rhizogoniaceae) **(1)** **590**
dozyanum **(1)** **590** Ph.176
latifolium **(1)** 590 **591**
Pyrrosia
(Polypodiaceae) **(2)** 664 **710**
adnascens **(2)** 711 **712** Ph.136
assimilis **(2)** 711 **717**
bonii **(2)** 712 **723**
calvata **(2)** 711 712 **718** Ph.140
caudifrons **(2)** 711 **714**
costata **(2)** 711 **719**
davidii **(2)** 711 **718**
drakeana **(2)** 712 **726** Ph.142
eberhardtii **(2)** 711 **719**
ensata **(2)** 711 **713**
fengiana **(2)** 712 **725**
flocculosa **(2)** 711 **720**
gralla **(2)** 711 **717**
heteractis **(2)** 711 **719**
lanceolata **(2)** 711 **714**
linearifolia **(2)** 711 **721**
lingua **(2)** 711 **715** Ph.139
longifolia **(2)** 711 **713**
mannii **(2)** 712 **725**
nuda **(2)** 711 **714** Ph.137
nudicaulis **(2)** 712 **724**
nummularifolia **(2)** 712 **723**
petiolosa **(2)** 711 **715** Ph.138
polydactyla **(2)** 711 **717**
porosa **(2)** 712 **724**
var. mollissima **(2)** 712 **725**
princeps **(2)** 711 **720**
pseudodrakeana **(2)** 712 **723**
sheareri **(2)** 711 **716**
similis **(2)** 712 **722**
stenophylla **(2)** 712 **723**
stigmosa **(2)** 711 **721**
subfurfuracea **(2)** 712 **726**
tonkinensis **(2)** 712 **722** Ph.141
Pyrrothrix
(Acanthaceae) **(10)** 332 **372**
rufo-hirta **(10)** **372**
Pyrularia
(Santalaceae) **(7)** 723 **725**
bullata **(7)** 725 **726**
edulis **(7)** **725** Ph.285
sinensis **(7)** 725 **726**
Pyrus
(Rosaceae) **(6)** 443 **557**
baccata **(6)** 565
β. *mandshurica* **(6)** 566
betulaefolia **(6)** 558 **562**
bretschneideri **(6)** 558 **561**
calleryana **(6)** 558 **563**
var. integrifolia **(6)** 558 **563**
var. koehnei **(6)** 558 **563**
var. lanceolata **(6)** 558 **563**
communis **(6)** 558 **560**
var. sativa **(6)** 558 **560**
discolor **(6)** 532 536
foliolosa **(6)** 539
hopeiensis **(6)** 558 **559**
hupehensis **(6)** 567
indica **(6)** 554
insignis **(6)** 535
japonica **(6)** 557
kansuensis **(6)** 572
koehnei **(6)** 563
microphylla **(6)** 544
pashia **(6)** 558 **563**
var. *sikkimensis* **(6)** 571
phaeocarpa **(6)** 558 **562**
pohuashanensis **(6)** 537
prattii **(6)** 574
prunifolia **(6)** 569
pyrifolia **(6)** 558 **561**
sativa **(6)** 560
scabrifolia **(6)** 505
serrulata **(6)** 558 **559**
sieboldii **(6)** 571
sieversii **(6)** 568
spectabilis **(6)** 570
thomsonii **(6)** 551
transitoria **(6)** 573
ussuriensis **(6)** **558**
xerophila **(6)** 558 **560**
yunnanensis **(6)** 575

Q

Qiongzhuea (=Chimonobambusa) **(12)** 620
communis **(12)** 627
macrophylla **(12)** 626
opienensis **(12)** 627
tumidinoda **(12)** 626
Quadriala lanceolata **(7)** 724
Quamoclit pennata **(9)** 260
Quercifilix (Aspidiaceae) **(2)** 603 **624**
zeylanica **(2)** **624**
Quercus (Fagaceae) **(4)** 178 **240**
fangshanensis **(4)** 240 **243**
hopeiensis **(4)** 240 **243**
acrodonta **(4)** 241 **252**
acutissima **(4)** 240 **242**
aliena **(4)** 240 **245** Ph.107
var. acuteserrata **(4)** 240 **246**
amygdalifolia **(4)** 203
aquifolioides **(4)** 241 **248**
augustinii **(4)** 229
balansae **(4)** 202
bambusaefolia **(4)** 227
baronii **(4)** 241 **251**
bella **(4)** 232
blakei **(4)** 233
brevicaudata **(4)** 218
calathiformis **(4)** 184
carlesii **(4)** 194
championii **(4)** 227
chenii **(4)** 240 **242**
chevalieri **(4)** 228
cleistocarpa **(4)** 204
cocciferoides **(4)** 241 **252**
var. taliensis **(4)** 241 **252**
cornea **(4)** 207
dealbata **(4)** 205
delavayi **(4)** 237
dentata **(4)** 240 **243**
var. *oxyloba* **(4)** 244
dodonaeifolia **(4)** 210
doichangensis **(4)** 254
dolicholepis **(4)** 241 **250**
edithae **(4)** 233
elizabethae **(4)** 212
engleriana **(4)** 242 **253**
eyrei **(4)** 191
fabri **(4)** 240 **244**
fenestrata **(4)** 214
ferox **(4)** 192
fissa **(4)** 184
fleuryi **(4)** 226
fordiana **(4)** 207
formosana **(4)** 210
franchetii **(4)** 242 **253**
gambleana **(4)** 232
gilliana **(4)** 241 **250**
gilva **(4)** 236
glabra **(4)** 216
glandulifera **(4)** 246
var. *brevipetiolata* **(4)** 246
glauca **(4)** 238
grandifolius **(4)** 218
griffithii **(4)** 240 **245**
grosseserrata **(4)** 247
hancei **(4)** 214
harlandii **(4)** 217
helferiana **(4)** 231
henryi **(4)** 219
hui **(4)** 228
jenseniana **(4)** 225
kawakamii **(4)** 217
kerrii **(4)** 231
konishii **(4)** 209
kouangsiensis **(4)** 234
lamellosa **(4)** 230
liaotungensis **(4)** 247
litseifolia **(4)** 220
longinux **(4)** 235
mongolica **(4)** 241 **246**
var. grosseserrata **(4)** 241 **247**
monimotricha **(4)** 241 **249**
morii **(4)** 239
myrsinaefolia **(4)** 235
nantoensis **(4)** 209
nubium **(4)** 229
obovatifolia **(4)** 226
oxyodon **(4)** 232
oxyphylla **(4)** 241 **251**
pachyloma **(4)** 236
pannosa **(4)** 241 **247** Ph.108
patelliformis **(4)** 234
phillyraeoides **(4)** 241 **253**
pseudosemicarpifolia **(4)** 241 **249**
rehderiana **(4)** 241 **249**
rex **(4)** 230
schottkyana **(4)** 237
sclerophylla **(4)** 185
semicarpifolia **(4)** 241 **248**
senescens **(4)** 241 **248**
serrata **(4)** 240 **246**
var. brevipetiolata **(4)** 240 **246**
sessilifolia **(4)** 229
setulosa **(4)** 242 **254**
silvicolarum **(4)** 219
skanianus **(4)** 213
spathulata **(4)** 250
var. *oxyphylla* **(4)** 251
spinosa **(4)** 241 **249**
stewardiana **(4)** 234
stewardii **(4)** 240 **244**
taliensis **(4)** 252
thorelii **(4)** 233
truncata **(4)** 203
uraiana **(4)** 185
urticaefolia var. *brevipetiolata* **(4)** 246
uvariifolia **(4)** 206
variabilis **(4)** 240 **243**

variolosa (4) 204
wutaishanica (4) 241 **247**
xylocarpus (4) 202
yunnanensis (4) 240 **244**
Queria trichotoma (7) 518
Quiducia tonkinensis (10) 541
Quinaria lansium (8) 434
Quisqualis
(Combretaceae) (7) 663 **669**
caudata (7) **670**
indica (7) **670** Ph.248
var. villosa (7) **670**

R

Rabdosia adenantha (9) 585
adenonoma (9) 576
amethystoides (9) 571
coetsa (9) 581
enanderiana (9) 570
eriocalyx (9) 570
excisa (9) 574
excisoides (9) 583
flabelliformis (9) 583
flavida (9) 574
flexicaulis (9) 579
gibbosa (9) 584
glutinosa (9) 580
grandifolia var. *atuntzeensis* (9) 576
henryi (9) 582
inflexus (9) 572
irrorata (9) 574
japonica (9) 573
var. *glaucocalyx* (9) 573
latiflora (9) 583
leucophylla (9) 576
longituba (9) 573
lophanthoides (9) 575
var. *gerardiana* (9) 576
loxothyrsa (9) 578
macrocalyx (9) 582
nervosa (9) 571
phyllostachys (9) 571
pseudo-irrorata (9) 579
rosthornii (9) 582
rubescens (9) 578
rugosiformis (9) 579
sculponeata (9) 581
serra (9) 572
setschwanensis (9) 580
var. *yungshengensis* (9) 580
stracheyi (9) 575
taliensis (9) 580
tenuifolia (9) 578
ternifolia (9) 569
weisiensis (9) 584
wikstroemioides (9) 577
yuennanensis (9) 575
Racemobambos
(Poaceae) (12) 550 **572**
microphylla (12) **572**
Racomitrium
(Grimmiaceae) (1) 493 **508**
albipliferum (1) 509 **514**
anomodontoides (1) 509 **512** Ph.144
canescens (1) 509 **510**
cucullatulum (1) 509 **514**
ericoides (1) 509 **511** Ph.142
fasciculare (1) 508 **511** Ph.143
heterostichum (1) 509 **515**
himalayanum (1) 509 **513**
japonicum (1) 509 **510** Ph.141
lanuginosum (1) **509** Ph.140
subsecundum (1) 509 **512**
Racopilaceae (1) **638**
Racopilum
(Racopilaceae) (1) **638**
convolutaceum (1) **639**
cuspidigerum (1) **639**
orthocarpum (1) 639 **640**
spectabile (1) 639 **640**
Radermachera
(Bignoniaceae) (10) 419 **426**
frondosa (10) 427 **428**
hainanensis (10) 427 **428**
microcalyx (10) **427**
sinica (10) **427** Ph.131
Radermachia incisa (4) 37
Radula
(Radulaceae) (1) **185**
acuminata (1) 186 **197**
amoena (1) 185 **187**
apiculata (1) 185 **188**
aquilegia (1) 185 **199**
assamica (1) 186 **197**
borneensis (1) 186 **188**
caduca (1) 186 **189**
cavifolia (1) 186 **198**
chinensis (1) 185 **200**
complanata (1) 186 **189**
falcata (1) 187 **191**
formosa (1) 186 **196**
inouei (1) 186 **195**
japonica (1) 187 **191**
javanica (1) 187 **192**
kojana (1) 185 **187**
lindenbergiana (1) 186 **192**
madagascariensis (1) 186 **193**
meyeri (1) 186 **193**
multiflora (1) 186 **194**
obscura (1) 187 **194**
okamurana (1) 186 **195**
onraedtii (1) 186 **190**
perrottetii (1) 185 **199**
retroflexa (1) 186 **196**
stellatogemmipara (1) 186 **190**
tjibodensis (1) 186 **198**
Radulaceae (1) **185**
Radulina
(Sematophyllaceae) (1) 873 **880**
hamata (1) **880**
Rafflesiaceae (7) **773**

Rajania quinata **(3)** 657
Ramischia obtusata **(5)** 730
secunda **(5)** 729
Ranalisma
(Alismataceae) **(12)** **8**
rostratum **(12)** **8**
Randia acuminatissima **(10)** 588
canthioides **(10)** 588
depauperata **(10)** 586
griffithii **(10)** 587
hainanensis **(10)** 587
leucocarpa **(10)** 590
lichiangensis **(10)** 591
oxyodonta **(10)** 589
pycnantha **(10)** 588
sericantha **(10)** 600
sinensis **(10)** 586
stricta **(10)** 600
wallichii **(10)** 589
Ranunculaceae **(3)** **388**
Ranunculus
(Ranunculaceae) **(3)** **549**
affinis var. *indivisus* **(3)** 564
var. *stracheyanus* **(3)** 558
var. *tanguticus* **(3)** 559
lus. *dasycarpus* **(3)** 560
albertii **(3)** 550 551 **562**
altaicus **(3)** 550 **563**
amurensis **(3)** 550 **566**
angustisepalus **(3)** 549 **574**
aquitilis var. *eradicatus* **(3)** 577
brotherusii **(3)** 551 552 **558**
brotherusii **(3)** 559
bungei **(3)** 576
cantoniensis **(3)** 554 **572**
chinensis **(3)** 553 **573**
chuanchingensis **(3)** 551 552 **556**
cuneifolius **(3)** 553 **570**
dielsianus **(3)** 551 552 **563**
diffuses **(3)** 553 **572**
dongrergensis **(3)** 551 **564**
felixii **(3)** 550 551 **563**
ficariifolius **(3)** 549 **568** Ph.384
foeniculaceum **(3)** 575
franchetii **(3)** 552 **555**
furcatifidus **(3)** 552 **559**
glareosus **(3)** 551 552 **556**
gmelinii **(3)** 552 **566**
grandifolius **(3)** 553 **570**
grandis **(3)** 553 **570**
hirtellus var. orientalis **(3)** 552 **557**
indivisus **(3)** 550 **564**
involucratus **(3)** 565
japonicus **(3)** 553 **568**
var. propinquus **(3)** 553 **569**
junipericola **(3)** 552 **555**
kauffmanii **(3)** 577
kunmingensis **(3)** 553 **570**
laetus **(3)** 553 **569**
lingua **(3)** 550 **566**
longipetalus **(3)** 557
membranaceus **(3)** 550 552 **561**
var. pubescens **(3)** 550 551 **561**
micronivalis **(3)** 551 552 **557**
monophyllus **(3)** 550 **562**
muricatus **(3)** 549 **574**
natans **(3)** 551 **566**
nephelogenes **(3)** 550 551 552 **560** Ph.383
var. longicaulis **(3)** 550 **561**
var. *pubescens* **(3)** 561
pedatifidus **(3)** 552 **554**
pegaeus **(3)** 551 552 **557**
pimpinelloides **(3)** 545
platyspermus **(3)** 553 **574**
podocarpus **(3)** 549 **567**
polypetalus **(3)** 578
popovii **(3)** 552 **558**
var. stracheyanus **(3)** 551 **558**
propinquus **(3)** 569
pseudopygmaeus **(3)** 551 552 **556**
pulchellus **(3)** 550 551 **560**
var. *longicaulis* **(3)** 561
radicans **(3)** 552 **565**
regelianus **(3)** 553 **574**
repens **(3)** 553 **573**
reptans **(3)** 553 **567**
rigescens **(3)** 552 **555**
ruthenicus **(3)** 580
sarmentosus **(3)** 580
sceleratus **(3)** 549 **568**
sieboldii **(3)** 553 **572** Ph.385
silerifolius **(3)** 554 **573**
similes **(3)** 550 **565**
sinovaginatus **(3)** 553 **571**
songoricus **(3)** 551 552 **554**
taisanensis **(3)** 553 **569**
tanguticus **(3)** 551 **559** Ph.382
var. dasycarpus **(3)** 551 **560**
tashiroei **(3)** 554 **573**
ternatus **(3)** 550 **567**
transiliensis **(3)** 550 551 **562**
trautvetterianus **(3)** 553 **554**
trichophyllus **(3)** 576
tricuspis **(3)** 579
trigonus **(3)** 553 **571**
yunnanensis **(3)** 550 **563**
Rapanea aurea **(4)** 653
Razumovia cochinchinensis
var. *lutea* **(10)** 166
tranquebarica **(10)** 165
Rapanea
(Myrsinaceae) **(6)** 77 **111**
affinis **(6)** **111**
faberi **(6)** **111**
kwangsiensis **(6)** 111 **112**
linearis **(6)** 111 **112**
neriifolia **(6)** 111 **113**
Raphanus
(Brassicaceae) **(5)** 383 **396**
laevigata **(5)** 513
raphanistrum **(5)** **397**
sativus **(5)** **396** Ph.166

var. *raphanistroides* **(5)** 396
sibiricus **(5)** **500**
strictus **(5)** **501**
tenellus **(5)** **500**
Raphia
(Arecaceae) **(12)** 56 **72**
vinifera **(12)** **72**
Raphidolejeunea
(Lejeuneaceae) **(1)** 225 **237**
yunnanensis **(1)** **237**
Raphiolepis
(Rosaceae) **(6)** 443 **529**
ferruginea **(6)** 529 **531**
indica **(6)** 529
major **(6)** 529 **530**
rugosa **(6)** **529**
salicifolia **(6)** 529 **530**
Raphistemma
(Asclepiadaceae) **(9)** 135 **166**
pulchellum **(9)** **166**
Rauia angustifolia **(1)** 786
Rauiella
(Thuidiaceae) **(1)** 784 **798**
fujisana **(1)** **798**
Rauvolfia
(Apocynaceae) **(9)** 90 **103**
brevistyla **(9)** 104
latifrons **(9)** 104
perakensis **(9)** 104
serpentina **(9)** **103** Ph.55
taiwanensis **(9)** 104
tetraphylla **(9)** **103**
verticillata **(9)** 103 **104** Ph.56
var. *hainanensis* **(9)** 104
var. *oblanceolata* **(9)** 104
var. *officinalis* **(9)** 104
yunnanensis **(9)** 104
Ravenala
(Strelitziaceae) **(13)** **12**
madagascariensis **(13)** **12**
Reaumuria
(Tamaricaceae) **(5)** **174**
soongarica **(5)** **174** Ph.87
kaschgarica **(5)** 174 **175**
trigyna **(5)** 174 **175**
Reboulia
(Aytoniaceae) **(1)** 274 **282**
hemispherica **(1)** **283** Ph.64
Rectolejeunea
(Lejeuneaceae) **(1)** 225 **241**
barbata **(1)** **241**
Reevesia
(Sterculiaceae) **(5)** 34 **46**
formosana **(5)** 46 **47** Ph.27
glaucophylla **(5)** 46 **48**
orbicularifolia **(5)** 46 **48**
pubscens **(5)** 46 **49** Ph.28
pycnantha **(5)** 46 **47**
rotundifolia **(5)** 46 **48**
thyrsoidea **(5)** **46** Ph.26
tomentosa **(5)** 46 **49**
Regmatodon
(Leskeaceae) **(1)** 765 **766**
declinatus **(1)** **766**
orthostegius **(1)** **766**
Rehderodendron
(Styracaceae) **(6)** 26 **46**
kwangtungense **(6)** 46 **47**
kweichowense **(6)** **46**
macrocarpum **(6)** **46**
Reptonia laurina **(6)** 10 11
Rhizophora corniculata **(6)** 84
Rehmannia
(Scrophulariaceae) **(10)** 70 **132**
chingii **(10)** **133** Ph.41
glutinosa **(10)** 132 **133** Ph.40
henryi **(10)** 133 **134**
oldhami **(10)** 328
piasezkii **(10)** **133**
rupestris **(10)** 134
Reichardia decapetala **(7)** 35
Reimersia
(Pottiaceae) **(1)** 438 **474**
inconspicua **(1)** **474**
Reineckia
(Liliaceae) **(13)** 70 **177**
carnea **(13)** **177** Ph.128
Reinwardtia
(Linaceae) **(8)** **231**
indica **(8)** **231** Ph.106
sinensis **(8)** 232
trigyna **(8)** 231
Reinwardtiodendron
(Meliaceae) **(8)** 375 **388**
dubium **(8)** **388**
Rejoua
(Apocynaceae) **(9)** 90 **98**
dichotoma **(9)** **98**
Remirea
(Cyperaceae) **(12)** 256 **320**
maritime **(12)** **320**
Remusatia
(Araceae) **(12)** 105 **128**
hookeriana **(12)** 128 **129**
pumila **(12)** 128 **129** Ph.45
vivipara **(12)** **128**
Renanthera
(Orchidaceae) **(13)** 371 **727**
coccinea **(13)** **727** Ph.538
Reogneria aristiglumis
var. *hirsute* **(12)** 861
Reseda
(Resedaceae) **(5)** **542**
alba **(5)** 542 **543**
latea **(5)** **542**
linifolia **(5)** 543
odorata **(5)** **542**
Resedaceae **(5)** **542**
Restionaceae **(12)** **218**
Restis articulata **(12)** 353
Retinispora obtuse **(3)** 82
Reullia cavaleriei **(10)** 344

delavayana (10) 345
Reynourtria japonica (4) 490
Rhabdothamnopsis
(Gesneriaceae) (10) 246 **310**
chinensis (10) 310
sinensis (10) **310**
Rhachidosorus
(Athyriaceae) (2) 272 **328**
mesosorus (2) 328 **329**
truncatus (2) 329 **329**
Rhachithecium
(Orthotrichaceae) (1) 617 **619**
perpusillum (1) **620**
Rhamnaceae (8) **138**
Rhamphidia japonica (13) 426
Rhamnella
(Rhamnaceae) (8) 138 **162**
forrestii (8) 162 **163**
franguloides (8) **162**
gilgitica (8) 162 **163**
julianae (8) 162 **163**
martinii (8) 162 **163**
wilsonii (8) 162 **163**
Rhamnoneuron
(Thymelaeaceae) (7) 514 **536**
balansae (7) 536
rubriflorum (7) **536**
Rhamnus
(Rhamnaceae) (8) 138 **144**
arguta (8) 145 **151**
bodinieri (8) 145 **149**
brachypoda (8) 146 **157**
coriophylla (8) 145 **150**
crenata (8) 144 **146** Ph.80
davurica (8) 146 **154** Ph.81
diamantiaca (8) 146 **154**
dumetorum (8) 145 **152**
erythroxylon (8) 146 **155**
esquirolii (8) 145 **149**
fulvo-tincta (8) 146 **158**
lobosa (8) 145 **151**
grandiflora (8) 146 **157**
hemsleyana (8) 145 **148**
henryi (8) 144 **147**
heterophylla (8) 145 **148**
iteinophylla (8) 145 **152**
koraiensis (8) 146 **157**
lamprophylla (8) 146 **156**
leptacantha (8) 146 **156**
leptophylla (8) 145 **152**
lineata (8) 166
longipes (8) 144 **147**
martinii (8) 162 **163**
maximovicziana (8) 145 **150**
napalensis (8) 145 **149**
oenoplia (8) 175
parvifolia (8) 145 **150**
rosthornii (8) 146 **155**
rugulosa (8) 146 **156**
sargentiana (8) 145 **148**
schneideri (8) 146 **158**
var. manshurica (8) 146 **158**
tangutica (8) 145 **153**
thea (8) 141
ussuriensis (8) 146 **153**
utilis (8) 146 **154** Ph.82
virgata (8) 145 **153**
vitis-idaea (8) 57
wilsonii (8) 146 **156**
Rhaphidophora
(Araceae) (12) 105 **113**
crassicaulis (12) 113 **116**
decursiva (12) 114 **116** Ph.39
hongkongensis (12) 113 **115**
lancifolia (12) 113 **114**
luchunensis (12) 113 **115**
maclurei (12) 117
megaphylla (12) 113 **114**
Rhaphidospora
(Acanthaceae) (10) 331 **402**
vagabunda (10) **402**
Rhaphidostichum
(Sematophyllaceae)(1) 873 **891**
bunodicarpum (1) **891**
Rhaphidostegium lutschianum (1) 894
Rhaphisorientalis (12) 1125
Rhapis
(Arecaceae) (12) 56 **62**
excelsa (12) **63** Ph.14
filiformis (12) 62
gracilis (12) 63 **64**
grossefibrosa (12) 62
humilis (12) **63**
robusta (12) 63 **64**
Rheum
(Polygonaceae) (4) 481 **530**
acuminatum (4) 531 **535** Ph.231
alexandrae (4) 530 **531** Ph.226
delavayi (4) 531 **537**
franzenbachii (4) 530 **533** Ph.227
hotaoense (4) 530 **534**
kialense (4) 531 **536**
likiangense (4) 531 **537**
nanum (4) 530 **532**
officinale (4) 530 **534**
palmatum (4) 530 **534** Ph.229
przewalskyi (4) 530 **531**
pumilum (4) 531 **537**
racemiferum (4) 531 **536**
spiciforme (4) 530 **532**
tanguticum (4) 530 **535** Ph.230
undulatum (4) 530 **534** Ph.228
uninerve (4) 530 **533**
Rhinacanthus
(Acanthaceae) (10) 330 **405**
nasutus (10) **405**
Rhinactina limoniifolia (11) 200
Rhinanthus
(Scrophulariaceae) (10) 69 **179**
glaber (10) **179**
Rhinopetalum karelini (13) 118
Rhizogoniaceae (1) **589**
Rhizogonium dozyanum (1) 590

latifolium (1) 591
Rhizomnium
(Mniaceae) (1) 571 **585**
horikawae (1) **585**
magnifolium (1) 585 **686**
parvulum (1) 585 **586**
pseudopunctatum (1) 585 **587**
punctatum (1) 585 **587** Ph.173
Rhizophora
(Rhizophoraceae) (7) **676**
apiculata (7) **676** Ph.251
candel (7) 678
caseolaris (7) 497
gymnorrhiza (7) 679
mucronata (7) 676 **677**
stylosa (7) 676 **677** Ph.252
tagal (7) 677
Rhizophoraceae (7) **675**
Rhodamnia
(Myrtaceae) (7) 549 **579**
dumetorum (7) **579**
var. hainanensis (7) 579 **580**
Rhodiola
(Crassulaceae) (6) 319 **353**
angusta (6) 354 **361**
bupleuroides (6) 355 **366**
calliantha (6) 354 **362**
chrysanthemifolia (6) 355 **369**
crenulata (6) 354 **363** Ph.94
discolor (6) 355 **365**
dumulosa (6) 354 **358** Ph.90
eurycarpa (6) 355 **367**
fastigiata (6) 354 **360** Ph.92
forrestii (6) 355 **368**
gelida (6) 354 **358**
henryi (6) 355 **368**
heterodonta (6) 354 **364**
himalensis (6) 354 **361** Ph.93
hobsonii (6) 353 **355**
humilis (6) 353 **356**
kirilowii (6) 354 **364** Ph.95
litwinowii (6) 354 **361**
ovatisepala (6) 355 **369**
var. chingii (6) 355 **370**
pamiro-alaica (6) 354 **360**
prainii (6) 354 **357**
primuloides (6) 353 **356**
purpureoviridis (6) 355 **365**
quadrifida (6) 354 **359** Ph.91
rosea (6) 354 **362**
sachalinensis (6) 354 **363**
sacra (6) 355 **368**
smithii (6) 353 **356**
stapfii (6) 354 **357**
tibetica (6) 354 **359**
wallichiana (6) 355 **366**
yunnanensis (6) 355 **367**
Rhodobryum
(Bryaceae) (1) 539 **569**
giganteum (1) **569** Ph.167
ontariense (1) 569 **570** Ph.168
Rhododendron
(Ericaceae) (5) 553 **557**
aberconwayi (5) 564 **636**
adenogynum (5) 566 **645** Ph.247
adenopodum (5) 568 **638**
aganniphum (5) 567 **647**
agastum (5) 563 **635** Ph.239
alutaceum (5) 568 **653**
annae (5) 564 **636**
anthopogon (5) 561 **606** Ph.212
anthopogonoides (5) 561 **607** Ph.213
anthosphaerum (5) 564 **634** Ph.237
araiophyllum (5) 564 **636**
arboretum (5) 569 **643**
argyrophyllum (5) 568 **642**
arizelum (5) 566 **624**
augustinii (5) 558 **581** Ph.194
aureum (5) 568 **638** Ph.241
auriculatum (5) 562 **619**
bachii (5) 572 **664**
baileyi (5) 561 **604**
bainbridgeanum (5) 562 **632**
balangense (5) 567 **651**
balfourianum (5) 566 **644**
barbatum (5) 565 **657** Ph.259
basilicum (5) 566 **623**
beanianum (5) 563 **658**
beesianum (5) 567 **649** Ph.254
boothii (5) 561 **601**
brevinerve (5) 564 **637** Ph.240
bullatum (5) **572**
bureavii (5) 566 **645** Ph.248
calophytum (5) 565 **613** Ph.218
calostrotum (5) 561 **596**
calvescens (5) 562 **631**
camelliiflorum (5) 561 **602**
campanulatum (5) 569 **655** Ph.257
campylocarpum (5) 568 **626**
campylogynum (5) 561 **603**
capitatum (5) 560 **592** Ph.205
cavaleriei (5) 572 **667** Ph.268
cephalanthum (5) 561 **606**
championae (5) 572 **668**
charitopes (5) 561 **602**
chihsinianum (5) 562 **620**
chrysanthum (5) 638
chryseum (5) 591
chrysodoron (5) 561 **601**
ciliatum (5) 558 **577** Ph.192
ciliicalyx (5) 558 **578**
cinnabarinum (5) 561 **597**
coelicum (5) 563 **658**
coeloneurum (5) 567 **647**
complexum (5) 559 **588**
concinnum (5) 559 **583**
coriaceum (5) 566 **625** Ph.232
crasum (5) 573
crinigerum (5) 562 **633**
cuneatum (5) 559 **586**
cyanocarpum (5) 569 **663**
danbaense (5) 567 **651**
dasycladoides (5) 562 **631**

dauricum	(5)	572	**612**	Ph.216
davidii	(5)	566	**619**	Ph.226
decorum	(5)	565	**614**	Ph.219
delavayi	(5)	569	**644**	Ph.246
dendricola	(5)	558	**578**	
dendrocharis	(5)	558	**580**	Ph.193
discolor	(5)	566	**618**	
dryophyllum	(5)		648	
eclecteum	(5)	570	**663**	
edgeworthii	(5)	557	**572**	Ph.188
ellipticum	(5)	572	**667**	
emarginatum	(5)	562	**608**	
eriogynum	(5)		656	
eudoxum	(5)	563	**661**	
exasperatum	(5)	565	**657**	
excellens	(5)	557	**574**	Ph.190
faberi	(5)	566	**646**	Ph.249
facetum	(5)	563	**656**	Ph.258
faithae	(5)	565	**614**	
farrerae	(5)	570	**669**	
fastrigiatum	(5)	559	**590**	
fictolacteum	(5)		**624**	
floccigerum	(5)	563	**660**	
floribundum	(5)	568	**639**	
formosanum	(5)	569	**641**	
forrestii	(5)	563	**661**	
fortunei	(5)	566	**617**	Ph.223
fragariflorum	(5)	561	**597**	
fulgens	(5)	569	**662**	
fulvum	(5)	569	**653**	Ph.255
galactinum	(5)	566	**624**	
genestierianum	(5)	561	**603**	
giganteum	(5)		621	
grande	(5)	565	620	
griersonianum	(5)	562	**655**	
guizhouense	(5)	564	**637**	
haematodes	(5)	563	**659**	
haofui	(5)	569	**639**	
heliolepis	(5)	559	**585**	
hemsleyanum	(5)	566	**616**	
henanense	(5)	568	**627**	
henryi	(5)	572	**668**	
hippophaeoides	(5)	559	**587**	Ph.200
hodgsonii	(5)	566	**625**	
hongkongense	(5)	572	**665**	Ph.264
hookeri	(5)	569	**662**	
huianum	(5)	566	**619**	
hunnewellianum	(5)	568	**643**	Ph.245
hypenanthum	(5)	561	**606**	
hypoglaucum	(5)	568	**643**	
impeditum	(5)	559	**589**	
indicum	(5)	571	**674**	
insigne	(5)	569	**639**	
intricatum	(5)	559	**587**	Ph.201
irroratum	(5)	564	**635**	Ph.238
jucundum	(5)		632	
kanehirai	(5)	570	**670**	
kasoense	(5)	560	**581**	
kendrickii	(5)	564	**635**	
keysii	(5)	561	**598**	
kwangsiense	(5)	571	**675**	
kwangtungense	(5)	570	**673**	
lanatum	(5)	569	**654**	
lapponicum	(5)	561	**592**	
latoucheae	(5)	572	**667**	Ph.267
laudandum	(5)	561	**605**	
leiopodum	(5)		667	
lepidotum	(5)	561	**604**	
levinei	(5)	558	**576**	
liliiflorum	(5)	558	**576**	Ph.191
lindleyi	(5)	558	**575**	
lingii	(5)		**676**	
longipes	(5)	569	**641**	
lukiangense	(5)	564	**634**	
lulangense	(5)	567	**648**	Ph.253
lutescens	(5)	558	**582**	
maculiferum	(5)	565	**630**	
maddenii	(5)	557	**573**	
subsp. crassum	(5)	557	**573**	
mallotum	(5)	563	**657**	Ph.260
mariae	(5)	571	**675**	
mariesii	(5)	570	**670**	Ph.270
martinianum	(5)	562	**633**	
meddianum	(5)	569	**662**	
megacalyx	(5)	557	**573**	
megeratum	(5)	561	**600**	
mekongense	(5)	562	**610**	
micranthum	(5)	560	**599**	Ph.210
microgynum	(5)	563	**660**	
micromeres	(5)	561	**600**	
microphyton	(5)	571	**675**	Ph.275
minutiflorum	(5)	571	**677**	
molle	(5)	570	**668**	Ph.269
monanthum	(5)	560	**580**	
moulmainense	(5)	572	**666**	Ph.266
moupinense	(5)	558	**579**	
mucronatum	(5)	570	**672**	
mucronulatum	(5)	572	**613**	Ph.217
muliense	(5)		592	
naamkwanense	(5)	571	**674**	
neriiflorum	(5)	563	**659**	Ph.261
nitidulum	(5)	561	**593**	
nivale	(5)	561	**594**	
subsp. australe	(5)	561	**594**	
subsp. boreale	(5)	560	**594**	Ph.207
nuttallii	(5)	557	**574**	Ph.189
obtusum	(5)	571	**676**	
ochraceum	(5)	564	**628**	
oldhamii	(5)	570	**671**	Ph.271
oligocarpum	(5)	565	**630**	Ph.236
orbiculare	(5)	566	**617**	Ph.224
oreodoxa	(5)	565	**616**	Ph.221
oreotrephes	(5)	559	**584**	Ph.197
orthocladum	(5)	561	**595**	
ovatum	(5)	572	**664**	Ph.263
pachyphyllum	(5)	564	**629**	
pachytrichum	(5)	564	**629**	Ph.235
parvifolium	(5)		592	
phaeochrysum	(5)	567	**648**	Ph.252
pingianum	(5)	568	**642**	Ph.244
platypodum	(5)	566	**618**	Ph.225
pocophorum	(5)	563	**659**	
polytrichum	(5)	564	**628**	

praestans **(5)** 565 **622** Ph.229
praevernum **(5)** 565 **615** Ph.220
primuliflorum **(5)** 561 **607**
protistum
var. giganteum **(5)** 565 **621** Ph.228
przewalskii **(5)** 567 **647** Ph.251
pseudociliipes **(5)** 558 **577**
pubescens **(5)** 571 **611**
pulchroides **(5)** 570 **673**
pulchrum **(5)** 570 **671** Ph.272
pumilum **(5)** 561 **597**
racemosum **(5)** 572 **612**
redowskianum **(5)** 571 **678** Ph.276
rex **(5)** 566 **623** Ph.230
subsp. fictolacteum **(5)** 566 **624** Ph.231
rhuyuenense **(5)** 571 **676**
ririei **(5)** 568 **640** Ph.242
rivulare **(5)** 571 **674** Ph.274
roxieanum **(5)** 568 **653**
rubiginosum **(5)** 559 **586** Ph.199
rufescens **(5)** 561 **605** Ph.211
rufohirtum **(5)** 570 **672**
rufum **(5)** 568 **652**
rupicola **(5)** 560 **591** Ph.203
var. chryseum **(5)** 560 **591** Ph.204
var. muliense **(5)** 560 **592**
russatum **(5)** 560 **590**
saluenense **(5)** 561 **596**
sanguineum **(5)** 563 **660**
scabrifolium **(5)** 571 **611**
schistocalyx **(5)** 563 **656**
schlippenbachii **(5)** 570 **669**
selense **(5)** 562 **632**
subsp. jucundum **(5)** 562 **632**
semnoides **(5)** 566 **623**
seniavinii **(5)** 571 **677**
setiferum **(5)** 563 **633**
setosum **(5)** 559 **590** Ph.202
shanii **(5)** 567 **650**
siderophyllum **(5)** 559 **585** Ph.198
sikangense **(5)** 564 **637**
simiarum **(5)** 569 **640** Ph.243
simsii **(5)** 570 **671** Ph.273
sinogrande **(5)** 565 **621** Ph.227
souliei **(5)** 568 **627**
sphaeroblastum **(5)** 567 **651**
spinuliferum **(5)** 571 **610** Ph.215
stamineum **(5)** 572 **666** Ph.265
stereophyllum **(5)** 584
stewartianum **(5)** 570 **664**
strigillosum **(5)** 564 **628** Ph.234
sulfureum **(5)** 561 **601**
sutchuenense **(5)** 565 **615**
taggianum **(5)** 558 **575**
taliense **(5)** 567 **652**
tanastylum **(5)** 564 **634**
tapetiforme **(5)** 559 **589**
tatsienense **(5)** 559 **584**
telmateium **(5)** 560 **595** Ph.209
tephropeplum **(5)** 558 **599**
thomsonii **(5)** 569 **663** Ph.262
var. *cyanocarpum* **(5)** 663
thymifolium **(5)** 560 **594** Ph.208
traillianum **(5)** 567 **649**
trichocladum **(5)** 562 **609** Ph.214
trichostomum **(5)** 561 **608**
triflorum **(5)** 558 **582** Ph.195
tsoi **(5)** 571 **676**
uvarifolium **(5)** 569 **654** Ph.256
vaccinioides **(5)** 562 **609**
valentinianum **(5)** 558 **577**
vernicosum **(5)** 565 **616** Ph.222
vialii **(5)** 572 **665**
virgatum **(5)** 572 **612**
wallichii **(5)** 569 **655**
wardii **(5)** 568 **627** Ph.233
wasonii **(5)** 567 **650**
watsonii **(5)** 565 **622**
websterianum **(5)** 560 **593** Ph.206
westlandii **(5)** 666
williamsianum **(5)** 562 **626**
wiltonii **(5)** 567 **646** Ph.250
wumingense **(5)** 558 **579**
xanthostephanum **(5)** 558 **598**
youngae **(5)** 638
yungningense **(5)** 559 **588**
yunnanense **(5)** 559 **583** Ph.196
zaleucum **(5)** 559 **583**
Rhodora deflexa **(5)** 683
Rhodoleia
(Hamamelidaceae) **(3)** 773 **776**
championii **(3)** **776** Ph.436
parvipetala **(3)** 776 **777** Ph.437
stenopetala **(3)** 776 **777**
Rhodomyrtus
(Myrtaceae) **(7)** 549 **575**
tomentosa **(7)** **575** Ph.205
Rhodotypos
(Rosaceae) **(6)** 443 **578**
scandens **(6)** **578** Ph.139
Rhoiptelea
(Rhoipteleaceae) **(4)** **163**
chiliantha **(4)** **163** Ph.65
Rhoipteleaceae **(4)** **163**
Rhopalanthus mnioides **(1)** 3
Rhopalephora
(Commelinaceae) **(12)** 183 **200**
scaberrima **(12)** **201**
Rhopalocnemis
(Balanophoraceae) **(7)** **765**
phalloides **(7)** **765**
Rhus
(Anacardiaceae) **(8)** 345 **354**
acuminata **(8)** 360
cavaleriei **(8)** 289
chinensis **(8)** **354** Ph.175
var. roxburghii **(8)** 354 **355**
delavayi **(8)** 361
fraxinifolia **(8)** 418
fulva **(8)** 357
griffithii **(8)** 358
hypoleuca **(8)** 354 **356**
javanica **(8)** 370

paniculata **(8)** 362
potaninii **(8)** 354 **355** Ph.176
punjabensis var. pilosa **(8)** 354 **355**
var. sinica **(8)** 354 **355**
semialata var. *roxburghii* **(8)** 355
sinica **(8)** 355
succedanea **(8)** 360
sylvestris **(8)** 359
toxicodendron var. *hispida* **(8)** 361
trichocarpa **(8)** 359
verniciflua **(8)** 358
wallichii **(8)** 357
wilsonii **(8)** 354 **355**
Rhus saeneb **(4)** 160
Ricotia cantoniensis **(5)** 487
Rhynchanthus
(Zingiberaceae) **(13)** 21 **49**
beesianus **(13)** **49** Ph.44
Rhynchelytrum
(Poaceae) **(12)** 553 **1037**
repens **(12)** **1038**
Rhynchodia rhynchosperma **(9)** 116
Rhynchoglossum
(Gesneriaceae) **(10)** 247 **327**
obliquum **(10)** **327** Ph.108
Rhynchosia
(Fabaceae) **(7)** 64 **248**
acuminatifolia **(7)** 248 **250**
chinensis **(7)** 248 **250**
craibiana **(7)** 252
dielsii **(7)** 248 **251**
himalensis **(7)** 249 **252**
var. craibiana **(7)** 249 **252**
minima **(7)** 248 **251**
rufescens **(7)** 248 **249**
volubilis **(7)** 248 **249** Ph.119
Rhynchospermum
jasminoides **(9)** 111
Rhynchospermum
(Compositae) **(11)** 122 **159**
verticillatum **(11)** **159**
Rhynchospora
(Cyperaceae) **(12)** 255 **311**
alba **(12)** 311 **313**
brownie **(12)** 312
chinensis **(12)** 311 **312**
corymbosa **(12)** **311**
faberi **(12)** 311 **313**
rubra **(12)** 311 **314**
rugosa subsp.brownii **(12)** 311 **312**
submarginata **(12)** 311 **314**
Rhynchostegiella
(Brachytheciaceae) **(1)** 828 **849**
laeviseta **(1)** **850**
Rhynchostegium
(Brachytheciaceae) **(1)** 828 **847**
inclinatum **(1)** 847 **848**
ovalifolium **(1)** 847 **848**
pallidifolium **(1)** 847 **848**
riparioides **(1)** 847 **849** Ph.252
Rhynchostylis
(Orchidaceae) **(13)** 370 **748**
gigantea **(13)** **748** Ph.559
retusa **(13)** **748** Ph.558
Rhynchotechum
(Gesneriaceae) **(10)** 246 **322**
discolor **(10)** 322 **323**
ellipticum **(10)** 322 **323**
formosanum **(10)** **322**
obovatum **(10)** 323
vestitum **(10)** 322 **323**
Rhyssopterys
(Malpighiaceae) **(8)** 236 **241**
timoriensis **(8)** **242**
Rhytidiadelphus
(Hylocomiaceae) **(1)** 935 **938**
squarrosus **(1)** **939**
triquetrus **(1)** **939**
Rhytidium
(Hylocomiaceae) **(1)** 935 **941**
rugosum **(1)** **941** Ph.278
Ribes
(Grossulariaceae) **(6)** 288 **294**
aciculare **(6)** 294 **298**
alpestre **(6)** 294 **299**
var. eglandulosum **(6)** 294 **299**
var. giganteum **(6)** 294 **299**
altissimum **(6)** 296 **305**
americanum **(6)** 296 **308**
beterotrichum **(6)** 297 **310**
bureiense **(6)** 294 **299** Ph.83
davidii **(6)** 296 **309**
desmocarpum **(6)** 315
diacanthum **(6)** 298 **316**
emodense var. *verruculosum* **(6)** 304
fasciculatum **(6)** 298 **318**
var. chinense **(6)** 298 **318**
franchetii **(6)** 297 **314**
giraldii **(6)** 298 **317**
glabricalycinum **(6)** 297 **311**
glabrifolium **(6)** 298 **316**
glaciale **(6)** 297 **313**
griffithii **(6)** 296 **305**
henryi **(6)** 297 **310**
himalense **(6)** 295 **303**
var. trichophyllum **(6)** 295 **304**
var. verruculosum **(6)** 295 **304**
horridum **(6)** 295 **300**
komarovii **(6)** 297 **312**
laciniatum **(6)** 297 **313**
latifolium **(6)** 296 **304**
laurifolium **(6)** 297 **310**
longiracemosum **(6)** 295 **302**
var. davidii **(6)** 295 **303**
var. gracillimum **(6)** 295 **303**
luridum **(6)** 297 **314**
mandshuricum **(6)** 296 **307**
var. subglabrum **(6)** 296 **308**
maximowiczianum **(6)** 297 **312**
maximowiczii **(6)** 297 **314**
meyeri **(6)** 295 **304**
moupinense **(6)** 295 **301**
var. tripartitum **(6)** 295 **302**

multiflorum **(6)** 307
multiflorum **(6)** 296 **308**
nigrum **(6)** 296 **308**
odoratum **(6)** 295 **301**
orientale **(6)** 297 **311**
palczewskii **(6)** 296 **306**
procumbens **(6)** 296 **309**
pseudofasciculatum **(6)** 297 **311**
pubescens **(6)** 296 **306**
pulchellum **(6)** 298 **317**
reclinatum **(6)** 294 **300**
rubrisepalum **(6)** 298 **316**
rubrum **(6)** 296 **307**
var. palczewskii **(6)** **306**
var. pubescens **(6)** **306**
saxatile **(6)** 298 **317**
setchuense **(6)** 295 **302**
soulieanum **(6)** 296 **305**
steocarpum **(6)** 294 **300**
takare **(6)** 298 **315**
var. desmocarpum **(6)** 298 **315**
tenue **(6)** 297 **313**
tripartitum **(6)** 302
triste **(6)** 296 **307**
vilmorinii **(6)** 298 **315**
Ricardia albomaculata **(12)** 123
melanoleuca **(12)** 123
Riccardia
(Aneuraceae) **(1)** 258 **259**
jackii **(1)** 259 **260**
miyakeana **(1)** 259 **260**
multifida **(1)** **259** Ph.50
Riccia
(Ricciaceae) **(1)** **292**
coriandrina **(1)** 268
crystalline **(1)** **293**
fluitans **(1)** **293** Ph.69
glauca **(1)** 293 **294** Ph.70
huebeneriana **(1)** 293 **294** Ph.71
natans **(1)** 292
sorocarpa **(1)** 293 **295**
Ricciaceae **(1)** **292**
Ricciocarpus
(Ricciaceae) **(1)** **292**
natans **(1)** **292**
Richardia
(Rubiaceae) **(10)** 508 **655**
scabra **(10)** **655**
Richella
(Annonaceae) **(3)** 159 **185**
hainanensis **(3)** **185**
Richeriella
(Euphorbiaceae) **(8)** 11 **32**
gracilis **(8)** **32**
Richteria pyrethroides **(11)** 353
Ricinus
(Euphorbiaceae) **(8)** 12 **84**
apelta **(8)** 70
communis **(8)** **84** Ph.38
tanarius **(8)** 73
Rindera
(Boraginaceae) **(9)** 282 **335**
tetraspis **(9)** **335**
Rinorea
(Violaceae) **(5)** **136**
bengalensis **(5)** **136**
erianthera **(5)** 136 **137**
Risleya
(Orchidaceae) **(13)** 373 **560**
atropurpurea **(13)** **560** Ph.382
Rivina
(Phytolaccaceae) **(4)** 288 **290**
humilis **(4)** **290**
Rizophora sexangula **(7)** 679
Robdosia oresbia **(9)** **577**
yuennanensis **(9)** 575
Robinia
(Fabaceae) **(7)** 66 **126**
altaganava r. *fruticosa* **(7)** 274
ferruginea **(7)** 119
frutex **(7)** 284
grandiflora **(7)** 128
halodendron **(7)** 263
hispida **(7)** **126** Ph.72
jubata **(7)** 270
pseudoacacia **(7)** **126** Ph.71
pygmaea **(7)** 278
sinica **(7)** 267
spinosa **(7)** 268
Robiquetia
(Orchidaceae) **(13)** 370 **749**
spatulata **(13)** 749 **750**
succisa **(13)** **749**
Rochelia
(Boraginaceae) **(9)** 282 **333**
bungei **(9)** **333**
leiocarpa **(9)** 333 **334**
retorta **(9)** 333
Rodgersia
(Saxifragaceae) **(6)** 371 **373**
aesculifolia **(6)** **373** Ph.96
var. henricii **(6)** 373 **374**
pinnata **(6)** 373 **374**
sambucifolia **(6)** 373 **374**
var. estrigosa **(6)** 373 **374**
Roegneria
(Poaceae) **(12)** 560 **843**
alashanica **(12)** 844 **853**
aliena **(12)** 844 **850**
altissima **(12)** 846 **861**
amurensis **(12)** 844 **853**
anthosachnoides **(12)** 845 **858**
var. scabrilemmata **(12)** 845 **858**
aristiglumis **(12)** 846 **861**
barbicalla **(12)** 844 **849**
var. pubifolia **(12)** 844 **849**
var. pubinodis **(12)** 844 **849**
breviglumis **(12)** 846 **859**
var. brevipes **(12)** 846 **860**
brevipes **(12)** 860
calcicola **(12)** 843 **847**
canina **(12)** 845 **856**
ciliaris **(12)** 845 **854**

var. lasiophylla **(12)** 845 **855**
var. submutica **(12)** 845 **855**
crassa **(12)** 845 **856**
dolichathera **(12)** 843 **848**
dura **(12)** 846 **860**
foliosa **(12)** 844 **850**
glaberrima **(12)** 845 **857**
grandiglumis **(12)** 865
hirsute **(12)** 866
hondai **(12)** 844 **849**
humilis **(12)** 844 **852**
japonensis **(12)** 844 **854**
var. hackeliana **(12)** 844 **854**
kamoji **(12)** 846
kokonorica **(12)** 865
komarovii **(12)** 844 **850**
laxiflora **(12)** 864
mayebarana **(12)** 847
melanthera **(12)** 867
minor **(12)** 845 **857**
multiculmis **(12)** 848
mutica **(12)** 866
nakaii **(12)** 845 **855**
nutans **(12)** 845 **858**
parvigluma **(12)** 846 **860**
pauciflora **(12)** 844 **851**
pendulina **(12)** 843 **848**
var. pubinodis **(12)** 843 **848**
pubicaulis **(12)** 848
purpurascens **(12)** 846 **862**
rigidula **(12)** 863
serotina **(12)** 846 **859**
shandongensis **(12)** 843 **847**
sinica **(12)** 844 **851**
var. angustifolia **(12)** 844 **851**
var. media **(12)** 844 **851**
stricta **(12)** 845 **856**
sylvatica **(12)** 844 **852**
thoroldiana **(12)** 864
tsukushiensis
var. transiens **(12)** 843 **846**
turczaninovii **(12)** 845 **857**
var. macrathera **(12)** 845 **858**
var. pohuashanensis **(12)** 845 **858**
var. tenuiseta **(12)** 845 **858**
varia **(12)** 845 **855**
yushuensis **(12)** 844 **853**
Roemeria
(Papaveraceae) **(3)** 695 **710**
hybrida **(3)** **710**
refracta **(3)** **710**
Roettlera tibetica **(10)** 292
yunnanensis **(10)** 298
Rohdea
(Liliaceae) **(13)** 71 **181**
japonica **(13)** **181** Ph.133
tui **(13)** 181
urotepala **(13)** 181
Rondeletia
(Rubiaceae) **(10)** 511 **544**
longifolia **(10)** 580
odorata **(10)** **544**
pendula **(10)** 550
Rorippa
(Brassicaceae) **(5)** 381 383 **485**
cantonienses **(5)** 485 **487**
dubia **(5)** 485 **486**
elata **(5)** 485 **488**
globosa **(5)** 485 **487**
globosa **(5)** 487
indica **(5)** 485 **486**
islandica **(5)** **488**
liaotungensis **(5)** **485**
montana **(5)** **486**
palustris **(5)** 485 **488**
sylvestris **(5)** **485**
Rosa
(Rosaceae) **(6)** 444 **707**
acicularis **(6)** 709 **725**
albertii **(6)** 708 **719**
altaica **(6)** 708 713
banksiae **(6)** 712 **738**
var. normalis **(6)** 712 **739**
banksiopsis **(6)** 709 **724**
beggeriana **(6)** 708 **719**
var. liouii **(6)** 708 **719**
bella **(6)** 710 **727**
var. nuda **(6)** 710 **727**
berberifolia **(6)** 707 **712**
bracteata **(6)** 712 **739**
var. scabriacaulis **(6)** 712 **740**
brunonii **(6)** 711 **734**
caudata **(6)** 709 **722**
chinensis **(6)** 710 **730**
f. *spontanea* **(6)** 730
var. spontanea **(6)** 710 **730**
corymbulosa **(6)** 709 **722**
cymosa **(6)** 712 **739** Ph.159
var. puberula **(6)** 712 **739**
davidii **(6)** 709 **723**
davurica **(6)** 709 **725**
var. glabra **(6)** 709 **725**
farreri **(6)** 708 **713**
filipes **(6)** 712 **736**
giraldii **(6)** 710 **730**
var. venulosa **(6)** 710 **730**
glomerata **(6)** 711 **734**
graciliflora **(6)** 708 **716**
helenae **(6)** 711 **735**
henryi **(6)** 712 **737**
hugonia **(6)** 708 **715**
indicaodorata **(6)** 730
kokanica **(6)** 708 **714**
koreana **(6)** 708 **714**
kwangtungensis **(6)** 711 **732**
var. mollis **(6)** 711 **732**
laevigata **(6)** 712 **738** Ph.158
lasiosepala **(6)** 711 **736**
laxa **(6)** 709 **726**
liouii **(6)** 719
longicuspis **(6)** 711 **735**
var. sinowilsonii **(6)** 711 **736**
lucidissima **(6)** 710 **731**

maerophylla **(6)** 710 **728** Ph.154
mairei **(6)** 708 **718**
maximowicziana **(6)** 711 **733**
moyesii **(6)** 710 **728**
var. pubeseens **(6)** 710 **728**
multibracteata **(6)** 710 **729**
multiflora **(6)** 711 **731**
var. carnea **(6)** 711 **732**
var. cathayensis **(6)** 711 **732** Ph.155
murielae **(6)** 710 **729**
odorata **(6)** 710 **730**
omeiensis **(6)** 708 **717** Ph.150
f. glandulosa **(6)** 708 **717**
f. paucijuga **(6)** 708 **717**
f. pteracantha **(6)** 708 **717** Ph.151
oxyacantha **(6)** 709 **726**
primula **(6)** 708 **715**
prottii **(6)** 709 **720**
roxburghii **(6)** 712 **740** Ph.160
var. normalis **(6)** 712 **740**
rubus **(6)** 711 **734** Ph.156
rugosa **(6)** 709 **724**
saturata **(6)** 710 **726**
sericea **(6)** 708 **717** Ph.152
sertata **(6)** 709 **723**
setipoda **(6)** 709 **721**
sikangensis **(6)** 708 **718**
sinowilsonii **(6)** 736
soulieana **(6)** 712 **737** Ph.157
var. microphylla **(6)** 712 **737**
var. yunnanensis **(6)** 712 **737**
spinosissima **(6)** 707 **713**
var. altaica **(6)** 708 **713**
sweginzowii **(6)** 710 **727** Ph.153
var. glandulosa **(6)** 710 **727**
tsinglingensis **(6)** 708 716
wichuraiana **(6)** 711 733
willmottiae **(6)** 709 720
var. glandulifera **(6)** 709 721
xanthina **(6)** 708 **714** Ph.149
f. normalis **(6)** 708 **715**
Rosaceae **(6)** **442**
Roscoea
(Zingiberaceae) **(13)** 20 **26**
alpina **(13)** 26 **27** Ph.26
cautleoides **(13)** 26 **27** Ph.25
gracilis **(13)** 28
humeana **(13)** 26 **27**
schneideriana **(13)** 26 **27**
spicata **(13)** 29
tibetica **(13)** **26**
yunnanensis **(13)**
var. *schneideriana* **(13)** 27
Rosmarinus
(Lamiaceae) **(9)** 396 **523**
officinalis **(9)** **523**
Rostellularia
(Acanthaceae) **(10)** 331 **415**
diffusa **(10)** **415**
var. prostrata **(10)** **415**
linearfolia **(10)**
subsp. liankwangensis **(10)** 415 **416**
procumbens **(10)** 415 **416**
rotundifolia **(10)** 415 **416**
Rostrinucula
(Lamiaceae) **(9)** 397 **553**
dependens **(9)** **554**
sinensis **(9)** **554**
Rosularia
(Crassulaceae) **(6)** 319 **333**
alpestris **(6)** 333 **334**
platyphylla **(6)** 333 **334**
turkestanica **(6)** 333 **334**
Rotala
(Lythraceae) **(7)** 499 **501**
densiflora **(7)** **501**
indica **(7)** 501 **502** Ph.175
mexicana **(7)** 501 **503**
pentandra **(7)** 501 **502**
rotundifolia **(7)** 501 **502** Ph.176
Rothia
(Fabaceae) **(7)** 68 **454**
indica **(7)** **454**
Rottboellia
(Poaceae) **(12)** 555 **1162**
altissima **(12)** 1160
compressa **(12)** 1161
exaltata **(12)** 1162
laevispica **(12)** 1162 **1163**
latifolia var. *angustifolia* **(12)** 1160
latifolius **(12)** 1159
longiflora **(12)** 1161
mollicoma **(12)** 1167
repens **(12)** 822
sanguinea **(12)** 1148
striata **(12)** 1162
zea **(12)** 1159
Rottlera barbata **(8)** 69
filiifolia **(8)** 66
oblongifolia **(8)** 66
tetracocca **(8)** 68
Rotula
(Boraginaceae) **(9)** 280 **286**
aquatica **(9)** **286**
Rourea
(Connaraceae) **(6)** 227 **228**
caudata **(6)** **229**
microphylla **(6)** **229** Ph.72
minor **(6)** 229 **230**
Roureopsis
(Connaraceae) **(6)** **227**
emarginata **(6)** **227**
Roxburghia japonica **(13)** 311
sessilifolia **(13)** 312
Roydsia suaveolens **(5)** 377
Roystonea
(Arecaceae) **(12)** 57 **92**
oleracea **(12)** 92 **93**
regia **(12)** 92 **93** Ph.27
Rozea
(Fabroniaceae) **(1)** 754 **760**
pterogonioides **(1)** **761**
Rubia

(Rubiaceae) (10) 508 **675**
alata (10) 676 **681**
argyi (10) 675 **679**
chinensis (10) 675 **677**
cordifolia (10) 676 **682**
var. *sylvatica* (10) 677
crassipes (10) 675 **680**
dolichophylla (10) 675 **676**
edgeworthii (10) 675 **678**
haematantha (10) 675 **676**
mandersii (10) 675 **678**
manjith (10) 676 **681**
membranacea (10) 676 **681**
oncotricha (10) 675 **679**
ovatifolia (10) 675 **680**
podantha (10) 676 **680**
schumanniana (10) 675 **677**
siamensis (10) 675 **676**
sylvatica (10) 675 **677**
wallichiana (10) 676 **682**
yunnanensis (10) 675 **678**
Rubiaceae (10) **506**
Ruellia anagallis (10) 111
antiposa (10) 112
chinensis (10) 362
erecta (10) 351
fasciculata (10) 382
gossypina (10) 356
japonica (10) 357
lyi (10) 361
neesiana (10) 390
primulifola (10) 355
repens (10) 343
var. *kouytchensis* (10) 409
reptans (10) 355
salicifolia (10) 349
tetrasperma (10) 357
venusta (10) 345
Rubiteucris
(Lamiaceal) (9) 392 **399**
palmata (9) **399**
Rubus
(Rosaceae) (6) 443 **582**
acaenocalyx (6) 599
adenophorus (6) 583 594
alceaefolius (6) 588 **624**
alexeterius (6) 583 584 **599**
var. acaenocalyx (6) 583 584 **599**
amabilis (6) 585 **607**
amphidasys (6) 591 **641**
aralioides (6) 593
arcticus (6) 592 **645**
assamensis (6) 588 **622**
aurantiacus (6) 583 **599**
austro-tibetanus (6) 583 **598**
bambusarum (6) 590 **635**
biflorus (6) 583 584 **599**
bonatianus (6) 584 **596**
buergeri (6) 589 **628**
caesius (6) 587 **620**
calycacanthus (6) 590 **632**
calycinus (6) 591 **642**
caudifolius (6) 590 **637**
chamaemorus (6) 592 **646**
chiliadenus (6) 583 **594**
chingii (6) 587 **619**
chroosepalus (6) 588 **623**
cinclidodictyus (6) 588 **624**
clivicola (6) 592 **644**
cochinchinensis (6) 587 **620**
cockburnianus (6) 583 **594**
columellaris (6) 586 **614**
corchorifolius (6) 587 **617** Ph.141
coreanus (6) 585 **608**
var. tomentosus (6) 585 **608**
crassifolius (6) 590 **634**
crataegifolius (6) 587 **618**
ellipticus (6) 584 **603**
eucalyptus (6) 583 **597**
eustephanus (6) 586 **613** Ph.140
feddei (6) 588 **622**
flagelliflorus (6) 589 **629**
flosculosus (6) 583 **593**
fockeanus (6) 592 **645**
formosensis (6) 589 **626**
fragarioides (6)
var. adenophorus (6) 591 **643**
var. pubescens (6) 592 **644**
glabricarpus (6) 587 **617**
grandipaniculatus (6) 583 **592**
gravanus (6) 587 **618**
gressittii (6) 590 **637**
hanceanus (6) 590 **636**
hastifolius (6) 589 **630**
henryi (6) 590 **635**
var. sozostylus (6) 590 **636**
hirsutus (6) 586 **612**
hui (6) 629
hunanensis (6) 589 **627**
ichangensis (6) 590 **632**
idaeopsis (6) 583 **592**
idaeus (6) 583 **598**
impressinervius (6) 586 **615**
innominatus (6) 583 **592**
var. aralioides (6) 583 **593**
var. kuntzeanus (6) 583 **593**
inopertus (6) 584 **601**
irenaeus (6) 590 **633**
irritans (6) 584 **597**
jambosoides (6) 591 **639**
japonica (6) 577
jinfoshanensis (6) 591 **639**
komarovi (6) 584 **600**
kulinganus (6) 585 **605**
kuntzeanus (6) 593
lambertianus (6) 589 **631**
var. glaber (6) 589 **631**
var. glandulosus (6) 589 **632**
lasiostylus (6) 586 **615**
lasiotrichos (6) 588 **625**
leucanthus (6) 586 **614**
lineatus (6) 587 **621**
lobatus (6) 591 **639**

lobophyllus **(6)** 588 **622**
lucens **(6)** 587 **619**
lutescens **(6)** 585 **608**
macilentus **(6)** 586 **610**
malifolius **(6)** 591 **638**
mesogaeus **(6)** 585 **606**
multibracteatus **(6)** 588 **625**
niveus **(6)** 583 **595**
subsp. *inopertus* **(6)** 601
oldhamii **(6)** 610
pacificus **(6)** 590 **633**
panduratus **(6)** 588 **621**
paniculatus **(6)** 588 **624**
parkeri **(6)** 587 **621**
parvifolius **(6)** 585 **604**
pectinarioides **(6)** 591 **642**
pectinaris **(6)** 591 **643**
pectinellus **(6)** 591 **643**
peltatus **(6)** 587 **616**
pentagonus **(6)** 587 **616**
phoenicolasius **(6)** 584 **602**
pileatus **(6)** 584 **600**
piluliferus **(6)** 583 **595**
pinfaensis **(6)** 603
pinnatisepalus **(6)** 589 **627**
pirifolius **(6)** 589 **630**
playfairianus **(6)** 590 **634**
preptanthus **(6)** 591 **638**
ptilocarpus **(6)** 585 **607**
pungens **(6)** 586 **609**
var. oldhamii **(6)** 586 **610**
var. villosus **(6)** 586 **610**
reflexus **(6)** 589 **629**
var. hui **(6)** 589 **629**
var. lanceolobus **(6)** 589 **629**
var. orogenes **(6)** 589 **629**
rosaefolius **(6)** 586 **613**
rubrisetulosus **(6)** 592 **645**
rufus **(6)** 588 **625**
sachalinensis **(6)** 584 **597**
saxatilis **(6)** 592 **644**
serratifolius **(6)** 591 **640**
setchuenensis **(6)** 589 **626** Ph.142
shihae **(6)** 589 **628**
simplex **(6)** 586 **611**
sozostylus **(6)** 636
stans **(6)** 586 **609**
stimulans **(6)** 585 **604**
subcoreanus **(6)** 586 **608**
subinopertus **(6)** 584 **601**
subornatus **(6)** 585 **605**
subtibetanus **(6)** 585 **606**
sumatranus **(6)** 586 **611**
swinhoei **(6)** 590 **636**
tephrodes **(6)** 588 **621**
thibetanus **(6)** 584 **602**
trianthus **(6)** 587 **618**
tricolor **(6)** 591 **640**
trijugus **(6)** 583 **596**
tsangii **(6)** 586 **612**
tsangorum **(6)** 591 **641**
wallichianus **(6)** 585 **603**
wangii **(6)** 590 **634**
wardii **(6)** 591 **638**
xanthocarpus **(6)** 586 **610**
xanthoneurus **(6)** 588 **623**
Rudbeckia
(Compositae) **(11)** 124 **317**
hirta **(11)** 317 **318**
laciniata **(11)** 317 **318**
Rumex
(Polygonaceae) **(4)** 481 **521**
acetosa **(4)** 521 **523**
acetosella **(4)** 521 **522**
amurensis **(4)** 522 **528**
aquaticus **(4)** 521 **524**
chalepensis **(4)** 522 **526**
crispus **(4)** 521 **525**
dentatus **(4)** 522 **528**
digyna **(4)** 520
domesticus
var. *pseudonatronatus* **(4)** 524
gmelinii **(4)** 521 **523**
hastatus **(4)** 521 **522** Ph.222
japonicus **(4)** 522 **526** Ph.224
longifolius **(4)** 521 **524**
maritimus **(4)** 522 **529**
marschallianus **(4)** 522 **528**
nepalensis **(4)** 522 **527** Ph.225
obtusifolius **(4)** 522 **527**
patientia **(4)** 521 **525** Ph.223
pseudonatronatus **(4)** 521 **524**
stenophyllus **(4)** 521 **525**
thyriflorus **(4)** 521 **523**
trisetifer **(4)** 522 **529**
Rumohra amoena **(2)** 480
grossa **(2)** 481
rsino-miqueliana **(2)** 477
simulans **(2)** 484
tonkinensis **(2)** 481
Rungia
(Acanthaceae) **(10)** 331 **403**
chinensis **(10)** **403**
densiflora **(10)** 403 **404**
pectinata **(10)** 403 **404**
stolonifera **(10)** 403 **405**
taiwanensis **(10)** 403 **404**
Ruppia
(Ruppiaceae) **(12)** **40**
maritime **(12)** **40**
rostellata **(12)** 40
Ruppiaceae **(12)** **40**
Ruppiaceae **(12)** **40**
Ruscus
(Liliaceae) **(13)** 69 **239**
aculeata **(13)** **239**
Russowia
(Compositae) **(11)** 132 **647**
sogdiana **(11)** **647**
Ruta
(Rutaceae) **(8)** 398 **422**
albiflora **(8)** 420
graveolens **(8)** **422** Ph.211

Rutaceae (8) **398**

S

Sabal
(Arecaceae) (12) 56 **70**
minor (12) 71 **72**
palmetto (12) **71**
Sabia
(Sabiaceae) (8) **292**
bicolor (8) 294
campanulata
subsp. ritchieae (8) 292 **293**
coriacea (8) 293 **295**
dielsii (8) 293 **296**
discolor (8) 293 **296**
emarginata (8) 292 **294**
fasciculata (8) 293 **297**
japonica (8) 292 **295**
latifolia (8) **294**
parviflora (8) 293 **297**
ritchieae (8) 293
schumanniana (8) 292 **293**
subsp. pluriflora (8) 292 **294**
subsp. pluriflora var. bicolor (8) 292 **294**
var. *pluriflora* (8) 294
swinhoei (8) 293 **296** Ph.141
yunnanensis subsp. latifolia (8) 292 **294**
Sabiaceae (8) **292**
Sabina
(Cupressaceae) (3) 74 **84**
centrasiatica (3) 85 **91**
chinensis (3) 85 **89** Ph.115
var. sargentii (3) 85 **89**
convallium (3) 85 **91**
davurica (3) 84 **87**
indica (3) 85 **90**
komarovii (3) 85 **92**
pingii (3) 84 **87**
var. carinata (3) 84 **87**
var. wilsonii (3) 84 **87**
potarinii (3) 91
procumbens (3) 84 **87**
przewalskii (3) 85 **92** Ph.118
pseudosabina (3) 85 **90** Ph.116
recurva (3) 84 **85**
var. coxii (3) 84 **86**
saltuaria (3) 85 **89**
semiglobosa (3) 84 **88**
squamata (3) 84 **86**
var. fargesii (3) 84 **86** Ph.113
tibetica (3) 85 **91** Ph.117
virginiana (3) 85 **88**
vulgaris (3) 84 **88** Ph.114
var. *jarkendensis* (3) 88
wallichiana (3) 90
Saccharum
(Poaceae) (12) 555 **1096**
arundinaceum (12) 1096 **1098**
barberi (12) 1096 **1098**
fallax (12) 1096
var. *aristata* (12) 1096
floridulum (12) 1085
koenigii (12) 1094
officinarum (12) 1096 **1097**
paniceum (12) 1117
repens (12) 1038
rufipilum (12) 1100
sinense (12) 1096 **1098**
sinensis (12) 1097
spontaneum (12) 1096 **1097**
Sacciolepis
(Poaceae) (12) 553 **1035**
indica (12) **1036**
myosuroides (12) **1036**
Saccogynidium
(Geocalycaceae) (1) **115**
irregularispinosum (1) 115 **116**
rigidulum (1) **115**
Saccolabium bellinum (13) 761
distichus (13) 763
formosanus (13) 764
gemmatum (13) 728
giganteum (13) 748
himalaicum (13) 767
japonicum (13) 762
micranthum (13) 727
obliquus (13) 762
ochraceum (13) 726
papillosum (13) 726
pseudodistichum (13) 763
quasipinifolium (13) 766
racemiferum (13) 733
retrocallum (13) 760
tixieri (13) 728
triflorum (13) 729
Saccopetalum prolificum (3) 167
Saelania
(Ditrichaceae) (1) 316 324
glaucescens (1) **324**
Sageretia
(Rhamnaceae) (8) 138 **139**
gracilis (8) 139 **141**
hamosa (8) 139 **142**
henryi (8) 139 **143**
horrida (8) 139 **140**
laxiflora (8) 139 **141**
lucida (8) 139 **140**
melliana (8) 139 **142**
paucicostata (8) 139 **140**
pycnophylla (8) **139**
rugosa (8) 139 **141** Ph.79
subcaudata (8) 139 **143**
thea (8) 139 **141**
theezans (8) 141
Sagina
(Caryophyllaceae) (4) 392 **432**
japonica (4) 432 **433**
maxima (4) 432 **434**
procumbens (4) **432**
saginoides (4) 432 **433**
Sagittaria

(Alismataceae) **(12)** **4**
guyanensis
subsp.lappula **(12)** 4 **5**
lappula **(12)** 5
lichuanensis **(12)** 4 **5**
natans **(12)** 4 **6**
potamogetifolia **(12)** 4 **7**
pygmaea **(12)** 4 **7**
sagitifolia **(12)** 7
sagittifolia **(12)** 4 **7**
sagittifolia **(12)** 6
sinensis **(12)** 7
trifolia **(12)** 4 **6** Ph.1
f. *longiloba* **(12)** 6
var. sinensis **(12)** 4 **7**
Saguerus pinnata **(12)** 86
Sakuraia
(Entodontaceae) **(1)** 851 **861**
conchophylla **(1)** **861**
Salacca
(Arecaceae) **(12)** 57 **74**
secunda **(12)** **74**
Salacia
(Hippocrateaceae) **(7)** **828**
cochinchinensis **(7)** **829**
prinoides **(7)** **829**
sessiliflora **(7)** **829**
Salicaceae **(5)** **284**
Salicornia
(Chenopodiaceae) **(4)** 305 **308**
caspica **(4)** 311
europaea **(4)** **308**
foliata **(4)** 310
pygmaea **(4)** 309
strobilacea **(4)** 312
Salix
(Salicaceae) **(5)** 285 **300**
alba **(5)** 302 **305** 310 **318**
alfredi **(5)** 312 **347**
annulifera **(5)** 301 **304** 311 **332**
arbutifolia **(5)** 285
arctica **(5)** 301 **305** 311 **349**
atopantha **(5)** 305 310 **337**
babylonica **(5)** 305 **309** 310 **319** Ph.142
balfouriana **(5)** 306 309 **341**
berberifolia **(5)** 301 307 **349**
bistyla **(5)** 309 **344**
brachista **(5)** 301 **304** 308 **332**
caesia **(5)** 305 313 **360**
caprea **(5)** 302 **351**
var. *sinica* **(5)** 303 351
capusii **(5)** 302 **364**
cathayana **(5)** 307 311 **328**
cavaleriei **(5)** 301 308 **314**
chaenomeloides **(5)** 302 308 **315**
cheilophila **(5)** 313 **361**
chienii **(5)** 305 310 **319**
clathrata **(5)** 301 308 **333**
coggygria **(5)** 301 311 **331**
crenata **(5)** 301 308 **333**
cupularis **(5)** 304 310 **335**
daliensis **(5)** 306 309 **343**
daltoniana **(5)** 306 309 **343** Ph.149
delavayana **(5)** 303 310 **327**
dibapha **(5)** 307 346
dissa **(5)** 307 310 **325**
driophila **(5)** 307 311 **345**
dunnii **(5)** 302 308 **316**
erioclada **(5)** 307 311 **345**
ernesti **(5)** 306 309 **340**
etosia **(5)** 303 311 **329**
fargesi **(5)** 306 309 **339**
floccosa **(5)** 301 311 **330**
floderusii **(5)** 312 **353**
fulvopubescens **(5)** 302 312 **321** Ph.144
gilashanica **(5)** 305 310 **339**
gordejevii **(5)** 304 312 **366**
gracilior **(5)** 306 313 **364**
gracilistyla **(5)** 304 313 **360**
guebrianthiana **(5)** 307 310 **324**
gyirongensis **(5)** 301 308 **335**
haoana **(5)** 307 **307** 313 **362**
hastata **(5)** 303 312 **350**
var. *himalayensis* **(5)** 354
heishuiensis **(5)** 307 **310** 312 **325**
heterochroma **(5)** 303 312 **346**
himalayensis **(5)** 303 **305** 312 **354**
hylonoma **(5)** 304 313 **357**
hypoleuca **(5)** 311 **326** Ph.147
inamoena **(5)** 307 311 **344**
integra **(5)** 305 313 **360**
jingdongensis **(5)** **330**
koreensis **(5)** 305 310 **320**
lindleyana **(5)** 301 308 **335** Ph.148
lineariststipularis **(5)** 306 313 **364**
liouana **(5)** 304 307 **363**
luctuosa **(5)** 307 311 **328**
magnifica **(5)** 303 309 **322** Ph.146
matsudana **(5)** 305 310 **318**
maximowiczii **(5)** 302 308 **313**
medogensis **(5)** 303 305 **323**
metaglauca **(5)** 303 311 **349**
monqolica f. gracilior **(5)** **364**
moupinensis **(5)** 303 309 **322**
muliensis **(5)** 305 310 **338**
myrtillacea **(5)** 304 313 **359** Ph.151
myrtilloids **(5)** 302 311 **348**
neoamnematchinensis **(5)** 305 310 **336**
nujiangensis **(5)** 306 **344**
occidentali-sinensis **(5)** 305 310 **336**
ochetophylla **(5)** 303 **329**
oreinoma **(5)** 304 311 **330**
oritrepha **(5)** 305 310 **337**
ovatomicrophylla **(5)** 301 308 **334**
paraflabellaris **(5)** 301 308 **334**
paraplesia **(5)** 304 308 **317**
paratetradenia **(5)** 303 310 **326**
pentandra **(5)** 304 308 **316**
phaidima **(5)** 307 309 **341**
phanera **(5)** 306 309 **340**
psammophila **(5)** 306 313 **365**
pseudospissa **(5)** 305 313 **338**
pseudowolohoensis **(5)** 303 310 **325**

psilostigma (5) 306 309 **342**
purpurea (5) 363
var. *stipularis* (5) 364
pyrolaefolia (5) 302 **304** 312 **350**
raddeana (5) 302 303 **352**
radinostachya (5) 303 309 **323**
rehderiana (5) 304 312 **356**
repens var. brachypoda (5) **357**
resecta (5) 307 **346**
rhododendrifolia (5) 304 313 **358**
rorida (5) 302 312 **355**
rosmarinifolia
var. brachypoda (5) 302 **357**
rosthornii (5) 302 308 **316**
rotundifolia (5) 301 307 **347**
salwinensis (5) 306 309 **342**
sclerophylla (5) 305 **338**
shandanensis (5) 302 303 **354**
shihtsuanensis (5) 304 **358**
sinica (5) 303 **351**
sinopurpurea (5) 307 313 **363**
siuzevii (5) 302 312 **355**
souliei (5) 301 308 **333**
sphaeronymphe (5) 305 310 **320** Ph.143
spodiophylla (5) 306 309 **341**
suchowensis (5) 306 313 **365**
taiwanalpina (5) 301 **321** Ph.145
tangii (5) 307 311 **328**
taoensis (5) 304 313 **359**
taraikensis (5) 303 312 **353**
tenella (5) 307 310 **324**
tetrasperma (5) 301 308 **314**
tianschanica (5) 303 312 **351**
triandra (5) 308 **317**
turanica (5) 302 312 **356**
variegata (5) 304 313 **361**
vestita (5) 302 311 **348**
viminalis (5) 302 312 **356**
wallichiana (5) 302 303 **352** Ph.150
wangiana (5) 307 311 **327**
wilhelmsiana (5) 304 313 **362**
wilsonii (5) 302 308 **315**
xiaoguongshanica (5) 303 309 **322**
zayulica (5) 301 **331**
Salomonia
Salsola
(Chenopodiaceae) (4) 306 307 **359**
abrotanoides (4) 359 **361** Ph.160
affinis (4) 366
arbuscula (4) 359 **360**
brachiata (4) 365
collina (4) 359 **363**
dschungarica (4) 359 **362**
glauca (4) 364
hyssopifolia (4) 341
junatovii (4) 359 **360**
komarovii (4) 359 **362**
laricifolia (4) 359 **361** Ph.161
micranthera (4) 359 **362** Ph.163
oppositiflora (4) 356
passerina (4) 359 **361** Ph.162
paulsenii (4) 360 **364**
pellucida (4) 359 **363** Ph.164
prostrata (4) 340
ruthenica (4) 360 **364** Ph.165
subcrassa (4) 366
Salvadoraceae (7) **833**
Salvia
(Lamiaceae) (9) 396 **505**
aerea (9) 506 **509**
appendiculata (9) 508 **522**
bowleyana (9) 507 **516**
brachyloma (9) 506 **511**
campanulata (9) 506 **512**
castanea (9) 506 **512**
cavaleriei (9) 507 **517**
chinensis (9) 507 **521**
cyclostegia (9) 506 **510**
cynica (9) 506 **510**
deserta (9) 507 **519**
evansiana (9) 506 **510**
filicifolia (9) 507 **522**
flava (9) 507 **512** Ph.177
formosana (9) 512
grandifolia (9) 507 **518**
hayatae var. pinnata (9) 508 **523**
honania (9) 507 **517**
hylocharis (9) 506 **511**
japonica (9) 507 **521**
liguliloba (9) 508 **520**
maximowicziana (9) 506 **509**
miltiorrhiza (9) 507 **515**
nanchuanensis (9) 507 **518**
nipponica var. formosana (9) 507 **512**
plebeia (9) 507 **519**
plectranthoides (9) 507 **517**
prattii (9) 506 **508**
prionitis (9) 507 **516**
przewalskii (9) 506 **508**
roborowskii (9) 506 **514**
scapiformis (9) 508 **520**
var. *pinnata* (9) 523
sonchifolia (9) 506 **513**
splendens (9) 507 **520** Ph.179
substolonifera (9) 508 **520**
tricuspis (9) 506 **513**
trijuga (9) 506 **514**
umbratica (9) 506 **513**
yunnanensis (9) 507 **515** Ph.178
Salvinia
(Salviniaceae) (2) **785**
imbricata (2) 786
natans (2) **785** Ph.156
Salviniaceae (2) 7 **785**
Salweenia
(Fabaceae) (7) 66 **125**
wardii (7) **125** Ph.70
Sambucus
(Caprifoliaceae) (11) 1 **2**
adnata (11) **2** Ph.1
chinensis (11) **2** Ph.2
nigra (11) 2 **4**
ouergeriana var. *miquelii* (11) 3

williamsii (11) 2 **3** Ph.3
var. miquelii (11) 2 **3**
Samolus
(Primulaceae) (6) 114 **226**
valerandii (6) **226**
Sanchezia
(Acanthaceae) (10) 330 **407**
nobilis (10) **408**
Sanguisorba
(Rosaceae) (6) 444 **744**
alpina (6) 745 **748**
applanata (6) 745 **746**
carnea (6) 746
diandra (6) 745 **747**
filiformis (6) 745 **747**
glandulosa (6) 746
longifolia (6) 746
officinalis (6) 744 **745**
var. carnea (6) 744 **745** Ph.163
var. glandulosa (6) 744 **745**
var. longifila (6) 745 **746**
var. longifolia (6) 744 **746**
rectispicata var. *longifila* (6) 746
sitchensis (6) 745 **748**
tenuifolia (6) 745 **746**
var. alba (6) 745 **746**
Sanicula
(Umbelliferae) (8) 578 **588**
astrantiifolia (8) 589 **592**
chinensis (8) 589 **593**
coerulescens (8) 589 **591**
elata (8) 589 **592**
giraldii (8) 589 **593**
hacquetioides (8) 589 **590**
lamelligera (8) 589 **591**
orthacantha (8) 589 **591**
rubriflora (8) **589**
serrata (8) 589 **590**
Saniculiphyllum
(Saxifragaceae) (6) 371 **378**
guangxiense (6) **379**
Sanionia
(Amblystegiaceae) (1) 802 **818**
uncinata (1) **818**
Sansevieria
(Liliaceae) (13) 70 **175**
carnea (13) 177
trifasciata (13) **175** Ph.125
Santalum
(Santalaceae) (7) 722 **724**
album (7) **725** Ph.284
Santiria yunnanensis (8) 340
Sanvitalia
(Compositae) (11) 124 **314**
procumbens (11) **314**
Sapindaceae (8) **266**
Sapindus
(Sapindaceae) (8) 267 **272**
delavayi (8) 272 **273** Ph.125
mukorossi (8) **272** Ph.124
rarak (8) 272 **273**
rubiginosus (8) 274
Sapium
(EuPhorbiaceae) (8) 14 **113**
atrobadiomaculatum (8) 113 **116**
baccatum (8) 113 **115**
chihsinianum (8) 113 **114**
discolor (8) 113 **114** Ph.62
insigne (8) 113 **115**
japonicum (8) 113 **115**
rotundifolium (8) 113 **114** Ph.61
sebiferum (8) **113** Ph.60
Saponaria
(Caryophyllaceae) (4) 393 **472**
hispanica (4) 464
officinalis (4) **472** Ph.200
Saposhnikovia
(Umbelliferae) (8) 578 **759**
divaricata (8) **759** Ph.292
Sapotaceae (6) **1**
Sapria
(Rafflesiaceae) (7) **773**
himalayana (7) **774**
Saprosma
(Rubiaceae) (10) 509 **620**
crassipes (10) **620**
ternatum (10) **620**
Sarcocephalus officinalis (10) 564
Saraca
(Caesalpiniaceae) (7) 23 **57**
chinensis (7) 57
dives (7) **57** Ph.46
indica (7) 57
Sarcandra
(Chloranthaceae) (3) **309**
glabra (3) **309** Ph.253
hainanensis (3) 309 **310**
Sarcanthus bicuspidatus (13) 731
filiforme (13) 738
parishii (13) 734
rivesii (13) 731
scolopendrifolius (13) 733
smithianus (13) 732
succisus (13) 749
taiwanianus (13) 721
williamsonii (13) 737
Sarcochilus japonicus (13) 742
saruwatarii (13) 740
trichoglottis (13) 741
Santalaceae (7) **722**
Sarcochlamys
(Urticaceae) (4) 76 **151**
pulcherrima (4) **151**
Sarcococca
(Buxaceae) (8) 1 **6**
hookeriana (8) **6**
longipetiolata (8) 6 **7**
ruscifolia (8) 6 **7** Ph.3
vagans (8) **6** Ph.2
Sarcodum
(Fabaceae) (7) 61 **116**
scandens (7) **116**
Sarcoglyphis

(Orchidaceae) **(13)** 371 **732**
smithianus **(13)** **732**
Sarcophyton
(Orchidaceae) **(13)** 369 **720**
taiwanianum **(13)** **721**
Sarcopodium griffithii **(13)** 695
rotundatum **(13)** 689
Sarcopyramis
(Melastomataceae) **(7)** 615 **647**
bodinieri **(7)** **648** Ph.239
var. delicata **(7)** **648**
delicata **(7)** 648
nepalensis **(7)** **648** Ph.240
Sarcoscyphus alpinus **(1)** 93
commutatus **(1)** 93
revolutus **(1)** 95
Sarcosperma
(Sapotaceae) **(6)** 1 **10**
arboreum **(6)** 10 **11**
kachinense **(6)** **10**
laurinum **(6)** 10 **11**
pedunculata **(6)** 10
Sarcostemma
(Asclepiadaceae) **(9)** 134 **145**
acidum **(9)** **145**
Sarcozygium
(Zygophyllaceae) **(8)** 449 **459**
kaschgaricum **(8)** **459**
xanthoxylon **(8)** **459** Ph.235
Sargentodoxa
(Sargentodoxaceae) **(3)** **654**
cuneata **(3)** **654** Ph.389
Sargentodoxaceae **(3)** **654**
Saruma
(Aristolochiaceae) **(3)** **337**
henryi **(3)** **337**
Sasa
(Poaceae) **(12)** 551 **658**
bashanensis **(12)** 662
fortunei **(12)** 656
guangxiensis **(12)** 658 **659**
longiligulata **(12)** **659**
pygmaea var. *disticha* **(12)** 656
sinica **(12)** 659 **660**
tomentosa **(12)** 658 **659**
Sasaokaea
(Amblystegiaceae) **(1)** 802 **820**
aomoriensis **(1)** **820**
Sassafras
(Annonaceae) **(3)** 206 **244**
randaiense **(3)** **245**
tzumu **(3)** **245**
Satyrium
(Orchidaceae) **(13)** 366 **518**
ciliatum **(13)** 518 **519** Ph.356
nepalense **(13)** **518** Ph.355
repens **(13)** 411
viride **(13)** 470
yunnanense **(13)** 518 **519** Ph.357
Saurauia
(Actinidiaceae) **(4)** 656 **674**
cerea **(4)** 674 **676**
macrotricha **(4)** 674 **676**
napaulensis **(4)** **674**
var. montana **(4)** 674 **675**
thyrsiflora **(4)** 674 **675**
tristyla **(4)** 674 **675**
var. oldhami **(4)** 674 **676**
Saurauia vaniotii **(7)** 809
Sauromatum
(Araceae) **(12)** 105 **149**
brevipes **(12)** **150**
venosum **(12)** **150** Ph.58
Sauropus
(Euphorbiaceae) **(8)** 11 **53**
androgynus **(8)** 54 **56** Ph.19
bacciformis **(8)** 54 **56** Ph.20
garrettii **(8)** 53 **55**
macranthus **(8)** 53 **54**
quadrangularis **(8)** 53 **55**
reticulatus **(8)** 53 **54**
spatulifolius **(8)** 53 **54**
Saururaceae **(3)** **316**
Saururus
(Saururaceae) **(3)** **316**
chinensis **(3)** **316** Ph.258
Saussurea
(Compositae) **(11)** 130 **567**
acromeleana **(11)** 573 **604**
alata **(11)** 569 **585**
alatipes **(11)** 573 **607**
amara **(11)** 569 **583**
amurensis **(11)** 574 **609**
apus **(11)** 570 **589** Ph.141
arenaria **(11)** 572 **598**
aster **(11)** 568 **580**
auriculata **(11)** 570 **586**
baicalensis **(11)** 571 **594**
bodinieri **(11)** 597
bracteata **(11)** 567 **574**
bullockii **(11)** 573 **602**
cana **(11)** 570 **591**
centiloba **(11)** 571 **595**
chetchozensis **(11)** 573 **605**
chingiana **(11)** 569 **583**
chinnampoensis **(11)** 569 **585**
columlaris **(11)** 570 **589**
conyzoides **(11)** 571 **593**
cordifolia **(11)** 572 **601**
costus **(11)** 569 **586**
crispa **(11)** 570 **587**
davurica **(11)** 570 **589**
deltoidea **(11)** 570 **587**
depsangensis **(11)** 568 **580** Ph.133
dielsiana **(11)** 574 **609**
dolichopoda **(11)** 571 **592**
dschungdienensis **(11)** 572 **598**
dzeurensis **(11)** 573 **606**
edulis **(11)** 638
β. *berardioidea* **(11)** 638
elegans **(11)** 571 **593**
elongata var. *recurvata* **(11)** 610
epilobioides **(11)** 574 **608**

erubescens **(11)** 567 **575** Ph.125
fastuosa **(11)** 570 **588**
frondosa **(11)** 573 **606**
glandulosa **(11)** 574 **608**
globosa **(11)** 568 **577** Ph.128
gnaphalodes **(11)** 569 **580**
gossypiphora **(11)** 569 **583**
graminea **(11)** 571 **594**
grandifolia **(11)** 573 **603**
haoi **(11)** 570 **589**
hemsleyi **(11)** 574 **609**
henryi **(11)** 571 **595**
hieracioides **(11)** 574 **608**
hwangshanensis **(11)** 573 **603**
hypsipeta **(11)** 568 **580** Ph.134
involucrata **(11)** 568 **577**
iodostegia **(11)** 568 **577** Ph.129
japonica **(11)** 569 **583** Ph.139
katochaete **(11)** 570 **588** Ph.140
kiraisiensis **(11)** 573 **607**
laciniata **(11)** 569 **585**
laniceps **(11)** 569 **582** Ph.137
lanuginosa **(11)** 605
leontodontoides **(11)** 572 **599** Ph.143
leucoma **(11)** 569 **581** Ph.136
licentiana **(11)** 570 **591**
likiangensis **(11)** 572 **597**
longifolia **(11)** 568 **576**
macrota **(11)** 573 **605**
malitiosa **(11)** 569 **586**
manshurica **(11)** 572 **602**
medusa **(11)** 569 **582** Ph.138
mongolica **(11)** 572 **600**
morifolia **(11)** 573 **607**
mutabilis **(11)** 573 **607**
neofranchetii **(11)** 573 **605**
nigrescens **(11)** 568 **578**
nivea **(11)** 573 **604**
obvallata **(11)** 568 **575** Ph.126
ochlochleana **(11)** 572 **599**
odentolepis **(11)** 572 **599**
oligantha **(11)** 572 **601**
otophylla **(11)** 605
pachyneura **(11)** 572 **597**
paleata **(11)** 573 **604**
parviflora **(11)** 574 **609**
paxiana **(11)** 569 **582**
pectinata **(11)** 572 **600**
peguensis **(11)** 570 **587**
petrovii **(11)** 571 **593**
phaeantha **(11)** 568 **578**
pinetorum **(11)** 573 **604**
pinnatidentata **(11)** 569 **584**
polycephala **(11)** 571 **592**
polycolea **(11)** 568 **576**
populifolia **(11)** 572 **600**
przewalskii **(11)** 572 **597**
pulchella **(11)** 569 **584**
pulchra **(11)** 570 **590**
pulvinata **(11)** 570 **590**
quercifolia **(11)** 569 **581** Ph.135
recurvata **(11)** 574 **610**
robusta **(11)** 569 **584**
romuleifolia **(11)** 571 **594** Ph.142
runcinata **(11)** 569 **584**
salicifolia **(11)** 571 **593**
saligna **(11)** 571 **592**
salsa **(11)** 570 **590**
salwinensis **(11)** 572 **598**
scabrida **(11)** 571 **595**
sclerolepis **(11)** 574 **608**
semifasciata **(11)** 571 **594**
semilyrata **(11)** 571 **596**
simpsoniana **(11)** 569 **581**
simpsoniana **(11)** 569 **583**
sobarocephala **(11)** 571 574 **595**
spathutifolia **(11)** 570 **589**
stella **(11)** 568 **579** Ph.130
stoliczkae **(11)** 572 **598**
stricta **(11)** 572 **602**
subulata **(11)** 570 **589**
subulisquama **(11)** 572 **596**
sutchuenensis **(11)** 570 **592**
sylvatica **(11)** 571 **594**
tanguensis **(11)** 229
tangutica **(11)** 567 **574**
tenuifolia **(11)** 573 **603**
thomsonii **(11)** 568 **579**
thoroldii **(11)** 568 **579** Ph.131
tsinlingensis **(11)** 573 **607**
umbrosa **(11)** 574 **609**
uniflora **(11)** 568 **576**
ussuriensis **(11)** 573 **603**
var. *mongolica* **(11)** 600
veitchiana **(11)** 568 **579**
velutina **(11)** 568 **576** Ph.127
wardii **(11)** 572 **596**
wellbyi **(11)** 568 **579** Ph.132
wernerioides **(11)** 570 **589**
wettsteiniana **(11)** 568 **575**
yunnanensis **(11)** 571 572 **596**
Sauteria
(Cleveaceae) **(1)** 284 **286**
alpine **(1)** **286**
Sauteriaceae
(= Cleveaceae) **(1)** 283
Saxifraga
(Saxifragaceae) **(6)** 371 **381**
aculeata **(6)** 382 **389**
aristulata **(6)** 383 **392**
brachypoda **(6)** 384 **399**
var. *fimbriata* **(6)** 399
bronchialis **(6)** 385 **402**
brunonis **(6)** 386 **407**
candelabrum **(6)** 385 **406**
cernua **(6)** 382 **391** Ph.101
chionophila **(6)** 387 **412**
ciliatopetala **(6)** 383 **394**
confertifolia **(6)** 385 **402**
crassifolia **(6)** 380
davidii **(6)** 382 **388**
dielsiana **(6)** 385 **407**
diversifolia **(6)** 384 **397**

f. *angustibracteata* **(6)** 398
var. angustibracteata **(6)** 384 **398**
dshagalensis **(6)** 385 **404**
egregia **(6)** 383 **396**
filicaulis **(6)** 384 **400**
flagellaris subsp. *megistantha* **(6)** 408
flexilis **(6)** 385 **403**
gemmipara **(6)** 384 **400**
giraldiana **(6)** 383 **397**
glacialis **(6)** 385 **403**
glaucophylla **(6)** 383 **395**
heleonastes **(6)** 383 **393**
hemisphaerica **(6)** 387 **415**
hirculus var. alpina **(6)** 383 **394** Ph.103
f. *ciliatopetala* **(6)** 394
hispidula **(6)** 384 **401**
humilis **(6)** 386 **410**
implicans **(6)** 383 **396**
josephi **(6)** 386 **407**
laciniata **(6)** 382 **391**
likiangensis **(6)** 387 **411**
limprichtii **(6)** 404
llonakhensis **(6)** 385 **402**
lumpuensis **(6)** 382 **392**
lychnitis **(6)** 386 **408**
macrostigma **(6)** 392
macrostigmatoides **(6)** 384 **400**
manshuriensis **(6)** 382 **387**
meeboldii **(6)** 387 **413**
melanocentra **(6)** 382 **392** Ph.102
microgyna **(6)** 387 **414**
montana **(6)** 383 **393**
montanella **(6)** 383 **393**
nana **(6)** 387 **414**
nanella **(6)** 385 **403**
nigroglandulifera **(6)** 386 **409**
nigroglandulosa **(6)** 384 **398**
nutans **(6)** 409
oppositifolia **(6)** 387 **413**
ovatocordata **(6)** 389
pacumbis **(6)** 380
pallida **(6)** 382 **388**
pratensis **(6)** 383 **395**
pseudohirculus **(6)** 386 **410**
pulchra **(6)** 413
pulvinaria **(6)** 387 **414**
punctata **(6)** 382 **388**
purpurascens **(6)** 380
qinghaiensis **(6)** 414
rufescens **(6)** 382 **389** Ph.99
var. *flabelifolia* **(6)** 382 **389**
sanguinea **(6)** 385 **405**
sediformis **(6)** 385 **405**
sibirica **(6)** 382 **390**
signata **(6)** 385 **406**
stella-aurea **(6)** 385 **405** Ph.105
stellariifolia **(6)** 383 **397**
stenophylla **(6)** 386 **408**
stolonifera **(6)** 382 **390** Ph.100
stolonifera **(6)** 390
stracheyi **(6)** 381
strigosa **(6)** 384 **401**
subsessiliflora **(6)** 387 **411**
tabularis **(6)** 372
tangutica **(6)** 386 **409** Ph.106
tellimoides **(6)** 381
tibetica **(6)** 386 **410** Ph.107
trinervia **(6)** 383 **394**
tsangchanensis **(6)** 384 **398**
unguiculata **(6)** 385 **404** Ph.104
var. limprichtii **(6)** 385 **404**
unguipetala **(6)** 387 **412**
wallichiana **(6)** 384 **399**
wardii **(6)** 384 **399**
Saxifragaceae **(6)** **370**
Saxiglossum
(Polypodiaceae) **(2)** 664 **727**
angustissimum **(2)** **727**
Scabiosa
(Dipsacaceae) **(11)** 106 **116**
alpestris **(11)** **116**
atropurpurea **(11)** 116 **118**
bretschneideri **(11)** 115
comosa **(11)** 116 **118**
var. lachnophylla **(11)** 116 **119**
hookeri **(11)** 114
japonica **(11)** 116 **120**
lacerifolia **(11)** 116 **120**
lachnophylla **(11)** 119
ochroleuca **(11)** 116 **117**
olivieri **(11)** 116 **117**
superba **(11)** 119
tschiliensis **(11)** 116 **119**
var. superba **(11)** 116 **119** Ph.37
Scabridens
(Leucodontaceae) **(1)** 651 **657**
sinensis **(1)** **657**
Scaevola
(Goodeniaceae) **(10)** **503**
hainanensis **(10)** **504** Ph.182
sericea **(10)** **504** Ph.181
Scaligeria
(Umbelliferae) **(8)** 579 **628**
setacea **(8)** **628**
Scandix
(Umbelliferae) **(8)** 578 **601**
stellata **(8)** **601**
Scapania
(Scapaniaceae) **(1)** 98 **101**
apiculata **(1)** 102 **103**
bolanderi **(1)** 102 **103**
ciliata **(1)** 102 **104** Ph.20
curta **(1)** 102 **104**
griffithii **(1)** 102 **105**
hians **(1)** 102 **105**
irrigua **(1)** 103 **106**
karl-muelleri **(1)** 102 **106**
koponenii **(1)** 102 **107** Ph.21
nepalensis **(1)** 102 **107** Ph.22
nimbosa **(1)** 102 **108**
orientalisex **(1)** 102 **108**
ornithopodioides **(1)** 102 **109**
paludicola **(1)** 103 **109**

paludosa (1) 103 **110**
parvidens (1) 102 **110**
parvifolia (1) 103 **111**
parvitexta (1) 102 **111**
rotundifolia (1) 102 **112** Ph.23
stephanii (1) 102 **112**
undulata (1) 103 **113**
undulata var. paludosa (1) 110
verrucosa (1) 102 **113**
Scapaniaceae (1) **98**
Scaphophyllum
(Jungermanniaceae) (1) 65 **88**
speciosum (1) **88** Ph.19
Scariola
(Compositae) (11) 135 **750**
orientalis (11) **750**
Scepa villosa (8) 44
Sceptridium
(Botrychiaceae) (2) 73 **76**
daucifolium (2) 76 **78** Ph.32
japonicum (2) 76 **79**
multifidum (2) 76 **77**
robustum (2) 76 **77**
ternatum (2) 76 **76** Ph.31
Schaffneria delavayi (2) 441
Schedonorus benekeni (12) 807
Schefflera
(Araliaceae) (8) 535 **551**
arboricola (8) 551 **553** Ph.262
chinensis (8) 551 **553**
delavayi (8) 551 **552** Ph.259
elliptica (8) 551 **553** Ph.263
glomerulata (8) 552
hainanensis (8) 551 **552**
heptaphylla (8) 551 **554**
hypoleucoides (8) 551 **554**
minutistellata (8) 552 **555**
octophylla (8) 554
pauciflora (8) 551 **552** Ph.261
pesavis (8) 552 **555**
productum (8) 547
shweliensis (8) 551 **552**
taiwaniana (8) 551 **552** Ph.260
venulosa (8) 553
Schellolepis
(Polypodiaceae) (2) 664 **675**
persicifolia (2) 676 **676**
subauriculata (2) 676 **676**
Scheuchzeria
(Scheuchzeriaceae) (12) **26**
palustris (12) **26**
Scheuchzeriaceae (12) **26**
Schiffneria
(Cephaloziaceae) (1) 166 **175**
hyalina (1) **175**
Schiffneriolejeunea
(Lejeuneaceae) (1) 224 **232**
tumida (1) **232**
Schisma angustissima (1) 12
ceylancum (1) 6
fragilis (1) 8
giraldiana (1) 9
javanica (1) 9
kurzii (1) 10
parisii (1) 6
ramosum (1) 8
sakuraii (1) 10
sendtneri (1) 5
Schima
(Theaceae) (4) 573 **609**
argentea (4) 609 **610**
bambusifolia (4) 609 **611**
forrestii (4) 609 **611**
parviflora (4) 609 **612**
remotiserrata (4) 609 **612**
sinensis (4) 609 **611**
superba (4) 609 **612** Ph.281
villosa (4) 609 **610**
wallichii (4) 609 **610** Ph.280
Schima stellatum (5) 688
Schoberia acuminata (4) 345
corniculata (4) 346
glauca (4) 344
heterophylla (4) 347
microphylla (4) 344
Schisandra
(Schisandraceae) (3) 367 **369**
bicolor (3) 370 **377**
var. tuberculta (3) 370 **378**
chinensis (3) 370 **372** Ph.285
var. *rubriflora* (3) 371
glaucescens (3) 370 **374**
grandiflora (3) **370** Ph.282
henryi (3) 370 **373** Ph.286
var. yunnanensis (3) 370 **373** Ph.287
lancifolia (3) 370 **375**
micrantha (3) 370 **376**
neglecta (3) 370 **375** Ph.289
plena (3) 370 **377**
propinqua (3) 370 **376** Ph.290
var. sinensis (3) 370 **377**
pubescens (3) 370 **373**
rubriflora (3) 370 **371** Ph.283
sphaerandra (3) 370 **372** Ph.284
sphenanthera (3) 370 **374** Ph.288
var. *lancifolia* (3) 375
tuberculta (3) 378
viridis (3) 370 **375**
Schisandraceae (3) **367**
Schischkinia
(Compositae) (11) 132 **654**
albispina (11) **655**
Schismatoglottis
(Araceae) (12) 105 **124**
calyptrata (12) 124 **125**
hainanensis (12) 124 **125** Ph.43
Schismus
(Poaceae) (12) 561 **876**
arabicus (12) **876**
Schistidium
(Grimmiaceae) (1) 493 **506**
apocarpum (1) 506 **507**
chenii (1) **506**

rivulare (1) 506 **508**
strictum (1) 506 **507**
Schistochila
(Schistochilaceae) (1) 182 **184**
blumei (1) **184** Ph.32
cornuta (1) 55
nuda (1) 183
Schistochilaceae (1) **182**
Schistolobos pumilus (10) 272
Schistostega
(Schistostegaceae) (1) **524**
pinnata (1) **524**
Schistostegaceae (1) **524**
Schizachne
(Poaceae) (12) 561 **699**
callosa (12) **699**
purpurascens subsp. *callosa* (12) 699
Schizachyrium
(Poaceae) (12) 556 **1147**
brevifolium (12) **1148**
obliquiberbe (12) 1148 **1149**
sanguineum (12) **1148**
Schizaea
(Schizaeaceae) (2) **105**
dichotoma (2) 105 **105** Ph.47
digitata (2) 105 **105** Ph.46
Schizaeaceae (2) 6 **105**
Schizocapsa
(Taccaceae) (13) 309 **310**
plantaginea (13) **310**
Schizoloma ensifolium (2) 170
heterophyllum (2) 169
Schizomussaenda
(Rubiaceae) (10) 507 **576**
dehiscens (10) **576**
Schizonepeta annua (9) 444
multifida (9) 443
tenuifolia (9) 443
Schizopepon
(Cucurbitaceae) (5) 198 **222**
bryoniaefolius (5) **222**
dioicus (5) 222 **223**
macranthus (5) 222 **223**
Schizophragma
(Hydrangeaceae) (6) 246 **271**
corylifolium (6) 272 **273**
ellipsophyllum (6) 272 **274**
fauriei (6) 272 **273**
integrifolium (6) **272**
var. *molle* (6) 272
molle (6) **272**
Schizostachyum
(Poaceae) (12) 550 **563**
chinense (12) **564**
diffusum (12) **564**
dumetorum (12) 564 **565**
funghomii (12) 564 **566**
hainanense (12) 564 **565**
pseudolima (12) 564 **566**
Schizotheca hemperichuu (12) 18
Schleichera pentapetala (8) 283
Schlotheimia
(Orthotrichaceae) (1) 617 **636**
grevilleana (1) **636**
pungens (1) 636 **637**
Schmalhausenia
(Compositae) (11) 131 **612**
nidulans (11) **613**
Schmidelia chartacea (8) 269
timorensis (8) 271
Schmidtia subtilis (12) 1018
Schnabelia
(Verbenaceae) (9) 346 **391**
oligophylla (9) **391**
tetrodonta (9) 391 **392**
Schoenobryum
(Cryphaeaceae) (1) 644 **646**
concavifolium (1) **646**
Schoenoplectus
(Cyperaceae) (12) 255 **263**
juncoides (12) 263 **266**
var. hotarui (12) 263 **267**
komarovii (12) 264 **268**
littoralis (12) 263 **264**
mucronatus
subsp.robustus (12) 263 **266**
squarrosus (12) 264 **269**
supinus
subsp. lateriflorus (12) 264 **268**
tabernaemontani (12) 263 **265**
trapezoideus (12) 263 **267**
triqueter (12) 263 **265**
trisetosus (12) 263 **264**
wallichii (12) 263 **267**
Schoenorchis
(Orchidaceae) (13) 371 **728**
gemmata (13) **728** Ph.539
hainanensis (13) 728
tixieri (13) **728**
Schoenus
(Cyperaceae) (12) 256 **315**
aculeate (12) 999
alba (12) 313
calostachyus (12) **315**
compressus (12) 273
falcatus (12) **315**
nemorum (12) 353
rubber (12) 314
rufus (12) 273
Schoepfia
(Olacaceae) (7) 713 **716**
chinensis (7) 716 **717**
fragrans (7) **716**
jasminodora (7) **716**
var. malipoensis (7) 716 **717**
Schrenkia
(Umbelliferae) (8) 579 **602**
vaginata (8) **602**
Schultzia
(Umbelliferae) (8) 581 **696**
crinita (8) **696**
Schumannia
(Umbelliferae) (8) 582 **740**

turcomanica (8) **740**
Schwetschkea
(Fabroniaceae) (1) 754 **762**
courtousii (1) **726**
latidens (1) 759
robusta (1) 761
matsumurae (1) 762 **763**
sinensis (1) 767
Schwetschkeopsis
(Fabroniaceae) (1) 754 **763**
fabronia (1) **763** Ph.235
Sciadophyllum ellipticum (8) 553
Sciadopityaceae (3) **67**
Sciadopitys
(Sciadopityaceae) (3) **67**
verticillata (3) **67** Ph.92
Sciaphila
(Triuridaceae) (12) **54**
tenella (12) **55** Ph.8
Sciaromiopsis
(Amblystegiaceae) (1) 802 **803**
sinensis (1) **803**
Sciaromium sinense (1) 803
Scilla
(Liliaceae) (13) 72 **137**
albo-viridis (13) 138
scilloides (13) **138** Ph.117
var. albo-viridis (13) **138**
Scindapsus
(Araceae) (12) 105 **117**
maclurei (12) **117**
sinensis (12) 112
Scirpus
(Cyperaceae) (12) 255 **257**
acutangula (12) 281
aestivalis (12) 307
asiaticus (12) 259
atropurpurea (12) 286
attenuate (12) 284
barbata (12) 290
bisumbellatus (12) 306
chinensis (12) 349
ciliaris (12) 277
complanatus (12) 295
corymbosa (12) 311
densus (12) 289
dichotomus (12) 300
dipsaceus (12) 293
distigmaticus (12) 272
ferrugineus (12) 302
geniculata (12) 285
globulosus (12) 299
grossus (12) 263
hainanensis (12) 257 **259**
juncoides (12) 266
var. *hotarui* (12) 267
karuizawensis (12) 257 **258**
komarovii (12) 268
lateriflorus (12) 268
lithosperma (12) 357
littoralis (12) 264
lushanensis (12) 257 **259**
mattfeldianus (12) 270
michelianus (12) 334
miliaceus (12) 298
mucronatus var. *robustus* (12) 266
neochinensis (12) 269
nutans (12) 308
orientalis (12) **257**
ovatus (12) 285
planiculmis (12) 261
polytrichoides (12) 305
puberulus (12) 289
pumilus (12) 271
subsp. *distigmaticus* (12) 272
quinquangularis (12) 298
quinqueflorus (12) 282
radicans (12) 257 **258**
rosthornii (12) 257 **260**
schoenoides (12) 303
sericeus (12) 296
setaceus (12) 267
spiralis (12) 281
squarrosus (12) 269
strobilinus (12) 262
subcapitatus (12) 271
var. *morrisonensis* (12) 271
sylvaticus var. *maximowiczii* (12) 257
tabernaemontani (12) 265
ternatanus (12) 257 **260**
trialatus (12) 343
triangulates (12) 266
triqueter (12) 265
trisetosus (12) 264
uniglumis (12) 288
wallichii (12) 267
xtrapezoideus (12) 267
yagara (12) 261
yokoscensis (12) 282
Scleria
Cyperaceae (12) 256 **354**
biflora (12) 354 **356**
biflora (12) 356
subsp. ferruginea (12) 354 **357**
chinensis (12) 359
ciliaris (12) 355 **359**
elata (12) 360
var. *latior* (12) 360
ferruginea (12) 357
harlandii (12) 355 **357**
hebecarpa (12) 359
var. *pubescens* (12) 359
hookeriana (12) 355 **358**
laeviformis (12) 358
laevis (12) 355 **359**
lithosperma (12) 355 **357**
onoei (12) 355
var. *pubigera* (12) 355
parvula (12) 354 **356**
pergracilis (12) 354 **355**
radula (12) 355 **358**
radula (12) 358
rugosa (12) 354 **355**

terrestris **(12)** 355 **360**
tessellate **(12)** 356
tonkinensis **(12)** 355 **358**
Sclerochloa
(Poaceae) **(12)** 561 **780**
dura **(12)** 780 **781**
kengiana **(12)** **780**
Scleroglossum
(Grammitidaceae) **(2)** 771 **778**
pusillum **(2)** **778**
Scleropyrum
(Santalaceae) **(7)** 723 **732**
mekongense **(7)** 733
wallichianum **(7)** **732** Ph.287
var. mekongense **(7)** 732 **733**
Sclerostylis hindsii **(8)** 442
venosa **(8)** 442
Scolochloa
(Poaceae) **(12)** 561 **802**
festucacea **(12)** **802**
spiculosa **(12)** 799
Scolopendrium delavayi **(2)** 441
Scolopia
(Flacourtiaceae) **(5)** 110 **112**
buxifolia **(5)** 112 **113**
chinensis **(5)** **112** Ph.68
oldhamii **(5)** 112 **114** Ph.69
saeva **(5)** 112 **113**
Scoparia
(Scrophulariaceae) **(10)** 67 **92**
dulcis **(10)** **92**
Scopelophila
(Pottiaceae) **(1)** 436 **474**
cataractae **(1)** **474** Ph.135
ligulata **(1)** 474 **475**
Scopolia carniolicoides **(9)** 209
var. *dentata* **(9)** 209
sinensis **(9)** 211
tangutica **(9)** 210
Scorpidium
(Amblystegiaceae) **(1)** 802 **818**
scorpioides **(1)** **819**
turgenscens **(1)** **819**
Scorpiothyrsus
(Melastomataceae) **(7)** 615 **649**
erythrotrichus **(7)** 650 **651**
glabrifolius **(7)** **650**
oligotrichus **(7)** 650 **651**
shangszeensis **(7)** **650**
Scorzonera
(Compositae) **(11)** 133 **687**
acrolasia **(11)** 694
albicaulis **(11)** 688 **691**
austriaca **(11)** 687 **691** Ph.167
var. *curvata* **(11)** 690
var. *subacaulis* **(11)** 690
carpito **(11)** 687 **689**
circumflexa **(11)** 688 **693**
curvata **(11)** 687 **690**
divaricata **(11)** 687 **688**
divaricata **(11)** 726
ensifolia **(11)** 688 **693**
hemilasia **(11)** 694
iliensis **(11)** 688 **692**
inconspicua **(11)** 688 **692**
mongolica **(11)** 688 **693**
parviflora **(11)** 687 **689**
pseudodivaricata **(11)** 687 **688**
pubescens **(11)** 688 **692**
pusilla **(11)** 688 **692**
radiata **(11)** 687 **689**
ruprechtiana **(11)** 691
sericeo-lanata **(11)** 688 **693**
sinensis **(11)** 687 **691**
subacaulis **(11)** 687 **690**
tuberosa var. *sericeo-lanata* **(11)** 693
Scrofella
(Scrophulariaceae) **(10)** 68 **141**
chinensis **(10)** **141**
Scrophularia
(Scrophulariaceae) **(10)** 68 **81**
buergeriana **(10)** 82 **89**
var. tsinglingensis **(10)** 82 **89**
chasmophila **(10)** 82 **90**
chinensis **(10)** 72
delavayi **(10)** 82 **89**
dentata **(10)** 82 **83**
elatior **(10)** 82 **86**
fargesii **(10)** 82 **87**
incisa **(10)** 82 **84**
kansuensis **(10)** 82 **86**
kiriloviana **(10)** 82 **83**
macrocarpa **(10)** 82 **88**
mandarinorum **(10)** 82 **88**
mapienensis **(10)** 82 **90**
modesta **(10)** 82 **87**
ningpoensis **(10)** 82 **84**
souliei **(10)** 82 **85**
umbrosa **(10)** 82 **87**
yoshimurae **(10)** 82 **85**
Scrophulariaceae **(10)** **66**
Scurrula
(Loranthaceae) **(7)** 738 **746**
buddleioides **(7)** 746 **748**
chingii **(7)** 746 **749**
elata **(7)** 746 **747**
ferruginea **(7)** 746 **749**
notothixoides **(7)** 746 **747**
parasitica **(7)** 746 **748**
var. graciliflora **(7)** 746 **748**
philippensis **(7)** 746 **747**
Scutellaria
(Lamiaceae) **(9)** 393 **416**
amoena **(9)** 418 **424** Ph.158
baicalensis **(9)** 418 **424**
barbata **(9)** 418 **429** Ph.159
caryopteroides **(9)** 417 **421**
caudifolia **(9)** 418 **427**
coleifolia **(9)** 420
delavayi **(9)** 418 **428**
dependens **(9)** 418 **429**
discolor **(9)** 417 **419**
formosana **(9)** 417 **420**

franchetiana (9) 418 **426**
galericulata (9) 418 **428**
guilielmii (9) 419 **432**
incisa (9) 418 **426**
indica (9) 417 **422**
japonica (9) 573
javanica (9) 417 **419**
laetevoilacea (9) 417 **421**
linarioides (9) 418 **429**
macrodonta (9) 417 **424**
moniliorrhiza (9) 418 **430**
orthocalyx (9) 418 **425**
pekinensis (9) 417 **422**
przewalskii (9) 419 **431**
quadrilobulata (9) 418 **427**
regeliana (9) 418 **428**
rehderiana (9) 418 **425**
scandens (9) 418 **427**
sciaphila (9) 417 **423**
scordifolia (9) 418 **430**
strigillosa (9) 419 **430**
taiwanensis (9) 417 **422**
tayloriana (9) 417 **421**
tenax (9) 417 **423**
tuberifera (9) 419 **431**
tuminensis (9) 419 **430**
violacea var. sikkimensis (9) 417 **420**
viscidula (9) 418 **425**
yingtakensis (9) 417 **423**
yunnanensis (9) 417 **420**
Scutia
(Rhamnaceae) (8) 138 **143**
eberhardtii (8) **144**
Scutula scutellata (7) 662
Scyphellandra
(Violaceae) (5) 136 **137**
pierrei (5) **137**
Scyphiphora
(Rubiaceae) (10) 510 **594**
hydrophyllacea (10) **594**
Scytalia rubra (8) 274
Sebaea
(Gentianaceae) (9) 11 **13**
microphylla (9) **13**
Sebastiania
(Euphorbiaceae) (8) 14 **110**
chamaelea (8) **110** Ph.58
Sebifera glutinosa (3) 221
Secale
(Poaceae) (12) 560 **839**
cereale (12) **839**
orientale (12) 872
Secamone
(Asclepiadaceae) (9) 133 **143**
elliptica (9) 143 **144**
lanceolata (9) 144
minutiflora (9) 143 **144**
sinica (9) **143**
szechuanensis (9) 144
villosa (9) 141
Sechium
(Cucurbitaceae) (5) 198 **253**
edule (5) **253** Ph.130
Securidaca
(Polygalaceae) (8) 243 **244**
inappendiculata (8) **244** Ph.111
yaoshanensis (8) **244**
Securinega acicularis (8) 31
suffruticosa (8) 30
Sedirea
(Orchidaceae) (13) 370 **754**
japonica (13) 754 **755**
subparishii (13) **754** Ph.566
Sedum
(Crassulaceae) (6) 319 **335**
aizoon (6) 336 **345**
algredii (6) 337 **351**
aliciae var. *komarovii* (6) 323
ambiguum (6) 332
amplibracteatum (6) 336 **346**
angustum (6) 327
baileyi (6) 337 **351**
balfouri (6) 337 **353**
bultiferum (6) 336 **350**
bupleuroides (6) 366
callianthum (6) 362
chrysanthemifolium (6) 369
crenulatum (6) 363
dielsii (6) 336 **343**
discolor (6) 365
drymarioides (6) 335 **338**
dumulosa (6) 358
elatinoides (6) 335 **337**
emarginatum (6) 337 **352** Ph.89
erythrostictum (6) 329
eurycarpa (6) 367
ewersii (6) 326
fastigiatum (6) 360
filipes var. *major* (6) 337
formosanum (6) 351
glaebosum (6) 335 **339**
heckelii (6) 335 **339**
henryi (6) 368
heterodontum (6) 364
himalense (6) 361
hobsinii (6) 355
humile (6) 356
hybridum (6) 336 **346**
indicum var. *densirosulatum* (6) 332
japonicum (6) 337 **352**
kirilowii (6) 364
leblaneae (6) 336 **344**
leptophyllum (6) 336 **348**
leueocarpum (6) 336 **348**
lineare (6) 336 **349**
linearifolium var. *ovatisepalum* (6) 369
major (6) 335 337 Ph.87
middendorffianum (6) 336 **345**
mingjinianum (6) 330
morotii (6) 335 **342**
multicaule (6) 336 **348**
obtrullatum (6) 336 **343**
obtusipetalum (6) 335 **342**

odontophyllum (6) 336 **346**
oreades (6) 335 **338**
polytrichoides (6) 336 **349**
prainii (6) 357
primuloides (6) 356
purpureoviride (6) 365
quadrifida (6) 359
roborowskii (6) 335 **341**
rosei (6) 335 **340**
sacra (6) 368
sarmentosum (6) 336 **350** Ph.88
selskianum (6) 336 **344**
siebodlii (6) 327
smithii (6) 356
spectabile (6) 329
var. *augustifolium* (6) 329
stapfii (6) 357
stellariifolium (6) 335 **338**
susannae (6) 335 **340**
var. maerosepalum (6) 335 **340**
tatarinowii (6) 326
telephium var. *purpureum* (6) 330
tetractinum (6) 336 **347**
tibetica (6) 359
triaetina (6) 336 **347**
trullipetalum (6) 336 **342**
tsiangii (6) 336 **344**
ulricae (6) 335 **341**
verticillatum (6) 328
viviparum (6) 328
wailichiana (6) 366
yunnanense (6) 367
var. *forrestii* (6) 368
Segnieria asiatica (4) 552
Sehima
(Poaceae) (12) 556 **1137**
nervosa (12) **1137**
Selaginella
(Selaginellaceae) (2) **31**
albocincta (2) 32 **36** Ph.12
amblyphylla (2) 34 **56**
biformis (2) 32 **39** Ph.14
bisulcata (2) 34 **54**
bodinieri (2) 33 **50** Ph.20
braunii (2) 32 **39**
chaetoloma (2) 34 **60**
chrysocaulos (2) 33 **54**
ciliaris (2) 34 **56**
davidii (2) 33 **47** Ph.18
subsp. gebaueriana (2) 33 **48**
decipiens (2) 33 **51**
delicatula (2) 32 **43**
doederleinii (2) 33 **45** Ph.17
effusa (2) 33 **52**
gebaueriana (2) 48
helferi (2) 33 **45**
helvetica (2) 34 **62**
heterostachys (2) 34 **57**
indica (2) 32 **35**
involvens (2) 32 **41**
kraussiana (2) 33 **49**
kurzii (2) 34 **59**
labordei (2) 33 **52**
laxistrobila (2) 34 **61**
leptophylla (2) 33 **51**
limbata (2) 33 **46**
mairei (2) 32 **41**
moellendorffii (2) 32 **42**
mongholica var. *rossii* (2) 49
monospora (2) 34 **56** Ph.21
nipponica (2) 34 **61**
ornata (2) 34 **55**
pennata (2) 33 **51**
picta (2) 32 **43** Ph.16
prostrata (2) 34 **60**
pseudopaleifera (2) 32 **38**
pulvinata (2) 32 **37**
remotifolia (2) 33 **48**
repanda (2) 33 **53**
rolandi-principis (2) 33 **44**
rossii (2) 33 **49** Ph.19
rupestris f. *indica* (2) 35
f. *sibirica* (2) 34
sanguinolenta (2) 32 **36**
sibirica (2) 31 **34**
sinensis (2) 33 **50**
stauntoniana (2) 32 **40** Ph.15
tamariscina (2) 32 **36** Ph.13
trichoclada (2) 32 **38**
uncinata (2) 33 **47**
vaginata (2) 34 **58**
vardei (2) 32 **35**
wallichii (2) 32 **43**
willdenowii (2) 33 **46**
xipholepis (2) 34 **58**
Selaginellaceae (2) 1 **31**
Selenodesmium
(Hymenophyllaceae) (2) 112 **136**
cupressoides (2) 136 **138**
obscurum (2) 136 **137**
siamense (2) 136 **137**
Selerodontium secundum (1) 655
Seligeraceae (1) **329**
Seligeria
(Seligeraceae) (1) 329 **331**
diversifolia (1) **331**
Selinum
(Umbelliferae) (8) 582 **701**
cortioides (8) 715
cryptotaenium (8) **701**
monnieri (8) 700
oliverianum (8) 710
terebinthaceum (8) 747
Selliguea
(Polyopdiaceae) (2) 664 **744**
feei (2) **744**
leveillei (2) 757
Sematophyllaceae (1) **872**
Sematophyllum
(Sematophyllaceae) (1) 873 **889**
phoeniceum (1) **890** Ph.262
subpinnatum (1) **890** Ph.263
Semecarpus

(Anacardiaceae) **(8)** 345 **364**
gigantifolia **(8)** 364 **365** Ph.183
microcarpa **(8)** **364**
reticulata **(8)** **364**
Semenovia
(Umbelliferae) **(8)** 582 **757**
rubtzovii **(8)** **758**
transiliensis **(8)** **757**
Semiaquilegia
(Ranunculaceae) **(3)** 389 **459**
adoxoides **(3)** **459** Ph.343
ecalcarata f. *semicalcarata* **(3)** 456
Semiarundinaria
(Poaceae) **(12)** 551 **619**
densiflora **(12)** **619**
farinose **(12)** 599
fastuosa **(12)** **619**
gracilipes **(12)** 650
henryi **(12)** 598
lubrica **(12)** 653
nuspicula **(12)** 649
scabriflora **(12)** 648
sinica **(12)** 619 **620**
venusta **(12)** 642
Semiliquidambar
(Hamamelidaceae) **(3)** 773 **779**
cathayensis **(3)** **779** Ph.439
chingii **(3)** **779**
Semnostachya
(Acanthaceae) **(10)** 332 **371**
longispicata **(10)** **371**
Sendtnera dicrana **(1)** 6
Senebiera integrifolia **(5)** 407
Senecia napaulensis **(6)** 245
Senecio
(Compositae) **(11)** 128 **530**
actinotus **(11)** 532 **539**
acuminatus **(11)** 528
ainsliaeflorus **(11)** 495
alatus **(11)** 523
albopurpureus **(11)** 532 **538**
ambraceus **(11)** 531 533 **543**
argunensis **(11)** 533 **544** Ph.118
asperifolius **(11)** 531 **544**
atrofuscus **(11)** 532 **538**
begoniaefolius **(11)** 490
biligulatus **(11)** 531 **539**
bodinieri **(11)** 510
botryodes **(11)** 466
caloxanthus **(11)** 462
calthaefolius **(11)** 452
campanulatus **(11)** 472
cannabifolius **(11)** 532 **533** Ph.113
cappa **(11)** 525
cavaleriei **(11)** 522
chrysanthemoides **(11)** 541
cortusifolius **(11)** 512
cyclotus **(11)** 497
cymbulifera **(11)** 456
davidii **(11)** 485
delphiniphyllus **(11)** 501
deltophyllus **(11)** 490
densiflorus **(11)** 525
densiserratus **(11)** 532 **534**
desfontainei **(11)** 533 **546**
dianthus **(11)** 526
dictyoneurus **(11)** 468
divaricatus **(11)** 553
diversipinnus **(11)** 530 531 **540**
dodrans **(11)** 532 **539**
dryas **(11)** 511
dubitabilis **(11)** 533 **547**
dubius **(11)** 547
duciformis **(11)** 454
eriopodus **(11)** 509
erythropappus **(11)** 526
euosmus **(11)** 512
exul **(11)** 533 **548**
faberi **(11)** 533 **540** Ph.116
filiferus **(11)** 533 **540**
flammeus **(11)** 519
franchetianus **(11)** 452
fulvipes **(11)** 522
globigerus **(11)** 511
goodianus **(11)** 509
graciliflorus **(11)** 531 **536** Ph.115
gynura **(11)** 212
hainanensis **(11)** 511
helianthus **(11)** 476
hieracifolius **(11)** 549
hoi **(11)** 529
homogyniphyllus **(11)** 511
ianthophyllus **(11)** 499
incisifolius **(11)** 520
jacobaea **(11)** 531 **543**
jamesii **(11)** 467
japonicus **(11)** 551
var. *scaberrima* **(11)** 451
kaschkarovii **(11)** 540
kirilowii **(11)** 518
krascheninnikovii **(11)** 533 **547**
laetus **(11)** 531 532 533 **541** Ph.117
lamarum **(11)** 460
lankongensis **(11)** 466
lapathifolius **(11)** 457
latipes **(11)** 496
latouchei **(11)** 513
leucocephalus **(11)** 498
liangshanensis **(11)** 530 **536**
liatroides **(11)** 470
morrisonensis **(11)** 531532 533 **535**
multibracteolatus **(11)** 533 **544**
nagensium **(11)** 525
narynensis **(11)** 459
nemorensis **(11)** 532 **534** Ph.114
nigrocinctus **(11)** 530 **537**
nobilis **(11)** 479
nodiflorus **(11)** 532 **537**
nudicaulis **(11)** 531 **542**
obtusatus **(11)** 531 **541**
oldhamianus **(11)** 514
orysertorum **(11)** 548
palmatisectus **(11)** 502

pepasitoides (11) 500
phaeantha (11) 519
phyllolepis (11) 498
pierotii (11) 517
pilgerianus (11) 501
pleopterus (11) 536
pleurocaulis (11) 469
potaninii (11) 455
principis (11) 480
prionophyllus (11) 525
profundorum (11) 498
przewalskii (11) 463
pseudoarnica (11) 532 **534**
pseudochina (11) 551
pseudomairei (11) 530 **535**
pseudosonchus (11) 517
pteridophyllus (11) 533 **544**
pudomii (11) 455
quinquelobus var. *moupinensis* (11) 502
raphanifolius (11) 532 **542**
roborowskii (11) 497
rubescens (11) 495
rufipilis (11) 500
rufus (11) 517
rumicifolius (11) 457
sagitta (11) 466
sagittatus var. *lancifolia* (11) 491
saluenensis (11) 527
saussureoides (11) 531 **537**
scandens (11) 531 **546** Ph.119
solidagineus (11) 526
songaricus (11) 458
spathiphyllus (11) 531 532 **543**
spelaeicola (11) 529
stauntonii (11) 531 **545**
stenocephalus (11) 463
stenoglossa (11) 453
stolonifer (11) 516
subdentatus (11) 533 **546**
subrosulatus (11) 510
taitoensis (11) 517
tangutica (11) 485
tenuipes (11) 465
tetranthus (11) 524
thianshanicus (11) 532 **538**
tongolensis (11) 457
triligulatus (11) 527
tsangchanensis (11) 465
turczaninowii (11) 518
valerianaefolius (11) 550
veitchianus (11) 462
vellereus (11) 459
vespertilo (11) 493
virgaureus (11) 469
vulgaris (11) 533 **548**
wallichii (11) 523
wightii (11) 532 **545**
wilsonianus (11) 460
winklerianus (11) 512
yunnanensis (11) 455
Sequoia
(Taxodiaceae) (3) 68 **72**
sempervirens (3) **73**
Serapias erecta (13) 395
falcata (13) 396
helleborine (13) 394 398
palustris (13) 399
Sericocalyx
(Acanthaceae) (10) 332 **362**
chinensis (10) **362**
fluviatilis (10) **362**
Seriphidium
(Compositae) (11) 126 **432**
brevifolium (11) 433 **437**
cinum (11) 433 **437**
compactum (11) 434 **439**
fedtschenkoanum (11) 433 **437**
finitum (11) 433 **435**
gracilescens (11) 433 **438**
junceum (11) 434 **440**
kaschgaricum (11) 433 **436**
var. dshungaricum (11) 433 **437**
lehmannianum (11) 433 **439**
minchunense (11) 434 **440**
mongolorum (11) 433 **436**
nitrosum (11) 433 **435**
santolinum (11) 434 **439**
schrenkianum (11) 433 **434**
sublessingianum (11) 433 **438**
thomsonianum (11) 433 **437**
transiliense (11) 433 **434**
Serissa
(Rubiaceae) (10) 509 **645**
serissoides (10) **645**
japonica (10) **645**
Serpicula verticillata (12) 23
Serratula
(Compositae) (11) 132 **643**
alata (11) 627
algida (11) 644 **646**
amara (11) 583
arvensis (11) 634
caspia (11) 244
centauroides (11) 644 **646** Ph.161
chanetii (11) 644 **645**
chinensis (11) 643 **644**
coronata (11) 644 **647** Ph.162
cupuliformis (11) 643 **644**
japonica (11) 583
marginata (11) 644 **646**
parviflora (11) 609
polycephala (11) 644 **645**
salicifolia (11) 593
salsa (11) 590
setosa (11) 633
strangulata (11) 644 **645**
tenuifolia (11) 619
Sersalisia obovata (6) 8
Sesamum
(Pedaliaceae) (10) **417**
indicum (10) **417** Ph.126
Sesbania
(Fabaceae) (7) 66 **126**

aculeata (7) 127
bispinosa (7) **127**
cannabina (7) **127**
grandiflora (7) 127 **128** Ph.73
Seseli
(Umbelliferae) (8) 580 **685**
abolinii (8) 686 **692**
buchtormensis (8) 686 **689**
condensatum (8) **686**
coronatum (8) 686 **692**
fedrschenkoanum var. *iliense* (8) 688
glabratum (8) 686 **690**
iliense (8) 686 **688**
incanum (8) 686 **687**
mairei (8) 686 **690**
var. simplicifolia (8) 686 **691**
schrenkiana (8) 686 **688**
seseloides (8) 686 **687**
sessiliflorum (8) 686 **689**
squarrulosum (8) 686 **691**
tachiroei (8) 707
valentinae (8) 686 **692**
wawrae (8) 748
yunnanense (8) 686 **691**
Seselopsis
(Umbelliferae) (8) 581 **681**
tianschanicum (8) **681**
Sesleria dactyloides (12) 995
Sesuvium
(Aizoaceae) (4) 296 **297**
portulacastrum (4) **297** Ph.132
Setaria
(Poaceae) (12) 553 **1070**
chondrachne (12) 1071 **1074**
faberii (12) 1071 **1075**
forbesiana (12) 1071 **1073**
geniculata (12) 1071 **1077**
glauca (12) 1071 **1076**
italica (12) 1071 **1075** Ph.100
var. germanica (12) 1071 **1075**
pallidifusca (12) 1071 **1076**
palmifolia (12) **1071**
plicata (12) 1071 **1072**
viridis (12) 1071 **1074**
var. pycnocoma (12) 1071 **1074**
yunnanensis (12) 1071 **1073**
Setiacis
(Poaceae) (12) 553 **1038**
diffusa (12) **1038**
Seura marina (9) 347
Shaniodendron subaequale (3) 716
Sharpiella
(Hypnaceae) (1) 899 **924**
seligeri (1) **924**
seligeri (1) 924
striatella (1) **924**
Sheareria
(Compositae) (11) 123 **308**
nana (11) **308**
Shibataea
(Poaceae) (12) 551 **616**
chinensis (12) 617 **618**
hispida (12) **617**
kumasasa (12) **617**
lanceifolia (12) 617 **618**
nanpingensis (12) 617 **618**
Shoenoplectus tabernaemontani
var. *laeviglumis* (12) 265
Shorea
(Dipterocarpaceae) (4) 566 **569**
assamica (4) **570** Ph.257
Shortia
(Diapensiaceae) (5) 736 **738**
exappendiculata (5) **739**
sinensis (5) **739**
Shuteria
(Fabaceae) (7) 65 **219**
glabrata (7) 219
involucrata (7) **219**
var. glabrata (7) **219**
sinensis (7) 219
vestita (7) 219
Sibbaldia
(Rosaceae) (6) 444 **692**
adpressa (6) 693 **698**
altaica (6) 701
aphanopetala (6) 694
cuneata (6) 692 **694**
erecta (6) 700
macropetala (6) 696
melinotricha (6) 693 **696**
micropetala (6) 693 **699**
omeiensis (6) 693 **697**
pentaphylla (6) 693 **697**
perpusilloides (6) 692 **694**
phanerophlebia (6) 693 **698**
procumbens (6) 692 **693**
var. apanopetala (6) 692 **693**
pulvinata (6) 692 **695**
purpurea (6) 693 **696**
var. macropetala (6) 693 **696**
sericea (6) 693 **698**
sericea (6) 698
tenuis (6) 692 **695**
tetrandra (6) 692 **694**
Sibiraea
(Rosaceae) (6) 442 **469**
angustata (6) 469 **470**
laevigata (6) **469**
Sicyos edulis (5) 253
Sida
(Malvaceae) (5) 69 **74**
acuta (5) 74 **76**
alnifolia (5) 75 **77**
var. microphylla (5) 75 **78**
chinensis (5) 74 **75**
cordata (5) 76 **79**
cordifolia (5) 76 **78**
corylifolia (5) 78
crispa (5) 81
indica (5) 83
microphylla (5) 78
mysorensis (5) 76 **79**

orientalis (5) 74 **75**
periplocifolia (5) 80
rhombifolia (5) 75 **77**
Subcordata (5) 76 **78**
Szechuensis (5) 75 **76**
yunnaneasis (5) 75 **9**
Sideritis
(Lamiaceae) (9) 393 **434**
ciliata (9) 553
montana (9) **434**
Sideroxylon grandifolium (6) 8
longispinosa (6) 6
wightianum (6) 9
Sideroxylon *bodinieri* (8) 288
Siegesbeckia
(Compositae) (11) 124 **314**
glabrescens (11) 314 **315**
orientalis (11) 314 **315**
pubescens (11) 314 **316** Ph.74
Sieversia elata (6) 649
var. *humile* (6) 650
Silaum
(Umbelliferae) (8) 581 **697**
silaus (8) **698**
Silene
(Caryophyllaceae) (4) 393 **439**
alaschanica (4) 441 **452**
aprica (4) 441 **454**
armeria (4) 442 **462**
asclepiadea (4) 441 **457**
batangensis (4) 442 **460**
caespitella (4) 441 **452**
cardiopetala (4) 442 **457**
conoidea (4) 442 **463**
dawoensis (4) 439 **442**
firma (4) 441 **453**
foliosa (4) 440 **446**
fortunei (4) 439 **443** Ph.194
gonosperma (4) 440 **449**
gracilicaulis (4) 440 **448**
graminifolia (4) 440 **447**
himalayensis (4) 440 **450**
holopetala (4) 440 **447**
huguettiae (4) 441 **453**
hupehensis (4) 442 **462**
jenisseensis (4) 440 **447**
kantzeensis (4) 441 **455** Ph.196
longicornuta (4) 441 **456**
macrostyla (4) 440 **445**
monbeigii (4) 442 **458**
nangqenensis (4) 440 **450**
napuligera (4) 442 **461**
nepalensis (4) 440 **451**
ningxiaensis (4) 440 **444**
oblanceolata (4) 441 **456**
odoratissima (4) 440 **445**
otodonta (4) 442 **460**
pendula (4) 442 **462**
phoenicodonta (4) 442 **459**
pseudotenuis (4) 440 **446**
pterosperma (4) 440 **448**
pubicalycina (4) 441 **455**
repens (4) 440 **444**
rosiflora (4) 442 **459**
rubicunda (4) 442 **461**
sericata (4) 440 **449**
songarica (4) 440 **450**
tatarinowii (4) 441 **457**
tianschanica (4) 440 **444**
venosa (4) 441 **454**
viscidula (4) 442 **458**
waltoni (4) 439 **443**
yetii (4) 441 **451** Ph.195
Siliquamomum
(Zingiberaceae) (13) 21 **35**
tonkinense (13) **35**
Silvianthus
(Rubiaceae) (10) 507 **540**
bracteatus (10) **540**
tonkinensis (10) 540 **541**
Silybum
(Compositae) (11) 131 **641**
marianum (11) **641**
Simaba quassioides (8) 369
Simaroubaceae (8) **367**
Sinacalia
(Compositae) (11) 127 **484**
davidii (11) **485**
tangutica (11) **485** Ph.108
Sinadoxa
(Adoxaceae) (11) 88 **90**
corydalifolia (11) **90** Ph.28
Sinapis
(Brassicaceae) (5) 383 **394**
alba (5) **394** Ph.164
arvensis (5) 394 **395**
juncea (5) 393
var. *napiformis* (5) 394
pekinensi (5) 393
Sinarundinaria
(Poaceae) (12) 550 **631**
basihirsuta (12) 631 **634**
brevipaniculata (12) 631 **633**
delicata (12) 631 **633**
falcate (12) 632 **636**
ferax (12) 631 **636**
fimbriata (12) 631 **633**
fungosa (12) 631 **635**
griffithiana (12) 631 **632**
hirticaulis (12) 63 **634**
hookeriana (12) 632 **636**
lineolata (12) 631 **634**
maculata (12) 631 **635**
maling (12) 632 **638**
melanostachys (12) 632 **640**
niitakayamensis (12) 632 **638**
nitida (12) 632 **639**
polytricha (12) 631 **635**
scabrida (12) 632 **639**
violascens (12) 632 **637**
yunnanensis (12) 632 **637**
Sinobambus giganta (12) 643
Sindechites

(Apocynaceae) **(9)** 91 **132**
henryi **(9)** **132**
Sindora
(Caesalpiniaceae) **(7)** 23 **58**
glabra **(7)** **58** Ph.48
Sinephropteris
(Aspleniaceae) **(2)** 399 **441**
delavayi **(2)** **441**
Sinia
(Ochnaceae) **(4)** **565**
rhodoleuca **(4)** **565**
Sinoadina
(Rubiaceae) **(10)** 506 **567**
racemosa **(10)** **567**
Sinobambusa
(Poaceae) **(12)** 552 **597**
edulis **(12)** 644
farinose **(12)** 597 **599**
henryi **(12)** 597 **598**
intermedia **(12)** 597 **598**
nephroaurita **(12)** 597 **599**
tootsik **(12)** **597**
Sinocalamus distegia **(12)** 585
minor **(12)** 591
Sinocalycanthus
(Calycanthaceae) **(3)** **203**
chinensis **(3)** **203** Ph.212
Sinocarum
(Umbelliferae) **(8)** 580 **653**
coloratum **(8)** 653 **654**
cruciatum **(8)** 653 **655**
dolichopodum **(8)** **653**
filicinum **(8)** 653 **655**
pauciradiatum **(8)** 653 **654**
schizopetalum **(8)** 653 **654**
vaginatum **(8)** 653 **656**
Sinocenecio
(Compositae) **(11)** 127 **507**
bodinieri **(11)** 508 **510**
cortusifolius **(11)** 508 **512**
dryas **(11)** 508 **511**
eriopodus **(11)** 508 **509**
euosmus **(11)** 508 **512**
globigerus **(11)** 509 **511**
hainanensis **(11)** 508 **511**
hederifolius **(11)** 508 **509**
homogyniphyllus **(11)** 508 **511**
jiuhuashanicus **(11)** 508 **513**
latouchei **(11)** 508 **513**
oldhamianus **(11)** 509 **514**
saxatilis **(11)** 508 **509**
subrosulatus **(11)** 508 **510**
wuyiensis **(11)** 508 **512**
Sinochasea
(Poaceae) **(12)** 558 **945**
trigyna **(12)** **946**
Sinocrassula
(Crassulaceae) **(6)** 319 **331**
ambigua **(6)** 331 **332**
densirosulata **(6)** **332**
indica **(6)** 332 **333**
var. viridiflora **(6)** 332 **333**
Sinodielsia
(Umbelliferae) **(8)** 580 **605**
yunnanensis **(8)** **605**
Sinodolichos
(Fabaceae) **(7)** 65 **214**
lagopus **(7)** **214**
Sinofranchetia
(Lardizabalaceae) **(3)** 655 **656**
chinensis **(3)** **656** Ph.391
Sinojackia
(Styracaceae) **(6)** 26 **48**
dolichocarpus **(6)** 50
henryi **(6)** 49 **50**
rehderiana **(6)** **49** Ph.13
xylocarpa **(6)** **49**
Sinojohnstonia
(Boraginaceae) **(9)** 281 **312**
chekiangensis **(9)** 312 **313**
moupinensis **(9)** **312**
plantaginea **(9)** **312**
Sinolimprichtia
(Umbelliferae) **(8)** 580 **623**
alpina **(8)** **623**
var. dissecta **(8)** **623**
Sinomanglietia glauca **(3)** 129
Sinomenium
(Menispermaceae) **(3)** 669 670 **681**
acutum **(3)** **681**
Sinopanax
(Araliaceae) **(8)** 534 **542**
formasana **(8)** **543**
Sinopodophyllum
(Berberidaceae) **(3)** 582 **637** Ph.462
hexandrum **(3)** **637**
Sinopogonanthera
(Lamiaceae) **(9)** 395 **490**
caulopteris **(9)** **490**
intermedia **(9)** 490 **491**
Sinopteridaceae **(2)** 3 **208**
Sinopteris
(Sinopteridaceae) **(2)** 208 **225**
albofusca **(2)** 225 **226**
grevilleoides **(2)** 225 **226** Ph.68
Sinosassafras
(Annonaceae) **(3)** 207 **292**
flavinervia **(3)** **292**
Sinosideroxylon
(Sapotaceae) **(6)** 1 **9**
pedunculatum **(6)** 9 **10**
wightianum **(6)** **9**
Sinosophiopsis
(Brassicaceae) **(5)** 386 **540**
bartholomewii **(5)** **540**
Sinowilsonia
(Hamamelidaceae) **(3)** 773 **787**
henryi **(3)** **787** Ph.444
Sinskea
(Meteoriaceae) **(1)** 682 **698**
flammea **(1)** **698**
Siphocranion
(Lamiaceae) **(9)** 397 **562**

macranthum (9) **562**
var. *microphyllum* (9) 562
nudipes (9) 562 **563**
Siphonanthus indica (9) 385
Siphonia brasiliensis (8) 96
Siphonostegia
(Scrophulariaceae) (10) 69 **223**
chinensis (10) **223**
laeta (10) 223 **224**
Siraitia
(Cucurbitaceae) (5) 198 **217**
borneensis (5) 216
grosvenorii (5) **217** Ph.105
siamensis (5) 217 **218**
Sison crinitum (8) 696
tenerum (8) 675
Sisymbriopsis
(Brassicaceae) (5) 385 389 **475**
yechengica (5) **475** Ph.180
Sisymbrium
(Brassicaceae) (5) 383 **525**
altissimum (5) 383 **528**
amphibium (5) **488**
deltoideum (5) **525**
dubium (5) 486
filifolium (5) 505
glandulosum var. *linearifolium* (5) 493
halophila (5) 536
heteromallum (5) **526**
var. *sinense* (5) 526
humilis (5) 532
indicum (5) 486
integrifolium (5) 491
irio (5) 383 **529**
korolkovi (5) **533**
leuteum (5) **526**
loeselii (5) 383 **529**
var. *brevicarpum* (5) 529
maximowiczii (5) 531
minutiflorum (5) 529
mollisimum (5) 478
murale (5) 395
officinale (5) 383 **528**
orientale (5) 383 **528**
polymorphum (5) 526 **527**
var. *sooggarium* (5) 527
pumilum (5) 479
salsugineum (5) 536
sophia (5) 538
sylvestre (5) 485
torulosa (5) 531
Sisyrinchium
(Iridaceae) (13) 273 **303**
rosulatum (13) **303** Ph.228
Sium
(Umbelliferae) (8) 580 **684**
erectum (8) 684
javanicum (8) 694
suave (8) **684**
Skapanthus
(Lamiaceae) (9) 582 **740**
oreophilus (9) **741**
var. elongatus (9) **567**
Skimmia
(Rutaceae) (8) 399 **427**
arborescens (8) 427 **428**
melanocarpa (8) 427 **428**
reevesiana (8) **427** Ph.218
Slackia insignis (3) 656
Slackia tonkinensis (10) 270
Sladenia
(Actinidiaceae) (4) 656 **677**
celastrifolia (4) **677**
Sloanea
(Elaeocarpaceae) (5) 1 **8**
dasycarpa (5) **9**
hemsleyana (5) 9 **11** Ph.7
leptocarpa (5) 9 **10**
mollis (5) 9 **11** Ph.8
Sinensis (5) 9 **10** Ph.6
tomentosa (5) **9**
Smelowskia
(Brassicaceae) (5) 385 **539**
annua (5) 539
calycina (5) **540**
Smilacacee (13) **314**
Smilacina
(Liliaceae) (13) 71 **191**
atropurpurea (13) 192 **196**
dahurica (13) 191 **192**
formosana (13) 191 **193**
fusca (13) 191 **195**
henryi (13) 192 **196**
var. szechuanica (13) 192 **196**
japonica (13) 191 **195**
lichiangensis (13) 192 **197**
oleracea (13) 191 **194** Ph.141
paniculata (13) 191 **194** Ph.140
var. stenoloba (13) 192 **194**
purpurea (13) 191 **193** Ph.139
trifolia (13) 191 **192**
tubifera (13) 192 **197**
Smilax
(Smilacaceae) (13) **314**
aberrans (13) 316 **328**
arisanensis (13) 317 **332**
aspera (13) 318 **338**
aspericaulis (13) 317 **335**
astrosperma (13) 317 **333**
biumbellata (13) 317 **331**
bockii (13) 331
bracteata (13) 317 **335**
chapaensis (13) 317 **333**
china (13) 315 **320** Ph.240
chingii (13) 315 **321**
cocculoides (13) 317 **336**
corbularia (13) 316 **327**
cyclophylla (13) 316 **326**
darrisii (13) 316 **329**
davidiana (13) 315 **320**
discotis (13) 315 **323**
elongato-umbellata (13) 315 **324**
ferox (13) 315 **321** Ph.241

gagnepainii **(13)** 317 **337**
gaudichaudiana **(13)** 341
glabra **(13)** 316 **330** Ph.244
glauco-china **(13)** 315 **324**
hayatae **(13)** 316 **328**
hemsleyana **(13)** 318 **334**
hypoglauca **(13)** 316 **327** Ph.243
laevis var. *vanchingshanensis* **(13)** 334
lanceifolia **(13)** 317 **333**
lebrunii **(13)** 315 **322**
longibracteolata **(13)** 316 **329**
mairei **(13)** 329
megacarpa **(13)** 317 **335**
menispermoidea **(13)** 316 **326** Ph.242
microphylla **(13)** 316 **330**
munita **(13)** 316 **331**
myrtillus **(13)** 316 **330**
nervo-marginata **(13)** 317 **332**
nigrescens **(13)** 316 **324**
nipponia **(13)** 314 **318**
ocreata **(13)** 318 **337** Ph.245
outanscianensis **(13)** 315 **323**
planipes **(13)** 317 **337**
polycolea **(13)** 315 **322**
pottingeri **(13)** 341
rigida **(13)** 331
riparia **(13)** 314 **318**
scobinicaulis **(13)** 314 **319**
sieboldii **(13)** 315 **319** Ph.239
stans **(13)** 316 **325**
tetraptera **(13)** 337
trachypoda **(13)** 316 **325**
trinervula **(13)** 315 **321**
tsinchengshanensis **(13)** 316 **326**
vanchingshanensis **(13)** 318 **334**
Smithia
(Fabaceae) **(7)** 67 **256**
blanda **(7)** 256 **257**
ciliata **(7)** 256 **257**
sensitiva **(7)** **256**
Smithorchis
(Orchidaceae) **(13)** 367 **472**
calceoliformis **(13)** **472**
Smitinandia
(Orchidaceae) **(13)** 371 **726**
micrantha **(13)** **727**
Solanaceae **(9)** **203**
Solanum
(Solanaceae) **(9)** 203 **220**
aculeatissimum **(9)** 221 **229**
aethiopicum **(9)** 221 **229**
alatum **(9)** 225
americanum **(9)** 222 **224**
aviculare **(9)** 222
barbisetum var. *griffithii* **(9)** 231
biflorum **(9)** 233
borealisinense **(9)** 225
capsicoides **(9)** 221 **230** Ph.100
cathayanum **(9)** 226
caulorhiza **(9)** 235
coagulans **(9)** 231
cumingii **(9)** 231
diflorum **(9)** **225**
dulcamara **(9)** 222 **225**
erianthum **(9)** 220 **222** Ph.94
ferox **(9)** 230
griffithii **(9)** 220 **231**
indicum var. *recurvatum* **(9)** 228
integrifolium **(9)** 229
japonense **(9)** 222 **227**
khasianum **(9)** 229
kitagawae **(9)** 222 **225**
laciniatum **(9)** 221 **222**
laevis **(9)** 235
lasiocarpum **(9)** 220 **230** Ph.101
lyratum **(9)** 222 **226** Ph.96
lysimachioides **(9)** 235
macaonense **(9)** 221 **227**
melongena **(9)** 221 **232**
merrillianum **(9)** 222 **223**
neesianum **(9)** 234
nienkui **(9)** 221 **228**
nigrum **(9)** 222 **224** Ph.95
nigrum **(9)** 224
var. *atriplicifolium* **(9)** 224
var. *humile* **(9)** 225
nivalomontanum **(9)** 228
photeinocarpum **(9)** 224
pittosporifolium **(9)** 222 **226**
var. *pilosum* **(9)** 226
procumbens **(9)** 221 **229**
pseudocapsicum **(9)** 221 **225**
var. diflorum **(9)** 221 **225**
scabrum **(9)** 222 **224**
septemlobum **(9)** 222 **227**
var. *ovoidocarpum* **(9)** 227
var. *subintegrifolium* **(9)** 227
spirale **(9)** 221 **223**
suffruticosum **(9)** 223
var. *merrillianum* **(9)** 223
surattense **(9)** 230
surattense **(9)** 232
torvum **(9)** 221 **228** Ph.98
tuberosum **(9)** 221 **227** Ph.97
undatum **(9)** 221 **231**
verbascifolium **(9)** 222
villosum **(9)** 222 **225**
vinginianum **(9)** 221 **232**
violaceum **(9)** 221 **228** Ph.99
xanthocarpum **(9)** 232
Solena
(Cucurbitaceae) **(5)** 198 **221**
amplexicaulis **(5)** **221** Ph.108
delavayi **(5)** 221 **222**
Solenanthus
(Boraginaceae) **(9)** 282 **335**
circinnatus **(9)** **335**
Solenostigma consimile **(4)** 21
Solenostoma clavellatum **(1)** 82
radicellosum **(1)** 79
rodundatum **(1)** 77
Solidago
(Compositae) **(11)** 122 **154**

chinensis (11) 320
decurrens (11) 154 **155** Ph.43
pacifica (11) 154 **155**
virgaurea (11) **154**
Soliva
(Compositae) (11) 127 **443**
anthemifolia (11) **443**
Solms-Laubachia
(Brassicaceae) (5) 381 385 **494**
ciliaris (5) 496
dolichocarpa (5) 496
eurycarpa (5) 495 **496**
var. *brevistipes* (5) 496
lanata (5) **495**
latifolia (5) 496
minor (5) 495 **497**
orbiculata (5) 495
platycarpa (5) **495**
pulcherrima (5) 495 **496**
f. *angustifolia* (5) 496
Solmsiella
(Erpodiaceae) (1) 611 **612**
biseriatum (1) **612**
Sonchus
(Compositae) (11) 133 **701**
arvensis (11) 701 **702**
asper (11) **701**
azureus (11) 743
brachyotus (11) 701 **703**
cyaneus (11) **760**
lingianus (11) 701 **703**
oleraceus (11) **701**
oleraceus (11) 701 **702**
palustris (11) 701 **702**
sibiricus (11) **704**
tataricus (11) **705**
transcaspicus (11) 701 **703**
uliginosus (11) 701 **703**
Sonerila
(Melastomataceae) (7) 615 **651**
cantonensis (7) 652 **653**
var. strigosa (7) 652 **653**
epilobioides (7) **652**
esquirolii (7) 628
fordii (7) 646
peperomiaefolia (7) 645
rivularis (7) **652**
tenera (7) 652 **654**
yunnanensis (7) 652 **653**
Sonneratia
(Sonneratiaceae) (7) **497**
alba (7) 497 **498**
caseolaris (7) **497** Ph.173
Sonneratiaceae (7) **497**
Sooja nomame (7) 52
Sophiopsis
(Brassicaceae) (5) 385 **538**
annua (5) **539**
sisymbrioides (5) **539**
Sophora
(Fabaceae) (7) 60 **82**
alopecuroides (7) 82 **83** Ph.52
bifolia (7) 88
brachygyna (7) 82 **83**
davidii (7) 82 **85** Ph.55
dunnii (7) 82 **87**
fabacea (7) 458
flavescens (7) 82 **84** Ph.53
franchetiana (7) 83 **87**
glauca (7) 86
japonica (7) 82 **83** Ph.51
mairei (7) 87
moocroftiana (7) 82 **84** Ph.54
var. *davidii* (7) 85
platycarpa (7) 78
prazeri (7) 83 **88**
subprostrata (7) 85
tomentosa (7) 82 **86** Ph.56
tonkinensis (7) 82 **85**
velutina (7) 82 **86**
wilsonii (7) 83 **87**
Sopubia
(Scrophulariaceae) (10) 70 **167**
trifida (10) **167**
Soranthus
(Umbelliferae) (8) 582 **740**
meyeri (8) **741**
Sorbaria
(Rosaceae) (6) 442 **471**
arborea (6) 472 **473** Ph.118
var. glabrata (6) 472 **473**
var. subtomentosa (6) 472 **473**
kirilowii (6) 471 **472** Ph.117
sorbifolia (6) 471 **472**
var. stellipila (6) 471 **472**
Sorbus
(Rosaceae) (6) 443 **531**
alnifolia (6) 534 **548** Ph.132
amabilis (6) 532 **536**
arguta (6) 533 **545**
aronioides (6) 534 **551**
astateria (6) 534 **553**
caloneura (6) 534 **549**
coronata (6) 534 **548** Ph.131
corymbifera (6) 534 **550**
discolor (6) 532 **536**
dunnii (6) 534 **552**
epidendron (6) 534 **552**
ferruginea (6) 534 **553**
filipes (6) 533 **543**
folgneri (6) 534 **552**
foliolosa (6) 532 **539**
var. *ursina* (6) 540
globosa (6) 534 **550**
glomerulata (6) 533 **541**
granulosa (6) 550
hemsleyi (6) 533 **547**
hupehensis (6) 532 **538** Ph.127
insignis (6) 531 **535**
keissleri (6) 534 **551**
kiukiangensis (6) 532 **540**
koehneana (6) 533 **542**
megalocarpa (6) 533 **545**

meliosmifolia (6) 534 **550**
microphylla (6) 533 **544**
multijuga (6) 533 **545**
ochracea (6) 534 **553**
oligodonta (6) 532 **538**
pallescens (6) 533 **547**
pohuashanensis (6) 532 **537**
prattii (6) 533 **542** Ph.128
pteridophylla (6) 532 **539**
reducta (6) 532 **538**
rehderiana (6) 533 **541**
rhamnoides (6) 534 **549**
rufopilosa (6) 533 **544** Ph.129
sargentiana (6) 532 **535**
scalaris (6) 532 **540**
setschwanensis (6) 533 **545**
sikkimensis δ ferruginea (6) 553
tapashana (6) 532 **538**
thibetica (6) 533 **546** Ph.130
thomsonii (6) 534 **551**
tianschanica (6) 532 **537**
ursina (6) 532 **540**
vilmorinii (6) 533 **543**
var. *setschwanensis* (6) 545
wallichii (6) 539
wlisoniana (6) 532 **535**
xanthoneura (6) 547
zahlbruckeri (6) 533 **546**
Sorghum
(Poaceae) (12) 556 **1121**
bicolor (12) 1121 **1124**
caffrorum (12) 1121 **1124**
dochna (12) 1121 **1123**
var. technicum (12) 1121 **1124**
halepense (12) 1121 **1122**
nervosum (12) 1121 **1123**
var. flexibile (12) 1121 **1123**
nitidum (12) **1121**
propinquum (12) 1121 **1123**
vulgare (12) 1124
Sorolepidium
(Dryopteridaceae) (2) 472 **600**
glaciale (2) 600 **600**
ovale (2) 600 **600**
Soroseris
(Compositae) (11) 134 **735**
erysimoides (11) **736** Ph.174
gillii (11) 736 **737** Ph.175
glomerata (11) **736**
hirsuta (11) 736 **737**
hookeriana subsp. *erysimoides* (11) 736
umbrella (11) 740
Souliea
(Ranunculaceae) (3) 388 **398**
vaginata (3) **398** Ph.307
Southbya
(Arnelliaceae) (1) **161**
gollanii (1) **161**
Sparganiaceae (13) **1**
Sparganium
(Sparganiaceae) (13) **1**
angustifolium (13) 1 **4**
fallax (13) 1 **2** Ph.2
glomeratum (13) 1 **3**
hyperboreum (13) 1 **4**
minimum (13) 1 **4**
ramosum (13)
subsp. *stoloniferum* (13) 1
simplex (13) 1 **3**
stenophyllum (13) 1 **2**
stoloniferum (13) **1** Ph.1
Spartina
(Poaceae) (12) 559 **995**
anglica (12) **995**
Spartium
(Fabaceae) (7) 67 **464**
junceum (7) **465**
scoparium (7) 464
Spathium chinensis (3) 316
Spatholobus
(Fabaceae) (7) 65 **203**
sinensis (7) **203**
suberectus (7) 203 **204**
Spathodea
(Bignoniaceae) (10) 419 **425**
campanulata (10) **425**
igneum (10) 435
stipulata (10) 434
Spathoglottis
(Orchidaceae) (13) 372 **592**
ixioides (13) **592**
plicata (13) **592** Ph.415
pubescens (13) **592** Ph.414
Spatholirion
(Commelinaceae) (12) 182 **183**
longifolium (12) **184** Ph.83
Speirantha
(Liliaceae) (13) 71 **175**
gardenii (13) **176** Ph.126
Spenceria
(Rosaceae) (6) 444 **743**
ramalana (6) **744** Ph.162
Speranskia
(EuPhorbiaceae) (8) 11 **61**
cantonensis (8) **61**
tuberculata (8) **61** Ph.25
Spergula
(Caryophyllaceae) (4) 392 **394**
arvensis (4) **394**
japonica (4) 433
laricina (4) 434
saginoides (4) 433
Spergularia
(Caryophyllaceae) (4) 392 **395**
diandra (4) **395**
marina (4) **395**
salina (4) 395
Spermacoce articularis (10) 657
costata (10) 516
hedyotidea (10) 522
stricta (10) 656
villosa (10) 657
Spermadictyon

(Rubiaceae) (10) 509 **635**
suaveolens (10) **636**
Sphaeranthus
(Compositae) (11) 129 **245**
africanus (11) **246**
indicus (11) 246 **247**
senegalensis (11) **246**
Sphaerocarya wallichiana (7) 732
Sphaerocaryum
(Poaceae) (12) 552 **1018**
malaccense (12) **1019**
Sphaerophysa
(Fabaceae) (7) 61 66 **262**
salsula (7) **262** Ph.123
Sphaeropteris
(Cyatheaceae) (2) 141 **141**
brunoniana (2) 142 **142**
lepifera (2) 142 **142** Ph.53
Sphaerotheciella
(Cryphaeaceae) (1) 644 **647**
sphaerocarpa (1) **647**
Sphagnaceae (1) **300**
Sphagnum
(Sphagnaceae) (1) **300**
acutifolioides (1) 300 **301**
acutiforme var. robustum (1) 310
compactum (1) 300 **302**
cuspidatulum (1) 301 **302**
falcatulum (1) 301 **303**
girgensohnii (1) 301 **303**
imbricatum (1) 300 **304**
javense (1) 398
jensenii (1) 301 **304**
junghuhnianum (1) 301 **305** Ph.75
khasianum (1) 300 **306**
magellanicum (1) 300 **306** Ph.76
multifibrosum (1) 300 **307** Ph.77
nemoreum (1) 301 **307**
obtusiusculum (1) 301 **308**
ovatum (1) 300 **308**
palustre (1) 300 **308** Ph.78
pungifolium (1) 301 **309** Ph.79
quarrosum var. teres (1) 313
recurvum (1) 301 **310**
robustum (1) 301 **310**
sericeum (1) 300 **311** Ph.80
squarrosum (1) 301 **311** Ph.81
subsecundum (1) 300 **312** Ph.82
tenellum (1) 301 **312** Ph.83
teres (1) 301 **313**
Sphallerocarpus
(Umbelliferae) (8) 579 **595**
gracilis (8) **595**
longilobus (8) 598
Sphenoclea
(Sphenocleaceae) (10) **445**
zeylanica (10) **445**
Sphenocleaceae (10) **445**
Sphenodesme
(Verbenaceae) (9) 346 **348**
floribunda (9) 348 **349**
involucrata (9) **348**
Sphenolobus ascendens (1) 53
yakushimensis (1) 92
Sphenomeris
(Lindsaeaceae) (2) 164 **170**
biflora (2) 171 **171**
chinensis (2) 171 **171**
eberhardtii (2) 171 **172**
Spilanthes
(Compositae) (11) 124 **322**
acmella (11) 322
callimorpha (11) 322 **323**
paniculata (11) **322**
Spinacia
(Chenopodiaceae) (4) 305 **327**
fera (4) 325
oleracea (4) **327**
Spinifex
(Poaceae) (12) 552 **1084**
littoreus (12) **1084**
Spinovitis davidii (8) 219
Spiradiclis
(Rubiaceae) (10) 507 **528**
caespitosa (10) 528 **529**
guangdongensis (10) **528**
microcarpa (10) 528 **529**
umbelliformis (10) 528 **529**
Spiraea
(Rosaceae) (6) 442 **445**
alpina (6) 448 **463** Ph.115
amurensis (6) 473
angulata (6) 451
angustiloba (6) 581
aquilegifolia (6) 449 **468**
var. *vanhouttei* (6) 461
arcuata (6) 447 **456**
bella (6) 446 **450**
blumei (6) 447 **460**
var. *hirsuta* (6) 457
callosa γ. *glabra* (6) 450
canescens (6) 447 **456**
var. glaucophylla (6) 447 **456**
cantoniensis (6) 447 **460**
chamaedryfolia (6) 448 **465**
chinensis (6) 447 **458**
dahurica (6) 448 **464**
dasyantha (6) 447 **458**
digitata var. *intermedia* (6) 581
elegans (6) 448 **461**
flexuosa (6) 448 **465**
fortunei (6) 449
fritschiana (6) 446 **451**
var. angulata (6) 446 **451**
var. parvifolia (6) 446 **451**
hailarensis (6) 449 **468**
henryi (6) 446 **451**
hirsuta (6) 447 **457**
hypericifolia (6) 449 **468**
incisa (6) 478
japonica (6) 445 **449**
var. acuminata (6) 445 **449**
var. fortunei (6) 445 **449** Ph.113

var. glabra **(6)** 445 **450**
kirilowii **(6)** 472
laeta **(6)** 448 **462**
laevigata **(6)** 469
var. angustata **(6)** **470**
longigemmis **(6)** 446 **455**
martinii **(6)** 449 **467**
media **(6)** 448 **463**
mollifolia **(6)** 448 **466**
mongolica **(6)** 448 **466**
myrtilloides **(6)** 448 **464**
nishimurae **(6)** 447 **458**
ovalis **(6)** 446 **453**
palmata **(6)** 579
prostrata **(6)** 448 **463**
prunifolia **(6)** 448 **467**
var. simpliciflora **(6)** 448 **467**
pubescens **(6)** 447 **459**
purpurea **(6)** 446 **450**
rosthornii **(6)** 446 **455**
salicifolia **(6)** 445 **449**
sargentiana **(6)** 446 **452**
schneideriana **(6)** 446 **454**
var. amphidoxa **(6)** 446 **454** Ph.114
sericea **(6)** 448 **462**
sorbifolia **(6)** 472
sublobata **(6)** 448 **461**
thunbergii **(6)** 448 **467**
trichocarpa **(6)** 447 **456**
trilobata **(6)** 447 **459**
ulmaria **(6)** 582
uratensis **(6)** 447 **457**
vanhouttei **(6)** 447 **461**
veitchii **(6)** 446 **453**
velutina **(6)** 446 **454**
vestita **(6)** 580
wilsonii **(6)** 446 **452**
yunnanensis **(6)** 447 **459**
Spiranthes
(Orchidaceae) **(13)** 368 **442**
lancea **(13)** 442
obliqua **(13)** 443
sinensis **(13)** **442** Ph.308
Spiridens
(Spiridentaceae) **(1)** **609**
reinwardtii **(1)** **609**
Spiridentaceae **(1)** **609**
Spirodela
(Lemnaceae) **(12)** 176 **177**
polyrrhiza **(12)** **177**
Spirorhynchus
(Brassicaceae) **(5)** 383 **428**
Sabulosus **(5)** **429**
Splachnaceae **(1)** **525**
Splachnobryum
(Splachnaceae) **526**
aquaticum **(1)** **527**
obtusum **(1)** 526 **527**
Splachnum
(Splachnaceae) **(1)** 526 **533**
ampullaceum **(1)** **534** Ph.153
angustatum **(1)** 533
lingulatum **(1)** 539
luteum **(1)** **534**
mnioides **(1)** 532
serratum **(1)** 531
sphaericum **(1)** 534 **535**
squarrosa **(1)** 531
vasculosum **(1)** 534 **535** Ph.154
Spodiopogon
(Poaceae) **(12)** 555 **1102**
formosanus **(12)** 1104
ramosus **(12)** 1102 **1103**
sibiricus **(12)** **1102**
Spondias
(Anacardiaceae) **(8)** 345 **350**
axillaris **(8)** 350
lakonensis **(8)** **350**
phylla **(8)** 350 **351**
pinnata **(8)** 350 **351** Ph.171
Sponaria pungens **(4)** 471
Sponia angustifolia **(4)** 19
Sporobolus
(Poaceae) **(12)** 558 **995**
diander **(12)** **996**
fertilis **(12)** 996 **997**
hancei **(12)** 996 **998**
indicus var. *purpureosuffusus* **(12)** 997
piliferus **(12)** **996**
virginicus **(12)** 996 **998**
Sporoxeia
(Melastomataceae) **(7)** 614 **633**
sciadophila **(7)** **633**
Stapfiophyton
(Melastomataceae) **(7)** 615 **644**
breviscapum **(7)** 644 **645**
degeneratum **(7)** **644**
erecta **(7)** 639
peperomiaefolium **(7)** 644 **645**
Sportella atalantioides **(6)** 501
Sprekelia
(Amaryllidaceae) **(13)** 259 **271**
formosissima **(13)** **271**
Spruceanthus
(Lejeuneaceae) **(1)** 224 **227**
polymorphus **(1)** 227 **228**
semirepandus **(1)** 227 **228**
Spsymbrium polymorphum
var. *latifolium* **(5)** 527
var. *soongarium* **(5)** 527
Stachygynandrum tamariscinum **(2)** 36
Stachyopogon pauciflorum **(13)** 255
Stachyopsis
(Lamiaceae) **(9)** 396 **478**
marrubioides **(9)** 478 **479**
oblongata **(9)** **478**
Stachys
(Lamiaceae) **(9)** 395 **492**
arrecta **(9)** 492 **495**
arvensis **(9)** 492 **497**
baicalensis **(9)** 492 **493**
chinensis **(9)** 492 **493**
geobombycis **(9)** 492 **496**

var. alba (9) 492 **496**
japonica (9) 492 **494**
kouyangensis (9) 492 **496**
leptopoda (9) 495
oblongifolia (9) 492 **494**
var. leptopoda (9) 492 **495**
sieboldii (9) 492 **495**
sylvatica (9) **492**
Stachytarpheta
(Verbenaceae) (9) 346 **351**
jamaicensis (9) **351** Ph.132
Stachyuraceae (5) **131**
Stachyurus
(Stachyuraceae) (5) **131**
chinensis (5) 131 **134** Ph.79
var. brachystachyus (5) 132 **135**
var. cuspidatus (5) 132 **135**
var. latus (5) 131 **135**
cordatulus (5) 131 **134**
himalaicus (5) 132 **135** Ph.80
oblongifolius (5) 131 **133**
obovatus (5) 131 **133** Ph.77
obovatus (5) 133
retusus (5) 131 **134** Ph.78
salicifolius (5) 131 **132** Ph.76
var. lancifolius (5) 131 **132**
yunnanensis (5) 131 **132**
var. *obovata* (5) 133
Stahlianthus
(Zingiberaceae) (13) 20 **30**
involucratus (13) **30**
Staintoniella verticillata (5) 522
Stapelia
(Asclepiadaceae) (9) 134 **178**
pulchella (9) **178** Ph.85
Staphylea
(Staphyleaceae) (8) 259 **260**
bumalda (8) 260 **261**
forrestii (8) **261**
holocarpa (8) 260 **261**
Staphyleaceae (8) **259**
Statice aurea (4) 549
bicolor (4) 547
callicoma (4) 545
chrysocoma (4) 549
coralloides (4) 550
eximia (4) 546
franchetii (4) 548
gmelini (4) 551
kaufmanniana (4) 544
otolepis (4) 550
sinensis (4) 547
speciosa (4) 545
suffruticosa (4) 551
tenella (4) 548
Statiotes acoroides (12) 17
alismoides (12) 14
Stauntonia
(Lardizabalaceae) (3) 655 **664**
brachybotra (3) 667
brunoniana (3) 659
cavalerieana (3) 664 **667**
chinensis (3) 664 **666** Ph.395
conspicua (3) 664 **666**
crassipes (3) 665
duclouxii (3) 664 **665**
elliptica (3) 659
hainanensis (3) 666
hexaphylla var. *urophylla* (3) 667
obovata (3) **664**
obovatifoliola
subsp. urophylla (3) 664 **667**
obscurinervia (3) 666
parviflora (3) 661
trinervia (3) 664 **665**
Stauranthera
(Gesneriaceae) (10) 246 **325**
tsiangiana (10) 326
umbrosa (10) **325**
Staurochilus
(Orchidaceae) (13) 371 **729**
dawsonianus (13) 729 **730** Ph.540
loratus (13) 729 **730**
Stauropsis undulata (13) 723
Staurogyne
(Acanthaceae) (10) 329 **336**
chapaensis (10) 337 **338**
concinnula (10) 337 **339**
hypoleuca (10) **337**
rivularis (10) 337 **338**
sesamoides (10) **337**
Stebbinsia
(Compositae) (11) 133 **740**
umbrella (11) **740**
Steetzia subciliata (1) 256
Stegonia
(Pottiaceae) (1) 437 **475**
latifolia (1) **475**
Stelis odoratissimum (13) 697
Stellaria
(Caryophyllaceae) (4) 392 **406**
alaschanica (4) 408 **415**
alsine (4) 412
arenaria (4) 408 416
biflora (4) 435
brachypetala (4) 407 **413**
cerastoides (4) 402
cherleriae (4) 408 **417**
chinensis (4) 407 **410**
davidii var. *himalaica* (4) 400
decumbens (4) 408 **417**
dichotoma (4) 407 **411** Ph.186
var. lanceolata (4) 407 **411**
var. linearis (4) 407 **411**
discolor (4) 407 **412**
filicaulis (4) 408 **415**
graminea (4) 407 **412**
infracta (4) 407 **411**
longifolia (4) 408 **414**
media (4) 407 **409** Ph.185
neglecta (4) 407 **408**
nemorum (4) 407 **408**
palustris (4) 407 **413**

radians (4) 408 **417**
salicifolia (4) 407 **414**
saxatilis (4) 410
uda (4) 408 **415**
uliginosa (4) 407 **412**
umbellata (4) 408 **416**
vestita (4) 407 **410**
wushanensis (4) 407 **408**
Stellera
(Thymelaeaceae) (7) 514 **540**
chamaejasme (7) **540** Ph.191
passerina (7) 539
Stelleropsis
(Thymelaeaceae) (7) 514 **540**
tianschanica (7) **541**
Stelmatocrypton
(Asclepiadaceae) (9) 133 **140**
khasianum (9) **140** Ph.77
Stemmacantha
(Compositae) (11) 132 **649**
carthamoides (11) **649**
uniflora (11) **649** Ph.163
Stemodia philippensis (10) 96
repens (10) 102
ruderalis (10) 96
Stemona
(Stemonaceae) (13) **311**
japonica (13) **311** Ph.236
mairei (13) 311 **313**
parviflora (13) 311 **313**
sessilifolia (13) 311 **312** Ph.237
tuberosa (13) 311 **312** Ph.238
Stemonaceae (13) **311**
Stemonurus chingianus (7) 877
foetidus (7) 881
Stenactis multiradiatus (11) 219
Stenochlaena
(Stenochaenaceae) (2) **207**
hainanensis (2) 207 **207**
palustris (2) 207 **207** Ph.64
Stenochlaenaceae (2) 7 **207**
Stenocoelium
(Umbelliferae) (8) 580 **701**
athamantoides (8) **701**
divaricatum (8) 759
trichocarpum (8) 701 **702**
Stenogramma
(Thelypteridaceae) (2) 335 **388**
cyrtomioides (2) 388 **389**
dictyoclinoides (2) 388 **389**
jinfoshanensis (2) 388 **390**
Stenolejeunea
(Lejeuneaceae) (1) 244 **245**
apiculata (1) **245**
Stenoloma biflorum (2) 171
chusanum (2) 171
eberhardtii (2) 172
Stenoseris
(Compositae) (11) 135 **761**
graciliflora (11) **762**
taliensis (11) **762**
triflora (11) **762**
Stenosolenium
(Boraginaceae) (9) 280 **293**
saxatiles (9) **294**
Stenotaphrum
(Poaceae) (12) 553 **1083**
helferi (12) **1083**
Stephanachne
(Poaceae) (12) 558 **946**
nigrescens (12) **946**
pappophorea (12) 946 **947**
Stephanandra
(Rosaceae) (6) 442 **478**
chinensis (6) **478**
incisa (6) **478**
Stephania
(Menispermaceae) (3) 669 670 **682**
brachyandra (3) 683 **689**
cepharantha (3) 683 **688**
delavayi (3) 683 **685**
dielsiana (3) 683 **689**
elegans (3) 683 **684**
epigaea (3) 683 **687**
excentrica (3) 683 **690**
herbacea (3) 683 **686**
hernandifolia (3) 683 **686** Ph.400
japonica (3) 683 **685**
kwangsiensis (3) 683 **690**
longa (3) 683 **686** Ph.401
sasakii (3) 683 **684**
sinica (3) 683 **684** Ph.402
subpeltata (3) 683 **684**
tetrandra (3) 683 **686**
viridiflavens (3) 683 **688**
Stephanotis *chunii* (9) 180
mucronata (9) 180
Sterculia
(Sterculiaceae) (5) 34 **35**
alata (5) 35
brevissima (5) 36 **39** Ph.20
ceramica (5) 36 **38** Ph.19
colorata (5) 43
euosma (5) 36 **39**
foetida (5) 36 **37**
lanceolata (5) 36 **40** Ph.21
micrantha (5) 36 **38**
nobilis (5) 36 **37** Ph.18
pexa (5) **36** Ph.17
platanifolia var. *major* (5) 42
Subnobilis (5) 36 **39**
Subracemosa (5) 36 **38**
villosa (5) 36 **37**
Sterculia bodinieri (8) 39
Sterculiaceae (5) **34**
Stereodon affinis (1) 879
erythrocaulis (1) 886
himalayanum (1) 936
lychnites (1) 931
nemorale (1) 871
oldhamii (1) 911
paleaceus (1) 869
pinnatus (1) 932

planulus (1) 875
prorepens (1) 859
psilurus (1) 942
recurvatus (1) 906
revolutus (1) 907
speciosus (1) 878
taxirameum (1) 921
vernicosus (1) 815
Stereodontopsis
(Hypnaceae) (1) 899 **912**
pseudorevoluta (1) **912**
Stereophyllaceae (1) **862**
Stereophyllum nitens (1) 863
pygmaeum (1) 862
Stereosandra
(Orchidaceae) (13) 368 **532**
javanica (13) **532**
Stereosanthus delavayi (11) 211
Stereospermum
(Bignoniaceae) (10) 419 **426**
colais (10) **426**
neuranthum (10) **426**
sinicum (10) 427
Sterigmostemum
(Brassicaceae) (5) 387 **510**
caspicum (5) **510**
granciflorum (5) 511
matthioloides (5) 511
tomentosum (5) 510
Steudnera
(Araceae) (12) 105 **127**
colocasiaefolia (12) **127**
griffithii (12) **127**
Stevenia
(Brassicaceae) (5) 388 **480**
cheiranthoides (5) **480**
Stevia
(Compositae) (11) 122 **153**
rebrudiana (11) **153**
Stewartia
(Theaceae) (4) 573 **616**
gemmata (4) 616 **617**
rubiginosa (4) 616 **618**
shensiensis (4) 616 **617**
sinensis (4) 616 **617** Ph.283
villosa (4) 616
yunnanensis (4) 617 **618**
Sticherus
(Gleicheniaceae) (2) 98 **100**
laevigatus (2) **101**
Stictocardia
(Convolvulaceae) (9) 240 **269**
tiliaefolia (9) **270**
Stigmarota jangomas (5) 115
Stigmatodactylus
(Orchidaceae) (13) 368 **444**
sikokianus (13) **444**
Stilago bunius (8) 29
Stillingia discolor (8) 114
japonica (8) 115
Stilpnolepis
(Compositae) (11) 126 **360**
centiflora (11) **361**
intricata (11) **361**
Stimpsonia
(Primulaceae) (6) 114 **149**
chamaedryoides (6) **149**
criapidens (6) 119
Stipa
(Poaceae) (12) 557 **931**
aliena (12) 932 **939**
arabica var. *szovitsiana* (12) 938
baicalensis (12) 931 **935**
brandisii (12) 959
breviflora (12) 932 **937**
bungeana (12) 931 **933**
capillacea (12) 931 **934**
capillata (12) 931 **935**
caragana (12) 955
caucasica (12) 932 **936**
chingii (12) 955
concinna (12) 950
confusa (12) 957
duthiei (12) 956
extremiorientale (12) 959
glareosa (12) 931 **936**
gobica (12) 932 **936**
grandifolium (12) 947
grandis (12) 931 **935**
henryi (12) 942
hookeri (12) 951
inebrians (12) 957
jacquemontii (12) 956
kirghisorum (12) 933 **940**
klemenzii (12) 932 **937**
krylovii (12) 931 **934**
lessingiana (12) 932 **940**
littorea (12) 1084
macroglossa (12) 932 **940**
mongholica (12) 950
nakaii (12) 958
orientalis (12) 932 **938**
pappiformis (12) 952
pekinensis (12) 958
pelliotii (12) 949
penicillata (12) 932 **939**
przewalskyi (12) 931 **933**
purpurea (12) 932 **937**
regeliana (12) 932 **938**
roborowskyi (12) 932 **937**
sareptana var. *krylovii* (12) 934
splendens (12) 954
subsessiliflora (12) 932 **939**
szovitsiana (12) 932 **938**
tianschanica var. *gobica* (12) 936
var. *klemenzii* (12) 937
turgaica (12) 938
Stipellaria mollis (8) 79
tiliifolia (8) 79
trewioides (8) 78
Stixis
(Capparaceae) (5) 367 **377**
Suaveolens (5) **377**

Stracheya
(Fabaceae) **(7)** 61 **402**
tibetica **(7)** **402**
Stranvaesia
(Rosaceae) **(6)** 443 **511**
amphidoxa **(6)** 512 **513**
var. amphileia **(6)** 512 **513**
davidiana **(6)** **512**
var. salioifolia **(6)** **512**
var. *undulata* **(6)** 512
nussia
var. oblanceolata **(6)** **512**
oblanceolata **(6)** **512**
salioifolia **(6)** 512
undulata **(6)** 512
Streblus
(Moraceae) **(4)** 28 **34**
asper **(4)** 34 **35** Ph.24
ilicifolius **(4)** 34 **36**
indicus **(4)** 34 **35**
tonkinensis **(4)** 34 **35**
Strelitzia
(Strelitiziaceae) **(13)** 12 **13**
alba **(13)** **13**
alba **(13)** **13**
nicolai **(13)** **13**
reginae **(13)** **13** Ph.13
Strelitziaceae **(13)** **12**
Streptocaulon
(Asclepiadaceae) **(9)** 133 **137**
calophylla **(9)** 139
extensum **(9)** 138
griffithii **(9)** 138
juventas **(9)** **137**
Streptolirion
(Commelinaceae) **(12)** 182 **183**
longifoliu **(12)** 184
volubile **(12)** **183** Ph.82
subsp. khasianum **(12)** **183**
var. *khasianum* **(12)** 183
Streptopus
(Liliaceae) **(13)** 71 **202**
koreanus **(13)** **203** Ph.148
obturatus **(13)** **203**
paniculata **(13)** 194
parviflorus **(13)** 203 **204** Ph.150
simplex **(13)** 203 **204** Ph.149
Striga
(Scrophulariaceae) **(10)** 69 **169**
asiatica **(10)** **169**
var. *humilis* **(10)** 169
masuria **(10)** **169**
Strobilanthes
(Acanthaceae) **(10)** 332 **378**
affinis **(10)** 361
alatiramosa **(10)** 370
auriculatus **(10)** 364
austinii **(10)** 374
capitatus **(10)** 375
claviculatus **(10)** 368
cognata **(10)** 369
cusia **(10)** 363
cycla **(10)** 379
cyphanthus **(10)** 367
divaricatus **(10)** 377
dryadum **(10)** 370
dyeriana **(10)** 365
edgeworthianus **(10)** 364
esquirolii **(10)** 380
flexcaulis **(10)** 358
flexus **(10)** 367
formosana **(10)** 376
gigantodes **(10)** 373
glutinosa **(10)** 363
helicta **(10)** 368
henryi **(10)** 360
hygrophiloides **(10)** 370
jugorum **(10)** 373
labordei **(10)** 358
leucocephala **(10)** 376
limprichtii **(10)** 379
lofouensis **(10)** 354
longespicatus **(10)** 371
maclurei **(10)** 357
monadelpha **(10)** 378
mucronato-producta **(10)** **379**
panduratus **(10)** 370
pteroclada **(10)** 381
rankanensis **(10)** 359
rufo-hirta **(10)** 372
scoriarum **(10)** 377
tashiroi **(10)** 359
tetraspermus **(10)** 357
triflora **(10)** 369
versicolor **(10)** 371
wallichii **(10)** 369
Stroganowia
(Brassicaceae) **(5)** 385 **426**
brachyota **(5)** **427**
Strophanthus
(Apocynaceae) **(9)** 90 **122**
divaricatus **(9)** **122** Ph.70
hispidus **(9)** **122** Ph.69
Strophioblachia
(Euphorbiaceae) **(8)** 13 **101**
fimbricalyx **(8)** **101** Ph.52
var. efimbriata **(8)** 101 **102**
Struckia
(Sematophyllaceae) **(1)** 872 **876**
argentata **(1)** **876**
Struthiopteris
(Blechnaceae) **(2)** 458 **460**
eburnea **(2)** 461 **461** Ph.103
hancockii **(2)** 461 **461**
orientalis **(2)** **447**
Strychnos
(Loganiaceae) **(9)** 1 **2**
angustiflora **(9)** 2 **3** Ph.2
cathayensis **(9)** 2 **4**
confertiflora **(9)** 3
ignatii **(9)** 2 **5**
nitida **(9)** 2 **4**
nux--vomica **(9)** 2

ovata (9) 2 **3**
umbellata (9) 2 **3**
wallichiana (9) 2 **5**
Stylidiaceae (10) **502**
Stylidium
(Stylidiaceae) (10) **502**
tenellum (10) 502 **503**
uliginosum (10) **502**
Stylidium chinense (7) 684
Stylocoryna attenuata (10) 599
Stylophorum
(Papaveraceae) (3) 695 **711**
lasiocarpum (3) **711**
sutchuense (3) **711**
Stylosanthes
(Fabaceae) (7) 67 **259**
guianensis (7) **259**
Styracaceae (6) **26**
Styrax
(Styracaceae) (6) 26 **27**
agrestis (6) 28 **37**
argentifolius (6) 28 **35**
biaristatum (6) 42
calvescens (6) 28 **35**
chinensis (6) 28 **36**
confusus (6) 28 **38**
dasyanthus (6) 28 **38**
faberi (6) 28 **39** Ph.10
formosanus (6) 28 **39**
grandiflorus (6) 27 **31**
hainanensis (6) 28 **37**
hemsleyanus (6) 27 **32**
hypogiauca (6) 29
japonicus (6) 27 **31** Ph.8
lacei (6) 45
limprichtii (6) 27 **30**
macranthus (6) 27 **34**
macrocarpus (6) 27 **33**
obassia (6) 27 **28**
odoratissimus (6) 27 **33**
parviflorum (6) 42 **43**
perkinsiae (6) 27 **30**
polysperma (6) 40
roseus (6) 28 **34**
rugosus (6) 27 **29**
serrulatus (6) 28 **37**
suberifolius (6) 28 **36** Ph.9
supaii (6) 27 **32**
tibeticus (6) 42
tonkinensis (6) 27 **29**
wuyuanensis (6) 28 **34**
zhejiangensis (6) 27 **33**
Styrophyton
(Melastomataceae) (7) 614 **625**
caudatum (7) **625**
Suaeda
(Chenopodiaceae) (4) 306 **342**
acuminata (4) 343 **345** Ph.149
australis (4) **343**
corniculata (4) 343 **346**
glauca (4) 343 **344**
heterophylla (4) 343 **347**
linifolia (4) 343 **345**
microphylla (4) 343 **344** Ph.148
physophora (4) 343 **344**
przewalskii (4) 343 **346** Ph.150
salsa (4) 343 **347**
sieversiana (4) 340
stellatiflora (4) 343 **348**
Sumbariopsis
(Euphorbiaceae) (8) 11 **60**
albicans (8) **60**
Sunipia
(Orchidaceae) (13) 373 **716**
andersonii (13) 716 **717**
bicolor (13) **717**
candida (13) 717 **718**
intermedia (13) 717 **718**
rimannii (13) 717 **718**
scariosa (13) 717 **719**
soidaoensis (13) 717 **719**
thailandica (13) 717 **719**
Suregada
(Euphorbiaceae) (8) 14 **106**
glomerulata (8) **106** Ph.55
Suriana
(Simaroubaceae) (8) 367 **371**
maritima (8) **372**
Suzukia
(Lamiaceae) (9) 394 **446**
luchuensis (9) 446 **447**
shikikunensis (9) **446**
Swainsonan salsula (7) 262
Swertia
(Gentianaceae) (9) 12 **74**
angustifolia (9) 76 **83**
arisanensis (9) 76 **79**
bella (9) 73
bifolia (9) 75 **78**
bimaculata (9) 75 **83** Ph.42
calycina (9) 74 **77**
carinthiaca (9) 72
chinensis
var. *tasensis* (9) 85
chumbica (9) 72
cincta (9) 77 **88** Ph.46
cordata (9) 75 **82**
corniculata (9) 59
davidii (9) 75 **82**
delavayi (9) 76 **84** Ph.43
dichotoma (9) 76 **87**
diluta (9) 76 **85**
var. tosaensis (9) 76 **85**
elata (9) 75 **79**
erythrosticta (9) 74 **77** Ph.39
franchetiana (9) 76 **87**
gamosepala (9) 71
handeliana (9) 75 **80**
hickinii (9) 76 86
hispidicalyx (9) 76 **84**
hookeri (9) 75 **81**
kingii (9) 75 **79**
kouitchensis (9) 76 **86** Ph.44

macrosperma (9) 76 **85**
manshurica (9) 77
marginata (9) 75 **78** Ph.40
multicaulis (9) 75 **81**
mussotii (9) 76 **86**
var. flavescens (9) 76 **86**
nervosa (9) 75 **83**
nervosa (9) 83
oculata (9) 75 **82**
patens (9) 75 **81**
perennis (9) 74 **77**
punicea (9) 76 **87** Ph.45
racemosa (9) 77 **88**
rotata (9) **72**
shintenensis (9) 75 **82**
tenuis (9) 76 **85**
tetrapetala (9) 76 **84**
tetraptera (9) 77 **88**
tibetica (9) 75 **80**
wolfangiana (9) 75 **78** Ph.41
yunnanensis (9) 76 **85**
Swida alba (7) 694
alsophila (7) 698
bretschneideri (7) 694
coreana (7) 695
macrophylla (7) 695
oblonga (7) 693
paucinervis (7) 696
poliophylla (7) 696
ulotricha (7) 698
walteri (7) 697
wilsoniana (7) 697
Swietenia
(Meliaceae) (8) 375 **378**
nahagoni (8) **378**
senegalensis (8) 379
Syagrus
(Arecaceae) (12) 58 **98**
romanzoffiana (12) **99** Ph.32
Sycopsis
(Hamamelidaceae) (3) 773 **791**
chingii (3) **790**
dunnii (3) **791** Ph.447
laurifolia (3) 791 **792**
sinensis (3) **791**
Symblepharis
(Dicranaceae) (1) 333 **370**
desifolia (1) 371
reinwardtii (1) **370**
vaginata (1) **370** Ph.95
Symingtonia populnea (3) 774
tonkinensis (3) 775
Sympagis
(Acanthaceae) (10) 332 **378**
monadelpha (10) **378**
Sympegma
(Chenopodiaceae) (4) 306 **351**
regelii (4) **351** Ph.153
Symphorema
(Verbenaceae) (9) 346 **347**
involucratum (9) **347**
unguiculata (9) 348
Symphoricarpos
(Caprifoliaceae) (11) 1 **39**
sinensis (11) **39** Ph.13
Symphyllia siletiana (8) 85
Symphyllocarpus
(Compositae) (11) 129 **247**
exilis (11) **248**
Symphyodon
(Symphyodontaceae) (1) **739**
perrottetii (1) 739 **740**
pygmaeus (1) **739**
Symphyodontaceae (1) **739**
Symphyosepalum
gymnadenioides (13) 487
Symphysodontella
(Pterobryaceae) (1) 668 **680**
tortifolia (1) **680**
Symphytum
(Boraginaceae) (9) 281 **299**
officinale (9) **299**
Symplocaceae (6) **51**
Symplocarpus
(Araceae) (12) 104 **119**
foetidus (12) **119**
Symplocos
(Symplocaceae) (6) **51**
adenophylla (6) 53 **64**
adenopus (6) 53 **71**
aenea (6) 53 **70**
angustffoila (6) 53 **70**
anomala (6) 51 **57**
austrosinensis (6) 54 **74**
botryantha (6) 52 59
caudata (6) **59**
chinensis (6) 54 **75** Ph.19
chunii (6) 52 **62**
cochinchinensis (6) 53 **68**
var. phiilippinensis (6) 53 **68**
var. puberula (6) 53 **68**
confusa (6) 54 **76**
congesta (6) 54 **74** Ph.18
crassifolia (6) 51 **56** Ph.16
crassilimba (6) 53 **66**
decora (6) 52 **60**
dolichostylosa (6) 52 **61**
dolichotricha (6) 54 **73**
dryophila (6) 53 **65**
dung (6) 53 **69**
ernestii (6) 55
euryoides (6) 52 **58**
ferruginea var. *phiilippinensis* (6) 68
fordii (6) 52 **61**
glandulifera (6) 53 **70**
glauca (6) 52 **62**
glomerata (6) 54 **71**
grandis (6) 54 **73**
groffii (6) 53 **57**
heishanensis (6) 52 **64**
hookeri (6) 53 **66**
konishii (6) 53 **69**
lancifolia (6) 53 **67**

laurina **(6)** 53 **68**
mollifolia **(6)** 53 **67**
multipes **(6)** 51 **56**
paniculata **(6)** 54 **76** Ph.20
phyliocalyx **(6)** 51 **55**
pittosporifolia **(6)** 64
poilanei **(6)** 54 **75**
pseudobarberina **(6)** 52 **63**
racemosa **(6)** 53 **66**
rachitricha **(6)** 52 **63**
ramosissima **(6)** 53 **65**
seguinii **(6)** 529
setchuensis **(6)** 51 **54** Ph.15
sinuata **(6)** 54
stapfiana **(6)** 65
stellaris **(6)** 54 **72**
subconnata **(6)** 52 **60**
sumuntia **(6)** 52 **59** Ph.17
theaefolia **(6)** 51 **55**
ulotricha **(6)** 54 **73**
urceolaris **(6)** 52 **58**
viridissima **(6)** 52 **62**
wikstroemilfolia **(6)** 52 **57**
yizhangensis **(6)** 54 **72**
Symplocos tetramera **(7)** 861
Syncalathium
(Compositae) **(11)** 134 **738**
disciforme **(11)** 738 **739** Ph.176
orbiculariforme **(11)** **738**
pilosum **(11)** 738 **739**
souliei **(11)** 738 **739**
sukaczevii var. *pilosum* **(11)** 739
Syndiclis
(Lauraceae) **(3)** 207 **298**
chinensis **(3)** **299**
fooningensis **(3)** **299**
kwangsiensis **(3)** **299**
pingbienesis **(3)** 299 **300**
Synedrella
(Compositae) **(11)** 124 **323**
nodiflora **(11)** **323**
Syneilesis
(Compositae) **(11)** 127 **503**
aconitifolia **(11)** **503**
australis **(11)** 503 **504**
Synotis
(Compositae) **(11)** 128 **521**
acuminata **(11)** 522 **528**
alata **(11)** 521 **523**
austro-yunnanensis **(11)** 521 **523**
calocephala **(11)** 522 **528**
cappa **(11)** 521 **525**
cavaleriei **(11)** 521 **522**
erythropappa **(11)** 522 **526**
fulvipes **(11)** 521 **522**
nagensium **(11)** 521 **525** Ph.112
saluenensis **(11)** 522 **527**
sinica **(11)** 521 **524**
solidaginea **(11)** 522 **526**
tetrantha **(11)** 521 **524**
triligulata **(11)** 522 **527**
wallichii **(11)** 521 **523**
yui **(11)** 521 **524**
Synstemon
(Brassicaceae) **(5)** 385 **534**
linerifoliu **(5)** 491
petrovii **(5)** **534**
var. *pilosus* **(5)** 534
var. *xingloniancus* **(5)** 534
Syntrichia
(Pottiaceae) **(1)** 436 **476**
longimucronata **(1)** **476**
ruralis **(1)** 476 **477**
sinensis **(1)** 476 **477**
Synurus
(Compositae) **(11)** 132 **648**
deltoides **(11)** **648**
Syreitschikovia
(Compositae) **(11)** 131 **619**
tenuifolia **(11)** **619**
Syrenia siliculosa **(5)** 518
Syringa
(Oleaceae) **(10)** 23 **33**
amurensis **(10)** 39
buxifolia **(10)** 33 **38**
x chinensis **(10)** 33 **38**
giraldi var. *affinis* **(10)** 36
giraldiana **(10)** 37
komarovii **(10)** 33 **35**
meyeri **(10)** 36
var. *spontanea* **(10)** 36
microphylla **(10)** 37
oblata **(10)** 33 **35**
var. *affinis* **(10)** 36
var. alta **(10)** 33 **36**
var. giraldii **(10)** 33 **36**
pekinensis **(10)** 39
x persica **(10)** 33 **38**
pinnatifida **(10)** 34 **38**
protolaciniata **(10)** **38**
pubescens **(10)** 33 **37**
subsp. microphylla **(10)** 33 **37**
subsp. patula **(10)** 33 **37**
reticulata **(10)**
subsp. amurensis **(10)** 34 **39**
subsp. pekinensis **(10)** 34 **39**
var. *amurensis* **(10)** 39
sempervirens **(10)** 57
spontanea **(10)** 33 **36**
velutina **(10)** 37
villosa **(10)** 33 **35**
vulgaris **(10)** 33 **36** Ph.13
wolfii **(10)** 33 **34**
yunnanensis **(10)** 33 **34**
Syringodium
(Cymodoceaceae) **(12)** 48 **49**
isoetifolium **(12)** **49**
Syrrhopodon
(Calymperaceae) **(1)** 422 **427**
armatus **(1)** 428 **429** Ph.124
blumii **(1)** 395
chenii **(1)** 428 **429**
fasciculatus **(1)** 422

flammeonervis **(1)** 428 **431**
flavus **(1)** 423
gardnei **(1)** **428**
japonicus **(1)** **428** Ph.123
parasiticus **(1)** 428 **430**
prolifer **(1)** 428 **430** Ph.125
reinwardtii **(1)** 618
tahitensis **(1)** 425
tjibodensis **(1)** 428 **431**
trachyphyllus **(1)** 428 **431**
Syzygium
(Myrtaceae) **(7)** 549 **559**
araiocladum **(7)** 561 **573**
austrosinense **(7)** 560 **568**
brachyantherum **(7)** 560 **563**
bullockii **(7)** 561 **570** Ph.203
buxifolium **(7)** 560 **566** Ph.202
var. *austrosinense* **(7)** 568
cathayense **(7)** 560 **564**
championii **(7)** 560 **564**
chunianum **(7)** 561 **569**
cinereum **(7)** 560 **565**
claviflorum **(7)** 560 **564**
cumini **(7)** 561 **571**
euonymifolium **(7)** 561 **572**
fluviatile **(7)** 561 **572** Ph.204
fruticosum **(7)** 561 **571**
grijsii **(7)** 560 **567**
hancei **(7)** 561 **573**
handelii **(7)** 560 **567**
imitans **(7)** 560 **563**
jambos **(7)** 559 **561** Ph.199
kwangtungense **(7)** 561 **569**
latilimbum **(7)** 560 **562** Ph.201
levinei **(7)** 561 **574**
malaccense **(7)** 560 **563**
odoratum **(7)** 561 **569**
rehderianum **(7)** 561 **570**
salwinense **(7)** 560 **565**
samarangense **(7)** 559 **562** Ph.200
sterrophyllum **(7)** 560 **566**
szemaoense **(7)** 560 **568**
tetragonum **(7)** 560 **565**
tsoongii **(7)** 560 **566**
zeylanicum **(7)** 561 **573**

T

Tabernaemontana
(Apocynaceae) **(9)** 90 **96**
bovina **(9)** 96 **97**
bufalina **(9)** **97**
dichotoma **(9)** 98
divaricata **(9)** 97 **98** Ph.50
elliptica **(9)** 101
polyanthus **(9)** 130
verrucosa **(9)** 116
Tacca
(Taccaceae) **(13)** **309**
chantrieri **(13)** **309** Ph.235
integrifolia **(13)** **309**
Taccaceae **(13)** **308**
Tadehagi
(Fabaceae) **(7)** 63 **167**
triquetrum **(7)** **167** Ph.83
Taeniophyllum
(Orchidaceae) **(13)** 369 **720**
aphyllum **(13)** 720
compactum **(13)** 768
glandulosum **(13)** **720**
obtusum **(13)** **720**
Taenitidaceae **(2)** 6 **173**
Taenitis
(Taenitidaceae) **(2)** **173**
blechnoides **(2)** **174** Ph.57
miyoshiana **(2)** 706
Tagetes
(Compositae) **(11)** 125 **332**
erecta **(11)** **332**
patula **(11)** **332**
Taihangia
(Rosaceae) **(6)** 444 **651**
rupestris **(6)** **651**
var. ciliata **(6)** **651**
Tainia
(Orchidaceae) **(13)** 372 **587**
angustifolia **(13)** 587 **588**
barbata **(13)** 590
cordifolium **(13)** 586
dunnii **(13)** 587 **589** Ph.413
hongkongensis **(13)** **587** Ph.411
hookeriana **(13)** 587 **588**
macrantha **(13)** 587 **589**
ruybarrettoi **(13)** 587 **588** Ph.412
viridifusca **(13)** 587 **589**
Taiwania
(Taxodiaceae) **(3)** 68 **69**
cryptomerioides **(3)** **69** Ph.95
flousiana **(3)** 69
Taiwanobryum
(Prionodontaceae) **(1)** **659**
speciosum **(1)** **659 Ph.194**
Takakia
(Takakiaceae) **(1)** **1**
ceratophylla **(1)** **1**
lepidozioides **(1)** **1**
Takakiaceae **(1)** **1**
Takeikadzuchia lomonosowii **(11)** 616
Talassia
(Umbelliferae) **(8)** 582 **751**
transiliensis **(8)** **751**
Tanaricus kurzii **(8)** 76
Talauma
(Magnoliaceae) **(3)** 123 **142**
hodgsoni **(3)** **142**
Talinum
(Portulacaceae) **(4)** 384 **386**
paniculatum **(4)** **386** Ph.181
Tamaricaceae **(5)** **174**
Tamarindus
(Caesalpiniaceae) **(7)** 23 **59**
indica **(7)** **59** Ph.49

Tamarix
(Tamaricaceae) **(5)** 174 **176**
androssowii **(5)** 176 **178**
arceuthoides **(5)** 176 **179** Ph.89
austromongolica **(5)** 176 177 **181**
chinensis **(5)** 176 177 **180**
elongata **(5)** 176 **177**
gansuensis **(5)** 176 **179**
gracilis **(5)** 176 **178**
hispida **(5)** 177 **181** Ph.90
hohenackeri **(5)** 176 177 **180**
juniperina **(5)** 180
karelinii **(5)** 177 **183**
laxa **(5)** 176 **177** Ph.88
leptostachys **(5)** 177 **182** Ph.92
ramosissima **(5)** 177 **182** Ph.91
soongarica **(5)** 174
taklamakanensis **(5)** 177 **183** Ph.93
Tanacetum
(Compositae) **(11)** 126 **355**
crassipes **(11)** 355 **356**
delavayi **(11)** 359
fruticulosum **(11)** 368
glabriusculum **(11)** 347
gossypina **(11)** 360
kaschgaricum **(11)** 359
khartense **(11)** 367
komarovii **(11)** 371
myrianthum **(11)** 366
potaninii **(11)** 368
purpurem **(11)** 157
quercifolium **(11)** 364
salicifolium **(11)** 364
scharnhorstii **(11)** 367
scopulorum **(11)** 355 **356**
sibiricum **(11)** 370
tenuifolium **(11)** 366
vulgare **(11)** **355**
Tanakaea
(Saxifragaceae) **(6)** 371 **417**
omeiensis **(6)** **417** Ph.108
Tangtsinia
(Orchidaceae) **(13)** 365 **393**
nanchuanica **(13)** **393** Ph.288
Tapanava chinensis **(12)** 109
Tapeinidium
(Lindsaeaceae) **(2)** 164 **172**
pinnatum **(2)** **172**
Taphrospermum
(Brassicaceae) **(5)** 384 **521**
altaicum **(5)** **521**
var. *magnicarpum* **(5)** 521
fontanum **(5)** 521 **522**
subsp. microspermum **(5)** 521 **522**
verticillatum **(5)** 521 **522**
Tapiscia
(Staphyleaceae) **(8)** 259 **260**
lichunensis **(8)** **260**
sinensis **(8)** **260** Ph.120
Taraktogenos annamensis **(5)** 111
hainanensis **(5)** 111
Taraxacum
(Compositae) **(11)** 133 **766**
altaicum **(11)** 768 **786**
apargiaeforme **(11)** 767 **783**
asiaticum **(11)** 768 **770**
bessarabicum **(11)** 768 **773**
bicorne **(11)** 768 **779**
borealisinense **(11)** 768 **770**
brassicaefolium **(11)** 768 **775**
brevirostre **(11)** 767 **768**
calanthodium **(11)** 767 **776**
compactum **(11)** 768 **772**
coreanum **(11)** 768 **774**
dealbatum **(11)** 768 **769**
eriopodum **(11)** 767 **782**
erythrospermum **(11)** 766 **784**
forrestii **(11)** 767 **782**
glabrum **(11)** 767 **773**
glaucophyllum **(11)** 768 **786**
grypodon **(11)** 766 **777**
heterolepis **(11)** 768 **771**
indicum **(11)** 768 **773**
kok-saghyz **(11)** 768 **778**
lamprolepis **(11)** 768 **771**
lanigerum **(11)** 767 **777**
leucanthum **(11)** 770
leucanthum **(11)** 768 **769**
lilacinum **(11)** 766 **783**
longipyramidatum **(11)** 767 **780**
lugubre **(11)** 767 **776**
maurocarpum **(11)** 767 **785**
mongolicum **(11)** 768 **774** Ph.180
monochlamydeum **(11)** 767 **779**
nutans **(11)** 766 **784**
officinale **(11)** 767 **780** Ph.182
ohwianum **(11)** 767 **778**
parvulum **(11)** 768 **772**
platypecidum **(11)** 767 **778** Ph.181
pseudoatratum **(11)** 767 **774**
pseudoroseum **(11)** 766 **784**
pseudostenoceras **(11)** 766 **781**
sherriffii **(11)** 767 **785**
sikkimense **(11)** 766 **782**
sinicum **(11)** 770
stenoceras **(11)** 766 **781**
stenolobum **(11)** 768 **773**
tianschanicum **(11)** 766 **784**
tibetanum **(11)** 767 **781**
variegatum **(11)** 768 **775**
Tarenna
(Rubiaceae) **(10)** 510 **594**
acutisepala **(10)** 595 **598**
attenuata **(10)** 595 **599**
austrosinensis **(10)** 595 **599**
depauperata **(10)** **595**
gracilipes **(10)** 595 **598**
lanceolata **(10)** 594 **595**
lancilimba **(10)** 595 **596**
mollissima **(10)** 595 **597**
pubinervis **(10)** 595 **597**
tsangiii **(10)** 595 **598**
zeylanica **(10)** 595 **596**

Tarennoidea
(Rubiaceae) (10) 510 **589**
wallichii (10) **589**
Targionia
(Targioniaceae) (1) **266**
hypophylla (1) **266**
Targioniaceae (1) **266**
Tarphochlamys
(Acanthaceae) (10) 332 **361**
affinis (10) **361**
Tashiroea sinensis (7) 636
Tauscheria
(Brassicaceae) (5) 383 **429**
lasiocarpa (5) **429**
var. *gymnocarpa* (5) 429
Taxaceae (3) **105**
Taxilejeunea
(Lejeuneaceae) (1) 225 **241**
luzonensis (1) **241**
Taxillus
(Loranthaceae) (7) 738 **749**
balansae (7) 750 **754**
caloreas (7) 750 **751**
var. fargesii (7) 750 **752**
chinensis (7) 750 **754**
delavayi (7) **750** Ph.290
kaempferi (7) 750 **751**
var. grandiflorus (7) 750 **751**
levinei (7) 750 **755**
limprichtii (7) 750 **752**
nigrans (7) 750 **754**
sutchuenensis (7) 750 **753**
var. duclouxii (7) 750 **753**
theifer (7) 750 **753**
thibetensis (7) 750 **753**
Taxiphyllum
(Hypnaceae) (1) 899 **919**
alternans (1) 919 **920**
cuspidifolium (1) 919 **920**
giraldii (1) 920 **921**
taxirameum (1) 920 **921** Ph.271
Taxithelium
(Sematophyllaceae) (1) 873 **896**
lingulatum (1) 897
Taxithelium nepalense (1) **896**
Taxodiaceae (3) **68**
Taxodium
(Taxodiaceae) (3) 68 **71**
distichum (3) **72**
var. imbricatum (3) **72** Ph.98
mucronatum (3) **72** Ph.99
sempervirens (3) 73
Taxotrophis ilicifolius (4) 36
Taxus
(Taxaceae) (3) 05 **106**
baccata subsp. *cuspidata*
var. *chinensis* (3) 107
chienii (3) 108
chinensis (3) 107
var. *mairei* (3) 108
cuspidata (3) **106** Ph.134
fuana (3) 106 **107** Ph.135
macrophylla (3) 99
verticillata (3) 67
wallichiana (3) 107
wallichiana (3) 106 **107**
var. chinensis (3) 106 **107**
var. mairei (3) 106 **108** Ph.136
yunnanensis (3) 107
Tayloria
(Splachnaceae) (1) 526 **528**
acuminata (1) 528 **529**
alpicola (1) 528 **529**
indica (1) 529 **530** Ph.149
lingulata (1) 528 **530**
serrata (1) 528 **531**
squarrosa (1) 529 **531**
subglabra (1) 529 **532** Ph.150
Tecoma mairei (10) 433
Tectaria
(Aspidiaceae) (2) 603 **616**
coadunata (2) 617 **617** Ph.117
decurrens (2) 617 **619**
ebenina (2) 617 **620**
falcate (2) 637
fauriei (2) 617 **621**
griffithii (2) 617 **618**
phaeocaulis (2) 617 **620** Ph.118
polymorpha (2) 617 **622**
simonsii (2) 617 **622**
sinii (2) 613
subpedata (2) 617 **619**
subtriphylla (2) 617 **623**
variabilis (2) 617 **621**
variolosa (2) 617 **618**
yunnanensis (2) 617 **620**
Tectona
(Verbenaceae) (9) 346 **363**
grandis (9) **363**
Telanthera bettzichiana (4) 382
Telosma
(Asclepiadaceae) (9) 135 **179**
cathayensis (9) 179
cordata (9) **179**
procumbens (9) **179**
Temnoma
(Pseudolepicoleaceae) (1) 13 **15**
setigerum (1) **15**
Tenacistachya
(Poaceae) (12) 555 **1092**
sichuanensis (12) **1092**
Tenagocharis latifolia (12) 2
Tengia
(Gesneriaceae) (10) 243 **249**
scopulorum (10) **249**
Tephroseris
(Compositae) (11) 127 **515**
flammea (11) 515 **519**
kirilowii (11) 515 **518** Ph.110
palustris (11) 516 **519**
phaeantha (11) 515 **519** Ph.111
pierotii (11) 515 **517**
pseudosonchus (11) 515 **517**

rufa (11) 515 **517**
stolonifera (11) 515 **516**
subdentata (11) 515 **516**
taitoensis (11) 515 **517**
turczaninowii (11) 515 **518**
Tephrosia
(Fabaceae) (7) 61 66 **122**
candida (7) 122 **123**
ionophlebia (7) 123 **125**
kerrii (7) 122 **123**
noctiflora (7) 123 **124**
purpurea (7) 123 **124**
vestita (7) **123**
Teramnus
(Fabaceae) (7) 65 **217**
labialis (7) **218**
Terminalia
(Combretaceae) (7) 663 **664**
bellirica (7) 665 **667**
catappa (7) 665 **667** Ph.244
chebula (7) 665 **668** Ph.245
var. tomentella (7) 665 **668**
franchetii (7) 665 **666**
var. glabra (7) 665 **666**
var. membranifolia (7) 665 **666**
intricata (7) 665 **666**
myriocarpa (7) **665** Ph.243
tomentella (7) 668
Terminthia
(Anacardiaceae) (8) 345 **362**
paniculata (8) **362** Ph.180
Terniopsis
(Podostemaceae) (7) **490**
sessilis (7) **491**
Ternstroemia
(Theaceae) (4) 573 **620**
conicocarpa (4) 621 **623**
gymnanthera (4) 621 **622**
var. *wightii* (4) 622
japonica (4) 621 **622**
kwangtungensis (4) 620 **621**
luteoflora (4) 621
microphylla (4) 621 **624** Ph.284
nitida (4) 621 **623**
sichuanensis (4) 621 **623**
Tetracentraceae (3) **768**
Tetracentron
(Tetracentraceae) (3) **768**
sinense (3) **768** Ph.430
Tetracera
(Dilleniaceae) (4) **552**
asiatica (4) **552**
scandens (4) 552 **553**
Tetracme
(Brassicaceae) (5) 388 **497**
quadricornis (5) **497**
recurvata (5) 497 **498**
Tetradenia acuminatissima (3) 209
Tetradium trichotoma (8) 415
Tetradoxa
(Adoxaceae) (11) **88**
omeiensis (11) **89**
Tetraena
(Zygophyllaceae) (8) 449 **461**
mongolica (8) **461**
Tetraglochidium
(Acanthaceae) (10) 332 **372**
gigantodes (10) **373**
jugorum (10) **373**
Tetragoga
(Acanthaceae) (10) 332 **380**
esquirolii (10) **380**
Tetragonia
(Aizoaceae) (4) 296 **299**
tetragonioides (4) **299** Ph.133
Tetralophozia
(Lophoziaceae) (1) 48 **59**
filiformis (1) **59**
Tetramelaceae (5) **254**
Tetrameles
(Tetramelaceae) (5) **254**
nudiflora (5) **254**
Tetranthera monopetala (3) 224
panamonja (3) 225
Tetrapanax
(Araliaceae) (8) 534 **536**
papyriferus (8) **536** Ph.250
Tetraphidaceae (1) **537**
Tetraphis
(Tetraphidaceae) (1) **537**
pellucida (1) **537**
Tetrapilus brachiatus (10) 48
Tetraplodon
(Splachnaceae) (1) 526 **532**
angustatus (1) 532 **533** Ph.152
mnioides (1) **532** Ph.151
Tetrastigma
(Vitaceae) (8) 183 **206**
apiculayum (8) 206 **208**
caudatum (8) 206 **209**
cauliflorum (8) 207 **212**
ceratopetalum (8) 207 **214**
delavayi (8) 207 **215**
erubescens (8) 206 **209**
var. *monospermum* (8) 209
formosanum (8) 206 **208** Ph.101
hemsleyanum (8) 206 **210**
hypoglaucum (8) 207 **212**
longipedunculatum (8) 206 **207**
nepaulense (8) 207 **214**
obtectum (8) 207 **213**
pachy phyllum (8) 206 **209**
papillatum (8) 206 **210**
planicaule (8) 207 **211**
pubinerve (8) 207 **216**
rumicispermum (8) 207 **213** Ph.102
serrulatum (8) 214
serrulatum (8) 207 **215**
triphyllum (8) 206 **211**
yunnanease (8) 207 **212**
yunnanensis
var. *triphyllum* (8) 211
Tetrataenium

(Umbelliferae) **(8)** 582 **759**
nepalense **(8)** **759**
Tetrathyrium
(Hamamelidaceae) **(3)** 773 **781**
subcordatum **(3)** **781** Ph.440
Tetrodontium
(Tetraphidaceae) **(1)** 537 **538**
brownianum **(1)** **538**
Teucrium
(Lamiaceae) **(9)** 392 **400**
alborubrum **(9)** 406
bidentatum **(9)** 400 **404**
japonicum **(9)** 400 **402**
var. *pilosum* **(9)** 402
nepetaefolia **(9)** 389
ornatum **(9)** 405
palmatum **(9)** 399
pernyi **(9)** 400 **404**
pilosum **(9)** 400 **402**
quadrifarium **(9)** 400 **403**
scordioides **(9)** 400 **401**
scordium **(9)** **400**
simplex **(9)** 400 **404**
ussuriense **(9)** 400 **403**
veronicoides **(9)** 400 **401**
viscidum **(9)** 400 **402**
wallichianum **(9)** 500
Teyleria
(Fabaceae) **(7)** 65 **218**
koordersii **(7)** **218**
Thalassia
(Hydrocharitaceae) **(12)** 13 **17**
hemperichii **(12)** **17**
Thalia canniformis **(13)** 61
Thalictrum
(Ranunculaceae) **(3)** 389 **459**
acutifolium **(3)** 461 **471**
alpinum **(3)** 460 **480**
var. elatum **(3)** 460 **481**
var. microphyllum **(3)** 460 **480**
aquilegifolium var. sibiricum **(3)** 461 **469**
atriplex **(3)** 460 **467**
baicalense **(3)** 460 **468**
var. *megalostigma* **(3)** 468
brevisericeum **(3)** 460 **464**
cirrhosum **(3)** 461 **478**
clavatum var. *acutifolium* **(3)** 471
cultratum **(3)** 462 463 **477**
delavayi **(3)** 462 **475** Ph.345
var. decorum **(3)** 462 **475**
elegans **(3)** 462 **475**
faberi **(3)** 460 **465**
fargesii **(3)** 461 **467**
filamentosum **(3)** 461 **472**
finetii **(3)** 461 **477**
foeniculaceum **(3)** 461 **474**
foetidum **(3)** 462 **478**
foliolosum **(3)** 463 **476**
fortunei **(3)** 460 **464**
grandiforum **(3)** 462 **474**
honanense **(3)** 462 **476**
hypoleucum **(3)** 478
ichangense **(3)** 461 **472**
javanicum **(3)** 460 **464** Ph.344
var. *puberulum* **(3)** 464
lecoyeri **(3)** 460 **464**
leuconotum **(3)** 462 **473**
macrorhynchum **(3)** 460 **465**
megalostigma **(3)** 461 **468**
microgynum **(3)** 461 **472**
microphyllum **(3)** 480
minus var. hypoleucum **(3)** 463 **478**
oligandrum **(3)** 461 **471**
petaloideum **(3)** 460 **468**
philippinense **(3)** 461 **470**
przewalskii **(3)** 461 **469**
ramosum **(3)** 460 **463**
reniforme **(3)** 462 **476**
reticulatum **(3)** 460 **468**
robustum **(3)** 460 **466**
rostellatum **(3)** 460 **466**
rutifolium **(3)** 462 **473**
saniculiforme **(3)** 460 **463**
simplex var. brevipes **(3)** 462 **479**
smithii **(3)** 462 **481**
sparsiflorum **(3)** 461 **470**
squamiferum **(3)** 459 **480**
squarrosum **(3)** 463 **479**
tenue **(3)** 462 **476**
thunbergii **(3)** 478
tuberiferum **(3)** 461 **472**
umbricola **(3)** 461 **470**
uncatum **(3)** 460 **466**
uncinulatum **(3)** 460 **465**
urbainii **(3)** 461 **470**
virgatum **(3)** 461 **474**
wuyishanicum **(3)** 460 **467**
Thamnium ambiguum **(1)** 717
kurzii **(1)** 719
subseriatum **(1)** 715
Thamnobryaceae **(1)** **715**
Thamnobryum
(Thamnobryaceae) **(1)** **715**
subseriatum **(1)** **715**
subserratum **(1)** 715 **716**
Thamnocalamus
(Poaceae) **(12)** 550 **628**
aristatus **(12)** 628 **629**
cuspidatus **(12)** **628**
falconeri **(12)** 628 **629**
spathaceus **(12)** **628**
Thamnocharis
(Gesneriaceae) **(10)** 243 **247**
esquirolii **(10)** **247**
Thea assamica **(4)** 594
brevistyla **(4)** 582
cordifolia **(4)** 602
cuspidata **(4)** 595
elongata **(4)** 600
furfuracea **(4)** 580
mairei **(4)** 586
microphylla **(4)** 583
paucipunctata **(4)** 590

sinensis **(4)** 594
taliensis **(4)** 593
transarisanensis **(4)** 601
trichoclada **(4)** 599
yunnanensis **(4)** 578
Theaceae **(4)** **572**
Thelasis
(Orchidaceae) **(13)** 372 **659**
pygmaea **(13)** **660**
triptera **(13)** **660**
Theliaceae **(1)** **750**
Theligonaceae **(10)** **684**
Theligonum
(Theligonaceae) **(10)** **684**
formosanum **(10)** **684**
japonicum **(10)** **684**
macranthum **(10)** 684 **685**
Thellungiella
(Brassicaceae) **(5)** 382 385 **536**
halophila **(5)** **536**
salsuginea **(5)** **536**
Thelymitra malintana **(13)** 512
Thelypteridaceae **(2)** 5 6 **334**
Thelypteris
(Thelypteridaceae) **(2)** 335 **336**
adscendens **(2)** 347
angulariloba **(2)** 344
chinensis **(2)** 343
glanduligera var. *pubertula* **(2)** 342
japonica var. *glabrata* **(2)** 344
var. *musashiensis* **(2)** 344
palustris **(2)** 336 **336**
var. pubescens **(2)** 336 **336**
serrulata **(2)** 342
squamulosa **(2)** 336 **337**
subochthodes **(2)** 371
viridifrons **(2)** 353
yunkweiensis **(2)** 360
Themeda
(Poaceae) **(12)** 557 **1155**
arundinacea **(12)** **1156**
caudata **(12)** 1156 **1157**
chinensis **(12)** 1156 **1158**
ciliata subsp. *chinensis* **(12)** 1158
gigantia var. *caudate* **(12)** 1157
hookeri **(12)** 1156 **1157**
japonica **(12)** 1156 **1158**
triandra var. *japonica* **(12)** 1158
trichiata **(12)** 1156 **1158**
unica **(12)** 1155 **1156**
villosa **(12)** **1156**
Theobroma
(Sterculiaceae) **(5)** 34 **55**
augusta **(5)** 61
cacao **(5)** **55** Ph.31
Theriotia lorifolia **(1)** 947
Thermopsis
(Fabaceae) **(7)** 60 **457**
alpina **(7)** 458 **459** Ph.162
var. *yunnanensis* **(7)** 460
barbata **(7)** 458 **461** Ph.163
chinensis **(7)** 457 **458**
fabacea **(7)** 457 **458**
inflata **(7)** 458 **461**
lanceolata **(7)** **458** Ph.161
licentiana **(7)** 458 **460**
lupinoides **(7)** **458**
lupinoides **(7)** **458**
przewalskii **(7)** 458
smithiana **(7)** 458 **460**
yunnanensis **(7)** 458 **460**
Theropogon
(Liliaceae) **(13)** 70 **176**
pallidus **(13)** **176**
Thesium
(Santalaceae) **(7)** 723 **733**
arvense **(7)** 733 **735**
cathaicum **(7)** 733 **734**
chinense **(7)** 733 **735**
var. longipedunculatum **(7)** 733 **735**
emodi **(7)** 733 **734**
himalense **(7)** 733 **734**
longiflorum **(7)** 733 **737**
longifolium **(7)** 733 **736**
psilotoides **(7)** 733 **737**
refractum **(7)** 733 **736**
Thespesia
(Malvaceae) **(5)** 69 **99**
lampas **(5)** 69 **99**
populnea **(5)** 99 **100** Ph.61
Thespis
(Compositae) **(11)** 123 **228**
divaricata **(11)** **229**
Thevetia
(Apocynaceae) **(9)** 89 **108**
peruviana **(9)** **109** Ph.58
Thibaudia gaultheriifolia **(5)** 697 699
Thladiantha
(Cucurbitaceae) **(5)** 198 **208**
borneensis **(5)** 216
calcarata **(5)** 209
cordifolia **(5)** 208 **209**
davidii **(5)** 209 **211**
dentata **(5)** 209 **214**
dubia **(5)** 209 **213** Ph.102
glabra **(5)** 214
globicarpa **(5)** 209 **210**
henryi **(5)** 209 **210**
heptadactyla **(5)** 216
hookeri **(5)** 209 **215** Ph.104
lijiangensis **(5)** 209 **215**
longifolia **(5)** 212
longifolia **(5)** 209 **211**
maculata **(5)** 209 **213**
nudiflora **(5)** 209 **215** Ph.103
oliveri **(5)** 214
oliveri **(5)** 209 **214**
pentadactyla **(5)** 215
punctata **(5)** 209 **212**
pustulata **(5)** 209 **211**
siamensis **(5)** 218
villosula **(5)** 209 **213**
Thlaspi

(Brassicaceae) **(5)** 385 **415**
andersonii **(5)** 415 **416**
arvense **(5)** **415** Ph.170
bursa-pastori **(5)** 417
campestre **(5)** 401
cartilagineum **(5)** 402
cochleariforme **(5)** 415 **416**
thlaspioides **(5)** 416
yunnanense **(5)** 415 **416**
Thoracostachyum
(Cyperaceae) **(12)** 256 **351**
pandanophyllum **(12)** **351**
Thottea
(Aristolochiaceae) **(3)** 337 **347**
hainanensis **(3)** **347**
Thrixspermum
(Orchidaceae) **(13)** 370 **740**
annamense **(13)** 740 **741**
centipeda **(13)** 740 **742**
japonicum **(13)** 740 **742**
leopardinum **(13)** 756
saruwatarii **(13)** **740**
trichoglottis **(13)** 740 **741**
Thryallis
(Malpighiaceae) **(8)** 236 **243**
gracilis **(8)** **243**
Thryocephalon nemoralis **(12)** 348
Thuarea
(Poaceae) **(12)** 553 **1083**
involuta **(12)** **1084**
Thuidiaceae **(1)** **784**
Thuidium
(Thuidiaceae) **(1)** 784 **795**
aciculum **(1)** **789**
assimile **(1)** 795 **796** Ph.244
bonianum **(1)** **793**
cymbifolium **(1)** **795** Ph.243
delicatulum **(1)** 795 **797**
fujisanum **(1)** **798**
glaucinoides **(1)** 795 **797** Ph.245
kanedae **(1)** **795**
mittenii **(1)** **787**
molkenboeri **(1)** **799**
pristocalyx **(1)** 795 **796**
pygmaeum **(1)** **792**
sachalinense **(1)** **800**
strictulum **(1)** **791**
vestitissimum **(1)** **793**
Thuja
(Cupressaceae) **(3)** 74 **75**
dolabrata **(3)** 75
koraiensis **(3)** **75** Ph.101
occidentalis **(3)** 75 **76**
orientalis **(3)** 76
pensilis **(3)** **71**
plicata **(3)** 75 **76**
standishii **(3)** 75 **76**
sutchuenensis **(3)** **75**
Thujopsis
(Cupressaceae) **(3)** **74**
dolabrata **(3)** **75**
standishii **(3)** 76
Thunbergia
(Acanthaceae) **(10)** 329 **333**
alata **(10)** 333 **334** Ph.110
coccinea **(10)** 333 **334**
erecta **(10)** **333**
fragrans **(10)** 333 **336**
subsp. hainanensis **(10)** 333 **336**
grandiflora **(10)** 333 **334** Ph.111
hainanensis **(10)** 336
laurifolia **(10)** 333 **335**
lutea **(10)** 333 **335**
salwenensis **(10)** 335
Thunia
(Orchidaceae) **(13)** 373 **618**
alba **(13)** **618** Ph.441
Thylacospermum
(Caryophyllaceae) **(4)** 392 **431**
caespitosum **(4)** **431** Ph.190
Thymelaea
(Thymelaeaceae) **(7)** 514 **538**
passerina **(7)** **539**
Thymelaeaceae **(7)** **513**
Thymus
(Lamiaceae) **(9)** 397 **535**
biflorus **(9)** 528
debilis **(9)** 533
marschllianus **(9)** **535**
mongolicus **(9)** 535 **536**
quinquecostatus **(9)** 535 **536**
var. przewalskii **(9)** 535 **537**
repens **(9)** 531
serphllum var. *mongolicus* **(9)** 536
var. *przewalskii* **(9)** 537
Thyrocarpus
(Boraginaceae) **(9)** 281 **317**
glochidiatus **(9)** **318**
sampsonii **(9)** **318**
Thyrsia
(Poaceae) **(12)** 554 **1158**
zea **(12)** **1159**
Thyrsostachys
(Poaceae) **(12)** 551 **569**
oliveri **(12)** 569 **570**
siamensis **(12)** 569 **570**
Thysananthus
(Lejeuneaceae) **(1)** 225 **227**
flavescens **(1)** **227**
Thysanolaena
(Poaceae) **(12)** 552 **678**
maxima **(12)** **678**
Thysanomitrium umbellatum **(1)** **353**
uncinatum **(1)** 357
Thysanospermum diffusum **(10)** 555
Thysanotus
(Musaceae) **(13)** 14 **90**
chinensis **(13)** **90**
Thysanus palala **(6)** 228
Tiarella
(Saxifragaceae) **(6)** 371 **415**
polyphylla **(6)** **416**
Tibetia

(Fabaceae) **(7)** 62 **385**
coelestis **(7)** **385**
himalaica **(7)** 385 **386**
tongolensis **(7)** 385 **386**
yunnanensis **(7)** 385 **387**
Tigridia
(Iridaceae) **(13)** 273 **275**
pavonia **(13)** **276**
Tigridiopalma
(Melastomataceae) **(7)** 615 **649**
magnifica **(7)** **649**
Tilia
(Tiliaceae) **(5)** 12 **13**
amurensis **(5)** 14 **17**
chinensis **(5)** 13 **16** Ph.9
endochrysea **(5)** 13 **14**
henryana **(5)** 13 **15**
integerrima **(5)** 14 **20**
intonsa **(5)** 13 **15**
japonica **(5)** 14 **20**
laetevirens **(5)** 13 **16**
mandshurica **(5)** 13 **14**
miqueliana **(5)** 14 **21** Ph.10
mofungensis **(5)** 14 **19**
mongolica **(5)** 14 **17**
nobilis **(5)** 14 **18**
oblongifolia **(5)** 14 **18**
oliveri **(5)** 13 **16**
omeiensis **(5)** 14 **19**
paucicostata **(5)** 14 **21**
tuan **(5)** 14 **18**
Tiliaceae **(5)** **12**
Tilingia ajanense **(8)** 708
Tillaea
(Crassulaceae) **(6)** **319**
aquatica **(6)** 319 **320**
pentandra **(6)** 319 **320**
Timmia
(Timmiaceae) **(1)** **610**
austriaca **(1)** **610**
megapolitana **(1)** 610 **611**
Timmiaceae **(1)** **610**
Timmiella
(Pottiaceae) **(1)** 437 **478**
diminuta **(1)** **478**
Timonius
(Rubiaceae) **(10)** 511 **606**
arboreus **(10)** **607**
Timouria saposhnikowii **(12)** 954
Tinomiscium
(Menispermaceae) **(3)** 669 670 **673**
petiolare **(3)** **675**
Tinospora
(Menispermaceae) **(3)** 669 670 **675**
crispa **(3)** 675 **676**
sagittata **(3)** 675 **676** Ph.396
var. yunnanensis **(3)** 675 **677**
sinensis **(3)** 675 **676**
yunnanensis **(3)** 677
Tipularia
(Orchidaceae) **(13)** 374 **565**
odorata **(13)** **565**
szechuanica **(13)** **565**
Tirpitzia
(Linaceae) **(8)** 231 **232**
sinensis **(8)** **232** Ph.107
Titanotrichum
(Gesneriaceae) **(10)** 247 **328**
oldhamii **(10)** **328** Ph.109
Tithonia
(Compositae) **(11)** 124 **321**
diversifolia **(11)** **321**
Tittmannia stachydifolia **(10)** 121
Toddalia
(Rutaceae) **(8)** 399 **424**
asiatica **(8)** **424** Ph.213
Toettlera forrestii **(10)** 253
Tofieldia
(Liliaceae) **(13)** 69 **72**
coccinea **(13)** 72 **73**
divergens **(13)** **73** Ph.61
thibetica **(13)** **73**
Toloxis
(Meteoriaceae) **(1)** 682 **699**
semitorta **(1)** **699**
Toluifera cochinchinensis **(8)** 430
Tolypanthus
(Loranthaceae) **(7)** 738 **755**
esquirolii **(7)** **756**
maclurei **(7)** **756**
Tomenthypnum
(Brachytheciaceae) **(1)** 827 **828**
nitens **(1)** **828**
Tongoloa
(Umbelliferae) **(8)** 580 **606**
dunnii **(8)** 606 **607**
gracilis **(8)** 606 **607**
loloensis **(8)** **560**
silaifolia **(8)** **560**
tenuifolia **(8)** 606 **608**
Tontelea prinoides **(7)** 829
Toona
(Meliaceae) **(8)** 375 **376**
ciliata **(8)** 376 **377** Ph.190
var. pubescens **(8)** 376 **378**
var. yunnanensis **(8)** 376 **378**
microcarpa **(8)** 376 **377**
sinensis **(8)** **376** Ph.189
var. *schensiana* **(8)** 376 377
sureni **(8)** 377
Tordylium latifolium **(8)** 554
Torenia
(Scrophulariaceae) **(10)** 70 **114**
asiatica **(10)** 115 **117** Ph.36
benthamiana **(10)** 114 **115**
biniflora **(10)** 114 **115**
concolor **(10)** 115 **118** Ph.37
cordifolia **(10)** 115 **117**
flava **(10)** 114 **116**
fordii **(10)** 115 **117**
fournieri **(10)** 115 **117**
glabra **(10)** 117
polygonoides **(10)** 104

setulosa (10) 111
violacea (10) 114 **116**
Toricellia
(Cornaceae) (7) 691 **710**
angulata (7) **710**
var. intermedia (7) 710 **711**
intermedia (7) **711**
tiliifolia (7) **710**
Torilis
(Umbelliferae) (8) 578 **599**
japonica (8) **599**
scabra (8) **599** Ph.281
Torreya
(Taxaceae) (3) 106 **110**
fargesii (3) 110 **111**
var. yunnanensis (3) 110 **111** Ph.142
grandis (3) **110** Ph.141
jackii (3) 110 **111** Ph.143
yunnanensis (3) 111
Tortella
(Pottiaceae) (1) 437 **478**
fragilis (1) 478 **479**
platyphylla (1) 483
tortuosa (1) **479**
Tortula
(Pottiaceae) (1) 436 **480**
angustata (1) **472**
duriuscula (1) **472**
indica (1) **442**
inflexa (1) **461**
leptotheca (1) **480**
longimucronata (1) **476**
muralis (1) **480**
planifolia (1) 480 **481**
subulata (1) 480 **481**
tortuosa (1) **479**
Tortula *velenovskyi* (1) **459**
yunnanensis (1) 480 **482**
Torularia brechyearpa (5) 533
brecteata (5) 533
humilis (5) 532
f. *glabreta* (5) 532
f. *grandiflora* (5) 532
f. *hygrophila* (5) 532
Torularia korolkovi (5) 533
parvia (5) 533
rosulifolia (5) 533
tibetica (5) 533
torulosa (5) 531
var. *longicarpa* (5) 533
Torulinium
(Cyperaceae) (12) 256 **348**
ferax (12) 349
odoratum (12) **349**
Tournefortia
(Boraginaceae) (9) 280 **288**
arguzia var. *angustior* (9) 290
montana (9) **289**
sarmentosa (9) **289**
sibirica (9) **289**
var. angustior (9) 289 **290**
Tovaria atropurpurea (13) 196
bodinieri (13) 199
lichiangensis (13) 197
longistylum (13) 200
oleracea (13) 194
stenoloba (13) 194
Tovaria miranda (12) 198
Toxicodendron
(Anacardiaceae) (8) 345 **356**
acuminatum (8) 357 **360** Ph.178
altissima (8) 368
delavayi (8) 357 **361**
fulvum (8) 356 **357**
grandiflorum (8) 357 **360**
griffithii (8) 356 **358**
hookeri (8) 356 **357**
insigne var. *microcarpum* (8) 357
radicans subsp. hispidum (8) 357 **361**
succedaneum (8) 357 **360** Ph.179
sylvestre (8) 356 **359**
trichocarpum (8) 356 **359**
vernicifluum (8) 356 **358** Ph.177
wallichii (8) 356 **357**
var. microcarpum (8) 356 **357**
Toxocarpus
(Asclepiadaceae) (9) 133 **140**
ovalifolius (9) 141
villosus (9) 141
var. brevistylis (9) 141 **142**
var. thorelii (9) 141 **142**
wightanus (9) **141**
Trachelospermum
(Apocynaceae) (9) 91 **110**
auritum (9) 130
axillare (9) 111 **112** Ph.63
brevistylum (9) **111** Ph.62
jasminoides (9) **111**
var. *heterophyllum* (9) 111
var. *variegatum* (9) 111
Trachycarpus
(Arecaceae) (12) 56 **59**
argyratus (12) 61
fortunei (12) **60** Ph.11
martianus (12) 60
nana (12) 60 **61** Ph.12
princeps (12) **60**
Trachycladiella
(Meteoriaceae) (1) 683 **699**
aurea (1) **699** **700**
sparsa (1) **699** **700**
Trachycystis
(Mniaceae) (1) 571 **588**
microphylla (1) **588** Ph.174
ussuriensis (1) 588 **589** Ph.175
Trachydium
(Umbelliferae) (8) 579 **624**
daucoides (8) 712
delavayi (8) 611
hispidum (8) 711
kingdon-wardii (8) 624 **625**
obtusiusculum (8) 605
roylei (8) 624 **626**

rubrinerve **(8)** 604
spatuliferum **(8)** 609
subnudum **(8)** **624**
tibetanicum **(8)** 624 **625**
verrucosum **(8)** 624
viridiflorum **(8)** 610
Trachyloma
(Pterobryaceae) **(1)** 668 **669**
indicum **(1)** **669** Ph.199
Trachyphyllum
(Entodontaceae) **(1)** 851 **852**
inflexum **(1)** **852**
Trachypodaceae **(1)** 662
Trachypodopsis
(Trachypodaceae) **(1)** 663 **666**
auriculata **(1)** **667**
var. crispatula **(1)** **667** Ph.198
Trachypus
(Trachypodaceae) **(1)** 663 **665**
auriculatus **(1)** 667
bicolor **(1)** 665 **666** Ph.197
flaccidus **(1)** 664
humilis **(1)** 665 **666**
Trachyspermum
(Umbelliferae) **(8)** 581 **648**
scaberulum **(8)** **649**
triradiatum **(8)** **649**
Tradescantia
(Commelinaceae) **(12)** 182 **204**
ciliate **(12)** 184
spathacea **(12)** **204**
thyrsiflora **(12)** 199
vaga **(12)** 185
Tragia chamaelea **(8)** 110
Tragia scandens **(4)** 553
Tragopogon
(Compositae) **(11)** 133 **694**
elongatus **(11)** 695 **696**
gracilis **(11)** 694 **695**
marginifolius **(11)** 695 **696**
orientalis **(11)** 694 **695**
porrifolius **(11)** 694 **696**
pratensis **(11)** 694 **695**
sibiricus **(11)** 695 **696**
Tragopyrum pungens **(4)** 518
Tragus
(Poaceae) **(12)** 558 **1009**
berteronianus **(12)** 1009 **1010**
racemosus **(12)** **1009**
Trailliaedoxa
(Rubiaceae) **(10)** 510 **601**
gracilis **(10)** **602**
Trapa
(Trapaceae) **(7)** **542**
acornis **(7)** 543 **548**
bicornis **(7)** 543 **547**
var. cochinchinensis **(7)** 543 **548**
var. taiwanensis **(7)** 543 **548**
bispinosa **(7)** 542 **547**
cochinchinensis **(7)** 548
incisa **(7)** 542 **545**
var. quadricaudata **(7)** 542 **545**
japonica **(7)** 542 **546**
litwinowii **(7)** 542 **546**
macropoda **(7)** 542 **543**
mammillifera **(7)** 542 **543**
manshurica **(7)** 543
maximowiczii **(7)** 542 **545**
natans var. pumila **(7)** 542 **546**
pseudoincisa **(7)** 543 **544**
quadrispinosa **(7)** 542 **544**
taiwanensis **(7)** 548
Trapaceae **(7)** **541**
Trapella
(Pedaliaceae) **(10)** **417**
sinensis **(10)** **417**
Trema
(Ulmaceae) **(4)** 1 **17**
angustifolia **(4)** 17 **19**
cannabina **(4)** 17 **19**
var. dielsiana **(4)** 17 **19**
dielsiana **(4)** 19
levigata **(4)** **17** Ph.14
nitida **(4)** 17 **18**
orientalis **(4)** 18
orientalis **(4)** 17 **18** Ph.15
tomemtosa **(4)** 17 **18**
Tremacron
(Gesneriaceae) **(10)** 243 **256**
forrestii **(10)** **256**
Trematodon
(Dicranaceae) **(1)** 333 **334**
ambiguous **(1)** 334 **335**
decipiens **(1)** **336**
longicollis **(1)** **335** Ph.86
Trevesia
(Araliaceae) **(8)** 534 **535**
palmata **(8)** **535**
Trewia
(Euphorbiaceae) **(8)** 11 **62**
nudiflora **(8)** **63** Ph.26
Triadenum
(Guttiferae) **(4)** 682 **708**
breviflorum **(4)** **708**
japonicum **(4)** **708**
Triaenophora
(Scrophulariaceae) **(10)** 70 **134**
rupestris **(10)** **134**
Trianthema
(Aizoaceae) **(4)** 296 **297**
portulacastrum **(4)** **297**
Triarrhena
(Poaceae) **(12)** 555 **1090**
lutarioriparia **(12)** 1090 **1091**
var. elevatinodis
(12) 1090 **1091**
var. gongchai **(12)** 1090 **1091**
var. shachai **(12)** 1090 **1091**
sacchariflora **(12)** 1090 **1091**
Triavenopsis brachypodium **(12)** 875
Tribrachia reptans **(13)** 701
Tribulus
(Zygophyllaceae) **(8)** 449 **460**

cistoides **(8)** **460**
terrester **(8)** **460** Ph.236
Triceros
cochinchinensis **(8)** 265
Tricarpelema
(Commelinaceae) **(12)** 183 **196**
chinense **(12)** **196**
xizangense **(12)** 196 **197**
Tricercandra fortunei **(3)** 312
Trichilia
(Meliaceae) **(8)** 375 **384**
connaroides **(8)** **384** Ph.194
var. microcarpa **(8)** 384 **385**
sinensis **(8)** 384 **385**
tripetala **(8)** 390
Trichocolea
(Trichocoleaceae) **(1)** **20**
merrillana **(1)** **20**
tomentella **(1)** **20** Ph.4
Trichocoleaceae **(1)** **20**
Trichocoleopsis
(Lepidolaenaceae) **(1)** 21 **22**
sacculata **(1)** **22**
tsinlingensis **(1)** 22 **23**
Trichodesma
(Boraginaceae) **(9)** 280 **290**
calycosum **(9)** **290**
Trichodon
(Ditrichaceae) **(1)** 316 **319**
muricatus **(1)** **320**
Trichoglottis
(Orchidaceae) **(13)** 371 **729**
triflora **(13)** **729**
Trichoglottis triflora **(13)** 729
Tricholepidium
(Polypteridaceae) **(2)** 664 **706**
angustifolium **(2)** 706 **707**
maculosum **(2)** 706 **708**
normale **(2)** 706 **706**
tibeticum **(2)** 706 **708**
venosum **(2)** 706 **707**
Tricholepis
(Compositae) **(11)** 132 **650**
furcata **(11)** **650**
Trichomanes
(Hymenophyllaceae) **(2)** 112 **131**
apiifolium **(2)** 138
auriculatum **(2)** 131 **132**
beccarianum **(2)** 123
bipunctatum **(2)** 125
birmanicum **(2)** 131 **133**
chinense **(2)** 171
contiguum **(2)** 776
cupressoides **(2)** 138
fargesii **(2)** 131 **132**
humilie **(2)** 129
japonicum **(2)** 213
laciniatum **(2)** 135
latemarginale **(2)** 125
latifrons **(2)** 128
maximum **(2)** 131 **132**
minutum **(2)** 130
nitidulus **(2)** 131
obscurum **(2)** 137
orientale **(2)** 131 **133**
pallidum **(2)** 129
polyanthos **(2)** 117
siamense **(2)** 137
solidum **(2)** 654
striatum **(2)** 131 **134**
strigosa **(2)** 159
sublimbatum **(2)** 124
sumatranum **(2)** 135
tenuifolium **(2)** 223
thysanostomum **(2)** 139
Trichophorum
(Cyperaceae) **(12)** 255 **270**
distigmaticum **(12)** 270 **272**
mattfeldianus **(12)** **270**
pumilum **(12)** 270 **271**
subcapitatum **(12)** 270 **271**
Trichosanthes
(Cucurbitaceae) **(5)** 199 **234**
anguina **(5)** 235 **244** Ph.125
baviensis **(5)** 235 **244**
cucumerina **(5)** 235 **244**
cucumeroides **(5)** 235 **245**
dunniana **(5)** 234 **238**
fissibracteata **(5)** 234 **237**
homophylla **(5)** 234 **241**
hylonoma **(5)** 235 **243**
kerrii **(5)** 234 **241**
kirilowii **(5)** 235 **243** Ph.124
laceribractea **(5)** 234 **237**
lepiniana **(5)** 234 **236**
macrocarpa **(5)** 246
multicirrata **(5)** 243
ovigera **(5)** 235 **245**
pedata **(5)** 234 **239** Ph.122
quinquangulata **(5)** 234 **235**
reticulinervis **(5)** 234 **239**
rosthornii **(5)** 235 **242** Ph.123
var. multicirrata **(5)** 235 **242**
rubriflos **(5)** 234 **239**
sericeifolia **(5)** 235 **242**
smilacifolia **(5)** 234 **240**
truncata **(5)** 234 **240**
villosa **(5)** 234 **236**
wallichiana **(5)** 234 **238**
Trichosporum moningeriae **(10)** 314
Trichosteleum
(Sematophyllaceae) **(1)** 873 **893**
boschii **(1)** **894 Ph.265**
lutschianum **(1)** **894**
singpurense **(1)** 894 **895**
stigmosum **(1)** 894 **895**
Trichostomum
(Pottiaceae) **(1)** 437 **482**
brachydontium **(1)** **482**
canescens **(1)** **510**
var. ericoides **(1)** **511**
crispulum **(1)** 482 **483**
decipiens **(1)** **504**

diminutum **(1)** **478**
ehrenbergii **(1)** **460**
fasciculare **(1)** **511**
glaucescens **(1)** **324**
heterostichum **(1)** **515**
lanuginosum **(1)** **509**
laureri **(1)** **449**
pallidum **(1)** **321**
platyphyllum **(1)** **482** **483**
subsecundum **(1)** 512
svihlae **(1)** 484
Trichotosia microphylla **(13)** 641
Trichurus
(Amaranthaceae) **(4)** 368 **378**
monsoniae **(4)** **378**
Tricostularia
(Cyperaceae) **(12)** 256 **318**
undulate **(12)** **318**
Tricyrtis
(Liliaceae) **(13)** 71 **83**
bakerii **(13)** 83
formosana **(13)** 83 **84**
latifolia **(13)** **83** Ph.64
macropoda **(13)** **83**
maculata **(13)** 84
pilosa **(13)** 83 **84**
stolonifera **(13)** 83 **85**
Tridax
(Compositae) **(11)** 125 **331**
procumbens **(11)** **331**
Tridesmis pruniflora **(4)** 692
Tridynamia sinensis **(9)** 246
Trientalis
(Primulaceae) **(6)** 114 **146**
europaea **(6)** **146**
Trifidacanthus
(Fabaceae) **(7)** 63 **148**
unifoliolatus **(7)** **148**
Trifolium
(Fabaceae) **(7)** 62 66 67 **438**
coeruleum **(7)** 433
dauricum **(7)** 190
dentatum **(7)** 430
fragiferum **(7)** 438 **439**
guianense **(7)** 259
hybridum **(7)** 438 **439**
incarnatum **(7)** 438 **440**
indica **(7)** 431
lupinaster **(7)** **438**
var. albiflorum **(7)** 438 **439**
officinalis **(7)** 430
pratense **(7)** 438 **440** Ph.147
repens **(7)** 438 **439**
Triglochin
(Juncaginaceae) **(12)** **27**
maritimum **(12)** 27 **28** Ph.7
palustre **(12)** **27** Ph.6
Trigohella platycarpos **(7)** 435
Trigonella
(Fabaceae) **(7)** 62 **431**
cachemiriana **(7)** 431 **432**
coerulea **(7)** 432 **433**
emodi **(7)** 431 **432**
fimbriata **(7)** 431 **432**
foenum-graecum **(7)** **432** Ph.146
ruthenica **(7)** 435
Trigonobalanus
doichangensis **(4)** 254
Trigonostemon
(Euphorbiaceae) **(8)** 13 **104**
chinensis **(8)** **104**
filipes **(8)** 104 **105**
xyphophylloides **(8)** **104**
Trigonotis
(Boraginaceae) **(9)** 281 **306**
amblyosepala **(9)** 306 **309**
cavaleriei **(9)** **306**
coreana **(9)** 306 **308**
delicatula **(9)** 306 **310**
elevato-venosa **(9)** 306 **307**
gracilipes **(9)** 306 **309**
heliotropifolia **(9)** 306 **307**
microcarpa **(9)** 306 **308**
myosotidea **(9)** 306 **309**
peduncularis **(9)** 306 **309**
radicans **(9)** 306 **307**
rotundata **(9)** 306 **308**
tibetica **(9)** 306 **310**
Trikeraia
(Poaceae) **(12)** 558 **951**
hookeri **(12)** **951**
pappiformis **(12)** 951 **952**
Trilepis royleana **(12)** 367
Trillium
(Liliaceae) **(13)** 69 **228**
govanianum **(13)** 228 **229**
tschonoskii **(13)** **228** Ph.165
Triodanis
(Campanulaceae) **(10)** 447 **491**
biflora **(10)** **491**
perfoliata **(10)** 491 **492**
Triosteum
(Caprifoliaceae) **(11)** 1 **37**
himalayanum **(11)** **37** Ph.12
Triosteum hirsutum **(10)** 625
pinnatifidum **(11)** 37 **38**
sinuatum **(11)** 37 **38**
Triphysaria
(Scrophulariaceae) **(10)** 69 **170**
chinensis **(10)** **170**
Tripleurospermum
(Compositae) **(11)** 126 **349**
ambiguum **(11)** **349**
inodorum **(11)** 349 **351**
limosum **(11)** 349 **350**
tetragonospermum **(11)** 349 **350**
Triplostegia
(Dipsacaceae) **(11)** **106**
glandulifera **(11)** 106 **107**
grandiflora **(11)** 106 **107**
Tripogon
(Poaceae) **(12)** 563 **984**
bromoides **(12)** **985**

chinensis (12) 985 **987**
filiformis (12) 985 **986**
longearistatus (12) 985 **986**
nanus (12) **985**
Tripolium
(Compositae) (11) 123 **207**
vulgare (11) **207**
Tripsacum
(Poaceae) (12) 552 **1168**
laxum (12) **1168**
Tripterospermum
(Gentianaceae) (9) 11 **53**
affine (9) 53
chinense (9) 53
cordatum (9) 53 **55**
cordifolium (9) 53 **55**
discoideum (9) 53 **54**
filicaule (9) 53 **54**
microphyllum (9) 53 **54**
volubile (9) 53 **55**
Tripterygium
(Celastraceae) (7) 775 **825**
hypoglaucum (7) 825 **826** Ph.312
regelii (7) 825 **826**
wilfordii (7) **825** Ph.311
Trirostellum yixingense (5) 249
Trisepalum
(Gesneriaceae) (10) 246 **309**
birmanicum (10) **309**
Trisetum
(Poaceae) (12) 561 **879**
bifidum (12) 879 **881**
clarkei (12) 879 **880**
henryi (12) 879 **883**
scitulum (12) 879 **882**
sibiricum (12) 879 **882**
spicatum (12) 879 **880**
subsp. *himalaicum* (12) 881
subsp. *mongolicum* (12) 880
var. alascanum (12) 879 **881**
var. himalaicum (12) 879 **881**
var. mongolicum (12) 879 **880**
virescens (12) 889
Trismegistia undulata (1) **883**
Tristania
(Myrtaceae) (7) **549**
conferta (7) **550**
Tristellateia
(Malpighiaceae) (8) 236 **241**
australasiae (8) **241** Ph.110
Tristichella glabrescens (1) **847**
Tristichium
(Ditrichaceae) (1) 317 **325**
sinense (1) **325**
Triticum
(Poaceae) (12) 560 **842**
aestivum (12) **842**
batalinii (12) 867
caninum (12) 856
chinensis (12) 829
ciliare (12) 854
desertorum (12) 870
durum (12) 843
fragile (12) 871
pauciflorum (12) 851
repens (12) 868
secalinum (12) 830
turgidum var. durum (12) 842 **843**
Tritomaria
(Lophoziaceae) (1) 48 **51**
exsecta (1) **51**
quinquedentata (1) 51 **52**
Tritonia
(Iridaceae) (13) 273 **276**
crocata (13) **276**
crocosmiflora (13) 275
Triumfetta
(Tiliaceae) (5) 12 **28**
batramia (5) 30
cana (5) **29**
pilosa (5) **29**
rhomboidea (5) 29 **30**
tomentosa (5) 29
Triuridaceae (12) **54**
Trochodendraceae (3) **769**
Trochodendron
(Trochodendraceae) (3) **769**
aralioides (3) **769** Ph.431
Trocholejeunea
(Lejeuneaceae) (1) 224 **231**
sandvicensis (1) **231** **Ph.45**
Trochostigma arguta (4) 660
Trollius
(Ranunculaceae) (3) 389 **393**
buddae (3) 393 **394**
chinensis (3) 393 **396** Ph.305
dschungaricus (3) 393 **394**
farreri (3) 393 **395**
japonicus (3) 393 **396**
ledebourii (3) 393 **396**
lilacinus (3) 393 **397**
macropetalus (3) 393 **397**
pumilus
var. tanguticus (3) 393 **395** Ph.304
var. *yunnanensis* (3) 394
ranunculoides (3) 393 **395**
yunnanensis (3) 393 **394** Ph.303
Tropaeolaceae (8) **487**
Tropaeolum
(Tropaeolaceae) (8) **487**
majus (8) **487** Ph.249
Tropidia
(Orchidaceae) (13) 365 **408**
angulosa (13) **408**
curculigoides (13) **408**
Tsaiorchis
(Orchidaceae) (13) 367 **490**
neottianthoides (13) **490**
Tsiangia hongongensis (10) 611
Tsoongia
(Verbenaceae) (9) 347 **372**
axillariflora (9) **372**
Tsoongiodendron

(Magnoliaceae) **(3)** 124 **156**
odorum **(3)** **156**
Tsuga
(Pinaceae) **(3)** 14 **31**
chinensis **(3)** 32 **33**
var. formosana **(3)** 32 **33** Ph.52
var. forrestii **(3)** 32 **33** Ph.51
var. *oblongisquamata* **(3)** 33
var. *tchekiangensis* **(3)** 33
dumosa **(3)** 31 **32** Ph.50
formosana **(3)** 33
forrestii **(3)** 33
longibracteata **(3)** 31 **32** Ph.49
mairei **(3)** 108
oblongisquamata **(3)** 32 **33**
yunnanensis **(3)** 32
Tuberolabium
(Orchidaceae) **(13)** 369 **769**
kotoense **(13)** **769** Ph.582
Tubocapsicum
(Solanaceae) **(9)** 204 **220**
anomalum **(9)** **220**
Tuerckheimia
(Pottiaceae) **(1)** 437 **484**
svihlae **(1)** **484**
Tugarinovia
(Compositae) **(11)** 131 **642**
mongolica **(11)** **642** Ph.160
Tulipa
(Liliaceae) **(13)** 72 **104**
altaica **(13)** 105 **106**
buhseana **(13)** 105 **107**
edulis **(13)** **105**
erythronioides **(13)** **105**
gesneriana **(13)** **105** Ph.78
heterophylla **(13)** 105 **107**
iliensis **(13)** 105 **106**
patens **(13)** 105 **107**
Tulotis
(Orchidaceae) **(13)** 367 **470**
asiatica **(13)** 471
devolii **(13)** 471 **472**
fuscescens **(13)** **471**
ussuriensis **(13)** **471** Ph.321
Tunica stricta **(4)** 465
Tupidanthus
(Araliaceae) **(8)** 535 **550**
calyptratus **(8)** **551**
Tupistra
(Liliaceae) **(13)** 71 **178**
aurantiaca **(13)** **178** Ph.129
chinensis **(13)** 178 **180** Ph.130
delavayi **(13)** 178 **179**
fimbriata **(13)** 178 **180** Ph.131
singapureana **(13)** 375
tui **(13)** 178 **181** Ph.132
urotepala **(13)** 178 **181**
watanabei **(13)** 180
wattii **(13)** 178 **179**
Turczaninowia
(Compositae) **(11)** 123 **173**
fastigiata **(11)** **173**
Turgenia
(Umbelliferae) **(8)** 578 **600**
latifolia **(8)** **600**
Turpinia
(StaPhyleaceae) **(8)** 259 **263**
affinis **(8)** 263 **264**
arguta **(8)** **263**
cochinchinensis **(8)** 263 **265**
formosana **(8)** **263**
glaberrima **(8)** **265**
montana **(8)** 263 **265**
var. glaberrima **(8)** 263 **265**
simplicifolia **(8)** 263 **264**
Turraea
(Meliaceae) **(8)** 375 **380**
pubescens **(8)** **380** Ph.191
Turritis
(Brassicaceae) **(5)** 386 **484**
glabra **(5)** 484
hirsuta **(5)** 473
Tussilago
(Compositae) **(11)** 127 **504**
anandria **(11)** 684
farfara **(11)** **504** Ph.109
japonica **(11)** 446
rubella **(11)** 507
Tutcheria
(Theaceae) **(4)** 573 **603**
austro-sinica **(4)** 603 **604**
championi **(4)** 603 **604** Ph.278
greeniae **(4)** 604 **605**
hirta **(4)** 604 **605**
kweichowensis **(4)** 603 **604**
microcarpa **(4)** 604 **606**
multisepala **(4)** 618
sophiae **(4)** 603 **605**
spectabilis **(4)** 604
symplocifolia **(4)** 604 **606**
taiwanica **(4)** 604 **606**
wuiana **(4)** 604 **605**
Tuyamaella
(Lejeuneaceae) **(1)** 225 **237**
molishii **(1)** **237**
Tuzibeanthus
(Lejeuneaceae) **(1)** 224 **225**
chinensis **(1)** **226**
Tylophora
(Asclepiadaceae) **(9)** 136 **189**
arenicola **(9)** 189 **193**
atrofolliculata **(9)** 192
cycleoides **(9)** 189 **192**
floribunda **(9)** 190 **195**
glabra **(9)** 189 **195**
hainanensis **(9)** 196
henryi **(9)** 190 **194**
kerrii **(9)** 189 **191**
koi **(9)** 190 **194**
leptantha **(9)** 190 **194**
longipedicellata **(9)** 195
minutiflora **(9)** 144
mollissima **(9)** 192

nana (9) 189 **190**
ovata (9) 189 **192**
renchangii (9) 195
rotundifolia (9) 189 **192**
silvestris (9) 190 **191**
taiwanensis (9) 194
tengii (9) 190 **193**
trichophylla (9) 192
yunnanensis (9) 189 **190** Ph.87
Typha
(Typhaceae) (13) **5**
angustata (13) 6 **9** Ph.7
augustifolia (13) 6 **8** Ph.6
davidiana (13) 6 **9** Ph.8
gracilis (13) 6 **10**
latifolia (13) 6 **7** Ph.3
laxmannii (13) 6 **8** Ph.5
martini var. *davidiana* (13) 9
minima (13) 6 **10** Ph.9
orientalis (13) 5 **6**
pallida (13) 6 **10**
przewalskii (13) 6 **7** Ph.4
Typhaceae (13) **5**
Typhonium
(Araceae) (12) 105 **143**
albidinervum (12) 143 **147**
alpinum (12) 143 **144**
austrotibeticum (12) 143 **144**
blumei (12) 143 **148** Ph.57
brevipes (12) 150
calcicolum (12) 143 **145**
divaricatum (12) 148
flagelliforme (12) 143 **146** Ph.56
giganteum (12) 143 **144** Ph.55
kunmingense (12) 143 **147**
omeiense (12) 144 **149**
roxburgii (12) 143 **146**
trifoliatum (12) 144 **148**
trilobatum (12) 143 **145**

U

Ulex
(Fabaceae) (7) 67 **465**
europaeus (7) **466**
Ulmaceae (4) **1**
Ulmus
(Ulmaceae) (4) 1 **2**
americana (4) 2 **4**
androssowii var. subhirsuta (4) 3 **10**
bergmanniana (4) 3 **7**
var. lasiophylla (4) 3 **7**
campestris
var. *japonica* (4) 9
castaneifolia (4) 4 **10** Ph.7
changii (4) 3 **6**
var. kunmingensis (4) 3 **6**
chenmoui (4) 3 **8** Ph.6
davidiana (4) 3 **9**
var. japonica (4) 3 **9**
elongata (4) 2 **4** Ph.1
gaussenii (4) 2 **5** Ph.3
glaucescens (4) 3 **8**
var. lasiocarpa (4) 3 **8**
kunmingensis (4) 6
laciniata (4) 3 **6**
laevis (4) 2 **4** Ph.2
lamellosa (4) 2 **5** Ph.4
lanceaefolia (4) 4 **11** Ph.8
macrocarpa (4) 2 **5**
montana
var. *laciniata* (4) 6
multinervis (4) 10
parvifolia (4) 4 **11** Ph.9
propinqua (4) 9
pumila (4) 3 **7** Ph.5
szechuanica (4) 3 **9**
tonkinensis (4) 4 **11**
wilsoniana var. *subhirsuta* (4) 10
Ulota
(Orthotrichaceae) (1) 617 **630**
crispa (1) **630**
robusta (1) **630**
Umbelliferae (8) **578**
Umbilicus alpestris (6) 334
oreades (6) 338
platyphylla (6) 334
turkestanicus (6) 334
Uncaria
(Rubiaceae) (10) 506 **558**
hirsuta (10) 559 **562** Ph.109
homomalla (10) 559 **563**
laevigata (10) 559 **561** Ph.189
lancifolia (10) 559 **561**
lanosa
f. setiloba (10) 559 **560**
macrophylla (10) **559**
rhynchophylla (10) 559 **562**
rhynchophylloides (10) 559 **561**
scandens (10) 559 **562** Ph.191
sessilifructus (10) 559 **560**
setiloba (10) 560
sinensis (10) 559 **560**
Uncifera
(Orchidaceae) (13) 370 **748**
acuminata (13) **749**
Uncinia nepalensis (12) 378
Unona dumosa (3) 169
Urachne songarica (12) 944
Uraria
(Fabaceae) (7) 63 **168**
campanulata (7) 173
cordifolia (7) 172
crinita (7) **169** Ph.84
hamosa var.*sinensis* (7) 171
lagopodioides (7) 169 **170**
longibracteata (7) 169 **171**
picta (7) **169**
rufescens (7) 169 **170**
sinensis (7) 169 **171**

Urariopsis
(Fabaceae) **(7)** 63 **172**
cordifolia **(7)** **172**
Urceola
(Apocynaceae) **(9)** 90 **126**
micrantha **(9)** **127**
rosea **(9)** 127 **128**
tournieri **(9)** 127 **128**
xylinabariopsoides **(9)** **127**
Urena
(Malvaceae) **(5)** 69 **85**
chinensis **(5)** **86**
lobata **(5)** 85 **86**
var. chinensis **(5)** 85 **86**
var. scabriuscula **(5)** 85 **86**
procumbens **(5)** 85 **86**
repanda **(5)** 85 **87**
scabriuscula **(5)** 86
Urobotrya
(Opiliaceae) **(7)** 719 **720**
latisquama **(7)** **720**
Urochloa
(Poaceae) **(12)** 554 **1050**
panicoides **(12)** **1050**
paspaloides **(12)** **1050**
reptans **(12)** 1050 **1051**
Urophyllum
(Rubiaceae) **(10)** 508 **580**
chinense **(10)** **581**
Urophysa
(Ranunculaceae) **(3)** 389 **454**
henryi **(3)** **454**
rockii **(3)** 454 **455**
Urostachys salvinioides **(2)** 16
Urostigma concinnum **(4)** 48
Urtica
(Urticaceae) **(4)** 74 **76**
angulata **(4)** 102
angustifolia **(4)** 77 **81**
arborescens **(4)** 153
ardens **(4)** 77 **82**
atrichocaulis **(4)** 76 **77**
bulbifera **(4)** 84
cannabina **(4)** 77 **79**
cyanescens **(4)** 81
dentata **(4)** 80
dioica **(4)** 77 **81**
var. *atrichocaulis* **(4)** 77
diversifolia **(4)** 88
fissa **(4)** 77 **81**
frutescens **(4)** 157
glaberrima **(4)** 100
hirta **(4)** 149
hyperborea **(4)** 77 **80**
interrupta **(4)** 86
laetevirens **(4)** 77 **80**
subsp. cyanescens **(4)** 77 **81**
subsp. dentata **(4)** 77 **80**
longifolia **(4)** 158
mairei **(4)** 77 **82**
var. oblongifolia **(4)** 77 **82**
melastomoides **(4)** 101
moluccana **(4)** 150
nivea **(4)** 138
petiolaris **(4)** 103
pilosiuscula **(4)** 141
pumila **(4)** 107
puya **(4)** 161
rubescens **(4)** 154
sanguinea **(4)** 147
scripta **(4)** 100
sinuata **(4)** 87
spicata **(4)** 144
stimulans **(4)** 86
tibetica **(4)** 77 **79**
triangularis **(4)** 76 **78**
f. *pinnatifida* **(4)** 79
subsp. pinnatifida **(4)** 77 **78**
subsp. trichocarpa **(4)** 77 **79**
urens **(4)** 76 **78**
villosa **(4)** 28
Urticaceae **(4)** **74**
Urtica candicans **(9)** **357**
Utricularia
(Lentibulariaceae) **(10)** 437 **438**
aurea **(10)** 439 **443** Ph.145
australis **(10)** 439 **443**
bifida **(10)** 438 **439**
caerule **(10)** 439 **440**
exoleta **(10)** 439 **441**
graminifolia **(10)** 438 **440**
intermedia **(10)** 439 **442**
minor **(10)** 439 **442**
salwinensis **(10)** 439 **441** Ph.143
scandens **(10)** 438 **440**
striatula **(10)** 439 **441** Ph.144
vulgaris **(10)** 439 **442**
Uvaria
(Annonaceae) **(3)** 158 **159**
boniana **(3)** **159**
calamistrata **(3)** 159 **160**
cavaleriei **(3)** 190
cerasoides **(3)** 177
grandiflora **(3)** 159 **162**
hamiltonii var. *kurzii* **(3)** 161
heteroclita **(3)** **368**
japonica **(3)** **369**
kurzii **(3)** 159 **161**
kweichowensis **(3)** 159 **160**
macrocarpa **(3)** 161
macrophylla **(3)** 159 **161** Ph.193
var. *microcarpa* **(3)** 161
odorata **(3)** **183**
rufa **(3)** 159 **162**
suberosa **(3)** 178
tonkinensis **(3)** 159 **160**
Uvularia viridescens **(13)** 199

V

Vaccaria
(Caryophyllaceae) **(4)** 393 **464**

chinensis **(4)** 295
cochinchinensis **(4)** 39
hispanica **(4)** **464**
segetalis **(4)** 464
Vaccinium
(Ericaceae) **(5)** 554 **697**
bracteatum **(5)** 698 **703** Ph.288
carlesii **(5)** 698 **703**
chapaense **(5)** 720
chingii **(5)** 710
delavayi **(5)** 699 **709**
subsp. merrillianum **(5)** **709** Ph.291
dunalianum **(5)** 698 **701**
var. urophyllum **(5)** 698 **701**
fragile **(5)** 699 **705** Ph.290
gaultheriifolium **(5)** 697 **699**
henryi **(5)** 698 **710**
var. chingii **(5)** 698 **710**
iteophyllum **(5)** 699 **706**
japonicum var. sinicum **(5)** 699 **713**
laetum **(5)** 704
leucobotrys **(5)** 699 **707**
longicaudatum **(5)** 699 **705**
mandarinorum **(5)** 698 **704** Ph.289
merrillianum **(5)** 709
microcarpum **(5)** **713**
modestum **(5)** 698 **711**
moupinense **(5)** 699 **710**
myrtillus **(5)** 698 **712**
nummularia **(5)** 699 **709**
oldhami **(5)** 699 **711**
oxycoccos **(5)** 699 **712**
podocarpoideum **(5)** 697 **700**
pseudorobustum **(5)** 698 **701**
pubicalyx **(5)** 699 **706**
randaiense **(5)** 698 **702** Ph.287
serpens **(5)** 719
sikkimense **(5)** 699 **708**
sinicum **(5)** 697 **707**
sprengelii **(5)** 704
subfalcatum **(5)** 698 **703**
supracostatum **(5)** 698 **700**
trichocladum **(5)** 698 **704**
uliginosum **(5)** 698 **711** Ph.292
urceolatum **(5)** 698 **702**
vitis-idaea **(5)** 699 **708**
yunnanensis **(5)** **694**
Vaccinium corymbiferum **(6)** 550
Vaginularia
(Vittariaceae) **(2)** 265 **269**
trichoidea **(2)** **269**
Valeriana
(Valerianaceae) **(11)** 91 **98**
amurensis **(11)** 98 **101**
barbulata **(11)** 99 **103**
daphniflora **(11)** 99 **102**
delavayi **(11)** 102
fedtschenkoi **(11)** 99 **104**
flaccidissima **(11)** 98 **100**
hardwickii **(11)** 98 **99**
hirticalyx **(11)** 99 **103**
jatamansi **(11)** 98 **99** Ph.30
kawakamii **(11)** 99 **101**
minutiflora **(11)** 99 **103**
officinalis **(11)** 98 **100** Ph.31
var. latifolia **(11)** 98 **101**
rupestris **(11)** 94
sibirica **(11)** 93
sisymbriifolia **(11)** 99 **105**
stenoptera **(11)** 99 **102**
tangutica **(11)** 99 **104**
turczaninovii **(11)** 99 **104**
villosa **(11)** 95
Valerianaceae **(11)** **91**
Valerianella
(Valerianaceae) **(11)** 91 **105**
cymbicarpa **(11)** **105**
olitoria **(11)** **105**
plagiostephana **(11)** **105**
Vallaris
(Apocynaceae) **(9)** 90 **121**
indecora **(9)** **121** Ph.68
laxiflora **(9)** 117
Vallisneria
(Hydrocharitaceae) **(12)** 13 **20**
alternifolia **(12)** 22
denseserrulata **(12)** 21 **22**
natans **(12)** 20 **21**
octandra **(12)** 20
spinulosa **(12)** 20 **21**
spiralis **(12)** 21
var. *denseserrulata* **(12)** 22
Vanda
(Orchidaceae) **(13)** 370 **745**
amesiana **(13)** 765
brunnea **(13)** **745** Ph.551
coerulea **(13)** 745 **746** Ph.552
coerulescens **(13)** 745 **746** Ph.555
concolor **(13)** 745 **746** Ph.553
cristata **(13)** 745 **747** Ph.557
denisoniana **(13)** 745
gigantea **(13)** 722 723
kimballiana **(13)** 765
parishii **(13)** 739
pumila **(13)** 745 **747** Ph.556
rostrata **(13)** 735
subconcolor **(13)** 745 **746** Ph.554
subulifolia **(13)** 765
undulata **(13)** 723
Vandellia elata **(10)** 110
mollis **(10)** 110
nummularifolia **(10)** 106
oblonga **(10)** 107
Vandenboschia auriculata **(2)** 132
birmanica **(2)** 133
maxima **(2)** 132
naseana **(2)** 134
orientalis **(2)** 133
Vandopsis
(Orchidaceae) **(13)** 370 **722**
gigantea **(13)** 722 **723** Ph.533
undulata **(13)** **723** Ph.534
Vanilla

(Orchidaceae) **(13)** 365 **520**
siamensis **(13)** **520**
somai **(13)** **520** Ph.358
Vaniotia martinii **(10)** 283
Vatica
(Dipterocarpaceae) **(4)** 566 **571**
astrotricha **(4)** 571
guangxiensis **(4)** 571 **572**
mangachapoi **(4)** **571** Ph.259
xishuangbannaensis **(4)** **571** Ph.260
Vella tenuissima **(5)** 431
Ventilago
(Euphorbiaceae) **(8)** 138 **176**
calyculata **(8)** 177 **178**
inaequilateralis **(8)** 176 **177**
leiocarpa **(8)** 176 **177**
var. pubescens **(8)** 176 **177**
oblongifolia **(8)** 177 **178**
Venturiella
(Erpodiaceae) **(1)** 611 **613**
sinensis **(1)** **613**
Veottia gaudissartii **(13)** 401
Veratrilla
(Gentianaceae) **(9)** 12 **69**
baillonii **(9)** **69**
Veratrum
(Liliaceae) **(13)** 71 **78**
album var. *dahuricum* **(13)** 79
var. *grandiflorum* **(13)** 80
dahuricum **(13)** 78 **79**
grandiflorum **(13)** 78 **80** Ph.63
maackii **(13)** 78 **80**
mengtzeanum **(13)** 78 **82**
nigrum **(13)** **78**
oblongum **(13)** 78 **81**
oxysepalum **(13)** 78 **79**
puberulum **(13)** 80
schindleri **(13)** 78 **81**
stenophyllum **(13)** 78 **81**
taliense **(13)** 78 **82**
Verbascum
(Scrophulariaceae) **(10)** 68 **71**
blattaria **(10)** 71 **72**
chaixii subsp. orientalis **(10)** 71 **73**
chinense **(10)** 71 **72**
coromandelianum **(10)** 72
orientale **(10)** 73
phoeniceum **(10)** **71**
thapsus **(10)** 71 **72** Ph.30
Verbena
(Verbenaceae) **(9)** 346 **349**
jamaicensis **(9)** 351
nodiflora **(9)** 351
officinalis **(9)** **350**
Verbenaceae **(9)** **346**
Verbesina acmella **(11)** 318
biflora **(11)** 319
chinensis **(11)** 307
lavenia **(11)** 148
nodiflora **(11)** 323
prostrata **(11)** 321
Vernicia
(Euphorbiaceae) **(8)** 13 **97**
fordii **(8)** 97 **98** Ph.47
montana **(8)** 97 **98** Ph.48
Vernonia
(Compositae) **(11)** 128 **136**
arborea **(11)** 136 **137**
aspera **(11)** 137 **141** Ph.39
attenuata **(11)** 137 **142**
blanda **(11)** 136 **140**
bockiana **(11)** 136 **139** Ph.38
bracteata var. *nantcianensis* **(11)** 143
chingiana **(11)** 137 **141**
cinerea **(11)** 137 **144**
clivorum **(11)** 137 **142**
cumingiana **(11)** 136 **140**
esculenta **(11)** 139
esculenta **(11)** 136 **139**
extensa **(11)** 137 **142**
forrestii **(11)** 137 **144**
gratiosa **(11)** 136 **140**
nantcianensis **(11)** 137 **143**
patula **(11)** 137 **145**
saligna **(11)** 137 **141**
solanifolia **(11)** 136 **138**
spelaeicola **(11)** 529
spirei **(11)** 137 **143**
squarrosa **(11)** 137 **144**
sylvatica **(11)** 136 **139**
volkameriifolia **(11)** 136 **138**
Veronica
(Scrophulariaceae) **(10)** 68 **145**
anagallis-aquatica **(10)** 147 **158**
anagalloides **(10)** 147 **159**
arvensis **(10)** 145 **149**
beccabunga **(10)** 160
subsp. muscosa **(10)** 147 **160**
var. *muscosa* **(10)** 160
biloba **(10)** 146 **151**
cana **(10)** 147 **158**
capitata
var. *sikkimensis* **(10)** 156
cephaloides **(10)** 152
chayuensis **(10)** 147 **156**
ciliata **(10)** 146 **152**
subsp. cephaloides **(10)** 146 **152**
subsp. zhongdianensis **(10)** 146 **152**
coreana **(10)** 145
densiflora **(10)** 145 **147**
didyma **(10)** 150
eriogyne **(10)** 146 **151**
filipes **(10)** 146 **154**
henryi **(10)** 147 **157**
himalensis **(10)** 146 **153**
incana **(10)** 143
javanica **(10)** 146 **155**
kiusiana **(10)** 144
lanuginosa **(10)** 145 **148**
laxa **(10)** 146 **154**
linariifolia **(10)** 142
subsp. *dilatata* **(10)** 143
var. *dilatata* **(10)** 143

longifolia (10) 143
peregrina (10) 145 **149**
perpusilla (10) 150
persica (10) 146 **150**
piroliformis (10) 147 **158**
polita (10) 145 **150**
pusilla (10) 145 **150**
rockii (10) 146 **153**
subsp. stenocarpa (10) 146 **153**
rotunda var. *subintegra* (10) 144
serpyllifolia (10) 145 **148**
sibirica (10) **140**
var. *subintegra* (10) 144
stelleri var. longistyla (10) 145 **148**
stenocarpa (10) 153
szechuanica (10) 147 **155**
subsp. sikkimensis (10) 147 **156**
teucrium (10) 146 **154**
tsinglingensis (10) 147 **157**
tubiflora (10) **141**
undulata (10) 147 **159**
vandellioides (10) 147 **156**
verna (10) 145 **149**
Veronicastrum
(Scrophulariaceae) (10) 68 **136**
axillare (10) 137 **139** Ph.43
brunonianum (10) **137**
caulopterum (10) 137 **140**
latifolium (10) 137 **138** Ph.42
longispicatum (10) 137 **139**
sibiricum (10) 137 **140**
stenostachyum (10) 137 **138**
subsp. plukenetii (10) 137 **138**
tubiflorum (10) 137 **141**
villosulum (10) 137 **139**
var. glabrum (10) 137 **140**
var. hirsutum (10) 137 **140**
yunnanense (10) 137 **138**
Vesicularia
(Hypnaceae) (1) 900 **922**
hainanensis (1) 922 **923** Ph.274
montagnei (1) **946** Ph.273
reticulata (1) **922** Ph.272
Vetiveria
(Poaceae) (12) 556 **1124**
zizanioides (12) **1125**
Vexillabium
(Orchidaceae) (13) 366 **425**
yakushimense (13) **425**
Viburnum
(Caprifoliaceae) (11) 1 **4**
atrocyaneum (11) 5 **15**
subsp. harryanum (11) 5 **15**
awabuki (11) 21
betulifolium (11) 8 **30** Ph.9
brachybotryum (11) 6 **21**
brevitubum (11) 6 **19**
buddleifolium (11) 4 **9**
burejaeticum (11) 4 **11**
burmanicum (11) 6 **19**
calvum (11) 15
ceanothoides (11) 29
chingii (11) 6 **18** Ph.5
chinshanense (11) 5 **13**
chunii (11) 7 **26**
var. piliferum (11) 7 **26**
cinnamomifolium (11) 5 **16**
congestum (11) 5 **12**
cordifolium (11) 14
corymbiflorum (11) 6 **22**
cotinifolium (11) 4 **9**
cylindricum (11) 7 **24**
dalzielii (11) 8 **32**
dilatatum (11) 8 **31** Ph.10
erosum (11) 8 **35**
var. taquetii (11) 8 **35**
erubescens (11) 6 **17**
var. *brevitubum* (11) 19
var. *burmanicum* (11) 19
var. gracilipes (11) 6 **18**
var. prattii (11) 6 **18**
farreri (11) 5 **17**
foetidum (11) 7 **29**
var. ceanothoides (11) 7 **29**
var. rectangulatum (11) 7 **28** Ph.8
fordiae (11) 8 **33**
formosanum
subsp. Leiogynum (11) 8 **34**
var. *pubigerum* (11) 35
var. pubigerum (11) 8 **35**
glomeratum (11) 4 **9**
subsp. magnificum (11) 4 **10**
grandiflorum (11) 6 **17**
hainanense (11) 7 **26**
hanceanum (11) 5 **23**
harryanum (11) 15
hengshanicum (11) 8 **30**
henryi (11) 6 **20**
inopinatum (11) 7 **25**
integrifolium (11) 7 **28**
kansuense (11) 8 **35**
keteleeri (11) 10
koreanum (11) 8 **36**
lancifolium (11) 7 **27**
lepidotulum (11) 24
longiradiatum (11) 8 **32**
lutescens (11) 7 **25**
luzonicum (11) 8 **34**
macrocephalum (11) 4 **10**
f. keteleeri (11) 4 **10**
melanocarpum (11) 8 **29**
mongolicum (11) 4 **11** Ph.4
mullaha (11) 8 **33**
var. glabrescens (11) 8 **34**
nervosum (11) 5 **14**
odoratissimum (11) 6 **21** Ph.6
var. awabuki (11) 6 **21**
oliganthum (11) 6 **18**
opulus (11) 8 **36**
f. puberulum (11) 9 **37**
var. calvescens (11) 9 **37** Ph.11
plicatum (11) 5 **22**
var. tomentosum (11) 5 **22**

prattii (11) 18
propinquum (11) 5 **16**
var. mairei (11) 5 **16**
punctatum (11) 6 **23**
var. lepidotulum (11) 6 **24**
pyramidatum (11) 7 **26**
rectangulatum (11) 28
rhytidophyllum (11) 5 **14**
sambucinum var. *tomentosum* (11) 25
sargenti var. *calvescens* (11) 37
f. *puberula* (11) 37
schensianum (11) 4 **10**
sempervirens (11) 7 **27** Ph.7
var. trichophorum (11) 7 **27**
setigerum (11) 7 **29**
var. sulcatum (11) 8 **29**
stellulatum
var. *glabrescens* (11) 34
sympodiale (11) 5 **15**
taitoense (11) 6 **20**
taiwanianum (11) 12
taquetii (11) 35
ternatum (11) 7 **24**
tomentosum (11) 22
urceolatum (11) 5 **12**
utile (11) 5 **13**
veitchii subsp. *magnificum* (11) 10
wrightii (11) 8 **31**
Viburum macrophyla (6) 280
Vicatia
(Umbelliferae) (8) 579 **621**
coniifolia (8) **621**
thibetica (8) **621**
Vicia
(Fabaceae) (7) 66 **406**
amoena (7) 406 **409**
var. oblongifolia (7) 406 **410**
var. sericea (7) 406 **410**
amuransis (7) 407 **411**
f. alba (7) 407 **411**
angustifolia (7) 408 **419**
bungei (7) 408 **416**
chinensis (7) 407 **412**
costata (7) 407 **414**
cracca (7) 406 **408**
deflexa (7) 407 **415**
dichroantha (7) 407 **414**
faba (7) 408 **419**
geminiflora (7) 408 **417**
gigantea (7) 407 **413**
hirsuta (7) 408 **417**
japonica (7) 407 **413**
kioshanica (7) 407 **413**
kulingiana (7) 407 **415**
latibracteolata (7) 407 **411**
megalotropis (7) 406 **409**
multicaulis (7) 407 **412**
nummularia (7) 407 **414**
ohwiana (7) 408 **416**
perelegans (7) 407 **410**
pseudo-orobus (7) 406 **409**
quinquenervia (7) 423
ramuliflora (7) 407 **416**
sativa (7) 408 **418**
sepium (7) 408 **418**
tetrasperma (7) 408 **417**
tibetica (7) 407 **411**
unijuga (7) 407 **416** Ph.144
venosa (7) 407 **415**
villosa (7) 406 **409**
Victoria
(Nymphaeaceae) (3) **379**
amazonica (3) **379** Ph.292
cruziana (3) 379 **380**
Vigna
(Fabaceae) (7) 64 **231**
angularis (7) 231 **234**
cylindrica (7) **235**
marina (7) 231 **232**
minima (7) 232 **234**
pilosa (7) 231 **232**
radiata (7) 231 **233**
sesquipedalis (7) 235
sinensis (7) 235
umbellata (7) 232 **235**
unguiculata (7) 232 **235** Ph.113
subsp. cylindrica (7) 232 **235**
subsp. sesquipedalis (7) 232 **235**
vexillata (7) 231 **232**
Vilfa piliferus (12) 996
Villebrunea integrifolia (4) 154
pedunculata (4) 156
tonkinensis (4) 155
Vinca
(Apocynaceae) (9) 89 **102**
major (9) **102**
rosea (9) 102
Vincetoxicum amplexicaule (9) 158
inamoenum (9) 159
mongolicum (9) 160
thesioides (9) 151
Viola
(Violaceae) (5) 136 **139**
acuminata (5) 139 **147**
acutifolia (5) 142 **172**
albida (5) 140 **157**
altaica (5) 142 **173** Ph.86
betonicifolia (5) 142 **156**
biflora (5) 143 **170** Ph.85
β. *acutifolia* (5) 172
bulbosa (5) 141 **157**
cameleo (5) 143 **171**
canescens (5) 140 **162**
chaerophylloides (5) 141 **159**
collina (5) 139 **143**
var. intramongolica (5) 139 **144**
concordifolia (5) 141 **148**
confertifolia (5) 142 **169**
dactyloides (5) 141 **159**
davidii (5) 140 **163**
delavayi (5) 142 **168**
diffusa (5) 140 **165**
var. brevibarbata (5) **140** **166**

dissecta **(5)** 141 **158**
elatior **(5)** 139 **146**
enneasperma **(5)** 138
epipsila **(5)** 139 **147**
formosana **(5)** 140 **166**
forrestiana **(5)** 141 **158**
gmeliniana **(5)** 142 **156**
grypoceras **(5)** 139 **145**
hediniana **(5)** 143 **171**
hirtipes **(5)** 142 **153**
hossei **(5)** 140 **164**
inconspicua **(5)** 142 **151**
kamtschatica var. *pekinensis* **(5)** 151
kingsiensis **(5)** 140 **162**
kunawarensis **(5)** 139 **144**
lactiflora **(5)** 141 **155**
magnifica **(5)** 140 **160**
mandshurica **(5)** 142 **155**
mirabilis **(5)** 139 **144**
monbeigii **(5)** 141 **152**
mongolica **(5)** 141 **149**
moupinensis **(5)** 140 **161**
mucronulifera **(5)** 140 **164**
muehldorfii **(5)** 142 **172**
odorata **(5)** 139 **143**
orientalis **(5)** 142 **172**
patrinii **(5)** 141 **154**
pekinensis **(5)** 142 **151**
phalacrocarpa **(5)** 142 **152**
Philippica **(5)** 142 **154**
pilosa **(5)** 140 **161**
pinnata var. *chaerophylloides* **(5)** 159
principis **(5)** 140 **162**
prionantha **(5)** 142 **153** Ph.83
raddeana **(5)** 142 **167**
rockiana **(5)** 143 **170**
rossii **(5)** 140 **160**
savatieri **(5)** 141 **158**
schneideri **(5)** 140 **164**
selkirkii **(5)** 141 **148**
sikkimensis **(5)** 140 **163**
stewardiana **(5)** 139 **145**
szetschwanensis **(5)** 143 **168**
var. kangdienensis **(5)** 143 **169**
tenuicornis **(5)** 141 **150**
triangulifolia **(5)** 142 **167**
tricolor **(5)** 142 **173**
tuberifera **(5)** 141 **157**
uniflora var. *orientalis* **(5)** 172
variegata **(5)** 141 **150** Ph.82
verecunda **(5)** 142 **166** Ph.84
wallichiana **(5)** 143 **171**
websteri **(5)** 139 **146**
yezoensis **(5)** 141 **149**
yunnanensis **(5)** 140 **165**
Violaceae **(5)** **135**
Viscaceae **(7)** **756**
Viscum
(Viscaceae) **(7)** 757 **760**
album var. meridianum **(7)** 760 **761**
articulatum **(7)** 760 **763** Ph.293
coloratum **(7)** **760**
diospyrosicolum **(7)** 760 **764** Ph.295
fargesii **(7)** 760 **761**
heteranthum **(7)** 731
japonicum **(7)** 757
kaempferi **(7)** 751
liquidambaricolum **(7)** 760 **763** Ph.294
monoicum **(7)** 760 **761**
multinerve **(7)** 760 **762**
nudum **(7)** 760 **761**
orientale var. *multinerve* **(7)** 762
ovalifolium **(7)** 760 762 Ph.292
oxycedri **(7)** 759
umbellata **(7)** 731
Vitaceae **(8)** **182**
Vitex
(Verbenaceae) **(9)** 347 **374**
cannabifolia **(9)** 376
incise var. *heterophylla* **(9)** 377
involucratus **(9)** 348
negundo **(9)** 374 **376**
var. cannabifolia **(9)** 374 **376**
var. heterophylla **(9)** 374 **377** Ph.142
peduncularis **(9)** 374 **377**
pierreana **(9)** 374 **375** Ph.140
quinata **(9)** 374 **375**
rotundifolia **(9)** 374 **376**
trifolia **(9)** 374 **375** Ph.141
var. *simplicifolia* **(9)** 376
tripinnata **(9)** **374**
vestita **(9)** 374 **377**
yunnanensis **(9)** 374 **377**
Vitis
(Vitaceae) **(8)** 183 **217**
adstricta **(8)** 226
amurensis **(8)** 218 **222** Ph.103
var. dissecta **(8)** 218 **222**
armata
var. cyanocarpa **(8)** **219**
assamica **(8)** 200
balanseana **(8)** 217 **220**
bellula **(8)** 219 **226**
betulifolia **(8)** 218 **221**
bodinieri **(8)** 191
bryoniaefolia **(8)** 218 **226**
chaffanjoni **(8)** 190 **196**
chunganensis **(8)** 217 **220**
chungii **(8)** 218 **221**
corniculata **(8)** 204
davidii **(8)** 217 **219**
var. cyanocarpa **(8)** **219**
var. ferruginea **(8)** 217 **219**
feddei **(8)** 185
ficifolia **(8)** 227
fiexuosa **(8)** 217 **220**
hancockii **(8)** 218 **222**
henryana **(8)** 186
heptaPhylla **(8)** 554
heteroPhylla **(8)** 192
heyneana **(8)** 219 **227**
subsp. ficifolia **(8)** 218 219 **227**
hui **(8)** 218 **226**

japonica (8) 202 203
mollis (8) 204
obtecta (8) 213
oligocarpa (8) 202 **205**
pachyphylla (8) 209
pagnucii (8) 219 228
pentagona var. *bellula* (8) 226
piasezkii (8) 219 **227**
var. pagnucii (8) 219 **228**
piloso-nerva (8) 218 **224**
planicaule (8) 211
psudoreticulata (8) 218 **224**
quinquangularis (8) 227
romaneti (8) 217 **219**
rubifolia (8) 197
rumicisperma (8) 213
semicrodata (8) 184
silvestrii (8) 218 **222**
sinocinerea (8) 218 **225**
thomsoni (8) 188
tsoii (8) 218 **225**
vinifera (8) 218 **223** Ph.104
wilsonae (8) 218 **223**
wuhanensis (8) 218 **224**
Vitis pentaphylla (5) 251
Vitis seguini (7) 882
Vittaria
amboinensis (2) 265
auguste-elongata (2) 269
doniana (2) 266
elongata (2) 268
filipes (2) 267
flexuosa (2) 267
forrestiana (2) 266
fudzinoi (2) 266
modesta (2) 267
pusilla (2) 778
sikkimensis (2) 267
zosterifolia (2) 268
Vittariaceae (2) 6 **264**
Vladimiria berardioidea (11) 638
Voitia
(Splachnaceae) (1) 526 **528**
nivalis (1) **528**
Volkameria inermis (9) 379
japonicum (9) 385
serratum (9) 381
Vrydagzynea
(Orchidaceae) (13) 366 **434**
nuda (13) **434** Ph.303
Vulpia
(Poaceae) (12) 561 **698**
myuros (12) **698**

W

Wahlenbergia
(Campanulaceae) (10) 446 **453**
brevipes (10) 493
clematidea (10) 462
marginata (10) **453**
Waldheimia tomentosa (11) 358
tridactylites (11) 358
Waldsteinia
(Rosaceae) (6) 444 **652**
ternata var. glabriuscula (6) **653**
Wallichia
(Arecaceae) (12) 57 **89**
caryotoides (12) 90 **91**
chinensis (12) 90 **91**
densiflora (12) 90 **91**
disticha (12) **90**
Wallichia spectabilis (5) 53
Walsura
(Meliaceae) (8) 375 **383**
cochinchinensis (8) **383**
robusta (8) **383** Ph.193
Waltheria
(Sterculiaceae) (5) 34 **54**
indica (5) **54**
Warburgiella
(Sematophyllaceae) (1) 873 **889**
cupressinoides (1) **889**
Warea tonglensis (5) 230
Warnstorfia
(Amblystegiaceae) (1) 802 **816**
exannulata (1) **816**
fluitans (1) 816 **817**
Washingtonia
(Arecaceae) (12) 56 **67**
filifera (12) **68**
robusta (12) **68**
Webera longicollis (1) 546
lutescens (1) 547
nutans (1) 548
proligera (1) 548
pyriformis (1) 557
Wedelia
(Compositae) (11) 124 **319**
biflora (11) **319**
chinensis (11) 319 **320** Ph.76
prostrata (11) 319 **321**
urticifolia (11) 319 **320**
wallichii (11) 319 **320**
Weigela
(Caprifoliaceae) (11) 1 **47**
japonica var. sinica (11) **47**
Weisia acuta (1) 329
brasiliensis (1) 338
crispula (1) 367
martiana (1) 363
Weisiopsis
(Pottiaceae) (1) 437 **484**
anómala (1) **484**
Weissia
(Pottiaceae) (1) 437 **485**
bartramioides (1) **603**
cataractae (1) **474**
controversa (1) **485**
edentula (1) 485 **486**
exserta (1) 485 486
heteromalla (1) 320

latifolia	(1)		475
obtusa	(1)		527
verticillata	(1)		456
Wenchengia			
(Lamiaceae)	(9)	392	**412**
alternifolia	(9)		**412**
Wendlandia			
(Rubiaceae)	(10)	511	**545**
brevituba	(10)	545	**549**
chinensis	(10)		548
formosana	(10)	**545**	Ph.185
subsp. breviflora	(10)	545	**546**
guangdongensis	(10)	545	**548**
ligustrina	(10)	545	**546**
longidens	(10)	545	**550**
luzoniensis	(10)	545	**549**
pendula	(10)	545	**550**
salicifolia	(10)	545	**546**
scabra	(10)	545	**548**
speciosa	(10)	545	**546**
tinctoria	(10)		
subsp. orientalis	(10)	545	**547**
uvariifolia	(10)	545	**547**
subsp. chinensis	(10)	545	**548**
Werneria ellisii	(11)		481
Wettsteinia			
(Adelanthaceae)	(1)		**181**
rotundifolia	(1)		**181**
Whytockia			
(Gesneriaceae)	(10)	247	**326**
tsiangiana	(10)		**326**
var. wilsonii	(10)		**326**
Wiesnerella			
(Wiesnerellaceac)	(1)	270	**271**
denudata	(1)		**271**
Wiesnerellaceac	(1)		**270**
Wightia			
(Scrophulariaceae)	(10)	67	**81**
speciosissima	(10)		**81**
Wijkia			
(Sematophyllaceae)	(1)	873	**881**
deflexifolia	(1)	881	ph.261
hornschuchii	(1)	881	**882**
tanytricha	(1)	881	**882**
Wikstroemia			
(Thymelaeaceae)	(7)	513	**515**
alba	(7)		518
angustifolia	(7)	515	**519**
capitata	(7)	516	**522**
capitato-racemosa	(7)	516	**523**
chamaedaphne	(7)	516	**523**
delavayi	(7)	516	**521**
dolichantha	(7)	515	**517**
glabra	(7)	516	**521**
gracilis	(7)	516	**523**
holosericea	(7)		527
indica	(7) 515	**520**	Ph.186
leptophylla	(7)	515	**518**
lichiangensis	(7)	516	**524**
ligustrina	(7)	516	**524**
mekongensis	(7)		521
micrantha	(7)	515	**519**
monnula	(7) 516	**522**	Ph.187
nutans	(7) 515	**519**	Ph.185
pachyrachis	(7)	515	**520**
pilosa	(7)	515	**516**
scytophylla	(7) 515	**517**	Ph.184
thibetensis	(7)		528
trichotoma	(7)	515	**518**
Wilsoniella			
(Dicranaceae)	(1)	333	**335**
decipiens	(1)		**336**
Winchia calophylla	(9)		99
Wissadula			
(Malvaceae)	(5)	69	**80**
periplocifolia	(5)		**80**
Wisteria			
(Fabaceae)	(7)	61	**114**
floribunda	(7)	114	**115**
sinensis	(7)	**114**	Ph.68
villosa	(7)	114	**115**
Withania			
(Solanaceae)	(9)	203	**218**
kansuensis	(9)		219
somnifera	(9)		**219**
Wolffia			
(Lemnaceae)	(12)	176	**178**
arrhiza	(12)		**178**
Wolfia spectabilis	(13)		570
Woodfordia			
(Lythraceae)	(7)	499	**505**
fruticosa	(7)	**505**	Ph.178
Woodsia			
(Woodsiaceae)	(2)	448	**451**
alpina	(2)	451	**454**
andersonii	(2)	452	**456**
cycloloba	(2)	451	**456**
elongata	(2)		450
glabella	(2)	451	**452**
hancockii	(2)	451	**452**
ilvensis	(2) 451	**453**	Ph.101
indusiosa	(2)		450
intermedia	(2)	451	**455**
lanosa	(2)	452	**456**
macrochlaena	(2)	451	**454**
manchuriensis	(2)		449
oblonga	(2)	451	**455**
polystichoides	(2)	451	**454**
rosthorniana	(2)	452	**457**
shensiensis	(2)	451	**453**
subcordata	(2)	451	**455**
Woodsiaceae	(2)	4	**448**
Woodwardia			
(Blechnaceae)	(2)	458	**462**
harlandii	(2)		465
japonica	(2)463	**464**	Ph.105
kempii	(2)		465
magnifica	(2)	463	**464**
orientalis	(2)	463	**463**
radicans var. *unigemmata*	(2)		463
unigemmata	(2) 462	**463**	Ph.104
Woonyoungia			
(Magnoliaceae)	(3)	123	**143**

septentrionalis **(3)** **143** Ph.175
Wrightia
(Apocynaceae) **(9)** 90 **118**
arborea **(9)** 118 **119**
kwangtungensis **(9)** 119
laevis **(9)** 119 **120** Ph.67
pubescens **(9)** 118 **119**
tomentosa **(9)** 119

X

Xanthium
(Compositae) **(11)** 124 **308**
inaequilaterum **(11)** 309 **310**
mongolicum **(11)** 309 **310**
sibiricum **(11)** **309** Ph.73
var. subinerme **(11)** **309**
strumarium var. *subinerme* **(11)** 309
Xanthoceras
(Sapindaceae) **(8)** 268 **291**
sorbifolia **(8)** **291** Ph.140
Xanthopappus
(Compositae) **(11)** 131 **614**
subacaulis **(11)** **615** Ph.146
Xanthophyllaceae **(8)** **258**
Xanthophyllum
(Xanthophyllaceae) **(8)** **258**
hainanense **(8)** 258 **259**
siamense **(8)** **259**
Xanthophytopsis
kwangtungensis **(10)** 513
Xanthophytum
(Rubiaceae) **(10)** 507 508 **513**
attopevense **(10)** 513 **514**
kwangtungense **(10)** **513**
Xantolis
(Sapotaceae) **(6)** 1 **6**
longispinosa **(6)** **6**
Xenochila
(Plagiochilaceae) **(1)** 127 **160**
integrifolia **(1)** **160**
Xenostegia
(Convolvulaceae) **(9)** 241 **257**
tridentata **(9)** **257**
Xeranthemum bracteatum **(11)** 287
Xerospermum
(Sapindaceae) **(8)** 267 **280**
bonii **(8)** **280** Ph.130
topengii **(8)** 281
Ximenia
(Olacaceae) **(7)** **713**
americana **(7)** **713** Ph.279
Xizangia
(Scrophulariaceae) **(10)** 69 **179**
bartschioides **(10)** **180**
Xylanche himalaica **(10)** 229
Xylocarpus
(Meliaceae) **(8)** 376 **397**
granatum **(8)** **397** Ph.201
Xylopia
(Annonaceae) **(3)** 158 **175**
vielana **(3)** **175**
Xylosma
(Flacourtiaceae) **(5)** 110 **116**
controversum **(5)** **117**
japonicum **(5)** 117
leprosipes **(5)** 119
longifolium **(5)** 117 **118**
racemosum **(5)** **117**
var. glaucescens **(5)** **117**
Xylosteum maackii **(11)** 75
maximowiczii **(11)** 65
Xyridaceae **(12)** **179**
Xyris
(Xyridaceae) **(12)** **179**
capensis
var. schoenoides **(12)** 179 **180**
complanata **(12)** 179 **180**
indica **(12)** **179**
pauciflora **(12)** 179 **181**
schoenoides **(12)** 180

Y

Yinshania
(Brassicaceae) **(5)** 384 386 **422**
acutangula **(5)** 422 **423**
subsp. microcarpa **(5)** 422 **424**
subsp. wilsonii **(5)** 422 **424**
albiflora **(5)** **423**
fumarioides **(5)** 423 **425**
henryi **(5)** 422 **424**
paradoxa **(5)** 423 **426**
rivulorum **(5)** 423 **425**
rupicola **(5)** 422 **424**
subsp. Shuangpaiensis **(5)** 423 **425**
sinuata **(5)** 422 **423**
Yoania
(Orchidaceae) **(13)** 368 **535**
japonica **(13)** **535**
Youngia
(Compositae) **(11)** 134 **717**
cineripappa **(11)** 718 **720**
depressa **(11)** 717 **719**
diversifolia **(11)** 718 **721**
erythrocarpa **(11)** 718 **726**
fusca **(11)** 718 **721**
gracilipes **(11)** 717 **719**
henryi **(11)** 718 **722**
heterophylla **(11)** 718 **724**
japonica **(11)** 718 **725**
subsp. *longiflora* **(11)** 723
longiflora **(11)** 718 **723**
longipes **(11)** 718 **724**
paleacea **(11)** 718 **722**
prattii **(11)** 718 **722**
pseudosenecio **(11)** 718 **725**
racemifera **(11)** 718 **720**
rosthomii **(11)** 718 **725**
rubida **(11)** 718 **724**
serotina **(11)** 759

simulatrix **(11)** 717 **719** Ph.170
sonchifolia **(11)** 755
stebbinsiana **(11)** 718 **720**
stenoma **(11)** 718 **719**
tenuicaulis **(11)** 718 **722**
tenuifolia **(11)** 722
tenuifolia **(11)** 718 **721**
wilsonii **(11)** 718 **723**
Ypsilandra
(Liliaceae) **(13)** 70 **76**
alpinia **(13)** 76 **77**
cavaleriei **(13)** **76**
thibetica **(13)** **76**
yunnanensis **(13)** 76 **77**
Yua
(Vitaceae) **(8)** 183 **187**
austro-orientalis **(8)** 188 **189**
chinensis **(8)** **188**
thomsoni **(8)** **188**
var. glaucescens **(8)** **188**
Yucca
(Liliaceae) **(13)** 70 **173**
filamentosa **(13)** 173
gloriosa **(13)** **173** Ph.122
smalliana **(13)** **173**
Yushania
(=Sinarundinaria) **(12)** 631
basihirsuta **(12)** 634
brevipaniculata **(12)** 633
confuse **(12)** 639
hirticaulis **(12)** 634
lineolata **(12)** 634
maculate **(12)** 635
niitakayamensis **(12)** 638
polytricha **(12)** 635
violascens **(12)** 637

Z

Zamia tonkinensis **(3)** **4**
Zannichellia
(Zannichelliaceae) **(12)** **45**
palustris **(12)** **46**
Zannichelliaceae **(12)** **45**
Zanonia
(Cucurbitaceae) **(5)** 198 **207**
indica **(5)** **207**
var. pubescens **(5)** **207**
laxa **(5)** 251
Zantedeschia
(Araceae) **(12)** 105 **121**
aethiopica **(12)** **122** Ph.42
albomaculata **(12)** **122**
melanoleuca **(12)** 122 **123**
rehmannii **(12)** **122**
Zanthoxylon connaroides **(8)** 384
Zanthoxylum
(Rutaceae) **(8)** 398 **399**
acanthopodium
var. timbor **(8)** 401 **410**
var. villosum **(8)** 410
ailanthoides **(8)** 401 407
alatum f. *ferrugineum* **(8)** 411
var. *planispinum*
armatum **(8)** 401 **410** Ph.203
var. ferrugineum **(8)** 401 **411**
austrosinense **(8)** 401 **411**
avicennae **(8)** 400 **407**
bungeanum **(8)** 401 **411**
var. pubescens **(8)** 401 **411**
calcicola **(8)** 400 **404**
collinsae **(8)** 400 **405**
cuspidatum **(8)** 403
daniellii **(8)** 419
dimorphophyllum **(8)** 409
var. *spinifolium* **(8)** 410
dissitum **(8)** 400 **404**
var. hispidum **(8)** 400 **404**
var. lanciforme **(8)** 400 **404**
echinocarpum **(8)** 400 **405**
echinospermum
var. tomentosum **(8)** 400 **405**
esquirolii **(8)** 400 **406** Ph.202
khasianum **(8)** 400 **403**
kwangsiense **(8)** 400 **403**
laetum **(8)** 400 **402**
macranthum **(8)** 400 **402**
micranthum **(8)** 400 **407**
molle **(8)** 401 **408**
montana **(8)** 265
myriacanthum **(8)** 401 **408**
nitidum **(8)** 400 **401**
var. tomentosum **(8)** 400 **402**
ovalifolium **(8)** 401 **409**
var. spinifolium **(8)** 401 **410**
oxyPhylum **(8)** 400 **406**
pashanense **(8)** 406
piasezkii **(8)** 401 **411**
pilosulum **(8)** 401 **412**
planispinum **(8)** 410
scandens **(8)** 400 **403**
schinifolium **(8)** 401 **409**
simulans **(8)** 401 **412** Ph.204
stenoPhyllum **(8)** 400 **406**
stipitatum **(8)** 401 **413**
trifoliatum **(8)** 515
undulatifolium **(8)** 401 **411**
Zea
(Poaceae) **(12)** 552 **1169**
mays **(12)** **1169**
Zehneria
(Cucurbitaceae) **(5)** 198 **218**
indica **(5)** **219** Ph.106
maysorensis **(5)** **219** Ph.107
mucronata **(5)** 219 **220**
Zelkova
(Ulmaceae) **(4)** 1 **13**
schneideriana **(4)** 13 **14** Ph.13
serrata **(4)** **13** Ph.12
sinica **(4)** 13 **14**
Zenia
(Caesalpiniaceae) **(7)** 23 **49**

insignis (7) **50** Ph.37
Zephyranthes
(Amaryllidaceae) (13) **259**
candida (13) 259 **260** Ph.177
grandiflora (13) 259 **260** Ph.178
Zeuxine
(Orchidaceae) (13) 366 **431**
affinis (13) 431 **434**
biloba (13) 427
goodyeroides (13) 431 **432**
grandis (13) 431 **433**
inverta (13) 430
nervosa (13) 431 **432**
parviflora (13) 431 **433**
strateumatica (13) **431** Ph.302
Zigadenus
(Liliaceae) (13) 71 **77**
sibiricus (13) **77**
Zingiber
(Zingiberaceae) (13) 21 **36**
corallinum (13) **37**
mioga (13) 37 **38**
nigrum (13) 40
officinale (13) 36 **37**
striolatum (13) 37 **38**
zerumbet (13) **37** Ph.32
Zingiberaceae (13) **20**
Zinnia
(Compositae) (11) 124 **313**
baageana (11) **313**
elegans (11) **313**
peruviana (11) **313**
Zippelia
(Piperaceae) (3) 318 **319**
begoniaefolia (3) **319**
Zizania
(Poaceae) (12) 557 **672**
aquatica (12) 672 **673**
caduciflora (12) 673
latifolia (12) 672 **673**
palustris (12) 672 **673**
Zizania terrestris (12) 360
Ziziphora
(Lamiaceae) (9) 396 **526**
bungeana (9) **526** Ph.181
tenuior (9) **526**
tomentosa (9) **526**
Ziziphus
(Rhamnaceae) (8) 138 **172**
attopensis (8) 173 **176**
flavescens (8) 170
floribunda (8) 170
fungii (8) 173 **175**
hamosa (8) 142
incurva (8) 173 **175**
jujuba (8) 173
jujuba (8) 172 **173** Ph.92
var. *inermis* (8) 173
var. inermis (8) 172 **173**
var. spinosa (8) **173** Ph.93
mauritiana (8) 173 **174** Ph.94
montana (8) 173 **174**
oenoplia (8) 173 **175**
rugosa (8) 173 **176** Ph.96
vulgaris
var. *inermis* (8) 173
var. *spinosa* (8) 173
Zoopsis
(Lepidoziaceae) (1) 24 **41**
liukiuensis (1) **41**
Zornia
(Fabaceae) (7) 67 **258**
diphylla (7) **258**
gibbosa (7) **258**
Zostera
(Zosteraceae) (12) **51**
caulescens (12) 51 **52**
japonica (12) **51**
marina (12) 51 **52**
nana (12) 51
Zosteraceae (12) **51**
Zosterostylis arachnites (13) 445
Zoysia
(Poaceae) (12) 557 **1007**
japonica (12) 1007 **1008**
macrostachya (12) **1007**
matrella (12) 1007 **1008**
sinica (12) **1007**
Zygia *cordifolia* (7) 13
Zygodon
obtusifolius (1) **618**
perpusillus (1) 620
reinwardtii (1) **618**
viridissimus (1) 618 **619**
Zygodon
(Orthotrichaceae) (1) **617**
Zygophyllaceae (8) **449**
Zygophyllum
(Zygophyllaceae) (8) 449 **453**
brachypterum (8) 453 **455**
fabago (8) 453 **455**
fabagoides (8) 454 **458**
gobicum (8) 453 **454**
iliense (8) 454 **458**
jaxarticum (8) 453 **456**
kaschgaricum (8) 459
loczyi (8) 453 **456**
macropodum (8) 453 **455**
macropterum (8) 454 **458**
mucronatum (8) 453 **457**
obliquum (8) 453 **454**
oxycarpum (8) 454 **458**
potaninii (8) 454 **457**
pterocarpum (8) 454 **458**
rosovii (8) 453 **456**
xanthoxylon (8) 459